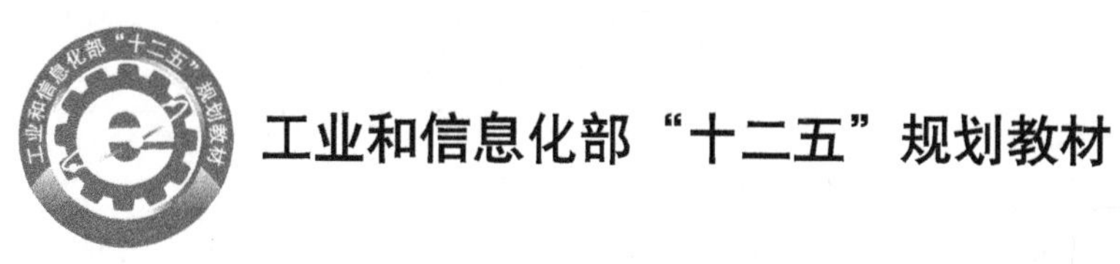

实验外弹道学

刘世平 等 编著

EXPERIMENTAL EXTERIOR BALLISTICS

北京理工大学出版社
BEIJING INSTITUTE OF TECHNOLOGY PRESS

内容简介

本书全面介绍了国内外目前常用的外弹道测试装置的工作原理、测试技术和数据处理方法，以及其在外弹道试验中的应用。其中包括弹丸速度测量、落弹点坐标测量、立靶坐标测量、飞行轨迹测量、飞行姿态测量等飞行状态参数测量的基本原理和方法，弹丸气动力系数的自由飞行试验及数据辨识，弹箭制导与控制的半实物仿真等外弹道综合试验以及相应的数据处理方法。此外，本书还介绍了伴随弹丸发射及飞行的物理现象观测、气象条件测量、静态物理量测量等外弹道试验所需的测试内容。

本书可用作外弹道、飞行力学、弹药、火炮、引信、制导等专业的高年级本科生和研究生相关课程的教材和靶场工程技术人员的学习参考书，也可供从事弹道、弹箭、火炮、引信的研究、设计和质量检验的科技人员参考。

图书在版编目（CIP）数据

实验外弹道学／刘世平等编著．—北京：北京理工大学出版社，2016.5（2024.8重印）
ISBN 978-7-5682-1799-6

Ⅰ．①实…　Ⅱ．①刘…　Ⅲ．①外弹道学-实验-高等学校-教材　Ⅳ．①O315-33

中国版本图书馆 CIP 数据核字（2016）第 169166 号

出版发行／北京理工大学出版社有限责任公司
社　　址／北京市海淀区中关村南大街 5 号
邮　　编／100081
电　　话／（010）68914775（总编室）
　　　　　（010）82562903（教材售后服务热线）
　　　　　（010）68948351（其他图书服务热线）
网　　址／http：//www. bitpress. com. cn
经　　销／全国各地新华书店
印　　刷／北京虎彩文化传播有限公司
开　　本／787 毫米×1092 毫米　1/16
印　　张／30. 25
字　　数／709 千字
版　　次／2016 年 5 月第 1 版　2024 年 8 月第 2 次印刷
定　　价／88. 00 元

责任编辑／钟　博
文案编辑／钟　博
责任校对／周瑞红
责任印制／王美丽

图书出现印装质量问题，请拨打售后服务热线，本社负责调换

前言

PREFACE

武器系统在方案论证、系统设计、技术鉴定、定型、生产及使用、长期储存每个环节都需要进行大量的外弹道试验。在长期的外弹道试验中，人们发展了很多外弹道测试手段和试验技术，积累了大量的宝贵经验，逐步形成了服务于外弹道理论和工程的专门学科——实验外弹道学。这门学科主要研究外弹道试验与测试手段的基本原理及相应的数据处理方法，以满足外弹道学理论验证和武器系统研制中的外弹道工程计算的需求。

由于现代战争对武器系统的射程、精度和威力指标的要求越来越高，在战术武器系统中远程精确打击的新型弹药的研制发展迅猛，出现了一批如末敏弹、弹道修正弹、简易控制火箭、制导火箭和炸弹、末制导炮弹、炮射导弹、火箭助推远程滑翔增程弹、布撒器和巡飞弹等新型弹箭，其对相关的外弹道理论和试验都提出了许多新问题、新要求。例如，末敏弹对地面目标区的螺旋扫描运动提高命中概率；弹道修正弹在受到脉冲火箭或阻力器作用后改变飞行轨迹以提高密集度；主动段简易控制火箭利用燃气流的作用产生控制力矩抵消干扰，抑制弹轴的摆动，提高落点密集度；滑翔增程弹箭采用火箭助推、有控滑翔飞行提高射程和命中精度。这些新的弹道问题均需要发展相应的外弹道试验和测试技术。

近些年来，在新型弹箭系统的研制需求的强势推动下，国内外相关单位为配合新型弹药研制，均积极开展了外弹道测试技术的研究。由于微机电测试、卫星导航、光电测控、信号采集与处理、计算机、信息融合处理、精密加工等现代新型技术突飞猛进，人们相继发展出了许多新的外弹道测试方法和试验技术理论，为实验外弹道学增加了许多新的内涵。但是到目前为止，国内还没有系统总结外弹道试验与测试技术方面的书籍。这给相关的科技人员和靶场试验工作者总结经验，提高业务水平，在客观上带来了许多困难。为了满足广大兵器科学工作者在实际工作中的迫切需要，本书在传统外弹道试验与测试技术的基础上，进一步归纳、总结近20年出现的新成果、新技术，并结合外弹道理论与应用技术的发展对相关内容进行提升，以满足相关专业技术人员、机关人员、军队干部的工作需要。

由于实验外弹道学也是武器系统有关专业需要了解和掌握的专业课程，如火炮和火箭炮、炮弹、火箭弹与航空炸弹、引信、雷达、火控、制导和导航、靶场试验与测控专业都在不同程度上需要外弹道试验方面的知识，因此满足这些专业的本科生、研究生的教学和学习参考需要也是编著本书的主要目的。

为了保证内容的完整性和系统性，本书保留了传统实用的外弹道试验及测试技术的内容，增加现代外弹道试验和测试理论知识，淘汰了目前已经不用的测试方法。为了便于实际应用参考和自学，同时兼顾研究生教学内容，本书在内容选取上增加了现代测试技术与应用这些技术的外弹道试验及其数据处理等方面的内容，特别是在试验与数据处理方面增加了专门章节详细介绍，以满足当前教学和科研的需要。为便于学习和查阅，本书在结构的安排上以外弹道试验的测试对象为主线，针对性地融入现代试验与测试理论和测试技术知识，增加了近些年新出现的外弹道试验理论和实验技术内容。

全书共分 16 章，各章相对独立，其中第 3 章～第 12 章介绍弹丸飞行状态参数的测试技术，主要包含弹丸飞行速度测试技术、地面落弹点坐标测量技术、立靶弹着点坐标测量技术、弹丸飞行轨迹测试技术、弹丸飞行姿态测试技术；第 13 章主要介绍用于外弹道试验现场观测、记录的高速摄影技术；第 2 章和第 14 章分别介绍外弹道试验所需的弹丸静态物理量测试技术和外弹道气象测量技术；第 15 章介绍从外弹道试验数据提取弹箭各种气动力系数的气动力辨识方法；第 16 章介绍弹箭制导与控制的半实物仿真试验技术。对于本科生教学，主要介绍第 3 章～第 13 章的部分内容；对于研究生教学，则在系统总结第 3 章～第 13 章内容的基础上，重点介绍第 15 章和第 16 章的内容，第 2 章和第 14 章可作为选讲内容，也可作为学生学习参考的内容。

本书由刘世平等同志合作编著，其中第 7 章由李岩副研究员编写，第 9 章由杨新民副研究员编写，常思江副研究员参与了第 15 章的编写工作，第 16 章由王旭刚副研究员编写，051 基地的董斌工程师编写了 § 8.6 的 Weibel 雷达简介，其余章节由刘世平研究员编写。全书由刘世平统稿。书中的基本内容取自作者多年的教学讲义，编者在撰写中参考了国内外专家、学者、工程技术人员和研究生的著作、论文和相关设备的技术资料。其中，部分照片、框图和曲线取自相关文献，少数内容是在总结相关论文的基础上改写而成的，编者无法一一列出，在此谨向这些同志表示衷心的感谢！

这里还要感谢北京理工大学朵英贤院士和南京理工大学博士生导师郭锡福教授的大力支持，他们对本书的评阅使本书内容更加充实，并为本书增添了更多色彩。

由于编者水平有限，书中难免存在缺点和错误，编者乐于见到读者指出书中的错误和不足之处，并恳请批评指正。

编著者

2015年10月于南京理工大学

目　录
CONTENTS

第1章
绪　论

§1.1　实验外弹道学研究的任务及内容

实验外弹道学是服务于外弹道理论和工程设计需要的专门学科，其包括外弹道试验与测试原理及方法研究、利用试验手段再现弹丸的空中运动和与此运动有关诸问题的研究，主要研究对象是与弹丸在空中运动相关的试验理论、与外弹道试验相关的测试方法，以及外弹道试验与数据处理方法。

实验外弹道学的内容涉及试验基础理论、外弹道试验与测试技术和外弹道试验数据处理以及试验分析等方面的内容。试验基础理论以测试信号分析理论、试验设计理论、误差理论和统计理论为基本内容，是外弹道试验理论和外弹道试验数据处理及试验分析的基础。外弹道试验与测试技术和外弹道试验数据处理及试验分析是实验外弹道学的主要内容。

外弹道试验与测试技术包含外弹道试验中各诸元参数的测量原理、方法和外弹道的试验原理、方法两方面的内容。前者主要研究弹丸在空气中的运动速度、飞行姿态、空间坐标和弹着点坐标等弹丸运动状态参数，外弹道试验数据处理中所需要的弹丸静态物理量参数（如弹丸尺寸、质量、质心位置、质量偏心、转动惯量、动不平衡角等）和试验现场条件参数（如气象条件、射击条件、场地条件等相关参数）的测量原理和方法；后者主要研究武器系统的研制、鉴定、产品定型、生产及使用过程中所需的外弹道特征量的获取和弹丸的技术战术指标验证以及射表编制等的试验原理和方法。

外弹道试验数据处理和试验分析主要以外弹道学理论为基础，采用数学的方法分析和处理外弹道试验测试数据，进行试验数据的误差分析和试验结果分析，并换算出外弹道特征参数和气动参数，以满足外弹道理论研究、弹道工程设计计算以及武器系统研制中弹丸飞行特性的诊断分析等方面的需要。实验外弹道学是弹道学的一个分支，是伴随着理论外弹道学和现代科学技术发展起来的一门实验科学。它以武器系统科研、生产和使用的实际需求为背景，研究设计和实施外弹道试验的原理和方法，寻求弹丸的飞行运动规律，分析影响弹丸飞行运动的各种因素，在武器系统的研制、生产质量检验、产品验收及使用过程中具有广泛的应用。

§1.2　外弹道试验与靶场试验

外弹道试验一般分为实验室试验和野外试验两部分。实验室试验以室内模拟试验为主，其中包括弹道靶道自由飞行试验、风洞试验和各种飞行现象的模拟试验。风洞试验是弹丸空气动力学的专门试验，它将试验模型置于与实际气流相似的模拟流动中进行，以获得与实际情况相似的结果。靶道试验是在靶道中利用各种测试手段观测炮弹、火箭、导弹等各种弹体模型在自由飞行中的各种状态和现象，以获得有关的空气动力特征量和弹道特征参数。弹丸飞行姿态模拟试验是指采用弹体、弹体内腔模型、弹道控制目标探测或者弹丸姿态测量装置在各种试验转台上进行的弹丸飞行动力学半实物仿真试验，它可以模拟弹丸及其部件的多自由度运动。实验室试验的主要特点是：

（1）采用实弹外形几何参数和物理参数相似的模型，其中也包括部分实弹原型；

（2）在室内模拟弹丸在空中飞行的环境和条件，因而只能获得与实际情况相近的结果；

（3）试验直观、可靠、精度高，成本相对较低，多用于武器系统的初期研制。

野外条件的外弹道试验通常在靶场专门设置的露天靶道进行，为便于叙述，这里称之为外弹道靶场试验。外弹道靶场试验主要有弹丸自由飞行试验（这里指弹丸在无控条件下的空中飞行试验）和有控飞行试验。前者主要是无控弹药的弹道试验和有控弹药（如制导弹药、弹道修正弹药、末端敏感弹药等）的无控飞行试验，后者主要是有控弹药的开环飞行和闭环飞行的弹道（控制）试验。外弹道靶场试验一般以实弹或者与实弹几何参数和物理参数均相同的填沙弹或运载器，在野外实际飞行的环境下进行，并根据试验目的选用专门的外弹道测量仪器设备。

靶场试验并没有严格的定义，其概念和内涵非常宽泛，一般指各种武器系统在专门的试验场（靶场）进行的试验。靶场试验也包括火炮、弹药、引信等产品的研究、鉴定、定型及产品质量检验和验收等方面的外弹道试验。例如，在火炮弹药研究过程中常常要进行弹丸初速试验、阻力特性试验、飞行稳定性试验、射程试验和密集度试验、弹道一致性试验，以及针对某些专项研究的特殊需要进行的专门试验等。与实验室试验相比，野外靶场试验需动用更多的人力、物力，试验规模更大。

常规兵器的试验靶场主要承担武器系统的研制、技术鉴定、设计定型、产品检验等试验工作。早在 20 世纪初，国外技术先进的国家就相继建成了许多成规模的兵器系统试验靶场，到 20 世纪 60 年代末，美国各军种拥有的武器靶场或试验机构已达 80 余个，到 20 世纪 70 年代人们从中选定了 26 个（陆军 9 个、海军 8 个、空军 9 个）为国防部重点试验靶场。我国从 20 世纪 50 年代末开始创建常规兵器试验基地，经过 60 年的发展，特别是 21 世纪以来，常规兵器试验基地有了长足的发展，已初步具备了各种成系列的弹道测试手段，形成了初具规模的现代化靶场，并成为我国国防科技事业的一支重要力量。

靶场试验的内容很多，其包含围绕武器系统设计、试制、生产进行的各种静态试验以及内弹道、外弹道、终点弹道等各种弹道试验。外弹道试验只是其中一部分，它的分类方法有多种形式：

（1）按试验内容分类有单项试验和综合试验。单项试验的内容比较单一，通常以测试一种主要因素影响的参数为主，并分析这种单一因素对测试参数的影响。例如，弹丸的阻力特性是影响其飞行速度衰减变化规律的主要因素，通过测量弹丸飞行速度的变化规律可以分析弹丸的阻力特性，因此弹丸阻力特性试验是一种单项试验。单项试验主要用于理论研究、武器系统研制和产品改进等方面的各个环节，在应用时常常通过各种单项试验认识各因素对某些参数的影响规律或者测试某种参数的数值。这种试验对试验条件控制要求严格，是专题研究、产品研制等研究中的重要试验。综合试验是考察多种因素对某些参数的综合影响的试验，试验通常侧重于检验多种因素对试验结果的综合影响，通常用来检验武器系统的综合指标是否满足要求，并从中分析和诊断影响系统综合指标的主要因素。这类试验一般只需控制各种因素及试验条件在满足要求的范围内即可。例如，火炮射击密集度是受多种因素影响的一项指标参数，射击密集度试验的目的一般是考察影响射击密集度的各种因素，以检验武器系统是否达到密集度指标，试验中一般只要求射击条件、弹药条件、火炮条件和气象条件符合图纸要求和试验规程的要求。因此，射击密集度试验是综合试验。

（2）按试验产品的种类分类有火炮试验、弹药试验和引信试验等。这种分类的试验可以较好地控制试验条件,分别研究武器系统各部分因素对整个系统的影响,以便找出产生影响的主要方面。例如，在检验弹药的性能试验中，必须按规定控制其他条件（如火炮条件、发射条件等），以使得这些条件不能影响对最后结果的评定，否则将可能得出错误的结论。一般说来，按产品分类的试验多用于产品研制和验收以及生产质量控制等。

（3）按试验项目分类有强度试验、寿命试验、尾翼张开试验、飞行控制部件张开试验、精度试验、射程试验、飞行时间试验、风偏试验、弹道一致性试验等。这些试验的目的非常明确，有些虽然不单纯是外弹道试验，但试验要用到一些外弹道试验参数作为评定指标。例如，火炮寿命试验需用立靶密集度、射程和弹丸飞行的章动角作为评定指标。

（4）按武器系统研制过程分类有摸底试验、研究试验、定型试验、鉴定试验、验收试验和使用试验等。这些试验由于目的不同，使用的武器及要求的试验条件差别较大。摸底试验是在对全系统或其中某部分的规律一无所知或知之甚少的情况下进行的探索试验。这种试验通常没有其他具体的目的，总的目的是摸清情况以便确定后面研究的具体内容和方向。研究试验是探索和验证新规律的试验，其对使用的武器和试验条件的要求都比较严格，试验中常常会出现意想不到的情况，甚至多次失败。定型试验是检验研制的武器是否达到了预定的战术技术指标要求，并得出能否通过定型的结论。验收试验是对定型后生产的产品进行质量检验的试验，这类试验的条件一般按图纸要求进行，通过试验可以得出其产品质量是否达到验收标准的结论。鉴定试验主要是对科研产品和仿制品或转厂生产的产品的性能进行技术鉴定，检验其性能是否达到规定的战术技术指标。鉴定试验还可以检验武器弹药的长期储存性能。使用试验包括操作勤务性能及各种专门条件（例如热带、寒区、风雨等气象条件）下的试验。

归纳起来，表 1.2.1 所示的各种类型试验均与外弹道试验密切相关。

表 1.2.1 与外弹道试验相关的靶场试验分类

靶场试验																
按内容分		按产品分					按项目分				按进度分					
单项试验	综合试验	火炮试验	弹药试验	引信试验	火药试验	…	强度试验	精度试验	射程试验	…	摸底试验	研究试验	定型试验	鉴定试验	验收试验	使用试验

应该指出，上述分类说明靶场试验包含了整个武器系统的野外试验，是一个很大的范畴，实际上外弹道试验只是武器系统靶场试验的一部分，本书内容所述的靶场试验是指与外弹道试验相关的部分。例如，弹药试验在这里专指弹药试验中的外弹道试验部分。这种分类是不严格的，在试验分类名称上只是沿用了人们长期以来的习惯称呼，以使读者在实际工作中对这些称呼有一个大概的了解。

§1.3　与外弹道试验相关的测量内容

外弹道试验的内容虽然很多，但试验中的基本测量内容并不多。粗略来说，外弹道试验的基本测量内容主要有三部分，即发射试验前的弹丸参数测量、弹丸飞行中的状态参数测量和试验现场条件参数测量。**发射试验前的弹丸参数测量**一般指弹丸的几何尺寸、质量、质心位置、质量偏心、转动惯量、动不平衡角等物理量参数的测量；**试验现场条件参数测量**主要有火炮（或其他发射装置）与射击方位角和高低角的测量、现场测试仪器的布置与试验场地条件测量，以及飞行试验时的气象诸元参数测量等；**弹丸自由飞行状态参数测量**通常包括弹丸飞行速度测量、弹丸飞行姿态测量、弹丸转速测量、弹着点坐标测量、弹丸飞行轨迹的测量、弹道飞行时间测量、弹丸飞行控制过程中相关物理量的测量以及发射与飞行现象的观测等。除此之外，对于一些较为特殊的弹种还有许多其他专门的测量内容。例如，飞行中空气动力控制部件张开点以及张开后的飞行状态参数测量，子母弹抛撒时间、抛撒高度和各子弹的落点坐标的测量，底排弹的点火时间测量，火箭弹及火箭增程弹的点火时间测量和火箭发动机工作时间及动态推力曲线测量，伞弹系统的开伞高度、开伞时间、开伞动载、开伞速度等参数的测量，末敏弹的扫描高度、扫描轨迹测量，末制导炮弹和导弹攻击目标的俯冲角测量，火箭助推鱼雷入水姿态测量等均是外弹道试验的测量内容。

外弹道试验的测试内容是根据试验目的而设定的，而试验目的又是根据武器系统科研、生产和使用的实际需求设定的。因此对不同的试验，由于其试验目的不同，所设定的测试内容和测试方法往往不同，试验的测试方法不是随意的和一成不变的。一般说来，确定任何试验的测试方法都应遵循这样一个原则，即立足于现有条件和实现的可能性，在满足测量精度的前提下采用简单可靠和经济的方法。外弹道试验方法的设计要受到测试仪器、生产和科学技术水平以及国家的经济状况的制约，对于从事外弹道试验的工程技术人员来说，他们都应该认真考虑如何在现有的测试条件下采用科学的方法来设计和组织试验，并以较经济的手段达到试验的目的和精度要求。

外弹道试验方法及测试内容是随着科学技术的进步不断发展和更新的。例如，早期的弹丸速度测量只能用机械式的和电磁式的测速仪测量，数据处理只能人工进行。而今天，由于科学技术水平的提高，人们已完全淘汰了原来的弹丸速度测量方法，采用了可靠性与自动化程度均比较高的电子测时仪和多普勒测速雷达等先进的测量仪器和方法，并由数码技术分析数据，用计算机自动处理数据。

外弹道试验的内容还随武器系统的更新而发展变化。例如，早期的球形弹丸设计仅仅关心其速度和射程的测量，随着线膛炮和旋转稳定弹的出现，弹丸设计和外弹道理论研究都需要对弹丸进行飞行稳定性分析，在这种条件下外弹道试验的内容增加了弹丸飞行阻力特性试验、弹丸飞行稳定性试验和风洞试验等。在第二次世界大战以后，由于各种新武器新弹种相继发展，也增加了许多外弹道试验内容，如特种弹药的外弹道试验、各种智能弹药的外弹道试验、伞弹系统的外弹道试验和自行武器的外弹道试验等。总而言之，外弹道试验的方法和内容都是发展变化的，科学技术的进步不断为外弹道试验提供新的测试手段和数据处理方法，而武器系统的更新和发展又不断向外道试验提出更多的新内容和更高的要求。因此，应以发展的眼光来认识和掌握实验外弹道学知识，而不能满足现状。

§1.4 现代试验的测试系统及其构成

1. 测试系统的一般构成

由于高采样频率、海量采样存储技术的发展，现代试验的测试系统越来越多地采用了数字化处理技术，现代传感器测试系统的一般构成如图 1.4.1 所示。随着计算机技术的发展，现代测试系统几乎无一例外地采用了数字化处理方式。

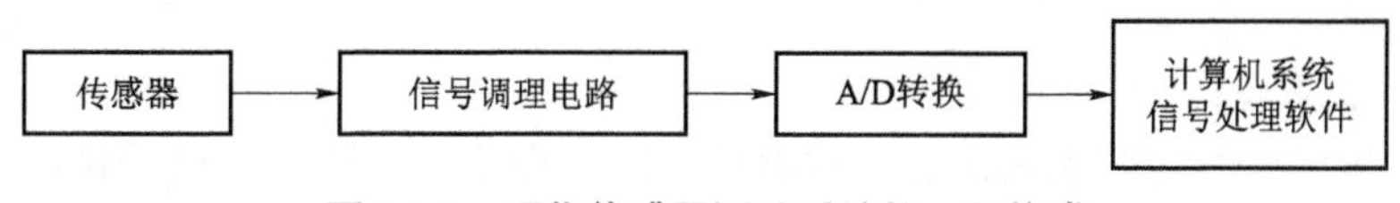

图 1.4.1 现代传感器测试系统的一般构成

2. 虚拟仪器

虚拟仪器是伴随计算机技术和数字化处理技术发展起来的新技术，在武器系统测试中的应用越来越广泛。所谓虚拟测量仪器，就是采用计算机开放体系结构取代传统的专用硬件测量仪器，对各种各样的数据进行计算机处理、显示和存储。目前虚拟仪器普遍应用于各种测试领域，已形成专门的虚拟仪器技术，且市场上已有虚拟仪器套件出售。

虚拟仪器技术就是利用高性能的模块化硬件，结合高效灵活的软件来完成各种测试、测量和自动化的应用，采用虚拟测量仪器结构的测试系统的构成如图 1.4.2 所示。

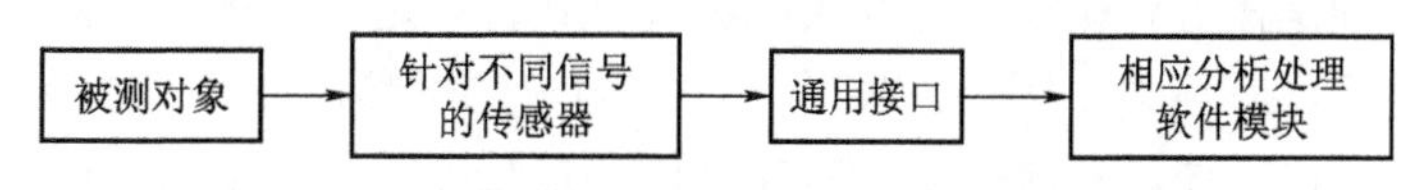

图 1.4.2 采用虚拟测量仪器结构的测试系统的构成

从本质上说，虚拟仪器技术是一个软硬件集成的概念。随着产品在功能上不断地趋于复杂，工程师们通常需要集成多个测量设备来满足完整的测试需求，而连接和集成这些不同设备总是要耗费大量的时间，而虚拟仪器的软件平台可以为所有的 I/O 设备提供标准的接口，使人们轻松地将多个测量设备集成到单个系统，降低了任务的复杂性。

自虚拟仪器于 1986 年问世以来，世界各国的工程师和科学家们都已将图形化开发工具（例如 NI LabVIEW）用于产品设计周期的各个环节，从而改善了测试系统的质量、缩短了产品投放市场的时间，并提高了测试系统开发和生产的效率。使用集成化的虚拟仪器环境与现实世界的信号相连，分析数据以获取实用信息，共享信息成果，有助于在较大范围内提高试验的质量和效率。目前，虚拟仪器提供的各种工具能更好地满足各种项目的需要。虚拟仪器是新一代测试仪器与测试系统概念，目前已经广泛应用于许多工程技术领域。美国 NI 公司推出的 LabVIEW 是构建虚拟仪器的主流编程语言，在应用中占有很大比例。与传统的文本编程语言不同，LabVIEW 是一种基于图形的编程语言，具有强大的数据采集、仪器驱动等功能以及可快捷方便地设计实现仪器界面的特点，适用于实现科技与工程领域的测试任务。

NI 公司设计这一软件构架的初衷就是方便用户的操作，同时它还提供了灵活性和强大的功能，使人们可以轻松地配置、创建、发布、维护和修改高性能、低成本的测量和控制解决方案。

§1.5 外弹道试验设计与试验文件编写

外弹道试验设计是一项试验前必须完成的重要工作，完成它需要掌握扎实的外弹道理论及相关的测试技术知识并具有丰富的经验积累。这里仅原则性地介绍一些要点和要求，以使读者形成初步的了解和认识。

§1.5.1 外弹道试验设计的基本要求

1. 外弹道试验设计

外弹道试验设计总的要求是在达到试验目的的前提下，正确处理试验精度与试验费用的辩证关系，利用科学的方法以最经济的手段达到试验的目的和精度要求。具体说来有如下几方面的要求。

1）首先应满足试验目的

这就要求在设计外弹道试验前，必须先明确试验目的，并根据目的和现有条件选择或者设计试验方法和与之相应的测试手段。正确的试验方法必须建立在科学合理的试验原理的基础上，如果试验原理不合理，那么所设计的试验方法就不能达到试验目的，这个方法就是失败的。这在实际工作中应尽量避免。

2）试验测试方法力求简单、可靠、安全、操作方便

弹道试验，特别是在野外靶场实施的大型试验，其特点是试验规模大，参试人员多，试验成本高，测试内容多，难度大。因此，试验方法应力求测试参数完备（不缺项），测试方法简单、可靠、安全、操作方便。具体来说，应在保证测量精度的前提下尽量做到测量方法简单、可靠、安全。试验方法设计中，应尽量采用成熟可靠，使用安全的测试技术和设备。对于大型试验的一些关键参数，可采用冗余测试的方法，以提高测试数据的可靠性，降低试验成本。

3）试验测量的误差分配应该合理

外弹道试验中的参数测量一般都是间接测量，在试验测试中存在许多产生测量误差的环节，如果试验的测量误差分配不合理，某些环节的测量误差过大，其必然导致试验数据不可靠，试验结果失真，这样就难以得出正确的结论。因此，试验设计应充分考虑各个测量环节的误差分配，明确测量精度要求，以保证试验数据准确可靠。

4）试验设计和数据处理方法应科学合理

对于大型试验，合理的试验设计和数据处理方法显得尤为重要。合理的试验方案可以大大提高试验效率，降低试验成本，并使得试验结果更能反映实际的物理规律。如果试验设计和数据处理方法不合理，则可能消耗更多的试验弹药，增大试验开支，使试验数据的精度降低。在实际的弹道试验中，为了更全面地展示弹道试验的各种物理现象，降低试验成本，往往将多种单项试验合并为综合试验同时实施。因此，弹道试验方法设计还要注意多项测试手段之间的相互协调融合。

5）规定合理的试验条件和评定标准

若试验条件和评定标准规定得不合理，这会造成很大的浪费，甚至可能造成全部试验报废。评定标准定得过宽，将无法保证产品质量，使用时可能贻误战机，造成人员伤亡。若将评定标准定得过严，甚至目前的技术水平无法实现，这样势必造成大量人力、物力的浪费。

2. 决定外弹道试验方法的主要因素

由前所述，外弹道试验方法设计要受到测试仪器、生产和科学技术水平以及国家的经济状况的制约，因此确定外弹道试验方法时应该考虑如下几方面因素。

1）测试仪器

新的测试仪器大大促进了试验方法的改善，先进的试验方法一般都具有先进的测试仪器作为基础。随着科学技术水平的进步，各种先进的弹道测试仪器不断出现，使得外弹道试验方法不断发展更新。有了先进的测试仪器就可以设计出高水平的试验方法，并降低试验成本。例如，有了具有弹道跟踪功能的多普勒雷达，就可以设计出先进的研究弹丸阻力特性的试验方法。采用多普勒雷达测试弹丸的阻力系数可以节省大量的弹药和试验费用，并且试验数据更可靠。

2）生产和科学技术水平

生产技术水平的提高,使得武器系统的某些主要因素变成了次要因素,从而可以减少或者取消某些单项试验。例如，随着数控机床的大量应用，加工水平得以大幅提高，弹丸的质量偏心和弹丸质量散布对弹道的影响在成为很次要的因素以后，则可以大大减少或取消这类试验。而科学技术水平的提高，使得测试仪器得到进一步的发展和更新，新的测试技术必然导致试验方法的改进和提高。

3）数据处理的技术水平

数据处理是外弹道试验的重要组成部分，粗略地说，外弹道试验的数据处理包含三方面的内容，即试验数据的采集与预处理、弹道特征参数和气动力参数的换算、试验数据的统计处理和误差分析。试验数据处理方法的好坏直接影响试验结论，故数据处理的技术水平是外弹道试验设计是否合理的重要标志，它是一项非常重要的决定因素。

4）国家的经济状况

外弹道试验一般都是规模较大的试验，试验的用弹量、试验的项目设置、测试仪器的数量、试验周期以及试验规模等涉及试验费用的内容均与国家的经济状况有关。在进行外弹道试验设计时，必须考虑试验成本的高低，以保证得到足够的经费支持。

§1.5.2 试验计划、试验大纲与试验报告的编写

一般来说，外弹道试验过程可以分为三个阶段：第一阶段主要任务是制订试验计划，完成试验方案和试验准备，第二阶段主要任务是试验测量和数据收集和数据积累阶段、数据处理，第三阶段主要任务是分析处理结果，得出分析结论、写出书面报告。这三个阶段中，必须认真的编写试验计划和试验大纲，才能保证整个试验过程有章可循，在试验完后还应写出详细的试验报告。

1. 试验计划

制订试验计划的目的是对整个试验有全盘的考虑和安排,使试验工作有条不紊地进行。在试验计划中一般应列出各种试验器材准备项目和试验测试工作项目、完成日期或进程、参试单位及负责人和参加人员等。通常，外弹道试验有如下工作项目。

1）调查研究

调查研究工作的内容是根据实际需要明确试验目的、试验对象的特点，以便合理地确定试验方法和具体的试验项目、测试内容和试验条件等。

2）试验大纲

试验大纲应对试验的主要内容以及具体的测试方法进行必要的论述，并分清主次。试验

大纲是整个试验的实施依据，后面对此将作专题介绍。

3）试验器材的准备

除常规的弹道模拟、仿真试验外，一般的外弹道试验都需要消耗试验弹药以及所搭载的各种试验器材。这些器材的准备都需要规定相应的各参试单位，并按照一定的时间节点完成。

4）测试仪器和试验设备的准备

测试仪器和试验设备的准备工作应根据试验大纲的要求进行，其中包括各种测试仪器的调试、检查和模拟试测，也包括仪器设备的试验现场防护设施的安装施工，还包括火炮、弹药和相应的工具准备等。

5）试验现场准备

试验现场准备是外弹道试验中非常重要的一环，其主要的工作是现场勘测、火炮定位、弹着区定位、各种测试仪器定位和电源输送等。此外试验现场准备还应包括后勤准备，如参试人员的食宿、安全措施和现场救护等准备工作等。

6）试验及其安排

根据准备的具体要求制订试验安排计划，其中包括各项试验的试验日期和要求等。

7）数据处理

这项内容主要是确定数据的汇总和处理的具体日期和要求。

8）试验总结、编写试验报告、试验资料的印刷及存档

这主要是明确试验总结、编写试验报告、试验资料的印刷及存档的人员分工。

为了清楚起见，制订试验计划常常将上述工作项目、完成日期、参加人员等内容列出，并形成类似于表 1.5.1 形式。

表 1.5.1　试验计划表

序号	起止日期	工 作 项 目	负责人	参加人	备 注
1		调查研究、确定试验内容			
2		制定试验大纲			
3		试验器材 1 准备 试验器材 2 准备 …			
4		测试仪器设备 1 准备 测试仪器设备 2 准备 …			
…		…			

2. 试验大纲

试验大纲是指导试验工作的依据，即在调查研究的基础上，对试验中各个重要环节进行论证与计算（如进行有关的弹道计算和估算等），使得试验的各个环节都有科学的依据。试验大纲常常包括如下几项内容。

1）试验目的

试验目的是根据实际需要确定的，它是确定试验内容、试验方法、试验指标以及仪器选配的依据。试验目的通常也确定了试验类型，如鉴定试验、研究试验等。

2）试验内容

外弹道的试验内容通常由试验目的确定，对于产品的鉴定、定型、验收和生产质量控制等试验，一般有专门的试验规程，其中明确了试验内容。对于专门的研究试验和阶段性的技术鉴定试验，则按照试验目的和要求确定试验内容。例如，弹丸的阻力特性试验的试验内容包括弹丸的静态物理量测量、气象条件测量、射击条件测量和弹丸的速度变化规律测量等。

3）试验设计

试验设计通常根据试验目的、内容和试验要求进行。对于单项试验，通常需进行理论分析和理论估算，以确定试验的用弹量、装药范围、射击条件和气象条件等，从而测出人们所关心的数据。例如，在反坦克脱壳穿甲弹的飞行稳定性试验中，弹丸飞行速度应控制在超音速范围（M=2.5～5）内。对于一些多因素、多指标的选优试验，多采用正交设计等优化设计的方法，合理地选择试验点，在试验设计中还应考虑合理的试验次数，以最经济的手段达到试验的目的和精度要求。

4）试验实施方法

试验实施方法是根据试验设计确定具体的试验措施和实施步骤。对于产品鉴定、定型、生产验收和质量控制试验，则按试验规程中规定的实施方法进行。

5）仪器选配

仪器选配通常根据试验所需的测试内容、范围和特点进行，选择仪器应考虑所用仪器的类型、台件数、各仪器的测量精度和测量范围以及它们之间的匹配关系。

6）数据处理方法

根据试验方法和各项测量内容以及试验要求，列出数据处理所需的数据记录表格、计算公式，并确定是采用人工处理方法或者专项分析仪，还是采用计算机处理方法。

7）预期精度分析

根据试验目的和要求，决定预期的试验数据精度，并决定试验分组和重复的次数等。

3. 试验报告

试验报告是对试验进行归纳，将其上升到理性，并作出结论的宝贵资料。它可以总结成绩，找出存在的问题，指明研究方向，指导和推动生产。外弹道试验报告没有固定的格式，但大多数试验报告一般包含如下内容：

（1）试验目的；

（2）场地布置及试验条件；

（3）试验设计与试验方法；

（4）测试仪器及设施；

（5）数据处理方法；

（6）试验数据及处理结果；

（7）试验结果分析；

（8）结论；

（9）存在的问题及进一步的发展意见；

（10）附录：记录曲线、数据表、试验现场照片或试验装置照片等。

对于大型综合试验，可由各测试单位分别写出各项试验内容的试验测试报告，最后汇总写出专门的试验分析报告。

第2章
弹丸静态物理量测量技术

弹体的设计和制造质量主要由其静态物理量来衡量。弹箭静态物理量主要包括外形尺寸、质量、质心位置、轴向和横向转动惯量以及质量偏心、动平衡等，它们与弹丸的空气动力特性及运动特性密切相关，对发射与飞行过程均有至关重要的影响，最终直接影响射击目标的命中率。因此在外弹道试验前，对弹体静态物理量参数进行测量是一项必须完成的工作。通常，弹丸外形尺寸一般直接采用量具进行测量，质量、质心位置、轴向和横向转动惯量以及质量偏心、动平衡等物理量的测量则需采用专门仪器设备。在外弹道试验之前，通常都要依据试验要求，对所试弹丸的上述有关物理量逐发或抽样进行测量，供数据处理和结果分析时使用。本章主要介绍上述物理量的常见测量原理和方法。

§2.1　弹丸外形尺寸测量

弹丸外形尺寸包括弹径、弹长、卵形部半径、弹顶角、船尾角、尾翼翼型、翼展、弦长、后掠角等。外形尺寸测量较为简单，所采用的工具有游标卡尺、游标高度尺、千分尺、万能角度尺、刀口型直尺、厚薄规、摆差仪、钢卷尺、量规或专用样板等。在外弹道试验数据处理中，最常用的弹丸外形数据是弹丸直径和弹丸长度，下面介绍几种常见的尺寸测量程序。

测量直径时，一般将弹丸置于平台上或者支弹架上，用千分尺（或游标卡尺）测出弹体直径，然后绕弹轴转 90° 测量同一部位的直径，取两次直径测量的平均值作为其量值。测量卵形部半径时，应先划出测量部位的等高线，然后按弹丸直径测量的方法测量。

测量弹体长度时，可将弹丸垂直竖立在平台上，采用游标高度尺测量；若弹体较长（大于 1 m），则将弹丸水平置于平台上的支轮架上，并使弹尖和弹底分别抵住前后定位板并且使弹轴垂直于定位板，然后用钢卷尺测量。

测量弹顶角、船尾角时，应将角度尺卡在包含弹丸轴线的纵剖面的位置。

在测量摆差时，按规定的定位基准将弹丸置于支弹架上，弹底抵住定位板，调节支弹轮架高度，使弹体轴线水平。将百分表触头轻放到弹体测量部位，调整百分表支架，使表杆垂直于弹丸轴线，并使百分表初始量值为满量程的 2/5～3/5，转动表盘将指针归零；轻轻转动弹丸一周，读出百分表读数的最大值和最小值即可。

测量弹底平面度时，将刀口形直尺对准弹底边沿的定位点，并通过弹底圆心，观察弹底平面与刀口形直尺之间的缝隙，用厚薄规试插，测出其最大缝隙。

§2.2　弹丸质量、质心和质量偏心的测量技术

弹丸的质量、质心以及偏心与武器的射击精度有着非常密切的关系，是弹箭气动力计算与实验、弹箭设计试验和稳定性试验研究中必不可少的参量。测定质心位置是测量赤道转动惯量和进行稳定性计算的必要条件，并直接关系到赤道转动惯量的测量精度及静力矩系数的测量精度。在外弹道试验中，弹箭质量通常采用量程和测量精度满足要求的电子天平，或通用物理天平直接称量。为了提高武器系统的射击精度，在弹丸出厂使用前必须对其质量、质心和偏心等静态参数进行检测。弹丸质心位置的测量方法和仪器很多，其基本原理大都是利用静力学平衡条件测出质心位置。下面介绍几种常用仪器的测试原理及方法。

§2.2.1　物理天平测量法

物理天平测量法一般适用于测量各种枪弹的质心位置，该方法是在物理天平横梁的一端安装一个固定弹丸的夹具（如图 2.2.1 所标示的夹具），这就构成了质心测定仪。

图 2.2.1（a）中 O 点为天平的支点，A 和 B 为分别为天平托架悬挂受力点，天平支点 O 到点 A 和 B 的距离（力臂）均为 L。测量时，先在托架的 B 端安装一个固定弹丸的托架夹具，然后调整游标或在 A 端挂盘中加平衡砝码，使天平两端平衡，调平以后便可进行测量。

测量时将被测弹丸放入 B 端托盘中，在 A 端托盘中增加砝码使天平平衡。显见，所增加的砝码质量 m 即弹丸质量，如图 2.2.1（a）所示。

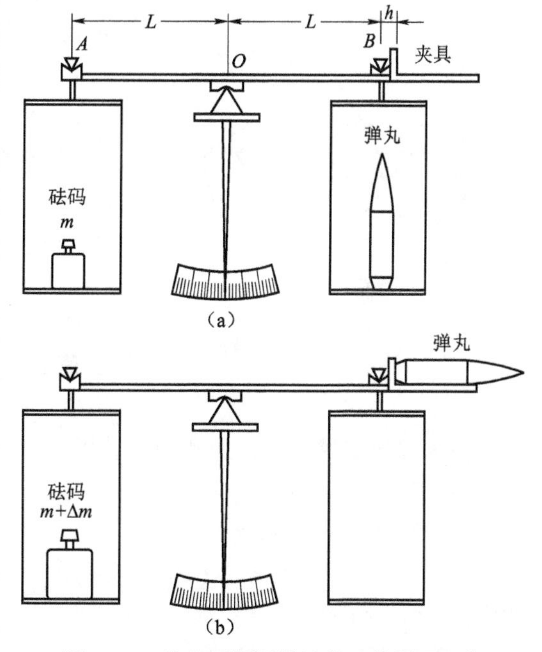

图 2.2.1　物理天平测量法的工作原理示意

取下弹丸，把它安装在 B 端的夹具上如图 2.2.1（b）所示，使弹轴与天平力臂 $\overline{OB}$ 平行（一般由夹具保证），弹底抵住基准面。由于弹丸重力的作用点的位置在弹丸质心，其力臂增长为 $L+l_c$，从而 B 盘下降，指针左移；若在挂盘 A 中增加砝码Δm，使指针回零，此时天平重新平衡。由理论力学，可建立如下静力平衡方程：

$$(m+\Delta m)gL = mg(L+l_c)$$

求解该方程可得

$$l_c = L \cdot \frac{\Delta m}{m} \tag{2.2.1}$$

式中，$l_c=h_c+h$，为弹丸质心到天平挂盘支点基准线的距离，h_c 为弹丸质心到弹底的距离，h 如图 2.2.1（a）所示；L 为天平的力臂；m 为弹丸的质量；Δm 为平衡砝码的增量。

取下弹丸，把它装在 B 端的夹具上，使弹轴与天平力臂 $\overline{OB}$ 平行，弹底紧靠基准面；在托盘 A 中增加砝码Δm，使之重新平衡后由下式计算弹底到弹丸质心的距离 h_c：

$$h_c = L \cdot \frac{\Delta m}{m} - h \tag{2.2.2}$$

式中，m 为弹丸质量；L 为天平的力臂；h 为弹底距基准线的距离。

物理天平法的优点是：简单可靠，经济，方便，有较高的测量精度（测量精度一般不低于 1%），而且可以利用通用的物理天平，在不破坏原有结构的情况下稍加改装而成，但它通常只适用于尺寸和质量较小的枪弹或模型弹。

§2.2.2 三点支承法

三点支承法主要用于各种口径的炮弹、火箭弹和导弹的质量、质心以及偏心的测量，是目前应用比较广泛的一种方法。该方法采用 3 个称重传感器支承测试台，测量时支承测试台面（支撑点所在平面）调成水平，通过力矩平衡原理对弹丸的质量、质心和偏心进行测量。

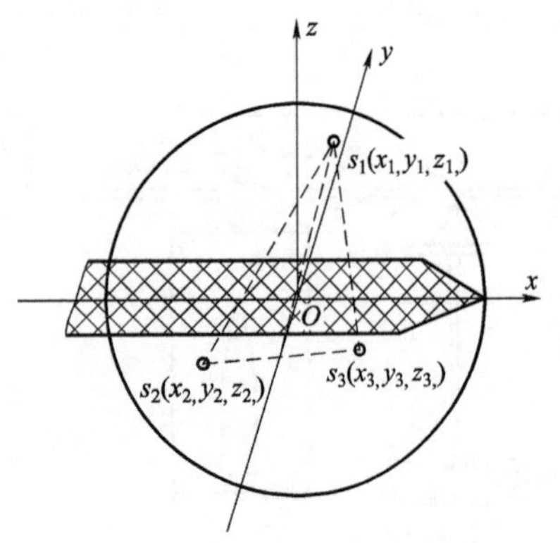

图 2.2.2 三点支承法的测量原理

三点支承法的测量原理如图 2.2.2 所示。图中显示了采用 3 个称重传感器作为三个支承点以及弹体在测试平台上的投影关系。

设图 2.2.2 中的测量坐标系 $O-xyz$ 中，$O-xy$ 平面为水平，3 个称重传感器的支承点位于 $O-xy$ 平面上，坐标原点位于测试平台中心，传感器的支承点的位置坐标分别为 $s_1(x_1, y_1)$，$s_2(x_2, y_2)$，$s_3(x_3, y_3)$。弹体质心在 $O-xy$ 平面中的坐标为 $c(x_c, y_c)$。其测量过程如下：

1）弹丸质量和轴向质心测量过程

先测弹体支架质量 m_{zj}，根据测力传感器 s_1、s_2、s_3 测得的值 f_{1z}、f_{2z}、f_{3z} 可得弹体的支架质量 m_{zj} 为

$$m_{zj} = G_{zj} / g = (f_{1z} + f_{2z} + f_{3z}) / g \tag{2.2.3}$$

再将弹体置于支撑架上，由测力传感器 s_1、s_2、s_3 测得值 f_1、f_2、f_3。

（1）弹丸质量换算。

可得弹体的质量 M 为

$$M = G / g = (f_1 + f_2 + f_3) / g - m_{zj} = (f_1 - f_{1z} + f_2 - f_{2z} + f_3 - f_{3z}) / g \tag{2.2.4}$$

式中，g 为重力加速度。

（2）弹丸轴向质心换算。

测量装置在 $O-xy$ 平面中的投影如图 2.2.3 所示。根据力矩平衡原理得弹丸质心坐标为

$$x_c = \frac{(f_1 - f_{1z})x_1 + (f_2 - f_{2z})x_2 + ((f_3 - f_{3z}))x_3}{Mg} \tag{2.2.5}$$

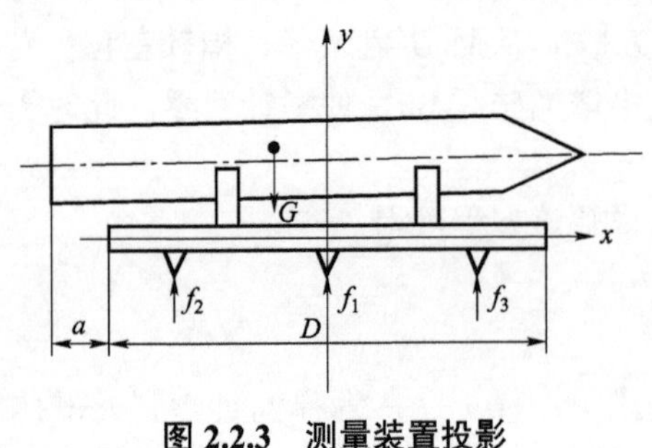

图 2.2.3 测量装置投影

由此可得弹体质心 c 到弹底的长度 l_c 为

$$l_c = D / 2 + a + x_c \tag{2.2.6}$$

式中，D 为测试平台在弹体方向上的长度，a 为弹底到平台边缘的距离，可由光栅尺测得。

2）弹丸质量偏心距测量

弹丸质量偏心距是指弹丸质心到弹轴的距离。在实际测量中，弹体与弹体支撑架的安放位置的投影关系如图 2.2.4 所示。图中，$O-y_1z_1$ 平面坐标系与弹体固联，$O-y_1z_1$ 平面与弹轴垂直，坐标原点在弹轴上，弹丸质心在 $O-y_1z_1$ 平面上的投影坐标为 (y_{1c},z_{1c})。

与式（2.2.5）类似，弹丸在测量坐标系 $O-xyz$ 的 y 方向的质心坐标换算公式为

$$y_c=\frac{(f_1-f_{1z})y_1+(f_2-f_{2z})y_2+[(f_3-f_{3z})]y_3}{Mg} \tag{2.2.7}$$

显见，由图 2.2.4 可知，弹丸质量偏心距为

$$\begin{cases} e=\sqrt{y_{1c}^2+z_{1c}^2} \\ \beta=\arctan\left(\dfrac{y_{1c}}{z_{1c}}\right) \end{cases}$$

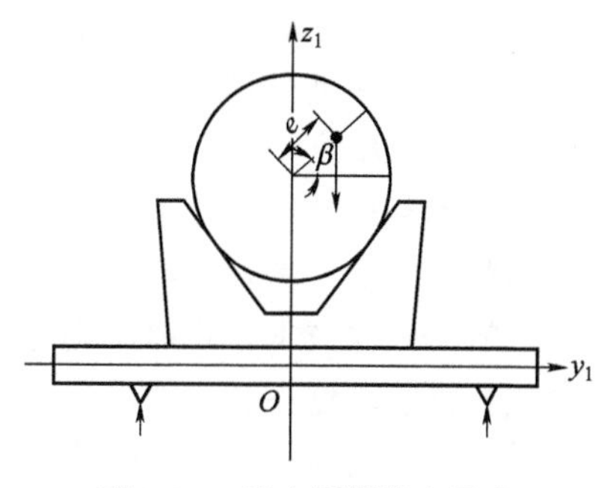

图 2.2.4　弹丸质量偏心示意

由于三点支承法只能测量质心在 $O-xy$ 平面的坐标 y_c，因而弹丸偏心测试需要弹丸在初始位置 0° 以及在转动 90° 后测试两次才能求得偏心距。设测得弹丸在初始位置 0° 及转过 90° 后的质心坐标分别为 y_{0c}，y_{90c}，由图中的几何关系有 $z_{1c}=y_{0c}$，$y_{1c}=y_{90c}$，将其代入上式可得弹丸质量偏心距和偏心角 θ 的计算公式：

$$\begin{cases} e=\sqrt{y_{90c}^2+y_{0c}^2} \\ \beta=\arctan\left(\dfrac{y_{90c}}{y_{0c}}\right) \end{cases} \tag{2.2.8}$$

图 2.2.5 所示为某质量、质心测量台，它可以同时测量弹丸的质量、纵向重心（以弹头部或者尾部为基准），Y 向和 Z 向质量偏心（以弹体装夹处为基准）。质量和质心测量是通过三个称重传感器共同完成的，Y 向和 Z 向质量偏心的测量需要同时测量导弹在 0°、90°、180°、360° 的 4 种状态，通过前述计算方法，求出 Y 向和 Z 向质量偏心。

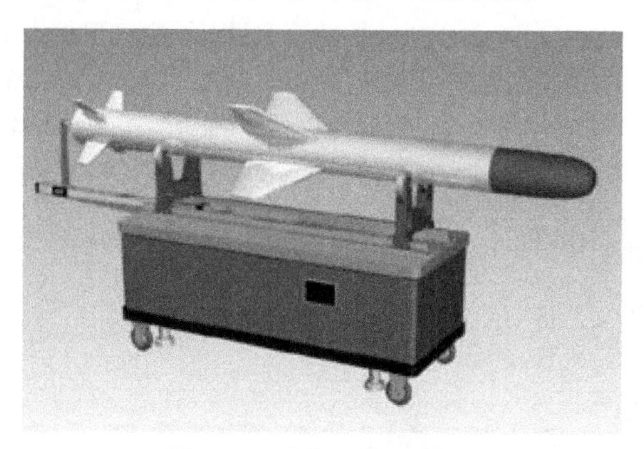

图 2.2.5　质量、质心测量台

该测试台采用微机系统自动进行测试、数据采集、数据处理、记录及打印；采用电机自动升降机构，操作简单。可以采用标准件进行测量台的常规标校，并能达到如下技术指标（对整弹）：

（1）质量测试误差：≤0.5 g；

（2）Y、Z 质心测量误差：≤±0.1 mm；

（3）X 向质心测量误差：≤±0.2 mm。

§2.3 弹丸转动惯量测量技术

转动惯量是各类弹丸、火箭弹、导弹、核弹头、鱼雷等武器，中远程导弹、运载火箭、卫星、载人飞船等航天器及搭载设备所需的测量项目。在研究弹丸的绕心运动、测定弹丸的气动力系数和进行弹丸飞行稳定性的计算中，都离不开弹丸的转动惯量这个参数，而且转动惯量的测量精度与气动力系数的测量精度关系颇大。所以在飞行试验之前，一般都要精确测量弹丸的转动惯量。对于有控弹箭而言，转动惯量是飞行体姿态控制中必不可少的物理量，其测量技术主要涉及兵器和航天部门，在航空、船舶和核工业等方面均有应用，是一项具有共性的基础性技术。目前，测量弹丸转动惯量的方法，主要采取单线扭摆法、三线扭摆法和台式扭摆法。这三种方法的共同点是对被测物体施加外力，使其偏离平衡位置后撤除外力，通过测量自由摆动周期来换算出被测物体对于回转轴的转动惯量。

§2.3.1 单线扭摆法

单线扭摆法一般采用一根细长的金属线并借助合适的夹具把被测试件（弹丸）悬挂起来，使金属悬线的延长线通过弹丸的质心，并与弹轴重合（测纵向转动惯量）或与弹轴垂直（测横向转动惯量），如图 2.3.1 所示。测量时，先将弹丸扭转一个角度ϕ_0，然后释放，弹丸将会在金属丝的扭矩作用下往复扭转摆动，通过测量其摆动周期，采用相关的力学计算公式即可换算出弹丸的转动惯量。单线扭摆法采用的金属丝较细长，摆动时产生的扭矩很小，一般用于测量枪弹的转动惯量。

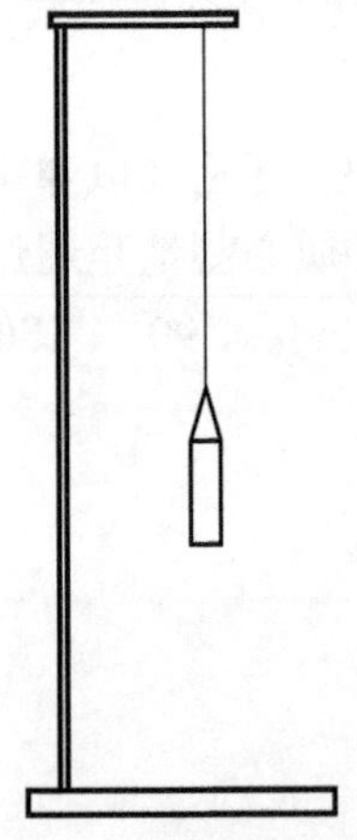

图 2.3.1 单线扭摆的原理

设弹丸的扭转摆动只受金属线的扭矩 M_Z 的作用，没有其他力矩的干扰，由于扭转摆动速度很低，空气阻尼力矩可以忽略；在其扭转摆动范围内，扭矩的大小与转角 ϕ 成正比，方向相反；弹丸除绕过质心的转轴扭转摆动外，没有其他运动；在上述假设条件下，根据动量矩定理，弹丸绕悬挂轴线扭转摆动的运动方程可写为：

$$I\frac{\mathrm{d}^2\varphi}{\mathrm{d}t^2}=M_Z=-f\varphi \tag{2.3.1}$$

式中，I 为总转动惯量，$I=I_P+I_f$；I_P 为弹丸的转动惯量；I_f 为夹具等附加装置的转动惯量；f 为金属线悬挂系统的扭转弹性系数。

进行适当的变换，上式可写为

$$\frac{\mathrm{d}^2\varphi}{\mathrm{d}t^2}+K^2\varphi=0 \tag{2.3.2}$$

式中

$$K=\sqrt{\frac{f}{I}} \tag{2.3.3}$$

其初始条件为 $t=0$ 时：$\varphi=\varphi_0$，$\dot{\varphi}_0=0$。

显见式（2.3.2）是一个无阻尼自由扭转摆动方程，其通解为

$$\phi=C_1\cos Kt+C_2\sin Kt$$

代入初始条件可得 $C_1=\varphi_0$，$C_2=0$。由此，上式可写为简谐振动方程

$$\varphi=\varphi_0\cos Kt \tag{2.3.4}$$

其周期为 $T=2\pi/K$，即 $K=2\pi/T$，因为 $K^2=f/I$，所以有下列关系式

$$I=T^2\cdot\frac{f}{(2\pi)^2} \tag{2.3.5}$$

这说明，转动惯量只与金属线悬挂系统的扭转弹性模数 f 及摆动周期 T 有关。对于某个一定的悬挂系统，f 可认为是常数。因此只要测得摆动周期 T，就可以求得转动惯量 I，再减去夹具等的转动惯量 I_f，便得到弹丸的转动惯量 I_P

$$I_P=T^2\frac{f}{(2\pi)^2}-I_f \tag{2.3.6}$$

但是，为了求得 I_P，还必须首先测出 $f/(2\pi)^2$ 和 I_f。通常采用几个精确加工的、具有简单几何形状（如圆柱体）的标准件，通过比较的方法来实现。标准件的尺寸、质量等可以精确测量。其转动惯量可以根据几何尺寸和质量进行计算。例如一个均质圆柱体，半径为 R、长度为 l、质量为 m，则它绕纵轴的转动量为 $I_x=(1/2)mR^2$。绕通过质心的横轴的转动惯量为 $I_y=(1/4)mR^2+(1/12)ml^2$。设有两个标准件，其转动惯量分别为 I_1 和 I_2，用同一金属线悬挂系统分别测出其摆周期为 T_1 和 T_2，则有

$$I_1=\frac{f}{(2\pi)^2}T_1^2-I_f$$

$$I_1=\frac{f}{(2\pi)^2}T_2^2-I_f$$

联立这两个关系式，便可解得

$$\frac{f}{(2\pi)^2}=\frac{(I_1-I_2)}{(T_1^2-T_2^2)} \tag{2.3.7}$$

$$I_f=\frac{(I_1T_2^2-I_2T_1^2)}{(T_1^2-T_2^2)} \tag{2.3.8}$$

实验表明，扭转弹性模数只在很短的时间内为常数，这与温度等外界因素有关，所以必须在测量弹丸摆动周期的同时，测量标准件的摆动周期，而不能把它当作固定的常数，为了保证测量精度，还应注意：一是使标准件的质量和转动惯量与被测弹丸接近，保证金属线有相近的拉伸条件；二是初始摆动角 ϕ_0 应保持一致，一般取 $\phi=45°$ 为好；三是每次测量通常记取 10 个周期，取其平均值。

单线式转动惯量测定仪由悬挂系统和计时系统两部分组成。悬挂系统包括金属线和装夹弹丸的夹具。金属线一般采用钨金属丝或细铜丝，其直径以能承受弹丸重力的最小直径为限。金属悬线顶端固连在一个带刻度的水平盘上，水平盘可以转动，赋予悬线所需要的起始摆角。悬线下端连接装夹弹丸的夹具，夹具的结构随被测弹丸的形状、大小而异。例如：测炮弹的极转动惯量时，可利用假引信头螺；测赤道转动惯量时，可采用卡环；测枪弹或小模型弹时，

可借助一个插入弹体的针，利用针孔连接金属线等。金属悬线的长度直接关系到悬挂系统的摆动周期，加长悬线，摆动周期变长，可以减小测量周期的相对计时误差，提高测量精度。但悬线过长，会使操作不便，延长测试时间。计时系统包括光电传感装置和电子自动计时装置。它可以借助一个光源和一个光电管，在波测弹丸上贴一块反射膜或抛光一个小反射面作反射面。利用它将光源射出的光反向到光电管上，光电管则与电子计时装置相连接，弹丸每摆动一个周期，光线反射两次，当第一个光电脉冲信号产生时，触发计时装置开始记录，记下接收光脉冲的次数，当记录到第二十一次时，计时自动停止，显示器上显示出连续十个周期的时间。这种方法测量精度高，转动惯量的相对误差约为0.1%。但是必须注意，反射平面应十分平，面积要小，光源、光电管和反射平面的相对位置要适当，保证反向到光电管上的光点大小和强度均匀一致。否则，将会出现记录紊乱的现象。在没有光电自动计时系统的条件下，也可以用一个精度为 0.01 s 的电秒表，装上手动开关，人工记录。实验者凭眼睛观察启动和停止电秒表。记录弹丸连续摆动十个周期的时间，求出其平均值。这种方法与操作者的熟练程度有很大关系。为了提高测试精度，在被测弹丸上涂上明显的标记，并通过镜筒中的十字线观察弹丸的摆动，从而提高操作电秒表的准确度。对较熟练的实验技术员，其测量精度约为1%。

§2.3.2 三线摆测量法

三线摆在结构上是用三根等长的金属线和上下两盘构成的悬挂系统，其中上、下盘用三根金属线连接而成，如图 2.3.2 所示。图中金属线的两端分别固定在上、下两个圆盘上，上、下盘金属线与盘的连接点到圆心连线之间的夹角均为 120°，并构成内接等边三角形。三线摆的几何关系如图 2.3.3 所示，图中上、下盘连接点到圆心的距离分别为 r 和 R，金属线长为 l,。实验时，将弹丸装夹在下盘上，使弹轴与三线悬架的回转轴 xx' 重合，或者通过夹具使弹轴与回转轴垂直，并使弹丸质心落在回转轴上。转动上盘，赋予回转圆盘一个初始转角φ。此时，整个系统的质心升高 h，重力势能增加 $E_1=mgh$，m 是弹丸、夹具和卡环等的总质量。当悬挂系统释放时，在重力作用下它向反方向回转，忽略摩擦阻力的作用，当悬架系统回转到平衡位置$\varphi=0$ 时，系统的势能 E_1 将全部转化为回转动能

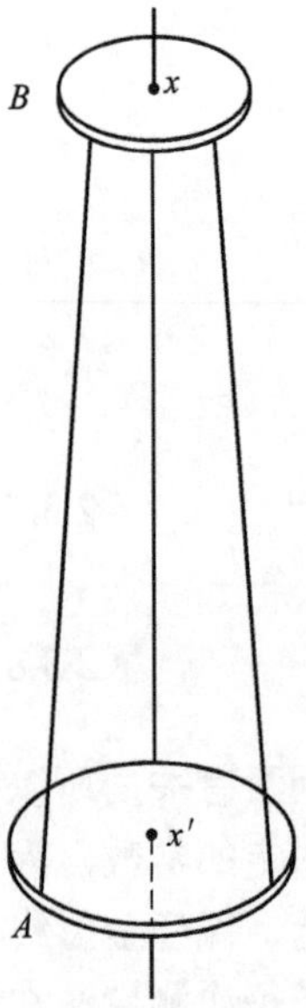

$$E_2=\frac{1}{2}I\omega^2$$

式中，I 是整个回转系统绕 $\overline{xx'}$ 轴的转动能量，ω 是回转角速度。此后，在此角速度的作用下，系统又继续向另一方向回转，从而形成无阻尼自由振荡。与单线悬架系统类似，有以下关系式：

图 2.3.2　三线摆示意

$$\varphi=\varphi_0\cos Kt\,,\quad K=2\pi/T$$

$$\omega=\mathrm{d}\varphi/\mathrm{d}t=-\frac{2\pi\varphi_0}{T}\bullet\sin\frac{2\pi}{T}t\,;$$

当 $t=0$ 时，$\varphi=\varphi_0$，$\omega_0=0$（初始位置）；

当 $t=T/4$ 时，$\varphi=0$，$|\omega|=\omega_{\max}=\dfrac{2\pi}{T}\varphi_0$（平衡位置），又因 $E_1=E_2$，故有

$$mgh=\frac{1}{2}I\omega_{\max}^{2}=\frac{1}{2}I\left(\frac{2\pi}{T}\varphi_{0}\right)^{2} \tag{2.3.9}$$

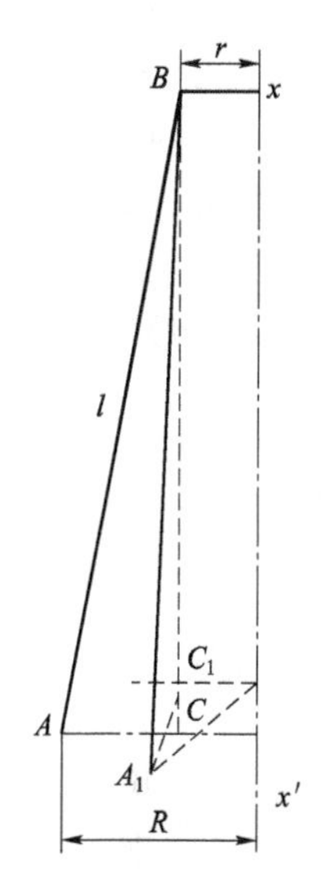

图 2.3.3　三线摆的几何关系

根据图 2.3.3 中三线悬架的几何关系，可以导出 h 与悬挂系统的结构参量 R、r、l 及回转角 φ_0 的关系式。图中 AB 为一根金属线，A_1 为回转 φ_0 角后 A 点的位置，O_0 和 O_1 为卡环平面在回转 φ_0 角前后与回转轴 $\overline{xx'}$ 的交点，即 $\overline{O_0O_1}=h$，由几何关系得到

$$h=\overline{BC}-\overline{BC_1}=\frac{(\overline{BC})^2-(\overline{BC_1})^2}{(\overline{BC}+\overline{BC_1})}$$

式中，C 和 C_1 分别为过 B 点的铅垂线与卡环平面回转 φ_0 角前后的交点。

又因为

$$\overline{BC^2}=l^2-(R-r)^2,$$

$$\overline{BC_1^{\;2}}=l^2-(R^2+r^2-2Rr\cos\varphi_0)$$

故有

$$h=\frac{2Rr(1-\cos\varphi_0)}{\overline{BC}+\overline{BC_1}}=\frac{4Rr\sin^2\dfrac{\varphi_0}{2}}{\overline{BC}+\overline{BC_1}} \tag{2.3.10}$$

当 φ_0 不太大时，取 $\sin\dfrac{\varphi_0}{2}\approx\dfrac{\varphi_0}{2}$，并取 $\overline{BC}+\overline{BC_1}\approx 2l$，则有 $h=Rr\varphi_0^2/2l$。将 h 代入相关公式，整理得

$$I=\frac{mgRr}{l}\left(\frac{T}{2\pi}\right)^2 \tag{2.3.11}$$

预先测量弹丸、下盘和夹具的总质量 m，R、r 和 l 都是可以直接测出的参量，利用记时装置测出回转周期 T，代入（2.3.11）式就可以求出转动惯量 I。这是整个回转系统的转动惯量。要求弹丸的转动惯量，只要做一个标准件（它的转动惯量可以根据质量、尺寸进行精确计算）装上去进行测量，便可求得回转系统中的卡环、夹具等的转动惯量，从 I 中减去卡环夹具的转动惯量便是弹丸的了。

三线悬架多用于测量口径略大的弹丸。

§2.3.3　台式扭摆测量法

在弹箭转动惯量测量方法中，精度最高、最常用的是扭摆法。目前，国内外的转动惯量扭摆测量台普遍采用竖直回转轴，通过其运动方程求出解析解，以建立准确的扭摆运动数学模型。对于某些特殊的异形大尺寸飞行器，由于其外形几何尺寸、质量分布以及吊装方法安装固定条件的限制，在测量转动惯量时，有时要求回转轴线呈水平或者与水平面成一定角度，不能采用竖直回转轴。在这种情况下，往往采用专门的扭摆测量台，此时被测物体的运动不再是单纯的扭摆运动，而是扭杆扭摆运动与重力矩产生的单摆运动的合成。限于篇幅，本节主要介绍竖直回转轴台式扭摆测量方法。

图 2.3.4 所示为台式扭摆测转动惯量的装置，托盘支架与转轴固连在一起，安放在机架的轴承内，测试台的中心轴线保持铅锤（即托盘支架水平），扭转弹簧（大型测试台采用扭杆）的一端固定在转轴上，转轴与中心轴线重合，另一端固定在机架上。测量时先将托盘支架转动一个角度 φ_0 锁定，然后解锁释放托盘支架，此时在扭转弹簧的扭转力矩的作用下，回转托盘绕中心轴线随转轴在轴承座内作往复扭转摆动。

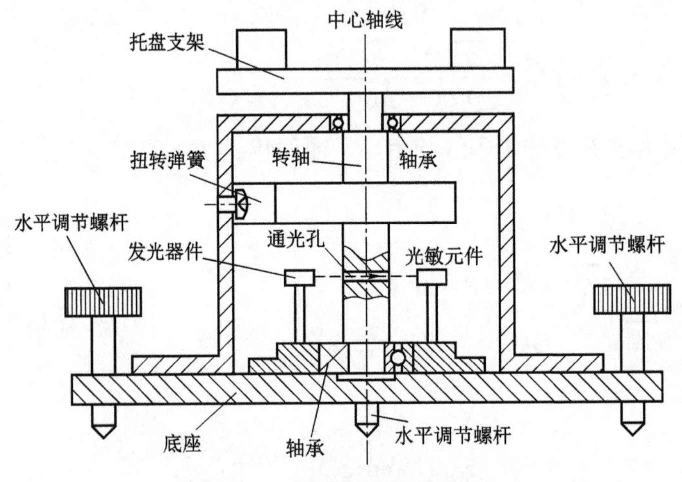

图 2.3.4　扭摆法原理结构示意

根据受力分析，回转装置（托盘等）随转轴在轴承座内作往复扭转摆动时，作用于回转系统的力矩有扭杆的扭力、轴承及空气对摆动运动的阻尼力矩。

设扭杆托盘的摆动角为 φ，托盘 2 与被测物体 1 的转动惯量为 I，弹簧的扭转刚度系数为 f，扭杆提供的扭转力矩为 $-f\varphi$，轴承及空气对摆动运动的阻尼力矩系数为 c（在摆角很小时为常数），在扭摆台的扭摆角度和扭摆速度较小时，可认为轴承和空气阻尼产生的阻尼力矩与扭摆台的角速度成正比，即阻尼力矩为 $-C\dfrac{\mathrm{d}\varphi}{\mathrm{d}t}$。根据动量矩定律，回转系统中描述其扭转运动的微分方程可写为

$$I\frac{\mathrm{d}^2\varphi}{\mathrm{d}t^2}+C\frac{\mathrm{d}\varphi}{\mathrm{d}t}+f\varphi=0$$

大量实验证明，一般扭摆系统阻尼力矩的影响只有 0.1%，在一般工业部门的测量精度要求条件下，可以忽略阻尼力矩的影响，则上式可以简化为

$$\frac{\mathrm{d}^2\varphi}{\mathrm{d}t^2}+K^2\varphi=0 \tag{2.3.12}$$

式中，$K^2=f/I$。

显见，方程（2.3.12）形式上与单线摆方程（2.3.2）相同，可见上述扭摆运动同样具有类似单线扭摆的角简谐振动的特性。其谐振动的周期为

$$T=\frac{2\pi}{K}=2\pi\sqrt{\frac{I}{f}}$$

即

$$I=\left(\frac{f}{4\pi^2}\right)T^2 \tag{2.3.13}$$

式中，T 为扭摆周期。若被测物体安置在回转托盘上，其质心与回转中心轴线重合，则

$$I=I_P+I_{\mathrm{f}}=\left(\frac{f}{4\pi^2}\right)T^2$$

$$I_P=\left(\frac{f}{4\pi^2}\right)T^2-I_{\mathrm{f}} \tag{2.3.14}$$

式中，I_P 为被测物体的转动惯量；I_{f} 为回转装置的转动惯量。

若被测物体的质量为 m，质心不与回转中心重合，相距 r，则

$$I=I_P+I_f+mr^2$$

$$I_P=\left(\frac{f}{4\pi^2}\right)T^2-I_f-mr^2 \tag{2.3.15}$$

试验时，首先空盘测量回转装置的扭摆周期 T_f，由式（2.3.13），有 $I_f=\left(\frac{f}{4\pi^2}\right)T_f^2$；然后把标准件置于托盘上，并使质心与回转中心重合，测出扭摆周期 T_n，则有 $I_n=\left(\frac{f}{4\pi^2}\right)T_n^2-I_f$。由于标准件的转动惯量 I_n 可以通过计算得出，由这两个关系式得

$$\left(\frac{f}{4^2\pi}\right)=\frac{I_n}{T_n^2-T_f^2} \tag{2.3.16}$$

$$I_f=\frac{T_f^2}{T_n^2-T_f^2}I_n \tag{2.3.17}$$

最后，置被测弹丸于托盘上，测出它的扭摆周期 T，利用式（2.3.14）或式（2.3.15）求出被测弹丸的转动惯量 I_P。

应该指出，上述扭摆测量的换算方法是基于公式（2.3.12）导出的，而该公式忽略了阻尼力矩的影响。进一步分析可知，扭摆装置的轴承的摩擦阻力和空气阻尼是测量误差的主要来源。目前采用机械轴承的扭摆法装置的测量精度最高可达 0.5%，对于一些需要进行高精度测量的弹箭或飞行器，可采用气浮轴承或磁悬浮轴承支撑托盘支架。图 2.3.5 所示为 Space Electronics 公司的转动惯量测试装置，该装置采用了气浮轴承来减小阻尼力矩，其测量精度可达 0.1%。

图 2.3.5　Space Electronics 公司的转动惯量测试装置

图 2.3.6 所示的设备是一种国产的回转平台式智能转动惯量仪。它包括回转平台、周期测时仪及计算机等部分。周期的测量可借助光电测量系统实现，固定在底座的发光元件的光经

图 2.3.6　回转平台式智能转动惯量仪

转轴上的小孔照射在另一侧的光敏三极管上，转轴扭摆时，光敏管将遮光次数变为脉冲信号传送到周期测时仪，所测出的扭摆周期经接口电路送入计算机进行运算，然后将转动惯量值立刻显示于屏幕上。回转平台式转动惯量测定仪的主要优点有两个。一是适合测量各种不对称物体的转动惯量。例如，机械引信的零件形状不规则难以计算，又难以用单线或三线悬挂系统测量，然而用台式测量仪很容易安装与测量。该仪器测量小型弹丸也很方便。二是可以同时用来测量弹丸的质心位置。将弹丸放在 x_1 和 x_2 两处，分别测出它们的扭摆周期 T_1 和 T_2，则有关系式

$$I_1 = I_0 + I_P + mr_1^2 = T_1^2\left(\frac{f}{4\pi^2}\right) \tag{2.3.18}$$

$$I_2 = I_0 + I_P + mr_2^2 = T_2^2\left(\frac{f}{4\pi^2}\right) \tag{2.3.19}$$

式中 $r_1=x_1+h_c$，$r_2=x_2+h_c$，将它们代入式（2.3.18）和式（2.3.19），联立求解，得到质心位置公式

$$h_c = \frac{1}{2}\left[\frac{\frac{f}{4\pi^2}(T_2^2 - T_1^2)}{m(x_2 - x_1)} - (x_2 + x_1)\right] \tag{2.3.20}$$

§2.4　弹丸动不平衡量的测量技术

当惯量主轴与其旋转轴不重合，存在一夹角β_c时（对该轴而言，绕物体重心的惯量积不为 0），其惯性离心力矩 M 不等于零，由这种惯性离心力矩产生的旋转不平衡称为动不平衡。弹丸的动不平衡量用其惯量主轴与旋转轴的夹角β_c来描述。一般来说，动平衡的物体必定是静平衡的，但静平衡的物体可能会动不平衡。

弹体的动不平衡度是制约发射质量的一个重要的特征参数。理论和实验证明，该参数产生的飞行扰动直接影响弹丸的飞行稳定性，由此产生的附加阻力和升力使弹道散布增大。因此，在研究旋转稳定弹飞行运动特性和射击密集度分析时需要考虑其不平衡量对弹道的影响。为了估计这一影响，通常要求在射击试验前，对弹丸的不平衡量进行测量。一般来说，高速旋转弹丸的质心和质量分布构成的惯量主轴（通常为对称纵轴）与其中心轴不重合时，便存在不平衡量。它主要来源于弹丸的加工误差、各组件的轴线不重合、弹体存在壁厚差、内部结构及质量分布不对称、装填物密度不均匀、引信结构不对称等因素的影响。弹丸不平衡量通常用静态不平衡量和动态不平衡量来描述，前者被描述为质量偏心，其测量方法在 2.2.1 节已作了较为详细的叙述。后者用动不平衡度来描述。动不平衡度的测量主要有转动惯量测试法和动平衡机测试法，目前极为普遍的方法是动平衡机测量法。由于动平衡机测量法需要

配备专门的动平衡机，并配置相应的装夹具和拖动设备，其标定、调整和测试过程较烦琐，一般对测试需求不大的单位并不具备这种条件。为了满足实际的测试需求现状，本节针对上述两种测试设备，介绍动态不平衡量的测量原理和方法。

§2.4.1　弹体动不平衡度的转动惯量测试法

本部分主要介绍一种静态测试方法，即不用动平衡机，而是通过测量转动惯量的方法来完成弹体动不平衡度的测试，其操作简便、测量精度较高且简化了辅助设备配置。

1. 弹体动不平衡度及其静态测量原理

弹体在制造加工过程中，会出现尺寸、形状及位置等误差，其使弹体的形心和质心出现偏离，纵向惯量主轴与弹体几何中心轴不重合，两轴之间的空间夹角 β_c 便是弹体的动不平衡度。一般设计加工合格的弹丸的 β_c 角均很小，可作为矢量来描述。在弹体坐标系中，β_c 角可分解为纵向平面（$O-x_1y_1$）和横向平面（$O-x_1z_1$）中的分量 β_y 和 β_z，并有

$$\beta_c=\sqrt{\beta_y^2+\beta_z^2} \tag{2.4.1}$$

根据转动惯量在平面内的主轴计算公式可得

$$\begin{cases}\beta_y\approx\tan\beta_y=\dfrac{I_{xy}}{I_y-I_x}\\[2ex]\beta_z\approx\tan\beta_z=\dfrac{I_{xz}}{I_z-I_x}\end{cases} \tag{2.4.2}$$

式中，$I_x=C$，为极转动惯量；$I_y=I_z=A$，为赤道转动惯量；I_{xy} 为弹体对 x_1 轴和 y_1 轴的惯量积。将式（2.4.2）代入式（2.4.1）可得

$$\beta_c=\frac{\sqrt{I_{xy}^2+I_{xz}^2}}{A-C} \tag{2.4.3}$$

上式说明采用转动惯量测量仪，只要测出弹丸的赤道转动惯量 A、极转动惯量 C、惯量积 I_{xy} 和 I_{xz}，即可换算出弹丸的动不平衡量 β_c。

2. 弹丸惯量积 I_{xy} 和 I_{xz} 的测试方法

2.4.1 节已经介绍了弹丸的赤道转动惯量 A 和极转动惯量 C 的测试方法，这里仅介绍惯量积 I_{xy} 和 I_{xz} 的测试问题。转动惯量测试设备有多种方式，这里仅介绍 2.3.3 节所述的扭摆测试方法，其原理是按图 2.4.1 所示的扭摆装置，测出扭摆周期，然后计算出转动惯量。显见，根据 2.3.3 节所述的扭摆测试方法，当弹体水平和直立放置时（形心与转轴重合），通过扭振可测出 A 和 C，然后将弹体倾斜 θ 角度，如图 2.4.1 所示，再测出对图中 x 轴的转动惯量 I_{xOy}，由惯量的转轴公式得出

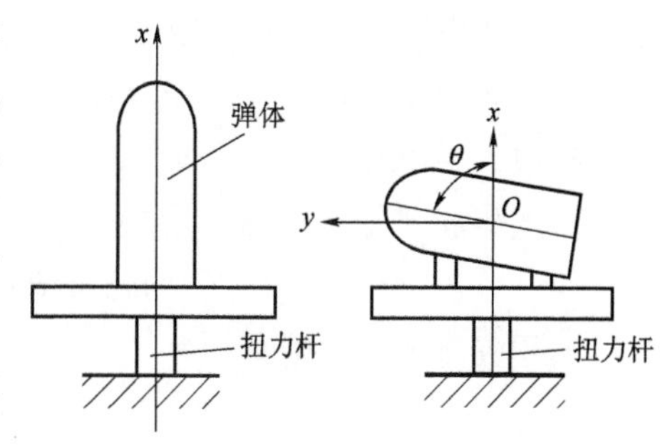

图 2.4.1　转动惯量的测试原理

$$I_{xOy}=C\cos^2\theta+A\sin^2\theta-2I_{xy}\cos\theta\sin\theta$$

由此求出

$$I_{xy}=\frac{C\cos^2\theta+A\sin^2\theta-I_{xOy}}{2\cos\theta\sin\theta} \tag{2.4.4}$$

将弹体绕自身纵轴转 90°（相当于 y 轴和 z 轴换位），再测出绕图中 x 轴的转动惯量得：

$$I_{xOz}=C\cos^2\theta+A\sin^2\theta-2I_{xz}\cos\theta\sin\theta$$

由此求出 I_{xz}。

$$I_{xz}=\frac{C\cos^2\theta+A\sin^2\theta-I_{xOz}}{2\cos\theta\sin\theta} \tag{2.4.5}$$

将式（2.4.4）和式（2.4.5）代入式（2.4.3）即可换算出动不平衡度 β_c。

§2.4.2 动平衡机测试法

采用动平衡机测量动平衡，能同时测出弹丸的动不平衡和静不平衡，动平衡机通常采用软支承方式旋转，其工作原理如图 2.4.2 所示。

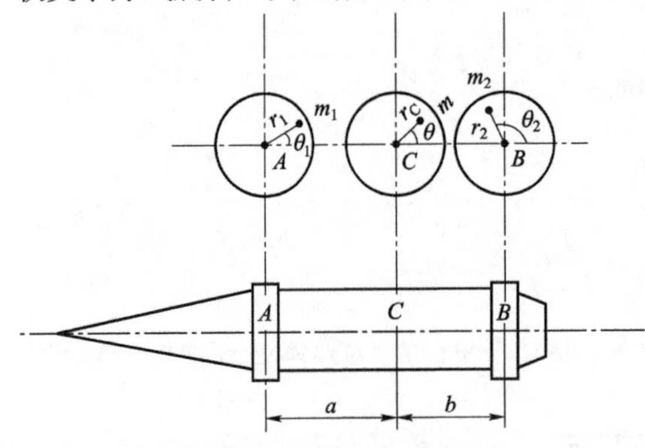

图 2.4.2 动不平衡量示意

动平衡机上的测试过程大致是，在弹体形心的两侧选择两个支撑点（通常定位于弹体的两个定心部位置），通过振动传感器测量这两个支承点的机械振动的位移来计算不平衡量的大小。测试中要求弹丸转速高于转子－支承系统的固有频率，以避免系统共振的影响。

为了阐述软支承式动平衡机的测量原理，设图中弹丸的质量为 m，质心偏离旋转轴的距离为 r_c，它与水平轴的夹角即相位角为θ。在动不平衡的情况下，无论质量分布情况怎样复杂，都可以分解为一个动平衡体加上两个不均衡质量来等效。 为了便于操作处理，假设这两个等效的不均衡质量位于弹丸质心两侧（通常选在两个定心部上），如图 2.4.2 所示。设由弹体分解的两个质量位于两定心部的截面内，截面均与弹轴垂直，分别令其质量为 m_1 和 m_2，偏心距为 r_1 和 r_2，相位角为θ_1 和θ_2，则传感器所在平面内有如下关系式成立：

相对 A 点取矩： $$mr_c\cos\theta\cdot\omega^2a=m_2r_2\cos\theta_2\cdot\omega^2(a+b) \tag{2.4.6}$$

相对 B 点取矩： $$mr_c\cos\theta\cdot\omega^2b=m_1r_1\cos\theta_1\cdot\omega^2(a+b) \tag{2.4.7}$$

两式相加，化简，得

$$mr_c\cos\theta=m_1r_1\cos\theta_1+m_2r_2\cos\theta_2 \tag{2.4.8}$$

若用矢量表示，则有

$$\overrightarrow{mr_c}=\overrightarrow{m_1r_1}+\overrightarrow{m_2r_2} \tag{2.4.9}$$

上述关系式表明：质心偏离的离心惯性力效应，可以用两个平行平面内的不平衡质量的离心惯性力效应代替，只要测得这两个矢量，就能得到 $\overrightarrow{mr_c}$。因为 m 是已知的，这样就求得质量偏心 r_c。根据矢量合成的三角形余弦定理，质量偏心 r_c 可由下式计算：

$$r_c=\frac{1}{m}\sqrt{(m_1r_1)^2+(m_2r_2)^2-2m_1r_1\cdot m_2r_2\cdot\cos(\theta_2-\theta_1)} \tag{2.4.10}$$

由于 $\overrightarrow{m_1r_1}$ 和 $\overrightarrow{m_2r_2}$ 存在，弹丸的惯性主轴不与几何轴线重合，有一个动力平衡角 β_c，由理论力学公式可知：

$$\beta_c=\frac{1}{(A-C)}\sqrt{(m_1r_1a+m_2r_2b\cos a)^2+(m_2r_2b\sin a)^2} \tag{2.4.11}$$

式中，$a=\theta_2-\theta_1$，为两个矢量间的夹角；A 为弹丸的赤道转动惯量；C 为弹丸的极转动惯量。式（2.4.10）和式（2.4.11）说明，无论求解不平衡量 r_c 或求动不平衡量 β_c，都要测出 m_1r_1、m_2r_2，θ_2 和 θ_1 以及 a、b 等参量，而动平衡机正是直接测量这些参量的仪器，图 2.4.3 所示是典型的动平衡机示意。

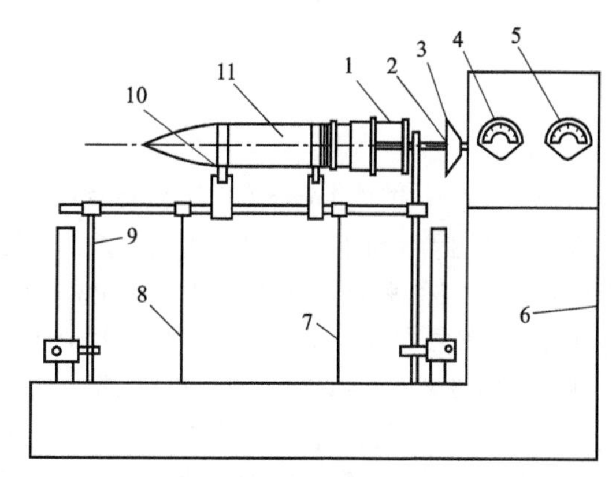

图 2.4.3　动平衡机示意

1—驱动连接器；2—万向接头；3—角度定位手轮；4—角度表；5—量值表；6—驱动机基座；7—右支点；8—左支点；9—挠曲杆；10—滚轮；11—弹丸

在测量弹丸的不平衡度以前，先实验确定弹丸的质量、质心、赤道和极转动惯量，然后把弹丸安放在动平衡机的水平支架上，并使弹丸的定心部落在支架的两套滚轮上。定心部的不圆度应非常小，美国靶场规定该值不能大于 0.012 7 mm。支架由四根可挠曲的杆件支撑。安放弹丸时，要使弹丸的质心位于锁定支架的两个支点的中间，并记录支点所在的垂直弹轴的横截面到质心的距离。借助机器的驱动装置，使弹丸在滚轮上旋转，锁紧左面的支点，放开右面的支点，弹丸因不平衡将强迫支架绕锁紧点摆动。通过传感器和放大器，振动的大小及不平衡量的角度就传到量度表和角度表上，然后锁紧右面支点，放开左面支点，记录另一平面上的不平衡量值和角度。这样，m_1r_1、m_2r_2、θ_1、θ_2、a、b 等参量就可全部求得，代入公式便可求出静不平衡量和动不平衡量。

第3章
弹丸速度的测时仪测量方法

弹丸飞行速度测量是外弹道试验乃至兵器系统试验中最基本的测量内容。这是因为弹丸的飞行速度是其运动特性的一个重要的状态参数，它是各种武器系统研制、定型、试验中都必须测量的重要战技指标。弹丸飞行速度的大小与弹丸的发射条件及过程有关，也和弹丸本身的物理参数、气动参数、气象参数及飞行过程有关。通过弹丸飞行速度的测量，可以研究弹丸的气动特性和发射过程中伴随火炮和弹丸的一些物理现象，也可以检验和评定武器系统及其产品的性能。因此，在武器系统的研制、定型、生产交验以及整个弹道学理论和其他一些理论研究中都需要测量弹丸的飞行速度。本章主要介绍常用的弹丸速度测量原理与方法及相应的仪器设备的工作原理。

§3.1 弹丸速度测量方法分类

历史上，由于弹道试验的各种需要，人们对弹丸速度的测量方法进行了大量研究。早期的测速方法大都是机械式的或者电械式的，如弹道摆、布朗节测速仪等。这些方法由于效率低、精度不高，现已基本被淘汰。随着现代电子技术和光电技术的进步，弹丸速度测量方法日新月异，出现了多种多样的方法。归纳起来，速度测量方法大致可以分为如下三类。

1. 瞬时速度测量法

瞬时速度测量法是确定弹丸在弹道上某一点的速度瞬时值的方法，其测量原理是通过测量与弹丸瞬时速度相关的某一可测物理量来换算弹丸的瞬时速度。这类方法中具有代表性的是弹道摆测速和通过测定弹尖激波倾角换算其飞行速度。弹道摆测速是将弹丸射入一个可以前后摆动的悬垂装置上，如图3.1.1所示。通过测量弹丸射入悬垂物（钢板砂箱）后的最大摆动角，再利用有关两物体撞击的力学关系式换算弹丸撞击悬垂物时的瞬时速度。激波倾角法测速一般采用闪光阴影或者纹影照相的办法拍摄出超音速弹丸的弹头波图像，如图3.1.2所示。通过仪器判读出激波倾角β，由下面的公式换算出弹丸的瞬时飞行速度。

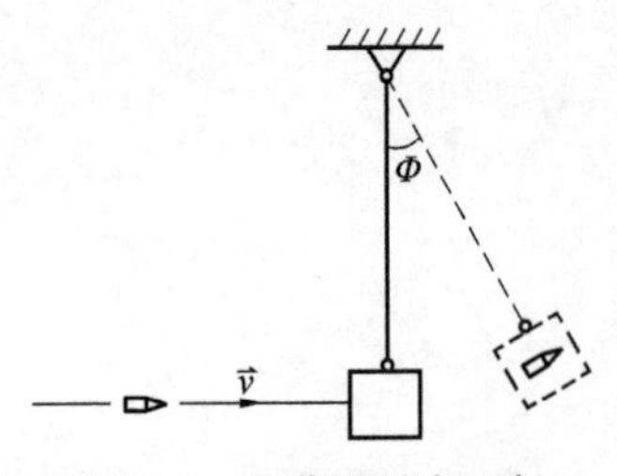

图3.1.1 弹道摆测速示意

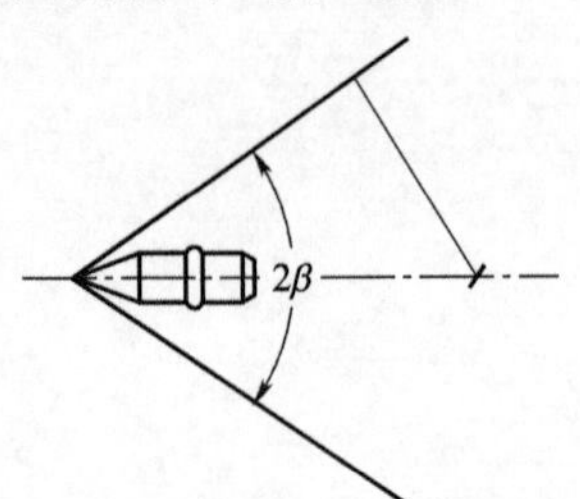

图3.1.2 弹头波的闪光阴影图像示意

$$v = c_s / \sin\beta$$

式中，c_s 为当地声速。

应该指出，上述两种瞬时速度测量法的测试误差较大，在实际应用中一般都不专门用来测速。至今在弹丸速度测量方面，还没有一种能够满足试验需要的瞬时速度测量方法，人们在实际试验工作中一般都采用平均速度测量法来代替弹丸瞬时速度测量法。

2. 平均速度测量法

平均速度测量法通过测量弹丸飞行路径上的某一段距离 L 和弹丸飞越该段距离所经历的时间 T 作为直接观察量。由公式

$$v = L / T \tag{3.1.1}$$

换算弹丸的平均速度。平均速度测量法主要有两种：一种是定时测距法，另一种是定距测试法，两者均以距离 L 和时间 T 的测量为基础。

定时测距法是按事先规定好的时间间隔 T，采用适当的方法记录弹丸在弹道上的飞行距离 L，由式 3.1.1 换算弹丸的平均速度。这种方法大都采用摄影（或摄像）手段定时记录弹丸的瞬时位置图像，再通过照相图像判读，测量出弹丸在这段时间间隔内的飞行距离。定时测距法常用的方法有闪光阴影照相测速、高速分幅摄影或高速录像测速、光电经纬仪或弹道照相机摄影测速等。

由于采用摄影方法记录，必须经过图像判读等一系列工序才能获得距离数据，这类方法测速效率较低，并且多数摄影记录方法测出的数据精度不高，因此一般不专门用来测速。

定距测试法是在预计的弹道上事先确定好距离，再用测试仪器测量出弹丸飞过这段距离所经历的时间，进而换算出弹丸的平均速度。定距测时原理最典型的实施方法是测时仪测速法，它是靶场弹丸测速中应用最多的一种方法，本书在下一节内容中对此将作专门介绍。

3. 多普勒原理测速法

除了上述测速方法外，另一种重要的速度测量方法是多普勒雷达测速，其实现方式是应用多普勒原理测速，它是利用波传播中的多普勒效应进行测速的方法。在靶场测速试验中，大量采用的是电磁波的多普勒效应测速。这类仪器通常称为多普勒雷达，亦称作多普勒测速仪。多普勒雷达是一种极为有效的测速仪器，它可以一次测出弹丸在不同时刻的飞行速度，也可以测出一次连射中各发弹丸的飞行速度，甚至还可以测出多目标飞行物的运动速度和弹丸的转速。由于它具有上述优点，目前已逐渐成为靶场试验中的主要测速仪器。

常规靶场用于测量弹丸速度的设备很多，测速雷达因其不需滋化弹丸、不受射角限制、机动性强、通用性好且是非接触式测量而成为目前最主要的测速手段，得到广泛的应用。美国陆军试验操作规程中将初速雷达定为测定火炮炮弹初速的首选测量设备，然后才依次选用线圈靶、天幕靶、霍克连续波照射器、光幕靶、通断靶、狭缝摄影机、高速摄影机、闪光射线摄影机等测速设备。

从测速原理上讲，雷达测速的基本方法有回波法测速和利用多普勒效应测速两种。由于回波法测速缺点较多，实际上用于测速的雷达几乎都是多普勒雷达。多普勒雷达用于弹道测试已有 50 多年的历史，近 30 多年得到较大发展，成为现代靶场和野战测速的一种很重要的设备。由于计算机技术、微电子技术、测试技术等的发展，人们能够根据靶场测量的需要，研制具有多种功能的高效测量设备，这类设备能测出包括速度在内的多种弹道参数。例如美

国国际电话电报公司早在 20 世纪 70 年代末期研制，于 1985 年开始运转的 ARBAT 弹丸弹道验收雷达，该雷达采用脉冲多普勒和有限扫描相控阵测量体制，能够测量包括弹丸的真实速度、加速度、空间位置等在内的所有主要弹道参数，还能测量火箭助推弹丸和子母弹的外弹道性能参数。目前国内有关的大型靶场也采用了具有同时测速和测坐标等多功能的测试雷达。这些设备不仅仅用于测速，后面的有关章节将对其作专门介绍，这里就不讨论了。

如果将弹丸速度测量方法按所用的仪器装置的工作特点分类，还可分为测时仪测速法、雷达测速法、导航卫星测速法、高速摄影测速法和机械测速法。测时仪测速法是指采用测时仪和区截装置进行测速的方法，这类方法根据区截装置的类型还可分为通、断靶测速，线圈靶测速，天幕靶测速，光幕靶测速和声靶测速等。雷达测速法通常指采用电磁波发射和接收装置获取弹丸速度信息的一类方法，目前采用的仪器大都是多普勒雷达，也可采用空间坐标测量雷达；导航卫星测速法是利用导航卫星的定位信号进行测速的方法，目前主要利用美国的 GPS 信号，采用遥测技术获取弹丸速度数据；高速摄影测速法是指采用摄影图像方法记录弹丸的空间信息和时间信息并换算出弹丸速度的方法，这类方法采用的仪器有狭缝式同步摄影机、闪光阴影照相装置、高速分幅摄影机、高速录像、弹道照相机和光电经纬仪等；机械测速法通常指采用机械装置进行测速的方法，这类装置大都采用一般的力学原理测速，由于前面所述的原因，现已被淘汰。

为清楚起见，表 3.1.1 和表 3.1.2 分别归纳列出了上述两种分类。

表 3.1.1　测速方法按原理分类

<table>
<tr><td rowspan="2">瞬时速度测量法</td><td colspan="3">弹道摆测速</td></tr>
<tr><td colspan="3">激波倾角测速</td></tr>
<tr><td rowspan="15">平均速度测量法</td><td rowspan="7">定时测距法</td><td colspan="2">闪光阴影照相测速</td></tr>
<tr><td colspan="2">高速分幅摄影测速</td></tr>
<tr><td colspan="2">弹道相机测速</td></tr>
<tr><td colspan="2">光电经纬仪测速</td></tr>
<tr><td colspan="2">回波法坐标雷达测速</td></tr>
<tr><td colspan="2">人造卫星信号定位法测速</td></tr>
<tr><td colspan="2">…</td></tr>
<tr><td rowspan="8">定距测时法</td><td rowspan="8">测时仪测速</td><td>通靶测速</td></tr>
<tr><td>断靶测速</td></tr>
<tr><td>线圈靶测速</td></tr>
<tr><td>天幕靶测速</td></tr>
<tr><td>光幕靶测速</td></tr>
<tr><td>光电坐标靶测速</td></tr>
<tr><td>声靶测速</td></tr>
<tr><td>…</td></tr>
</table>

续表

<table>
<tr><td rowspan="2">平均速度测量法</td><td rowspan="2">定距测时法</td><td>狭缝摄影机测速</td></tr>
<tr><td>…</td></tr>
<tr><td rowspan="5">多普勒原理测速法</td><td rowspan="5">多普勒雷达测速</td><td>初速雷达测速</td></tr>
<tr><td>弹道测速雷达测速</td></tr>
<tr><td>膛内测速雷达测速</td></tr>
<tr><td>人造卫星信号的多普勒原理测速</td></tr>
<tr><td>…</td></tr>
</table>

表 3.1.2　测速方法按仪器工作特点分类

<table>
<tr><td rowspan="8">测时仪器测速法</td><td colspan="2">通靶测速</td></tr>
<tr><td colspan="2">断靶测速</td></tr>
<tr><td colspan="2">线圈靶测速</td></tr>
<tr><td colspan="2">天幕靶测速</td></tr>
<tr><td colspan="2">光幕靶测速</td></tr>
<tr><td colspan="2">光电坐标靶测速</td></tr>
<tr><td colspan="2">声靶测速</td></tr>
<tr><td colspan="2">…</td></tr>
<tr><td rowspan="8">雷达测速法</td><td rowspan="4">多普勒雷达测速</td><td>初速雷达测速</td></tr>
<tr><td>弹道测速雷达测速</td></tr>
<tr><td>膛内测速雷达测速</td></tr>
<tr><td>…</td></tr>
<tr><td rowspan="4">坐标雷达测速</td><td>脉冲雷达测速（回波法测速）</td></tr>
<tr><td>脉冲多普勒雷达测速</td></tr>
<tr><td>连续波坐标雷达测速</td></tr>
<tr><td>…</td></tr>
<tr><td rowspan="4">导航卫星定位测速法</td><td rowspan="2">导航定位测速</td><td>GPS 坐标定位测速</td></tr>
<tr><td>…</td></tr>
<tr><td rowspan="2">信号多普勒原理测速</td><td>GPS 信号多普勒原理测速</td></tr>
<tr><td>…</td></tr>
<tr><td rowspan="4">摄影图像法</td><td colspan="2">狭缝摄影机测速</td></tr>
<tr><td colspan="2">闪光阴影照相测速</td></tr>
<tr><td colspan="2">高速分幅摄影测速</td></tr>
<tr><td colspan="2">高速录像测速</td></tr>
</table>

续表

摄影图像法	弹道照相机测速
	电影经纬仪测速
	…
机械法	弹道摆测速
	布朗节测速仪测速
	…

在靶场试验中，测时仪测速和多普勒雷达测速应用最多，在一些特殊弹丸上导航卫星测速法也开始得到应用。本章主要介绍测时仪测速方法及其应用，有关多普勒雷达测速的内容将在下一章详细介绍，导航卫星测速法将在第 9 章详细介绍。

§3.2　测时仪测速系统的构成

长期以来，如何准确、可靠地测量弹丸的运动速度是相关研究工作者普遍关注的问题。在靶场试验中，由于测时仪测速方法简单、可靠、精度较高，故它是测量弹丸的运动速度时应用最多的方法。

§3.2.1　测时仪测速方法及场地布置

测时仪测速一般采用定距测时法，这种方法依赖弹丸飞行时间和距离的测量，即事先精确测量好预计弹道上两点间的距离，再用仪器测量出弹丸飞过这段距离所经历的时间 T，由式（3.1.1）计算弹丸的平均速度。测时仪测速法一般用于测量离炮口不太远的范围内弹丸的飞行速度（包括初速），其场地布置如图 3.2.1 所示。

图 3.2.1（a）所示为水平测速场地布置，图 3.2.1（b）所示为低射角测速场地布置，图 3.2.1（c）所示为高射角测速场地布置。图中靶 1 和靶 2 分别代表启动和停止测时仪的仪器和装置，这类装置通常称为区截装置或者测速靶。由此可知，测时仪测速法就是事先确定两区截装置之间的距离 L，并测出弹丸飞过这段距离所经历的时间 T，其基本测试参量是距离和时间，其中核心是时间的测量。以田径短跑比赛计时为例，当起跑信号发出时，计时员按下跑表，即给出了开始计时的信号，此刻跑表（时间记录仪表）开始计时；在运动员跑到终点的瞬间，计时员再次按下跑表，即给出终止计时的信号，此时跑表停止计时。由此可见，时间间隔测量的基本条件是：产生开始计时（启动）

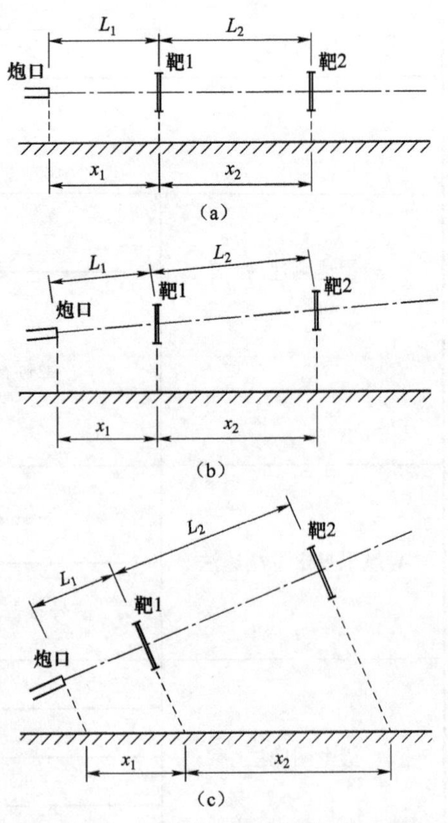

图 3.2.1　测时仪测速法场地布置示意

和终止计时（停止）的信号和两信号之间间隔的时间记录。在弹丸速度测量中，这种开始计时和停止计时的信号分别称为启动信号和停止信号。产生启动信号或者停止信号的仪器或装置通常称为区截装置，用来记录时间间隔的仪器一般称为测时仪，其通常采用电子测时仪、数据采集测速仪或者瞬态记录仪。一般在习惯上，人们将采用区截装置和测时仪的测速方法叫作测时仪测速法，也称区截测速法或区截法。

§3.2.2　区截装置

区截装置是一种传感器，它在空中能够形成一个区截面，当弹丸（或者其他运动物体）穿过该区截面时，能够输出一个电脉冲信号。由于这类装置大量地应用于测速，因而区截装置也称为测速靶，简称靶。区截装置除了广泛用于测速之外，还可以与高速摄影机、闪光阴影和纹影照相设施、狭缝同步摄影机、多普勒测速雷达等其他仪器配合，作为触发启动装置使用。区截装置通常可以分为接触型和非接触型两类。

接触型区截装置是通过直接的机械作用导通或截断闭合电路的方法产生电脉冲信号的一类装置。由于在测速中弹丸与它产生直接的机械作用，故习惯上它也称为接触靶。接触靶通常根据产生电信号的方式分为通靶和断靶。

非接触型区截装置通常指弹丸穿过区截面时对区截装置不产生任何直接的机械作用，而只改变装置周围的磁场、光场、电场或力场等物理量，并通过感受这些物理量的变化来获得电脉冲信号的一类装置。非接触型区截装置最明显的特点是，工作时弹丸与它没有直接接触，使用时以装置的某一空间基准面作靶面（区截面），它通常亦称为非接触靶。由于非接触靶不接触弹丸，因而工作时不干扰弹丸飞行，可以连续重复使用，测速效率高，并可以测出带真引信的实弹的飞行速度。根据非接触靶的工作原理，一般可将其分为线圈靶、天幕靶、光幕靶、声靶等。

归纳起来，区截装置的种类及分类形式见表 3.2.1。表中通靶、断靶、线圈靶、天幕靶、光幕靶应用较多，下面将分别介绍。

表 3.2.1　区截装置的分类

<table>
<tr><td rowspan="14">区截装置</td><td rowspan="6">接触型
区截装置</td><td rowspan="2">通靶</td><td colspan="2">铝箔靶</td></tr>
<tr><td colspan="2">惯性靶（常开）</td></tr>
<tr><td rowspan="4">断靶</td><td colspan="2">炮口线</td></tr>
<tr><td rowspan="2">网靶</td><td>弹头触发网靶</td></tr>
<tr><td>尾翼触发网靶</td></tr>
<tr><td colspan="2">惯性靶（常闭）</td></tr>
<tr><td rowspan="8">非接触型
区截装置</td><td rowspan="2">线圈靶</td><td colspan="2">单线包</td></tr>
<tr><td colspan="2">双线包</td></tr>
<tr><td rowspan="5">光电靶</td><td rowspan="2">天幕靶</td><td>水平天幕靶</td></tr>
<tr><td>仰角天幕靶</td></tr>
<tr><td rowspan="3">光幕靶</td><td>光束反射式（光网靶）</td></tr>
<tr><td>透镜聚焦式</td></tr>
<tr><td>阵列式</td></tr>
<tr><td>声靶</td><td colspan="2">声学传感器</td></tr>
</table>

§3.2.2.1 通靶和断靶

通靶和断靶为接触型区截装置，它们的工作原理如图 3.2.2 所示。图中 A 为靶信号输出端，R 为限流电阻，K 为靶开关。

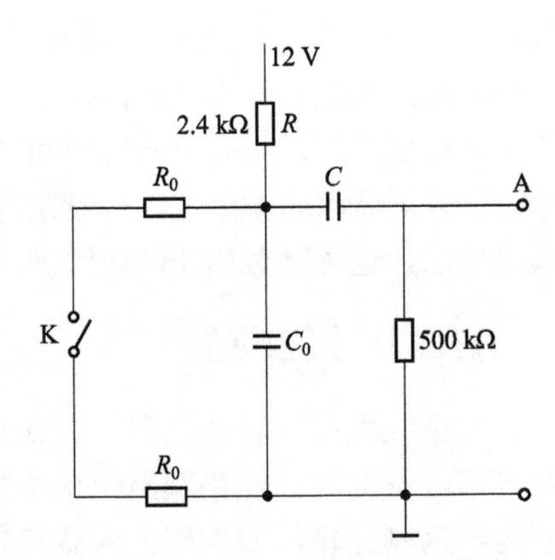

图 3.2.2　通靶、断靶的原理电路

1. 通靶

通靶是使靶开关导通的接触靶。在复原状态下靶开关处于断开状态，此时 A 端为高电平状态，若在某时刻 t 弹丸穿过通靶，弹丸与通靶的机械作用使 K 导通，因而 A 端变成了低电平状态，这种电平从高到低的突变即产生了负脉冲信号。通靶大多数用于枪弹和小口径炮弹测速。

目前常用通靶的是箔靶，箔靶的靶开关一般采用两张金属箔（通常是铝箔），每张金属箔均连接一根引出线（可用鳄鱼夹连接），在它们之间用一层绝缘材料隔离，其结构如图 3.2.3 所示。

射击前，将箔靶的两引出线与仪器电路连接，两张铝箔即构成了原理电路（图 3.2.2）中的靶开关 K 的两个电极。由于弹丸材料为金属导体，弹丸穿过靶时使得两片铝箔瞬间导通，则 A 点将产生负的突跳变脉冲，这个负突跳脉冲的前沿，就是箔靶产生的靶信号。由图 3.2.2 可以看出，靶开关 K 导通时，回路是一个放电过程。它利用弹丸的穿靶过程导通测时仪输入端来产生触发信号，其接入测时仪的等效电路如图 3.2.4 所示。由图可知，当输入端（通靶两极）导通时，电缆线分布电容 C_0 上的电量将通过电缆电阻 R_0 被释放，其放电关系式如下

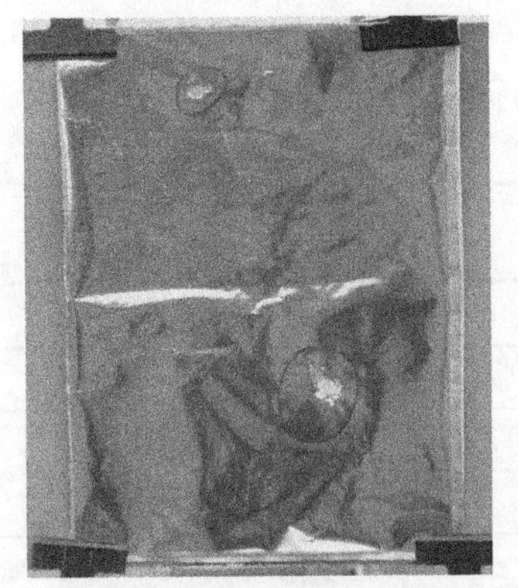

图 3.2.3　铝箔靶

$$V_a = E\mathrm{e}^{-\frac{t}{\tau}} \tag{3.2.1}$$

式中，τ 为放电时间常数，$\tau = 2R_0C_0$；

E 为放电起始电平；t 为放电时间。

由式 3.2.1 可以看出，通靶信号的放电过程是按指数规律变化的。根据实际的箔靶参数，这里设回路中电容 C_0 上的原充电电势 E=12 V，仪器负跳变的触发电平为 V_a=6 V，靶线电阻 $2R_0$=20 Ω，靶线分布电容 C_0=10 mF。将这些已知量代入式（3.2.1）则有

$$\mathrm{e}^{-\frac{t}{0.2}} = \frac{1}{2}$$

将上式两边取对数，化简得

$$t = \tau \cdot \ln 2 = 0.2 \times 0.693 = 0.139\,(\mu\mathrm{s}) \tag{3.2.2}$$

由上面的计算结果可以看出，箔靶导通时的放电时间常数很小，所以导通后至产生触发过程经历的时间可以短到微秒级。箔靶输出的负脉冲信号的脉冲前沿很陡，延迟时间很短，其影响完全可以忽略。这说明，由于箔靶输出的负脉冲信号的延迟时间很短，测试精度可达

很高，即使两靶回路存在一定的不对称性，其对测量的影响也可不必考虑。

箔靶靶面尺寸由于受到铝箔纸张大小的限制，一般用于小口径弹丸速度的测量。测速时，铝箔靶工作可靠，一致性好，且可以多次重复使用。若需要将箔靶重复使用，则在每次射击前，应将箔靶的靶框上下或左右移动，以避免弹丸穿靶重孔导致信号丢失。

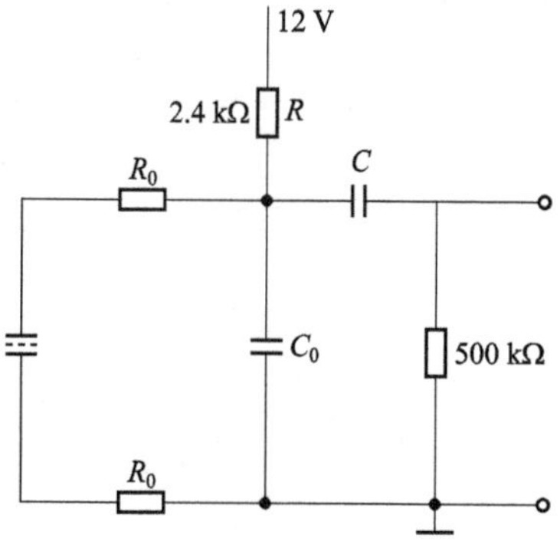

由于箔靶在重复使用时为了避免弹丸重孔，每射击一发需移动靶面位置，使用不够方便，且靶面移动可能产生靶距误差。

图 3.2.4　箔靶的等效电路

制作箔靶时要求靶面平整，中间绝缘良好。安装使用时，要求箔靶靶面垂直于弹道线。尽管制作箔靶选用极薄的金属箔和绝缘层，但弹丸接触箔靶时，仍会使金属箔和绝缘层经历受力、拉伸和破裂等过程，该过程必然影响弹丸运动，同时也会产生靶距误差。由于弹丸接触箔靶产生了受力过程，为了保证试验安全，在用箔靶进行测速试验时，必须禁止使用真引信弹丸。

2. 断靶

断靶是通过弹丸对靶的机械作用使靶开关 K 断开的接触靶。在工作状态下，断靶的靶开关 K 导通，图 3.2.2 中的 A 端处于低电平状态。当弹丸穿靶时，弹丸与靶产生机械作用而将靶开关 K 断开，此刻输出端 A 从低电平状态翻转为高电平状态。这种由低电平跳变为高电平状态产生的电信号称为正脉冲信号，如图 3.2.5 所示。

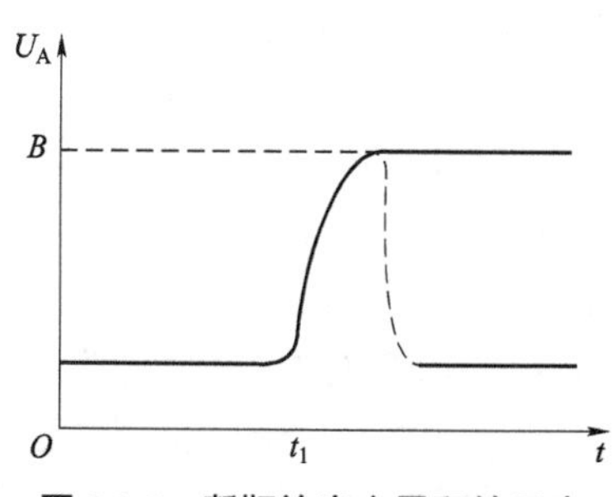

图 3.2.5　断靶输出电平翻转示意

图中 t_1 为弹丸穿靶并使靶开关 K 断开的时刻，电平翻转时上升是一个渐变过程，上升沿不陡。产生这种现象的原因是，断靶靶面及信号传输线形成了一定的分布电容。当靶开关 K 断开时，电源 E 首先对 A 端与地之间的分布电容充电，A 端电压 U_A 则随该分布电容充电量的增大而增高，直到充电结束完成电平的翻转过程。断靶多用于炮弹测速，常用的断靶有网靶、炮口线、惯性靶（常闭）等。

靶场测速试验中应用最多的断靶是铜丝网靶，在结构上，其一般采用绝缘材料（木制材料）做成矩形网框架，在框架的左右两边设置一排排绕线柱（多用圆钉钉在木质靶框上），通常用一根金属丝（铜丝）在矩形框架左右两边的接线柱上来回绕制成一个栅栏式的金属网作为靶开关 K，即构成网靶。金属丝直径一般为 0.15～0.25 mm，栅栏式金属网线的密度随所测弹丸直径和触发方式而定。

根据绕制方式，网靶可分为弹头触发网靶和尾翼触发网靶。前者多用于旋转稳定弹丸测速，一般要求相邻两根金属线的间距小于 1/4 弹径，其结构如图 3.2.6 所示。后者主要用于尾翼稳定弹丸测速，一般采用双金属线交错绕制成一个栅栏式的金属网，以并联接线方式制作网靶，如图 3.2.7 所示。两并联金属线之间的间距的取值在弹径与尾翼展长之间，即该间距大于弹径，又小于尾翼展长，可取为弹径与尾翼展长之和的 1/2。在实际的速度测试中，由于网靶结构简单、价格便宜、可靠性高，故其较多地应用于炮弹测速，有时也用来测量战斗部静爆后的破片飞行速度及速度分布。

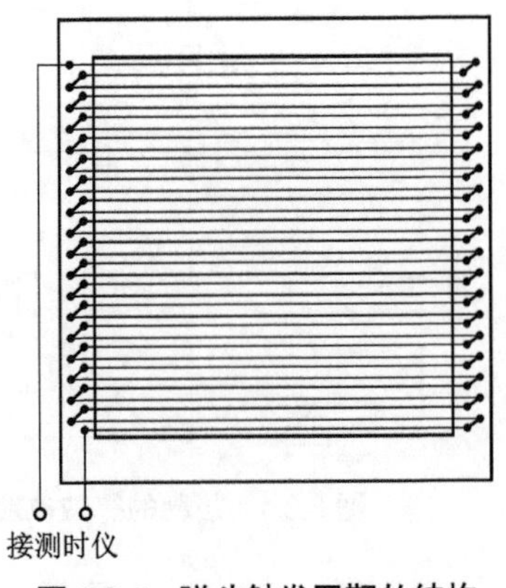

图 3.2.6 弹头触发网靶的结构

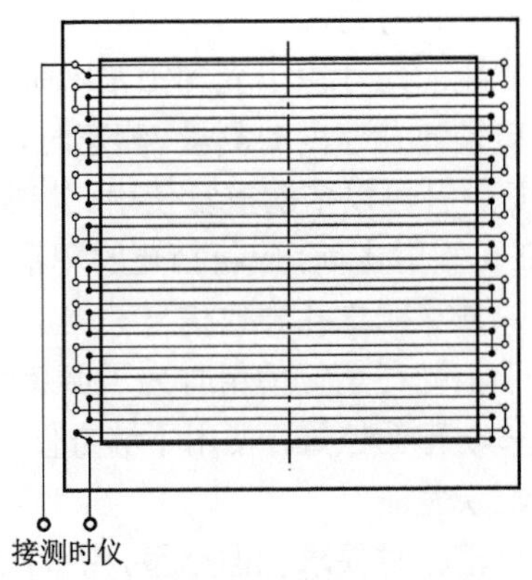

图 3.2.7 尾翼触发网靶的结构

炮口线是网靶的一种特殊形式，在结构上通常采用一根网靶用的金属丝横拉在炮口形成断靶开关，该金属丝通常与炮口轴线垂直相交，并与火炮绝缘固定。金属丝的两端线头即图3.2.2 中靶开关 K 的两极。

在实际应用中，绝大多数测时仪都设置有类似图 3.2.2 所示的网靶电路，使用时将网靶挂在图 3.2.1 中弹道段 L 的两端，使靶面垂直于预计的弹道线，当网靶的输出端与测时仪接通后，金属丝内将有电流。因为金属丝的电阻很小，所以输出端为低电位。当弹丸穿过靶面时金属丝被切断，则输出端电位将产生上升跳变，这个电位的突变就是网靶产生的靶信号。

网靶具有较高的可靠性，不易受外界干扰的影响，成本低廉，可达到一定的精确度，但必须正确使用。网靶是利用弹丸飞行时截断镀银铜丝而产生阶跃信号的，这个信号送入测时仪即可转换为触发脉冲。通常镀银铜丝被截断时所产生的阶跃信号的前沿不是很陡，而触发电平具有一定量值，由此将产生触发的延迟时间。这个前沿上升时间主要是传输线分布电容的影响造成的。当使用 100 m 靶线时，其分布电容值可达 10～20 nF，将其接入测时仪输入电路，则其等效为 C_0，如图 3.2.8 所示。

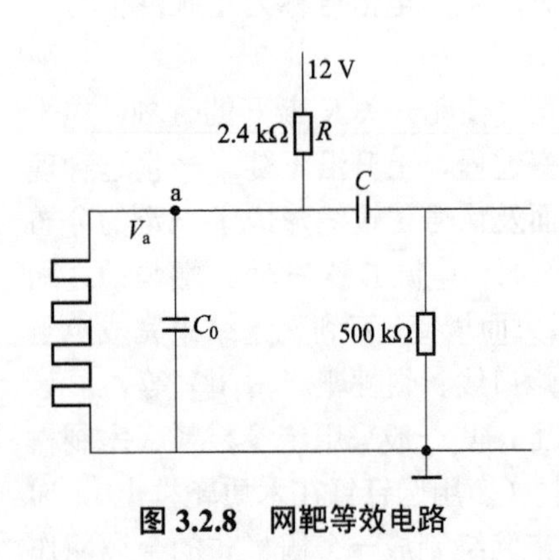

图 3.2.8 网靶等效电路

由图可知，网靶丝接通时，a 点相当于接地，为零电位；当网靶丝被截断时，a 点电位 V_a 不可能突变，它将按电容充电的指数规律上升，即

$$V_a = E(1 - e^{-\frac{t}{\tau}}) \tag{3.2.3}$$

式中，E 为电源电平，τ 为充电时间常数，$\tau = R \cdot C_0$；t 为充电时间。

例如根据常规的网靶数据，设测时仪触发电平 V_a 为 6 V，限流电阻 R 为 2.4 kΩ，C_0 为 10 nF，电源电平 E 为 12 V，将这些已知量代入可得

$$e^{-\frac{t}{24}} = \frac{1}{2} \tag{3.2.4}$$

将上式两边取对数化简得

$$t = 24\ln 2 = 16.6\,(\mu s) \tag{3.2.5}$$

式（3.2.5）的结果说明，延迟时间 t 达到了 16.6 μs。这是不可忽视的量值。除了使测速点发生偏移之外，当两个靶回路不对称时，过大的延迟时间 t 将产生较大的靶距误差。

弹丸穿过金属丝靶栅时，靶丝截断时机不一致也将产生靶距误差。从高速摄影图像可以观察到，靶丝截断时除有一定的伸长量之外，当靶丝被弹丸头部（或某一部位）撞击后，并不是立刻断开，而往往是两边的断头紧贴在弹体上，通过弹体继续导通，直至弹丸底部过去之后才真正断开。这种断开的时机对两靶来说不完全相同，其距离差值就是一种靶距误差，同时靶丝断开的滞后量也导致了测量点后移。还有两靶缠绕时松紧程度不同，也会造成人为误差。

为了保证产生靶信号的准确性，制作网靶要求框架绝缘良好，绕制用的金属丝要导电良好（一般采用镀银铜丝），绕制时要绷紧，尽量保证每段金属丝松紧一致。实际上，一对网靶在制作时不可能完全一致，弹丸在穿过靶面时，碰击靶面的相对位置也不相同，此外，由于两个靶的输入电路的电参数也不能完全对称，这使输入的触发脉冲所对应的靶距与实际放置两个靶的距离不一致，这将产生靶距误差。归纳上述讨论，使用网靶时应注意以下事项：

（1）试验现场缠绕网栅时，前后两靶的栅栏靶丝应绷直，力求栅栏靶丝的长短、松紧一致；

（2）两靶回路的信号传输线的长度、规格应力求一致；

（3）网靶的靶面应平行架设，并保证与弹道线垂直。

综上所述，在接触型区截装置中，通靶输出负脉冲信号，而且脉冲前沿很陡，测试精度很高；断靶输出负脉冲信号，由于传输线分布电容的影响，脉冲前沿不太陡，也就是说，断靶的启动和停止信号的延迟时间较通靶长得多。由于通靶和断靶的触发延迟时间相差很大，在弹丸速度测量中，一般不可将通靶、断靶混用（特别是短靶距时不可混用）。否则，两靶信号延迟时间不一致，将产生较大的测时误差。若必须混用，一定要进行延迟修正，以减小测量误差。

§3.2.2.2　线圈靶

线圈靶是用螺线管线圈感受由弹丸运动所引起的线圈内磁通量变化所产生的电信号的区截装置，其就是用漆包线绕制匝数一定的线圈并封将之入铝制或木制腔内。线圈靶的工作原理是利用弹丸穿过线圈绕组的运动，改变线圈的磁通量由此产生电信号。根据电磁感应定律，线圈产生的感应电动势等于线圈的磁通量随时间的变化率，即

$$e = -\frac{\mathrm{d}\Phi}{\mathrm{d}t} \tag{3.2.6}$$

由此可见，当弹丸穿过线圈靶并使其磁通量发生变化时，线圈的两端必然产生量值等于磁通变化率的电动势 e，电动势的方向与线圈靶的磁通变化方向有关。该电动势 e 即线圈靶产生的电信号，通过放大整形可以得出测时仪的触发信号。

利用弹丸穿过线圈的运动改变线圈靶磁通量的方式有感应式和励磁式两种，对应的线圈靶分别称为感应式测速方法和励磁式测速方法。

1. 感应式测速方法

感应式测速方法需要预先将弹丸进行磁化处理，当磁化后的弹丸沿着线圈靶的轴线方向

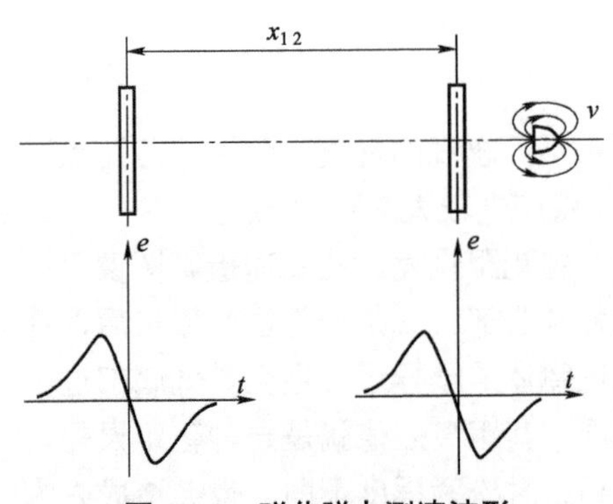

图 3.2.9　磁化弹丸测速波形

穿过靶时，弹丸的磁场将使线圈靶中的磁通量产生变化，从而在感应线圈中感应出一个类似正弦波的信号，如图 3.2.9 所示。由于这种方法要求对弹丸进行磁化处理，通常也称为磁化法测速。

磁化法测速一般是在临射击前将弹丸磁化，然后再测速；或者在枪口附近安装一个磁化器，测速时让弹丸在飞行中穿过磁化器而自动磁化。上述两种磁化方法中，前者多用于炮弹测速磁化，后者多用于枪弹测速磁化，两者均具有相同的效果。

实际上，可将预先磁化的弹丸视为一个具有一定磁矩的磁棒，其周围的磁场强度为 $\vec{H}$，其磁感应强度 $\vec{B}=\mu\vec{H}$（μ为磁导率），磁通量为

$$\Phi=\int_S \vec{B}\cdot \mathrm{d}\vec{S}$$

当具有磁感应强度 $\vec{B}$ 的弹丸穿过线圈靶时，其改变了线圈靶的磁通量，使之产生电信号

$$e=-\frac{\mathrm{d}\Phi}{\mathrm{d}t}=-\int_S \frac{\mathrm{d}\vec{B}}{\mathrm{d}t}\cdot \mathrm{d}\vec{S} \tag{3.2.7}$$

因为弹丸直径比线圈靶直径小得多，故可以将磁化了的弹丸近似看作一个磁偶极子。应用电磁学理论中磁偶极子的磁场公式，当具有磁矩为 m 的磁偶极子，沿着线圈靶的中心轴线穿过线圈靶时，其感应电动势的表达式可写为

$$e=\frac{3}{2}\mu_0 mnvR^2 x(R^2+x^2)^{-\frac{5}{2}} \tag{3.2.8}$$

式中，μ_0 为空气的磁导率，m 为磁化弹丸的磁矩，n 为感应线包的匝数，R 为感应线包的平均半径，v 为弹丸通过线圈靶时的速度。

从式（3.2.8）可以看出，线圈靶输出信号的大小取决于弹丸通过靶时的速度、弹丸的磁矩、线圈靶绕组的平均半径和匝数等参数。这些参数一定时，信号的幅值则随着弹丸相对线圈靶中心的轴向位置而变化。由 $\frac{\mathrm{d}e}{\mathrm{d}x}=0$，当相对位置为 $x=\pm\frac{R}{2}$ 时，信号有峰值。对于不同的弹速和靶的半径，其峰值振荡频率约为数百赫到数千赫。

试验表明，如果弹丸不是沿着线圈的轴线通过，则式 3.2.8 不再适用。此时线圈靶的磁通量除了随弹丸与靶面的轴向相对位置变化外，还沿靶的径向相对位置变化，其结果是弹丸偏离中心轴线穿靶，这将使信号幅值增大，峰值点更靠近靶面。

2. 励磁式测速方法

励磁式测速方法需要将直流电通入线圈，使线圈所包围的空间形成一恒定的磁场（磁通量恒定）H，当弹丸（铁磁材料飞行体）穿过线圈时，其使线圈内的磁介质的磁导率显著增大（铁磁材料的磁导率较空气高 10^2～10^3 倍），这导致磁感应强度上升，引起磁通量变化从而产生电信号。由于这种方法不要求对弹丸进行磁化处理，通常也称为非磁化法测速。

设对线圈靶的励磁绕组通以电流恒定的直流电，使之在靶的周围形成恒定的强度为 $\vec{H}$ 的磁场，如图 3.2.10 所示。由于线圈靶的磁通量

$$\Phi=\int_S \vec{B}\cdot \mathrm{d}\vec{S}=\int_S \mu\vec{H}\cdot \mathrm{d}\vec{S}$$

式中，$\vec{B}$ 为磁感应强度，S 为线圈的磁通面积，μ为磁导率。当铁磁材料弹丸穿过线圈靶时，线圈靶中的弹丸所占空间的介质由空气变成了铁磁物质，磁导率μ发生了显著变化。此时，线圈靶的磁通变化率为

$$\frac{\mathrm{d}\Phi}{\mathrm{d}t}=\frac{\mathrm{d}\mu}{\mathrm{d}t}\int_S \vec{H}\cdot \mathrm{d}\vec{S}$$

可见，只要μ的值的变化足够大，同样可以产生电信号 e。

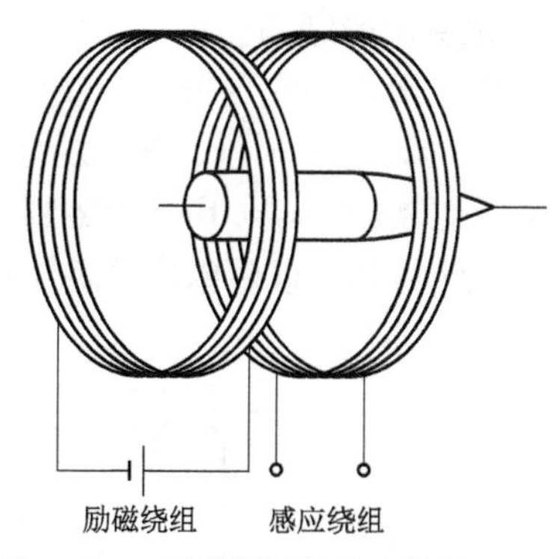

图 3.2.10　励磁线圈靶的工作原理示意

类似的，若把励磁线包近似看成一个平均半径为 R、匝数为 n、所通直流电流为 I 的短螺管线圈。使坐标的 x 轴与短螺管的轴线重合，则沿 x 轴向的磁场强度可表示为

$$H=\frac{1}{2}nIR^2(R^2+x^2)^{-\frac{3}{2}} \tag{3.2.9}$$

当弹丸垂直靶面沿励磁线圈靶的中心线穿过时，仅认为被弹丸截面所包含的部分空间的磁导率发生变化，则励磁线圈靶的磁通量的变化值可近似为

$$\Delta\Phi=\frac{\mu\pi\cdot d^2H}{4} \tag{3.2.10}$$

式中，μ 为弹丸的磁导率，d 为弹丸直径，H 为磁场强度。

设短螺管的长度（相当于线圈靶的厚度）为 L，弹丸质心穿过线圈靶经历的时间为Δt，则线圈靶的输出信号可近似为

$$e=-\frac{\mathrm{d}\Phi}{\mathrm{d}t}=-\frac{L}{\Delta t}\cdot\frac{\Delta\Phi}{L}=-\frac{1}{8L}nIR^2 v\mu\pi\cdot d^2(R^2+x^2)^{-\frac{3}{2}} \tag{3.2.11}$$

式中，v 为弹丸沿中心轴线穿过线圈靶时的运动速度。由式 3.2.11 可见，励磁式线圈靶测速信号的大小取决于励磁电流、弹丸通过靶时的速度、弹丸的半径和线圈靶的匝数等参数。这些参数一定时，信号的幅值随着弹丸相对线圈靶中心的位置而变化。对于不同的弹速和靶的半径，其信号频率约为数百赫到数千赫。

与感应式测速情况类似，如果弹丸不是沿着线圈的轴线通过，因励磁磁场的强度除了随弹丸与靶面的相对位置变化外，还沿靶的径向相对位置变化，其结果是弹丸偏离中心轴线穿靶，这将使信号幅值增大。

励磁式测速有自感式和互感式两种：自感式励磁线圈靶与感应式测速线圈靶的结构相同，即只由一个线圈绕组构成，在使用中将这个线圈绕组通上直流电励磁，同时它又作为感应线圈产生电信号；互感式励磁线圈靶有二个线圈绕组，一个绕组通上直流电励磁，另一个作感应线圈产生电信号。

应该说明，线圈靶测速虽然有磁化弹丸测速和非磁化弹丸测速两种方式，但由于非磁化弹丸测速需要向线圈靶提供励磁电流，若使用不当容易产生干扰信号强、靶信号弱等现象，因此靶场测速试验一般优先采用前一种测速方法。

3. 线圈靶的结构

对应上面两种测速方式，线圈靶在结构上可分为双线包线圈靶和单线包线圈靶，如图3.2.11（a）和（b）所示。图 3.2.11（a）所示为双线包线圈靶，图 3.2.11（b）所示为单线包线圈靶，图 3.2.11（c）所示为铝制框架平面图。为了防止电气短路，金属骨架留有间隙，中间填入绝缘材料，以避免构成闭合回路。

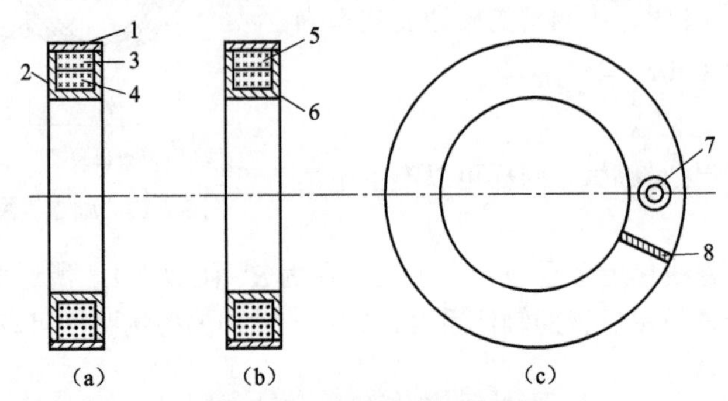

图 3.2.11 线圈靶的原理结构

（a）双线包式；（b）单线包式；（c）框架

1—屏蔽盖；2—线圈框；3—感应线包；4—励磁线包；5—线包；6—框架；7—接线端；8—绝缘间隙

双线包式采用木制或铝制框架（通常木质框架做成正方形或正多边形，铝质框架做成圆形），其中装入两个用漆包线绕制的具有一定匝数的线包：一个叫励磁线包，工作时通以直流励磁电流，产生稳定磁场；一个叫感应线包，工作时与测时仪输入回路连接，输出感应信号。当弹丸通过线圈靶时，由于弹体是铁磁性物质，其引起线圈中全磁通的变化，产生感应电动势，这就是线圈靶的输出信号。单线包线圈靶只有一个线包，它是感应线包，又可同时兼作励磁线包，因励磁电流是直流，感应信号是交变的，可以用一个适当值的电容器来隔断直流并耦合输出交变的感应信号。

理论和实验分析已证明（详见§3.3.3），线圈靶输出的触发信号存在着相移延迟、波形延迟和外界各种干扰信号的延迟叠加等触发时间延迟，这些信号延迟势必给线圈靶测速带来误差。

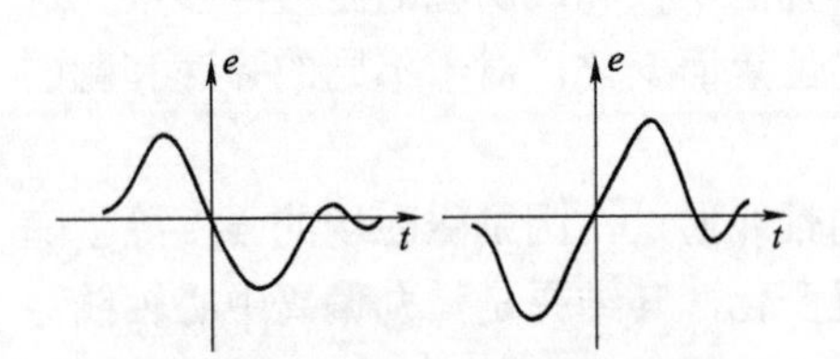

图 3.2.12 线圈靶电信号的波形

根据上述线圈靶的感应电信号产生的原理可以看出，线圈靶产生的电信号有图 3.2.12 所示的两种波形。该波形与线圈绕组匝数、线圈直径、线圈的排列方法、励磁电流的大小和方向（或弹丸的磁场强度的大小和方向）、弹丸速度及横截面积等参数有关，而信号的极性则随弹丸磁化方向、线圈靶接线方式等操作条件而定。由于存在触发延迟，线圈靶的区截面并非在靶面上，而是在感应线圈附近空间的某一平面。为了提高测速精度，要求线圈靶输出的电信号波形尽量一致，以使其区截面相对线圈靶面的位置相同。从弹丸速度测量精度考虑，一般要求启动信号和停止信号波形一致，并具有足够的幅值。因而，在应用线圈靶测速时要求必须配对使用，线圈直径与火炮口径、设靶距离及弹丸散布相适应，布靶时要求两靶极性一致。

为了提高线圈靶的测速精度和工作可靠性，有关部门已对它的尺寸规格、适用范围、磁场方向等作了统一规定。例如，规定弹丸磁化后，弹头为南极；用励磁线包时，规定励磁场的南极指向射击方向，统称“南极启动”。

综上所述，为了提高精度，使用线圈靶测速必须注意以下几方面：

（1）选用线圈靶必须配对使用，力求配对的靶圈工艺尺寸、电参量等保持一致，最好使其参数与测时仪输入端匹配，使工作处于过阻尼状态。

（2）靶面要平整，架设力求垂直于弹道，靶与靶之间的距离要保证它们不受对方磁场的影响。

（3）设置线圈靶要避开铁磁物质，以避免磁场分布变形。

（4）射击时，力求弹丸穿过靶心，若偏弹丸离中心轴线不相同，其将使信号大小不一致，会带来测速误差。

（5）在保证安全的前提下，选用直径比较小的线圈靶，这有利于提高测速精度。

（6）励磁线圈靶易受外界干扰，信号波形易产生副波，故使用磁化弹的感应线圈靶较优越。

随着印刷电路工艺的发展，现在人们已生产了印刷电路板的线圈靶，规格有内径为 150 mm 及 300 mm 两种。它是用 0.6 mm 厚的双面敷铜板，每面印刷 20 圈，然后用 8 片或 10 片叠成一个靶圈，最外面用两个 2 mm 厚的开口铝环夹住，既起加强作用，又有屏蔽性能。这种线圈靶很薄，只有 10 mm 左右，线圈排列整齐，集总参数和分布参数都比较一致；靶厚的电气中线和几何中线的一致性也好；做成后不经选配便能得到较好的信号波形。但是，印刷电路的线较细，线圈直流电阻较大，内径为 300 mm 的印刷线圈靶，其直流电阻约为 180 Ω，比线绕线圈靶大一倍，这就需要解决与测时仪的输入回路的阻抗匹配问题。

线圈靶的主要优点是皮实耐用、使用方便；靶与弹丸不接触，对弹丸的飞行运动无干扰，可测真引信实弹。它的缺点是，需严格配对使用，不如网靶和箔靶稳定可靠，只适用于铁磁物质的弹丸。由于线圈靶具有皮实耐用，使用方便等突出的优点，目前它在国内外的靶场中还被普遍采用。

§3.2.2.3　天幕靶

天幕靶是野外靶场测试中应用最多的一种非接触型区截装置，它应用光电转换原理设计而成，其靶面像一个挂在空中的倒尖劈形幕帘，使用时一般以天空作背景。从本质上说，天幕靶就是一种光探测传感器，其视场为扇形的倒尖劈形的楔形结构。

1. 天幕靶的光路与工作原理

天幕靶的光路原理如图 3.2.13 所示，其光路系统主要由透镜组、狭缝光阑、光敏元件等构成。狭缝光阑位于光敏元件的光敏面上部，其作用是限制靶面以外的光线射入狭缝下面的光敏面。狭缝光阑通常与光敏元件构成一个组件，设置在透镜组下方的像平面上，并使透镜组的光轴穿过狭缝中心。由于天幕靶透镜组后面的狭缝光阑限制了狭缝以外的光线射入光敏面，故狭缝后光敏元件的视场即一倒尖劈状的扇形薄幕面。显然，天幕靶的敏感区域就是这一倒尖劈状的扇形薄幕面视场区域，人们通常将此幕面形状的敏感区域作为产生触发信号的区截面，并称之为天幕。也就是说，由于只有天幕内的光线才能被光敏元件接收并输出电信号，所以天幕靶的幕面实质上就是其靶面。

在结构上天幕靶自身不带光源，但工作时需要足够亮度的光线，以保证弹丸穿过其幕面时能够触发输出电信号。它的光源可来自 3 个方面，其一是天空中的自然光作为背景光源，其二是所探测的目标自带光源（如带有曳光的弹丸、火箭弹等），其三是人工背景光源。只要

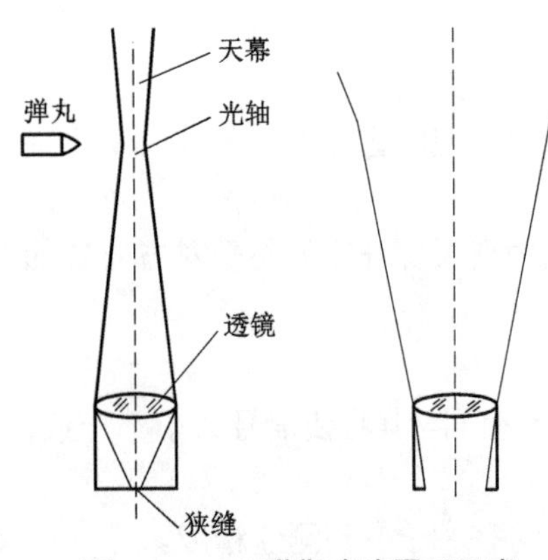

图 3.2.13 天幕靶光路原理示意

配用合适的人工光源，天幕靶也可以在室内靶道使用。人工光源通常需用直流供电，目前采用的人工光源是一种直流供电的长条形阵列的高亮度发光二极管，经毛玻璃形成散射光。利用人工光源，或多或少限制了靶面的大小。

对于野外靶场试验，天幕靶一般以天空为背景，即以太阳光在大气中的散射光作为背景光源。在足够的光照度条件下，当弹丸穿过天幕靶的幕面时，遮住了进入狭缝的部分光线，通过天幕靶狭缝的光通量即刻产生变化（大多数情况是光通量减小），即产生了光信号。该光信号一经光敏元件接收，所在的电路即刻产生一正比于该光通量变化的电信号。通过处理电路对此电信号放大整形，最后输出一个电脉冲信号，触发测时仪，完成计时功能。实际上，大多数天幕靶还可以将整形前的放大信号输出，直接给出弹丸外形的模拟信号。该信号可供数据采集系统分析测时之用。

天幕靶能探测到弹丸的最大距离（弹道与镜头的距离）与弹径成正比，一般以最大探测距离与弹径之比值（倍弹径）表示天幕靶的灵敏度。该灵敏度与天幕厚度成正比，与电路的比较电压成反比。为了在不同的天空亮度下有合适的灵敏度，有些天幕靶在电路中自动生成与天空亮度成正比的比较电压值。使用天幕靶时，通常将光圈定为某一确定值（例如将光圈定为 4），不必根据光照度调整镜头光圈。

2. 水平天幕靶与仰角天幕靶

天幕靶有水平天幕靶和仰角天幕靶两种，水平天幕靶一般用于测量射角小于 5° 时弹丸的速度，仰角天幕靶除了可以测量小射角的弹速外，还可用于测量射角大于 5° 时的弹丸的速度，如 758 型弹丸速度测量系统。事实上，仰角天幕靶与水平天幕靶在光路和电路结构上并没有明确的界限，前者只是在结构上增加了仰角自由度。但是，两者在性能指标和光路与电路的特点上还是有所区别的。仰角天幕靶的使用适应性比水平天幕靶好得多，它包含了水平天幕靶的全部功能，也可以用来水平测速。水平天幕靶的幕宽视场角较大（达 20° 以上），且幕厚视场角可达 0.3° 以上，探测距离较仰角天幕靶短，并且幕面只能在铅直方向展开使用。仰角天幕靶的幕厚视场角较水平天幕靶更小，一般在 0.2° 以下，探测距离比水平天幕靶远得多。仰角天幕靶的幕面不但可以铅直张开，还可以在一定范围内与铅直面成任意夹角张开。在大仰角测速时，由于相邻两个仰角天幕靶的距离相差较大，一般需采用具有“半幕厚触发”功能的测时仪，以消除天幕靶幕厚不同所产生的误差。

所谓“半幕厚触发”，在光电信号处理上是一种半峰值触发电平技术。当弹丸穿过天幕时，天幕靶输出的整形前的放大信号是随着弹丸遮挡光线的多少而变化的一个渐变模拟信号。虽然这个信号的起点对应着弹丸进入天幕的瞬间，终点对应着弹丸离开天幕的瞬间，但信号的宽度随着弹丸穿过天幕经历的时间的不同而各不相同，信号的峰值幅度则与弹丸穿过幕面时的遮光多少相关。由于天幕的厚度随着离开光电探测器的距离的增大而增加，在仰射测速条件下弹丸穿过两靶幕面的厚度差异很大。如果用这个信号上的任何一个固定电平来作测时仪的触发信号，将可能引起较大的误差。该误差主要是由探测距离不同而引起的，在仰角射击的情况下，仰角越大，这项误差越大。

根据上述弹丸穿过天幕的过程与其形成相应电信号的过程分析，天幕靶输出的整形前的放大信号波形应为形似半剖弹体的形状，如图 3.2.14 所示。可见，只要飞行弹丸的摆动不大，该信号的尾部 1/2 峰值幅度处的电平所对应的时刻，恰好精确地对应着弹丸底部飞离天幕 1/2 幕厚的瞬间。可见这个电平是不固定的，它是信号峰值幅度的函数。仰角天幕靶在测速时，就是利用这个不固定的电平取得测时仪的触发脉冲，脉冲前沿就精确地对应着弹底通过 1/2 天幕厚度处的瞬间，它与天幕的厚度无关。这样就消除了天幕厚度不相等及弹丸穿过天幕时姿态不同所引起的靶距误差。这种取半峰值电平产生触发信号的技术，在天幕靶信号处理中称为“半幕厚触发”技术。该技术也适用于后面将介绍的光幕靶信号处理。尽管采用“半幕厚触发”技术可以消除天幕靶幕厚差异的影响，但在仰射弹道测速时，由于所探测的弹丸距离天幕靶镜头较远（一般在十几米到几十米的范围），因此在架设天幕靶的过程中，操作要求极为精细，稍不小心就会造成较大的靶距误差。由于这一原因，仰角天幕靶仍主要用于水平或低射角测速。对于仰射弹道，一般多采用多普勒雷达测速方法，只有在特定的场合才采用仰角天幕靶测速。有关多普勒雷达方面的内容将在后面章节介绍。

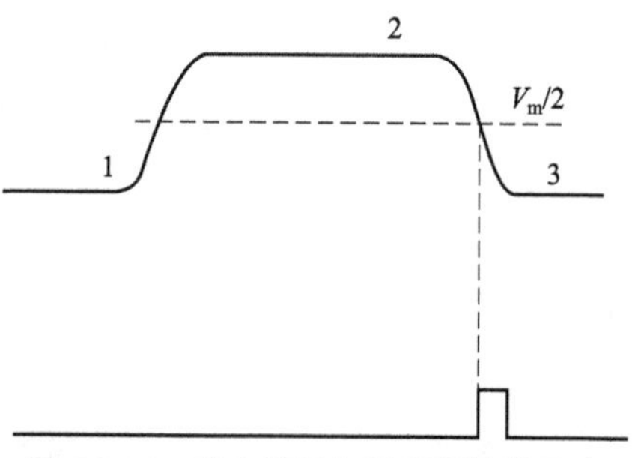

图 3.2.14　光电信号与半幕厚触发示意

1—弹丸头部信号；2—V_m 信号电平峰值；3—模拟波形；4—触发脉冲

3. 天幕靶测速的场地布置与使用要求

用两台天幕靶配合一台测时仪可以进行弹丸速度测量，测速时天幕靶可放在弹道的正下方，也可架设在侧下方，其场地布置如图 3.2.15 所示。图中，两台天幕靶的幕面平行，幕面之间的距离为 L。利用天幕靶作区截装置输出启动和停止信号来触发测时仪，即可测出弹丸飞过两靶所经历的时间间隔 T，并由式（3.1.1）计算弹丸在此距离内的平均速度。

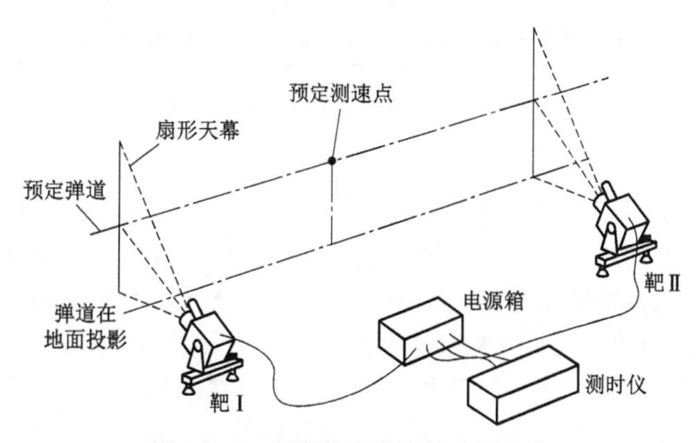

图 3.2.15　天幕靶测速场地布置示意

1）架设方法

（1）在弹道侧边架设天幕靶（图 3.2.15）的操作：

对于天幕靶布置在弹道线侧方的情况（$H>0$），可按图 3.2.16 所示的方法架靶。当射向确定后，首先在地面上划出预定弹道的投影，然后在该投影线上标出预定测速点在地面的投影点 M，再在弹道投影线上标出以 M 点为中心，距离为预定靶距的两点 P_1 和 P_2。

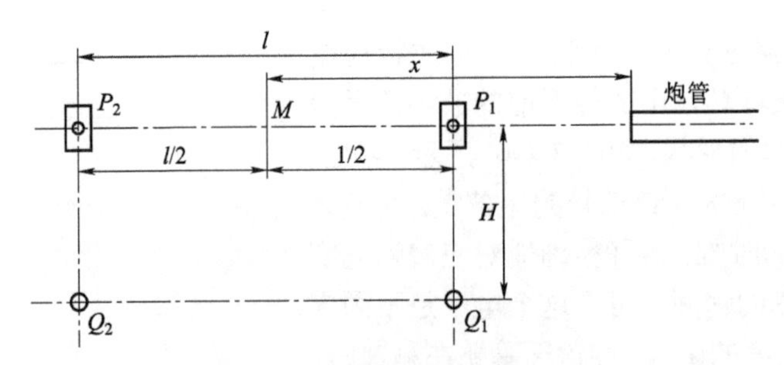

图 3.2.16 天幕靶架设俯视示意

在线段 P_1P_2 的某一侧确定 Q_1 和 Q_2，使得线段 Q_1Q_2 与线段 P_1P_2 平行，两线段的距离为 H，并且在保证安全的条件下，H 值越小越好。

（2）在弹道正下方架设天幕靶的操作：

对于天幕靶布置在弹道线正下方的情况（H=0），可按图 3.2.17 所示的方法架靶。先将天幕靶箱体定位于弹道线正下方，并调至水平，再将钢卷尺拉直并靠近两台靶的箱体，要使尺子与箱体没有任何接触，尺子与箱体侧面保持一条狭缝。通过观察沿着箱体侧面整条狭缝的宽度是否一致来判断箱体侧面与钢卷尺是否平行，如果宽度不一致，则可转动回转盘，使箱体侧面与尺子平行。此时，两靶的天幕达到了粗略平行的状态，只要测出靶距 S 即架设完毕。更精细的架设操作较烦琐，其操作方法详见说明书，这里不再详述。

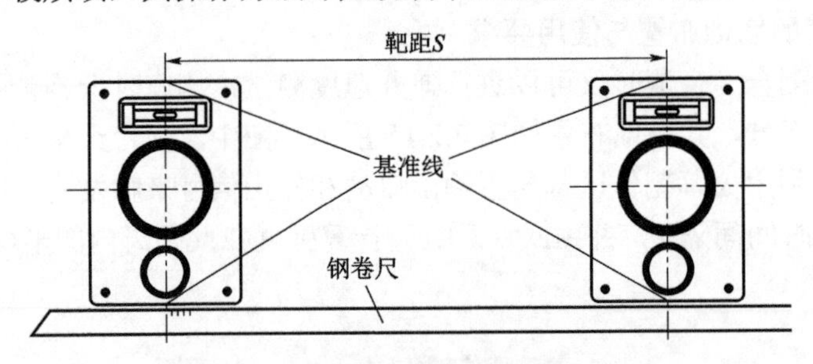

图 3.2.17 弹道线正下方天幕靶架设示意

2）使用要求

由于天幕靶的靶面是一个尖劈形薄幕状的光学视场，故弹道距镜头越远，幕面宽度越大，幕面厚度也越大。天幕靶的靶面不像通靶、断靶和线圈靶那样直观，架设时稍不注意就会引起靶距误差。例如，当两个天幕靶的天幕在铅垂方向不平行度为±1° 时，在距镜头保护玻璃外表面 1 m 处的靶距就会产生±17.5 mm 的偏差，若靶距为 10 m，则仅靶距的相对误差为±0.17%。当两个天幕在水平方向上的不平行度为 1° 时，在距镜头 2 m 离幕宽中心线± 300 mm 处的靶距就会产生±5.2 mm 的偏差。如果两个天幕靶架设的水平高度不一样，每相差 0.5 m 就会造成 1 mm 的靶距误差。以上所述的靶距误差仅仅是在假设两个天幕靶的灵敏度相同，自然光照度相同，弹丸飞越天幕时姿态基本相同的条件下产生的。若这些条件相差太大，尤其是影响光敏元件的噪声电平的光照条件，它若不相同，将会造成更大的误差。因此在天幕靶现场布置架设时，应满足如下要求：

（1）必须有足够的光照度条件；天幕靶的光照度条件与其灵敏度有关，而灵敏度与天幕厚度成正比，与电路的比较电压成反比。灵敏度高的天幕靶对光照度要求相对低一些。

（2）为保证测速精度，应使两靶的幕面平行，并与预定弹道线垂直，尽量使天幕宽度中心对准弹道线，以保证弹丸能够穿过天幕。

（3）两天幕靶镜头到弹道线的距离应尽量相等，并小于最大探测距离。

（4）架设天幕靶时，要求天幕背景只能是天空而不能有树木、建筑物等遮光物体，镜头不能正对太阳及太阳附近的天空。在强阳光照射下使用时，还要注意避开弹头的影子和反光，以免造成误触发。

由于上述要求，在考虑将天幕靶布置在弹道线段的左侧或右侧还是正下方时，需要根据测速现场的环境以及太阳在空中的位置来确定。

天幕靶的优点是：靶面大；弹丸穿过时与靶面不接触，对弹丸飞行无干扰；能连续重复使用，测速精度高，作用距离长，适用于各种材料的弹丸，用于野外作业较方便。其缺点是：对空中的亮度要求高、靶面定位困难、架设校准费时、易受光强变化干扰、价格贵。

4. 典型天幕靶的结构与技术指标

为了进一步了解天幕靶的结构与技术性能指标，下面主要介绍一种水平天幕靶的典型结构与技术指标及操作，同时也简要介绍一种仰角天幕靶测速系统。

1）MYJ－90型天幕靶（水平天幕靶）

MYJ－90型天幕靶是国内较多单位使用的测速区截装置，这里简要介绍其结构、技术指标、功能。

（1）MYJ－90型天幕靶的结构。

MYJ－90型天幕靶主要由三角底座、托架、箱体、光电探测器和电源箱组成，其结构如图3.2.18和图3.2.19所示。

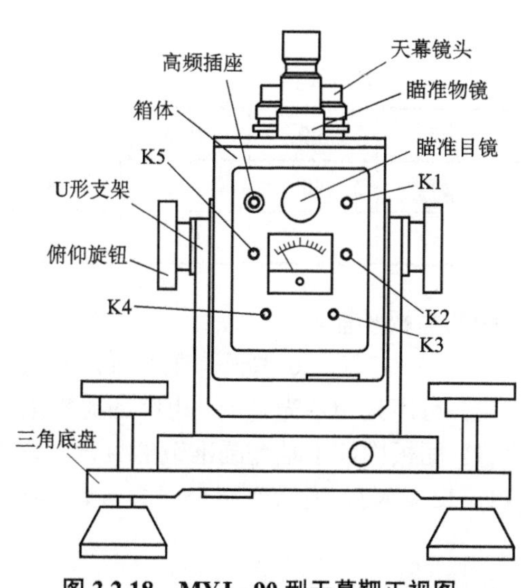

图3.2.18　MYJ－90型天幕靶正视图

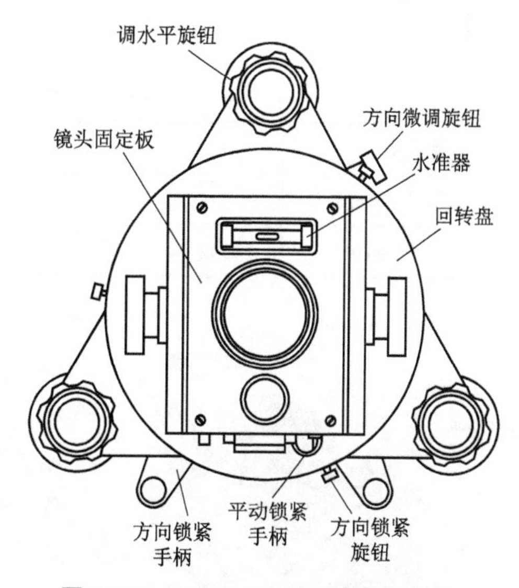

图3.2.19　MYJ－90型天幕靶俯视图

三角底座包括一个三角底盘、三个支撑脚和一个圆形底座。三个支撑脚用螺杆与三角底盘相连，用来调整三角底盘的水平。圆形底座相对三角底盘可作小角度转动，方向微调旋钮可对天幕靶作方向微调，微调时圆形底座可带动其上面的天幕靶主体转动。

托架包括回转盘、平动机构和U形架。回转盘下面是天幕靶的基准平面，与三角底盘的圆形底座相接触，并能相对自由转动，三个方向锁紧旋钮用来将托架与底座锁紧。平动机构使 U 形架可相对回转盘作水平移动，用于微调靶距。

箱体是光学及电学系统的支撑与保护机构，通过水平轴与 U 形架相连。它可以随回转盘在基准平面内转动并绕水平轴俯仰转动。由于箱体具有两个转动自由度，可根据需要改变天幕在空间中的位置。

光电探测部分包括箱体上方的镜头和箱体内的光阑、光电管及电子线路。当有弹丸穿过天幕靶时，电子线路给出一个瞬时脉冲信号。光电探测器的镜头在空间中形成天幕，其光轴与瞄准系统镜头的光轴平行，并且垂直于箱体水平轴。

MYJ－90 型天幕靶专用供电设备为电源箱，它可将 220 V 交流电整流为 24 V 直流电，还可对电源箱的 24 V 电池组充电，其内部蓄电池可贮存足够两台天幕靶连续工作 24 小时以上的电能，供天幕靶野外工作时使用。整机电流为直流 30 mA。该电源箱也是天幕靶与计时装置之间的信号转换器，有关电源箱的详细功能及使用方法可参看说明书。

（2）MYJ－90 型天幕靶主要的技术性能指标。

① 视场范围：幕厚角约为 0.46°，幕宽角约为 34°，详细数据见表 3.2.2。

② 测速范围：50～2 000 m/s。

③ 灵敏度：200 倍弹径。

④ 最高连发测速频率：6 000 发/min；

⑤ 环境温度范围：－20 ℃～50 ℃；

⑥ 光谱响应范围：0.4～1.10 μm；

⑦ 输出特性：脉冲输出时，输出阻抗为 50 Ω，脉冲前沿上升时间小于 1 μs；空载时，正脉冲幅度为 12 V，负脉冲幅度为 12 V。

表 3.2.2　MYJ－90 型天幕靶在不同距离处的视场范围

距离/m	0.7	1.0	2.0	3.0	5.0	10.0	20.0
天幕厚度/mm	5.6	8	16	24	40	80	160
天幕宽度/m	0.42	0.60	1.20	1.80	3.0	6.0	12.0

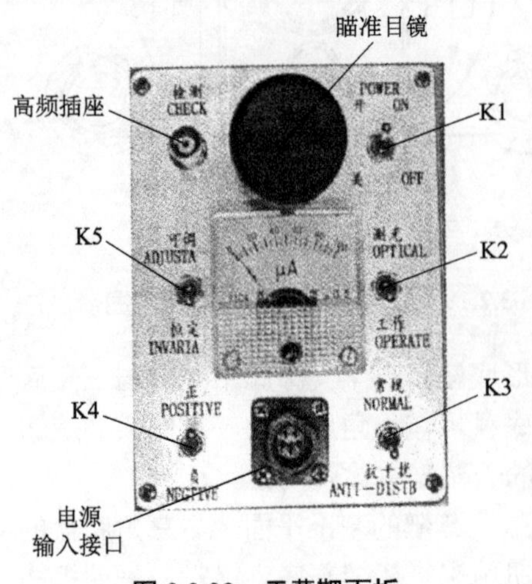

图 3.2.20　天幕靶面板

（3）天幕靶的面板功能。

图 3.2.20 所示为 MYJ－90 型天幕靶面板，面板中央为一块微安表，可用来指示光电流、电路的比较电压和有无脉冲信号。面板中间上端为瞄准镜的目镜。右边有三个开关 K1、K2、K3，左边有两个开关 K4、K5，其功能如下。

① K1：电源开关。

② K2：微安表功能控制开关。K2 置于“测光”挡时，微安表显示比较电压值，既可显示自动比较电压，也可显示人工比较电压。K2 置于“工作”挡时，微安表显示天幕靶是否被光信号触发。未触发时，指针稳定在 100 μA 处；触发时，指针摆动。主要用于检验天幕靶是否正常工作。

③ K3：弹尖或弹底选择开关。用户根据需要，可选择“弹尖”或“弹底”挡。若用于曳光弹或底排弹测速时，最好使用“弹底”挡。

④ K4：正负脉冲控制开关。“正”脉冲对应测时仪的“断”靶，“负”脉冲对应测时仪的“通”靶。“正”脉冲挡具有抗蚊虫干扰功能，使用该挡时用手或其他物体试天幕靶，测时仪接收不到天幕靶信号，只有进行实弹射击才可启动测时仪。

⑤ K5：比较电压选择开关。

a.“手动”挡：天幕靶灵敏度随天空亮度的变化而变化，利用光圈可以调节天幕靶的灵敏度。当天空太暗并且弹丸口径很小时才用此挡。

b.“自动”挡：天幕靶的灵敏度不受天空亮度变化的影响，也与光圈大小无关。一般情况下测速都使用此挡。光圈一般可选择 4°，此时该挡天幕靶的灵敏度为 200 倍弹径。

2）758 型弹丸速度测量系统（仰角天幕靶）简介

758 型弹丸速度测量系统如图 3.2.21 所示，该系统由一对 758 型光学探测器（天幕靶）、一个 811 型远距离控制装置和一个 808 型速度计算机组成。光学探测器由光学探测器本体和底座两部分组成。光学探测器本体能配用三种商品镜头，标准镜头的焦距为 50 mm，另外可配焦距为 135 mm 的镜头和 200 mm 的镜头。当用标准镜头时，天幕的幕厚角为 0.17°，幕宽角为 30°。光电转换器件采用具有与狭缝光阑相适应的带状光敏面的长条形硅光电二极管，可以在亮度为 170～17 × 10^3 cd/m^2 的范围内工作，且能探出比 0.7%还小的光强变化。光学探测器本体在底座上除垂直固定外，还可以精确地倾斜 15°、30° 和 45° 固定。当它与底座垂直或按 15°、30° 和 45° 固定时，幕厚的对称中心面（基准面）的最大偏差角不大于 1′。

图 3.2.21　758 型弹丸速度测量系统

758 型弹丸速度测量系统，把光学探测器中所有电器操作开关和组件集中在一起，组成一个 811 型远距离控制装置。在该装置上，可以选用弹头或弹尾信号触发，可以调节光学探测器中放大器的放大量，可以接通或断开光学探测器的电源，还能指示出光学探测器周围的亮度是否在工作范围之内。这样只要探测器架设好了，一切操作如停电、供电、信号选择和放大量调节等，都可以在远离弹道的“远距离控制装置”上操作，它距光学探测器最远可达 1 000 m。

758 型弹丸速度测量系统中的天幕靶，能应用于 15°、30° 和 45° 等仰角附近的状态下发射的弹丸速度测量。除了它的光电探测器可以精确地倾斜一个角度固定外，更关键的是它采用了“半幕厚触发”技术获取触发信号。该系统的计算机，是一台多功能的智能测时仪，能完成靶距换算、速度计算、存储参量、速度或时间显示、打印输出等多种功能。测完一组打印输出时，它还可给出该弹的平均速度值及速度差的标准偏差。

§3.2.2.4　光幕靶

光幕靶是利用人工光源，应用光电转换原理设计出的区截装置，其基本工作原理与天幕靶一样，都是利用弹丸飞过靶面时，改变光电管上的受光量而产生电信号。但天幕靶的靶面（幕面）是光敏元件的视场，而光幕靶的靶面则是由人工光源构成的光幕与其被照射光敏元件的视场空间的交集构成。

光幕靶常用于室内弹道测速试验，其结构通常由光幕系统和光信号接收光路和光电转换、信号放大与整形电路组成。光幕靶种类较多，按光幕靶的光发射（光幕）/光接收元器件结构可分为单管/单管光幕靶、单管/多管光幕靶、多管/单管光幕靶和多管/多管光幕靶等多种。

单管/单管光幕靶是指光幕靶结构中只有一个光源器件和一个光敏元器件，其光路大都采用透镜聚焦或者光纤束的方法来改变光的传播方向，并形成光幕和光信号接收光路，也有个别采用平面镜反射的方法构成光栅式光幕靶（光网靶）。

图3.2.22所示为一种单管/单管光幕靶的原理光路。该靶采用透镜聚焦方法形成平行光幕，并将光信号通过透镜汇聚到接收光敏元件上，因此也将其称为透镜聚焦式光幕靶。这种单管式光幕靶由点光源、两个柱面透镜或剪裁成长条的平面透镜和一个光电管组成。光源一般为卤钨灯，位于光线发射端透镜的焦点。前端透镜将光源发散成平行光光幕，在光线发射和接收端分别设置有狭缝光阑构成的均匀光幕。后端透镜将平行光光幕聚焦在光电管的光敏面上，从而构成一个具有一定幕面尺寸和幕厚的平行光光幕。当弹丸穿过光幕时，遮挡了一部分光线，使接收端透镜汇聚到光敏元件的光通量减小，从而形成电信号。

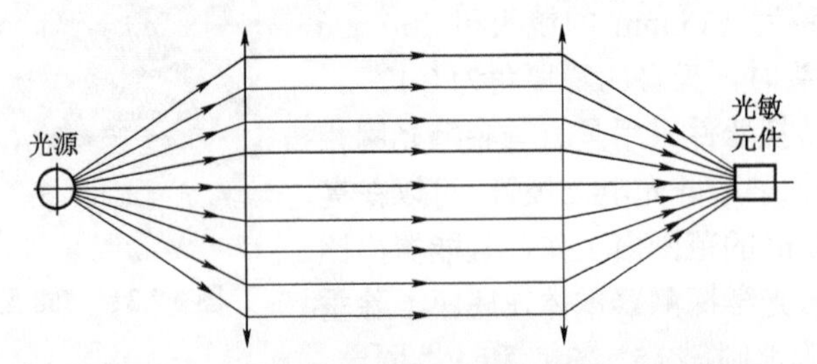

图 3.2.22　透镜聚焦式单管/单管光幕靶的原理光路

透镜聚焦式光幕靶的光幕尺寸除取决于透镜的大小外，还取决于光电管的相对灵敏度。如果光电管的相对灵敏度为1%，若要能适用于测量直径最小为4 mm的弹丸速度，则单管光幕靶的幕面高最大只能为400 mm。所以单管式光幕靶通常被做成幕高50 mm，幕宽500 mm，幕厚不大于4 mm的小型光电靶。

近年来，由于激光技术的发展，透镜聚焦式光幕靶也开始采用激光作为点光源，图3.2.23所示即一种激光光源的透镜聚焦式光幕靶的原理结构。它以绿光线状光斑半导体激光器作为光源，通过菲涅耳透镜形成激光平行光幕。线状光斑激光器发射的光经过菲涅耳透镜射出后转变为平行光。光幕接收端同样使用一个菲涅耳透镜将光幕汇聚后，由光电探测器进行探测。

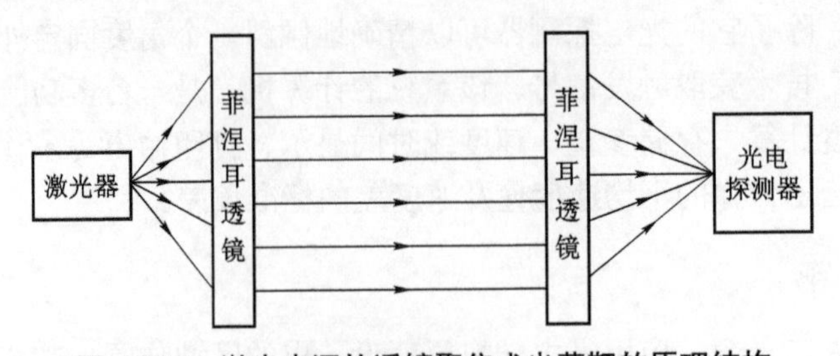

图 3.2.23　激光光源的透镜聚焦式光幕靶的原理结构

一般说来，透镜/狭缝形式的单管发射光路的幕面准确，厚薄均匀，光线平行度高，触发一致性好，具有较强的抗干扰性能，测速精度高，但由于单管接收方式需要将光信号准确聚焦到光敏元件上，这对两个透镜的制作要求相对较高，且其幕面小，结构臃肿，光强分布不均匀，故仅适用于枪弹测速。

图 3.2.24 所示为一种采用逆向反射屏组合成单管/单管激光光幕靶的原理光路。这种逆向反射式单管/单管激光光幕靶采用中心带有激光出射孔的大面积光电探测器作为光电检测器件，激光经透镜扩束后穿过激光出射孔形成扇形光幕。光幕入射逆向反射屏，并将具有一定发散角的反射光线原路反射，使之一部分射到接收光电管的光敏面上，当弹丸通过光幕时，光电管探测的光通量发生变化，并将这种变化转换成弹丸通过光幕的电信号。图 3.2.24 中的阴影区为该光幕靶的最佳靶区，主要指既能有效避免打坏测试系统，又能使系统测得信号的信噪比较高的工作区域。

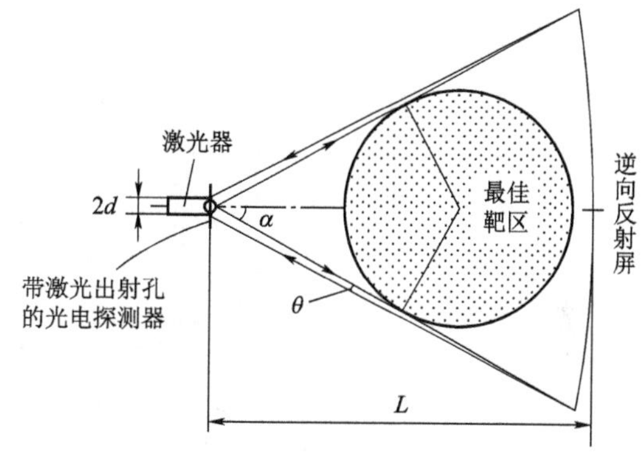

图 3.2.24　单管/单管激光光幕靶

单管/多管光幕靶指单管光源与多管光敏元件构成的光幕靶，其结构多采用透镜/狭缝光阑或者光纤束形成光幕，而光信号接收的多个光敏元件则排列成线状阵列形式，如图 3.2.25 所示。

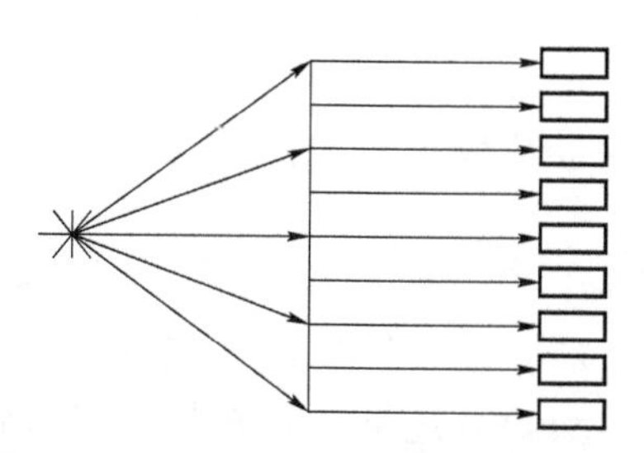

图 3.2.25　单管/多管光幕靶的原理光路

透镜式单管/多管式光幕靶，只用一个透镜。这个透镜把卤钨灯点光源汇成平行光，构成平行光光幕，照射在排成一排的光电管上。光电管的排列密度的依据是所需测量的最小弹径。所有光电管都并联于放大整形电路的输入端。当弹丸飞过光幕时，至少有一个光电管的受光被大部分（或全部）遮挡。这种光幕靶采用了多个光电管排列成线状阵列来接收光信号，其光电管的受光量变化大，信噪比高，工作比较可靠。在结构上，这种光幕靶对光幕的光线平行度要求不高，可采用成本较低的菲涅尔透镜或光纤束制作，这使得制作成本大大降低。由菲涅尔透镜形成的单管发射光路的幕面可以做得较大，光幕的光线平行度较光纤束光路结构更好，但光信号的强弱分布不均匀，信号的信噪比和灵敏度受幕面触发位置的影响较大。由于透镜式多管光幕靶的幕面尺寸只取决于透镜尺寸，而与光电管的相对灵敏度无关，所以一般都做成幕高为 0.5～1 m，幕宽为 1 m，幕厚小于 4 mm 的大幕面光幕靶。它适用于测量较大口径的弹丸速度，或轻武器离开枪口较远处的弹丸速度。若配以适当的电子线路和数据处理装置，它还可以用来测定弹丸飞过靶时的坐标。

单管/多管光幕靶的另一种形式是光纤束形成光幕的光路结构，光纤束光路采用光纤束将卤钨灯点光源发出的光线排列为线状阵列构成光幕，这种结构光幕靶的光幕幕面较大，光强分布均匀，光信号强弱分布均匀，信号信噪比和灵敏度受幕面触发位置影响较小，电路一致性较好，成本较低，但光线不平行，抗光干扰能力较差，幕面呈发散状。

近些年来由于大功率发光管大量普及，大幕面光幕靶多采用大功率发光管取代光纤束排成线状阵列构成，这就是目前主要使用的多管/多管光幕靶。

多管/多管光幕靶的结构如图 3.2.26 所示，它采用直线阵列的红外发光二极管构成光源装置，直线阵列的红外光电二极管作为接收装置。排成线阵的单个光源装置和接收装置一一对应，分别固定于靶架两侧构成单个探测用光幕靶。这种光幕靶的光幕形成和光信号接收均采用多个元器件构成，通常也称为全阵列式光幕靶。

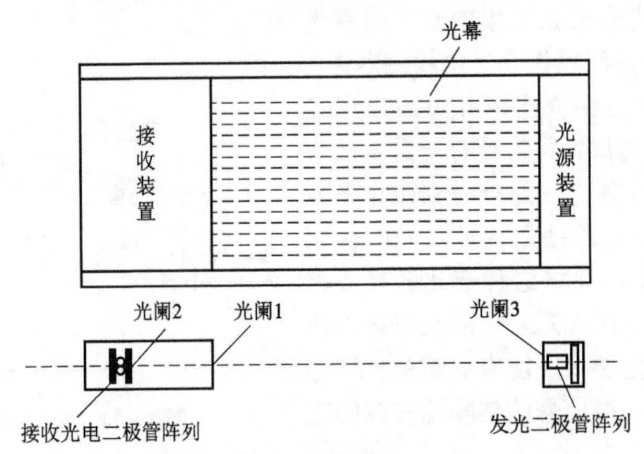

图 3.2.26　多管/多管光幕靶的结构示意

为了控制光幕的厚度，接收装置在接收光电二极管阵列前设置有两道狭缝光阑，通过狭缝光阑的限制作用，由光源进入接收阵列的光线近似为一具有一定厚度的薄形幕面区域，此即为其光幕。由于多管阵列发射光路的光发射元件排列与光纤束排列类似，因而其所构成的幕面特点与光纤束光路结构的单管发射光路的幕面特点相同。同理，多管阵列接受光路特性也与光纤束光路结构的多管接收光路相同。与单管接收光信号相比较，多管接受光路的信噪比更高，但各个接收光电管的电路一致性较单管结构差。

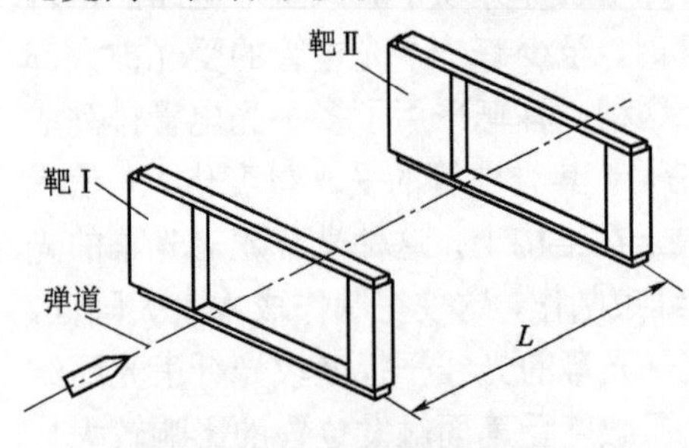

图 3.2.27　光幕靶测速示意

采用光幕靶测速时，用两个光幕靶与一个计时系统配合使用，如图 3.2.27 所示。将两套光幕靶平行放置于预定的弹道上，当弹丸穿过第一个光幕时会遮挡一部分光线，引起接收装置光电器件上的光通量发生变化而产生微弱变化的光电流信号，经过后续电路处理，启动测时仪开始计时。当弹丸穿过第二个光幕时停止计时，由计时系统可给出弹丸飞过两靶的时间 T。

全阵列式光幕靶的幕面厚度并不均匀，越靠近光线发射端其幕面越薄；越靠近光电管的地方，由于光电管阵列遮光狭缝的限制，其接收幕面也越薄，在两者居中的位置光幕略厚。因此，这种光幕靶用来测速仍存在由幕面厚度变化所造成的靶距误差。

光幕靶的幕面是由光线组成的光幕，比较直观，这对提高架设精度克服靶距误差有利。光幕靶通常在室内靶道使用，常做成靶距固定的框架结构，架设的靶距精度较高。但是这种光幕靶的抗震性能略差，受到大的震动时容易造成光源抖动，由此可能引起误触发。如果在野外条件下使用光幕靶，蚊虫等其他干扰因素影响更大，输出信号波形更加复杂。若采用传统型的光幕靶加电子测时仪的方法测速，容易出现误触发而造成测速失败，此时若采用数据采集测速仪配合光幕靶则可避免这一缺陷。

光幕靶与天幕靶类似，它以光幕为区截面，当弹丸通过光幕时，靶装置上的光敏器件由于光通量的变化，而转换成相应的电流或电压的变化，这个变化过程就是弹丸通过光幕时的模拟信号波形，该信号经放大、整形、微分就成为靶的触发信号。由于光幕靶的模拟信号波形与天幕靶放大后的信号波形的形状基本相同，因此也适用“半幕厚触发”技术产生触发信号。该触发特征点处正好对应着弹丸底部位与光幕中心位置，且光电信号波形的斜率较大，计时误差较小，对应的是弹丸尾部飞离光幕厚度中心的瞬间，这消除了光幕厚度的影响，使测试精度更高。

与天幕靶比较，由于光幕靶主要用于室内测速，常被做成固定靶距的整体框架结构，在结构上保证了两靶靶面之间有较高的平行度，靶距更加精确，因此架设较天幕靶更简单。为了保证测量精度，在使用光幕靶时应注意下列事项：

（1）定期校验。

（2）为保证灵敏度和光路系统等一致，必须采用同一套（至少是同一型号）光幕靶。

（3）架设光幕靶时，应使预计的弹道线尽量穿过其幕面中心，并要求幕面与弹道射线垂直。

§3.2.3　定距测时法测速的计时仪器

定距测时法也称区截法，其测速计时仪器主要有电子测时仪和以数据采集系统为核心的测速仪两类。目前国内外靶场大量使用的电子测时仪是集成电路测时仪，在一些特定场合也用以数据采集系统为核心的测速仪。以数据采集系统为核心的测速仪本质上是一种数据采集系统，是采用虚拟仪器技术实现测时功能的测时仪。

§3.2.3.1　电子测时仪

电子测时仪是一种利用固定周期的电脉冲信号作为时间基准，测量记录时间间隔的仪器。在弹丸速度测量中，其作用是测量并记录弹丸飞过一段已知距离所经历的时间。电子测时仪起源于 20 世纪 40 年代初，主要经历了三代：电子管测时仪、晶体管测时仪和集成电路测时仪。

电子测时仪的电路由时基脉冲发生器、电子开关、输入放大电路和计数显示电路组成，其工作原理如图 3.2.28 所示。下面说明图中各功能块的作用原理。

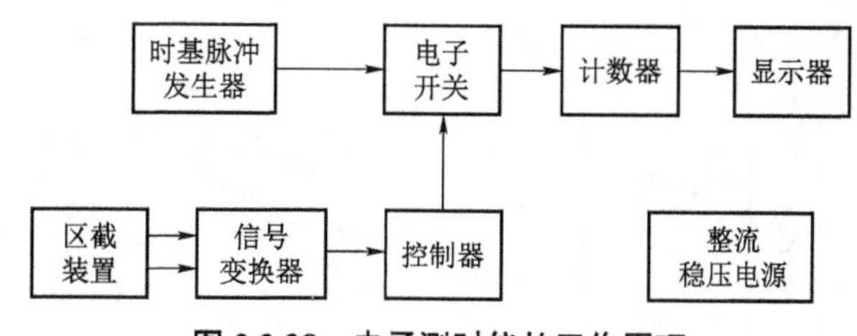

图 3.2.28　电子测时仪的工作原理

1. 时基脉冲发生器

时基脉冲发生器是由正弦波振荡器、缓冲级和整形电路构成。正弦波振荡器通常都采用高稳定度的石英晶体稳频电路，以便取得稳定可靠的时间基准，石英晶体的固有频率取为 1 MHz（也有取为 10 MHz 的），故此周期为 1 μs（有些测时仪也采用 0.1 μs 的振荡周期），这

图 3.2.29 时基脉冲发生器的输出信号示意

是根据测时精度的需要选定的。缓冲级由射极跟随器组成，作用是将振荡器后面的电路隔离，改善输入特性，提高频率的稳定性。整形电路一般采用双稳触发器构成，其作用主要是把振荡器产生的正弦波信号，按周期整形成方波脉冲信号，以便于计数器的记录，图 3.2.29 所示为时基脉冲发生器的输出信号示意。

2. 信号变换器

信号变换器由输入电路和放大电路两部分组成。输入电路主要是为了配合各种不同的区截装置而设计的，一般都设有断–断、通–通、通–断、断–通四种组合，以便适用于通靶、断靶或光电靶、天幕靶一类区截装置。为了配合线圈靶测速，有些测时仪还专门设置了线圈靶放大器，在使用线圈靶时通常具有一种或多种（一般不大于 3 种）灵敏度档次，这些都可由面板上的开关控制。线圈靶灵敏度档次主要是配合线圈信号的大小及干扰信号的大小使用。

放大电路对通断靶等跳变信号来说，只是把它们放大整形成触发脉冲信号，以便控制电子开关的开启与关闭。对线圈靶信号来说，它由差分放大器和触发整形电路组成。因为线圈靶产生的靶信号一般都很小，约为几毫伏至几十毫伏，若要用它来作为控制门电路的触发信号，必须进行高倍率的放大。由于线圈靶的电磁干扰信号有时比其靶信号还大得多，采用普通放大器会将此干扰信号同时放大导致无法输出触发信号。考虑到在任意时刻电磁干扰对两个线圈靶是等同的（触发信号则不同），所产生的干扰信号属于共模干扰信号，所以采用差分放大器除了能对靶信号进行有效的放大外，主要还是为了抑制线圈靶回路的共模干扰信号。

差分放大器的输入输出方式通常有两种。一种是靶 I 和靶 Ⅱ 的信号分别由差分放大器的两个输入端输入，由它的两个输出端分别输出。如图 3.2.30 所示，图中线圈 I 产生的信号由差分放大器 a 端输入，放大后送至触发器 c 端，经触发器整形后由 E 端传送出控制触发脉冲作为启动脉冲。同样，线圈 Ⅱ 产生的信号经放大、整形后由 F 端输出控制脉冲作为停止脉冲。通常人们称这种接法为单端输入双端输出接法，在这种情况下，由于差分放大器两边不对称及触发电路不对称，将产生较大误差，目前已很少采用。

另一种接法是，线圈靶的两端并接或串接在差分放大器的两个输入端上，但两个线圈的同名端接在同一个方向上，它的两个靶信号由差分放大器和触发器的同一端输入、输出，如图 3.2.31 所示。这样就消除了电路不对称所带来的放大和触发误差，目前这种接法应用较广。

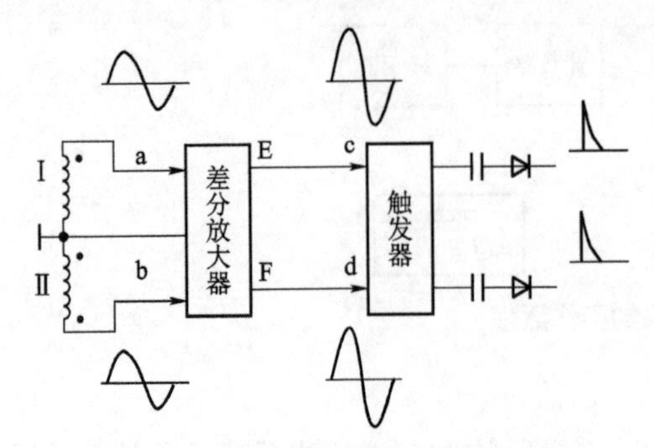

图 3.2.30 双端输出触发电路的原理

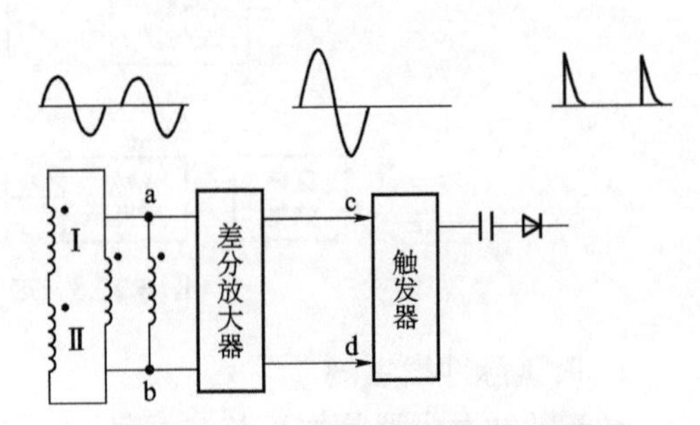

图 3.2.31 单端输出触发电路的原理

目前生产的测时仪对线圈靶信号，放大后的整形触发电路有两种形式，一种是电平触发电路，一种是过零触发电路。由于测时仪大都采用了双端输入单端输出电路，其已基本消除了触发电平不对称及信号放大器不对称带来的触发误差。但是它仍然存在着因线圈本身各参量不对称，两靶感应信号幅值不同而产生的触发误差，这个误差可以通过线圈靶配对选用来解决，以将这个误差控制在使用要求的范围内。若测时仪采用过零触发电路，则可以进一步减小这个误差。但是，它仍然存在着由线圈靶参量不对称所产生的信号相移不同的误差。

3. 控制器

控制器主要用来开启、关闭和封锁门电路。它通常由两个触发器组成，如图 3.2.32 所示。图中（a）为复原待测状态，在仪器复原时，输出端 3 为低电位，与非门处于关闭状态。此时，只有 1 端即靶Ⅰ信号输入的触发脉冲信号可使触发器Ⅰ发生翻转，且由 4 端输出的触发信号使触发器Ⅱ翻转成为开启状态。图中（b）为开启状态，在仪器处于开启状态时，输出端 3 为高电位，与非门被打开。此时由 1 端输入的触发信号将不再起作用，只有当 2 端（即靶Ⅱ信号）输入触发脉冲时，其才触发器Ⅱ翻转成为停止状态（c）。图中（c）为停止状态，在仪器处于停止状态时，输出端 3 为低电位，与非门被关闭。此时由 1、2 端输入的触发信号都不再起作用，这也叫作控制器处于封锁状态。图 3.2.33 所示为控制器输出信号示意。

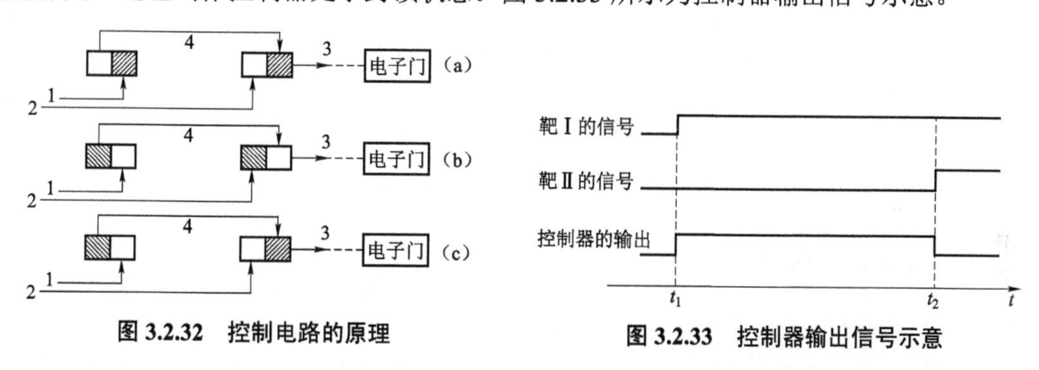

图 3.2.32　控制电路的原理

图 3.2.33　控制器输出信号示意

4. 电子开关

电子开关电路通常由一个与非门组成。与非门电路是由一个二输入端与非门元件构成的，起电子开关的作用。如图 3.2.34 所示，它的 1 端与时基电路相接，由时基脉冲发生单元送入时基脉冲，它的 2 端与控制电路相接。当 2 端为低电位时，虽然 1 端有时基脉冲信号，但与非门关闭，输出 3 端无输出。当 2 端为高电位时，则 3 端将输出 1 端输入的时基脉冲，并送往计数电路。

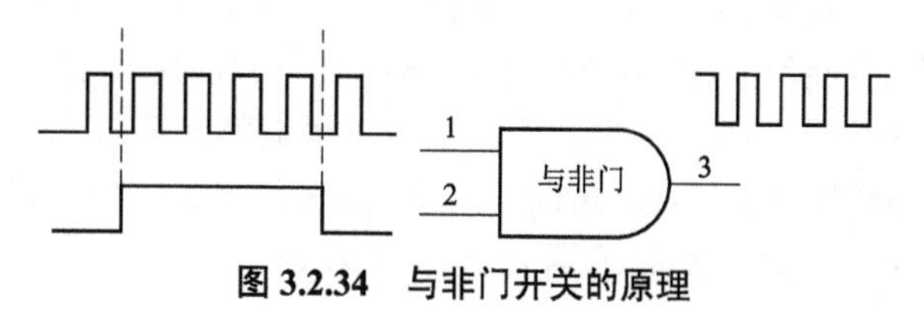

图 3.2.34　与非门开关的原理

5. 计数器与显示器

计数器与显示器实际由计数显示电路来实现，它由六位二进制、十进制计数器和译码显示器组成。它可以把来自与非门开启的时间间隔内送入的脉冲数目记录下来，并用数码显示元件显示出来。可以看出，两靶信号的间隔时间即 t_{12} 实际为计数器记录的脉冲个数 n 与脉冲间隔的周期的乘积。如前所述，若测时仪的时基脉冲的周期选定为 1 μs，则记录的时间间隔

t_{12}为n(μs)；若测时仪的时基脉冲的周期选定为0.1 μs，则记录的时间间隔t_{12}为$n\times0.1$(μs)。

电子测时仪各功能块输出信号流程如图3.2.35所示。当弹丸在t_1时刻穿过靶Ⅰ时，由第一个区截装置产生的启动信号经信号变换器触发控制电路状态反转，输出高电平驱动电子开关的门电路打开，此时时基脉冲发生器产生的方波脉冲通过电子开关进入计数器计数；当弹丸在t_2时刻穿过靶Ⅱ时，由第二个区截装置产生的停止信号使控制电路的触发器反转回低电平，使电子开关的门电路关闭，此时计数器停止计数，显示器显示出的数字就是以微秒为单位的时间数据。

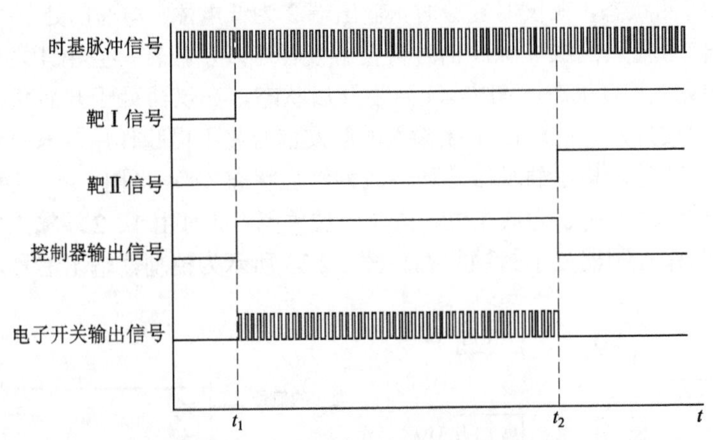

图3.2.35　测时仪各功能块输出信号流程

图3.2.36　NLG202G－3型电子测时仪

图3.2.36所示为NLG202G–3型电子测时仪，它是一种集成电路测时仪，它与一般通用的测时（或测频）仪器的不同之处是它可以在使用很长的测试线的情况下准确、可靠地工作。它主要用于测量各种枪炮弹丸的飞行速度、弹丸破片的飞行速度、弹丸破甲射流的穿甲深度与时间的关系曲线（即 P－T 曲线），也可测量火工品的起爆时间、延期时间及火药、炸药、导火索、塑料导爆管的燃速、爆速等。

NLG202G－3 型电子测时仪具有两路测速功能，设置有线圈靶放大器和靶网变换电路，可以配合线圈靶、通靶、断靶、天幕靶、光幕靶等区截装置测速，其信号输入端可以直接使用断靶，通靶，天幕靶，或者正、负跳变脉冲信号输入。配合通靶、断靶使用时，有“通－断”“断－通”“通－通”“断－断”四个工作方式。它也可根据特殊要求配合光电靶等其他区截装置使用。该机的测时分辨精度有1 μs、0.1 μs、0.01 μs（10 ns）三种规格，测时范围为5位有效数字。例如：时标为1 μs时，测时范围为1～99 999 μs。

§3.2.3.2　数据采集测速仪

如前所述，电子测时仪测速方法是采用两个区截装置配接一台测时仪构成测速系统。区截装置的功能是完成弹丸到达预定位置的探测，而测时仪则记录两台测速靶输出信号的时间间隔，再根据两靶之间的距离，计算出弹丸飞过两靶的平均速度。在一些特定场合的实际应用中，有些区截装置往往因各种炮口火光、电磁干扰、冲击振动等原因引起的干扰信号发生误触发现象；对于一些高射频连射测速或双弹头测速，各发弹之间的信号相互交错，存在相互干扰问题；对于水下弹道测速、多目标弹道测速同样存在类似的问题。面对日益复杂的弹种，干扰信号出现复杂多样以及随机性，简单采用滤波器的方法滤除干扰远远不够。为了提高测速的可靠性，提取有用触发信号，人们作出了不懈的努力。近些年来，随着计算机技术和数据采集技术的发展和成熟，测速工作者开始应用数据采集装置测量弹丸速度以取代应用测时仪记录两个信号间的时间间隔，从而实现弹速测量。

1. 数据采集装置的测速原理

数据采集装置的测速原理如图 3.2.37 所示，采用数据采集的方法将区截装置的输出信号记录下来，并用人工或智能算法识别和提取需要的测量信号以及区截信号对应的时间，通过计算提取出区截信号间的时间间隔，进而得出弹丸速度数据。

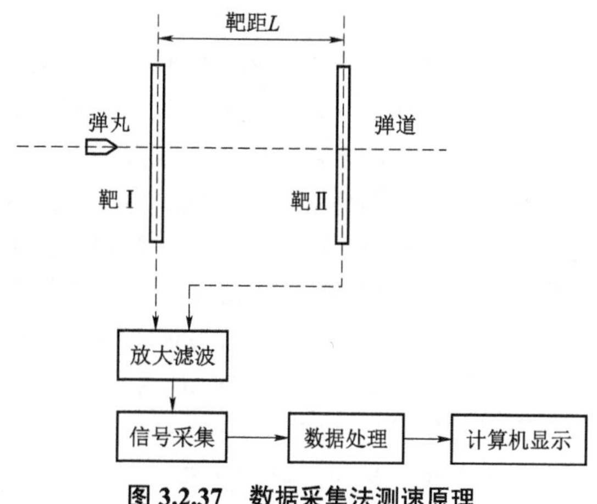

图 3.2.37　数据采集法测速原理

可见，数据采集测速方法仍以区截法测速原理为基础，使用区截装置（普遍采用通靶、断靶，天幕靶、光幕靶）作为弹丸到达定点位置时刻的探测装置。在实际测试中，区截装置输出信号数据的采集有两种实现形式：一种是使用基于计算机 PCI 总线的 A/D 采集板进行数据采集，另一种是采用瞬态记录仪配合计算机进行数据采集。

第一种方式是使用基于计算机 PCI 总线的 A/D 采集板进行数据采集，其原理结构及处理流程如图 3.2.38 所示。靶Ⅰ和靶Ⅱ通常采用天幕靶或者光幕靶，也可以用通靶、断靶等区截装置，数据采集板通常采用基于 PCI 总线的多通道（双通道以上）采集板，插入计算机 PCI 总线的插槽来实现数据采集。为了保证信号分析的精度，双通道采集板一般采用 12 位以上的 A/D 转换，采样速率在 1 MHz 以上，这样就可以实现较高速率的采集和传输。

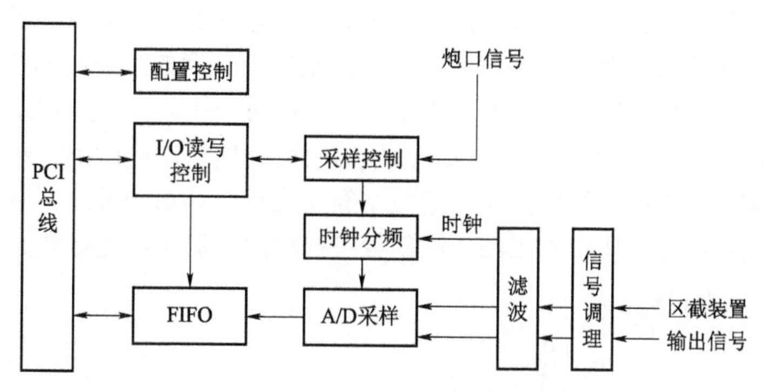

图 3.2.38　采集板的原理结构

针对双通道数据采集板由光电靶输出的模拟信号幅度与 A/D 转换的要求可能不匹配的情况，在 A/D 采样的输入端一般需设置信号调理电路和滤波电路，用来对区截装置传输来的信号进行信号放大和预滤波，消除无用的高频成分，压制噪声干扰，这同时也能保证信号不失真，使区截装置输出信号的幅值满足 A/D 转换的要求，以便充分利用 A/D 转换的分辨率。

A/D 采样需要设置确定的采样频率，并满足采样定律。

由信号调理电路和滤波电路放大滤波后的区截信号经过双路 A/D 转换，将模拟信号变成数字信号，进入 FIFO，由 I/O 读写控制根据计算机或采样控制设定的采样参数，发出中断申请，将数据读入计算机内存。

在实际测量弹丸速度时，需根据实际需要确定采样频率、采样起始时间、采样长度等，采集开始指令既可以由计算机根据采样起始时间发出，也可以由炮口同步信号直接控制，采样长度根据实际需要，由计算机控制。根据采样定律，为了能够重现原信号，采样频率必须大于 2 倍的信号频带上限，通常取区截装置输出信号最高频率的 2.5～4 倍。因为弹丸飞过靶面的时间很短，故产生的脉冲信号具有较宽的频谱范围，并且弹速不同时，频谱范围的变化也比较大。表面上看，设置采样频率应越高越好，较高的采样频率可以满足各种常规弹速的测量要求，测量的分辨精度也比较高，但是实际上使用较高的采样率对于采集板的性能要求也较高，采集数据量更大，传输、存储、处理更困难。因此，为了便于采样数据的传输、存储、处理，采样频率的选取应在足以保证精度的前提下，适当低一些更为恰当，一般根据预计弹速设定采样频率。例如对于采用光幕靶构成的测速系统，假设弹速为 200 m/s，光幕幕厚为 1.00 mm，则弹丸穿过靶面的时间为 0.5 ms，信号的基频为 1 kHz。为了保证精度，并留有余量，假设信号带宽为基频的 50 倍，那么采样频率应该大于 100 kHz，具体使用采样频率的大小可以根据进一步的实验确定。

通过数据采集系统记录弹丸穿过区截装置时的信号，记录其波形，可使测时仪的可靠性大大提高。这是因为通过波形分析可以避免测时仪的误触发，通过信号的分析可去掉各种干扰。由于将数据采集后存储在计算机中，可以通过波形回放清晰地看到弹形信号，采用对触发点人工识别的方法取得弹丸飞过靶面的时间。这种方法的优点是现场测试人员可以根据经验排除干扰信号，但其缺点是主观因素影响测量精度，而且如果提高精度，必须采用较高的采样速率。

2. 时间间隔的相关分析提取算法

按照图 3.2.37 所示的测速原理，对两个测速区截信号进行 A/D 采样转换后即形成如图 3.2.39 所示的数字化信号。从图中数据提取两区截信号之间的时间间隔，还需要作进一步的数据处理。从 A/D 转换输出的测量数据中提取两区截信号之间的时间间隔的方法有两种：一种是在信号图形中，采用人工识别波形的方法直接读取时间间隔；另一种是采用计算机智能识别算法自动识别两靶信号的波形，并确定两区截信号之间的时间间隔。一般对于信号波形比较干净，干扰较弱的情况，可以直接使用数据算法进行自动识别处理。对于声、光干扰比较严重的情况，则可以首先使用人工的方法剔除干扰波形，然后再进行数据处理。

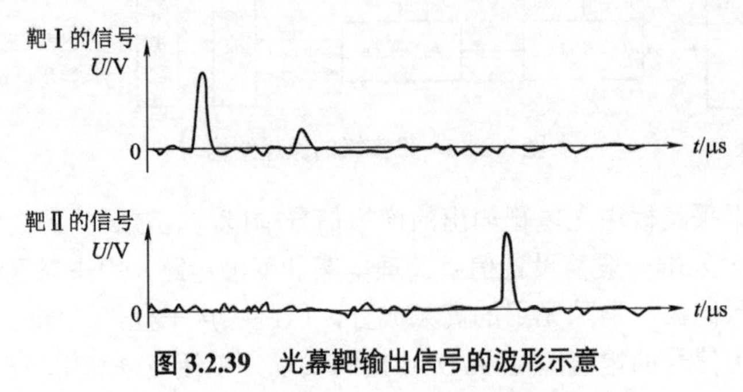

图 3.2.39　光幕靶输出信号的波形示意

在图 3.2.37 中，数据处理环节需要采用专门的数据处理软件首先识别两个靶信号的波形，再处理弹丸穿过两个区截装置的时间间隔。两靶信号波形的计算机自动识别通常采用基于数学知识中的相关分析算法，下面以两个数组为例讨论相关分析算法原理。

设有两个一维数组 a（n）、b（n），其中 n 为有限长度的正整数。假设存在一个变量 j（$j \geqslant 0$，且为整数），则数组元素与 j 之间存在如下函数关系式

$$F(j)=\sum_{i=1}^{n} a(i) \bullet b(i+j) \tag{3.2.12}$$

一般将上式称为对两个数组 a（n）和 b（n）相关求和。由上式可以看出，在 j 取不同的值时，F（j）会有不同的值与之对应。对 j 由小到大取不同值时得出的 F（j）值进行比较，得出最大值 F_{max}（j），此时称数组 a（n）、b（n）为相关最大，与之对应的 j 值即为数组 a（n）和 b（n）中对应相乘元素的下标之间相差的个数。

在弹丸飞行的弹道方向上依次放置两个区截装置（例如光幕靶），弹丸的速度矢量弹道与靶面垂直，且确定两靶间距为 L。当弹丸穿过两个靶面时，两区截装置将经两个通道分别输出波形相似的信号。实际上，区截装置的输出信号即代表了弹丸穿靶时刻的信号，图 3.2.39 所示就是两个光幕靶的输出信号波形（为了清楚，图中已将弹丸信号的时间长度放大了数十倍）。由图可以看出，弹丸信号只占整个波形信号中很小的一部分，其他部分均为非弹丸信号或噪声。由于区截装置的噪声幅值较低，并小于某一量值，所以可以为其输出信号设置一个比较电压作为电压阈值。电压阈值一般以略小于区截装置输出的信号电压幅值较为合适，当区截装置输出的信号电压幅值大于该电压阈值时，则认为是弹丸信号到来。通常将该电压阈值作为触发数据采集卡延时停止工作的门槛电压值，并采用弹尖触发或半峰值触发弹丸信号的方式来确定该时间间隔，一般通过计算触发点处的特征值得出。半峰值触发弹丸信号的方式实际上就是 § 3.2.2.3 所述的仰角天幕靶的半幕厚触发方法。

在理想情况下，弹丸穿过两个靶面所产生的信号 x_1（t）和 x_2（t）的波形完全相似。设两个信号的脉宽为 T_k，则 x_1（t）和 x_2（t）间的互相关函数为

$$R_{x_1x_2}(\tau)=\int_{0}^{T_k} x_1(t)x_2(t+\tau)\mathrm{d}t \tag{3.2.13}$$

在工程实际应用中，数据采集仪器所采集到的数字信号是每隔一定的采样周期采集的光幕靶传感器输出的信号幅值，即离散化的数字信号，所以式 3.2.13 可改写为

$$R_{x_1x_2}(\tau)=\sum_{i=1}^{n} x_1(t_i)x_2(t_i+\tau) \tag{3.2.14}$$

根据相关函数的性质可知，当 τ 取不同的值时，会有不同的 $R_{x_1x_2}(t)$ 值与其对应，当 $R_{x_1x_2}(t)$ 取得最大值时，所对应的 τ 值应为两个弹丸信号的时间间隔 T。上述原理相当于将弹丸信号 x_1（t）在时间轴上平移一段距离，然后与 x_2（t）的对应点相乘。当两个信号完全重合时，移动的距离即为两个信号的时间间隔 T。此时它们的相关函数 $R_{x_1x_2}(t)$ 取得最大值。

3. 提高数据采集测速精度的途径

根据理论分析，数据采集测速方法的测量误差主要来自采样误差，减小误差的方法有硬件的方法和软件的方法。硬件的方法就是提高采样频率，减小失真度。由于采样频率的提高受 A/D 转换频率的限制，所以硬件的方法受到数据采集卡性能的限制。软件的方法有两种，

一种是采用最小二乘法局部拟合 A/D 采样数据，得出连续的信号幅值的计算公式，再代入电压阈值求出触发时间，进而通过计算出两靶触发时间之差确定弹丸飞过距离 L 所经历的时间间隔 T；另一种是通过采样计算得到互相关函数是一系列离散点，得到的时间滞后离散值就是对应相关函数离散点，一般情况下它并不代表曲线中的最大值点，为了减小速度测量误差，可对用相关函数确定时间间隔 T 的方法也采用数据拟合法给出离散相关函数的拟合曲线，从而确定式 3.2.13 的最大时滞点 τ。从这两种方法可以看出，采用软件的方法可以比较好地减小测量误差，在不增加硬件费用的前提下明显提高系统的测量精度。

§3.2.3.3 瞬态记录仪测速

瞬态记录仪是一种的专用的数字式波形存储仪器。它的主要特点正如其名，是把瞬态模拟量转换为某一时间间隔的数字量，并与半导体存储器相结合，把这些数字量存储起来事后供分析研究用。一般只要波形转换成数字量并储存在存储器里，这些单次过程便被保留下来，并能做到无限次不失真地取用、重放。只有重新启动“写”或者断电操作，这些单次过程才不再被保留。这一特点使瞬态记录仪广泛应用于科学研究和工业生产试验中。目前特别在一些瞬态过程的测量中，如武器系统发射时瞬态膛压的变化过程，炮弹发射的冲击加速度及火药燃烧时火药燃烧的气体温度、膛壁温度等的变化过程等，炮弹穿甲使得冲击加速度变化的过程，爆炸冲击波的压力变化过程等，还有内燃机气缸内点火后的各种物理量的变化过程，电路中各种参量的瞬态变化情况、照相快门开闭瞬间情况等，它已成为重要的测量记录设备。

1. 瞬态记录仪测速系统的组成及测速原理

采用瞬态记录仪配合计算机采集区截装置信号同样可以实现数据采集测速仪的功能，这种测速方式所用的区截信号记录仪器是瞬态记录仪，其设备构成如图 3.2.40 所示。图中的数据处理软件的处理方法与数据采集测速仪完全相同，下面仅介绍瞬态记录仪的基本功能和工作原理。

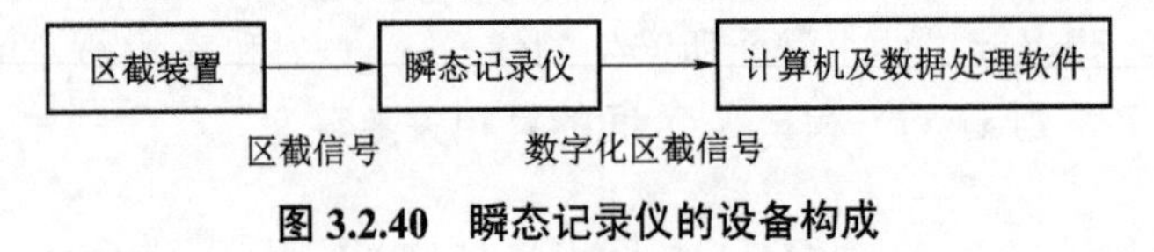

图 3.2.40 瞬态记录仪的设备构成

瞬态记录仪的基本工作原理如图 3.2.41 所示。其工作过程是：由前级传感器（相当于图 3.2.40 中的区截装置）传送来的模拟量信号，经交直流耦合选择开关，进入衰减器、放大器及极性变换电路，经处理后以一定的电平加至采样保持电路和 A/D 变换电路，进行模拟量到数字量的转换，使连续的模拟量转变为离散的数字信息。这些数字量在控制电路的脉冲指令下，逐一经缓冲寄存器写入 RAM（半导体存储器）中，当 RAM 存满后则可通过数据总线送入计算机进行数据处理。转换成的数字量还可通过 D/A（数模转换）电路还原为模拟信号，此模拟信号可被送入示波器进行观察，也可被送入 X－Y 记录仪等进行记录。

瞬态记录仪一般都具有可变的多种采样频率，对同一波形有的仪器甚至还可分段采用两种不同的采样频率写入，它适用于各类不同瞬态过程的测量记录。瞬态记录仪机内还设置有接口电路，可供与微机连接使用，以便进行各种数据处理或输出，其读出速度也可在一定范围内选择，每个通道的输出可同时提供模拟量和数字量。

瞬态记录仪的另一特点是设置有外触发与内触发同步电路，其采用了循环式数字存储器，

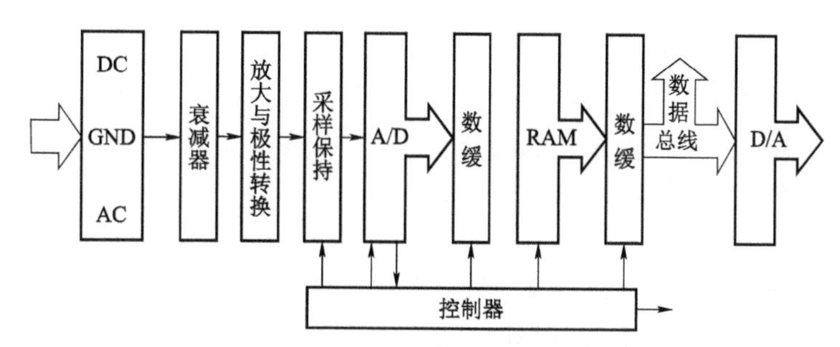

图 3.2.41　瞬态记录仪的基本工作原理

利用装定触发存储地址的方法，保留了触发前某存储量的有用信号，从而保证了被测信号的完整性和测量的可靠性。它一般具有多个通道，能同时捕获多个非周期性的单次过程。此外，瞬态记录仪还有内、外触发电路，以控制对瞬变信号的记录时机，从而达到被测信号的出现与仪器记录同步的目的。

2. 瞬态记录仪的主要技术指标及使用

1）输入幅度范围

衰减器对输入信号的衰减有一定范围，当信号过大时，则需要另外加衰减器，以适应仪器的量程。反之，若信号过小则需要另外加一个前置放大器。

2）输入带宽

输入带宽一般是指信号衰减 –3 dB 时的频率宽度。通常“DC”输入的下限频率为 0 Hz，“AC”输入的下限频率为几赫兹。对上限频率，通常是采样速度越高，其上限频率也越高，一般要低于最高采样频率 5～10 倍。

3）输入阻抗

为了防止测量信号被分流而产生失真，输入阻抗要求大一些较好，通常都在 1 MΩ以上。

4）通道的 A/D 分辨率

通常以二进制位数给出，一般为 8～12 bit（位），位数越多，信号的可分辨程度越高。但位数高者，其写入时每个字节需要的时间将加长，相应的写入速度降低。

5）写入速度（采样时间、采样频率）

写入速度通常可在一定的范围内选择，对它的要求主要考虑两个因素：一是被测信号本身的频率变化范围；二是必须采集的信号时间长短。写入速度太低，信号记录将产生失真，太高则需要的存储单元增多，应根据具体情况进行选择。

6）内存容量

内存容量表示该仪器每个通道所能存储的数据量。如 $2\,048\times10$ bit，表示每个通道存储的数据量为 2 048 个，每个数据为二进制码 10 位。仪器的总容量一般写为 $2\text{ k}\times N$（N 为该仪器的通道数）。

3. 瞬态记录仪的功能

根据瞬态记录仪的工作原理（图 3.2.41），下面主要说明框图中各功能块的工作任务。

1）耦合方式选择开关

此开关分为三档，即“AC”“DC”“GND”。选“AC”输入时，可去掉信号中的直流成分，只记录信号的交流分量。选“DC”输入时可以保留信号中的直流成分，交流分量迭加于直流分量之上。选“GND”时为输入端接地，此时可用于确定输出信号的零点。

2）衰减器（量程选择开关）

它可以将输入信号进行适当的衰减，通过衰减后使输出信号幅度的峰–峰值保持在一定的范围之内。若信号衰减过大，经 A/D 转换后将不能获得最佳精度；若信号衰减过小，经 A/D 量化后其超过部分将被削去，不能完整记录信号。

3）输入放大及极性变换器

它能够将衰减器送来的信号进行某一固定倍数的放大，使负极性的信号变为正极性的信号，获得 A/D 转换器中所需要的幅度范围。

4）采样保持电路

在 A/D 转换器中它具有模拟量存储器的功能，即随时间而变化的模拟量，通过随时间而不断“启”“闭”的采样器，将模拟信号某一瞬间的值，保持在电容器上，在 A/D 转换期间使信号保持不变。

5）A/D 转换器

这是瞬态记录仪的核心部件，它把采样保持电路送来的模拟电压值转换成数字量，其数字量的位数和转换速度由 A/D 转换器决定，A/D 转换器的位数越高，其测量信号的分辨率也越高。其转换速度将决定仪器的最高采样速率。A/D 转换器的位数和转换速度是互相制约的，因为位数越高，存储转换时间越长，每个字节的采样时间就要加长，对同一类器件来说，位数增加，其最高采样速度将下降，反之则上升。

6）数据缓冲寄存器

A/D 转换器的二进制数据代码，首先被送到缓冲寄存器暂存，这样 A/D 转换器可进行第二次转换，在 A/D 转换器进行第二次转换的同时，可把第一次转换的数据由缓冲寄存器写入半导体存储器 RAM 中。如此继续下去，直至把信号数据存完为止。

7）RAM 存储器

将 A/D 转换成的数字量通过数据缓冲寄存器写入 RAM 中，当 RAM 的所有存储单元装满后，便自动转读，瞬态过程则被记录下来。如不断电，不重写，数据可以长期保留在 RAM 中，通常 RAM 存储器单元分为 1 k（1 024）、2k（2 048）、4 k（4 096）等。

8）D/A 转换器

RAM 中读出的数字量，可通过 D/A 变换成相应的模拟量，通过示波器和记录输出仪器进行瞬态波形再现和记录。

9）数据总线

数据总线是将 RAM 中存储的数据送往计算机及接受计算机控制的接口装置，每个通道可分时占用数据总线，其占用方式通常可分为：① 将固定循环开关置固定位置时，依次拨动其对应号码即为占用通道，将开关置循环位置时，各通道可依次自动循环占用；② 与计算机接通时，计算机优先控制数据通道。

10）控制器

它具有产生 A/D 转换的时序信号和内存工作的时序信号及控制记录方式等功能，是瞬态记录仪的工作状态、存储状态和记录输出状态的指令中心。

4. 瞬态记录仪的触发记录方式

瞬态记录仪处于准备状态时（写状态），实际上就已经在不停地记录、转换和存储，只是因存储量一定，后面的输入信息不断代替前面的输入量而存储在 RAM 中。当需要记录的信号到来时，需进行一定的触发方式使存储器存满后即停止存储，而转入读取状态来达到记录有用信号的目的。下面分别介绍内触发记录方式和外触发记录方式。

1）内触发记录方式

内触发记录方式分为内触发预置记录方式和内触发延迟记录方式。前者的特点是可以记录触发信号之前一段时间的测试信号，是瞬态记录使用较多的一种触发方式。

内触发预置记录方式利用被测信号本身的电平来进行触发，当输入信号的幅值与预置电平比较，达到预置电平时，则触发计数器开始计数。以后每存储一个数据，计数器增加 1，若预置的触发地址数为 A，仪器的总存储量为 N，则计数器计数达到 $N-A$ 时，存储器停止存储。这样存储器中的数据为触发后的 $N-A$ 个加触发前保留的 A 个，恰好等于仪器的存储量。可见，使用这种触发方式时只要适当地选择预置触发地址，配合一定的触发电平和采样时间，就能很好地同步，得到完整的信号记录。

内触发延迟记录方式的特点是触发后经过一定时间的延迟才开始记录，这种方式多用于被记录的信号出现之前具有某种较大的干扰信号（其幅值高于触发电平）的情形。这种触发方式的预置触发地址为从触发到仪器开始记录的延迟点数，这样就可以充分利用有限的内存，记录到完整的信号波形。

2）外触发记录方式

外触发记录方式需要一个幅度、脉宽大于某一值的外触发信号，这种记录方式同样可分为外触发预置记录方式和外触发延迟记录方式。

外触发预置记录方式可以记录到触发前预置地址数的数据量和触发后存储量与预置地址之差的数据量。使用这种触发方式时要特别注意外触发信号与被测信号到来的时机以及与预置地址的相互配合，否则不易捕捉到完整的信号波形。

外触发延迟记录方式在外触发信号到来后，经预置的触发地址数后存储器开始记录、存储，此种方法也可以避免记录信号前未知的多种干扰，而充分有效地记录被测波形。

§3.3　测时仪测速及误差分析

在兵器研制及射表编制的过程中，测时仪测速是广泛应用的一种方法。但是在实际使用中人们往往还关心这种测速方法的测试误差的大小。为了提高测速精度，也需要对测时仪测速的机理及误差来源进行分析，因此本节将讨论测时仪测量弹丸速度的误差来源并进行测速精度分析。

§3.3.1　弹丸速度的测试参量分析

根据图 3.2.1 中测时仪测速的几种场地布置的形式可知，这种测速方法通常是先在预计的弹道上确定一段基线，在基线的两端安装区截装置，然后再用测时仪测量弹丸飞过该基线（从基线的始端飞到末端）长的距离所经历的时间。可见，这种方法实质上是测量弹丸在基线距离上的平均速度，其基本测试参量是弹丸飞行的区间距离和时间。在这种方法的实施中，区间距离测量一般通过基线长度测量来实现，而飞行时间的测量则通过两区截装置输出电信号的时间间隔测量来实现。为了清楚起见，这里将测时仪测速中有关的名词、术语分别介绍如下。

1. 靶面、测量基准面、区截面

靶面通常指测速靶为获得弹丸通过信号而在空间展开的一个具有一定厚度的敏感平面区域的中心平面。例如，网靶靶面是栅栏式金属丝网的中心平面，线圈靶靶面是线圈绕组轴向对称中心的横截面，光幕靶靶面是光幕的幕厚中心的平面，天幕靶靶面是天幕的幕厚中心平面。

测量基准面一般指与靶面平行并通过测速靶测量基准标记的平面。例如，网靶、箔靶、线圈靶常以靶框前方边沿的平面作为测量基准面，天幕靶则以靶上的测量标记处展开的平面作为测量基准面。测量基准面是为靶距测量方便而设置的，大多数测速靶的测量基准面与靶面不重合。在选用配对测速靶时应要求两个测速靶靶面到测量基准面的距离相等，否则应对测速靶距作出修正。

区截面是指测速靶在被飞行弹丸触发而输出电脉冲信号的时刻，通过弹丸的某一特征位置并平行于靶面的理想平面。区截面是人为规定的理想平面，它在空间中的位置与测速靶的各种性能参数和弹丸的飞行运动有关。大多数测速靶的区截面在靶面的后方（若以弹尖作为区截面特征位置的话），但在特定情况下，线圈靶的区截面则有可能出现在靶面前方。

2. 测量基线、基线长、靶距

在测时仪测速中，将两测速靶的区截面之间的一段弹道线称为测量基线，简称基线。基线的长度称为基线长。在弹丸平均速度换算公式（3.1.1）中，L 即基线长。由于基线长是与区截面相联系的一段长度，而区截面相对于靶面的位置与弹丸的飞行运动有关，因此基线长是与弹丸运动有关的随机变量。

靶距是指测时仪测速中，两测速靶靶面之间的一段弹道线的长度。实际靶距的测量，一般通过两测速靶的测量基准面的测量和火炮射击仰角测量来完成。可见，实测的靶距与基线长是两个不相等的量。由于测量基线的长度非常困难，通常只有采用照相的方法才能实现，因此在测时仪测速中一般以靶距作为基线长的近似值代入式(3.1.1)来换算弹丸速度。图 3.3.1 显示了靶距与基线长的区别，图中以弹丸底部为特征位置。显然它们之间的差异是弹丸触发两测速靶时刻的相对位置不一致引起的。因此，在测时仪测速中应选用各种性能参数相近的区截装置配对使用，以减小靶距与基线长的量值差异。

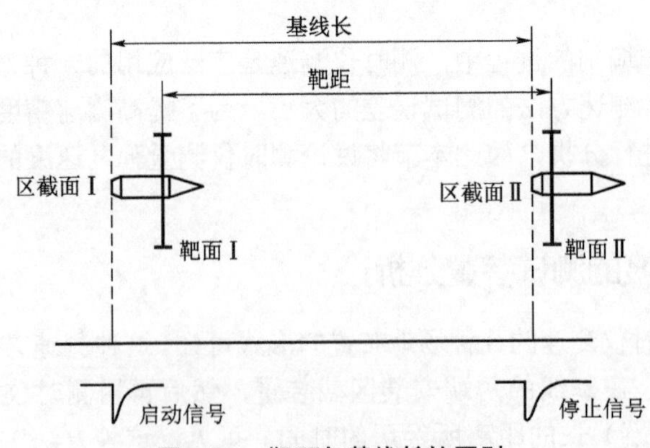

图 3.3.1　靶距与基线长的区别

归纳起来，测时仪测速的实施主要体现在时间、距离和射角等基本参量的测量上，其中时间测量采用测时仪完成。对于电子测时仪计时，实测时间 T 是电子开关处于“开”的状态时计数器记录的时基脉冲数。电子开关的“开”与“闭”一般是由区截装置经信号变换器传输来的脉冲信号控制的，这一信号的产生时刻对应于区截装置电信号达某一预定电平值而触发翻转的时刻。类似的，对于数据采集测速仪计时，则从数字信号图形取某一预定电平对应两靶信号曲线的特定交叉点的时间间隔。由此看来，测时仪所记录的时间是两区截装置先后发送出的电脉冲信号达到触发电平（某一特定的电平）的时间间隔，如图 3.3.2 所示。图中左边信号曲线代表第一测速靶信号，右边信号曲线代表第二测速靶信号。时间 T 为两靶信号达到控制电路的触发电平值时刻的时间间隔。显然时间 T 除了与靶信号发送的时间有关外，还与两靶信号的波形一致与否有关。因此，在对时间 T 的测量中也同样要求选用各种电性能参数相近的测速靶配对使用。

测时仪测速时，两靶基准平面间的距离一般采用钢卷尺测量，而射角测量则以水平作为基准测量火炮身管仰线与水平面的夹角（仰角）。由于弹丸发射时存在炮管的振动和摆动，加之炮管本身在温度不均匀性和重力的影响下有轻微的弯曲，以及弹丸的动不平衡和气动力不平衡、弹炮相互撞击作用等诸方面的原因，弹丸在炮口处的飞行方向与仰线并不重合。由此可知，射前的仰角测量值与实际的射角之间存在一定的偏差，它们的差值通常称为射击跳角。实际操作计算时，通常忽略跳角的影响而将其作为误差处理。

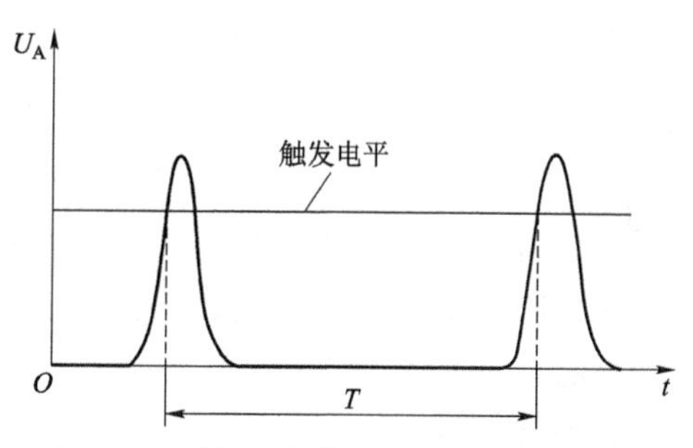

图 3.3.2　时间 T 与靶信号间隔的关系示意

§3.3.2　测时仪测速误差分析

§3.2.2 主要介绍了箔靶、网靶、线圈靶、天幕靶、光幕靶等区截装置和测时仪的工作原理和触发计时方式。结合测时仪测速原理分析，可以认为这种测速方法的测量误差主要可归结为靶距误差和测时误差。事实上，无论采用什么区截装置配合测时仪测速，其测量中的靶距误差和测时误差均存在，只是它们产生的原因和大小与采用的区截装置及其架设方法有关。由于这一原因，本节将具体的各种测速靶抽象出来，专门讨论测时仪测速误差分析及计算方法。综合图 3.2.1 列出的三种场地布置，可将它们抽象地归纳为图 3.3.3 所示的场地布置形式。根据这种场地布置形式，弹丸飞行速度的换算公式应为

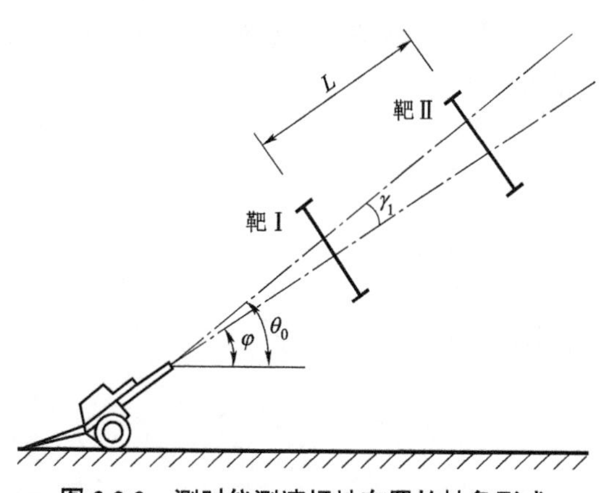

图 3.3.3　测时仪测速场地布置的抽象形式

$$v_e = \frac{L}{T\cos\gamma_1} \tag{3.3.1}$$

式中，T 为弹丸飞过两测速靶间的距离 L 所经历的时间，γ_1 为第一测速靶（靶Ⅰ）处弹丸实际飞行方向与测速靶轴线（即与两测速靶靶面相垂直的中心线，它通常与瞄准线重合）之间的夹角。

一般来说，测时仪测速中的速度误差主要来源于测量误差和原理误差。

1. 测量误差

由于测时仪测速是通过基线长 L、飞行时间 T 和射角测量来实现的，因此在这些参量的测量过程中必然存各种因素造成的误差。具体来说，在测时仪测速中存在靶距误差、时间测量误差和射角误差（主要是跳角产生的测量误差）。

根据§3.3.1 中对测试参量的分析，靶距误差除了距离测量误差外，还存在以靶距代替基线长度产生的误差；时间测量误差除测时仪本身的精度限制和测量中的原理误差外，还包括两测速靶电信号波形不一致产生的误差。射角误差通常由射击跳角误差和仰角测量误差组成，其中跳角误差是主要的。

根据误差传递规律，对式（3.3.1）两边取对数求导，整理可得测时仪测速的相对误差为

$$\frac{|\Delta v_e|}{v_e}=\frac{|\Delta L|}{L}+\frac{|\Delta T|}{T}+|\tan\gamma_1\cdot\Delta\gamma_1| \tag{3.3.2}$$

上式即弹丸速度测量误差 Δv_e 与靶距误差 ΔL 、测时误差ΔT 和跳角误差 $\Delta\gamma_1$ 的传递关系。由于在估计上述误差时，通常将 ΔL 、ΔT，$\Delta\gamma_1$ 取值为极限误差，所以式中采用了取绝对值求和的方法。

2. 原理误差

所谓原理误差，一般指实际测速的各种条件与测速原理所要求的条件不一致产生的误差。测时仪测速的原理误差主要有两项：一项是不计重力产生的误差，另一项是将平均速度 v_e 作为两靶中点处弹丸的瞬时速度产生的误差。

1）不计重力产生的误差

从定距测时法的测速原理可知，弹丸飞行距离 L 的测量是以直线弹道的假设为基础的。实际上弹丸飞行轨迹由于重力作用，通常是向下弯曲的，由此产生的误差即不计重力产生的误差。为了推导方便，记 $\Delta\theta_g$ 为两测速靶间弹道弯曲的最大角度值（弹道倾角变化量的极限值）。由于弹丸在两测速靶之间的实际飞行距离 L_d 满足

$$\frac{L}{\cos\gamma_1}<L_d<\frac{L}{\cos(|\gamma_1|+|\Delta\theta_g|)} \tag{3.3.3}$$

由此，根据式（3.3.1）可以导出，不计重力产生的速度误差为

$$|\Delta v_g|=\frac{L}{T}\left(\frac{1}{\cos(|\gamma_1|+|\Delta\theta_g|)}-\frac{1}{\cos\gamma_1}\right)$$

相对误差限为

$$\frac{|\Delta v_g|}{v_e}=\frac{\cos\gamma_1}{\cos(|\gamma_1|+|\Delta\theta_g|)}-1 \tag{3.3.4}$$

式中，$|\Delta\theta_g|$ 由质点弹道方程的法向分量方程可以导出

$$\Delta\theta_g=-\frac{g\cos\theta_1}{v_e^2}L \tag{3.3.5}$$

式中，θ_1 为靶 I 处的弹道倾角。若第一测速靶离炮口不远，则可取 $\theta_1=\theta_0$。

2）以平均速度代替瞬时速度产生的误差

在换算公式（3.3.1）中，v_e 近似代表了两测速靶距离内弹丸的平均速度，亦即将弹丸在

该段距离上的运动视为匀速运动的测试值。实际上，弹丸速度不是常量，而是按质点弹道方程描述的规律衰减。可见弹丸平均速度 v_e 与其瞬时速度在量值上并不相等，两者之差即为以平均速度代替瞬时速度产生的误差，简称为替代误差。

为了使问题简单，下面仅推导在无风测速条件下的替代误差。对于有风测速的情况，可采用伽利略变换作类似处理。

通常，测时仪测速场地布置范围较小，在测速靶截取的弹道段上，可将弹道看作直线。由外弹道学可知，在无风、水平测速条件下，弹丸速度变化规律满足微分方程

$$\frac{\mathrm{d}v_x}{\mathrm{d}t}=-b_x v \bullet v_x \tag{3.3.6}$$

式中，$b_x=\dfrac{\rho SC_x}{2m}=\dfrac{c\rho\pi C_{xN}}{8\,000}$，为弹丸的阻力参数，$\rho$ 为空气密度，S 为弹丸参考面积，C_x 为弹丸的阻力系数，m 为弹丸质量，c 为弹道系数，C_{xN} 为标准阻力定律对应的阻力系数。

由于 $v=v_x/\cos\theta$，因而式（3.3.6）则变成

$$\frac{\mathrm{d}v_x}{\mathrm{d}t}=bv_x^2 \tag{3.3.7}$$

式中，

$$b=\frac{b_x}{\cos\theta}=\frac{\rho SC_x}{2m\cos\theta}=\frac{c\rho\pi C_{xN}}{8\,000\cos\theta} \tag{3.3.8}$$

通常弹丸速度变化量很小，因此可将方程 3.3.7 中的参数 b 视为常量，并将式（3.3.8）中的 θ 取值为 θ_0。将式（3.3.7）作如下变量代换

$$\frac{\mathrm{d}v_x}{\mathrm{d}t}=v_x\frac{\mathrm{d}v_x}{\mathrm{d}x}$$

可得

$$\frac{\mathrm{d}v_x}{\mathrm{d}x}=-bv_x \tag{3.3.9}$$

分离变量求解，整理可得

$$v_x=v_{0x}\mathrm{e}^{-bx} \tag{3.3.10}$$

上式为弹丸速度的水平分量 v_x 随水平距离 x 的变化规律，式中 v_{0x} 为初速的水平分量。

将 $v_x=\dfrac{\mathrm{d}x}{\mathrm{d}t}$ 代入式（3.3.10），分离变量积分

$$\int_0^t \mathrm{d}t=\frac{1}{v_{0x}}\int_0^x \mathrm{e}^{bx}\mathrm{d}x$$

可以得出弹丸出炮口后的飞行时间与水平距离的变化关系为

$$t(x)=\frac{1}{bv_{0x}}(\mathrm{e}^{bx}-1) \tag{3.3.11}$$

根据式（3.3.10），在两测速靶之间，弹丸速度的衰减规律可描述为

$$v = v_x / \cos\theta_1 = \frac{v_{x0}}{\cos\theta_1} \mathrm{e}^{-bx} \tag{3.3.12}$$

由于上式中弹丸飞行速度并不是恒量，而是按指数规律衰减，可见测时仪测出的平均速度值 v_e 与弹丸飞行速度之间是存在差异的。一般来说，在测时仪的测速范围内，这种差异很小。因此在靶场测试中，普遍采用实测平均速度值 v_e 代替两测速靶中点处弹丸速度值 v_i，而将两者的差异作为测速原理误差处理。

由式（3.3.11）可导出弹丸穿过两测速靶所经历的时间

$$\begin{aligned} T &= t(x_1 + x) - t(x_1) = \frac{1}{bv_{0x}}[\mathrm{e}^{b(x_1+x)} - \mathrm{e}^{bx_1}] \\ &= \frac{1}{bv_{0x}} \exp\left[b\left(x_1 + \frac{x}{2}\right)\right]\left[\exp\left(\frac{bx}{2}\right) - \exp\left(-\frac{bx}{2}\right)\right] \\ &= \frac{2Sh\left(\frac{bx}{2}\right)}{bv_{0x}\exp[-b(x_1 + x/2)]} \end{aligned} \tag{3.3.13}$$

将上式代入式（3.3.1）可得

$$v_e = \frac{bLv_{0x}\exp[-b(x_1 + x/2)]}{2Sh\left(\frac{bx}{2}\right)\cos\gamma_1}$$

由于两靶中点处的弹丸速度

$$v_i = \frac{v_{0x}}{\cos\theta_1}\exp[-b(x_1 + x/2)]$$

故 v_e 与 v_i 之差为

$$|\Delta v_i| = |v_i - v_e| = \frac{v_{0x}\exp[-b(x_1 + x/2)]}{\cos\theta_1}\left|\frac{bL\cos\theta_1}{2Sh\left(\frac{bx}{2}\right)\cos\gamma_1} - 1\right|$$

鉴于平均速度 v_e 与瞬时 v I 的差异很小，所以有

$$\frac{|\Delta v_i|}{v_e} \approx \frac{|\Delta v_i|}{v_i} = \left|\frac{bL\cos\theta_1}{2Sh\left(\frac{bx}{2}\right)\cos\gamma_1} - 1\right|$$

将式（3.3.8）代入，整理可得

$$\frac{|\Delta v_i|}{v_e} = \left|\frac{b_x L}{2Sh\left(\frac{b_x L}{2}\right)\cos\gamma_1} - 1\right| \tag{3.3.14}$$

上式即为测时仪测速中以平均速度代替瞬时速度的计算公式。应该说明，由于上式的推导过程中采用了近似表达式（3.3.12），该表达式的近似特性是 $\theta_1 = 0$ 附近的精度较高，在 θ_1 较

大时，由该式产生的误差将与测速误差达到同一量级。因此，在误差估计中，式（3.3.14）一般适用于水平测速情况。对于射角稍大一点的测速，该式的计算结果只能用作参考。由此，在接近水平测速的条件下，一般采用射击仰角 $\phi=0$ 的场地布置，因此式（3.3.14）可简写为

$$\frac{|\Delta v_i|}{v_e}=\left|\frac{u}{2Sh(u)\cos\gamma_1}-1\right| \tag{3.3.15}$$

式中

$$u=\frac{b_x L}{2}=\frac{\rho SL}{4m}C_x$$

综上所述，弹丸速度误差由测量误差和原理误差构成。其中测量误差包括靶距误差、时间测量误差和跳角误差，原理误差包括不计重力产生的误差和以平均速度代替瞬时速度产生的误差。由于原理误差极小，在误差合成中为了简单和保险起见，可采用绝对和合成方法。由此可得，弹丸速度数据的总误差为

$$\frac{|\Delta v|}{v_e}=\frac{|\Delta L|}{L}+\frac{|\Delta T|}{T}+|\tan\gamma_1\cdot\Delta\gamma_1|+\frac{|\Delta v_g|}{v_e}+\frac{|\Delta v_i|}{v_e} \tag{3.3.16}$$

表 3.3.1 列出了由上式计算的两种枪弹和一种炮弹的各种误差数据。从表中的计算数据可以看出，采用常规靶距进行水平测量速度时，跳角误差和原理误差均很小，它们对总的测量误差几乎没有影响。这说明了测时仪测速误差的主要来源是靶距误差和时间测量误差，其中靶距误差占的比重更大。根据这一结论，在靶距不太长的水平测速中，误差计算公式（3.3.16）可以简化成下面的形式。

$$\frac{|\Delta v|}{v_e}=\frac{|\Delta L|}{L}+\frac{|\Delta T|}{T} \tag{3.3.17}$$

表 3.3.1　速度误差计算结果

项目 / 弹别	v_i/ (m·s^{-1})	C_{43}/ (m^2·kg^{-1})	L/m	$\frac{\|\Delta L\|}{L}+\frac{\|\Delta T\|}{T}$ /‰	$\|\tan\gamma_1\cdot\Delta\gamma_1\|$ /‰	$\|\Delta v_i\|/v_e$ /‰	$\|\Delta v_g\|/v_e$ /‰	$\|\Delta v\|/v_e$ /‰
7.62 mm 枪弹	710	9	6	3.2	0.08	0.000 018	0.002 6	3.2
14.5 mm 枪弹	925	3.4	10	2.5	0.08	0.000 017	0.000 8	2.5
122 mm 榴弹	510	0.71	20	2.0	0.08	0.000 115	0.002	2.0

例 3.3.1　某次 37 mm 高炮测速试验场地布置如图 3.2.1（b）所示。根据现场布置测得参数如下：X=10.12 m，$\theta_0=5°$，X_1=20.20 m；气温 t=11.6 ℃，气压 $p=1.01\times10^5$ Pa，湿度 B=42%。

已知弹丸参量：质量 m=0.732 kg，弹径 d=37 mm。根据测试过程分析，认为测量靶距误差 $|\Delta L|\leqslant0.01$ m，测时误差 $|\Delta T|\leqslant1.03$ μs，射角误差 $|\Delta\gamma|\leqslant0.5°$，由以往测试结果知，该弹

的弹形系数 $i_{43}=1.0$，试估计测点速度的误差。

解：根据题意，按下面步骤计算：

（1）计算空气密度和声速 C_s。

查饱和蒸汽压表知，当气温 $t=11.6$ ℃时，饱和蒸汽压 $a_s=1359$ Pa，故由饱和蒸汽压计算公式有

$$a=a_s \cdot B=1\,359\times 42\%=571\text{（Pa）}$$

将上面的数据代入虚温计算公式得

$$\tau=\frac{T}{1-\dfrac{3}{8}\dfrac{a}{p}}=\frac{273.15+11.6}{1-0.378\times 571/101\,000}=285.4\text{（K）}$$

因此由空气密度计算公式和声速计算公式（见《弹箭外弹道学》）有

$$\rho=\frac{p}{R\tau}=\frac{101\,000}{287\times 285.4}=1.233\text{（kg/m}^3\text{）}$$

$$C_s=\sqrt{kR\tau}=\sqrt{1.404\times 287\times 285.4}=339.1\text{（m/s）}$$

（2）计算阻力参数 b_x。

由马赫数定义 $M=v_e/C_s$，而

$$v_e=\frac{x}{T\cos\theta_0}=\frac{10.12}{0.011\,729\cos 5^\circ}=866.1\text{（m/s）}$$

故有

$$M=v_e/C_s=866.1/339.1=2.55$$

查 43 年阻力定律表有 C_{x43}（2.55）=0.286，代入下式可得

$$C_x(2.55)=i_{43}\cdot C_{x43}(2.55)=0.286$$

故由外弹道学阻力参数的表达式得

$$b_x=\frac{\rho S}{2m}C_x(M)=\frac{1.233\times\dfrac{\pi}{4}\times 0.037^2}{2\times 0.732}\times 0.286=2.590\times 10^{-4}\text{（m}^{-1}\text{）}$$

（3）计算各误差值。

由题意知，实测现场布置相当于 $\phi=0$ 的情况。由于测速点离炮口很近，可以认为 $\gamma_1=\theta_1=\theta_0$。

由式（3.3.5）

$$\left|\Delta\theta_{\mathrm{g}}\right|=\frac{g\cos\theta_1}{v_e^2}\cdot L=\frac{9.8\cos 5^\circ}{866.1^2}\times 10.120\,007\,6^\circ$$

由式（3.3.16）中各误差项的表示式，可作出误差计算如下：

靶距误差：

$$\frac{|\Delta L|}{L}=\frac{0.01}{10.12/\cos 5^\circ}=0.984‰$$

测时误差：

$$\frac{|\Delta T|}{T}=\frac{1.03}{11729}=0.088‰$$

跳角误差：

$$\left|\tan\gamma_I\ \bullet\Delta\gamma\right|=\tan5^{\circ}\times\frac{0.05}{57.3}=0.763‰$$

不计重力产生的误差，由式（3.3.4）有

$$\frac{\left|\Delta v_g\right|}{v_e}=\left|\frac{\cos\gamma_I}{\cos(|\gamma_I|+|\Delta\theta_g|)}-1\right|=\left|\frac{\cos5^{\circ}}{\cos(5^{\circ}+0.0076^{\circ})}-1\right|=0.012‰$$

以平均值 v_e 代替瞬时值 v I 产生的误差，由式（3.3.14）有

$$\frac{\left|\Delta v_i\right|}{v_e}=\left|\frac{b_xL/2}{Sh\left(\frac{b_xL}{2}\right)\cos\gamma_I}-1\right|=\left|\frac{0.00132}{Sh(0.00132)\cos5^{\circ}}-1\right|=3.82‰$$

将上面的误差计算结果代入式（3.3.16）得

$$\frac{|\Delta v|}{v_e}=\frac{|\Delta T|}{L}+\frac{\Delta T}{T}+\left|\tan\gamma_I\bullet\Delta\gamma\right|+\frac{\left|\Delta v_y\right|}{v_e}+\frac{\left|\Delta v_i\right|}{v_e}$$
$$=(0.984+0.088+0.763+0.012+3.82)\times10^{-3}=5.7‰$$

从上面的分项误差计算结果可以看出，采用图 3.2.1（b）所示的场地布置，将会导致跳角误差和以平均值 v_e 代替瞬时值 v_i 的误差显著增大。比较上面的结果可以发现，$\left|\Delta v_i\right|/v_e=3.82‰$，这一结果已明显增大，这是因为 γ_1 偏大的缘故。式（3.3.15）计算结果的变化趋势，说明在测速精度要求较高时，采用水平测速方法的效果最好。

§3.3.3　线圈靶测速误差的来源与使用要求

由线圈靶的工作原理可知，线圈靶产生的靶信号波形是由线圈内磁通量的变化所引起的。在飞行弹丸逐渐靠近靶圈时，弹丸与靶圈相互作用于彼此的磁场，线圈的磁通量将随之增加。当弹丸到达线圈厚度中心所在平面时，线圈内磁通量达到最大值；弹丸穿过靶圈平面后，磁通量逐渐下降，直至离开彼此的磁场范围才停止变化。这一动态过程，使得线圈的感应电势随着弹丸运动的位置而发生变化，这一过程所产生电信号波形如图 3.3.4 的上图所示。图中弹丸穿靶运动沿 x 轴方向，在这个过程中假设弹丸的速度是恒定不变的。

理论计算表明，弹丸沿线圈靶中心轴穿过的理想条件下，感应电势 e 的正负最大值出现在线圈厚度中心平面前后 $\pm D_L/4$（D_L 为线圈靶外径）位置处。由图 3.3.4 可以看出，在两个波峰之间，信号幅值曲线很陡峭，即波形斜率较大。因此，测时仪的启动、停止信号的触发点都选择在这一段位置内，这样触发点既接近靶面，同时由各种因素引起的触发误差也最小。实际上，线圈靶产生的信号波形并没有理论计算的那样理想，下面进一步分析。

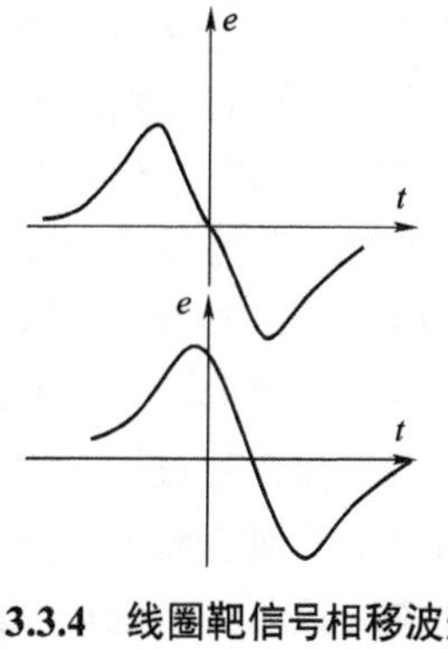

图 3.3.4　线圈靶信号相移波形

1. 线圈靶信号相移延迟

弹丸穿过线圈靶靶面时的理论波形，在靶面处$e=0$。实际上线圈靶可等效为一个电感。由于线圈本身还有内阻和分布电容，在接入测时仪时，其输入端还存在输入电容、接线电容和输入电阻等，因此线圈靶及输入回路可等效为图3.3.5所示的电路。图中线圈靶接入测时仪后就形成了一个振荡回路，这个回路将使感应电动势e输出后产生相位滞后，即线圈靶输出相移。由于线圈靶输出存在相移，其感应信号的过零点将不在靶平面上，而是向射击方向偏移了一个位置，如图3.3.4的下图所示。

为了寻求这个偏移量的大小，可以把线圈靶及输入回路的各个电参量进行等效，画出其模拟等效电路，如图3.3.5所示。由图中电路和线圈靶的结构特性，可将线圈靶等效为一个二阶系统，其微分方程为

$$LC\frac{\mathrm{d}^2V}{\mathrm{d}t^2}+RC\frac{\mathrm{d}V}{\mathrm{d}t}+V=e \tag{3.3.18}$$

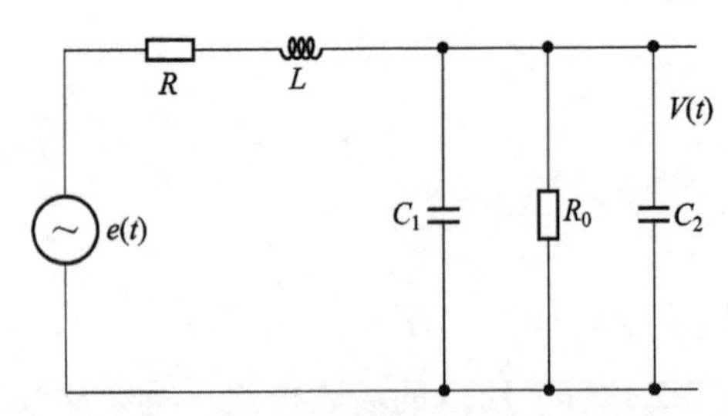

图3.3.5　线圈靶及输入回路等效电路

R—线圈靶内阻；L—线圈靶电感；C_1—电缆及线圈靶分布电容；C_2—输入电容；R_0—测时仪输入电阻；$e(t)$—源电势（激励电势）

式中，R、L分别为线圈靶的内阻和电感，$C=C_1+C_2$为线圈靶的分布电容与输入电容之和，e为弹丸穿过线圈靶产生的感应电动势。V为经过线圈靶系统后的响应信号。

求解式（3.3.18）可以得出，在过阻尼时$V(t)$为一个经过相移了的$e(t)$波形；在欠阻尼时，线圈靶输出电压$V(t)$叠加了一个频率为ω_d的衰减振荡。通过代入实际参量值计算，$V(t)$过零点的相移量均不超过$e(t)$峰值至过零点的时间范围。

射击测速实验证明，线圈靶实际信号的相移量还要更大一些。由此将产生下面二个结果：

（1）速度测量点后移，产生测量误差；

（2）两靶回路不对称使电参量不对称，产生信号相移量不同，带来测量误差。

2. 靶信号的波形延迟

从式（3.3.18）导出的线圈的幅频特性及相频特性易知，线圈靶的通频带与线圈靶的分布电容、电感和内阻有关。从上述分析可知，增大线圈匝数，可以有效提高线圈的灵敏度，但会导致线圈靶的分布电容、电感和内阻增大，从而使系统的固有频率减小，致使整个系统的通频带减小。当感应电动势信号e的频率范围超出了系统的通频带，信号波形就会产生严重的失真，从而对线圈靶测速时的时间间隔T的判读带来影响。

线圈靶两靶参量不对称或弹丸穿过两靶相对位置不同以及弹丸速度的递减等都将使两靶信号波形不同而带来触发误差，现分述如下：

（1）两靶参量不一致，如直径尺寸、靶面偏斜及电参量不同等，都会导致信号波形不一致，并产生波形延迟误差。

（2）弹丸穿过靶面偏心不同时，信号波形将不同，偏离靶心越大，信号幅值越大。这是因为线圈靶面上磁力线分布是不均匀的（对励磁靶来说），越靠近线圈边缘磁力线越密集，而靶面中心最弱。对磁化靶来说越靠近弹丸，磁力线越密集，弹丸越靠近线圈边缘，磁力线切割量越大。因此，弹丸偏靶心距离越大，磁通量变化率越大，则感应电动势越大，由此将产

生信号波形延迟误差。

（3）感应电动势的大小与弹丸速度有关，因而弹丸速度递减明显时，两靶的感应电动势幅值呈明显差异，其信号波形延迟误差也不能忽略。

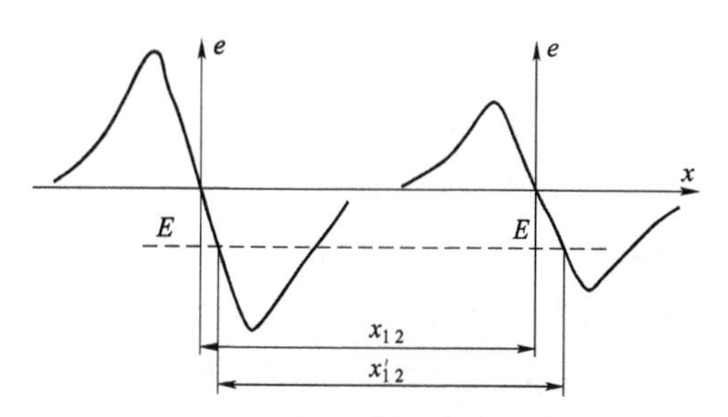

图 3.3.6　线圈靶幅值触发误差

由于线圈靶信号是一个类似正弦波的信号，幅值的变化对触发误差的影响较明显，特别是在电平触发的电路中，如图 3.3.6 所示。图中 E 为电路触发电平，x_{12} 为信号幅值相等时的触发靶距，x'_{12} 为信号幅值不同时的触发靶距，这个差别是不容忽视的，其相对误差可达千分之几。同时也可以看出，若电路采用过零触发，则这个误差将会很小，现在一些测时仪器已设计成过零触发电路。

3. 外界干扰信号的延迟叠加

线圈靶信号若叠加有干扰信号时，将使信号产生相移和幅值波形变化，如励磁电源的纹波干扰或电力线的电场干扰等。

根据前面对图 3.3.5 的线圈靶等效电路的分析可知，在感应源信号 e 的激励下，线圈靶主要输出两种类型的电信号。第一种是如图 3.3.7 所示的过阻尼波形的电信号。该信号只有一次正负极变化，没有衰减振荡的周期信号波形。图中原点对应于靶面位置，z 方向与弹丸飞行方向一致。信号波形曲线没经过原点。这是因为源信号 e 产生以后，图 3.3.5 中等效电路输出端的响应信号 V 还存在一段滞后时间。通常过阻尼信号波形一般比较光滑、平稳，在线圈靶输出信号中它是一种较好的波形。

第二种信号具有如图 3.3.8 所示的欠阻尼波形，该输出信号是衰减振荡的。通常将图中所示的欠阻尼波形的第一轮周期信号称为主波信号。在线圈靶测速中，主波信号一般用作启动信号或停止信号。其余信号一般被认为是起干扰作用的，称为副波信号。显然，副波信号是线圈靶测速中需要消除或减弱的。为了防止副波信号干扰而造成测时仪误触发，电子测时仪普遍在启动计时后设置一段封锁时间。在封锁时间内测时仪拒绝接受任何外来信号。

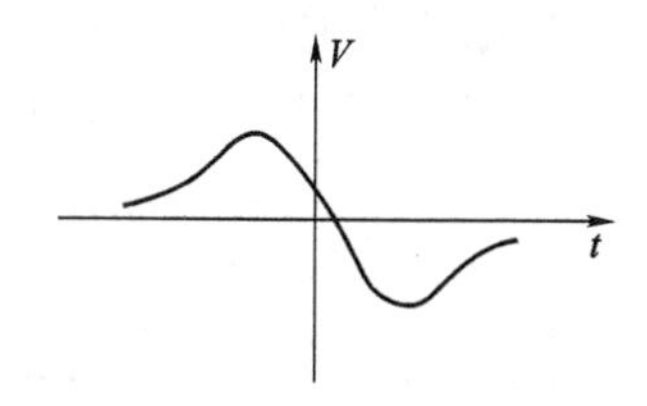

图 3.3.7　过阻尼信号波形示意

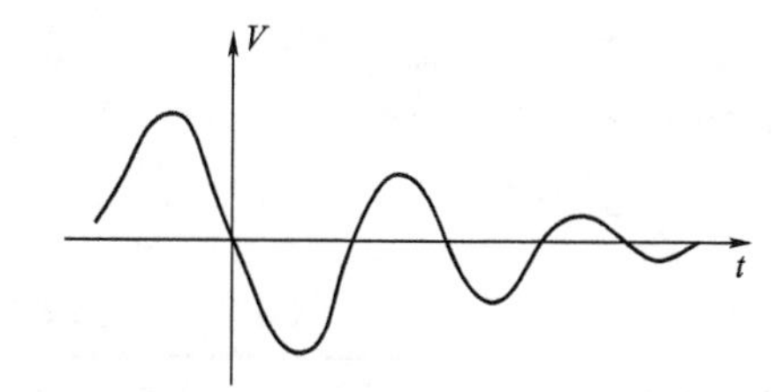

图 3.3.8　欠阻尼信号波形示意

综上所述，线圈靶输出信号波形与其电阻尼参数和频率参数有关，在选用配对测速线圈靶时应要求它们一致。在电阻尼参数和频率参数选择上应尽量使线圈靶处于过阻尼工作状态。通常，过阻尼工作状态的线圈靶在其靶面与弹丸飞行方向垂直的情况下，若弹丸从靶面中心穿过，输出电信号的波形关于波形图的原点对称，即源信号 e 的过零点恰好在线圈的中心位置；若弹丸偏离靶面中心穿靶，源信号 e 的幅值将增大，并且其峰值的位置、向靶面靠近，如图 3.3.9 所示。在靶面与弹丸飞行方向不垂直的情况下，若弹丸穿过靶面中心位置，源信号 e 的波形仍以原点对称，且峰值的位置与靶面垂直于弹道的情况相同，但其幅值变小，如图 3.3.10 所示。如果靶面与弹道不垂直，且弹丸穿靶偏离中心，源信号 e 的波形则不具有对称性，波峰位置到靶面的距离也不等，波形也发生变化。

理论分析表明，图 3.3.5 中等效电路的各种参数一定时，若线圈靶的源信号波形不同，则输出电信号 V 的波形不同，且信号的过零点位置也不同。同样，源信号 e 的波形一定时，若改变等效电路中的参数，其输出信号 V 也会发生变化。由此可知在线圈靶测速中，靶面倾斜、弹丸穿靶位置不一致，接线条件不一致等原因均会造成线圈靶输出信号的位置漂移误差，以及两靶信号波形不一致的时间测量误差。

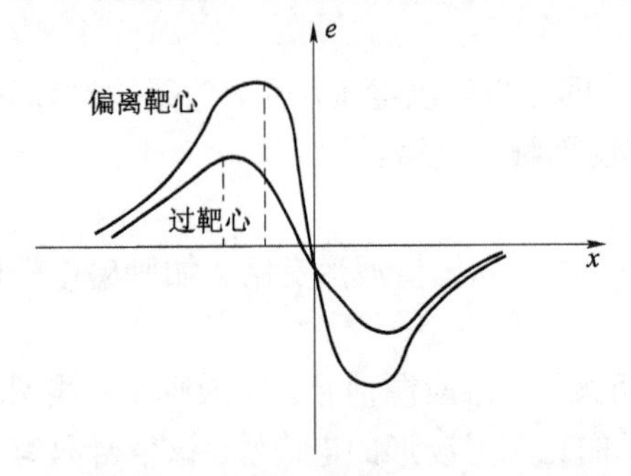

图 3.3.9　两种穿靶位置的信号波形比较

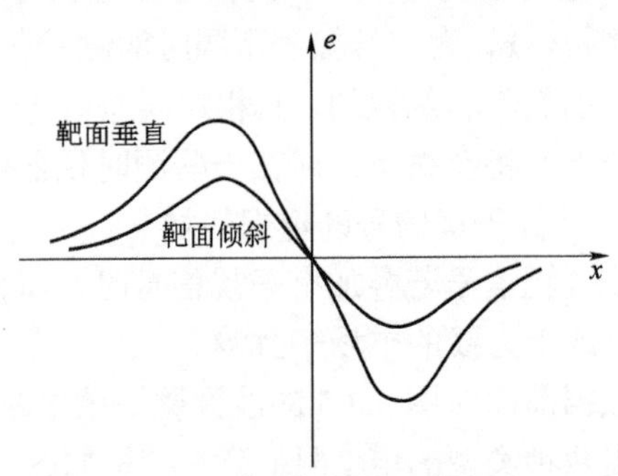

图 3.3.10　靶面倾斜时其源信号波形比较

根据上面的分析结果，在采用线圈靶测速时应该做到：两靶配对使用且接线条件尽可能一致；布靶时线圈靶靶面与弹道保持垂直，并保证预计弹道线过靶面中心。为了消除两靶信号波形不一致产生的测时误差，采用过零点触发方式更好。所谓过零触发，通常指靶信号由正变负或由负变正的时刻触发测时仪开始或停止计时。这种触发方式与靶信号输出的波形和幅值无关，仅与信号的过零点位置有关。显然，它比门限电平触发方式具有更多优点。这种触发方式已被人们重视，并被应用于实际测速。

根据线圈靶工作原理，当弹丸飞行速度和磁化强度一定时，图 3.3.5 中的源信号 e 与线圈靶靶面积成反比关系，即线圈靶靶面积越大，源信号 e 的值越小。这一规律与测速中希望靶面大，信号强的意愿是矛盾的。因此，在线圈靶使用中一般采取折中的解决办法，即根据弹径大小选择线圈靶的线度尺寸。线圈靶有多种规格可选用，表 3.3.2 列出了一般弹丸测速选用线圈靶尺寸的参考数据。

表 3.3.2　线圈靶尺寸选择参考表

弹丸直径 d/mm	圆形靶内径/mm	矩形靶靶面尺寸/mm
$d\leqslant 7.62$	150	150×150
$12.7\leqslant d\leqslant 14.5$	300	300×300
$20\leqslant d\leqslant 57$	550	550×700
$d>57$	850	800×1 000
尾翼弹	850 或 1 000	800×1 000 或 1 000×1 200

在线圈靶测速中，为了满足上述使用要求，通常将线圈靶布置在炮口附近。这样，一方面可以大大减小弹道散布带来穿靶偏离靶心的距离，另一方面还可以更大程度地降低打坏线圈靶的可能性。但是，从另一个角度来认识，由于火炮射击存在后效期作用，为了避免在后效期作用距离内火药气体对线圈靶的损伤，第一个线圈靶离炮口还应保持适当的距离。这一距离的大小与火炮射击的后效期作用距离有关，通常要求它必须大于射击的后效期作用距离。表 3.3.3 和表 3.3.4 列出了第一个线圈靶到炮口的最短布置距离的参考数据，表 3.3.5 列出了第一个线圈靶到枪口的距离参考数据。

表 3.3.3　水平测速第一个线圈靶到炮口的距离

炮种	迫击炮		加农炮				榴弹炮	
口径/mm	≤100	＞100	≤45	56～76	76～100	＞100	≤122	＞122
距离/m	5	8	8	15	25	30	25	30

表 3.3.4　高角测速时第一个线圈靶到炮口的距离

炮种		迫击炮		加农炮与榴弹炮					
口径/mm		≤100	＞100	＜37	45	57	76	85	＞100
距离/m	无制退器	2	4	2	4	5	10	15	25
	有制退器	—	—	2	3	4	5	10	20

表 3.3.5　第一个线圈靶到枪口的距离

口径/mm	≤7.62（手枪）	≤7.62（步枪）	12.7～14.5
距离/m	3	2	5

§3.3.4　天幕（光幕）靶测速及其误差来源分析

天幕靶是靶场测速较常使用的区截装置。由于天幕靶靶面较大，探测距离长，在测速场地布置中很灵活。一般不需要设置靶架等辅助设施就能方便地实现图 3.2.1 所示的三种场地布置形式，因此天幕靶测速是靶场测速试验中广为应用的手段。

在天幕靶测速中，通常将天幕靶架设在弹道线的正下方并位于射击平面内，其架设方式有图 3.3.11 所示的 4 种形式。对于某些水平天幕靶，也可将其架设在弹道的侧下方。

由于光幕靶测速原理及工作过程与天幕靶类似，在布靶方式上除图 3.3.11（c）外其他均适用，因此后面所讨论的误差公式同样适用于光幕靶的测速误差计算。事实上，天幕靶配置一个背景光源即可当作光幕靶用于室内测速。

天（光）幕靶测速的主要误差来源仍是靶距误差和测时误差。根据上面所述的几种架设方式，天（光）幕靶的靶距误差除了两靶基准平面间的距离测量误差之外，还存在靶面与弹道线不垂直产生的误差。其中这项误差产生的来源有两个方面，一方面是幕面对称中心线（天幕靶为其镜头的光轴线）与弹道不垂直产生的误差。这项误差产生的原因主要是天（光）幕

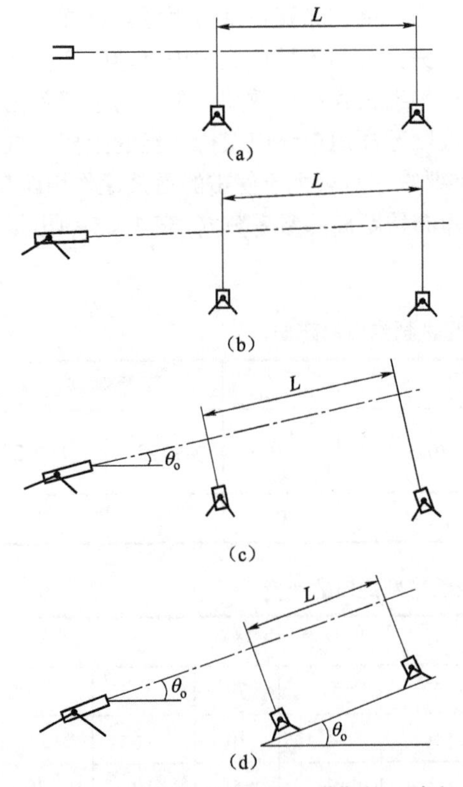

图 3.3.11　在弹道正下方架设天幕靶的 4 种方式

靶水平调得不准和幕面中心轴加工、装配定位不准。另一方面是由于天（光）幕的中心平面（靶面）与射击平面不垂直，也就是幕面扭转产生了误差。这项误差主要来源于瞄准误差和装配天（光）幕靶中的狭缝光阑定位角度误差。

若设天（光）幕靶底座水平置调得不准等因素造成的角度误差为$\Delta\alpha$（该参数主要由天（光）幕靶水平装配及定位精度决定），天（光）幕靶底座到预定弹道的高度为 h，则天（光）幕倾斜（铅直方向）产生的靶距误差为$h\cdot\Delta\alpha$。类似的，在水平方向的扭转角误差若表示为$\Delta\beta$，在靶面处实际弹道与预定弹道偏离的距离若表示为D，则由此产生的靶距误差为$D\cdot\Delta\beta$。考虑到靶距测量误差ΔL_e，天（光）幕靶靶距系统误差可表示为

$$\Delta L = \Delta L_e + h_1\Delta\alpha_1 + h_2\Delta\alpha_2 + D_1\cdot\Delta\beta_1 + D_2\cdot\Delta\beta_2 \tag{3.3.19}$$

式中，ΔL_e为靶距测量误差，下标“1”和“2”分别代表天（光）幕靶Ⅰ和靶Ⅱ，h 代表到弹道线的高度，D 代表靶面位置的实际弹道与预定弹道偏离的距离。在同等布靶条件下，两靶布靶的角度误差相同，即$\Delta\alpha_1=\Delta\alpha_2=\Delta\alpha$，$\Delta\beta_1=\Delta\beta_2=\Delta\beta$。在靶距不长的条件下，两靶面处实际弹道与预定弹道偏离的距离均可近似为$D_1=D_2=D$。若以相对误差表示，则上式可近似写为

$$\frac{\Delta L}{L}\approx\frac{\Delta L_1+(h_1+h_2)\Delta\alpha+2D\cdot\Delta\beta}{L} \tag{3.3.20}$$

上面的误差关系中包含了瞄准光路与测时光路不一致带来的靶距测量误差和幕面倾斜、扭转等带来的靶距误差，通常这些误差是由靶的制造工艺精度，人为架设、调整失误和弹道散布等因素所造成的。除这些因素外，天（光）幕靶测速误差计算中还应包括靶距与基线长不一致产生的误差、两靶信号波形不一致产生的误差和测时仪带来的测时误差。前两者通常称为延时误差，后者与所采用的测时仪有关，称为测时仪器误差，在作误差估计时可参考测时仪的测时精度给出。

天（光）幕靶产生延时误差的机理如下：

从弹丸抵达天（光）幕到触发脉冲形成存在时间延迟，它是由光敏器件及电路存在一定的响应时间所引起的。如图 3.3.12 所示，当弹丸头部进入靶面时并没有立刻产生模拟信号，而是经 t_1 时刻后弹丸飞行至（s_1）位置时放大

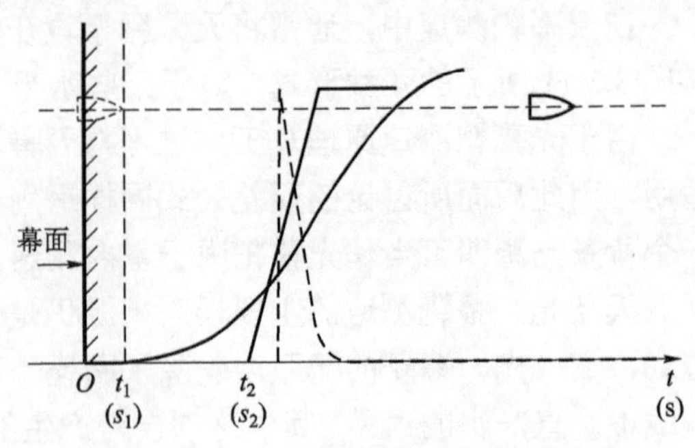

图 3.3.12　天（光）幕靶信号产生过程

器才开始输出模拟波形，当时间延续到时间 t_2 时，弹丸到达（s_2）位置，此时模拟波形上升到某一幅值，整形电路输出阶跃脉冲。通常 t_1 为 0.2 μs 左右，t_2-t_1 约为几微秒。由于天（光）幕靶的一致性较好，两靶的 t_2-t_1 值非常接近，因此两靶元器件不一致所产生的延迟时间差值，一般不应超过 1 μs。另外从阶跃脉冲上升沿，到形成触发脉冲（图 3.3.12 中虚线所示）进行触发，其延迟时间通常在 0.2 μs 以内，两靶的延迟差值应不超过 0.1 μs。

有些文献认为，延时误差和测时仪器误差都是噪声信号产生的随机误差，例如 758 型天幕靶噪声信号产生的相对误差计算公式，即

$$\rho_0=\frac{1}{T}\cdot\sqrt{\frac{(l_0^2+W_s^2)h^2}{(26.4vFdK)^2}+16\times10^{-12}} \tag{3.3.21}$$

式中，l_0 为弹头部长度，单位为 mm；W_s 为弹道线处的天幕厚度，单位为 mm；d 为弹径，单位为 mm；F 为天幕靶镜头焦距；K 为天幕背景的亮度系数，在亮度满足要求时，取 $K=1$。

对于国产 GD－79 型天幕靶，据有关文献分析，两靶（配对）不一致产生的速度相对误差小于 0.02%，由电噪声产生的误差小于 0.04%。事实上，只要天空的亮度满足要求（大于 2500 尼特），前者误差仅为 0.01%，后者误差仅为 0.02%，亦即

$$\rho_0=0.01\%+0.02\%=0.03\%。$$

例 3.3.2　在图 3.3.11（b）所示的天幕靶测速场地布置中，采用 758 型测速系统的天幕靶测速。已知射角 $\theta_0=45°$，水平靶距（两靶测量基准面间的距离）$X=10\,\text{m}$，靶 I 到炮口铅直平面的距离 $X_1=2\,\text{m}$，预计弹丸速度 $v=700\,\text{m/s}$，弹径 $d=60\,\text{mm}$。若取靶距测量误差 $\Delta L_1=10\,\text{mm}$，测时仪测时误差为 0.001%，天幕靶的铅直定位误差 $\Delta\alpha=0.03°$，水平扭转定位误差 $\Delta\beta=1°$，试估计天幕靶的测速精度。

解：由速度误差计算公式（3.3.17）可知，速度测量误差为靶距误差 $\Delta L/L$ 与测时误差 $\Delta T/T$ 的绝对值之和。在天幕靶的测速误差估计中，可以将场地布置中产生的系统误差视为靶距误差，而将两靶不一致和电噪声产生的随机误差连同测时仪的测时误差一起视为测时误差。

由式（3.3.20），靶距误差

$$\frac{\Delta L}{L}\approx\frac{\Delta L_1+[X_1\sin\theta_0+(X_1+X)\sin\theta_0]\Delta\alpha+2D\cdot\Delta\beta}{X/\cos\theta_0}$$

由于题中条件 X_1 和 X 均很小，在天幕靶面处，实际弹道偏离预定弹道的距离 D 较小，这里可取 $D=0.01\,\text{m}$。由此可计算出

$$\frac{\Delta L}{L}=\frac{1}{10/0.707}\left\{0.01+[(2+2+10)\times0.707]\cdot\frac{0.03}{57.3}+\frac{2\times0.01\times1}{57.3}\right\}=0.11\%$$

在电噪声等测时误差计算中，取所测弹丸的弹头部长度 $l_0=75\,\text{mm}$，由于天幕厚度角为 0.17°，故 $W_{s1}=6\,\text{mm}$，$W_{s2}=36\,\text{mm}$。天幕靶镜头焦距为 $F=50\,\text{mm}$，取 $K=1$，则由式（3.3.21）有

$$\begin{aligned}\rho_{D1}&=\frac{700\times\cos45°}{10}\left[\frac{(75^2+6^2)\times4}{(26.4\times700\times50\times60)^2}+16\times10^{-12}\right]^{\frac{1}{2}}\\&=2.4\times10^{-4}\end{aligned}$$

$$\rho_{D2}=\frac{700\times\cos 45^{\circ}}{10}\left[\frac{(75^2+36^2)\times 144}{(26.4\times 700\times 50\times 60)^2}+16\times 10^{12}\right]^{\frac{1}{2}}$$
$$=9.2\times 10^{-4}$$

由于 ρ_{D1}、ρ_{D2} 和测时仪的测时误差均为随机误差，采用方和根法合成，即测时误差为

$$\frac{\Delta T}{T}=\sqrt{\rho_{D1}^2+\rho_{D2}^2}$$
$$=\sqrt{(2.4\times 10^{-4})^2+(9.2\times 10^{-4})^2}$$
$$=9.5\times 10^{-4}=0.095\%$$

由此，总的测速误差为

$$\frac{\Delta v}{v}=\frac{\Delta L}{L}+\frac{\Delta T}{T}=0.06\%+0.095\%=0.16\%$$

§3.3.5 测速靶距的选择

采用测时仪测速时，怎样选择靶距是测试人员应该注意的问题。从§3.3.2 中误差分析的结果可以看出，靶距 L 的取值大小直接影响到测速精度，因而在靶场测速中应该重视靶距的选择。

一般来说，测速靶距的选择应随测速要求而定。目前，国内外靶场测速分为标准化测速和非标准化测速。两者的测速要求不同，因而它们的靶距选择方式也不同。下面就这两类选择靶距的方法分别介绍。

1. 标准化测速靶距的选择

由于弹丸速度测量精度受测试环境和人为条件等方面的因素影响较大，同一发弹丸若采用不同的仪器或不同的人员采用不同的场地布置测速，均会得出不同的速度数据。为了保证测试结果的重复性和一致性，必须统一测速的操作方法，其中包括采用统一的靶距。

目前，在电子测时仪测速靶距的选择上，世界上许多国家均规定了自己的标准，甚至同一国家的不同部门也有各自的标准。《美国陆军试验操作规程》对标准化测速靶距选择的规定是，弹丸速度大于 600 ft/s（182.88 m/s）时，靶距取为 30 ft（9.14 m）；弹丸速度小于 600 ft/s（182.88 m/s）时，靶距取为 10 ft（3.048 m）。在国内，采用测时仪实现标准化测速主要参照有关的测速规程选择靶距。

2. 非标准化测速靶距的选择

在武器系统的研制和使用中，有时也采用非标准化的测速方式测量弹丸速度。在这种特定场合，可以不按规程的靶距规定测速，但是仍需重视测速靶距的选择，以保证速度数据具有足够的精度。

目前，国内外靶场在非标准测速中，普遍采用了以弹丸速度值的大小确定靶距的方法。

例如《美军试验操作规程》规定：对于所有口径的弹丸，速度在 600～6 000 ft/s（182.9～1 829 m/s）的范围内时，测速靶距取预计速度的 1/60；当速度小于 600 ft/s（182.88 m/s）时，最小靶距取 10 ft（3.048 m）。对于分装式弹药，预计速度采用最大装药量时的弹丸速度计算靶距。

在我国，一般科研等非标准化测速试验中，常常将靶距取为预计速度的 1/100，即采用下

式计算靶距。

$$L \geqslant K \cdot v \tag{3.3.22}$$

式中，$K=0.01$ s。在有些情况下，也采用简化了的误差计算公式（3.3.17）选择靶距。这种选择靶距的方法认为式（3.3.17）中，靶距误差占速度误差的 50%（事实上比例更大），并以此为根据计算靶距，根据这一假设，可以导出测速靶距的计算公式为

$$L \geqslant \frac{|\Delta L|}{0.5\dfrac{|\Delta v|}{v}} \tag{3.3.23}$$

例如若试验要求测速精度达到 $\dfrac{|\Delta v|}{v} \leqslant 0.1\%$，则靶距取值应为 $L=\dfrac{|\Delta L|}{0.05\%}$。如果靶距绝对误差的控制水平为 $|\Delta L| \leqslant 0.005$ m，由上式可计算出测速靶距应为 $L \geqslant 10$ m。

应该指出，上述靶距计算方法受人为因素影响太大。更科学的办法应该是从误差计算公式（3.3.16）出发，将其变为靶距 L 的函数形式，然后由[①]

$$\frac{\partial}{\partial L}\left(\frac{|\Delta v|}{v_e}\right)=-e \tag{3.3.24}$$

导出测速靶距的计算公式。上式中 e 为速度误差随靶距减小率控制参量。可以证明，在靶距误差 $|\Delta L|$ 和测时误差 $|\Delta T|$ 均是靶距 L 的线性函数的假设条件下可以导出测速靶距的计算公式为

$$L=\sqrt{\frac{|\Delta L_{mo}|}{H_i(L)+H_i(L)+e}} \tag{3.3.25}$$

式中

$$\begin{cases} |\Delta L_{mo}|=\Delta L_0+v_e|\Delta T_0| \\ H_g(L)=\dfrac{\partial}{\partial L}\left(\dfrac{|\Delta v_g|}{v_e}\right) \\ H_i(L)=\dfrac{\partial}{\partial L}\left(\dfrac{|\Delta v_i|}{v_e}\right) \end{cases} \tag{3.3.26}$$

$|\Delta L_0|$ 和 $|\Delta T|_0$ 分别为靶距误差 $|\Delta L|$ 和测时误差 $|\Delta T|$ 的常数项。如果在靶距计算中不考虑 $H_g(L)$ 和 $H_i(L)$ 的影响，则式（3.3.25）可以变成更简单的形式

$$L=\sqrt{\frac{|\Delta L_{mo}|}{e}} \tag{3.3.27}$$

从式(3.3.24)可以看出，e 代表了再增加靶距减小测速误差的效率，$|\Delta L_{m0}|$ 的意义从式(3.3.26)可知，它相当于将测时误差常数项等效为靶距误差后的总的靶距误差常数项值。计算表明，

① 1 ft（英尺）=0.304 8 m（米）。

只要弹丸速度不是太小（＞200 m/s），采用式（3.3.27）计算靶距与式（3.3.25）计算靶距无明显的差别。一般情况下，式（3.3.27）中 e 的取值范围为 10^{-5} ～ 10^{-4} 时较为合理。

根据 e 的意义，若取 $e=10^{-5}$ 计算出的靶距为 L_e，则意味着测速靶距达到 L_e 后，若再增加 1 m 靶距，测速误差的减小则小于 10^{-5}。由此可知，提高测速精度的途径主要包括两方面内容：

（1）减小靶距误差 ΔL 和测时误差 ΔT；

（2）选择合理的靶距。

§3.4 测时仪测速及数据处理方法

测时仪测速是靶场中应用最广泛的测速方法。在靶场试验中，常常利用测时仪器和区截装置测弹丸的飞行初速、弹丸的着靶速度、弹丸在飞行中的速度降以及弹丸在某些规定射程上的飞行时间等。通常，采用测时仪测速并不只是简单地测出弹道上某点的弹丸飞行速度，而是需要通过弹道上的弹丸速度测量，了解弹丸的某些弹道特征和飞行特性。要完成这一过程就必须根据弹丸的飞行规律进行有关的数据处理和计算，以便得出结论性的数据和结果。

§3.4.1 测时仪测弹丸初速的方法

理论分析和试验表明，弹丸飞离炮口时的速度变化规律并不服从导出的空气弹道方程，而是服从图 3.4.1 所示的速度曲线的变化规律。在弹丸刚离开炮口时，火炮膛内火药气体以很高的速度喷出并作用于弹丸，使得火药气体对弹丸的推力大于作用于弹丸的阻力，因而弹丸加速运动。随着弹丸飞离炮口的距离增加，炮膛内喷出的火药气体很快地向四周扩散，使火药气体对弹丸的推力急剧下降，当该推力与阻力相等时，弹丸飞行加速度为零。在其飞行速度达到最大值 v_m 后，火药气体对弹丸产生的推力开始小于阻力，弹丸速度逐渐下降。当弹丸飞过后效期作用距离后，火药气体对弹丸不再产生作用，此时作用于弹丸的力只有空气动力和重力，弹丸速度的变化规律服从空气质点弹道方程。

由于目前对后效期火药气体的压力和速度的变化规律的研究还不充分，无法采用理论公式或经验公式进行准确计算，加之一般火炮的后效期的作用时间和距离均很短，为了弹道计算和数据处理简单方便，一般不考虑其影响，而假设弹丸一出炮口就只受到空气动力和重力的作用。因此在实际应用时一般不用炮口实际速度 v_p，而是采用图 3.4.1 所示的不考虑后效期作用的等效炮口速度值 v_0 进行计算，并将 v_0 称为初速。由此可见，初速必须满足的等效条件是：当仅考虑空气阻力和重力的影响而不考虑后效期内火药气体对弹丸的作用时，在后效期火药气体对弹丸的推力作用结束后，弹丸的各点飞行速度必须与该点的真实速度相等，其量值满足 $v_0 > v_m > v_g$。

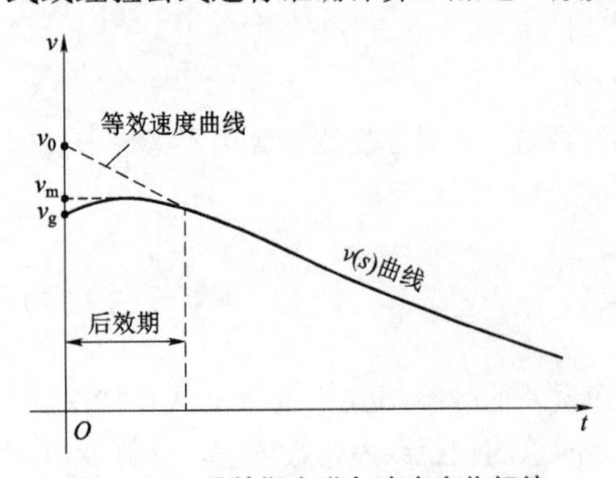

图 3.4.1 后效期内弹丸速度变化规律

§3.4.1.1　弹丸初速测定原理及场地布置

弹丸初速是确定整个空气弹道的一个起始参量，也是弹丸发射过程中膛内运动的一个结果参量。在内、外弹道分析和计算中，弹丸初速还是一个至关重要的弹道特征参量。在靶场试验中，弹丸初速测定是应用最广泛的测试内容。

由于初速 v_0 是按空气弹道上弹丸实际速度的衰减规律外推到炮口确定出的等效速度，因此确定初速时至少应该测出空气弹道上某点的弹丸速度及衰减规律。靶场试验中相当普遍的初速测试情况是，测试前已经了解或掌握了弹丸速度的衰减规律。例如，在武器系统生产质量检验和验收中，人们根据以往的测试数据（常常是鉴定和定型试验确定的）已经精确地测出了弹丸速度的衰减规律，即使在武器系统的研制中，人们根据以往的经验和初步的测试也能初步了解弹丸速度的衰减规律。因此采用测时仪测初速 v_0，一般采用两个（或四个）区截装置配合测时仪测量炮口附近空气弹道上某一点的弹丸速度，由已知的弹丸速度衰减规律外推到炮口来确定。根据这一原理，靶场试验中普遍采用图 3.2.1 所示的场地布置测弹丸初速。图中，L 为两测速靶的区截面之间截取的弹道线长度，称为测量基线长度。在实际测量中，通常采用测量两个测速靶之间的距离来代替 L 值，并称为靶距；L_1 为第一个区截装置到炮口之间的弹道线长度，一般要求 L_1 必须大于后效期作用距离。根据图中的场地布置方式，只需测出弹丸飞过距离 L 所经历的时间 T，即可由式（3.4.1）换算出在该段弹道上的平均速度。

$$v_e = L / T \tag{3.4.1}$$

可以证明，将弹丸速度的衰减规律作线性近似后，弹丸在两靶中点处的飞行速度与平均速度完全相等。由§3.3.2 可知，只要测时仪测速基线 L 不太长，实测平均速度代替两靶中点处的弹丸速度的误差的量级小于 10^{-5}，这相对于测速精度完全可以被忽略。因此，采用图 3.2.1 所示的场地布置测两靶中点处的弹丸速度，并由已知的弹丸速度衰减规律即可确定弹丸的飞行初速。由于弹丸速度衰减规律与射击时的气象条件有关，因而在用测时仪测弹丸初速时，一般应同时测出射击时的气象条件。

§3.4.1.2　平射试验时弹丸初速的换算方法

在靶场试验中，常常采用图 3.2.1（a）所示的场地布置测定弹丸初速。由图可知，测速点到炮口的距离为

$$L_0 = L_1 + \frac{L}{2} \tag{3.4.2}$$

利用这一场地布置测出 v_e 和气象条件数据后，可按下面介绍的方法换算弹丸初速。

1. 无风时弹丸初速的换算方法

在平射条件下，无风时弹丸初速的换算有如下三种方法：

1）D 表换算法

D 表即由外弹道学中低伸弹道的西亚切解法中定义的 D（v）函数数值表（见附表 1 西亚切主要函数）。在外弹道学中，由低伸弹道的西亚切解法求解质点弹道方程可得出

$$D(v_\tau)-D(v_{0\tau})=c\cdot H(y)s \tag{3.4.3}$$

可以得出弹丸初速的换算公式为

$$D(v_{0\tau})=D(v_{e\tau})-c\cdot H(y)L_0 \tag{3.4.4}$$

式中，c 为弹道系数，$H(y)$ 为空气密度函数，由下式确定

$$H(y)=\rho/\rho_{0N}=\frac{p}{p_{0N}}\cdot\frac{\tau_{0N}}{\tau} \tag{3.4.5}$$

式中，p 和 p_{0N} 为大气压力和标准大气压力，ρ 为实测的空气密度，由下式计算。

$$\rho=\frac{p}{R\tau} \tag{3.4.6}$$

式中，R 为干空气的气体常数，R=287.05 J/（kg・K）。式（3.4.4）中

$$\begin{cases} v_{0\tau}=v_0\sqrt{\dfrac{\tau_{0N}}{\tau}} \\ v_{e\tau}=v_e\sqrt{\dfrac{\tau_{0N}}{\tau}} \end{cases} \tag{3.4.7}$$

式中，τ 为虚温，由下式计算

$$\tau=\frac{T}{1-\dfrac{3}{8}\dfrac{a}{p}} \tag{3.4.8}$$

式中，τ_{0N} 为标准大气的虚温，$\tau_{0N}=288.9\text{ K}$。

在初速换算中弹道系数 c 为已知量，否则可按后面介绍的方法测定。根据上面的关系，采用 D 表换算法计算弹丸初速的步骤如下：

（1）由实测气象条件数据通过式（3.4.8）和式（3.4.5）换算 τ 和 $H(y)$；

（2）将实测弹丸速度 v_e 代入式（3.4.7）换算 $v_{e\tau}$；

（3）查西亚切主函数 D 表确定 D 函数值 D（$v_{e\tau}$）；

（4）由式 3.4.4 计算 D（$v_{0\tau}$）；

（5）查西亚切主要函数表确定 $v_{0\tau}$ 的值；

（6）将 $v_{0\tau}$ 代入式（3.4.7）换算弹丸初速 v_0。

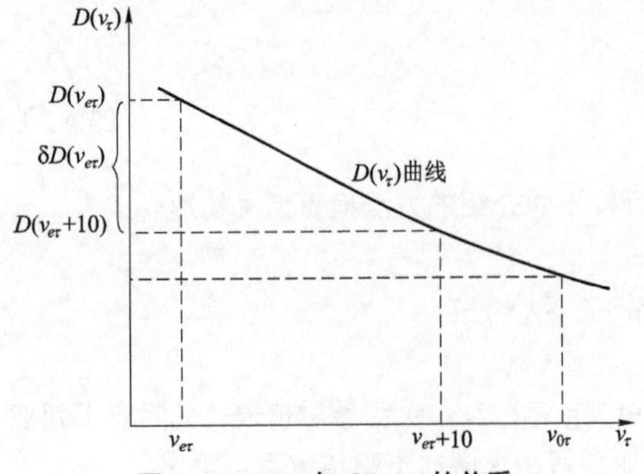

图 3.4.2　$D(v)$ 与 $\delta D(v)$ 的关系

2）δD 表换算法

δD 表换算法是在 D 表换算法的基础上简化出的一种换算方法。在式（3.4.4）中，西亚切主函数 $D(v)$ 具有如图 3.4.2 所示的变化规律。由图可见，在 $v_{e\tau}$ 与 $v_{0\tau}$ 相差不太大的情况下，曲线 $D(v)$ 可近似看作直线。由

图中几何相似的关系有

$$\frac{D(v_{e\tau})-D(v_{0\tau})}{\delta D(v_{e\tau})}=\frac{v_{0\tau}-v_{e\tau}}{10} \tag{3.4.9}$$

令

$$\begin{cases}\Delta v_{\tau}=v_{0\tau}-v_{e\tau}\\ \Delta v=v_0-v_e\end{cases} \tag{3.4.10}$$

则式（3.4.9）可表示为

$$\Delta v_{\tau}=\frac{10[D(v_{e\tau})-D(v_{0\tau})]}{\delta D(v_{e\tau})} \tag{3.4.11}$$

将式（3.4.4）代入，注意到式（3.4.5）有

$$\Delta v_{\tau}=\frac{10cH(y)L_0}{\delta D(v_{et})}=\frac{10c}{\delta D(v_{e\tau})}\frac{p}{p_{0N}}\cdot\frac{\tau_{0N}}{\tau} \tag{3.4.12}$$

由于 $\Delta v_{\tau}=\Delta v\cdot\sqrt{\frac{\tau_{oN}}{\tau}}$ ，故有

$$\Delta v=\frac{10cL_0}{\delta D(v_{e\tau})}\frac{p}{p_{0N}}\sqrt{\frac{\tau_{0N}}{\tau}} \tag{3.4.13}$$

由式（3.4.10），弹丸初速

$$v_0=v_e+\Delta v \tag{3.4.14}$$

从上面的推导过程可以看出，式（3.4.13）中函数 $\delta D(v_{e\tau})$ 代表了速度差 $\delta v_{\tau}=10$ m/s 时的 $\delta D(v_{\tau})$ 函数的差值，即

$$\delta D(v_{e\tau})=D(v_{e\tau})-D(v_{e\tau}+10)$$

为了便于式（3.4.13）的计算，国内已将上式的计算结果编成了 $\delta D(v_{\tau})$ 函效数值表（见附表 2 δD 函数数值），在进行初速换算时可以直接查用。采用 δD 表换算法计算弹丸初速的步骤如下：

（1）根据实测气象条件数据，由式（3.4.8）换算虚温 τ；

（2）将实测弹丸速度 v_e 代入式（3.4.7）换算 $v_{e\tau}$；

（3）查 $\delta D(v_{\tau})$ 函数表，确定函数值 $\delta D(v_{e\tau})$；

（4）由式（3.4.13）计算从炮口到测速点的弹丸速度降 Δv；

（5）由式（3.4.14）换算弹丸初速。

应该强调，在应用 D 表法和 δD 表法换算弹丸初速时，必须注意弹道系数 c 和 D 函数表及 δD 函数表所采用的阻力定律，计算时要求 c 与 D 函数表或 c 与 δD 函数表必须采用同一个阻力定律，否则计算会出现错误。

3）公式换算法

公式换算法是根据弹丸速度的指数衰减规律外推初速的方法。由外弹道学知，在接近水平射击条件下，质点弹道方程中的阻力方程可近似表示为

$$\frac{dv}{ds}=-b_x v \tag{3.4.15}$$

式中阻力参数

$$b_x=\frac{\rho S}{2m}C_x(M)=\frac{c\rho\pi C_{xN}(M)}{8\,000} \tag{3.4.16}$$

式中，m 为弹丸质量，S 为参考面积，$C_x(M)$ 和 $C_{xN}(M)$ 分别为马赫数为 M 时的阻力系数和标准阻力定律的阻力系数，c 为弹道系数，ρ 为空气密度。

将式（3.4.15）分离变量积分，整理可得速度 v 随距离 s 的变化规律

$$v=v_0\,e^{-b_x s} \tag{3.4.17}$$

由于距炮口 L_0 的测速点处实测弹丸速度应表示成 v_e，代入上式有

$$v_e=v_0 e^{-bxL_0} \tag{3.4.18}$$

因此，弹丸初速的换算公式可写为

$$v_0=v_e e^{bxL_0} \tag{3.4.19}$$

上式即为初速的换算公式，式中阻力参数 b_x 由式（3.4.16）计算，其中马赫数 M 应是从炮口到测速点范围内弹丸飞行的平均马赫数。

$$M=\frac{v_e+v_0}{2C_S} \tag{3.4.20}$$

式中，C_s 为声速，$C_s=\sqrt{kR\tau}$；$k=1.404$，为空气的绝热常数。（3.4.21）

由于一般测时仪的测速点离炮口不远，加之阻力系数 C_x（M）在超音速段（M＞1.2）和亚音速段（M＜0.8）随时间变化缓慢，因而在进行初速换算时可取速度测量值代入下式

$$M\approx\frac{v_e}{C_S} \tag{3.4.22}$$

对于跨音速（0.8＜M＜1.2）飞行的弹丸的初速换算，可先由式（3.4.22）确定 M 的近似值，由式（3.4.19）换算出 v_0 的近似值后，再由式（3.4.20）计算 M，进而求出 v_0 的精确值。

公式换算法的计算步骤如下：

（1）根据实测气象数据，由式（3.4.6）、式（3.4.8）和式（3.4.21）计算空气密度 ρ 和声速 C_s；

（2）将实测速度 v_e 代入式（3.4.20）计算 M（初次计算取 $v_0=v_e$）；

（3）由 M 确定 $C_x(M)$ 或 $C_{xN}(M)$（查曲线或查表确定）；

（4）由式（3.4.16）计算阻力参数 b_x；

（5）由式（3.4.19）计算弹丸初速 v_0；

（6）检查 v_0 值，若 v_0 值为 280～400 m/s（炮弹）或 250～480 m/s（枪弹），则由式（3.4.20）再计算马赫数 M，重复步骤（3）到步骤（5）的计算。

2. 有风时弹丸初速的换算方法

在有风的条件下，弹丸速度服从的质点弹道切向方程的形式为

$$\frac{\mathrm{d}v}{\mathrm{d}s_w}=-b_z v_w \tag{3.4.23}$$

式中，v 为弹丸相对于地面的速度，v_w 为弹丸相对于空气的速度，下标“w”代表相对于空气。设试验射击时的风速矢量为 $\vec{W}$，由于弹丸在空气中飞行时间很短，故 $\vec{W}$ 可以看作一个常矢量。根据伽利略相对性原理，在图 3.4.3 所示的地面坐标系 $O-xyz$ 和沿 Ox 轴方向运动的坐标系 $O_w-x_w y_w z_w$ 中，有下面变换关系式成立：

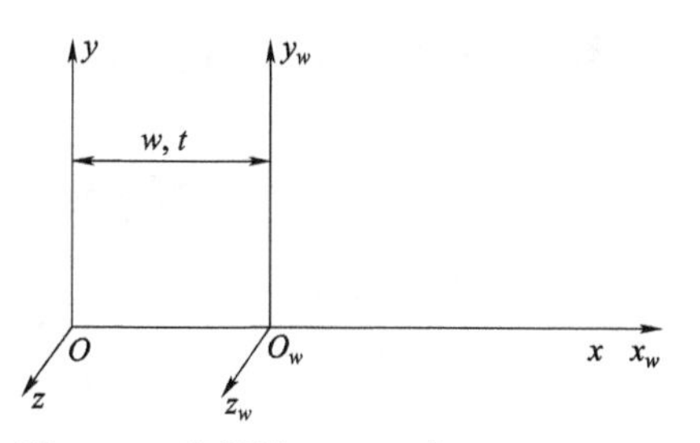

图 3.4.3　坐标系 $O-xyz$ 与 $O_w-x_w y_w z_w$

$$x=x_w+W_x t \tag{3.4.24}$$

式中 W_x 为风速 W 在 Ox 轴方向的分量。设图 3.4.3 中地面坐标系 $O-xyz$ 的原点在炮口，Ox 轴方向沿弹丸水平速度方向，因而上式中 x 代表弹丸的水平飞行距离，x_w 为弹丸相对于坐标系 $O_w-x_w y_w z_w$ 的水平飞行距离，t 为飞行时间。由此可知，若将上式对 t 求导即得出

$$v=v_w+W_x \tag{3.4.25}$$

将上式对 x_w 求导，有

$$\frac{\mathrm{d}v_w}{\mathrm{d}x_w}=\frac{\mathrm{d}v}{\mathrm{d}x_w} \tag{3.4.26}$$

由于弹丸沿 x 轴方向飞行，有 $s_w=x_w$，因此式（3.4.26）可改写成

$$\frac{\mathrm{d}v_w}{\mathrm{d}s_w}=\frac{\mathrm{d}v}{\mathrm{d}s_w}$$

将上式代入式（3.4.23），可得

$$\frac{\mathrm{d}v_w}{\mathrm{d}s_w}=-b_z v_w \tag{3.4.27}$$

可见在有风的条件下，弹丸相对于空气运动速度满足的微分方程（3.4.27），与无风条件下的质点弹道方程（3.4.15）具有完全相同的形式。因此，对于有风条件下弹丸初速的换算，可采用变换参照系的方法，先将弹丸相对地面坐标系的参量变换到运动坐标系 $O_w-x_w y_w z_w$ 中，并按无风条件下的弹丸初速换算方法求出弹丸相对空气的初速，然后再换算到地面坐标系 $O-xyz$ 中求出弹丸初速。具体说来，在有风条件下，弹丸初速的换算可按下面的步骤进行：

（1）将实测弹丸速度 v_e 代入式（3.4.25），换算为相对空气的速度 $v_{ew}=v_e-W_x$

（2）将 L_0 代入式（3.4.24），换算坐标系 $O_w-x_w y_w z_w$ 中测速点到原点（炮口）的距离

$$L_{0w}=L_0-W_z t$$

式中，t 为弹丸从炮口到测速点的飞行时间，一般可取 $t=L_0/v_e$；

（3）根据 v_{ew} 和 L_{0w} 按无风条件下的初速换算方法求出 v_{0w}；

（4）将 v_{0w} 代入式（3.4.25），换算出弹丸相对地面的初速 $v_0=v_{0w}+W_x$。

例 3.4.1　某次试验测得水平飞行 7.62 mm 枪弹在离枪口 10 m 处的速度值为 720.6 m/s，测速时的气象条件是：气温 t=26 ℃，气压 p=101.97 kPa，相对湿度 B=55%。已知该枪弹的弹道系数 $c_{43}=9\ \mathrm{m^2/kg}$，试换算枪弹初速 v_0。

解：根据大气知识，由饱和蒸汽压表查询，当气温 $t=26$ ℃，饱和蒸汽压为 3 331.7 Pa，故有

蒸汽压：$a=3\,331.7\times55\%=1\,832.4(\text{Pa})$

虚温：$\tau=\dfrac{T}{1-\dfrac{3}{8}\dfrac{a}{p}}=\dfrac{26+273.15}{1-\dfrac{3}{8}\times\dfrac{1\,832.4}{101\,974}}=301.2(\text{K})$

声速：$C_s=\sqrt{kR\tau}=\sqrt{1.404\times287\times301.2}=388.3(\text{m/s})$

下面按三种方法分别求初速：

（1）D 表法。

① 求空气密度函数：

$$H(y)=\frac{p}{p_{0N}}\cdot\frac{\tau_{0N}}{\tau}=\frac{101\,974}{100\,000}\times\frac{288.9}{301.2}=0.978\,1$$

② 换算 $v_{e\tau}$：

$$v_{e\tau}=v_e\sqrt{\frac{\tau_{0N}}{\tau}}=720.6\sqrt{\frac{288.9}{301.2}}=705.1\text{（m/s）}$$

③ 查西亚切主函数 D 表（43 年阻力定律）得 D（705.7）=8 133。

④ 计算 $D(v_{0\tau})$：

$$D(v_{0\tau})=D(v_{e\tau})-cH(y)\cdot L_0=8\,133-9\times0.978\,1\times10=8\,045$$

⑤ 由 $D(v_{0\tau})$ 查 D 表得 $D(714.9)=8\,045$，故 $v_{0\tau}=714.9$。

⑥ 换算 v_0：

$$v_0=v_{0\tau}\sqrt{\frac{\tau}{\tau_{0N}}}=714.9\sqrt{\frac{301.2}{288.9}}=730.0\text{（m/s）}$$

（2）δD 表法。

① 计算 τ：　　$\tau=301.2$ K。

② 计算 $v_{e\tau}$：　　$v_{e\tau}=705.7$ m/s。

③ 查δD 表（43 年阻力定律），得 $\delta D(705.7)=95.6$。

④ 计算 Δv：

$$\Delta v=\frac{10cL_0}{\delta D(v_{e\tau})}\frac{p}{p_{0N}}\sqrt{\frac{\tau_{0N}}{\tau}}=\frac{10\times9\times10}{95.6}\times\frac{101\,974}{100\,000}\sqrt{\frac{288.9}{301.2}}=9.4\text{（m/s）}$$

⑤ 计算 v_0：$v_0=v_e+\Delta v=720.6+9.4=730.0(\text{m/s})$

（3）公式法。

① 计算 ρ 和 C_s：

$$\rho=\frac{p}{R\tau}=\frac{101\,974}{287\times301.2}=1.180\text{（kg/m}^3\text{）}$$

$$C_s=348.3\text{ m/s}$$

② 计算 M：

$$M=\frac{v_e}{C_s}=\frac{720.6}{348.3}=2.069$$

③ 查 43 年阻力定律表，得 $C_{zN43}(2.969)=0.312$。

④ 计算 b_x

$$b_x=\frac{c\cdot\rho\pi\cdot C_{zN}}{8\,000}=\frac{9\times1.180\times3.141\,6\times0.312}{8\,000}=1.301\times10^{-3}\ (\text{m}^{-1})$$

⑤ 计算 v_0：

$$v_0=v_e\times\text{e}^{b_xL_0}=720.6\times\text{e}^{1.301\times10^{-3}\times10}=730.0\ (\text{m/s})$$

⑥ 检查 v_0 值。

由于 $v_0=730.0$ m/s，不在跨音速范围内，故不必重复计算，取 $v_0=730.0$ m/s。从上述计算可以看出，三种方法的计算结果是相同的。在实际应用中，只需选其一种方法换算初速即可。

例 3.4.2　测速数据与例 3.4.1 相同，试采用标准气象条件数据换算初速。

解：在标准气象条件下有

$$v_{e\tau}=v_e,\ v_{0\tau}=v_0$$

由 δD 表法，

$$\delta D(v_{e\tau})=\delta D(720.6)=94.9$$

$$\Delta v=\frac{10CL_0}{\delta D(v_{e\tau})}=\frac{10\times9\times10}{94.9}=9.5\ (\text{m/s})$$

故

$$v_0=v_e+\Delta v=720.6+9.5=730.1\ (\text{m/s})$$

将上面的计算结果与例 3.4.1 比较可知，两者仅相差 0.1 m/s。由此可见，如果测速点离炮口很近，当气象条件与标准气象条件相差不大时，对于一般测速精度要求不太高的试验，可以采用标准气温和气压等诸元值进行简化计算求初速。

例 3.4.3　测速数据和气温、气压，相对湿度数据与例 3.4.1 相同，如果测试场地有 15 m/s 的纵风，试换算初速。

解：由题 $W_x=15$ m/s, $v_e=720.6$（m/s）。

（1）计算 v_{eW}：

$$v_{eW}=v_e-W_z=720.6-15=705.6\ (\text{m/s})$$

（2）计算 L_{0W}：

$$L_{0W}=L_0-W_zt=10-15\times\frac{10}{720.6}=9.792\ (\text{m})$$

（3）计算 v_{0W}：

$$v_{0W}=v_{eW}\sqrt{\frac{\tau_{0N}}{\tau}}=691.0\ (\text{m/s})$$

查 δD 表得 $\delta D(691.0)=96.9$，故

$$v_{0W}=\frac{10cL_0}{\delta D}\cdot\frac{p}{p_{0N}}\sqrt{\frac{\tau_{0N}}{\tau}}$$

$$=\frac{10\times 9\times 9.792}{96.9}\frac{101\,974}{100\,000}\sqrt{\frac{288.9}{301.2}}=9.1\text{（m/s）}$$

$$v_{oW}=v_{eW}+\Delta v_W=705.6+9.1=714.7\text{（m/s）}$$

（4）计算v_0：

$$v_0=v_{0W}+W_z=714.7+15=729.7\text{（m/s）}$$

虽然纵风速达15 m/s，但其换算结果与例3.4.1无风条件下的结果只相差0.3 m/s；由此可见只要测速点离炮口不远，风速对弹丸初速换算的影响不大。对于对测速精度要求不高的试验，只要风速不太大，测速点离炮口较近，在进行粗略的初速换算时可以不考虑风的影响。

§3.4.1.3　仰射试验时弹丸初速的换算方法

在靶场试验中，根据试验的要求，常常需要在仰射条件下测出弹丸初速。由于在仰射条件下，质点弹道方程中的重力作用项不能被略去，故不能直接采用平射试验中初速的换算方法。

下面主要介绍几种换算方法。

1. 系数补偿法

系数补偿法的基本思路是将平射条件（$\theta_0\leqslant 5°$）下的弹丸初速换算方法推广到仰射条件（$\theta_0>5°$）下使用，并采用补偿系数修正两种射击条件之间的差别。由于在仰射条件下质点弹道方程中的重力作用项不能忽略，可以考虑将其改写成如下形式：

$$\frac{dv}{ds}=-cH(y)G(v)\left[1-\frac{g\sin\theta}{v\cdot cH(y)G(v)}\right]$$

作变换$v_\tau=v\sqrt{\frac{\tau_{0N}}{\tau}}$，得

$$\frac{dv}{ds}=-cH(y)G(v_\tau)\left(1-\frac{g\sin\theta}{v_\tau cH(y)\cdot G(v_\tau)}\cdot\frac{\tau_{0N}}{\tau}\right)\tag{3.4.28}$$

将上式分离变量积分

$$\int_{v_{0\tau}}^{v_\tau}\frac{dv_\tau}{G(v_\tau)}=-cH(y)\int_0^s\left[1-\frac{g\sin\theta}{v_\tau\cdot cH(y)G(v_\tau)}\frac{\tau_{0N}}{\tau}\right]ds$$

通常，测试仪测初速的测速点离炮口不远，故上式中弹道倾角θ可改写为射角θ_0。令

$$\beta_1(c,v_\tau,\theta_0)=\frac{1}{s}\int_0^s\left[1-\frac{g\sin\theta_0}{v_\tau\cdot cH(y)\cdot G(v_\tau)}\frac{\tau_{0N}}{\tau}\right]ds$$

则式（3.4.3）可写为

$$D(v_\tau)-D(v_{0\tau})=c\beta(c,v_\tau,\theta_0)\cdot H(y)\cdot s\tag{3.4.29}$$

根据上式代表的弹丸速度变化规律可知，只要将平射时的弹道系数 c 乘上补偿系数$\beta(c,v_\tau,\theta_0)$即构成仰射条件下弹丸速度的变化规律。由此可以得出与平射时类似的弹丸初速换算方法如下：

（1）D 表法。

$$\begin{cases} D(v_{0\tau}) = D(v_{e\tau}) - c \cdot \beta(c, v_{e\tau}, \theta_0) \cdot H(y) \cdot L_0 \\ v_0 = v_{0\tau}\sqrt{\dfrac{\tau}{\tau_{0N}}} \end{cases} \tag{3.4.30}$$

（2）δD 表法。

$$\begin{cases} \Delta v = \dfrac{10 \cdot c \cdot \beta(c, v_{e\tau}, \theta_0)}{\delta D(v_{e\tau})} \cdot \dfrac{p}{p_{0N}}\sqrt{\dfrac{\tau_{0N}}{\tau}} \\ v_0 = v_e + \Delta v \end{cases} \tag{3.4.31}$$

（3）公式法。

$$\begin{cases} v_0 = v_e \mathrm{e}^{b_x L_0} \\ b_x = \dfrac{c \cdot \beta(c, v_e, \theta_0) \cdot \pi \cdot C_{xN}(M)}{8\,000} \end{cases} \tag{3.4.32}$$

应该说明，尽管式（3.4.30）～式（3.4.32）的形式与平射时的初速换算方法的形式相近，按理说可以套用平射条件下弹丸初速的换算方法，但由于式中补偿系数 $\beta(c, v_\tau, \theta_0)$ 现在尚没有精确确定，因而这种方法离实际应用还存在一些距离。这里需要专门指出，目前有的文献采用了通过射程符合得出的补偿系数代替式（3.4.30）、式（3.4.31）和式（3.4.32）中的补偿系数 $\beta(c, v_\tau, \theta_0)$，这是不严格的，最好不用。

2. 数据修正法

由于采用系数补偿法计算弹丸初速还存在一些待解决的问题，并且应用也不方便。因此，设想采用平射条件的初速换算方法先粗略地估计出弹丸初速，然后再对该初速估计值进行重力影响的修正，最后得出更精确的初速值。下面根据质点弹道方程

$$\frac{\mathrm{d}v}{\mathrm{d}t} = -\frac{\rho S}{2m} C_x(M) \cdot v^2 - g\sin\theta \tag{3.4.33}$$

推导重力对初速换算的影响。将代换式

$$\frac{\mathrm{d}v}{\mathrm{d}t} = \frac{\mathrm{d}s}{\mathrm{d}t} \cdot \frac{\mathrm{d}v}{\mathrm{d}s} = v\frac{\mathrm{d}v}{\mathrm{d}s}$$

代入式（3.4.33）得

$$v\frac{\mathrm{d}v}{\mathrm{d}s} = -\frac{\rho S}{2m} C_x(M) \cdot v^2 - g\sin\theta \tag{3.4.34}$$

为了便于叙述，令

$$g_\theta = g\sin\theta \tag{3.4.35}$$

则方程（3.4.35）可写成如下形式：

$$v\frac{\mathrm{d}v}{\mathrm{d}s} = -b_x v^2 - g_\theta \tag{3.4.36}$$

由于测时仪测速在弹道直线段，在式（3.4.36）中可以取 $\theta = \theta_0$，故 g_θ 可视为常量。将该方程分离变量积分

$$\int_{r_0}^{v_r}\frac{\mathrm{d}v^2}{g_\theta+b_x v^2}=-2\int_0^{L_0}\mathrm{d}s$$

可得

$$\ln\frac{g_\theta+b_z v_e^2}{g_\theta+b_z v_0^2}--2b_x L_0$$

因此有

$$v_0^2=v_e^2\mathrm{e}^{2b_xL_0}+\frac{g_\theta}{b_x}(\mathrm{e}^{2b_xb_0}-1)$$

即

$$v_0=\sqrt{(v_e\mathrm{e}^{b_xL_0})^2+\frac{g_\theta}{b_x}(\mathrm{e}^{2b_xL_0}-1)} \tag{3.4.37}$$

上式即仰射条件下弹丸初速的换算公式。式中取$\exp(2b_xL_0)-1\approx 2b_xL_0$，有

$$\begin{aligned}v_0&=v_e\mathrm{e}^{b_xL_0}\left[1+\frac{2g_\theta L_0}{(v_e\mathrm{e}^{b_xL_g})^2}\right]^{\frac{1}{2}}\\&\approx v_e\mathrm{e}^{b_xL_0}\left[1+\frac{g_\theta L_0}{(v_e\mathrm{e}^{b_xL_0})^2}\right]\end{aligned} \tag{3.4.38}$$

若将平射条件下适用的换算公式计算出的初速记为v_{01}，则由式（3.4.19）有

$$v_{01}=v_e\mathrm{e}^{b_xL_0}$$

将上式代入式（3.4.38）即得

$$v_0=v_{01}+\frac{g\sin\theta L_0}{v_{0i}}$$

由此可得重力对初速换算影响的修正公式为

$$\Delta v_{0g}=v_0-v_{01}=\frac{g_\theta L_0}{v_{01}}=\frac{g\sin\theta_0\cdot L_0}{v_{01}} \tag{3.4.39}$$

从而仰射条件下弹丸初速

$$v_0=v_{01}+\Delta v_{0g} \tag{3.4.40}$$

上式说明，仰射条件下弹丸初速换算可以先按水平射击测速时的初速换算方法算出v_{01}，然后由式（3.4.38）和式（3.4.40）对其作出修正而得出弹丸初速v_0。

与平射时初速换算类似，在有风时应采用伽利略变换

$$\begin{cases}v_{ew}=v_e-W_x\cos\theta_0\\L_{0w}=L_0-W_xt\cos\theta_0\end{cases}$$

将地面参考系的速度v_e和测点到炮口的距离L_0变换到以速度$W_x\cos\theta_0$沿弹丸飞行方向运动的参考系中的距离L_{0w}，然后按无风条件的换算公式（3.4.39）算出v_{0w}，再由下式求出初速。

$$v_0=v_{0w}+W_x\cos\theta_0 \tag{3.4.41}$$

3. 弹道方程数值积分符合法

弹道方程数值积分符合求初速的方法实际上是一种一维寻优试算求初速的方法，该方法以外弹道学中的质点弹道方程为基础，并表示为如下联立形式：

$$\begin{cases} \dfrac{\mathrm{d}v}{\mathrm{d}s} = -b_x \dfrac{v_w^2}{v} - \dfrac{g\sin\theta}{v} \\ \dfrac{\mathrm{d}\theta}{\mathrm{d}s} = -\dfrac{g\cos\theta}{v^2} \end{cases} \tag{3.4.42}$$

式中

$$v_w = v - W_x \cos\theta$$

积分初始条件为：$s=0$ 时，有

$$v(0)=v_0,\ \theta(0)=\theta_0 \tag{3.4.43}$$

符合条件是：当 $s=L_1$ 时，有

$$|v(L_1)-v_e| < \varepsilon$$

其中 ε 为与测速误差相关的控制参数。

根据上述符合条件，可采用“0.618 法”按如下步骤换算弹丸初速：

（1）假设一个弹丸初速上界 $v_{01} > v_e$，代入式（3.4.43）和式（3.4.42）数值积分求出 $s=L_1$ 时的速度值 $v_1(L_1)$。

（2）计算：$v_{02} = v_{01} - 0.618(v_{01} - v_e)$。

（3）将 v_{02} 代入式（3.4.43）和式（3.4.42）数值积分求出 $s=L_1$ 时的速度值 $v_2(L_1)$。

（4）将 $v_1(L_1)$ 和 $v_2(L_1)$ 分别与 v_e 比较：

① 若 $v_1(L_1) < v_e$，则以 $v_{01}+10$ 代替 v_{01} 重复（1）以后的步骤；

② 若 $v_1(L_1) > v_e > v_2(L_1)$，则以 v_{02} 代替 v_e 重复（2）以后的步骤；

③ 若 $v_2(L_1) > v_e$，则以 v_{02} 代替 v_{01} 重复（2）以后的步骤。

应该说明，弹道方程数值积分符合法基本没有近似条件限制，可以认为它是一种更为精确的换算初速方法。如果在上述符合换算步骤中进一步考虑弹丸阻力系数随马赫数的变化规律，则这一方法的适用范围可扩展到全弹道。

例 3.4.3　靶场试验测得某榴弹在离炮口 20 m 处的速度 $v_e = 650.1$ m/s，已知 $\theta_0 = 30°$，气象条件标准，该榴弹的弹道系数 $c_{43} = 0.53$ m²/kg。试求该榴弹的初速。

解：由于 $\theta_0 = 30°$，应按仰射条件下弹丸初速换算方法求 v_0。

（1）由公式（3.4.37）计算 v_0。

① 由于气象条件标准，$C_s = 341.1$ m/s，故有

$$M = v_e / C_s = \frac{650.1}{341.1} = 1.91$$

② 查 43 年阻力定律表得 $C_{xN43}(1.91) = 0.323$。

③ 计算阻力参数

$$b_x = \frac{c_{43} \cdot \rho \cdot \pi \cdot C_{xN43}(M)}{8\,000} = \frac{0.53 \times 1.206 \times 3.141\,6 \times 0.323}{8\,000} = 8.11 \times 10^{-5}\ (\mathrm{m}^{-1})$$

④ 计算 g_θ：

$$g_\theta = g\sin\theta_0 = 9.8\sin 30° = 4.9\ (\mathrm{m/s^2})$$

⑤ 计算 v_0：

$$v_0 = \sqrt{(v_e e^{b_x L_0})^2 + \frac{g_\theta}{b_z}(e^{2b_x L_0} - 1)}$$

$$=\sqrt{(650.1\times e^{8.11\times10^{-6}\times20})^2+\frac{4.9}{8.11\times10^{-5}}(e^{2\times8.11\times10^{-5}\times20}-1)}$$

$$=651.4\text{（m/s）}$$

（2）由式（3.4.39）和式（3.4.40）计算 v_0。

① 计算 M：M=1.91。

② 计算 C_{xN43}：C_{xN43}（1.91）=0.323。

③ 计算 b_x：$b_x=8.11\times10^{-5}\ \text{m}^{-1}$。

④ 计算 v_{01}：

$$v_{01}=v_e e^{b_x L_0}=650.1\times e^{8.11\times10^{-5}\times20}=651.2\text{（m/s）}$$

⑤ 计算 Δv_{0g}：

$$\Delta v_{0g}=\frac{g\sin\theta_0\bullet L_0}{v_{01}}=\frac{9.8\times20\times\sin30^\circ}{651.2}=0.15\text{（m/s）}$$

⑥ 计算 v_0：

$$v_0=v_{01}+\Delta v_{0g}=651.2+0.15\approx651.4\text{（m/s）}$$

例 3.4.4 在例 3.4.3 给出的数据中，如果还存在 15 m/s 的纵风，试换算初速。

解：由题意 W_x=15 m/s。

（1）求 v_{ew}：

$$v_{eW}=v_e-w_x\cos\theta_0=650.1-15\cos30^\circ=637.1\text{（m/s）}$$

$$L_{ow}=20-15\times20\bullet\cos30^\circ/650.1=19.6\text{（m）}$$

（2）求 v_{0w}：

$$M=v_{0W}/C_s=1.87$$

查表：C_{xN43}（1.87）=0.326 6

$$b_x=\frac{c\bullet\rho\bullet\pi C_{zN}}{8\,000}=\frac{0.53\times1.206\times3.141\,6\times0.326\,6}{8\,000}=8.20\times10^{-5}\text{（m}^{-1}\text{）}$$

$$v_{01}=v_{eW}e^{b_x L_{0W}}$$

$$=637.1e^{8.20\times10^{-5}\times19.6}=638.1\text{（m/s）}$$

$$Dv_{0gW}=\frac{g\sin\theta_0 L_{0W}}{v_{0W}}=\frac{9.8\times\sin30^\circ\times19.6}{638.1}=0.15\text{（m/s）}$$

$$v_{0W}=v_{0W}+\Delta v_{0gW}=638.1+0.15=638.3\text{（m/s）}$$

（3）求 v_0：$v_0=v_{0W}+W_z\cos\theta_0=638.3+15\cos30^\circ=651.3$（m/s）

§3.4.2 测时仪测弹丸着速的方法

弹丸着速一般指直射武器弹丸穿靶时刻的飞行速度，即着靶速度。在靶场试验中，采用测时仪测量弹丸着靶速度的场地布置如图 3.4.4 所示。图中 L 为测时仪测速靶距，L_B 为测速点到目标靶的距离。通常，弹丸着靶速度 v_B 是根据图中测点速度 v_e 值，按弹丸速度随距离的衰减规律计算得出的。下面介绍平射试验时着速的换算方法。

设图 3.4.4 中测速点到炮口的距离为 s_1，目标靶到炮口距离为 s_2，由式（3.4.3）有

$$D(v_{e\tau})-D(v_{0\tau})=cH(y)\bullet s_1$$

$$D(v_{B\tau})-D(v_{0\tau})=cH(y)\cdot s_2$$

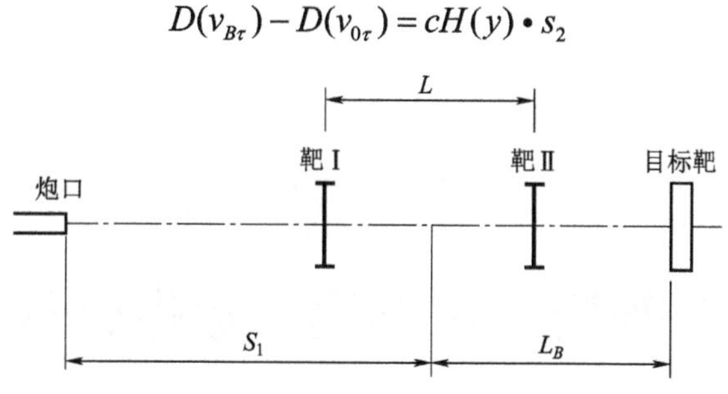

图 3.4.4　弹丸着靶速度测试场地布置

两式相减得

$$D(v_{B\tau})-D(v_{e\tau})=cH(y)\cdot(s_2-s_1)=cH(y)\cdot L_B$$

故有

$$D(v_{B\tau})=D(v_{e\tau})+cH(y)L_B \tag{3.4.44}$$

上式即为 D 表法换算弹丸着靶速度的公式。若将式（3.4.4）同上式相对照可以发现，将测点速度 v_e 向炮口方向（弹丸飞行速度的反方向）外推距离 L_0 时，式（3.4.44）右端第二项为负值；将测点速度 v_e 沿弹丸飞行方向外推距离 L_B 时，式（3.4.44）右端第二项取正值。如果将测点速度外推的距离赋予方向，定义朝炮口方向外推的距离为正向，沿弹丸飞行方向外推的距离为负向，则式（3.4.44）可以统一为 D 表法初速换算公式（3.4.4）相同的形式，即

$$D(v_{B\tau})=D(v_{e\tau})-cH(y)\cdot(-L_B) \tag{3.4.45}$$

同理，由式（3.4.19）也可导出

$$v_B=v_e e^{b_x(-L_B)} \tag{3.4.46}$$

类似于式（3.4.13）的推导过程，从式（3.4.43）也可以导出

$$\begin{cases}\Delta v_B=\dfrac{10c(-L_B)}{\delta D(v_{e\tau})}\dfrac{p}{p_{0N}}\sqrt{\dfrac{\tau_{0N}}{\tau}} \\ v_B=v_e+\Delta v_B\end{cases} \tag{3.4.47}$$

由此可见，弹丸着靶速度的换算方法与弹丸初速的换算方法基本相同，换算时只要将初速换算中的 v_0 换为 v_B，将 L_0 换为 $-L_B$ 即可按初速换算的方法换算着速。

例 3.4.5　某次穿甲试验中测时仪测速的场地布置如图 3.4.4 所示，图中参数 $L_B=6\ \text{m}$。已知测点弹丸速度 $v_e=950\ \text{m/s}$，气象条件标准，该穿甲弹的弹道系数 $c_{43}=1.4\ \text{m}^2/\text{kg}$，试计算其着靶速度。

解： 由于气象条件标准，故有

$$v_{e\tau}=v_e=950\ \text{m/s}$$

查 $\delta D(v_\tau)$ 表有　$\delta D(950)=80$，将数据代入式（3.4.47），得

$$\Delta v_B=\frac{10(-L_B)}{\delta D(v_{e\tau})}=\frac{-10\times1.4\times6}{80}=-1.05\ (\text{m/s})$$

故

$$v_B=v_e+Dv_B=950-1.05=949.0\ (\text{m/s})$$

第 4 章
多普勒雷达测速及数据处理

多普勒技术应用于弹道测试始于 20 世纪 40 年代初期，当时由于电子技术水平的限制，这项技术未能普遍应用。到 20 世纪 60 年代以后，随着电子技术的高速发展，多普勒雷达技术的研究有了长足的进步，多普勒雷达逐渐成为靶场测速的主要仪器。目前，多普勒雷达已得到广泛的应用，在弹道测试中它主要用于初速测量、膛内弹丸运动速度的测量、弹道跟踪分析测试、室内靶道或用来产生触发信号进行雷达测量。其优点是使用方便，测试时易于安放，操作人员少，测试效率高，测量精度高（可达±0.1%～±0.03%或更高）；其缺点是仪器设备价格相对测时仪测速系统较高，测量过程易受电磁波和弹底电离气体干扰，测量距离因雨、雪而缩短。多普勒雷达主要朝着多目标、多测点、长距离、高精度、小型化的方向发展。

在国内，1974 年多普勒雷达开始投入正式使用，主要应用于初速测量、膛内运动速度测量和弹道分析。通常，把用于初速测量的多普勒雷达称为初速雷达，把用于弹道分析的多普勒雷达称为弹道测速雷达，将用于膛内弹丸运动速度测量的多普勒雷达称为膛内测速雷达。尽管多普勒雷达有多种，但它们的基本结构和工作原理是一致的，下面将进行具体的介绍。

§4.1　多普勒原理

多普勒雷达是根据多普勒原理设计出的一种弹丸速度测量仪器，工作时，由雷达天线向弹丸飞行方向发射出一束连续等幅的电磁波，同时接收弹丸反射回来的电磁波信号，其输出是一个交变电流信号，其频率是发射波频率与接收机频率之差，经处理获得弹丸速度数据，如图 4.1.1 所示。

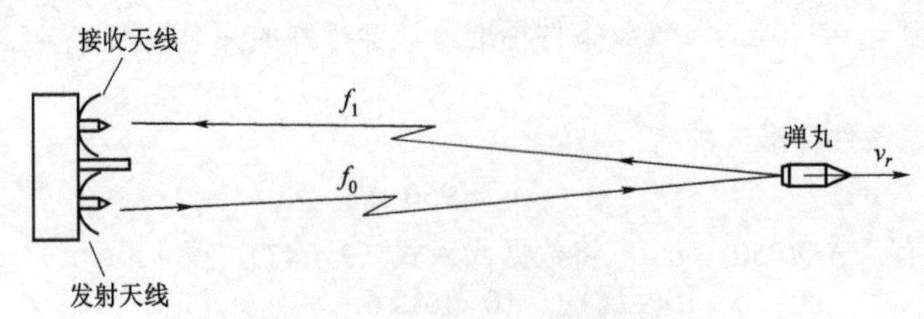

图 4.1.1　多普勒雷达测速原理示意

由物理学可知，波在空中传播的速度与波源和观察者的运动是无关的。但是，若波在传播过程中，波源与观察者之间存在相对运动，则观察者所观察到的波的频率会发生变化，这一现象称为多普勒效应。凡是听过汽车响着喇叭从旁驶过或曾经站在火车站台上听过列车鸣笛驶过的人对此现象都是熟悉的。当声源逼近接收器时，1 s 内所发射的波数将在不到 1s 的时间间隔内抵达接收器。因为声源在发射最后一个波时比发射第一个波时更靠近接收器，即波的波长被“压缩”了，故接收器接收的频率要高一些，所以迎面驶来的列车的鸣笛声听起来更尖锐。反之，当声源退离接收器时，接收波波长被“拉长”，其频率变低，即驶离观察者的列车的鸣笛声听起来更低沉。同理，对于波源静止、接收器运动的情况，也存在上述现象。

对于电磁波，也存在与声波类似的多普勒效应。在图 4.1.1 中，发射天线向空间发射频率为 f_0 的电磁波，接收天线接收弹丸反射回来的电磁波，其频率为 f_1。由于弹丸在电磁波束中相对天线以径向速度 v_r 运动，如果将弹丸视为电磁波的反射体，则接收天线接收的弹丸反射电磁波的频率 f_1 与接收天线相对于发射天线以速度 $2v_r$ 运动时的接收频率等效。在作了这种等效处理后，可以认为接收天线接收到弹丸反射电磁波的周期（相继两个波阵面到达接收天线的时间间隔）为

$$T_1 = T_0 + \frac{2v_r \cdot T_1}{c}$$

即

$$T_1 = T_0\left(1 - \frac{2v_r}{c}\right)^{-1}$$

式中，T_0 和 T_1 分别为发射和接收电磁波的周期，c 为光速。由于频率 $f_1 = \dfrac{1}{T_1}$，$f_0 = \dfrac{1}{T_0}$，故上式可表示为

$$f_1 = f_0\left(1 - \frac{2v_r}{c}\right)$$

式中，f_0 和 f_1 分别为发射频率和接收频率，其频率差

$$f_d = f_0 - f_1 = \frac{2v_r}{c} f_0 \tag{4.1.1}$$

由于波速 $c = f_0 \cdot \lambda_0$，故上式可表示为

$$f_d = \frac{2v_r}{\lambda_0} \tag{4.1.2}$$

式中，λ_0 为发射电磁波的波长。上式说明，反射物体的运动速度 v_r 与频率差 f_d 成正比，f_d 代表接收电磁波由于多普勒效应产生的频移量，通常称为多普勒频率。

应该说明，式（4.1.2）是在经典物理学的基础上导出的，是一种近似表达式。根据狭义相对论，考虑从静止在参照系 Γ 中位于 $x = 0$ 处的发射天线在 $t = 0$ 和 $t = \tau$ 时刻发出的连续波的两个相邻峰值信号，参照系 Γ' 以速度 u_p 相对于 Γ 运动。前一个波峰信号在 Γ 中的 $x' = 0$ 处于时刻 $t' = 0$ 时被收到。Γ' 中在时刻 $t = \tau$ 时与 $x = 0$ 重合的点由洛伦兹变换式（两惯性参照系之间的变换关系）

$$\begin{cases} x' = \dfrac{x - u_r t}{\sqrt{1-\beta^2}} \\ t' = \dfrac{t - \beta \dfrac{x}{c}}{\sqrt{1-\beta^2}} \end{cases}$$

取 $x=0$ 可得

$$\begin{cases} x' = \dfrac{-u_r \tau}{\sqrt{1-\beta^2}} \\ t' = \dfrac{\tau}{\sqrt{1-\beta^2}} \end{cases}$$

式中，β 为相对论中惯用的一种标准符号：

$$\beta \equiv u_r / c$$

c 为光速，故 β 是以光速为 1 自然单位量度的速度。

在参照系 Γ' 中，第二个波峰信号从 x' 传播到原点所需的时间为

$$\Delta t' = \frac{0 - x'}{c} = \frac{u_r \tau / c}{\sqrt{1-\beta^2}} = \frac{b \cdot \tau}{\sqrt{1-\beta^2}}$$

所以，在 Γ' 中的 $x'=0$ 处先后收到这两个波峰信号的总间隔时间为

$$T' = t' + \Delta t' = \tau \frac{1+\beta}{\sqrt{1-\beta^2}} = \tau \sqrt{\frac{1+\beta}{1-\beta}}$$

由于连续的电磁波信号的两个波峰值之间的间隔时间代表该电磁波信号的周期，而频率是周期的倒数，即

$$\begin{cases} f_0 = \dfrac{1}{\tau} \\ f_1 = \dfrac{1}{T'} \end{cases}$$

故在参照系 Γ' 中观察到的电磁波频率 f_1 与参照系 Γ 中发出的电磁波频率 f_0 之间的关系为

$$f_1 = f_0 \sqrt{\frac{1-\beta}{1+\beta}} \tag{4.1.3}$$

类似式（4.1.2）的推导情况，若将飞行中的弹丸作为电磁波的反射体，则有 $u_r = 2v_r$。v_r 为弹丸相对于发射机的径向飞行速度。由于 $2v_r \ll c$，故有 $\beta \ll 1$。由此，式（4.1.3）可近似为

$$f_1 = f_0 \sqrt{\frac{1-\beta}{1+\beta}} = f_0 \frac{1-\beta}{\sqrt{1-\beta^2}} \approx (1-\beta) f_0$$

故多普勒频率

$$f_d = f_0 - f_1 = f_0 \cdot \beta = f_0 \cdot \frac{2v_r}{c} = \frac{2v_r}{\lambda_0} \tag{4.1.4}$$

可见，在 $v_r \gg c$ 的条件下，式（4.1.4）与式（4.1.2）具有相同的形式，由此可将它们统一表示为

$$v_r = f_d \frac{\lambda_0}{2} \tag{4.1.5}$$

式（4.1.5）即多普勒原理的表示式，该公式表明：如果目标相对雷达天线静止，则天线发射和接收的电磁波频率相等，即频差 f_d 为零。若目标与雷达天线之间存在相对运动，则反射信号将产生一频率偏移，这个频差（也叫多普勒频移）直接与雷达天线到目标的距离的变化率成正比，即与目标的径向速度成正比。因此，多普勒测速雷达的测速原理是利用电磁波在空间传播遇到运动目标时产生多普勒效应来进行的，只要测得多普勒频率 f_d，即可由公式求出径向速度 v_r。

§4.2　多普勒雷达的工作原理

多普勒雷达一般由发射机、接收机、滤波系统和终端处理系统构成，其工作原理如图 4.2.1 所示。

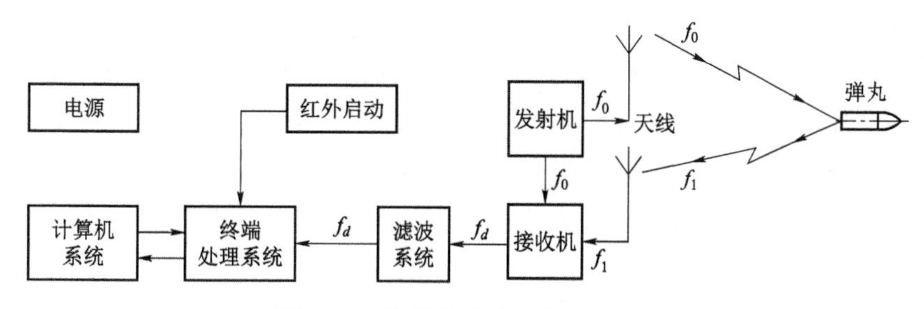

图 4.2.1　多普勒雷达测速原理示意

绝大多数多普勒雷达在结构上通常都将图中的发射机和接收机设计为一体，合称为天线单元，亦称机头；将滤波系统和终端处理系统设计在一个机箱内，连同计算机系统一起合称为终端设备，简称终端。在使用上，一般将雷达机头和红外启动装置架设在火炮附近，而将雷达终端设置在火炮阵地附近的仪器房或仪器方舱内。对多普勒弹道跟踪雷达，其天线具有弹道跟踪能力，天线单元还设置有弹道跟踪控制器等装置，图 4.2.2 所示为国外某公司生产的初速雷达实物。图中，左上方为天线单元，右上方为红外启动器，下方为雷达终端。

图 4.2.2　初速雷达实物

下面分别介绍多普勒雷达各部分的基本构成及其作用。

§4.2.1 天线单元

多普勒雷达的天线单元是工作在室外的主体机构，主要由发射机和接收机构成，一般称为天线头，简称天线。为了使电源线和信号线连接方便，多普勒雷达一般在其天线头上都设置了红外启动装置的接口。对于具有跟踪测试功能的弹道跟踪雷达，其天线单元除了设置有天线头外，还设置有天线跟踪控制器等。

1. 发射天线与接收天线

多普勒雷达的发射机由电磁波振荡源和发射天线构成。电磁波振荡源主要有微波管振荡源和微波固态振荡源两类，前者多用磁控管振荡器，后者采用晶体倍频振荡器、体效应管振荡器等，并采用锁相环（PLL）技术构成频率和相位均很稳定的电磁波振荡源，再通过多级功率放大输出。通常，微波管振荡源具有输出功率大、振荡频率高、频谱纯、耐高低温和抗核辐射能力强等优点，但是其结构复杂、体积大、工作电压高，应用受到限制。微波固态振荡源体积小、重量轻、结构简单、寿命长，工作电压仅为几伏至几十伏，而且便于集成化，但输出功率小，目前已经达到的最高振荡频率仍低于微波管振荡源的频率。例如，早期国内使用的 640 雷达采用了磁控管振荡器，DR582 雷达采用了晶体倍频振荡器，毫米波测速雷达采用了体效应管振荡器等。工作时，电磁波振荡源产生连续的、频率稳定的等幅电磁波，并通过发射天线向弹丸飞行方向发送，同时将其中很小一部分电磁波传输给接收机的混频器。

多普勒雷达的接收机一般由接收天线（对于小功率雷达可共用发射天线，并由环行器隔离）、混频器和前放大器构成。工作时，由接收天线接收运动目标（弹丸）反射回来的电磁波信号 f_1，经混频器混频处理后形成多普勒信号，并由前置放大器放大后输出。

多普勒雷达的发射机和接收机通常装在一个机壳内。对于双天线（发射天线和接收天线分开）的多普勒雷达，在两个天线之间通常有一隔离器将发射电磁波和接收电磁波分离，图 4.2.3 所示即双天线结构机头的工作原理框图；对于单天线（发射和接收共用一个天线）的多普勒雷达，通常采用环行器将发射电磁波与接收电磁波分离，其工作原理框图如图 4.2.4 所示。

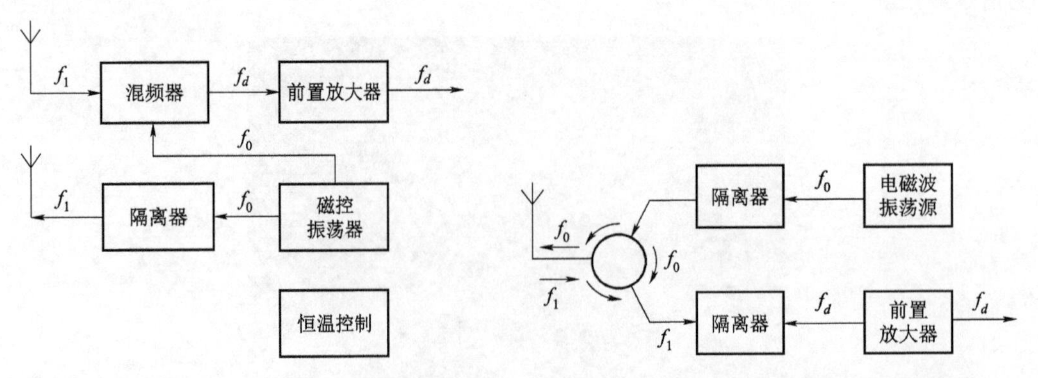

图 4.2.3 双天线结构机头的工作原理框图

图 4.2.4 单天线结构机头的工作原理框图

通常，多普勒雷达天线主要分为抛物形天线和微带天线阵两类。抛物形天线结构上是一个抛物面形的电磁波反射面，发射机的电磁波振荡源输出的电磁波经过波导管传送到抛物面的焦点，经抛物形发射天线聚焦形成电磁波束向空间定向发射。同样，抛物形接收天线可将目标的反射信号会聚，并由波导管传输给混频器。

在结构上，微带天线一般由多个（例如 8 个、32 个等）子阵组成微带天线阵，子阵的形式如图 4.2.5 所示，它由串馈的微带线组成，每个线阵由谐振的矩形贴片和半波长微带线串接而成，即一个贴片加上与之串接的一段微带线构成一节，相邻节之间的相位差为 2π，以保证各贴片是同相辐射。天线阵采用若干个相同的线阵排成矩形面阵，用一根总的微带线把各线阵的馈电点串接起来。用同轴微带接头在总微带线的中部进行馈电，使得天线阵的各个贴片元在中心频率上保持同相，从而得到最大的轴向增益。

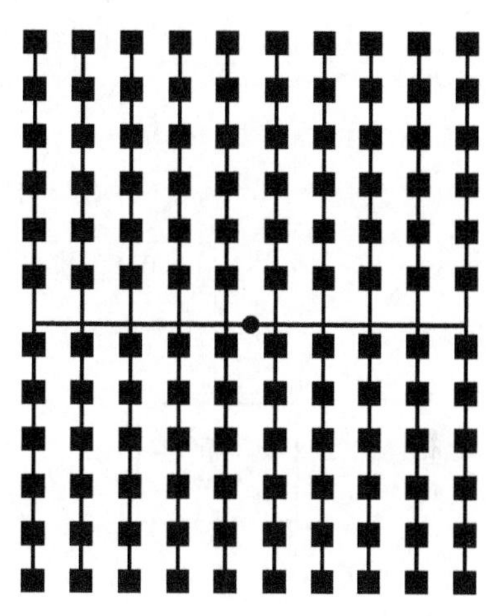

图 4.2.5 发射天线阵示意

微带接收天线也采用平面微带矩形贴片阵列天线，其增益指标要求一般与发射天线类似，也采用类似发射天线阵的多子阵合成。在结构上收、发天线分开，收、发天线间加有两块隔离板，并集成在一个平面上。发射机和接收机均采用波导馈电的方式，以减少发射机功率损耗，降低接收机插损，提高系统的灵敏度。

一般来说，微带天线阵的有效辐射的频带较窄，单个阵元承受的功率受到一定的限制。而多普勒测速雷达正好具有频带较窄（只有 0.6%，几乎是点频应用）、发射功率不大（通常在几十瓦以内）的特点，因此微带天线阵非常适合多普勒测速雷达应用。

由于微带天线阵的馈电网络与微带天线元集成在同一介质基片上，其结构简单，易于制作和生产，并具有结构紧凑、体积小、重量轻、成本低等诸多优点，因此近些年来平面微带天线阵技术在多普勒测速雷达上的应用非常普遍，目前已形成多普勒测速雷达的主流天线。可以说，现代新研制的靶场多普勒测速雷达几乎都采用了微带天线阵。微带天线阵一般将发射天线与接收天线分离，其发射机和接收机均集成在天线单元的内部。

图 4.2.6 所示即国产某型弹道跟踪雷达天线单元构成及连线示意。图中，天线单元由一路发射机和两路接收机构成，其发射天线和接收天线均为微带天线阵结构。发射机与发射天线、接收机与接收天线均分别设计在其相应天线的机箱内，构成相对独立的发射机平板天线和接收机平板天线，两者之间采用电缆连接。除此之外，该系统还包含天线跟踪伺服机构、天线头电源箱、红外启动器等。该多普勒雷达具有俯仰自动跟踪或程控跟踪能力。

图 4.2.7 所示为该雷达微带天线阵发射机模块组成框图。图中，发射机采用全固态主振功放链电路，主振级为稳频锁相源，功放链采用四级甲类场效应管功率放大器，在主振级与功放链之间、功放链与发射天线间均加有隔离器。本振源采用高稳定的锁相环方式，可提高测量精度、系统可靠性和抗振动性能。发射机采用多级放大方式，各级之间的隔离器可以使各级彼此隔离，保护功率放大管，有效防止损坏；每个子天线阵可通过功分器与末级功率放大器相连接，通过控制波束空间合成形成发射波束，向空间定向发射。该雷达天线头的发射机的功率合成采用高效率、同相空间合成技术，效率高达 90%以上；四路功率合成，单路功率都为 9～10 W，保证系统总发射功率为 35～40 W。

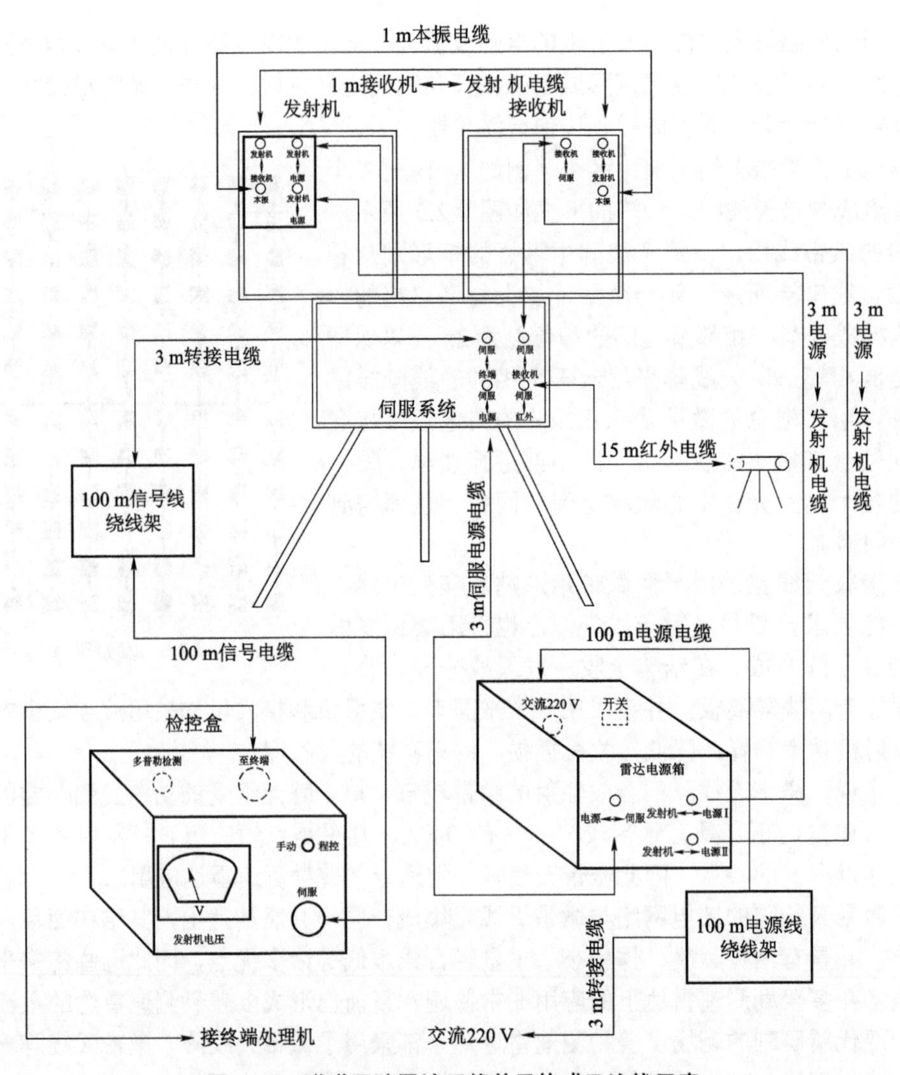

图 4.2.6 弹道跟踪雷达天线单元构成及连线示意

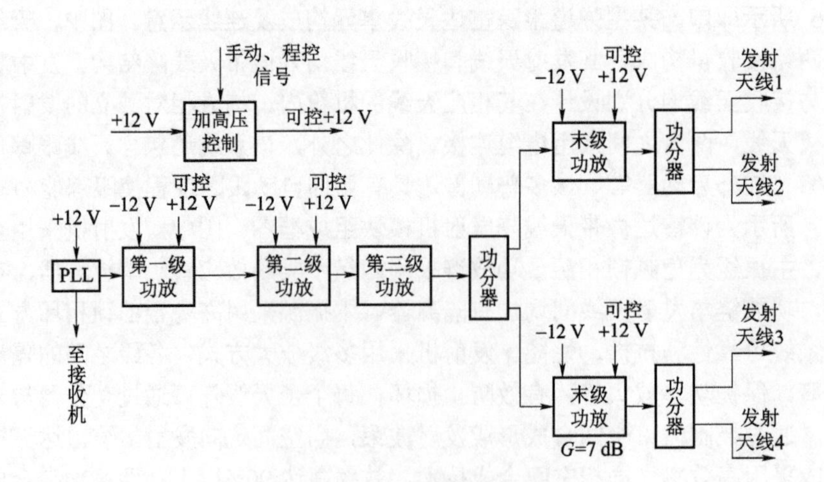

图 4.2.7 发射机模块组成框图

图 4.2.8 所示为其两路接收机的系统组成。图中接收机由三级低噪声场效应放大器、混频器和零中频放大器组成。各低噪声放大模块的增益为 30 dB 左右，噪声系数为 1.5 dB 左右，而且八路接收各自的低噪声放大器增益非常接近，其差别在 1 dB 以内，相位差别在 5°以内。这就保证了在各种波束角状态下，两路多普勒信号相位一致，为跟踪目标角准确计算提供保障，也是系统可以良好俯仰跟踪的前提。

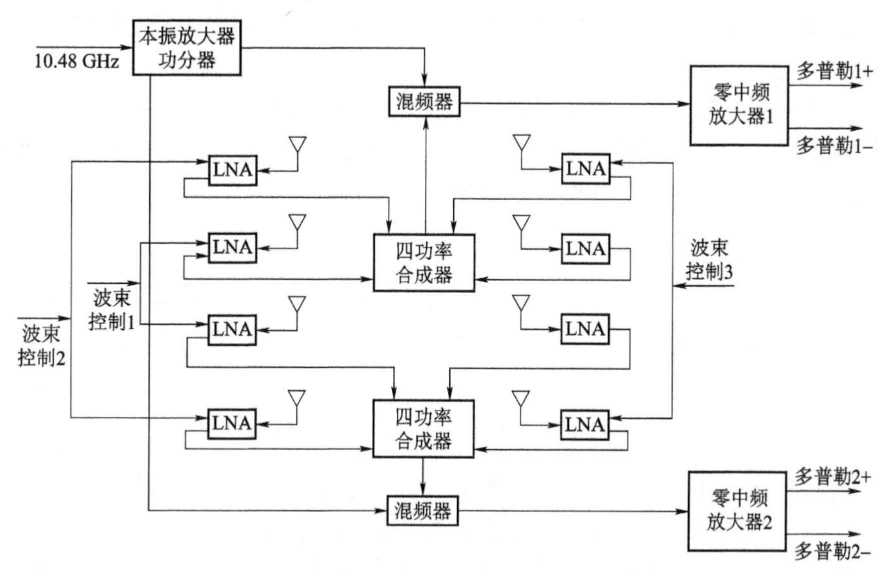

图 4.2.8　接收机系统组成

在综合考虑作用距离、测速精度，测量对象等多方面因素的情况下，目前弹道试验所用的多普勒测速雷达的发射机多采用 X 波段、C 波段和 S 波段的电磁波振荡源。对于膛内测速雷达和初速雷达，也采用毫米波段的电磁波振荡源。由于 X 波段雷达具有成本低、价格便宜、体积相对较小等长处，目前应用最多，但其不足之处是易受弹体烟火剂类的底排气体干扰。S 波段和 C 波段雷达在测有底喷装置弹丸时较 X 波段雷达性能更优越，但其体积较大，多用作弹道跟踪雷达。毫米波雷达具有体积小、使用方便、价格便宜、可用于室内测量等长处，但其测程相对较短，故多用于初速测量和膛内测速。

2. 弹道跟踪控制器

弹道跟踪控制器主要包括天线跟踪伺服机构、三脚架（或机座）和实时信号处理器。伺服分系统包括实时轴角编码器、倾角测量仪、方位及俯仰天线驱动单元（内含功率放大器及伺服电机组成的闭环调速系统）、天线跟踪控制单元（由接口电路及数字 PID 构成的位置调节器组成，以嵌入式微机为核心）、点阵式显示器、伺服机箱等，如图 4.2.9 所示。

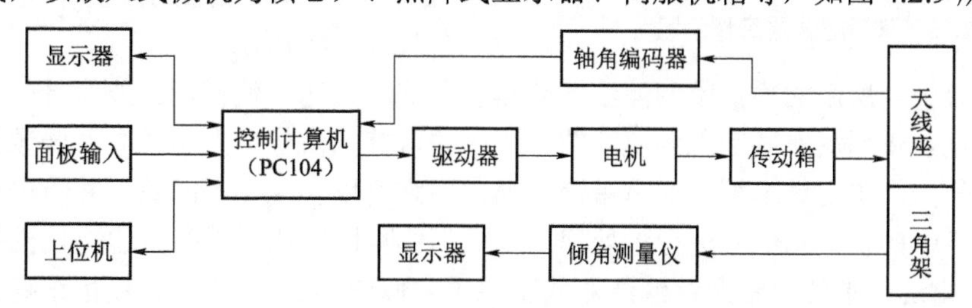

图 4.2.9　伺服分系统的组成

外表面上，弹道跟踪控制器能够实时处理运动目标的速度和位置信息，控制天线跟踪目标。收、发天线安装在天线跟踪伺服机构机箱的支臂上，天线跟踪伺服机构能够根据需要，由控制计算机控制驱动支臂转动，也可以通过人工面板操作控制驱动支臂转动。天线跟踪伺服机构的方位转动调节范围为-150°～150°，俯仰转动调节范围为-5°～90°。三脚架（或机座）的支架杆可伸缩，并设置有的调平机构，使用时可将天线座调至水平位置。天线跟踪伺服机构还设置有锁紧装置，在不需要跟踪测试的场合，可以锁定天线的俯仰角和方向角。

3. 红外启动器

红外启动器实际上是一种红外光探测器，其作用是为终端处理系统提供一个与弹丸射出膛口时刻同步的触发信号，以启动终端处理系统。红外启动器通常由聚光透镜、光敏元件及放大整形电路组成，其工作原理如图 4.2.10 所示。

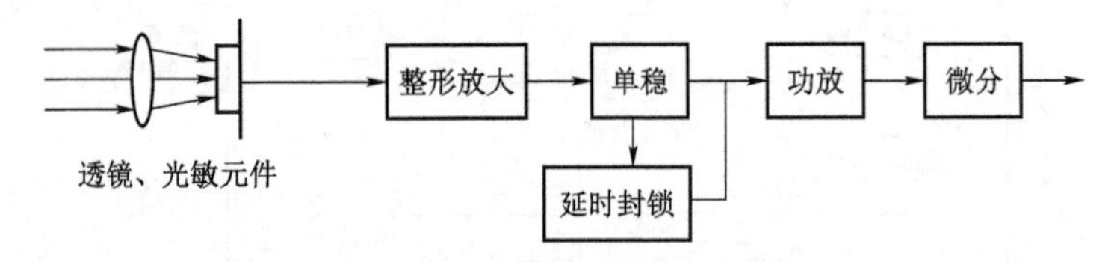

图 4.2.10　红外启动器的工作原理

工作时将它安装在红外三脚架上，并架设在炮口的侧后方，聚光透镜的光轴对准炮口。当弹丸出膛口时，弹体尾部的红外光照射到红外启动器，并经透镜聚光使之集中照射在位于其焦点的红外光敏元件上。此时光敏元件输出一个电信号，经整形放大后传送给单稳态触发器，并通过它输出一个具有一定宽度的脉冲信号。该信号经功率放大后由微分电路整形为尖脉冲信号输出。为了避免信号干扰，许多红外启动器采用了延时封锁电路，使单稳触发器在封锁时间内不再产生新的脉冲信号。

§4.2.2　终端设备

由前所述，终端设备主要由终端机和计算机系统构成。终端机主要包含滤波系统和终端处理系统。对于弹道跟踪雷达，有些终端机还另外设置了弹道跟踪控制器。

滤波系统主要由弹道滤波器和控制器等部分组成。弹道滤波器是多普勒雷达速度测量系统的模拟部分的滤波器组件，它接收来自天线系统的多普勒信号。弹道滤波器主要由高通滤波器和低通滤波器串接成的带通滤波器构成。有些雷达的终端处理系统对模拟信号的滤波要求较高，仅用带通滤波器还不能满足要求。此时，还需设置窄带跟踪滤波器作进一步滤波处理，如图 4.2.11 所示。

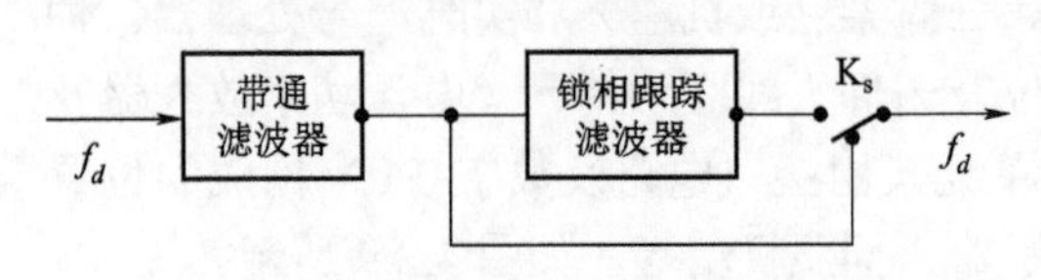

图 4.2.11　弹道滤波器工作示意

滤波系统中，所用的模拟带通滤波器应具有足够的带宽，使目标回波信号中有用的频率信号都能通过。带通滤波器起着预滤波的作用，并可抑制信号中无用的高、低频分量。窄带跟踪滤波器是一个中心频率可调的窄带滤波器，用它可以实现频率跟踪，并将来自带通滤波器的混在噪声中的多普勒信号进行再处理，以提高信噪比，从而提高雷达接收机的灵敏度。

DR582 雷达终端的窄带跟踪滤波器就采用了类似图 4.2.11 所示的锁相跟踪方式。图中带通滤波器可由面板上的最大和最小速度开关装定其带通的范围。在测量装定时，一般要求最大速度和最小速度装定应覆盖整个速度范围。测量前，锁相环路锁在面板装定的导引点上，导引点装定（习惯上称初速装定）比预计初速略低。发射时，弹道滤波器的输出信号是直接从带通滤波器输出的。当弹丸速度信号的多普勒频率等于导引点频率时，锁相环路就锁在信号上，同时产生相关信号触发控制电路改变开关，以便速度信号从锁相跟踪滤波器上输出。

应该说明，由于现代大多数新型多普勒雷达终端都采用了数字信号处理技术，其滤波系统基本都不再设置窄带跟踪滤波器，只需模拟带通滤波器即可满足数据采集的要求。

终端处理系统亦称数字处理系统，其作用是将多普勒信号数字化，处理出速度时间数据。一般说来，终端处理系统的结构及工作原理与多普勒信号的处理方法有关，下一节内容将对其作专门介绍。

计算机系统主要由工控计算机构成，它与终端处理系统以专门的数据线（多采用计算机标准总线）相连，可实现数据相互传输。该系统内设置有多普勒信号分析处理软件、弹道跟踪数据处理软件、弹丸速度数据处理软件和弹道分析处理软件等，其主要任务是实时处理终端处理系统传输来的测试信号，发出弹道跟踪指令；事后处理弹丸速度数据，并进行相关的弹道分析计算。

§4.3　定周测时法与 DR582 雷达终端工作原理

根据多普勒原理，式（4.1.2）和式（4.1.4）可改写为

$$v_r = f_d \frac{\lambda_0}{2} \tag{4.3.1}$$

可见，只要测出多普勒频率 f_d，由上式即可换算出弹丸相对于天线的径向飞行速度。

目前，实施瞬时多普勒频率的测量尚有困难，通常是测量某一时间间隔内的信号相位改变量，然后除以时间间隔，得出平均多普勒频率。其方法主要有定时测周、定周测时和频谱分析法三种。这三种方法中，频谱分析法是现代测速雷达信号分析处理应用最广泛的方法，定时测周法由于其速度分辨率不够高，目前已基本被淘汰。定周测时法在 20 世纪 80 年代应用很广，目前在特定条件下仍在使用，下面将结合具体的雷达分别介绍定周测时法和频谱分析法。

1. 定周测时法

定周测时法是预先确定多普勒信号的周数，测定其信号振荡 n 次所经历的时间。

由于多普勒信号的周期 $T_d = 1/f_d$，故式（4.3.1）可写为

$$v_r \cdot T_d = \frac{\lambda_0}{2} \tag{4.3.2}$$

上式说明，在多普勒信号的每一个周期 T_d 的时间内，弹丸径向运动的距离是一个常数，其值为雷达天线发射电磁波波长 λ_0 的二分之一。由此，若规定每次测频率的多普勒信号的周数为 n_1，则多普勒信号振荡 n_1 周所经历的时间

$$T_{n1} = n_1 \cdot T_d \tag{4.3.3}$$

在 T_{n1} 时间内，弹丸径向飞行距离为 MB，故由式（4.3.2）和式（4.3.3）有

$$MB = v_r \cdot T_{n1} = v_r \cdot n_1 \cdot T_d = n_1 \cdot \frac{\lambda_0}{2} \tag{4.3.4}$$

由于 n_1 为人为规定的正整数，故 MB 为一个已知的常量，亦称为测量基线。由此可知，通过人为选定测量周数 n_1，再测出多普勒信号振荡 n_1 周所经历的时间 T_{n1}，由公式

$$v_r = MB / T_{n1} \tag{4.3.5}$$

即可计算出弹丸的径向速度 v_r。

2. DR582 雷达终端处理系统的工作原理

DR582 雷达终端处理系统的工作原理如图 4.3.1 所示。图中，时基脉冲产生器与测时仪的时基脉冲发生器功能相同，但这里的时基频率更高，达 10 MHz。时间计数器的作用是记录从启动信号开始的时间，并在测量基线计数器计满一定的周数时，将记录的时间数据传送给存储器；测量基线计数器是用来记录多普勒信号周数的，其功能是在计满 n_1 周多普勒信号时即刻发出信号，使时间计数器送出时间数据；控制电路的作用是控制和协调它们之间的信号和数据的传输。

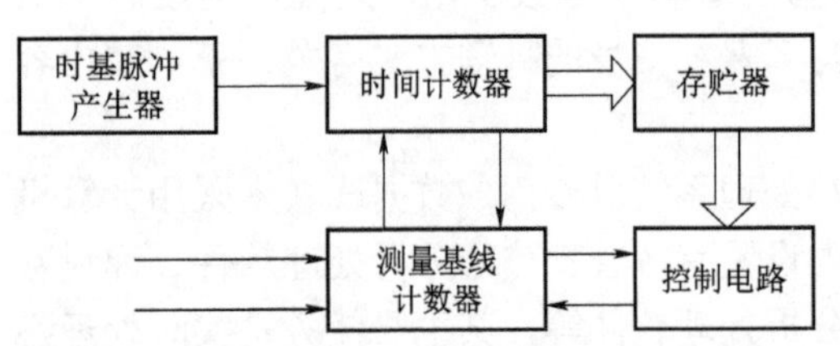

图 4.3.1　DR582 雷达终端处理系统的工作原理

当弹丸出炮口时，炮口的红外启动器（也可用其他炮口触发探测器）即刻发出启动信号，使测量基线计数器和时间计数器同时启动。时间计数器的功能是记录来自时基脉冲产生器输出的频率为 10 MHz 的时钟脉冲（分辨率为 0.1 μs）数，其工作任务是从启动开始，连续不断地计时。测量基线计数器的功能是记录来自前端滤波系统传来的多普勒信号振荡周数，它从启动开始计数，每当计入的多普勒信号周数达 n_1 的时刻，即给出信号，使累积在时间计数器的时间数据存入存储器。与此同时，测量基线计数器又重新归零计数。

由上述终端处理系统的工作原理可以看出，存储器存入的数据和输出的数字数据为一个从小到大的时间序列：

$$t'_0, t'_1, t'_2, \cdots, t'_n$$

在红外信号启动前，由于时间计数器和存储器处于归零状态，故 t'_0 与启动时刻相对应，且 $t'_0 = 0$。

根据定周测时法的原理，与上述时间序列相对应的弹丸飞行的径向距离为 0，MB，$2MB$，…，nMB，如图 4.3.2 所示。

由图 4.3.2 可以得出，第 i 个采样点的速度数据为

$$v_{ri} = \frac{MB}{t'_{i+1} - t'_i}$$

第 i 采样点对应的时间数据为

$$t_i = \frac{t'_i + t'_{i+1}}{2}$$

与之对应的径向距离（斜距离）为

$$s_i = \frac{2i-1}{2} MB$$

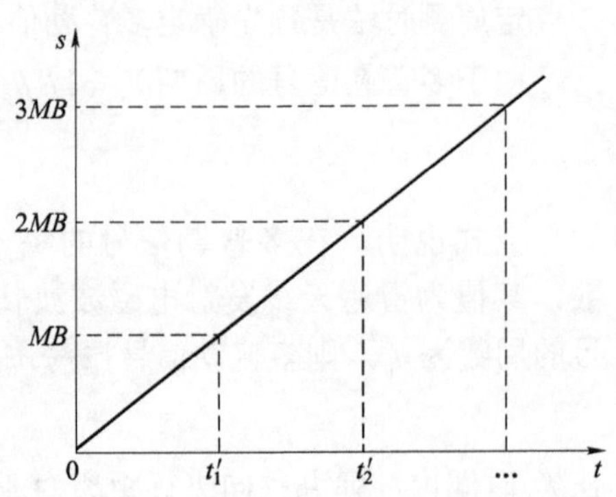

图 4.3.2　DR582 雷达数据采集方法示意

由上面数据换算可以得出，多普勒雷达的测试数据的基本形式为

$$(v_{r1},t_1),(v_{r2},t_2),\cdots,(v_{rn},t_n) \tag{4.3.6}$$

§4.4　频谱分析法及终端工作原理

现代多普勒雷达测速技术的核心在于雷达终端采用了数字化信号采集技术和对信号的频谱分析技术。在计算机性能还不够强大的时期，这部分功能的实现由于需要极大量运算，一般使用专用硬件来完成，构成专用硬件仪器，而随着计算机运算能力的增强，以计算机结合通用的 I/O 部件，完全用计算机来完成所有的核心功能已经成为可能。

§4.4.1　采用频谱分析方法的终端处理系统

在频域中对多普勒信号进行处理的方法就是频谱分析方法，采用频谱分析方法的终端处理系统的构成如图 4.4.1 所示。

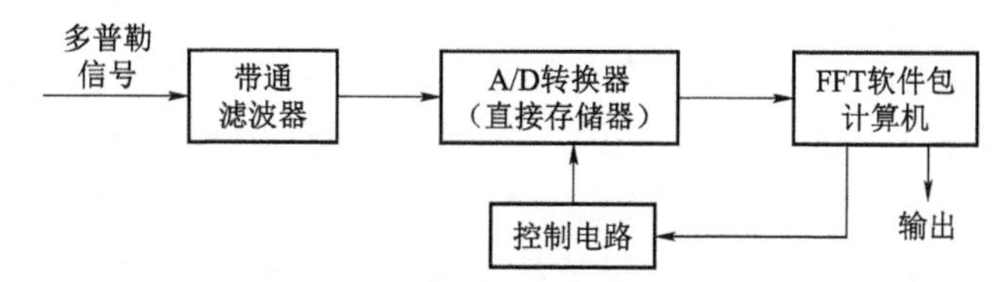

图 4.4.1　采用频谱分析方法的终端处理系统

由于多普勒信号本身是一个随时间变换的模拟量，对这类信号处理的流程如图 4.4.2 所示，其步骤是：

① 信号的预处理；

② A/D 转换；

③ 数字信号处理。

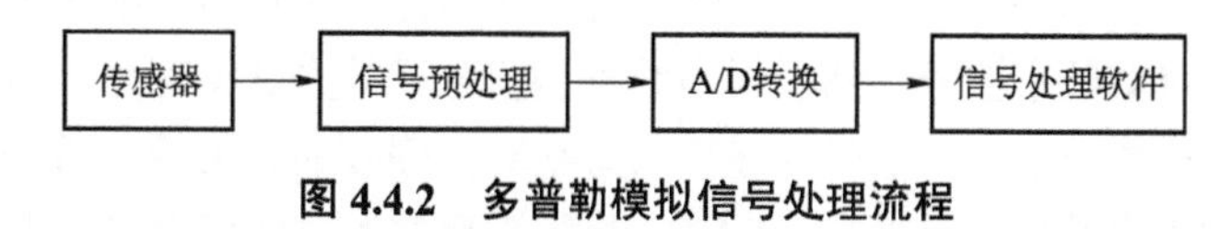

图 4.4.2　多普勒模拟信号处理流程

在多普勒雷达测速中，图中流程的各个环节如下：

1）传感器

传感器即多普勒雷达天线单元，根据不同测试项目和技术指标要求，可选用相应型号多普勒雷达天线单元。

2）信号预处理

信号预处理包括信号放大和滤波，其作用是突出有用的信号，过滤无用的高、低频噪声，图 4.4.1 中的带通滤波器是实现这一功能的硬件，该功能也可由一块插在计算机主板扩展槽上的信号调理卡来完成。

3）A/D 转换

A/D 转换功能可由插在计算机主板扩展槽上的一块 A/D 数据采集卡完成；数字信号由软件进行处理，得到各项待测信号的相应数值。针对要处理的弹丸速度的多普勒信号，通过采样量化

后的数字数据要能完全再现模拟信号中包含的信息，采样频率通常要满足奈奎斯特采样定理，一般倍率常数取 2.5 或 3。

由奈奎斯特采样定理，可以得出采样频率应满足

$$\Omega_s > 2f_d = 2v_r \cdot \frac{2}{\lambda_0} = 4\frac{v_r'}{\lambda_0} = 4\frac{v_r' \cdot f_0}{c} \tag{4.4.1}$$

其中，v_r' 为实验前估计的最大弹丸速度，f_0 为发射天线频率，c 为光速。采样方法通常有：常规采样（采样频率固定）、间歇采样、变频采样和下采样。

4）信号处理软件

信号处理软件由弹丸速度多普勒信号频谱分析软件和相应的速度处理软件构成，多普勒信号频谱分析软件一般包括多普勒数字信号加窗分段处理、FFT 谱分析处理和信号峰值搜索及速度数据提取；速度处理软件则根据雷达的功能来确定。针对各种雷达天线头，可以有不同的速度处理软件。例如对于初速雷达，速度处理软件包含速度数据平滑、剔除和外推初速等功能；对于弹道跟踪雷达，速度处理软件除了具有初速雷达的所有功能外，还具有弹丸阻力特性分析软件和弹道分析软件等。

在多普勒雷达测速中，多普勒雷达接收天线单元接收到的弹底反射信号是一个频率随时间连续变化的高频模拟量（可达 5 GHz 以上），天线单元将这个模拟量混频转化成多普勒电信号，这个信号的频率是与飞行弹丸的径向速度大小成正比的量，弹丸径向飞行速度参数 v_r 就可以通过测量这个频率来得到。这个信号虽然是时域信号，但却更适合在频域中进行处理。首先，多普勒信号本来就是频率信号，信号处理的最基本的目的就是获取该频率随时间变化的规律，即需得到 $f_d(t)$ ，研究频率的变化在频域中自然更为直观简便。其次，在使用多普勒雷达测试弹丸飞行速度时，弹丸飞出膛口后，随着时间的推移，弹丸距雷达天线越来越远，实测到的多普勒信号也越来越弱，甚至由于其强度低于噪声信号而被淹没在背景噪声中。此时，在时域中将无法区分出有效信号，而在频域中则可以根据其频率的连续性规律在背景噪声中搜索出微弱的多普勒频率。

运用频谱分析方法，首先需通过 A/D 转换将滤波器传来的时间连续的多普勒模拟信号转换成离散时间序列的多普勒数字信号，然后采用数据加窗分段的方法将离散时间序列的多普勒数字信号分为若干个（可达数千个）离散时间序列（每个时间序列的数据量通常为 512、1024、2048 或 4096 等），再利用离散傅里里变换（DFT）将每个离散的时间序列多普勒数字信号变换为频域信号，即可得出包含多普勒信号频率在内的功率谱分布曲线。通过从连贯的量化信号计算出的功率谱分布曲线比较，可以提取出多普勒频率 f_d 随时间的变化关系，同时也可得出弹丸的径向速度 v_r 随时间 t 的变换关系。

§4.4.2 多普勒弹丸速度信号的截断（加窗）处理

由于多普勒信号的频率随时间连续变化，在对多普勒信号进行谱分析时需要将数据分段，并得到每段的平均频率（相当于弹丸的平均速度）才能得出弹丸速度–时间数据。因此在对多普勒信号进行处理时要先对多普勒信号的时域数据进行分段，再对每一段数据进行离散傅里叶变换（DFT）。这一数据分段处理过程就相当于对原始数据进行截断，即对时域数据加窗。进行加窗处理的另一重要原因是计算机无法计算持续时间无限长的信号，所以必须要对信号进行截断。

1. 窗函数

在进行数字信号处理时，数据开“窗”是一种重要的方法，应用非常广泛。为了清楚起见，设想一个频率为采样频率的无限时长离散正弦信号，在理想情况下这个信号的 1/10 频谱是在其频率处的一条无限窄的谱线，而在其他所有频率点处都不存在谱信号，计算机无法处理这种信号，因为它是无限时长而且其谱线无限窄，而人们在实际工作中所能处理的离散序列总是有限长的，因此在信号处理中不可避免地要遇到数据截断问题，即用窗函数把一个长序列变成一个或者多个有限长的短序列。实际上在多普勒信号的分析处理中，需要将多普勒信号采样数据进行分段处理，可将每段数据看成一个信号截断。由附录中矩形窗的定义可以看出，不作任何处理的截断即相当于在时域内对信号加了一个矩形窗。在实际应用中，也可以使用其他的“窗”对多普勒信号采样数据进行截断，无论用什么“窗”对其进行截断都将导致频域信号的失真。在时域内进行加“窗”的过程就是将信号与一个窗函数相乘，在频域相应的运算就是作卷积的过程。在频域中，加窗的信号就是将窗谱的中心移到原信号的谱线处，使用不同的“窗”，效果也会不同。一般说来，窗函数有重要的性能指标，即主瓣宽度（3 dB 带宽）、旁瓣峰值衰减、阻带最小衰减。作为对信号加窗后的结果，分辨率降低和发生泄漏是对频谱的两种主要影响。分辨率主要受 $w(\mathrm{e}^{\mathrm{j}\omega})$ 主瓣宽度的影响，而泄漏的程度则取决于 $w(\mathrm{e}^{\mathrm{j}\omega})$ 的主瓣和旁瓣的相对幅度。一个理想的窗函数，泄漏程度越小越好，而分辨率和信噪比则是越高越好。实际信号处理中比较常用的几种窗函数有，矩形窗、汉宁窗、汉明窗、布莱克曼窗、和凯泽窗等，其窗函数表达式如下。

1）矩形（Boxcar）窗

$$w(n)=\begin{cases}1 & n=0,1,\cdots,N-1\\ 0 & \text{其他}\end{cases} \tag{4.4.2}$$

2）汉宁（Hanning）窗

$$w(n)=0.5-0.5\cos\left(\frac{2\pi n}{N}\right),\quad n=0,1,\cdots,N-1 \tag{4.4.3}$$

3）汉明（Hamming）窗

$$w(n)=0.54-0.46\cos\left(\frac{2\pi n}{N}\right),\quad n=0,1,\cdots,N-1 \tag{4.4.4}$$

4）布莱克曼（Blackman）窗

$$w(n)=0.42-0.5\cos\left(\frac{2\pi n}{N}\right)+0.08\cos\left(\frac{4\pi n}{N}\right),\quad n=0,1,\cdots,N-1 \tag{4.4.5}$$

5）凯泽（Kaiser）窗

$$w(n)=\frac{I_0\left[\beta\sqrt{1-\left(\dfrac{2n}{N-1}-1\right)^2}\right]}{I_0(\beta)} \tag{4.4.6}$$

式中，$I_0(x)$ 是第一类修正零阶贝塞尔函数，它可用以下级数来计算：

$$I_0(x) = 1 + \sum_{k=1}^{\infty}\left[\frac{(x/2)^k}{k!}\right]^2 \tag{4.4.7}$$

在实际应用中，级数取 15～25 项就可以达到足够的精度。凯泽窗是一族窗函数。β 是可调参数，其典型值为 4～9，调节 β 值可以改变主瓣的宽度和旁瓣的幅度。β=5.44 的曲线接近汉明窗，β=8.5 的曲线与布莱克曼窗相近，而 β=0 的曲线就是矩形窗。参数 β 选得越大，$w(n)$ 的频谱的旁瓣越小，但主瓣宽度也相应增加。

表 4.4.1 给出了上述窗函数在相同条件下的频域性能数据。

表 4.4.1　几种窗函数的主要性能参数

窗函数	主瓣宽度（B）	旁瓣峰值衰减（A）	阻带最小衰减	SNR/dB
矩形窗	$4\pi/N$	−13	−21	20.46
汉宁窗	$8\pi/N$	−31	−44	41.385
汉明窗	$8\pi/N$	−41	−53	43.245
布莱克曼窗	$12\pi/N$	−57	−74	51.091
凯泽窗（β=7.865）	$10\pi/N$	−57	−80	—

从表中数据可以看出：矩形窗的过渡带比较窄，但阻带最小衰减比较差，其信噪比为 $SNR = 20.461\ \text{dB}$；汉宁窗能量集中在主瓣，主瓣宽度较矩形窗增加 1 倍，旁瓣互相抵消，旁瓣大大减小，其信噪比 $SNR = 41.385\ \text{dB}$。汉明窗其实是对汉宁窗的改进，在主瓣宽度（对应第一零点的宽度）相同的情况下，旁瓣进一步减小，可使 99.96%的能量集中在主瓣内，通过分析可计算此时的信噪比 $SNR = 43.245\ \text{dB}$；布莱克曼窗降低了旁瓣，增加了主瓣宽度，减少了过渡带，通过分析可计算此时的信噪比 $SNR = 51.091\ \text{dB}$；布莱克曼窗的阻带最小衰减最好，达 −74 dB，但过渡带最宽，约为矩形窗的 3 倍。比较以上几种窗函数可以看出，矩形窗具有最窄的主瓣宽度 B，但也有最大的旁瓣峰值 A 和最慢的衰减速度 D。汉明窗和汉宁窗的主瓣稍宽，但有较小的边瓣和较大的衰减速度；布莱克曼窗阻带衰减最好，信噪比最高；凯泽窗若选用合适的调节参数 β，可以得出更好的效果。

2. 截断对频率分辨率的影响

下面考虑脉冲余弦信号：

$$\begin{aligned} x(n) &= A\cos(n\omega + \phi) \\ &= A\cos(n2\pi f T_s + \phi) \\ &= A\cos(n2\pi f / f_s + \phi) \qquad -\infty < n < \infty \end{aligned} \tag{4.4.8}$$

其中，$\omega = 2\pi f T_s$，单位为 rad；A 为信号幅值，可以是电压或者其他物理量；f 为信号的频率，单位为 Hz；$T_s = 1/f_s$，为采样周期，单位为 s，并且满足 $f \leqslant 2f_s$；ϕ 是初始相位，单位为 rad。理想情况下，$x(n)$ 的频率在频谱图上是一个脉冲宽度无限窄的脉冲，如图 4.4.3 所示。假设 $A = 1$，$f = 1\ \text{kHz}$，$\phi = 0$，$f_s = 2.5\ \text{kHz}$。

在式（4.4.8）中，n 的取值区间为$(-\infty,\infty)$，因此这是一个无限长信号，而计算机无法计算无限长信号，因此必须对 $x(n)$ 进行截断。这样就得到 $x(n)$ 的部分数据，然后对这部分数据进行计算。例如对 $x(n)$ 进行自然截断，这相当于用矩形窗函数 $w_N(n)$ 乘以 $x(n)$，记为 $x_N(n)$，那么

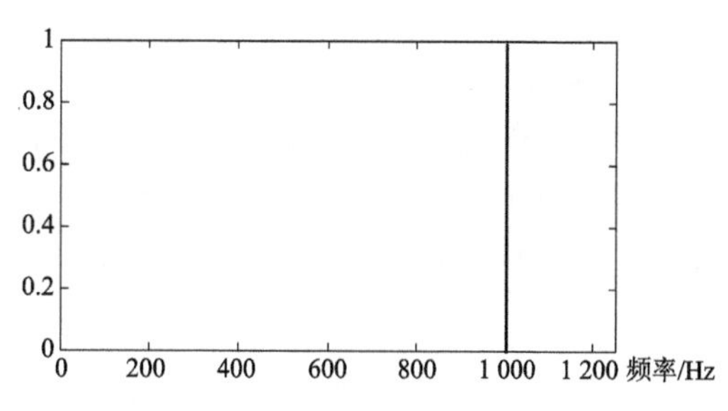

图 4.4.3　理想条件下余弦信号的频谱

$$x_N(n)=\begin{cases}x(n)w_N(n) & 0<n<N-1\\ 0 & \text{其他}\end{cases} \tag{4.4.9}$$

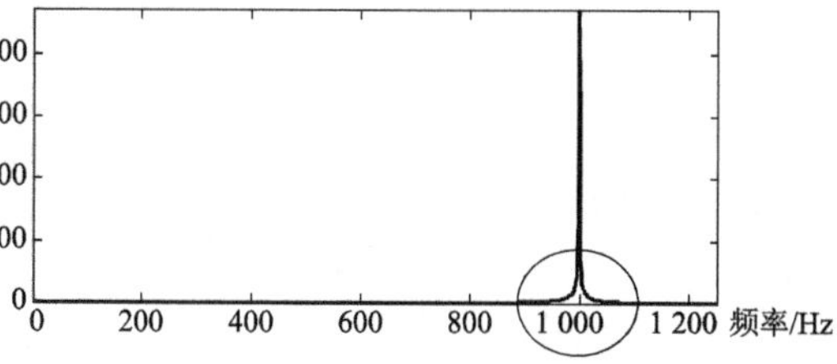

图 4.4.4　余弦信号自然截断后的频谱

其中矩形窗函数 $w_N(n)$ 的表达式为式（4.4.2），$x_N(n)$ 的频谱如图 4.4.4 所示。可见，图中圆圈内部有部分曲线“平滑”过渡，即脉冲宽度为非零值，不是无限小量，这就是截断对频谱造成的影响。

对 $x(n)$ 截断后数据的长度越长，那么这种失真就越小，这是显而易见的。如果截断区间为 $[-\infty,\infty]$ 就等于没有进行截断，这时 $x_N x(n)=x(n)$，当然这是无法实现的。既然截断长度受到一定的限制，那么可以从窗函数的形状来考虑减小失真。

图 4.4.5 给出了加汉明窗、汉宁窗、布莱克曼窗及凯泽窗的频谱局部放大曲线，由图可以明显看出加汉明窗、汉宁窗、布莱克曼窗及凯泽窗要比矩形窗效果好得多。虽然加凯泽窗的脉冲宽度仅次于汉明窗，凯泽窗的脉冲宽度较汉明窗相差大约 2 Hz，2 Hz 的脉冲宽度对于多普勒信号频率来说相差了 4、5 个数量级，这在处理弹丸的多普勒信号时是可以忽略的。原因在于：第一，由于弹丸的速度一般都很高，所对应的多普勒频率一般在 10^4 以上，所以 2 Hz 对应的相对误差小于 0.02%，因此无论是绝对误差和相对误差，对于弹丸飞行速度的测量精度来说该误差都是足够小的；第二，多普勒雷达采集的数据量经分段处理后远远达不到这个级别的频率分辨率，因此对于高速飞行弹丸而言，不管是对信号加哪种窗函数，对于搜索的结果都不会产生很大的影响。考虑到各种窗函数衰减特性的效果，除矩形窗外，其他窗函数均能满足处理的要求。

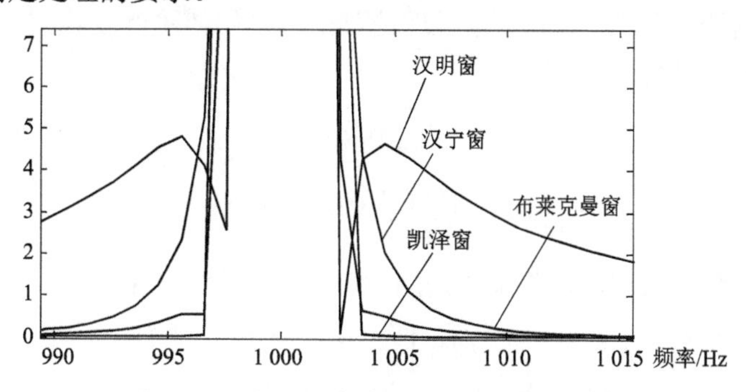

图 4.4.5　加不同窗函数的频谱局部放大图

3. 截断造成的频谱泄漏

加窗为频谱分析带来的另一个影响是频谱“泄漏”。前面已经对信号 $x(n)$ 进行截断的原因作了说明，这里不再赘述。对信号 $x(n)$ 进行自然截断就是令 $x(n)$ 与矩形窗函数 $w_N(n)$ 相乘，如式（4.4.9）所示。矩形窗函数的离散傅里叶变换为

$$W_R(e^{j\omega}) = e^{-j\frac{N-1}{2}\omega} \frac{\sin\left(\frac{N}{2}\omega\right)}{\sin\left(\frac{\omega}{2}\right)} \tag{4.4.10}$$

根据频域卷积定理：时域上两个序列相乘，在频域上是两个序列的离散时间傅里叶变换作卷积。那么截断信号 $x_N(n)$ 的离散时间傅里叶变换为

$$X_N(e^{j\omega}) = \frac{1}{2\pi}\int_{-\pi}^{\pi} X(e^{j\omega}) W(e^{j(\omega-\theta)}) d\theta \tag{4.4.11}$$

其中，$X(e^{j\omega})$ 为信号 $x(n)$ 的离散傅里叶变换。显然，$X_N(e^{j\omega}) \neq X(e^{j\omega})$，这就产生了失真。信号 $x(n)$ 被截断就成为时限信号，那么频谱分量就会从它的正常频谱扩展开来，这便是频谱泄漏。频谱泄漏的产生的原因是由于式（4.4.10）存在旁瓣，而旁瓣的大小决定了泄漏的严重程度。为了减小频谱泄漏，应尽可能减小旁瓣，因此就要使用上节所述的其他窗函数。

§4.4.3 多普勒弹丸速度信号的快速傅里叶变换（FFT）

由前所述，在采用数据加窗分段的方法将离散时间序列的多普勒数字信号分为若干个（可达数千个）离散时间序列（每个时间序列的数据量通常为 512、1024、2048 或 4096 等）后，还需要利用离散傅里叶变换（DFT）将每一个离散时间序列的多普勒数字信号变换为频域信号。在实际应用中，离散傅里叶变换（DFT）的实施通常都要用到其快速算法（FFT）来实现。因此，本节主要介绍离散傅里叶变换（DFT）及其快速算法（FFT）。

§4.4.3.1 离散傅里叶变换（DFT）

一般说来，任何一个物理过程既可以在时域内通过把物理量 x 作为时间 t 的函数 $x(t)$ 来描述，也可以在频域内通过将振幅 X（通常是一个包含相位的复数）作为频率 f 的函数 $X(f)$ 来描述，其中 $-\infty < f < \infty$。在许多情况下，把 $x(t)$ 和 $X(f)$ 考虑为统一函数的两种不同的表达方式是很有用的。由信号分析理论可知，采用傅里叶变换式（4.4.12）即可实现这两种表达之间的相互换算。

$$\begin{cases} X(\omega) = \int_{-\infty}^{\infty} x(t)\, e^{j\omega t} dt \\ x(t) = \frac{1}{2\pi}\int_{-\infty}^{\infty} X(\omega)\, e^{-j\omega t} d\omega \end{cases} \tag{4.4.12}$$

式（4.4.12）中的角频率为 ω，若将其改为用频率 f 来表示，则有

$$\begin{cases} X(f) = \int_{-\infty}^{\infty} x(t)\, e^{j2\pi ft} dt \\ x(t) = \int_{-\infty}^{\infty} X(\omega)\, e^{-j2\pi ft} df \end{cases} \tag{4.4.13}$$

可见，上式在信号处理中更为直观。傅里叶变换是联系时域和频域的纽带，它建立了时间 t 和频率 f 之间的联系。

要对弹丸速度多普勒信号作频谱分析，将其由时域信号转变为频域信号，或者在测量弹丸速度时将变换到频域的信号再变换到时域，都要用到傅里叶变换。傅里叶变换就是建立以时间 t 为自变量的时域信号和以频率 f 为自变量的频域信号之间的变换关系的运算。根据信号分析理论，当自变量 t 或 f 取连续值或离散值时，可以形成表 4.4.2 中 4 种不同形式的傅里叶变换对。

表 4.4.2　各类傅里叶变换中信号和频谱的特征

变换名称	时域（傅里叶反变换）	频域（傅里叶变换）
（连续）傅里叶变换	非周期连续信号	非周期连续频谱
（连续）傅里叶级数	周期连续信号	非周期离散频谱
离散时间傅里叶变换	非周期离散信号	周期连续频谱
离散傅里叶变换	有限长离散信号	有限长离散频谱

表中前三种傅里叶变换都不适于在计算机上进行运算，因为他们至少在一个域中函数是连续的。因而从数字计算的角度出发，采用计算机对弹丸速度多普勒信号进行数字处理，只能选择离散傅里叶变换。离散傅里叶变换是专门针对离散信号的时间序列进行傅里叶变换的计算方法，由附录 4 的推导过程（也可参见关于信号分析的书籍），可得出离散傅里叶变换对为

$$\begin{cases} X(k)=\sum_{n=0}^{N-1}x(n)\mathrm{e}^{-\mathrm{j}\frac{2\pi}{N}kn}=\sum_{n=0}^{N-1}x(n)W_N^{kn} & 0\leqslant k\leqslant N-1 \\ x(n)=\dfrac{1}{N}\sum_{k=0}^{N-1}X(k)\mathrm{e}^{\mathrm{j}\frac{2\pi}{N}kn}=\sum_{n=0}^{N-1}x(n)W_N^{-kn} & 0\leqslant n\leqslant N-1 \end{cases} \tag{4.4.14}$$

其中，$W_N^{kn}=\mathrm{e}^{-\mathrm{j}\frac{2\pi}{N}kn}$，式（4.4.14）中的第一式称为离散傅里叶变换，第二式称为离散傅里叶反变换。离散傅里叶变换的时域序列和频域序列均为有限长，序列 $x(n)$ 及 $X(k)$ 均是周期为 N 的周期序列的主值序列，其主值区间为 $[0,N-1]$。显然，第一式和第二式的区别仅在于指数符号和系数 $1/N$，因此对离散傅里叶变换程序稍加修改就可以计算其反变换。由第一式可以知道，要计算 N 点的 DFT 大约要进行 N^2 次复数乘法和 $N(N-1)$ 次复数加法。

在多普勒弹丸速度信号处理中，首先需要对信号进行分段（即上一节所述的信号截断）处理，若将实测多普勒弹丸速度的采样数据分为若干段，每段数据序列的取值区间为 $[0,N-1]$。设数据序列 $x(i)$ 为多普勒弹丸速度信号中的任意一段，在信号分析时，需要对该段进行离散傅里叶变换（DFT）。如果直接按式（4.4.14）来计算每一段多普勒弹丸速度信号的 DFT，当分段长度 N 比较大的时候（如 $N=819\,216\,384$ 甚至更长），其计算量将是巨大的，如果分段数很多，就会耗费很多的计算时间，使得 DFT 的实现非常困难。

为了提高运算效率，J.W.Cooley 和 J.W.Tukey 于 1965 年提出了离散傅里叶变换的一种快速算法，这种算法使得 N 点 DFT 的乘法计算量由 N^2 次降为 $N\log_2 N/2$ 次。以 $N=1\,024$ 为例，若直接计算，需要 $1\,048\,576$ 次复数乘法，但在采用了 J.W.Cooley 和 J.W.Tukey 的快速

算法之后计算量降为 5 120 次，仅为原来的4.88%。自那以后新的快速算法不断涌现，这些算法统称为快速傅里叶变换。下面将介绍多普勒弹丸速度信号分析中有关快速傅里叶变换的内容。

§4.4.3.2 多普勒弹丸速度信号的快速傅里叶变换（FFT）

快速傅里叶变换（*FFT*）并不是一种新的变换，而是离散傅里叶变换（*DFT*）的一种快速算法。快速傅里叶变换算法基本上可以分成按时间抽选法和按频率抽选法两大类。

（1）按时间抽选法，即按时间抽取算法先进行逆序重排，而后再进行 FFT。

（2）按频率抽选法，即按频率抽取算法先进行 FFT，而后再进行逆序重排。

这两类算法从运算速度上来说基本上没有区别，不仅如此，实际上各类算法之间的速度差异都没有达到数量级上的差别，因此在计算机的内存容量大大增加和 CPU 的运算速度已经足够而且没有实时性要求的情况下，选择何种算法的意义不大。

多普勒雷达测试系统，大都使用按时间抽选的算法。常用的有：时间抽取基 2 算法、时间抽取基 4 算法、分裂基算法。时间抽取基 2 算法、时间抽取基 4 算法、分裂基算法的运算量见表 4.4.3。

表 4.4.3 各种算法时间复杂度的比较

算法类型	复数乘法/次	复数加法/次
时间抽取基 2 算法	$(N\log_2 N)/2$	$N\log_2 N$
时间抽取基 4 算法	$(3N\log_2 N)/8$	$N\log_2 N$
分裂基算法	$(N\log_2 N)/3$	$N\log_2 N$

可以看出，分裂基算法所需要的运算次数是最少的，具有最好的算法时间复杂度，因此，在相同的软、硬件条件下，分裂基算法最快。所以，进行多普勒弹丸信号分析时常采用分裂基算法进行快速傅里叶变换的计算。目前 FFT 算法已非常成熟，并且已有现成的 FFT 计算程序。为了便于理解，下面介绍多普勒弹丸速度信号分析中常用的时间抽取基 2 算法和分裂基算法。

1. 时间抽取基 2 算法

对于多普勒弹丸速度信号分段序列 $x(n)$，在时间抽取基 2 算法中，要求序列 $x(n)$ 的长度 N 为 2 的整数次幂，即满足 $N=2^l$，其中 l 为正整数。如果序列长度不满足该要求，可以在序列末尾补零来满足。

在作了上述处理之后，将序列 $x(n)$ 按照位置序数 n 为偶数还是奇数，可以分成如下两个子序列：

$$\begin{cases} x_1(r)=x(2r) \\ x_2(r)=x(2r+1) \end{cases} \quad r=0,1,2,\cdots,\frac{N}{2}-1 \tag{4.4.15}$$

式（4.4.15）中 $x_1(r)$ 为对 $x(n)$ 进行偶序数抽取，$x_2(r)$ 为对 $x(n)$ 进行奇序数抽取。那么 $x_1(r)$ 的 $N/2$ 点 DFT 和 $x_2(r)$ 的 $N/2$ 点 DFT 分别为

$$\begin{cases} X_1(k)=\sum_{r=0}^{\frac{N}{2}-1}x_1(r)\mathrm{e}^{-\mathrm{j}\frac{2\pi}{N}kr}=\sum_{r=0}^{\frac{N}{2}-1}x_1(r)\mathrm{e}^{-\mathrm{j}\frac{2\pi}{\frac{N}{2}}kr}=\sum_{r=0}^{\frac{N}{2}-1}x_1(r)W_{\frac{N}{2}}^{kr} \\ X_2(k)=\sum_{r=0}^{\frac{N}{2}-1}x_2(r)\mathrm{e}^{-\mathrm{j}\frac{2\pi}{N}kr}=\sum_{r=0}^{\frac{N}{2}-1}x_2(r)\mathrm{e}^{-\mathrm{j}\frac{2\pi}{\frac{N}{2}}kr}=\sum_{r=0}^{\frac{N}{2}-1}x_2(r)W_{\frac{N}{2}}^{kr} \end{cases} \quad k=0,1,\cdots,\frac{N}{2}-1 \tag{4.4.16}$$

可见，$x(n)$ 的 N 点 DFT $X(k)$ 可由 $x_1(r)$ 的 $N/2$ 点 DFT 的 $X_1(r)$ 和 $x_2(r)$ 的 $N/2$ 点 DFT 的 $X_2(r)$ 合成得出，即

$$\begin{aligned} X(k)&=\sum_{r=0}^{\frac{N}{2}-1}x(2r)W_N^{2r\cdot k}+\sum_{r=0}^{\frac{N}{2}-1}x(2r+1)W_N^{(2r+1)\cdot k} \\ &=\sum_{r=0}^{\frac{N}{2}-1}x_1(r)W_N^{2r\cdot k}+\sum_{r=0}^{\frac{N}{2}-1}x_2(r)W_N^{(2r+1)\cdot k} \end{aligned} \quad k=0,1,2,\cdots,\frac{N}{2}-1 \tag{4.4.17}$$

利用 W_N^k 的可约性，可得 $W_N^{k2r}=W_{\frac{N}{2}}^{kr}$，故式（4.4.17）可表示如下：

$$X(k)=\sum_{r=0}^{\frac{N}{2}-1}x_1(r)\,W_{\frac{N}{2}}^{kr}+W_N^k\sum_{r=0}^{\frac{N}{2}-1}x_2(r)\,W_{\frac{N}{2}}^{kr} \quad k=0,1,2,\cdots,\frac{N}{2}-1 \tag{4.4.18}$$

将式（4.4.16）代入式（4.4.18）得

$$X(k)=X_1(k)+W_N^kX_2(k) \quad k=0,1,2,\cdots,\frac{N}{2}-1 \tag{4.4.19}$$

由于 $X_1(k)$ 和 $X_2(k)$ 都是 $N/2$ 点 DFT，而 $X(k)$ 是 N 点 DFT，因此单用式（4.4.18）表示 $X(k)$ 不完全，但可利用 $X_1(k)$ 和 $X_2(k)$ 的隐含周期性，即

$$\begin{cases} X_1\left(k+\frac{N}{2}\right)=X_1(k) \\ X_2\left(k+\frac{N}{2}\right)=X_2(k) \end{cases} \quad k=0,1,2,\cdots,\frac{N}{2}-1 \tag{4.4.20}$$

故由式（4.4.19），$X(k)$ 的后半周期可表示为

$$\begin{aligned} X\left(k+\frac{N}{2}\right)&=X_1\left(k+\frac{N}{2}\right)+W_N^{k+\frac{N}{2}}X_2\left(k+\frac{N}{2}\right) \\ &=X_1(k)+W_N^kW_N^{\frac{N}{2}}X_2(k) \end{aligned} \quad k=0,1,2,\cdots,\frac{N}{2}-1 \tag{4.4.21}$$

由于 $W_N^{\frac{N}{2}}=-1$，故式（4.4.21）化为

$$X\left(k+\frac{N}{2}\right)=X_1(k)-W_N^kX_2(k) \quad k=0,1,2,\cdots,\frac{N}{2}-1 \tag{4.4.22}$$

由此可见，用 $X_1(k)$ 和 $X_2(k)$ 可以完整地表示 $X(k)$。现将 $X(k)$ 完整表述如下：

$$\begin{cases} X(k)=X_1(k)+W_N^kX_2(k) \\ X\left(k+\frac{N}{2}\right)=X_1(k)-W_N^kX_2(k) \end{cases} \quad k=0,1,2,\cdots,\frac{N}{2}-1 \tag{4.4.23}$$

因此求 $x(n)$ 的 DFT 的过程，就变成了求其子序列 $x_1(n)$ 和 $x_2(n)$ 的 DFT $X_1(k)$ 和 $X_2(k)$ 的过程。同理，子序列 $x_1(n)$ 和 $x_2(n)$ 亦可按照奇偶性进行下一级子序列划分，重复上述过程，直到最后剩下两点 DFT 为止。

式（4.4.23）说明，对于按时间抽取的快速算法，根据运算形式可以知道算法分为两个步骤：第一，将序列 $x(n)$ 进行基 2 逆序重排；第二，利用式（4.4.19）计算 $X(k)$。

在逆序重排中，需要按照 $x(n)$ 的位置向量 n 的二进制表示法进行运算，然后交换，使得 $x(n)$ 的值重新排列。假设 $\rho_l(n)$ 是数 n 的 l 位比特逆序数，$0 \leqslant n \leqslant 2^l - 1$，如果 n 的二进制形式为：

$$(n)_{10} = (n_{l-1}n_{l-2} \cdots n_1 n_0)_2 \qquad (n_i = 0,1; i = 0, \cdots, l-1) \tag{4.4.24}$$

式（4.4.24）中，$(\ )_p$ 表示括号中为 p 进制表示，则

$$(\rho_l(n))_{10} = (n_0 n_1 \cdots n_{l-2} n_{l-1})_2 \tag{4.4.25}$$

如果写成一般的等式，则

$$\begin{cases} n = n_{l-1}2^{l-1} + n_{l-2}2^{l-2} + \cdots + n_0 \\ \rho_l(n) = n_0 2^{l-1} + n_1 2^{l-2} + \cdots + n_{l-1} \end{cases} \tag{4.4.26}$$

由式（4.4.26）可见，数 n 的比特逆序数 $\rho_l(n)$ 是唯一的，它和 n 一一对应，并且 $0 \leqslant \rho_l(n) \leqslant 2^l - 1$。下面简略导出比特逆序重排的递推公式。

设 $n\,(0 \leqslant n \leqslant 2^l - 2)$ 的二进制表示式如下：

$$(n)_{10} = (n_{l-1} \cdots n_{k+1} 01 \cdots 1) \qquad (0 \leqslant n \leqslant 2^l - 2, 0 \leqslant k \leqslant l-1) \tag{4.4.27}$$

即在 n 的 l 位二进制数字中，第 $k\,(0 \leqslant k \leqslant l-1)$ 位数字为零，而小于 k 的各位数字或者均等于 $1 (k \neq 0)$，或者不存在 $(k = 0)$。由式（4.4.27）容易得到

$$(n+1)_{10} = (n_{l-1} \cdots n_{k+1} 10 \cdots 0)_2 \tag{4.4.28}$$

由此，n 的逆序数

$$(\rho_l(n))_{10} = (1 \cdots 10 n_{k+1} \cdots n_{l-1})_2 \tag{4.4.29}$$

$n+1$ 的逆序数为

$$(\rho_l(n+1))_{10} = (0 \cdots 01 n_{k+1} \cdots n_{l-1})_2 \tag{4.4.30}$$

故由式（4.4.29）和式（4.4.30）可得

$$\begin{aligned} \rho_l(n+1) &= \rho_l(n) - (2^{l-1} + 2^{l-2} + \cdots + 2^{l-k}) + 2^{l-1-k} \\ &= \rho_l(n) - 2^{l-1} - 2^{l-2} - \cdots - 2^{l-k} + 2^{l-1-k} \, (0 \leqslant n \leqslant 2^l - 2, 0 \leqslant k \leqslant l-1) \end{aligned} \tag{4.4.31}$$

由于 $n = 0$ 时 $\rho_l(0) = 0$，所以，按照式（4.4.30），就可以依次求得 $\rho_l(1), \rho_l(2), \cdots$，一直到求出 $\rho_l(2^l - 1)$ 为止。

在应用递推法由 $\rho_l(n)$ 求 $\rho_l(n+1)$ 时，$\rho_l(n)$ 与 $2^{l-1}, 2^{l-2} \cdots$ 依次比较，够减则减，减后继续，不够则加，加后结束。

在完成序列 $x(n)$ 的位倒序之后，就可以进行第二步，即计算 $X(k)$。整个 DFT 分成 $M = \log_2 N$ 次循环，而每一次循环要进行 $N/2$ 次复数乘法和 N 次复数加法。因此，整个 FFT 大约总共需要 $NM/2 = (N\log_2 N)/2$ 次复数乘法和 $NM = N\log_2 N$ 次复数加法，而直接计算时大约需要 N^2 次复数乘法和 $N(N-1)$ 次复数加法。相比之下，时间抽取基 2 算法要比

直接计算快，在数据长度 N 很大时更是如此。

2. 时间抽取基 4 算法

与时间抽取基 2 算法类似，对于多普勒弹丸速度信号分段序列 $x(n)$，其长度需满足 $N=4^l$，即序列长度是 4 的整数次幂。如果序列 $x(n)$ 不满足 $N=4^l$，可以通过在序列末尾补零来满足。这样就可以把输入序列 $x(n)$ 按式（4.4.32）分解成 4 个子序列：

$$x_m(i)=x(4i+m)\qquad 0\leqslant m\leqslant 3,0\leqslant i\leqslant \frac{N}{4}-1 \tag{4.4.32}$$

子序列 $x_m(i)$ 均为 $N/4$ 点序列，设它们对应的 $N/4$ 点 DFT 为 $X_m(k)$，故有

$$\begin{aligned}X(k)\big|_{k=s\cdot\frac{N}{4}+r}&=X\left(s\frac{N}{4}+r\right)\\&=\sum_{m=0}^{3}W_N^{m\left(s\frac{N}{4}+r\right)}X_m(r)\quad 0\leqslant k\leqslant N-1,0\leqslant s\leqslant 3,0\leqslant r\leqslant\frac{N}{4}-1\end{aligned} \tag{4.4.33}$$

将 $s=0,1,2,3$ 代入式（4.4.33），则有

$$\begin{cases}X(r)=X_0(r)+W_N^rX_1(r)+W_N^{2r}X_2(r)+W_N^{3r}X_3(r)\\X\left(r+\frac{N}{4}\right)=X_0(r)+W_N^{\left(r+\frac{N}{4}\right)}X_1(r)+W_N^{2\left(r+\frac{N}{4}\right)}X_2(r)+W_N^{3\left(r+\frac{N}{4}\right)}X_3(r)\\X\left(r+\frac{N}{2}\right)=X_0(r)+W_N^{\left(r+\frac{N}{2}\right)}X_1(r)+W_N^{2\left(r+\frac{N}{2}\right)}X_2(r)+W_N^{3\left(r+\frac{N}{2}\right)}X_3(r)\\X\left(r+\frac{3N}{4}\right)=X_0(r)+W_N^{\left(r+\frac{3N}{4}\right)}X_1(r)+W_N^{2\left(r+\frac{3N}{4}\right)}X_2(r)+W_N^{3\left(r+\frac{3N}{4}\right)}X_3(r)\end{cases} \tag{4.4.34}$$

式中 $r=0,1,\cdots,N/4-1$。上式即时间抽取基 4 算法的运算公式。利用 W_N 的可约性，可将该式简化为

$$\begin{cases}X(r)=X_0(r)+W_N^rX_1(r)+W_N^{2r}X_2(r)+W_N^{3r}X_3(r)\\X\left(r+\frac{N}{4}\right)=X_0(r)-jW_N^rX_1(r)-W_N^{2r}X_2(r)+jW_N^{3r}X_3(r)\\X\left(r+\frac{N}{2}\right)=X_0(r)-W_N^rX_1(r)+W_N^{2r}X_2(r)-W_N^{3r}X_3(r)\\X\left(r+\frac{3N}{4}\right)=X_0(r)+jW_N^rX_1(r)-W_N^{2r}X_2(r)-jW_N^{3r}X_3(r)\end{cases} \tag{4.4.35}$$

式中，$r=1,2,\cdots,N/4-1$。令

$$\begin{cases}U_0(r)=X_0(r)+W_N^{2r}X_2(r)\\U_1(r)=W_N^rX_1(r)+W_N^{3r}X_3(r)\\U_2(r)=X_0(r)-W_N^{2r}X_2(r)\\U_3(r)=W_N^rX_1(r)-W_N^{3r}X_3(r)\end{cases}\qquad 0\leqslant r\leqslant\frac{N}{4}-1 \tag{4.4.36}$$

将式（4.4.36）代入式（4.4.35），可进一步简化得

$$\begin{cases} X(r)=U_0(r)+U_1(r) \\ X\left(r+\dfrac{N}{4}\right)=U_2(r)-jU_3(r) \\ X\left(r+\dfrac{N}{2}\right)=U_0(r)-U_1(r) \\ X\left(r+\dfrac{3N}{4}\right)=U_2(r)+jU_3(r) \end{cases} \quad 0\leqslant r\leqslant \frac{N}{4}-1 \tag{4.4.37}$$

与时间抽取基 2 算法类似，由式（4.4.36）、式（4.4.37）也可以得到两步时间抽取基 4 算法，即：第一，对原序列按基 4 逆序重排；第二，按照式（4.4.36）、式（4.4.37）进行计算。

对于比特逆序重排算法来说，递推法导出过程与时间抽取基 2 算法完全相同，而基 4 与基 2 的不同点仅在于基底不同。因此这里不再重复，下面仅给出基 4 比特逆序重排的递推公式：

$$\rho_l(n+1)=\rho_l(n)-3\cdot(4^{l-1}+4^{l-2}+\cdots+4^{l-k})+4^{l-k-1} \tag{4.4.38}$$

式中，$\rho_l(n)$、$\rho_l(n+1)$、l 与 k 的定义与基 2 重排算法相同。

对于时间抽取基 4 算法的 DFT，需要 $M=\log_4 N=(\log_2 N)/2$ 次循环，每次循环要进行 $3N/4$ 次复数乘法和 $2N$ 次复数加法，那么，对于整个时间抽取基 4 算法而言，总共需要进行 $(3N\log_2 N)/8$ 次复数乘法和 $N\log_2 N$ 次复数加法。对比时间抽取基 2 算法的复数乘法次数 $NM/2=(N\log_2 N)/2$ 和复数加法次数 $N\log_2 N$，时间抽取基 4 算法的复数乘法次数仅为时间抽取基 2 算法的 $3/4$，而加法次数却没有增加。因此，在软、硬件环境相同的情况下，时间抽取基 4 算法的运算速度要比时间抽取基 2 算法快很多，这在数据长度 N 较大时更为明显。

3. 分裂基算法

对于多普勒弹丸速度信号分段序列 $x(n)$，在分裂基算法中需要满足序列长度 $N=2^l$。在后面的分析中将会看到分裂基算法是一种较时间抽取基 2 算法、时间抽取基 4 算法更快的算法。该算法是将整个序列分为奇、偶序列，对奇序列采用时间抽取基 4 算法，而对偶序列采用时间抽取基 2 算法。

设 $n=pq$，$p=N/4$，$q=4$，则 n 可表示为

$$n=pn_1+n_0=\frac{N}{4}n_1+n_0 \qquad 0\leqslant n_1\leqslant 3, 0\leqslant n_0\leqslant \frac{N}{4}-1 \tag{4.4.39}$$

故有

$$\begin{aligned} X(k)=\sum_{n=0}^{N-1}x(n)W_N^{kn} &=\sum_{n_0=0}^{\frac{N}{4}-1}\sum_{n_1=0}^{3}x\left(\frac{N}{4}n_1+n_0\right)W_N^{k\left(\frac{N}{4}n_1+n_0\right)} \\ &=\sum_{n_0=0}^{\frac{N}{4}-1}W_N^{kn_0}\sum_{n_1=0}^{3}x\left(\frac{N}{4}n_1+n_0\right)W_N^{kn_1} \\ &=\sum_{n_0=0}^{\frac{N}{4}-1}\left[x(n_0)W_4^0+x\left(n_0+\frac{N}{4}\right)W_4^k+x\left(n_0+\frac{N}{2}\right)W_4^{2k}+x\left(n_0+\frac{3N}{4}\right)W_N^{3k}\right]W_N^{kn_0} \end{aligned} \tag{4.4.40}$$

式（4.4.40）中的 k 可表示为

$$k=4k_1+k_0 \qquad 0\leqslant k_1\leqslant \frac{N}{4}-1, \quad k=0,1,2,3 \tag{4.4.41}$$

则由上式可得

$$
\begin{aligned}
X(k) &= X(4k_1 + k_0) \\
&= \sum_{n_0=0}^{\frac{N}{4}-1}\Bigg[x(n_0) + x\left(n_0 + \frac{N}{4}\right)W_4^{(4k_1+k_0)} + \\
&\quad x\left(n_0 + \frac{N}{2}\right)W_4^{(8k_1+2k_0)} + x\left(n_0 + \frac{3N}{4}\right)W_4^{3(4k_1+k_0)}\Bigg]W_N^{(4k_1+k_0)n_0} \\
&= \sum_{n_0=0}^{\frac{N}{4}-1}\Bigg[x(n_0) + x\left(n_0 + \frac{N}{4}\right)W_4^{k_0} + \\
&\quad x\left(n_0 + \frac{N}{2}\right)W_4^{2k_0} + x\left(n_0 + \frac{3N}{4}\right)W_4^{3k_0}\Bigg]W_N^{(4k_1+k_0)n_0}
\end{aligned} \tag{4.4.42}
$$

由式（4.4.41）可知，$k_0 = 0,1,2,3$，若用k表示k_1，n表示n_0，则式（4.4.42）可细化表示为

$$
\begin{cases}
X(4k) = \sum_{n=0}^{\frac{N}{4}-1}\left[x(n) + x\left(n + \frac{N}{4}\right) + x\left(n + \frac{N}{2}\right) + x\left(n + \frac{3N}{4}\right)\right]W_N^{4kn} \\
X(4k+1) = \sum_{n=0}^{\frac{N}{4}-1}\left[x - jx\left(n + \frac{N}{4}\right) - x\left(n + \frac{N}{2}\right) + jx\left(n + \frac{3N}{4}\right)\right]W_N^{4kn+n} \\
X(4k+2) = \sum_{n=0}^{\frac{N}{4}-1}\left[x - x\left(n + \frac{N}{4}\right) + x\left(n + \frac{N}{2}\right) - x\left(n + \frac{3N}{4}\right)\right]W_N^{4kn+2n} \\
X(4k+3) = \sum_{n=0}^{\frac{N}{4}-1}\left[x + jx\left(n + \frac{N}{4}\right) - x\left(n + \frac{N}{2}\right) - jx\left(n + \frac{3N}{4}\right)\right]W_N^{4kn+3n}
\end{cases} \tag{4.4.43}
$$

当k从 0 增加到$N/4-1$时，式（4.4.43）中的任一式均为频域隔 4 点取 1 点的$N/4$抽取。由于$X(4k)$和$X(4k+2)$全为偶数序号处的值，因而合在一起应是隔 2 点取 1 点的$N/2$抽取，故式（4.4.43）可写成如下形式：

$$
\begin{cases}
X(2k) = \sum_{n=0}^{\frac{N}{2}-1}\left[x(n) + x\left(n + \frac{N}{2}\right)\right]W_N^{2kn} & 0 \leqslant k \leqslant \frac{N}{2}-1 \\
X(4k+1) = \sum_{n=0}^{\frac{N}{4}-1}\left\{\left[x(n) - jx\left(n + \frac{N}{4}\right) - \right.\right. & \\
\quad \left.\left. x\left(n + \frac{N}{2}\right) + jx\left(n + \frac{3N}{4}\right)\right]W_N^{n}\right\}W_N^{4kn} & 0 \leqslant k \leqslant \frac{N}{4}-1 \\
X(4k+2) = \sum_{n=0}^{\frac{N}{4}-1}\left\{\left[x(n) + jx\left(n + \frac{N}{4}\right) - \right.\right. & \\
\quad \left.\left. x\left(n + \frac{N}{2}\right) - jx\left(n + \frac{3N}{4}\right)\right]W_N^{3n}\right\}W_N^{4kn} & 0 \leqslant k \leqslant \frac{N}{4}-1
\end{cases} \tag{4.4.44}
$$

记

$$\begin{cases} x_2(n)=x(n)+x\left(n+\dfrac{N}{2}\right) & 0\leqslant n\leqslant\dfrac{N}{2}-1 \\ x_4^1(n)=\left[x(n)-jx\left(n+\dfrac{N}{4}\right)-x\left(n+\dfrac{N}{2}\right)+jx\left(n+\dfrac{3N}{4}\right)\right]W_N^n & 0\leqslant n\leqslant\dfrac{N}{4}-1 \\ x_4^2(n)=\left[x(n)+jx\left(n+\dfrac{N}{4}\right)-x\left(n+\dfrac{N}{2}\right)-jx\left(n+\dfrac{3N}{4}\right)\right]W_N^{3n} & 0\leqslant n\leqslant\dfrac{N}{4}-1 \end{cases} \quad (4.4.45)$$

则式（4.4.44）可简写为

$$\begin{cases} X(2k)=\sum\limits_{n=0}^{\frac{N}{2}-1}x_2(n)W_N^{2n} & 0\leqslant k\leqslant\dfrac{N}{2}-1 \\ X(4k+1)=\sum\limits_{n=0}^{\frac{N}{4}-1}x_4^1(n)W_N^{4kn} & 0\leqslant k\leqslant\dfrac{N}{4}-1 \\ X(4k+2)=\sum\limits_{n=0}^{\frac{N}{4}-1}x_4^2(n)W_N^{4kn} & 0\leqslant k\leqslant\dfrac{N}{4}-1 \end{cases} \quad (4.4.46)$$

由式（4.4.46）可见，一个 N 点 DFT 可分解成一个 $N/2$ 点 DFT 和两个 $N/4$ 点 DFT。这种分解既有基 2 部分，又有基 4 部分。基 2 部分 $X(2k)$ 的奇数点部分又进一步分解为基 4 抽取分解；而基 4 部分的偶数点部分又进一步分解为基 2 抽取分解。

对于分裂基算法，也需要 $M=\log_2 N$ 次循环，总共大约要进行 $(N\log_2 N)/3$ 次复数乘法和 $N\log_2 N$ 次复数加法。对比时间抽取基 4 算法，分裂基算法的计算量进一步减少，其乘法次数大约减少了 11%。

§4.4.4　多普勒信号频谱分析方法的数据处理流程

归纳§4.4.1 所述，运用频谱分析方法的雷达终端的处理流程如图 4.4.6 所示。

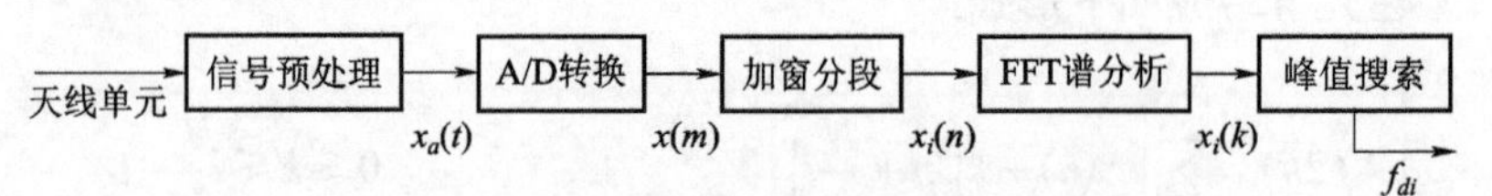

图 4.4.6　多普勒信号频谱分析方法的数据处理流程

1. A/D 转换

由天线单元传来的多普勒模拟信号经滤波系统进行信号与处理后，首先需通过 A/D 转换将滤波器传来的时间连续的多普勒模拟信号转换成离散时间序列的多普勒数字信号 $x(m), m=0,1,\cdots,M-1$，即对于给定的多普勒模拟信号 $x_a(t)$，在时刻 mT_s 进行采样，可以获得一个 M 点的数字信号序列

$$x(m)=x_a(mT_s) \qquad m=0,1,\cdots,M-1 \quad (4.4.47)$$

式中，T_s 为采样时间间隔，其倒数 $f_s=1/T_s$ 为采样频率。

由多普勒原理可知，在理想条件下任意一段实测的时域多普勒信号均可近似为频率为 f_d 的正弦（或余弦）周期函数。在多普勒雷达的实际测量中，通过 A/D 采样得出的与弹丸飞行速度相关的多普勒信号数据所构成的曲线，也有类似的周期函数曲线的形态，如图 4.4.7 所示。

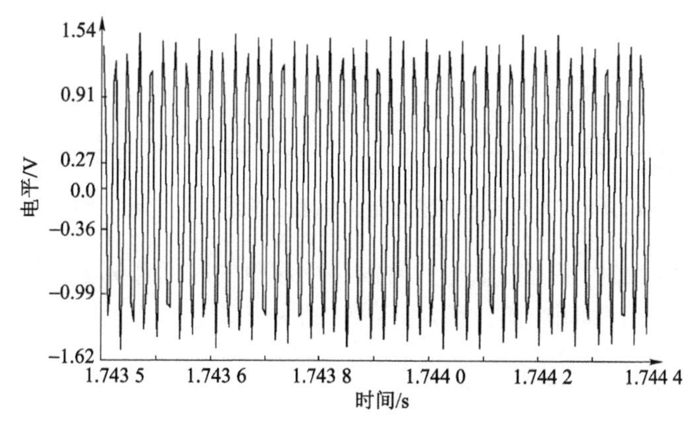

图 4.4.7　实测多普勒信号的数据曲线（局部时间放大图）

2. 数据分段

采用§4.4.2 所述的数据分段加窗的方法，将离散时间序列的多普勒数字信号分段处理后，可以形成若干个（可达数千个）离散多普勒数字信号的时间序列。对于第 i 时间序列，其数据形式为

$$x_i(n), i=1,2,\cdots,I, n=0,1,\cdots,N-1 \tag{4.4.48}$$

其中第 n 个数据所对应的时间为

$$t_i(n)=[(i-1)\times N_s+n+1]/f_s \qquad n=0,1,\cdots,N-1 \tag{4.4.49}$$

式中，$N_s(N_s \leqslant N)$ 为数据分段平移的数据点数。若 $N_s < N$，其代表数据交错分段，每一段交错重叠部分的数据量为 $N-N_s$；若 $N_s=N$，其代表数据依次正常分段，此时各段均没有重叠数据；若 $N_s > N$，其代表数据依次间隔分段，此时各段之间的间隔数据量为 N_s-N。

3. FFT 谱分析

对于第 i 时间序列段的数据，分别将其乘以窗函数进行加窗处理，再利用§4.4.3 所述的快速傅里叶变换（FFT）将每一个离散的时间序列多普勒数字信号变换为频域信号 $X_i(k)$。第 i 时间序列段的数据的快速傅里叶变换（FFT）的计算公式可表示为

$$X_i(k)=\sum_{n=0}^{N-1} x_i(n)w(n)W_N^{kn} \qquad k=0,1,\cdots,N-1; \qquad i=1,2,\cdots,I \tag{4.4.50}$$

式中，$w(n)$ 为窗函数，用来抑制频谱泄漏的影响；W_N^{kn} 为旋转因子。

式（4.4.50）所对应的频率为

$$f_{ik}=\frac{kf_s}{N} \qquad k=0,1,\cdots,N-1 \tag{4.4.51}$$

对于第 i 个时间序列，由快速傅里叶变换（FFT）式（4.4.47）和式（4.4.48）计算，可将其时域的多普勒数字信号变换为频域数字信号，其曲线如图 4.4.8 所示。

由于多普勒信号的时间起点（零时刻）统一在弹丸出炮口时刻，通过 A/D 采样得出的与弹丸飞行速度相关的多普勒信号数据形式为信号幅值与时间的对应数据关系。若将所有数据分段，则可得出若干段时域多普勒信号的时间序列，图 4.4.8 所示即其中第 i 段时域多普勒信

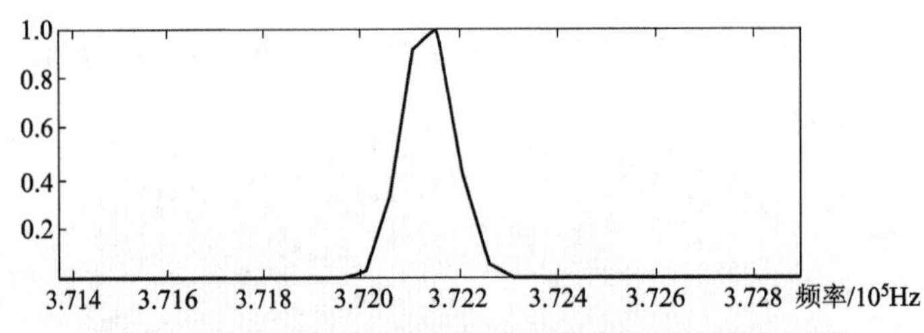

图 4.4.8　实测多普勒信号数据的频域曲线（局部放大图）

号的时间序列数据曲线。由多普勒信号的时间序列对应的时间计算公式可知，各段多普勒数据的时间序列均存在一个时间中点，所对应的时间中点计算公式为

$$t_{ri}=\left[(i-1)N_s+\frac{N}{2}\right]\cdot\frac{1}{f_s}\qquad i=1,2,\cdots,I \tag{4.4.52}$$

由于多普勒信号的时间序列数据曲线的变化规律具有周期性，只要时间序列不太长，其振荡周期T_d几乎不变，因此可以认为，分段后的多普勒信号曲线对应的频率（主频）几乎不变，该频率即多普勒频率$f_d=1/T_d$。

图 4.4.8 代表了第i段多普勒信号的时间序列的频域曲线，在该频域曲线中，信号在频率点f_{ik}的功率为

$$P_i(k)=\left|X(k)\right|^2\qquad k=0,1,\cdots,N-1 \tag{4.4.53}$$

它们等效于时间序列信号$x_i(n)$通过N个中心频率为f_{ik}的数字滤波器组后的输出。若目标的多普勒信号频率f_{di}落在第j个滤波器的通带内，其所对应的$P_i(j)$就表现为一个峰值，通过频域峰值搜索可得出峰值点的多普勒频率$f_{di},i=1,2,\cdots,I$。

$$f_{di}=j\cdot\frac{f_s}{N} \tag{4.4.54}$$

将上式代入式（4.3.1）即可计算出目标的径向速度为

$$v_{ri}=j\cdot\frac{f_s}{N}\cdot\frac{\lambda_0}{2}\qquad i=1,2,\cdots,I \tag{4.4.55}$$

式（4.4.54）中，频域峰值点j的确定依赖于对谱线的峰值点搜索。下面主要介绍实际多普勒雷达测试的数字信号分析中，一般采用的瀑布图搜索提取方法。

4. 瀑布图与速度数据搜索提取

若对每一段多普勒数据的时间序列均进行 FFT 处理，即可得出I段类似图 4.4.8 的频域曲线。每段频域曲线的峰值点所对应的频率即其多普勒频率f_d（与所测弹丸的速度成正比），该段曲线对应的时间中点即其多普勒频率对应的时间。将各段时间序列数据的频域曲线按时间中点的顺序排序，并将其依次排列在一起显示在同一张图中，即可得出包含多普勒信号频率在内的功率谱分布曲线，也称为瀑布图。图中，横坐标为频率f，纵坐标各条谱线对应的时间。由于$v_r=f_d\cdot\dfrac{\lambda_0}{2}$，也可将横坐标表示为弹丸的径向速度$v_r$，如图 4.4.9 所示。

通过从连贯的量化信号计算出的功率谱分布曲线比较，可以提取出每条谱线数据中对应最大功率点的频率，从而确定多普勒频率f_d随时间的变化关系，进而计算得出弹丸的径向速度v_r随时间t的变换关系。

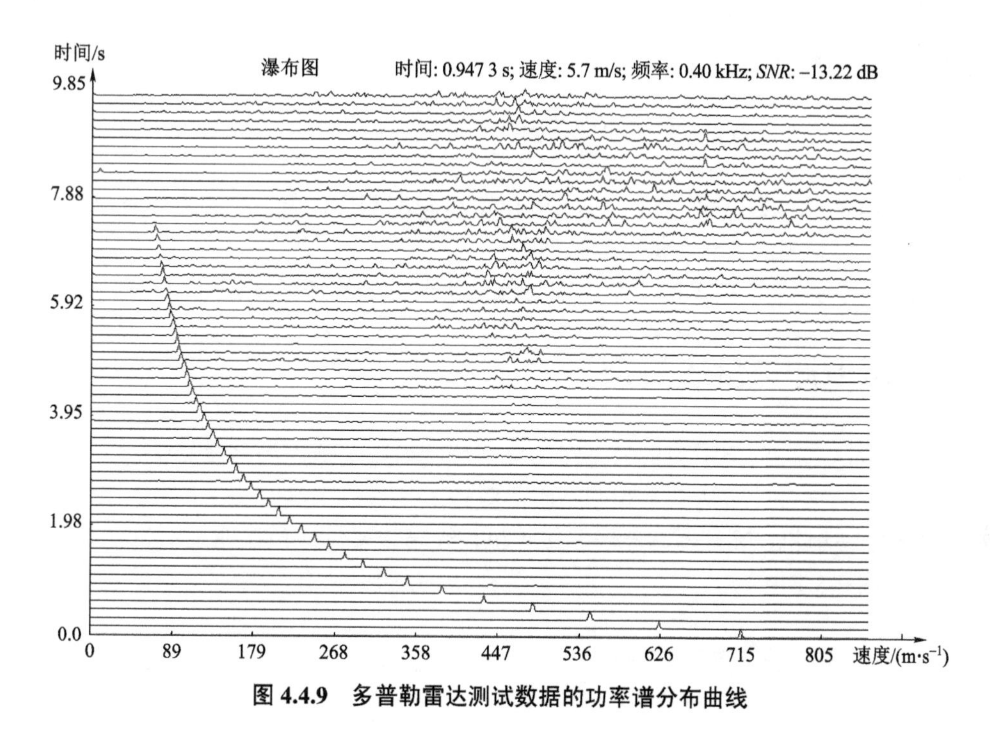

图 4.4.9　多普勒雷达测试数据的功率谱分布曲线

图中速度值的搜索比较的范围与“锁相跟踪滤波”的频带范围确定类似，即先根据图 4.4.9 中第 i 条谱线的信号点确定搜索的中心频率 f_{dz}（或速度），然后以该频率点为中心向两边扩展一定的带宽 Δf，并在区间 $[f_{dz}-\Delta f, f_{dz}+\Delta f]$ 内采用逐点搜索比较的方法，确定峰值功率点对应的点序 j。将点序值 j 代入式（4.4.54）即可计算出其径向速度值。

一般初始几条谱线的信号点的确定，可采用人工观察指定，其带宽 Δf 取值可稍大一些，待速度搜索完成后，则可以实际得出的速度点 $j_1, j_2, \cdots$ 为基础，采用最小二乘法拟合方法平滑预测下一条相邻谱线的中心频率。

§4.4.5　测速算法对测速精度的影响

由 FFT 得到的是离散谱线，因而目标的多普勒频率通常会落在两条谱线之间，从而产生一定的测速误差。因为

$$\Delta f_{d\max} = \max\left|f_{dj} - f_d\right| = f_s / 2N \tag{4.4.56}$$

式中，f_d 为目标的真实多普勒频率，f_{dj} 为测量值。

若用径向速度表示，则测速误差为

$$\Delta v_{r\max} = \lambda \Delta f_{d\max} / 2 = \lambda f_s / 4N = \lambda K f_d / 4N = K v_r / 2N \tag{4.4.57}$$

式中，v_r 为目标速度，K 为采样因子，其值等于采样频率和多普勒频率的比值。

根据统计规律，多普勒信号的频率处在两条 FFT 谱线之间的概率服从均匀分布，则由 FFT 造成的测速误差的平方为

$$\Delta v_r^2 = \frac{1}{2\Delta v_{r\max}} \int_{-\Delta v_{r\max}}^{\Delta v_{r\max}} x^2 \mathrm{d}x = \frac{1}{3} \Delta v_{r\max}^2$$

所以由 FFT 造成的测速误差为

$$\Delta v_r = \sqrt{3}\Delta v_{r\max} / 3 = \sqrt{3}Kv_r / 6N \tag{4.4.58}$$

由上式可知：

（1）为了提高速度数据的分辨率，减小 FFT 引起的测速误差，K 的取值应尽可能小，但必须满足奈氏采样定理的要求，即 $K \geqslant 2$。

（2）只要适当地选择 FFT 的点数，即可保证所要求的测速精度。

§4.5 膛内测速雷达简介

膛内测速雷达是一种用于测量弹丸在炮膛或枪膛内运动速度的多普勒雷达，其结构一般与用于膛外测速的多普勒雷达基本相同。膛内测速雷达一般由高频头（机头）和终端装置组成。高频头包括发射机、环行器、天线和接收机，终端装置包括预处理系统和终端处理系统，其工作原理如图 4.5.1 所示。

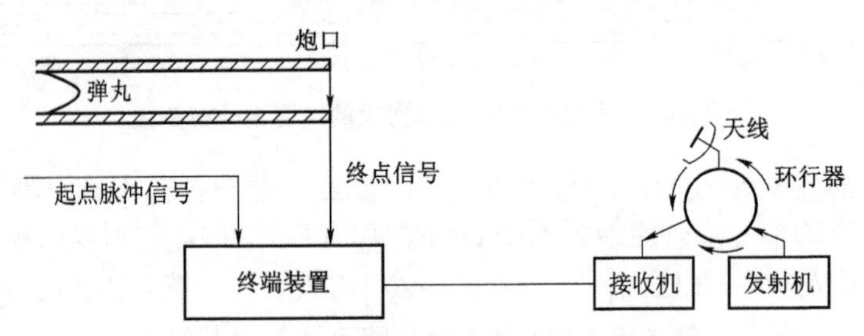

图 4.5.1 膛内测速雷达系统的工作原理示意

图 4.5.1 中发射机通常由电磁波（微波）振荡器和隔离器组成，其作用是产生频率稳定的等幅电磁波。接收机由混频器和前置放大器组成，其作用是产生并输出多普勒信号。由电磁波振荡器产生的频率为 f_0 的振荡电磁波，经隔离器加至环行器，再由天线定向辐射出去，并在空间以电磁波的形式传播到炮口。由于炮膛相当于一个圆形的波导管，当电磁波传播进入炮口后，即沿身管向前传输，在遇到弹丸后则反射，并经原路传播回天线。天线接收到这一回波信号后，即通过环行器传输给混频器。同时，环行器在传输发射信号时也泄漏很小一部分信号给混频器。在混频器中将频率为 f_0 的发射信号与频率为 f_1 的接收信号进行混频处理，再经前置放大器选频放大得出弹丸膛内运动速度随时间的变化关系数据。

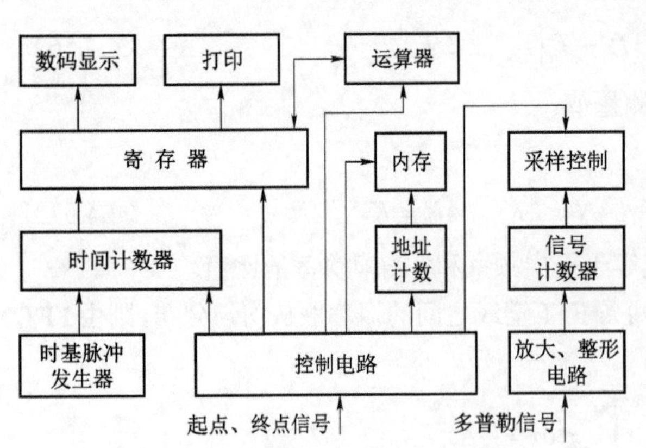

图 4.5.2 终端处理系统的工作原理

终端装置采用了前述定周测时法进行数字采样处理。与 DR582 雷达数字采样方法不同的是每次测频率的多普勒信号周数 n_1 可以分段取不同的整数值 n_j（$j=1,2,\cdots,n$），其工作原理如图 4.5.2 所示。

在起点脉冲信号的控制下，时间计数

器开始计算基脉冲发生器传输来的时基脉冲数。同时，信号计数器也开始计算多普勒信号周数。当记到第 j 分段所装定的周数 n_j 时，即发出采样控制信号，并由控制电路发出写指令，使时间计数器记录的时间数据进入内存，同时将寄存器清零，准备存入第 $j+1$ 个数据。由上述计数过程可以看出，进入内存的数据为

$$t_1', t_2', \cdots, t_n'$$

而与之对应弹丸膛内运动的距离是

$$MB_1, MB_1 + MB_2, \cdots, MB_1 + MB_2 + \cdots + MB_n$$

其中

$$MB_j = n_j \cdot \frac{\lambda}{2} \quad j = 1, 2, \cdots, n \tag{4.5.1}$$

由此可以得出，第 j 采样点的速度数据为

$$v_j = \frac{MB_j}{t_j' - t_{j-1}'} \quad (t_0 = 0) \tag{4.5.2}$$

与 v_j 对应的时间为

$$t_j = \frac{1}{2}(t_j' + t_{j-1}') \tag{4.5.3}$$

与 v_j 对应的距离为

$$l_j = \sum_{i=1}^{j-1} MB_i + \frac{MB_j}{2} \tag{4.5.4}$$

应该指出，电磁波在炮管中传播，与在自由空间传播不同，其波长将不再是雷达发射波长 λ_0，它相当于在圆形波导中传播一样。然而，电磁波在圆形波导中传播是有其特殊规律的，电磁波在自由空间中的波长只要小于主截止波长就能在波导中传播，而电磁波在波导内的波长与电磁波在自由空间中的波长 λ_0 和圆形波导中的截止波长相关，其计算公式为

$$\lambda = \frac{\lambda_0}{\sqrt{1 - (\lambda_0 / \lambda_\beta)^2}} \tag{4.5.5}$$

式中，λ_0 为电磁波在自由空间中的波长，λ_β 为截止波长（亦称临界波长）。λ_β 与炮管的平均口径成正比，即

$$\lambda_\beta = \frac{\pi}{J_{mn}} d \tag{4.5.6}$$

式中，d 为炮管的平均口径（阴线直径与阳线直径之平均值），J_{mn} 为 m 阶贝塞尔函数的第 n 个根。

由以上分析可知，在膛内测速雷达进行数据处理时，公式（4.5.1）中的电磁波波长 λ 应采用电磁波在圆形波导中的波长，并可由式（4.5.5）计算得出。

必须说明，式（4.5.5）是把炮管视为圆形波导来处理的，电磁波在火炮身管内传播的必要条件是所使用的自由空间波长 λ_0 小于截止波长 λ_β，而且截止波长 λ_β 随着火炮膛内所激励起的波型的不同是不同的，表 4.5.1 列出了圆形波导的波型与临界波长的关系。

表 4.5.1　圆形波导的波型与临界波长的关系

波　型	E_{23}	H_{03}	E_{03}	H_{13}	E_{22}	H_{02}	E_{02}
截止波长	$0.31d$	$0.31d$	$0.36d$	$0.37d$	$0.45d$	$0.45d$	$0.57d$
波型	H_{12}	E_{21}	H_{01}	E_{11}	H_{22}	E_{01}	H_{11}
截止波长	$0.59d$	$0.61d$	$0.82d$	$0.92d$	$1.03d$	$1.31d$	$1.705d$

由表中数据可以看出，对于希望在炮管内只激励一种 H_{11} 型波而其他波型不能传播，则应满足

$$1.31d < \lambda_0 < 1.705d$$

理论上满足上式条件测试所得的信号波形最佳，测量精度也高，因而将这种条件的波长称为最佳波长。若要求采用最佳波长的天线单元测试膛内速度，势必需要设计一系列具有多种波段的雷达天线，使之与各种口径火炮一一对应。

在实际应用中，一般并不需要完全采用最佳波长的雷达天线。实践证明，采用单一波长的雷达天线也可以使其再炮管内主要产生一种波型，其他波型不产生或产生能量很小。例如在 20 mm 口径及其以上口径的火炮膛内测速中，$\lambda_0 = 3$ cm 左右的雷达天线的发射电磁波均可以很好地在膛内传播，同样可以较好地测量弹丸的膛内速度。事实上，作者曾采用 8 mm 波长的天线头测量 152 mm 口径的膛内弹丸的运动速度，并取得了很好的测试数据。鉴于上述结论，在应用膛内测速雷达测试时，通常将比例系数取为 1.705，即

$$\lambda_\beta = 1.705d$$

应该指出，除了用式（4.5.5）计算膛内波长外，采用下面两种测量方法还可以得到更加精确的膛内波长数据。

方法 1：用一个模拟弹丸在膛内推动，用波长表在炮口观测，记下波长表两个峰值之间模拟弹丸运动的距离则为膛内波长 λ。

方法 2：在试验测试中，可以用某炮管射击一发，记下在膛内整个过程中鉴零脉冲的个数 N，再实际测量弹丸从起点到出炮口的行程 L，则膛内波长 $\lambda = 2L/N$。

§4.6　多普勒雷达测速及数据处理方法

由前述各节我们已经了解到，尽管靶场采用的多普勒雷达的种类和型号有多种，但它们的工作原理和基本结构是一致的，其测试数据都是弹丸相对于雷达天线的径向速度 v_r 与飞行时间 t 的对应关系，数据形式为

$$(v_{r1},t_1),(v_{r2},t_2),\cdots,(v_{rn},t_n) \tag{4.6.1}$$

利用上述数据，采用适当的拟合方法可以换算出弹丸的阻力系数与马赫数的数值关系和初速。本节主要介绍多普勒雷达数据处理中常用的速度数据的修正与换算方法和初速拟合外推方法等。

§4.6.1　多普勒雷达测速数据的修正换算方法

根据多普勒雷达的测速原理和弹丸速度的换算关系式（4.1.5），式（4.6.1）中的弹丸径向

速度实际是弹丸飞行速度在天线中心到弹丸的射线方向上的分量。在靶场试验中，一般需要测出的数据是弹丸的实际速度随时间的变化规律。因此，在多普勒雷达测速的数据处理中应对实测的弹丸径向速度作修正，并将其换算为弹丸的实际飞行速度。多普勒雷达测速数据的修正换算方法有多种形式，其计算公式都是根据径向速度定义和雷达天线相对于炮口位置的几何关系，结合外弹道学理论知识导出的，这里仅介绍一种初速雷达测速数据修正换算方法和弹道跟踪雷达测速数据修正换算方法。为了便于叙述和理解，这里先介绍弹丸速度数据修正和换算中常用的坐标系和雷达测速的场地布置，然后再介绍速度数据的换算方法。

1. 多普勒雷达测速的场地布置

多普勒雷达测速的场地布置主要指雷达天线和炮位的位置选择。在靶场试验中，为了确保雷达天线的安全，大都将天线架设在火炮的侧后方，如图 4.6.1 和图 4.6.2 所示。

图 4.6.1 多普勒雷达测速现场布置

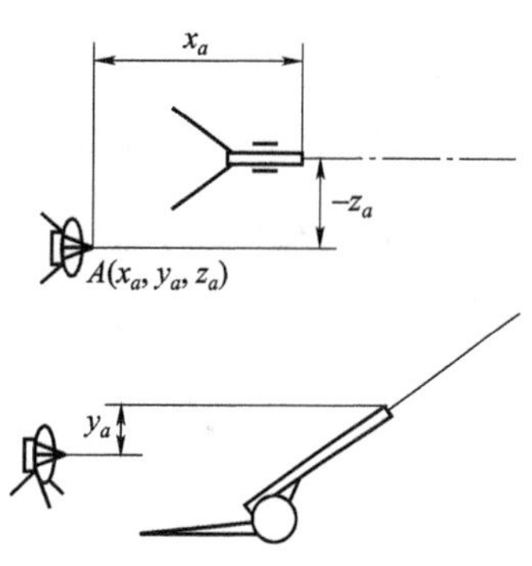

图 4.6.2 雷达天线场地布置示意

在图 4.6.2 中，上方为雷达天线和火炮现场布置俯视图，下方为左视图。图中 x_a 为过炮口并与射击平面垂直的铅垂面到天线中心的距离，若天线位于炮口的后方，x_a 取正值，反之则取负值。y_a 为过炮口中心的水平面到天线中心的距离，若天线中心位于炮口水平面的下方，y_a 取正值，若在炮口水平面的上方，则取负值。z_a 为天线中心到射击平面的距离，若天线位于射击平面左侧，z_a 取正值，反之则取负值。

2. 坐标系

在弹丸速度数据的换算中，常常需要根据测试现场布置情况建立如下坐标系。

1）地面坐标系（$O-xyz$）

地面坐标系以炮口中心为原点 O，z 轴在射击平面内并与过炮口中心的水平面重合，其正向沿射击前方，y 轴铅直向上，z 轴水平向右，如图 4.6.3 所示。

2）天线坐标系（$A-x_Ay_Az_A$）

将地面坐标系作平移，使其坐标原点位于多普勒雷达天线的发射中心，即构成了天线坐标系

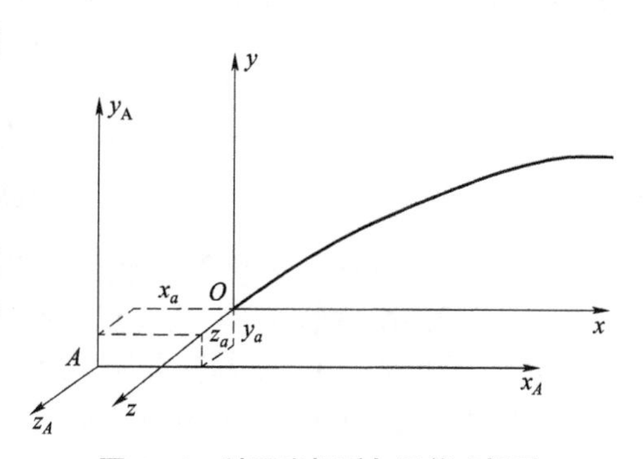

图 4.6.3 地面坐标系与天线坐标系

$A-x_Ay_Az_A$。设地面坐标系中的坐标原点在雷达天线坐标系中的坐标为(x_a,y_a,z_a)，由图 4.6.3 可知，雷达天线坐标系与地面坐标系的换算关系为

$$\begin{cases}x=x_A-x_a\\y=y_A-y_a\\z=z_A-z_a\end{cases}\tag{4.6.2}$$

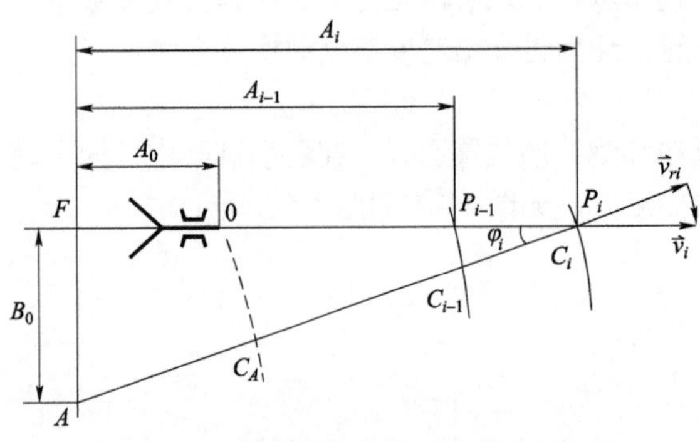

图 4.6.4　弹丸速度与径向速度的几何关系

3. 初速雷达测速数据修正换算方法

根据多普勒雷达测速原理，雷达测出的弹丸径向速度v_r，为弹丸实际飞行速度矢量$\bar{v}$在雷达天线中心到弹丸的射线方向上的分量。图 4.6.4 所示为弹丸实际飞行速度$\bar{v}$与多普勒雷达测出的径向速度v_r的几何关系。图中点A为雷达天线的中心位置，点P为时刻t弹丸的质量中心在空间中的位置，点O为炮口中心位置；B_0为天线中心到炮管轴线的垂直距离，点F为过A点（天线中心）并与射击平面相垂直的铅直平面与炮中心轴线延长线的交点；A_0为炮口中心（0 点）到点F的距离。显然，$\bar{v}_r$和$\bar{v}$与三角形$\Delta C_{i-1}P_{i-1}P_i$在同一平面上。由图中的几何关系，有

$$v_i=\frac{v_{ri}}{\cos\phi_i}\quad(i=1,2,\cdots)\tag{4.6.3}$$

式中

$$\cos\phi_i=\frac{C_{i+1}-C_i}{A_{i+1}-A_i}\tag{4.6.4}$$

对于测试数据（4.6.1），有C_i和A_i的递推公式

$$\begin{cases}A_i=A_{i-1}+\dfrac{1}{2}(v_i+v_{i-1})(t_i-t_{i-1})\\C_i=\sqrt{A_i^2+B_0^2}\end{cases}\quad(i=1,2,\cdots)\tag{4.6.5}$$

式中，v_i为第i点的弹丸速度值，并且有

$$\begin{cases}A_0=x_a/\cos\theta\\B_0=\sqrt{y_a^2+z_a^2}\\C_0=\sqrt{A_0^2+B_0^2}\end{cases}\tag{4.6.6}$$

若B_0不大，可直接用v_{ri}代替v_i计算A_i和B_i。

4. 弹道跟踪雷达测速数据修正换算方法

根据弹丸飞行速度$\bar{v}$与弹丸径向速度$\bar{v}_r$的矢量关系，可将弹丸径向速度换算为弹丸的实际飞行速度。设弹丸的空间位置的坐标为$\{x,y,z\}$，雷达天线中心A点的坐标为$\{x_a,y_az_a\}$。若记雷达天线中心A到弹丸位置P的位置矢量为$\bar{r}$，弹丸速度为$\bar{v}$，则它们在坐标系$O-xyz$中可表示为

$$\vec{r}=\begin{bmatrix} x-x_a \\ y-y_a \\ z-z_a \end{bmatrix} \quad \vec{v}=\begin{bmatrix} v_x \\ v_y \\ v_z \end{bmatrix} \tag{4.6.7}$$

矢量$\vec{v}$、$\vec{v}_r$、$\vec{r}$的相互关系可由图 4.6.5 表示

设弹丸速度$\vec{v}$与径向速度$\vec{v}_r$之间的夹角为ϕ，则$\vec{v}$与位置矢量$\vec{r}$之间的夹角也为ϕ，且有下式成立

$$v_r = v\cos\phi = \frac{\vec{v}\bullet\vec{r}}{r} \tag{4.6.8}$$

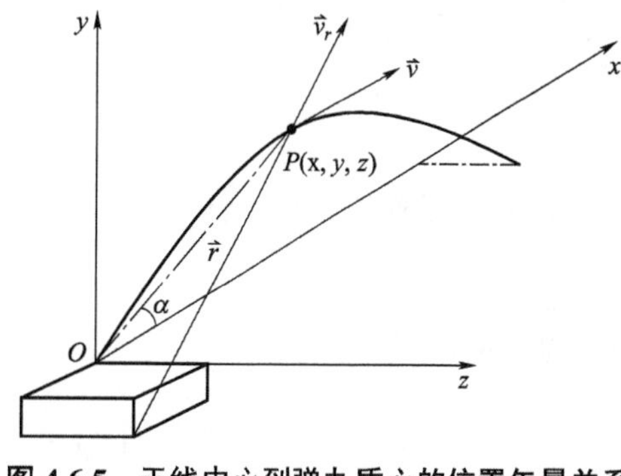

图 4.6.5　天线中心到弹丸质心的位置矢量关系

因此有

$$\begin{cases} v=\dfrac{v_r}{\cos\phi} \\ \cos\phi=\dfrac{\vec{v}\bullet\vec{r}}{v\bullet r}=\dfrac{v_x(x-x_a)+v_y(y-y_a)+v_z(z-z_a)}{v\bullet r} \end{cases} \tag{4.6.9}$$

式中v，r分别为$\vec{v}$，$\vec{r}$的模，即

$$\begin{cases} v=\sqrt{v_x^2+v_y^2+v_z^2} \\ r=\sqrt{(x-x_a)^2+(y-y_a)^2+(z-z_a)^2} \end{cases} \tag{4.6.10}$$

由式(4.6.9)，结合质点弹道方程的数值解进行迭代处理即可换算出弹丸的实际飞行速度。

§4.6.2　初速雷达测速及初速换算

在初速雷达的测速数据处理中，普遍采用多项式拟合外推的方法换算弹丸初速。多项式拟合法是以多项式作为数学模型的线性最小二乘法。采用多项式作为数学模型的理论依据是，任何光滑连续的曲线在局部范围内总可以用一个多项式来近似。由于弹丸飞行状态参量随时间的变化规律是一条光滑连续的曲线，因而在局部的弹道段上总可以用多项式近似描述弹丸飞行状态参量随时间的变化规律。实际上如果与质点弹道方程相结合，多项式拟合方法除了外推初速外，还可以换算出弹丸的阻力特性参数。下面主要介绍多项式拟合外推弹丸初速的方法。

在前面的章节中我们已经了解到，多普勒雷达的测试数据为弹丸径向速度v_r与时间t，其一般形式为式（4.6.1），即

$$(v_{r1},t_1),(v_{r2},t_2),\cdots,(v_{rn},t_n)$$

对于上述数据，采用§4.6.1 所述的方法可将它们换算为弹丸速度v与时间t的数据关系

$$(v_1,t_1),(v_2,t_2),\cdots,(v_n,t_n) \tag{4.6.11}$$

设在离炮口不太远的一段弹道上，弹丸飞行速度随时间的变化规律可近似描述为如下形式：

$$v_{(t)}=\sum_{j=1}^{J}a_j t^{j-1} \tag{4.6.12}$$

在速度数据拟合中，一般将模型中的 J 值取为 3；对于接近直线的数据段，也可以将模型中的 J 值取为 2。根据线性最小二乘法的计算步骤，以式（4.6.12）作为拟合数据（4.6.11）的数学模型，可取该组测速数据的拟合目标函数为

$$Q=\sum_{i=1}^{n}\left(v_i-\sum_{j=1}^{J}a_j t_i^{j-1}\right) \tag{4.6.13}$$

根据微分求极值的原理，由

$$\frac{\partial Q}{\partial a_j}=0 \qquad j=1,2,\cdots,J$$

可得出矩阵形式的正规方程

$$\left[A_{jk}\right]\cdot\left[\hat{a}_k\right]=\left[B_j\right] \tag{4.6.14}$$

式中的矩阵元素

$$\begin{cases} A_{jk}=\sum\limits_{i=1}^{n}t_i^{j+k-2} \\ B_j=\sum\limits_{i=1}^{n}v_i t_i^{j-1} \end{cases} \quad j,k=1,2,\cdots,J \tag{4.6.15}$$

则方程的解为

$$\left[\hat{a}_k\right]=\left[A_{jk}\right]^{-1}\left[B_j\right] \tag{4.6.16}$$

若将上式中列矩阵 $\left[\hat{a}_k\right]$ 中的各元素 $\hat{a}_k$（$k=l$，2，…，J）代入式（4.6.12），即得出在测试误差允许的条件下，表征弹丸飞行速度随时间的变化规律的最优表达式

$$v(t)=\hat{a}_1+\hat{a}_2 t+\cdots+\hat{a}_J t^{J-1} \tag{4.6.17}$$

令 $t=0$，则可得出弹丸初速

$$v_0=v(o)=\hat{a}_1$$

例 4.6.1 在某 30 mm 弹丸的雷达测速试验中，测得弹丸的速度–时间数据如表 4.6.1 所示。

表 4.6.1 弹丸的速度–时间数据

t/s	0.06	0.08	0.10	0.12	0.14	0.16	0.18	0.20	0.22	0.24
v/(m·s^{-1})	1 002.4	994.2	985.2	976.1	967.2	958.4	949.8	941.3	932.8	924.5

试计算其初速。

解： 先以一次多项式拟合外推初速，由于

$$v_{(t)}=a_1+a_2 t$$

故由式（4.6.15）有

$$A_{11}=10$$

$$A_{12}=A_{21}=\sum_{i=1}^{10}t_i=1.5$$

$$A_{22}=\sum_{i=1}^{10}t_i^2=0.258$$

$$B_1=\sum_{i=1}^{10}v_it_i^0=\sum_{i=1}^{10}v_i=9\,631.9$$

$$B_2=\sum_{i=1}^{10}v_it_i=1\,430.4$$

由此可知，式（4.6.14）的形式为

$$\begin{bmatrix}10 & 1.5\\1.5 & 0.258\end{bmatrix}\begin{bmatrix}\hat{a}_1\\\hat{a}_3\end{bmatrix}=\begin{bmatrix}9\,631.9\\1\,430.4\end{bmatrix}$$

$$\begin{bmatrix}\hat{a}_1\\\hat{a}_2\end{bmatrix}=\frac{1}{0.33}\begin{bmatrix}0.258 & -1.5\\-1.5 & 10\end{bmatrix}\begin{bmatrix}9\,631.9\\1\,430.4\end{bmatrix}=\begin{bmatrix}1\,028.5\\-435.9\end{bmatrix}$$

故有最终方程

$$v(t)=1\,028.5-435.9t$$

即有

$$v_0=1\,028.5\text{m/s}$$

若以二次多项式拟合数据．即

$$v(t)=a_1+a_2t+a_3t^2$$

由式（4.6.15）有

$$A_{11}=10,\qquad A_{12}=A_{21}=1.5,\qquad A_{22}=0.258$$
$$A_{13}=A_{31}=0.258\qquad A_{23}=A_{32}=0.048\,6\qquad A_{33}=0.009\,71$$
$$B_1=9\,631.9,\qquad B_2=1\,430.4\qquad B_3=244.20$$

即式（4.6.14）的形式为

$$\begin{bmatrix}10 & 1.5 & 0.258\\1.5 & 0.258 & 0.048\,6\\0.258 & 0.048\,6 & 0.009\,71\end{bmatrix}\begin{bmatrix}\hat{a}_1\\\hat{a}_2\\\hat{a}_3\end{bmatrix}=\begin{bmatrix}9\,631.9\\1\,430.5\\244.2\end{bmatrix}$$

故

$$\det\left|A_{jk}\right|=2.758\,8\times10^{-5}$$

$$\begin{bmatrix}\hat{a}_1\\\hat{a}_2\\\hat{a}_3\end{bmatrix}=\frac{1}{2.758\,8\times10^{-5}}\begin{bmatrix}0.028\,455\,4\\-0.013\,261\\0.004\,118\,4\end{bmatrix}=\begin{bmatrix}1\,031.4\\-480.69\\149.28\end{bmatrix}$$

由此可得

$$v_0=\hat{a}_1=1\,031.4\text{ m/s}$$

§4.6.3　多普勒雷达测复合增程弹分段特征参数

高新技术在兵器工业中的应用，使得现代武器系统在威力、射程、精度、反应速度、机动性等方面有了显著提高。随着科学技术的进步，火箭增程弹、复合增程弹等射程较远的弹种也应运而生。火箭底排复合增程弹是一种近年研究较为成熟的新型远程炮兵弹种，在该弹种的研制试验中，多普勒测速雷达仍然是其弹道试验关键的测试技术。由于复合增程弹等远程炮兵武器的弹道特点不同，如果在处理数据时不能按照其特点分别确定有关的弹道特征参数，就会引起由于模型不同所产生的较大的误差和错误。为了解决复合增程弹多普勒雷达测试数据处理问题，必须根据复合增程弹的弹道特点进行分段，并分别建立各段弹道的数学模型，通过数据拟合来确定有关的弹道特征参数。根据这些特征参数可以确定具体的弹道方程，进而实现弹道分析和计算。因此在复合增程弹多普勒雷达测试数据处理中，首先要对复合增程弹多普勒雷达测试数据分段，即按照测试速度数据的特点，将其弹道分为起始飞行段、火箭助推段和被动飞行段，并在此基础上分别针对各段弹道的特点，采用相应的处理方法。复合增程弹多普勒雷达测试数据处理是一个很复杂的数据拟合计算过程，本节仅介绍复合增程弹多普勒雷达测试数据的分段方法及特征参数的求取。

1. 复合增程弹多普勒雷达测试数据的基本特征

复合增程弹是在常规炮弹的基础上增加了火箭发动机和底排装置形成的新型弹丸，其结构布局上有串联式和并联式两种。根据复合增程弹底排点火和火箭发动机工作的运动特点，可将其弹道划分为起始飞行段、火箭助推段、被动飞行段弹道。由于复合增程弹在各段弹道的运动规律不同，多普勒雷达测试数据形成了多个拐点，如图 4.6.6 所示。

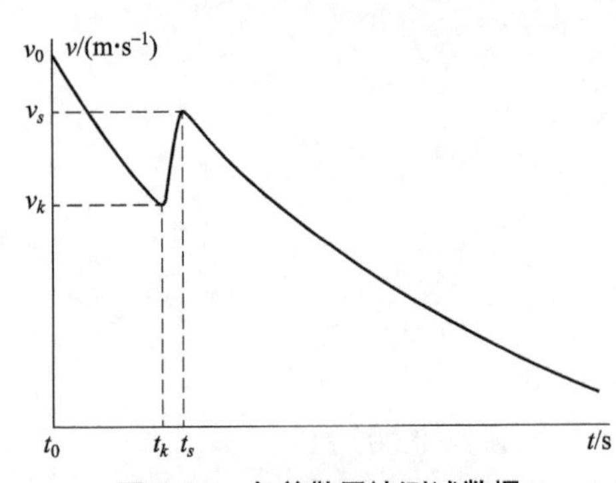

图 4.6.6 多普勒雷达测试数据

图中，从弹丸发射（$t=0$）到火箭发动机开始工作(t_k)为起始自由飞行段，从t_k到火箭发动机停止工作时(t_s)为火箭助推段，从t_s到落点(t_l)为被动自由飞行段。设各弹道段之间的交界时间点分别为t_0、t_k和t_s，其中$t_0=0$为弹丸出炮口时刻。

2. 各弹道段的数据划分与最小二乘拟合

首先根据图 4.6.6 所示的速度的变化曲线，采用计算机比较搜索的方法粗略地确定出分界拐点位置t'_k、t'_s，分别在点t'_k、t'_s的附近划出四小段弹道的时间区间

$$(t'_k-\Delta t_1,t'_k)，(t'_k,t'_k+\Delta t_1)，(t'_s-\Delta t_2,t'_s)，(t'_s,t'_s+\Delta t_2)$$

然后，按照各弹道时间区间取出相应的四段多普勒雷达测试数据：

$$(v_{k-n1},t_{k-n1}),(v_{k-n1+1},t_{k-n1+1}),\cdots,(v_k,t_k) \tag{4.6.18}$$

$$(v_k,t_k),(v_{k+1},t_{k+1}),\cdots,(v_{k+n2},t_{k+n2}) \tag{4.6.19}$$

$$(v_{s-n3},t_{s-n3}),(v_{s-n3+1},t_{s-n3+1}),\cdots,(v_s,t_s) \tag{4.6.20}$$

$$(v_s,t_s),(v_{s+1},t_{s+1}),\cdots,(v_{s+n4},t_{s+n4}) \tag{4.6.21}$$

式中，n_1、n_2、n_3和n_4分别为上面四段多普勒雷达测试数据的点数。

以二次多项式

$$v=a_0+a_1t+a_2t^2 \tag{4.6.22}$$

作为拟合数学模型，取模型式（4.6.22）的计算值与多普勒雷达测试数据值的残差平方和为目标函数

$$Q=\sum_{i=m}^{n}\left[v_i-(a_0+a_1t_i+a_2t_i^2)\right]^2 \tag{4.6.23}$$

式中，v_i、t_i 为所拟合的多普勒雷达测试数据集的第 i 组数据，m 为拟合数据集的第一组数据的下标，n 为拟合数据集的最末一组数据的下标，a_0、a_1 和 a_2 为拟合待定参数。

将目标函数 Q 分别对拟合参数 a_0、a_1 和 a_2 求偏导数，令其为零，可得出正规方程

$$\frac{\partial Q}{\partial a_j}=0 \qquad j=0,1,2$$

求解该正规方程，可得出满足最小二乘拟合的经验公式

$$\hat{v}=\hat{a}_0+\hat{a}_1t+\hat{a}_2t^2 \tag{4.6.24}$$

3. 复合增程弹分段特征参数的求取

复合增程弹分段特征参数主要指初速、火箭发动机点火时间及速度、火箭发动机结束工作时间及速度。显见，采用上面的方法分别对式（4.6.18）、式（4.6.19）进行最小二乘拟合，可求得 v，t 的函数表达式：

$$\begin{cases}\hat{v}=\hat{a}_0+\hat{a}_1t+\hat{a}_2t^2\\ \hat{v}=\hat{b}_0+\hat{b}_1t+\hat{b}_2t^2\end{cases} \tag{4.6.25}$$

由此得出初速

$$v_0=\hat{a}_0$$

由于分界点为式（4.6.18）、式（4.6.19）的拟合曲线的相交点（v_k,t_k），联立求解方程 4.6.25 则可得火箭发动机的点火时间为

$$\hat{t}_k=\frac{(\hat{b}_1-\hat{a}_1)+\sqrt{(\hat{a}_1-\hat{b}_1)^2-4(\hat{a}_0-\hat{b}_0)(\hat{a}_2-\hat{b}_2)}}{2(\hat{a}_2-\hat{b}_2)} \tag{4.6.26}$$

火箭发动机点火时刻的弹丸速度为

$$\hat{v}_k=\hat{a}_0+\hat{a}_1\hat{t}_k+\hat{a}_2\hat{t}_k^2 \tag{4.6.27}$$

同理，采用最小二乘法分别对式（4.6.20）、式（4.6.21）进行数据拟合，可求得 v，t 的函数表达式

$$\begin{cases}\hat{v}=\hat{c}_0+\hat{c}_1t+\hat{c}_2t^2\\ \hat{v}=\hat{d}_0+\hat{d}_1t+\hat{d}_2t^2\end{cases} \tag{4.6.28}$$

求解方程（4.6.28）则可得出火箭发动机的工作结束时间为

$$\hat{t}_s=\frac{(\hat{d}_1-\hat{c}_1)+\sqrt{(\hat{c}_1-\hat{d}_1)^2-4(\hat{c}_0-\hat{d}_0)(\hat{c}_2-\hat{d}_2)}}{2(\hat{c}_2-\hat{d}_2)} \tag{4.6.29}$$

火箭发动机工作结束时刻的弹丸速度为

$$\hat{v}_s=\hat{c}_0+\hat{c}_1\hat{t}_s+\hat{c}_2\hat{t}_s^2 \tag{4.6.30}$$

为了使读者加深对上述方法的理解，图 4.6.7 和图 4.6.8 列出了某复合增程弹多普勒雷达测试数据曲线。

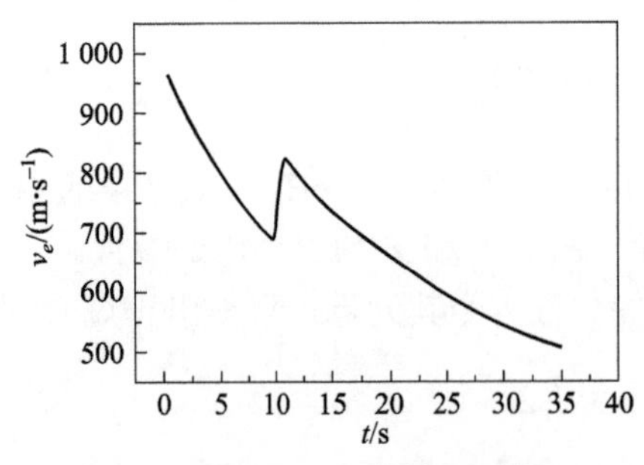

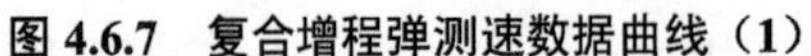
图 4.6.7 复合增程弹测速数据曲线（1）

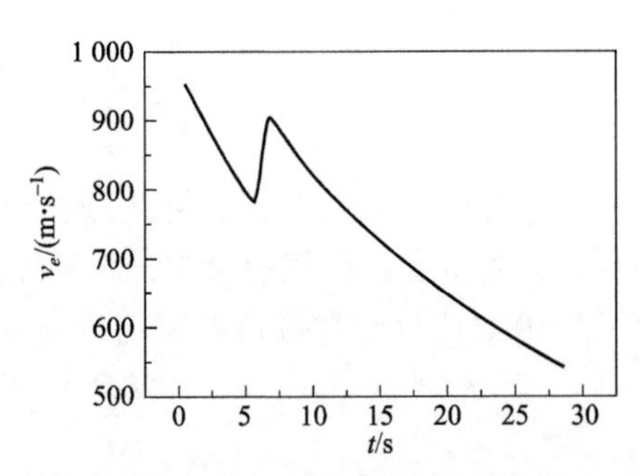

图 4.6.8 复合增程弹测速数据曲线（2）

利用上述方法，编制计算程序对图中曲线数据进行分段拟合计算，可得出弹道分段点及其特征参数的计算值和人工判读值，见表 4.6.2。

表 4.6.2 弹道分段点及其特征参数的计算结果

射序	初速 /（m•s^{-1}）	点火时间 t_k/s			v_k /（m•s^{-1}）	结束时间 t_s			v_s /（m•s^{-1}）	发动机工作时间 /s	速度增量 /（m•s^{-1}）
		判读值	计算值	差值		判读值	计算值	差值			
1	982.2	9.7	9.678	0.022	689.4	10.9	10.878	0.022	821.7	1.20	132.3
2	977.3	5.66	5.64	0.02	781.4	6.86	6.859	0.001	902.7	1.219	121.3

根据表 4.6.2 中的计算结果，对照图 4.6.7 和图 4.6.8 的实测曲线可以看出，表中所列出的弹道分段点的计算值与根据曲线数据得出的人工判读值相差很小。拟合计算出的分段点弹道特征参数正确反映了火箭增程弹的弹道特点，并与实测曲线一致。

第 5 章
地面落弹点坐标的测量及应用

地面落弹点坐标测量主要应用在地面密集度试验、射程试验、偏流试验、弹道一致性试验等综合试验中，其测量方式又分为人工测量方式和传感器测量方式两种类型。其中，人工测量方式包含平面角度交会测量法、单站平面极坐标测量法、平面距离交会测量法和卫星定位测量法。由于人工测量方式具有直观简单、结果可靠、成本低等优点，因此它在当前靶场试验中应用最广泛。地面落弹点坐标的传感器测量方式容易受到外界因素干扰，其可靠性不及人工测量方式，但作为人工测量方式的补充，也越来越多地应用到靶场试验中。

本章主要介绍地面落弹点坐标测量的人工测量方式及其应用，同时作为补充，也侧重介绍当前靶场所应用的传感器测量方式。

§5.1 地面落弹点坐标测量试验场地及要求

地面落弹点坐标测量试验场地是射击试验实施的必要条件，试验场地选择是关系试验安全和试验能否成功完成的重要问题。一般说来，试验场地的选择应遵循下列原则：

（1）试验发射阵地和落弹区均要求远离城镇、仓库、车站、码头、飞机场、工矿企业和居民住宅区等，具体安全距离要求应遵循《火药、炸药、弹药、引信及火工品工厂设计安全规范》的有关规定。

（2）在试验场地的弹道线下，不得有村庄、居民区、公共建筑物和横穿弹道线的铁路、公路、通航的河流（若无法避开，射击时需清场，并禁止通行）；在试验场上空，不得有飞机的航线、高压电线等。

（3）射击试验场地的大小应在满足被试品技术性能、安全要求的情况下，根据所试武器口径的大小，最大射程、最大弹道高、最大方向射界以及弹种、杀伤威力等战斗性能并考虑适当的安全系数而定。粗略地看，一般弹种的危险区域的长度和宽度可参照下式计算：

$$L \geqslant 1.2 \sim 1.3X_{max}，D \geqslant 2\,000 + Z_{max} \tag{5.1.1}$$

式中，L 为纵向安全距离，单位为 m；D 为横向安全距离，单位为 m；X_{max} 为最大射程，单位为 m；Z_{max} 为最大侧偏，单位为 m。

纵向安全距离指实际射程加跳弹距离（包括实弹）。跳弹后弹丸的飞行距离叫作跳飞距离（X_p），也称跳飞空间。它与武器口径（弹径）、射角、初速的大小以及着地环境、土质等情况有关。在设定试验安全区时，确定纵向安全距离必须考虑跳飞距离（X_p）的影响。在经验上也可参照下面的方法确定纵向安全距离：当射角≥30° 时，飞行空间 X_p 约为 3 000 m；当射角<30° 时，飞行空间 X_p 可参考表 5.1.1 确定。

表 5.1.1　安全距离参考表

序号	弹径/mm	初速/m/s	X_p/m
1	20～37	—	2 000
2	57～76	—	4 000
3	85～107	<800	5 000
		>800	7 000
4	122～152	<600	4 000
		600～800	6 000
		>800	9 000
5	203 以上	<400	4 000
		400～800	6 000～8 000
		>800	10 000

大多数地面落弹点坐标测量试验都在专用的试验靶场的外弹道靶道进行。外弹道靶道一般由炮位、测试区、落弹区、瞭望观察塔，气象设施、防护设施、通信设施等组成，并符合试验场安全规范要求（包括空中和地面）。靶道上一般设置有基准标桩、距离标桩、落弹区测量标桩、观察掩体、危险标记等，并根据试验需要和可能，配备相应的测试仪器设备。

在靶场试验中，一般根据试验武器的射程和试验要求，在射击试验靶场的外弹道靶道上确定适当的落弹点区域，实施地面落弹点坐标测量。为了确保试验安全，应按照上述方法确定场地的纵向安全距离和横向安全距离。落弹点区域一般应尽量选择便于观察和收集弹丸的平坦地面，亦即尽量避开丛林、石砾、岩层和沼泽等地面。落弹区地面的海拔高度应与炮口水平面的海拔高度相近，即要求两者的落差要小。若不需要回收弹丸，也可选择水面（海面或者湖面）。试验时在落弹区域沿射向的一侧或两侧确定多个观测点，每个观测点的地面坐标均精确已知。为了便于试验测量，常规兵器试验场在涉及地面落弹点测量的射击靶道一般都建立有靶场测量坐标系。坐标系的建立方法是沿射击方向确定射击基线，基线两侧每隔一定距离（100～1 000 m）布置有专用观测点，每个观测点均设置有经过专门大地测量确定的基准标桩，标桩位置即测量基准点，其坐标是精确确定的，位置精度不低于 1/5 000。利用测量基准点可构成地面坐标系 $O-xyz$（y 轴铅直朝上），如图 5.1.1 所示。图中坐标原点 O 位于炮口，Ox 轴沿射向水平向前，Oy 轴铅直向上，Oz 轴水平向右；观测塔 i 的基准点坐标一般由

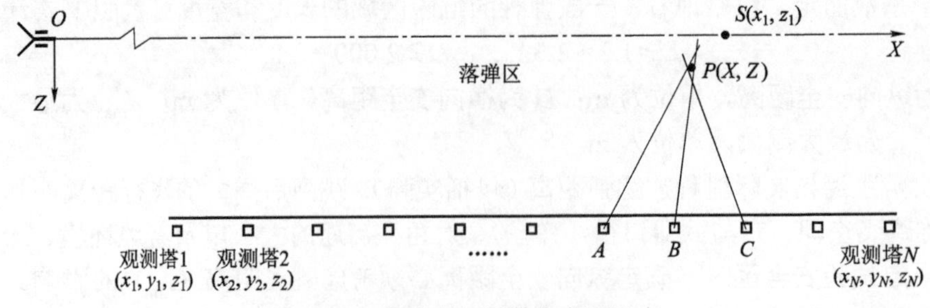

图 5.1.1　落弹区测量基点布置示意

专门的计量部门精确测量确定，通常表示为(x_i, y_i, z_i)，下标为观测塔i的标识符号。

对于各种试验项目，特别是实弹射击过程，外弹道落弹区是一个十分危险的场所。如果组织不好或者安全防范措施不力，就会造成事故。这是有血的教训的，多年来许多试验场都发生过炸死、炸伤牲畜，损坏设施，出现人身伤亡等事故。因此，为确保试验安全，在落弹区进行试验观测的过程中，必须做到如下安全防范措施：

（1）落弹区的观测人员到现场后必须彻底清场，设好警戒，插上红旗等醒目标记，鸣放警报，并做好通信联络，否则不准开炮。

（2）落弹区的工作人员必须在专用掩体内或确保安全的位置上进行观测。

（3）在射击过程中，落弹区（警戒区）内如出现车辆、人畜等，必须立即通知炮位停止射击。

§5.2　地面落弹点坐标人工交会测量方法

地面落弹点坐标测量最常用的方法有平面角度交会测量法、单站平面极坐标测量法、卫星定位测量法等。

1. 平面角度交会测量法的原理

平面角度交会测量法是在坐标精确已知的多个（至少 2 个）测量点（基准点）上，以对落弹点位置瞄准定位的方式确定其方位角，再采用相应的交会换算方法确定瞄准射线交会点（落弹点）坐标。

以两站测量法为例，图 5.2.1 给出了采用平面角度交会方法确定落弹点坐标的原理。图中，点P为落弹点位置，点A和点B分别为沿射向一侧的两个位置坐标已知的观测点。

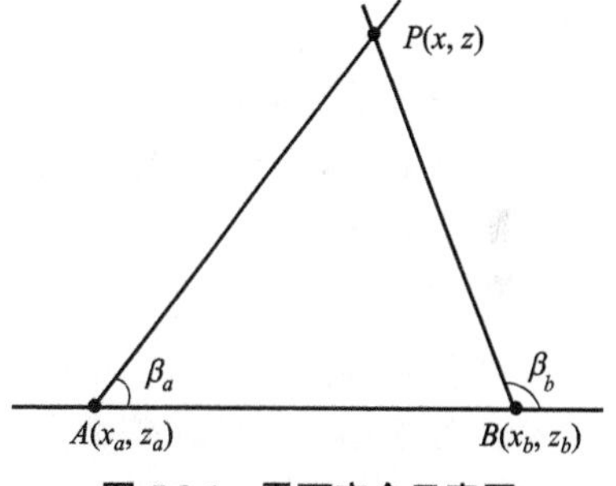

图 5.2.1　平面交会示意图

设观测点A和B在地面坐标系中的坐标分别为(x_a, z_a)和(x_b, z_b)，落弹点P的坐标为(x, z)，根据图中的几何关系，可以导出地面落弹点坐标的换算公式为

$$\begin{cases} x = \dfrac{x_a \cdot \tan\beta_a - x_b \cdot \tan\beta_b - z_a + z_b}{(\tan\beta_a - \tan\beta_b)} \\ z = z_a - (x_a - x) \cdot \tan\beta_a \end{cases} \quad (5.2.1)$$

可以看出，只要测出平面交会角β_a和β_b，即可换算出地面落弹点坐标。在地面落弹点坐标测量中，常常采用炮兵方向盘或者测地经纬仪等测角仪器测量平面交会角β_a和β_b，再由式（5.2.1）计算出落弹点坐标(x, z)。

2. 炮兵方向盘

炮兵方向盘是一种野战炮兵部队在观察所和炮阵地上用于射击定向的测角仪器，其主要功能是用来测角、定向和赋予火炮射向，由于其测量过程方便、快捷，也经常用于落弹点坐标测量。

炮兵方向盘的结构如图 5.2.2 所示。它由镜体、三脚架和附件组成。镜体是一个单筒望远镜，安装在一个可以 360° 转动的转台上，转台设置有方向分划环。镜体本身可以绕水平轴作

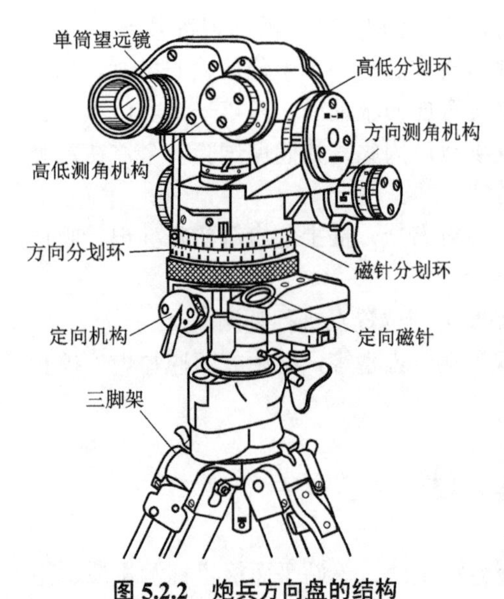

图 5.2.2　炮兵方向盘的结构

上下俯仰调节，水平轴上还设置有高低分划环，即方向盘可以方向转动和俯仰转动，这些可以转动的地方均设置有方向角和高低角的测角机构，测角单位是密位（mil）。它与角度的换算关系为：

$$1\ \text{mil} = 0.06^\circ$$

此外，炮兵方向盘还带有一个定向机构，也就是一个指北的定向磁针。使用方向盘时，先通过指北针确定磁北方的位置，根据所在地的磁偏角得出真北方的位置。操作手根据现场位置参考地图，用这个单筒望远镜观察各个地标物以及目标，就可以在方向、高低测角机构上反映出地标物或者目标与观察点的角度关系。方向角、高低角测角机构分成本分划和补助分划两部分，前者的测角分辨刻度是 100 mil，后者的测角分辨刻度是 1 mil。

使用时，先转动整个镜体，概略对准观察物，再转动方向测角机构和高低测角机构的转螺，此时，单筒望远镜底下的方向回转机构上的刻度，就是方向本分划，加上方向测角机构转螺，也就是方向补助分划上的刻度，就得出了观察物的方位角。单筒望远镜俯仰机构上的刻度，就是高低本分划，加上高低测角机构转螺，也就是高低补助分划上的刻度，这就得出了观察物的高低角。这就完成了测角测方向的作业。

3. 电子经纬仪

电子经纬仪是一种常用的大地测量仪器。目前市售的测地经纬仪一般有光学经纬仪和电子经纬仪两种，由于后者使用更加方便，其测量精度已逼近光学经纬仪，并且其成本仅比光学经纬仪略高，因此在落弹点坐标测量中电子经纬仪应用更加广泛。电子经纬仪是利用光电技术测角，带有角度数字显示和数据自动归算及存储装置的经纬仪，其功能与光学经纬仪相同，主要用于高精度测量经纬仪所在的基准点到目标点的高低角和方向角。

电子经纬仪的结构组成如图 5.2.3 所示。

电子经纬仪主要由基座、支架、望远镜、光学粗瞄准器等机构组成。其中基座上设置有脚螺旋、圆水准器等机构。支架内设置有俯仰和方向的测角编码度盘及相应的光电读码机构以及微电子处理器等装置。为了便于使用操作，支架外表面上还设置有液晶显示屏及键盘、管（长）水准器、垂直止动手轮和方向止动手轮，每个止动手轮上均设置有微动手轮。为了与测距仪建立数据通信，支架上还专门设置有测距仪通信口。

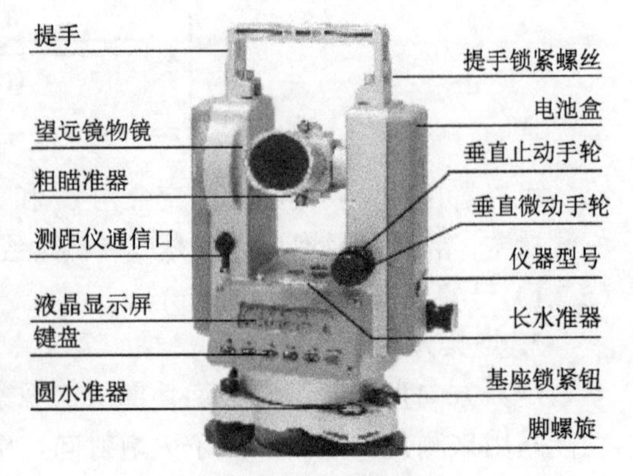

图 5.2.3　电子经纬仪

望远镜与俯仰测角码盘固连，安装在仪器的支架上，这一部分称为仪器的照准部，属于仪器的上部。支架安装在基座上，使得仪器照准部可以作水平转动。仪器工作时，只要望远镜作俯仰和水平转动，液晶显示屏即刻就显示出望远镜视准轴（光轴）的高低角和方向角。

与传统光学经纬仪测角系统相比较，电子经纬仪测角系统主要有两个方面的不同：

（1）传统的光学度盘被绝对编码度盘或光电增量编码器所代替，电子细分系统代替了传统的光学测微器。

（2）传统的观测者判读观测值及手工记录变为观测者直接读数并自动记录。

由于电子经纬仪将光学度盘换为光电扫描度盘，将人工光学测微读数变为自动记录和显示读数，这使测角操作简单化，且可避免读数误差的产生。特别是电子经纬仪具有的自动记录、储存、计算功能以及数据通信功能，进一步提高了测量作业的自动化程度。

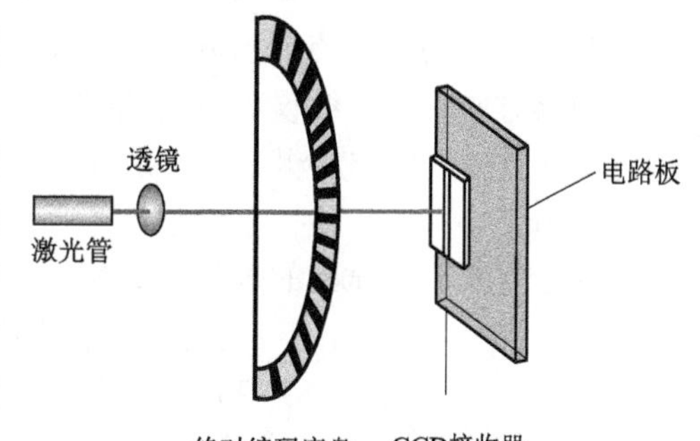

图 5.2.4　绝对编码度盘测角的原理

图 5.2.4 所示为现代电子经纬仪采用的绝对编码光栅度盘的测角原理图。

电子经纬仪的水平度盘和竖直度盘及其读数装置是分别采用两个相同的光栅度盘（或编码盘）和读数传感器进行方向角和高低角测量的。根据测角精度可分为 0.5″、1″、2″、3″、5″、10″等几个等级。

显见，与光电增量编码器技术比较，采用先进的绝对编码度盘测角，开机无需初始化，在测量中如果掉电关机，重启后仍能保留原有的信息，这使得测量工作更加方便、可靠，并且大大提高了测角精度和稳定性。

电子经纬仪的操作一般按如下步骤进行：

1）架设电子经纬仪

将经纬仪放置在架头上，使架头大致水平，旋紧连接螺旋。

2）对中

其目的是使仪器中心与测站点位于同一铅垂线上。可以移动脚架、旋转脚螺旋使对中标志准确对准测站点的中心。

3）调平

调平电子经纬仪目的是使仪器竖轴铅垂，水平度盘水平。根据水平角的定义，水平角是两条方向线的夹角在水平面上的投影，所以水平度盘一定要水平。经纬仪调平分初平和精平两个过程。

（1）粗平：伸缩脚架腿，使管水准气泡居中。检查并精确对中：检查对中标志是否偏离地面点，如果偏离地面，旋松三脚架上的连接螺旋，平移仪器基座，使对中标志准确对准测站点的中心，拧紧连接螺旋。

（2）精平：旋转脚螺旋，使管水准气泡居中。

4）电子经纬仪瞄准与读数

（1）目镜对光：目镜调焦，使十字丝清晰。

（2）瞄准和物镜对光：粗瞄目标，物镜调焦，使目标清晰。注意消除视差。精瞄目标。

（3）读数。

液晶显示屏上显示出高低角和方向角数据，然后读数记录，也可以将数据通过通信数据线传输给计算机记录处理。

4. 交会测量方法

在靶场试验中，通常采用为2～4个基准点进行交会测量，所对应的测量方法称为两站交会测量法、三站交会测量法和四站交会测量法。

在落弹区的落弹点的实际交会测量操作中，常采用两站交会测量法，即以观测点 A、B 作为炮兵方向盘或经纬仪对中的基准点。操作时常常采用相互瞄准基准点为基准方向，即观测点 A（或 B）瞄准观测点 B（或 A）以确定基准方向。此时式（5.2.1）中的 β_b 应取为 π 减去所测值。

由于每次靶场试验的炮位不尽相同，射向有时并不完全在靶场测量坐标系的射击基线上，因此在试验中应用式（5.2.1）计算弹落点坐标时，需先将观测点 A 和 B 在靶场测量坐标系中的坐标换算到地面坐标系中。为了提高测试的可靠性和精度，也可以采用三站交会测量法或四站交会测量法实现平面角度交会测量。

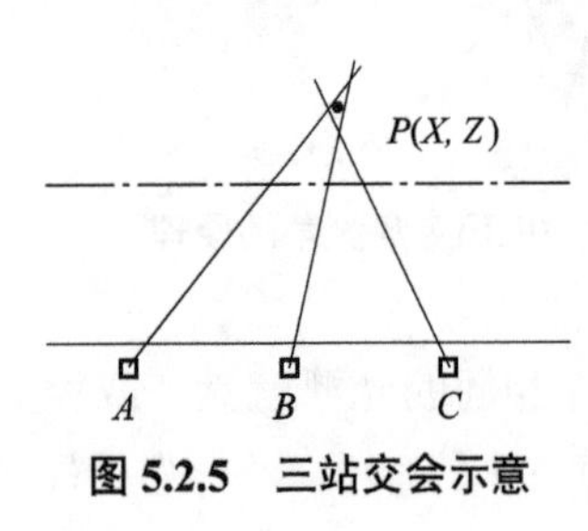

图 5.2.5 三站交会示意

三站交会测量法是指在落弹区选择三个观测点 A、B、C，每个观测点在地面坐标系中的坐标均已知或预选精确测出，分别为 (x_a,z_a)、(x_b,z_b) 和 (x_c,z_c)，观测点 A、B、C，并测出平面交会角分别为 β_a、β_b 和 β_c，如图 5.2.5 所示。

由两站交会原理，分别采用 A、B 交会数据，B、C 交会数据和 A、C 交会数据，由式(5.2.2)计算出落弹点坐标（x_{AB},z_{AB}）、（x_{BC},z_{BC}）和（x_{AC},z_{AC}），由于存在测量误差，通过交会公式（5.2.2）换算出的落弹点坐标（x_{AB},z_{AB}）、（x_{BC},z_{BC}）和（x_{AC},z_{AC}）的取值并不相同，此时可利用平均值计算公式计算出落弹点坐标：

$$\begin{cases} x = \dfrac{1}{3}(x_{AB} + x_{BC} + x_{AC}) \\ z = \dfrac{1}{3}(z_{AB} + z_{BC} + z_{AC}) \end{cases} \tag{5.2.2}$$

四站交会测量法是指在落弹区选择4个观测点 A、B、C 和 D 进行交会测量，数据处理时，采用三站组合交会测量方法可构成4个三站测量组合（ABC、ABD、ACD、BCD），每一种组合均能得出三点坐标，并构成相应的三角形。对4种组合所构成的三角形分别计算其面积，并比较其大小，取面积最小的三角形组合为基础，按三站交会的计算方法换算落弹点坐标。

§5.3 单站平面极坐标测量法

由前所述，采用人工交会测量方法测量落弹点坐标，至少需要两个以上的测量基准点。在靶场试验中，采用一个测量基准点也同样可以实现落弹点坐标的测量。采用一个测量基准点实施落弹点坐标测量的方法称为单站平面极坐标（R,β_a）测量法，简称为单站平面测量法。

早期的单站平面测量也采用炮兵方向盘或带有视距丝的经纬仪测量角度 β_a，同时也利用其几何测距功能测量落弹点到观测点的斜距离 D。

使用带有视距丝的经纬仪时，被测点的平面位置可由方向测量及光学视距来确定，而高程则是用三角测量方法来确定的。由于其快速、简易，故其在短距离（100 m 以内）、低精度（1/500～1/200）的测量中得到了广泛的应用。由于这两种仪器测斜距需要采用已知长度的专用标杆配合，且测量精度较低，在落弹点坐标测量中，目前靶场普遍采用更加先进的大地测量仪器，即全站仪（带有红外测距的经纬仪，如图 5.3.1 所示）或者脉冲激光测距经纬仪测出观测点 A 到落弹点 P 的斜距离 R 和方位角 β_a，由下式计算落弹点坐标：

$$\begin{cases} x = x_a + R \bullet \cos\beta_a \\ z = z_a + R \bullet \sin\beta_a \end{cases} \tag{5.3.1}$$

全站仪全称为全站型电子速测仪，是一种集光、机、电于一体的高技术测量仪器系统，广泛用于地上大型建筑和地下隧道施工等精密工程测量或变形监测领域。在功能上，全站仪集水平角、垂直角、距离（斜距、平距）、高差等测量功能于一体。因其一次架设就可完成该测站上的全部测量工作，所以又称为全站仪。

图 5.3.1　全站仪

早期的全站仪，大都是积木型（Modular，又称组合型）结构，即光电测距仪、电子经纬仪、电子记录器各自为一个整体，可以分离使用，也可以通过电缆或接口把它们组合起来，形成完整的全站仪。

随着光电测距仪的进一步轻巧化，现代的全站仪大都把测距、测角和记录单元在光学、机械等方面设计成一个不可分割的整体，其中测距仪的发射轴、接收轴和望远镜的视准轴为同轴结构。这对保证较大垂直角条件下的距离测量精度非常有利。

全站仪几乎可以用在所有的大地测量领域。电子全站仪由电源部分、测角系统、测距系统、数据处理部分、通信接口及显示屏、键盘等组成。按测量功能分类，全站仪可分成四类：

（1）经典型全站仪（Classical total station）。

经典型全站仪也称为常规全站仪，它具备全站仪电子测角、电子测距和数据自动记录等基本功能，有的还可以运行厂家或用户自主开发的机载测量程序。

（2）机动型全站仪（Motorized total station）。

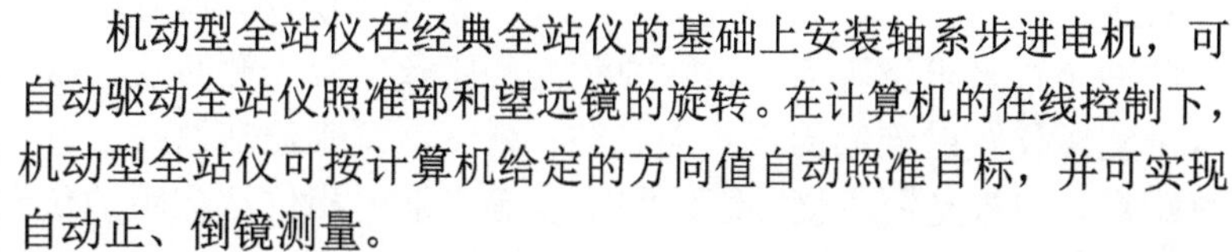

机动型全站仪在经典全站仪的基础上安装轴系步进电机，可自动驱动全站仪照准部和望远镜的旋转。在计算机的在线控制下，机动型全站仪可按计算机给定的方向值自动照准目标，并可实现自动正、倒镜测量。

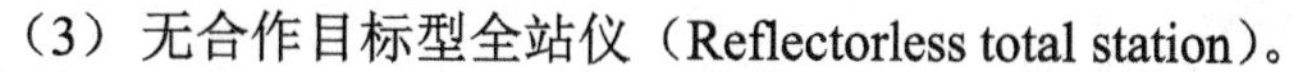

（3）无合作目标型全站仪（Reflectorless total station）。

无合作目标型全站仪是指在无反射棱镜的条件下，可对一般的目标直接测距的全站仪（图 5.3.2）。因此，对不便安置反射棱镜的目标进行测量，无合作目标型全站仪具有明显优势。如某些市售的国产全站仪，无合作目标距离测程已达 1 000 m。

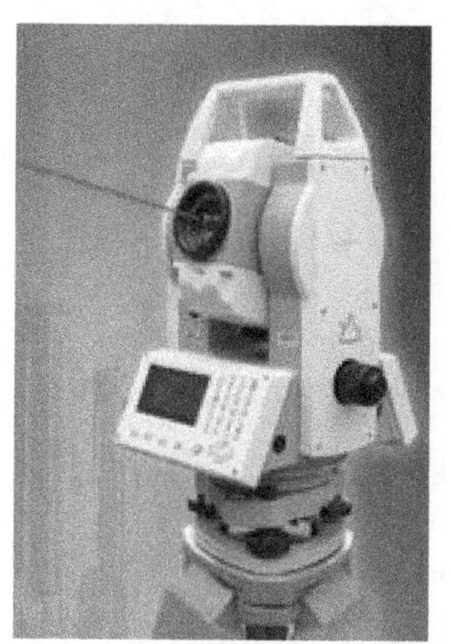

图 5.3.2　免棱镜全站仪

对于采用脉冲激光测距仪（测距精度稍差）的无合作目标型全站仪，其本身测量就不需要合作目标，它的距离测程一般可达 5 000 m 以上。

（4）智能型全站仪（Robotic total station）。

智能型全站仪在机动化全站仪的基础上，仪器安装自动目标识别与照准的新功能，因此在自动化的进程中，全站仪进一步克服了需要人工照准目标的重大缺陷，实现了全站仪的智能化。在相关软件的控制下，现代智能型全站仪在无人干预的条件下可自动完成多个目标的识别、照准与测量。因此，智能型全站仪又称为“测量机器人”。

（5）自动陀螺全站仪。

自动陀螺全站仪实现了陀螺仪和全站仪的有机整合，它能够在较短时间内（20 min），测出真北方向（精度可达±5″）。由于自动陀螺全站仪可以实现北方向的自动观测，故免去了人工观测的劳动量和不确定性。

按测距仪的测距长短，全站仪还可以分为三类：

（1）短程测距全站仪。

其测程小于 3 km，一般精度为±（5 mm+5 ppm），主要用于普通测量。

（2）中测程全站仪。

其测程为 3～15 km，一般精度为±（5 mm+2 ppm），±（2 mm+2 ppm）通常用于一般等级的控制测量。

（3）长测程全站仪

其测程大于 15 km，一般精度为±（5 mm+1 ppm），通常用于国家三角网及特级导线的测量。

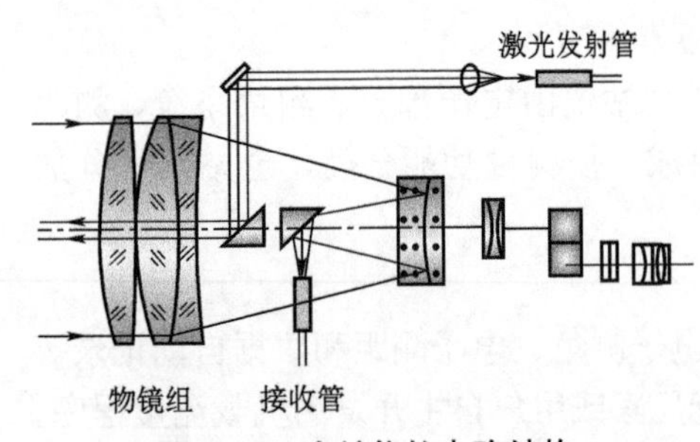

图 5.3.3　全站仪的光路结构

现代全站仪本质上是将电磁波测距技术与电子经纬仪技术组合设计为一体的高精密仪器，它是一种集光、机、电为一体的新型测角测距仪器。图 5.3.3 所示为一种经典型全站仪的激光测距光路结构，图中光路具有点发射、面接收的特点，大大提高了探测信号的信噪比，其探测距离更长。

一般说来，电磁波测距按测距原理可分为脉冲法测距法和相位法测距法两种。前者为脉冲发生器发射光脉冲，利用脉冲在测线上往返传播时间间隔的脉冲个数来求得距离，如脉冲激光测距仪、激光测月仪、激光人造卫星测距仪等。后者是由测距仪发射连续的正弦调制波，测出该调制波在测线上往返传播产生的相位移，以求得距离，如激光测距仪、红外测距仪等。采用相位法测距的仪器测程短、精度高，常用于大地测量。

全站仪采用的电磁波测距技术，本质上是以电磁波为载波来测量距离。一般以微波段的电磁波为载波的称为微波测距（主要应用于雷达等设备），以光波为载波的称为光电测距。所以电磁波测距仪有光电测距仪和微波测距仪之分，前者以激光或红外光为载波，其设备分别称为激光测距仪或红外测距仪。

脉冲激光测距全站仪就是由脉冲激光测距仪和电子经纬仪配套组合而成，脉冲激光测距的原理是由测线一端的仪器发射的光脉冲的一部分直接由仪器内部进入接收光电器件，作为参考脉冲，其余发射出去的光脉冲经过测线另一端的反射镜反射回来之后，也进入接收光电器件。测量参考脉冲同反射脉冲相隔的时间为 t，由公式

$$D=\frac{1}{2}ct \tag{5.3.2}$$

可计算其距离值 D，式中 c 为光速（$c=299\ 792.5$ km/s），t 为测距信号往返时间。从公式（5.3.2）可知，只要测量出激光脉冲发射和接收所用的往返时间，就可以求出被测量的距离。

脉冲激光测距仪的工作原理如图 5.3.4 所示。这种脉冲式激光测距一般采用红宝石、YAG 等固体激光器作为脉冲激光发生器，其输出功率大、测程远，但测距精度较差，且不利于仪器的小型化。

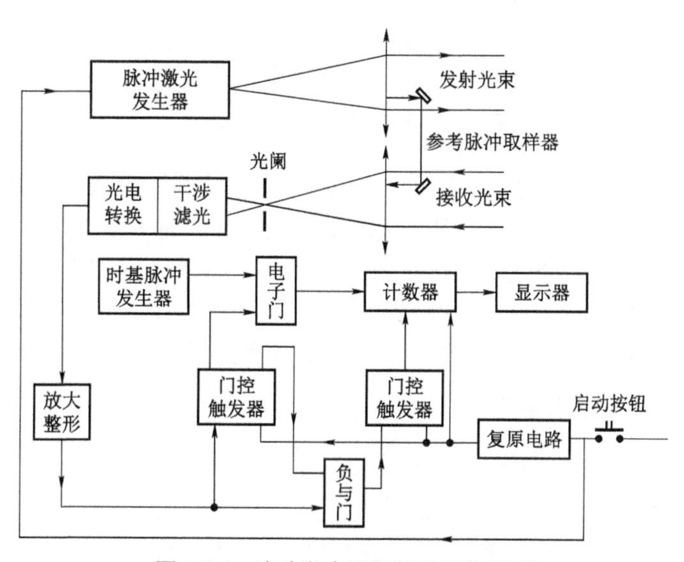

图 5.3.4　脉冲激光测距仪的工作原理

由于脉冲激光测距发射的脉冲激光功率可以很大，在应用中通常采用无合作目标测量法，并且其测量距离较长。例如，目前卫星大地测量中用于测量月球和人造卫星的激光测距仪，都采用脉冲测距法。用脉冲法测量距离的优点是测程长，无合作目标，但其测距精度不高，一般为±1 m，其测量盲区一般为 15 m 左右。

红外测距仪以砷化镓发光二极管发出的红外光作为载波源，其红外光的强度能随注入电信号的强度而变化，因此其兼有载波源和调制器的双重功能。砷化镓发光二极管体积小、亮度高、功耗小、寿命长、连续发光，所以红外测距仪获得广泛使用。经典的全站仪由红外测距仪和电子经纬仪组合设计而成。红外测距仪采用相位法测距，其原理是测量一系列发射和接收调制光波之间的相位差，通过相位差与距离之间的关系计算出实测的斜距离 D。红外测距仪由于所发射的红外光波功率较小，在使用时一般需要配置具有光线原路返回特性（即反射光线平行于入射光线）的角反射镜作为合作目标装置，其测试原理如图 5.3.5 所示。

相位式激光测距是利用发射连续激光信号和接收信号之间的相位差所含有的距离信息来实现对被测目标距离的测量的。用高频电流调制后的光波或微波从测线一端发射出去，由另一端返回后，用鉴相器测量。相位法测距的一般公式为

$$D=\frac{c}{2}\left(\frac{2n\pi+\varphi}{2\pi f}\right)=\frac{\lambda}{2}\left(n+\frac{\varphi}{2\pi}\right) \tag{5.3.3}$$

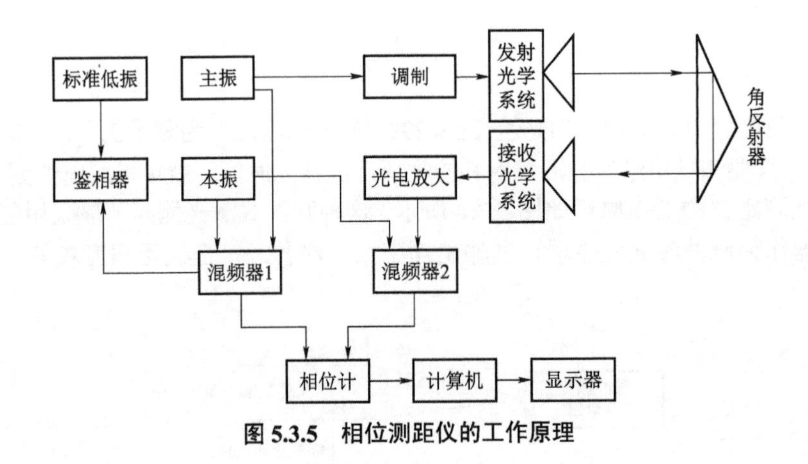

图 5.3.5　相位测距仪的工作原理

式中，φ 是检测的相位差，f 是填充脉冲的频率，n 为发射波与回波之间的相位差所经历的波数，λ 为调制光波的波长。显然，只要测出式（5.3.3）中的 φ 和 n，即可得出距离 D。根据式（5.3.3），可以认为调制光波相当于一把“光尺”，其波长就相当于测距仪的测尺长度。由于无法直接检测发射波与回波之间的相位差所经历的波数 n，对于 D 大于半波长的情况（$n>0$），在式（5.3.3）的计算中通常取 $n=0$，其计算结果仅为小于半个波长的测距尾数。该尾数还需加上 $n\dfrac{\lambda}{2}$ 才能得出距离 D。

为了确定整尺数 n，通常采用可变频率法和多级固定频率法。前者是使测距仪的调制频率在一定范围内连续变化，这就相当于连续改变测尺长度（半波长），使它恰好能够量尽待测距离。测距时，逐次调变频率，使不足整尺的尾数等于零。根据出现零的次数和相应的频率值，就可以确定整测尺数 n。当采用多级固定频率法时，相当于采用几根不同长度（半波长）的测尺，丈量同一距离。根据用不同频率所测得的相位差，就可以解出整周数 n，从而求得距离 D。

相位差除了用鉴相器测量之外，还可采用可变光路法测量，即用仪器内部的光学系统改变接收信号的光程，使该信号延迟一段时间。电子仪表指示发射信号与接收信号相位相同时，直接在刻划尺上读出尾数。此外，还可以用延迟电路来改变接收信号的相位，由该电路调整控制器上的分划，读出尾数。这种测距方式是一种间接测距方式，只要检测出发射和接收信号之间的相位差，就能求出被测量的距离。这种测距方法一般利用新型光源砷化镓半导体激光器作为连续光源，其功率不大，在无合作目标的情况下一般无法测距或测程较近。但由于利用了调制和差频等技术，可实现较高的测量精度（测量精度可达 2 mm+2 ppm 以上）。显见，相位式激光测距的优点是测量精度高，其缺点是测程不够长，需要合作目标才能实现测距。

为了克服上述两种测距方法的缺点，近年来，有关单位研制了脉冲–相位式激光测距仪，克服了以上两种激光测距仪的缺点，取得了较高的测量精度和无合作目标的远距离测程，并具有抗干扰能力强、体积小、重量轻等特点。

脉冲–相位式激光测距是将脉冲式和相位式两种测距方法结合起来实现的一种测距方法，利用发射连续的脉冲激光信号来实现脉冲和相位测距。其应用发射和接收脉冲信号的时间差实现对距离的粗测，用发射和接收连续信号之间的相位差来实现对距离的精测，然后将两种测量距离在技术上有效地结合起来实现对距离的测量。

§5.4　人造卫星定位测量法

在靶场试验中，地面落弹点坐标测量已大量采用人造卫星定位测量法。其具体实施方法是先利用炮兵方向盘，通过人工观测确定落弹点（弹坑），然后应用差分 GPS 接收卫星信号对弹坑中心精确定位，得出落弹点坐标。关于人造卫星定位测量技术，将在第 9 章专门介绍，这里不再赘述。

§5.5　落弹点坐标的声学定位测量方法

在地面密集度、射程、偏流和弹道一致性试验等靶场试验中，一般将弹丸分组射击测量其落弹点坐标。由于试验要求每组弹丸必须在规定的时间（时间越短越好）内完成，因此当弹丸发射后，需要准确、及时地找出落弹点的位置。这对于校射过程、提高试验效率、缩短每组弹丸的试验时间、提高试验数据的一致性是十分重要的。然而，人工测量报靶方法是由人工目视方法来判断弹着点的位置。这种方法时效性差，容易丢弹，远远不能满足现代化试验的实际需要。人工测量落弹点坐标需要寻找落弹点，人力消耗大，效率较低，尤其是当多枚炮弹连续发射时，人工目视找弹的方法更是困难重重。在这种情况下，如果采用传感器测量方法作为补充，可以大大提高试验效率和数据质量。本节针对靶场试验的实际情况，介绍一种落弹点坐标的声学定位测量方法。

§5.5.1　落弹点坐标的声学定位原理

众所周知，人凭借听觉和经验能识别炮弹等弹丸的飞行及爆炸声音，利用这一现象，采用声学方法及仪器同样能实现落弹点坐标测量。事实上，大口径火炮射击时的弹丸的落速通常大于音速，而超音速飞行弹丸在弹道上可以被看作点声源，其激波的波前随着弹丸运动形成了以弹丸头部为顶点的圆锥体。由于超音速运动弹丸产生的激波具有很好的可测性，因此对于超音速运动弹丸来说，无论是飞行还是爆炸都将产生声波信号，尤其是弹丸的爆炸声波更有利于落弹点位置检测和识别。事实证明，在遮蔽物等干扰因素较少的条件下，采用声学检测激波的方法可以很好地确定弹着点位置。实际上，这类方法在无损测试中已有大量应用，根据声音信号进行模式识别也是军事上常用的方法。

用声学法测量落弹点坐标的基本原理是，射击前在落弹区布置由多个声传感器构成的点阵，点阵中每一个节点设置一个传感器，节点的位置坐标精确已知。由于炮弹落地和爆炸的声音相当于较好的声源，可将炮弹落地的声源信号到达各传感器的时间差换算成落弹点（声源）的位置坐标。一般说来，在实弹射击条件下，由于炮弹弹丸的爆炸声强度很大，声信号信噪比高，用声学法测量落弹点坐标较为可靠。

声传感器点阵的布置方法有多种，下面主要介绍一种较为典型布置方法及其相应的落弹点坐标的换算方法。

1. 传感器布置及坐标系的建立

1）声传感器布置

典型的声传感器布置方法如图 5.5.1 所示。图中将测试场地划分成多个形状相同的直角梯形区。对于任意一区，记为四边形 $ABCD$，且有 $AB=BC$，AB 线段的长度由传感器的灵敏度和信噪比确定（例如可取为 400 m）。在各个直角梯形 $ABCD$ 的节点 A、B、C、D 均设置有声传感器，每围成一周的 4 个传感器所在区域以 *zone* 表示。*zone* 为二维数组，数组元素 *zone*（i，j）代表任意一区。为了简化模型，使计算更简单，这里设传感器（如 L（0,0））安装在坐标原点上。事实上，实际使用时，传感器的位置可以任意布置，只不过计算模型将变得更加复杂。

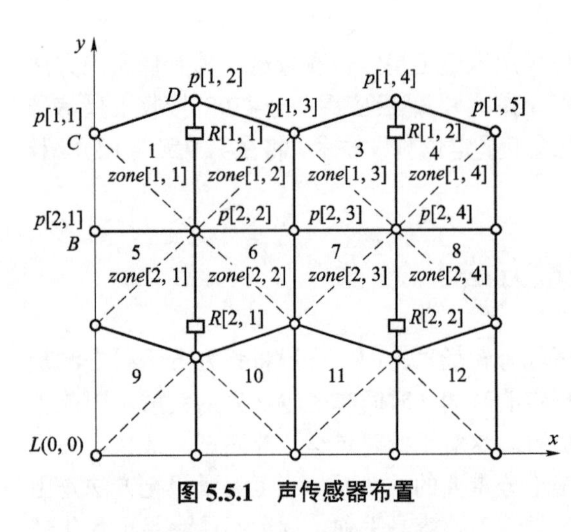

图 5.5.1 声传感器布置

2）建立坐标系

以图 5.5.1 最下一排最左边的传感器为坐标原点建立平面直角坐标系，并用三维数组记录每一传感器的位置坐标，例如 C 点的横坐标为 W[1,1,1]，C 点的纵坐标为 W[1,1,2]。

3）记录传感器显示的时间

用三维数组记录每一传感器所显示的时间，如 T[1,1,1]为 C 点接收的第一个时间，T[1,1,2]为 C 点接收的第二个时间，其余类推。

2. 落弹点（爆炸）位置计算

以图 5.1.1 中任意区域 *zone*（i，j）为例，如图 5.5.2 所示。图中，A、B、C、D 为其直角梯形的 4 个角点，E 点为落弹点位置。设任意一节点 B 首先接收到弹丸在 E 点发出的声信号，E 点到 B 点的距离为 L，E 点到 C 点的距离为 $L+M$，E 点到 A 点的距离为 $L+N$，$AB=BA=a$。由图可知，

$$\begin{cases} M = v_B \cdot \Delta t_1 \\ N = v_B \cdot \Delta t_2 \end{cases} \tag{5.5.1}$$

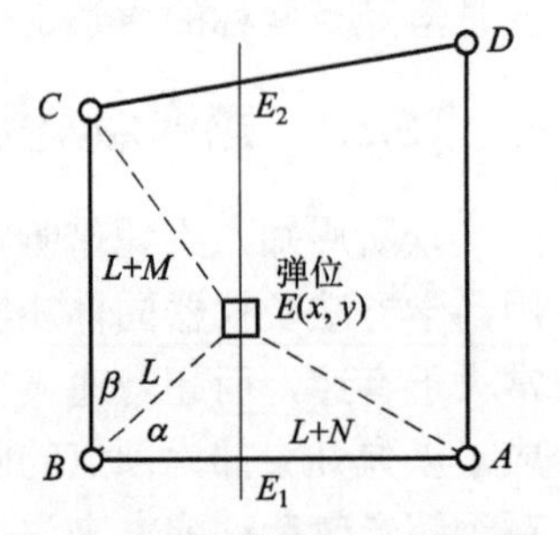

图 5.5.2 落弹点位置计算原理

式中，Δt_1 为 C 点与 B 点传感器信号的时间差，Δt_2 为 A 点与 B 点传感器信号的时间差；v_B 为经温度与湿度校正后的声速。设落弹点的坐标为（x,z），传感器位置点 A、B、C 的坐标分别为（x_A,z_A）、（x_B,z_B）、（x_C,z_C），由图 5.5.2，可建立如下代数关系：

$$\begin{cases} (x-x_A)^2 + (z-z_A)^2 = (L+M)^2 \\ (x-x_B)^2 + (z-z_B)^2 = L^2 \\ (x-x_C)^2 + (z-z_C)^2 = (L+N)^2 \end{cases} \tag{5.5.2}$$

式中，未知量为 $\boldsymbol{L}$、$\boldsymbol{x}$、z，将式（5.5.1）代入式（5.5.2），即可得出落弹点坐标（x,z）。

由于式（5.5.2）是一个二次代数方程组，求解时存在多个解的判别问题，编程计算不太方便。针对这一情况，这里定义图 5.5.2 中，$\angle ABE=\alpha$，$\angle CBE=\beta$，$L_0=AB=CB$，也可以导出实际计算中采用的几何算法公式（5.5.3）。

$$
\begin{cases}
\cos\alpha = \dfrac{L^2 + L_0^2 - (L+N)^2}{2\times L\times L_0} \\
\cos\beta = \pm\sin\alpha = \dfrac{L^2 + L_0^2 - (L+M)^2}{2\times L\times L_0} \\
L = \dfrac{-b\pm\sqrt{b^2-4ac}}{2a} \\
a = 4\times(M^2+N^2-L_0^2) \\
b = -4N\times[(L_0^2-N^2)+M\times(L_0^2-M^2)] \\
c = (L_0^2-N^2)^2+(L_0^2-M^2)^2
\end{cases}
\tag{5.5.3}
$$

§5.5.2　落弹点坐标声学测试系统的组成

根据落弹点的声学定位原理，声学定位系统测试的关键是获得爆炸物落地时的（爆炸）声波到达传感器的时间差。根据各传感器接收爆炸声的时间差，考虑环境因素的影响，采用数字信号处理技术，应用合理的数学模型，最终计算出落弹点的坐标。可见，落弹点坐标的声学法精确定位系统是一个多学科综合的测试系统，整个测试系统包括 4 个部分，即传感器及前置处理器、数字信号处理系统、无线传输系统和分析评估系统，如图 5.5.3 所示。

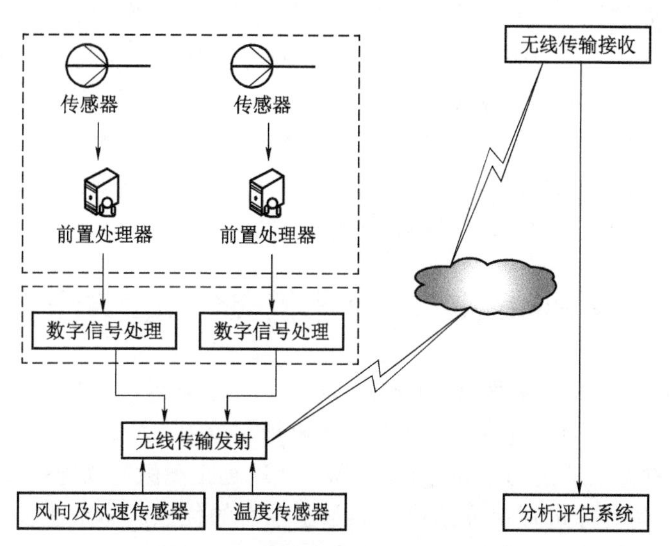

图 5.5.3　落弹点坐标声学测试系统

图中，布置在落弹区的设备为前置处理系统。前置处理系统主要由声传感器、滤波器、AGC 放大器、高速 A/D 及数字信号处理 CPU 和无线传输发射机组成，其主要任务是负责将传感器接收到的 10～100 kHz 频段范围的声信号进行放大、滤波，提取所需的信号后送到数字信号处理系统，再通过无线传输发射机发射。

前置处理系统的组成如图 5.5.4 所示。声传感器接收到的落弹点爆炸声，经前置放大、滤波、自动增益放大器放大成 0～5 V 的超声频信号，单片机控制部分可根据爆炸弹丸的当量选择滤波器的截止频率和设置放大器的增益。同时单片机控制部分将高速 A/D 转换器采集的数字信号进行数字信号处理及电池欠压报警信号经串行接口，由无线传输系统发送给上位机，由上位机进行数据计算、处理、分析，求解声源位置。这要求前置处理系统防振，抗电磁干扰，能够适应野外试验的需要。

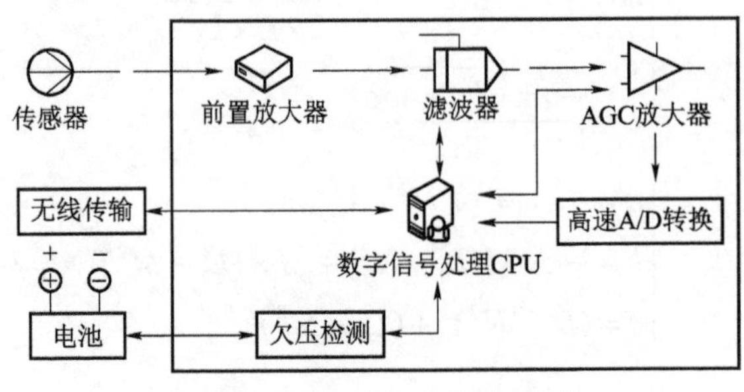

图 5.5.4 前置处理系统的组成

分析落弹点坐标的声传感器测试原理可知，声学方法与其他测量方法比较，声传感器的优点表现在，能在弹丸着地前就开始对飞行中的弹丸进行声音信号识别，进而给出爆炸前的预知信息。这一特点有利于爆炸点的探测和预估，同时还能判断出炸弹落地后是否爆炸。声学法的不足之处主要有两点：其一是声波速度受到传输介质温度的影响，其二是声波的传播过程会受到灰尘及砾石的影响。但一般认为，只要系统设计合理得当，这种影响是可以被减弱或消除的。其主要依据是：虽然声波因灰尘等介质的阻碍而发生散射及吸收等现象，使其强度有所降低，声波的主要传播方向并无变化，声频等本质特征经适当处理仍能被提取出来，并且，当前高灵敏度声传感器的检测能力足以弥补上述现象引起的声强下降的影响。由于落弹点爆炸位置探测一般以时差法为主要手段，介质温度产生的影响将在很大程度上相互抵消。因此，上述缺点对炮弹等爆炸弹丸信号的识别的影响可以被减弱或消除。用声学法测量落弹点坐标的方法在靶场测试中也得到了较好的应用。

§5.6 落弹点坐标的高速 CCD 相机交会测量方法

近年来，随着高速 CCD 成像技术的快速发展，CCD 器件的扫描速度越来越高，使之用于落弹点坐标测量成为可能。近些年来在落弹点坐标测量中，人们提出了采用双 CCD 相机交会测量的方法。这种方法就是利用高速 CCD 器件实现远距离激光高速扫描光电测量，在对远距离和大视场的空间目标进行定位测量中显示出独特的优点。本节主要介绍一种典型的双 CCD 相机交会测量装置及其工作原理。

1. 测量原理

CCD 相机交会测量原理如图 5.6.1 所示。

在平行于水平面的平面内设置两台线阵 CCD 相机，使其主光轴的交汇点与被测区域的几何中心重合。采用水平校准方法架设相机，使得两台 CCD 相机镜头的光轴平行于被测平面，其视场为水平，且光轴的交会点与被测平面的几何中心重合。这样，两相机视场的交会重叠部分就形成了最佳的有效测量靶区。实际上有效测量靶区是一个平行于地面的水平敏感区域，其大小主要取决于相机与被测区域几何中心的距离，一般由相机的视场角、视场内目标的光亮度和目标图像的尺寸来确定。当弹丸飞过有效测量靶区时，外触发信号使得两台 CCD 相机同步启动，经图像采集和软件处理，即可获得相机到弹体过靶位置的方向角，从而得出落弹点的坐标。

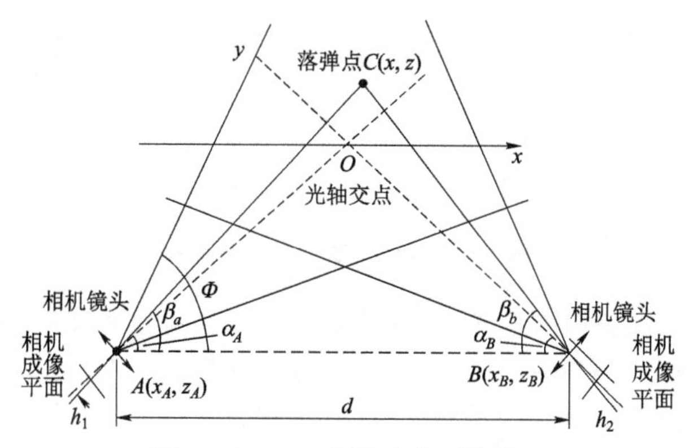

图 5.6.1　CCD 相机交会测量原理

设图 5.6.1 中 C 为落弹点，其坐标为（x,z）；第一台线阵 CCD 相机放置于 A 点处，其坐标为(x_A,x_A)；第二台线阵 CCD 相机放置在距第一台相机距离为 d 的 B 点处，其坐标为(x_B, z_B)；O 为两套 CCD 相机光学系统的光轴交点，图中虚线 AO，BO 分别为两套光学系统的光轴。AO 和 BO 与 x 轴的夹角分别为 α_A 和 α_B，约为 45°。按图中方法布置 CCD 相机，设弹丸成像的中心位置距光轴的距离分别为 h_1,h_2，AC 与 x 轴的夹角为 β_a，BC 与 x 轴的夹角为 β_b，光学系统的焦距为 f，CCD 相机的视场角为 Φ，线阵相机传感器尺寸为 d_1（例如 22.9 mm），有下列公式成立：

$$\begin{cases} \beta_a = \alpha_A + \arctan\left(\dfrac{h_1}{f}\right) \\ \beta_b = \alpha_B + \arctan\left(\dfrac{h_2}{f}\right) \\ \varphi = 2\arctan\left(\dfrac{d_1}{2f}\right) \end{cases} \tag{5.6.1}$$

可见，在测试场地布置中，利用上式可以计算相机的视场范围，使得视场中心位于落弹区中心，并通过 A、B 两个线阵 CCD 相机记录的弹丸图像得出其中心到光轴的距离 h_1 和 h_2，并计算出交会角 β_a 和 β_b，利用交会公式（5.6.2）即可得出落弹点 C 的坐标（x,z）。

$$\begin{cases} x = \dfrac{x_A \cdot \tan\beta_a - x_B \cdot \tan\beta_b - z_A + z_B}{(\tan\beta_a - \tan\beta_b)} \\ z = z_A - (x_A - x) \cdot \tan\beta_a \end{cases} \tag{5.6.2}$$

2. 测试系统的构成

测试系统的构成如图 5.6.2 所示。图中测试系统由两台线阵 CCD 相机以及相应的同步触发电路、图像采集与处理系统组成。为了提高 CCD 相机的灵敏度和成像质量，增大有效测量靶区的面积，系统还设置了激光转镜式高速扫描系统作为光源，以提高目标亮度。

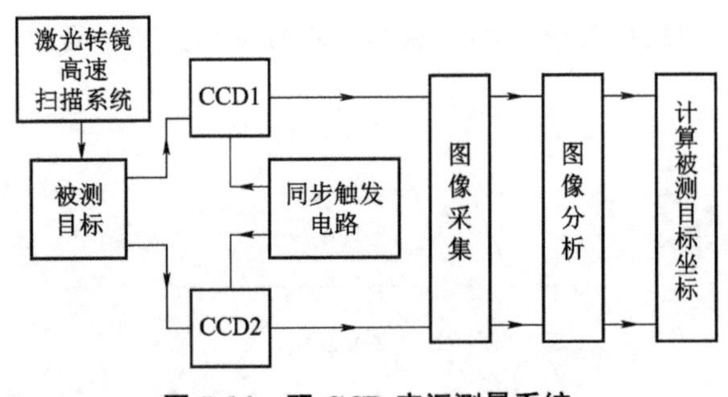

图 5.6.2　双 CCD 交汇测量系统

图中，激光转镜式高速扫描系统是一种高亮度光源。其利用激光器照射在恒定高速旋转的棱柱上，使高速旋转的棱柱镜面将激光反射后达到高速扫描被测区域的目的。图 5.6.3 和图 5.6.4 所示分别为激光转镜式高速扫描系统棱柱的示意图和俯视光路图。

图 5.6.3 所示棱柱为一个八棱柱，其侧面与水平面的夹角为 60°。由图 5.6.3 和图 5.6.4 所示，当激光以与水平面为 60° 的夹角照射在棱柱上时，则反射出的扫描光线平行于水平面，此时即形成视场角（扫描范围）为 90° 的激光扫描区域，并保证该区域能够完全覆盖两个线阵 CCD 相机形成的有效测量靶区。

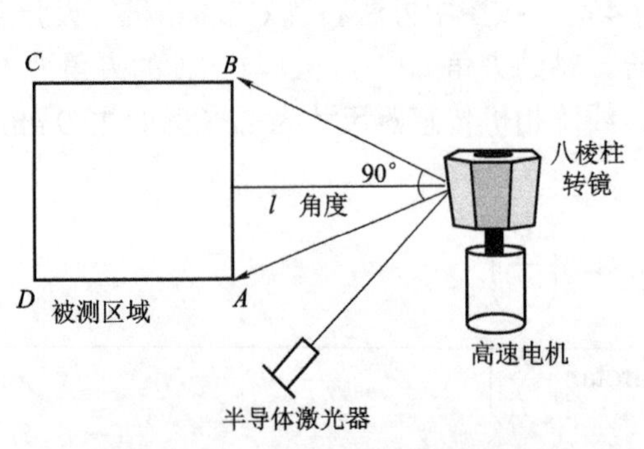

图 5.6.3　激光转镜式高速扫描系统棱柱

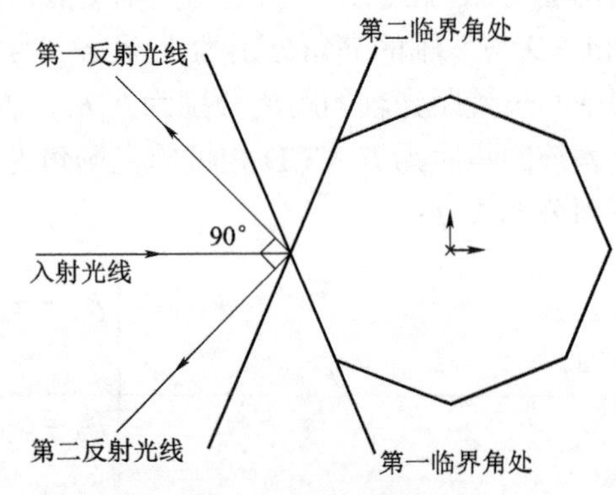

图 5.6.4　八棱柱反射光路

测试系统在待测状态下，高速电机驱动棱柱高速旋转，激光束通过棱柱的反射面对落弹区视场高速扫描，当被测区域的目标（飞行弹丸）穿越系统的有效测量靶区时，激光总能在某一时刻平稳地打在被测的物体上，并在其表面形成高亮度的漫反射光斑。此时，双 CCD 在同步触发电路的作用下高频率采集光斑图像，并将所筛选的目标图像传送至终端进行计算分析。

应该说明，双 CCD 测量系统作为落弹点定位测量装置，其首要问题是提高测量的精确度。影响坐标精确度的原因很多，其主要因素是光斑中心位置的精确确定，其次是光轴方向的定位误差。光斑中心位置的确定将直接影响图像中心位置的确定，进而影响光斑中心位置的确定。在图像处理中，光斑中心位置的确定精度取决于光斑图像的像素点数。在式（5.6.1）中，参数 h_i（$i=1$，2）通过图像中光斑中心像点的像素值 u_i 获得，即 $h_i=(u_i-u_{0i})\times d_x$，其中 d_x 为 CCD 器件的像元尺寸，u_{0i} 为 CCD 相机光学中心对应的像素值。当 CCD 传感器水平调平精度满足 $|\eta|\leqslant 1°$ 时，计算得到俯仰角与方向角对 h_i 带来的误差均满足 $\Delta h_i<0.1d_x$，仅为亚像素

级，可以忽略不计，故可以认为光斑图像中心位置数据 h_i 的误差为 $|\delta h_i| = d_x$。

§5.7　测定落点弹道诸元的射击试验

在外弹道学中，弹丸飞行落点的弹道诸元主要指火炮射击的射程、侧偏、地面密集度等参数。测定落点弹道诸元的射击试验主要是射程、密集度测定试验，这项试验主要用来考核武器系统的综合性能，广泛用于科研、产品鉴定、定型、出厂验收等过程。其主要目的是：

（1）测定落点弹道诸元数据，即射程、横偏；

（2）测定地面落弹点的射击密集度。

在射表试验时，其试验目的主要被视为确定射表计算模型的弹道符合因子，提供弹道符合计算所需试验数据（如射角、初速、落点坐标、射程、侧偏等）。

§5.7.1　试验准备

弹丸射程、密集度试验主要检测一组弹丸射击时的平均落弹点射程和各落弹点相对于平均落弹点的离散程度。试验所用火炮应选择性能较好的火炮，一般应采用初速损失小于 2% 的一级品。火炮身管膛内阳线尺寸磨损要小，无裂纹、无膛线崩落、无胀膛现象。火炮炮架、反后坐装置、回转起落装置及有关部件应符合规定要求。若不符合上述要求或密集度指标有明显规律性下降，就应更换火炮或身管。

试验所用弹丸应明确如下要求：① 一组弹丸的质量公差范围（一般要求不超过一个弹重符号，射表试验应该要求更高）；② 弹体壁厚差的范围；③ 弹带、定心部和尾翼对圆柱部的同轴度的范围；④ 弹带的直径的最大和最小的范围；⑤ 弹丸质心偏差量的范围（一般质心位置公差对口径 100 mm 以上者为±5 mm；对口径 100 mm 以下者为±3 mm）；⑥ 尾翼片分布不均匀的范围（对科研产品在有条件测量转动惯量和质量偏心矩时应选其最大和最小的）；⑦ 试验用弹所采用的药筒、底火、发射药等（必须是由同一产品图制造，同一批次的，所用药筒容积应尽量一致。

弹丸可用装填炸药的实弹，或装有少许火炸药的半爆弹，一般为瞬发装定的真引信。试验弹丸也可采用装填不爆炸物质的填砂弹。

试验场地选择按§5.1 所述进行，试验时一组射击时间不超过 45 min。试验要求在射击场地附近测量地面和高空的气温、气压、相对湿度及风速。一般对榴弹等速度较高的弹，要求地面最大风速不超过 10 m/s，高空风的最大风速不超过 25 m/s；对火箭弹、尾翼弹等速度较低的弹，地面最大风速不超过 8 m/s；高空最大风速不超过 20 m/s，阵风都不得超过风速的 50%。在暴风雨临近，雾大致使标杆、靶板落弹点观察不清楚以及风速超过规定的情况下，禁止进行射击试验。

试验需测量的基本数据为：炮口坐标，落点坐标，射角（测量装定），初速，地面及高空气象诸元，包含风速、风向、气温、气压、湿度等。也可根据试验目的增加测试内容。试验的核心内容是测落点坐标，有了落点坐标，通过数据处理即可求得射程、横偏和地面密集度。

应该指出，其他描述射击条件的数据也很重要。例如气象诸元测量，应按精度要求观测。一般要求高空气象测量高度覆盖全弹道，测量高度应大于最大弹道高 200 m 以上。在射表编制中，它们是参与符合计算的基础数据，其测量精度会直接影响符合结果。

§5.7.2 试验实施的主要环节

地面落弹点坐标测量试验是一个全射程的试验，对于整个试验进程的把控，应重视和把握好如下几个环节。

1）计算射向

在图 5.1.1 中，若要求落弹点落在基线右侧 S 位置，S 在地面坐标系（$O-xyz$）中的坐标为（x,z），如果弹丸没有横偏存在，射击方向角 $\sigma_1=\arctan\dfrac{z}{x}$，也就是说让炮身轴线与射击基线构成 σ_1 角度的夹角即可。由于存在弹道横偏，因此若按 σ_1 角度射击，落弹点一般不会在 S 点，为此必须对 σ_1 值予以修正。假设总横偏最大值为正，记为Δz，若以射向 σ_1 射击的落弹点在 OS 线的右侧的Δz 距离处，应向左修正Δz 距离，其角修正量 $\Delta\sigma=\arctan\dfrac{\Delta z}{\sqrt{x^2+z^2}}$。修正后的实际射向应为 $\sigma=\sigma_1-\Delta\sigma$。

2）确定试验装药号

对于产品的工厂鉴定、设计定型、出厂验收等试验，一般应采用最大装药号的最大射程角进行，必要时还需补充其他装药号试验。在射表编制试验时，最大装药号、最小装药号及音速附近的装药号属于必试装药号，中间装药号可隔一个装药号进行试验，或视情况而定。

3）确定试验射角

对于出厂验收试验，在场地条件受限制时也可采用最大射程的 2/3～3/4 进行，但应考虑缩短射程后的密集度指标的确定。对于射表试验，首先应根据试验的装药号及相应的最大射程角，参照实战要求确定 3～5 个射角进行射击试验。一般每个射角试验 1～3 组弹，每组射击 5～10 发。

4）射击

射击前应完成所有的试验准备，试验场地、器材和测试仪器的准备工作，并布置架设到位。落弹区的工作人员，应提前到达落弹区清场，并在各测量点架设落弹点坐标测量仪器。射击阵地的仪器架设，一般在火炮（或其他发射平台）定位和定向完后布置架设到位。

射击瞄准时，应排除高低和方向机的空回。每发射击都应校瞄，并且每次排除空回的方向要一致，以免因操作造成人为的误差。对大中口径炮弹，尤其是远程火箭弹的射击试验，其落点中心受风的影响较大，应在射前对风偏进行修正。

射击击发后，应即时观察弹丸飞行情况有无异常声音及是否产生近弹、火炮工作是否正常。若发生故障，现场排除后在气象条件基本一致的情况下可继续射击；当发生膛炸、早炸、近弹或弹丸飞行不正常时应停止试验。

5）落弹点坐标测量

目前密集度试验中，落点坐标的测量，大都首先采用方向盘交会法，也可采用其他直接测量方法或者并用多种方法。不管采用哪种方法测量都存在一个寻找落弹点的问题。这在一些靶场，特别是某些特殊季节，是比较麻烦的问题，尤其对于散布较大的火箭弹，如果落弹区地形复杂，又有高禾作物，那就更困难，会大大增加找弹的劳动强度和工作时间。

关于寻找落弹点的问题，国内主要采用人眼观测和交会测量相结合的方法。这里介绍有关文献所述的一种实施方法：首先在落弹区地图中标出两台方向盘（或电子经纬仪）的定点位置，以它们为中心画出角度（或密位）等分辐射交叉线，并画出落弹区范围方块图，在图中标出地形、地物（树木、小道、沟渠、标桩等）、主靶道、副靶道及方向、距离数据。根据这个图，在射击时只要两台方向盘抓住落弹点，读出角度（或密位）值，即可在图中查出落点位置和大概坐标。这样，就能很方便地指导试验工作人员找到各落弹点，并可随时通报给炮位指挥及操作人员。而且一组射击完了，不必等计算出结果，即能估计散布情况。这一方法大大减轻了落弹区工作人员的劳动强度，减少了人力物力的浪费，也缩短了辅助时间。

6）数据处理

（1）检查数据是否存在可疑的异常结果。

在数据处理之前，需检查数据是否存在可疑的异常结果，若有，则首先检查试验的各个环节和试验现象，寻找异常的原因。如果无法找出异常结果产生的原因，则按数理统计原理判断坐标测量的异常数据，并对其进行大误差剔除。

（2）计算地面坐标系中的落弹点坐标

在场地落点坐标的观测记录中，往往给出的是相对靶场测量坐标系的坐标数据。在下节所述的外弹道学中射程和密集度计算公式中，需要采用地面坐标系的测量坐标进行统计计算。此时，需根据靶场测量坐标系与地面坐标系的变换关系进行换算。

§5.7.3　射程和密集度换算方法

根据落弹点坐标数据换算射程和密集度的数据处理过程分三步进行：首先需要检查测试结果是否存在异常数据，然后对试验数据进行倾向性检验，最后再进行射程和密集度计算。对于异常数据一般按照常规的方法处理，异常数据的判别方法很多，主要分为物理判别法和统计判别法两类。限于篇幅，这里仅介绍根据落弹点坐标数据换算射程和密集度的数据处理的后面两步的处理方法。

1. 倾向性检验

在常规兵器试验过程中，常有这样的情况发生，由于试验时间被拖长，试验条件逐渐发生变化，由此引起了总体均值的逐渐变化，例如，在试验过程中，风逐渐增大、气温与药温逐渐升高（或降低）、炮管温度逐渐升高等。

这样，样本 X_1，X_2，…中的每个值虽然都是正态的，但均值 μ_i 都不相同（方差相同）。如同样本中混有异常值的情形一样，用这样的样本进行统计推断，同样可能产生较大的误差，从而得出不准确的结论。因此，分析样本是否属于这种情形，就是所谓的倾向性检验，其目的就是确定试验过程是否存在倾向性。

设倾向性检验所需数据的样本值为 X_1，X_2，…，X_n，下标 1，2，…，n 表示试验顺序。令其零假设为 H_0，若 H_0 成立，代表试验过程中不存在倾向性；否则，代表试验过程中存在倾向性。

倾向性检验方法及计算步骤如下：

（1）用下面的公式分别计算样本标准差 S 和 S_δ：

$$S=\sqrt{\frac{\sum_{i=1}^{n}(X_i-\bar{X})^2}{n-1}}$$

$$S_\delta=\sqrt{\frac{\sum_{i=1}^{n-1}(X_{i+1}-X_i)^2}{2(n-1)}} \tag{5.7.1}$$

（2）计算统计量η：

$$\eta=\frac{S_\delta^2}{S^2} \tag{5.7.2}$$

（3）给出显著性水平a，由样本量n和a查倾向性分布临界值表（附表6，$\eta=\frac{S_\delta^2}{S^2}$的临界值$\eta_a$表），得$\eta_a$的值，即有$P\{\eta<\eta_a\}=a$成立。

（4）倾向性判断。

若$\eta<\eta_a$，则拒绝假设H_0，即认为试验过程中存在倾向性。

若$\eta\geqslant\eta_a$，则不能拒绝H_0，即没有理由认为试验过程中存在倾向性。

例 5.7.1 某榴弹进行射程射击试验的结果如表 5.7.1 所示，试根据表中的试验数据检验试验过程中是否存在倾向性。

表 5.7.1 某榴弹射程试验值

试验顺序	1	2	3	4	5
X_i/m	19 033.0	18 922.0	18 883.0	18 796.0	18 793.0
试验顺序	6	7	8	9	10
X_i/m	18 766.0	18 757.0	18 758.0	18 733.0	18 027.7

解：根据试验结果，列出计算结果，见表 5.7.2。

表 5.7.2 计算结果

试验顺序	X_i	$X_{i+1}\sim X_i$	$(X_{i+1}-X_i)^2$	$X_i-\bar{X}$	$(X_i-\bar{X})^2$
1	19 033.0	−111	12 321.0	226.7	51 392.9
2	18 922.0	−39	1 521.0	115.7	13 386.5
3	18 883.0	−87	7 569.0	76.7	5 882.9
4	18 796.0	−3	9.0	−10.3	106.1
5	18 793.0	−33	1 089.0	−13.3	176.9
6	18 760.0	−3	9.0	−46.3	2 143.7
7	18 757.0	+1	1.0	−49.3	2 430.5
8	18 758.0	−25	625.0	−48.3	2 332.9

续表

试验顺序	X_i	$X_{i+1}\sim X_i$	$(X_{i+1}-X_i)^2$	$X_i-\bar{X}$	$(X_i-\bar{X})^2$
9	18 733.0	−105.3	11 088.0	−73.3	5 372.9
10	18 627.0	—	—	−178.6	31 898.0
Σ	188 062.7	—	34 232.1	—	115 123.3

由表 5.7.2 可得

$$S_\delta^2=\frac{1}{2}\frac{\sum_{i=1}^{n-1}(X_{i+1}-X_i)^2}{n-1}=\frac{34\,232.1}{2\times 9}=1\,901.8$$

$$S^2=\frac{\sum_{i=1}^{n}(X_i-\bar{X})^2}{n-1}=\frac{115\,123.3}{9}=12\,791.5$$

故

$$\eta=\frac{1\,901.8}{12\,791.5}=0.148\,7$$

取显著性水平 $a=5\%$，以 $n=10$ 查附表 6$\left(\eta=\frac{S_\delta^2}{S^2}\text{的临界值}\eta_a\right)$，得 $\eta_a=0.531\,1$，由于 $\eta<\eta_a$，故拒绝假设 H_0，即认为试验过程中存在倾向性。

2. 射程、密集度数据处理计算公式

射程、密集度测定试验的数据处理，主要采用如下外弹道学射程和密集度的统计计算公式完成。

1）射程计算公式

$$X_{on}=\sqrt{x^2+z^2} \tag{5.7.3}$$

设（x_1，z_1），（x_2，z_2），…，（x_n，z_n）为一组 n 发弹在地面坐标系的坐标数据，则其组平均值为

$$\begin{cases}\bar{x}=\dfrac{1}{n}\sum_{i=1}^{n}x_i\\ \bar{z}=\dfrac{1}{n}\sum_{i=1}^{n}z_i\end{cases} \tag{5.7.4}$$

组平均射程为

$$\bar{X}_{on}=\sqrt{\bar{x}^2+\bar{z}^2} \tag{5.7.5}$$

2）密集度计算公式

射击密集度一般用概率误差来描述，计算密集度时，先按倾向性判别方法进行倾向性检验。

若试验过程不存在倾向性，由式（5.7.6）计算概率误差：

$$\begin{cases} B_x = 0.674\,5\sqrt{\dfrac{\sum\limits_{i=1}^{n}(x_i - \overline{x})^2}{n-1}} \\ B_z = 0.674\,5\sqrt{\dfrac{\sum\limits_{i=1}^{n}(z_i - \overline{z})^2}{n-1}} \end{cases} \tag{5.7.6}$$

若试验过程存在倾向性，由式（5.7.7）计算概率误差：

$$\begin{cases} B_x = 0.674\,5\sqrt{\dfrac{\sum\limits_{i=1}^{n}(x_{i+1} - x_i)^2}{2(n-1)}} \\ B_z = 0.674\,5\sqrt{\dfrac{\sum\limits_{i=1}^{n}(z_{i+1} - z_i)^2}{2(n-1)}} \end{cases} \tag{5.7.7}$$

3）密集度平均值的计算公式

若试验了 N 组弹，设每组的发数分别为 n_1，n_2，…，n_N，相应的（密集度）概率误差为 B_1，B_2，…，B_N。若 B_i（$i=1$，2，…，N）之间均无显著性差异，其平均值按式（5.7.8）计算：

$$\overline{B} = \sqrt{\frac{(n_1-1)B_1^2 + (n_2-1)B_2^2 + \cdots + (n_N-1)B_N^2}{n_1 + n_2 + \cdots + n_N - N}} \tag{5.7.8}$$

若 B_i 之间存在显著性差异，则其平均值按式（5.7.9）计算：

$$\overline{B} = \frac{(n_1-1)B_1 + (n_2-1)B_2 + \cdots + (n_N-1)B_N}{n_1 + n_2 + \cdots + n_N - N} \tag{5.7.9}$$

特别的，当 $n_1=n_2=$，…，n_N 时，式（5.7.8）可写为

$$\overline{B} = \sqrt{\frac{B_1^2 + B_2^2 + \cdots + B_N^2}{N}} \tag{5.7.10}$$

式（5.7.9）则变为

$$\overline{B} = \frac{1}{N}\sum_{i=1}^{N} B_i \tag{5.7.11}$$

应该说明，对实际落弹点坐标、射程，由于分组试验的环境条件不完全一致，不能直接将各组的平均值再进行平均，而密集度则可以采用上述计算公式计算其平均值。

第6章 立靶弹着点坐标测量及应用

外弹道试验中，立靶弹着点坐标测量主要应用于立靶密集度试验（也称立靶精度试验或立靶试验）、射击跳角试验和直射武器射程试验和直射武器的弹道一致性试验等，它是这些外弹道试验的重要测试内容。

立靶弹着点坐标测量经历了从接触式测量到非接触式测量的发展过程，其测量方法有立靶测量法、声坐标靶测量法、光点坐标靶测量法和电视测量法等。传统的立靶测量法是一种接触式测量方法，其余声坐标靶测量法、光点坐标靶测量法和电视测量法为非接触式测量方法。其中，声坐标靶测量方法包括金属杆式声坐标靶和点阵式声学定位坐标靶；光电坐标靶测量方法包括光纤编码测试、多光幕测试、CCD 线阵测试、光电管阵列测量等多种方法。下面分别予以介绍。

§6.1 立靶弹着点坐标测量

立靶测量法一般是在火炮射击前方距离炮口一定距离处，设置一张立靶，火炮瞄准立靶中心射击，然后测量出立靶上着靶弹孔中心的坐标。通常，立靶采用纸板、胶合板、布或纱窗网、席等材料制作，其尺寸足够满足射击的着靶要求。一般说来，纸板（也可用胶合板）材料多用于射击跳角试验等近距离立靶坐标测试，其余几种材料多用于 200 m 以上距离的立靶密集度试验的立靶坐标测试，图 6.1.1 所为一种纱窗网结构的立靶的实验现场照片。习惯上，一般将用于射击跳角试验的立靶称为跳角靶，而将立靶试验用的测量靶叫作立靶。跳角靶通常由纸板（例如黄板纸）、胶合板制作靶面，立靶一般由木板、胶合板、布或纱窗网、席等材料制作靶面。在结构上，可将纸板、三合板、布或纱窗网材料蒙在靶框上制成靶板，然后再拼接成预定尺寸的靶面。跳角靶和立靶的靶面中心均设置有十字线作为射击试验瞄准点和测量基准点，如图 6.1.2 所示。图中平面坐标（$O-yz$）为立靶坐标系，其坐标原点 O 一般取在靶面十字线中心，Oy 轴铅直向上，Oz 轴水平向右。弹孔 P_i 为第 i 发弹的弹着点，其坐标表示为（y_i，z_i）。

在立靶弹着点坐标测量的相关试验中，一般将立靶架设在离炮口一定距离的预定弹道线上实施，靶位到炮口之间的距离根据试验目的确定。架设立靶要求其靶面垂直于预定的弹道线，靶面尺寸足够。这里“尺寸足够”通常指能够保证试验射击时每一发弹都能命中靶面，在经验上一般取立靶尺寸（高和宽）为弹着点最大散布量的 2 倍左右，即将立靶尺寸取为：

宽：6～8 倍立靶弹着点概率误差 E_z；

高：6～8 倍立靶弹着点概率误差 E_y。

图 6.1.1　纱窗网结构的立靶

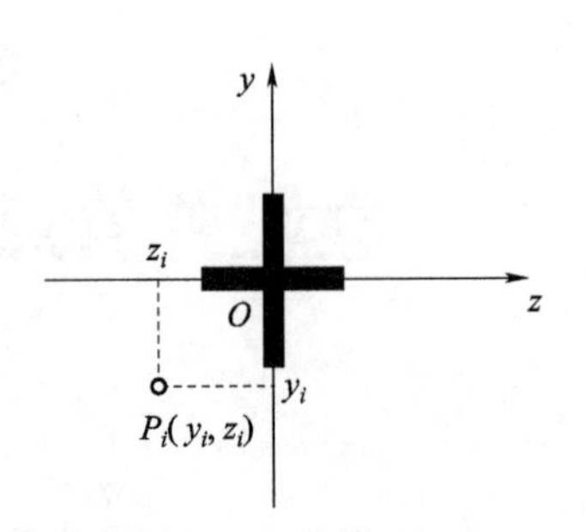

图 6.1.2　立靶测量示意

表 6.1.1　立靶尺寸参考表

靶距/m	靶高/m	靶宽/m
200～300	4	4
500	5	5
1 000	6	6
1 500	7	7
2 000	8	8
3 000	9	9

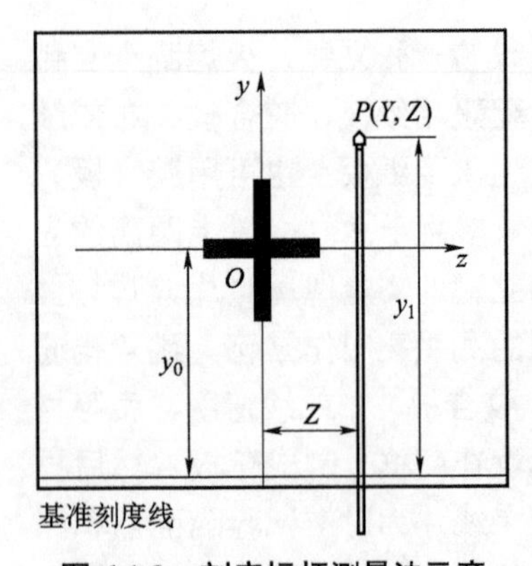

图 6.1.3　刻度标杆测量法示意

立靶形状一般为正方形或者矩形，其大小可参考表 6.1.1 中的尺寸数据确定。射击后，立靶靶面上留下了弹丸穿靶形成的弹孔。弹孔坐标测量一般可采用卷尺、刻度标杆、全站仪来实施。采用卷尺测量需要测量人员借助“人字梯”登高测量，或者放倒立靶进行测量。刻度标杆是专门制作的一种立靶坐标测量工具，刻度标杆为一注有尺寸刻度的长竿，竿的上端设置有一个“L”形挂钩，其测量方法如图 6.1.3 所示。图中，P 为立靶弹孔位置。测量前先在立靶平面的下端画上一条水平基准刻度线，立靶“十”字中心到水平基准线的距离为已知量。测量时，将刻度标杆上端的“L”形挂钩插入弹孔挂住，此时标杆顶端定位于弹孔，呈铅直垂下状态，标竿的轴线与水平基准刻度线垂直相交。根据标杆刻度和水平基准线刻度，可直接读出 Z 坐标和 Y_1 坐标数据，然后按几何关系

$$Y = Y_1 - Y_0 \tag{6.1.1}$$

换算，即可得出弹丸的着靶坐标数据（Y，Z）。

采用全站仪或经纬仪也可以方便地测量弹孔在立靶坐标系中的坐标值，其实施方法是在立靶的正前方 50 m 以外的位置架设全站仪，并测出该位置点到靶面的距离，通过测量立靶

“十”字中心和弹孔位置在全站仪坐标系中的坐标（Y_0，Z_0）和（Y_p，Z_p），由下式即可换算出弹孔的位置坐标（Y，Z）：

$$\begin{cases} Y = Y_p - Y_0 \\ Z = Z_p - Z_0 \end{cases} \tag{6.1.2}$$

采用图像识别法也可以实现立靶弹孔坐标的自动判读。图像识别法是在靶子前方隐蔽安装一摄像头，利用图像采集卡的实时传送数字视频信号的功能，通过电缆把图像传送到一台专用计算机对图像进行处理，得到弹着点位置的信息。图 6.1.4 所示为一种图像识别立靶弹孔坐标的自动判读系统。图中，计算机接收到有灰度级的图像数据后，运用图像阈值选择和二值化技术改善图像质量以确定和识别靶位上的弹孔图像，最终处理出着弹丸着靶坐标。这种报靶系统基于阈值分割的图像处理算法，可以采用人工引导，计算机自动处理立靶靶面的弹孔图像，并实时输出弹序和弹丸着靶位置坐标，且图像判读精度较高。

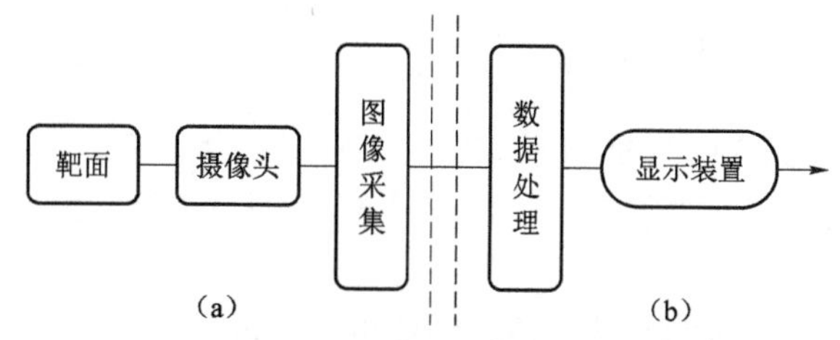

图 6.1.4　图像识别立靶坐标的自动判读系统

(a) 前端图像采集；(b) 后端数据处理与显示

应该说明，传统的接触式立靶法虽然可靠性高，但材料消耗多，大靶面立靶架设非常困难，须动用大型起重机械和大量人工，费时又费力。表 6.1.1 中的立靶尺寸数据并不能完全满足远距离立靶射击的要求，是考虑到实施的可行性妥协的结果。此外对于连发射击武器来说，特别是多管高射频连发武器，立靶不能正确区分弹丸弹序，难以满足试验的测量要求。因此在靶场试验中，还需要应用声坐标靶测量法、光点坐标靶测量法等无接触测量方法，以提高测量的可靠性和实时性。

§6.2　声坐标靶

在常规武器试验的弹着点测量中，声定位作为一种测试方法与光、电、雷达探测等技术相比，具有测量设备结构简单、操作方便、机动性能好、定位精度高、不易损坏、产生的信号大、抗干扰能力强、可全天候工作等特点。

由弹丸空气动力学可知，当弹丸以超音速在大气中飞行时，弹丸头部的超音速气流将使弹丸周围的空气发生压缩和膨胀，并在弹丸的头部和尾部形成圆锥形的脱体激波。该激波的波前波后轨迹形成一个如图 6.2.1 所示的顶点在弹丸头部的锥体。图中弹丸形成的激波大体上可由 4 个过程来描述：当弹丸激波扫过检测点时，其空气压力迅速从静态压力 P_0 急速上升至 P_0+P_1，并随时间和空间衰减到次压 P_0-P_2，最后恢复到 P_0，弹丸激波压力变化形状如图 6.2.2 所示。如果用声学传感器感受空气压力的变化，其输出信号的形状与字符“N”相似，故一般将其称为 N 波信号。

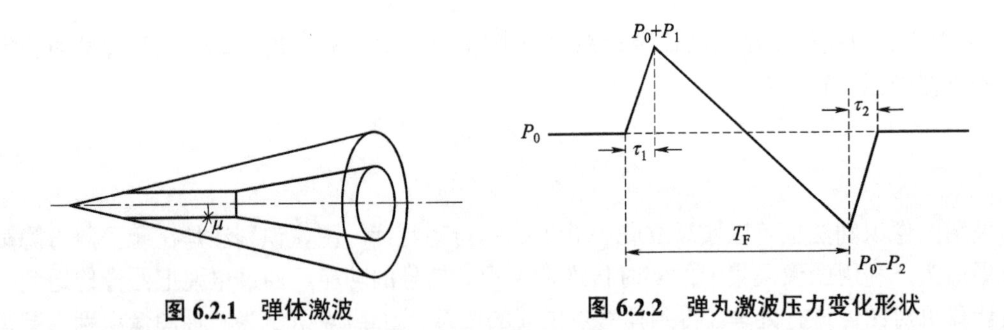

图 6.2.1　弹体激波　　　　图 6.2.2　弹丸激波压力变化形状

根据这一现象，采用高灵敏度的声学传感器探测图 6.2.1 所示的激波信号，通过相关的激波传播规律建立的换算关系即可得出立靶弹着点坐标。

声坐标靶是利用激波传播规律而设计的一类立靶弹着点坐标测量仪器，其基本原理是激波的形成与传播规律。目前国内外的声学坐标靶有金属杆式声坐标靶和点阵式声坐标靶两种。

§6.2.1　金属杆式声坐标靶

杆式声坐标靶出现在 20 世纪 80 年代，杆式声坐标靶全系统包括声测靶杆，前置放大器，信号传输电缆及坐标的计算、显示与打印等几部分。图 6.2.3 所示为奥地利 AVL 公司生产的 530 型声坐标靶。

声测靶杆由两个正交安装的不锈钢棒或铝棒组成，每根金属棒的端部装有一个压电传感器，两杆构成一个正方形靶面，水平杆表示 x 坐标，铅直杆表示 y 坐标。

金属杆式声坐标靶是利用弹丸激波扫过金属杆时引起金属杆的震动，通过测量震动波到达金属杆两端的时间差来确定弹着点沿金属杆方向的坐标，其原理结构如图 6.2.4 所示。图中水平杆两端的压电传感器为 z 坐标测量传感器，铅直杆两端的压电传感器为 y 坐标测量传感器。当超音速弹丸穿过靶面时，弹头的锥形激波将与两个金属杆相撞，其撞击点的位置与弹头撞击靶面时的坐标点一致。弹丸穿靶后，其弹头激波最先到达 y 金属杆的 A 点和 z 金属杆的 B 点，分别测量 y 杆 A 点和 z 杆 B 点振动波到达其两端传感器的时间差 Δt_Y 和 Δt_Z，由式(6.2.1)即可计算出弹着点坐标：

图 6.2.3　ACOUSTIC TARGET TYPE 530 坐标靶

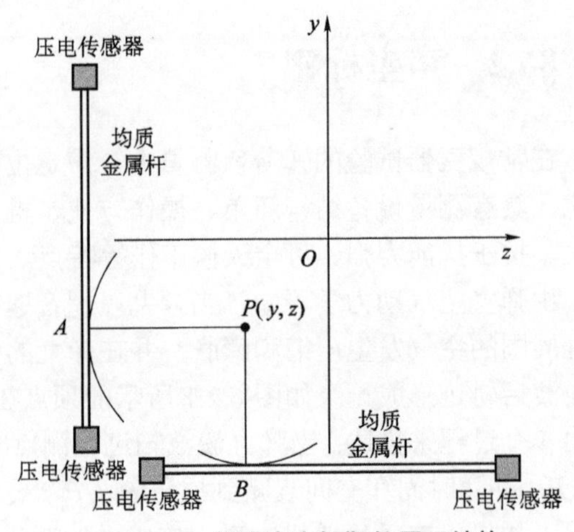

图 6.2.4　杆式声坐标靶的原理结构

$$\begin{cases} y = \dfrac{1}{2} C_g \Delta t_Y \\ z = \dfrac{1}{2} C_g \Delta t_Z \end{cases} \tag{6.2.1}$$

式中，C_g 为声音在金属杆中的传播速度，为一已知的物理量。

实验及理论分析表明，激波在撞击点上的超压阵面在金属杆中将产生纵向波和横向波振动，纵向波在金属杆内向两端传播的速度比横向波高得多，将先到达杆端。因此式（6.2.1）中，C_g 应为声音在金属杆中的纵向波的传播速度，它仅与杆的材料有关，而与振动频率无关。

金属杆式声坐标靶系统由声测金属测靶杆（包含两端安装的声传感器）、信号调理电路、信号传输电缆、中央处理单元和打印机等组成。当超音速弹丸垂直穿过靶面区域时，金属靶杆端口上的 4 个压电传感器受到激波压力产生电脉冲信号，信号先经过信号调理电路，通过整形放大后经信号传输电缆到达中央处理单元，经过时差测量、坐标计算后，将坐标图形、平均弹着点及立靶密集度等相关参数显示在中央处理单元的控制界面上。

杆式坐标靶由于采用了金属杆作为传播介质，其靶面较小，多用于枪弹或小口径炮弹的坐标测量。例如，金属杆式声坐标靶的典型产品有：

（1）AVL526 型坐标靶，主要技术性能指标如下。

靶面尺寸：2 m × 2 m；

定位精度：±2.5 mm；

连发记录：20 发数据；

适用口径：5.56～30 mm 弹丸；

允许射速：≤6 000 发/min；

实验条件：弹速≥380 m/s；

环境温度 0 ℃～60 ℃；

弹道垂直靶面（偏斜±0.25″以内）。

（2）ACOUSTIC TARGET TYPE 530 坐标靶（图 6.2.3），主要技术性能指标如下：

动态靶面积：1 m × 1 m，2 m × 2 m 和 6 m × 3 m；

测量精度：静态空气中 2 m × 2 m 靶面为±5 mm；

弹丸速度：经过靶面为 1.3～5 马赫；

允许射速：≤6 000 发/min；

环境湿度：全封闭单元，不怕潮湿；

操作温度：－10 ℃～60 ℃；

雨天影响：系统可在小雨条件下使用。

§6.2.2　点阵式声坐标靶

现代靶场使用的声坐标靶大都采用点阵布置方式定位弹丸的着靶坐标，这类声学坐标靶通常称为点阵式声坐标靶。点阵式声坐标靶一般由微声传感器点阵、前置电路、数据处理器和计算机系统组成，其测量原理是在测量靶面附近定位多个测量基点，采用经纬仪精确测定每个基点在立靶坐标系中的坐标，并在每个基点上布置微声传感器，构成微声传感器阵列。

弹丸在超音速飞行过程中产生的激波激发传声器产生脉冲信号，传声器阵列将各脉冲信号转换为电信号，数据采集系统采集到信号后对其进行分析处理，得到各传声器到达的时间值，然后利用系统所建立的数学模型并结合传声器阵列的布阵模型计算弹着点坐标。声定位坐标靶是利用超音速弹丸产生的激波到达靶面不同位置的声传感器时产生的时间差，结合相关数学模型解算获得弹着点坐标值。

§6.2.2.1 点阵式声坐标靶的测量原理

点阵式声学立靶弹着点测量原理是在一个垂直面（通常是铅垂面）设置3～4个声传感器形成传感器阵列，传感器的布局为“L”形，所以也称为L靶，如图6.2.5所示。图中，传感器1、传感器2、传感器3构成水平边，传感器2在中点位置，传感器1、传感器4构成垂直边，标准的L靶的边长应根据不同火炮的测量需求确定。一般将声传感器阵列所在的垂直面称为声坐标靶靶面。与立靶类似，声坐标靶以其靶面中心为坐标原点，建立测量坐标系测量靶面上的弹着点位置坐标。

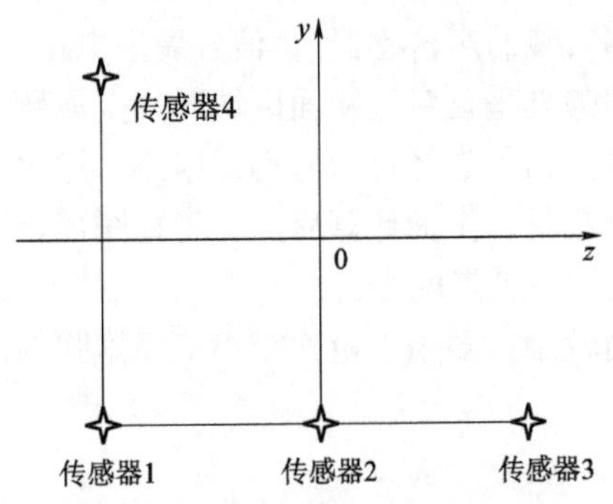

图6.2.5 点阵式声坐标靶阵列示意

在点阵式声坐标靶靶面测量坐标系中，设弹着点的坐标为（y_0, z_0），第i个测量基点处的声传感器坐标为（y_i, z_i），v_p为弹丸激波在靶面内的传播速度（称为视速度），t_i为弹丸激波以视速度v_p从弹着点（y_0, z_0）传至第i点声传感器所用的时间。根据激波的传播规律，在靶平面测量坐标系中，可写出如下方程组：

$$\sqrt{(y_i - y_0)^2 + (z_i - z_0)^2} = v_p t_i \qquad i = 1, \cdots, 8 \tag{6.2.2}$$

式中，弹着点坐标（y_0, z_0）与激波传播的视速度v_p为未知量。

由于激波以速度v_p从弹着点传至某声传感器所经历的时间t_i在工程实践中很难测出，式（6.2.2）还不能作为求解弹着点坐标（x_0, y_0）的换算方程。为此考虑将式（6.2.2）中每两个相邻声传感器所对应的方程相减，整理可得

$$\begin{cases} \sqrt{(y_0 - y_{i-1})^2 + (z_0 - z_{i-1})^2} - \sqrt{(y_0 - y_i)^2 + (z_0 - z_i)^2} = v_p(t_{i+1} - t_i) \\ i = 1, \cdots, 8 \end{cases} \tag{6.2.3}$$

式中，弹头波在靶面的视速度v_p可由下式计算：

$$v_p = \frac{c_s}{\sqrt{1 - (c_s / v)^2}} \tag{6.2.4}$$

其中，c_s为声速，可以通过试验现场气象诸元测试确定；v为弹丸的飞行速度，可采用现场测试数据，也可以采用根据以往试验预估的速度数据。

由于在式（6.2.3）中，x_0, y_0为未知量，因此只要具有3组以上的测量数据构成方程组，由该方程组便可解出x_0, y_0。因此在用声阵列进行定位的布阵中，理论上只要有3个声传感器就能确定出被测声源的位置。但实际应用中由于各种影响因素的存在，一般声阵列中的声传感器数量都超过3个。工程应用的声坐标靶一般都设置4个以上的声传感器，并将v_p也作为未知量，此时式（6.2.3）是一个超定方程组。由于存在测试误差，其解往往是矛盾的，因此

通常采用最小二乘原理迭代求该超定方程组的数值解。

在实际测量中，根据点阵形式的不同，有多种布置方式的点阵式声坐标靶。

图 6.2.6 所示为 ATS－3A 型声坐标靶的结构示意，这种坐标靶就采用了“L”字形的点阵布置方式。图中，将声传感器排列为“T”字形和“L”字形的点阵形式，即在靶面 z 坐标方向布置一排（5 个以上）声传感器，并在其前方（靶面中心到火炮方向）布置一个声传感器。当弹丸飞过靶面时，由于弹头激波传播到各个声传感器的时间不同，通过测量激波撞击各声传感器的先后次序不同而产生信号的时间差，采用一定的换算关系即可得出其弹着点坐标。“L”字形布置方式是在水平“T”字形布置方式的基础上，在其中一侧铅直方向还布置一排声传感器点阵。该靶采用了 16 个声传感器构成 3 组，其中两个声传感器组分别置于 y、z 方向构成“L”型布局，每组由 7 个声传感器构成线状点阵，另一组有两个传感器布置在 x 方向，主要用于测速。

图 6.2.7 所示为一种 8 点线阵式声坐标靶的点阵布置，编号 1～8 为 8 个精密声传感器。图中，S_1～S_4 与 S_5～S_8 中相邻两个之间的间隔为 a（例如 $a = 10$ cm），而 S_4 和 S_5 之间间隔为 $2b$（例如 $b = 150$ cm），即整个布局上将声传感器分为两个阵列，并以坐标原点 O 为中心对称分布。这样的布阵不但可以降低加工难度，而且还可加大坐标靶的安全靶面面积。

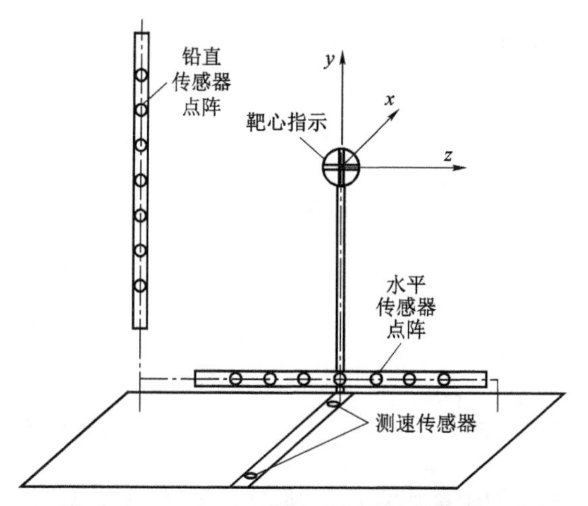

图 6.2.6 ATS－3A 型声坐标靶点阵布置示意

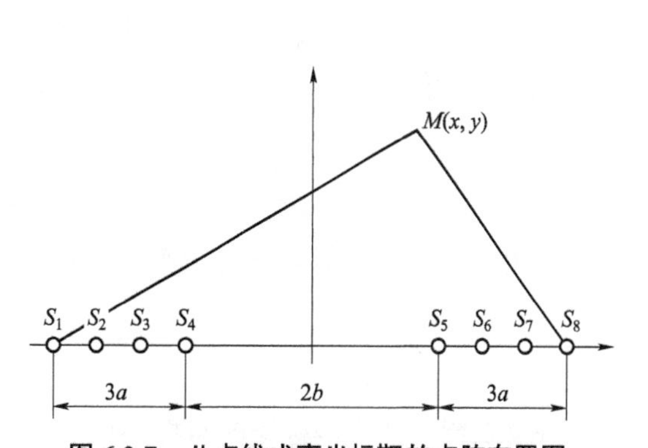

图 6.2.7 八点线式声坐标靶的点阵布置图

图 6.2.8 所示是一种交会测量形式的点阵式声坐标靶，图中该靶布阵结构采用了两个三角形声阵和一个光幕探测器，每个阵列由 3 个声传感器组成，共 6 个声传感器。图中，L 为探测光幕，S_1、S_2、S_3、S_4、S_5、S_6 为声传感器，其中 S_1、S_2、S_3 组成一个正三角阵列，其中心为 O_1；S_4、S_5、S_6 组成另一个正三角阵，其中心为 O_2，且 O_1 和 O_2 的间距为 $2L$。

显见，若设 M（y，z）为某一弹着点，当 $2L$、ϕ_1 和 ϕ_2 已知时，通过解三角形 ΔMO_1O_2 便可求得弹着点 M 的坐标。下面再来介绍 ϕ_1 和 ϕ_2 的测量

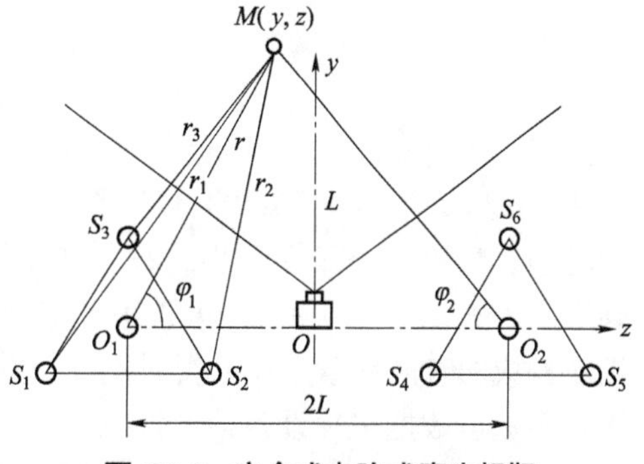

图 6.2.8 交会式点阵式声坐标靶

原理。

当超音速飞行的弹丸穿过由探测光幕和声阵列确定的预定靶面时，弹丸的弹道迹线与预定靶面相交于 M 点。因此，M 点也是弹丸弹道上的一点，从 M 点发出的激波在预定靶面上以同心圆弧的形式向两个声传感器阵列传播，设激波到达各声传感器的时间分别为 t_1、t_2、t_3、t_4、t_5、t_6。

在图 6.2.8 S_1、S_2、S_3 构成的声传感器阵列中，若设 O_1 为坐标原点，三角形的边长为 d，则在该坐标系中弹着点 M 的坐标为（x_1, y_1），由图中的几何关系可得关于 M 点坐标的方程为

$$\begin{cases} r^2 = z_1^2 + y_1^2 \\ r_1^2 = z_1^2 + (y_1 - \sqrt{3}d/3)^2 \\ r_2^2 = (z_1 - d/2)^2 + (y_1 + \sqrt{3}d/6)^2 \\ r_3^2 = (z_1 + d/2)^2 + (y_1 + \sqrt{3}d/6)^2 \end{cases} \tag{6.2.5}$$

又

$$\begin{cases} z_1 = r\cos\phi_1 \\ y_1 = r\sin\phi_1 \end{cases} \tag{6.2.6}$$

$$\begin{cases} r_1^2 - r_2^2 = z_1 d - \sqrt{3}y_1 d = (\cos\phi_1 - \sqrt{3}\sin\phi_1)rd \\ r_3^2 - r_1^2 = z_1 d + \sqrt{3}y_1 d = (\cos\phi_1 + \sqrt{3}\sin\phi_1)rd \\ r_3^2 - r_2^2 = 2z_1 d = -2rd\cos\phi_1 \end{cases} \tag{6.2.7}$$

考虑到 $r_i = C_s \cdot t_i \quad i = 1,2,3$，$C_s$ 为声速，由式（6.2.7）联立求解可得

$$\tan\phi_1 = \frac{1}{\sqrt{3}} \cdot \frac{t_3^2 + t_2^2 - 2t_1^2}{t_3^2 - t_2^2} \tag{6.2.8}$$

同理，对于 S_4、S_5、S_6 组成另一个正三角阵列有

$$\tan\phi_2 = \frac{1}{\sqrt{3}} \cdot \frac{t_6^2 + t_5^2 - 2t_4^2}{t_6^2 - t_5^2} \tag{6.2.9}$$

设图 6.2.8 所示的声坐标靶的坐标系以 O_1O_2 的中点为坐标原点 O，与 O_1O_2 垂直的直线为 y 轴，通过解 $\triangle MO_1O_2$ 可得弹着点 M 的坐标为

$$\begin{cases} z = \dfrac{L(\tan\phi_2 - \tan\phi_1)}{\tan\phi_2 + \tan\phi_1} \\ y = \dfrac{L\tan\phi_2 \cdot \tan\phi_1}{\tan\phi_2 + \tan\phi_1} \end{cases} \tag{6.2.10}$$

从式（6.2.8）～式（6.2.10）可以看出，在 M 点的坐标计算式中仅包含激波到达各声传感器的时间参数和两个三角阵中心 O_1O_2 的距离参数。当声阵列的结构确定后，O_1O_2 的距离也就确定了。在实际应用时，一般采用精密测量长度的工具直接测出 O_1O_2 的长度。采用数据采集设备构成的时间测量系统获得时间测量数据，即将两个阵列中的 6 个声传感器和光幕探测器接入多通道数据采集设备，当弹丸穿过探测光幕时触发数据采集设备，开始采集各个声传感器的输出信号，对采集到的信号进行滤波，并用相关算法求出各个声传感器输出信号的先后

时刻，从而得到 t_1、t_2、t_3、t_4、t_5、t_6。

§6.2.2.2　点阵式声坐标靶系统的构成

点阵声坐标靶系统由前端系统和终端处理系统两部分构成，其中前端系统包含传感器和前端处理系统，两者直接用信号线连接布置在坐标靶位置处。

前端系统的主要任务是：在强背景噪声条件下，使用特殊配置的频率响应范围很宽的压力传感器检测出激波压力随时间变化的“N”型波（简称 N 波），放大后传输给终端处理系统。为了方便后续装置进行信号处理，也可将 N 波实时地变换成方波输出。前端处理装置与终端处理系统之间的通信方式有信号线传输方式和无线传输方式两种。

信号线传输方式的点阵式声坐标靶系统包含：设置有声传感器的支架（可任意布阵）、信号调理电路（主要完对声传感器信号的放大）、足够长的信号传输屏蔽电缆、数据采集系统（主要完成对放大后信号的采集、测时及坐标计算等工作，并在控制面板上显示相关计算结果，也可以附加图示、报表、打印等相关功能）。

无线传输的声阵列坐标靶的系统，通常采用类似遥测系统的无线传输结构，其原理框图与图 6.2.9 相同。图中前端子系统由声传感器、前置处理器、A/D 转换器、信号处理计算机、调制器、信号发射机及传输天线构成。

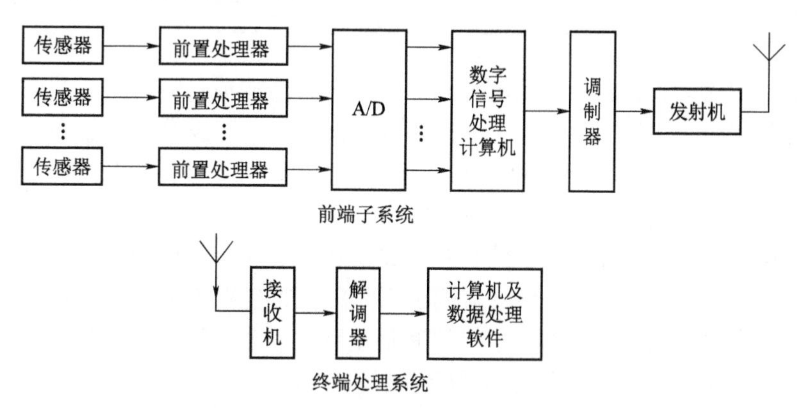

图 6.2.9　声阵列坐标靶系统原理

针对 N 波对传感器的一些指标要求，前端子系统可采用高灵敏度的声传感器。例如可采用如下声传感器。

1）7051A 型压电式压力传感器

该传感器具有体积小（直径为 7 mm）、灵敏度高、频响高的特点，其性能指标为：

灵敏度：12 PC/ kPa；

频响：≥150 kHz；

量程：100 kPa；

过载能力：150% FS；

非线性：≤0.5%；

固有频率：≥200 kHz，

上升时间：≤2 μs；

抗冲击：≥2 000 g。

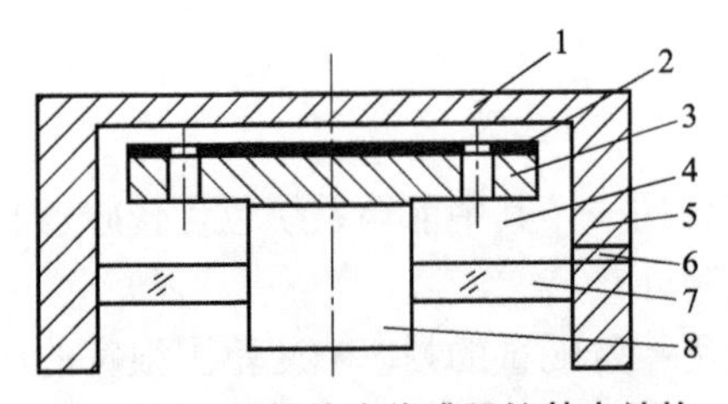

图 6.2.10 驻极体声传感器的基本结构

1—膜片；2—驻极体；3—后极板；4—后腔；5—外壳；6—均压孔；7—绝缘体；8—输出端

2）CHZ－213 型声传感器

CHZ－213 型声传感器为驻极体式声传感器，其测试部分的基本结构如图 6.2.10 所示。驻极体电容型声传感器的工作原理是：当膜片受到声波的压力，并随着压力的大小和频率的不同而振动时，膜片极板之间的电容量就发生变化。与此同时，极板上的电荷随之变化，从而使电路中的电流也相应变化，输出端的负载电阻也就有相应的电压输出，从而完成了声电转换。表 6.2.1 列出了该传感器的相关技术参数。

表 6.2.1 CHZ－213 型声传感器的主要技术参数

使用温度范围	－30 ℃～80 ℃	声场类型	自由场
灵敏度	50 mV/Pa	温度系数	－0.005 dB/℃
频率响应	20～20 k（Hz）	动态范围上限	＞146 dB
极化电压	0 V	本底噪声	＜16 dB
输出阻抗	10 MΩ	压力系数	－0.01 dB/kPa

前置处理器由前置放大器、带通滤波器和后置放大器构成，其作用是放大信号并滤除与信号无关的噪声和杂波、减少 N 波宽度、提高测量精度。带通滤波器的中心频率可取为 60 kHz 左右，对应于 N 波的前后沿，带宽为 10 kHz。这样基本上可滤除绝大部分噪声和杂波。为减少 N 波宽度 t_F 的测量误差，一般将带通滤波器置于两个放大器之间，使 N 波变成两个脉冲，使其后沿的起点对应的也是零电平。这样从理论上讲，如果前后沿在时间和幅度上都是相等的，t_F 测量的系统误差 Δt_F 为零。由于前端子系统的模拟电路部分包含了前置放大器、带通滤波器和后置放大器，为了减少与发射机等其他电路之间相互干扰，工程上一般将整个模拟电路部分设计为一体，以便采取电路的屏蔽措施。

前端数字电路部分包含了 A/D 转换器、数字信号处理计算机，其主要任务是将各路传感器方波脉冲信号通过 A/D 采样转换为数字信号，并采用相应的信号分析软件处理出各路传感器方波脉冲信号的时间差数据，并通过无线传输或有线传输方式传送给终端处理系统，最后由终端处理系统进行相关的计算处理，换算出弹丸的着靶坐标，并以图像的方式显示出来。

前端数字电路部分可采用炮口信号或立靶前端的传感器（天幕靶或声传感器）作为触发信号启动多路 A/D 转换器开始采集数据，由计算机处理出激波到达第 i 个传感器的时间 t_i（$i=1,2,\cdots,n$），将其代入对应声传感器阵列的测试原理方程[例如式（6.2.3）或者式（6.2.8）～式（6.2.10）等]即可用最小二乘法求解出弹丸的弹着点坐标。

§6.3 光电坐标靶

光电坐标靶是根据光电原理给出电信号，按一定的换算关系得出立靶弹着点坐标的一类弹着点坐标测量设备。常见的光电坐标靶有阵列式光电坐标靶、区截光电坐标靶和 CCD 交会光电坐标靶等。

§6.3.1　阵列式光电坐标靶

早期的光电坐标靶都是阵列式光电坐标靶，这种光电坐标靶起源于 20 世纪 80 年代，其结构和工作原理如下。

1. 阵列式光电坐标靶的工作原理

阵列式的光电坐标靶的结构与阵列式光电测速靶相近，其原理结构如图 6.3.1 所示。

图中光电坐标靶由相互正交共面的两组坐标光电测试阵列组成。每组测试阵列由若干个平行光幕单元模块依次拼接而成，每个平行光幕单元模块均包含弹着点坐标测试的平行光幕单元和对应的光电探测器单元，并构成光电发射接收对。图中黑圆点表示光电接收器，方块表示光电发射器，箭头线表示光发射光束。由图可知，两组坐标光电测试阵列按照一定的间隔将靶面分成等距的网格。网格的水平方向以 z 坐标表示，垂直方向以 y 坐标表示。当弹丸穿过光束组成的靶面时，必定遮挡某一水平方向的光束和某一垂直方向上的光束，使得 y 位置和 z 位置对应的光敏探测器件所接收的光通量显著减少，并产生电脉冲信号输出，从而可确定出弹丸着靶的位置坐标（y，z）。

在实际应用中，平行光幕单元多采用激光光幕单元，每个平行光幕单元模块对应一个或多个光电探测器单元模块，如图 6.3.2 所示。每个光电探测器单元模块的位置坐标精确已知（这一点与阵列式光电测速靶不同）。弹着点坐标测试光幕靶由相互正交共面的两组平行光幕测试阵列组成，水平方向的平行光幕对应的探测阵列测试弹丸过靶的纵坐标 y，竖直方向的平行光幕对应的探测阵列测试弹丸过靶的横坐标 z。一般根据所需要的光幕靶面的大小确定两组阵列的平行光幕单元模块的个数。例如 AVL 公司生产的阵列式光电坐标靶的每组阵列有序排列了 200 个光敏探测器件，其发光器件采用光纤构成，各器件之间的距离为 10 mm，构成 2 m × 2 m 的光电坐标靶。

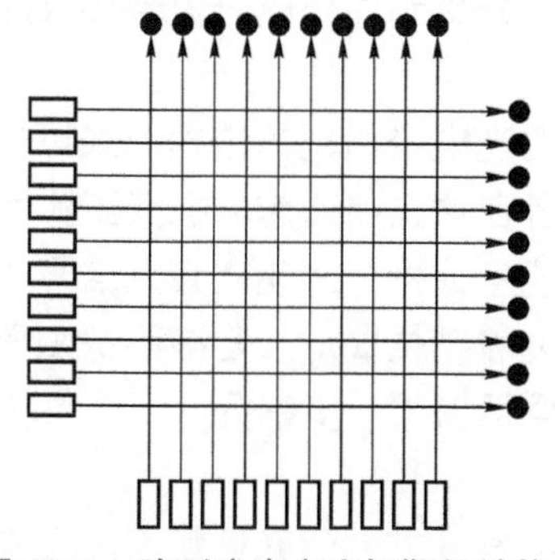

图 6.3.1　阵列式光电坐标靶的结构

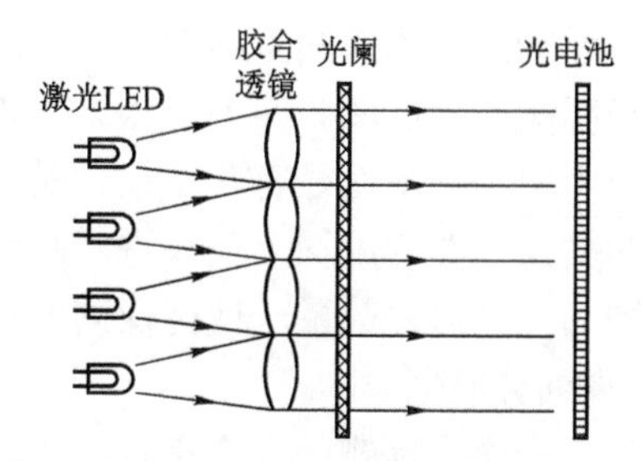

图 6.3.2　平行光幕构成示意

2. 测速、测坐标的光电坐标靶系统

为了测量弹丸的飞行速度和启动光电坐标靶采集数据，有些阵列式光电坐标靶的前面设置了一个产生触发信号的激光光幕靶，这样既可以启动光电坐标靶采集数据，也可以根据区截测速的原理实现弹丸测速。如图 6.3.3 所示，测速靶由启动靶（激光光幕靶）和停止靶（激光光幕坐标靶）组成。这样设置后即构成了具有测速和测坐标功能的光电坐标靶系统，该系统主要由产生数据采集触发信号的激光光幕靶、用于弹着点坐标测试的激光光幕坐标靶和数据采集系统组成。可见，只要把前面的激光光幕靶产生的触发信号作为测速的启动信号，把弹着点坐标测试的激光光幕坐标靶的信号兼作测速停止信号，在启动光幕和停止光幕之间预设一个靶距，根据区截测速原理即可实现弹丸过靶速度的测试。

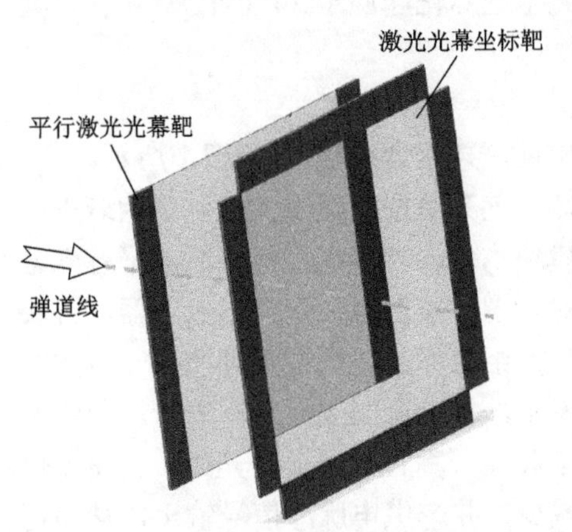

图 6.3.3　测速、测坐标的光电坐标靶系统

当弹丸通过图 6.3.3 所示的测速、测坐标的光电坐标靶系统时，弹丸首先经过测速启动光幕幕面，经过一定的靶距后再经过弹着点坐标测试兼测速停止光幕幕面。弹丸穿过光幕时产生的光通量变化使得光探测器输出电信号，由信号处理电路放大处理该信号并传至数据采集系统，再经过上位机处理得到该弹丸过靶速度和弹着点坐标。在结构上，测试系统采用测坐标激光光幕兼作测速停止激光光幕的方法实现测速、测坐标系统一体化，使结构更简单、紧凑。

弹丸穿过测速启动光幕幕面时，该靶的光电探测器的光电流信号类似弹丸母线的波形，可以利用该信号波形的上升缘启动高速 A/D 采集卡采集数据，并送给计算机进行处理，根据信号波形间的时间间隔 T 和激光幕间的距离 L（拟定为 2 m），由公式 $v=L/T$ 计算得到弹丸过靶速度。由于采用 A/D 采集卡可获取弹丸过靶的电信号波形，计时时刻的选取可根据过靶信号波形选取其前沿或后沿。例如，可选用§3.2.2.3 所述的半幕厚触发技术选取触发时间点，该特征点处正好对应着弹丸底部与光幕中心位置，且光电信号波形的斜率较大，计时误差较小，对应的是弹丸尾部飞离激光光幕厚度中心的瞬间，消除了激光光幕厚度的影响，使测试精度更高。

3. 提高弹着点坐标的测量精度的技术途径

阵列式的光电坐标靶一般采用高频响的光电接收器，其信噪比衡高，响应快，可以满足高射频武器的测量要求。但是，由于这种坐标靶采用分离元件构成光信号接收阵列，所需的分离元件多，分辨率较差，影响系统的测量精度。

为了提高弹着点坐标的测量精度，分析阵列式的光电坐标靶的结构形式可知，其关键在于提高光电坐标靶的分辨率。归纳近年来国内外学者在这方面所作的探索工作可知，提高光电坐标靶的分辨率的技术途径有两条：一是采用光能量分析技术建立弹丸信号幅值与弹丸着靶位置之间的关系，并利用这一关系进一步细分弹丸着靶位置；二是减小探测器件的尺寸和探测视场，增加探测器件数量，使得探测的位置信号得以进一步细分。

1）光能量细分原理

由于阵列式光电坐标靶的每个平行激光幕单元沿宽度方向的光通量密度呈高斯分布，一定直径的弹丸通过光幕的不同横向位置时探测器获取的信号的幅值不同，因此可以通过信号的幅值来细分平行光幕单元宽度范围内弹着点的位置。

为了便于讨论光能量细分原理，这里假设阵列式光电坐标靶平行光幕单元及探测器件的排列方式，如图 6.3.4 所示。图中一个平行光幕单元对应两个光电探测器，为了提高弹着点坐标的测量精度，该测试系统可根据光电探测器得到的信号幅值来细分光通量密度分布不均匀的平行激光幕单元，细分原理见图 6.3.4 所示的平行激光幕单元出射光强度分布曲线及其对应的波形关系。由于激光器输出的激光是高斯光束，根据高斯光束通过理想光学系统的传播规律，高斯光束扩束成平行光幕后沿宽度方向的通量密度分布也为高斯分布，则弹丸穿过光幕的不同位置时会使整个光幕光通量的改变量不同，所以通过光电探测器件将光通量的变化量转化为对应幅值的电压信号，对该信号进行处理计算即可得到弹丸穿过平行激光幕单元的位置坐标。

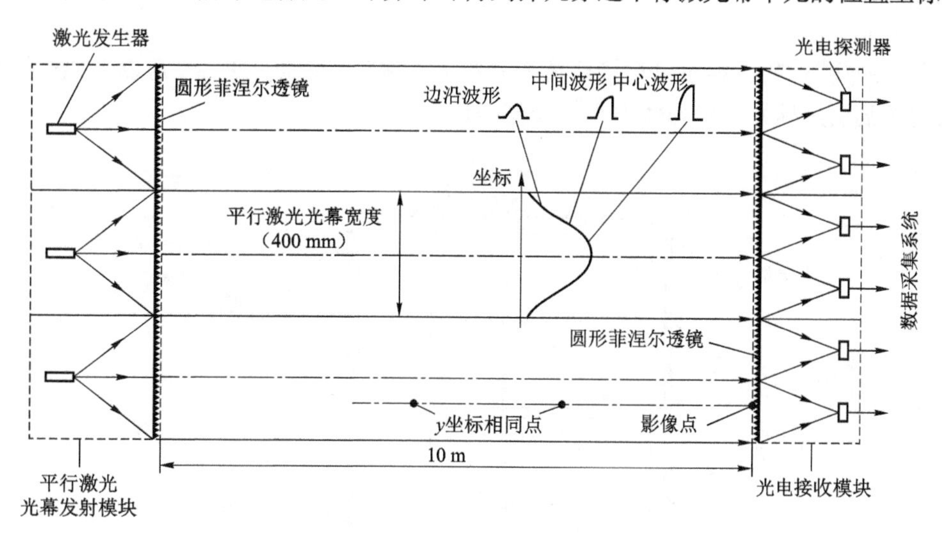

图 6.3.4 平行光幕形成与位置分辨原理

在图 6.3.4 中，针对任意一个平行激光幕的探测单元（即单个光电探测模块）而言，设该单元某点处的激光强度 E 与该点处的位置坐标 z 成函数关系 $E=y(z)$，弹丸穿过光幕时的位置坐标为 z_0，弹丸的直径为 d，则弹丸穿过光幕造成的光通量的变化量为

$$\Delta=\int_{z_0-\frac{d}{2}}^{z_0+\frac{d}{2}}y(z)\mathrm{d}z \tag{6.3.1}$$

上式表明，由于弹丸直径 d 一定，光通量变化量 Δ 与弹丸穿靶位置坐标 z_0 成一一对应关系。由此说明，在保证 $y(z)$ 是单调函数的条件下，只要测量出光通量的变化量，由式（6.3.1）即可计算出弹丸穿过该光幕单元的位置坐标（注意：这里弹丸穿过该光幕单元的位置坐标是指相对于光幕单元的位置坐标，即探测单元的细分位置坐标）。

由于大面积光幕靶面由若干个平行激光幕的探测单元依次拼接形成，且每个单元的位置的定位坐标已知，弹丸穿靶时将会引起所遮光线的部分（通常是 1～2 个或 2～3 个）探测单元的光通量变化，根据对应探测单元的光通量变化量大小的比较分析，由单元光幕细分位置坐标的方法可以精确地测量每个单元光幕上的弹着点坐标。

2）采用线阵 CCD 提高分辨率的方法

由前所述，对于阵列式光电坐标靶来说，提高弹丸着靶位置坐标分辨率的第二条途径是减小探测器件的尺寸和探测视场，增加探测器件数量来细分位置信号，以获得精度更高的位置坐标数据。早期的阵列式光电坐标靶普遍采用减小探测器件的尺寸和探测视场，增加探测器件数量来细分位置信号以提高其分辨率。这种方法在相同面积的靶面条件下，势必需要更多的光电探测器件构成探测阵列，并且要求所有光电探测器件以及相应的信号调理电路的性能参数必须一致。因此，采用上述方法提高弹丸着靶位置坐标分辨率的潜力非常有限，并且它使得阵列式光电坐标靶面尺寸的增大受到较大的制约。近些年来随着高速 CCD

成像器件的发展，由于 CCD 成像器件感光像素点尺寸极小，采用 CCD 成像技术可以大大减少探测单元的数量，并显著提高弹丸着靶位置坐标的分辨率，增大阵列式光电坐标靶的靶面尺寸。图 6.3.5 所示为一种采用线阵 CCD 成像技术提高阵列式光电坐标靶的分辨率和靶面尺寸的光路原理。

由图中的线阵 CCD 相机可直接获得弹丸穿靶图像，在信号处理时，可以直接根据弹丸穿靶图像的像素点坐标处理出弹体中心的着靶坐标。

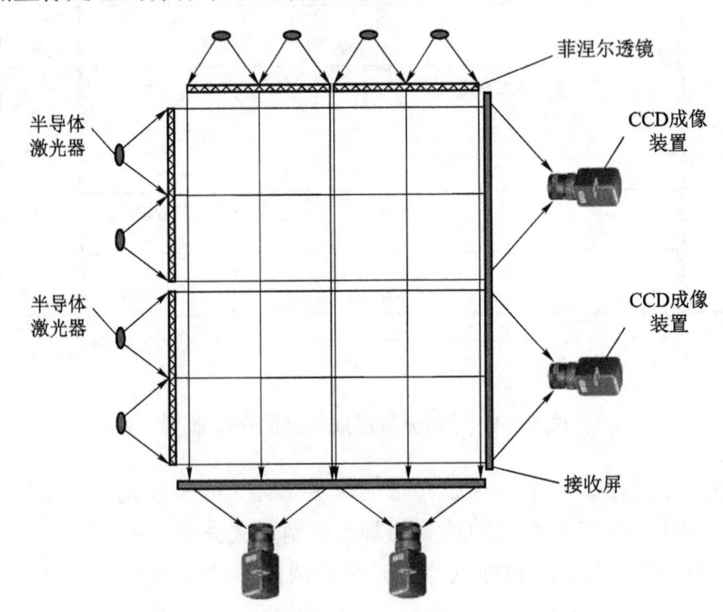

图 6.3.5 线阵 CCD 阵列光电坐标靶光路原理

§6.3.2 区截光电坐标靶

区截光电坐标靶是一种测量弹丸飞过预定靶面坐标的光电装置，它由两种实现方式，一种是由利用自然光在空中形成具有一定几何关系的多个自然光幕（目前有四光幕和六光幕）的天幕靶构成，也称为天幕坐标靶；另一种是利用长条形光源和与光源对应的光电接收器件阵列形成的人工光幕，并将多个人工光幕按照一定的几何关系排列，也称为多光幕坐标靶。当弹丸依次飞过多个光幕时，采集设备记录下弹丸穿过各个光幕的时刻，再配合多个光幕之间的几何参数，求解出弹丸与预定光幕（即测试靶面）的交点坐标。

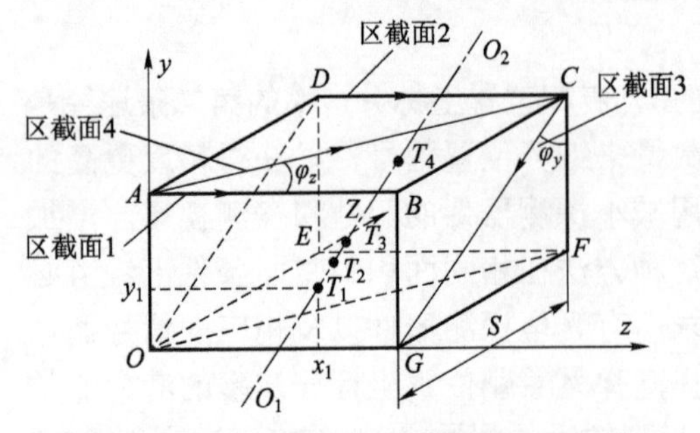

图 6.3.6 4 区截面光电坐标靶的原理结构

最常见的区截光电坐标靶在理想条件下的结构由 4 个区截面构成，如图 6.3.6 所示。图中，平面 $AOGB$ 构成区截面 1，平面 $ACFO$ 构成区截面 4，平面 $DCGO$ 构成区截面 3，平面 $DCFE$ 构成区截面 2。图中，点画线 O_1O_2 为预定弹道，区截面 1 与区截面 2 相互平行，并与预定弹道方向 x 垂直，区截面 1 和区截面 2 之间的理论距离为 L。区截面 1 与区截面 4 的夹角为 φ_z，区截面 3 与区截面 2 的夹角 φ_y。

为了清楚起见，将图 6.3.6 表示为正视图和俯视图，如图 6.3.7 所示。图中区截面 1 和区截面 2 相互平行，并垂直于弹道线，两者之间的距离（靶距）为 L，区截面 3 与弹道线之间的夹角为 $\frac{\pi}{2}-\varphi_y$，区截面 3 与弹道线之间的夹角为 $\frac{\pi}{2}-\varphi_z$；区截面 1、区截面 2、区截面 3 组合构成 y 坐标测量系统，区截面 1、区截面 2、区截面 4 组合则构成 z 坐标测量系统；通过测量弹丸穿过各区截面的时间 T_y、T_z 和 T，由下式即可计算出着靶坐标（y，z）和着靶速度：

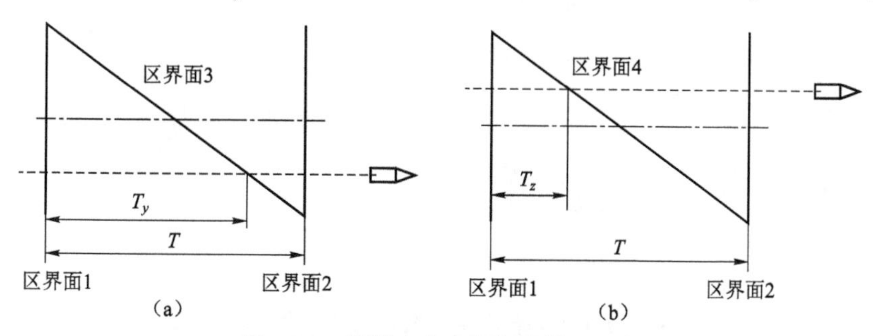

图 6.3.7　区截光电坐标靶区截面示意

（a）正视图；（b）俯视图

$$\begin{cases} y = L\left(\dfrac{T_y}{T}-\dfrac{1}{2}\right)\tan\left(\dfrac{\pi}{2}-\varphi_y\right) \\ z = L\left(\dfrac{T_z}{T}-\dfrac{1}{2}\right)\tan\left(\dfrac{\pi}{2}-\varphi_z\right) \\ v = \dfrac{L}{T} \end{cases} \tag{6.3.2}$$

式中，L、φ_y 和 φ_z 分别为为已知的靶面结构参数。

区截光电坐标靶系统的测试精度较高，例如奥地利 AVL 公司的 B570 Optical Scoring System 光电坐标靶采用多光幕测试法，其测速范围为 70～2 000 m/s，靶区面积为 400 mm × 400 mm，精度可达 2 mm。国内的西安工业大学的四光幕交会立靶精度测试系统的有效靶区面积为 1 m × 1 m，精度可达 3 mm。

一般在室内（靶道）条件下，区截坐标靶多采用四个测速光幕靶，按图 6.3.6 的形式组合构成。这种测试系统主要由 4 个测速光幕靶、光幕靶固定靶架、信号处理装置、远程计算机和瞄准指示装置等几部分组成，将 4 个光幕靶以交会的方式固定在靶架上，每个光幕靶可由红外发射管、光阑、光敏二极管阵列接收器件及有关结构组成。

在野外试验条件下，区截坐标靶多采用四个天幕靶按图 6.3.8 的形式组合构成。

由于试验现场布靶条件的限制和射击跳角等多个因素的影响，在实际应用中，只能近似满足图 6.3.6 所示的理想条件，只能保证各个光幕之间的几何关系在区截光电坐标靶完成装配调试后就被确定下来，所以计算弹着点坐标时需要输入的变量就是弹丸穿过各个光幕的时刻和靶距以及幕形结构参数。

应该说明，由于射击跳角等因素的影响，在实际操作中无法保证四光幕区截光电坐标靶的靶 1 和靶 2 与弹道线完全垂直，这种不垂直量带来的误差是可以忽略的。近年来，国内有关单位提出了六光幕测试方法，这种方法在测出弹丸的着靶坐标和着靶速度的同时，还可以测出弹丸速度的方向（即测出弹道倾角和弹道偏角）。图 6.3.9 所示为一种六光幕区截光电坐标靶的原理结构，图 6.3.10 所示为相应的正视图（*xOy* 平面投影）和俯视图（*xOz* 平面投影）。

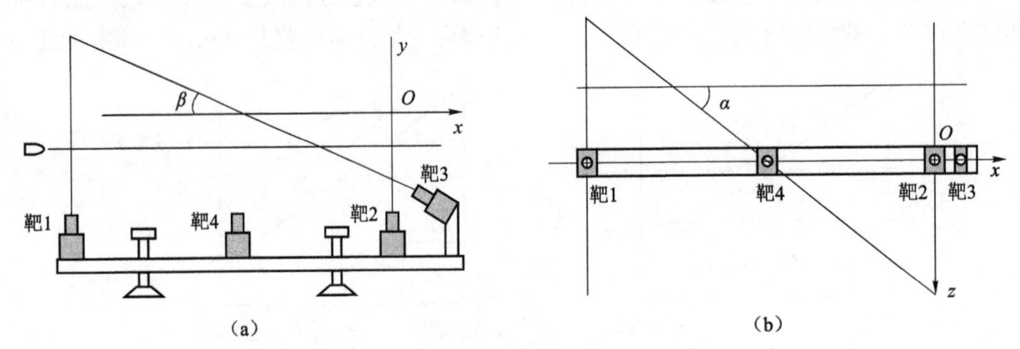

图 6.3.8　4 个天幕靶组合区截光电坐标靶的架设示意

（a）正视图；（b）俯视图

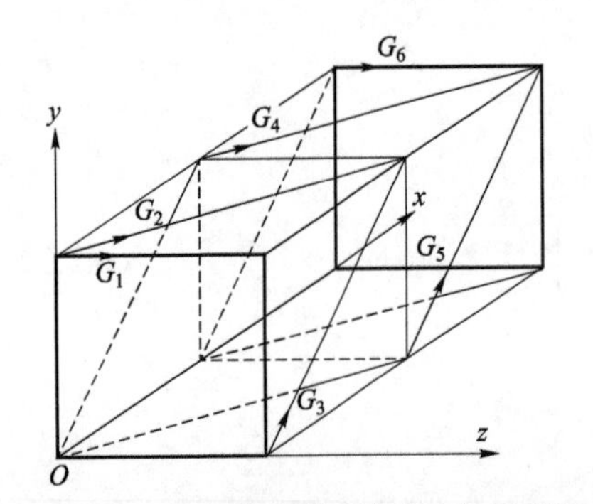

图 6.3.9　六光幕区截面光电坐标靶原理

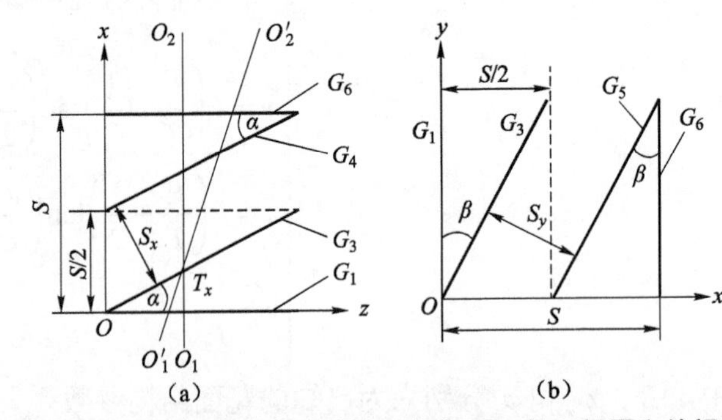

图 6.3.10　六光幕区截面光电坐标靶原理的正视图和俯视图

（a）正视图；（b）俯视图

由图可以导出弹丸的着靶坐标、速度、弹道倾角和弹道偏角的计算公式（推导过程详参见参考文献［48］等）：

$$
\begin{cases}
\theta = \arctan \dfrac{2(t_5 - t_3) - (t_6 - t_1)}{2(t_5 - t_3)\tan\beta} \\
\varphi = \arctan \dfrac{2(t_4 - t_2) - (t_6 - t_1)}{2(t_4 - t_2)\tan\alpha} \\
y = \dfrac{S(t_3 - t_1)\cos(\beta + \theta)}{(t_6 - t_1)\sin\beta\cos\theta} \\
z = \dfrac{S(t_2 - t_1)\cos(\alpha + \varphi)}{(t_6 - t_1)\sin\alpha\cos\varphi} \\
v = \dfrac{S}{(t_6 - t_1)\cos\varphi\cos\theta}
\end{cases} \tag{6.3.3}
$$

由于图 6.3.9 所示的天幕坐标靶结构较复杂，体积较大，在野外试验条件下使用不太方便，近年来新设计的天幕坐标靶将 3 个区截面(天幕靶光幕)集成在一个天幕靶箱体内,如图 6.3.11 所示。采用这种天幕坐标靶进行弹丸着靶坐标测量，需要两套“N”形区截面（即 6 个区截面），按测速天幕靶的布置方式将两台相同的“N”形天幕坐标靶以一定的靶距 L 分开布置构成测试系统（图 6.3.12），即可完成武器系统的立靶坐标测试。可见，这种天幕坐标靶结构的光电坐标靶所构成的“N”形区截面结构与图 6.3.6 所示的理想“N”形结构已大相径庭，式（6.3.2）不成立。由于图 6.3.11 所示的天幕坐标靶在结构上三个区截面对称布置，其幕面交于一点延伸形成，因此可以假设 O_1 和 O_2 点分别为靶 1（区截面 M_1,M_2,M_3）和靶 2（区截面 M_4,M_5,M_6）的区截面交点。

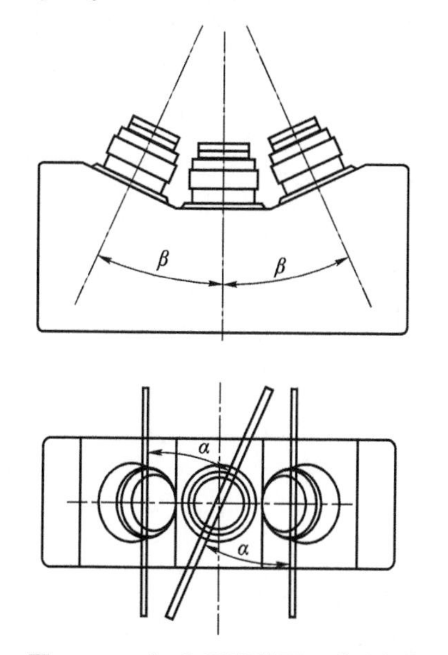

图 6.3.11　“N”形区截面天幕坐标靶

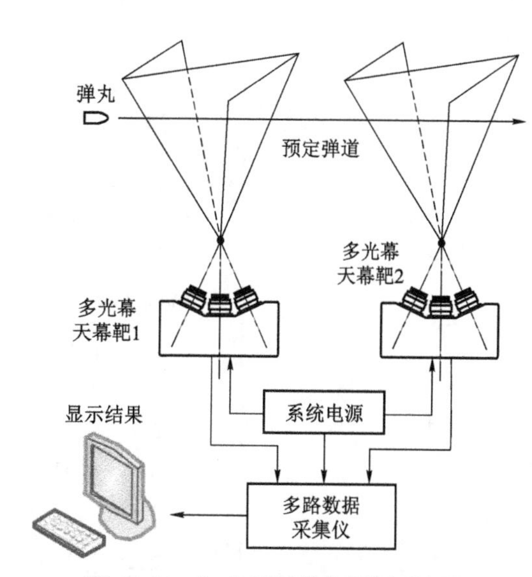

图 6.3.12　“N”形天幕坐标靶测试原理

基于上述场地布置，图 6.3.13 列出了具有规则几何关系的“N”形结构的正视图和俯视图。这里的规则几何关系是指用水平面在任一高度截取两个“N”形光幕时，与 M_1 和 M_3 所得交线平行。亦即，在这种布置条件下的正视图可表示为图 6.3.13（a），任一高度截取的水平面形成的两个“N”形区截面俯视图可表示为图 6.3.13（b）。图中 $M_i\ (i=1,2,\cdots,6)$ 分别代

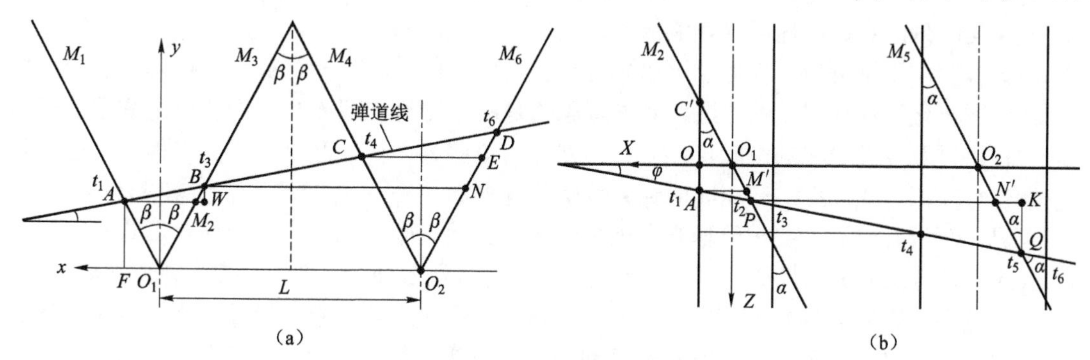

图 6.3.13　“N”形光幕投影示意

（a）正视图；（b）俯视图

表第 i 个区截面。区截面 M_1 和区截面 M_3，区截面 M_4 和区截面 M_6 关于中间平面对称，且与中间平面的夹角为 β［图 6.3.13（a）］，区截面 M_2 和区截面 M_5 与中间平面（yOz）的夹角为 α［图 6.3.13（b）］。

图中角度 β 是光幕 M_1 和 M_3 与平面 xOy 之间的夹角，L 为靶距，两者是光幕阵列的结构参数，为已知量；A 点为实际弹道线与第 1 个光幕的交点（即弹丸穿过该点），其坐标为 A（x_1, y_1, z_1）。将弹丸穿过光幕 i 的时刻的时间测试值表示为的 t_i（$i = 1,2,\cdots,6$）。若弹丸穿过第 1 个光幕的信号计时启动信号，则对应的时刻 $t_1 = 0$。设弹丸速度矢量为 v，其在 3 个坐标轴上的分量为 v_x、v_y、v_z，弹道倾角为 θ，弹道偏角为 φ。根据图 6.3.13 的几何关系，参考文献［46］利用解三角形法导出了弹丸着靶坐标、弹丸速度、弹道倾角和弹道偏角的计算公式如下：

$$\begin{cases} x = -\dfrac{Lt_3}{2(t_6 - t_3)} \\ y = \dfrac{L \bullet t_3}{2\tan\beta(t_6 - t_3)} \\ z = \dfrac{L}{\tan\alpha}\left(\dfrac{t_2}{t_5 - t_2} - \dfrac{t_3}{2(t_6 - t_3)}\right) \\ v_x = \dfrac{L(t_6 + t_4 - t_3)}{2t_4(t_6 - t_3)} \\ v_y = \dfrac{L(t_6 - t_4 - t_3)}{2t_4(t_6 - t_3)\tan\beta} \\ v_z = \dfrac{L}{2\tan\alpha}\left(\dfrac{t_5 - 2t_4 - t_2}{t_4(t_5 - t_2)} + \dfrac{1}{t_6 - t_3}\right) \\ \tan\theta = \dfrac{v_y}{v_x} \\ \tan\varphi = \dfrac{v_z}{v_x} \end{cases} \tag{6.3.4}$$

利用式（6.3.4）可将图 6.3.13 所示的天幕坐标靶测试的时间数据 t_i（$i = 1,2,\cdots,6$）换算为弹丸穿靶时刻的坐标、速度等弹道状态参数。

应该说明，采用解析几何方法可以更好地实现弹丸的着靶坐标计算。解析几何法是一种将几何问题转化为代数问题的方法，其求解思路是：首先建立图 6.3.13 中各个区截面的空间平面方程，以及弹道迹线的空间直线方程，然后将这些方程构成联立的代数方程组，通过联立求解计算获得与式（6.3.4）相同的弹丸着靶位置坐标（x_1, y_1, z_1）等弹道状态参数。

可见，解析几何法不要求天幕光电坐标靶的区截面规则布局，适用于任意形式的平面布局，因此这种方法的适用性更加广泛。事实上，只有各区截面之间具有简单、规则（如平行、对称、通过坐标系原点等）的几何关系时，用解三角形法求解弹着点坐标才比较容易，且能得到形式简单的坐标测量公式。若 6 个区截面任意布置，各个区截面之间没有明确的几何关系，则只能利用解析几何法建立各个区截面的空间平面方程和弹道迹线方程的联立方程。此时，可将求解过程编制成计算机程序，计算弹丸穿过预定区截面的弹着点坐标。

近些年，针对室内的试验条件和降低测试成本的需求，有人提出了一种将阵列式坐标靶测试原理与区截面坐标靶测试原理相结合的形式，称为阵列反射式光电坐标靶，其原理结构如图 6.3.14 所示。

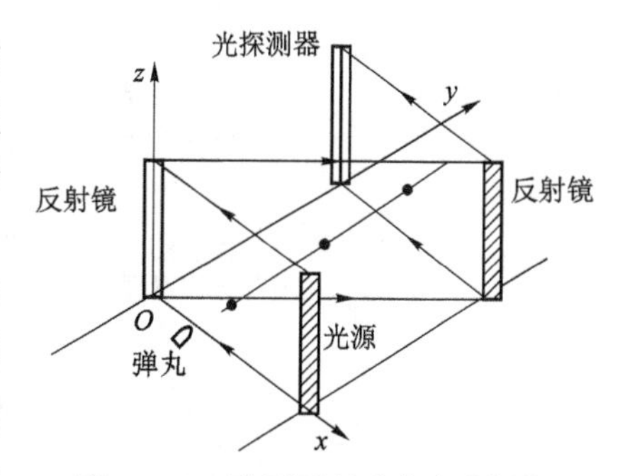

图 6.3.14　阵列反射式光电坐标靶

这种光电坐标靶采用类似阵列式光电坐标靶的单排坐标光电测试阵列结构（参见图 6.3.2），其条状阵列光源经两面条形表面反射镜反射后，形成“N”形区截面，实现了对弹丸等飞行目标的测速及着靶坐标测量。其优点是结构简单、解算方便、成本较低；其缺点是架设安装较复杂，光路要求较高，适用于室内固定点测速、测坐标。

§6.4　线阵 CCD 坐标靶

CCD（Charge Coupled Devices）电荷耦合器件，是 20 世纪 70 年代初发展起来的新型半导体器件。它由美国贝尔实验室的 W.S.Boyle 和 G.E.smith 于 1970 年首先提出，在经过了一段时间的研究之后，他们建立了以一维势阶的模型为基础的非稳态 CCD 基本理论。40 年多来，CCD 的研究取得了惊人的进展，特别是在像感器应用方面发展迅速，已成为现代光电子学和现代测试技术中最活跃、最富有成果的新兴领域之一。CCD 应用技术是集光学、电子学、精密机械及微计算机技术为一体的综合性技术。由于 CCD 器件具有尺寸小、重量轻、功耗小、噪声低、光谱响应范围宽、几何结构稳定、工作可靠等优点，近些年来，CCD 器件正越来越多地应用于靶场光学测量，以 CCD 芯片为光敏感器件的新型光测设备已经成为靶场光测的主力设备。利用线阵 CCD 相机交会测量弹丸脱靶量的立靶坐标测量系统在靶场已经得到了广泛的应用，其以非接触式光学方法代替靶场原有的实物靶进行射击精度鉴定。

§6.4.1　线阵 CCD 的基本工作原理

电荷耦合器件的突出特点是以电荷作为信号，而不同于其他大多数器件是以电流或者电压为信号。CCD 的基本功能是电荷的存储和电荷的转移。因此，CCD 的工作过程主要是信号电荷的产生、存储、传输和检测。CCD 以传输沟道的不同分为两类，即面沟道 CCD（Surbace-Channel CCD，SCCD）和埋沟道 CCD（Buried-Channel CCD，BCCD）。构成 CCD 的基本单元是 MOS（金属–氧化物–半导体）结构。当入射光照射在光电转换部分的光电二极体上时，光电二极体 D 将光信号转换成电荷信号，并储存在 MOS 电容 C 上。被储存下来的信号电荷通过转移栅，从光电二极体转移到 CCD 模拟移位寄存器内，然后经过移位传送到输出部，输出部分便依信号电荷量的大小而转换成输出电压。因此，CCD 图像传感器包括三个部分：感光部、传送部和输出部，如图 6.4.1 所示。图中列出了 4 个感光像素，在同一移位（SHIFT）脉冲的作用下，并行将各个像素上的电荷量输入串行移位电荷存储器，然后在移位脉冲的作用下逐次移位输出。

感光部分主要包括 2 048 个感光像素，每个像素约为 14 μm × 14 μm，它的主要功能是将光信号转换成电信号，并且能将转换后的电荷信号累计储存。

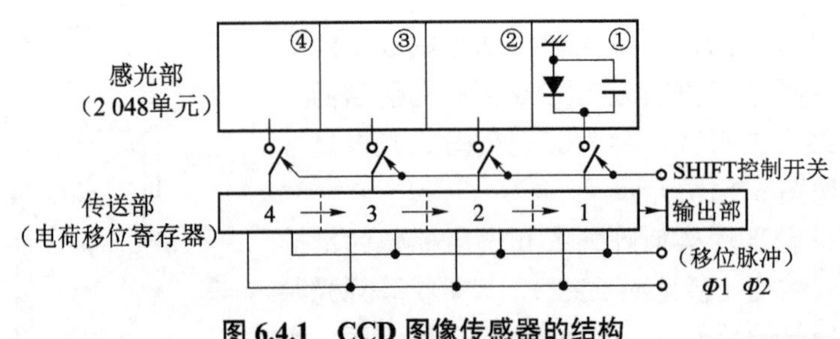

图 6.4.1　CCD 图像传感器的结构

图 6.4.2 所示为感光部分的等效电路。其由光电二极体 *D*，MOS 电容 *C* 和 SHIFT 控制开关（SH）构成。光信号通过光电二极体 *D* 转换成电信号并在电容 *C* 上形成电荷，然后通过 SHIFT 控制开关将此电荷信号转移到电荷存储器（模拟移位寄存器）。

传送部分的主要功能就是实现电荷信号的串行移位，即将 CCD 的模拟信号寄存器中的电荷量，在移位脉冲的作用下逐次转送到输出部分，因此输出方式为串行。根据 CCD 种类的不同，可将之分为二相驱动、三相驱动和四相驱动。

输出部分的主要功能是对串行移位存储器输出的电荷信号进行放大和阻抗变换（即电荷放大器），在此部分中最主要的是 RESET（复位）脉冲，它的主要功能是将电荷放大器的输入端清零，也就是说，在第一个像素的电荷信号放大完成后，第二个像素的电荷信号未到来之前使电荷放大器的输入端复位，为下一个像素的电荷信号放大输出作准备。图 6.4.3 所示为输出部分的构成和工作原理。

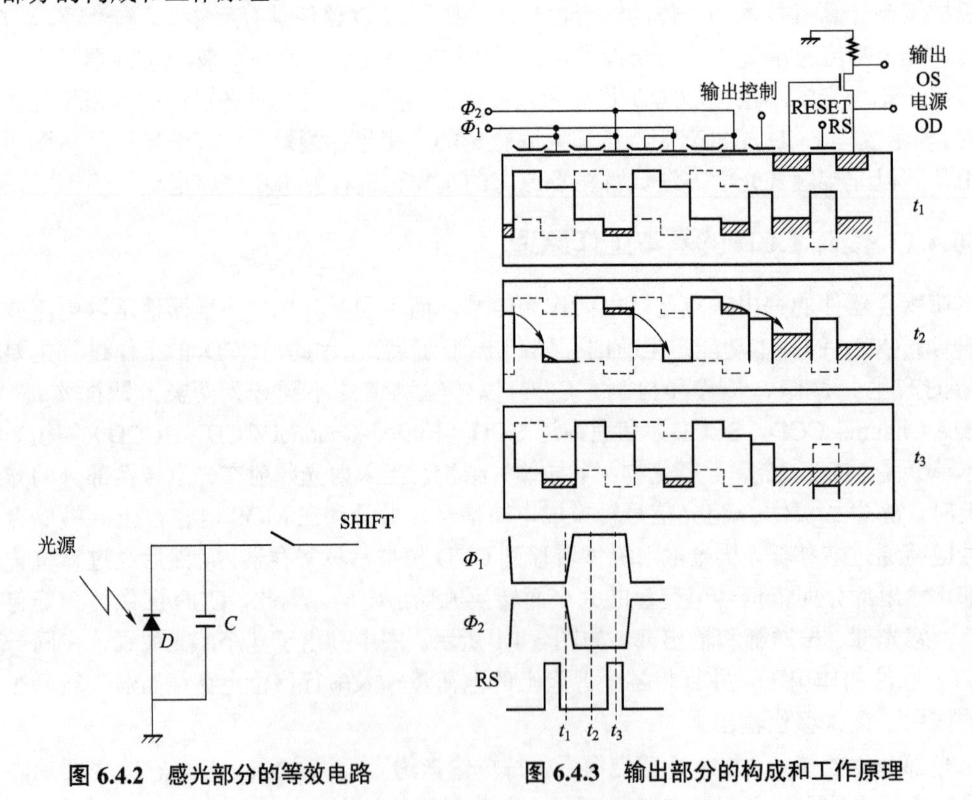

图 6.4.2　感光部分的等效电路　　**图 6.4.3　输出部分的构成和工作原理**

图 6.4.4 所为 ILX511 线阵 CCD 的内部结构，该线阵 CCD 器件的有效像元数为 2 048 个，

CCD 通过模拟移位寄存器在 V_{OUT} 引脚串行输出信号到后续电路。V_{0UT} 以 2.8 V 为基准，输出表征光照强度的模拟电压值，该电压值能够满足后端模数转换器的输入范围，故应用该 CCD 时可将 SHSW 与 GND 直接相连，ILX511 使用内部采样保持模式的输出信号。

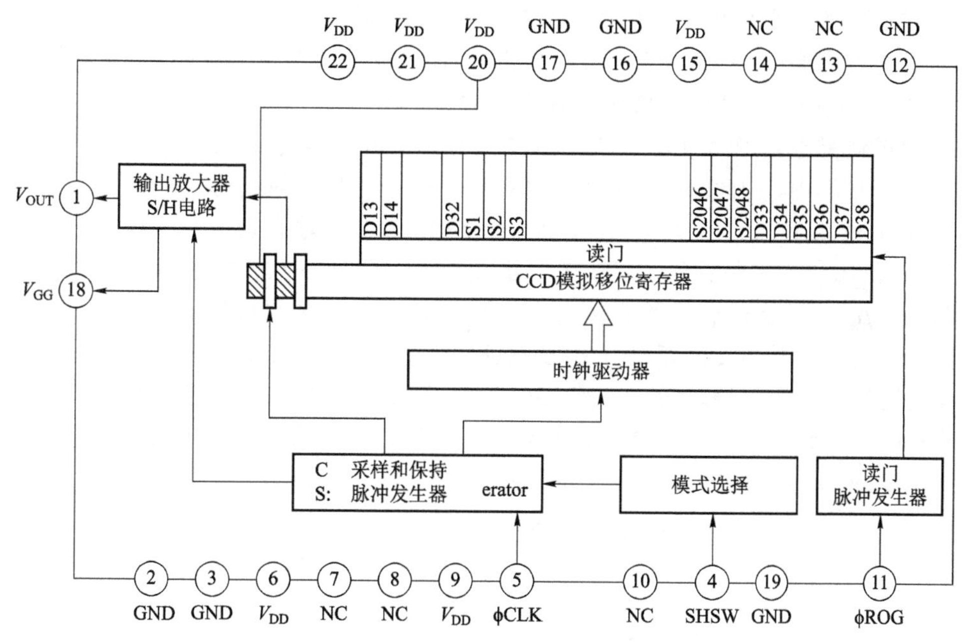

图 6.4.4　ILX511 线阵 CCD 的内部结构

§6.4.2　线阵 CCD 立靶坐标测量系统

线阵 CCD 立靶坐标测量系统以 CCD 作为成像传感器，通过三角交会测量原理计算得到弹丸穿靶时刻的空间坐标。它克服了原始测量方法工作量大、坐标给出滞后、测量准确度低等缺点，对于提高靶场武器鉴定测试水平具有重要的意义。作为自动化测量设备，目标捕获成为评价这种测量系统的关键指标。

1. CCD 立靶坐标测量系统的构成与测量原理

CCD 立靶坐标测量系统由测量单元和中心控制单元组成。测量单元由在同一基线上布设的两台或多台线阵 CCD 相机经纬仪组成，如图 6.4.5 所示。

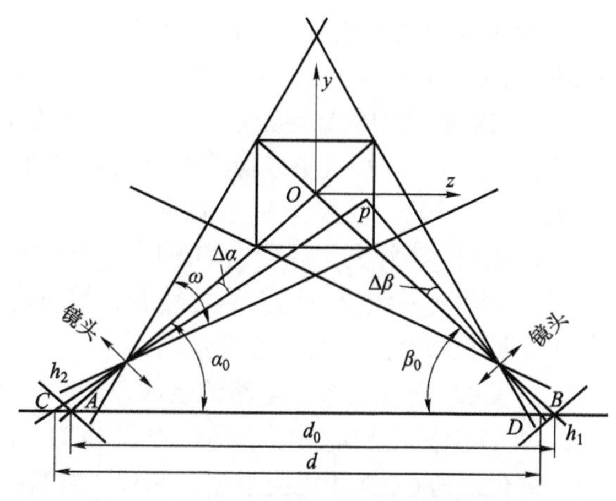

图 6.4.5　CCD 立靶坐标测量系统的构成

图中两台 CCD 相机经纬仪分别位于 *A*、*B* 两点，且 CCD 相机经纬仪 *A* 与 CCD 相机经纬仪 *B* 的镜头主光轴相交，其视场相交的空间构成的平面共视区域，称为坐标靶的靶面。当有目标穿过该靶面时，目标分别成像于各台线阵 CCD 相机上。目标在靶面上的成像坐标根据各 CCD 相机观测的仰角和所在位置的坐标，利用光学交会原理即可换算出目标穿过靶面的位置坐标。

由于两台线阵 CCD 相机视场交会，任何通过这一平面共视区域的目标都会同时成像于两台 CCD 相机。CCD 相机 A、B 的位置坐标已知，若将从各台相机采集的视频信号转换为数字信号，通过信号处理可得出目标相对于 CCD 相机 A、B 的高角，利用类似第 5 章所述的交会测量原理即可得出通过点的位置坐标。根据这一原理，可利用两台线阵 CCD 相机视场交会构成的“CCD 光电靶面”，代替实物立靶测量弹丸的着靶坐标。

按照立靶侧弹着点坐标原理，图 6.4.5 中两台 CCD 相机定位仪 A、B 应设置在与弹丸射向垂直的同一平面内。由此，设相机 A 和 B 在以靶心 O 为坐标原点的立靶坐标系 $O-yz$ 中的位置坐标分别为 $A(y_A,z_A)$ 和 $B(y_B,z_B)$，两 CCD 相机的主光轴 OA、OB 与基线 AB 之间的夹角分别为 α_0、β_0，由电子测角仪来标定。可见，改变两 CCD 相机的距离 (z_A-z_B) 的绝对值大小和 α_0、β_0，可形成不同形状和大小的测量靶面。设某目标穿过靶面任一点坐标为 $p(y,z)$，α、β 分别为 CCD 相机 A 和 B 对应于 p 点的仰角，p 点经镜头与两主光轴 OA、OB 之间的夹角分别为 $\Delta\alpha$ 和 $\Delta\beta$，p 点在两 CCD 光敏面上的成像长度分别为 h_A、h_B，下标 A、B 分别代表位于 A、B 处 CCD 相机的数据。设两 CCD 相机镜头的焦距均为 f，CCD 单个像元尺寸为 $w\times w$。由图中的几何关系可以导出

$$\begin{cases} z=\dfrac{z_A\tan\alpha-z_B\tan\beta+y_B-y_A}{\tan\alpha-\tan\beta} \\ y=y_A+z\tan\alpha-z_A\tan\alpha \end{cases} \tag{6.4.1}$$

式中，$\alpha=\alpha_0-\Delta\alpha$，$\beta=\beta_0+\Delta\beta$，$\Delta\alpha=\arctan(h_A/f)$，$\Delta\beta=\arctan(h_B/f)$。

其中，h_A、h_B 的计算公式为

$$h=n\cdot w \tag{6.4.2}$$

式中，若以靶心像素点为零位置，n 即为 CCD 中的弹丸图像中心像素点到靶心零位置像素点的像元数编号（数值上为两者之间排列的像元数加 1），弹丸图中心像元数在主光轴上方时 n 取正，在下方时 n 取负。

从式（6.4.2）可以看出，确定像元数 n 需先确定线阵 CCD 的靶心位置。在实际测量中，由于安装误差以及相机本身的系统误差，CCD 相机镜头的两光轴的交点不可能正好落在两 CCD 相机的中垂线上，因此测试前需对 CCD 光靶靶心进行标定，以准确地确定光靶靶心位置。在实际测试中的标定方法是，在 CCD 的交会视场中心，放置一个立体靶标，当移动此标定物体在两 CCD 相机中成像的位置均为 CCD 传感器的中心位置时，则此标定物所在的位置即为靶心，亦即在立靶坐标系的原点。

射击时，在弹丸穿越靶面的瞬间，两个测量单元中的 CCD 相机捕获到弹丸目标形成目标信号，由数传系统将目标信号传输到计算机，由计算机按上面的方法对数据进行处理，即可得出不同靶面上弹丸的弹着点坐标。

2. CCD 坐标靶系统电路的组成及工作原理

CCD 坐标靶测量系统由两台线阵 CCD 相机（可见光或红外波段）、两台信号处理微机组成。每台线列 CCD 相机由小型经纬仪、瞄准镜、光学镜头和 CCD 敏感探测器件等部分组成。图 6.4.6 所示为某线阵 CCD 相机系统的电气构成与工作原理。

图中，由单片机通过定时器产生脉宽调制信号，经电压转换后驱动线阵 CCD 扫描输出表征光照强度的模拟电压信号，再由数据处理与存储模块将该信号转换为数字信号存储，然后再由单片机经通信接口将该数字信号传送给计算机进行图像信号的分析处理。

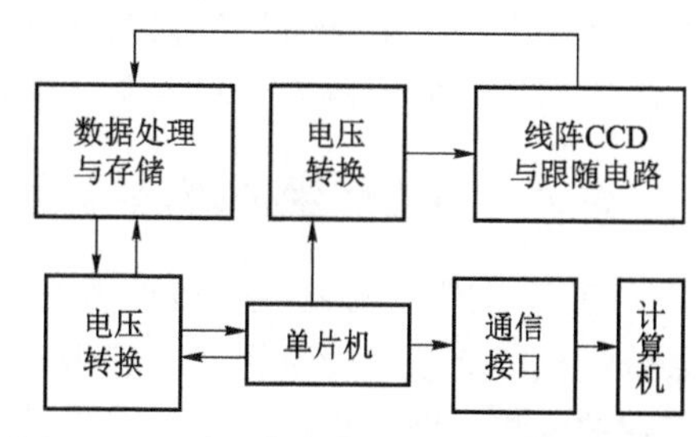

图 6.4.6　CCD 相机的电气构成与工作原理

CCD 敏感探测器件采用索尼公司 ILX511 还原型线阵 CCD，该 CCD 内置时钟发生器与保持电路，具有易于操作等特点。硬件电路主要由线阵 CCD 与跟随电路、数据处理与存储、电压转换和单片机（图中采用了 MSP430）等部分组成。软件由初始化程序、数据处理与存储程序、通信接口程序等部分构成。在线阵 CCD 相机与 A/D（模/数）转换芯片之间设置有电压跟随器，以实现阻抗匹配。

数据处理与存储部分主要采用 A/D 转换芯片将线阵 CCD 输出的表征光照强度的模拟电压信号转换为数字信号。由于 A/D 转换芯片的位数对图像的分辨率影响较大，A/D 的位数的选择可依据输入信号的动态范围和分辨率要求来确定。一般选择有效位数在 10 位以上的模/数转换器即可满足要求。A/D 转换器的输出数据通过通信接口（例如，采用 RS232 接口）送入上位机。为了使得 A/D 产生的数据流速率（12 Mb/s）与通信接口的通信速率匹配，A/D 转换器输出的数据应先存入数据缓冲器 FIFO 中，然后再向下一级传输。实际电路采用了总线电平转换芯片，以保证单片机所需的供电电压与 CCD 和 FIFO 及运放部分的供电电压的逻辑电平匹配。

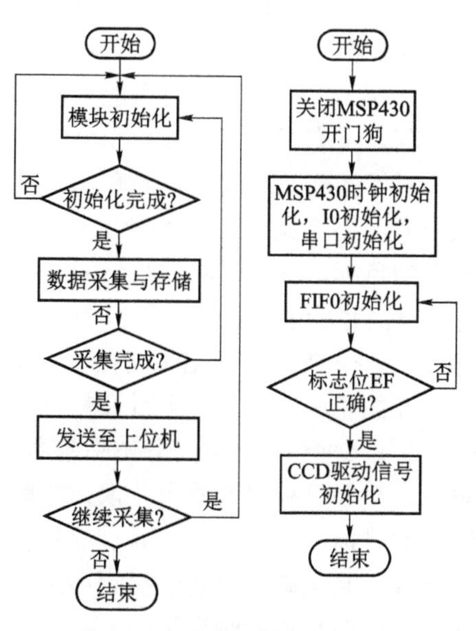

图 6.4.7　单片机的程序流程

单片机作为主控芯片对电路产生驱动信号，通过定时器产生脉宽调制信号。FIFO 存储寄存器的输出结果通过电压转换后并行连接到单片机 IO 接口。单片机程序主要由初始化模块、数据采集与存储模块和通信模块组成。程序流程如图 6.4.7 所示。

通信模块主要通过单片机的中断完成发送数据到计算机的功能。通信模块在 A/D 将 CCD 输出全部转换成数字信号数据，并将 FIFO 存储寄存器存满后，即触发单片机的外部中断服务程序。单片机产生串口接收中断后，判断是否进行重新发送、继续采集。

信号处理计算机由微机和插于微机内的 GPS 时统接收卡组成。微机的主要功能是实时采集 CCD 相机的数字视频信号和目标的角度信息，事后两台微机交会给出目标位置信息。GPS 时统接收卡提供 CCD 相机的帧同步信号，保证两台 CCD 相机的同步拍摄，只有两台 CCD 相机同步拍摄，交会出的目标位置才有实际意义。

由于工作在可见光波段的线阵 CCD 坐标靶测量系统在靶场中的使用和对目标的测量需要在白天且背景变化不大的时间段进行，且两台相机对目标的观测方向与太阳的夹角不一致，使用时需要分别设置两台相机的摄影参数。针对这种情况，国内也有单位提出采用红外线阵 CCD 相机作为成像探测器的方法，组成红外立靶坐标测量系统，以实现对目标的全天时测量。

由于红外探测主要针对目标自身的红外辐射，对光照度的要求相对较低，使用时不用考虑两台相机对目标的观测方向与太阳的夹角不一致的问题，相机参数设置更加简单。

§6.4.3 CCD 坐标靶系统特性对测试过程的影响

CCD 立靶坐标测量系统性能的优劣取决于系统测试捕获率的高低。CCD 立靶坐标测量系统测试的捕获率受目标检测和识别率的影响，其中目标检测率主要受目标区别于背景信号差别的影响，而目标识别率主要受获得的目标特性信息量的多少及其准确度的影响。目标信号和背景信号的大小均与光照情况及其变化、有效成像时间、目标距离和相机特性等因素有关。目标的成像特性、假目标特性和视频处理识别能力等因素在很大程度上影响着目标识别率。与捕获相对应，目标信号太弱、假目标、噪音干扰、处理方法不当等原因可能造成系统进行错误的捕获，此时 CCD 测量数据的质量将下降，并对测量数据的有效性产生不利影响。为了加深理解，下面进一步介绍 CCD 坐标靶系统特性对测试过程的影响。

一般来说，CCD 坐标靶测量系统在测试中能否获取有效数据取决于目标能否成像和目标图像的有效识别，前者主要取决于目标穿靶时刻天空背景光亮度与目标亮度的对比度的大小，目标亮度代表了照射在目标上的散射光的强度。

在背景光照一定的情况下，目标与背景信号差值越大，CCD 坐标靶系统测试数据的可靠性越高。由于 CCD 相机是测量系统的核心部件，是进行光电转换及实现目标位置探测的传感器件。它的光谱响应范围、动态范围、灵敏度、噪音光强、线扫描周期、像元尺寸及数量等是系统使用中的关键要素。因此，在实际测试中，必须考虑坐标靶系统的 CCD 相机特性。

由于 CCD 的电荷积累、转移均有时间限制，CCD 相机允许的正常使用的线扫描速率范围有限，因此目标穿靶存在两种情况：一种情况是目标在一次积分时间内全程曝光，目标信号在其他条件不变的情况下可达到最大值；另一种情况是目标在一次积分时间内可能只在部分时段曝光。显然，后者在一次积分内既有目标能量参与积分，又有背景能量参与积分，从而使得目标信号与背景信号差值减小、信噪比降低，不利于目标捕获。因此，针对靶场测试对象是高速目标的特点，CCD 坐标靶测量系统应采用高速相机，尽量避免后一种情况发生，使得目标穿靶时间与相机积分时间匹配。对于穿靶时间极短的目标，穿靶时间远小于积分时间，此时应使减少两次扫描之间的非积分时间空白，以避免造成目标漏捕。

CCD 相机像元尺寸的大小决定了其所能接收的光能量的多少。在目标穿靶时间较长（大于 2 倍的积分时间），目标成像尺寸较大的情况下，大尺寸像元的相机有利于扩大目标与背景的差值，便于目标检测。像元的尺寸与空间分辨率相对应，像元尺寸越小，空间分辨率越高，但是尺寸小受照面减小，除非器件的灵敏度提高，否则难以满足弱目标探测要求。像元数量与靶面的视场、光学系统的像空间焦距要匹配，保证穿过靶面的目标均能被 CCD 相机探测到。CCD 相机灵敏度越高，表示相机所能探测到的最小光能量越小，高灵敏度有利于探测小尺寸高速目标。CCD 相机的光谱响应范围，特别是峰值光谱响应范围应与被检测目标的反射光谱相吻合，保证在目标反射光强一定的情况下 CCD 相机获得最大的信号响应值。系统在使用过程中也应适时调整相机光圈的大小，以使目标信号和背景信号始终处于相机的线性放大区内，避免能量太弱造成信号损失或者能量太强造成信号饱和。

CCD 坐标靶系统的视频处理能力也是系统的重要特性，当目标穿靶的图像数据由相机和处理器获得后，需要由计算机进一步识别处理才能得到目标数据。靶场所用的 CCD 坐标靶系统需要测量的目标直径范围从几毫米到几百毫米，系统对大尺寸目标，处理的难度不大。由于小尺寸目标的成像尺寸较小，受相机分辨率的限制，成像元仅为 1～2 个，此时识别目标的难度较大。实践证明，采用多帧平均作为背景的方法减小由图像差分所带来的较大的噪音峰值，保持在目标检测过程中用于图像差分的平均背景图像实时更新，以避免由时间过长，背景光照变化所造成的图像差分后残余过大信号而淹没目标信号的方法，能够达到提高捕捉率和测试精度的效果。

此外，利用弹丸穿靶过程的成像规律也可以有效提高弹丸图像识别率。例如，当两台同步的 CCD 相机互相瞄准时，理论上目标穿靶时刻与两台 CCD 相机上成像的时刻一致，考虑到由于系统的误差和飘移，可以测得的目标在两台相机上的成像时刻处于一个确定的范围内。并且，目标从靶面不同区域穿过时，其在两台 CCD 相机上的成像尺寸是可以计算出来的，其分布范围也是已知的，尽管弹丸成像尺寸与立靶实际测量结果有偏差，但其分布规律仍然符合理论计算结果。以此作判据，可以提高图像识别率。

用大靶面测量如步枪子弹等小尺寸高速目标时，目标能量较弱，其检测阈值很小，此时虚警率较高。为减少虚警率，可以用射击触发装置控制相机启动时刻，同时通过弹丸飞行参量计算目标穿靶时间来控制相机停止时刻，以此来开启一个相机工作的时间窗口，使得目标在此时间窗口内穿靶，以减少时间窗口之外的时间段中可能的假目标干扰。由于根据弹丸飞行参量可以预测目标穿靶时刻，故将目标穿靶时刻作为目标识别时的判据是一个很有效的方法。

§6.5　弹着点坐标测试在外弹道试验中的应用

§6.5.1　射击跳角及概率误差的测定试验

1. 跳角的定义

在弹丸起始扰动为零的条件下，外弹道学将射击跳角定义为炮身轴线（仰线）与初速矢量之间的夹角。按照这一定义，跳角即为弹丸出炮口瞬间的初速矢量 $\vec{v}_0$ 的方向与射前炮身轴线间的夹角。由于初速具有方向，当弹炮系统的起始扰动为零时，即在起始扰动幅值为零的条件下，初速的方向就是质点弹道在炮口处的切线方向。由于初速方向与炮身轴线的方向不一致，跳角具有方向性。因此，可将跳角表述为具有二维方向的矢量，它在射击平面上的分量表示为 γ，称为铅直跳角；它在水平面上的分量表示为 ω，称为方向跳角。在外弹道学中，一般将初速方向线与炮口水平面间的夹角 θ_0 称为射角，而将炮身轴线与炮口水平线间的夹角 φ 称为仰角。射角 θ_0 是仰角 φ 和铅直跳角 γ 的代数和，即 $\theta_0=\varphi+\gamma$，如图 6.5.1 所示。

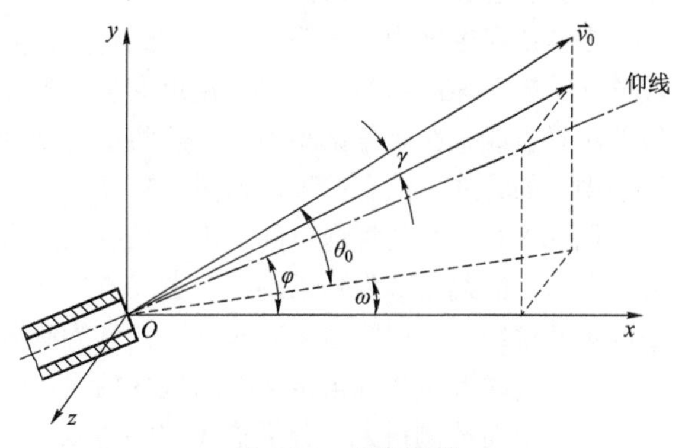

图 6.5.1　跳角示意

在一般条件下，由于射击起始扰动并不为零，即扰动幅值 $\delta_{m0}\geqslant 0$ 时，此时弹道起始段并不是一条平面曲线，而是一条被拉长了的渐收螺旋线。该螺旋线直径随距离（时间）逐渐衰减，最后趋近其中心轴线，这里将这一中心轴线定义为平均速度矢量线。一般称炮口位置的平均速度矢量线为平均初速矢量线。因此在一般条件下（起始扰动不为零），将射击跳角定义为平均初速矢量线（螺线弹道的中心轴线的在炮口的切线）与仰线间的夹角，其铅直分量γ表示为

$$\gamma=\theta_0-\varphi \tag{6.5.1}$$

式中，θ_0为平均初速矢量线与水平面间的夹角，如图 6.5.2 所示。

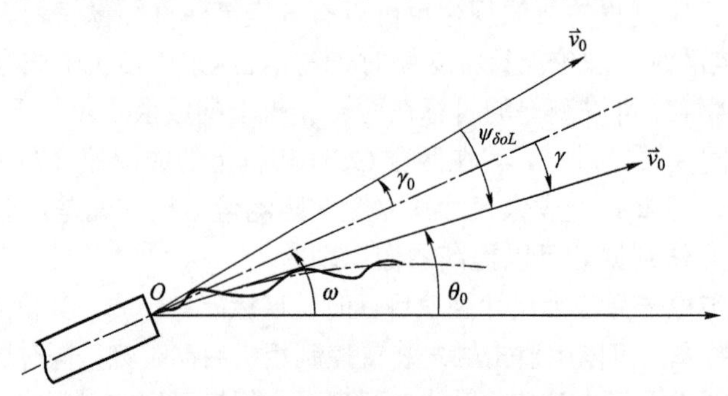

图 6.5.2　以平均初速矢量为准的铅直跳角

若将按初速矢量线定义的跳角称为起始跳角(γ_0,ω_0)，则在一般条件下，跳角(γ,ω)与起始跳角(γ_0,ω_0)之间的夹角即外弹道学定义的平均偏角$\bar{\psi}_{\delta 0}$，通常也称为气动跳角。平均偏角$\bar{\psi}_{\delta 0}$也是二维矢量，它在铅直面和水平面上的分量可表示为$\bar{\psi}_\gamma$和$\bar{\psi}_\omega$。由此，可将两者的关系表示为

$$\begin{cases}\gamma=\gamma_0+\bar{\psi}_\gamma\\ \omega=\omega_0+\bar{\psi}_\omega\end{cases} \tag{6.5.2}$$

跳角产生的原因很复杂，其除与上面所述的平均偏角$\bar{\psi}_{\delta 0}$有关外，还与弹丸在膛内运动过程中炮管产生的振动和转动、温度和重力的作用使炮管产生的弯曲有关，同时弹丸的动力不平衡和气动力不平衡也是产生跳角的原因之一。

2. 跳角的测量方法及分类

射击跳角的测量方法是在事先确定的距离上设置一个铅直靶（纸靶或各种坐标靶），将炮身轴线对准坐标靶的十字中心（坐标靶原点），测量射击后的弹着点坐标，按照跳角的定义及相关的计算公式求出跳角。

在科研和生产中，一般将炮身轴线定义为炮身各个断面中心的连线。由于现代火炮身管较长（一般在 40 倍口径以上），温度和重力的作用会使炮管弯曲，因而严格意义上的炮身轴线并不是直线。在跳角试验中，一般将炮身轴线近似为直线来操作。炮身轴线对准坐标靶的十字中心的瞄准方法有三种，如图 6.5.3 所示。

图 6.5.3（a）是将炮口部一小段长度上的炮身轴线近似为跳角定义中的炮身轴线，一般将与之对应的跳角称为弹道跳角。图 6.5.3（b）是将炮尾段中心线的延长线近似为跳角定义中的炮身轴线，一般将与之对应的跳角称为有效跳角。图 6.5.3（c）是将通过炮尾中心和炮口中心的连线近似为跳角定义中的炮身轴线，一般将与之对应的跳角称为近似跳角。

按照上面按测量方法分类描述的跳角概念可知，弹道跳角未包含炮管下垂及弯曲对跳角

产生的影响，有效跳角包含炮管弯曲对跳角的全部影响，近似跳角只包含一部分炮管弯曲对跳角的影响。

3. 跳角的测定

在通常的情况下，弹炮系统的跳角应以弹道螺线轴线为准，所以要设法确定出螺线轴线，然后用平均初速矢量线来确定跳角。在试验前，如果能够估算出弹丸飞行达到或大于某一距离 X_{δ} 时，由起始扰动产生的扰动幅值能够衰减到使得弹道螺线直径小于弹着点坐标测量误差，则只要将跳角立靶设置在距炮口 $x \geqslant X_{\delta}$ 处，就能用前面描述的方法通过测量射击后的弹着点坐标来确定跳角。

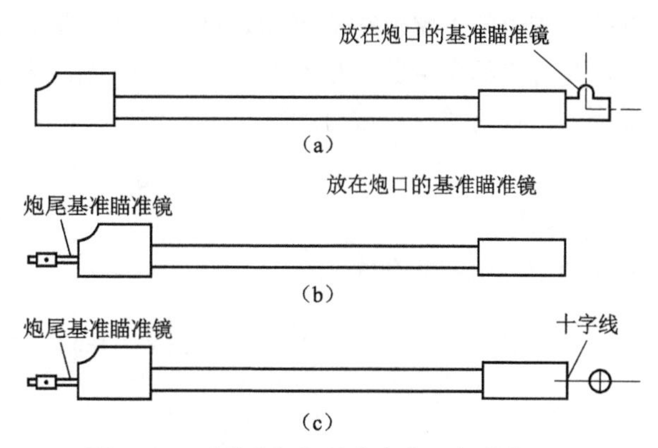

图 6.5.3　对准坐标靶的十字中心的瞄准方法

大多数跳角测试试验都难于估算最小距离 X_{δ}，试验时一般按经验，将跳角靶道炮口的距离 x 确定为不小于 0.1 s 时间内弹丸的飞行距离。试验时，x 的取值一般为 30～150 m，也有资料提出在 300～500 m 范围内取值的方法。由于后者测出跳角的概率误差大于前者，因此一般多采用在 30～150 m 范围内确定 x 的方法，即在距炮口 30～150 m 处放置一个跳角靶（纸靶、三合板靶或其他型式的自动记录坐标靶），靶面大小根据实际距离可确定为 0.8 × 1.2 m（全张黄板纸大小）或 1.2 m × 1.2 m 左右。靶面与射向尽量垂直，一般要求不垂直偏差不超过 2°，靶面中心划十字线，线宽不超过 1 cm，以炮位能看得清楚为准，在炮口至跳角靶中间设置一对测速靶或在炮口的侧后方设置初速雷达，以便同时测出其平均速度进行跳角计算，如图 6.5.4 所示。

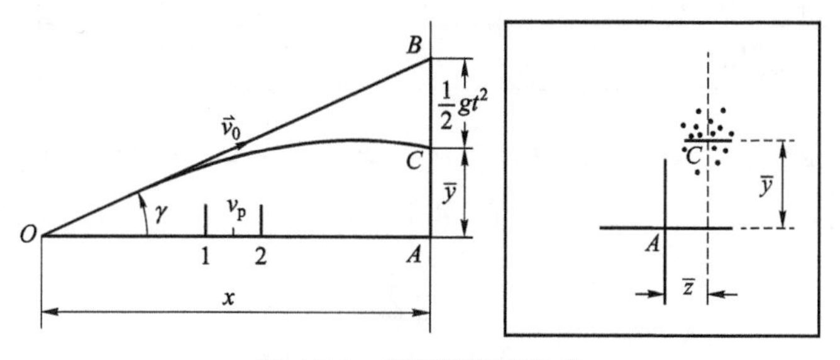

图 6.5.4　平射测跳角示意

跳角随火炮、弹药种类和射击时间的变化而变化。跳角可在任一方向上出现，为了方便，通常把它分为水平跳角 ω 和垂直跳角 γ，实践中也将垂直跳角 γ 简称为跳角。垂直跳角 γ 与射角的关系为

$$\theta_0 = \varphi + \gamma$$

式中，φ 为火炮仰角。可见，射角大于仰角时垂直跳角为正，射角小于仰角时垂直跳角为负。实验表明，身管长的火炮（如加农炮）的跳角通常是负的，而身管短的火炮（如榴弹炮等）的垂直跳角通常为正。此外，跳角随装药量的减小，即初速的减小而增大。但对于同一火炮，具有相同弹重的不同种类弹丸对跳角大小的影响不太显著。

除特殊要求外，一般跳角试验都测试近视跳角，即通过炮尾击针孔和炮口十字线交点瞄

准跳角靶上的十字线交叉点 A。试验时适当架高跳角靶，使仰角为正值。由于存在跳角和重力，弹丸实际命中的不是瞄准点 A，也不是沿射线方向的点 B 而是点 C（y，z），由于跳角 γ 很小，故 $\cos\gamma \approx 1$，故有弹丸在重力作用下的自由下落高度为

$$BC = \frac{1}{2}gt^2 = \frac{gx^2}{2v_p^2}$$

从而得出跳角换算公式为

$$\begin{cases} \gamma \approx \tan\gamma = \dfrac{y}{x} + \dfrac{gx}{2v_p^2} \\ \omega \approx \tan\omega = \dfrac{z}{x} \end{cases} \tag{6.5.3}$$

试验时为了防止弹孔重叠和便于测量，通常根据弹孔大小和散布的情况，射击 1～3 发后更换靶纸，以保证靶上弹孔和十字线完整不变。一组射击完毕，要分析各发坐标 y 和 z，若个别结果 A（表示 y、z）与不含该发的组平均值之差大于 $4r_A$，则认为存在较大误差，应剔除，然后补射一发。r_A 按下式计算：

$$r_A = \frac{A_{\max} - A_{\min}}{d_n} \tag{6.5.4}$$

式中，$A_{\max}$ 为一组坐标中的最大值，$A_{\min}$ 为一组坐标中的最小值，d_n 根据一组发数从表 6.5.1 中查得。

表 6.5.1　$n-d_n$ 关系

n	3	4	5	6	7	8	9	10
d_n	2.51	3.05	3.45	3.76	4.01	4.22	4.40	4.56

以瞄准点 A 为坐标原点测跳角的靶测量坐标系 $A-yz$ 中，测量出的各发弹孔的中心相对坐标（y_i, z_i）精确到 2 mm。一组 n 发弹的弹孔中心坐标（y_i, z_i）的平均值为

$$\begin{cases} \overline{y} = \dfrac{1}{n}\sum_{i=1}^{n} y_i \\ \overline{z} = \dfrac{1}{n}\sum_{i=1}^{n} z_i \end{cases} \tag{6.5.5}$$

将坐标的组平均值（$\overline{y}, \overline{z}$）代入式（6.5.3）即得出跳角组平均值。

任一发跳角的概率误差为

$$\begin{cases} E_\gamma = \dfrac{0.674\,5}{x}\sqrt{\dfrac{\sum_{i=1}^{n}(y_i - \overline{y})^2}{n-1}} \\ E_\omega = \dfrac{0.674\,5}{x}\sqrt{\dfrac{\sum_{i=1}^{n}(z_i - \overline{z})^2}{n-1}} \end{cases} \tag{6.5.6}$$

大量跳角测定试验证明：同一门火炮用同类弹药作多次跳角重复测定试验，其跳角γ近似服从正态分布。因此，一门火炮的平均跳角必须取多组试验的平均值。在实际测量中，通常要分 3 天，每天测一组值。靶场规定试验用 3 个批次榴实弹，配假引信，57 mm 以下火炮弹丸每组 7 发，57 mm 以上弹丸每组 5 发，每组射击时间应控制在 1 h 内完成，测得跳角组平均值后再求 3 天的平均值。而同一类型火炮由于炮口角（炮身轴线和炮膛中心线在炮口处的切线间的夹角）和其他条件不同，所以也必须至少任选 3 门，分别测出每门的平均跳角再平均，作为该类型火炮的跳角。

在三组试验值中，若任意两组的纵向跳角γ或横向跳角ω的极差不超过$4'$，则认为试验结果良好。否则应分析原因，补射一组，剔除含有较大误差的一组值。对跳角试验值一般应进行横风修正。凡口径不小于 75 mm，初速不小于 763 m/s 的弹药，横风不大于 4.5 m/s 时，都可以进行试验，因为在这种情况下，在 200 m 的射距上，风的影响通常小于 0.1 密位。

对迫击炮榴弹及各种炮的着发特种弹（如燃烧弹、发烟弹等），由于其对射击精度要求不同，不进行跳角测定。

§6.5.2　立靶密集度试验

有些火炮经常使用小于 5° 的射角进行射击，在确定弹道系数或射表计算模型的符合系数时，小射角的射角误差和地形各点高度测量的误差，会产生很大的射程误差。因小射角射击的落角很小，所产生的跳弹会使落点射程混进难以剔除的大误差。由于小射角射击主要用于对付坦克、装甲车等目标，因而可采用测定炮口前方弹丸飞过某一立靶的坐标及飞行时间的方法，以提高弹道诸元的测定精度，数据处理是只需对飞行时间和立靶坐标进行符合计算，使理论的距离、弹道高、飞行时间都与实际弹道一致，这样做既提高了实际弹道的观测精度，从而提高了小射角射表精度，又符合实战射击的实际，同时也能得出立靶密集度。因此，在小射角时采用立靶射法更加科学合理。在编拟无坐力炮、反坦克炮、坦克炮、加榴炮等与直射相关的榴弹射表时都需要进行立靶射击试验，以确定弹道系数、飞行时间和射击距离；测定弹丸在立靶上的坐标及其散布。这种射击也可用来观察弹丸的结构强度。

工业部门在科研和生产过程中进行立靶射击试验的目的，主要是检查弹丸对立体目标的命中效率和散布情况，以检验武器系统的直射性能。在火炮射表试验中，其试验目的则是为小射角符合计算测定低伸弹道在立靶上的弹着点坐标、飞行时间，并测定低伸弹道的高低、方向散布。

立靶射击试验多采用立靶法测量弹着点坐标，必要时也配合用非接触式测量方法辅助测量弹着点坐标。一般试验时用一门炮，炮口正下方设置一标桩点，将立靶架设在火炮射击基线的延长线上，到标桩点的距离为x_0，其场地布置如图 6.5.5 所示。图中的试验场地要求地形平坦、高差小、通视良好，在炮位 1 m 高处能看到全部立靶。靶距x_0的测量精度不低于 1/5 000，靶面与水平射击时的炮身轴线垂直，不垂直误差小于 3°。立靶下端面与地面的空隙不大于 10 cm，靶面上设置有宽度为 5～10 cm 的瞄准十字线，该瞄准十字线与立靶中心重合，其纵横线与靶各边平行。

射击前装定火炮仰角时需要计入火炮的炮目高低角ε，以保证所有正式试验弹丸都命中靶面。炮目高低角一般采用直接瞄准靶面十字中心的方法确定，其方法是通过击针孔、炮口十字线瞄准立靶十字线，使得火炮身管仰角与炮目高低角ε相等，此时只需用像限仪测出火

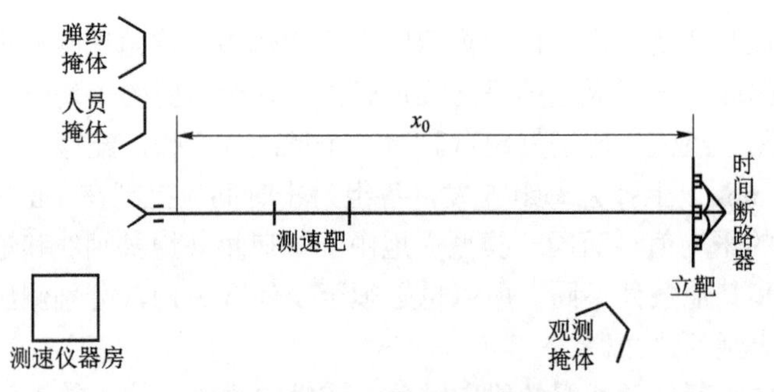

图 6.5.5 立靶射击场地布置

炮身管仰角即得出ε。由于弹丸飞行靶距较长，弹道向下弯曲量不可忽略，火炮仰角φ装定需计及弹道弯曲的的影响，一般由下式计算

$$\varphi = \theta_0 - \gamma + \varepsilon \tag{6.5.7}$$

式中，γ为跳角；θ_0为补偿弹道向下弯曲影响赋予的射角，它与弹丸的类型、初速和靶距x_0有关，可通过弹道计算确定。图 6.5.6 所示为式（6.5.7）中 4 个角度之间的几何关系。

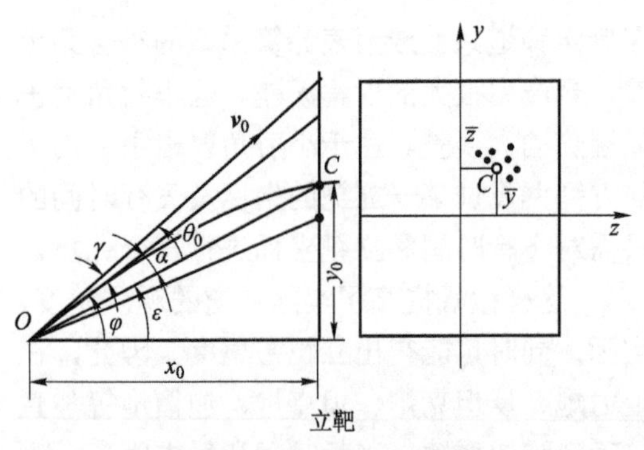

图 6.5.6 立靶射角的关系

通过击针孔、炮口十字线瞄准立靶十字线的方法也用来标定瞄准镜的远方瞄准点，以确定射向。

立靶试验时先进行试射，使得弹着点靠近十字线中心，试射合格后立即转入正式射击。试射的目的是选择能使一组弹丸全部命中立靶的射角和方位角。正式射击时，需同时测出弹丸初速v_0、射角θ_0和炮口至立靶的飞行时间t_c。可采用多勒普初速雷达或线圈靶、天幕靶配合测时仪测初速和弹丸着靶的飞行时间。射击时要逐发记录地面虚温、气压、风速和风向。测风精度要求为±0.5 m/s，风向精度为±1°。同时，还需要观察弹丸飞行的声音、着靶情况，若发生近弹或脱靶应停止试验，查明原因。

普通立靶试验中弹丸可采用填砂弹，配用摘火引信或假引信，使用火炮的要求同地面密集度试验。用于射表编制和武器系统定型的立靶试验要求更高，一般采用 3 个批次的弹药（实弹），配用摘火引信。用一门火炮对 3 批弹丸射击，每批一组，不同批次各组应在 3 个不同的半天内进行，每组有效发数为 7。在一组射击中火炮的仰角和射向均不允许改变，射击时间不超过 30 min。一组射击完毕后按弹序测量立靶坐标y、z，测量误差不超过±1 cm。

一组立靶射完后，需要进行单发大误差的检查和剔除，必要时还需补射试验，最后再由下面的式（6.5.8）和式（6.5.9）计算组平均值和概率误差，计算结果精确到 0.01 m。

$$\begin{cases} \bar{y} = \dfrac{1}{n}\sum_{i=1}^{n} y_i \\ \bar{z} = \dfrac{1}{n}\sum_{i=1}^{n} z_i \end{cases} \tag{6.5.8}$$

$$
\begin{cases}
E_y = 0.674\,5\sqrt{\dfrac{\sum\limits_{i=1}^{n}(y_i - \overline{y})^2}{n-1}} \\
E_z = 0.674\,5\sqrt{\dfrac{\sum\limits_{i=1}^{n}(z_i - \overline{z})^2}{n-1}}
\end{cases} \tag{6.5.9}
$$

国内立靶密集度的评定办法是以图定立靶密集度为准，例如 0.4 m × 0.4 m。按照图纸或战术指标的规定进行一组密集度试验，评定是否达到了指标要求，如果达到要求，再复试一组，二组平均进行评定。通常是一次打三组进行评定。所谓准确度是指武器 – 弹药系统的平均弹着点（弹着点中心）落在瞄准点上的能力，主要由火炮及瞄准系统的误差引起，是一种系统偏差，可以通过修正火炮的瞄准予以减小。散布是指弹着点围绕弹着中心分散的程度。在图 6.5.7 中，瞄准点是立靶中心，*A* 靶和 *C* 靶的弹着点中心正好与瞄准点重合，这表明有很好的立靶准确度。*B* 靶和 *D* 靶表示的是准确度差，平均弹着点与瞄准点有一定距离。如果弹着点与弹着点中心的差异很小，则称立靶散布小。在图 6.5.7 中，*A* 靶和 *D* 靶表示散布小的情况，*B* 靶和 *C* 靶表示散布大的情况。如果散布小，修正火炮的瞄准将使弹着点靠近瞄准点。

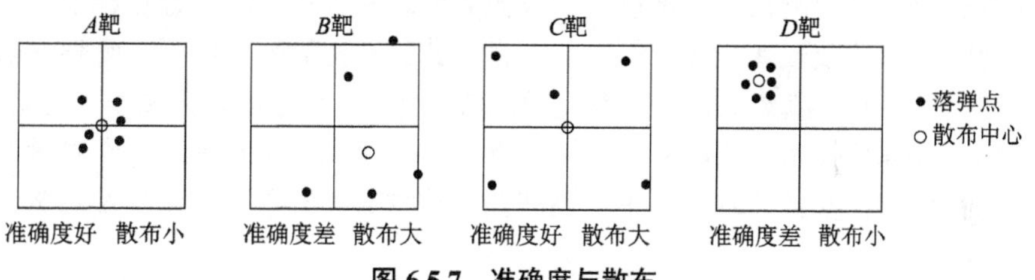

图 6.5.7　准确度与散布

随着战术使用要求的提高与火控系统的发展，现代作战模式一般要求提高首发命中率，这对战术使用与火控系统均提出了更高的要求，因此人们希望武器系统具有较高的准确度和较小的散布。对坦克炮和反坦克炮更需要进行这种试验，其方法与立靶射击试验相同，但要精确地测定各种试验条件，对各种因素进行修正，以得出准确的试验结果。

第7章 弹丸飞行轨迹的光学测试技术

弹丸飞行轨迹测试主要分为光学测试、无线电外测与弹载传感器测试三个方面。其中，用于弹道测量的光测设备有光电（电影）经纬仪、弹道相机、宽角相机、跟踪仪及激光雷达等，无线电外测设备主要有各种雷达设备，弹载传感器测试主要采用卫星定位（例如GPS）方法，通过在弹体上安装卫星定位接收机及弹载无线发射机或存储器来获取弹丸的轨迹信息。本章主要介绍弹丸飞行轨迹的光学测试技术，其他两类方法在第8章、第9章分别介绍。

弹丸飞行轨迹的光学测试主要指以光学成像的原理和方法采集飞行目标信息，经处理得到所需的弹道参数，并获取弹丸飞行的图像资料，其目前在导弹、航天、常规兵器等领域均得到广泛应用。现代光学测量综合了几何光学，物理光学，电子学，天文学，自动控制技术，精密机械技术，计算机技术以及红外、电视、激光等现代光电子技术。光学测量系统在高精度弹道参数与目标特性参数测量过程中，还涉及大地测量、气象参数测量及测量设备误差标定等技术。

§7.1 弹丸飞行轨迹光测技术及其发展概况

弹丸飞行轨迹的光测技术是靶场外弹道测试的重要手段，具有非接触、高精度、可复现、全场测量、不受“黑障”和地面杂波的干扰影响等优点，但与无线电测量比较，光学测量的作用距离较近，并受到气象条件的限制，在阴雨、雪天等能见度低的天气条件下，难以完成测量任务。

弹丸飞行轨迹的光测设备多以光学望远镜为主，辅以摄影、红外、激光、电视等技术的测量设备对目标进行跟踪测量，主要有弹道相机、电影经纬仪、光电经纬仪等。弹丸飞行轨迹的光测方法一般采用对目标进行角度测量，利用多站测量结果交会计算目标的空间位置，加装激光测距仪等设备后，也可实现单站定位，对同一目标上的多个跟踪点进行测量，还可以获得目标的三维姿态。

早期的光测设备以固定式测量方式为主。早在1926年，戈达德夫人就利用柯达电影摄影机对液体火箭研制过程作摄影记录，开创了靶场光学测量的先例。1937年，德国的冯·布劳恩等人用阿斯卡尼亚经纬仪加上16 mm相机，拍摄了V−2火箭的飞行轨迹。1940年，第一台电影经纬仪正式装备靶场。随后的40年代，美国导弹靶场配置了多种光学测量设备，经不断地补充和更新，逐步形成完备的测量系统。据20世纪70年代初的统计，美国太平洋导弹靶场的光学测量设备近100台，其中电影经纬仪有23台，白沙导弹靶场则是世界上光学测量设备配置最密集、精度最高的靶场之一，光学跟踪站达 110 多个。到 20 世纪 80 年代，美国各靶场有阿斯卡尼亚电影经纬仪近 140 台，其中白沙导弹靶场尚在使用的就有 61 台。另外，还有大量的弹道相机、高速摄影机、激光雷达等多种测量设备。其他国家如英国、法国、日本也相应地发展了自己的跟踪防御系统。国外各时期的电影经纬仪主要有 KT-50、RASUM、EOTS-F、ASKANIA、K400、SKYTRACK、RADOT、KINETO、MAST 等型号，表 7.1.1 列出了国外靶场典型电影经纬仪设备及主要技术性能。

表 7.1.1　国外靶场典型电影经纬仪的主要性能

名称 性能	KT-50	EOTS-F	SKYTRACK	K400	KINETO
主光学系统焦距/m	0.6、1、2	1.5、3	0.75、1.5、3	1.5、3	1.5、3/2.5、5
口径/mm	200	190	350	400	200/300
角编码器分辨率/（″）	0.62	0.648	0.648	0.648	0.36
最大跟踪速度/[(°)·s^-1]	45	30	90	29	57
最大跟踪加速度/[(°)·s^-2]	90	60	90	57	57
空间指向角精度/（RMS、″）	5 （校准）	5 （校准）	5 （校准）	2 （校准）	2 （校准）
摄影频率/（帧·s^-1）	5、10、20、30	5、10、20、30	5、10、20、30	5、10、20、30	10～200
红外自跟踪	跟踪测量	跟踪测量	跟踪测量	跟踪测量	跟踪测量
电视自跟踪	跟踪测量	跟踪测量	跟踪测量	监视	跟踪测量
测距方式	激光	激光	激光	无	激光或雷达

随着高性能计算机、数字成像、人工智能等技术的飞速发展，经纬仪的观测能力得到大幅提升。其从仅能通过胶片摄影成像发展到具有 CCD 实时传输、红外跟踪测量、激光主动跟踪测量、微波测量等多种手段融合，从仅具备光电轴角编码器逐渐发展到采用集成电路和微处理机等现代化先进技术，具有变焦距捕获电视功能，具有红外、高性能伺服系统，具有大口径、精度高、作用距离远等特点的模块化高度集成。如美国国防靶场装备的超级数字式光学自动跟踪记录仪（Super RADOT）系统采用 ISIT 硅靶增强管，能探测和跟踪 1 000 多千米的再入目标，测角精度为 10 角秒。GEODSS 系统采用光导摄像管、红外跟踪、热成像、微光电视、CCD、大功率激光器及各种摄像增强技术，将获取的信息传输给计算机，利用人工智能、图像识别技术自动识别、跟踪目标，具有多目标处理能力；其跟踪伺服系统还通过预测滤波技术提高了角跟踪精度；系统还应用了最新的自适应光学领域的研究成果，其光学系统具有波前测量、控制、校正等功能，极大地提高了成像效果；此外，在装备靶场前，经过大量实验工作，可总结系统的误差修正模型，对轴系和动态滞后等误差进行修正，提高实时测量输出精度。瑞士 Contraves 公司生产的 KINETO 跟踪测量系统除配有红外跟踪器、电视跟踪器、激光测距外，还配有 Ka 频段的测距雷达。法国 Sfim 公司的新一代光电经纬仪也可

安装激光测距仪、Ka 频段脉冲测距雷达或丹麦伯韦尔公司生产的 X 频段连续波测距雷达。

从几十年的发展演变来看，国外经纬仪的发展具有以下特点：

第一是老设备改造和新型号研制相结合。到 20 世纪 90 年代初，Contraves 公司美国 CGC 分公司已为美国靶场改造了 100 多台（套）电影经纬仪，同时还新研制了几十台（套）KINETO 跟踪测量系统。改造后老式电影经纬仪的性能大大提高，主要性能指标接近新的光电经纬仪，且更经济实用。

第二是不断采用新技术和新测量体制。KINETO 为光电结合的新型光电经纬仪，采用了模块式结构，除配有红外跟踪器、电视跟踪器、激光测距仪外，还可配装 Ka 频段测距雷达。这些分系统可以任意组合配置，机动性好，适应性强。

第三是功能不断完善，性能不断提高。20 世纪 70 年代前电影经纬仪的测角精度（RMS）一般为 15″～20″，而目前光电经纬仪的测角精度可达到 10″ 以内，有的甚至高于 5″。在光电经纬仪上加激光测距仪或测距雷达后，可进行单台定位测量，这不但提高了空间飞行目标的坐标测量精度，还有效地增加了系统的可靠性，并减少了交会测量的麻烦。随着窄波束激光测距仪的应用，光电经纬仪的跟踪精度也相应提高，这使之在动态跟踪情况下与激光波束匹配。由于采用高精度、高刚度、小惯量支架技术和高精度快速响应及复合跟踪控制技术，跟踪精度提高到 1 μrad。由于实时测量精度的不断提高，实时测量有望取代事后数据处理，省略事后胶片判读处理的烦琐环节，大大提高光电经纬仪的自动化程度和实时输出能力。

我国从 20 世纪 50 年代末开始引进光学测量设备，如 Speedex 型间歇式高速摄影机，法国的 UR－3000 型、德国的 PENTAZET35 型光学补偿式高速摄影机等。1958 年我国从苏联引进 KΦT－10/20 电影经纬仪、KT－50 电影经纬仪，20 世纪 60 年代后期还陆续引进 EOTS－C、EOTS－E、K400、Kth532 电影经纬仪等靶场光测设备。1961 年，在研究引进设备的基础上，我国开始自行研制试验场光学弹道测量系统（代号“150 工程”），它由电影经纬仪、引导雷达、时统设备、程序引导仪组成。1966 年初系统研制成功，开创了我国自行研制试验场大型光学测量系统的历史。我国研制了 GS240/35 型高速摄影机、150/160 型电影经纬仪等国产光测设备，紧接着研制了中小型、可装车的 160 电影经纬仪，到 20 世纪 80 年代初，我国共生产了 65 台（套），用于国内各武器试验场。其后，根据试验场任务的需要，我国相继研制了 G179、718、112、331、662、778、260、GJ341、G188 等型号的光电经纬仪。其中，长春光机所和成都光电所是目前国内靶场用大型光电经纬仪的主要研制单位，它们代表了国内技术的最高水平。到目前为止，我国自行研制的光电经纬仪将近 20 种类型，共 120 多台（套）。

随着对早期生产的电影经纬仪等设备不断进行技术改造，国产设备的精度、可靠度、自动化程度也有了明显提高，尤其是电影经纬仪采用电视跟踪测量技术和激光测距技术后，脱靶量可实时修正，实现了光测数据实时输出和单站定位。

近年来，随着光测技术的不断发展，我国自行研制的靶场光测设备的总体技术和主要性能指标已与国外光学测量设备相当，如长春光机所等单位研制的性能先进、功能完善的 718、778、GJ1101、GJ341 等光电经纬仪，满足了靶场不断发展的测量需求。但在精密跟踪、自适应技术、激光雷达、目标特性测量技术等方面与国际先进水平还有一定差距。

外弹道光学测量系统的发展趋势主要有两个方面：其一是采用先进的高性能光电器件和技术。红外跟踪、热成像、微光电视、CCD、大功率激光器及各种影像增强技术的应用，可使试验场的光测功能进一步扩展；其二是采用先进的图像、数据处理技术，可实现测量目标的自动识别和跟踪。在跟踪伺服系统中采用预测滤波技术可以提高角跟踪精度。具有波前测量、控制、校正的自适应光学系统可大大提高光学系统的分辨率。利用人工智能、图像识别技术可实现多目标的跟踪与测量。采用误差修正，对轴系和动态滞后等误差进行实时修正，可提高实时测量输出精度。总之，今后光电经纬仪要向自动化、智能化、数字化、高测量精度、高可靠性、远距离实时测量的方向发展。

§7.2　光电经纬仪

光电经纬仪是采用光电技术，具有实时测量跟踪功能的电影经纬仪。它是光学、机械、电子、伺服控制和计算机等技术高度集成的光学测控设备，在国防、航空和航天等领域的发展应用日趋广泛。在常规兵器试验靶场和导弹、航天试验靶场，光电经纬仪已成为光学测量系统中的骨干设备。

§7.2.1　光电经纬仪的交会测量原理

光电经纬仪测量一般采用射击测量坐标系表述，测量弹丸空间坐标的方法有站（测量站）目（目标）射线交会测量法和单站极坐标测量法两种。外弹道学中，弹丸空间坐标一般采用地面坐标系 $O-xyz$ 作为参考系，将运动着的弹丸作为一个质点，确定出它在地面坐标系中的位置坐标。通常，在空中炸点位置测量中得出的数据形式为（x，y，z），空中弹丸飞行轨迹测量的数据形式为（x，y，z；t）。为此，介绍这两个坐标系及其换算关系。

1. 射击测量坐标系（$O-XYZ$）与地面坐标系（$O-xyz$）

为明确光电经纬仪的测试原理，先定义射击测量坐标系与地面坐标系。如图 7.2.1 所示，射击测量坐标系以炮口位置作为坐标原点 O，以正北（N）为 $O-X$ 轴方向的正向，$O-Y$ 轴铅直向上为正，$O-Z$ 水平向右。在外弹道学中，地面坐标系也是以炮口位置作为坐标原点 O，$O-x$ 为水平轴，正向指向射击前方，$O-y$ 轴铅直向上，$O-z$ 轴水平向右。根据上述坐标系的定义，可以认为地面坐标系（$O-xyz$）是在射击测量坐标系（$O-XYZ$）的基础上绕其 $O-Y$ 轴反向转动一个角度 A_s 构成的，角度 A_s 即为射击方向角，亦称为射击方位角。由图中的几何关系可以得出射击测量坐标系（$O-XYZ$）与地面坐标系（$O-xyz$）之间的坐标换算关系为

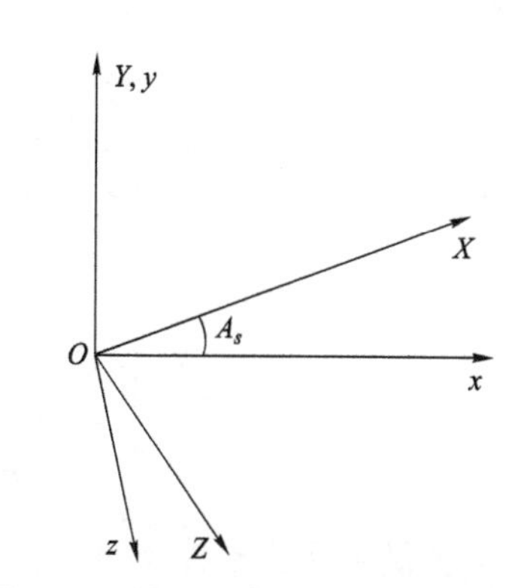

图 7.2.1　射击测量坐标系与地面坐标系

$$\begin{cases} x = X\cos A_s + Z\sin A_s \\ y = Y \\ z = -X\sin A_s + Z\cos A_s \end{cases} \tag{7.2.1}$$

2. 站目射线交会测量原理

传统光学经纬仪的测量元素是方位角和高低角（亦称俯仰角），采用站目射线交会方法确定空间目标的瞬时位置。在测控系统中常用不同解算方法推导出的“L”“K”或“M”公

式解算弹道参数，其原理是将观测的方位角和高低角投影到坐标平面上，利用几何关系解算出弹道坐标。

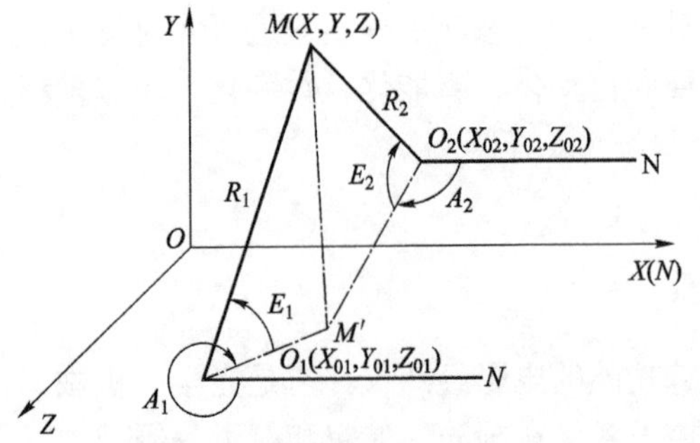

图 7.2.2　目标和测量站的关系示意

另一种是采用多台交会最小二乘估计。

下面介绍位置测量方程。

设射击测量坐标系为 $O-XYZ$，两个观测点（站）的原点为 O_1 和 O_2，它们与空间目标位置 $M(X, Y, Z)$ 间的关系如图 7.2.2 所示。已知 A_1、E_1、A_2、E_2 分别为 O_1 点和 O_2 点对 M 点测量的方位角和高低角，X_{01}、Y_{01}、Z_{01}，X_{02}、Y_{02}、Z_{02} 分别为 O_1 点和 O_2 点在 $O-XYZ$ 坐标系中的坐标值，N 为大地北（方位角的起算零点）。设目标至 O_1 的距离为 R_1，至 O_2 的距离为 R_2，则目标在 $O-XYZ$ 中的坐标为

$$\begin{cases} X = X_{01} + R_1 \cos E_1 \cos A_1 \\ Y = \dot{Y}_{01} + R_1 \sin E_1 \\ Z = Z_{01} + R_1 \cos E_1 \sin A_1 \end{cases} \tag{7.2.2}$$

或

$$\begin{cases} X = X_{02} + R_2 \cos E_2 \cos A_2 \\ Y = Y_{02} + R_2 \sin E_2 \\ Z = Z_{02} + R_2 \cos E_2 \sin A_2 \end{cases} \tag{7.2.3}$$

由式（7.2.2）与式（7.2.3）得

$$\begin{cases} X_{01} + R_1 \cos E_1 \cos A_1 = X_{02} + R_2 \cos E_2 \cos A_2 \\ Y_{01} + R_1 \sin E_1 = Y_{02} + R_2 \sin E_2 \\ Z_{01} + R_1 \cos E_1 \sin A_1 = Z_{02} + R_2 \cos E_2 \sin A_2 \end{cases} \tag{7.2.4}$$

或

$$\begin{cases} R_1 \cos E_1 \cos A_1 - R_2 \cos E_2 \cos A_2 = X_{02} - X_{01} \\ R_1 \sin E_1 - R_2 \sin E_2 = Y_{02} - Y_{01} \\ R_1 \cos E_1 \sin A_1 - R_2 \cos E_2 \sin A_2 = Z_{02} - Z_{01} \end{cases} \tag{7.2.5}$$

只要满足交会条件（即两观测视线在一个平面内且相交），利用式（7.2.4）或式（7.2.5）即可确定未知数 R_1 和 R_2。三个方程联立求解两个未知数，按三取二组合，能组合出如下三种情况。

1）"L"公式

由方程组（7.2.5）的方程 1 与方程 3 组合求解 R_1 和 R_2，即投影在水平面 XOZ 上计算，可得"L"公式的第一组表达式为

$$\begin{cases} X = X_{01} + \Delta X_1 \\ Y = Y_{01} + \dfrac{\Delta X_1}{\cos A_1} \tan E_1 \\ Z = Z_{01} + \Delta X_1 \tan A_1 \end{cases} \tag{7.2.6}$$

式中

$$\Delta X_1=\frac{(X_{01}-X_{02})\tan A_2-(Z_{01}-Z_{02})}{\tan A_1-\tan A_2} \tag{7.2.7}$$

第二组表达式为

$$\begin{cases}X=X_{02}+\Delta X_2\\ Y=Y_{02}+\dfrac{\Delta X_2}{\cos A_2}\tan E_2\\ Z=Z_{02}+\Delta X_2\tan A_2\end{cases} \tag{7.2.8}$$

式中

$$\Delta X_2=\frac{(X_{01}-X_{02})\tan A_1-(Z_{01}-Z_{02})}{\tan A_1-\tan A_2} \tag{7.2.9}$$

2）“K”公式

由方程组（7.2.5）的方程 2 与方程 3 组合求解 R_1 和 R_2，即投影到垂直面 YOZ 平面上计算，可得“K”公式的第一组表达式为

$$\begin{cases}X=X_{01}+\dfrac{(Z_{01}-Z_{02})K_2-(Y_{01}-Y_{02})}{K_1-K_2}\cot E_1\\ Y=Y_{01}+K_1\dfrac{(Z_{01}-Z_{02})K_2-(Y_{01}-Y_{02})}{K_1-K_2}\\ Z=Z_{01}+\dfrac{(Z_{01}-Z_{02})K_2-(Y_{01}-Y_{02})}{K_1-K_2}\end{cases} \tag{7.2.10}$$

式中

$$K_1=\tan E_1/\sin A_1;\quad K_2=\tan E_2/\sin A_2 \tag{7.2.11}$$

第二组表达式为

$$\begin{cases}X=X_{02}+\dfrac{(Z_{01}-Z_{02})K_1-(Y_{01}-Y_{02})}{K_1-K_2}\cot E_2\\ Y=Y_{02}+K_2\dfrac{(Z_{01}-Z_{02})K_1-(Y_{01}-Y_{02})}{K_1-K_2}\\ Z=Z_{02}+\dfrac{(Z_{01}-Z_{02})K_1-(Y_{01}-Y_{02})}{K_1-K_2}\end{cases} \tag{7.2.12}$$

式中 K_1，K_2 同式（7.2.10）。

3）“M”公式

由方程组（7.2.5）的方程 1 与方程 2 组合求解 R_1 和 R_2，即投影到垂直面 XOY 平面上计算，可得“M”公式的第一组表达式为

$$\begin{cases}X=X_{01}+\Delta Y_1\\ Y=Y_{01}+\dfrac{\Delta Y_1}{\cos A_1}\tan E_1\\ Z=Z_{01}+\Delta Y_1\tan A_1\end{cases} \tag{7.2.13}$$

式中

$$\Delta Y_1=\frac{(X_{02}-X_{01})\tan E_2/\cos A_2-(Y_{02}-Y_{01})}{\tan E_2/\cos A_2-\tan E_1/\cos A_1} \tag{7.2.14}$$

第二组表达式为

$$\begin{cases}X=X_{02}+\Delta Y_2\\ Y=Y_{02}+\dfrac{\Delta Y_2}{\cos A_2}\tan E_2\\ Z=Z_{02}+\Delta Y_2\tan A_2\end{cases} \tag{7.2.15}$$

式中

$$\Delta Y_2=\frac{(X_{02}-X_{01})\tan E_1/\cos A_1-(Y_{02}-Y_{01})}{\tan E_2/\cos A_2-\tan E_1/\cos A_1} \tag{7.2.16}$$

这三组公式（7.2.6）～式（7.2.15）的选用条件取决于各自表达式的分母计算值是否趋于零，若分母趋于零，其计算结果为奇异值，不能选用。为确保交会精度，站址的选择应使交会角保持为 60°～120°。

若有两台以上电影经纬仪同时跟踪目标，每个观测时刻至少可获取 4 个测量数据，而待求目标位置参数为 3 个，则有多余信息而成为不定方程，可采用最小二乘估计求解该不定方程的最佳解作为实测弹道参数。

3. 单站极坐标测量原理

现有的光电经纬仪大多具有测距功能，可以单站定位，则目标位置测量方程为

$$\begin{cases}X=R\cos A\cos E\\ Y=R\sin E\\ Z=R\sin A\cos E\end{cases} \tag{7.2.17}$$

式中 R、A、E 为光电经纬仪测量的目标距离、方位角和俯仰角。

由上述原理可知，利用第 j 台光电经纬仪可测出弹丸在时刻 t_i 的方位角 A_{ji}、高低角 E_{ji} 和斜距 R_{ji}，利用上述计算方法即可计算出弹丸在射击测量坐标系的空间位置坐标（$X_i,Y_i,Z_i;t_i$）（$i=1,2,\cdots,n$），将它们代入坐标换算公式（7.2.1）即可得出弹丸在地面坐标系的空间位置坐标（$x_i,y_i,z_i;t_i$）（$i=1,2,\cdots,n$）。

§7.2.2　光电经纬仪的构成及其工作原理

光电经纬仪是由电影经纬仪发展而来的，电影经纬仪是在测地经纬仪的基础上发展起来的，是经纬仪与电影摄影机相结合的产物。电影经纬仪在原理上可以认为是在经纬仪上架设的电影摄影机，它是用来确定弹丸空间位置和时间关系的光学跟踪记录仪器，其结构如图 7.2.3 所示。

在结构上，电影经纬仪由长焦距间隙式电影摄影机、经纬仪机架以及具有自动或者半自动跟踪功能的伺服机构和控制机构组成。间歇式摄影机对飞行目标的各类信息进行同步摄影，光学系统把跟踪角度误差转换成线度记录在胶片上。间歇式摄影机的原理结构及摄影原理与本书§13.2.1 介绍的间歇式高速摄影机相同（事实上，电影经纬仪所用的间歇式摄影机就是一

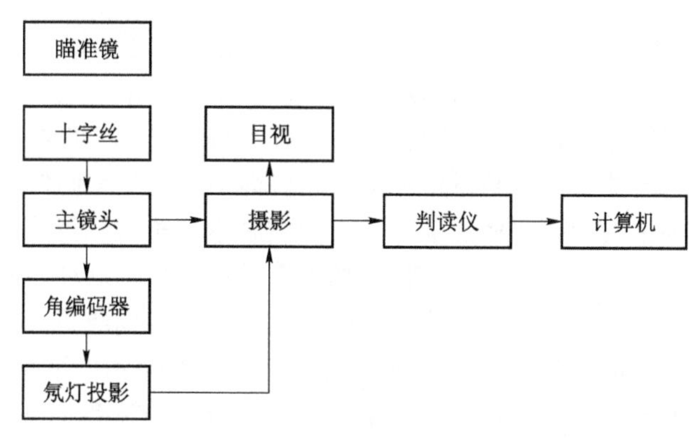

图 7.2.3　简单电影经纬仪的结构

种间歇式高速电影摄影机），读者可直接跳到本书第 13 章参阅。当电影经纬仪望远镜跟踪高速运动目标时，各采样时刻的目标方位角、高低角（俯仰角）和影像均记录在胶片上。光学系统把跟踪角度误差表现为目标偏离十字丝中心线，这一偏离量称为脱靶量，可通过目标图像判读处理得出。显见，十字丝是测量脱靶量的基准，其水平线应与水平面一致。由此，观测点到目标点的方位角 A 和高低角 E 的计算式为

$$\begin{cases} A = A_e + \Delta A \\ E = E_e + \Delta E \end{cases} \tag{7.2.18}$$

式中，A_e、E_e 为电影经纬仪角轴编码器输出的方位角、高低角；ΔA_e、ΔE_e 为相应的脱靶量角值。大型电影经纬仪为保证高精度、实时和单站测量，增加了许多手段，例如采用雷达导引跟踪、电视跟踪、红外跟踪或程控跟踪等。为了实现单站测量，现代的电影经纬仪一般都加装了激光测距等设备，改装后即称为光电经纬仪。因此可以认为，光电经纬仪是一种现代的具有自动跟踪测角（方位角和高低角）、测距（经纬仪到目标的斜距）和实况图像记录等功能的现代设备，它是从电影经纬仪演变而来的，即在电影经纬仪的基础上，加装激光测距系统、电视、红外或激光自跟踪系统所构成的光电经纬仪。由于光电经纬仪具有激光测距、光电探测、实时测量跟踪功能，故可实现单台目标定位和高速运动目标的自动跟踪。

光电经纬仪按功能主要由下列部分组成。

1. 跟踪机架

跟踪机架是一个二维运动的精密跟踪平台，用来承载光电经纬仪的各个部分，包括主摄影系统，测角系统，传动系统，测距系统和红外、电视跟踪系统及瞄准镜等。其特点是刚度好，轴系精度高，能确保光电经纬仪对飞行目标具有快速捕获、高速平稳跟踪和获取高精度测量数据的功能。

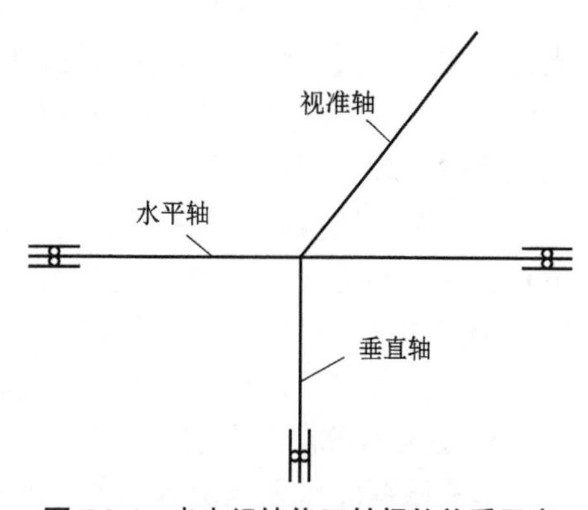

图 7.2.4　光电经纬仪三轴间的关系示意

原理上，经纬仪跟踪机架为三轴（垂直轴、水平轴、视准轴）地平装置，其轴系的主要部分为水平轴系和垂直轴系。如图 7.2.4 所示，机架的三轴相互垂直，水平轴和视准轴可以绕垂直轴在水平面内旋转。望远镜装于水平轴上，其主光轴为视准轴，并与水平轴垂直，可绕

水平轴在垂直平面内旋转。在垂直轴和水平轴上分别装有轴角编码器（或光学码盘）。视准轴绕垂直轴旋转的角度由装在垂直轴上的轴角编码器给出（相对某一基准方位），称为方位角；视准轴绕水平轴旋转的角度由装在水平轴上的轴角编码器给出（水平面为零基准），称为俯仰角。这样，只要视准轴瞄准目标就能得到光轴指向目标的方位角和俯仰角。

经纬仪轴系的结构主要为底部和照准架。底部由底盘和垂直轴组成，支承照准架并使之绕垂直轴转动，用编码器测量方位角。底盘支撑垂直轴和止推轴承环。照准架由转盘、立柱和水平轴组成。转盘通过止推轴承环和经向滚柱轴承与垂直轴构成垂直轴系，也称竖轴。筒体中段与左、右立柱构成水平轴，支撑镜筒负载并绕水平轴转动，用编码器测量高低角。水平轴通过左、右径向轴承、轴承座和止推轴承与立柱构成水平轴系，也称横轴。主镜装在镜筒内，通过场镜、物镜和反射镜形成照准轴，也称视轴。垂直轴和水平轴线都是望远镜的基准线，转动过程中轴线不得有晃动和移动，要具有较好的定向精度。

2. 主摄影系统

光电经纬仪的主摄影系统由主光学系统、自动调光调焦系统、十字丝投影系统、摄影机、输片机构、摄影控制系统等组成。其作用是对飞行目标及点阵信息进行同步摄影记录。其中，主光学系统的作用是摄取目标的影像，并投射到图像记录的胶片上；调光调焦系统的作用是使不同距离的目标均能在胶片上清晰成像，并确保成像质量；十字丝投影系统作为视准轴的表征，用来测量目标偏离视准轴的角偏差量。

3. 跟踪系统

跟踪系统主要由力矩电机、测速机、跟踪器、编码器、微机和传动放大器等组成，使光电经纬仪完成对飞行目标的跟踪任务。跟踪方式有操作单杆（或手轮）进行半自动（或人工）跟踪，接收引导信息进行随动跟踪，接收电视、红外或激光测角信息进行自动跟踪。

跟踪系统一般采用全数字 PID 复合控制方法，该方法能方便有效地调节速度和位置回路的控制器的参数，使低速随动的稳定性能大大提高。复合控制是一种既按偏差又按输入信号导数共同控制的系统。在光电跟踪系统中增加前馈控制可以有效地提高控制精度，但又不影响原闭环部分的稳定性，较好地解决了精度与稳定性之间的矛盾，可以有效地提高随动精度，不影响原闭环部分的稳定性，较好地解决了精度与稳定性之间的矛盾。此外，应用复合控制还可以减少过渡误差，构成最佳控制系统，也可以减小随机误差影响。

4. 测角系统

测角系统包括方位测角系统和俯仰测角系统，每个测角系统由光机和电控两大部分组成。光机主要由基板、光源、分光系统、码盘（角编码器）、狭缝、光电器件组成，完成机械轴角到电代码的变换；电控部分由单板机（或微机）、处理电路组成，完成电代码的采样、放大、码型变换、细分校正及输出与显示。

在外弹道测量中，该系统测定飞行器的运动参数。其地平式跟踪架结构，测量参数为方位角 A_e 和高低角 E_e。经纬仪主要由轴系、轴角编码器和跟踪系统实现角度测量。跟踪系统保证视轴指向飞行目标；轴角编码器测量视轴的空间指向的方位角 A_e 和高低角 E_e；主摄影系统实现同步摄影记录，判读仪定量读出脱靶量 ΔA_e 、ΔE_e。

5. 激光跟踪测量系统

激光跟踪测量系统由激光器、激光发射装置、激光接收装置及处理电路等组成。它完成对飞行目标偏离电轴的角偏离量的测量，其测量结果实时输出并被送给传动系统以进行自动跟踪，同时测量飞行目标到测站的距离，实现实时单站定位。

6. 电视跟踪测量系统

电视跟踪测量系统由光学镜头、探测器件、信号处理系统、监视器等组成。当目标成像在探测器上时，其对目标像进行光电转换，完成目标偏离电轴的角偏离量测量，其测量结果实时输出并被送给传动系统，实现对目标的自动跟踪。

7. 红外跟踪测量系统

红外跟踪测量系统由光学镜头、红外探测器、信号处理及控制电路组成。它完成目标探测及目标偏离电轴的角偏离量测量，其测量结果实时输出并被送给传动系统，实现对目标的自动跟踪。

8. 微机控制与处理系统

微机控制与处理系统一般由单片机、微机和接口组成。其作用是完成光电经纬仪的数据交换、信息处理与控制检测等任务。它对外通过MODEM与靶场测控中心计算机进行信息交换；对内将外来的信息经处理后分别送到光电经纬仪各相关分系统，同时还可产生模拟时统及控制信号，供本系统自检或调机用。微机控制部分是光电经纬仪的控制中心，各分系统的协调、数据采集与传输、工作方式的切换及检测处理等均在微机系统的控制下进行。

根据试验需要，上述光学测量系统有时还需配备一些专用装置，如弹上激光合作目标、闪光光源或连续光源、专用信号接收仪等。此外，这些光学测量系统的应用，还需要引导、时统、通信和气象测量等系统密切配合。

由于靶场使用的光电经纬仪同时具有主摄影系统、激光跟踪测量系统、电视跟踪测量系统、红外跟踪测量系统等多个光学系统，这些光学系统光轴必须严格平行，保持指向一致。

现代光电经纬仪的主摄影系统的探测能力和观测分辨力不断提高，其主光学系统向大口径方向发展。主反射镜（以下简称“主镜”）作为光电经纬仪主光学系统中的关键元件，其面形精度直接影响经纬仪的成像质量。由于主镜口径很大，主镜面形精度容易受到自重和温度变化等因素的影响，因此多选用高刚度、高强度且膨胀系数很低的微晶玻璃（Zerodur）作为大口径经纬仪主镜的材料。对于中小口径光电经纬仪，其主镜大多采用在中心孔处用芯轴支撑的结构，这种支撑方式一般适用于口径小于800 mm的主镜；800 mm以上的大口径主镜多采用轴向和径向支撑相结合的复合支撑方式，这样才能获得良好的主镜面形精度。

光电经纬仪在对飞行目标进行跟踪的过程中，目标与仪器的相对位置不断变化，引起像面位置也随之改变，造成像点离焦，降低目标和背景的对比度，影响成像质量。调焦的目的是根据给定目标与仪器之间的距离信号，自动调整光楔的位置，以获得最佳图像。目标背景的变化会引起胶片或摄像机靶面的照度改变，调光系统采用中性可变密度盘调节胶片或摄像机靶面的照度。主摄影系统的调光调焦系统在结构上由两部分组成，分别完成亮度调整和焦距调整。

调光系统通过改变滤光片、胶片感光度、快门开口角等设定基准照度，并与通过变密度盘的外界光照强度在检测电路比较。误差信号经过处理，控制驱动电机推动齿轮箱，转动变密度盘，使透过它的光强与基准照度趋于一致。

调焦系统由安装在望远物镜筒上的光学机械部分和安装在经纬仪托座侧面的自动调光调焦的电器部分组成。光学机械部分的调焦准直镜，安装在望远物镜镜筒内部变倍物镜组的前边。准直镜的移动量经过齿轮和传动轴传到镜筒外边，用十字联轴节和位于镜筒上方自动调焦操纵板上的步进电机相连接。全自动调焦系统采用一对放置在望远物镜光路中的准直镜（光楔），通过移动其中的一块来改变光程，以达到调整目标像点使其与主焦面重合的目的。准直镜的移动量根据输入与距离成正比的电压信号，由一套计算机系统自动控制。

光电经纬仪调光调焦系统由单片机（例如 80C196 单片机）、对外接口、电源、执行点击及反馈部件等组成。调光系统采用中性密度盘，通过调整密度盘的位置，使像面的照度保持恒定。调焦系统通过调整放置在光路中的一对光楔的位置，使目标影像始终位于焦面上，从而提高跟踪测量的精度。

自动调光调焦的电器部分以单片机（或 DSP）为核心，辅助以 A/D 变换器，多路开关转换电路、采样保持电路及并行接口电路等外围接口芯片构成的计算机电路和步进机功率驱动电路两大基本单元电路。图 7.2.5 给出了一种自动调光调焦数字电路处理系统框图，图中数字系统采用 8031 单片机作为中央处理器，完成基准选定、误差计算、参数设定和施加驱动等功能。外围电路采用 74LS244 芯片读入胶片感光度、快门开口角等设定值；采用 ADC0809 芯片读入调焦电压；采用 AD650 芯片读入调光电压；采用 714IS248 芯片驱动显示电路；采用 MC1413 芯片驱动步进电机调整光学元件的位置。其软件流程如图 7.2.6 所示。

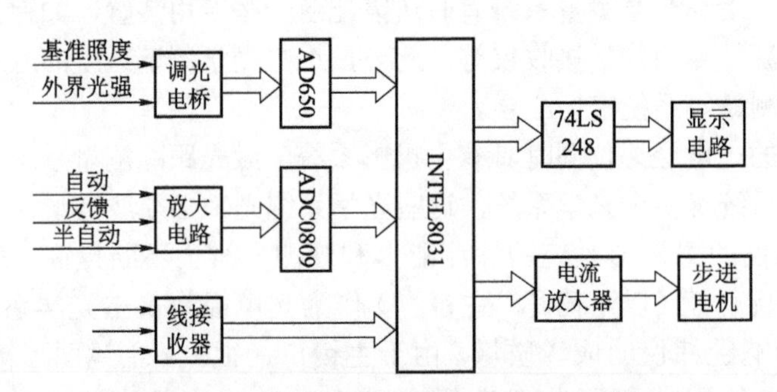

图 7.2.5　自动调光调焦数字电路处理系统

当光电经纬仪的主摄影系统望远镜跟踪高速运动目标时，各采样时刻的目标方位角、俯仰角和影像都记录在胶片上。目标影像相对十字丝中心（即视准轴投影点）的偏离量即脱靶量，事后由专用胶片判读仪判读得到。脱靶量与轴角编码器相应的测量值由式（7.2.18）合成计算，即确定了测站到目标的一个方向射线。为确定空间运动目标的瞬间位置，至少要用两台电影经纬仪布设在一定长度的基线两端，同时对飞行目标进行交会跟踪测量。

光电经纬仪可实现单台目标定位，并可对高速运动目标进行自动跟踪。在事后数据处理中将光电经纬仪的测距、测角数据进行精细的系统误差修正，则可获取更高精度的测量数据。

国内靶场主要有两种类型的光电经纬仪，一种是固定式光电经纬仪（图 7.2.7），另一种是机动式光电经纬仪（图 7.2.8）。固定式光电经纬仪常安装在固定塔台上，其优点是作用距离远、测量精度高，但是作用范围受限，随着环境、测量任务等各种因素的变化，依靠固定式经纬仪完成测量任务遇到的困难越来越多。

机动式光电经纬仪，由于常见形式是车载式，也称其为车载经纬仪。车载经纬仪采用机动布站、定点测量的方式，即首先利用载车将经纬仪运输到测量点位，在该点位调整经纬仪

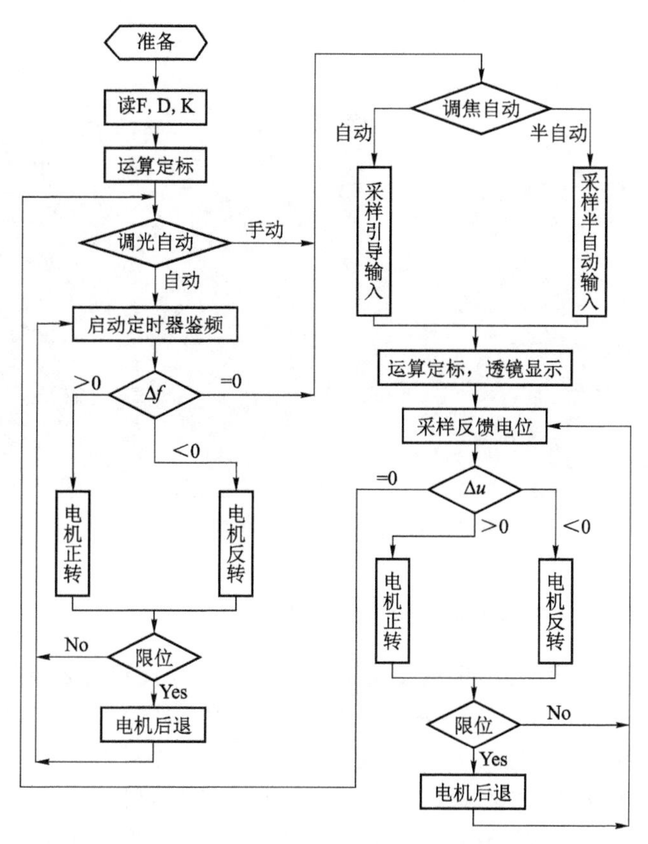

图 7.2.6　光电经纬仪自动调光调焦原理

轴系至水平、指北状态后展开测量工作。可见，车载经纬仪弥补了固定式经纬仪不能机动测量的缺点，可以在较大的地理范围内灵活布站，对目标进行跟踪测量，从而满足了靶场大范围机动测量的需要。

图 7.2.7　固定塔台式光电经纬仪

图 7.2.8　车载移动式光电经纬仪

§7.2.3　光电经纬仪与雷达的协同测试方法

弹丸空间坐标等外弹道参数的获取，常常采用光电经纬仪和第 8 章将要介绍的坐标雷达协同跟踪测量方法来实现，如图 7.2.9 所示。由于雷达的角分辨率较低，其测量结果的空间定位精度常常不如光电经纬仪，光电经纬仪运用交会测量方法，在站目之间的位置关系符合较好的交会条件时，其定位精度较高。在试验中，雷达的波束角较光电经纬仪的视场角大，一般容易跟踪目标，而光电经纬仪捕获目标的范围较小，在进行外弹道跟踪测量的过程中容易发生目标丢失现象。因此，利用雷达与光电经纬仪的协同工作，不仅可以提高光电经纬仪的跟踪能力，而且还可以在光电经纬仪跟踪不理想的情况下，利用数据融合的方法处理更多的弹道坐标。雷达与光电经纬仪的协同测试不仅可以提高光电经纬仪对目标的捕获能力和跟踪能力，而且可以充分利用光电经纬仪的有用数据，提高外弹道测试精度，扩展靶场外弹道测试能力。测试设备的协同工作，包含测试设备的互引导和测试数据互相补充和融合处理两个方面，下面分别介绍。

图 7.2.9　光电经纬仪和雷达协同跟踪测量

1. 雷达对光电经纬仪的引导

光电经纬仪虽然具有较强的目标跟踪能力，但其对目标进行稳定跟踪前需要一定的反应时间，也就是说，光电经纬仪对目标进行稳定跟踪前，需要目标在其视场范围内停留一定的时间，一般的光电经纬仪的反应时间约为 0.5 s。这样，对于初速较快的目标以及进入光电经纬仪视场前运动速度较快的目标，光电经纬仪自身将很难完成自主跟踪；另外，由于光电经纬仪对目标的稳定跟踪是建立在目标可以稳定提取的基础上的，对于中远程武器系统来说，在全弹道的运行途中往往难以避免目标与背景不好区分的现象发生，造成中途目标丢失，跟踪失败。

1）各设备的工作特点

光电经纬仪外弹道测量系统主要由一个中心站、两个测量站以及相应的微波通信系统组成，测试过程中两个测量站主要用来完成目标弹道图像数据的捕获和记录，中心站则负责实时接收基地指控中心或其他设备测试的外部引导信息，以及各经纬仪的测量数据和设备工作状态，对接收到的数据进行野值剔除、坐标转换、航迹形成、平滑滤波以及航迹预测后，引导各经纬仪捕获目标或在跟踪过程中目标丢失时再次截获目标。

外弹道测试雷达在光电经纬仪协同测试时，可以将雷达天线直接架设在光电经纬仪上（图 7.2.9），也可以各自单独设置测量站点。雷达在协同使用时可以选取不同的工作方式，当其选取为主从工作方式时，除了可以进行正常的测试外，还可以利用第二个输出端口将测试的弹道数据实时发送出去引导其他的测试设备。

2）数据传输格式

当雷达工作于主从状态模式时，其对外部设备的引导数据有相对于触发时刻的时间、目标相对于雷达测量站的 x 坐标、目标相对于雷达测量站的 y 坐标、目标相对于雷达测量站的 z 坐标、目标运行速度等多种不同的类型。其中，坐标系的定义为：雷达测量站所在的点位为坐标原点，瞄准方向为 x 轴正向，水平向右的方向为 z 轴正向，垂直于 xz 面向上的方向为 y 轴正向。这样，根据雷达测量站以及两个光电经纬仪测量站的位置坐标信息，可通过坐标平移、旋转的方法将雷达的测量数据转换为每个光电经纬仪测量站的弹道数据，从而在中心站程序的控制下，完成雷达对光电经纬仪的引导工作。

2. 测试数据的融合处理

在武器试验靶场，光电经纬仪和雷达都是外弹道跟踪测量设备。在试验中，雷达一般都能跟踪目标，但其角度定位精度较差，经纬仪–经纬仪交会测量定位精度最高。当只有某台经纬仪站有测量数据，才可以用经纬仪–雷达交会测量方法进行弹道计算，获得试验数据，其精度介于经纬仪–经纬仪交会方法和雷达定位法之间。当弹道参数测量精度要求合适时，也可直接应用经纬仪–雷达交会测量方法。

在光电经纬仪跟踪不理想的情况下（如仅有一个测量站记录到了目标的图像数据信息），可以综合利用光电经纬仪记录到的目标的角度信息与雷达设备记录到的目标距离信息，通过雷达–光电经纬仪交会的方法处理目标的位置坐标数据等。要通过该方法进行数据处理，两套测试设备需要满足以下几个基本条件：

（1）两套测试设备均需有明确的位置坐标信息；

（2）两套测试设备需要有统一的时间基准信息；

（3）雷达测量系统需要有精确测距的功能。

下面介绍目标坐标的计算。

在图 7.2.10 所示的测量坐标系 $O\text{–}XYZ$ 中，光电经纬仪与雷达的位置关系为

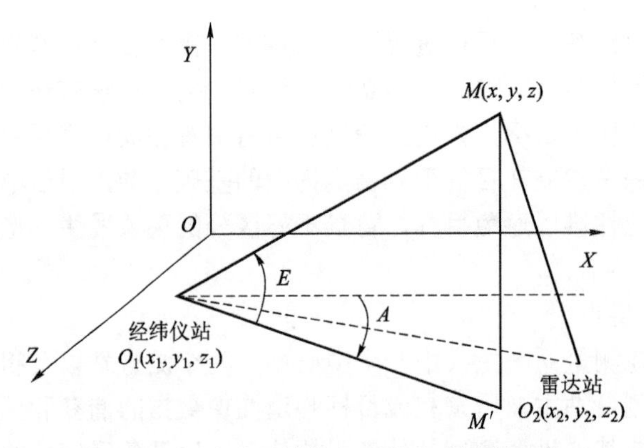

图 7.2.10 光电经纬仪与雷达交会测量示意

$$\begin{cases}(x-x_2)^2+(y-y_2)^2+(z-z_2)^2=r^2\\ y=(x-x_1)\tan E/\cos A+y_1\\ z=(x-x_1)\tan A+z_1\end{cases} \tag{7.2.19}$$

式中，(x_1,y_1,z_1)、(x_2,y_2,z_2)、(x,y,z) 分别为光电经纬仪、雷达、目标 M 的坐标；A、E 分别为光电经纬仪的目标方位角和高低角；r 为雷达测距值。式（7.2.19）即光电经纬仪交会测量模型的一般坐标关系，对其求解可得

$$\begin{cases}x=\dfrac{-b+\sqrt{b^2-4ac}}{2a}\\ y=(x-x_1)\tan E/\cos A+y_1\\ z=(x-x_1)\tan A+z_1\end{cases} \tag{7.2.20}$$

其中

$$\begin{cases}a=1+(\tan E/\cos A)^2+\tan^2 A\\ b=-2x_2-2x_1(\tan E/\cos A)^2+2(y_1-y_2)\tan E/\cos A+\\ \qquad 2(z_1-z_2)\tan A-2x_1\tan^2 A\\ c=x_2^2+(x_1\tan E/\cos A-y_1+y_2)^2+(z_1-z_2-x_1\tan A)^2-r^2\end{cases} \tag{7.2.21}$$

由式（7.2.20）可知，目标在测量坐标系的坐标（x,y,z）分别是参数 x_i、y_i、z_i（$i=1,2$），A、E 和 r 的函数，在参数（x_i,y_i,z_i），A、E 和 r 已知的情况下，可对目标 M 进行空间定位。

可见，对于图 7.2.10 所示的情况，有 $x_1=x_2$，$y_1=y_2$，$z_1=z_2$，将它们分别代入式（7.2.20）和式（7.2.21），同样可以计算出目标 M 的坐标（x,y,z）。

§7.3 弹道相机

弹道相机也称弹道摄影经纬仪或摄影经纬仪，是一种固定式（即非跟踪式）、宽视场光学弹道测量设备。它以恒星或码盘作为定向基准，采用固定式单张干板连续曝光拍摄飞行目标影像。由于拍摄过程无轴系运动，且采用恒星定向（或码盘），因而测角精度很高，常用作光学测量设备和无线电测量设备精度鉴定的比较标准，也可用于火炮、火箭和导弹等兵器的高精度弹道测量和大地测量。

§7.3.1　概述

根据目标弹道轨迹信息记录方式，目前的弹道相机可分为两类：利用干板作记录介质的**干板式弹道相机**和利用电荷耦合器件（CCD）靶面完成目标弹道轨迹记录与测量的**实时弹道相机**。

弹道相机是一种固定式宽视场的光学测量设备，它可以测量空间飞行的自发光目标的空间坐标（轨迹）。弹道相机在原理上可以认为是在经纬仪上架设的相机，它由相机本体、程序控制记录仪、光电接收装置、时基闪光光源、时统终端和坐标测量仪等构成，其经纬仪读数为主镜头光轴方向的高低角和方位角。使用时，以恒星或者码盘作为定向基准，采用两台或者两台以上的弹道相机架设在已知坐标的站点共同对准同一空域，并在统一的指令下对该空域飞行弹丸以一定的频率（例如 10 次/s）进行拍照（单张感光干板多次曝光）或以 CCD 摄像记录，通过处理可以得出弹道相机到弹丸射线的高低角 ε 和方向角 α，采用与布站方式相应的交会公式计算，即可得出弹丸的空间坐标。由于弹道相机的拍摄过程无轴系运动，因而其测角精度很高（测角精度为 1～3 角秒），常常用作弹丸空间坐标测量设备和其他测量设备的比较基准。

弹道相机是用于高精度测量和校准的精密光学测量设备。国外靶场曾广泛使用的弹道相机有 BC–4、BC–600、PC–1000、FAS 等型号。

1966 年，我国开始研制第一套弹道相机（代号“201”），其后直到 20 世纪 80 年代初期，我国又先后研制了“741”“190”“191”和“192”弹道相机。这些相机均以干板作记录介质，为干板式弹道相机。由于干板需多次曝光，要求天空背景很暗、目标发光，所以干板式弹道相机通常在夜间工作。20 世纪 80 年代末，我国研制的 GD–341 终点弹道炸点测量系统和 GK–321 连发弹道测量系统中的弹道相机均为 CCD 靶面的实时弹道相机，并且可以在白天工作。

CCD 靶面的实时弹道相机的弹道数据获取速度快，操作过程简单，与干板式弹道相机相比具有明显优点。

弹道相机的主要用途有两个，即高精密弹道测量和测量设备精度鉴定。

1. 弹道测量

弹道相机可以测量空间飞行的自发光目标（包括导弹、火箭、炮弹、炸弹等）的飞行轨迹。试验中，采用两台或两台以上的弹道相机共同对准同一空域，对飞过该空域的目标在统一的指令下进行拍照或摄像，事后或实时根据已知的相机站点的大地坐标及目标对站点的方位角、高低角，通过交会计算得到目标的大地坐标系空间位置。连续拍摄，即可获取高速飞行目标在该空域内的运动轨迹。

2. 精度鉴定

弹道相机的视准轴方向由度盘或码盘测定，也可以星体为定向基准来确定。由于弹道相机拍摄测量时没有轴系运动，且可采用恒星定向，所以测角精度很高（可达 1″～2″），于是它常用作其他光学测量、无线电外弹道测量设备的比较标准，完成精度鉴定任务。

进行校准和鉴定时，弹道相机系统常与被鉴定设备对同一目标进行测量，用各自得出对该目标的测量结果进行比对，算出被鉴定设备的测量误差或校正值。在我国自行研制的“201”“190”“191”和“192”四种弹道相机中，“192”弹道相机的测量精度最高，主要用于弹丸空间坐标等外弹道参数测量设备的精度鉴定。

§7.3.2 弹道相机的基本组成和工作原理

1. 弹道相机的基本组成

弹道相机（图 7.3.1）由弹道相机本体（含照相干板）、程序控制记录仪、光电接收装置、闪光光源（含石英钟系统）、时统终端、坐标测量仪等部分组成。所有测量设备全部安装在专用车辆上，机动性较好，能单站独立工作，在通信、调度和地面灯光导航等系统的配合下完成对目标的照相任务。

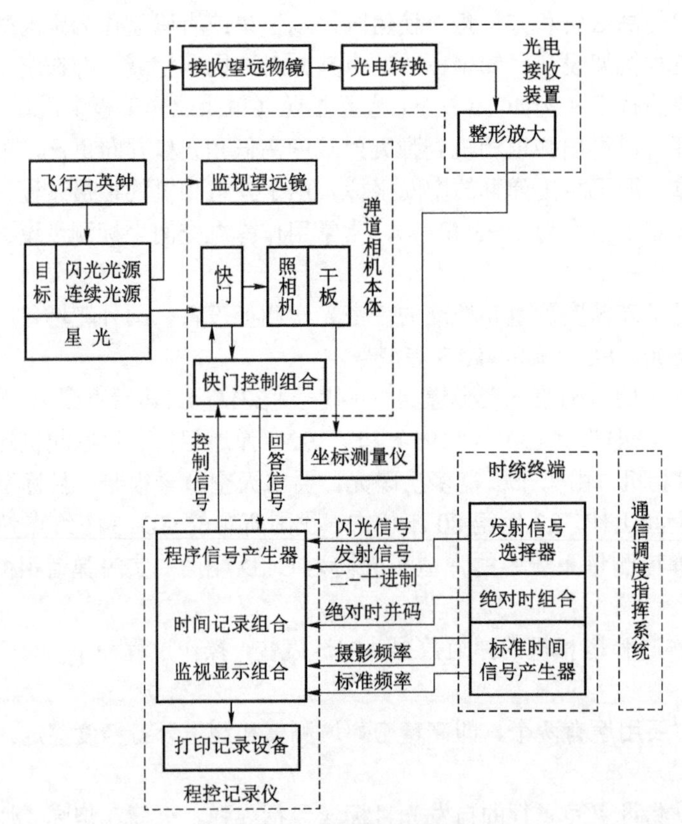

图 7.3.1 弹道相机的组成

1）弹道相机本体

弹道相机本体由摄影主镜头、机架、快门、照相干板、仪器罩、监视望远镜等组成。相机可绕方位轴和俯仰轴转动，用于摄取目标（主要是闪光源）和恒星的图像。为防止拍摄时因快门振动而影响相机的定向精度，快门单独安置在外面地基的工作罩上，与相机本体分离。相机连续拍照的最高摄影频率为 10 次/s，曝光时间为 33 ms。机架上有金属度盘，最小格值为 1°，利用游标可读到 3′。照相干板用于记录目标和恒星图像，其感光度一般为 27 定，感色范围为 400～700 nm。玻璃板基的尺寸为 215 mm（长）×190 mm（宽）×6 mm（厚），基面不平度不大于 5 μm。监视望远镜用来监视目标，当目标进入相机视场时要进行人工编码抹点。

弹道相机的同步快门装置一般采用转盘片式同步快门，其同步控制系统采用力矩式自整角机并联运行方式。稳态运行时，力矩式接收角机与发送角机间通过长距离的电气连线联系，靠稳态运行失调角使发送角机与接收角机转轴产生大小相等、方向相反的电磁转矩，实现两同步快门的远距离协调或同步旋转，即实现同步拍摄的目的。这种同步快门装置具有稳定可靠，可连续运行，精度较高，噪声小，振动轻，便于调试、维护，操作简便等显著优点。

2）程序控制记录仪

程序控制记录仪主要由程序信号产生器、时间记录及显示监视组合等组成，其主要功能有：

（1）产生系统工作程序指令；

（2）为各种程序指令产生不同的时间延时；

（3）记录各指令信号、目标信号（回答信号或闪光信号）及事件的绝对时间；

（4）对程序状态进行显示及报警。

程序信号产生器可由弹丸发射信号和人工启动，能产生 0～99 s 的延时。其在视场中心进行一次自动抹点，可任意进行人工抹点，也可产生对连续光源拍摄时快门的启动和停止信号，还可以产生前后星校的摄影信号。前后星校的曝光时间的设置依次为 0.2 s、0.4 s、0.8 s、1.2 s，相邻两次星校间隔时间为 20 s。时间记录组合由控制线路及打印机等组成，以分（min）、秒（s）、毫秒（ms）、微秒（μs）的形式记录相机工作过程中各事件的绝对时间（精确到 10 μs）。它主要记录发射信号、星校时刻，对闪光光源摄影时记录抹点期间与闪光频率相同的摄影指令，或直接记录由光电接收仪传来的闪光信号，以及对连续光源摄影时直接记录的摄影指令信号。显示监视组合能显示程序进行状态和快门工作状态。

3）光电接收装置

光电接收装置接收来自目标的闪光信号（闪光频率为 1 次/s、2 次/s、5 次/s、10 次/s），将其转换为电信号，供控制记录仪记录闪光时间。

4）闪光光源（含飞行石英钟）

闪光光源分机载和弹载两种。机载光源的闪光频率由石英钟控制，使闪光与地面时统信号同步，从而保证地面光测仪器同步拍照；弹载光源可根据试验任务要求另行设计。

5）时统终端

时统终端产生各种标准频率信号，以作为整个相机控制系统的工作基准。它可与外来的秒信号同步（包括试验场时统中心经有线或无线来的，以及来自授时台的时号），时间同步误差小于 2 μs。它能以有线或无线方式接收试验场指挥中心发来的启动（发射）信号。该终端设备有绝对时组合，以时（h）、分（min）、秒（s）形式向控制记录仪提供时间码。它向控制记录仪提供的信号主要有发射信号、摄影信号（1c/s、2c/s、4c/s、10c/s）、基准频率信号（1 MHz，正弦波）、时间编码信号（二–十进制，并码 14 位，其中分 7 位，秒 7 位）。

6）坐标测量仪

对于干板式弹道相机，这是一种必需的事后数据判读处理设备，主要用于测量照相干板上记录的目标像和恒星像的坐标。在室温 20℃±1℃、干板与仪器的温差小于 0.5℃的条件下，任意两点间距离测量的最大误差不超过 3 μm。

传统的弹道相机由于采用干板作为感光材料，其优点是视场宽，测量精度很高，但这种相机要求在夜间星空条件下多次曝光试验，对感光后的干板需进行烦琐的判读和复杂的计算工作后，才能给出飞行目标的运动轨迹。为了克服这一缺陷，人们提出了利用电荷耦合器件（CCD）靶面记录目标弹道轨迹的方法。由于弹道相机具有宽视场、高分辨率的要求，对CCD器件的要求是与之匹配大靶面面积和较高的像素分辨率。可见，现有科技条件下CCD器件靶面面积远远不够，依靠单片CCD器件不能达到上述要求。因此，人们提出光学拼接方法对多个CCD器件进行拼接，构成更大的CCD面阵，以达到弹道相机宽视场、高分辨率的要求。图7.3.2所示即一种光学拼接原理结构，图中CCD相机的光学拼接采用镀有半反半透折光膜棱镜进行分光，I和Ⅱ分别为由多个CCD器件构成的互补性面阵，分别置于各自的视场位置。

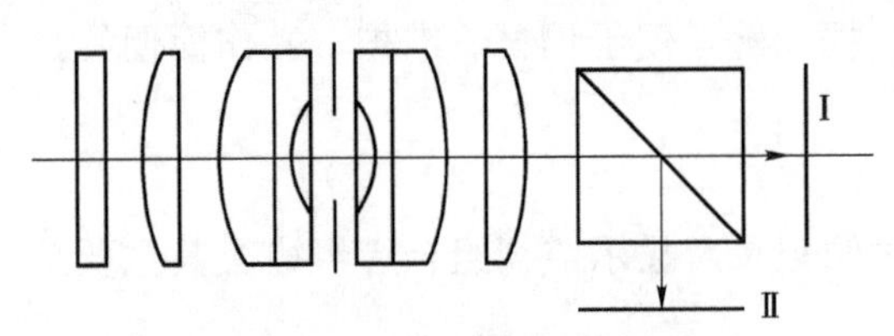

图 7.3.2　CCD 弹道相机的光学结构

采用计算机图像处理技术将两块多个CCD器件构成的互补面阵采集的图像进行叠合，即可实现CCD视场的无缝拼接。由于测量时对物镜畸变要求极高，图中的光学结构一般采用准无畸变物镜，其最大设计畸变为0.07 μm。

对于CCD实时弹道相机，由于采用了数字化图像记录，可采用计算机软件进行图像处理判读方式获取目标像和恒星像的坐标。

2. 弹道相机的工作原理

干板式弹道相机是一种固定式单画幅连续曝光拍照的光学测量仪器，其机架为三轴（垂直轴、水平轴、视准轴）地平装置。视准轴可绕水平轴旋转，而视准轴和水平轴一同绕垂直轴旋转。高精度弹道相机视准轴的定向一般以恒星为基准，即工作时仪器对准预定的方向不动，在同一底板上对恒星和运动目标进行连续和多次曝光摄影。用恒星来确定相机的视准轴方向可避免轴系误差和码盘误差的影响。此外，弹道相机在拍照时机架保持固定不动，因而没有机构转动、振动等因素引起的动态误差。因此，弹道相机能达到很高的测角精度（1″～2″）。

利用恒星作为定向基准的基本公式是

$$\begin{cases}\dfrac{\overline{x}+x_P}{f}=\dfrac{A\lambda+B\mu+C\omega}{D\lambda+E\mu+F\omega}\\[2ex]\dfrac{\overline{y}+y_P}{f}=\dfrac{A'\lambda+B'\mu+C'\omega}{D\lambda+E\mu+F\omega}\end{cases}\tag{7.3.1}$$

式中，$\overline{x}$、$\overline{y}$ 为目标像点在干板坐标系中的坐标（由坐标测量仪判读而得）；

x_p、y_p 为由于干板中心与光轴中心不重合而引起的干板坐标中心在照相机坐标系中的坐标；f 为弹道相机的主距（在摄影测量学中，主距与摄影机物镜焦距有微小差异，主距为摄影机常数，在宽视场摄影机中物镜畸变差会引起像点位移）；

$\lambda=\cos\alpha^*\cos\gamma^*$；$\mu=\sin\gamma^*$；$\omega=\sin\alpha^*\cos\gamma^*$，其中 α^* 为恒星的方位角；γ^* 为恒星的俯仰角；

$A=\sin\alpha\cos K-\cos\alpha\sin\gamma\sin K$；

$B = \cos\gamma \sin K$；

$C = -\sin\alpha \sin\gamma \sin K - \cos\alpha \cos K$；

$D = \cos\alpha \cos\gamma$；

$E = \sin\gamma$；

$F = \sin\alpha \cos\gamma$；

$A' = -\cos\alpha \sin\gamma \cos K - \sin\alpha \sin K$；

$B' = \cos\gamma \cos K$；

$C' = \cos\alpha \sin K - \sin\alpha \sin\gamma \cos K$；

其中，α 为弹道相机光轴的方位角；γ 为弹道相机光轴的俯仰角；K 为弹道相机的滚动角。这三个角值的初始值可从机架上的度盘读取。

上面各式中，x_p、y_p、f、α、γ、K 称为弹道相机的 6 个定向元素，需精确确定。可见，对应于每颗恒星，都可给出类似式（7.3.1）的两个方程式。因此，由 3 颗恒星则可列出 6 个方程式，从而可以解出弹道相机的 6 个定向元素。

为了提高精度，可利用更多的星以减少随机误差的影响。经分析，当星数多于 50 颗后，再增加颗数对进一步提高精度的贡献不大；当星数少于 10 颗时，精度较差。因此，星数一般取 10～50 颗，用最小二乘法求解 6 个定向元素。

在每台相机的 6 个定向元素 x_p、y_p、f、α、γ、K 被求出后，两台弹道相机交会测量，每台相机可分别列出如式（7.3.2）的两个方程式，两台仪器共列出 4 个方程式，便可解出目标在空间的位置坐标（x，y，z）。

$$\begin{cases} \dfrac{\overline{x}+x_p}{f} = \dfrac{A(x-x^c)+B(y-y^c)+C(z-z^c)}{D(x-x^c)+E(y-y^c)+f(z-z^c)} \\ \dfrac{\overline{x}+x_p}{f} = \dfrac{A'(x-x^c)+B'(y-y^c)+C'(z-z^c)}{D(x-x^c)+E(y-y^c)+f(z-z^c)} \end{cases} \tag{7.3.2}$$

式中，x^c、y^c、z^c 为弹道相机的站址坐标。

使用两台以上的相机测量，以最小二乘法求解，则可以提高 x、y、z 的测量精度。

弹道相机工作时，首先将相机本体按预定的方向定向，接着控制记录仪按预定的程序向相机发出摄影指令信号，快门按程序信号打开或关闭。控制程序可预先根据任务编制好，典型的程序如图 7.3.3 所示。

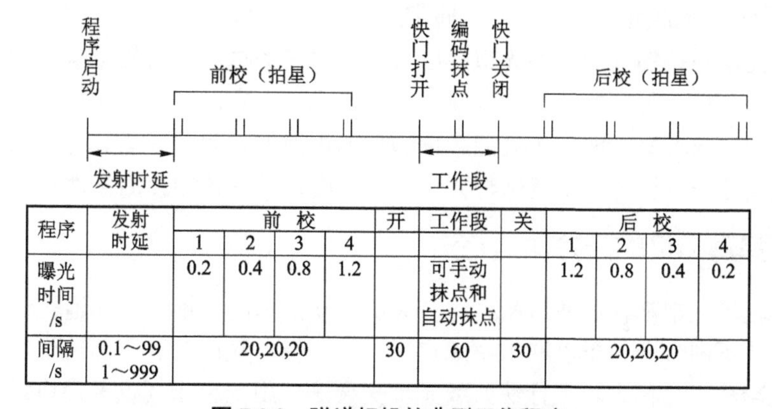

程序	发射时延	前校				开	工作段	关	后校			
		1	2	3	4				1	2	3	4
曝光时间/s		0.2	0.4	0.8	1.2		可手动抹点和自动抹点		1.2	0.8	0.4	0.2
间隔/s	0.1～99 1～999	20,20,20				30	60	30	20,20,20			

图 7.3.3　弹道相机的典型工作程序

在目标进入视场前，对星体进行 4 次不同曝光时间的拍照（0.2 s、0.4 s、0.8 s、1.2 s），称为前校。然后快门大开，等待目标进入视场。当 10 次/s 或 5 次/S 闪光的目标进入视场时，由程序控制仪自动控制或通过监视望远镜操作手控制，使短暂快门关闭，进行抹点（即编码抹点），以此识别像点的时间序列。被抹去闪光点的绝对时间由快门关闭瞬间的 10 次/s 的摄影信号或由光电接收的闪光信号控制打印记录下来。目标飞出视场后，快门按程序指令关闭，随后再次对星体进行后校。同前校一样，进行 4 次不同曝光时间的拍照。后校结束，整个程序完毕。相隔 15 min 后可进行下一次程序工作。拍摄完毕后，严格按操作规程对干板进行事后处理。

3. 弹道相机的主要技术指标

弹道相机的主要技术指标包括视场、测角精度、探测能力、测量频率、采样同步精度、角工作范围及可靠性等，但最重要的是测角精度和探测能力。

弹道相机的测量精度取决于单台相机的测角精度、站址坐标精度以及同一测量系统中各台相机的快门同步精度或飞行目标的闪光计时精度，并与相机布站几何、大气抖动等因素有关。由于弹道相机工作时不跟踪目标，因此方位角和俯仰角误差属于静态测角误差。弹道相机以度盘为定向时，测角误差由相机定向误差、目标像点误差和快门误差组成，其测角均方总误差为

$$\begin{cases} \sigma_{AC} = \sqrt{\sigma_{A_1}^2 + \sigma_{A_2}^2 + \sigma_{A_3}^2} \\ \sigma_{EC} = \sqrt{\sigma_{E_1}^2 + \sigma_{E_2}^2 + \sigma_{E_3}^2} \end{cases} \tag{7.3.3}$$

式中，σ_{AC}、σ_{EC} 分别为方位角和俯仰角的测角均方总误差；σ_{A_1}、σ_{E_1}、σ_{A_2}、σ_{E_2}、σ_{A_3}、σ_{E_3} 分别为相机角定向误差（下标 1）、目标像点误差（下标 2）和快门误差（下标 3）。

需要说明，提高弹道相机总测角精度，除相机本身要保证必要的精度之外，还要从使用情况及选择良好的外界条件（即大气抖动、使用时的环境温度）着手。

弹道相机主距和口径也是重要的技术指标，相机主距的长短直接影响测角精度，主距越长，测角精度越高，但观测视场越小；通光口径的大小直接影响拍摄能力，口径越大，相机的拍摄能力越强，但选价增大，设备结构庞大。因此，研制弹道相机时要综合权衡，选取合适的主距和口径值，以便满足测角精度和拍摄能力两项指标的需要。

由于在不同像移情况下各种主距对测角误差的影响不同，一般情况下像移可控制在 3～4 μm 以内，要使系统的测角精度达 1″，通常主距应大于 750 mm。

弹道相机光学系统的主距、通光口径以及光学系统的透过率直接影响弹道相机的拍摄能力。高精度弹道相机需采用恒星作为定向基准，要求在一定的视场内拍摄到几十颗恒星，因此对其拍摄能力要求较高，即要求其能够拍摄到的恒星的星等数较大。弹道相机对某一特定目标的作用距离还与目标亮度、目标与背景的对比度以及具体的使用条件有关。

§7.3.3 弹道相机的交会测量方法

常规兵器靶场通常都使用弹道相机测量火箭主动段和高射炮弹的弹道轨迹。拍摄弹道时，用两台经纬仪从不同方向拍摄以取得空间点的三维坐标，从而弥补平面成像的不足。一般情况下用正直摄影法（也称光轴平行法）或光轴交会法，用一台指挥仪专门协调二者的工作状

态，使之同步，以达到同时拍摄同一空间点的目的。既然同时使用两台经纬仪，二者相对于待拍摄点的位置的选取将直接影响记录精度。

根据照相机的布站方式，其分为正直摄影法、交会摄影法。

1. 正直摄影法（光轴平行法）

正直摄影法为苏联采用的方法，其场地布置与弹道相机架设方法如图 7.3.4 所示，将两台相机安置在基线的两端，两台相机的光轴平行且垂直于基线，并赋予同样的仰角 ε 。瞄准线（射击方向）与基线垂直。基线长 b 为精确测量的已知量，一般设定为 1 000 m 左右。火炮通常设在基线的中点向前 50～300 m 处，射向与基线垂直。弹道相机的仰角选择应使弹道落在两台相机共同的视场以内。

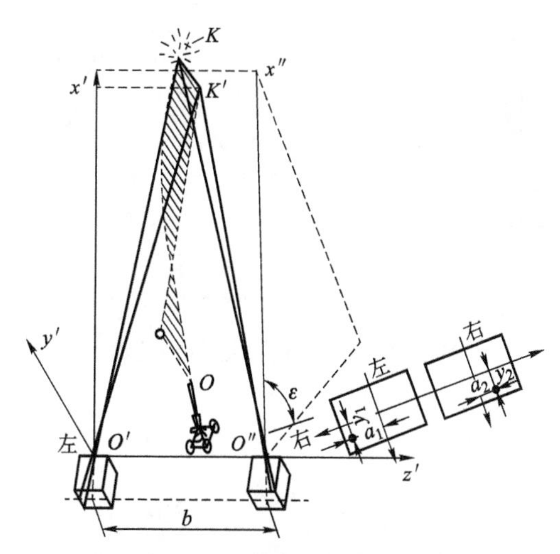

图 7.3.4 弹道相机正直摄影

令左方相机物镜中心为坐标原点 O' ，光轴方向为 x' 轴，向右与基线平行的直线为 z'轴，过 O' 与 $x'O'z'$平面垂直向上的轴为 y'轴。由于目标并不是正好落在相机光轴上，所以底片上的点像也不在画幅中心，分别有坐标参数（ a_1, y_1 ）和（ a_2, y_2 ）。若设靶场地面坐标系的原点 O 在炮口中心，z 轴与基线平行并向右方，y 轴铅直向上，x 轴与 yOz 面垂直并指向射击方向。由图 7.3.5 的几何关系可以导出目标 K 点在炮口坐标系中的坐标计算公式

$$\begin{cases} x = \overline{06} = \overline{23} = \overline{21} + \overline{14} + \overline{43} = x_0 + x'\cos\varepsilon - y'\sin\varepsilon \\ y = \overline{3K} = \overline{33'} + \overline{3'K''} + \overline{K''K} = y_0 + x'\sin\varepsilon + y'\cos\varepsilon \\ z = \overline{63} = \overline{78} + \overline{84} = z_0 + z' \end{cases} \tag{7.3.4}$$

式中，（ x_0, y_0, z_0 ）为左方相机的物镜中心在炮口为原点的地面坐标系中的坐标，在图中 x_0 、z_0 为负值， y_0 为经纬仪高度。

利用三角形相似条件：

$$\triangle O'x'K' \backsim \triangle O'O_1K_1'$$
$$\triangle O''x''K' \backsim \triangle O''O_2K_2'$$

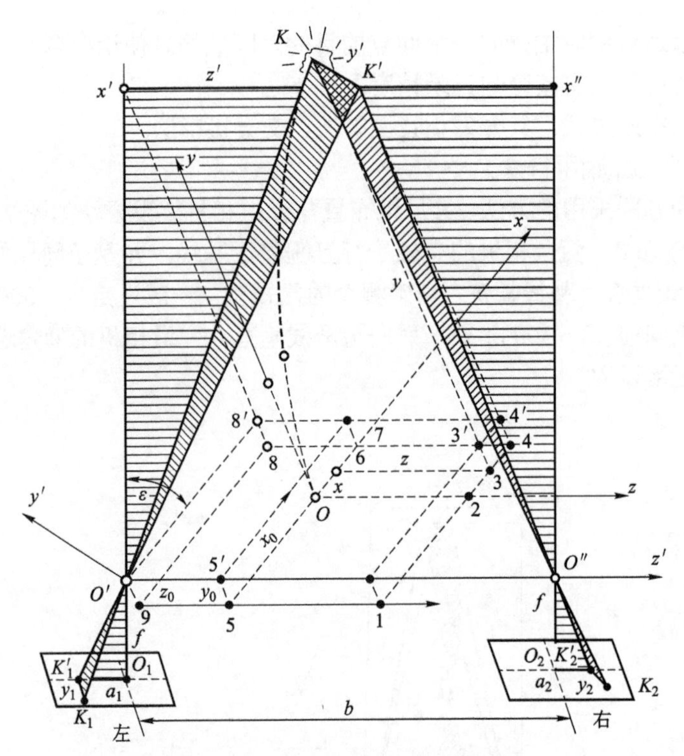

图 7.3.5　正直摄影法的几何关系

可得

$$x' = \frac{bf}{a_1 + a_2}, \quad z' = \frac{ba_1}{a_1 + a_2}$$

又由于

$$\triangle O'KK' \backsim \triangle O'x_1K_1'$$

$$\triangle O'x'K' \backsim \triangle O'O_1K_1'$$

故

$$\frac{y'}{y_1} = \frac{O'K'}{O'K_1'} = \frac{x'}{f} = \frac{b}{(a_1 + a_2)}$$

即有
$$y' = \frac{by_1}{a_1 + a_2}$$

将 x'、y'、z' 代入 x、y、z 的计算公式（7.3.4）中，最后得到目标在炮口坐标系中的目标坐标计算公式：

$$\begin{cases} x = x_0 + \dfrac{bf}{a_1 + a_2}\cos\varepsilon - \dfrac{by_1}{a_1 + a_2}\sin\varepsilon \\ y = y_0 + \dfrac{bf}{a_1 + a_2}\sin\varepsilon + \dfrac{by_1}{a_1 + a_2}\cos\varepsilon \\ z = z_0 + \dfrac{ba_1}{a_1 + a_2} \end{cases} \tag{7.3.5}$$

上面的公式是在两台相机的物镜中心的水平高度相同的条件下导出的。如果右侧相机比左侧相机高Δh，则式（7.3.5）应修改为

$$\begin{cases} x = x_0 + \dfrac{bf + \Delta h a_2 \sin\varepsilon}{(a_1 + a_2)f}(f\cos\varepsilon - y_1\sin\varepsilon) \\ y = y_0 + \dfrac{bf \times \Delta h a_2 \sin\varepsilon}{(a_1 + a_2)f}(f\sin\varepsilon + y_1\cos\varepsilon) \\ z = z_0 + \dfrac{bf + \Delta h a_2 \sin\varepsilon}{(a_1 + a_2)f}a_1 \end{cases} \tag{7.3.6}$$

上式中，基线长b和焦距f已知，只要事先确定弹道相机与火炮的相对位置，测得相机的位置坐标(x_0,y_0,z_0)和高差Δh的值,射击后由照片记录测出相应点的坐标(a_1,y_1)和(a_2,y_2)，就可以由公式算出目标相对炮口的坐标（x，y，z），逐点进行判读与计算，便可求出弹道轨迹。

2. 交会摄影法

交会法不要求相机的视轴平行，也不要求仰角相等，一般要求交会角为 60°～120°。

如图 7.3.6 所示，O_1、O_2分别为左、右相机物镜的中心（节点），O_1O_2的连线为基线，线长为b。坐标系的取法与正直摄法影相同。若目标M正好在两台照相机光轴的交点上，M'点为M在$x'O_1z'$平面上的投影，α_1，α_2分别为线段O_1M'和线段O_2M'与基线O_1O_2的夹角，ε_1，ε_2分别为两台相机光轴的仰角。

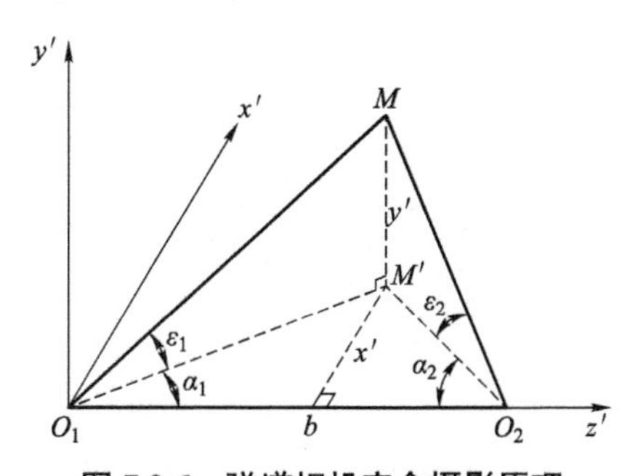

图 7.3.6　弹道相机交会摄影原理

由图 7.3.6 可以导出M点在$O_1-x'y'z'$坐标系中的计算公式

$$\begin{cases} x' = \overline{O_1M'}\sin\alpha_1 \\ y' = \overline{O_1M'}\tan\varepsilon_1 \\ z' = \overline{O_1M'}\cos\alpha_1 \end{cases} \tag{7.3.7}$$

由三角形的正弦定理，有关系式

$$\overline{O_1M'} = \frac{b\sin\alpha_2}{\sin(\alpha_1 + \alpha_2)}$$

将上式代入式（7.3.7）可得

$$\begin{cases} x' = \dfrac{b\sin\alpha_1 \sin a_2}{\sin(\alpha_1 + \alpha_2)} \\ y' = \dfrac{b\sin\alpha_2\tan\varepsilon_1}{\sin(\alpha_1 + \alpha_2)} = \dfrac{b\sin\alpha_1\tan\varepsilon_2}{\sin(\alpha_1 + \alpha_2)} \\ z' = \dfrac{b\sin\alpha_2 \bullet \sin\alpha_1}{\sin(\alpha_1 + \alpha_2)} \end{cases} \tag{7.3.8}$$

若射线垂直于基线，(x_0,y_0,z_0) 为O_1点在地面坐标系中的坐标，则目标M在地面坐标系中的坐标应为

$$x = x_0 + \frac{b\sin\alpha_1 \cdot \sin\alpha_2}{\sin(\alpha_1+\alpha_2)}$$

$$y = y_0 + \frac{b\sin\alpha_2\tan\varepsilon_1}{\sin(\alpha_1+\alpha_2)} = y_0 + \frac{b\sin\alpha_1\tan\varepsilon_2}{\sin(\alpha_1+\alpha_2)} \tag{7.3.9}$$

$$z = z_0 + \frac{b\sin\alpha_2 \cdot \cos\alpha_1}{\sin(\alpha_1+\alpha_2)}$$

由此可见，只要测出目标的仰角ε_1、ε_2及方位角α_1、α_2，就可以由式（7.3.9）算出x、y、z。但是，目标通常不在光轴上，公式中的仰角和方位角不能用光轴的视值，而应采用

$$\varepsilon_1' = \varepsilon_1 + \Delta\varepsilon_1, \varepsilon_2' = \varepsilon_2 + \Delta\varepsilon_2, \alpha_1' = \alpha_1 + \Delta\alpha_1, \alpha_2' = \alpha_2 + \Delta\alpha_2$$

其中$\Delta\varepsilon_1$、$\Delta\varepsilon_2$、$\Delta\alpha_1$、$\Delta\alpha_2$是修正量，可以由照片上记录的目标脱靶量坐标（a_1, y_1）和（a_2, y_2）计算得到：

$$\Delta\varepsilon_1 = y_1 / f_1，\ \Delta\varepsilon_2 = y_2 / f_2，\ \Delta\alpha_1 = a_1 / f_1，\ \Delta\alpha_2 = a_2 / f_2$$

式中，f_1和f_2为相机物镜的焦距。

弹道相机有很高的测量精度。这是因为它采取固定式摄影，基础稳固，还有经纬仪定向，恒星校准，使用玻璃干板，变形小等缘故，但实际的测量精度还与摄影站数目、布站方式、基线测量精度和底片判读精度密切相关。误差分析表明，摄影站最好采用三个，它能比两个站大幅度降低测量误差。站间距离不宜太近，应保证交会角$\angle O_1MO_2$的范围为60°～120°。

基线的测量要有足够的精度，一般应保证基线长的相对误差$\Delta b / b \leqslant 1/5\ 000$，其误差范围一般为1/20 000～1/5 000。

第 8 章
弹丸飞行轨迹的雷达测量技术

弹丸的飞行轨迹实测数据是研究弹丸飞行性能，提取弹丸特征参量，编拟射表等工作的依据。在外弹道试验中，弹丸的空间位置信息（目标相对雷达的径向距离和角度）是除弹丸弹道速度参量外的另一个重要参量，其包含着重要的外弹道信息。在一些弹丸的定型、校验实验以及飞行弹道环境较为苛刻时（超高速、大过载、高转速、小体积、低成本等），弹丸中加装弹载外弹道测量组件较为困难，经济性和可靠性也较低，故主要依赖一些外部地面设备来测量弹丸的外弹道信息，其中利用电磁波反射工作原理的雷达，便成了靶场中测量弹丸外弹道参数的主要工具。随着现代雷达技术的发展，外弹道测量雷达已经从初速雷达发展到连续波体制测量雷达和单脉冲体制测量雷达，其不仅能完成对目标的距离、角度、速度和时间参数的测量任务，还能从目标回波信号中提取更多有用信息，如目标的 RCS、转速、弹道特征点及一些运动姿态参数等。

§8.1　弹丸空间坐标（飞行轨迹）测量雷达简介

弹丸飞行轨迹的测量雷达主要有脉冲测量雷达和连续波测量雷达，其中脉冲测量雷达包括单脉冲测量雷达和相控阵测量雷达，连续波测量雷达包括连续波测速雷达和连续波测距雷达。

§8.1.1　单脉冲测量雷达

1. 单脉冲测量雷达的原理及组成

脉冲测量雷达主要由天线、发射机、接收机、信号处理机、数据处理机和显示器等若干系统构成，如图 8.1.1 所示。发射机产生的雷达信号经由天线辐射到空间，收发开关使天线反复用于发射和接收。反射物或目标截获并反射一部分雷达信号，其中少量信号沿着雷达的方向返回。雷达天线收集回波信号，经接收机加以放大和滤波，再经信号处理机处理。如果经接收机、信号处理机处理后输出信号的幅度足够大，则弹丸可以被检测（发现）。雷达通常测定弹丸的方位和距离，但回波信号也包含目标特性的信息。显示器显示经接收机、信号处理机处理后的输出信号。

1）发射系统

单级振荡式发射机主要由高频发生器、脉冲调制器和直流电源三部分组成。这种发射机的优点是简单经济，相对来说也较轻便，但它的频率稳定度较差，且难以产生复杂信号。

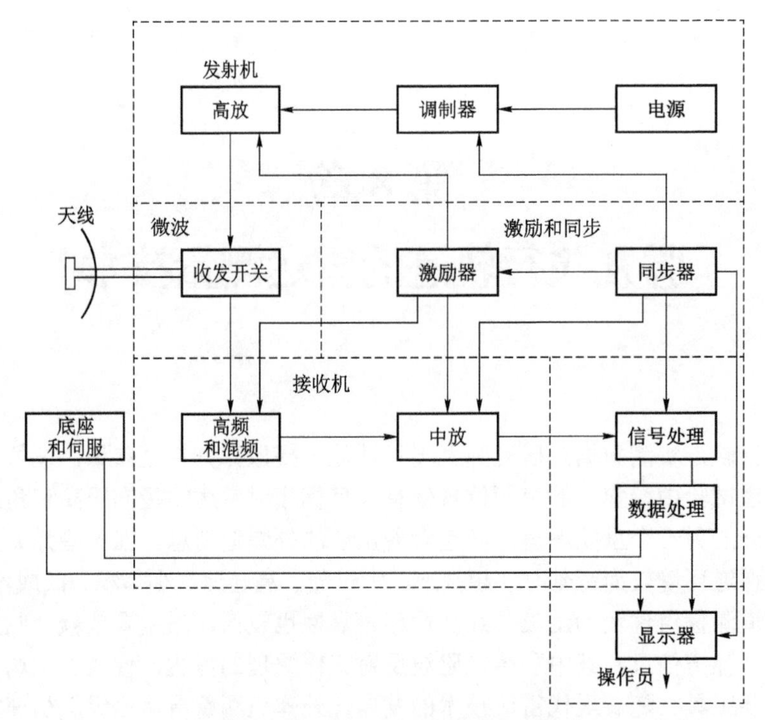

图 8.1.1　典型的单脉冲测量雷达的组成

多级主振放大式发射机主要由前级放大器、末级放大器、前级调制器、末级调制器、定时器、微波激励源及直流电源等组成。根据雷达发射机输出功率、频谱和带宽的不同要求，末级放大器可分别选用行波管、速调管或前向波管。

2）天线系统

天线为旋转抛物面的天线形式，它由主反射面、副反射面和馈源组成。主反射面的作用主要是集中能量，形成一定宽度的波束，主副反射面将平面电磁波汇聚到焦点位置的馈源上，就能接收到从轴线方向上目标反射回波的最大能量。

3）接收系统

测量雷达通常采用单脉冲比辐三通道接收机。接收机主要由高频部分、中视频部分、频率源、激励信号产生器、AGC/MGC 控制回路、AFC/MFC 控制回路、辅助电路及直流电源组成。

三通道单脉冲接收机要求接收机在动态范围内的振幅特性和相位特性相同，三通道一致性好，这是接收机稳定可靠工作的关键。

双通道单脉冲接收机避开了三通道接收机的一致性要求，有利于提高雷达的可靠性。但是，随着新器件、新技术的发展和应用，三通道接收机的一致性要求已不成问题，而双通道接收机的信号处理却显得相当烦琐。当前，人们广泛采用的还是三通道接收机方案。

4）信号处理系统

随着数字信号处理技术的发展及其在跟踪雷达中的广泛应用，雷达系统组成发生了重大改变，数字信号处理系统成为现代单脉冲精密测量雷达的一个重要分系统。信号处理系统以高速通用 DSP 模块构建信号处理机，完成中频信号正交解调、脉冲压缩、信号检测、目标角误差提取、距离误差与速度误差提取、自动增益控制、自动频率控制等功能。它取代了接收机、测距系统和测速系统的部分功能。

5）数据处理系统

数据处理系统由接口电路、计算机系统、B 码时统、调制解调器及软件组成。按照不同性质，需完成的任务可分为三类：事前系统标校任务、实时工作任务、事后数据处理任务。

6）主控台系统

主控台是测量雷达的主要设备之一，它将各分机的主要操作控制功能、工作状态以及目标信息参数汇集于一体，实现人与雷达的集中对话。通过距离操纵员和角度操纵员完成距离与角度的搜索（或引导）、截获和跟踪，实现对雷达整机的操作控制。

主控台主要由三大部分组成：第一，由各种开关、键钮、复零电位器、操纵杆、工作方式操作控制电路及软件组成，完成各分机的开关机、距离工作方式和角度工作方式的操作控制；第二，由计算机、彩色显示器、A / R 显示器、微光电视监视器、二进制和十进制显示及软件组成，完成对目标回波参数、轨迹、波形、图像、相对时、绝对时及跟踪性能的监视；第三，由各种指示灯、表头组成，完成雷达状态及信息的指示和监视。

2. 单脉冲测量雷达的特点

单脉冲测量雷达通常有振幅比较单脉冲雷达和相位比较单脉冲雷达两大类。它有较高的测角精度、分辨率和数据率，但设备比较复杂。

单脉冲测量雷达早在 20 世纪 60 年代就已广泛应用。美国、英国、法国和日本等国军队大量装备单脉冲测量雷达，主要用于目标识别、靶场精密跟踪测量、弹道导弹预警和跟踪、导弹再入弹道测量、火箭和卫星跟踪、武器火力控制、炮位侦察、地形跟随、导航、地图测绘等。

单脉冲精密测量雷达在海军试验基地可以完成潜地导弹的外测任务；在空军基地可以完成空–空导弹的跟踪测量任务；在炮兵试验基地可以完成炮弹的跟踪测量任务。

目前使用的单脉冲测量雷达基本上都实现了模块化、系列化和通用化，具有多目标跟踪、动目标显示、故障自检、维修方便等特点。

与圆锥扫描雷达相比，单脉冲测量雷达具有如下优点：跟踪精度高、作用距离不受限制、数据率的潜力大、抗干扰性能好等。当然，它也存在一些缺点与不足，例如系统复杂和只能应用窄波束天线等。随着科技的发展，与雷达的其他许多新技术相比，这些复杂性已经成为次要的问题。

§8.1.2　相控阵测量雷达

1. 相控阵测量雷达的原理及组成

1）系统框图

不同用途的相控阵测量雷达系统在组成上会稍有不同，但其基本的组成部分都是类似的。

一个典型的用于靶场多目标测量的相控阵测量雷达的组成框图如图 8.1.2 所示。该相控阵测量雷达也能按常规单脉冲测量雷达的模式工作，用机械轴在阵面法线方向跟踪一个目标。

系统中最主要的几个部分包括：进行波束电扫的相控阵电扫天线阵面和电扫波束控制系统，保证全空域覆盖和精密机械跟踪的二维转动天线座和角度伺服驱动系统，保证全机信号相参工作的频率源、本振和激励源，产生和传输高功率射频信号的发射机和馈电系统，完成雷达回波信号接收和信息提取的接收机、信号处理机和数据处理机与全机定时控制和操作控制系统以及完成目标参数跟踪测量的测距机、测速机等。

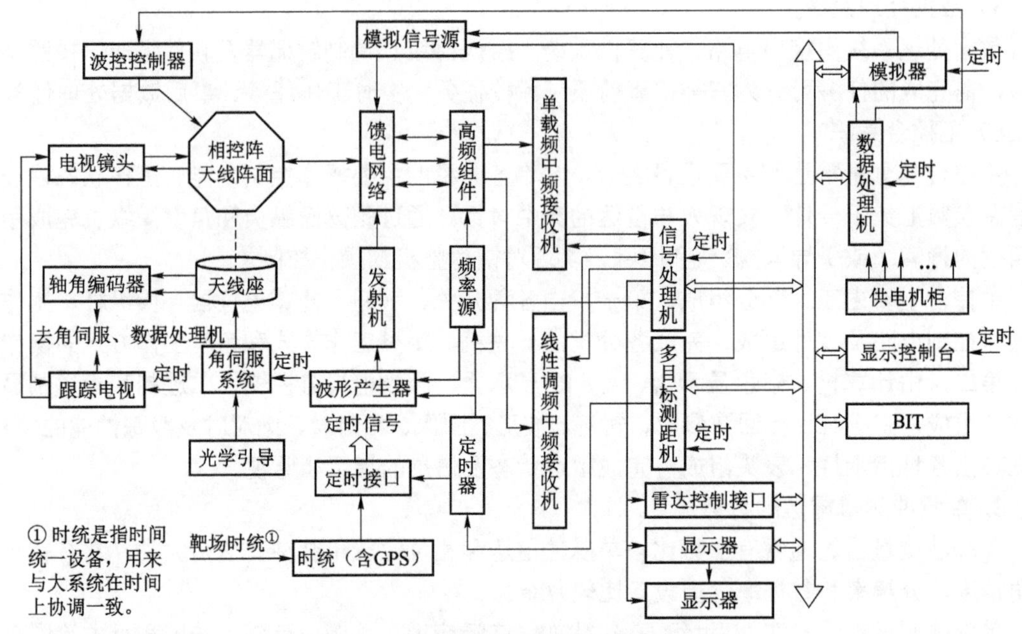

图 8.1.2　相控阵测量雷达系统的组成框图

2）波束控制

相控阵天线波束控制的作用是形成单脉冲波束并在雷达中央处理机（或数据处理机）的控制下进行电扫搜索和对目标进行电扫跟踪。

跟踪测量雷达的相控阵天线与一般搜索雷达的相控阵天线有所不同：一是必须在方位、俯仰二维坐标形成能同时电扫的单脉冲和、差波束；二是为了实现全空域覆盖和精密机械跟踪，其相控阵天线阵面必须安装在一个由角伺服系统驱动的能二维机械旋转的天线座（转台）上，因而其尺寸、重量和效率都有较严格的限制。这些不同要求也就决定了跟踪测量雷达相控阵天线和波束控制设计的一些特点。

跟踪测量雷达的相控阵阵面可以是有源的，也可以是无源的。有源天线阵面由发 / 收组件和辐射（接收）单元组成，而无源天线阵面通常由移相器组件和辐射（接收）单元组成。

跟踪测量雷达相控阵天线及波束控制的另一个特点是要求电扫波束跃度尽可能小，以实现类似机械跟踪的连续跟踪效果。

一个典型的相控阵测量雷达空馈传输式相控阵天线（即一个平面波空馈传输式相控阵天线），由卡塞格伦天线（Cassegrain Antenna）、3 通道单脉冲馈源、移相器组件、辐射阵、收集阵等组成。向阵列馈电的双反射面天线包括 3 个部分：主反射面、副反射面、单脉冲多模 5 喇叭馈源。双反射面天线作为阵面能量的分配器，为阵面提供合适的幅相分布。阵面为空馈透镜阵，共有数千个移相器。阵面上收集阵单元和辐射阵单元一一对应，按三角形周期排列。

3）天线座（转台）和角伺服系统

相控阵跟踪雷达天线座和角伺服系统的功能是实现全空域目标覆盖和对特定目标的机械

跟踪。

天线座的功能与常规单脉冲测量雷达相同，都是方位、俯仰型精密转台，但由于相控阵天线阵面在结构上的特点，天线座（转台）俯仰支臂间距比常规单脉冲测量雷达大，对于中等口径的相控阵天线，天线座（转台）的转动惯量与重量比同口径的常规单脉冲跟踪雷达要大许多，这限制了天线的动态特性。例如，美国 MOTR 雷达天线座（转台）方位与俯仰最大角加速度均为 200 mrad/s^2，而 FPS–16 则达到 1 020 mrad/s^2。

角伺服系统通常是一个Ⅱ型直流驱动系统，由计算机闭环，有完善可靠的安全连锁与仰角限位、刹车保护、锁定装置。一般用永磁无槽直流高速电机作为伺服系统的执行元件，方位、俯仰分别采用双电机消隙和脉冲宽度调制功率放大器（PWM 功放）。

在手控模式时，操作手可以通过控制台上的操纵杆大范围快速调整天线指向，在机械轴跟踪目标时，由伺服分系统进行角度闭环跟踪；与常规单脉冲测量雷达一样，伺服系统也有角度引导功能，如光学引导或其他引导装置。

轴角编码器有光电与多极旋转变压器等类型。

4）信号系统

相控阵测量雷达信号系统的功能是实现各种信号的产生、信号放大发射、回波信号接收和信号处理，这些功能分别由频率源、发射、接收、信号处理分系统完成。

频率源分系统产生全机所需要的频率基准信号，包括发射激励信号、本振信号、相参基准信号、模拟器相参信号（含可控多普勒频率）。频率源分系统一般要求高可靠性、高稳定度与低相位噪声，通常采用大规模集成数字锁相微波频率源、DDS。频率源选用低相位噪声的晶体振荡器，电源采用低纹波电源，并进行良好的滤波，选用低噪声元器件，充分考虑电磁兼容性，设计良好的滤波接地，减小外界干扰对相位噪声的影响。

相控阵测量雷达一般有多种发射波形。为了解决测量距离与距离分辨力的矛盾，对远距离搜索与测量的波形一般采用宽时宽的线性频率调制（LFM）信号、脉冲压缩技术；对近距离的搜索与测量采用窄时宽信号（固定频率），并使窄时宽信号与靶场的应答测量系统兼容。这两种信号同时进行发射与接收处理。

空馈相控阵测量雷达的发射分系统采用集中式发射机，一般由全相参固态放大器和末级功率放大器组成。放大链的总增益在 80 dB 以上，输出功率在 MW 级（峰值），可以满足多种重复频率、多种脉冲宽度的要求。

强馈式相控阵测量雷达发射分系统通常采用固态有源发 / 收组件。

接收分系统一般为典型三路单脉冲接收机或双三路单脉冲接收机，即单载频中频接收机与线性调频接收机，分别同时接收窄时宽信号（固定频率）与宽时宽的 LFM 信号（高频部分共用）。

信号处理分系统对接收信号进行处理，完成接收信号的数字脉冲压缩、积累、目标检测、距离与角度误差提取，AGC、AFC 控制等。信号处理机硬件采用专用数字信号处理器件组成，具有模块化、软件更改灵活以及功能强等特点。

5）跟踪系统

相控阵测量雷达包括 3 个跟踪环路：距离跟踪、角度跟踪与速度跟踪。在常规单脉冲测量雷达工作模式下，3 个跟踪系统与单脉冲测量雷达相同，也具有相同的功能。在相控阵多目标跟踪模式下，距离与角度跟踪方式有另外的特点。

在相控阵多目标跟踪模式下，距离与角度跟踪可以在数据处理（控制计算机）控制下，由信号处理、数据处理、测距、角伺服、波束控制共同实现，也可以距离跟踪与角度跟踪分别实现。

跟踪系统的一些典型指标如下：

方位、俯仰跟踪范围受天线座转动范围的限制，美国 MOTR 雷达电扫跟踪的最大角速度、角加速度可以达到 2 000 mrad/s、25 000 $mrad/s^2$。

距离最小的跟踪范围受信号宽度、阵面移相器动作时间（非互易类型的天线）及馈线 TR 管恢复时间的限制，一般为 500 m～2 km；最大工作范围与雷达重复频率的无模糊距离及解模糊方法有关，距离与速度跟踪的动态性能一般最大可以达到 10 km/s、1 km/s^2、0.15 km/s^3。

6）数据处理

在相控阵测量雷达中，目标的轨迹是在数据处理中建立的，多目标的跟踪是在数据处理的控制下进行的，数据处理是相控阵测量雷达多目标功能的核心，也是雷达的控制核心。

数据处理根据工作方式设定，它对雷达信号处理提取的目标检测报告数据进行综合处理，建立目标轨迹；同时控制雷达的工作方式，进行能量分配；实时控制雷达波束，实现系统多目标的搜索、识别、捕获和跟踪功能；实时记录、显示和传输雷达测量数据；对雷达数据进行事后处理和误差统计等。

2. 相控阵测量雷达的特点

相控阵测量雷达具有以下优点：

（1）作用距离远。它采用宽时宽脉冲信号设计，使雷达的发射功率得到有效提高，峰值功率可达到兆瓦，平均功率达数十千瓦。

（2）测量精度较高。相控阵测量雷达能够基本满足靶场武器系统试验的高精度测量要求，其距离测量精度可达数米，角度测量精度远小于一个密位。由于采用了脉冲压缩技术，它既保证了大的作用距离，又提高了距离分辨力，同时保持了较高的测量精度。

（3）多目标测量能力强。相控阵测量雷达能够实现多个目标的同时搜索与跟踪测量，其不仅能完成由于目标分体或弹体开仓产生的多目标的跟踪测量，而且能够实现对连发弹丸的多条弹道参数进行测量，对武器系统技战术性能的科学评估提供了更丰富的弹道参数。

（4）引导功能强大。由于采用机械和电扫描相结合的方式，相控阵测量雷达的空间扫描范围大，有利于对高速运动目标，尤其是对那些具有位置不确定性的飞行目标的捕获。它能够输出多种格式的实时测量数据，为多套参试设备组网测量提供引导信息。

§8.1.3 连续波测量雷达

连续波测量雷达主要完成对弹丸标的速度、距离、角度的测量，还可实现对目标的特征参数和相关姿态信息的处理和提取。前面第 3 章介绍的多普勒测速雷达就是一种连续波测量雷达。这种雷达主要采用 X 波段微带阵列天线、全固态发射机和数字化信号处理设备，体积小，重量轻，机动性好。

1. 连续波测量雷达的组成

连续波测量雷达主要由天线系统、跟踪控制器、信号分析仪、控制终端、系统承载座（架）稳定机构等组成。其组成如图 8.1.3 所示。各组成部分及功能如下：

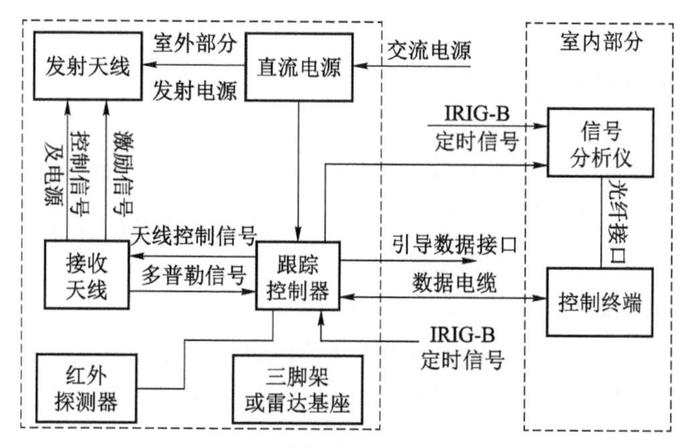

图 8.1.3　连续波测量雷达的组成

（1）天线系统，包括收发天线、发射机和接收机。天线采用微带阵列技术，收发天线分离，发射机全部采用固态器件，接收机采用超外差体制。

（2）跟踪控制器，主要包括伺服机构和实时信号处理器。能够实时处理运动目标的速度和位置信息，控制天线跟踪目标。

（3）信号分析仪，是数据采集和处理单元，能够采集雷达天线输出的 16 路多普勒信号，并对多普勒信号进行事后处理。

（4）控制终端，是雷达的主要控制单元，主要是控制雷达跟踪控制器和信号分析仪进行工作，完成雷达系统的实时控制、实时数据显示和测量数据的事后处理。

2. 连续波测量雷达的特点

在近程雷达系统或次级雷达中，连续波测量雷达与脉冲测量雷达相比具有独特的优点。特别是随着当今世界微波固态器件的发展，利用连续波测量雷达能使雷达更为简单，其原因在于连续波测量雷达的发射机无需高压，不会产生高压打火，并且调制信号可以多样化，这在相同体积和重量下有利于发射功率的提高。目前，主振放大式行波管的平均功率/重量为 4.4 W/kg，而连续波测量雷达发射机则是 7.4 W/kg。于是，连续波测量雷达可以做到体积小和重量轻，而且其发射机容易实现，馈线损耗也较低。

连续波测量雷达接收机的带宽窄于脉冲测量雷达接收机。因此，它有利于抗杂波，并在电磁干扰环境下具有更好的抗干扰能力。特别是只实现测速时，连续波测量雷达显得更为优越，测距时也不存在脉冲测量雷达的距离遮挡现象。

连续波测量雷达比脉冲测量雷达的抗背景杂波和抗干扰能力更好：

第一，发射机功率较低，有利于反侦察。譬如，连续波测量雷达采用伪随机码调相或随机码调相，使对方的侦察接收机无法利用快速傅里叶变换跟踪雷达的瞬时频率，对方要想干扰伪随机或随机二相码连续波测量雷达是很困难的。因此，连续波测量雷达容易实现低截获概率。

第二，连续波测量雷达接收机的带宽较窄，在杂波背景下具有良好的检测能力。

第三，从雷达距离方程来看，增大发射功率和收发天线的增益，减小接收机噪声系数和微波损耗，有可能检测出较小的隐身目标，使雷达探测或跟踪距离满足战术技术要求。连续波测量雷达与脉冲测量雷达相比，其唯一障碍是连续波测量雷达的收发隔离。

§8.2 弹丸的无线电特性

每一个被雷达探测的目标，由于形状、材料、运动规律等因素不同，其在雷达回波中所呈现的无线电特性也有所区别，分析和了解弹丸的无线电特性对于提高弹道测试捕获率和数据处理具有重要的意义。

1. 目标的雷达截面积（RCS）

雷达是通过接收目标反射的电磁波获得目标信息的。目标的大小性质不同，对雷达电磁波的散射特性就不同，雷达所能接收到的反射电磁波能量也不一样，因而雷达对不同目标的探测距离各异。

炮位雷达需要在低仰角上发现雷达反射截面积极小（通常为 0.001～0.1 m^2）的弹丸，而此时地面环境杂波异常强烈，致使弹丸的有用回波和杂波回波强度之比仅为 10^{-4}～10^{-5}，炮位雷达必须采用脉冲多普勒工作体质，因此要求雷达信号的频率稳定度很高，特别是短期度应在 10^{-10} 量级上。炮位雷达需要采用各种雷达波形、窄矩形脉冲、线性调频脉冲和各种编码信号，还必须考虑弹丸由于 1 000 m/s 的速度而产生的多普勒频率变化的影响。频率源与波形产生器要根据炮位雷达的工作和电子对抗的需要，以微秒级的速度改变频率和波形。

为了便于讨论问题、统一表征目标的散射特性和估算雷达作用距离，人们把实际目标等效为一个垂直电波入射方向的截面积，并且这个截面积所截获的入射功率向各个方向均匀散射时，在雷达处产生的电磁波回波功率密度与实际目标所产生的功率密度相同。这个等效面积就称为雷达截面积（RCS），一般记为 σ。通常，目标的雷达截面积越大则反射的电磁波信号功率就越强，普通有翼无人驾驶导弹的雷达截面积为 0.5 m^2，歼击机的雷达截面积是 1 m^2。

假定入射电磁波在目标处的功率密度为 S，则按照上述假设，RCS 为 σ 的目标所能够散射的总功率为

$$P=\sigma \cdot S \tag{8.2.1}$$

实际上，σ 的大小与雷达电磁波入射角有关，此处的 RCS 定义主要考虑电磁波按原入射方向反射回去。在雷达处，目标二次辐射功率密度为

$$S_r=\frac{P}{4\pi R^2}=\frac{\sigma \cdot S}{4\pi R^2} \tag{8.2.2}$$

由此，可以得到 RCS 的定义为

$$\sigma = 4\pi R^2 \frac{S_r}{S} \tag{8.2.3}$$

上式似乎说明 σ 的大小与距离 R 有关，但是雷达截面积与目标形状、材料、视角、雷达波长、极化等因素有关，唯独与目标距离无关。S_r 是变化的，且 $S_r \propto \frac{1}{R^2}$。

进一步，可以将之写为

$$\sigma = 4\pi R^2 \cdot \frac{1}{S} \cdot \frac{P}{4\pi R^2} = 4\pi \cdot \frac{(P/4\pi)}{S} = 4\pi \cdot \frac{P_\varDelta}{S} \tag{8.2.4}$$

式中，$P_\varDelta = P/4\pi$，$P_\varDelta$是返回雷达处每单位立体角内回波功率，因此，RCS 又可以定义为

$$\sigma = 4\pi \cdot \frac{\text{返回雷达处每单位立体角内回波功率}}{\text{入射功率密度}} \tag{8.2.5}$$

因此，RCS 定义为，在远场条件下，目标处每单位入射功率密度在雷达处单位体积角内产生的反射功率乘以 4π。

目标的后向散射特性除了与目标本身的性能有关外，还与视角、极化和入射角的波长有关。其中与波长的关系最大，故常以相对于波长的尺寸来对目标进行分类。

弹丸的尺寸比波长大得多，处于光学区，截面积振荡地趋于某个固定值，它就是几何光学的投影面积。按照几何光学的原理，表面最强的反射区域是对电磁波波前最突出点附近小的区域，这个区域的大小与该点的曲率半径 ρ 成正比。如果弹丸为旋转对称，其截面积为 $\pi\rho^2$，不随波长而变化。

弹身的形状近似于一个圆柱，其截面积和视角有关，当视角改变时，RCS 有很大的变化：$\sigma = \frac{2\pi l^2 r}{\lambda}\cos\theta \times \left[\frac{\sin(Kl\sin\theta)}{Kl\sin\theta}\right]^2$，其中 $K = \frac{2\pi}{\lambda}$。

2. 雷达测试信息中可提取的弹丸飞行状态参量

当雷达探测到弹丸后，就要从回波中提取有关信息。雷达对弹丸的距离和空间角度进行定位，通过多次测量描绘出弹丸飞行轨迹，对于高性能或有特殊用途的雷达，还可以测量弹丸的飞行速度和特征参数等。

1）弹丸距离的测量

雷达以一定的频率发射脉冲，在天线的扫描过程中，如果天线的辐射区内存在弹丸，那么雷达就可以接收到雷达的反射回波。雷达与弹丸之间的距离 R 可以通过测量电波往返一次的时间 t_R 获得：$R = \frac{c}{2}t_R$。

2）弹丸角度的测量

弹丸角位置指方位角或仰角，在雷达技术中测量这两个角位置基本上都是利用天线的方向性来实现的。

雷达天线将电磁能量汇集在窄的波束内，当天线波束轴对准目标时，回波信号最强，其他回波较弱。天线波束轴的相应角度值由天线轴角编码器实现，回波信号最强时的轴角编码器值就是目标所在的角度值。

3）弹丸轨迹的测量

对于飞行中的弹丸，通过多次测量弹丸的距离、角度参数，可以描绘出弹丸的飞行轨迹。利用弹丸的轨迹参数，雷达能够预测下一个时刻弹丸所在的位置，可以据此预测弹丸的落弹点、落弹时间和发射点。

4）弹丸速度的测量

弹丸速度是通过多普勒频率来测量的。多普勒原理是指当发射源和接收者之间有相对径向运动时，接收到的信号频率将发生变化，根据信号频率的变化就能测量出相对径向运动的大小。当弹丸飞向雷达时，多普勒频率为正值，接收信号频率高于发射信号频率；当弹丸背

离雷达飞行时，多普勒频率为负值，接收信号频率低于发射信号频率。

5）弹丸翻滚、进动参数的测量

雷达的速度分辨力提高后，当弹丸存在微动现象时，弹丸上不同散射点的运动速度不同，即具有不同的运动特征。散射点相对于雷达的径向速度不同，表现为多普勒调制信号，存在于雷达回波中。将调制信号作为有用信号来处理，建立较为完善的雷达回波信号模型，可以获取更多的目标运动信息。

6）弹丸转速测量技术

弹丸高速旋转对多普勒信号产生幅值调制，多普勒信号变为调幅信号，调制频率和调制指数的大小分别与弹丸的转速和弹丸轴线相对于雷达天线径向方向的角度有关。因此，多普勒雷达测量法能够测量各种旋转稳定的高转速弹丸的转速。

§8.3　弹丸飞行距离的雷达测量原理

测量弹丸的距离是雷达的基本任务之一。无线电波在均匀介质中以光速 c（$c=3\times10^8$ m/s）直线传播，如图 8.3.1 所示，雷达与弹丸之间的距离 R 可以通过测量电波往返一次的时间 t_R 获得。基本数学原理为：

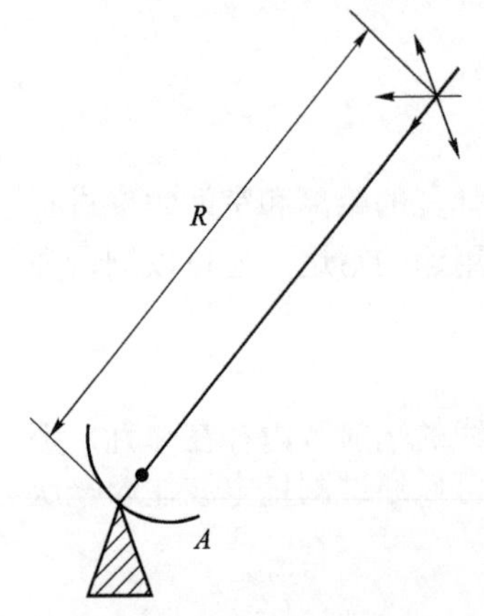

图 8.3.1　弹丸距离的测量

$$\begin{cases} t_R=\dfrac{2R}{c} \\ R=\dfrac{1}{2}ct_R \end{cases} \tag{8.3.1}$$

t_R 为回波相对于发射信号的延迟时间。因此，弹丸距离的测量就是要精确测定 t_R。根据雷达发射信号的不同，测量延迟时间在脉冲测量雷达中，主要通过检测回波脉冲的时间延迟来实现；在调频连续波测量雷达中，主要是在检测弹丸回波信号的基础上，通过记录到达频率的时间延迟实现对弹丸回波信号延迟时间的测量。下面分别详细介绍。

§8.3.1 脉冲法测距

1. 基本原理

在常用的脉冲雷达中，回波信号是滞后于发射脉冲 t_R 的回波脉冲。回波信号的延迟时间 t_R 通常是很短暂的，计时单位是微秒。测量这样量级的时间需要采用快速计时的方法。

如图 8.3.2 所示，早期雷达均用显示器作为终端，在显示器画面上根据扫掠量程和回波位置直接测读延迟时间。现代雷达常常采用电子设备自动地测读回波到达的延迟时间 t_R。

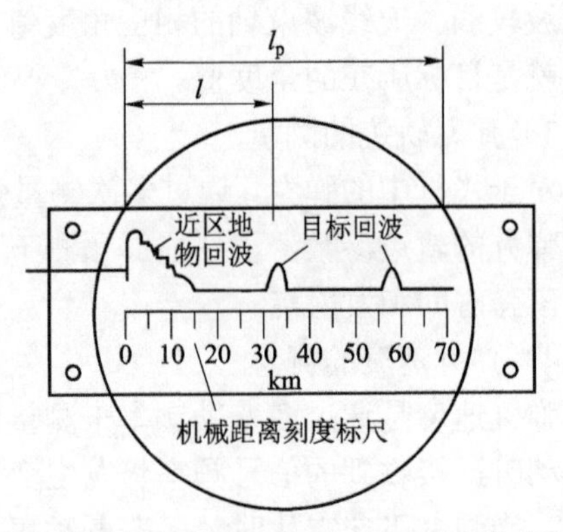

图 8.3.2　具有机械距离刻度标尺的显示器荧光屏画面

有两种定义回波到达时间 t_R 的办法，一种是以弹丸回波脉冲的前沿作为它的到达时刻；另一种是以回波脉冲的中心（或最大值）作为它的到达时刻。对于通常碰到的点弹丸来说，两种定义所得的距离数据只相差一个固定值（约为 $\tau/2$），可以通过距离校零予以消除。如果要测定弹丸回波的前沿，由于实际的回波信号不是矩形脉冲而近似为钟形，此时可将回波信号与一比较电平比较，把回波信号穿越比较电平的时刻作为其前沿。用电压比较器是不难实现上述要求的。用脉冲前沿作为到达时刻的缺点是容易受到回波大小及噪声的影响，比较电平不稳也会引起误差。

2.测距精度

雷达在测量弹丸距离时，不可避免地会产生误差，测距精度是雷达距离测量中的重要指标之一。影响测距精度的因素很多，可以通过对测距公式求解全微分看出，即

$$\mathrm{d}R=\frac{\partial R}{\partial c}\mathrm{d}c+\frac{\partial R}{\partial t_R}\mathrm{d}t_R=\frac{R}{c}\mathrm{d}c+\frac{c}{2}\mathrm{d}t_R \tag{8.3.2}$$

用增量代替微分，可以得到测距误差为

$$\Delta R=\frac{R}{c}\Delta c+\frac{c}{2}\Delta t_R \tag{8.3.3}$$

式中，Δc 为电波传播速度平均值的误差；Δt_R 为测量弹丸回波延迟时间的误差。

由式（8.3.3）可以看出，测距误差主要由电波传播速度 c 的变化 Δc 以及测量弹丸回波延迟时间的误差 Δt_R 两部分组成。其误差按性质可分为系统误差和随机误差两类，系统误差是指在测距时，系统各部分对信号的固定延迟所造成的误差，系统误差以多次测量的平均值与被测距离真实值之差来表示。从理论上讲，系统误差在校准雷达时可以补偿掉，实际工作中很难完善地补偿，因此在雷达的技术参数中，常给出允许的系统误差范围。

随机误差指因某种偶然因素引起的测距误差，所以又称偶然误差。凡属设备本身工作不稳定性造成的随机误差均称为设备误差，如接收时间滞后的不稳定性、各部分回路参数偶然变化、晶体振荡器频率不稳定以及读书误差等。凡属系统以外的各种偶然因素引起的误差均称为外界误差，如电波传播速度的偶然变化、电波在大气传播时产生折射以及弹丸反射中心的随机变化等。随机误差一般不能补偿掉，因为它在多次测量中所取得的距离值不是固定的，而是随机的。因此，随机误差是衡量测距精度的主要指标。

3. 距离分辨力和测距范围

距离分辨力是指同一方向上两个大小相等点弹丸之间的最小可区分距离。在显示器上测距时，分辨力主要取决于回波的脉冲宽度 τ，同时也和光点直径 d 所代表的距离有关。如图 8.3.3 所示，两个点弹丸回波的矩形脉冲之间间隔为 $\tau+d/v_n$，其中 v_n 为扫掠速度，这是距离可分的临界情况，这时定义距离分辨力 ΔR_c 为

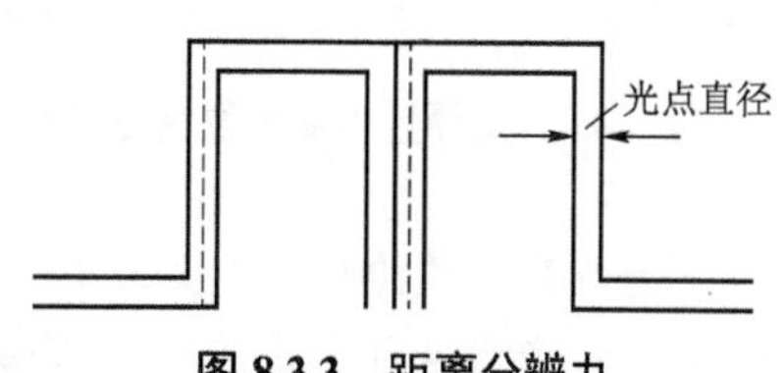

图 8.3.3　距离分辨力

$$\Delta R_c=\frac{c}{2}\left(\tau+\frac{d}{v_n}\right) \tag{8.3.4}$$

式中，d 为光点半径；v_n 为光点扫掠速度，单位为 cm/μs。

用电子方法测距或自动测距时，距离分辨力由脉冲宽度 τ 或波门宽度 τ_E 决定，脉冲越窄，距离分辨力越高。对于复杂的脉冲压缩信号，决定距离分辨力的是雷达信号的有效带宽 B，

有效带宽越宽，距离分辨力越高。距离分辨力ΔR_c可表示为

$$\Delta R_c = \frac{c}{2} \times \frac{1}{B} \tag{8.3.5}$$

测距范围包括最小可测距离和最大单值测距范围。所谓最小可测距离，是指雷达能测量的最近弹丸的距离。脉冲雷达收发共用天线，在发射脉冲宽度时间内，接收机和天线馈线系统间是“断开”的，不能正常接收弹丸回波，发射脉冲过去后天线收发开关恢复到接收状态，也需要一段时间，在这段时间内，由于不能正常接收回波信号，雷达是很难进行测距的。因此，雷达的最小可测距离为

$$R_{\min} = \frac{1}{2} C(\tau + t_0) \tag{8.3.6}$$

雷达的最大单值测距范围由其脉冲重复周期决定。为保证单值测距，通常应选取

$$T_R \geqslant \frac{2}{c} R_{\max} \tag{8.3.7}$$

式中，$R_{\max}$为被测弹丸的最大作用距离。

§8.3.2 调频法测距

调频法测距可以用在连续波测量雷达中，也可以用于脉冲测量雷达。连续发射的信号具有频率调制的标志后就可以测定弹丸的距离。下面分别讨论连续波和脉冲波工作条件下调频法测距的原理。

调频连续波测量雷达的结构如图 8.3.4 所示。发射机产生连续高频等幅波，其频率在时间上按照三角形规律或正弦规律变化，弹丸回波和发射机直接耦合过来的信号加到接收机混频器内。在无线电波传播到弹丸并返回天线的这段时间内，发射机频率较之回波频率已有了变化，因此在混频器输出端便出现了差频电压，后者经放大、限幅后加到频率计上。由于差频电压的频率与弹丸距离有关，因此频率计上的刻度可以直接采用距离长度作为单位。

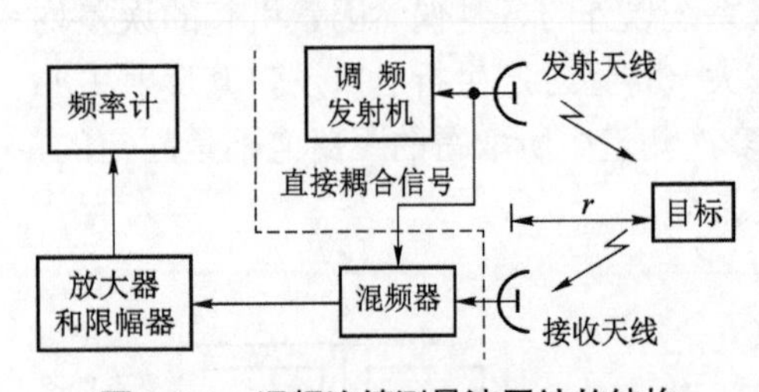

图 8.3.4 调频连续测量波雷达的结构

连续工作时，不能像脉冲工作那样采用时间分割的办法共用天线，但可用混合接头、环形器等办法使发射机和接收机隔离、为了得到发射和接收机间的高隔离度，通常采用分开的发射天线和接收天线。

当调频连续测量波雷达工作于多弹丸的情况下时，接收机输入端有多个弹丸的回波信号。要区分这些信号并分别决定这些弹丸的距离是比较复杂的，因此，目前调频连续波测量雷达多用于测定只有单一弹丸的情况。

1. 三角形波调制

发射规律按周期性三角形波的规律变化，如图 8.3.5 所示。图中f_{t}是发射机的高频发射频率，它的平均频率是f_{t0}，f_{t0}变化的周期为T_{m}。通常f_{t0}为数百到数千兆赫，而T_{m}为数百分之一秒。f_{R}为从弹丸反射回来的回波频率，它和发射频率的变化规律相同，但在时间上滞后t_{R}，$t_{\mathrm{R}} = 2R/c$。发射频率调制的最大频偏为$\pm\Delta f$，f_{b}为发射和接收信号间的差拍频率，差频的平均

值用 f_{bav} 表示。

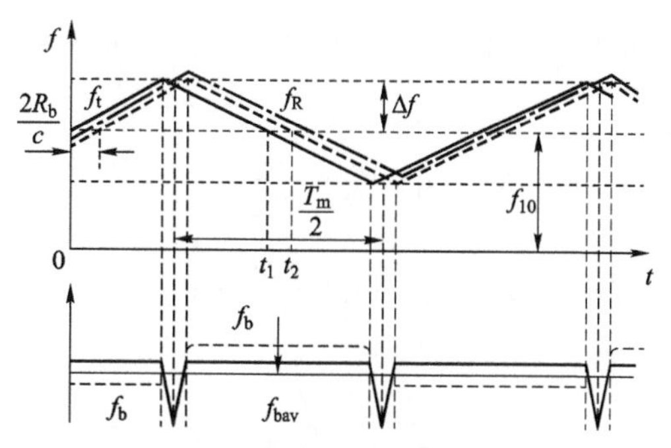

图 8.3.5　调频雷达的工作原理示意

如图 8.3.5 所示，发射频率 f_{t} 和回波频率 f_{R} 可写成如下表达式：

$$\begin{cases} f_{\mathrm{t}} = f_0 + \dfrac{\mathrm{d}f}{\mathrm{d}t}t = f_0 + \dfrac{\Delta f}{T_{\mathrm{m}}/4}t \\ f_{\mathrm{R}} = f_0 + \dfrac{4\Delta f}{T_{\mathrm{m}}}\left(t - \dfrac{2R}{c}\right) \end{cases} \tag{8.3.8}$$

差频 f_{b} 为

$$f_{\mathrm{b}} = f_{\mathrm{t}} - f_R = \frac{8\Delta fR}{T_{\mathrm{m}}c} \tag{8.3.9}$$

在调频的下降段，$\mathrm{d}f/\mathrm{d}t$ 为负值，f_{R} 高于 f_{t}，但两者的差频仍如上式所示。

对于一定距离 R 的弹丸回波，除去在 t 轴上很小一部分 $2R/c$ 以外（这里差拍频率急剧地下降至零），其他时间差频是不变的。若用频率计测量一个周期内的平均差频值 f_{bav}，可得到：

$$f_{\mathrm{bav}} = \frac{8\Delta fR}{T_{\mathrm{m}}c}\left(\frac{T_{\mathrm{m}} - \dfrac{2R}{c}}{T_{\mathrm{m}}}\right) \tag{8.3.10}$$

实际工作中，应保证单值测距且满足

$$T_{\mathrm{m}} \gg \frac{2R}{c} \tag{8.3.11}$$

因此

$$f_{\mathrm{bav}} \approx \frac{8\Delta f}{T_{\mathrm{m}}c}R = f_{\mathrm{b}} \tag{8.3.12}$$

由此可得出弹丸距离 R 为

$$R = \frac{c}{8\Delta f}\frac{f_{\mathrm{bav}}}{f_{\mathrm{m}}} \tag{8.3.13}$$

式中，$f_{\mathrm{m}} = 1/T_{\mathrm{m}}$，为调制频率。

当反射回波来自运动的弹丸，其距离为 R 而径向速度为 v 时，其回波频率 f_R 为

$$f_{\mathrm{R}}=f_0+f_d\pm\frac{4\Delta f}{T_m}\left(t-\frac{2R}{c}\right) \tag{8.3.14}$$

式中，f_d 为多普勒频率，正负号分别表示调制前后半周正负斜率的情况。当 $f_d<f_{\mathrm{v}}$ 时，得出的差频为

$$f_{\mathrm{b+}}=f_{\mathrm{t}}-f_{\mathrm{R}}=\frac{8\Delta f}{T_m c}R-f_d \tag{8.3.15}$$

$$f_{\mathrm{b-}}=f_{\mathrm{R}}-f_{\mathrm{t}}=\frac{8\Delta f}{T_m c}R+f_d \tag{8.3.16}$$

可求出弹丸距离为

$$R=\frac{c}{8\Delta f}\frac{f_{\mathrm{b+}}+f_{\mathrm{b-}}}{2f_m} \tag{8.3.17}$$

如能分别测出 $f_{\mathrm{b+}}$ 和 $f_{\mathrm{b-}}$，就可求出弹丸运动的径向速度 $v=\lambda/4(f_{\mathrm{b+}}-f_{\mathrm{b-}})$。

三角波调制要求严格的线性调频，工程实现时产生这种调频波和进行严格调整都不容易，因此可采取正弦波调频以解决上述困难。

2. 正弦波调频

用正弦波对连续载频进行调频时，发射信号可表示为

$$u_t=U_t\sin\left(2\pi f_0 t+\frac{\Delta f}{2f_{\mathrm{m}}}\sin 2\pi f_{\mathrm{m}}t\right) \tag{8.3.18}$$

发射频率 f_{t} 为

$$f_{\mathrm{t}}=\frac{\mathrm{d}\varphi t}{\mathrm{d}t}\cdot\frac{1}{2\pi}=f_0+\frac{\Delta f}{2}\cos 2\pi f_{\mathrm{m}}t \tag{8.3.19}$$

由弹丸反射回来的回波电压 u_{R} 滞后一段时间 T（$T=2R/c$），可表示为

$$u_{\mathrm{R}}=U_{\mathrm{R}}\sin\left[2\pi f_0(t-T)+\frac{\Delta f}{2f_{\mathrm{m}}}\sin 2\pi f_{\mathrm{m}}(t-T)\right] \tag{8.3.20}$$

以上公式中，f_0 为调制频率，Δf 为频率偏移量，如图 8.3.6 所示。

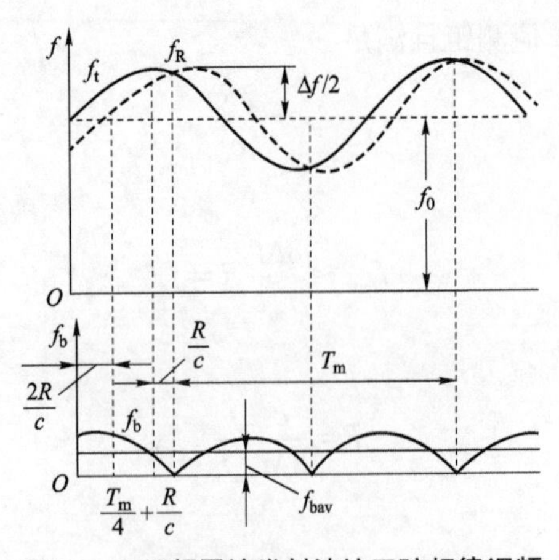

图 8.3.6　调频雷达发射波按正弦规律调频

接收信号与发射信号在混频器中外差后，取其差频电压为

$$u_b = kU_tU_R \sin\left\{\frac{\Delta f}{f_m}\sin\pi f_m \cdot \cos\left[2\pi f_m\left(t-\frac{T}{2}\right)+2\pi f_0 T\right]\right\} \tag{8.3.21}$$

一般情况下均满足$T \ll 1/f_m$，则

$$\sin\pi f_m T \approx \pi f_m T \tag{8.3.22}$$

于是差频值和弹丸距离 R 成正比且随时间作余弦变化。在周期 T_m 内差频的平均值f_{bav}与距离 R 之间的关系和三角波调频时相同，用f_{bav}测距的原理和方法也一样。

3. 调频连续测量波雷达的特点

调频连续测量波雷达的优点是：

（1）能测量很近的距离，一般可测到数米，而且具有较高的测量精度。

（2）雷达线路简单，且可做到体积小、重量轻，普遍应用于飞机高度表及微波引信等场合。

它的主要缺点是：

（1）难以同时测量多个弹丸。如欲测量多个弹丸，必须采用大量滤波器和频率计数器等，这使装置复杂，从而限制其应用范围。

（2）收发间的完善隔离是所有连续测量波雷达的难题。发射机泄漏功率将阻塞接收机，因而限制了发射功率的大小。发射机噪声的泄漏会直接影响接收机的灵敏度。

§8.3.3　距离跟踪原理

下面的讨论均针对脉冲法测距，因为这种方法是当前雷达中应用最广泛的。

测距时需要对弹丸距离作连续的测量，称为距离跟踪。实现距离跟踪的方法有三种：人工、半自动和全自动。无论哪种方法，都必须产生一个时间位置可调的时标，称为移动刻度或波门，调整移动时标的位置，使之在时间上与回波信号重合，然后精确地读出时标的时间位置作为弹丸的距离数据送出。

1. 人工距离跟踪

早期雷达多数只有人工距离跟踪。为了减小测量误差，采用移动的电刻度作为时间基准。操纵员按照显示器上的画面，将电刻度对准弹丸回波。从控制器度盘或计数器上读出移动电刻度的准确时延，就可以代表弹丸的距离。

因此关键是要产生移动的电刻度，且其延迟时间可准确读出。常用的产生移动电刻度的方法有：锯齿电压波法、相位法、复合法。在此，简单介绍一下锯齿电压波法。

图 8.3.7 所示是锯齿电压波法产生电移动指标的方框图和波形图。来自定时器的触发脉冲使锯齿电压产生器产生的锯齿电压 E_t 与比较电压 E_p 一同加到比较电路上，当锯齿波上升到$E_t=E_p$ 时，比较电路就有输出送到脉冲产生器，使之产生一窄脉冲。这个窄脉冲即可控制一级移动指标形成电路，形成一个所需形式的电移动指标。在最简单的情况下，脉冲产生器产生的窄脉冲本身也就可以作为移动指标了（例如光点式移动指标）。当锯齿电压波的上升斜率确定后，移动指标产生时间就由比较电压 E_p 决定。要精确地读出移动指标产生的时间 t_R，可以从线性电位器上取出比较电压 E_p，即 E_p 与线性电位器旋臂的角度位置 θ 呈线性关系：

$$E_p = K\theta$$

比例常数 K 与线性电位器的结构及所加电压有关。

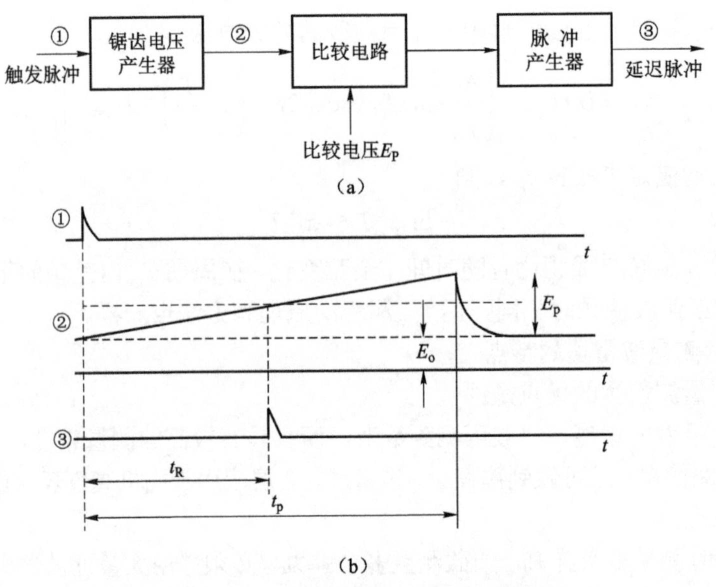

图 8.3.7 锯齿电压波法产生移动指标

(a) 方框图；(b) 波形图

因此，如果在线性电位器旋臂的转角度盘上按距离分度，则可以直接从度盘上读出移动指标对准的那个回波所代表的弹丸距离了。

锯齿电压波法产生移动指标的优点是设备比较简单，移动指标活动范围大且不受频率限制，其缺点是测距精度仍嫌不足。

2. 自动距离跟踪

自动距离跟踪系统应保证电移动指标自动地跟踪弹丸回波并连续地给出弹丸距离数据。整个自动测距系统应包括对弹丸的搜索、捕获和自动跟踪三个互相联系的部分。

如图 8.3.8 所示，弹丸距离自动跟踪系统主要包括时间鉴别器、控制器和跟踪脉冲产生器三部分。显示器在自动测距系统中仅仅起监视弹丸的作用。画面上套住回波的二缺口表示电移动指标，又叫电瞄标志。假设空间一弹丸已被雷达捕获，弹丸回波经接收机处理后成为具

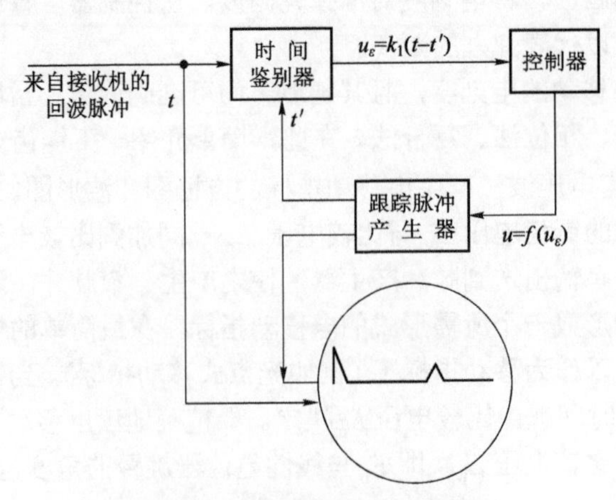

图 8.3.8 自动距离跟踪简化框图

有一定幅度的视频脉冲加到时间鉴别器上，同时加到时间鉴别器上的还有来自跟踪脉冲产生器的跟踪脉冲。自动距离跟踪时所用的跟踪脉冲和人工测距时的电移动指标本质一样，都是要求它们的延迟时间在测距范围内均匀可变，且其延迟时间能精确地读出。在自动距离跟踪时，跟踪脉冲的另一路和回波脉冲一起加到显示器上，以便观测和监视。

时间鉴别器的作用是将跟踪脉冲与回波脉冲在时间上加以比较，鉴别出它们之间的差Δt。设回波脉冲相对于基准发射脉冲的延迟时间为t，跟踪脉冲的延迟时间为t'，则时间鉴别器输出误差电压u_ε为

$$u_\varepsilon = K_1(t-t') = K_1\Delta t \tag{8.3.23}$$

当跟踪脉冲与回波脉冲在时间上重合，即$t'=t$时，输出误差电压为零。两者不重合时将输出误差电压u_ε，其大小正比于时间的差值，而其正负值就看跟踪脉冲是超前还是滞后于回波脉冲。控制器的作用是将误差电压u_ε经过适当的变换，将其输出作为控制跟踪脉冲产生器工作的信号，其结果是使跟踪脉冲的延迟时间t'朝着减小Δt的方向变化，直到$\Delta t=0$或达到其他稳定的工作状态。上述自动距离跟踪系统是一个闭环随动系统，输入量是回波信号的延迟时间t，输出量则是跟踪脉冲延迟时间t'，而t'随着t的改变而自动地变化。

§8.4　弹丸飞行角度的雷达测量原理

为了确定目标的空间位置，雷达在大多数应用情况下，不仅要测量目标的距离，而且要测定目标的方向，即测定目标的角位置。目标角位置指方位角或仰角，在雷达技术中测量这两个角位置基本上都是利用天线的方向性来实现的。

雷达测角的物理基础是电波在均匀介质中传播的直线性和雷达天线的方向性。

雷达天线将电磁能量汇集在窄的波束内，当天线波束轴对准目标时，回波信号最强，其他回波较弱。天线波束轴的相应角度值由天线轴角编码器实现，回波信号最强时的轴角编码器值就是目标所在的角度值。

雷达测角的性能可用测角范围、测角速度、测角准确度或精度、角分辨力来衡量。

测角的方法可分为振幅法、相位法两大类。

§8.4.1　相位法测角

1. 基本原理

相位法测角是利用多个天线所接收回波信号之间的相位差进行测角。如图 8.4.1 所示，设在θ方向有一远区弹丸，则到达接收点的弹丸所反射的电波近似为平面波。由于两天线间距为d，故它们所收到的信号由于存在波程差ΔR而产生一相位差φ，由下图知：

$$\varphi = \frac{2\pi}{\lambda}\Delta R = \frac{2\pi}{\lambda} d\sin\theta \tag{8.4.1}$$

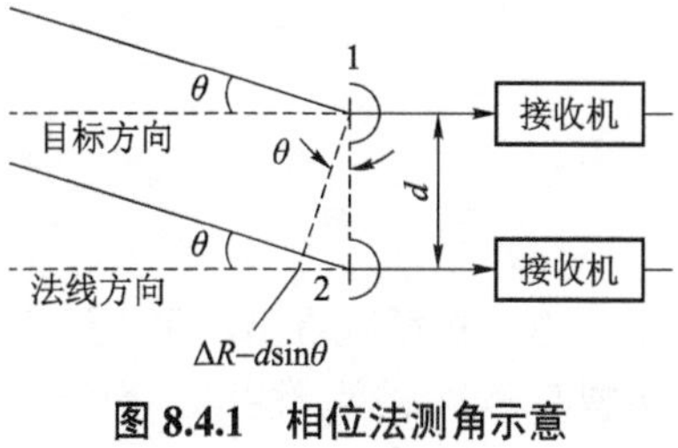

图 8.4.1　相位法测角示意

式中，λ为雷达波长。如用相位计进行比相，测出其相位差φ，就可以确定弹丸方向θ。

由于在较低频率上容易实现比相，故通常将两天线收到的高频信号经与同一本振信号差

频后，在中频进行比相。

设两高频信号为

$$u_1 = U_1 \cos(\omega t - \varphi) \tag{8.4.2}$$

$$u_2 = U_2 \cos(\omega t) \tag{8.4.3}$$

本振信号为

$$u_L = U_L \cos(\omega_L t + \varphi_L) \tag{8.4.4}$$

其中，φ为两信号的相位差；φ_L为本振信号初相。u_1和u_L差频得

$$u_{I1} = U_{I1} \cos[(\omega - \omega_L)t - \varphi - \varphi_L] \tag{8.4.5}$$

u_2与u_L差频得

$$u_{I2} = U_{I2} \cos[(\omega - \omega_L)t - \varphi_L] \tag{8.4.6}$$

可见，两中频信号u_{I1}与u_{I2}之间的相位差仍为φ。

图 8.4.2 所示为一个相位法测角的方框图。接收信号经过混频、放大后再加到相位比较器中进行比相。其中自动增益控制电路用来保证中频信号幅度稳定，以免幅度变化引起测角误差。

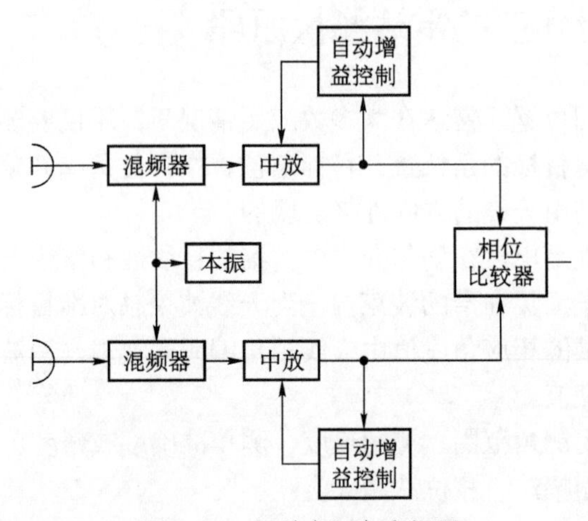

图 8.4.2 相位角测角方框图

2. 测角误差与多值性问题

相位差φ值测量不准，将产生测角误差，它们之间的关系如下：

$$\mathrm{d}\varphi = \frac{2\pi}{\lambda} d\cos\theta \mathrm{d}\theta \tag{8.4.7}$$

$$\mathrm{d}\theta = \frac{\lambda}{2\pi\cos\theta} \mathrm{d}\varphi \tag{8.4.8}$$

由上式可以看出，采用读数精度高（$\mathrm{d}\varphi$小）的相位计，或减小λ/d值（增大d/λ值），均可提高测角精度。注意：当$\theta=0$时，即弹丸处在天线法线方向时，测角误差$\mathrm{d}\theta$最小。

当θ增大，$\mathrm{d}\theta$也增大，为保证一定的测角精度，θ的范围有一定的限制。增大d/λ值虽然可提高测角精度，在感兴趣的θ范围（测角范围）内，当d/λ加大到一定程度时，φ值可能超过2π，此时$\varphi=2\pi N+\psi$，其中N为整数；$\psi<2\pi$，而相位计实际读数为ψ值。由于N值未知，

因而真实的 φ 值不能确定，这就出现多值性（模糊）问题。必须解决多值性问题，即只有判定 N 值才能确定弹丸方向。解决多值性问题的有效办法是利用三天线测角装置，如图 8.4.3 所示，间距大的天线 1 和天线 3 用来得到高精度测量，间距小的天线 1 和天线 2 用来解决多值性问题。

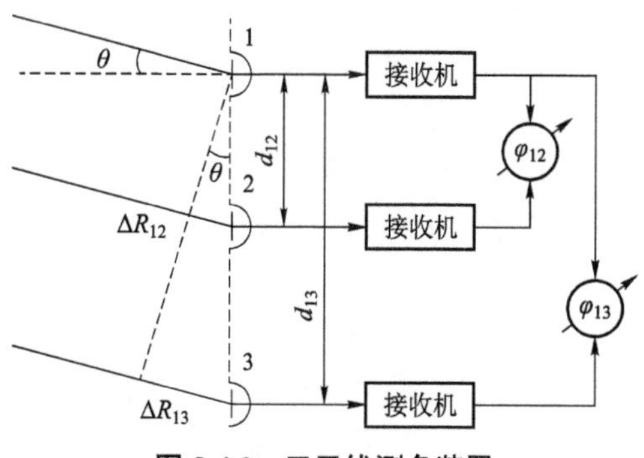

图 8.4.3　三天线测角装置

设弹丸在 θ 方向，天线 1 和天线 2 之间的距离为 d_{12}，天线 1 和天线 3 之间的距离为 d_{13}，适当选择 d_{12}，使天线 1 和天线 2 收到的信号之间的相位差在测角范围内均满足

$$\varphi_{12} = \frac{2\pi}{\lambda} d_{12} \sin\theta < 2\pi \tag{8.4.9}$$

φ_{12} 由相位计 1 读出。

根据要求选择较大的 d_{13}，则天线 1 和天线 3 收到的信号的相位差为

$$\varphi_{13} = \frac{2\pi}{\lambda} d_{13} \sin\theta = 2N\pi + \psi \tag{8.4.10}$$

φ_{13} 由相位计 2 读出，但是实际读数是小于 2π的 ψ。为了确定 N 值，可利用如下关系：

$$\frac{\varphi_{12}}{\varphi_{13}} = \frac{d_{12}}{d_{13}} \tag{8.4.11}$$

根据相位计 1 的读数 φ_{12} 可以根据上式算出 φ_{13}，由于 φ_{12} 的精度不高，这样求出的 φ_{13} 只是近似值，但是只要 φ_{12} 的误差不大，就可以用来确定模糊数 N，即用这个近似的 φ_{13} 除以 2π 然后取整得到 N 值，再把 N 值代入式（8.4.10）就可以算出 φ_{13}。由于 d_{13}/λ 较大，这样求出的 φ_{13} 的精度就比较高。

§8.4.2　振幅法测角

振幅法测角是用天线收到的回波信号幅度值来进行角度测量的，该幅度值的变化规律取决于天线方向图及天线扫描方式。

振幅法测角可分为最大信号法和等信号法两大类，下面依次讨论这些方法。

1. 最大信号法

当天线波束作圆周扫描或在一定扇形范围内作匀角速扫描时，对收发共用天线的单基地脉冲测量雷达而言，接收机输出的脉冲串幅度值被天线双程方向图函数所调制。找出脉冲串的最大值（中心值），确定该时刻波束轴线指向即为弹丸所在方向，如图 8.4.4 所示。

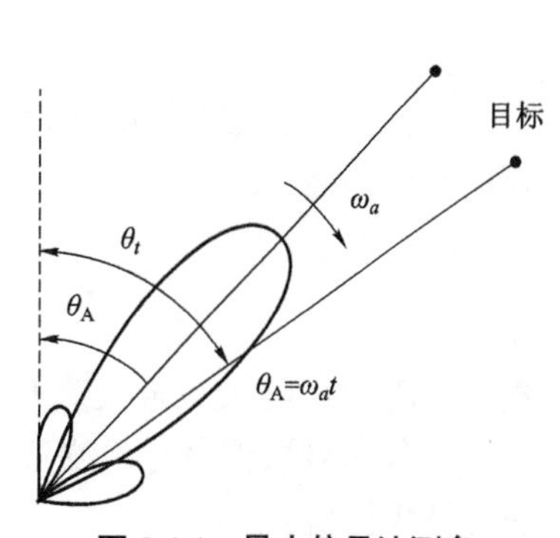

图 8.4.4　最大信号法测角

如天线转动角速度为 ω_ar/min，脉冲雷达重复频率为 f_r，则两脉冲间的天线转角为

$$\Delta\theta_s = \frac{\omega_a \times 360°}{60} \cdot \frac{1}{f_r} \tag{8.4.12}$$

这样，天线轴线（最大值）扫过弹丸方向（θ_t）时，不一定有回波脉冲，就是说，$\Delta\theta_s$将产生相应的“量化”测角误差。

在人工录取的雷达里，操纵员在显示器画面上看到回波最大值的同时，读出弹丸的角度数据。采用平面位置显示（PPI）二度空间显示器时，扫描线与波束同步转动，根据回波标志中心（相当于最大值）相应的扫描线位置，借助显示器上的机械角刻度或电子角刻度读出弹丸的角坐标。

最大信号法测角的优点：一是简单；二是用天线方向图的最大值方向测角，此时回波最强，故信噪比最大，对检测发现弹丸是有利的。其主要缺点是直接测量时测量精度不是很高，约为波束半功率宽度（$\theta_{0.5}$）的20%左右。因为方向图最大值附近比较平坦，最强点不易判别，测量方法改进后可提高精度。其另一缺点是不能判别弹丸偏离波束轴线的方向，故不能用于自动测角。最大信号法测角广泛应用于搜索、引导雷达中。

2. 等信号法

等信号法测角采用两个相同且彼此部分重叠的波束，其方向图如图 8.4.5 所示，如果弹丸处在两波束的交叠轴 *OA* 方向，则两波束接收到的回波信号强度相同，否则一个波束接收到的信号强度高于另一个，故常称 *OA* 轴为等信号轴。当两个波束接收到的回波信号相等时，等信号轴所指方向即为弹丸方向。如果弹丸处在 *OB* 方向，波束 2 的回波比波束 1 的强；如果弹丸处在 *OC* 方向，波束 1 的回波比波束 2 的强，因此比较两个波束回波信号的强弱就可以判断弹丸偏离等信号轴的方向，并可以用查表的方法估计出偏离等信号轴的大小。

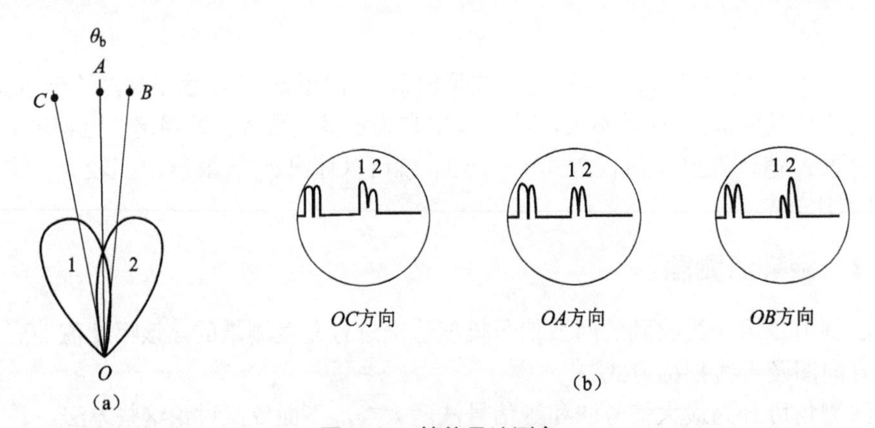

图 8.4.5　等信号法测角

（a）波束；（b）K 型显示器画面

设天线电压方向性函数为 $F(\theta)$，等信号轴 *OA* 的指向为 θ_0，则波束 1、波束 2 的方向性函数可分别写成：

$$F_1(\theta)=F(\theta_1)=F(\theta+\theta_k-\theta_0) \tag{8.4.13}$$

$$F_2(\theta)=F(\theta_2)=F(\theta-\theta_0-\theta_k) \tag{8.4.14}$$

式中，θ_k为θ_0与波束最大值方向的偏角。

用等信号法测量时，波束 1 接收到的回波信号 $u_1=KF_1(\theta)=KF(\theta_k-\theta_t)$，波束 2 收到的回波电压值

$$u_2=KF_2(\theta)=KF(-\theta_k-\theta_t)=KF(\theta_k+\theta_t) \tag{8.4.15}$$

式中，θ_t为弹丸方向偏离等信号轴 θ_0 的角度。对 u_1 和 u_2 信号进行处理，可以获得弹丸方向 θ_t 的信息。

等信号法的主要优点：① 测角精度比最大信号法高，因为等信号轴附近方向图斜率较大，弹丸略微偏离等信号轴时，两信号强度变化较显著。由理论分析可知，对收发共用天线的雷达，精度约为波束半功率宽度的 2%，比最大信号法高约一个量级。② 根据两个波束收到的信号的强弱可判别弹丸偏离等信号轴的方向，便于自动测角。

等信号法的主要缺点：① 测角系统较复杂，要得到很好的测角精度需要非常复杂的设备系统。② 等信号轴方向不是方向图的最大值方向，故在发射功率相同的条件下，作用距离比最大信号法小些。

§8.4.3　自动测角原理

与距离跟踪类似，角度跟踪就是对弹丸角坐标（包括俯仰角与方位角）作连续的测量。雷达要对弹丸实施角跟踪，首先必须能实时提取出弹丸相对雷达线波束中心的偏离量，然后根据偏离量的大小和方向驱使天线波束运动，不断地对弹丸进行角度跟踪，角度跟踪也就是连续地自动测角。

用等信号法测角时，在一个角平面内需要两个波束。这两个波束可以交替出现，也可以同时存在。前一种以圆锥扫描雷达为典型，后一种是单脉冲测量雷达。下面分别介绍。

1. 圆锥扫描自动测角

圆锥扫描雷达用偏置馈源或改变相位的办法在天线轴的两边配置两个波瓣，如图 8.4.6 所示。雷达不断地按顺序转换到两个波瓣上进行发射和接收。在显示器上显示出与两个波瓣对应的回波信号。当弹丸位于天线轴线上即对准弹丸时，两个回波幅度相等，否则就会有差异，差异表示弹丸相对于天线轴线偏差角的大小及方向，据此差异就可调整天线对弹丸的跟踪。

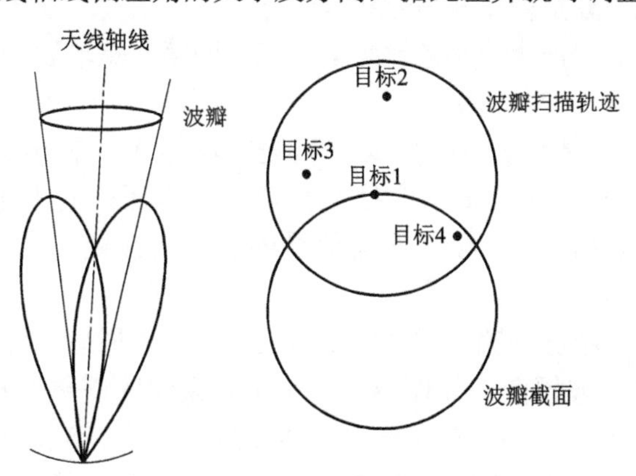

图 8.4.6　圆锥扫描技术

如图 8.4.7（a）所示的针状波束，它的最大辐射方向 $O'B$ 偏离等信号轴（天线旋转轴）$O'O$ 一个角度 δ，当波束以一定的角速度 ω_s 绕等信号轴 $O'O$ 旋转时，波束最大辐射方向 $O'B$ 就在空间画出一个圆锥，故称圆锥扫描。

如果取一个垂直于等信号轴的平面，则波束截面及波束中心（最大辐射方向）的运动轨迹等如图 8.4.7（b）所示。

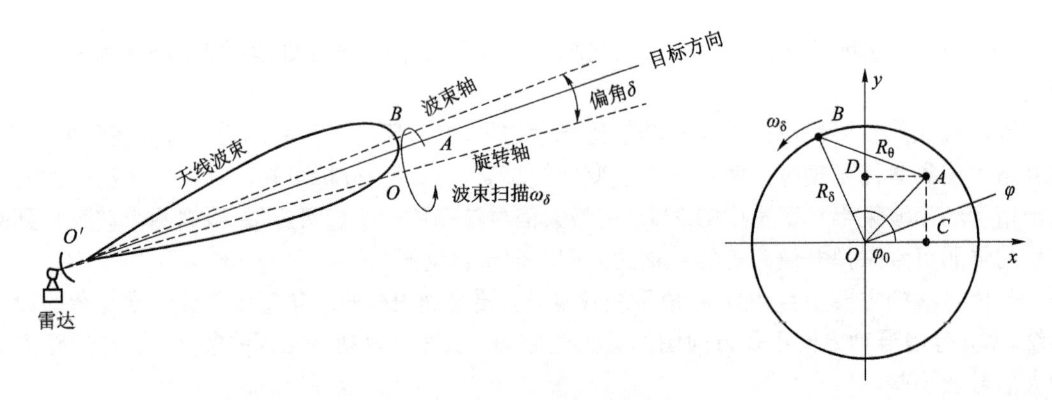

图 8.4.7　圆锥扫描

波束在作圆锥扫描的过程中，绕着天线转轴旋转，因天线绕转轴方向是等信号轴方向，故扫描过程中这个方向天线的增益始终不变。当天线对准弹丸时，接收机输出的回波信号为一串等幅脉冲。如果弹丸偏离等信号轴方向，则在扫描过程中波束最大值旋转在不同位置时，弹丸有时靠近有时远离天线最大辐射方向，这使得接收的回波信号幅度也产生相应的强弱变化。

输出信号近似为正弦波调制的脉冲串，其调制频率为天线的圆锥扫描频率 ω_s，调制深度取决于弹丸偏离等信号轴方向的大小，而调制波的起始相位 φ 则由弹丸偏离等信号轴的方向决定。

2. 单脉冲自动测角

单脉冲测量雷达的种类很多，这里着重介绍常用的振幅和差式单脉冲测量雷达。

（1）角误差信号。雷达在一个角平面内有两个部分重叠的波束，对两个波束同时收到的回波信号进行和差处理，分别得到和信号和差信号。

（2）和差比较器与和差波束。和差比较器（和差网路）是单脉冲测量雷达的重要部件，由它完成和、差处理，形成和差波束。

（3）相位检波器和角误差信号的变换。和差比较器 Δ 端输出的高频角误差信号还不能用来控制天线跟踪弹丸，必须把它变换成直流误差电压，其大小应与高频角误差信号的振幅成比例，而其极性应由高频角误差信号的相位来决定。这一变换作用由相位检波器完成。

（4）单平面振幅和差单脉冲测量雷达的组成。根据上述原理，可画出单平面振幅和差单脉冲测量雷达的基本组成方框图，如图 8.4.8 所示。系统的简单工作过程为：发射信号加到和差比较器的 Σ 端，分别从 1、2 端输出同相激励的两个馈源。接收时，两波束的馈源接收到的信号分别加到和差比较器的 1、2 端，Σ 端输出和信号，Δ 端输出差信号（高频角误差信号）。和、差两路信号分别经过各自的接收系统（称为和、差支路）。中放后，差信号作为相位检波器的一个输入信号，和信号分三路：一路经检波视放后作为测距和显示用，另一路用作和、差两支路的自动增益控制，再一路作为相位检波器的基准信号。和、差两中频信号在相位检波器进行相位检波，输出就是视频角误差信号，变成相应的直流误差电压后，加到伺服系统控制天线跟踪弹丸。和圆锥扫描雷达一样，进入角跟踪之前，必须先进行距离跟踪，并由距离跟踪系统输出一距离选通波门加到差支路中放，只让被选弹丸的角误差信号通过。

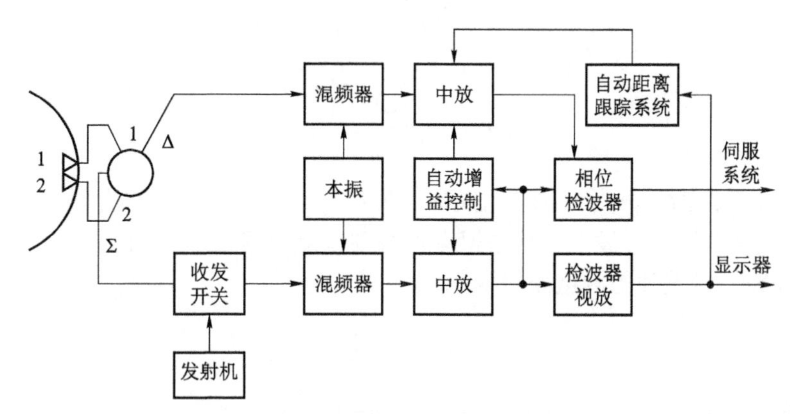

图 8.4.8　单平面振幅和差单脉冲测量雷达的基本组成方框图

§8.5　雷达测试数据处理

雷达试验数据主要包括被试雷达及其他参试设备在射击试验中的测量数据。在对验收数据进行综合处理前，所有参试设备要进行各自的测量数据的统计、处理。具体方法如下：

（1）确定比对测量设备。比对测量设备的测量精度要高于被试雷达测量精度的三倍以上，一般选用光学设备。

（2）确定比较区段。

（3）数据插值。如果比对测量设备与雷达采样时间不同步，需要将比对设备的测量数据进行拉格朗日三点线性插值，将比对时间对齐。

（4）数据转化。将比对测量设备测得的目标三维坐标转换成对应于雷达的极坐标(R_b, A_b, E_b)。

（5）对雷达测量数据进行异常值识别并剔除。

（6）系统误差修正。对雷达测量数据进行大盘不水平、方位光电轴平行度、俯仰光电轴平行度、光机轴平行度等系统误差修正。

（7）电波折射修正。

（8）与对比测量设备同时测量的有效数据作一次差

$$\begin{aligned} \Delta R_{zi} &= R_{xxi} - R_{bi} \\ \Delta A_{zi} &= A_{xxi} - A_{bi} \\ \Delta E_{zi} &= E_{xxi} - E_{bi} \end{aligned} \tag{8.5.1}$$

统计得到雷达测量每发弹的总误差

$$\Delta R_{总} = \sqrt{\frac{\sum_{i=1}^{n}(\Delta R_{xi})^2}{n-1}}$$

$$\Delta A_{总} = \sqrt{\frac{\sum_{i=1}^{n}(\Delta A_{xi})^2}{n-1}} \tag{8.5.2}$$

$$\Delta E_{总} = \sqrt{\frac{\sum_{i=1}^{n}(\Delta E_{xi})^2}{n-1}}$$

式中，$\Delta R_{总}$、$\Delta A_{总}$、$\Delta E_{总}$分别为修正后距离、方位角、俯仰角总误差值。

（9）对一次差数据进行最小二乘法拟合，得到误差数据ΔR_i、ΔA_i、ΔE_i。

（10）统计雷达每发弹的测量系统误差

$$\Delta R_p = \sqrt{\frac{\sum_{i=1}^{n}(\Delta R_i)^2}{n-1}}$$

$$\Delta A_p = \sqrt{\frac{\sum_{i=1}^{n}(\Delta A_i)^2}{n-1}} \tag{8.5.3}$$

$$\Delta E_p = \sqrt{\frac{\sum_{i=1}^{n}(\Delta E_i)^2}{n-1}}$$

（11）计算出雷达对每发弹的测量随机误差

$$\Delta R_s = \sqrt{\frac{\sum_{i=1}^{n}(\Delta R_i - \Delta R_{pi})^2}{n-1}}$$

$$\Delta A_s = \sqrt{\frac{\sum_{i=1}^{n}(\Delta A_i - \Delta A_{pi})^2}{n-1}} \tag{8.5.4}$$

$$\Delta E_s = \sqrt{\frac{\sum_{i=1}^{n}(\Delta E_i - \Delta E_{pi})^2}{n-1}}$$

式中，ΔR_s、ΔA_s、ΔE_s分别为每发弹距离、方位角、俯仰角的随机误差值，n为数据比对点数。

根据上述方法分别求出雷达测量数据的总误差、系统误差和随机误差的均方根值。

§8.6 Weibel 系列雷达系统简介

由 Weibel 科学技术公司生产的雷达在国内统称为 Weibel 雷达。Weibel 科学技术公司（简称“Weibel 公司”）是丹麦著名的连续波测量雷达生产商，其公司成立于 1936 年，总部设在丹麦的哥本哈根，并在美国和德国设有分支机构。Weibel 公司主要研发和生产 X 波段连续波测量雷达，并建立了关于多普勒雷达的多个世界标准。

Weibel 雷达均采用模块化、系列化研发与生产，通过开发不同的控制系统与天线，满足不同客户对弹道测量雷达威力与功能的不同需求。目前它已经发展了 4 个系列化的连续波测量雷达系统，包括：初速雷达系统、单脉冲测角多普勒雷达跟踪系统、远距离跟踪雷达系统、多频监测和跟踪雷达系统。不同的雷达系统可以分别应对各种武器、飞机、无人机、卫星和航天飞机等多种目标的跟踪测量。其中，初速雷达系统可用于武器系统自身的初速测量及靶场对弹药初速的测试和评估；单脉冲测角多普勒雷达跟踪系统主要用于常规靶场对各种武器弹药外弹道参数测试；远距离跟踪雷达系统主要用于火箭、导弹、 复合增程弹、滑翔制导炮弹等射程在 50 km 以上的远程武器系统的外弹道性能跟踪测量，也可用于飞机、无人机、卫星、航天飞机飞行状态参数的跟踪测量；多频监测和跟踪雷达系统可适用于任何空中飞行目标的跟踪与测试。

1. 初速雷达系统

Weibel 公司自 1983 年开始生产连续波初速雷达系统。该初速雷达系统主要分为用于搭载武器系统的 MRVS–700 系列，和用于靶场初速测量的 SL–xxxP 系列。最新的 SL–xxxP 系列初速测量雷达，采用新的硬件技术，利用标准个人电脑与以太网，实现了对雷达的远程控制与处理，其信号处理能力可满足每分钟 10 000 发高射频武器系统的初速测量。

Weibel 初速雷达的抗震动能力好，具有 20～25 年的超长使用寿命，可维修性强，被广泛应用于国外多种武器系统型号与靶场的初速测量，目前已经分布到全球 20 多个国家，销售总量超过 2 000 台（套）。

2. 单脉冲测角多普勒雷达跟踪系统

在初速雷达研发的基础上，Weibel 公司自 1988 年开始生产单脉冲测角多普勒雷达跟踪系统。该系统是一种轻便的 X 波段连续波测量雷达系统，由单脉冲多普勒天线、AP–700 俯仰方位跟踪控制器、RTP2100 多普勒信号分析仪等组成。整个系统基于现代雷达技术发展水平，部件完全采用固态器件，发射和接收天线为微带阵列天线。简洁的机械设计融合了坚固的电子设计，确保了最高的可靠性，使得系统能够经受常规武器系统发射时所产生的震动与冲击。

Weibel 单脉冲跟踪雷达是主动实时跟踪系统，可以测量弹丸的径向速度、方位和俯仰角度。角度的测量基于单脉冲比相测角技术。目标方向的计算采用高速数字信号处理技术。系统可以通过加装多频天线，增加距离直接测量功能。结合这项技术，系统可以直接测量任何自由飞行目标的轨迹。系统全程采用数字化处理，包括数字信号的采集、存储和处理。速度、距离和角度的测量基于频谱分析和数字信号处理技术。这使得系统能够测量任何品种的运动目标和弹药，包括常规弹药、迫击炮弹、底排弹、曳光弹、反坦克弹、火箭弹、飞机等多种目标。整个系统在高精度、小尺寸、高便携性、大威力、运行于所有天气状况、电离气体和火箭尾翼的不敏感性上取得了最佳平衡点，获得了最高的系统可靠性。Weibel 雷达系统已经被美国军方采用，用于弹药的测试和评估，取代了原来使用的霍克（HAWK）雷达系统。图 8.6.1 所示即为该系列雷达的多种型号的天线，其中天线增益最大达 40 dB。

通过系统软件的升级和更新，Weibel 雷达增加了许多新的功能，其中包括跟踪过程中的脚本控制、FM–CW（多频技术）跟踪、FM–CW（调频技术）、多目标跟踪和处理等。系统的采样间隔可小于 1μs，可用于对事件的准确时间测量。例如，采用该系统可实现子母弹开仓过程的弹道测试。图 8.6.2 所示即为包括子母弹开仓过程的弹道测试曲线。

利用先进、快速、灵活的处理软件，可对目标进行事后处理，包括图 8.6.2 所示的多目标

图 8.6.1　Weibel 单脉冲测角多普勒雷达跟踪系统系列天线

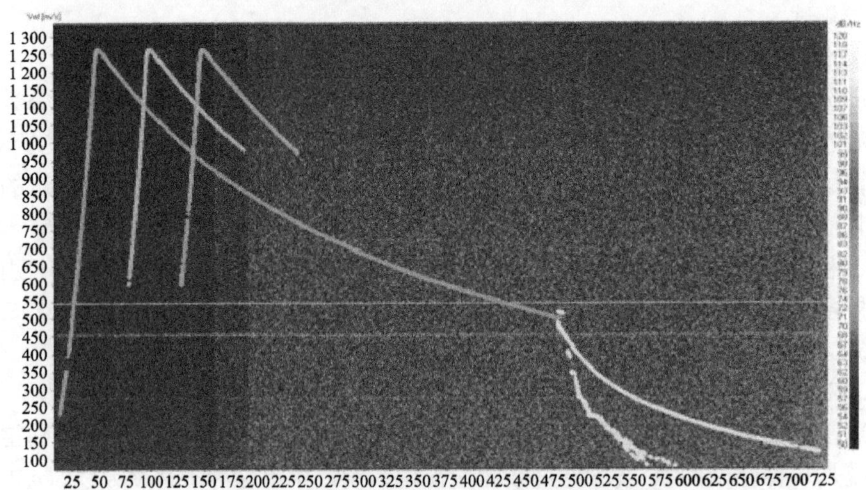

图 8.6.2　多目标跟踪与子母弹开仓时间判读

的测试数据处理、弹丸的转速分析、坐标转换、曲线拟合及多种测试误差修正等。通过数据处理，可获得多目标的速度–时间、速度–距离（包含径向速度、切向速度和三维速度分量）、加速度–时间、加速度–距离（包含径向加速度、切向加速度和三维加速度分量）、距离–时间、高低角（垂直视角）–时间、方向角（水平视角）–时间、垂直弹道、水平弹道、偏移弹道、阻力系数–时间、阻力系数–马赫数、目标转速–时间、目标转速–距离等测试目标的多种外弹道参数。

雷达系统具有多种跟踪操作模式，包括自动跟踪、程控跟踪、固定跟踪、人工跟踪、引导跟踪等。在跟踪过程中，雷达允许在任何时间进行各种跟踪模式间的切换。当一台雷达不能完全覆盖整个弹道时，可使用主–从模式解决跟踪问题，所有必需的实时坐标转换均可以在跟踪控制器中自动完成。

与具有相同天线尺寸、传输功率和噪声系数的 S 波段雷达相比，Weibel 雷达可提供 2 倍的作用距离和 16 倍高的精度。实际测量结果表明该系统雷达对 155 mm 的底排弹跟踪距离可以超过 40 km，对 122 mm 火箭弹的跟踪距离可以超过 50 km。

3. 远距离跟踪雷达系统

自 20 世纪 90 年代中期开始，Weibel 公司的远距离跟踪雷达系统开始投入生产。基于单脉冲测角多普勒雷达跟踪系统的成熟技术，其实现了 FM–CW、MF–CW 之间的自由切换，可对零多普勒目标进行跟踪和测量，弥补了单脉冲测角速度跟踪雷达系统对零多普勒目标不能跟踪的缺陷。该雷达系统是靶场理想的高精度测量雷达，具有单脉冲测角多普勒雷达跟踪系统的所有功能，测试威力提高了 3～6 倍。远距离跟踪雷达系统在不断的发展过程中，天线增益得到不断提高，从最早的 40 dB 最终提高到 46 dB。目前该系列雷达可选配 39 dB、40 dB、43 dB、45 dB、46 dB 增益天线，对 300 mm 口径远程火箭弹最远测试能力超过 300 km，通过加装弹载应答器，使用应答跟踪模式，可将跟踪距离提高到 500 km。其中天线增益最大（46 dB）的 MFTR–2100/46 型雷达还被美国国家航空航天局（NASA）用于航天飞机的发射与进入太空前的飞行跟踪。图 8.6.3 所示为远距离跟踪雷达天线系统实体。

图 8.6.3　远距离跟踪雷达天线系统实体

Weibel 公司对该系列雷达设计有配套天线拖车，为雷达的部署与移动提供了方便。使得重达 8 t 的雷达系统可以在 1 h 内完成雷达的定位、自动调平、自动校准和简单的系统设置并立即开展工作。同时该系列雷达可加装多种光学传感器，包括红外电视、光学监控电视、高清相机，在获取雷达多普勒测量信息的同时可以获取红外图像、可见光电视图像、高分辨率图像等多种光学影像，用于事后分析。图 8.6.4 所示为在雷达天线上加装光学传感器、红外电视、高清相机的照片，图 8.6.5 所示为其拍摄测试目标的效果图。

图 8.6.4　在雷达天线上加装光学传感器、红外电视、高清相机

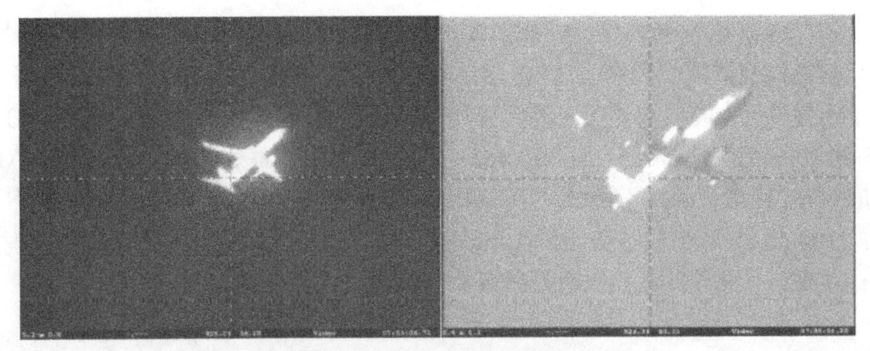

图 8.6.5 跟踪飞机的拍摄效果

4. 多频监测和跟踪雷达系统

多频监测和跟踪雷达系统应用了 Weibel 公司最新、最先进的 MFSR2100 雷达技术，其性能不同于任何其他监视雷达。该雷达系统将 3D 监视雷达与高精度跟踪雷达系统相结合，采用相控阵技术、发射波束整形和多波束接收技术，获得领先同类雷达的精度和分辨率，是目前国际上技术最先进的 X 波段连续波相控阵测量雷达。

MFSR2100 雷达系统是世界唯一能够实现具有超过 1 000 km 完整跟踪能力的连续波监视雷达。图 8.6.6 所示为 MFSR2100 多频监测和跟踪雷达系统。

图 8.6.6 WeibelMFSR2100 多频监测和跟踪雷达系统

快捷方便的布站与安装方式、丰富的系统功能、简单的系统设置与强大的信号处理功能、成熟可靠的先进技术，使得 Weibel 雷达一直处在世界 X 波段连续波测量雷达的领先地位。

§8.7 弹道测量雷达的发展

1. 弹道测量雷达应用与发展历程

在兵器试验中，弹道测量雷达主要完成被测目标从发射起飞到落地的全程弹道速度、坐标、特征点参数的测量，利用直接测量信息进行后续处理，完成目标的翻滚、进动及转速等参数的提取。

20 世纪 70 年代到 80 年代中期，用于兵器试验的弹道测量雷达仅有初速雷达，其威力小、工作可靠性差，主要采用模拟信号提取技术，只能用于弹丸初速测量。20 世纪 80 年代后期开始人们使用能够按照理论弹道进行“程控跟踪”的测速雷达，该雷达仍然采用模拟信号处理技术提取速度信息，威力有所增加，可以测量传统大口径武器的部分弹道升弧段的弹丸速度。自 20 世纪 90 年代初开始人们使用可以自动跟踪目标的测速雷达，其采用微带阵列天线和数字信号处理技术，可以测量小口径武器全弹道弹丸速度和传统大口径武器的大部分弹道弹丸速度，并能够给出一般精度的角度测量数据，雷达的工作可靠性大大提高。具有程控或自动跟踪功能的测速雷达投入使用后，出现了基于弹道速度数据的射表编拟新方法。

20 世纪 90 年代末，国内引进了大型单脉冲体制的精密跟踪弹道测量雷达，该雷达采用 MTD 技术，有效抑制了地杂波，实现了低空精密跟踪测量，主要用于大口径火炮、火箭、导弹及飞机等目标的外弹道坐标和飞行轨迹的测量，实现了靶场远程弹道的高精度测量。该雷达在靶场使用期间，发挥了测量参数多、威力大、精度高、可靠性好等优势，圆满地完成了多项试验任务。

21 世纪初，人们开发了多套具有测距功能的连续波测量雷达。这类雷达具有集成度高、可靠性高、测量精度高、机动性好、自动跟踪目标等优点，在兵器试验中发挥了重要作用。它们既适用于常规武器各种口径弹药的测量，也适用于各种类型弹药的弹道测量；既适用于单一目标的测量，也适用于同时处于雷达波束内的多个目标的测量；既适用于弹丸初速的测量，也适用于弹道位置和速度的测量；既适用于普通弹道参数的测量，也适用于弹道特征点参数的测量。近几年来，通过靶场技术人员的不断摸索和研究，利用雷达测量的信息进行后续处理可以获得目标的一些特征信息，尤其是对微多普勒信号进行处理，提取出目标的姿态信息，如弹丸围绕质心的角运动周期以及围绕弹轴自转的转速。

近年来，随着相控阵测量雷达投入使用，靶场雷达的测量能力显著增强。相控阵测量雷达具有自主捕获目标能力强、跟踪动态范围大、作用距离远、测量精度高、边搜边跟、可同时跟踪测量多个目标等优点，实现了靶场连发弹道、空间分体目标等的可靠测量，对于提升靶场试验测量水平起到了巨大作用。

2. 弹道测量雷达的应用特点

随着新型武器系统的发展，其相应的外弹道试验不断增加，对弹道测量雷达的测量能力也相应产生了新的需求，主要有以下几个特点：

1）远距离测量

常规火炮箭弹的射程一般为 30～50 km，随着现代兵器技术的发展，许多新型武器系统的有效射程在不断地增大，有的达到 100 km 以上。这些测量需求，要求弹道测量雷达具备更大的威力。

2）多参数高精度测量

兵器试验弹道测量参数除了时间、位置、速度外，对于不同的特种弹还有特殊的测量要求，如子母弹的开仓点时刻、子弹弹道及箔条干扰弹的雷达截面积等参数。某些试验要求位置测量精度在 1 m 以内，立靶测量精度为厘米甚至毫米量级，测速精度要求高于 1‰。

3）多目标测量

在武器系统研制中，为了增加末端打击效果，往往采用子母弹形式。在弹道末段母弹开仓释放出几发甚至几百发子弹，以攻击面目标或集群目标。试验中，子弹的弹道参数测量十分重要，且具有相当大的测量难度，要求雷达具备更完善的测量功能。

4）高射速测量

为了有效拦截来袭目标，高射速武器系统应运而生，射击频率为每分钟几千发至上万发，甚至数十万发，短时间内在拦截空域形成一个“弹雨”密集阵。为评定这类武器系统的性能，需要研制新型雷达系统，研究新的信息处理技术，采用新的测量方法。

3. 弹道测量雷达的发展动态

1）有待进一步解决的测量问题

常规武器弹药具有“小、暗、低、多、快、密、短”等特征，常规武器弹药的测量具有“非常规”的测量要求，需要测量的参数也不断增加，如目标成像、姿态测量、脱靶量测量、低伸弹道测量、小密多的子弹测量、弹丸爆炸碎片测量、目标特性（RCS、干扰效果等）精确测量及目标识别等。对于雷达测量来讲，虽然目前有一些研究成果，但在许多方面还存在不少测量难题。因此，必须不断开展靶场弹道测量雷达应用技术研究。

2）靶场弹道测量雷达的测量功能和能力需求

从常规武器系统鉴定试验的实际需求出发，分阶段研制弹道测量雷达系列化设备，或立足于现有设备进行技术改造，开发应用新技术，提高和改善雷达的整体性能，使靶场弹道测量雷达具有更全面的测量功能和更强大的测量能力：

（1）初速测量。

（2）弹道速度测量。

（3）弹道坐标测量。

（4）多目标测量。

（5）高射速连发初速和射速测量。

（6）目标弹道特征参数测量。

（7）目标特性测量与目标辨识。

（8）目标姿态测量。

（9）目标转速测量。

（10）目标脱靶量测量。

（11）提高目标测量精度。

（12）提高目标多维分辨力。

（13）增大威力。

（14）更强的搜索与跟踪性能。

（15）更强的低仰角探测能力。

（16）足够的多目标容量。

（17）高机动性。

（18）高可靠性。

（19）更好的环境适应性。

上述功能和能力一般需要由多部侧重点不同的靶场弹道测量雷达来达成。

3）弹道测量雷达的发展趋势

弹道测量雷达的发展应随着武器系统的测试需求而不断发展。其中测量精度是基本的，也是非常关键的一个指标。提高雷达的测量精度，既可以通过研制新型雷达如激光雷达来完成，也可通过应用轴向跟踪和距离游标等技术来完成。

对连续波测量雷达增加调频测距功能，不仅有利于连续波测量雷达的系统标定，而且可以解决对静止或低速目标的跟踪问题。

将光学测量系统与雷达系统集成到一起，实现光雷设备一体化，光测、雷测数据融合处理，既可以丰富雷达捕获跟踪目标的手段，也可以提高雷达测量精度，形成光测、雷测技术优势互补。

为测量得到更为丰富的目标参数，应加强目标特性测量雷达、成像雷达和多基地雷达等的靶场应用研究。

在弹药落区或弹道终点附近，尺寸小、速度快、数量多、高度低的弹药或子弹药的弹道参数测量，既十分重要，又具有巨大的挑战性。光学测量设备在一定程度上可完成上述目标部分弹道参数的测量，但在目标的可靠捕获跟踪和覆盖区域等方面存在困难，可通过弹道测量雷达协同光学测量设备的技术途径来解决这一难题。

为满足试验需求，测量设备应具有更大的覆盖范围、更高的可靠性和数据录取率，网络化测量是一个重要的发展趋势。不仅雷达之间数据共享，而且能够同光测、遥测等测量设备配合共同完成试验任务。组建完善、稳定、优势互补的智能化测量网络，实现实时互引导、数据融合将成为靶场试验测量的常态。

弹道测量雷达效能的发挥，除了与其具有的技术性能相关外，还与其应用技术有重要关系。弹道测量雷达的使用方法以及利用现代信号处理技术对雷达测量信息进行二次开发，提取更为丰富的弹道信息，对于发挥弹道测量雷达的工作效能是十分重要的。

第9章
弹丸飞行轨迹的卫星定位测试技术

全球导航卫星系统已经在陆地、海洋、航空等各类军用和民用领域得到了较大的发展。目前，已投入在轨运行服务的卫星导航定位系统主要可分为两大类。

第一类：由用户以外的地面控制系统完成用户定位所需的无线电导航参数的确定和位置计算，称为卫星无线电测定业务（Radio-Determination Satellite Service，RDSS），若系统具有全球定位能力，其又简称为 GDSS 系统，如我国的北斗 I 卫星导航定位系统。

第二类：可自主完整确定其位置和速度矢量的系统称为卫星导航系统（Radio Navigation Satellite System，RNSS），若系统具有全球导航定位能力，则称为全球导航卫星系统（Global Navigation Satellite System，GNSS），如美国的 GPS 卫星导航定位系统、俄罗斯的 GLONASS 卫星导航定位系统和我国北斗 II 卫星导航定位系统等。

美国的 GPS 系统（Global Position System）是最早投入使用的卫星导航定位系统，也是目前最为完善和用户最多的系统。它耗资 300 亿美元，于 20 世纪 90 年代建成，具有全天候、全球性、连续、实时、精度有界等众多特点。GPS 卫星导航定位系统建立伊始，就有着强烈的军事应用背景和需求，随着全球卫星导航定位技术的不断发展和完善，导航技术的应用领域也在不断扩展，目前已成为各领域测量、定位、导航不可或缺的重要手段。

§9.1　卫星定位的基本原理

GPS 的基本定位原理是利用无线电信号到达时间（TOA）测距和空间多点球面交会法实现的。

§9.1.1　三维空间定位原理

如图 9.1.1 所示，在三维空间直角坐标系中，任意一点的位置信息可以用三个坐标值表示为(x, y, z)，空间中两点(x_0, y_0, z_0)和(x_1, y_1, z_1)间的距离可以表示为:

$$r = \sqrt{(x_1 - x_0)^2 + (y_1 - y_0)^2 + (z_1 - z_0)^2} \qquad (9.1.1)$$

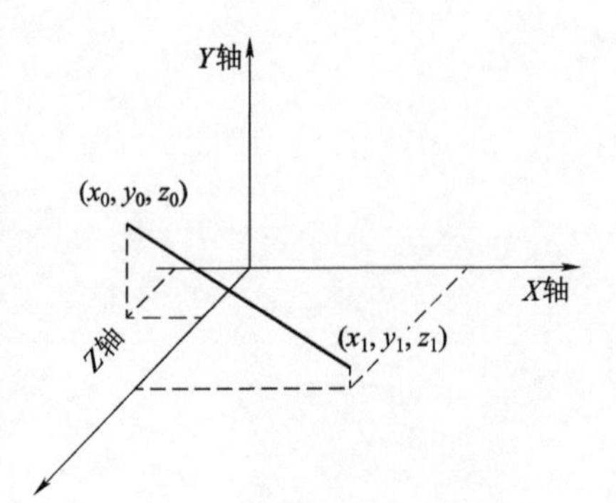

图 9.1.1　三位空间中的距离

对于空间位置未知点(x, y, z)，若已知其他任意三个空间点的坐标$(x^{(j)}, y^{(j)}, z^{(j)})$（上标 j 表示不同的点，取为 1，2，3），且知道这三点到未知点的距离 $R^{(j)}$（j 取 1，2，3），则可以通过下面的方程组求出未知点的坐标位置：

$$\begin{cases}\sqrt{(x^{(1)}-x)^2+(y^{(1)}-y)^2+(z^{(1)}-z)^2}=R^{(1)}\\ \sqrt{(x^{(2)}-x)^2+(y^{(2)}-y)^2+(z^{(2)}-z)^2}=R^{(2)}\\ \sqrt{(x^{(3)}-x)^2+(y^{(3)}-y)^2+(z^{(3)}-z)^2}=R^{(3)}\end{cases} \tag{9.1.2}$$

§9.1.2　GPS 卫星导航定位原理

GPS 卫星导航定位原理与三维空间定位原理类似，因此 GPS 卫星导航定位问题转化为如何确定 3 个已知空间点坐标以及用户（接收机）与 3 个已知空间点之间的距离。

由于每颗 GPS 导航卫星具有固定的运行轨道，根据卫星轨道理论可精确计算出任意时刻卫星在空间的精确位置，只要空间可见卫星数多于 3 颗，即可确定给定时刻 3 个空间已知的坐标点（实际使用需要 4 颗星），因此最终问题转化为如何测量用户（接收机）到选定卫星之间的距离。

由于电磁波在真空中的传播速度为光速 c，因此若知道导航信号的发送时刻和到达接收机的时刻，即可得到已知卫星与接收机之间的距离，有下式：

（9.1.3）

式中，R 为卫星与接收机之间的真实距离，T_S 为导航信号的发送时刻，T_R 为导航信号到达接收机的时刻，c 为光速。

然而，即使卫星上安装有高精度原子时钟，经过多年运行后也将产生一定的积累误差，同时各卫星时钟之间并不能达到严格同步，因此引入卫星时钟钟差 δt（定义超前为正），则有：$T_S=t_S-\delta t$。另外接收机启动后时钟开始计时，然而与卫星时钟并不同步，因此存在接收机钟差 Δt（超前为正），则有：$T_R=t_R-\Delta t$，故由式（9.1.3）可得：

$$R=c(T_R-T_S)=c\left[(t_R-\Delta t)-(t_S-\delta t)\right] \tag{9.1.4}$$

其中每颗卫星的钟差 δt 可通过卫星导航电文获得，即卫星导航信号的发送时刻 T_S 为已知量，则由式（9.1.4）可得：

$$R=c\left[(t_R-\Delta t)-(t_S-\delta t)\right]=c\left[(t_R-\Delta t)-T_S\right]=c(t_R-T_S)-c\Delta t=\rho-c\Delta t \tag{9.1.5}$$

即有：

$$\rho=R+c\Delta t$$

式中，ρ 为包含接收机钟差等在内的卫星与接收机之间的距离，称为伪距。

由式（9.1.2）可得：

$$\rho^{(S)}=R^{(S)}+c\Delta t=\sqrt{(x^{(S)}-x)^2+(y^{(S)}-y)^2+(z^{(S)}-z)}+c\Delta t \tag{9.1.6}$$

上式称为伪距观测方程。式中上标 S 表示不同的卫星，其中 $\rho^{(S)}$ 可由导航信号测量获得，卫星的空间坐标 $(x^{(S)},y^{(S)},z^{(S)})$ 可通过卫星轨道理论计算获得，光速 c 为已知常量，方程中仅有待测位置坐标（接收机坐标）x,y,z 和接收机钟差 Δt 4 个未知量。利用 4 颗卫星建立联立方程，可解得：

$$\begin{cases}\rho^{(1)}=\sqrt{(x^{(1)}-x)^2+(y^{(1)}-y)^2+(z^{(1)}-z)}+c\Delta t\\ \rho^{(2)}=\sqrt{(x^{(2)}-x)^2+(y^{(2)}-y)^2+(z^{(2)}-z)}+c\Delta t\\ \rho^{(3)}=\sqrt{(x^{(3)}-x)^2+(y^{(3)}-y)^2+(z^{(3)}-z)}+c\Delta t\\ \rho^{(4)}=\sqrt{(x^{(4)}-x)^2+(y^{(4)}-y)^2+(z^{(4)}-z)}+c\Delta t\end{cases} \tag{9.1.7}$$

由此可知，GPS 导航正常定位的可视卫星数必须大于等于 4。

§9.2 GPS 卫星导航信号的基本构成和伪距测时原理

§9.2.1 扩频通信的基本概念

通信技术始终以远距离、大容量、高可靠、低能耗为主要目标。随着通信距离越来越远（现代宇航通信距离已达数亿千米），通常单靠提高发射功率的通信技术已无法满足现代通信的需求。

信息理论中香农的信道容量公式指出，一个通信系统的信道容量 C 与该通信系统的信号带宽 B 成正比，在通信系统发射功率一定的情况下（平均功率受限），可通过增加信号带宽提高信道容量，且实现有效和可靠通信的最佳信号是具有白噪声统计特征的信号。

GPS 卫星导航信号利用扩频技术大幅度提高了系统增益，两万多千米的通信距离（卫星轨道高度）仅需数十瓦的发射功率，即可实现导航信号的有效传输。同时，扩频技术有效地增加了信息码信号带宽，提高了系统的抗干扰能力，更重要的是它还承担了卫星信号识别和伪距测距等重任。

§9.2.2 卫星导航信号的组成和调制方式

GPS 卫星发射的信号从结构上可分为三个层次，即载波、伪随机码（又称 C/A 码、伪码，或测距码）和数据码（又称导航电文码），如图 9.2.1 所示。

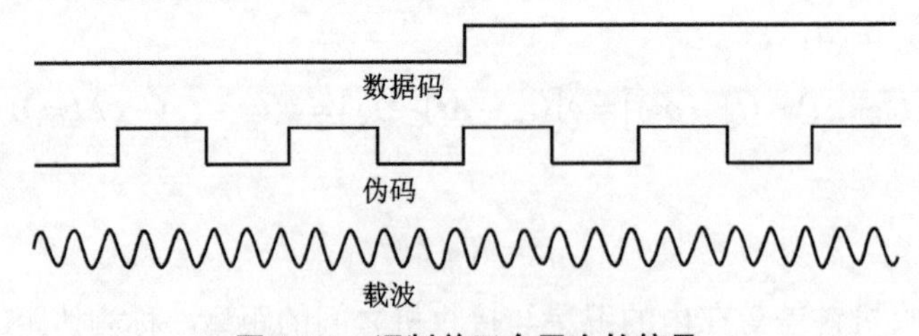

图 9.2.1 调制前三个层次的信号

（1）数据码：用于传输导航电文的信息码。导航电文包括卫星星历数据、卫星历书数据、卫星轨道参数、卫星钟差修正参数等信息。数据码的比特率较低，为 50 bps，即一个比特位的时长为 20 ms。

（2）伪码：具有伪随机噪声特征的编码。GPS 卫星导航系统采用的民用伪码长度为 1 023 个码片，每毫秒重复一次，码率为 1.023 Mc/S，码宽约为 977.5 ns，对应的长度约为 293 m。

（3）载波：GPS 卫星导航系统的载波属于 L 波段，其中 L1 波段的载波频率为 1 575.42 MHz 的正弦波。

（4）导航信号发射前，首先采用直接序列扩频（Direct Sequence Spread Spectrum，DSSS）技术，将低带宽的数据码扩频到带宽相对较高的伪码上，然后将扩频后的信号采用正交相移键控（Quadrature Phase Shift Keying，QBSK）调制到正弦波形式的载波上。三种信号的调制结果如图 9.2.2 所示。

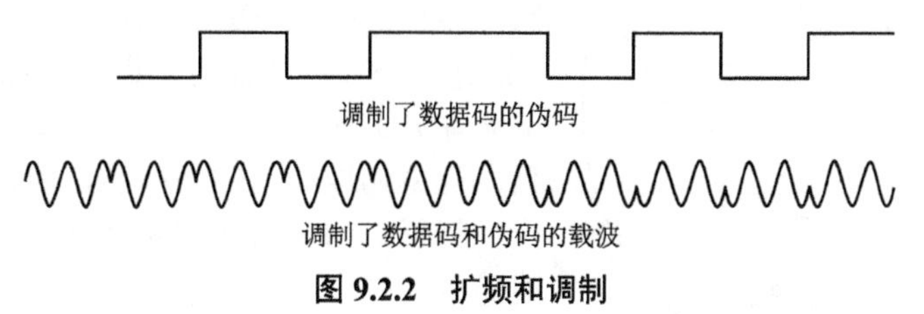

图 9.2.2　扩频和调制

§9.2.3　伪码测时的基本原理

每颗 GPS 卫星采用特定的且相互不同的伪码，GPS 接收机正是根据不同的伪码来区分和识别不同卫星的导航信号。

GPS 采用的民用伪码为 C/A 码，每周期历时 1 ms，对应的距离约为 299 km；每个 C/A 码周期内包含 1 023 个码片，每个码片对应的时间约为 977.5 ns，对应的距离约为 292.3 m；而 GPS 接收机又将每个码片细分为 1 024 个相位（根据 GPS 接收机性能的不同，相位数也有所不同），每码片相位对应的时间大约为 954.6 ps，对应的距离约为 0.28 m。由此可以看出，C/A 的周期个数可作为测量卫星导航信号传播延时（或测距）尺子的粗刻度，码片个数可作为测量卫星导航信号传播延时（或测距）尺子的细刻度，而码片相位可作为测量卫星导航信号传播延时（或测距）尺子的精刻度。

当 GPS 接收机与导航卫星时钟精确同步后（此步骤称为接收机对时），GPS 接收机开始 C/A 码计时，当接收到某颗导航卫星 C/A 周期起始码后（真实情况应为伪码对齐），由 GPS 接收机所记录的 C/A 周期数、码片个数及码片相位数即可精确测量出导航信号到达接收机的传播时间，进而可得到该颗卫星与接收机之间的伪距。

现代 GPS 接收机可将 C/A 对齐精度锁定在 10 码片相位之间，即在不考虑其他误差的情况下（如 GSP 钟差、电离层延时误差、对流层延时误差），测时精度可达 10 ns 之内，即测距误差在 2.99 m 的范围内。

§9.3　GPS 卫星导航定位系统的常用坐标系

§9.3.1　地心惯性坐标系

在空间静止或作匀速直线运动的坐标系称为惯性坐标系。由于牛顿的万有引力和运动学定律适用于惯性坐标系，为了计算卫星、宇宙飞船等在宇宙空间的位置和飞行状态，首先必须确定一个在宇宙空间可视为不变的参考系。然而在实际操作中，要建立一个严格意义上的惯性坐标系极为困难，地心惯性坐标系仅能视为一种近似惯性坐标系。

设地球质心 M 为球心，半径为无穷大的球存在于宇宙空间，称为天球。天球的天轴与地球的极轴（称为地轴）重合，地球的赤道平面与天球的赤道面重合，天球的黄道面与地球的

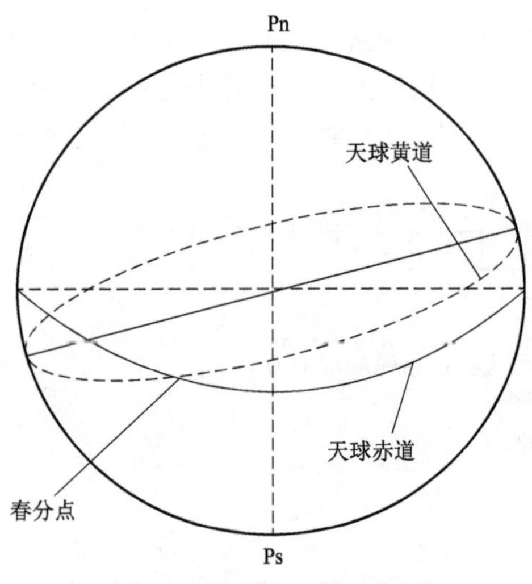

图 9.3.1　地心惯性坐标系示意

黄道面重合。天球的赤道面和天球的黄道面相交于两点，一点称为春分点，一点称为秋分点。地心惯性坐标系如图 9.3.1 所示。

地心惯性坐标系：天球球心为地心惯性坐标系原点 O，z 轴与天球的天轴重合且指向天球的北极，x 轴处于天球赤道面内且指向天球的春分点，y 轴处于天球赤道面内且与 x 轴和 z 轴共同构成右手坐标系，称之为地心惯性坐标系，简称 ECI 坐标系。

特征：（1）天球坐标系不固联在地球，故不随地球自转；

（2）天球坐标系是球面坐标系，而非椭球坐标系。

地心惯性坐标系在 GPS 卫星导航定位系统中主要用于卫星轨道的计算，从而准确确定任意时刻卫星在空间的准确坐标。

§9.3.2　地球坐标系

地球坐标系固联于地球，随地球转动且为椭球模型，用于描述地球表面运动物体相对于地球表面的位置，如飞机、舰船、车辆、GPS 站点等相对于地球表面的位置。

由于地球坐标系视地球为椭球，必须首先建立地球椭球模型：椭球中心与地球质心重合，椭球的短半轴与地球极轴（地轴）重合，椭球的长半轴位于地球赤道平面内。

为了计算和使用方便，通常可在地球椭球模型上建立多种坐标系（称为地球坐标系），常用的有地心地固直角坐标系（简称 ECEF 直角坐标系或大地直角坐标系）和大地坐标系（又称测地坐标系）

1）大地直角坐标系（图 9.3.2）

椭球中心（地球质心）为坐标系原点 O，z 轴与椭球短半轴重合且指向地球北极，x 轴位于地球赤道面且指向格林尼治子午圈与地球赤道的交点，y 轴位于赤道平面内且与 x 轴和 z 轴共同构成右手坐标系。

坐标系中任意点 S，在大地直角坐标系中的位置可表示为 (x, y, z)。S 点可通过 z 值的正负判断处于地球的北半球或南半球，但无法直观判定该点是处于地球内部或地球外部空间，必须通过计算判定，在实际应用中略有不便。

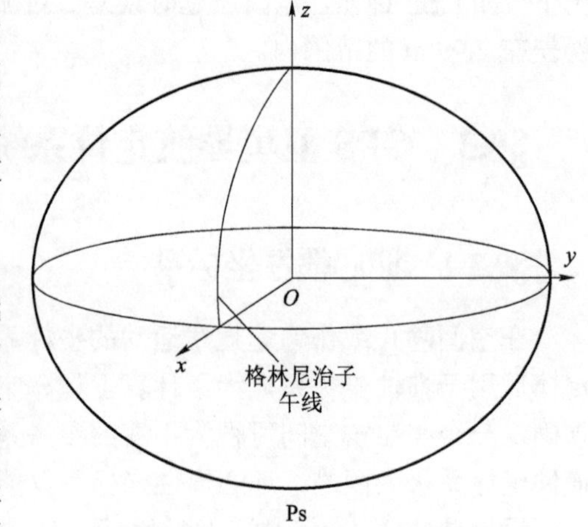

图 9.3.2　大地直角坐标系示意

2）大地坐标系

在大地椭球模型中，过 S 点的椭球表面法线与赤道面的夹角为该点的大地纬度 lat，过 S 点的椭球子午圈与格林尼治平大地子午面的之间的夹角为该点的经度 lon，S 点沿椭球表面法线方向到椭球面的距离为该点高度 h，则 S 点在大地球面坐标系中的位置可表示为 (lat, lon, h)（即纬度、经度和高度），如图 9.3.3 所示。

由大地坐标系的定义可以看出，纬度 lat 的变化范围为 $-90°\sim90°$，纬度为正时表示北半球，纬度为负时表示南半球。

经度 lon 的变化范围为 $-180°\sim180°$，经度为正时表示东半球（格林尼治子午面以东），经度为负时表示西半球。有时为表述方便，省略经度前的正负号，简称西经多少度或东经多少度，如经度 $-30°$ 与西经 30° 或东经 330° 等同。

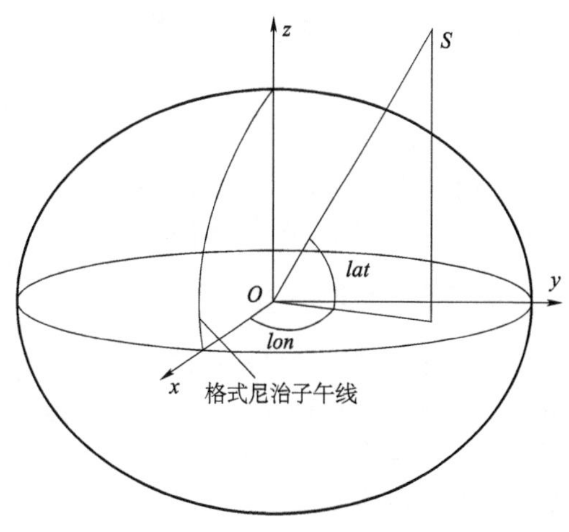

图 9.3.3　大地坐标系示意

大地高度 h 是任意点 S 到大地椭球面的法线距离，高度 h 为正时表示在大地椭球面之外，为负时表示在大地椭球面之内。需要特别指出的是，大地椭球面基于大地基准理想的椭球模型，与大地水准面略有不同，因此当地的海拔高度与 GPS 卫星导航定位系统测定的大地高度 h 略有差异，可查阅当地的地理资料进行换算，两者一般不可混用。

3）WGS－84 坐标系

地球坐标系是建立在理想的地球椭球模型的基础之上的，然而要真正实现却十分复杂且困难，如地球极轴并非固定且存在漂移，地球的长半轴和短半轴具体是多长也不好确定，其涉及地极运动模型、地球重力模型和地球基本常数定义等诸多方面问题。经过多年的大地观察和数据积累，美国国防部下属的国防制图局于 1984 年颁布了地球协议椭球模型，通过数理统计和全球逼近等方法将地球基本参数加以固定，称为 WGS－84 坐标系。

WGS－84 坐标系对于 GPS 卫星导航系统极为重要，卫星轨道计算、卫星星历参数、用户位置坐标等均是基于该坐标系计算获取的，它是 GPS 卫星导航定位最基本的坐标系。WGS－84 坐标系的基本大地参数定义见表 9.3.1。

表 9.3.1　WGS－84 坐标系的基本大地参数定义

基本大地参数	数值和单位
基准椭球的长半轴 a	6 378 137.0 (m)
基准椭球体的极扁率 f	1 / 298.527 223 563
地球自转角速度 $\dot{\Omega}_e$	$7.292\,115\,146\,7\times10^{-5}$ (rad/s)
地球引力常数 μ=GM	$3.986\,005\times10^{14}$ (m^3/s^2)
真空中光速 c	$2.997\,924\,58\times10^{8}$ (m/s)

根据 WGS－84 坐标系基本大地参数，可计算其他常用的大地参数。

（1）极扁率 f 与短半轴 b 之间的关系：由极扁率 f 的定义 $f=\dfrac{a-b}{a}$，可计算出基准椭球的短半轴：$b=a(1-f)$。

（2）偏心率 e 与极扁率 f 之间的关系：由地球偏心率的定义 $e^2=\dfrac{a^2-b^2}{a^2}$，可得到偏心率与极扁率之间的关系式：$e^2=\dfrac{a^2-b^2}{a^2}=\dfrac{a^2-a^2(1-f)^2}{a^2}=1-(1-f)^2=2f-f^2$。

（3）偏心率e与短半轴b之间的关系：由地球偏心率的定义$e^2=\dfrac{a^2-b^2}{a^2}$，则有$b=a\sqrt{1-e^2}$。

由于 WGS－84 坐标系是对整个地球的逼近，因此 GPS 卫星导航定位系统给出的纬度、经度，与一些国家和地区采用局部坐标系给出的纬度、经度可能有所不同。

§9.3.3 站心坐标系

站心坐标系通常以用户所在位置P为原点，x轴沿P点地球椭球面的切平面指向指定方向，天向方向与地球坐标系P点的高度方向一致，y轴和z轴与x轴相互垂直构成直角坐标系。站心坐标系固联于地球，是地球坐标系的一种，用于描述物体相对于用户所在位置P点的位置和速度等参数。

根据站心坐标系的x,y,z的指向和定义的不同，可建立两个非常重要的站心坐标系：导航坐标系（又称站心直角坐标系或 ENU 坐标系）和发射基准坐标系（NUE 坐标系）。

1）导航坐标系

以站心（如雷达天线中心、火炮炮口）为坐标系原点O，z轴与椭球法线重合，向上为正（指向天向），y轴与站点所处的子午线相切且指向当地正北方向，x轴指向站点当地正东方向且与y轴、z轴构成右手直角坐标系。

2）发射基准坐标系

以发射点（一般指炮口）为坐标原点，x轴与发射点所处的子午线相切且指向当地正北方向，y轴与椭球法线重合，向上为正（指向天向），z轴指向炮口当地正东方向且与x轴、y轴构成右手直角坐标系。

由发射基准坐标系的定义可以看出，弹道地面坐标系（又称地面发射坐标系）可由发射基准坐标系绕y轴旋转射向角获得。射向角的定义为：正北射向为0°，顺时钟方向为正。如射向 30°（或 500 密位）即射向为北偏东 30°。

§9.4 常用坐标系之间的转换

由于观察对象和观察方式不同，需要对不同坐标系下的坐标进行转换，本节对一些常用坐标系的转换方法作简单介绍，并给出计算公式。由于 GPS 采用的 WGS－84 坐标系为地球坐标系的一种，因此本节所介绍的转换公式均适用于 GPS 导航数据转换。

§9.4.1 大地椭球坐标系和大地直角坐标系的转换

设空间P点在大地直角坐标系下的坐标为(x,y,z)，在大地椭球坐标系下的坐标为(lat,lon,h)，则两者之间的转换方式如下：

（1）椭球坐标转换为直角坐标。

$$\begin{cases}x=(N+h)\cos(lat)\cos(lon)\\y=(N+h)\cos(lat)\sin(lon)\\z=[N(1-e^2)+h]\sin(lat)\end{cases}\tag{9.4.1}$$

式中，lat、lon和h为大地坐标系下的纬度、经度和高度，e为大地椭球偏心率，N为椭球卯酉圈曲率半径。

其中：$e=\dfrac{\sqrt{a^2-b^2}}{a}=2f-f^2$

$$N=\frac{a}{\sqrt{1-e^2\sin^2(lat)}}=\frac{a^2}{\sqrt{a^2\cos^2(lat)+b^2\sin^2(lat)}}$$

通过上述解析式可将大地椭球坐标系下的坐标 (lat,lon,h) 直接转换为大地直角坐标系下的坐标 (x,y,z) 。

（2）直角坐标转换为椭球坐标。

由式（9.4.1）可得：

$$\begin{cases} lat=\arctan\left[\dfrac{z}{\sqrt{x^2+y^2}}\left(1-e^2\dfrac{N}{N+h}\right)\right] \\ lon=\arctan\left(\dfrac{y}{x}\right) \\ h=\dfrac{\sqrt{x^2+y^2}}{\cos(lat)}-N \end{cases} \tag{9.4.2}$$

可以看出式（9.4.2）是隐式表达式，无法直接求解，通常采用迭代计算方法进行逐次逼近。

由于 GPS 采用 WGS－84 坐标系为基准，因此利用上述转换公式可实现 WGS－84 坐标系下的直角坐标和大地椭球坐标之间的转换。

§9.4.2　地球坐标系和导航坐标系之间的转换

设已知站心 P 点的大地直角坐标系坐标为 $(x,y,z)^{\mathrm{T}}$ ，空间 S 点的大地直角坐标系坐标为 $(x_s,y_s,z_s)^{\mathrm{T}}$ ，则可求出导航坐标系的坐标 $(e,n,u)^{\mathrm{T}}$ 。

根据坐标系的定义可知，大地直角坐标系可通过平移和转动后转换到导航坐标系：首先将大地直角坐标系原点 O 平移至站心 P 点，然后围绕 z 轴旋转 $lon+90°$，再围绕旋转后的 x 轴旋转 $90°-lat$ ，其转换矩阵为：

$$\begin{aligned} \boldsymbol{C}_E^e &= \boldsymbol{L}_x(90°-lat)\boldsymbol{L}_z(lon+90°) \\ &=\begin{bmatrix} 1 & 0 & 0 \\ 0 & \cos(90°-lat) & \sin(90°-lat) \\ 0 & -\sin(90°-lat) & \cos(90°-lat) \end{bmatrix}\begin{bmatrix} \cos(lon+90°) & \sin(lon+90°) & 0 \\ -\sin(lon+90°) & \cos(lon+90°) & 0 \\ 0 & 0 & 1 \end{bmatrix} \\ &=\begin{bmatrix} -\sin(lon) & \cos(lon) & 0 \\ -\sin(lat)\cos(lon) & -\sin(lat)\sin(lon) & \cos(lat) \\ \cos(lat)\cos(lon) & \cos(lat)\sin(lon) & \sin(lat) \end{bmatrix} \end{aligned} \tag{9.4.3}$$

即

$$\begin{bmatrix} e \\ n \\ u \end{bmatrix}=\boldsymbol{C}_E^e\begin{bmatrix} x-x_s \\ y-y_s \\ z-z_x \end{bmatrix}=\begin{bmatrix} -\sin(lon) & \cos(lon) & 0 \\ -\sin(lat)\cos(lon) & -\sin(lat)\sin(lon) & \cos(lat) \\ \cos(lat)\cos(lon) & \cos(lat)\sin(lon) & \sin(lat) \end{bmatrix}\begin{bmatrix} \Delta x \\ \Delta y \\ \Delta z \end{bmatrix} \tag{9.4.4}$$

式中，C_E^e 为由大地直角坐标系向东、北、天导航坐标系的转换因子；e,n,u 为导航坐标系下的坐标，分别代表空间 S 点相对于站心 P 点的东向、北向和天向距离；x,y,z 和 x_S,y_S,z_S 分别为站心 P 点和空间 S 点的大地直角坐标；lat,lon 分别为站心 P 点的当地纬度和经度；$(\Delta x,\Delta y,\Delta z)^{\mathrm{T}}=(x_s-x,y_s-y,z_s-z)^{\mathrm{T}}$ 为 P 点和 S 点之间的观测向量。

由于大地直角坐标系和大地椭球坐标系可利用式（9.4.1）和式（9.4.2）相互转换，因此只要知道站心 P 点和空间 S 点的大地坐标（无论是大地直角坐标还是大地椭球坐标），均可利用式（9.4.4）进行转换。

需要指出的是，当公式中 P 点和 S 点的大地坐标采用 GPS 导航数据时，其导航坐标系所定义的东向、北向和天向应与 WGS－84 协议地球坐标系一致，因此上式转换获得的北向与站心 P 点当地的磁北、地理北有所不同。同理，由此获得的相对高度（天向距离）与当地海拔相对高度或当地的地理相对高度也有所不同。

§9.4.3 大地直角坐标系和发射基准坐标系（又称 NUE 坐标系）之间的转换

发射基准坐标系和导航坐标系（NUE 坐标系）定义的坐标轴指向不同其他一致，导航坐标系可通过旋转转换到发射基准坐标系，进而可获得大地直角坐标系和发射基准坐标系之间的转换。

1）导航坐标系到发射基准坐标系的转换

导航坐标系向发射基准坐标系的变换，可通过两次旋转完成：首先绕导航坐标系的 z 轴旋转 90°，然后再围绕旋转后的 x 轴旋转 90°，则有转换矩阵：

$$\boldsymbol{C}_e^n=\boldsymbol{L}_x(90°)\boldsymbol{L}_z(90°)=\begin{bmatrix}1&0&0\\0&\cos 90°&\sin 90°\\0&-\sin 90°&\cos 90°\end{bmatrix}\begin{bmatrix}\cos 90°&\sin 90°&0\\-\sin 90°&\cos 90°&0\\0&0&1\end{bmatrix}$$
$$=\begin{bmatrix}0&1&0\\0&0&1\\1&0&0\end{bmatrix}\tag{9.4.5}$$

则有：

$$\begin{bmatrix}n\\u\\e\end{bmatrix}=\boldsymbol{C}_e^n\begin{bmatrix}e\\n\\u\end{bmatrix}=\begin{bmatrix}0&1&0\\0&0&1\\1&0&0\end{bmatrix}\begin{bmatrix}e\\n\\u\end{bmatrix}\tag{9.4.6}$$

2）地球坐标系到发射基准坐标系的转换

根据坐标系的转换定义可知，地球坐标系到发射基准坐标系的转换矩阵为：

$$\boldsymbol{C}_E^n=\boldsymbol{C}_e^n\boldsymbol{C}_E^e=\begin{bmatrix}0&1&0\\0&0&1\\1&0&0\end{bmatrix}\begin{bmatrix}-\sin(lon)&\cos(lon)&0\\-\sin(lat)\cos(lon)&-\sin(lat)\sin(lon)&\cos(lat)\\\cos(lat)\cos(lon)&\cos(lat)\sin(lon)&\sin(lat)\end{bmatrix}$$
$$=\begin{bmatrix}-\sin(lat)\cos(lon)&-\sin(lat)\sin(lon)&\cos(lat)\\\cos(lat)\cos(lon)&\cos(lat)\sin(lon)&\sin(lat)\\-\sin(lon)&\cos(lon)&0\end{bmatrix}\tag{9.4.7}$$

即

$$\begin{bmatrix} n \\ u \\ e \end{bmatrix} = \boldsymbol{C}_E^n \begin{bmatrix} x - x_s \\ y - y_s \\ z - z_x \end{bmatrix} = \begin{bmatrix} -\sin(lat)\cos(lon) & -\sin(lat)\sin(lon) & \cos(lat) \\ \cos(lat)\cos(lon) & \cos(lat)\sin(lon) & \sin(lat) \\ -\sin(lon) & \cos(lon) & 0 \end{bmatrix} \begin{bmatrix} \Delta x \\ \Delta y \\ \Delta z \end{bmatrix} \qquad (9.4.8)$$

地球坐标系到发射基准坐标系也可由大地直角坐标系直接转换而得，读者可参照 § 9.4.2 的方法自行推导。

§9.4.4　地球坐标系和地面发射坐标系（又称地面坐标系）之间的转换

地面发射坐标系和发射基准坐标系的 y 轴重合，两者之间相差一个射向角。发射基准坐标系可通过旋转转换到地面发射坐标系，进而实现大地直角坐标系和发射坐标系之间的转换。

1）发射基准坐标系向地面发射坐标系的转换

发射基准坐标系向地面发射坐标系的变换，可通过一次旋转完成：发射基准坐标系绕 y 轴旋转负射向角 λ，则有转换矩阵：

$$\boldsymbol{C}_N^{O_1} = \boldsymbol{L}_y(-\lambda) = \begin{bmatrix} \cos\lambda & 0 & \sin\lambda \\ 0 & 1 & 0 \\ -\sin\lambda & 0 & \cos\lambda \end{bmatrix} \qquad (9.4.9)$$

即

$$\begin{bmatrix} O_1x \\ O_1y \\ O_1z \end{bmatrix} = \boldsymbol{C}_N^{O_1} \begin{bmatrix} n \\ u \\ e \end{bmatrix} = \begin{bmatrix} \cos\lambda & 0 & \sin\lambda \\ 0 & 1 & 0 \\ -\sin\lambda & 0 & \cos\lambda \end{bmatrix} \begin{bmatrix} n \\ u \\ e \end{bmatrix} \qquad (9.4.10)$$

2）地球坐标系到地面发射坐标系的转换

根据坐标系的转换定义可知，地球坐标系到地面发射坐标系的转换矩阵为：

$$\begin{aligned} \boldsymbol{C}_E^{O_1} &= \boldsymbol{C}_N^{O_1} \boldsymbol{C}_E^N \\ &= \begin{bmatrix} \cos\lambda & 0 & \sin\lambda \\ 0 & 1 & 0 \\ -\sin\lambda & 0 & \cos\lambda \end{bmatrix} \begin{bmatrix} -\sin(lon) & \cos(lon) & 0 \\ -\sin(lat)\cos(lon) & -\sin(lat)\sin(lon) & \cos(lat) \\ \cos(lat)\cos(lon) & \cos(lat)\sin(lon) & \sin(lat) \end{bmatrix} \\ &= \begin{bmatrix} -\cos\lambda\sin(lon) + \sin\lambda\cos(lat)\cos(lon) & \cos\lambda\cos(lon) + \sin\lambda\cos(lat)\sin(lon) & \sin\lambda\sin(lat) \\ -\sin(lat)\cos(lon) & -\sin(lat)\sin(lon) & \cos(lat) \\ \sin\lambda\sin(lon) + \cos\lambda\cos(lat)\cos(lon) & -\sin\lambda\cos(lon) + \cos\lambda\cos(lat)\sin(lon) & \cos\lambda\sin(lat) \end{bmatrix} \end{aligned} \qquad (9.4.11)$$

即

$$\begin{aligned} \begin{bmatrix} O_1x \\ O_1y \\ O_1z \end{bmatrix} &= \boldsymbol{C}_E^{O_1} \begin{bmatrix} x - x_s \\ y - y_s \\ z - z_x \end{bmatrix} \\ &= \begin{bmatrix} -\cos\lambda\sin(lon) + \sin\lambda\cos(lat)\cos(lon) & \cos\lambda\cos(lon) + \sin\lambda\cos(lat)\sin(lon) & \sin\lambda\sin(lat) \\ -\sin(lat)\cos(lon) & -\sin(lat)\sin(lon) & \cos(lat) \\ \sin\lambda\sin(lon) + \cos\lambda\cos(lat)\cos(lon) & -\sin\lambda\cos(lon) + \cos\lambda\cos(lat)\sin(lon) & \cos\lambda\sin(lat) \end{bmatrix} \begin{bmatrix} \Delta x \\ \Delta y \\ \Delta z \end{bmatrix} \end{aligned} \qquad (9.4.12)$$

式中，λ 为射向角，北向为 0°，顺时针方向为正。

§9.5 GPS卫星导航定位技术在弹道测试中的应用

通常GPS接收机可直接给出观测点在WGS-84协议地球坐标系下的位置和速度参数，如大地直角坐标系下的位置坐标系(x,y,z)及大地坐标系下的纬经高坐标(lat,lon,h)，大地直角坐标系下的速度(v_x,v_y,v_z)及导航坐标系下的速度(v_e,v_n,v_h)等，因此GPS在弹道测试中的应用主要围绕上述参量的转换和处理展开。

§9.5.1 已知炮口和目标点坐标计算理论射向

利用GPS实测炮口点坐标$(x_0,y_0,z_0)^{\mathrm{T}}$和目标点坐标$(x_T,y_T,z_T)^{\mathrm{T}}$，则经过如下步骤可计算理论射向角：

（1）利用式（9.4.2）计算炮口点的纬经高坐标(lat_0,lon_0,h_0)；

（2）计算地球坐标系到发射基准坐标系的转换因子：

$$\boldsymbol{C}_E^{A_N}=\begin{bmatrix}-\sin(lat_0)\cos(lon_0) & -\sin(lat_0)\sin(lon_0) & \cos(lat_0)\\ \cos(lat_0)\cos(lon_0) & \cos(lat_0)\sin(lon_0) & \sin(lat_0)\\ -\sin(lon_0) & \cos(lon_0) & 0\end{bmatrix};$$

（3）计算观测向量：$\begin{bmatrix}\Delta x\\ \Delta y\\ \Delta z\end{bmatrix}=\begin{bmatrix}x_{\mathrm{T}}-x_0\\ y_{\mathrm{T}}-y_0\\ z_{\mathrm{T}}-z_0\end{bmatrix}$；

（4）根据式（9.4.10）将地球坐标系转换到发射基准坐标系：$\begin{bmatrix}A_N x\\ A_N y\\ A_N z\end{bmatrix}=\boldsymbol{C}_E^{A_N}\begin{bmatrix}\Delta x\\ \Delta y\\ \Delta z\end{bmatrix}$；

（5）计算理论射向：$\lambda=\arctan\left(\dfrac{A_N z}{A_N x}\right)$（度）或$\lambda=\arctan\left(\dfrac{A_N z}{A_N x}\right)/0.06$（密位）。

§9.5.2 计算弹丸落点与目标点之间的射程偏差和射向偏差

已知炮口坐标$(x_0,y_0,z_0)^{\mathrm{T}}$、目标坐标$(x_T,y_T,z_T)^{\mathrm{T}}$、第$i$轴发弹丸落点坐标$(x_i,y_i,z_i)^{\mathrm{T}}$和射向$\lambda$角，可通过如下步骤计算弹丸落点的射程偏差和射向偏差：

（1）利用式（9.4.2）计算炮口点的纬经高坐标(lat_0,lon_0,h_0)；

（2）计算地球坐标系到地面发射坐标系的转换因子：

$$\boldsymbol{C}_E^{O_1}=\begin{bmatrix}-\cos\lambda\sin(lon_0)+\sin\lambda\cos(lat_0)\cos(lon_0) & \cos\lambda\cos(lon_0)+\sin\lambda\cos(lat_0)\sin(lon_0) & \sin\lambda\sin(lat_0)\\ -\sin(lat_0)\cos(lon_0) & -\sin(lat_0)\sin(lon_0) & \cos(lat_0)\\ \sin\lambda\sin(lon_0)+\cos\lambda\cos(lat_0)\cos(lon_0) & -\sin\lambda\cos(lon_0)+\cos\lambda\cos(lat_0)\sin(lon_0) & \cos\lambda\sin(lat_0)\end{bmatrix};$$

（3）计算目标点相对炮口观测向量：$\begin{bmatrix}\Delta x\\ \Delta y\\ \Delta z\end{bmatrix}_T=\begin{bmatrix}x_{\mathrm{T}}-x_0\\ y_{\mathrm{T}}-y_0\\ z_{\mathrm{T}}-z_0\end{bmatrix}$；

（4）根据式（9.4.12）将地球坐标系转换到地面发射坐标系：$\begin{bmatrix} O_1x \\ O_1y \\ O_1z \end{bmatrix}_T = \boldsymbol{C}_E^{O_1} \begin{bmatrix} \Delta x \\ \Delta y \\ \Delta z \end{bmatrix}_T$；

（5）计算第 i 发弹丸落点相对炮口的观测向量：$\begin{bmatrix} \Delta x \\ \Delta y \\ \Delta z \end{bmatrix}_i = \begin{bmatrix} x_i - x_0 \\ y_i - y_0 \\ z_i - z_0 \end{bmatrix}$；

（6）根据式（9.4.12）将地球坐标系转换到地面发射坐标系：$\begin{bmatrix} O_1x \\ O_1y \\ O_1z \end{bmatrix}_i = \boldsymbol{C}_E^{O_1} \begin{bmatrix} \Delta x \\ \Delta y \\ \Delta z \end{bmatrix}_i$；

（7）计算第 i 发弹丸落点相对目标点的射程偏差和射向偏差：

射程偏差：$\delta x_i = O_1x_i - O_1x_T$；射向偏差：$\delta z_i = O_1z_i - O_1z_T$。

§9.5.3　利用 GPS 实测弹道轨迹的数据处理方法

利用弹载 GPS 接收装置可实时测量弹丸的真实飞行轨迹（其实是弹丸实际飞行的逐点坐标），通过无线数传链路或数据记录仪实时回传或记录各点的坐标数据，根据接收到的数据或回收解读后的数据，可处理出弹丸在地面发射坐标系下的三维轨迹图。

设已知炮口坐标 $(x_0, y_0, z_0)^{\mathrm{T}}$、第 j 点轨迹坐标 $(x_j, y_j, z_j)^{\mathrm{T}}$ 和射向 λ 角，通过如下步骤可将弹丸飞行轨迹坐标转换为地面发射坐标系下的三维轨迹：

（1）利用式（9.4.2）计算炮口点的纬经高坐标 (lat_0, lon_0, h_0)；

（2）计算地球坐标系到地面发射坐标系的转换因子：

$$\boldsymbol{C}_E^{O_1} = \begin{bmatrix} -\cos\lambda\sin(lon_0) + \sin\lambda\cos(lat_0)\cos(lon_0) & \cos\lambda\cos(lon_0) + \sin\lambda\cos(lat_0)\sin(lon_0) & \sin\lambda\sin(lat_0) \\ -\sin(lat_0)\cos(lon_0) & -\sin(lat_0)\sin(lon_0) & \cos(lat_0) \\ \sin\lambda\sin(lon_0) + \cos\lambda\cos(lat_0)\cos(lon_0) & -\sin\lambda\cos(lon_0) + \cos\lambda\cos(lat_0)\sin(lon_0) & \cos\lambda\sin(lat_0) \end{bmatrix}$$

（3）逐点计算实测弹丸飞行轨迹坐标相对炮口的观测向量：$\begin{bmatrix} \Delta x \\ \Delta y \\ \Delta z \end{bmatrix}_j = \begin{bmatrix} x_j - x_0 \\ y_j - y_0 \\ z_j - z_0 \end{bmatrix}$；

（4）根据式（9.4.12）将实测弹丸飞行轨迹坐标转换到地面发射坐标系：

$$\begin{bmatrix} O_1x \\ O_1y \\ O_1z \end{bmatrix}_j = \boldsymbol{C}_E^{O_1} \begin{bmatrix} \Delta x \\ \Delta y \\ \Delta z \end{bmatrix}_j$$

图 9.5.1 所示为某制导炮弹的 GPS 实测数据经过处理后的三维轨迹曲线图。

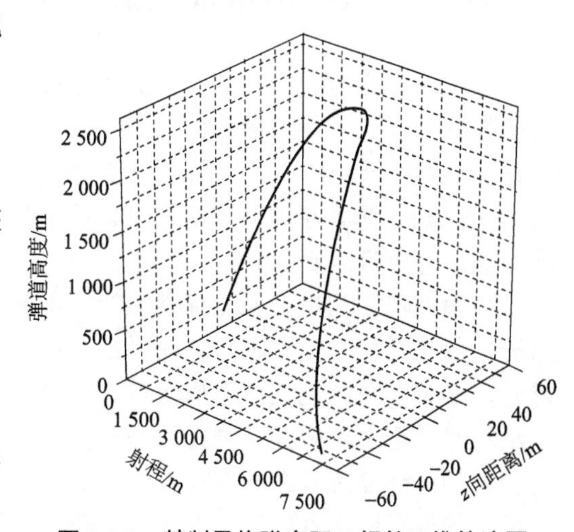

图 9.5.1　某制导炮弹实际飞行的三维轨迹图

第 10 章
弹丸飞行姿态的纸靶测试技术

弹丸飞行姿态一般是指弹丸在自由飞行时弹轴的空间方位，在外弹道学中，一般用章动角（也称攻角）和进动角或者俯仰角和偏航角来描述，并统称为弹丸飞行姿态角。一般而论，弹丸飞行姿态测量主要指测量弹丸在全弹道或某段弹道上其飞行姿态角随时间或距离的变化过程。通过测量弹丸的飞行姿态的变化规律，结合弹丸质心的空间坐标测量，可以分析弹丸质心运动规律和绕心运动规律，进而研究弹丸的飞行稳定性和散布；可以分析提高弹丸的射程，减小速度损失和缩短飞行时间；可以分析弹丸的着靶点姿态，提高威力；可以分析判断武器的寿命；可以通过测试姿态研究火炮振动、弹丸的质量不平衡、弹炮间隙、后效期状态等各种因素对射弹散布的影响；可以利用弹丸的飞行姿态的变化规律研究弹丸的飞行气动力特性，并进行弹道分析计算和射表编制等。因此，测量弹丸的飞行姿态具有十分重要的意义。一般说来，测量弹丸飞行姿态的方法主要有攻角纸靶法、光学摄影测量法和弹载传感器测量法三种类型。本章主要介绍攻角纸靶测量弹丸飞行姿态的方法及应用，关于光学摄影法和弹载传感器测量法的内容将在第 11 章和第 12 章分别介绍。

§10.1　纸靶试验及测试概述

弹丸飞行姿态的纸靶测试方法简称攻角纸靶法，它是一种在弹道靶道内和野外靶场均适用的弹丸飞行姿态角测量方法。采用攻角纸靶法进行的试验通常称为弹丸飞行运动的攻角纸靶试验，简称纸靶试验。攻角纸靶法始于 1920 年，由英国弹道学家福勒（Fowler）等人首先采用 76.2 mm 弹丸穿过一连串纸靶再现了弹丸的实际运动，并从弹轴摆动周期推断了作用于弹丸的静力矩等。

攻角纸靶法测量弹丸飞行姿态的基本原理是：试验射击前，沿弹丸飞行方向布置一连串纸靶，每张纸靶与弹丸飞行方向保持垂直。由于弹丸外形不变，当弹丸以一定的姿态穿过纸靶时，必定会在纸靶上留下形状唯一的弹孔和擦痕。由于弹丸材料的硬度、强度和刚度均较靶纸材料大得多，弹丸穿靶时的外形保持不变，因此弹丸穿靶留下的纸靶弹孔或擦痕的形状与弹丸的飞行姿态角之间存在着一一对应的关系。利用这一关系，通过测量靶纸上弹孔痕迹特征点的位置和弹丸的外部形状参数即可换算出弹丸穿靶时刻的飞行姿态角。

根据上述测试原理，人们在研究纸靶测试技术的基础上，建立了较为系统的攻角纸靶测试方法。在 20 世纪 80 年代初，国外技术先进的国家还研究发展了新的纸靶处理方法和计算机程序。进入 21 世纪，国内外均应用先进的计算机图像处理技术研究攻角纸靶判读处理方法，这使得传统的攻角纸靶测试技术达到了新的高度。在现代兵器靶场的试验测试技术中，特别在弹丸设计的初步气动力研究阶段，甚至在弹药定型和射表编制试验中，为了以较少的花费达到可以接受的测试精度和试验目的，攻角纸靶测试仍然是一种以简单经济的手段提供有用数据的最有效的方法。

实施攻角纸靶试验，通常采用射击方法让飞行弹丸穿过一连串纸靶，并通过其弹孔痕迹再现弹丸的运动。在实际测量中，一般通过在一张纸靶上对其弹孔形状（或痕迹）和位置进行判读，确定弹丸穿靶时刻的姿态角和质心的空间位置坐标。因此在本质上说，纸靶试验的场地布置实际上是在预计弹道上的测量点布置。纸靶试验场地布置设计的基本思路就是根据纸靶试验的目的和测试原理，科学合理地设置测量点，以获得最佳的测试结果。

在纸靶试验中，可以根据实际需要，按照其试验目的设计纸靶试验测试场地布置。由外弹道学理论可知，弹丸的飞行运动分为质心运动和绕心运动两部分，后者使得在不同的飞行距离上，弹丸的穿靶姿态并不相同。所谓弹丸飞行姿态测试试验，一般并不是指测量弹道上某一点的弹丸飞行姿态，而是指通过试验获得弹丸的飞行姿态数据来再现其变化规律，并由反映其变化规律的数据换算出所需的弹道特征参数。因此在一般意义上说，纸靶试验需要在预计的弹道线上布置一连串纸靶进行射击试验，要求弹丸能够穿透每一张靶纸并留下穿靶痕迹。因此，纸靶试验测试场地布置一般采用图 10.1.1 所示的形式。

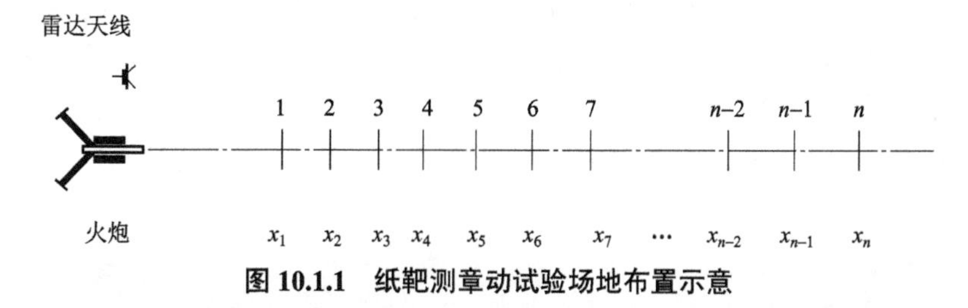

图 10.1.1　纸靶测章动试验场地布置示意

图中序号 1，2，…，n 代表火炮前方沿弹道线纸靶设置的编号，x_1，x_2，…，x_n 分别为对应的纸靶到炮口的距离，下标为纸靶位置序号。纸靶试验一般采用多普勒雷达测量弹丸飞行速度，若条件有限也可采用测时仪测速系统测速。

为了便于靶架的安装架设，纸靶试验一般采用接近水平射击的方式来保证每张靶纸上能留下完整的弹孔或穿靶痕迹。设计纸靶试验时，攻角纸靶间隔距离一般由弹丸章动波长确定。一般从测量理论上说，测量点越多，其测量结果越可靠。由于纸靶试验需要弹丸穿过纸靶才能获得测量结果，而在弹丸穿靶过程中，靶纸对弹丸的飞行运动也存在干扰。为了尽量减少这种干扰，纸靶试验的测量点的布置原则应该是在保证能够科学再现弹丸运动规律的条件下，尽可能减少纸靶数量。显然，只有科学合理地布置测量点，才能保证再现弹丸运动规律。根据弹丸绕心运动理论，弹丸的章动规律可近似用正弦曲线来描述，因此纸靶试验的场地布置问题，就转化为在近似的正弦曲线上怎样布设测量数据点才能够使曲线不失真的问题。根据图 10.1.2 所示的章动规律曲线可以看出，通常需要 8 个以上的数据点才能保证经平滑描述的近似正弦曲线基本不失真。由于试验前并不能准确知道弹丸章动运动的波长（指弹丸在一个章动周期内的飞行距离），布点位置无法做到准确无误，

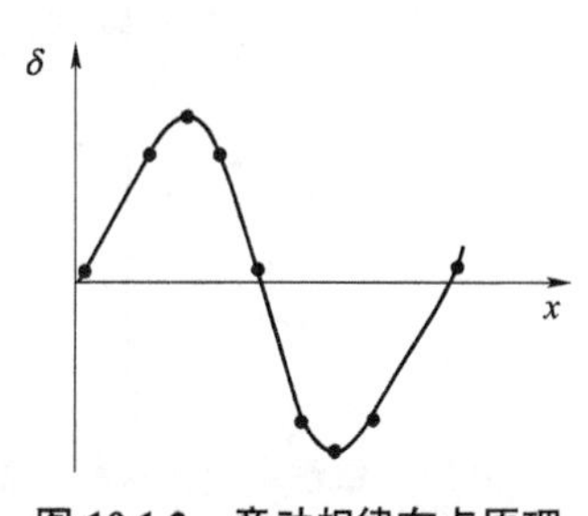

图 10.1.2　章动规律布点原理

因此在经验上一般要求：

（1）布靶密度为：10～12 张靶/波长；

（2）总的布靶数为：布靶数=需测波长数×（10～12）。

在充分掌握了弹丸章动波长时，也可减少到 8～9 张靶/波长的布靶密度进行试验。在纸靶试验中，在测飞行姿态的同时还可以测量弹丸的质心的空间坐标、转速，若试验采用测时仪或测速雷达配套，还可同时测出弹丸的飞行速度。因此，纸靶试验可以同时实现一发弹的飞行姿态、质心的空间坐标、转速和速度等飞行状态数据的测量。

针对一般的纸靶试验，对于测量火炮射击起始扰动的一般观测试验，一般只需要测量在炮口附近第一个章动波峰的幅值，此时只需布置 1/2～3/4 个波长的测量点（即 4～8 张纸靶）；对于严格测量火炮射击起始扰动的纸靶试验，则需要测量在炮口附近 2 个章动波峰的幅值，此时需要在炮口附近布置 1～1.5 个波长的测量点（即 12～15 张纸靶）。

若纸靶试验需要确定火炮弹丸的章动波长或翻转力矩，一般需要 1.5 个波长以上的测量点（即 12～20 张纸靶）；如果纸靶试验需要分析火炮弹丸的飞行稳定性并辨识各种气动力系数，一般需要用 30～40 张纸靶，设置 2 个以上波长的测量点，并采用非等间隔布靶的场地布置方式。

根据上述各种纸靶试验的纸靶布点分析可知，若要完成攻角纸靶测弹丸飞行姿态的试验，要求试验场地建有一条平坦的射击靶道，靶道长约 250 m 左右，宽不应小于 3 m。试验靶架应设置铅锤和与射线垂直的基准标志，靶架摆放在射击靶道上，应保证靶面与预计弹道线垂直。试验射击时，靶纸应平整地固定在靶架上，并尽量保证射线与靶纸平面的不垂直度小于等于 1°。图 10.1.3 所示为某次测量火炮射击起始扰动的纸靶试验的现场照片。

图 10.1.3　某次测量火炮射击起始扰动的纸靶试验的现场照片

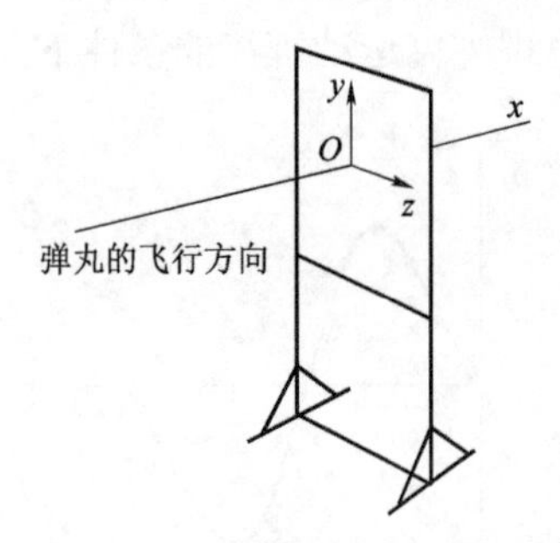

图 10.1.4　纸靶测量坐标系示意

若试验需测量弹丸飞行的进动角，可采用铅垂器在每张靶纸上标定铅垂线；若试验还需要测量弹丸的飞行轨迹，可采用炮膛直瞄法或用激光准直器标定各靶上坐标系的原点，用铅垂器或经纬仪标定高低坐标轴来建立纸靶测量坐标系，如图 10.1.4 所示。在纸靶安装完成并标出纸靶测量坐标系后，还需测量记录靶距，并标出靶序（号）及弹序（号）。

野外纸靶试验应选择在无风、雨、雪的气象条件下进行，要保证沿试验靶道气温、气压、相对湿度均匀一致。最好在沿靶道每隔 60～100 m 的距离上至少设置一个气象诸元测量点，以获得射击时刻的气象数据。

由于野外纸靶试验对气象条件要求较高，这给试验进程带来了诸多困难。为了便于试验，一些发达国家建立了封闭的试验设施，即弹道靶道。实践证明，在靶道内进行纸靶试验，不但能够满足纸靶试验的气象条件要求，而且还可以利用靶道基准系统建立纸靶测量坐标系，使得测试精度进一步提高，纸靶试验的效果更好。这是因为室内靶道可以完全保证无风、雨、雪的试验条件，可以选用对弹丸飞行干扰更小的短纤维脆化处理后的靶纸，并且可利用靶道测量坐标系的标定系统建立纸靶测量坐标系，其试验效率更高，测试结果的精度可以高很多。然而，由于国内多数兵器靶场都不具备外弹道靶道等室内试验设施，只好在野外靶场进行试验。

应该说明，尽管近几十年来弹道靶道技术和遥测技术已逐渐成熟，许多先进的弹丸飞行姿态的测试方法也得到了推广应用，但由于攻角纸靶测试方法简单、直观、可靠、经济，在今后一段时期内，该方法在摸底试验和一些要求不太高的飞行姿态角测量试验中，仍旧是应用最为广泛的测试方法。至今在国内外靶场的室外射击靶道上，仍主要采用攻角纸靶测量弹丸的摆动规律，并获得了许多有用的数据。在现代测试技术较发达的今天，人们仍在大量使用攻角纸靶测试技术进行飞行稳定性试验。并且，以闪光阴影照相测弹丸姿态的室内靶道在试验前，往往也需要先进行纸靶试验摸底后才能进入靶道实施闪光阴影照相试验。

§10.2　纸靶弹孔测试方法

根据上面所述的攻角纸靶法测试原理，采用攻角纸靶法测弹丸飞行姿态主要有旋转稳定弹丸的攻角纸靶弹孔测试方法和攻角纸靶擦痕法两种方法，本节主要介绍前者，攻角纸靶擦痕法将在§10.3 的内容中进行详细介绍。

§10.2.1　攻角纸靶弹孔测试方法

由于火炮垂直于纸靶靶面射击，弹丸飞行速度矢量与纸靶靶面垂直。若弹丸没有章动（章动角δ=0），弹孔呈圆形，其直径与弹径相同；若弹丸飞行章动角$\delta \neq 0$，弹孔近似为椭圆蛋形，如图 10.2.1 所示。由图中的几何关系可以看出，纸靶弹孔的长轴方向线即为外弹道学中弹丸攻角平面（亦称阻力面，即弹轴矢量与弹丸速度矢量所构成的平面）与靶纸平面的交线，它与铅直线的夹角 υ 称为弹孔长轴方位角。可见，弹孔长轴方位角等于弹丸的攻角平面与铅锤面之间的夹角，它描述了弹丸的进动规律，外弹道学中将其定义为进动角。

根据攻角纸靶弹孔测试方法的测试原理和图 10.2.1 中弹孔形状与弹丸攻角的对应关系可知，由于穿靶过程中弹丸的外形没有变化，纸靶弹孔长轴长度 l_c 仅与章动角δ的大小相关，并存在如下一一对应的函数关系：

$$\delta = f(l_c) \qquad (10.2.1)$$

因此在用纸靶法测量旋转稳定弹丸飞行姿态的试验中，可以采用测量纸靶弹孔的长轴长度方法，由上面的函数关系得到弹丸飞行章动角。

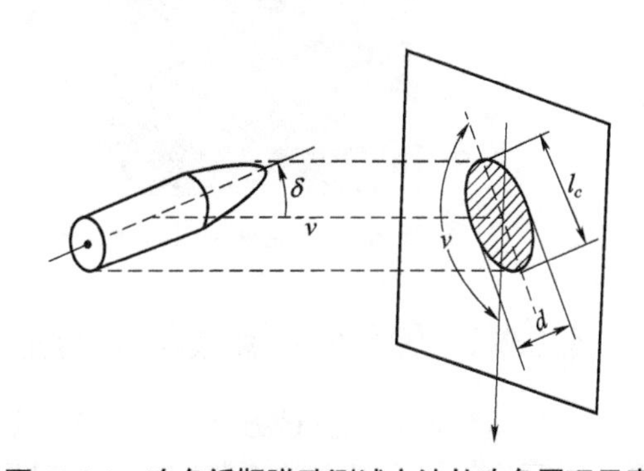

图 10.2.1　攻角纸靶弹孔测试方法的攻角原理示意

在测量过程中只要测出弹孔长轴方位角，即得出弹丸的进动角。

若试验前建立了图 10.1.4 所表述的纸靶测量坐标系，通过纸靶弹孔中心位置测量，即可判读出弹丸穿靶时刻的质心空间坐标位置。纸靶测量弹丸飞行轨迹坐标的方法与立靶落弹点坐标的方法基本相同，只是在靶面上确定原点的方式略有差异。弹丸轨迹坐标是在地面坐标系中确定的，常用的方法有两种：一是用直接瞄准镜（或炮口冷塞管镜）瞄准确定各靶纸上的原点；二是用激光准直仪器（或其他激光经纬仪），射出一束人眼可见的激光束，以最后 1 张纸靶（距炮口最远）开始，将各纸靶靶面上激光光斑的中心点标作坐标原点，并利用铅垂器和“丁”字尺在靶纸上标出 y 轴和 z 轴，在实际操作中也可利用经纬仪标定方法构建纸靶测量坐标系。在场地布置完成后，需对每张纸靶标定靶序，精确测量靶距，并记录下来。

在外弹道靶道内进行纸靶弹孔测试方法的试验时，对于枪弹或小口径炮弹，可采用市售的坐标纸，在电烘箱中在 180 ℃～200 ℃温度条件下烘烤 2.5～4 h，使得纸质纤维脆化，这样可使得弹孔边沿更加清晰。图 10.2.2 所示为某枪弹穿靶的弹孔图。对于中小口径的炮弹的室内纸靶试验，则需采用更厚的绘图纸进行烘烤脆化处理，同样可得到较好的效果。

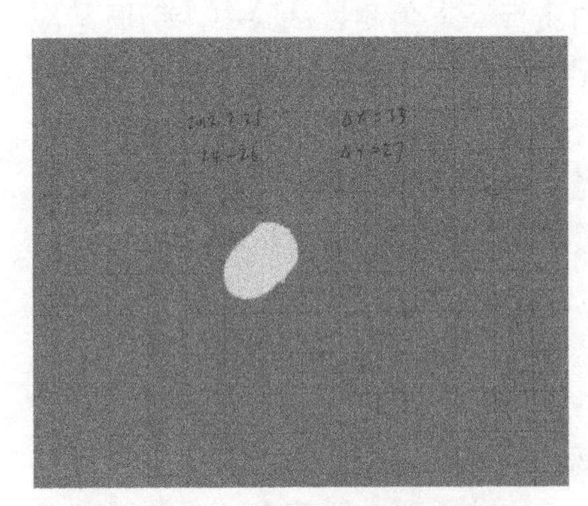

图 10.2.2　某枪弹穿靶的弹孔图

对于大口径炮弹，国内一般都在野外试验条件下进行纸靶弹孔测试方法的试验，由于纸张面积较大，加之风的影响，不能采用靶道内纸靶试验所用的靶纸，此时可采用厚度适中的黄板纸（俗称“马粪纸”）进行试验。图 10.2.3 所示为大口径炮弹在野外试验条件下穿靶的弹孔图。

应该说明，纸靶弹孔测试方法对弹孔形状的质量要求较高，对于初速较低的弹丸，纸靶弹孔可能出现图 10.2.4 所示的情况，此时纸靶判读误差较大。为了提高弹孔形状的质量，需要对靶纸进行脆化处理，或者采用§10.3 节将要介绍的攻角纸靶擦痕法。

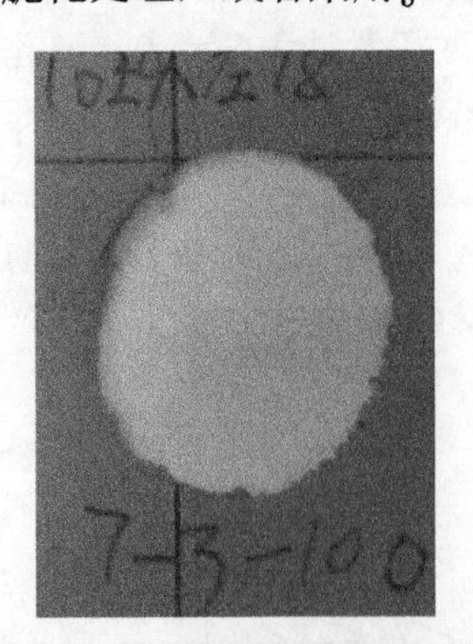

图 10.2.3　某炮弹穿靶的弹孔图

图 10.2.4　低速纸靶弹孔图

§10.2.2　弹孔形状参数与姿态角之间的关系

由攻角纸靶弹孔测试方法可知，实施这种方法必须确定弹孔形状参数与姿态角之间的关系。对于旋转稳定弹丸的纸靶试验，一般采用弹孔长轴的长度作为弹孔形状参数，并建立与弹丸穿靶攻角之间的换算关系。由于弹孔长轴的长度除了与弹丸章动角相关外还与弹丸的几何外形相关，也即对于具有不同几何外形的弹丸来说，其飞行章动角与弹孔长轴长度的函数关系是不同的。因此对于具有不同几何外形弹丸来说，其飞行章动角与弹孔长轴长度的函数关系是不同的。每一种弹丸外形都对应着唯一的弹丸攻角与弹孔长轴之间的函数关系，确定这一函数关系的方法主要有如下两种。

1. 人工测量方法

人工测量方法也称图线法，是一种传统的攻角换算图线制作方法。实施这种方法，需要预先制作一块与弹丸的中心纵剖面外形完全相同的模型纸板。测量时先将坐标纸平整铺设于木质平板（例如绘图板）表面，然后将模型板平放于坐标纸上，并将模型纸板的对称中心轴上的任意一点用图钉固定为一个测量定点。绕该定点旋转模型纸板，使其中心轴与坐标纸 x 轴之间的夹角为 δ_i，然后测量模型纸板上边沿最高点横线到下边沿最低点横线的之间的距离 l_{ci}，如图 10.2.5 所示。绕定点旋转不同的角度 δ_i，并在坐标纸上直接测出模型板上最大投影长度 l_{ci} $(i=1,2,\cdots,n)$。由攻角纸靶弹孔测试原理，角度 δ_i 相当于弹丸穿靶时刻的攻角，由此得出测量函数（10.2.1）的数据关系：

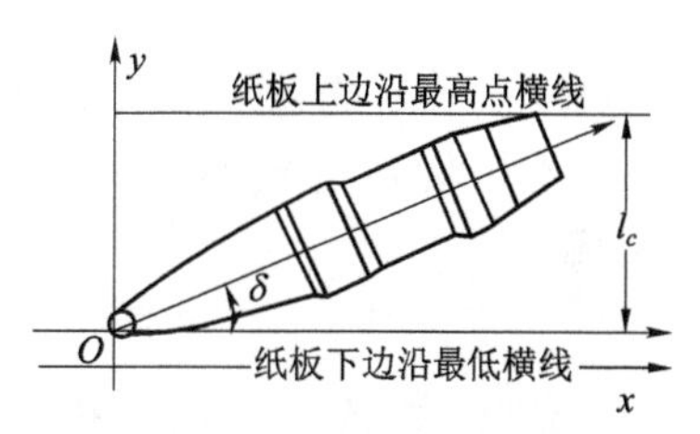

图 10.2.5　δ 、l_c 数据测量示意

$$(\delta_1,l_{c1}),(\delta_2,l_{c2}),\cdots,(\delta_n,l_{cn}) \tag{10.2.2}$$

对应于数据 (δ_i,l_{ci})，取长轴长度与弹孔短轴长度（相当于弹径 d）的比值

$$R_{ci}=\frac{l_{ci}}{d} \tag{10.2.3}$$

则数据（10.2.2）可表示为

$$(\delta_1,R_{c1}),(\delta_2,R_{c2}),\cdots,(\delta_n,R_{cn}) \tag{10.2.4}$$

由此可绘制出攻角 δ 与弹孔长轴长度的关系曲线。根据图中曲线和弹孔长轴长度的比值 R_c 可以得出弹丸穿靶时刻的飞行攻角 δ。

2. 计算机寻优计算法

由于人工测量方法制作图线存在测量误差，现代纸靶试验一般多采用计算机数值计算方法确定弹孔长轴长度 l_c 与章动角 δ 的函数关系 $\delta=f(l_c)$，这种方法称为计算机寻优法。该方法根据上述图线法中弹孔长轴长度 l_c 与章动角 δ 的函数关系 $\delta=f(l_c)$ 的确定原理，利用计算机寻优计算最大值的方式来计算不同攻角相对应的弹孔长轴长度值，并以表格的形式列出。在弹丸攻角换算中，可根据弹孔测量得出的弹孔长轴长度值，查表求出与之对应的攻角值。

计算机寻优计算法是 20 世纪 90 年代中期研究出来的一种攻角换算方法，这种方法采用寻找最大值的方式来计算与不同攻角相对应的弹孔长轴长度值，并以表格的形式列出。

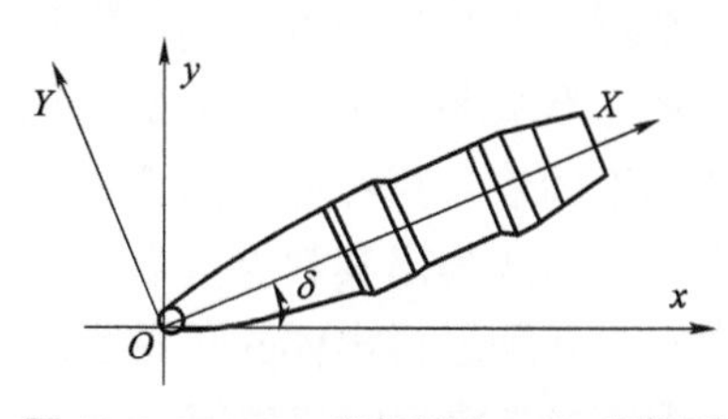

图 10.2.6　*XOY* 坐标系与 *xOy* 坐标系

设弹丸的飞行方向垂直于纸靶平面，由此可以认为靶纸上的弹孔形状正好与弹丸在靶纸上的正投影形状相同。为了便于计算，先建立如图 10.2.6 所示的坐标系。

图中坐标系 XOY 为弹体母线坐标系，它以弹尖中心为坐标原点 O，坐标轴 OX 与弹丸中心轴重合，指向弹尾为正。xOy 坐标系与 XOY 坐标系原点重合，Ox 坐标轴与弹丸飞行方向共线反向，Oy 轴垂直于 Ox 轴，向上为正。显然，OX 轴与 Ox 轴之间的夹角正好等于弹丸的飞行攻角。根据图中的几何关系可知，图中任意一点在 xOy 坐标系中的 y 坐标可以表达为

$$y = X\sin\delta + Y\cos\delta \tag{10.2.5}$$

由于 OX 坐标轴以弹丸的对称轴重合，在 XOY 坐标系中弹丸的母线（弹丸中心纵剖面的边界线）上总存在对称的两点，其坐标分别为（X，Y）和（X，$-Y$）。其中，前者位于坐标轴的上方，后者位于坐标轴的下方。将上述对称的两点坐标分别代入式（10.2.5）可得

$$\begin{cases} y_s = X\sin\delta + Y\cos\delta \\ y_x = X\sin\delta - Y\cos\delta \end{cases} \tag{10.2.6}$$

式中，y_s 和 y_x 分别代表 XOY 坐标系中第一象限和第四象限在弹丸母线上对称点在 xOy 坐标系中的 y 坐标；(X,Y) 为 XOY 坐标系中弹丸上半部分母线上任意一点的坐标，且满足其母线方程

$$F(X,Y) = 0 \tag{10.2.7}$$

显然，由式（10.2.6）和式（10.2.7）可以求出母线上任意一点在 xOy 坐标系中的 y 坐标，即当攻角 δ 一定时，代入不同的 (X,Y) 坐标值可以计算出相应的 y_s 值和 y_x 值。

设 $y_{\max}$ 为 y_s 的最大值（对应弹丸母线的最高点），$y_{\min}$ 为 y_x 的最小值（对应弹丸母线的最低点）。可见，根据攻角纸靶测试原理，采用计算机一维寻优的方法（例如“0.618 法”），结合式（10.2.6）和式（10.2.7）可以计算出在攻角 δ 一定的条件下的 $y_{\max}$ 值和 $y_{\min}$ 值。根据图线法测量原理，弹孔长轴长度 l_c 与章动角 δ 的数据关系 (δ_i, l_{ci}) 为

$$l_c(\delta) = y_{\max}(\delta) - y_{\min}(\delta) \tag{10.2.8}$$

与式（10.2.3）的表达方法类似，上式也可以表示成弹孔长短轴的长度比 R_c 的无量纲形式，即攻角 δ 与 R_c 的换算关系：

$$R_c(\delta) = \frac{l_c(\delta)}{d} \tag{10.2.9}$$

按照一定步长取 $\delta = \delta_1, \delta_2, \cdots, \delta_n$，由上述方法可以求出与之相对应的纸靶弹孔长轴长度 $l_{c1}, l_{c2}, \cdots, l_{cn}$ 数据。将它们编成 (R_c, δ) 表格形式，即构成如下纸靶测量所用的攻角换算数据关系：

$$(R_{ci}, \delta_i) \quad i = 1, 2, \cdots, n_c \tag{10.2.10}$$

图 10.2.7 所示为由上述方法计算得出的某榴弹纸靶试验的攻角换算曲线。根据该曲线和弹孔长轴长度的值 l_c 可以得出试验弹丸穿靶时刻的飞行攻角 δ。

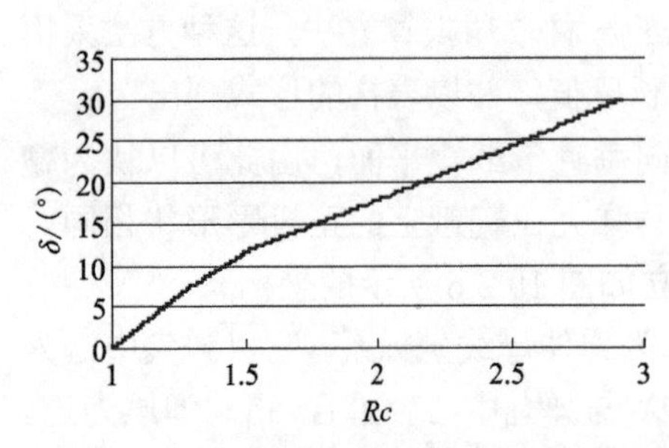

图 10.2.7　某榴弹纸靶试验的攻角换算曲线

相对于图线测量法来说，计算机寻优计算法不存在测量误差，具有更高的换算精度。因此，现代纸靶试验一般都采用计算机数值计算与处理方法确定弹孔长轴长度 l_c 与章动角 δ 的函数关系。利用计算机寻优计算最大值的方式来计算不同攻角相对应的弹孔长轴长度值，可以直接以表格的形式列出其数据关系。在弹丸攻角换算时，可根据弹孔测量得出弹孔长轴长度值，由计算机自动查表求出与之对应的攻角值。

§10.3　攻角纸靶擦痕法

攻角纸靶擦痕法是 20 世纪末国内新发明的一种攻角纸靶测试方法，由于这种方法不需要事前计算攻角换算曲线，实施起来更简单，在纸靶试验中也得到更多的关注和应用。闫章更高工在其著作《射表技术》中首先介绍了这一方法。

用攻角纸靶擦痕法测量攻角 δ 和进动角 ν 的原理如图 10.3.1 所示。图中的 a 是弹体特征圆距弹尖的长度，b 是纸上弹尖圆心与弹体特征圆之间的圆心距，a 可以事先测量，如果由纸靶上测出了 b，则攻角 δ 便可由下式求出：

$$\delta = \arcsin\frac{b}{a} \tag{10.3.1}$$

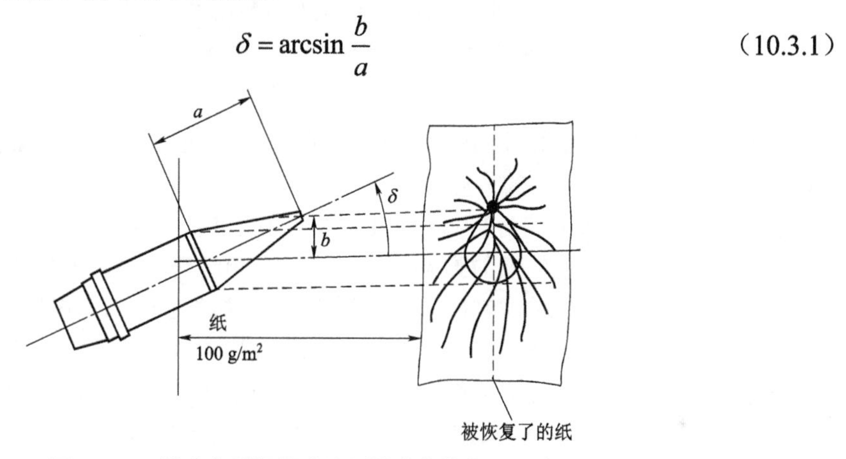

图 10.3.1　用攻角纸靶擦痕法测量攻角的原理示意

测 b 的原理如图 10.3.2 所示。从图中可以看出，弹丸穿通纸靶后，弹丸各特征位置在靶纸上留下的映像是一些特征圆，弹尖特征圆与其他特征圆之圆心距为 b，弹尖特征圆与其他特征圆的连线必定与弹体攻角平面与纸靶平面的交线重合，该连线与铅垂线之间的夹角即为测量进动角 ν。因此，只要在靶纸上测出 b 和弹尖特征圆与其他特征圆的连线与铅垂线之间的夹角，即可确定弹体在穿靶时刻的飞行攻角 δ 和进动角 ν。

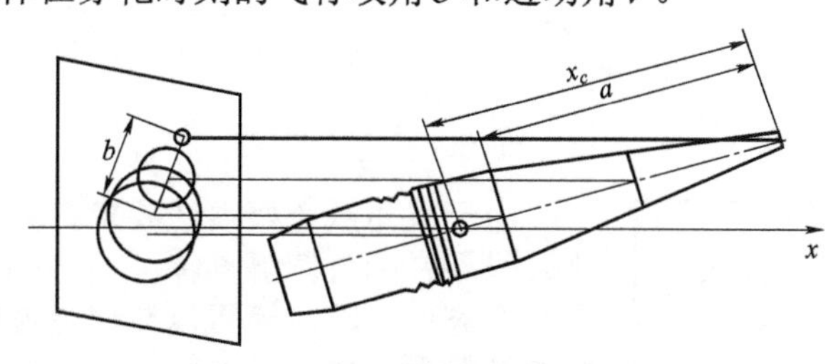

图 10.3.2　纸靶测量特征圆圆心距示意

根据上述攻角纸靶擦痕法的测量原理，只要在攻角纸靶上能够获得弹体上两个不同位置的特征圆，即可在靶纸上实现弹体穿靶时刻的飞行攻角 δ 和进动角 ν 的测量。

实践中获得特征圆的方法是在弹上特征位置涂上黏性颜料，弹丸穿通靶纸后，在靶纸上将显出椭圆或蛋形椭圆的颜料痕迹。图 10.3.3 所示是对某榴弹实施纸靶擦痕法的图像。根据图中弹丸穿靶留下的颜料痕迹，可确定出弹体颜料对应的特征圆，从而测出弹尖特征圆与其他特征圆的圆心距 b。

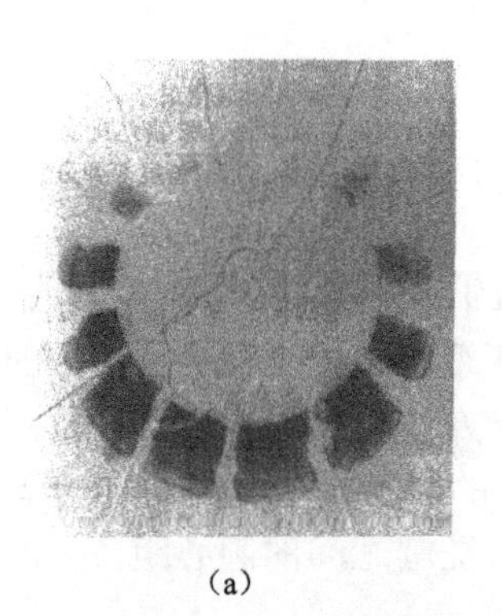
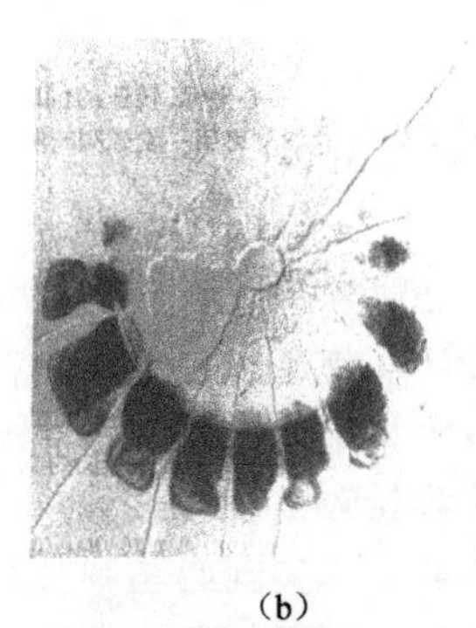

（a）　　　　　　　　　　（b）

图 10.3.3　某榴弹纸靶试验的实际结果

（a）某榴弹一张靶纸上的特征圆（可供判读的特征圆有 3 个）；
（b）某榴弹一张靶纸上特征圆和转速的痕迹（图中有转速痕迹）

在实际测量圆心距 b 的过程中，可同时测出弹尖特征圆与其他特征圆连线与靶纸铅垂线之间的夹角 ν，其即为弹体的进动角。

应该指出，对于初速较高的弹丸，上述方法往往出现靶纸碎片难以复原的现象。因此，这一方法主要适用于初速较低的弹丸姿态测量。攻角纸靶擦痕法的优点是测试直观，受人为因素影响较小，原理更简单，其缺点是在弹丸临近发射装填前，需要在弹体上按照要求仔细涂上颜料，火炮装填操作要求较高，并且如果靶纸和颜料选择不当，将会导致试验失败。

若按上一节所述方法建立纸靶测量坐标系，用攻角纸靶擦痕法也可以确定弹丸穿靶的质心坐标。在实际测量中，从靶纸弹孔痕迹确定两个特征圆的圆心坐标（y_1,z_1）和（y_2,z_2）后，两圆心连线及延长线为实际弹轴在靶纸平面上的投影，连线的长度即为 b：

$$b=\sqrt{\left(y_1^2-y_2^2\right)^2+\left(z_1^2-z_2^2\right)^2} \tag{10.3.2}$$

由图 10.3.1 可知，弹丸质心位置应位于与实际弹丸质心位置有相同比例关系的地方。设实际弹丸的这个比例关系为 a/X_c，则按这个比例关系，可以确定弹丸质心在靶纸上的纸靶测量坐标系中质心位置坐标为

$$\begin{cases} y=y_1+\dfrac{X_c(y_2-y_1)}{a} \\ z=z_1+\dfrac{X_c(z_2-z_1)}{a} \end{cases} \tag{10.3.3}$$

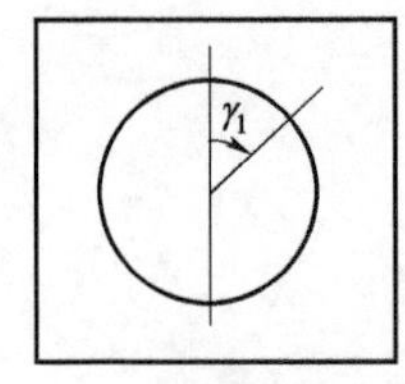

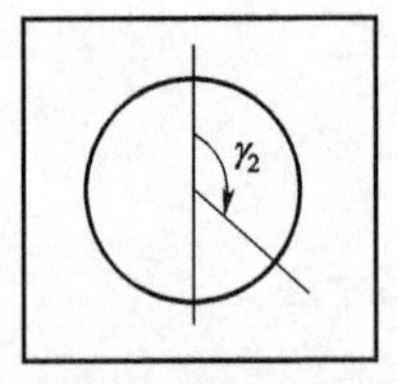

图 10.3.4　转角测量原理

由于攻角纸靶擦痕法要求在弹丸上描涂颜料，在实施时只要在弹丸圆弧部涂上不同颜色的颜料，在测弹丸飞行姿态的同时，还可以测出弹丸的转速。可见在弹丸穿通纸靶后，由于弹丸旋转，两靶上的颜料痕迹将显示出转角 γ_1 及 γ_2，如图 10.3.4 所示。通过判读出转角 γ_1 及 γ_2，假定两靶之距离为 Δs，则转速为

$$\dot{\gamma}=v\cdot\frac{\gamma_2-\gamma_1}{\Delta s}=v\cdot P \tag{10.3.4}$$

式中

$$P=\frac{\gamma_2-\gamma_1}{\Delta s} \tag{10.3.5}$$

攻角纸靶擦痕法一般仅适用于中、大口径旋转稳定弹丸的飞行姿态角测量的纸靶试验。实施该方法前，需事先选择合适的靶纸和黏性颜料。靶纸必须具有一定的韧性、吸湿性及张力，颜料应具有一定的“慢干性”。其目的是保证弹丸穿过靶纸后，被撕开了的纸能够“复原”和弹丸穿过每一靶时能在纸上留下清晰的特征圆痕迹。纸也不能太厚，以免增加阻力。研究证明，纸的重量取 100 g/m^2 为宜，此时纸靶所产生的附加阻力可忽略不计。

图 10.3.5 所示是华阴兵器试验中心利用纸靶技术在野外无风条件下，对某弹丸测出的飞行姿态记录中的一发结果。图 10.3.6 所示是该发弹的弹轴摆动曲线。

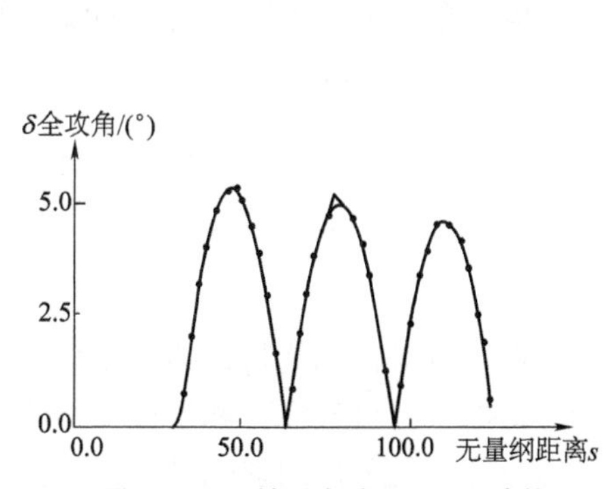

图 10.3.5 某弹丸实测 $\delta-s$ 曲线

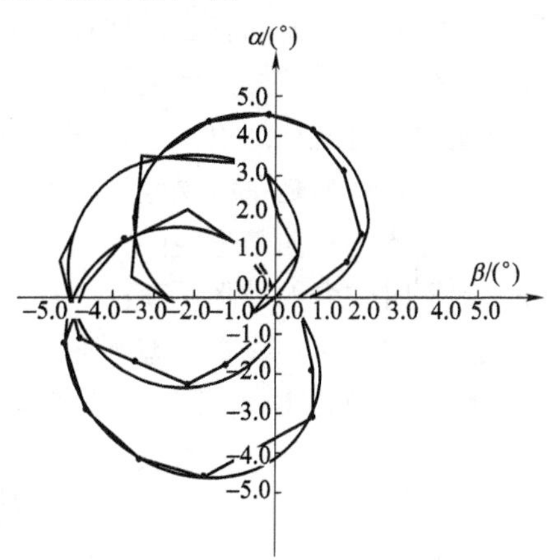

图 10.3.6 弹轴摆动曲线

§10.4 弹丸飞行姿态的纸靶测试误差分析

在纸靶试验的历史上，自福勒（Fowler）等人发明了纸靶试验以来，纸靶测试法一直都是弹丸飞行姿态的主要测量手段。尽管从第二次世界大战末以来，随着科学技术的发展，出现了一些更精确的测量手段，但纸靶测量法仍以直观、经济、实用等优点在弹丸飞行姿态测量中占有相当重要的地位。有人分析过福勒等人的论文，认为他们在纸靶实验中已发现了马格努斯力矩和阻尼力矩的大小相近，可惜福勒对此持怀疑态度，“究竟这是真实现象还是由于碰击纸靶造成的还未弄清楚”。可以设想，如果当时有人对纸靶测试精度（包括纸靶对弹丸飞行姿态的影响）系统进行分析讨论，福勒等人就不会持那种怀疑态度了。

20 世纪 60 年代至 70 年代加拿大的 CARDE 弹道靶道，在理想条件下，通过对比实验估计出纸靶试验姿态角的测量精度可达 0.1°，滚动角可达 0.25°，位置精度达 1.6 mm。在一般野外试验条件下，通常认为单次测量的攻角误差小于 1°，精细测量的攻角误差小于 0.5°。为了说明纸靶测试中的各种误差，本节从理论上系统介绍纸靶的数据测量误差。

§10.4.1 纸靶弹孔法的姿态角测量误差分析

在纸靶测弹丸自由飞行姿态的过程中，误差的来源主要有两方面，一方面是测试场地布置和数据测量过程中产生的误差；另一方面是纸靶对弹丸飞行运动的干扰产生的误差。毫无疑问，在缺乏对纸靶测试误差系统定量分析的情况下，要提高纸靶测试水平是不可能的。因此，人们对纸靶测试和数据判读过程产生的误差开展了大量研究工作，从理论上论证了误差的计算方法和减小误差的各种途径。本节主要介绍纸靶测试和数据判读过程中误差的来源以及减小误差的各种途径。由于纸靶对弹丸飞行运动的干扰产生的误差研究尚处于定性试验研究状况，这里不作介绍。

§10.4.1.1　攻角测量误差分析

由前述纸靶弹孔测试原理可知，纸靶弹孔测量法基本可认为是测弹丸轴线与纸靶平面法线间的夹角。因此，在实验前布靶时，应要求靶面与弹丸飞行速度矢量线垂直。由于火炮仰角测量误差和射击跳角的存在，往往难以满足要求，在实际场地布置中，通常都是尽量使靶面与火炮仰线垂直。这样，弹丸飞行速度矢量线必然与纸靶法线间形成一个很小的夹角，使得场地布置中不可避免地引入了系统测量误差（鉴于跳角散布的影响较测量误差和跳角的影响小得多，可以认为是系统误差）。为便于误差分析和计算，下面假设：

（1）弹孔周围靶面是平整的；

（2）穿靶时弹丸的外形不变；

（3）弹丸穿靶时，飞行姿态不变；

（4）靶纸对弹丸飞行姿态没有影响。

在实际的纸靶测试中，假设 1 是近似满足的，由于弹体材料较靶纸材料的刚度和强度均大得多，因此假设 2 完全满足；假设 3 是将弹丸穿靶过程抽象为只考虑弹丸平动，不考虑其转动的“准静态过程”，假设 4 是将弹丸穿靶过程作为一种不受干扰的理想过程。事实上，由于弹丸穿靶时间较其章动周期短得多，可以认为假设 2 近似成立。至于靶纸对弹丸飞行姿态的影响，有试验表明，靶纸对弹丸飞行姿态的影响主要使章动周期增大，影响的大小与靶纸的材质强度有关。由于目前还缺乏系统理论和试验研究，还不能证明这一结论具有一般性。

如图 10.4.1 所示，设平面 Γ 为弹孔所在的靶纸平面，Γ' 为法线与弹丸速度矢量线平行的理想标准平面。AB 为平面上实际弹孔的长轴，$A'B'$ 为平面 Γ' 上理想弹孔的长轴，$AOA'O'$为平行于弹丸速度矢量的铅直平面。$BOB'O'$为水平平面，$\angle A'O'B' = \dfrac{\pi}{2}$，作辅助平面 AMS 使之平行于平面 $A'O'B'$，且有

$$\triangle AMS \cong \triangle A'O'B'$$

如图 10.4.2 所示，图中 AH 为$\triangle ABO$ 与$\triangle AMS$ 的交线。

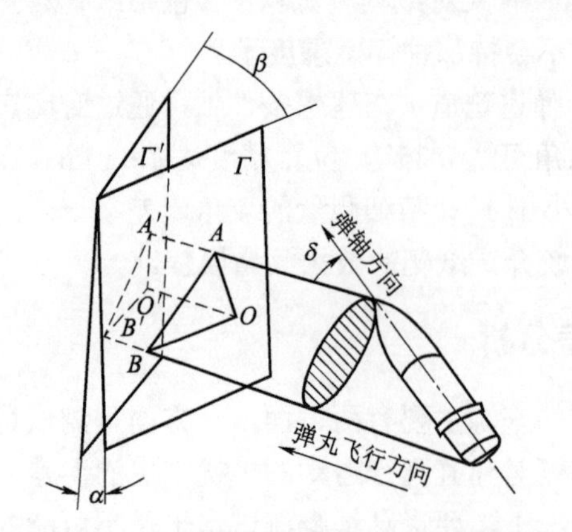

图 10.4.1　Γ 平面与 Γ′ 平面的空间相对位置

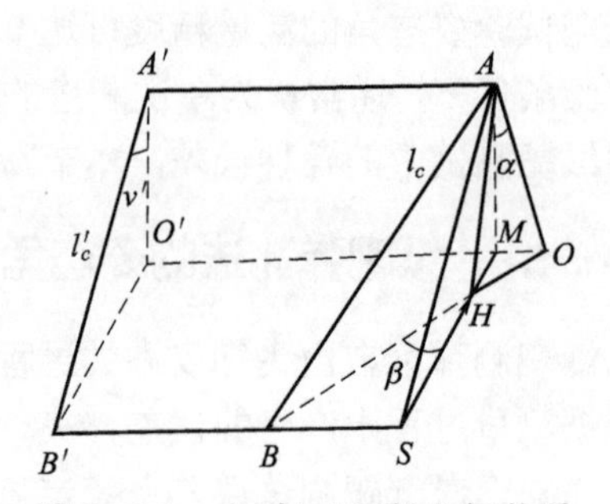

图 10.4.2　AB 与 A′B′的几何关系

令 $MO=h$，$AB=l_c$，$A'B'=l'_c$

则

$$AO=h/\sin\alpha, HO=h/\sin\beta \tag{10.4.1}$$

在△AHO 中，根据余弦定理有

$$AH^2=h^2/\sin^2\alpha+h^2/\sin^2\beta-2h^2\cos\psi/\sin\alpha\sin\beta \tag{10.4.2}$$

式中，ψ 为∠AOH 的量值，由△AHM 可知

$$AH^2=h^2(\cot^2\alpha+\cot^2\beta) \tag{10.4.3}$$

用式（10.4.2）减式（10.4.3）整理可得

$$\cos\psi=\sin\alpha\sin\beta \tag{10.4.4}$$

由△ABO 应用正弦定理可得

$$\frac{l_c}{\sin\psi}=\frac{BO}{\sin\nu}=\frac{AO}{\sin(\nu+\psi)} \tag{10.4.5}$$

式中，ψ 为弹孔长轴与铅垂直平面中直线 AO 之间的夹角，即在测量中靶纸上测量的进动角。由式（10.4.4）和式（10.4.5），

$$BO=\frac{l_c\sin\nu}{\sqrt{1-\sin^2\alpha\sin^2\beta}} \tag{10.4.6}$$

$$AO=l_c\left[\frac{\sin\nu\sin\alpha\sin\beta}{\sqrt{1-\sin^2\alpha\sin^2\beta}}+\cos\nu\right] \tag{10.4.7}$$

根据图 10.4.2 中的几何关系：

$$A'O'=AO\cdot\cos\alpha,\qquad B'O'=BO\cdot\cos\beta$$

$l'_c=\sqrt{A'O'^2+B'O'^2}$，注意到式（10.4.6）和式（10.4.7），有

$$l'_c=l_c\cdot\sqrt{\left(\frac{\sin\nu\cdot\sin\alpha\cdot\sin\beta}{\sqrt{1-\sin^2\alpha\cdot\sin^2\beta}}+\cos\nu\right)^2\cos^2\alpha+\frac{\sin^2\nu\cdot\cos^2\beta}{1-\sin^2\alpha\cdot\sin^2\beta}} \tag{10.4.8}$$

同理，在 Γ 平面中，弹孔短轴 d 与 Γ' 平面中弹孔短轴 d' 之间的关系为

$$d'=d\cdot\sqrt{\left(\frac{\cos\nu\cdot\sin\alpha\cdot\sin\beta}{\sqrt{1-\sin^2\alpha\cdot\sin^2\beta}}-\sin\nu\right)^2\cos^2\alpha+\frac{\cos^2\nu\cdot\cos^2\beta}{1-\sin^2\alpha\cdot\sin^2\beta}} \tag{10.4.9}$$

故

$$\frac{l'}{d'}=\frac{l_c}{d}\cdot\sqrt{\frac{(\sin\nu\sin\alpha\sin\beta+\cos\nu\sqrt{1-\sin^2\alpha\sin^2\beta})^2\cos^2\alpha+\sin^2\nu\cos^2\beta}{(\cos\nu\sin\alpha\sin\beta-\sin\nu\sqrt{1-\sin^2\alpha\sin^2\beta})^2\cos^2\alpha+\cos^2\nu\cos^2\beta}} \tag{10.4.10}$$

根据图 10.4.2 中的三角函数关系 $\cot\nu'=A'O'/B'O'$，有

$$\cot\nu'=\frac{1}{2}\sin 2\alpha\cdot\mathrm{tg}\,\beta+\cot\nu\cdot\frac{\cos\alpha}{\cos\beta}\sqrt{1-\sin^2\alpha\sin^2\beta} \tag{10.4.11}$$

式中，ν' 即为弹丸的进动角。

由于在纸靶试验场地布置中，布靶要求较严，对一般较粗糙的纸靶布置方式，α 可控制

在 1°以内，虽然有些很粗糙的布靶的 β 角可能大一些，但一般也不会超过 5°，因此可近似认为

$$\sqrt{1-\sin^2\alpha\sin^2\beta}=1 \qquad （误差低于 0.003‰）$$

令 $R_c'=l'/d'$，$R_c=l_c/d$，则式（10.4.10）、式（10.4.11）可简化为

$$R_c'=R_c\sqrt{\frac{(\sin\alpha\sin\beta\sin\nu+\cos\nu)^2\cos^2\alpha+\sin^2\nu\cdot\cos^2\beta}{(\sin\alpha\sin\beta\cos\nu-\sin\nu)^2\cos^2\alpha+\cos^2\nu\cdot\cos^2\beta}} \tag{10.4.12}$$

$$\cot\nu'=\frac{1}{2}\sin 2\alpha\cdot\cot\beta+\cot\nu\cdot\frac{\cos\alpha}{\cos\beta} \tag{10.4.13}$$

式（10.4.12）为靶面与理想标准平面不平行时，理想弹孔长短轴之比与靶纸上实际弹孔长短轴之比的关系式。式（10.4.13）为弹丸实际进动角与靶纸上测量的进动角之间的关系。

由式（10.4.12）可得两比值之差为

$$\Delta R_{c1}=R_c-R_c'=R_c\left(1-\sqrt{\frac{(\sin\alpha\sin\beta\sin\nu+\cos\nu)^2\cos^2\alpha+\sin^2\nu\cdot\cos^2\beta}{(\sin\alpha\sin\beta\cos\nu-\sin\nu)^2\cos^2\alpha+\cos^2\nu\cdot\cos^2\beta}}\right) \tag{10.4.14}$$

式中，ΔR_{c1} 代表由场地布置产生的弹孔长短轴之比的系统误差。从上式可以看出，幅值 $|\Delta R_{c1}|$ 随测量进动角 ν 作周期性的变化。这是不难理解的，对于一定方位上倾斜的靶纸，弹丸章动阻力面的方位不同时，留下的弹孔形状也必不相同，因而引入的系统误差也不相同。图 10.4.3 给出了 $\alpha=1°$，$\beta=8°$ 时，R_c'/R_c 随进动角变化的关系曲线。可见，当弹孔长轴方位在 52° 和 142° 左右时，布靶产生的系统误差接近零。长轴方位在 7° 和 97° 左右时，布靶系统误差最大。图 10.4.4 绘出了 $|\Delta r_1|$ 的最大值与 r 的关系曲线。若结合攻角换算曲线可估算出布靶产生的攻角最大系统误差，按照图 10.4.3 也可适当进行系统误差修正。

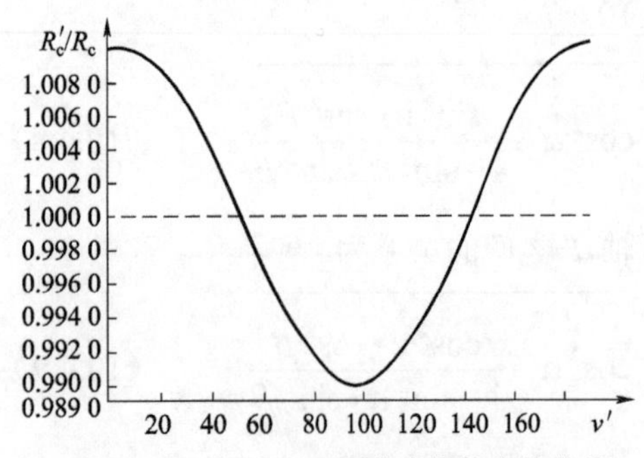

图 10.4.3 R_c'/R_c 随进动角的变化曲线

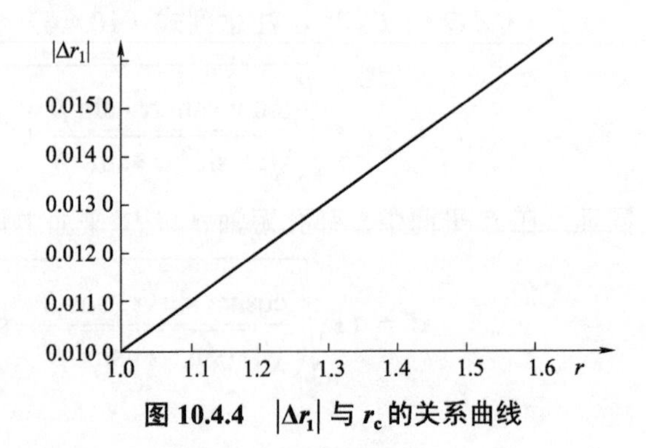

图 10.4.4 $|\Delta r_1|$ 与 r_c 的关系曲线

§10.4.1.2 弹孔测量误差

在弹孔测量中，通常采用量具直接测量弹孔长、短轴之比 l_c/d，或用光学投影仪（或判读仪）放大弹孔再用量具测量 l_c/d。由于纸靶弹孔边沿不光滑和测量中视觉偏差等原因，必然会产生测量误差。根据误差传递公式，随机测量误差可用方差表示为

$$\sigma_r^2=\sqrt{\frac{\sigma_l^2}{d^2}+\frac{l_c^2\cdot\sigma_d^2}{d^4}} \tag{10.4.15}$$

式中，σ_l 和 σ_d 分别为弹孔长、短轴测量的均方误差。若将弹孔的测量误差记为 ΔR_{c2}，则

$$\Delta R_{c2}=\sqrt{\left(\frac{\Delta l}{d}\right)^2+\left(\frac{l\cdot\Delta d}{d^2}\right)^2} \tag{10.4.16}$$

式中，Δl，Δd 分别为弹孔长、短轴的测量误差，设量具测量的误差为 Δl_2，由弹孔边缘粗糙产生的判读误差为 ΔS，则可以认为

$$\Delta l=\Delta d=\sqrt{\Delta S^2+\Delta l_2^2} \tag{10.4.17}$$

若弹孔测量中采用了光学投影仪或判读仪放大测长短轴，设仪器的放大率为 M，则式（10.4.16）中 l 和 d 应分别以 Ml 和 Md 代之，此时该式可写为

$$\Delta R_{c2}=\sqrt{\left(\frac{\Delta l}{Md}\right)^2+\left(\frac{l\cdot\Delta d}{Md^2}\right)^2}=\frac{\sqrt{\left(\Delta S^2+\Delta l_2^2\right)\left(1+R_c\right)}}{Md} \tag{10.4.18}$$

式（10.4.18）即为弹孔测量误差的表示式。若取仪器的放大率 M 为 1，则其代表直接判读靶纸的测量误差。可见采用光学投影仪或判读仪将弹孔放大后判读可以减小测量误差，减小 ΔS 可减小测量误差。因此在靶纸的选择上，应采用短纤维易碎的纸作靶纸，这样除了减小靶对弹丸飞行姿态的干扰外，还可以使弹孔边缘更光滑以减小 ΔS 的误差值。

§10.4.1.3　攻角测量误差

在纸靶弹孔测攻角的过程，一般是先确定被试弹丸攻角与 $R_c'=l/d$ 的一一对应关系，然后才进行后面的测试工作，设攻角 δ 与 R_c' 的关系为

$$\delta=f\left(R_c\right) \tag{10.4.19}$$

故攻角的最大测量误差为

$$\Delta\delta=\frac{\partial f}{\partial R_c}\cdot\Delta R_c=f_{R_c}'\cdot\Delta R_c \tag{10.4.20}$$

根据前面的分析，定义图线法确定关系式（10.4.19）的测量误差为 ΔR_{c3}，则有

$$\Delta R_c=\sqrt{\Delta R_{c1}^2+\Delta R_{c2}^2+\Delta R_{c3}^2} \tag{10.4.21}$$

上式说明，攻角测量误差由场地布置引入的系统误差、弹孔测量的随机误差和攻角换算曲线的系统误差三部分组成。对于计算机寻优法计算确定式（10.4.19）的情况，式（10.4.21）中攻角换算曲线的系统误差可以忽略，即 $\Delta R_{c3}=0$。

由式（10.4.20）还可以看出，攻角测量误差与攻角换算曲线的斜率 $\left|f_{R_c}'\right|_{R_c=R_c'}$ 的关系较大，并与之成正比，由于 $\left|f_{R_c}'\right|_{R_c=R_c'}$ 的值随被试弹丸的长细比 $R=l_c/d$ 的不同而不同。由直观分析和实验测定攻角换算曲线可知，对一定的弹形，长细比 R 大的弹丸，R_c' 很大的变化才能引起攻角值的微小变化，即 $\left|f_{R_c}'\right|_{R_c=R_c'}$ 的值较小；长细比 R 小的弹丸，R_c' 很小的变化就能引起攻角较大的变化，即 $\left|f_{R_c}'\right|_{R_c=R_c'}$ 的值较大。对于一般弹丸，只要弹形不是相差太大，可以认为上述规律存在。图 10.4.5 列出了几种

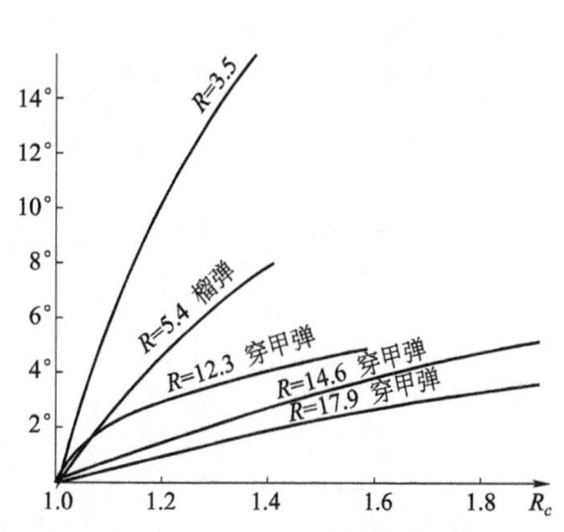

图 10.4.5　各种弹丸攻角换算曲线的比较

不同长细比弹丸的攻角换算曲线，由图可以看出，弹丸长细比 R 对纸靶测试误差影响较大，长细比 R 大的弹丸（如杆式脱壳穿甲弹等）$\left|f'_{R_c}\right|_{R_c=R'_c}$ 的值较小，故纸靶测试误差较小；对于长细比 R 很小的弹丸（如手枪弹等），$\left|f'_{R_c}\right|_{R_c=R'_c}$ 值较大，纸靶测试误差大，不太适合用纸靶测攻角（特别不宜测小攻角）。

就 7.62 mm 枪弹很粗略地目测布靶的纸靶试验，若取 $\alpha=1°$，$\beta=8°$，$R_c=1.1$，$\Delta S=1\ \text{mm}$，$\Delta l_2=0.5\ \text{mm}$，$M$=25 时，若采用寻优计算攻角换算曲线，则有 $\Delta R_{c1}=0.015\,4$，$\Delta R_{c2}=0.008\,5$，$\Delta R_{c3}=0$，即 $\Delta R_c=0.017\,6$。由图 10.2.7 有 $f(1.1)$=6°，$\left|f'_{R_c}\right|_{R_c=R'_c}(1.1)=51$，由此可得出

$$\Delta\delta=0.9°,\quad \frac{\Delta\delta}{\delta}=15\%$$

其中由场地布置产生的攻角系统误差 $\Delta\delta_1=\Delta R_{c1}\cdot\left|f'_R(1.1)\right|=0.78°$，占了总误差的 87%。可见这种随意目测场地布置产生的攻角系统误差是攻角误差的主要部分。

应该说明，以上在计算 ΔR_{c1} 时采用了最大值，即进动角为 7° 或 97° 时的值，若弹丸在穿靶时，阻力面与铅直面的夹角 ν 远离这两个值，则 ΔR_{c1} 会大大减少，若夹角为 52° 或 142°，则 ΔR_{c1} 几乎为零，即靶面倾斜没有产生系统误差。在上述计算中，α、β 的值均取得偏大，只要在实际测量中稍加注意，在每个靶架上均设置铅垂线和基准定位线，上述 α、β 值就会被控制在 1° 以内。因此，在进行攻角纸靶试验时对靶架的安装必须作出严格要求。如果将靶纸平面与弹道线的不垂直度控制在 1° 以内，则 $\Delta R_{c1}=5.12\times10^{-8}$，此时由场地布置产生的攻角系统误差 $\Delta\delta_1=\Delta R_{c1}\cdot\left|f'_R(1.1)\right|=0.000\,133°$，与纸靶弹孔判读误差 $\Delta\delta_2=\Delta R_{c2}\cdot\left|f'_R(1.1)\right|=0.43°$ 相比，可以忽略不计。由此可见，在严格要求场地布置的条件下，只要保证将靶纸平面与弹道线的不垂直度控制在 1° 以内，所测攻角数据的精度就可以大大提高，其攻角误差主要来源于判读误差，并可以被控制在 0.5° 以内。

§10.4.1.4 进动角测量误差分析

在纸靶弹孔上，旋转弹丸进动角的测量方法是先确定弹丸长轴的方向，再用量角器根据试验前靶纸上预先标定的基准轴直接量出进动角的相对值。由此可以认为，进动角测量除了靶纸倾斜产生的误差和测量误差外，更主要的还是确定长轴方向判读产生的误差。一般人们在弹孔测量中大都用一“尺度”凭肉眼直接观察，判断弹孔长轴的方向。特别是在弹孔边缘很粗糙的情况下，往往依靠人为设定光滑边缘确定长轴的方向，由于人眼视觉和“尺度”本身的误差，必然造成长轴方向的判断偏差。

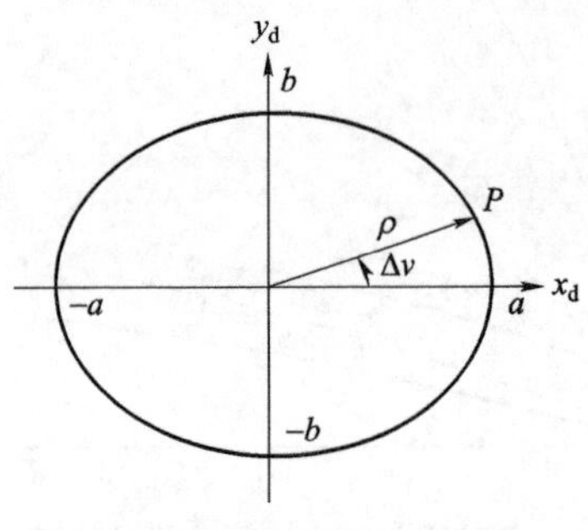

图 10.4.6 弹孔坐标系

为了简单起见，这里假定纸靶弹孔可以近似看作一个椭圆，根据平面解析几何学，在图 10.4.6 所示的弹孔坐标系中，椭圆方程应为

$$\frac{x_d^2}{a^2}+\frac{y_d^2}{b^2}=1 \tag{10.4.22}$$

椭圆长轴的方向即弹丸飞行阻力面的方向。在进动角测量中，确定长轴方向会产生一定偏差，设这一偏差为 $\Delta\nu_2$，则方程（10.4.22）可写为

$$\frac{\rho^2\cos^2\Delta v_2}{a^2}+\frac{\rho^2\sin^2\Delta v_2}{b^2}=1 \tag{10.4.23}$$

式中，$\rho=\sqrt{x_d^2+y_d^2}$ 为极坐标中的极轴长度，偏差量 Δv_2 为极坐标中的极角，a、b 分别为椭圆的半长轴和半短轴，由前述弹孔测量误差分析，可以认为，长轴方向确定误差是由长轴测量误差 Δl 引起的，故由式（10.4.23），有

$$|\Delta l|=2a-2\rho=2a-\frac{2}{\sqrt{\dfrac{\cos^2\Delta v_2}{a^2}+\dfrac{\sin^2\Delta v_2}{b^2}}} \tag{10.4.24}$$

通常，对于椭圆长、短轴长度相差不是很小的弹孔，长轴方向确定的偏差量 Δv_2 不大，因而可以近似认为 $\cos\Delta v_2\approx1$，$\sin\Delta v_2\approx\Delta v_2$，可得

$$\Delta v_2=\sqrt{\frac{1}{\left(r-\dfrac{|\Delta l|}{2b}\right)^2}-\frac{1}{r^2}} \tag{10.4.25}$$

式中，$r=a/b=l_c/d$。

由上式可见，对长、短轴长度之比 r 一定的弹孔，短轴长度越大（长轴长度当然也大），长轴方向确定的偏差量 Δv_2 越小，由此可知，将弹孔放大后（可用判读仪或投影仪）确定长轴方向误差更小，若弹孔放大倍数为 M，则 $a=M\cdot l_c$，$b=M\cdot d$，式（10.4.25）可写为

$$\Delta v_2=\sqrt{\frac{1}{\left(r-\dfrac{|\Delta l|}{2Md}\right)^2}-\frac{1}{r^2}} \tag{10.4.26}$$

可见弹孔放大倍数 M 越大，则偏差量 Δv_2 越小，由于 $\Delta l_c=\Delta l_2+\Delta S$，可见弹孔边沿光滑的弹孔较边沿粗糙的弹孔确定长轴方向更准确。

由上述分析可知，进动角测量误差应为

$$|\Delta v|=|\Delta v_1|+|\Delta v_2|+|\Delta v_3| \tag{10.4.27}$$

式中

$$|\Delta v_1|=\cot\left(\frac{\cot v-\cot v'}{1+\cot v'\cot v}\right) \tag{10.4.28}$$

v 为靶纸与弹丸速度矢量不垂直产生的误差，$\cot v'$ 由式（10.4.28）计算给出；Δv_3 为量角器测量误差。一般情况下，由于靶纸法向与速度矢量方向夹角很小，由上式计算可知，通常有 $\Delta v_1\leqslant0.4°$，对一般量角器测角有 $\Delta v_3\leqslant0.5°$，即 Δv_1 和 Δv_3 比 Δv_2 小得多。若仅作粗略的误差估计，可以将式（10.4.27）写为

$$|\Delta v|=|\Delta v_2| \tag{10.4.29}$$

即将式（10.4.26）直接作为进动角误差计算公式。

例如，对于 7.62 mm 枪弹弹孔的进动角测量，若取 r=1.2，$|\Delta l|=0.5\,\text{mm}$，$M=8$，$|\Delta v_1|=0.4°$，$|\Delta v_3|=0.5°$，则由式（10.4.26）和式（10.4.27）可计算得出

$$|\Delta v_2|=3.96°<4°,\quad |\Delta v|=4.86°<5°$$

可见，由式（10.4.26）估算进动角误差是可行的。

§10.4.2 攻角纸靶擦痕法的姿态角测量误差分析

根据攻角纸靶擦痕法测量攻角δ和进动角ν的原理可知，用攻角纸靶擦痕法测量攻角δ的关键在于确定式（10.3.1）中弹体上两个涂上颜料的特征圆所在平面之间的轴向距离a和靶纸上两个对应颜料痕迹的特征圆的圆心距b。

由式（10.3.1）可知，用攻角纸靶擦痕法测量攻角的误差来源于确定弹体颜料特征圆间的轴向距离a的误差Δa和靶纸对应特征圆的圆心距b的误差Δb。

由此将式（10.3.1）重写为

$$\sin\delta = \frac{b}{a}$$

两边微分可以导出攻角测量的误差传递公式

$$\Delta\delta = \frac{1}{\cos\delta}\left(\frac{\Delta b}{a} - \frac{b\Delta a}{a^2}\right) \tag{10.4.30}$$

分析攻角纸靶擦痕法中a和b的测量过程可知，靶纸特征圆圆心距b的测量依赖靶纸上两个对应颜料痕迹的特征圆的圆心位置的确定和圆心距b的测量。因此，靶纸特征圆圆心距b的测量误差Δb应为两个颜料痕迹特征圆的圆心确定误差Δb_1和圆心距b的测量误差Δb_2，即

$$\Delta b = \sqrt{2}\Delta b_1 + \Delta b_2 \tag{10.4.31}$$

由于靶纸特征圆是根据颜料痕迹确定的，而颜料痕迹表现出的特征圆的形状在原理上并非严格意义上的圆，并且靶纸颜料痕迹边沿并不光滑、清晰。由此可以认为，由于颜料痕迹特征圆圆心的确定缺乏明晰的基准，误差Δb_1比Δb_2大得多。由于两个特征圆心距的测量方法与弹体颜料特征圆间的轴向距离a的测量方法相近，因此测量误差Δb_2应与a的测量误差Δa基本相同，其测量精度很高，一般测量误差Δa不大于0.2 mm，而误差Δb_1来源于靶纸上两个颜料痕迹特征圆圆心的确定误差之和，其量值至少比Δb_2或Δa高一个数量级。由于弹丸的飞行攻角不大，即使某些纸靶试验在炮口设置了起偏器，其攻角一般也不会超过15°，式（10.4.22）中近似有$\cos\delta \approx 1$，并且距离a的量值相对靶纸特征圆圆心距b较大（对于中、大口径炮弹来说，距离的量值范围一般为250～600 mm，而圆心距b一般不超过a的0.25倍），因此攻角误差公式（10.4.30）的第2项完全可以忽略，并可以简化为

$$\Delta\delta \approx \frac{1}{\cos\delta}\left(\frac{\Delta b}{a}\right) \approx \frac{\Delta b}{a} \tag{10.4.32}$$

由上式可见，减小测量误差Δb，增大距离a的量值，可以减小攻角测量误差，因此，在实施攻角纸靶擦痕法测量弹丸攻角时，需要使靶纸上留下清晰的特征圆痕迹，以减小靶纸特征圆圆心距b的测量误差Δb。并且在弹体颜料不被破坏的前提下，涂颜料的位置距弹尖越远（a值越大），其攻角测量误差越小。

用攻角纸靶擦痕法测量弹丸进动角的测量方法是，先根据攻角测量过程确定的靶纸上两个特征圆圆心位置，过两个圆心画出一条直线，再测量该直线与靶纸铅垂线之间的夹角。根据这一测量过程可以认为，用攻角纸靶擦痕法测量弹丸进动角的误差$\Delta\nu$来源于靶纸上两特征圆圆心位置连线的方向误差$\Delta\nu_1$、纸靶铅垂线误差$\Delta\nu_2$和角度测量误差$\Delta\nu_3$，即

$$\Delta\nu = \Delta\nu_1 + \Delta\nu_2 + \Delta\nu_3 \tag{10.4.33}$$

式中，$\Delta\nu_1$ 为主要的误差来源，$\Delta\nu_2$ 和 $\Delta\nu_3$ 相对较小（甚至可比 $\Delta\nu_1$ 小一个数量级）。由于两特征圆圆心位置连线是依据其圆心位置确定的，因此其方向误差可表示为

$$\Delta\nu_1 = \frac{\sqrt{2}\Delta b_1}{b} \tag{10.4.34}$$

可见，弹丸攻角越小，上式中圆心距 b 的值越小，靶纸上两特征圆圆心位置连线的方向误差 $\Delta\nu_1$ 越大。

§10.4.3 飞行轨迹坐标测量误差分析

纸靶测量弹丸飞行轨迹坐标的方法与立靶落弹点坐标的方法基本相同，只是在靶面上确定原点的方式略有差异。弹丸轨迹坐标是在地面靶道坐标系中确定的，常用的方法有两种：一是用直接瞄准镜（或炮口冷塞管镜）瞄准确定各靶纸上的原点；二是用激光准直仪（或其他激光仪器），射出一束激光，以靶面上光斑的中心点作为原点。

采用第一种方法标定原点，需要两个以上的人员很好地配合（一人瞄准、一人标原点，其余人辅助配合），其原点的标定精度受瞄准镜放大倍数和分辨率的限制，误差来源主要是瞄准者的视觉分辨误差。设瞄准镜放大倍数为 M（由于光学仪器的分辨率均高于人眼分辨率，因而不需考虑），则人眼通过瞄准镜观察物体的最小分辨角为

$$\omega=\omega_0 / M \tag{10.4.35}$$

设靶面到瞄准镜的距离为 L_B，则原点的标定误差为

$$\Delta y_1 = \Delta z_1 = \omega L_B = \frac{\omega_0 L_B}{M} \tag{10.4.36}$$

式中，$\Delta y_1, \Delta z_1$ 分别代表铅直方向和水平方向的原点标定误差，式中人眼最小分辨角 ω_0 为

$$\omega_0 = \frac{1 \bullet 22\lambda_0}{nd}$$

在正常照度（约 50 勒克司）下，人眼瞳孔直径 $d=2\sim3$ mm，而可见光中，人眼最灵敏的波长 $\lambda_0 = 0.55\ \mu\text{m}$，介质折射率 n=1.336，故

$$\omega_0 = \frac{1 \bullet 22\lambda_0}{nd} = \frac{1.22\times 0.55\times 10^{-3}}{1.336\times 2} = 2.5\times 10^{-4}\ (\text{rad})$$

考虑到实际标定原点时，光线不一定能达到上述要求和人的差异，取 2ω_0 为人眼分辨角（一般正常人眼都能达到），故式（10.4.36）可写为

$$\Delta y_1 = \Delta z_1 = \omega L_B = 2\frac{\omega_0 L_B}{M} = 5\times 10^{-4} \bullet \frac{L_B}{M} \tag{10.4.37}$$

采用第二种方法标定原点，一般应尽量要求激光束与射向平行（也可以有一较小的夹角），使得最远的靶面上能呈现出完整的激光光斑。在原点标定中，取光斑的中心点作为靶坐标原点。一般说来，激光准直仪射出的激光在 200 m 处形成的光斑直径可被控制在 2 cm 以内，这样可以保证原点标定误差小于 0.5 mm，对于较近的靶面，原点标定误差可小于 0.3 mm。

弹丸飞行轨迹坐标测量误差除了靶面原点标定误差外，还有靶面与瞄准镜光轴（或激光光束射向）不垂直产生的误差和靶面落弹点测量产生的误差，其中前者是系统误差（若布一次靶只测一发弹，则也可认为是随机误差）。

通常，由于在布靶过程中存在测量误差，靶面法线与瞄准镜光轴（或激光束射向）之间总存

在一夹角。设这一夹角在铅直方向的投影为α_0，在水平方向的投影为β_0，如图 10.4.7 所示。

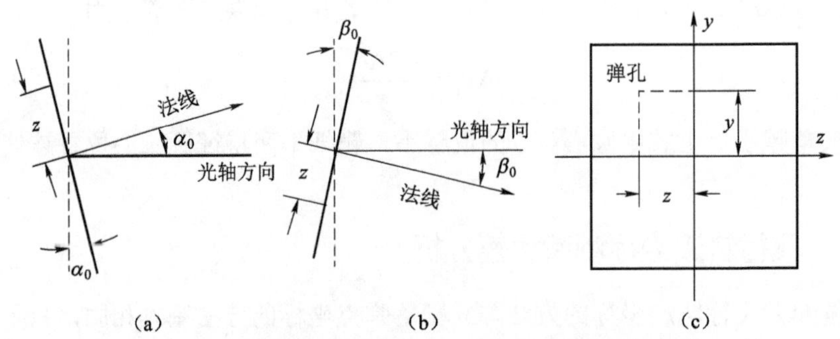

图 10.4.7　光轴准线、靶面法线，落弹点之间的几何关系

(a) 左视图；(b) 俯视图；(c) 靶面图

由图中的几何关系可知，瞄准镜光轴（或激光束）方向与靶面法向不平行所引起的误差为 *t*:

$$\begin{cases}\Delta y_2 = y(1-\cos\alpha_0) \\ \Delta z_2 = z(1-\cos\beta_0)\end{cases} \tag{10.4.38}$$

式中，Δy_2和Δz_2分别为误差的铅直分量和水平分量。

靶面落弹点测量误差，由弹孔上弹丸质心点判断误差和量具测量误差组成，即

$$\begin{cases}\Delta y_3 = \sqrt{\Delta S_y^2 + \Delta l_2^2} \\ \Delta z_3 = \sqrt{\Delta S_z^2 + \Delta l_2^2}\end{cases} \tag{10.4.39}$$

式中，ΔS_y、ΔS_z分别为弹孔上弹丸质心点位置判断误差的铅直分量和水平分量；Δl_2为量具测量误差。

综上所述，弹丸飞行轨迹坐标测量误差应由三部分组成，其误差合成公式为

$$\begin{cases}\Delta y = \sqrt{\Delta y_1^2 + \Delta y_2^2 + \Delta y_3^2} \\ \Delta z = \sqrt{\Delta z_1^2 + \Delta z_2^2 + \Delta z_3^2}\end{cases} \tag{10.4.40}$$

式中，第一部分为原点标定误差，若用瞄准镜标原点则Δy_1和Δz_1由式（10.4.37）计算；若用激光准直仪定原点，可根据实际光斑大小取值为$\Delta y_1=\Delta z_1<0.5$ mm。第二部分是靶面法向与瞄准镜光轴（或激光束）方向不平行产生的误差。计算公式为式（10.4.38）。第三部分为靶面落弹点测量误差，由式（10.4.39）计算。因此对于瞄准镜标定原点，式（10.4.40）可写为

$$\begin{cases}\Delta y = \sqrt{\left(5\times10^{-4}\dfrac{L_B}{M}\right)^2 + y^2(1-\cos\alpha_0)^2 + \Delta S_y^2 + \Delta l_2^2} \\ \Delta z = \sqrt{\left(5\times10^{-4}\dfrac{L_B}{M}\right)^2 + z^2(1-\cos\beta_0)^2 + \Delta S_z^2 + \Delta l_2^2}\end{cases} \tag{10.4.41}$$

由上式可以看出：近距离测量、提高瞄准镜放大率、减小弹道线与靶面的不垂直度、选用易碎的短纤维靶纸均可以减少测量误差。其中，前两项的措施效果更显著（因式中第一项是主要的）。

对于激光准直仪标定原点，式（10.4.40）应为

$$\begin{cases}\Delta y = \sqrt{\Delta y_2^2 + y^2(1-\cos\alpha_0)^2 + \Delta S_y^2 + \Delta l_2^2} \\ \Delta z = \sqrt{\Delta z_2^2 + z^2(1-\cos\beta_0)^2 + \Delta S_z^2 + \Delta l_2^2}\end{cases} \tag{10.4.42}$$

此时，减小激光光斑（近距标原点和提高激光经纬仪聚焦能力）是减小Δy_1和Δz_1的有效途径。

§10.5　纸靶测试方法与计算机图像采集处理

归纳上面纸靶测试误差分析可知，攻角纸靶测试方法主要存在三个缺点：一是靶纸对弹丸运动的干扰，将使弹丸运动的规律发生某种变化，从而使测量结果产生误差；二是弹丸形状与攻角纸靶测量精度相关，对个别长细比较小的弹体外形结构（例如手枪弹），其测量精度难以保证（实际下一章介绍的摄影法也同样存在着这一缺点）；三是测量人员的对弹丸穿靶过程的认知水平和测试经验、人为主观因素等对攻角纸靶测量精度影响较大。

历史上由于技术条件的限制，纸靶弹孔数据判读基本都采用人工直接测量方法获取弹丸的飞行攻角数据。为了提高纸靶测试技术，减小纸靶判读误差，人们在 20 世纪 90 年代开始研究应用计算机图像技术判读处理纸靶弹孔参数，以获得试验数据。由于近年来计算机图像处理技术逐渐成熟，针对攻角纸靶弹孔测试方法已经有了较为成熟的计算机处理手段，对于采用靶纸脆化处理后枪弹和小口径炮弹的靶纸弹孔图像判读处理效果较好。可以认为在室内实验条件下，采用靶纸脆化处理技术和弹孔图像判读处理技术使得上述纸靶测试方法的第一个和第三个缺点在较大程度上得到了减弱。但对于大口径炮弹的野外纸靶试验，由于难以采用靶纸脆化处理技术，其弹孔边沿形状不够清晰，形状也不够规则，弹孔图像的计算机处理技术还不够成熟。

§10.5.1　纸靶弹孔图像采集与判读系统的组成

采用计算机实现纸靶弹孔图像的自动采集、处理与判读。计算机图像采集、处理与判读系统构成的原理框图如图 10.5.1 所示。

图中图像传感器的作用是将纸靶弹孔图像转换为数字图像，在实际应用中可以采用数码相机或者 CCD 摄像头；图像采集系统由图像采集卡配合计算机构成（若采用数码相机作为图像传感器，则仅需要数据接口装置配合计算机）。纸靶弹孔判读软件配合计算机系统实现对纸靶弹孔的自动判读或者半自动判读。

通过改装图 10.5.2 所示的视频采集仪可构成纸靶弹孔图像采集装置，实现纸靶弹孔的图像采集。在结构上该装置由靶纸平台、支架和图像传感器组成。靶纸平台上设置有带有长度标尺的靶纸压板，支架固定在靶纸平台上，支架上方可设置固定图像传感器的专用构架和激光判读基准指示装置。激光判读基准指示装置的原理是利用两个激光光点复现纸靶在试验现场布置时的铅垂方向。

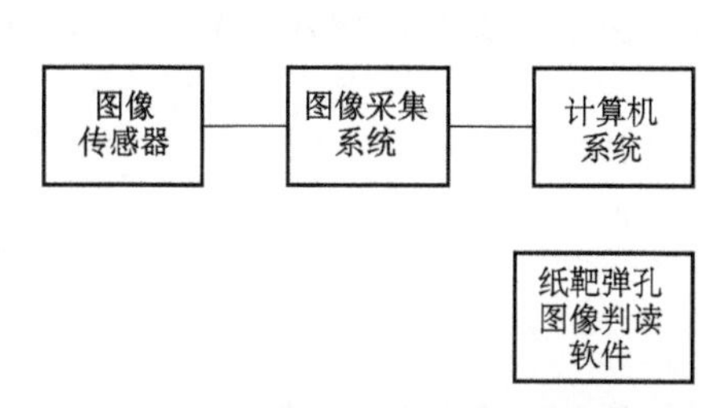

图 10.5.1　纸靶弹孔图像采集与判读系统

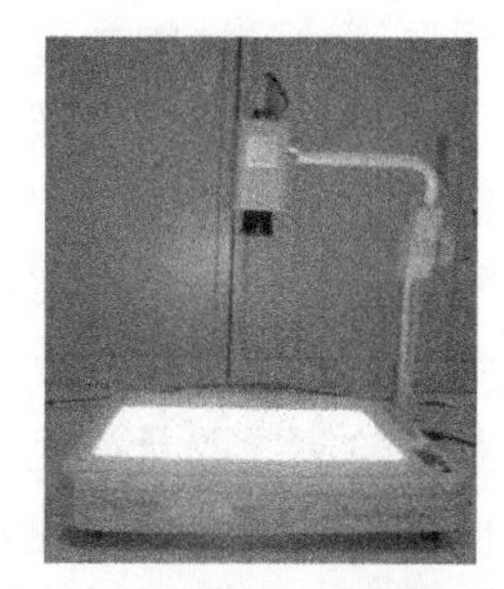

图 10.5.2　纸靶弹孔图像采集装置

在进行图像采集时，先调节图像传感器镜头光轴的方向和焦距，使之垂直于靶纸平台，然后将带有弹孔信息的靶纸放置在平台上，使纸靶弹孔图像位于照相镜头的光轴附近，并用带有长度标尺的靶纸压板沿纸靶坐标系 y 轴和 z 轴方向将靶纸压平整，调节激光判读基准指示装置，使两个激光指示光点对准靶纸铅垂标记的两端后完成纸靶弹孔图像的采集。

§10.5.2 纸靶弹孔图像的计算机判读方法

图 10.5.1 中的纸靶弹孔图像判读软件实现纸靶弹孔图像判读获取穿靶攻角数据的方法有两种：一种是利用弹孔图像轮廓分别确定弹孔长、短轴的长度和方向，并由式（10.2.9）计算出弹孔长、短轴的长度比值 R_c，再根据 R_c 值由计算机搜索数值表数据，插值确定弹丸穿靶时刻攻角。采用这种方法的纸靶弹孔图像判读软件进行数据判读时，一般按照如下步骤进行：

（1）根据试验现场布置和靶纸标记，确定第 i 张靶纸的判读方位和 x_i 坐标值。

（2）由软件先读出激光基准指示点和试验现场确定的坐标原点建立图像判读坐标系。

（3）根据平台压板上的标准尺寸对采集图像定标。

（4）选用适当的弧线规整与蛋形弹孔长轴和短轴相关的边缘点，确定弹孔长轴和短轴端点在图像判读坐标系中的坐标（x_{c1},y_{c1}）、（x_{c2},y_{c2}）和（x_{d1},y_{d1}）、（x_{d2},y_{d2}）。

（5）采用矩理论确定弹孔中心在图像判读坐标系中的坐标（y_i,z_i）。

（6）准备纸靶测量所用的攻角换算数值 $(l_c/d,\delta)$ 表，在纸靶弹孔测量中可以计算 d_i 和 R_{ci}：

$$\begin{cases} l_{ci}=\sqrt{(x_{c2}-x_{c1})^2+(y_{c2}-y_{c1})^2} \\ d_i=\sqrt{(x_{d2}-x_{d1})^2+(y_{d2}-y_{d1})^2} \\ R_{ci}=l_{ci}/d_i \end{cases}$$

（7）由下式计算弹孔长轴方向角数据（与弹孔长轴重合的射线与图像判读坐标系纵轴之间的夹角）：

$$\nu_i=\tan^{-1}\frac{x_{c2}-x_{c1}}{y_{c2}-y_{c1}}$$

（8）根据攻角换算数据插值换算与 R_{ci} 对应的攻角 δ_i。

另一种方法是采用弹体的三维图像，仿真出弹体在不同穿靶姿态角条件下在靶纸平面上的正投影图像，将各个图像与纸靶弹孔图像的轮廓进行逐一匹配比对，最终搜索出匹配度最高的弹丸穿靶时刻的攻角和进动角。这种方法的计算步骤是：

（1）根据试验现场布置和靶纸标记，确定第 i 张靶纸的判读方位和 x_i 坐标值。

（2）由软件先读出激光基准指示点和试验现场确定的坐标原点建立图像判读坐标系。

（3）根据平台压板上的标准尺寸对采集图像定标。

（4）根据试验弹丸的外形参数（可从弹丸加工图纸上获取），设计弹丸的三维模型。

（5）根据已知的弹丸三维模型，通过正投影影像仿真获取弹丸以不同姿态穿靶形成的弹孔仿真图像。

（6）利用非量测相机，实现靶纸上弹孔图像数字化采集。

（7）弹孔数字化图像的校正与标准化。

（8）弹孔轮廓提取及初值计算。

（9）匹配度计算及寻优搜索。

图 10.5.3 所示为某子弹不同姿态的计算机正投影仿真图像。

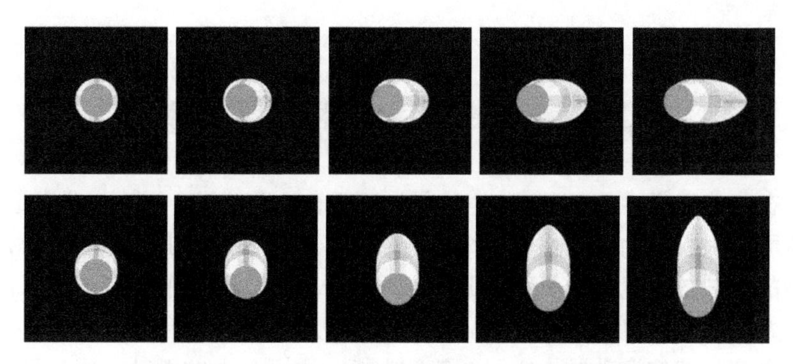

图 10.5.3　某子弹不同姿态的计算机正投影仿真图像

国内有人将人工测量弹孔 R_c 的方法、计算机判读弹孔 R_c 的方法和三维图像正投影仿真比对弹孔形状的方法进行了测试结果对比，见表 10.5.1。

表 10.5.1　弹孔形状比对方法与长径比方法处理结果误差对比

序号	多人直接测量长径比法		计算机识别长径比法		三维图像方法	
	章动角测量误差/（°）	进动角测量误差/（°）	章动角测量误差/（°）	进动角测量误差/（°）	章动角测量误差/（°）	进动角测量误差/（°）
1	1.11	0.80	0.10	1.15	0.14	−0.13
2	0.96	1.50	0.20	0.71	0.10	−0.10
3	0.94	1.70	0.20	0.71	0.14	−0.12
4	−0.85	1.50	0.80	1.15	0.06	−0.03
5	0.40	2.10	0.40	1.15	0.01	0.12
6	1.11	1.40	0.40	0.82	0.12	−0.12
7	1.11	1.50	0.10	0.75	0.12	−0.03
8	0.96	1.50	0.20	1.15	−0.01	0.13
9	−0.20	2.10	0.40	0.71	0.05	−0.02
10	−0.85	0.50	0.20	1.21	0.01	0.15
最大偏差	1.11	2.10	0.80	0.82	0.14	0.15

从表 10.5.1 中的计算机判读处理结果可以看出，采用计算机进行弹丸飞行姿态角和空间坐标等数据的判读，能够真实地采集到靶纸上所反映的弹丸飞行状态参量信息。判读数据受人为主观因素影响小，客观地反映了试验情况，比人工测量方法更优。

应该指出：在计算机判读软件的两种方法中，第一种方法简单、可靠，实施工作量较小，但纸靶弹孔的信息利用不够充分，测试误差略大，是一种多快好省的方法。第二种方法更充分地利用了纸靶弹孔的形状信息，纸靶判读过程中基本不受人为干扰的影响，测量精度更高，但这种方法对纸靶弹孔的清晰度和完整性要求较高，应用时需要采用三维动画技术再现试验弹丸在不同方位和攻角条件下对纸靶弹孔图像进行匹配度仿真比对，计算流程非常复杂，对人员要求高，工作量很大。

§10.6　纸靶法试验测弹丸气动力及弹道特征参数

由于弹丸在自由飞行中，其弹轴与速度矢量不重合（即存在攻角），在弹丸迎气流的一面，弹丸阻滞气流面积大，扰动强，空气压缩较背气流一面强烈，尤其在超音速时，弹头波不对称，迎气流面的激波较背气流面更强。此时，作用于弹丸上的总的空气动力作用线并不与速度矢量重合，并且作用点也不在质心处。在这种情况下，存在一种使弹丸运动偏离理想弹道的升力和使弹丸产生俯仰运动的力矩——俯仰力矩。由于弹丸的摆动，同时又产生了一种由于压力分布变化和黏性作用而产生的抑制弹轴摆动的赤道阻尼力矩。从这几种力的物理解释和外弹道学中飞行稳定性理论可知，俯仰力矩和赤道阻尼力矩直接影响弹丸的飞行姿态和飞行稳定性，升力直接影响弹丸质心运动和轨迹。因此可以设想，只要测出了弹丸自由飞行中的姿态变化规律和质心运动规律，则可以根据弹丸自由飞行的运动方程来确定俯仰力矩、赤道阻尼力矩和升力等，同时也可以测出弹丸的起始扰动等弹道特征参数。

§10.6.1　纸靶法测弹丸的起始扰动试验

由前所述，对于火炮射击起始扰动的一般观测试验，利用图 10.1.1 所示的场地布置，只需布置 1/2～3/4 个波长的测量点（即 4～8 张纸靶），即可测出炮口附近第一个章动波峰的幅值。但是，对于严格的测量火炮射击起始扰动的纸靶试验，需要测量炮口附近 2 个章动波峰的幅值，此时需要在炮口附近布置 1～1.5 个波长的测量点（即 12～15 张纸靶）。

由外弹道学中弹丸绕心运动理论可知，在简化条件下，弹丸的章动运动规律可表示为如下形式：

$$\begin{cases}\delta=\delta_m\sin\alpha\sqrt{\sigma}x\\ \nu=\nu_0+\alpha x\end{cases}\tag{10.6.1}$$

式中，δ_m 为章动角幅值，ν 为进动角，ν_0 为起始进动角，其他符号的表达式为

$$\begin{cases}\alpha=\dfrac{C\dot{\gamma}}{2Av}\\ \sigma=1-\dfrac{k_z}{\alpha^2}\end{cases}\tag{10.6.2}$$

式中，C、A 为弹丸的轴向和横向转动惯量，$\dot{\gamma}$ 为弹丸转速，v 为弹丸速度，k_z 为弹丸的翻转力矩参数：

$$k_z=\frac{\rho Sl}{2A}\cdot m_z'(M)\tag{10.6.3}$$

式中，ρ、S 和 l 分别为空气密度、弹丸的参考面积和参考长度，$m_z'(M)$ 为弹丸的翻转力矩系数，它为马赫数 $M=v/C_s$ 的函数，C_s 为声速。

弹丸的起始扰动测量可采用纸靶法测量弹丸出炮口后的章动第一波峰幅值的方法。按照图 10.1.1 的场地布置，通过射击试验，并依次测量弹孔特征长度，根据 $\delta-l_c$ 的关系曲线数据换算出攻角，可得出弹丸飞行攻角曲线数据的形式为

$$(\delta_i, x_i) \quad i = 1, 2, \cdots, n \tag{10.6.4}$$

由于弹丸在炮口的章动角并不严格为 0，因此将仅考虑翻转力矩时攻角平面内的弹丸章动近似公式（10.6.1）改写为

$$\delta = \delta_m \sin(\omega x + \varphi) \tag{10.6.5}$$

式中，φ 为由除炮口攻角速率 $\dot{\delta}_0$ 之外其他因素引起的相位差。

$$\delta_m = \frac{\dot{\delta}_0}{\alpha v \sqrt{\sigma}} \tag{10.6.6}$$

δ_m 为弹丸炮口章动幅值（并非炮口章动角）。

$$\omega = \alpha \sqrt{\sigma} \tag{10.6.7}$$

以式（10.6.5）作为拟合模型，采用最小二乘法拟合纸靶测试攻角数据即可得出章动角幅值 δ_m。

由式（10.6.6），弹丸的起始扰动量

$$\dot{\delta}_0 = \delta_m \omega v_0 = \delta_m v_0 \alpha \sqrt{\sigma} = \frac{2\pi \delta_m v_0}{\lambda_\delta} \tag{10.6.8}$$

式中，λ_δ 为章动波长（下面将介绍其测量方法），v_0 为弹丸初速。

§10.6.2　章动波长法测弹丸的翻转力矩系数

若纸靶试验需要确定火炮弹丸的章动波长或翻转力矩，一般需要 1.5 个波长以上的测量点（即 12～20 张纸靶）；如果纸靶试验需要分析火炮弹丸的飞行稳定性并辨识各种气动力系数，一般需要用 30～40 张纸靶，设置 2 个以上波长的测量点，并采用非等间隔布靶的场地布置方式。为了提高测试精度，试验时可采用起偏器增大弹丸的起始扰动量，以放大弹丸的摆动幅值。

由式（10.6.1）可知，弹丸的章动波长为

$$\lambda_\delta = \frac{2\pi}{\alpha \sqrt{\sigma}} \tag{10.6.9}$$

将式（10.6.2）代入，整理可得

$$k_z = \alpha^2 - \frac{4\pi^2}{\lambda_\delta^2} \tag{10.6.10}$$

考虑到式（10.6.3），故

$$m_z'(M) = \frac{2A}{\rho S l} \cdot k_z = \frac{2A}{\rho S l}\left(\alpha^2 - \frac{4\pi^2}{\lambda_\delta^2}\right) \tag{10.6.11}$$

根据上式可由纸靶测试的攻角曲线数据（10.6.4），采用坐标描图的方法绘制出攻角曲线，并可判读出章动波长 λ_δ，如图 10.6.1 所示。

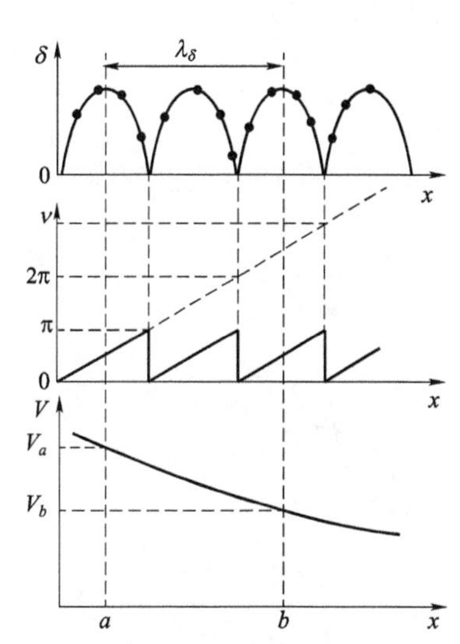

图 10.6.1　章动角 δ 和进动角 ν 随时间的变化

式（10.6.11）中，马赫数

$$M = \frac{v_a + v_b}{2C_s}$$

α 的计算方法有两种：一种是由式（10.6.1）中第 2 式

对 x 求偏导得出计算公式

$$\alpha=\frac{\partial \nu}{\partial x} \tag{10.6.12}$$

然后由图 10.4.2 进动角曲线判读出进动角的斜率得出。

另一种方法则是由公式（10.6.2）的第一式取

$$\alpha=\frac{C\dot{\gamma}_0}{2A\nu}=\frac{2\pi \cdot C}{2A\eta d} \tag{10.6.13}$$

求出，式中 η 为火炮的膛线缠度。

§10.6.3　螺线弹道法测弹丸的气动力系数

在旋转稳定弹丸的运动过程中，由于弹丸章动而产生了升力和翻转力矩，弹丸进动又使阻力面内的升力绕其速度矢量线转动。这导致弹丸质心运动偏离零攻角情况下的理想弹道，而形成了螺线圆运动。由外弹道理论可知，该螺线圆运动的螺线圆直径为

$$\xi=\frac{\nu^2 b_y \delta_m}{\omega_2^2}=\frac{b_y \delta_m}{\alpha^2(1-\sqrt{\sigma})^2} \tag{10.6.14}$$

周期为

$$T_c=\frac{2\pi}{\omega_2}=\frac{2\pi}{\alpha\nu(1-\sqrt{\sigma})} \tag{10.6.15}$$

式中

$$\omega_2=\alpha\nu(1-\sqrt{\sigma}) \tag{10.6.16}$$

ω_2 为螺线圆运动的圆频率，它等于弹轴慢圆运动的圆频率，b_y 为弹丸的升力参数：

$$b_y=\frac{\rho S}{2m}\cdot C_y'(M) \tag{10.6.17}$$

由式（10.6.15）、式（10.6.16）和式（10.6.2）可得

$$k_z=\frac{4\pi}{\lambda_c}\left(\alpha-\frac{\pi}{\lambda_c}\right) \tag{10.6.18}$$

代入式（10.6.3），整理可得

$$m_z'(M)=\frac{2A}{\rho Sl}\cdot\frac{4\pi}{\lambda_c}\left(\alpha-\frac{\pi}{\lambda_c}\right) \tag{10.6.19}$$

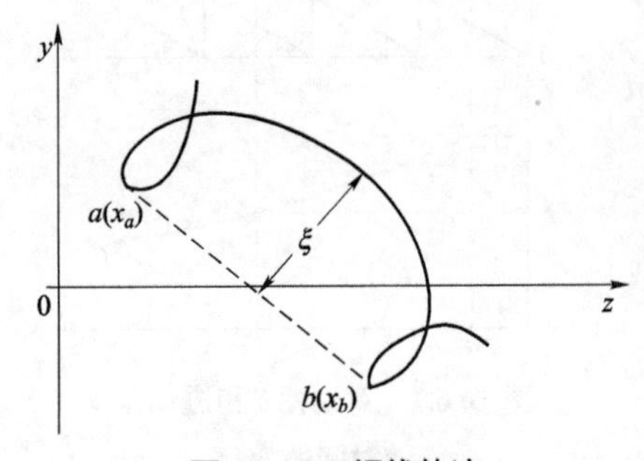

图 10.6.2　螺线轨迹

式中，λ_c 为图 10.6.2 中 $a(x_a)$、$b(x_b)$ 两点沿射向的位置之差，即弹丸质心横向螺线运动一周所飞行的距离，亦即

$$\lambda_c=x_b-x_a \tag{10.6.20}$$

可见，只要从螺线轨迹图中判读出 x_a 和 x_b，代入式（10.6.20）和式（10.6.19），即可求出翻转力矩系数 m_z'，式中 α 和马赫数 M 的求法与之前所述方法相同。同样的，由式（10.6.18）也可求出翻转力矩参数 k_z。

由式（10.6.14）可得升力参数

$$b_y = \frac{\xi \omega_2^2}{v^2 \bar{\delta}_m} = \frac{4\pi^2 \xi}{\bar{\delta}_m \lambda_c^2} \tag{10.6.21}$$

代入式（10.6.17），整理可得

$$C_y'(M) = \frac{2m}{\rho S} b_y = \frac{8m\pi^2 \xi}{\rho S \bar{\delta}_m \lambda_c^2} \tag{10.6.22}$$

由螺线轨迹图测出螺线直径 ξ 和螺线波长 λ_c，从攻角坐标图中计算弹轴章动的平均幅值 δ_m 代入式（10.6.22）中，即可求出升力系数导数 C_y'。

对于赤道阻尼力矩系数导数的计算，需要测出攻角幅值衰减规律，由公式

$$k_{zz} = \frac{2}{b-a} \cdot \ln\left(\frac{\delta_{ma}}{\delta_{mb}}\right) - b_y \tag{10.6.23}$$

即可计算出 k_{zz}，式中 δ_{ma}、δ_{mb} 分别为图 10.6.2 中 a 和 b 处的攻角的幅值。将 k_{zz} 代入下式即可估算出赤道力矩系数导数。

$$m_{zz}'(M) = \frac{2A}{\rho Sdl} \cdot k_{zz} \tag{10.6.24}$$

应该说明，由于上述计算表达式简化太多，计算结果误差较大。特别是由上式计算得出的赤道力矩系数导数 m_{zz}'，一般只认为它在量级上是正确的，仅供参考。

在工程试验中，更精细的算法是气动辨识算法，本书将在第 15 章专门介绍。

第 11 章
弹丸飞行姿态的靶道测试技术

由于攻角纸靶测试方法在存在靶纸对弹丸运动的干扰，其将使弹丸运动的规律发生某种变化，从而使测量结果产生误差。因此第二次世界大战后，世界上技术先进的国家相继发展和建设了弹道靶道，采用火花闪光阴影照相法测量弹丸飞行姿态，以获得精确的自由飞行运动参量。由于闪光阴影照相通常在封闭的外弹道靶道内进行，因此也将闪光阴影照相方法视为一种靶道试验测试技术。

在弹丸飞行姿态测量的主要的三种类型的方法中，第 10 章详细介绍了攻角纸靶测试方法，本章主要介绍光学测量法，弹载传感器测量法将在下一章予以介绍。弹丸飞行姿态测量的光学测量法属于一种高速摄影技术，外弹道高速摄影包含弹道同步摄影、高速分幅摄影（包括高速录像）、针孔照相、光学杠杆和闪光阴影照相等。在光学测量方法中，闪光阴影照相法是弹丸飞行姿态的一种主要测量方法，而弹道同步摄影和高速分幅摄影等则是试验中常用的辅助方法，光学杠杆测量法是测量膛内弹炮相互作用运动的主要方法。虽然针孔照相法实施较容易，但数据定标及处理非常困难，至今未见应用实例。因此，本章介绍的光学测量法仅限于闪光阴影照相法，其他高速摄影方法将在第 13 章介绍。

§11.1 弹道靶道

弹道靶道（Ballistic Range）又叫空气弹道靶道（Aeroballistic Range），它是人为建造的一条与外界空气隔离或隔绝的室内射击靶道，是专门用于炮弹、火箭、导弹等飞行器模型在室内进行各种弹道试验的设施，用它可以精确测量飞行器的各种运动参数和与之相关的物理参数，为弹道和气动力与外弹道特性研究提供可靠的试验依据。

在靶道内设置有测试仪器（如闪光阴影照相站等），可以测量弹丸等飞行物体自由飞行状态下的有关参数，它是研究炮弹、火箭、导弹或其他飞行物体的气动力和弹道性能的重要设施。弹道靶道技术就是在人造环境中利用各种仪器测量弹丸飞行规律的技术。

弹道靶道按照其试验条件可分为常压靶道和变压靶道两种。常压靶道的主要特征是靶道内的空气成分、空气密度、温度等一般不能控制，多用于常规兵器弹丸及其模型的试验；变压靶道的主要特征是靶道内部的介质成分、密度、温度在一定范围内可以控制，多用于再入大气层的各种飞行器及其模型的试验。为了研究高原条件下的外弹道及气动力问题，变压靶道也用于常规兵器弹丸在高原环境下的外弹道及气动特性的模拟试验。

常压靶道和变压靶道的基本功能、试验方法以及基本结构和主要仪器大体相同，不同的是常压靶道的断面大（最大达 10 m×12 m）；靶道建筑主体为钢筋混凝土、砖石结构；主要使用火药炮发射全尺寸弹丸或弹丸模型；弹丸试验的飞行马赫数一般不超过 6。变压靶道多为金属管道，直径通常不超过 3 m；使用多级轻气炮发射各种气动模型；飞行速度可达马赫数 11 以上。除测量自由飞行参量，进行气动力特性研究以外，它还可以进行弹头材料的侵蚀、烧蚀以及再入物理现象的研究等。图 11.1.1 所示为美国典型的变压靶道的外观。下面主要介绍主要用于常规兵器试验的常压靶道。

弹道靶道是一个大型的封闭实验设施，其基本结构根据建筑可分为主体建筑和辅助建筑。主体建筑一般包含射击室、膨胀段、测量段和控制室等，如图 11.1.2 所示。

图 11.1.1 美国典型的变压靶道的外观

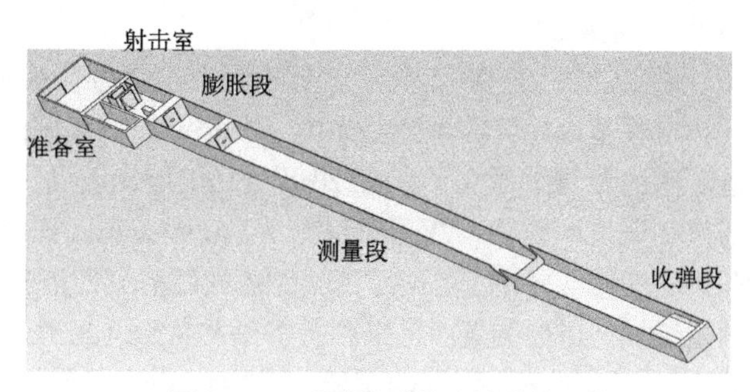

图 11.1.2 弹道靶道的主体建筑示意

传统靶道的辅助建筑一般包含弹丸物理量测量室、弹药准备室、底片冲洗室、底片判读及数据处理室等。由于现代靶道多数都不再用光化学方法记录并获取弹丸飞行图像，而充分采用数字化技术进行图像处理，因此辅助建筑也基本采用数字图像处理室代替传统的底片冲洗室和底片判读室。

射击室安装有发射装置，其主要任务是发射弹丸或模型，同时也兼顾内弹道与部分中间弹道的测量。在结构上，弹道靶道的射击室与膨胀段之间、膨胀段与靶道测量段之间，一般用混凝土墙隔开，墙上开有小孔，弹丸通过小孔从膨胀段进入靶道测量段，在靶道测量段的末端，可设置各种形式的收弹器。射击室安装有发射装置，可以发射各种口径及形状的弹丸或者模型。射击室、膨胀段与仪器段之间都用钢筋混凝土墙隔开，墙上分别开有小孔，弹丸射出后穿过墙上的小孔进入仪器段。可见设置膨胀段并采用两道钢筋混凝土墙将射击室与靶道测量段隔开的目的，就是缓冲炮口冲击波的压力，阻止模型弹托、冲击波及炮口烟尘进入靶道测量段，以保护测试仪器，使之免受冲击和破坏。由于炮口冲击波的强大压力及噪声，发射段和膨胀段都采用钢筋混凝土结构，并设计了各种防震、消音的功能，以防止人员及仪器受到伤害和影响。

靶道测量段是一个长形走廊，其断面尺寸及长度依所试弹丸的尺寸和特性而定。断面尺寸的大小取决于弹丸的直径及弹道的散布，通常认为靶道的有效断面面积应是弹丸断面面积的一万倍以上，否则将有可能在跨音速飞行时产生“壅塞”现象。靶道的长度取决于弹丸的摆动波长及需测量的波长数，通常希望测出 3～5 个章动波长的运动参数。为了保证测试仪器的稳定工作条件和弹道上均匀一致的气象条件，提高测量精度，靶道测量段内还设置有通风和供暖设备。这些设备并不控制靶道的气象参数，仅用来保持全靶道气象诸元基本上均匀一致。

弹道靶道最早出现于第二次世界大战末期，在 20 世纪 50 年代大量发展起来。最初弹道靶道都是常压靶道，主要用于常规兵器的研究。后来，它很快发展到航天技术领域，由于所研究的对象不同，航天技术领域所用的弹道靶道多为变压靶道。进入 20 世纪 80 年代，一些国家为适应新的试验要求投资改造了原有的弹道靶道，例如美国阿诺德工程发展中心因承担任务的变化而在 1988 年改造其弹道靶道，在原靶道不作重大改变的情况下，增设了口径为 83.82 mm 的二级轻气炮作为发射装置，利用已有的弹丸跟踪和回收设备，使其适合软发射和进行大型试验；美国空军军械研究所对其弹道靶道的测试仪器进行改造，该研究所原有的弹道靶道装仪器的部分长为 207 m，其中 69 m 段的断面面积为 3.66 m×3.66 m，其余部分为 4.88 m×4.88 m，靶道共有 131 个仪器站，仪器间的间隔为 1.52 m，110 台主动式照相机构成 55 个火花摄影站。

进入 20 世纪 90 年代后，日本吸取世界各国弹道靶道发展的先进技术和优点，在美国艾格林空军基地、英国哈德兰光电子公司、加拿大国防研究所、德国梅彭 91 号试验场等国外靶道专家的参与下建立了具有 20 世纪 90 年代世界先进水平的弹道靶道。靶道长 306 m，分控制室和靶道两部分，断面面积为 7.3 m×6.6 m。其中 70 m 段安装了测试仪器，即 8 个获得弹丸正交阴影照片的摄影站，每个摄影站包括照相机、火花光源、高增益放射屏、基准显示、触发装置、遥控装置（将来将摄影站扩大到 120 个）。靶道建成后进行了初步的射击试验，可进行 20～203 mm 弹丸的试验，其容许的速度范围是 250～2 000 m/s。其先后进行了 40 mm MK2 弹、105 mm 穿甲弹和 205 mm 反坦克弹共 25 发弹的射击试验。目前世界上主要国家约 30 多个靶道中，常压靶道约占半数以上。2000 年前国外著名的常压靶道见表 11.1.1。

表 11.1.1　2000 年前国外著名的常压靶道一览表

国别	所属单位	断面尺寸/m^2	长度/m	摄影站数	年代
美国	BRL	不详	90	45	1943
	BRL	7.3×7.3	365	25	1950
	NOTS	10×13.7	150	22	20 世纪 50 年代
	NOL	6×6	136	37	1957
	AFATL	4.88×4.88	207	50	1976
英国	RARDE	4×4	200	35	20 世纪 50 年代
		5×5	216	25	20 世纪 60 年代
德国	梅彭靶场	4×10	200	40	不详
	马赫研究所	ϕ2～	100～	20	不详
法国	LRBA	5×6	120	28	1955
	ISL	3×3	50	24	1950
加拿大	DREV	6.1×6.1	230	54	1979
澳大利亚	不详	2.2×2.2	150	不详	1980
日本	JDA	7.3×7.3	306	120	1990

注：BRL——美国弹道研究实验室，NOTS——美国海军军械试验站，NOL——美国海军军械实验室，AFATL——美国空军军械实验室，RARDE——英国皇家军备研究与发展局，LRBA——法国弹道及空气动力研究实验室，ISL——法国圣路伊研究所，DREV——加拿大瓦尔卡特防务研究中心，JDA——日本防卫厅。

20 世纪末，英美为了给开展电磁炮的研究提供重要试验设施，合资建造了一条供电磁炮发射的靶道。该靶道使用了英国 MCCS 公司和美国物理公司设计并制造的靶道控制系统、数据采集和监控系统。这一设施容许电磁炮的射程达 2 km，成为欧洲最庞大的电磁炮发射设施。虽然这一设施是为电磁炮进行高速弹道研究的设施，但它也能用于其他弹道研究。图 11.1.3 所示为美英合资新建的长达 2 km 的外弹道靶道部分外观，图 11.1.4 所示为该靶道的测量中心。

图 11.1.3　英美合建的 2 km 外弹道靶道外观（部分）

图 11.1.4　靶道的测量中心

弹道靶道试验的主要优点是，弹丸完全在无干扰的情况下自由飞行，与使用条件一致；测量数据完整，精度高；阴影照片能清楚显示弹丸的实际状态及其周围流场，信息量多。其缺点是：仪器准备时间长，事后图像处理工作量大，每次射击时马赫数的变化范围小，需用不同初速射击多次才能得到完整数据。它是通过射击试验获取气动力系数的主要方法之一。

§11.2　弹道靶道的测试设备与试验功能

§11.2.1　弹道靶道采用的测试技术

在高速或超高速运动目标可视化的测量方法中，火花闪光阴影照相、脉冲 X 射线闪光阴影照相、高速摄影等是常用的方法。脉冲 X 射线闪光阴影照相技术的穿透能力强，能广泛应用于不透明介质内部的各种高速现象，如被火、烟、尘、雾所笼罩的高速现象，然而脉冲 X 射线闪光阴影照相无法研究高速被测目标所形成流场状况。高速摄影或录像虽然摄像速度很高，但分辨率低，价格昂贵，无法满足对高速运动目标进行长距离、高分辨率、大画幅、高精度的照相的要求。因此，弹道靶道的主要测试手段普遍采用实施成本相对较低的正交闪光阴影照相方法获取图像，并通过图像处理、判读得出飞行姿态、坐标等较为完整的弹丸飞行状态参数。弹道靶道所采用的仪器设备分为 4 个测试系统，即闪光阴影照相系统、时间采集

图 11.2.1　靶道内测试仪器的布置情况

系统、空间基准系统和气象测量系统。这些测试仪器设备主要布置在靶道的测量段内，其布置情况如图 11.2.1 所示。此外为了测量弹丸在后效期内的进行姿态及进行弹托分离过程观测，在射击室和膨胀段内，还可根据需要设置脉冲 X 光照相站、冲击波超压、膛压等中间弹道测量设备和测量膛压、膛壁温度等的内弹道测量设备。

1. 闪光阴影照相系统

闪光阴影照相系统是测量弹丸空间坐标及飞行姿态的基本设备，它包括一系列闪光阴影照相站，每个照相站有一套能进行正交摄影的闪光阴影照相装置，该装置的典型构件有：一个或一对高强度的瞬时闪光源；一套用来调制光路的光学系统，如聚光透镜、平面镜、折射棱镜及反射屏幕等；两台照相机；一套能感受弹丸到达并触发光源闪光的触发装置。

需要指出，弹道布置的一系列闪光阴影照相站可以是十几个或几十个，甚至由一百多个闪光阴影照相站组成。每个闪光阴影照相站不是孤立的照相，各照相站相互之间在时间和空间方面均存在密切联系，它们之间的时间联系由靶道时间采集系统完成，其空间联系则由靶道空间基准系统完成。

2. 时间采集系统

时间采集系统一般以炮口信号作为时间的零点信号，记录弹丸飞过各个闪光阴影照相站的触发启动时间和闪光时间(即照相时刻)，并为所有照相站的判读数据提供统一的时间基准，以便获得弹丸的位移、速度和摆动等运动参量随时间的变化规律。时间采集系统通常采用各个照相站设置的光电传感器及多通道测时仪依次记录各照相站的闪光时间，从而把照相记录与时间关联起来。

3. 空间基准系统

弹道靶道的空间基准系统是图像数据判读的基础，其基本功能是在靶道内建立一整套测量坐标系，并将试验获得的弹丸图像的特征点与该特征点对应的空间坐标联系起来。空间基准系统一般以炮口平面（与身管中心轴线垂直的断面）为起点，贯穿整个靶道的各个功能段。它在弹道靶道内建立起一套统一的空间基准测量坐标系，为各个闪光阴影站的底片图像判读提供空间基准。空间基准系统是获取弹丸质心坐标及飞行姿态的关键设备，利用它建立的靶道测量坐标系可以从弹丸运动阴影图像中获取其飞行姿态数据和弹丸质心轨迹的空间坐标数据。空间基准系统的精度直接关系到测量结果的精度。现有弹道靶道中采用的空间基准坐标系统多数为固定金属悬线结构，有少数靶道采用活动校准板（或网格）的方式。

4. 气象测量系统

气象测量系统测量射击时刻靶道各个测量点的气温、气压和相对湿度等气象诸元参数，为靶道试验数据处理提供气象数据。

为了分析数据及保证测量结果的精度，在试验的同时必须测量弹道上的气象参数（气温、气压、相对湿度），每发射击都要在至少 3 个位置上进行测量，这可以采取多点自动检测系统来实现。由于空气密度的百分数误差将给气动力系数带来同样的百分数误差，靶道内 ±2℃的温度梯度就会给空气密度带来 0.5%的误差。所以在仔细测量气象参数的同时，还要通过供暖和通风设备力求使靶道仪器段的气象条件尽可能保持均匀一致。

需要说明，第 10 章介绍的弹丸飞行姿态的纸靶测试技术也是一种靶道测试技术，并且在靶道内实施纸靶测试技术比在野外条件下实施该项技术更加方便，其测量弹丸飞行姿态的精度大幅提高。在现代测试技术较发达的今天，国外在弹道靶道内大量使用攻角纸靶测试技术进行飞行稳定性试验。实际上为了安全起见，在采用闪光阴影照相法测弹丸姿态的室内靶道试验前，往往也需要先进行纸靶试验摸底后才能进入靶道实施闪光阴影照相试验，以降低打坏仪器设备的风险。

除上述测试系统之外，为了保证弹道靶道试验的正常进行，弹道靶道还设置了用于测量仪器的操作与监视，数据的采集与存储，以及照明、通信、安全报警等的检测与控制设备，这些设备分布在靶道的射击室、膨胀段、测量段，由控制室内设置的控制台集中控制。

每次试验需根据需要，事先对被测弹丸的外形尺寸、质量、质心位置、转动惯量、动不平衡角等参量进行精确的测量，并且按照试验要求将弹药保温。

试验射击前，靶道内所有灯光关闭，光学成像系统中的相机快门处于打开状态。当弹丸从火花闪光源前飞过时，红外触发装置探测到它的影像并发出电信号触发光源闪光，使弹丸及其周围流场在屏幕上形成阴影，照相机即记录下弹丸在屏幕上的阴影图像。通过图像判读，可以得出阴影图像上有关特征点的空间坐标，从而换算出弹丸在闪光时刻的飞行姿态角和空间坐标。射击完成后，照相结果以及相关的参数与测时记录均一并被输入计算机，以便由计算机进行解算图像处理和数据判读，最终得出弹丸的姿态角和空间坐标等参量。

§11.2.2　弹道靶道的试验功能

常压靶道在兵器研制及弹道研究中的功能主要有以下 3 个方面：

（1）测量各种弹丸或模型的空气动力系数，研究弹丸形状与气动力系数的关系，并为弹丸设计提供可靠的基本实验数据。

测量空气动力系数有风洞吹风法及自由飞行试验法，两种试验方法的原理和工作特点各不相同。

风洞试验是以试验模型固定气流高速流动的一种模拟试验。它能较好地控制马赫数、速度、温度、压力和模型的姿态，获得飞行稳定或不稳定弹丸的数据，数据处理简单，并且可用改变风洞压力的方法来改变雷诺数。由于风洞试验模型的尺寸通常按比例缩小，模型支杆干扰底部气流，除存在测量误差外，还存在因相似原理不完全满足和试验原理本身引起的系统误差，因此多用于弹药系统设计初期。

靶道试验与风洞试验的不同之处在于采用实物或模型进行自由飞行试验，试验情况更接近真实的飞行过程。自由飞行试验（包括靶道试验）能够较好地控制马赫数、速度、温度和压力，试验弹丸或模型必须飞行稳定或基本稳定，由阴影图像、攻角纸靶、弹载传感器、雷达系统等弹道测试仪器获得飞行状态参数，通过参数辨识方法获得气动力系数，数据处理过程非常复杂。

由于自由飞行试验模型可以采用全尺寸弹丸，并与弹丸实际飞行过程一致，因此多用于弹药系统研制的中后期，或最终起决定作用的试验。表 11.2.1 列出了弹道靶道及风洞吹风测得的空气动力系数的散布（极限误差的百分数表示）。

表 11.2.1　空气动力系数的测试精度比较

气动力系数	弹道靶道	风　洞
阻力	±0.5～1.0	±2
升力	±5	±1
俯仰力矩	±2	±1
阻尼力矩	±10～15	±10
马格努斯力矩	±1 5	±10
马格努斯力	±2 5	±10
旋转阻尼力矩	±1	±1
阻力臂	±0.1 倍口径	±0.10 倍口径

（2）实验研究影响弹丸飞行稳定性及射击密集度的各种因素，寻求提高射击精度的技术途径。

提高射击精度，减小射弹散布，这是兵器设计中的基本要求，而满足弹丸的飞行稳定条件，则是提高射击密集度的必要前提。弹丸的飞行稳定性可以通过观察自由飞行时弹轴的摆动规律来分析，也可以根据测得的气动力系数计算稳定性因子来校核。通过对弹轴摆动规律及弹道散布情况的测量，还可以研究各种因素的影响，例如脱壳穿甲弹弹托分离对弹丸运动的影响，炮口冲击波对尾翼式弹丸的影响，尾翼尺寸、形状、活动尾翼张开过程对弹丸运动的影响，炮口不对称气流对弹丸运动的影响，弹丸旋转速度、弹体内部的活动零件对弹丸运动的影响等。为了完成这些测量任务，除闪光阴影照相站外，还要配合使用 X 光闪光照相、弹道同步照相、高速摄影等其他测量仪器。

（3）研究弹丸自由飞行时的各种气动力现象。

闪光阴影照相得到的照片，以极细微的方式显示了弹丸周围空气流场及其变化的图形，激波、边界层、尾流等各种气动力现象都可以清晰地显示出来。通过对这些气动力现象的分析和研究，可发展弹丸空气动力学，为弹丸设计提供重要的理论基础。

实际上弹道靶道不仅可精确记录弹丸自由飞行过程的各个飞行参数，同时还能记录环绕弹丸的飞行流场，从而把弹丸飞行规律及气动力特性的研究建立在更准确、更完备的实验数据的基础之上，极大地推动了这一研究的进程。例如，美国自建立弹道靶道以来，先后对各类弹丸或模型开展了大量的试验，系统研究了超音速和跨音速空气动力学的重要问题，并获得了多种弹丸的气动力系数，对弹道学的发展及新武器的设计起到了十分重要的作用。

武器系统的测试和试验贯穿于兵器研究开发、设计、制造的全过程，是发展兵器的重要支撑。弹道靶道在各种常规弹丸（包括炮弹、导弹、火箭弹及其模型）的设计研究中发挥了重要的作用，已成为进行兵器试验和研究的必不可少的重要基础设施，对弹道学及新型弹丸的开发产生着重要的影响。在弹道理论研究中，它是进行气动力学、炮口激波流场、飞行动力学、发射动力学、弹托分离动力学、终点碰撞动力学以及动态模拟理论研究的得力工具。正是以弹道靶道实验技术为基础，人们才掌握了弹丸自由飞行的运动规律和气动力系数对飞行稳定性的影响，才有可能发展和完善弹丸运动的线性理论，促进非线性理论的研究和发展。可以毫不夸张地说，弹道靶道和计算机的出现都是弹道学发展的里程碑事件，它们在弹道学理论发展和工程应用中发挥了巨大的作用。

§11.3　闪光阴影照相站

根据物体成像原理，减小成像过程中的像移量是获得飞行弹丸清晰图像的必要条件。按照这一条件，闪光阴影照相就是通过减小图像曝光时间来达到减小像移量的目的的。由于弹丸影像移动速度很快，只有用极短的曝光时间成像，才能保证所得图像的清晰度。可见，采用控制闪光持续时间的方式来实现最为有利，为了避免其他散射光的干扰，照相过程需要在全黑的条件下进行。因此，用闪光阴影照相方法获得飞行弹丸清晰图像的最好方法是在弹道靶道中实施。

弹道靶道内的主要测试设备是沿弹道布置的一系列闪光阴影照相站，每个照像站采用正交摄影的方法，用照片记录弹丸通过个照相站时的瞬态阴影图像。由这些照片通过图像数据判读和弹丸空间位置坐标计算，可以获取弹丸在该时刻的空间坐标（x, y, z）和飞行姿态角（α, β）以及弹丸周围的空气流场图像。

§11.3.1　闪光阴影照相原理

阴影照相是确定透明介质折射率变化的重要方法，被广泛应用于研究气体、液体和透明固体中火花放电、爆炸、流动和受力等所引起的扰动，观察冲击波和压缩波，研究风洞中的流线图等。它应用于靶道中，在测定弹丸飞行参量的同时，可测定超音速弹丸的流场。阴影照相的基本原理如图 11.3.1 所示，设 o 为点光源，光线穿过被研究的介质区落到屏幕上，当介质有不均匀性时，光线将会偏离原来的方向。如果介质的折射率梯度 $\partial n/\partial y$ 在整个被研究区域内是恒定的，则所有光线将均匀偏离一个相同大小的量，屏幕上的照度没有变化。若折射率梯度是变化的，即 $\partial^2 n/\partial y^2$ 不等于零，则光线的偏离将不一致，从而使屏幕上各处的照度发生变化，形成阴影像。在图 11.3.1 中，若介质区内 b 点的折射率梯度大于 a 点和 c 点的折射率梯度，则通过 b 点的光线将偏折得大，屏幕上的光点 b' 将落在光点与 c' 之外，a' 和 c' 之间就会出现阴影，而 c' 与 b' 之间则出现明亮区。超音速弹丸运动时的激波和尾流，破坏了空气介质的均匀分布，形成疏密相间的空间条纹。光线通过各处时的折射角度不同，从而在屏幕上形成明暗相间的流场图。

由阴影成像原理可知，光源的几何尺寸与阴影的清晰度有很大关系，光源的发光面若具有较大的尺寸，物体的图像轮廓便会如图 11.3.2 所示那样，出现一个环绕的半阴影区，其宽度 $B = bd/a$，半阴影区内的光能密度由内向外逐渐降低，从而造成几何模糊。可见，火花光源的几何尺寸直接决定了闪光阴影照片的质量的优劣。

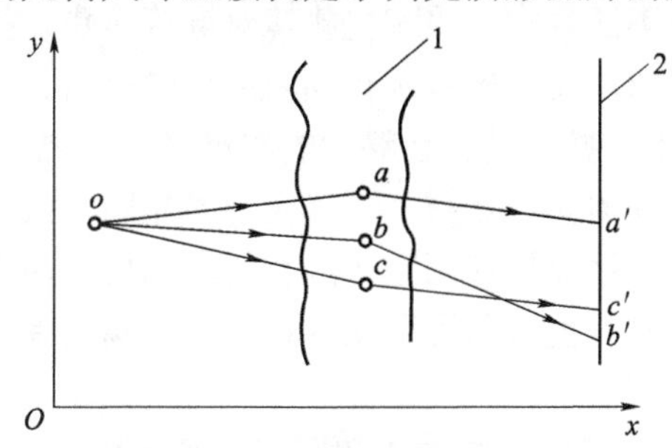

图 11.3.1　阴影照相的基本原理

1—不均匀介质区；2—屏幕

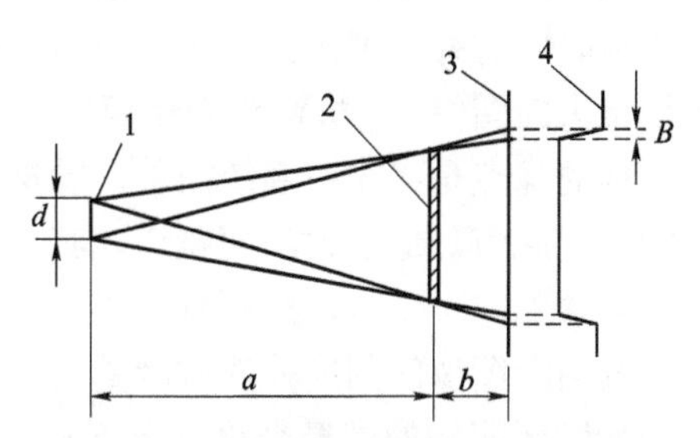

图 11.3.2　非点光源形成的几何模糊量

1—焦点；2—物体；3—底片；4—光学密度线

§11.3.2 闪光阴影照相光路

弹道靶道闪光阴影照相的光路系统从记录方式上有直接阴影照相和间接阴影照相两种方式，每种方式的光路形状也可分为平行光路和锥形光路。

直接阴影照相是指弹丸阴影直接投射在底片上的照相方法，直接阴影照相通常适用于靶道前端的闪光阴影照相站。图 11.3.3 所示为一种直接阴影锥形光路照相系统，由于它的光程短，光能损耗较小，通常采用一个光源分光实现正交摄影。美国陆军弹道研究所小断面靶道前段就是采用图 11.3.3 的光路系统。这种结构非常简单，只需要采用一个闪光源，一个平面反射镜和两张感光胶片就可以完成照相记录。由于受感光胶片尺寸的限制，这种光路结构的视场很小，只能适用于小断面靶道。这种结构的优点是：光程短，对光源的能量要求低；影像能够被放大；两张正交照片利用同一个光源，能够实现精确同步。其缺点是两个正交面的光路不一致，判读处理较复杂。因弹道有散布，在距炮口较远处，不易得到满意的照片。图 11.3.4 所示为一种采用平行光源的直接阴影照相光路系统，该光路要求光学透镜尺寸与底片尺寸匹配，其优点是照相视场与底片形状一致，较锥形光路照相视场规整，有效视场圆面积更大，弹丸阴影图像与实体大小形状相同，数据处理十分简单，对点光源要求不太高。其缺点是增加了聚焦透镜，光路系统的安装要求更高，由于光学透镜尺寸较大，制作成本更高。

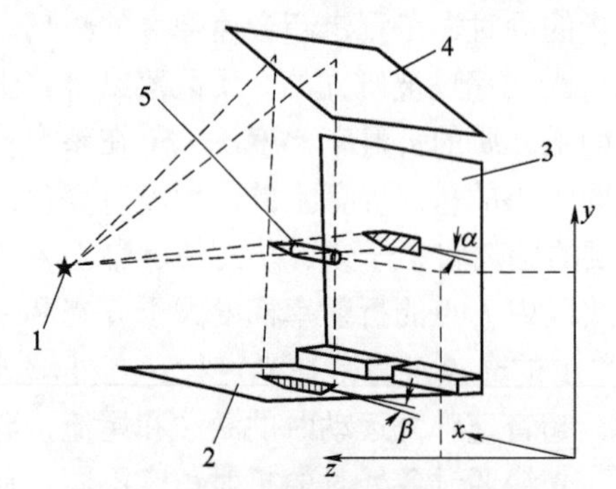

图 11.3.3 直接阴影锥形光路照相系统

1—火花闪光源；2—水平面底片；3—铅直面底片；
4—平面反射镜；5—弹丸

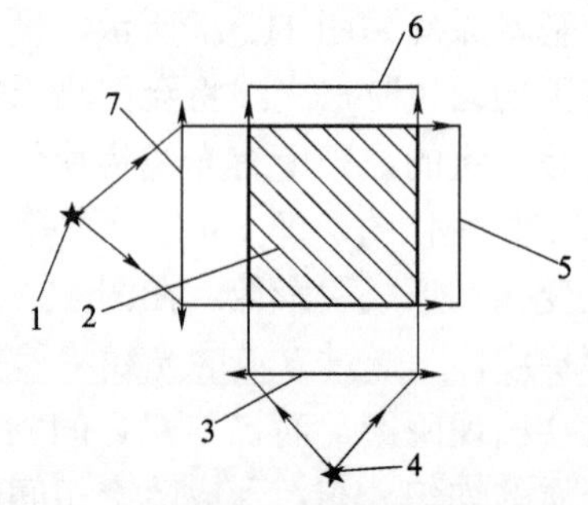

图 11.3.4 平行光直接阴影照相光路系统

1，4—火花闪光源；2—照相视场；
3，7—透镜；5，6—底片

间接阴影照相是指采用相机拍摄投射到反射屏上的弹丸阴影的照相方法，其典型光路如图 11.3.5 所示。间接阴影照相采用的是锥形光路，它适用于大断面靶道，照相机紧靠光源配置，在相机对面的垂直光轴设置反射屏幕。拍摄阴影照片时，照相机物镜对屏幕聚焦，拍摄弹丸实体时则对弹丸聚焦。为了减小对光源能量要求，反射屏幕选择高发射率的材料。为了获得尽量大的图像，相机镜头的焦距较普通相机略长，并且具有足够大的相对孔径和视场角。这种结构的优点是：光路系统简单，除屏幕外不加任何光学器材，正交面内的光路一致；有较大的飞行通道，适合大断面靶道。其缺点是：每个站需要有两套光源和两套相机，两个闪光源难以做到完全同步，给测量结果增加了误差，照片上除阴影图像外还留有模糊的弹丸图像，弹丸阴影图像的判读处理难度更大。

间接阴影照相的锥形光路有上下左右“十”字形正交配置方式和左右交叉“X”正交配置两种。图 11.3.5 所示就是一种“十”字形正交配置的锥形光路，其数据处理方法比“X”

正交配置更简单，但后者的空间利用率比前者好。

德国 91 号靶场采用了图 11.3.6 所示的光路系统。为了克服两个光源不同步带来的误差，消除照片上弹丸的虚像，它采用了一个闪光源、一个半反射镜和一个照相机。应保证光源、相机和半反射镜有一定的相对位置，以使点光源对半反射镜的影像恰好位于物镜入瞳平面的中心。这样就可以使弹丸与影像完全重合。另外，同一照相画面包含两个正交平面的阴影照片，其中一个借助反射镜取得。

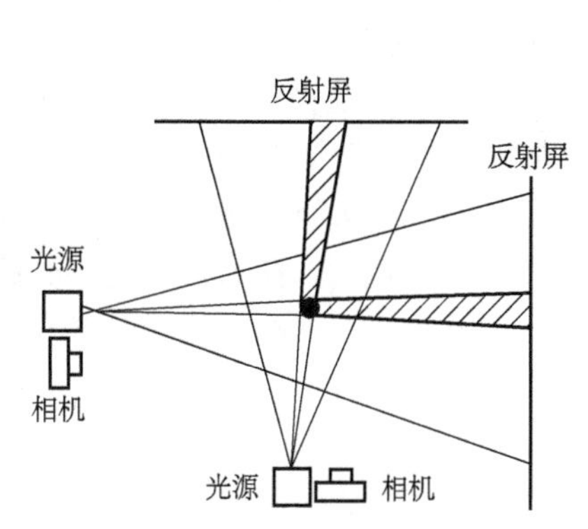

图 11.3.5　间接阴影锥形光路照相系统

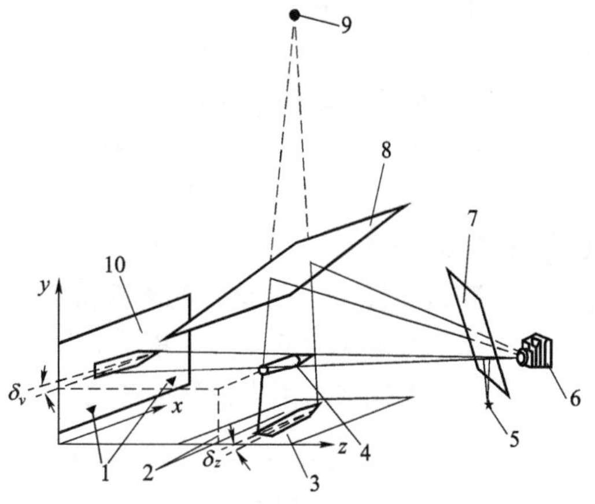

图 11.3.6　单光源、相机闪光阴影照相光路

1，2—基准标志；3—水平面反射屏；4—弹丸；5—火花光源；6—照相机；7—半反射镜；8—平面反射镜；9—火花光源像点；10—铅直面反射屏

美国阿诺尔德工程发展中心冯・卡门气体动力研究所的超高速靶道采用了图 11.3.7 所示的光路系统。它采用一个菲涅尔透镜光屏，使阴影像成于此光屏上，位于光屏另一侧的照相机对此光屏聚焦。这种结构的优点是缩短了光程，并消除了弹丸的虚像。

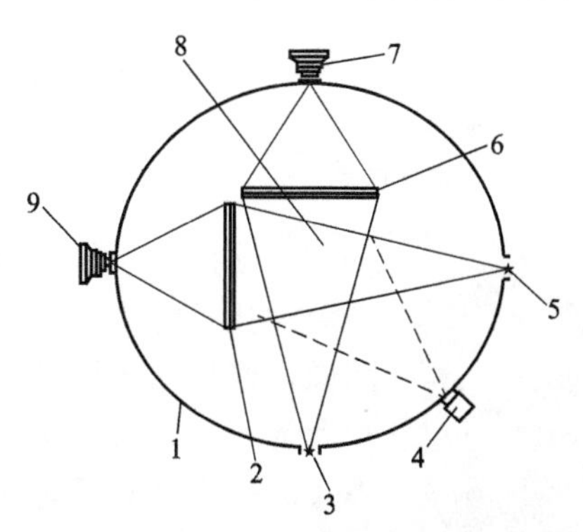

图 11.3.7　冯・卡门变压靶的光路系统

1—飞行管道（直径为 3 m）；2，6—菲涅尔透镜夹层屏（直径为 1.05 m）；3，5—火花闪光源；4—光电探测器；7，9—照相机（f/2.5）；8—有效工作区（直径为 0.76 m）

间接阴影照相需要设置专用照相机，照相机物镜的焦距一般都在 150 mm 以上，相对孔径为$f/2\sim f/2.5$，底片多为 100 mm×120 mm 以上的大尺寸胶片，相机的结构应适合远距离操纵，并能稳固地安装在基座上，不致因受外界干扰而移动。

§11.3.3　闪光阴影照相站

闪光阴影照相方法全面测量弹丸飞行状态参数的实施，需要通过一系列闪光阴影照相站来实现。闪光阴影照相站主要由点光源、光学系统（光学系统由反射屏构成）、相机、触发系统、基准标记和照相控制仪构成。图 11.3.8 所示为一种“十”字形闪光阴影照相站。由于图中的相机位于光源的前方，两者之间存在一定的距离（虽然很小），相机拍摄的图像除弹丸阴影图像外，还存在边沿模糊的弹丸实体图像。光源闪光时，若弹丸位置正好偏离锥形光源中心光轴的左方（或右方），则实体弹丸图像将在弹丸阴影图像之后（或之前），并可能产生部分重叠。这一现象将会给图像判读处理，特别是计算机扫描图像的自动处理带来很大的困难。为了避免这一不利因素，我国的弹道靶道采用了类似图 11.3.6 的共轭光路结构，如图 11.3.9 所示。由于该光路分别将火花闪光源和相机镜头中心分别置于半反射镜的物像共轭点上，因此它所拍摄的闪光阴影照片中弹丸图像与其阴影完全重合为一体，从而消除了两者间的相互重叠现象。图 11.3.10 所示为这种光路获得的弹丸阴影图像。需要说明，在原理上这种光路的光能利用率还不及图 11.3.6 中光路能量利用率的四分之一，因此共轭光路结构对光源亮度的要求特别高，一般仅适用于中校断面靶道。

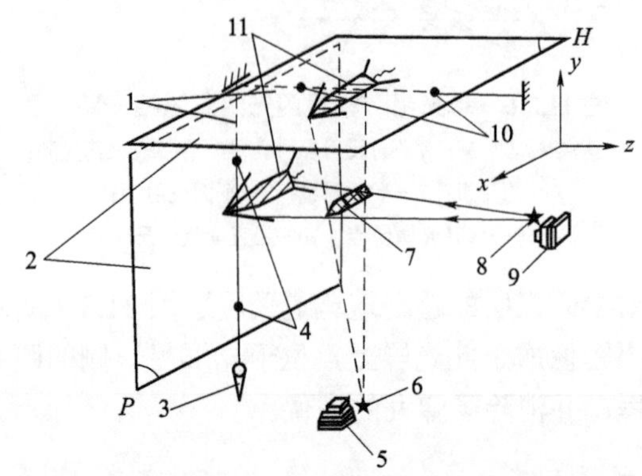

图 11.3.8　“十”字形闪光阴影照相站

1—金属线；2—反射屏；3—铅锤；4，10—基准标记（小珠）；
5，9—相机；6，8—点光源；7—弹丸；11—阴影图像

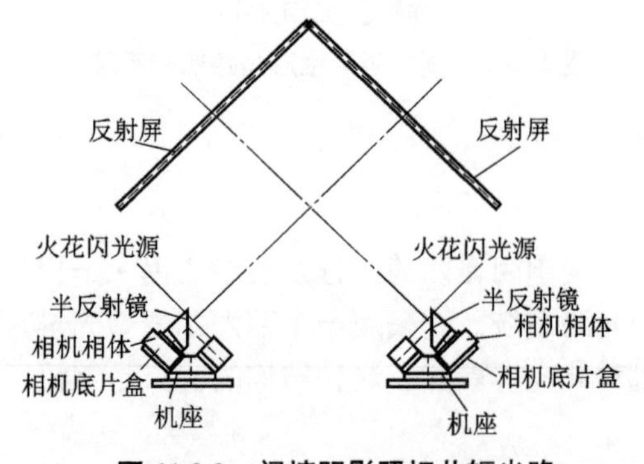

图 11.3.9　间接阴影照相共轭光路

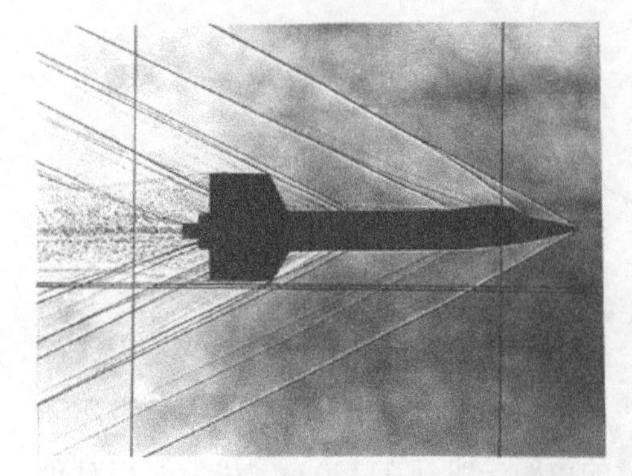

图 11.3.10　共轭光路获得的弹丸阴影图像

应该指出，传统的闪光阴影照相站的相机一般采用大孔径镜头结合较大画幅的感光胶片记录弹丸图像，这种图像记录方式需要经历胶片冲洗、图像判读等一系列人工操作过程才能完成，其工作量相当大，严重妨碍了利用弹道靶道进行气动力研究的进程。为了解决这一问题，现代的弹道靶道一般都对其摄影系统进行了改造，采用电子成像记录系统代替传统的光化学作用的胶片成像记录系统。比较典型的弹道靶道的摄影系统有英国哈德兰光电公司的 SV553BR 系统，该系统采用 CCD（电荷耦合器件）摄像头与微机系统连接，实时对飞行弹丸或其他快速现象进行记录和显示，实现了光化

学胶片成像记录向光电子成像记录的转移。

由于高速 CCD 成像器件技术的迅速发展，采用光电子记录图像方式的分辨率和响应速度均有很大提高，目前已成为闪光阴影照相的新型记录设备。当前，尽管由高分辨率 CCD 相机构成的高速 CCD 正交阴影照相系统所得到的高速运动目标的数字化图像的分辨率仍不及光化学记录方式的胶片高，但其照相结果已能够满足高速运动目标运动姿态的测量、定位及流场状况的分析要求。由于高速 CCD 成像器件省去了胶片冲洗、晾干等一系列人工工序，可靠性大大提高，并可以即刻得到弹丸阴影的数字化图像，更便于计算机图像处理分析，具有传统胶片记录阴影图像方式不可比拟的优点。因此，近些年来国内外的弹道靶道普遍采用了这一技术。

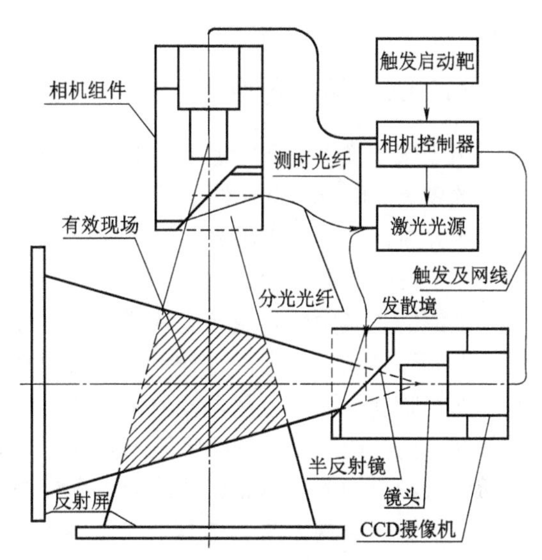

图 11.3.11　数字式闪光阴影照相站的系统构成

图 11.3.11 所示为数字式闪光阴影照相站的系统构成，图 11.3.12 所示为三次序列闪光正交高速照相站的实物图片，该闪光阴影照相站能在一个阴影照相站内得到运动弹丸在三个位置的图像，如图 11.3.13 所示。可见，这种功能可以很好地解决小口径短章动周期弹丸的弹道测试问题。

图 11.3.12　三序列闪光正交高速照相站

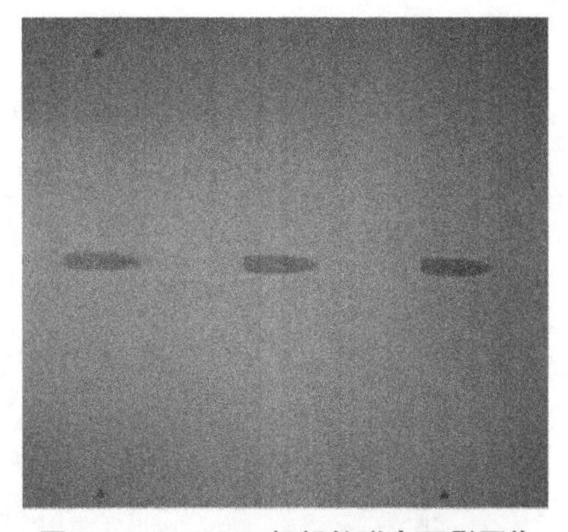

图 11.3.13　CCD 相机的弹丸阴影图像

图 11.3.11 所示的照相站的构成，包括一台三次序列闪光激光器、一台相机控制器、两台正交安装的高分辨率 CCD 相机及半反射镜、导光光纤束、触发启动靶、高增益反射屏、高速网线等。当运动目标触发启动靶时，产生一个触发信号，启动相机控制器中的时序控制电路，时序控制器中有三路延时控制输出，第一路延时输出控制激光器的第一次闪光时间，第二路延时输出控制高分辨率 CCD 相机启动照相时间，第三路延时输出控制激光器第二次闪光时间，第四路延时输出控制激光器第三次闪光时间，保证三次激光闪光时相机都处于照相状态。在高分辨率 CCD 相机的照相过程中由于出现了三次闪光，故在一张照片上能得到运动目标在三次闪光时刻的信息，并判读出弹丸的运动信息，即高速 CCD 正交阴影照相获得的弹丸阴影

图像。

§11.3.4 闪光光源

由于试验弹丸的飞行速度很高，必须减小成像时的像移量，由此闪光阴影照相只能要求极短的图像的曝光时间（1 μs 以内），以获得清晰的弹丸阴影图像。因此，为了保证成像所要求的通光量，必须要求闪光阴影照相所用的光源具有足够强的亮度、极短的闪光持续时间、尽量小的发光面源尺寸。

光源的亮度关系到照相底片能否获得合适的曝光量；闪光源的持续时间，即曝光时间，除关系到曝光量外，还决定着照片上运动物体影像的模糊量的大小；光源尺寸的大小关系到照片的清晰度。这三个基本要求又是相关的。要闪光持续时间短，就必须使光源亮度高；为了保持小的光源尺寸，就会降低光源的光能输出。应根据情况协调这三者。

弹道靶道闪光阴影照相传统的点光源是火花闪光源。最简单的火花闪光源是空气隙火花光源，其原理结构如图 11.3.14 所示。典型的空气隙火花头的结构如图 11.3.15 所示。

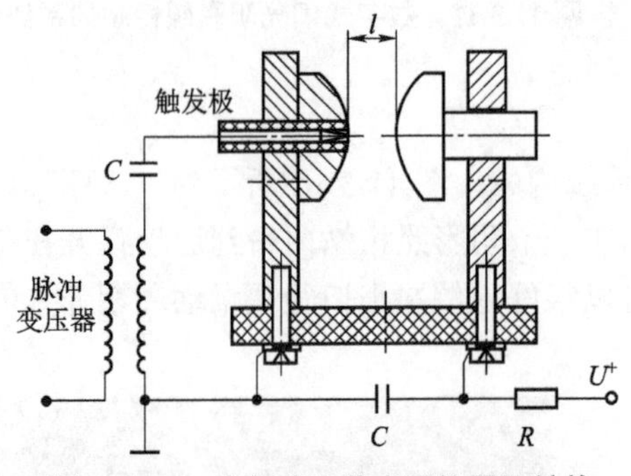

图 11.3.14　空气隙火花光源的原理结构

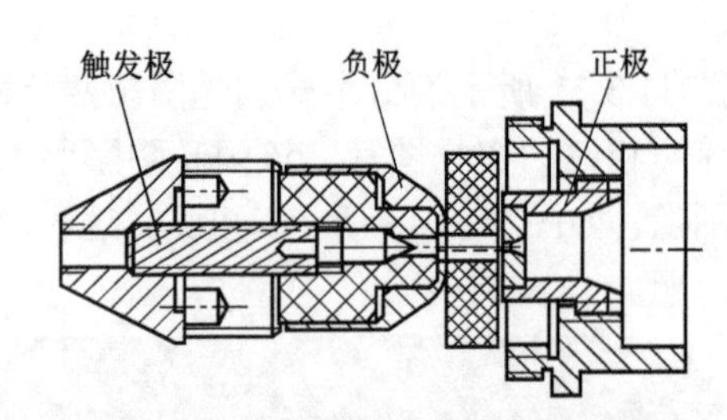

图 11.3.15　空气隙火花头的结构示意

图中，两个距离一定间隔 l 的电极与一个高压电容器 C 的正负极相联，几千伏到几十千伏的高压直流电源给该电容器充电，两个火花电极之间设有一个与高压脉冲变压器相连的触发电极。间隔 l 必须保证正负电极之间不会产生放电现象，当触发装置输出脉冲信号时，即触发与脉冲变压器相连的串联闸流管，形成电压较高、电流较大的功率脉冲。由于功率脉冲在正负电极上施加了几十千伏的高压，间隙中的空气即被电离，并同时被正负电极之间的高压击穿。此时，电容器便会以几十千伏安能量的大脉冲电流通过电极间隙放电，并产生电火花而形成强烈的辐射光脉冲。图 11.3.16 所示为火花放电过程的特性曲线。

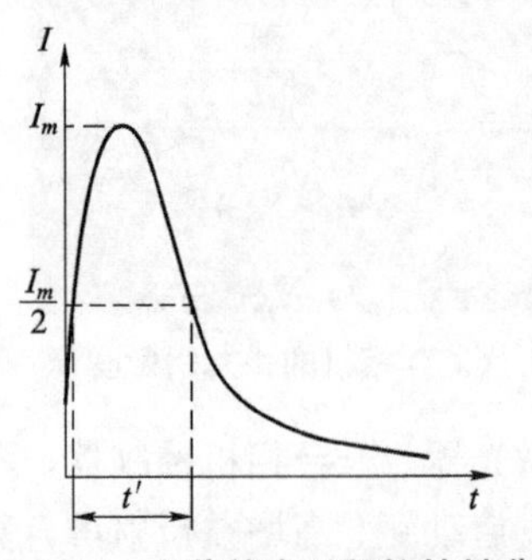

图 11.3.16　火花放电过程的特性曲线

火花放电过程通常分为三个阶段：一是在放电的最初很短时间内，极间空气被电离，辐射的主要是大气的光谱；二是使金属电极温度升高甚至蒸发，电极材料进入极间间隙，并受到电离和激发，发出金属材料的特征光；三是余辉阶段。人们希望缩短或消除后两个阶段，以保证较短的闪光持续时间。火花闪光源的特性依赖放电回路的参量（电压 U、电容 C、电感 L）和电极的材料与结构，其峰值亮度正比于峰值功率或峰值电流的平方，峰值电流可由下式估算

$$I_m = KU\sqrt{\frac{C}{L}} \tag{11.3.1}$$

式中，K 为常数，与放电介质的特性和电极结构有关。

火花放电的持续时间，通常用特性曲线上 1/2 峰值的脉冲宽度 t' 来表示，t' 与特性曲线的衰减周期 T 成正比。

$$T = 1.5\pi\sqrt{CL} \tag{11.3.2}$$

由上面公式可以看出，为了增大光源的亮度，应增大电压和电容，降低电感。但增大电容将会使闪光时间加长，为了获得既短又强的火花闪光，最有效的途径是提高充电电压。通常取电压为 5～20 kV，电容为 0.005～1 μF，电感应尽量小。一般都用高压无感电容器，电路用板式结构，避免使用导线。充电电压的大小与电极间隙长度 l 有关，在 l 一定的条件下，不自闪的最高工作电压 U_m 是一定的。虽然增大间隙可以提高工作电压，但火花电弧会加长，使点光源的特性变差。若采用遮光板的办法，虽然可以改善点光源的特性，但光能损失太大，效率降低。

由此可见，火花闪光源的发光能量与发光持续时间是矛盾的，目前的火花闪光源采用无感电容，火花隙允许的充电电压约为 8 000～10 000 V，其火花闪光持续时间可达 0.5～1.0 μs，基本能够满足普通试验弹丸的闪光阴影照相的一般要求。尽管科技工作者在提高火花闪光源的发光能量和降低闪光持续时间上作了大量研究，并改进火花隙的材料和结构，提出串联火花隙结构、麻克斯（MARX）多级冲击电压发生器使电容组并联充电、串联放电等方法以令火花闪光源的性能有所提高，但火花闪光源的性能水平无法达到数量级的提高。随着弹丸速度的进一步提高，特别是在大断面靶道条件下，如果采用火花闪光源技术将难以达到进一步减小闪光持续时间和增大闪光能量的要求。

近些年来，随着激光技术的高速发展，高能脉冲激光光源的成本进一步降低，这使得弹道靶道的闪光阴影照相系统大量采用脉冲激光光源代替火花闪光源成为可能。由于脉冲激光光源的脉冲激光亮度高、单色性好、脉宽极短（一般为纳秒数量级到皮秒数量级，甚至达到飞秒数量级），用作阴影照相光源时，纳秒级的脉冲宽度可以基本“冻结”高速运动目标而得到更加清晰的图像。图 11.3.17 所示为一种多脉冲激光器实物，此激光器在触发信号的作用下可产生三次脉冲激光，三次脉冲能量的大小及间隔时间可调。脉冲激光器输出激光的波长为 532 nm，能量输出在 20～60 MJ 的范围内可调，三次脉冲间隔时间在 120～500 μs 的范围内可调。图 11.3.11 所示的数字式闪光阴影照相站采用了这种多脉冲激光器作为光源，与高分辨率 CCD 相机组合构成闪光阴影照相系统，该光源的闪光时间脉宽可在 200 ns～1 ms 之间选择。可见，200 ns 的曝光时间可以满足高速或超高速运动目标阴影图像采集的需要。

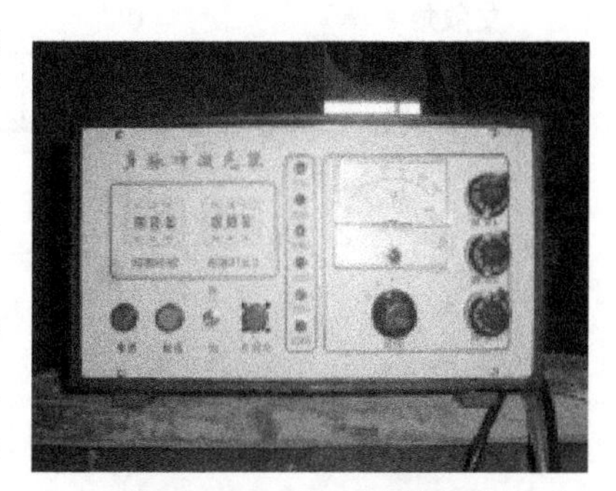

图 11.3.17　多脉冲激光器

§11.3.5　逆向反射屏

弹道靶道间接阴影照相光路系统中，反射屏幕是不可缺少的重要光学器件，不仅要求屏幕高度平整，不使阴影相发生畸变，而且还要求它具有高反射效率，以降低光源的发光能量要求。屏幕的尺寸应与所需的有效工作区域相适应。各国的弹道靶道广泛采用逆向反射材料制作闪光阴影照相站的背景屏幕，称为逆向反射屏。

由于逆向反射屏具有高反射效率及特殊的性能，大大提高了屏幕上的照度，从而降低了对火花闪光源能量的要求。逆向反射材料是由一层极细微的玻璃球组成的，一层细玻璃球用透明粘接剂粘结在具有反射能力的基板上。根据用途的不同，球的直径也不同，通常使用的玻璃球的直径为 40～100 μm 。

由于这种小球具有很高的折射率，当光线以接近观察者视线的入射角投射到这种材料上时，将会逆入射光线高效率地返回，大多数返回来的光束与入射光束间的夹角小于 1°。反射屏幕上的玻璃球越小，排列越紧密，则材料的逆向反射特性越好。通常只要入射角不超过 60°，无论光线从那个方向投射到它的上面，都会有这样的特性。从光源方向看去，它会像光源一样亮，比普通漫反射材料（如涂上白漆的木板）亮几百到一千倍。

通常逆向反射材料的定向反射性能用定向反射率来表述，定向反射率的计算公式为

$$\rho = \frac{\rho_0}{\sin^2(\alpha/2)} \tag{11.3.3}$$

式中，ρ 为沿入射光方向的反射率；ρ_0 为漫反射率；α 为沿入射光方向反射光的光锥角，通常 $\rho_0 = 0.8$，$\alpha = 8°$。

美国 3M 公司生产的 Scotchlite7610 高增益反射膜（苏格兰膜）的亮度系数随发散角的变化见表 11.3.1。图 11.3.18 显示了这种反射特性。

表 11.3.1　亮度系数随发散角的变化

发散角（α）	0°	0.25°	0.33°	0.5°	0.75°	1°
亮度系数（φ）	1 610	1 280	1 090	590	198	115

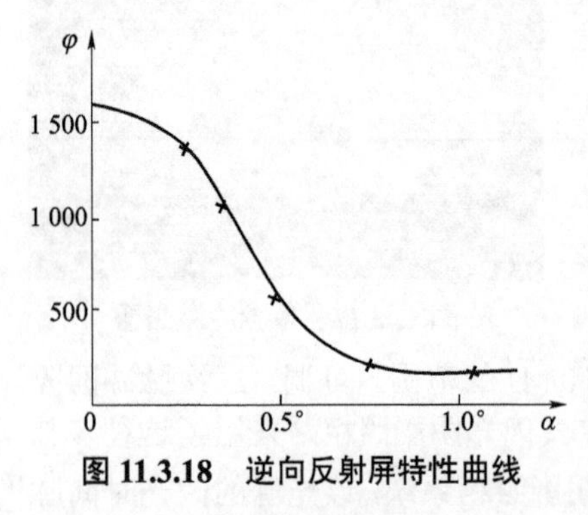

图 11.3.18　逆向反射屏特性曲线

这种材料可制成像纸一样的反射膜，很容易切割成形。逆向反射材料已经被用了好多年，最初主要用于道路交通标志、防护服和安全篷布等，以提高它们的可见性，特别是在能见度低的白天或夜间，用这种材料制作交通路标，汽车司机利用车灯可以在 1 000 m 外看见反光，在 400 m 外看清路标上的图案。人们把这种材料用于弹道靶道作反射屏幕也有好多年了。它除了极大地提高了反射效率，提高了底片上的照度，减小对光源的要求外，还可代替反射镜从而显著地节省费用。

§11.3.6　触发系统

控制火花闪光源的触发时间，使之与所拍摄的高速流逝现象同步，是闪光阴影照相中的又一个关键问题。因为高速弹丸飞经摄影站光区的时间很短，例如速度为 1 000～2 000 m/s 的弹丸，飞经摄影站光区的时间约为 0.5～1 ms。只有精确控制火花闪光源的闪光时间，才能

保证拍摄到高速飞行的弹丸。闪光阴影照相站一般都采取由运动弹丸本身来触发光源闪光的方法，实现闪光与被摄现象的同步。图 11.3.19 所示为典型的触发系统示意。

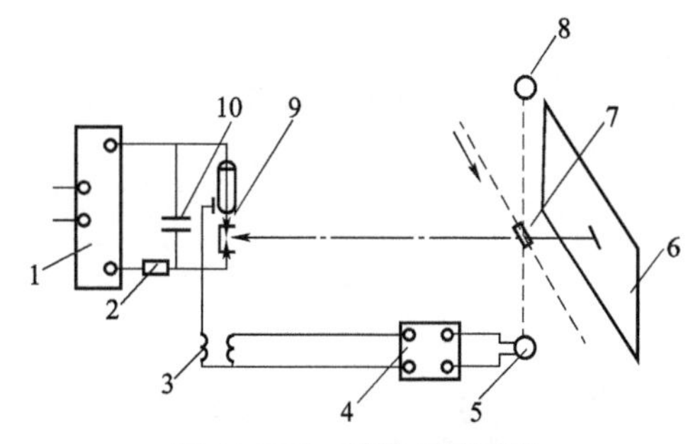

图 11.3.19　触发系统示意

1—直流高压电源；2—电阻；3—高频感应线圈；4—放大器；5—光电管；6—底片；7—弹丸；8—光源；9—火花隙；10—高压无感电容

触发系统通常采用专门的红外光幕靶来实现，其结构包括光幕、光电探测器以及放大和延迟电路等。美国 BRL 弹道靶道在每一个摄影站前都安装一个光幕，包括一个大功率红外光源、一个把光发散成光幕的半月形柱面透镜、一个反射屏和一个把光聚焦到光电倍增管阴极上的半月形柱面透镜。当弹丸穿过光幕时，光电管产生电脉冲信号，经放大和延迟后，在弹丸飞经屏幕中央时触发光源闪光。西欧某靶道采用红外发光二极管作光源，它发出的光从对面的逆向反射屏反射回来，由安装在光源近旁的光电元件接收。光幕的张角与射击方向垂直并与照相机的视场相应，采用全色胶片时，红外光不会使底片感光。光幕位置的安排要使弹丸通过反射光幕时能立刻触发光源闪光，不需要安装延时电路，也不需要根据弹丸的速度调整延时器的延迟时间，如图 11.3.20 所示。各个站彼此独立工作，这可以保证各摄影站工作的可靠性。

闪光阴影照相站的触发系统也可以采用多普勒信号触发方式来实现。这种触发方式所采用的设备由专用的多普勒雷达结合红外触发靶组成，其场地布置如图 11.3.21 所示。图中采用多普勒天线系统作为多普勒传感器，以红外触发靶区截面定位，并提供多普勒传感器的启动信号即可启动全部照相站的闪光阴影照相。

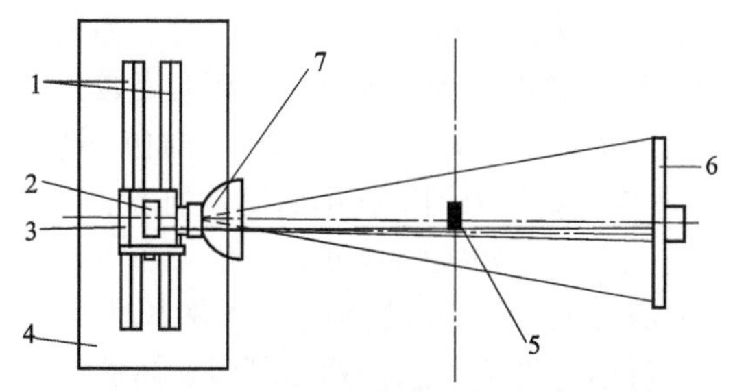

图 11.3.20　闪光阴影照相站触发装置配置

1—导轨；2—红外探测器；3—照相机；4—台架；5—弹丸；6—逆向反射屏；7—火花闪光源（带抛物面反射罩）

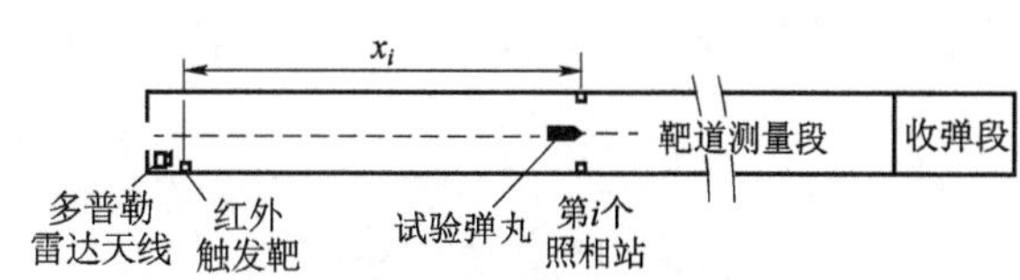

图 11.3.21　闪光阴影照相站多普勒信号触发示意

设第 i 个闪光阴影照相站到红外触发靶区截面的距离为 x_i，根据多普勒原理，由式(11.3.4)可知，在多普勒信号的每一个周期 T_d 的时间内，弹丸径向运动的距离是一个常数，其值为雷达天线发射电磁波波长 λ_0 的二分之一：

$$v_r \cdot T_d = \frac{\lambda_0}{2} \tag{11.3.4}$$

由此，若规定弹丸穿过红外触发靶区截面后，飞过距离 x_i 时多普勒信号的周数为 n_i，则多普勒信号振荡 n_i 周所经历的时间

$$T_{ni}=n_i T_d \quad i=1,2,\cdots,n \tag{11.3.5}$$

即在 T_{ni} 时间内，弹丸径向飞行距离为 x_i，故由式（4.3.2）和式（11.3.4）有

$$x_i = v_r \cdot T_{ni} = n_i \cdot v_r T_d = n_i \cdot \frac{\lambda_0}{2} \tag{11.3.6}$$

即

$$n_i = \frac{2x_i}{\lambda_0} \tag{11.3.7}$$

式（11.3.5）～式（11.3.7）说明，试验弹丸穿过红外触发靶区截面后，经历多普勒信号振荡 n_i 周的时间正好到达第 i 个闪光阴影照相站的位置。因此，在图 11.3.21 所示的场地布置中，进入靶道测量段的飞行弹丸即穿进了多普勒传感器的波束。弹丸到达红外触发靶区截面时，红外触发靶立刻启动多普勒信号计数器开始计数。当多普勒信号计数器所计多普勒信号的周数达到 n_i 时，弹丸正好飞行到第 i 个闪光阴影照相站的位置。此时，计算机发出光源闪光指令，光源即刻闪光完成该站的照相过程。由此，只要根据红外触发靶区截面到每个闪光阴影照相站的距离，由式（11.3.6）计算出对应的多普勒信号振荡周数，即可由计算机控制各个闪光阴影照相站适时闪光照相。

§11.3.7 空间基准系统

弹道靶道的空间基准系统是图像数据判读的基础，其基本功能是在靶道内建立一整套测量坐标系，并将试验获得的弹丸图像的特征点与该特征点对应的空间坐标联系起来。

空间基准系统由空间基准测量定位系统和空间基准标志组成，空间基准标志与每个照相站的照相记录相联系。前者的主要功能是建立整个靶道的测量坐标系，后者的主要功能是建立闪光阴影照相站的判读坐标系及其与靶道测量坐标系的联系。由于空间基准系统的结构、图像数据判读及处理方法直接影响测量结果的精度，因此要求空间基准系统的精度和稳定性都要高，还要能够方便地进行调校。这就造成了整个空间基准系统不仅复杂，而且还较为庞大。靶道参数的处理通常采用地球固联坐标系，规定水平射击方向为 x 轴，铅直方向为 y 轴，按右手法则与 x，y 轴垂直的方向为 z 轴。各种空间基准系统都力图以精确而简单的方法，将与这三个坐标相关的基准标志记录在飞行弹丸的照片上，作为数据判读的参考基准。

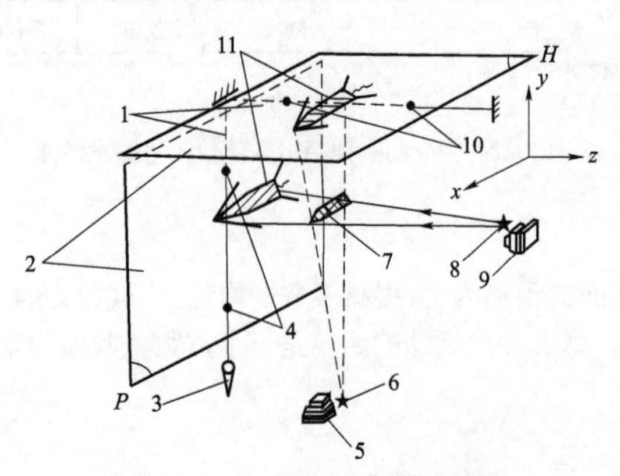

图 11.3.22 悬线式空间基准系统

1—金属线；2—反射屏；3—铅锤；4，10—基准标记（小珠）；5，9—照相机；6，8—火花闪光源；7—弹丸；11—阴影像

目前，许多国家的弹道靶道采用的空间基准系统从原理上分为固定金属悬线和活动基准框架两种。美国的弹道靶道多采用固定金属悬线的方法，图 11.3.22 所示是美国陆军弹道研究所（BRL）大断面靶道的空间基准系统示意。该靶道的火花闪光源、照相机和逆向反射屏幕的位置如图所示。在侧方和顶部的屏幕前，绕靶道横截面在 $y-z$ 平面与两个屏幕的交界处，用细金属丝设置一条铅垂线和一条横悬线，这样就可以在每个摄影站前建立起 $y-z$ 平面，而在金属线上的玻璃珠

可以建立起 $x-z$ 平面（水平面）和 $x-y$ 平面（铅垂面）。

确定 $x-z$ 平面时，需沿靶道射击方向拉一根细线，并将它投影到地面上的二次基准上，这些基准确定了 $y-z$ 平面的位置。二次基准的距离要测得非常准确，并利用精密经纬仪把每个站的光源和照相机移动到同一个 $y-z$ 平面内。照相时，飞行弹丸的阴影像、金属丝和玻璃珠的影像就可以同时被记录在照片上。利用照片上弹丸影像的特征点（通常取弹尖和弹底中心）相对于基准标志的坐标参数，可通过公式换算出该特征点的空间坐标，进而计算出质心坐标和弹轴的方位角。换算公式因平行光路和锥形光路而异。

另一种空间基准系统为活动载体式基准系统，欧洲国家多用这类结构。

所谓活动载体式基准系统，其基准标志是在沿靶道移动的小车上设置一个用于测量标定的网格载体。试验前，先将载体在靶道内闪光阴影照相站精确定位，并将载体上的基准标记记录在底片上，留作标定的基准图像。试验时将载体移走，并将自由飞行试验弹丸的影像记录在另一底片上。试验后，将两张底片按照在投影屏幕上的定位标志重叠，即可得出既有基准标记又有弹丸影像的图形，通过判读得出相应的测试数据。图 11.3.23 所示的靶道坐标仪就是一种活动载体式基准系统。这是一个稳固的活动支座，支座上有一个中空圆柱，圆柱上有 4 个垂直相交的十字平板，构成两个正交平面，每个平面上制有精确测定的标记，如小圆孔等。试验前，把靶道坐标仪架设于照相站的弹道上，先利用激光准直仪自炮口指向目标，并与射线重合，再调整坐标仪使中空圆柱的轴线与射线重合，调平坐标仪使十字平板的两个正交平面与铅锤面的夹角均为 45°。通过相机上的毛玻璃校准照相机，使照相机内定位框标志尽可能精确地与校准网板上的标志相符合，然后对本站左右两个照相机进行校准照相，相应得出两张对准坐标仪基准平板的标定图像。弹道坐标仪在射向上的坐标可使用与射向平行安装的二次基准或利用干涉仪进行测量，以保证各站的照相机光轴互相垂直和照相机在靶道坐标中的正确位置。

顺次移动弹道坐标仪到每个摄影站，重复上述标定照相过程，校准后撤去弹道坐标仪，便可进行试验射击拍照。拍照记录后，通过边框标志把摄有坐标仪网板和摄有弹丸阴影的两幅图像叠合起来判读处理，即可得出弹丸的飞行姿态角和空间坐标。这种方法的优点是：整体结构简单，且不受靶道结构因温度变化的影响，精密加工的设备只有坐标仪一件。其缺点是事先调校麻烦。图 11.3.24 所示为摄有坐标标志和弹丸的照相记录。

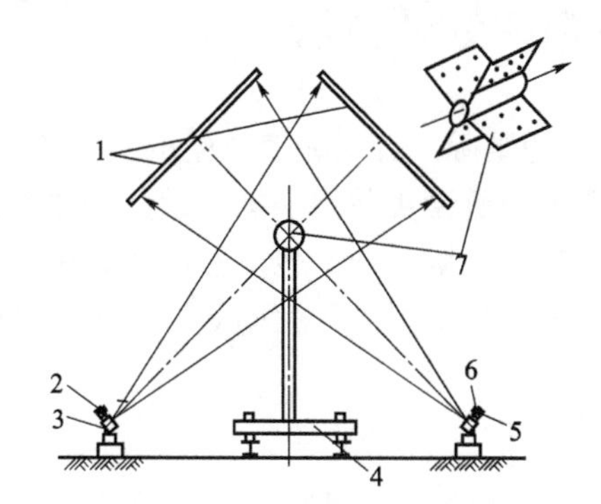

图 11.3.23　活动载体式基准系统

1—反射屏；2，5—火花闪光源；3，6—照相机；4—活动小车；7—标准载体

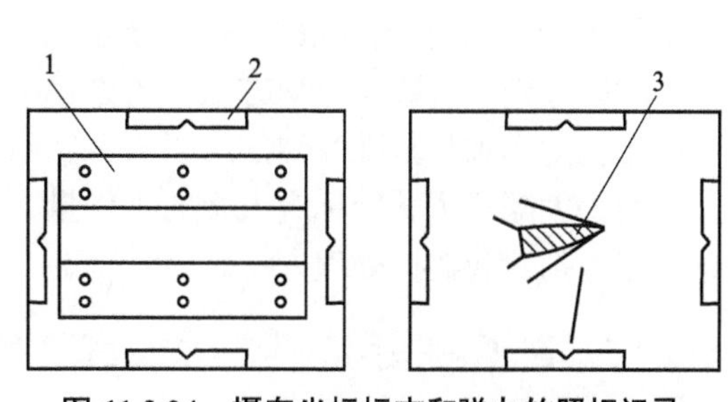

图 11.3.24　摄有坐标标志和弹丸的照相记录

（a）带空间坐标标志的图像；（b）带运动弹丸阴影的图像

1—标准载体图像（坐标标记）；2—相机固定标志；3—弹丸阴影图像

上面所述的平板式坐标仪标定后的坐标换算原理是，通过标定确定相机镜头中心（节点）和坐标仪基准板标记的空间坐标，以此为基础确定弹丸任一特征点的空间坐标。根据这一原理可知，相机的位置坐标的标定误差将严重影响判读结果。因此在上述标定过程中，必须要求相机精确定位，并使相机主光轴对准坐标仪中心，以准确确定相机镜头节点的位置坐标。由于相机调校过程与坐标仪相仿，这一要求大大增加了各个照相站的标定工作量，并导致试验周期、成本大大增加。

事实上，由于在试验前的标定过程中始终存在人员的视觉误差，因此严格实现相机主光轴与坐标仪中心完全重合是不可能的。尽管在标定合格的条件下这种不重合量很小，但它同样会造成图像判读和数据处理的误差。如果标定不够仔细（在连续标定多个照相站的过程中，由于标定人员视觉疲劳，这一现象极易出现），这一误差还会大大增加，使得判读数据出现严重失真。

为了减少标定工作量，我国常规兵器弹道靶道的基准系统采用双“田”字形网格基准载体，如图 11.3.25 所示。图 11.3.26 所为靶道基准标定时双“田”字网格基准载体面向射击方向的架设定位示意。

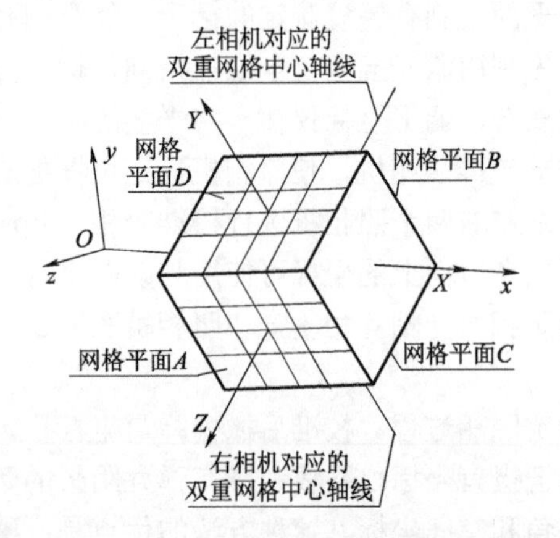

图 11.3.25 双“田”字形网格基准载体示意

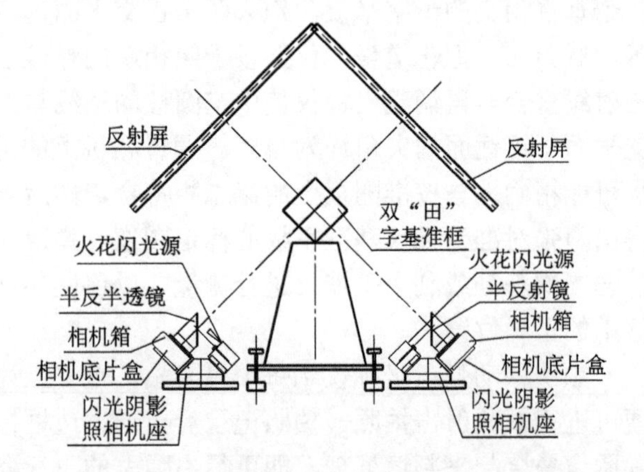

图 11.3.26 网格基准在靶道标定中的架设示意

§11.4 弹道靶道闪光阴影照相的图像判读处理方法

本节以图 11.3.25 所示的双“田”字形网格基准系统为基础，针对靶道试验的实际情况，介绍相应的图像判读与数据处理方法。该方法不需要提供相机镜头节点坐标，因此操作过程中不需要相机主光轴与基准载体的双“田”字网格中心轴线严格重合，也不需要对相机精确定位，从而大大减轻了试验标定人员的工作量，并在很大程度上提高了试验效率。下面详细介绍这一图像判读和数据处理方法。

§11.4.1 靶道内采用的坐标系及其变换关系

1. 靶道内采用的坐标系

1）靶道测量坐标系（$O-xyz$）

靶道测量坐标系 $O-xyz$ 的坐标原点 O 位于炮口的铅直平面与靶道空间基准系统射向基

准轴的交点上，Ox 轴与该基准轴重合，朝射击方向为正；Oy 轴铅直朝上为正；Oz 轴水平向右为正。在图 11.3.25 中，坐标系 $O-xyz$ 即靶道测量坐标系。

2）闪光阴影照相站坐标系

对于靶道内任意一照相站，在一般条件下可以建立如图 11.3.25 所示的闪光阴影照相站坐标系 $O-XYZ$。图中，$O-XYZ$ 坐标系的坐标原点 O 位于双“田”字网格载体中心，OX 轴与靶道空间基准系统射向基准轴重合（也与双“田”字网格的横线平行），朝射击方向为正；OY 轴与右相机“田”字网格纵线平行（也与左相机双“田”字网格中心轴线重合），朝上为正；OZ 轴与右相机双“田”字网格中心轴线重合（与左相机“田”字网格纵线平行），并与 OX 轴和 OY 轴构成右手坐标系。

3）相机的像空间坐标系

在图 11.4.1 中，$s-uvw$ 为相机的像空间坐标系，其坐标原点 s 位于相机镜头节点处，sw 轴与相机主光轴重合，朝底片方向为正；sv 轴与底片纵轴平行，向上为正；su 轴与底片横轴平行，向右为正。

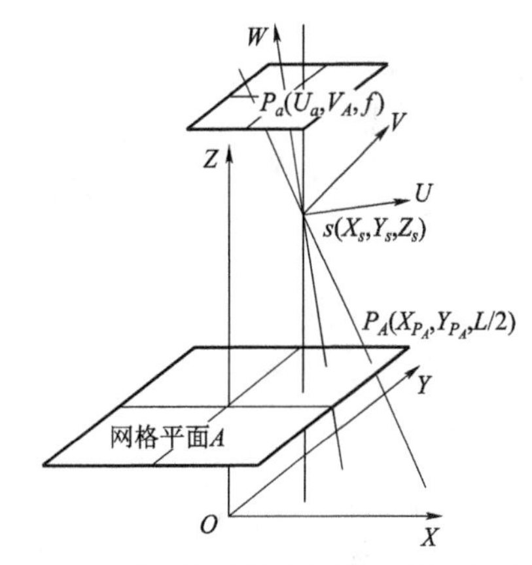

图 11.4.1　物、像空间坐标系及成像关系示意

2. 各坐标系间的变换关系

由于闪光阴影照相站坐标系 OX 轴与靶道测量坐标系的 OX 轴重合，则第 i 照相站的坐标原点在 $O-xyz$ 坐标系中的坐标可写为（x_i, 0, 0）。设站坐标系中任意一点 P 的坐标为（X, Y, Z），OY 轴与铅垂线之间的夹角为 ϕ（通常，$\phi=45°$），由图 11.4.1 中的几何关系，点 P 在靶道测量坐标系中的坐标可以表示为

$$\begin{bmatrix} x \\ y \\ z \end{bmatrix} = \begin{bmatrix} 1 & 0 & 0 \\ 0 & \cos\phi & -\sin\phi \\ 0 & \sin\phi & \cos\phi \end{bmatrix} \begin{bmatrix} X \\ Y \\ Z \end{bmatrix} + \begin{bmatrix} x_i \\ 0 \\ 0 \end{bmatrix} \tag{11.4.1}$$

设像空间坐标系 $s-uvw$ 的原点 s 在站坐标系 $O-XYZ$ 中的坐标为（X_S, Y_S, Z_S），则站坐标系与像空间坐标系之间的坐标变换关系为

$$\begin{bmatrix} X \\ Y \\ Z \end{bmatrix} = \begin{bmatrix} a_{11} & a_{12} & a_{13} \\ a_{21} & a_{22} & a_{23} \\ a_{31} & a_{32} & a_{33} \end{bmatrix} \begin{bmatrix} u \\ v \\ w \end{bmatrix} + \begin{bmatrix} X_S \\ Y_S \\ Z_S \end{bmatrix} \tag{11.4.2}$$

式中，矩阵元素 $a_{11}, a_{12}, a_{13}, a_{21}, a_{22}, a_{23}, a_{31}, a_{32}, a_{33}$ 分别为像空间坐标系各坐标轴在站坐标系中的方向余弦。

§11.4.2　基准网格平面上物像之间的换算关系

在图 11.3.25 所示的双“田”字网格中，设闪光阴影照相站坐标系 $O-XYZ$ 的网格平面法线与 OZ 轴平行的两个网格平面分别为平面 A 和平面 B，法线与 OY 轴平行的两个网格平面分别为平面 C 和平面 D。沿右相机光轴（与 OZ 轴重合反向）方向的前一“田”字网格平面 A 上的任意一物点 P_A 在物空间坐标系 $O-XYZ$ 中的坐标为$(X_{P_A}, Y_{P_A}, L/2)$，L 为双“田”字网格

平面 A、B 之间的距离（由网格结构尺寸所决定，是一个已知量）。点 P_A 在右相机底片上成像的像点为 P_a，点 P_a 在像空间坐标系 $s-uvw$ 中的坐标为（u_a, v_a, f），其中 f 为像距。由式（11.4.2），该像点在相机物空间站坐标系中的坐标可表示为

$$\begin{bmatrix} X'_{P_A} \\ Y'_{P_A} \\ Z'_{P_A} \end{bmatrix} = \begin{bmatrix} a_{11}u_a + a_{12}v_a + a_{13}f + X_S \\ a_{21}u_a + a_{22}v_a + a_{23}f + Y_S \\ a_{31}u_a + a_{32}v_a + a_{33}f + Z_S \end{bmatrix} \tag{11.4.3}$$

由图 11.4.1 中相机成像的物、像几何相似关系，有

$$\frac{X'_{P_A} - X_S}{X_{P_A} - X_S} = \frac{Y'_{P_A} - Y_S}{Y_{P_A} - Y_S} = \frac{Z'_{P_A} - Z_S}{L/2 - Z_S} \tag{11.4.4}$$

将式（11.4.3）代入，有

$$\begin{aligned} \frac{a_{11}u_a + a_{12}v_a + a_{13}f}{X_{P_A} - X_S} &= \frac{a_{21}u_a + a_{22}v_a + a_{23}f}{Y_{P_A} - Y_S} \\ &= \frac{a_{31}u_a + a_{32}v_a + a_{33}f}{L/2 - Z_S} \end{aligned}$$

求解上式，整理可得

$$\begin{cases} X_{P_A} = \dfrac{a'_{11}u_a + a'_{12}v_a + a'_{13}}{a'_{31}u_a + a'_{32}v_a + 1} \\ Y_{P_A} = \dfrac{a'_{21}u_a + a'_{22}v_a + a'_{23}}{a'_{31}u_a + a'_{32}v_a + 1} \end{cases} \tag{11.4.5}$$

式中

$$\begin{cases} a'_{11} = \dfrac{(L/2 - Z_S)\, a_{11} + X_S a_{31}}{a_{33}f} \\ a'_{12} = \dfrac{(L/2 - Z_S)\, a_{12} + X_S a_{32}}{a_{33}f} \\ a'_{13} = \dfrac{(L/2 - Z_S)\, a_{11} + X_S a_{33}}{a_{33}f} \\ a'_{21} = \dfrac{(L/2 - Z_S)\, a_{11} + Y_S a_{31}}{a_{33}f} \\ a'_{22} = \dfrac{(L/2 - Z_S)\, a_{22} + Y_S a_{32}}{a_{33}f} \\ a'_{23} = \dfrac{(L/2 - Z_S)\, a_{23} + Y_S a_{33}}{a_{33}f} \\ a'_{31} = \dfrac{a_{31}}{a_{33}f} \\ a'_{32} = \dfrac{a_{32}}{a_{33}f} \end{cases}$$

可见，只要确定式（11.4.5）中的 8 个系数 $a'_{11}, a'_{12}, a'_{13}, a'_{21}, a'_{22}, a'_{23}, a'_{31}, a'_{32}$ 的值，即可由底片上

任意一像点的坐标换算出网格平面上相应物点在站坐标系中的坐标。事实上，由于“田”字形网格平面上存在多个空间坐标已知的特征点，在基准标定图像的数据判读时，只要得出其中不共线的 4 个特征点在底片上的坐标（例如，“田”字网格的 4 个角点）分别代入式（11.4.5），即可构成由 8 个代数方程构成的联立方程组。求解这一方程组，即可确定上述 8 个系数。

同样地，对于后一“田”字网格平面 B 上的任意一点 P_B 有与式（11.4.5）形式相同的关系式

$$\begin{cases} X_{P_B} = \dfrac{b_{11}u_b + b_{12}v_b + b_{13}}{b_{31}u_b + b_{32}v_b + 1} \\ Y_{P_B} = \dfrac{b'_{21}u_b + b'_{22}v_b + b'_{23}}{b'_{31}u_b + b'_{32}v_b + 1} \end{cases} \tag{11.4.6}$$

由于左相机与右相机呈对称结构，因而左相机所对应的双“田”字网格也类似。对于左相机光轴方向的前一网格平面 C 上的任意一点 P_C，仿照式（11.4.5）的推导过程可以得出

$$\begin{cases} X_{P_C} = -\dfrac{c'_{11}u_c + c'_{12}v_c + c'_{13}}{c'_{31}u_c + c'_{32}v_c + 1} \\ Z_{P_C} = -\dfrac{c'_{21}u_c + c'_{22}v_c + c'_{23}}{c'_{31}u_c + c'_{32}v_c + 1} \end{cases} \tag{11.4.7}$$

同理，对于后一网格平面 D 上的任意一点 P_D，有

$$\begin{cases} X_{P_D} = -\dfrac{d'_{11}u_d + d'_{12}v_d + d'_{13}}{d'_{31}u_d + d'_{32}v_d + 1} \\ Z_{P_D} = -\dfrac{d'_{21}u_d + d'_{22}v_d + d'_{23}}{d'_{31}u_d + d'_{32}v_d + 1} \end{cases} \tag{11.4.8}$$

式中，负号是左相机相对于右相机在光路上形式对称的必然结果。

§11.4.3　弹丸上任意一特征点的空间坐标换算

对于弹丸上任意一特征点 P，点光源 S_1 和 S_2 将待测点分别投射到屏 M_1 和 M_2 上，得到 P_1 和 P_2 点。将点 P_1 和 P_2 分别连接光源 S_1 和 S_2，可以得到两条投射线 S_1P_1 和 S_2P_2，如图 11.4.2 所示。如果光源 S_1 和 S_2 闪光严格同步，这两条投射线则相交于 P 点。因此，只要分别建立两条投射线的直线方程，这两条直线的方程组的联立解就是点 P 的坐标。

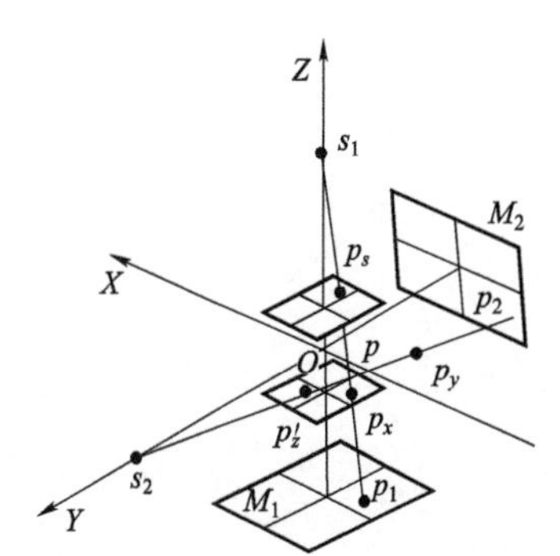

图 11.4.2　特征点 P 的投影关系

由空间解析几何可知，如果已知投射线上任意两点的坐标，即可建立该条射线的直线方程。对于射线 S_1P_1，由式（11.4.5）和式（11.4.6），可以分别计算出投射线 S_1P_1 在双重网格平面 A 和 B 上的坐标 $(X_{P_A}, Y_{P_A}, L_1/2)$ 和 $(X_{P_B}, Y_{P_B}, -L_1/2)$，并写出射线方程

$$\frac{X - X_{P_A}}{X_{P_A} - X_{P_B}} = \frac{Y - Y_{P_A}}{Y_{P_A} - Y_{P_B}} = \frac{Z - L_1/2}{L_1} \tag{11.4.9}$$

对于射线，由式（11.4.7）和式（11.4.8）可分别计算出该射线在双重网格平面 C、D 上的点 P_C、P_D 的坐标 $(X_{P_C}, Y_{P_C}, L_2/2)$、$(X_{P_D}, Y_{P_D}, -L_2/2)$，并写出射线方程

$$\frac{X - X_{P_C}}{X_{P_C} - X_{P_D}} = \frac{Y - Y_{P_C}}{Y_{P_C} - Y_{P_D}} = \frac{Z - L_2/2}{L_2} \tag{11.4.10}$$

式中，L_2 为网格平面 C 与网格平面 D 之间的距离。

由式（11.4.9）和式（11.4.10）可构成射线 S_1P_1 和 S_2P_2 联立方程组，并可写成下面的一般形式：

$$\begin{cases} e_{11}X + e_{12}Y + e_{13}Z = g_1 \\ e_{21}X + e_{22}Y + e_{23}Z = g_2 \\ e_{31}X + e_{32}Y + e_{33}Z = g_3 \\ e_{41}X + e_{42}Y + e_{43}Z = g_4 \end{cases} \tag{11.4.11}$$

可见，该方程组含有 4 个方程，而只有 3 个未知数 X、Y、Z。靶道试验中，由于每个照相站的两个火花闪光源的闪光时间并不严格同步，加之所采用的网格基准和图像判读均存在误差。因此，射线 S_1P_1 与射线 S_2P_2 并不严格相交。由此可以认为，这个由 4 个方程构成的联立方程组是一个矛盾方程组。对于矛盾方程组（11.4.11），采用最小二乘法解出弹丸特征点 P 在站坐标系 $O-XYZ$ 中的坐标（X，Y，Z），代入式（11.4.1），即可换算出点 P 在靶道测量坐标系 $O-xyz$ 中的坐标（x，y，z）。

第12章
弹丸飞行姿态的弹载传感器测试技术

弹丸飞行姿态是弹丸的重要运动参数，它是分析判断弹丸飞行稳定性和散布的重要参数，对射程、落点散布甚至威力都有很大影响。虽然前两章介绍的测试方法能够很好地测出弹丸飞行姿态，但这些方法只能测量炮口附近低伸弹道的飞行姿态规律，无法观测仰射条件下弹丸全弹道的飞行姿态变化规律。若利用弹载传感器测量弹丸飞行姿态，可以在弹丸的整个飞行弹道上更好地观测和分析弹丸的飞行稳定性和散布，这对于提高弹丸的射程、减小速度损失和缩短飞行时间、提取弹丸飞行气动力系数、进行弹道分析计算和射表编制均具有重要意义。本章介绍弹丸飞行姿态的弹载传感器测试技术是将姿态传感器安装在弹体上进行测量，这类技术能够很好地解决全弹道飞行姿态的测试问题。

§12.1 弹载传感器测试系统简介

弹载传感器测试的主要方法是将测试传感器直接安装在弹体上测量弹丸飞行过程中的相关参数，其测试设备由能抗高过载（10 000 g 以上）或较高过载（500 g 以上）的弹载测试传感器和测试信号采集传输设备组成。弹载传感器广泛应用在有控弹箭的定位、定向、测姿、导航和靶场试验中，其测试技术与设备也已相当完善，除测量弹体内部的工作参数及环境参数外，也经常用来测量弹丸的转动及攻角。弹载传感器测试的优点在于：它能获得光学测量达不到的远距离参数，工作不受照明等条件限制，易于计算机进行数据采集及处理工作。

一般说来，弹载传感器的测试信号传送或提取方法有两类：一类是采用无线电传输和地面接收的方法，其系统称为遥测系统；另一类是采用在弹上安装存储器，将弹载传感器的测试信号用弹载存储器保存下来，再通过回收弹丸读出数据的方法，所构成的系统称为弹载传感器信号存储系统，俗称“黑匣子”。

遥测系统是以现代信息技术为基础的应用系统，按数据传输信道，可分为无线电遥测系统、有线电遥测系统，其功能包括信息采集、传输与处理三个环节。弹载传感器测试一般采用无线电遥测系统，其组成和原理如图 12.1.1 所示。图中遥测系统主要由弹载系统和地面接收系统组成，弹载系统端为测试信号的发射端，地面接收及数据处理系统为测试信号的接收端。弹载系统设备包括传感器、信号调理器、电压控制器、射频振荡器及发射天线等。地面接收设备则有高增益天线、调频增益天线、调频接收机、计算机及其记录设备等。

在发射端，待测参数（如飞行姿态、坐标、速度、温度、压力、加速度等参量）通过相应的传感器给出代表该物理量的电信号的参数，再通过信号调理器将之变换成适合采集的规范化信号，如电压或电流。多路调制器将多路规范化遥测信号按一定体制（例如频分制或时分制）集合在一起，形成适合单一信道传送的群信号，再调制发射机的载波，经功率放大后通过天线发向接收端，如图 12.1.1（a）所示。

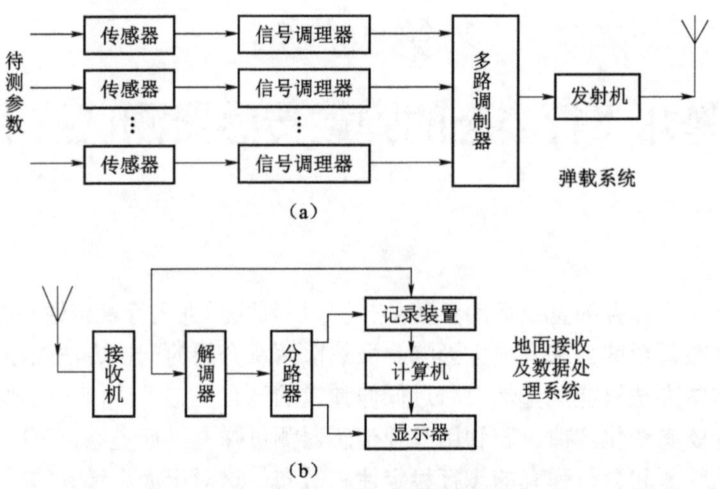

图 12.1.1 无线电遥测系统的组成和原理

在接收端，接收天线收到信号后送到接收机，进行载波解调，再经过分路器恢复出各路遥测信号，送到计算机系统进行数据处理，按要求选出部分参数加以显示，并对接收和解调后的检前、检后全部遥测信号进行记录，以便事后处理，如图 12.1.1（b）所示。

按无线电遥测信号的多路复用调制技术，无线电遥测系统可分为频分制、时分制、码分制和时频混合遥测系统。采用何种多路复用调制技术决定了遥测系统主要性能。无论哪一种多路复用调制技术，其被传输的信号有模拟信号和数字信号之分，对应的系统称为模拟遥测系统和数字遥测系统。

频分制遥测是以不同的频率区分遥测信号。在发送端，各路调节器的输出分别调制一路频率互不相同的副载波，相加后形成组合信号再去调制射频载波；在接收端，经载波解调恢复出组合信号，由并联的分路带通滤波器进行分路，再经副载波解调获取各路信号。副载波调制可以采用调幅（AM）、调频（FM）、调相（PM），其中调频方式使用较多。同样，载波调制也可以采用调幅（AM）、调频（FM）、调相（PM）中的任何一种调制方式，其中也以调频方式居多。

时分制遥测是以不同的时间区间区分遥测信号。在发送端，采样开关对各路调节器的输出按时间顺序进行巡回采样，各路采样脉冲依次串行排列，前面加上起始识别标志，形成群信号去调制副载波或直接调制载波；在接收端，经载波和副载波解调恢复出群信号，找到起始识别标志后，按时间顺序进行分路，获取各路信号。如果采样脉冲的幅度反映被测参量，则称为脉冲幅度调制（PAM）；如果采样脉冲的宽度或位置反映被测参量，则称为脉冲宽度调制（PDM）或脉冲位置调制（PPM）；如果用一组编码脉冲来反映被测参量，则称为脉冲编码调制（PCM）。目前在靶场试验中，使用最多的是 PCM，其次是 PAM。美国 IRIG 遥测标准和我国的遥测标准也只规定了这两种调制方法。

码分制遥测是以不同副载波码型（或波形）结构划分遥测信号。在发射端，各路调节器的输出经采样保持（或采样编码）分别调制自相关性非常强而互相关性非常弱的周期性序列函数（如沃尔什函数、m 序列码等），相加后形成组合信号去调制载波。在接收端，经载波解调恢复出组合信号，再和本机产生的相应周期序列进行相关性解调，在序列函数周期内积分便取得各路信号的采样值（或编码值），经低通滤波器恢复出原信号（或二进制数字信号）。码分制遥测系统中，分离算子函数（如沃尔什函数）的产生电路较复杂，在工程上实现起来比较困难，且频带利用率低，传输容量小，因此，到目前为止只在多目标遥测系统中才应用。

弹载传感器信号存储系统主要由弹载数据采集存储系统和数据读写采集装置构成，如图 12.1.2 所示。图中，启动信号可由火炮发射信号提供，也可由弹载惯性开关或其他传感器提供。弹载数据采集存储系统将传感器输出的电信号的参数通过信号调理器变换成规范化信号后，由模/数转换电路变换为数字信号，再由弹载存储器存储下来。弹载数据采集存储系统安装在弹体内，临近发射前系统通电，传感器、信号调理器、A/D 转换器开始工作。弹丸发射时，弹丸处于高过载状态（超过 10 000 g），系统的启动传感器（惯性开关或磁电机等）产生一个触发脉冲，该脉冲信号触发 DSP 控制数据存储模块开始工作，直到存储器存满，系统才停止工作。最终实现弹道数据的弹载测量和存储。

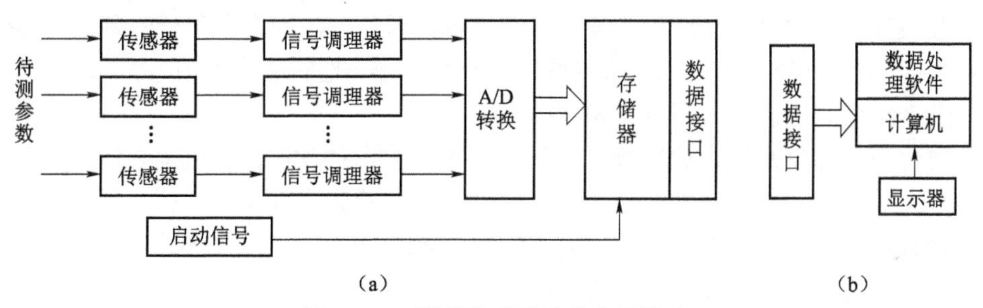

图 12.1.2　弹载传感器信号存储系统

（a）弹载存储系统；（b）数据读取与处理

在工程实践中，弹载传感器信号存储系统常选用 TI 公司的 DSP 芯片 TMS320F2811 作为控制器，该 DSP 内的 Flash 只有 256 KB 字节，使用时需要扩展 DSP 片外存储器。早期使用 DSP 的外部存储器接口（XINTF）扩展 DSP 片外存储器，即在 XINTF 上连接 RAM、ROM 和 E2PROM 等。这种方法的缺陷是存储器需要复杂的数据、地址和控制总线，引脚多，体积较大，不满足小型化的使用要求。近些年来，弹道数据存储器多采用 Flash 芯片。Flash 芯片是一种新型的存储器，它具有速度快、密度高、易擦除、体积小的优点，串行接口的 Flash 引脚较少（使用 4 条线完成控制和数据传输），能满足弹载传感器信号存储系统对存储器容量、速度和封装尺寸的严格要求，是小型化弹道数据存储器的理想选择。

综上所述，待测信号的采集是以传感器、信号变换与处理、计算机等技术为基础的，弹载传感器测试系统的工作过程实质就是待测参数信号的瞬时采样、存储、记录或传输过程。随着微电子及计算机技术的广泛应用，弹上设备及地面设备都已有很大改变。对于弹丸飞行姿态测试，系统的核心技术在于传感器。目前对于飞行器的姿态测试的方法主要有：太阳方位传感器方法、地磁法、惯性传感器方法、星敏感器获取飞行体姿态信息的方法、GPS 测量姿态的方法等。

在这些方法中，星敏感器大多用于卫星的姿态控制和导航，也有人提出将星敏感器用于导弹姿态探测，并给出了一些姿态矩阵线性化解算方法，但至今没有应用实例。GPS 的载波相位相对定位技术在大地测量、工程测量等静态领域已有许多应用，定位的精度可达亚米级甚至厘米级。从 20 世纪 80 年代开始，GPS 的载波相位相对定位技术被用来测量载体的航向和姿态，这使得 GPS 的应用更加广泛。由于利用 GPS 测量姿态时，需要多个 GPS 配合使用，因此安装 GPS 所需空间较大，目前 GPS 多用于空间较大的飞机、舰船、导弹等姿态的测量。其余三种方法可用于弹丸飞行姿态测量。

弹丸飞行姿态角的测量通常采用专门的姿态角测量传感器。弹丸姿态角测量传感器是一种探测弹丸俯仰角、偏航角运动等信息的敏感装置，常常称为攻角传感器。攻角传感器是一种能够提供导弹或炮弹俯仰及偏航运动信息的装置。由于炮弹体积较小，发射时过载很大，弹载姿态测量传感器必须满足体积小，抗过载能力强（炮弹至少应达到 10 000 g 以上）的要求，因此目前可用于炮弹姿态测量的传感器主要有太阳方位角传感器、地磁传感器、惯性传感器和各种复合传感器等。后面主要介绍这些弹丸姿态传感器的构成及工作原理。

§12.2　太阳方位角传感器

太阳光线在确定时刻有一精确不变的传播方向，因此可作为姿态测量的基准。国外在 20 世纪 60 年代末就在开发太阳光线基准的弹丸姿态传感器，把它称为太阳方位角传感器，国内于 20 世纪 80 年代开始研究太阳方位角传感器的应用。

太阳方位角传感器是测量旋转稳定弹飞行姿态角的一种常用的探测器，它广泛用于测量旋转稳定弹丸攻角运动规律。太阳方位角传感器是为测量弹丸弹轴和由弹丸质心到太阳的矢量的夹角而设计的，此角称为太阳方位角（Solar aspect angle），用 σ 表示。自太阳方位角传感器问世以来，美国对太阳方位角遥测技术进行了许多研究与改进，并将其广泛应用于 5 in① 及 7 in HARP（高空火箭弹）和 155 mm 底排弹等的飞行试验中。20 世纪 90 年代初，美国还针对反坦克破甲弹（HEAT）及细长的动能弹研制了多敏感针孔攻角探测系统，其基本原理与标准太阳方位角传感器相同。

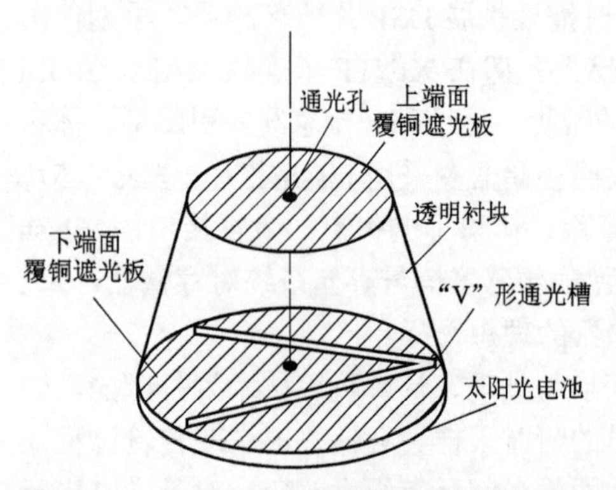

图 12.2.1　太阳方位角传感器的原理结构示意

传统的太阳方位角传感器是利用传感器上的“V”形槽将太阳光射入的光信号转换为含有太阳方位角信息和自转角速度信息的电信号。太阳方位角传感器的基本结构是由针孔遮光板、“V”形槽遮光板和太阳光电池构成，如图 12.2.1 所示。

太阳方位角传感器以太阳光传播方向为基准方向，借助阳光通过位于弹丸表面上的针孔照射“V”形槽遮光板后的太阳光硅电池获得电信号。当弹丸旋转时，进入针孔的光线横扫过“V”形缝，于是弹丸每旋转一周便产生来自太阳光电池的一对电脉冲信号，其中“V”形缝的每一条边对应一个电脉冲信号。电脉冲之间的时间间隔取决于太阳光横扫“V”形缝两缝之间的距离和弹丸的转速，而脉冲出现的周期仅取决于弹丸的转速。根据图 12.2.2 中针孔透过的太阳光线横扫过“V”形缝的几何关系可知，太阳光点扫过“V”形缝的两缝间的距离长短与光线入射角 σ 成一一对

① 1 in（英寸）=0.025 4m（米）。

应的关系，故通过测量这段距离的长短及可由下式换算出入射光线的入射角，即太阳方位角σ：

$$\tan\alpha=\frac{y}{2(L\tan\sigma+x)} \tag{12.2.1}$$

式中，L 代表图 12.2.1 中传感器上下端面之间的距离，L 和 x 均为传感器的结构参数，是已知量。设 r 为弹丸半径，σ_0 为通光孔到“V”形槽合拢端点之间的连线与下端面覆铜遮光板法线之间的夹角，即 $x=L\tan\sigma_0$。t_σ 为光线扫描两狭缝之间的时间间隔，t_γ 为弹丸自转一周的周期。将 $x=L\tan\sigma_0$，$y=\dfrac{2\pi\cdot r}{t_\gamma}t_\sigma$ 代入式（12.2.1），整理可得

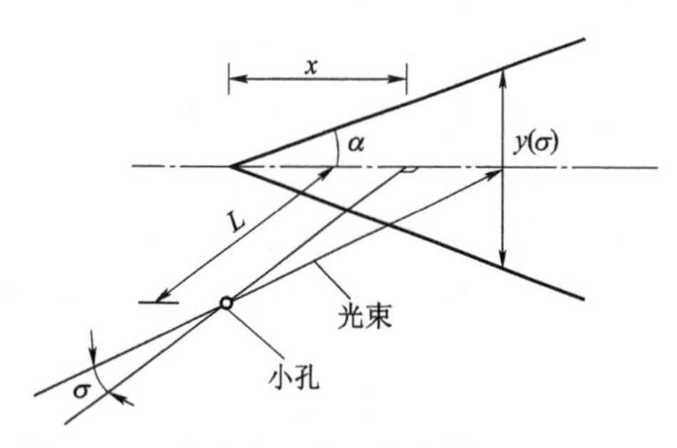

图 12.2.2　针孔太阳方位角传感器的几何关系

$$\sigma=\tan^{-1}\left[\frac{\pi\cdot r(t_\sigma/t_\gamma)}{L\cdot\tan\alpha}-\frac{x}{L}\right] \tag{12.2.2}$$

上式中，若 x 未知，或精度不高，可采用标定的方法确定 σ_0，此时有

$$\sigma=\tan^{-1}\left[\frac{\pi\cdot r\,(t_\sigma/t_\gamma)}{L\cdot\tan\alpha}-\tan\sigma_0\right] \tag{12.2.3}$$

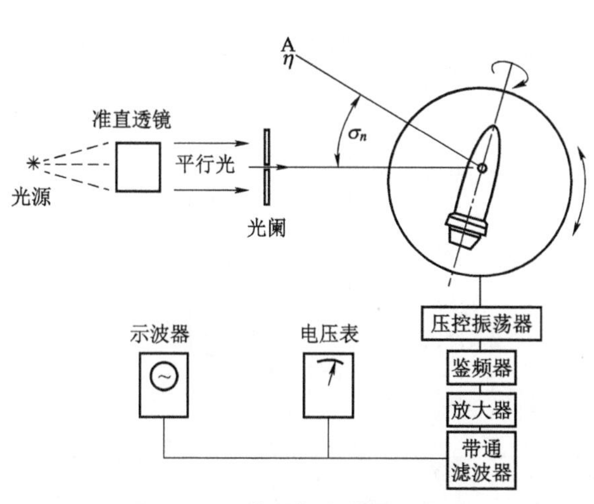

图 12.2.3　物理标定装置的原理

标定方法有两种，一种是几何标定，即先测量出固定太阳电池的安装角，然后通过安装角推出太阳方位角与脉冲间隔的关系式，另一种是物理标定法，如图 12.2.3 所示。

可在实验室中安装模拟试验装置，用平行光模拟太阳光源，把弹丸安装在一个能够绕纵轴和横轴旋转的仪器架上模拟弹丸的旋转及俯仰运动，并记录下σ角及脉冲数，从而获得各种σ角度条件下其与比值 t_σ/t_γ 之间的关系。据国外资料，这两种标定方法的精度是一致的，都能达到$\pm0.5°$以内。若考虑到数据处理技术产生的误差也不超过$\pm0.5°$，则采用太阳方位角传感器测量σ的积累误差不超过$\pm1°$。

现在使用的有两种基本的太阳方位角传感器。一种是 BRL 研制的传感器，它由两个独立的硅光电池及带有狭缝的定位器构成。狭缝确定了几乎全部视域。为了吸收内部的反射光，沿狭缝部位被做成锯齿形，末端制有反射面。现有传感器视域约为 $5°\times150°$（图 12.2.4）。两个相同的传感器以图 12.2.5 所示的方式安装在弹上，两个狭缝在空中构成了“V”字形。HDL（Harrty Diamond 实验室）采用的传感器是在弹体表面做一个小孔，在小孔下面安装一个硅光电池，光电池表面用一个带有“V”形狭缝的板屏蔽，使光电池只对穿过“V”形狭缝的光敏感（图 12.2.1）。无论哪种传感器，只要弹丸绕弹轴旋转，太阳光就会穿过“V”形缝

照射到光电池上，产生约 0.3 V 的电压。由于弹丸旋转阳光是连续扫过“V”形缝照到光敏元件上，所以就会产生一系列脉冲电压。由同一个光敏元件上产生的脉冲，或由“V”形缝同一条“腿”上产生的脉冲的重复率，与弹丸的转速相关；而由两个光敏元件上产生的脉冲，或由两条“腿”上产生的脉冲的相位关系，则与太阳方位角直接相关。按照图 12.2.2 所示的针孔太阳方位角传感器的几何关系，当弹丸（传感器）匀速旋转时，光电池输出的脉冲相位与太阳方位角的相应关系如图 12.2.6 所示。

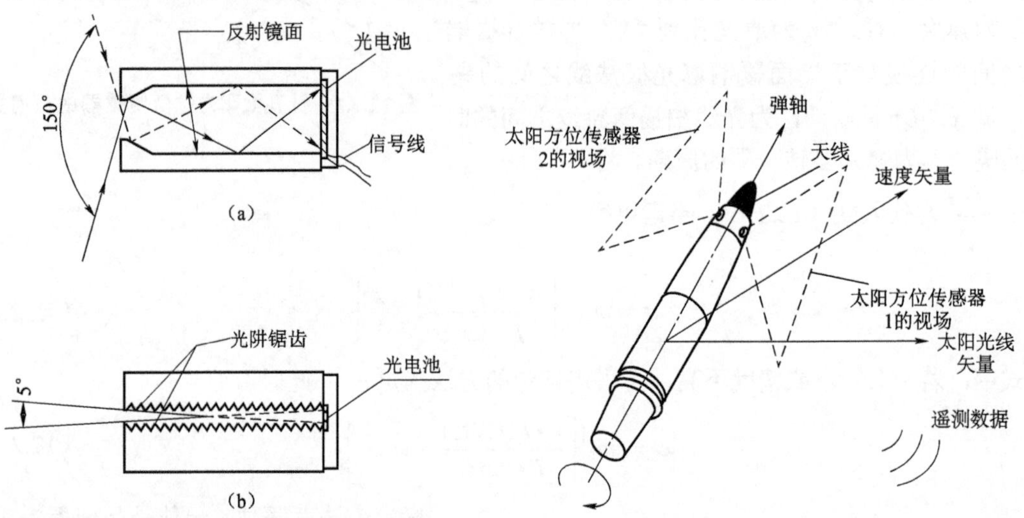

图 12.2.4　BRL 太阳方位角传感器的太阳电池和狭缝的几何形状

(a) 平行于狭缝长的视图；(b) 平行于狭缝宽的视图

图 12.2.5　BRL 太阳方位角传感器在弹上的位置

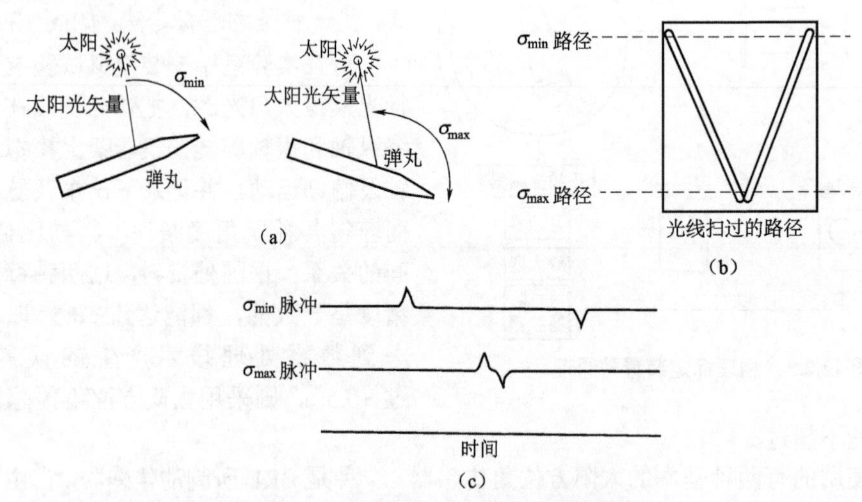

图 12.2.6　脉冲相位与太阳方位角的关系

(a)“V”形缝的边界端的太阳方位角 σ_{min} 和 σ_{max}；(b) 与 σ_{min} 和 σ_{max} 对应的“V”形缝的边界端；(c) 与 σ_{min} 和 σ_{max} 对应的脉冲信号

由于太阳方位角的遥测系统只传输脉冲数，因而不需标定，它不会把相位误差带入两脉冲的相位关系中。

显见，在常转速条件下，两个脉冲间的时间与两个“V”字形腿的间隔成比例，因而 σ

很容易确定。然而在大多数情况下，被试弹丸的转速都是随时间变化的，这就引起了脉冲间隔的变化。为此，可假设弹丸在旋转一周的时间内转速不会有很大变化，因而在σ不变的情况下，阳光扫过弹丸一周的时间t_γ与扫过“V”形缝两腿间的时间t_σ的比值对所有转速都是常数，它只是随太阳方位角的变化而改变。因而可由测得的此比值t_σ / t_γ求太阳方位角σ。当转速变化很快时，式（12.2.2）和式（12.2.3）的计算结果误差略有增大。理论分析表明，若要测出攻角的幅值变化，转速最小应是最大攻角频率的 10 倍以上。

图 12.2.7 所示为 BRL 太阳方位角传感器电路。传感器脉冲被放大改变它的极性，然后传给电压控制振荡器，电压控制振荡器依次调制无线电频率振荡器。频率振荡器工作在 215～260 Hz 范围内，电压控制振荡器的中心频率选在 70 kHz。发射机的功率为 50 mW，能带动 50 Ω的负载。天线由不对称振子组成，是通过把弹丸的尖端与弹丸其他部分绝缘形成的。数据被地面站接收以后，通过一个鉴频器送入混合计算机进行处理。计算机不仅仅是为了方便，由于数据脉冲的高重复率及容量，进行处理是必不可少的。一个典型炮弹的飞行过程有 6 000～10 000 个传感器脉冲，所有这些脉冲的参数都必须测量。混合计算机输出的是一个数字带，它包含太阳方位角参数及转速数据。由太阳方位角传感器获得的典型脉冲带及处理出的太阳方位角随时间的变化如图 12.2.8 所示。

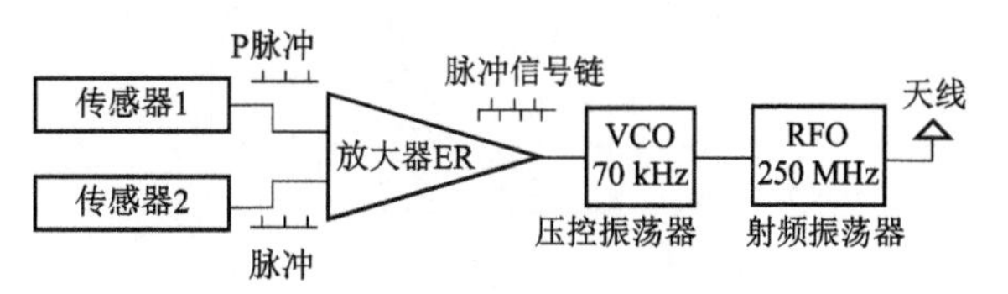

图 12.2.7　BRL 太阳方位角传感器电路

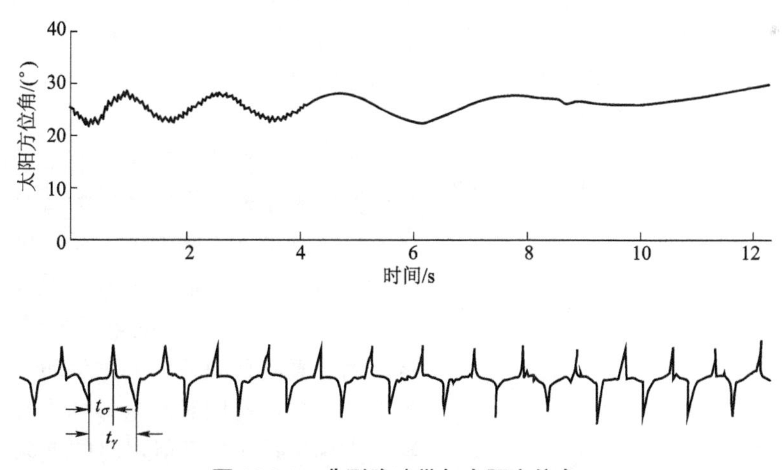

图 12.2.8　典型脉冲带与太阳方位角

为了适应动能弹及高爆弹的试验研究，美国于 20 世纪 90 年代又研制了多针孔太阳方位角传感器，因为这种弹不仅空间较小，而且有时转速与攻角摆动速度之比小于 10，原有的太阳方位角传感器已无法使用。这种传感器由 4 个主要部分组成：针孔塞头、遮光板、太阳电池和本体，如图 12.2.9 所示。它包含 4 个太阳传感器，而旋转与攻角运动的速率比只需大于 2.5 即可。

图中，针孔塞头上的针孔及圆锥形空间确定了传感器的视场；遮光板由一个很薄的非导电不透明材料制成，上面切有两个“V”字形狭缝，缝宽与孔径相同，遮板下面设置有两个太阳光电池，每个“V”形腿下面一个。电路设计使其一个产生正电压，一个产生负电压。

这种双极输出简化了转动方向的判别。传感器本体将各部件固定在一起，并安装在试验弹上。

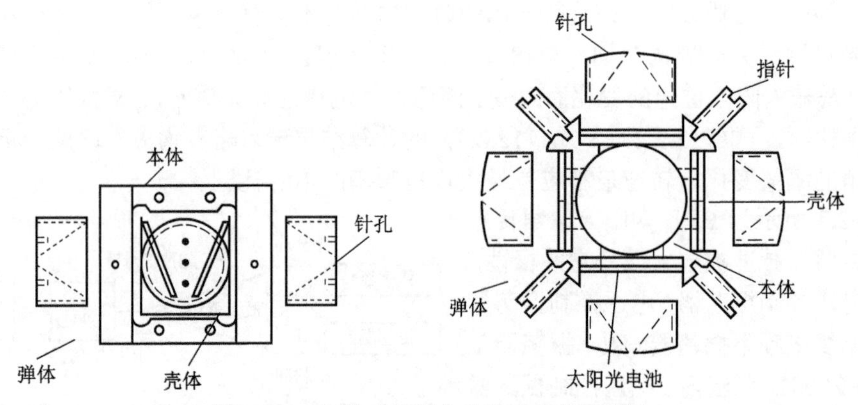

图 12.2.9 四传感器组合太阳方位角传感器

太阳方位角传感器测得的数据是弹丸相对于太阳的二维角运动，即太阳方位角 σ（t）和弹丸转速。由于弹丸的角运动是三维的，即俯仰、偏航与滚动运动，因此必须先由二维角运动数据求出弹丸的俯仰与偏航角运动。为便于表达，设 t_1，t_2，t_3 代表太阳矢量在地球固定坐标系中的方向余弦角，弹轴在该坐标系中的方位用俯仰角 α 及偏航角 β 表示，取太阳光方向的单位矢量与弹轴方向的单位矢量的点积，即可得出如下关系：

$$\cos\sigma = t_1\cos\alpha\cos\beta + t_2\cos\alpha\sin\beta + t_3\sin\alpha \tag{12.2.4}$$

此式提供了太阳方位角、太阳方位及弹轴相对地球的方位角之间的关系。比较 σ 的计算值与实测值，可用最小二乘法对弹丸角运动与角运动方程进行拟合，即采用外弹道理论模型拟合实测的太阳方位角，可以确定弹轴的运动规律。

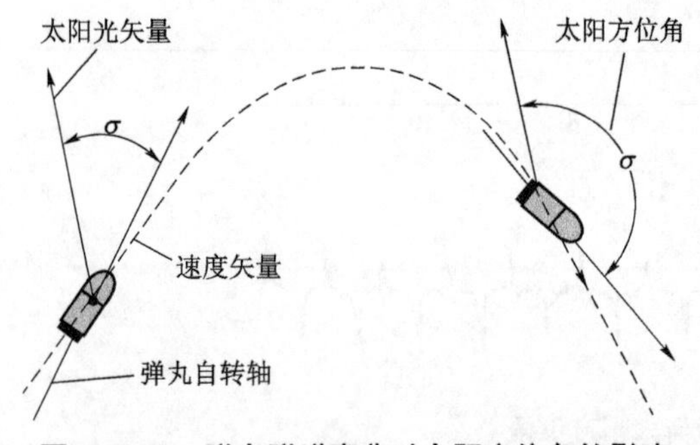

图 12.2.10 弹丸弹道弯曲对太阳方位角的影响

太阳方位传感器在美国使用了许多年，现仍是研究弹丸全射程飞行特性的重要方法。在弹丸全射程飞行中，太阳方位角 σ 变化很大，这是由弹道逐渐弯曲及弹丸摆动的影响造成的。图 12.2.10 表示了太阳方位角及弹道轨迹对它的影响。为了真实反映弹丸的角运动，在弹丸飞行试验中，一般需要同时测量弹丸质心运动的位置参数（坐标－时间）及射击时的气象条件（空气密度、温度及风速、风向等），还要事先测出弹丸的物理参数（如质量、转动惯量等）。美国阿伯丁靶场在对 155 mm 底排弹进行射击试验时，用 BRL 太阳方位角传感器测量弹丸的太阳方位角，地面接收站位于火炮后面约 500 m 处，炮口速度用多普勒测速雷达测量，两台坐标雷达覆盖全弹道测试，一台设在炮后，另一台在弹道下接力跟踪到落点。在落弹区，另外设置 4 个地面观测站交会测量弹丸的落点坐标。

太阳方位角传感器在国外已应用多年，它从装置、标定到数据处理方法及相应软件都比较完整与成熟，是当前全射程测量攻角运动的主要手段。其优点是：可以测出全弹道范围内的太阳方位角数据和自转数据，实时测量，便于计算机自动进行数据处理；其缺点是：只能获得两维数据（太阳方位角和自转转速），必须有太阳光照射，受天气影响大，测角量程较小（一般约为±25°），成本高，数据处理难度大（要配合坐标雷达测试数据才能获取完整的飞行规律，换算气动力系数，并进行飞行稳定性分析）。

由于弹道弯曲的影响和测角量程较小，使用太阳方位角传感器时往往需要多个传感器错位安装，接力工作。

§12.3　弹丸姿态地磁传感器

地磁场和地球重力场一样，是存在于地球空间中的一个天然参考基准，它的强度和方向是位置的函数，故可利用地磁传感器进行姿态测试。地磁传感器是利用地球磁场方向作为基准方向的一种弹丸飞行姿态传感器，它利用地磁场探测飞行体的姿态信息。地磁传感器主要应用在远距离罗盘上，在火箭、导弹和尾翼稳定弹丸飞行姿态和末敏弹姿态测量中已得到应用。随着电子、物理及计算机等学科的快速发展，各种磁探测传感器应运而生，目前主要有：磁通门传感器、霍尔效应传感器、感应线圈磁强计、磁阻传感器以及巨磁阻效应传感器等。目前可用于飞行体姿态测量的地磁传感器主要有磁通门传感器、磁感应线圈传感器和磁阻传感器。其中磁阻传感器具有能抗高过载和冲击、精度高、尺寸小、便于安装、易于集成、价格便宜等优点，适合作为弹载测量工具。

§12.3.1　地磁场的基本性质

地球本身具有磁性，所以地球及近地空间存在着磁场，这个磁场被称为地磁场。地球磁场可以近似地被看作把一个磁铁棒放到地球中心，它的N极大体上对着南极而产生的磁场形状如图 12.3.1 所示。事实上，地球中心并没有磁铁棒，而是通过电流在导电液体核中流动的发电机效应产生磁场的。作为地球的固有资源和地球系统的基本物理量，地磁场为航空、航海提供了参考系。

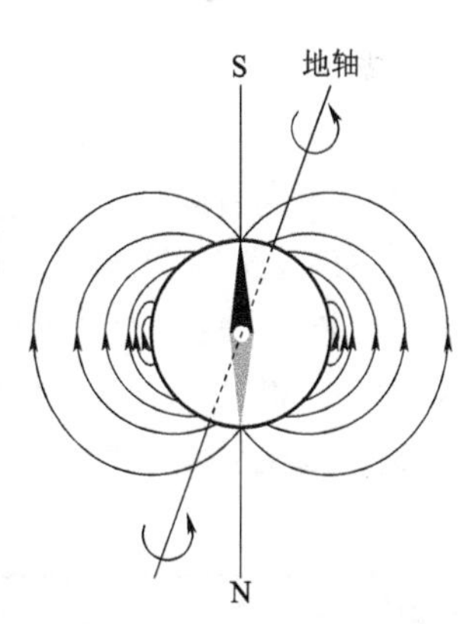

图 12.3.1　地球磁场示意

地磁场同重力场一样是全球性的地球物理基本场，它起源于地球内部的弱磁场，随着经纬度的不同，地磁场矢量的变化很小，基本上呈线性变化。地面地磁观测数据中包含 4 种磁场信息：地球液体外核产生的基本磁场、地壳磁异常体产生的磁场、受太阳活动影响的磁层和电离层电流体系产生的变化磁场以及变化磁场在地球内部诱发的感应磁场。

从公元前 250 年开始我国就有了使用磁针定向的记载。19 世纪 80 年代，高斯和恰普曼等人通过数学和物理学的方法建立了地磁场数学模型，并开始探讨地磁场的起源，他们的研究成果为现代的地磁学发展奠定了很好的理论基础。地磁探测技术广泛应用于地球物理及导航制导等军事领域，地磁传感器以地球磁场的基本分布规律为基础。为了加深理解，先介绍地磁场的基本性质。

国际地磁与高空物理学协会（IAGA）每五年公布一次国际地磁参考场（IGRF），作为全球地磁场的基准模型。我国为了满足国防建设和经济建设的需要，实现海陆空的自主磁场导航，从 20 世纪 50 年代开始，每隔十年发布一次中国区域地磁场模型。地磁场可视为一种偶

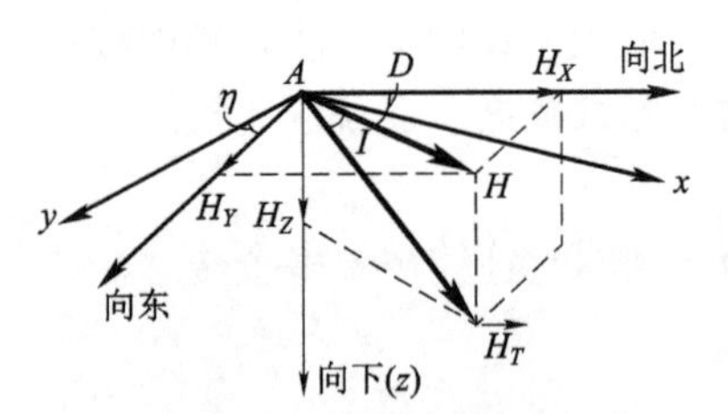

图 12.3.2 地磁要素示意

极磁场，其强度同距离的三次方成反比。在离地面不太远的地方，地磁场显得比较对称，地磁效应和一个巨大的磁棒所产生的效应很相似。在远处，由于太阳风的作用，磁力线就极不对称。

地磁场的大小和方向用磁场强度$\overrightarrow{H_T}$表示，其标准单位是特斯拉（T），地球磁场测量经常以高斯（Gauss）为单位，1 T = 10^4 Gauss。如图 12.3.2 所示，$\overrightarrow{H_T}$可分解为北向、东向和向下的三个分量H_X、H_Y、H_Z，这三个分量通常也可称为北向分量、东向分量和垂直分量。图中，地磁场的水平强度H是$\overrightarrow{H_T}$在水平面上的投影；H与正北方向的夹角称为磁偏角，用D表示，规定磁场东偏为正；$\overrightarrow{H_T}$对水平面的倾角称为磁倾角，用I表示，规定向下为正。这些量可以确定地磁场的大小和方向，所以称为“地磁要素”。

由图 12.3.2 可知，地磁强度$\overrightarrow{H_T}$的北向、东向和向下三个分量H_X、H_Y、H_Z与磁偏角D和磁倾角I的关系为：

$$\begin{cases} H_X = H_T \cos I \cos D \\ H_Y = H_T \cos I \sin D \\ H_Z = H_T \sin I \end{cases} \tag{12.3.1}$$

地磁强度$\overrightarrow{H_T}$在地面坐标系下的地磁分量H_x、H_y、H_z与三个分量H_X、H_Y、H_Z的转换关系为：

$$\begin{cases} H_x = H_X \cos\eta + H_Y \sin\eta \\ H_y = -H_Z \\ H_z = -H_X \sin\eta + H_Y \cos\eta \end{cases} \tag{12.3.2}$$

式中，η为射向角，定义为地面坐标系Ox偏离地理北向的角度，规定射向偏东为正。

国际地磁参考场（IGRF）的地磁要素可由国际标准地磁场模型计算，该模型是地理经度L、纬度N、高度H和时间t的函数。例如，取地球平均半径为 6 371 km，南京地区地理位置参数为：海拔 8.9 m、北纬$32°2'$、东经$118°50'$。利用这一模型计算出国际标准地磁场的南京地区地磁要素见表 12.3.1。

表 12.3.1 南京地区的地磁要素

数据/年	D	I	H/nT	H_X/nT	H_Y/nT	H_Z/nT	H_T/nT
2009	−5°6 min	48°19 min	33 015.9	32 885.1	−2 936.9	3 7080.3	49 648.7
2010	−5°12 min	48°24 min	32 971.0	32 835.5	−2 986.2	37 144.8	49 667.1
2011	−5°12 min	48°28 min	32 944.8	32 806.9	−3 012.0	37 188.8	49 682.7

计算发现，我国地磁场总量在各处大小基本相等，经纬度每变化 1°，地磁场的三个分量不会有大的变化。由于地球的半径约为 6 371.2 km，经度或纬度每变化 1°地面距离变化在 110 km 左右，一般炮弹的射程都不大于 110 km，故地磁传感器所涉及的地磁要素可视为常量。

§12.3.2 弹丸姿态地磁传感器介绍

弹丸姿态地磁传感器是一种磁探测器，它具有体积小、重量轻、抗过载能力强等优点，但是这种传感器的信号较弱，并且容易受到电磁干扰。地磁传感器有多种，每种传感器都具有不同的物理原理和设计结构，目前用于弹丸姿态测量的地磁探测器件主要有：磁通门传感器、磁感应线圈传感器、磁阻传感器等。

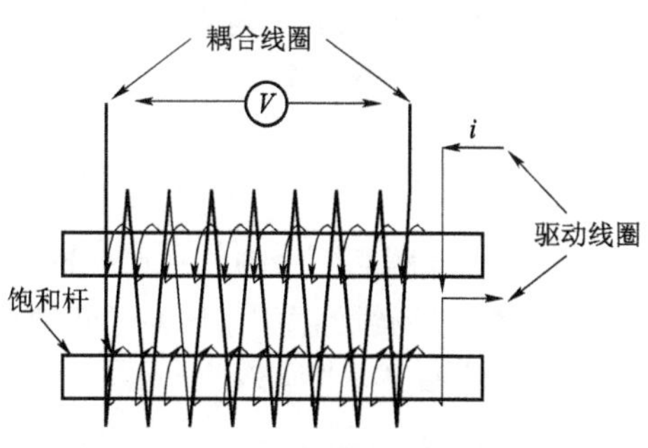

图 12.3.3　磁通门传感器的结构

磁通门传感器是测量磁场强度的一种传感器，其测量原理是基于法拉第电磁感应定律，利用铁磁材料的非线性磁化特性来测量外磁场。其结构如图 12.3.3 所示。饱和杆的材质为高磁导率软磁合金，外部绕有驱动线圈与耦合线圈，驱动线圈通电后，在两饱和杆上产生的磁场强度方向相反，因此耦合线圈中的感生电压也互相抵消。当受到外部磁场作用时，饱和杆先后饱和，耦合线圈中将产生二次谐波，谐波的电压强度与外加磁场强度呈正比关系。磁通门的分辨率最低为 1 μGauss（微高斯），可以测量直流或交流磁场频率的上限约为 10 kHz。

由于弹丸姿态测量不需要直接测量磁场强度的绝对大小，磁通门传感器是常用姿态传感器之一。其中，三端式磁通门传感器具有灵敏度高、结构简单、体积小等特点，故应用较多。图 12.3.4 所示为一种三端式磁通门传感器弹丸姿态角测量系统的电路组成原理。

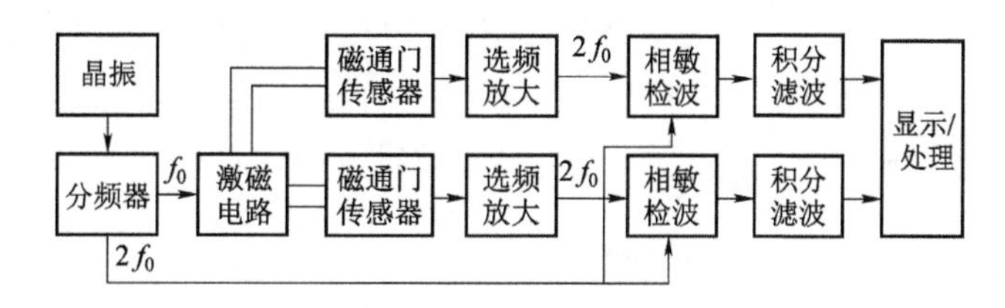

图 12.3.4　一种三端式磁通门传感器弹丸姿态角测量系统的电路组成

图中，磁通门传感器经过激励产生的感应电动势中含有偶次谐波分量，利用选频放大电路将其中的二次谐波选择出来作为磁通门信号，经相敏检波以及积分后，转化为比较平整的直流电压信号，其值与外磁场成正比，极性取决定外磁场的方向。分频器的作用是产生频率为 f_0 的激励方波，同时为相敏检波电路提供频率为 $2f_0$ 的参考方波，可以用计数器来实现其功能。为了保证测量精度，要求两个磁通门传感器及其信号处理电路必须严格对称。

磁感应线圈传感器是根据电磁感应原理设计的，它由一个或者多个感应线圈组成，利用穿过线圈的磁通量的变化来反映磁场的变化。由电磁感应原理可知，感应线圈随弹轴运动而摆动时，线圈两端就会产生感应电动势，通过测量电动势的大小随时间的变化规律，利用各线圈的感应电动势与弹丸飞行姿态角之间的换算关系即可换算出弹丸飞行姿态角随时间的变化规律。

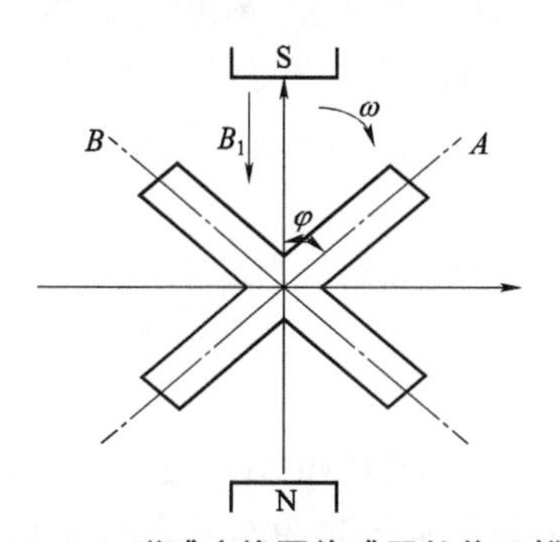

图 12.3.5　磁感应线圈传感器的物理模型

磁感应线圈传感器结构简单，一般适用于交变磁场的测量，除用于弹丸姿态测试外，通常用于测量变动磁场。

磁感应线圈传感器的物理模型如图 12.3.5 所示，它采用铝合金等非铁磁材料制作线圈骨架，将漆包线缠绕在四边的槽沟内形成线圈。假设地球磁场方向如图所示，

线圈 A 与磁场方向的夹角为φ。

当线圈在磁场中转动时，根据法拉第电磁感应定律：

$$E=-N\frac{\mathrm{d}\Phi_B}{\mathrm{d}t}=-N\frac{\mathrm{d}(\vec{B}\cdot\vec{S})}{\mathrm{d}t} \tag{12.3.3}$$

式中，E 为线圈切割磁力线所产生的感应电动势，N 为线圈匝数，Φ_B 为线圈磁通量，B 为磁感应强度，S 为线圈面积，t 为时间变量。

对于线圈 A，其有效磁通面积 $S_A=S\sin\varphi=S\sin(\omega t)$，其产生的感应电动势为

$$E_A=-N_A\frac{\mathrm{d}\Phi_A}{\mathrm{d}t}=-N_A\frac{B\cdot\mathrm{d}S_A}{\mathrm{d}t}=-N_A BS\omega\cos(\omega t) \tag{12.3.4}$$

线圈 B 中产生的感应电动势与线圈 A 相同。

磁感应线圈传感器适合于具有一定转速的弹，如高速旋转弹、子母弹子弹、末敏弹等，它可以准确地测出转速信息，其输出信号是角速度信息和转速信息的综合，输出信号的大小与弹的转速有很大的关系。磁感应线圈传感器一般不适用于转速太低（例如低于 1 r/s）的弹丸。

磁阻传感器最通用的材料是坡莫合金，即 81%的镍和 19%的铁组合而成的合金材料。这是因为 81/19 的比例很接近磁阻系数，最高时的镍含量为 90%，而同时它的磁滞系数为零。磁阻传感器的制作，一般采用半导体工艺将带状坡莫合金沉积在硅衬底上，以条带排列形成平面线阵，从而增加感知磁场面积，其工作原理如图 12.3.6 所示。沿图示方向给坡莫合金施加电流，同时在金属平面内与电流相垂直的方向施加磁场，则磁化强度 M 与电流 I 之间会产生夹角θ，夹角与外加磁场强度呈线性变化关系。当外加磁场为零时，夹角也为零，磁化强度方向与电流方向一致，坡莫合金带的电阻取最大值；当外加磁场超过极限值时，夹角为90°，磁化强度方向垂直于电流方向，坡莫合金带的电阻取最小值。磁阻效应是一种典型的磁电效应，它是指在外磁场的作用下材料的电阻发生变化的现象，表征磁阻效应的大小的物理量是磁阻比（MR），其定义为磁电阻系数η

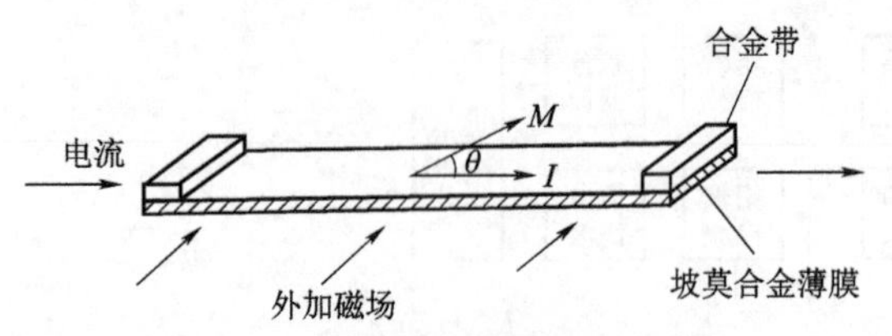

图 12.3.6　磁阻传感器的工作原理

$$\eta=\frac{R_H-R_0}{R_0} \tag{12.3.5}$$

式中，R_H 是磁场 H 作用于材料时的电阻，R_0 是无外加磁场时材料的电阻。在恒定磁场中，外加磁场方向与电流方向之间的夹角 θ_H 会改变磁阻传感器的电阻，其中平行时（θ_H 为 0°）称为纵向磁阻效应，垂直时（θ_H 为 90°）称为横向磁阻效应。利用这一特点，即可实现用磁阻传感器测量弹丸姿态。

磁阻传感器由于无转动部件，尺寸小，灵敏度高，能方便地装入插板产品中，使得电路实施简单、可靠。因此，磁阻传感器具有成本低、精度高、响应速度快、无漂移误差、抗冲击和抗过载能力强等优点。

在实际应用中，一般多用二轴或三轴结构的磁阻传感器，例如 HMC1043 三轴磁阻传感器，如图 12.3.7 所示。这种传感器采用磁阻敏感原理，由长而薄的坡莫合金薄膜制成磁

阻敏感元件，再采用标准的半导体工艺，将薄膜附着在硅片上，由 4 个磁阻组成惠斯通电桥，除了电桥电路外，传感器的芯片上设置有偏置电流带和置位/复位电流带，省去了外加线圈的需要，其敏感轴被设置为沿薄膜长度的方向，这将导致电阻值的最大变化，使得磁阻传感器的灵敏度较大。表 12.3.2 所示为这种传感器的主要性能参数，结构上它采用固态封装，具有体积小、功耗低、成本低、易于线路板制作等优点。

图 12.3.7　HMC1043 三轴磁阻传感器

表 12.3.2　HMC1043 三轴磁阻传感器的主要性能参数

特性	条　　件	最小值	标准值	最大值	单位
供电电压	—	1.8	3.0	20	V
磁场范围	满量程（FS）	−6	—	+6	Gauss
线性误差	最佳拟合直线： ±1 Gauss/±3 Gauss/±6 Gauss	—	—	0.1/0.5/1.8	%FS
滞后误差	±3 Gauss 范围内 3 次扫描	—	—	0.06	%FS
重复性误差	±3 Gauss 范围内 3 次扫描	—	—	0.1	%FS
灵敏度	设置/重置电流=0.5 A	0.8	1.0	1.2	mV/V/Gauss
噪声密度	在 1 kHz 时，V 电桥=5 V	—	50	—	nV/sqrtHz
分辨率	50 kHz 带宽，V 电桥=5 V	—	120	—	μGauss
干扰磁场	灵敏度开始下降， 使用 S/R 脉冲恢复灵敏度	20	—	—	Gauss
X，*Y*，*Z* 传感器正交性	两传感器之间	—	—	0.011	（°）

§12.3.3　弹丸姿态的地磁传感器测试原理

一般说来，上述单一地磁传感器只能提供一维信号（例如单一磁阻传感器），可以完成弹丸在地磁场中滚转角的测量，但无法提供更多的弹丸姿态参数。为了能够测量其他姿态角，通常采用三轴地磁传感器。下面以三轴磁阻传感器为例，介绍弹丸姿态的地磁传感器测试原理。三轴磁阻传感器在弹体安装时，三个轴分别与弹体坐标系的三个坐标轴重合。由于三轴磁阻传感器安装在弹体内部，因此三轴磁阻传感器的测量输出应为地磁场在弹丸内部的磁场强度 $\bar{H}'$。

设 $\bar{H}'$ 在弹体坐标系三轴的投影分量分别为 H_{x_1}、H_{y_1} 及 H_{z_1}，根据基准坐标系与弹体坐标系的转换关系，弹体坐标系下 H_{x_1}、H_{y_1}、H_{z_1} 可以表示为

$$\begin{bmatrix} H_{x_1} \\ H_{y_1} \\ H_{z_1} \end{bmatrix} = \begin{bmatrix} 1 & 0 & 0 \\ 0 & \cos\gamma & \sin\gamma \\ 0 & -\sin\gamma & \cos\gamma \end{bmatrix} \begin{bmatrix} \cos\varphi_2 & 0 & \sin\varphi_2 \\ 0 & 1 & 0 \\ -\sin\varphi_2 & 0 & \cos\varphi_2 \end{bmatrix} \begin{bmatrix} \cos\varphi_a & \sin\varphi_a & 0 \\ -\sin\varphi_a & \cos\varphi_a & 0 \\ 0 & 0 & 1 \end{bmatrix} \begin{bmatrix} H'_x \\ H'_y \\ H'_z \end{bmatrix} \tag{12.3.6}$$

式中，H'_x、H'_y 和 H'_z 为地磁场在基准坐标系（原点在弹丸质心，三坐标轴与地面坐标系的对应坐标轴平行）中三轴的投影。

由于地磁矢量只是一维空间基准，故式（12.3.6）的三个代数方程并不独立，是一个相关矩阵方程。也就是说，每一组 H_{x_1}、H_{y_1} 和 H_{z_1} 的数据对应着多组俯仰角 φ_a、偏航角 φ_2 和滚转角 γ。因此不能同时解算这三个角度。在解算弹体姿态角时，一般都在一定假设条件下解算另外两个姿态角。

例如：由于尾翼稳定飞行弹丸在起始扰动引起的弹丸摆动衰减后其偏航角很小，基本上可以忽略不计，如果测试传感器选在弹丸摆动衰减后启动，则可以假设偏航角 $\varphi_2=0$。将 $\varphi_2=0$ 代入式（12.3.6）展开，得

$$H_{x_1}=H'_x\cos\varphi_a+H'_y\sin\varphi_a \tag{12.3.7}$$

$$H_{y_1}=-H'_x\sin\varphi_a\cos\gamma+H'_y\cos\varphi_a\cos\gamma+H'_z\sin\gamma \tag{12.3.8}$$

$$H_{z_1}=H'_x\sin\varphi_a\sin\gamma-H'_y\cos\varphi_a\sin\gamma+H'_z\cos\gamma \tag{12.3.9}$$

对式（12.3.7）应用三角公式中的万能公式展开可解出

$$\varphi_a=2\arctan\left(\frac{H'_y\pm\sqrt{H'^2_x+H'^2_y-H^2_{x_1}}}{H_{x_1}+H'_x}\right)\quad \varphi_a\in[-\pi/2,\pi/2] \tag{12.3.10}$$

上式有解的充要条件为 $H'^2_x+H'^2_y\geqslant H^2_{x_1}$。

如图 12.3.8 所示，若偏航角近似取为零，则可认为弹轴始终在射击平面内运动，三轴磁阻传感器的输出 H_{x_1} 为和矢量 $M=\sqrt{H'^2_x+H'^2_y}$ 在弹轴上的投影。由式（12.3.10）可知，对于磁阻传感器输出的 H_{x_1} 值，方程有两个解 φ_{a_1} 和 φ_{a_2}。为便于表述，这里定义矢量 $\vec{M}$ 与基准坐标系的 Ox 轴间的夹角 ϕ 为俯仰基准角，由图 12.3.8 可知，$\phi=\arctan(H'_y/H'_x)$。在弹丸发射前将弹丸的射角 θ_0 装入弹载计算机中，在 $\theta_0>\phi$ 时，俯仰角 φ_a 开始取 φ_{a_1} 和 φ_{a_2} 中较大的值，之后 φ_a 会逐渐减小，在某一时刻 φ_a 会减小到与俯仰基准角 ϕ 相等，以后 φ_a 则取 φ_{a_1} 和 φ_{a_2} 中较小的值，反之亦然。

如图 12.3.9 所示，设地磁矢量在弹体坐标系 Oy_1 轴与 Oz_1 轴的投影分别为 H_{y_1} 和 H_{z_1}，图中和矢量 H 即为弹体内地磁场在弹体横截面内的分量。由滚转角的定义可知，图中 Oy_1 轴与弹轴坐标系 $O\eta$ 轴的夹角 γ 即为弹体的滚转角。

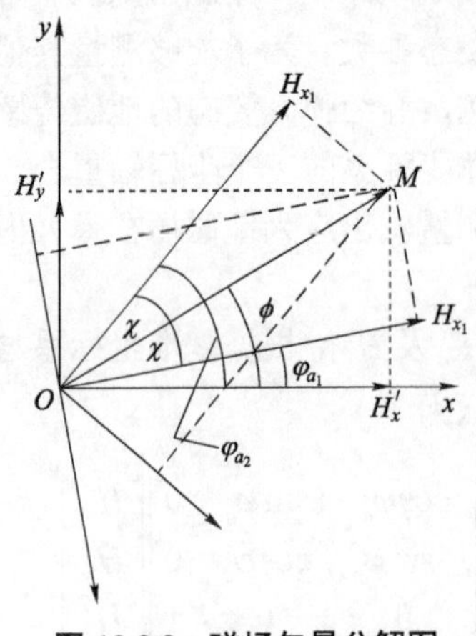

图 12.3.8　磁场矢量分解图

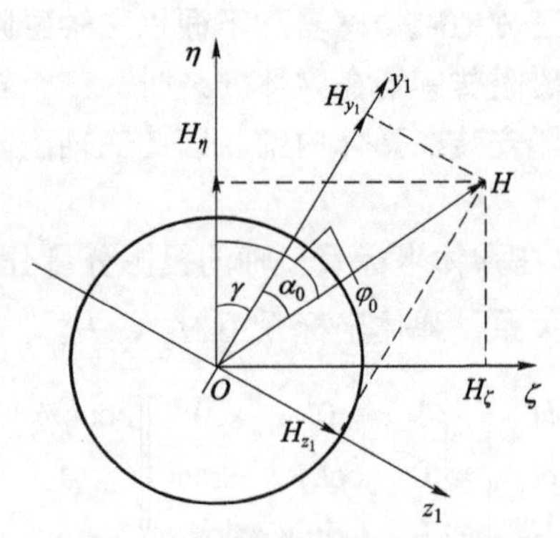

图 12.3.9　弹体横截面内磁场矢量分解图

设弹体横截面内的地磁分量 H 在弹轴坐标系的 $O\eta$ 轴与 $O\zeta$ 轴的投影分别为 H_η 和 H_ζ。在偏航角近似为零时，由坐标系的转换关系有 $H_\zeta = H'_z$，根据矢量分解关系有

$$H_{y_1}^2 + H_{z_1}^2 = H_\eta^2 + H_\zeta^2 \tag{12.3.11}$$

$$H_{x_1}^2 + H_{y_1}^2 + H_{z_1}^2 = H_x'^2 + H_y'^2 + H_z'^2 \tag{12.3.12}$$

联立求解式（12.3.11）与式（12.3.12）有

$$H_\eta = \pm\sqrt{H_x'^2 + H_y'^2 - H_{x_1}^2} \tag{12.3.13}$$

其中 H_η 取值的正负跟弹体俯仰角与俯仰基准角的大小有关。如图 12.3.10 所示，当弹轴偏离磁感应强度在基准坐标系的 Oxy 平面内的分量 $\vec{M}$ 向上时，即 $\varphi_a > \phi$，H_η 沿 $O\eta$ 轴负向，符号为负，反之取正。定义弹体横截面内地磁分量 $\vec{H}$ 与 $O\eta$ 轴的夹角 φ_0 为滚转基准角，由图中的几何关系可知，滚转基准角可表示为

$$\varphi_0 = \arctan(H_\zeta / H_\eta) = \arctan(H'_z / H_\eta) \tag{12.3.14}$$

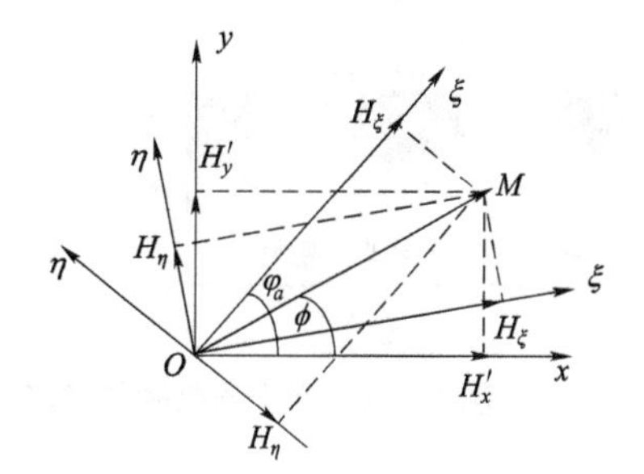

图 12.3.10　射击面内磁场矢量分解图

由图 12.3.9 可知弹体的滚转角

$$\gamma = \varphi_0 - \alpha_0 \tag{12.3.15}$$

式中，α_0 为弹体横截面内的地磁分量 $\vec{H}$ 与 Oy_1 轴的夹角。

根据图中的关系，有

$$\alpha_0 = \arctan(H_{z_1} / H_{y_1}) \tag{12.3.16}$$

应该指出，由于弹体为铁磁材料，而磁感应线“喜欢”在磁导率相对大的介质中通过，地磁场的磁感应线在穿过弹体时，将集中在铁磁材料的外壳体中通过，从而使弹体内部空间的磁感应线很稀，磁场减弱，出现静磁屏蔽的现象。并且，磁感应线从空气介质进入铁磁介质时，在边界面上会产生折射。上述测试原理的姿态计算公式是在地磁场在弹丸内部磁场强度 $\bar{H}'$ 已知的条件下导出的，因此在实际应用中，还需要采用现场标定的方法确定地磁场在弹丸内部的磁场强度矢量 $\bar{H}'$。

§12.4　微惯性测量传感器

微惯性测量传感器是利用惯性敏感元件测量载体相对于惯性空间的角运动和线运动参数的传感器。惯性测量传感器主要有加速度传感器（计）和角速率陀螺仪两类，下面分别介绍。

§12.4.1　加速度传感器

加速度传感器是一类重要的惯性器件，它主要用来测量载体的加速度信息，并且可以通过积分提供速度和位移的信息。加速度传感器还可以和陀螺仪组合，构成惯性测量组合（IMU）单元，用于战术武器、智能炮弹的制导系统，微小型卫星的测控定位系统，以及汽车、机器人等的测控系统。

按敏感信号的方式，加速度传感器有压阻式、电容式、扭摆式和电子隧道式等多种形式，

并可被做成含有单轴加速度计、双轴加速度计和三轴加速度计的形式。本节主要介绍上述几种加速度传感器的基本结构与工作原理。

1. 压阻式加速度传感器

压阻式加速度传感器是最常用的类型之一。它一般由质量块、悬臂梁和压敏电阻构成，利用压阻效应来检测加速度值。压敏电阻由半导体材料中的压阻材料形成，当对半导体的某一晶向施加压力时，其电阻率就会发生一定的变化，这种现象称为压阻效应，在弹性范围内，硅的压阻效应是可逆的。

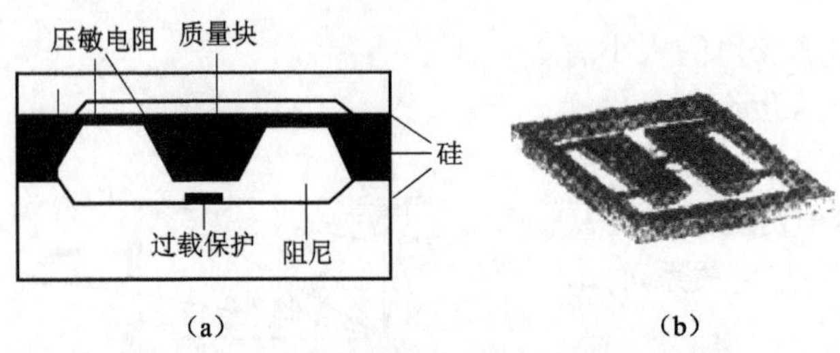

图 12.4.1　典型压阻式加速度传感器的结构

典型压阻式加速度传感器的结构如图 12.4.1（a）所示。图 12.4.1（a）所示为单质量块结构的压阻式加速度传感器，图 12.4.1（b）所示为双质量块结构的压阻式加速度传感器。图中质量块由悬臂梁或连接梁支撑悬挂，通过离子注射或扩散工艺在梁上沿特定晶向制作压敏电阻。当传感器感受到加速度运动时，质量块产生偏移，带动支撑梁产生扭曲或弯曲等变形，在电阻中产生应力变化。由于半导体的压阻效应，压敏电阻的阻值发生变化，利用适当的外围电路将这种变化转换为可测量信号，如电压、电流等形式输出，经过定标就可以建立输出信号与被测加速度之间的关系，从而可以实现对加速度值的测量。

根据图中的原理结构，质量块 m 在加速度 a 的作用下会产生一个惯性力 ma。如果设计一个敏感结构将惯性力 ma 转换成一个与之相应的变形，则可利用压阻应变计将这一变形检测出来，以此实现对外界线加速度值的测量。

根据材料力学理论，敏感结构对惯性力 ma 变形的挠度 δ 可表示为

$$\delta = \frac{ma}{k} \tag{12.4.1}$$

式中，k 是承受惯性力的敏感结构件的刚度。由于挠度与应变之间的关系为

$$\varepsilon = \frac{\delta}{l} \tag{12.4.2}$$

将式（12.4.1）代入上式即得

$$\varepsilon = \frac{ma}{kl} \tag{12.4.3}$$

式中，l 是敏感结构中转换件支点至载荷之间的长度，

若在敏感结构上设置压阻应变计，则应变与检测电桥的输出 ΔV 之间将有如下关系：

$$\Delta V = GV\varepsilon = \frac{GVm}{kl}a = Ba \tag{12.4.4}$$

式中，$B = \dfrac{GVm}{kl}$，G 是压阻应变计的灵敏度系数，V 是应变电桥上所加的电压。当传感器设计完成后 B 为常量，可通过传感器标定精确确定，只要测出 ΔV，即可由上式确定加速度 a。

压阻式加速度传感器的量程最低可到 2 g（g 为重力加速度），最高达 $\pm 500\,g$，线性度约

为 0.2%～1%，横向效应为 1%～3%；对于小量程（小于 10 *g*）传感器，线性度约为 2%。小量程加速度传感器在实际中有较为广泛的用途，特别是在制导炮弹系统中，大量采用高精度的小量程传感器。低量程高线性的加速度传感器除了可以作为加速度传感器外，还可以应用于倾角仪等。

根据式（12.4.4），小量程传感器一般多采用悬臂梁作为敏感结构，并使悬臂梁尽可能薄，以获得较高的 B 值和灵敏度。在传感器制作工艺上，通常在梁的部位作淡硼扩散形成 4 个应变电阻，并构成惠斯登电桥。当传感器受到加速度作用时，惯性力 ma 使得质量块相对基片运动，造成弹性梁发生变形。由于压阻效应，各应变电阻的电阻率发生变化，电桥失去平衡，输出电压发生变化，定标后即可测量加速度。

压阻式加速度传感器的优点在于动态响应特性及输出线性度好，成本低、接口电路简单；其缺点在于压敏电阻属于温度型器件，受温度的影响较大。为了提高器件的灵敏度，压敏电阻一般被设计成惠斯登电桥结构，这样可消除一部分的温度效应。此外，在加工过程中残留在梁上、基座上的应力分布也会对压敏电阻产生影响。一般来说，采用连接梁结构，对横向加速度影响较小，但会使灵敏度有所降低；而悬臂梁结构往往可以用于高灵敏度的器件，但悬臂梁结构存在很大的效应，会使器件对被测加速度方向的不确定度增大。

2. 电容式加速度传感器

平板式电容加速度传感器的芯片典型结构如图 12.4.2 所示。它是一种三明治结构。芯片中央是一个被悬置的敏感质量块，上、下电极与中间质量块的间隙相等。当没有加速度输入时，质量块处于平衡状态，两边差动电容相等，即

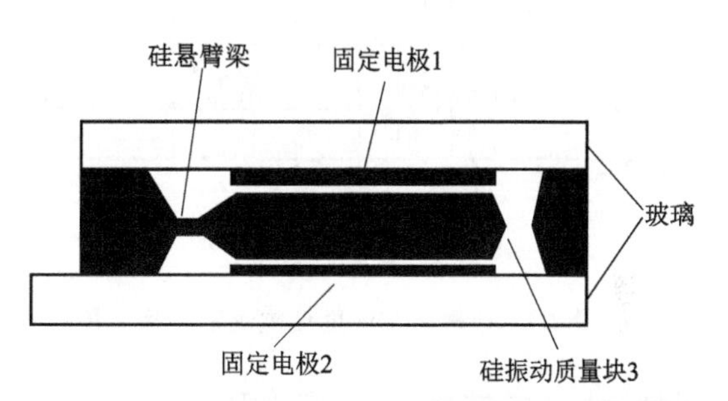

图 12.4.2　平板式电容加速度传感器的芯片典型结构

$$C_{s_1} = C_{s_2} = C_{s_0} = \frac{\varepsilon\varepsilon_0 A}{d_0} \tag{12.4.5}$$

式中，ε_0 为真空介电常数，ε 为介质相对介电常数，A 为电容极板的有效面积，d_0 为电容极板间距。当外界输入一个加速度时，检测质量受到一个与加速度相反的惯性力 F 的作用。这一惯性力使质量块偏离平衡位置，两差动电容的间隙发生变化。此时的电容量也随之发生变化，分别为

$$C_{s_1} = \frac{\varepsilon\varepsilon_0 A}{d_0 + \Delta d}, \qquad C_{s_2} = \frac{\varepsilon\varepsilon_0 A}{d_0 - \Delta d} \tag{12.4.6}$$

由于有静电反馈，检测质量偏离平衡位置的位移很小，$\Delta d \ll d_0$。当 C_{s_1} 与 C_{s_2} 差接时，可以得到差接后的电容变化量为

$$\Delta C = C_{s_2} - C_{s_1} \approx 2C_0 \frac{\Delta d}{d_0} \tag{12.4.7}$$

由于加速度 a 的输入，质量块受惯性力 ma 与弹性梁的变形 Δd 产生的弹性力平衡，其平衡方程为

$$F = ma = k\Delta d \tag{12.4.8}$$

式中，k 为 4 根弹簧梁的刚度，m 为质量块质量。因此可得

$$\Delta C_1 = \frac{2mC_0}{kd_0}a \tag{12.4.9}$$

通过电容检测电路将差动电容的变化量转化成可以测量的电压值，就可以根据输出电压值来判定被测加速度值的大小。

3. 扭摆式加速度传感器

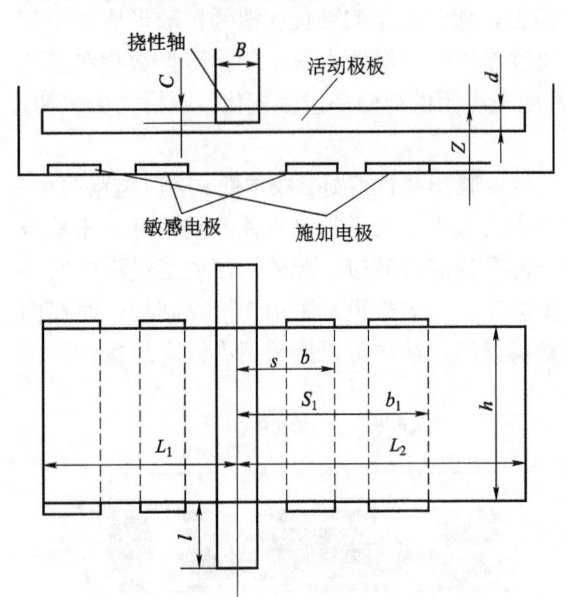

图 12.4.3　扭摆式加速度传感器的结构示意

扭摆式加速度传感器(PMSA)由挠性轴、角振动板块和质量块、4 个电极及其电子线路组成。质量块敏感加速度引起板块的角振动，产生电容输出信号。图 12.4.3 所示为一种扭摆式加速度传感器的结构示意。浓硼掺杂的硅制作的活动极板由一对截面形状为矩形的挠性梁支撑，当有垂直于极板平面的外界加速度输入时，活动极板一边的检测质量将使得挠性轴产生偏转，引起角位移，在活动极板下面的基片上，埋置两对固定电极，一对为施力电极，一对为敏感电极。角位移将引起活动极板与敏感极板之间的电容的变化，从而产生电信号的输出。当角位移很小时，加速度传感器的输出信号与输入加速度成正比。加力电极的作用是形成反馈静电力矩，以使动极板的转角恢复到零位附近，由于敏感极板与施力电极各自独立设置，通过恰当的设计可以使得各自的功能分别达到最佳。

扭摆式加速度传感器最初由美国德雷珀实验室（CSDL）研制，其最初的质量块由镀金层制成，这种加速度传感器具有结构简单、制作容易、耐冲击、检测电极与施力电极可分开、可单独设置等优点，因而发展速度很快。目前 CSDL 研制出了多种不同量程的加速度传感器。

4. 电子隧道加速度传感器

电子隧道加速度传感器是基于隧道效应的加速度传感器，其由压电悬臂梁、检测质量、金膜电极、隧道探针和控制电路等部分组成，如图 12.4.4 所示。

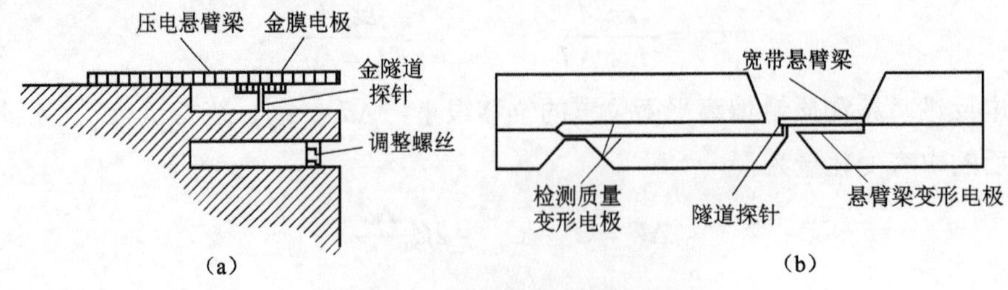

图 12.4.4　电子隧道加速度传感器

（a）悬架隧道型；（b）双架隧道型

由物理学可知，将尺寸很小（10^{-9} m）的极细探针和被研究物质表面作为两个电极，当

它们之间非常接近（<1 μm）时，在外电场的作用下，电子会穿过这两个电极，从一极流向另一极，这就是隧道效应。实验发现，当这两极的间距减少 0.1 nm，隧道电流将增加 10 倍，利用这种效应可以测量加速度。电子隧道加速度传感器通常由检测质量、支撑梁、隧道探针和控制电路等部分组成。它的工作原理是，当被测加速度使检测质量与隧道探针之间的距离发生变化时，两极间将产生巨大的电流变化，检测出这一变化信号就可测得加速度。

由于电子隧道加速度传感器由一个可动的质量块电极和一个固定的硅尖电极组成，当没有加速度作用时，两电极的距离保持一个固定值，在这个距离上能发生隧道效应；当加速度作用在垂直于两电极的方向时，惯性力使得两电极的距离发生变化，这时隧道电流随该距离产生变化，经过取样放大即可输出电信号。根据这一信号的大小，可以确定载体的加速度。

由于电流随两电极距离的变化非常剧烈，因此这种传感器的灵敏度非常高。例如，美国 JPL 实验室基于这一原理研制的隧道加速度传感器的分辨率比传统的加速度传感器的灵敏度高出很多。

电子隧道加速度传感器具有灵敏度高、分辨率高、能耗低、易集成以及易控制等优点，因此在现代军事、航天技术、资源勘探方面具有重要价值。

§12.4.2　角速率陀螺仪

陀螺仪的发展过程大致分为 4 个阶段：第一阶段是用滚珠轴承支承陀螺马达和框架的陀螺仪，第二阶段是液浮和气浮陀螺仪，第三阶段是干式动力挠性支承的转子陀螺仪，第四阶段是非“转子”陀螺仪。非“转子”陀螺仪种类繁多，它是一种具有陀螺功能的光电装置或机电装置，主要有激光陀螺仪、光纤陀螺仪等光子型陀螺仪和半球谐振陀螺仪、石英音叉陀螺仪、微机械陀螺仪等振子型陀螺仪。其中，微机械陀螺仪因具有体积小、重量轻、成本低、可靠性好、功耗低等优点而广泛应用于新概念武器、战术导弹、智能炮弹、微型飞机的自主导航系统和一些无控弹药的飞行姿态测量。本节主要介绍用微机械陀螺仪测量弹体的角速率。

§12.4.2.1　微机械陀螺仪及其测试原理

微机械陀螺仪主要有振动式微机械陀螺仪、转子式微机械陀螺仪和微机械加速度计陀螺仪三种。振动式微机械陀螺仪利用单晶硅或多晶硅制成的振动质量，在被基座带动旋转时利用哥氏效应感测角速度。转子式微机械陀螺仪属于双轴速率陀螺仪或双轴角速率传感器，它的转子由多晶硅制成，采用静电悬浮，并通过力矩再平衡回路测出角速度。微机械加速度计陀螺仪是由参数匹配的两个微机械加速度计作反向高频抖动而构成的多功能惯性传感器，它兼有测量加速度和角速度的双重功能。

微机械陀螺仪种类较多，有些文献将微机械陀螺仪按如下 5 种方式进行分类：

（1）按材料分类。微机械陀螺仪包括硅陀螺仪（Silicon Gyroscope）和非硅陀螺仪。目前世界上大多数国家都在从事硅陀螺仪的研究。

（2）按振动方式分类。微机械陀螺仪包括围绕一个轴来回振动的角振动陀螺仪（Angle Vibration Gyroscope）和沿着一条线来回振动的线振动陀螺仪（Line Vibration Gyroscope）。

（3）按驱动方式分类。微机械陀螺仪包括采用在驱动电极上施加变化电压产生变化的静电力为驱动力的静电驱动陀螺仪（Electrostatic Gyroscope）、采用在电场中给陀螺内的质量块施加垂直于电场方向的变化电流产生的力作为驱动力的电磁驱动陀螺仪（Electromagnetic

Gyroscope）和在陀螺的驱动电极上施加变化的电压，使陀螺随之发生形变的压电驱动陀螺仪（Piezoelectric Gyroscope）等。

（4）按检测方式分类。微机械陀螺仪包括在检测电极上引起电容变化的电容式陀螺仪（Capacitive Gyroscope）、在陀螺的检测端引起电阻变化的压阻式陀螺仪（Piezoresistive Gyroscope）、在陀螺的检测电极上感应电荷变化的压电式陀螺仪（Piezoelectric Gyroscope）、通过光学方法检测陀螺位移变化的光学陀螺仪（Optical Gyroscope）和在陀螺的检测电极引起隧道电流变化的隧道陀螺仪（Tunneling Gyroscope）等。

（5）按加工方式分类。微机械陀螺仪包括体加工微机械陀螺仪、表面加工微机械陀螺仪和 LIGA 陀螺仪等。

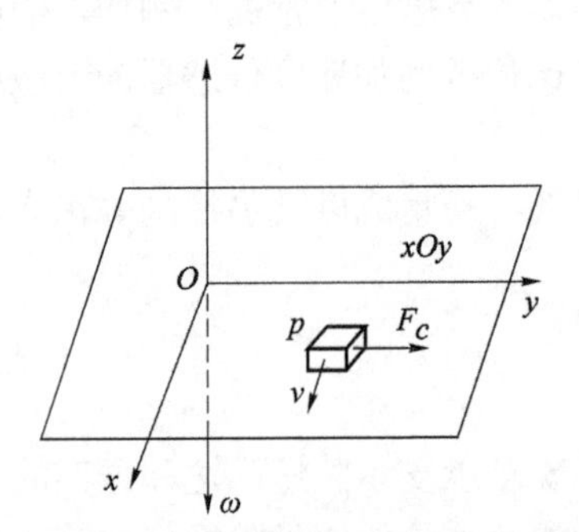

图 12.4.5 振动式陀螺仪的测试原理示意

大部分微机械陀螺仪都属于振动式陀螺仪，其采用振动元件来测量加速度，其工作原理是基于科氏效应，即通过一定的形式产生并检测科氏加速度。振动式陀螺仪一般利用振动质量块来检测科氏力 F_c，如图 12.4.5 所示。振动质量块 P 固连在旋转坐标系的 xOy 平面内，质量块沿着 x 轴正向以速度 v 作相对运动，同时坐标系绕负 z 轴以角速度 ω 作旋转运动。由科氏原理，在质量块上将产生沿 y 轴正向的科氏力，且其大小与角速度 ω 成正比，质量块 P 在科氏力的作用下会在 y 轴方向上产生位移。通过测量此位移则可以得到输入角速度 ω 的信息。振动式陀螺仪工作时，通过一定的激振方式，使陀螺内部的振动元件受到驱动而工作在第一振动模态，即图 12.4.5 中质量块 P 沿 x 轴的振动，称为驱动模态。当与驱动模态垂直的方向有转动时（即图中绕负 z 轴的旋转角速度 ω），陀螺内部的振动元件由于科氏效应而产生一个垂直于驱动模态的第二振动模态，即敏感模态（图中质量块 P 沿 y 轴方向产生的位移），此模态与输入的角速度 ω 成正比。

§12.4.2.2 振动式微机械陀螺仪

振动式微机械陀螺仪根据振动方式有两种，一种是围绕一个轴来回振动的角振动陀螺仪，另一种是沿着一条线来回振动的线振动陀螺仪。其多采用平面电极或梳状电极静电驱动，并采用平板电容器进行检测。

振动式陀螺仪最典型的激振方式是静电梳状驱动结构，它主要由叉指电容、可动极板、支撑梁、固定岛、地平面和固定电极 6 部分组成，如图 12.4.6 所示。图中，叉指电容的可动叉指与可动极板连成一体，固定叉指与固定电极相连；可动极板通过支撑梁与固定岛相接，固定于衬底上。若施加直流信号，在梳状叉指之间的静电力的作用下，可动极板发生位移，使支撑梁发生形变；若施加交变信号，则可动极板在静电力与支撑梁的弹性力作用下产生振动。图中，V_p 为偏置电压，V_d 为交流驱动电压，固定和可动叉指分别被置于固定负电位和零电位。

静电梳状驱动结构与压电、压阻、热膨胀和电磁等驱动方式相比，虽然静电作用的驱动力较小，但其工艺简单，容易与集成电路工艺兼容实现系统集成，是微机械执行器的发展趋势，在微陀螺等微机电系统，尤其是表面微机械器件中已得到广泛应用。将静电梳状驱动结构作为驱动部件的振动式陀螺仪一般称为梳状驱动式陀螺仪，下面介绍这类陀螺的组成及主要结构。

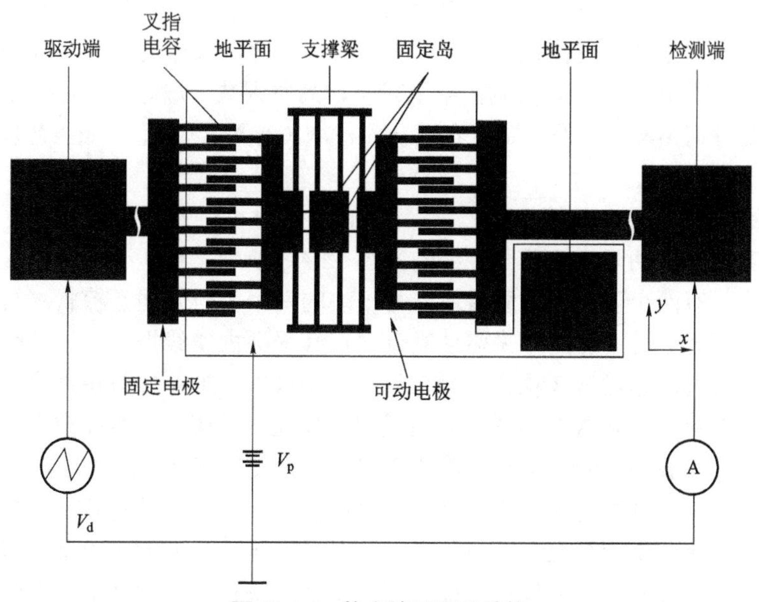

图 12.4.6　静电梳状驱动结构

梳状驱动式陀螺仪可分为梳状驱动平板式振动陀螺仪、梳状驱动音叉式振动陀螺仪、电磁驱动音叉式陀螺仪、梳状驱动振环式陀螺仪、压电棒式振动陀螺仪和声表面波振动陀螺仪等。下面就这些陀螺仪的基本结构作一个简单介绍。

1. 梳状驱动平板式振动陀螺仪

梳状驱动平板式振动陀螺仪的结构如图 12.4.7 所示，图中单晶硅底座和多晶硅平板均设置有梳状电极，多晶硅平板通过挠性支臂支撑在单晶硅底座上方，并具有沿驱动轴和输出轴的线运动自由度。

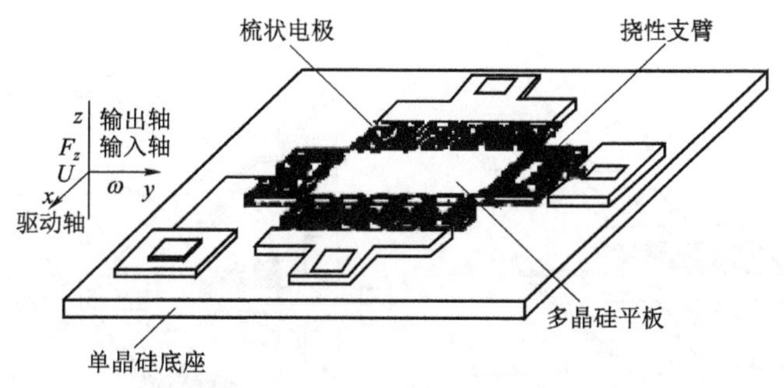

图 12.4.7　梳状驱动平板式振动陀螺仪

在梳状电极简谐变化的静电驱动力的作用下，平板产生沿驱动轴的线振动，其线振动的速度是交变的。当底座绕输入轴相对惯性空间以角速度转动时，将形成沿输出轴交变的哥氏加速度 $a_c = 2\omega v$，并产生沿输出轴交变的哥氏惯性力 F_c：

$$F_c = ma_c = 2m\omega v \qquad (12.4.10)$$

式中，m 为平板的质量。由此引起平板沿输出轴作线振动，其振幅与输入角速度成正比。该振幅由电容式传感器检测，经信号处理即可获得输入角速度。

产生静电驱动力的方式有平行板电容结构和静电梳状结构两类，平行板电容结构一般为垂直驱动，驱动力较大，但驱动力与极板间的距离呈非线性关系，从而限制了可动结构的位移。梳状结构为横向驱动，与传统的平行板电容结构相比，静电力与位移几乎无关，可以获得很大的振幅（大于 10 μm）。其受到的阻尼较小，品质因数一般较大。由于是横向结构，其容易实现精细的几何结构，如差分式电容驱动和检测（音叉），且不增加工艺步骤，这对提高器件的灵敏度非常有利。

2. 梳状驱动音叉式振动陀螺仪

梳状驱动音叉式振动陀螺仪的一种结构如图 12.4.8 所示。梳状驱音叉式振动陀螺仪采用单晶硅梳状结构，有两个可动扁平质量块，每一块的两个相对侧面呈梳状，与基座上也呈梳状的侧面构成叉指式驱动电容，用来驱动质量块在其平面内作线振动；另外两个相对侧面上均匀分布 4 根挠性梁。通过这 8 根挠性梁，外加 2 根横梁，把两质量块连成一个整体，然后再通过两质量块对称处的 4 根挠性梁，将质量块整体连在基座上，悬在空中。质量块下面的一个电极板，与其下表面上的电极构成检测电容，用来使敏感质量块上下振动。

由于质量块悬空，故其可在其水平平面内来回振动，亦可在其垂直平面内上下振动。当给质量块两侧的叉指式电容加上交变电压时，在众多微弱静电力的作用下，质量块将在其所在平面内来回振动。此时，质量块便能检测同一平面内垂直于它的运动方向的角速度。如果此方向上有角速度输入，那么质量块将受到垂直于它所在平面的哥氏惯性力的作用，产生上下振动。这将引起它下面敏感电容的变化，且电容变化量与输入角速度的大小成正比，所以通过检测敏感电容变化量的大小，便可获得输入角速度的值。

3. 梳状驱动振环式陀螺仪

梳状驱动振动环式陀螺仪在结构上与单自由度旋转的转子陀螺仪相近，只是由振动替代了旋转运动。它由一组固定的环状定子梳齿和活动环状梳齿组成，活动梳齿通过公共圆环由一对阿基米德螺旋线的支撑梁支撑，结构上保证活动梳齿与定子梳齿同心，其结构示意如图 12.4.9 所示。

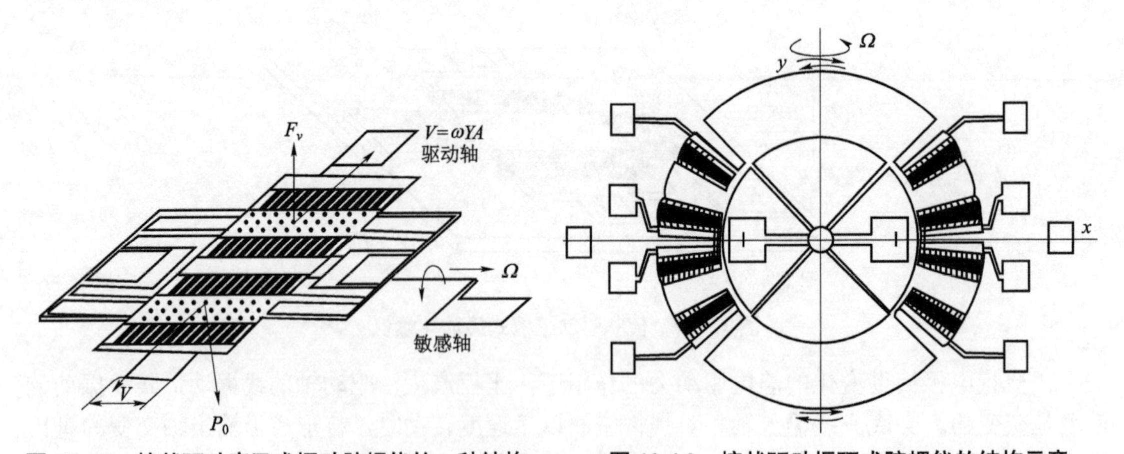

图 12.4.8　梳状驱动音叉式振动陀螺仪的一种结构　　**图 12.4.9　梳状驱动振环式陀螺仪的结构示意**

梳状驱动振环式陀螺仪工作时，定子梳齿间形成梳齿电容，通过给固定的定子梳齿施加正弦驱动电压使定齿和动齿间形成圆周方向上的静电驱动力。在静电驱动力的作用下，带有陀螺仪检测质量和梳齿的振动轮绕着垂直于该轮的中心轴作简谐角振动。当在基片平面内沿垂直于扭杆的方向有角速度输入时，作用在陀螺检测质量上的哥氏力将使振动轮绕扭杆作周期性振动。此时，由于位于振动轮下面的电容发生变化，通过测量其电容变化量的大小就可以确定输入角速度的值。

梳状驱动振环式陀螺仪可以工作于开环和闭环两种状态。为了提高测量的精度、扩展带宽和控制干扰，一般都采用闭环控制。闭环控制主要包括两部分：驱动回路的闭环控制和检测回路的闭环控制。

驱动回路的闭环控制系统如图 12.4.10 所示。当驱动电压作用在驱动电极上时，活动梳齿将会以一定的振幅振动。此时，驱动检测电极有信号输出，该信号被高频的正弦信号所调制，经过前置放大、解调、低通滤波、移项以及振荡回路和制动增益控制回路的扭杆环节的处理以后形成一个反馈信号，再施加到驱动电极上使得梳齿作等幅谐振。

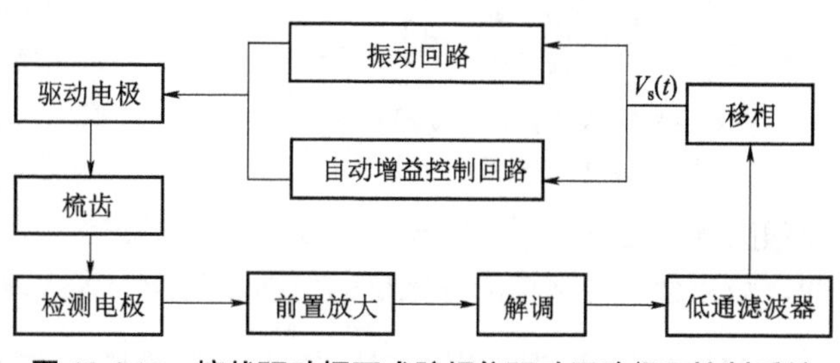

图 12.4.10　梳状驱动振环式陀螺仪驱动回路闭环控制系统

梳状驱动振环式陀螺仪的动态特性类似一个二阶振荡环节，其检测回路控制是使质量块的工作处于平衡位置附近。当有角速度输入时可通过闭环控制回路来调整系统的阻尼或系统的弹性扭转刚度，使检测质量块工作在平衡位置。检测回路的闭环控制系统如图 12.4.11 所示。当有角速度输入时，敏感电极有输出信号。该信号被高频的正弦信号所调制，经过交流放大、带通滤波、相敏解调、低通滤波、校正等环节处理后，形成反馈信号，再施加在静电力反馈电极上使检测质量回零。

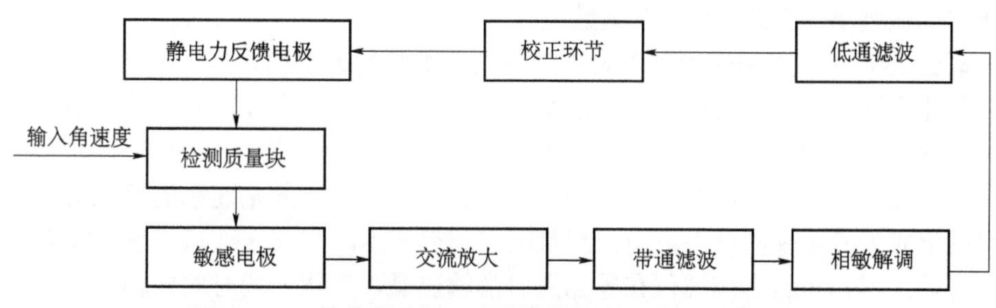

图 12.4.11　梳状驱动振环式陀螺仪检测回路闭环控制系统

4. 双质量块正交梁抗干扰压阻式微机械陀螺仪

如图 12.4.12 所示，双质量块正交梁抗干扰压阻式微机械陀螺仪基于振动体受旋转速度时产生的哥氏效应，其驱动原理与梳状驱动音叉式振动陀螺仪类似，以静电驱动方式使双质量块发生受迫简谐振动，采用压阻原理检测科氏力。静电驱动使双质量块的简谐振动产生扭矩，导致输出梁上的应力产生变化，从而改变了对称的压敏电阻的电阻率。若用平衡电桥获取对应于输入角速度的正弦电压输出，则其幅值与输入角速度成正比，其相位则代表了输入角速度的方向。

工作时，在驱动电极上施加带有直流偏置的交变电压，由于静电驱动交变力矩的作用，

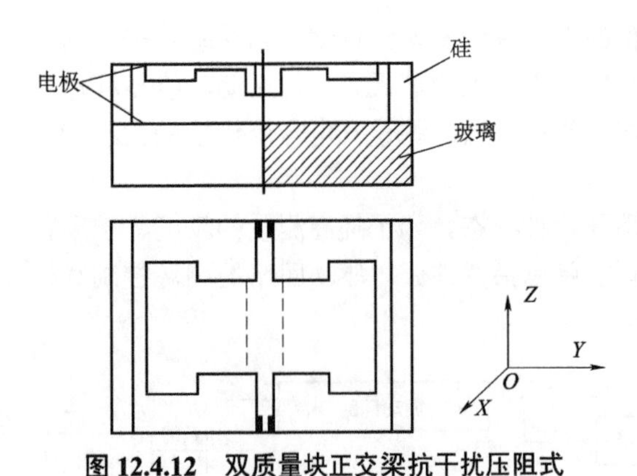

图 12.4.12　双质量块正交梁抗干扰压阻式微机械陀螺仪的结构

质量块在垂直于玻璃衬底的平面内绕X轴作简谐角振动，当在振动平面内沿垂直于Y轴的方向有空间角速度ω时，其所产生的哥氏力使得质量块绕 Z 轴发生扭转，其扭矩改变了输出梁的应力，从而引起对称压敏电阻的电阻率的变化。

采用压阻式检测原理，可避免电容式微机械陀螺中小电容检测的难题，增加了系统的抗干扰能力。由于它采用了对称式双质量块结构，因而可将三维加速度的耦合误差完全分离出来，消除了由此造成的质量块质量的限制，从而最大限度地提高了微机械陀螺仪的分辨率和灵敏度。另外，通过限制结构运动体的运动空间，可以使这种结构的陀螺仪的抗高过载能力大大增强。

§12.4.3　弹载微机械陀螺仪的主要性能指标

微机械角速率陀螺仪的主要性能指标包括刻度因子/线性度、阈值与分辨率、测量范围与满量程输出、零偏与零偏稳定性、输出噪声以及带宽等。这些性能指标中，刻度因子、分辨率、零偏及零偏稳定性和输出噪声（通常用随机游走表示）是确定陀螺仪性能的主要参数。

（1）刻度因子/线性度：陀螺仪刻度因子定义为陀螺仪输出与输入角速率的比值，该比值是由整个输入角速率范围内所测得的输入和输出数据，采用最小二乘法获得的直线斜率。线性度是指输入/输出数据与最佳直线的最大偏差，用最大输出的百分数表示。陀螺仪制造商一般给出的指标是刻度因子精度和非线性度。例如，某陀螺仪给出的刻度因子精度小于 1.0%，刻度因子非线性度小于 0.3%*FS*（*FS* 满量程）。

（2）阈值/分辨率：陀螺仪的阈值是指陀螺仪能敏感的最小输入角速率，分辨率是指在规定的输入角速率下能感知的最小输入角速率增量。这两个量均表征陀螺仪的灵敏度。分辨率通常根据带宽给定，如某硅微陀螺仪的分辨率小于 0.05°/s（带宽＞10 Hz）。

（3）测量范围：陀螺仪的测量范围由陀螺仪正、反方向输入角速率的最大值表示，该最大值除以阈值即为陀螺仪的动态范围，测量范围越大表示陀螺仪能敏感速率的能力越强。

（4）零偏：零偏定义为陀螺仪在零输入时的输出量，采用一段时间内输出的平均值等效换算为输入角速率来表示。在零输入状态下，陀螺的稳态输出是一个平稳的随机过程，即稳态输出将围绕均值（零偏）上下波动，一般用均方差来表示，此均方差被定义为零偏稳定性，也称为“偏置漂移”或“零漂”，同样采用相应的等效输入角速率表示。“零漂”值的大小表示观测值围绕零偏的离散程度。时间、环境温度的变化会使陀螺仪的零偏有所变化，而且这种变化有很大的随机性。

（5）输出噪声：陀螺仪在零输入时，白噪声和慢变随机函数的叠加形成了它的输出信号，其中慢变随机函数用来作为确定零偏或零偏稳定性的指标，而白噪声定义为单位检测带宽下等价旋转角速率的标准偏差，单位为$[(^\circ)/\mathrm{s}]/\sqrt{\mathrm{Hz}}$ 或$[(^\circ)/\mathrm{h}]/\sqrt{\mathrm{Hz}}$ 。

（6）带宽：带宽是指陀螺仪能够精确测量输入角速率的频率范围，这个范围越大表示陀螺仪的动态响应能力越强。

表 12.4.1 所示为国内外部分微机械陀螺仪的性能指标，图 12.4.13 所示为其中 HT－G02 的两轴微机械角速率陀螺仪的实体照片。

弹载角速率陀螺仪与应用于其他方面的陀螺仪相比，其技术指标还有一些特殊要求：① 陀螺仪应能够承受弹丸发射时的过载，一般要求达到上万个 g 或数万个 g 的发射过载；② 要求结构简单、成本低，尽量减少零部件的数量；③ 要求体积小、质量轻；④ 陀螺仪启动速度迅速。

图 12.4.13　HT－G02 两轴微机械陀螺仪

由于弹丸在发射时要承受高达 10 000 g 以上的过载，为避免高过载使陀螺仪损坏，试验前一般需要对陀螺仪及其电路进行固封，以提高测试系统的抗过载能力。

表 12.4.1　国内外典型微机械陀螺仪的主要性能指标

单位	测量范围	分辨率	灵敏度	线性度	时间漂移
清华大学	±400°/s	⩽0.1°/s	1.9 mV/[(°)•s^{-1}]	—	—
BEI	±5～±100°/s	⩽0.004°/s	2.5～50 mV/[(°)•s^{-1}]	0.05°/s	0.05°/s
QRS－14	1 000°/s 内可调	0.004°/s	0.1 V/[(°)•s^{-1}]	5%	—
GYRO－2	1 000°/s 内可调	0.004°/s	0.1 V/[(°)•s^{-1}]	5%	—
VG941－3	500°/s	0.03°/s	—	0.3%	—
HT－G02	± 500°/s	—	2.0 mV/[(°)•s^{-1}]	1%	—
SDI－ARG－720	±720°/s	⩽0.3%	2.5±0.3 mV/[(°)•s^{-1}]	⩽0.5%FR	⩽0.07°/s

§12.5　弹丸飞行姿态的组合传感器测量

由前面所述内容可知：实现弹丸姿态测试主要有两条途径。一条途径是采用陀螺仪等惯性测量系统进行测试，由于此类系统在火炮膛内冲击旋转环境下不能保持出炮口后弹体坐标系与地面坐标系的“联系”，会导致出炮口后的数据无法解算，因此火炮发射弹丸工作的惯性系统需要解决弹丸飞出炮口后的初始定标问题。另一条途径是在弹丸飞出炮膛后，设法建立弹体坐标系与另一参照基准的联系，利用该基准与地面坐标系的关系最终解算出在大地坐标系中的姿态数据。针对这两类问题，人们提出了各种各样的多传感器组合测量弹丸飞行姿态的方法。尽管有些方法还不够成熟，没有应用实例，但其测试原理仍很值得借鉴或进一步研究，因此本节主要介绍多传感器组合测量弹丸飞行姿态的原理。

§12.5.1　惯性传感器组合测量

惯性传感器组合测量的基本原理是利用惯性器件（主要包括加速度传感器和陀螺仪）测

量载体运动参数（加速度和角速度等）。由于它有完全自主、不受干扰、输出信息量大、输出信息实时性强等优点，故在航空、航天、航海及民用相关领域（如地质勘探、重力测量、石油钻井、大地测量等）得到了广泛应用。

测量弹丸飞行姿态的惯性组合传感器主要有捷联惯性传感器和无陀螺（加速度）惯性组合传感器。无陀螺惯性组合传感器通过在飞行器的不同位置上布置多个加速度传感器完成对姿态的测量。弹载加速度传感器测量弹丸飞行姿态的基本原理是：弹丸在空中飞行时，由于存在俯仰和偏航运动，弹丸上不同的位置的运动加速度不同，通过探测弹上各点的加速度，利用相应的力学关系可以处理出弹丸的角运动规律。尽管早在 1982 年人们就提出了无陀螺捷联惯导系统测量的思想，由于加速度传感器的轴向耦合干扰与无陀螺组合算法处理的复杂性，其存在安装误差影响大等缺点，目前在弹丸飞行姿态测量上还没有应用实例。

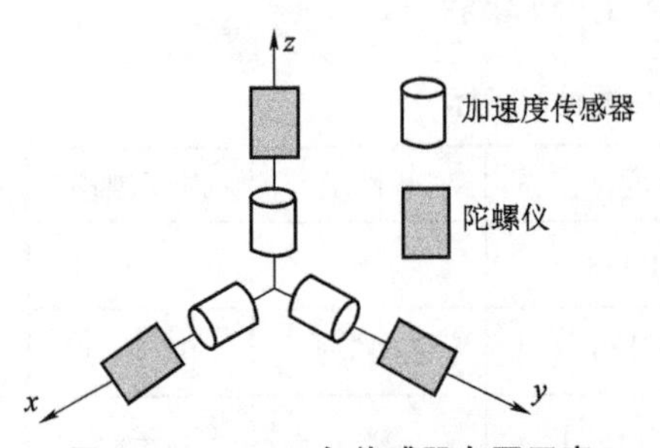

图 12.5.1　IMU 各传感器布置示意

在弹丸飞行姿态测量中，应用最广泛的惯性组合传感器是惯性测量单元（IMU），它是用 3 个正交布置的角速率陀螺仪和 3 个正交布置的加速度传感器构成的整体部件，其传感器布置方式如图 12.5.1 所示。利用 IMU 进行飞行器姿态角（俯仰角、偏航角和滚转角）测量的基本方法是，根据陀螺仪和加速度传感器的测试数据，通过有效的数据融合和捷联算法计算各个轴向的角度和坐标，得到比单个传感器更为准确的测量信息。由于这类组合构成了一种不依赖外部信息的测量装置，多用于惯性导航，故称为捷联惯性导航系统（INS），简称捷联惯导。

捷联惯导在结构上以 IMU 为基础，将 3 个角速率陀螺仪和 3 个加速度传感器直接固连在弹体上，它取消了由环架构成的实体惯性平台，其平台的功能完全由“计算机+计算软件”完成，并称为数字平台。捷联惯导的数字平台就是以计算机为基础，通过专门的算法（捷联算法）来实现与实体平台相同的功能。

实际上，惯性导航系统分为平台式惯导和捷联惯导两类，前者用实体陀螺仪稳定平台获取所需要的姿态角、姿态角速度、空间坐标、速度等数据，后者利用载体的数字平台，利用陀螺仪、加速度传感器的测试数据进行计算。由于平台式惯导设置有高速旋转的陀螺转子和相应的内、外环支撑系统，其结构过于复杂，体积大，成本高，而捷联惯导的系统功能与平台式惯导相同，具有数据更新率高、短期精度好等优点。因此，弹丸飞行姿态的惯性组合测量几乎都用捷联惯导。

在测试原理上，捷联惯导在惯性测量单元（IMU）的基础上，通过专门的计算方法，获得弹丸的飞行姿态、坐标等信息。它通常用于探测火箭、导弹、制导炮弹等尾翼稳定弹箭的飞行姿态。

由于捷联惯导在结构上将陀螺仪和加速度传感器所构成的惯性测量部件直接固连于弹体，因而要求陀螺仪和加速度传感器的动态范围更大，并且具有在恶劣环境下正常工作的能力。捷联惯导系统如图 12.5.2 所示。

图中，陀螺仪用来测量角速度信息，可通过坐标变换矩阵得到被测体的姿态信息；加速度传感器用来测量加速度信息，通过坐标变换得到被测体的加速度信息，进而计算出速度数据和位置数据。

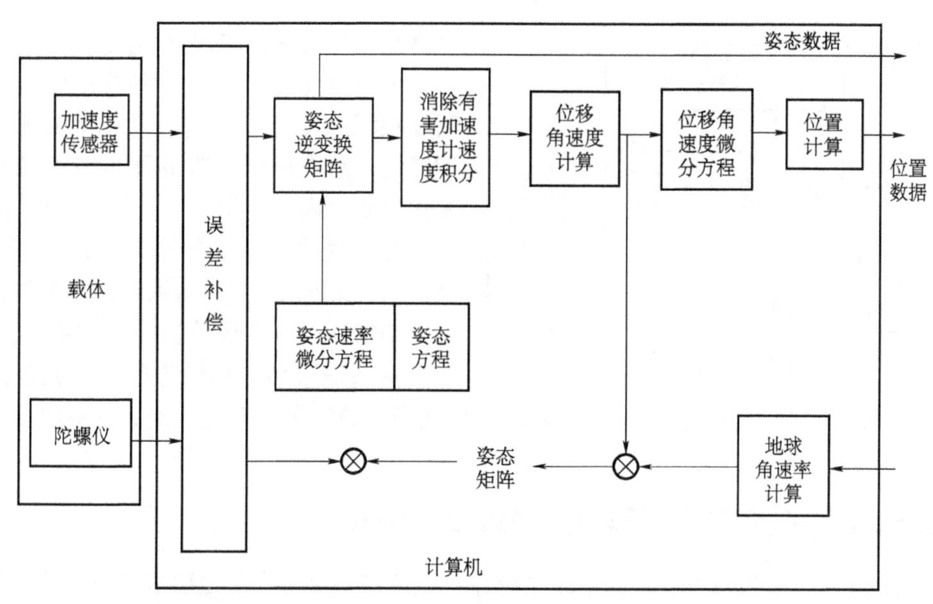

图 12.5.2　捷联惯导系统

惯性测量系统的误差源主要是加速度传感器和陀螺仪的测量误差。其中加速度传感器引起的误差包括加速度传感器的零偏、标度因数误差、非线性误差和加速度传感器的安装误差等。其中加速度传感器的安装误差可归并到标度因数误差。

惯性测量单元（IMU）的组合应用非常广泛，是目前捷联惯导的基本组合。目前这种组合已按照使用的安装方式集成为一个器件，称为微惯性测量组合。微惯性测量组合的电子线路由三部分组成：传感器电路组件、转换电路组件和数据处理组件。最终目标是将所有功能模块集成在一块硅片上。每一个惯性仪表都有专用集成电路并产生相应的输出，送给微处理器进行数据处理产生导航信息。当高密度封装和数字控制技术更新设计以后，陀螺仪的性能可达 10°/h 的零偏稳定性和 ±100°/s 的量程，加速度传感器的性能为 100 μg 的零偏稳定性和 ±100 g 的量程，工作温度为 −40℃～85℃，可实现完全小型化的微机电惯性系统。例如，洛克威尔公司休斯研究实验室为埃格林空军基地研制了高级战术 MIMU，其中加速度传感器采用面加工单悬臂梁隧道电流传感器，噪声电平已达 8.5×10^{-5} g/Hz，动态范围超过 10^4 g。

典型的微惯性测量单元包括三只微硅型陀螺仪和三只微硅型加速度传感器，它们分别设置在立体的三个正交平面上，其组合装配工序包含各个传感器的安装，专用集成电路的安装和与外界系统的接口方式、布线方法等，其结构如图 12.5.3 所示。其中，微陀螺仪和微加速度传感器分别安装在正六面体基座的三个互相正交的平面内，每个惯性敏感器件的输入轴方向需要仔细校准，以保证彼此严格正交。

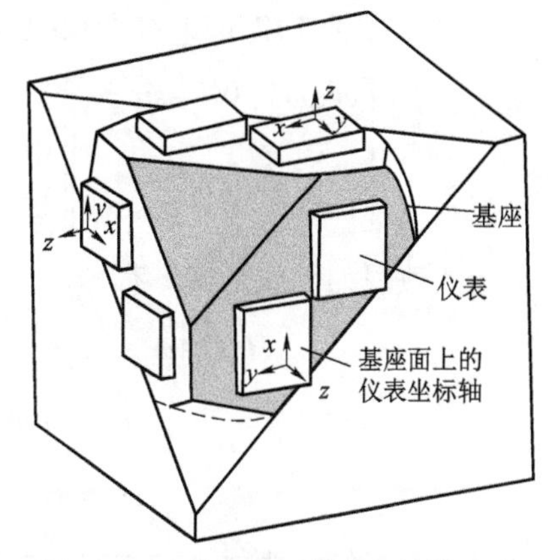

图 12.5.3　微惯性测量单元结构示意

图 12.5.4 所示是一种微惯性测量组合系统，该组合系统包括微惯性敏感器组合装置、信号变换和匹配电路、信

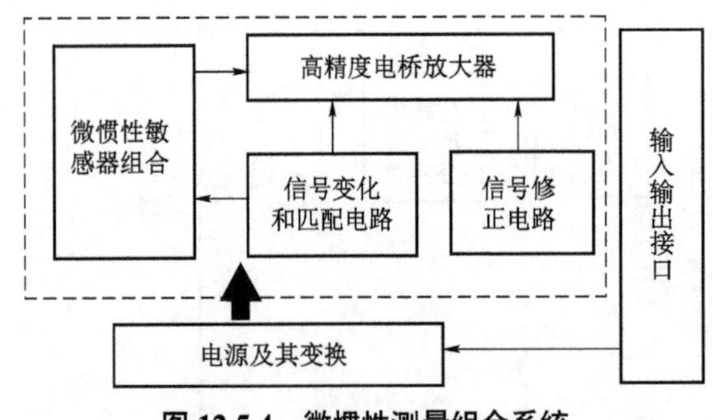

图 12.5.4 微惯性测量组合系统

号修正电路及输入输出接口三部分。

惯性测量是惯性技术从导航领域到大地测量领域的发展。在硬件方面，惯性测量系统和惯性导航系统的原理相同，但由于惯性测量要求得到更高的定位精度，因此其内部回路，尤其是加速度传感器的测量电路具有更高的分辨率。此外，惯性测量系统精度的提高必须依靠精密的校准和误差补偿。在软件方面，惯性测量系统采用比惯性导航更为精确的误差模型，通常还增加测后数据分析和平滑处理。惯性测量通常用于探测火箭、导弹等尾翼稳定弹箭的飞行姿态。

§12.5.2 其他传感器与三轴磁传感器组合测量

根据§12.3.3 介绍的弹丸姿态的地磁传感器测试原理，可知由于地磁线只有一维基准，利用三轴磁传感器的测试参量，只有在假设偏航角为零的条件下才能确定弹丸的俯仰角和滚转角。为了获得弹丸飞行姿态的三维参数，人们发明了陀螺仪/磁传感器组合测量方法。由于角速率陀螺仪无法测量高转速弹丸，因此这种组合测量方法主要用于尾翼稳定弹丸的姿态测量。本节主要介绍尾翼稳定弹丸飞行姿态的陀螺仪/磁传感器组合测量原理和角速率陀螺仪传感器的组合方法。

§12.5.2.1 其他传感器与磁传感器组合测量原理

根据弹丸姿态的地磁传感器测试原理可知，式（12.3.6）的三个代数方程并不独立，即对应三轴磁传感器测量得出的每一组H_{x_1}、H_{y_1}和H_{z_1}的数据，不能同时解算出俯仰角φ_a、偏航角φ_2和滚转角γ。用地磁传感器测试参数H_{x_1}、H_{y_1}和H_{z_1}换算弹丸姿态以解算弹体姿态角时，一般都在已知某一姿态角参量的条件下解算另外两个姿态角。

若滚转角γ已知，利用磁传感器三轴的输出H_{x_1}、H_{y_1}、H_{z_1}信号可求解。为了计算俯仰角φ_a与偏航角φ_2，作如下推导。

首先将式（12.3.5）经变换改写成如下矩阵表达式：

$$\begin{bmatrix}\cos\varphi_2 & 0 & -\sin\varphi_2\\ 0 & 1 & 0\\ \sin\varphi_2 & 0 & \cos\varphi_2\end{bmatrix}\begin{bmatrix}1 & 0 & 0\\ 0 & \cos\gamma & -\sin\gamma\\ 0 & \sin\gamma & \cos\gamma\end{bmatrix}\begin{bmatrix}H_{x_1}\\ H_{y_1}\\ H_{z_1}\end{bmatrix}=\begin{bmatrix}\cos\varphi_a & \sin\varphi_a & 0\\ -\sin\varphi_a & \cos\varphi_a & 0\\ 0 & 0 & 1\end{bmatrix}\begin{bmatrix}H'_x\\ H'_y\\ H'_z\end{bmatrix} \tag{12.5.1}$$

将上式改写为等式形式，有

$$H'_x\cos\varphi_a+H'_y\sin\varphi_a=H_{x_1}\cos\varphi_2-\left(H_{y_1}\sin\gamma+H_{z_1}\cos\gamma\right)\sin\varphi_2 \tag{12.5.2}$$

$$-H'_x\sin\varphi_a+H'_y\cos\varphi_a=H_{y_1}\cos\gamma-H_{z_1}\sin\gamma \tag{12.5.3}$$

$$H'_z=H_{x_1}\sin\varphi_2+\left(H_{y_1}\sin\gamma+H_{z_1}\cos\gamma\right)\cos\varphi_2 \tag{12.5.4}$$

经过三角变换，由式（12.5.2）与式（12.5.4）可得如下表达式：

$$\sqrt{H_{x_1}^2+\left(H_{y_1}\sin\gamma+H_{z_1}\cos\gamma\right)^2}\cos\left(\varphi_2+\arctan\left(\frac{\left(H_{y_1}\sin\gamma+H_{z_1}\cos\gamma\right)}{H_{x_1}}\right)\right) \tag{12.5.5}$$
$$=H'_x\cos\varphi_a+H'_y\sin\varphi_a$$

$$\sqrt{H_{x_1}^2+\left(H_{y_1}\sin\gamma+H_{z_1}\cos\gamma\right)^2}\sin\left(\varphi_2+\arctan\left(\frac{\left(H_{y_1}\sin\gamma+H_{z_1}\cos\gamma\right)}{H_{x_1}}\right)\right)=H'_z \tag{12.5.6}$$

用式（12.5.6）除以式（12.5.5）得

$$\tan\left(\varphi_2+\arctan\left(\frac{\left(H_{y_1}\sin\gamma+H_{z_1}\cos\gamma\right)}{H_{x_1}}\right)\right)=\frac{H'_z}{H'_x\cos\varphi_a+H'_y\sin\varphi_a} \tag{12.5.7}$$

由此可得出偏航角表达式

$$\varphi_2=\arctan\left(\frac{H'_z}{H'_x\cos\varphi_a+H'_y\sin\varphi_a}\right)-\arctan\left(\frac{\left(H_{y_1}\sin\gamma+H_{z_1}\cos\gamma\right)}{H_{x_1}}\right) \tag{12.5.8}$$

将偏航角 φ_2 代入式（12.3.5）展开，整理可得

$$H_{x_1}=(H'_x\cos\varphi_a+H'_y\sin\varphi_a)\cos\varphi_2+H'_z\sin\varphi_2 \tag{12.5.9}$$

应用三角函数万能公式求解上式可得俯仰角计算公式

$$\varphi_a=2\arctan\left(\frac{H'_y\cos\varphi_2\pm\sqrt{(H_x'^2+H_y'^2)\cos\varphi_2-H_{x_1}^2+H_{z_1}\sin\varphi_2(H_{x_1}+H'_x\cos\varphi_2)}}{H_{x_1}+H'_x\cos\varphi_2}\right) \tag{12.5.10}$$

上面的式（12.5.10）和式（12.5.8）为俯仰角 φ_a 与偏航角 φ_2 的计算公式。可见，只要采用其他方法测出滚转角 γ，利用磁传感器三轴的输出信号和这组公式即可确定俯仰角 φ_a 和偏航角 φ_2。

§12.5.2.2　弹丸姿态的陀螺仪/磁传感器组合测量方法

根据式（12.5.8）和式（12.5.9）的条件，有单轴、双轴和三轴角速率陀螺仪的组合测量方法。

1. 单轴角速率陀螺仪/三轴磁传感器组合测量方法

单轴角速率陀螺仪/磁传感器组合测量方法是在弹体系三轴方向设置三轴磁传感器的基础上，在沿弹轴方向设置一个单轴陀螺仪测量弹丸姿态。该方法的测试参量是三轴磁传感器的 H_{x_1}、H_{y_1}、H_{z_1} 和单轴角速率陀螺仪的 $\dot{\gamma}$，其实施过程是：在弹丸发射前标定起始滚转角 γ_0，微机械陀螺仪实时测量滚转角速率 $\dot{\gamma}$，通过数值积分的方法获得实时滚转角 γ，将 γ 代入式（12.5.8）和式（12.5.9），确定偏航角 φ_2 与俯仰角 φ_a。

由于单轴角速率陀螺仪需要发射前标定起始滚转角 γ_0，因此该方法一般适用于低转速火箭弹等弹丸的飞行姿态测试。

2. 双轴角速率陀螺仪/三轴磁传感器组合测量方法

双轴角速率陀螺仪可由两个单轴陀螺仪构成，它与三轴磁传感器的配置方式如图 12.5.5 所示。图中三轴磁传感器的三个轴分别与弹体坐标系的三个轴方向重合，用于测量地磁场在

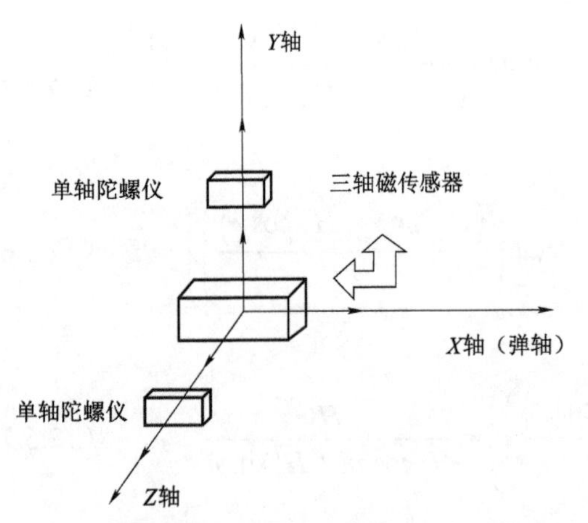

图 12.5.5　三轴磁传感器和两个单轴陀螺仪的配置示意

弹体坐标系中的分量H_{x_1}、H_{y_1}和H_{z_1}。两个单轴陀螺仪的敏感轴分别与三轴磁传感器的Y, Z轴重合，用于测量弹体固联坐标系Y轴和Z轴的角速度ω_{y_1}、ω_{z_1}。

根据外弹道学理论，以地面坐标系→弹道坐标系→弹体坐标系的旋转方式，略去$\dot{\theta}$及$\dot{\psi}_V$的影响，可得弹体质心相对地面坐标系的角速度$\vec{\omega}_o$的矢量表达式

$$\vec{\omega}_o = \vec{\upsilon} + \vec{\dot{\delta}} + \vec{\dot{\gamma}} \tag{12.5.11}$$

式中，δ为弹体几何轴线与质心速度矢量$\vec{V}$的夹角，即章动角；υ为章动角δ所在的平面（即攻角平面或阻力面）与过速度矢量$\vec{V}$的铅垂面间的夹角，即进动角。由于弹轴在攻角平面内摆动，故定义弹轴在速度矢量$\vec{V}$上方时δ为正，反之为负。将角速度$\vec{\omega}_o$的矢量表达式（12.5.11）投影到弹体坐标系中，有

$$\begin{pmatrix} \omega_{x_1} \\ \omega_{y_1} \\ \omega_{z_1} \end{pmatrix} = \begin{pmatrix} \dot{\upsilon}\cos\delta + \dot{\gamma} \\ -\dot{\upsilon}\sin\delta\cos\dot{\gamma} + \dot{\delta}\sin\dot{\gamma} \\ \dot{\upsilon}\sin\delta\sin\dot{\gamma} + \dot{\delta}\cos\dot{\gamma} \end{pmatrix} \tag{12.5.12}$$

在章动角$\delta = 0$附近时，$\cos\delta \approx 1$，$\sin\delta \approx 0$，式（12.5.12）就简化为：

$$\begin{pmatrix} \dot{\upsilon} + \dot{\gamma} \\ \dot{\delta}\sin\gamma \\ \dot{\delta}\cos\gamma \end{pmatrix} = \begin{pmatrix} \omega_{x_1} \\ \omega_{y_1} \\ \omega_{z_1} \end{pmatrix} \tag{12.5.13}$$

由上式的第二、三式相除，可得：

$$\tan\gamma = \frac{\omega_{y_1}}{\omega_{x_1}} \tag{12.5.14}$$

上式可作为弹道直线段上攻角衰减后，某一时刻起始点滚转角的近似计算公式。

由弹箭绕心运动的运动学方程

$$\begin{cases} \dot{\varphi}_a = \omega_\varsigma / \cos\varphi_2 \\ \dot{\varphi}_2 = -\omega_\eta \\ \dot{\gamma} = \omega_\xi - \omega_\varsigma \tan\varphi_2 \end{cases} \tag{12.5.15}$$

和弹轴坐标系与弹体坐标系间的转换关系

$$\begin{bmatrix} \omega_\xi \\ \omega_\eta \\ \omega_\zeta \end{bmatrix} = \begin{bmatrix} 1 & 0 & 0 \\ 0 & \cos\gamma & -\sin\gamma \\ 0 & \sin\gamma & \cos\gamma \end{bmatrix} \begin{bmatrix} \omega_{x_1} \\ \omega_{y_1} \\ \omega_{z_1} \end{bmatrix} \tag{12.5.16}$$

可以得出

$$\begin{cases}\dot{\varphi}_a = (\omega_{y_1}\sin\gamma + \omega_{z_1}\cos\gamma)/\cos\varphi_2 \\ \dot{\varphi}_2 = -(\omega_{y_1}\cos\gamma - \omega_{z_1}\sin\gamma) \\ \dot{\gamma} = \omega_{x_1} - (\omega_{y_1}\sin\gamma + \omega_{z_1}\cos\gamma)\tan\varphi_2\end{cases} \tag{12.5.17}$$

上面的表达式中，ω_ξ、ω_η、ω_ζ 为弹体转速矢量在第一弹轴坐标系 $O\xi\eta\zeta(A)$ 中的三个分量。

由上面诸式可知，对于测试组合传感器信号（H_{x_1}，H_{y_1}，H_{z_1}，ω_{y_1}，ω_{z_1}；t），首先利用式（12.5.14）计算炮口附近直线段弹道 t_0 时刻的滚转角 γ_{t_0} 的近似值，然后将 γ_{t_0} 代入式（12.5.10）和式（12.5.8），确定该起始点的俯仰角和偏航角的近似值，进而通过迭代计算得出 t_0 时刻的姿态角的起始值 γ_{t_0}、φ_{a_0} 和 φ_{2_0}。

将 γ_{t0}、φ_{a0} 和 φ_{20} 作为积分初值，利用微机械角速率陀螺仪的信号 ω_{y_1}，ω_{z_1} 和磁传感器得出的 ω_{x_1} 数据，对式（12.5.17）进行积分，即可得到弹体飞行过程中实时的俯仰角 $\varphi_a(t)$、偏航角 $\varphi_2(t)$，进而也可求出滚转角 $\gamma(t)$。

3. 三轴角速率陀螺仪/三轴磁传感器组合测量方法

三轴角速率陀螺仪/三轴磁传感器组合的配置方式是在双轴角速率陀螺仪/三轴磁传感器组合配置的基础上，在弹轴方向增加一个角速率陀螺仪。与双轴角速率陀螺仪/三轴磁传感器组合类似，这种组合也需要采用迭代计算飞行弹丸姿态角在 t_0 时刻的起始值 γ_{t0}、φ_{a0} 和 φ_{20}。为了充分利用传感器采集的全部信息，随后的姿态角换算通常基于权系数的数据融合算法或基于卡尔曼滤波的数据融合算法等数据融合技术对测试传感器的输出信息进行处理。这是一种多传感器数据融合技术应用问题，所占篇幅较大，这里不再赘述。目前这方面的论文很多，感兴趣的读者可参考相关的文献。

由于磁传感器的带宽很宽（一般为 MHz 级），能够满足高转速（大于 200 r/s）弹丸的滚转姿态测量要求。虽然现在市售的高精度角速率陀螺仪的量程普遍不高，但是由于弹箭的 Y 轴角速度 ω_{y_1} 和 Z 轴角速度 ω_{z_1} 大都小于 15 r/s，故基本能够满足要求。因此在理论上说，磁传感器与角速率陀螺仪的这种组合方式可以满足较高转速的弹箭姿态测量的要求。

应该指出，对于尾翼稳定的弹丸来说，虽然磁传感器与角速率陀螺仪的组合测量的理论研究比较成熟，由于铁磁材料弹体对磁传感器影响较大，这种组合方式目前还停留在实验室研究阶段，至今还没有见到弹丸飞行试验的应用实例。

§12.5.2.3　太阳方位传感器与磁传感器组合测量

弹丸姿态的地磁/太阳方位传感器组合测量系统由固联在弹体的三轴地磁方位传感器和§12.2 介绍的太阳方位角传感器构成。与§12.5.2 中三轴地磁传感器的安装方式相同，三轴磁阻传感器在弹体安装时，地磁传感器三个测量轴分别与弹体坐标系的三个坐标轴重合，因此，上述地磁传感器输出 H_{x_1}、H_{y_1}、H_{z_1} 信号换算弹丸姿态角的的公式（12.5.10）和式（12.5.8）均成立。由此，可用太阳方位传感器测量弹丸滚转角 γ，代入式（12.5.10）和式（12.5.8）来确定弹丸的俯仰角和偏航角。

在利用地磁/太阳方位传感器组合测量系统测量弹丸飞行姿态时，需要先将安装有地磁/太阳方位传感器组合测量系统的弹体置于地面标定，测定弹丸内部的磁场强度 $\bar{H}'$ 在弹体基准坐标系三轴的磁分量 H'_x、H'_y、H'_z 和太阳方位传感器转速起始信号出现时弹体对应的基准转角 γ_N。根据地磁分布规律，可以认为在火炮射程内，磁分量 H'_x、H'_y、H'_z 均为常量。将弹丸地磁/太阳方位传感器组合测量系统实时测得数据（H_{x_1}，H_{y_1}，H_{z_1}，$\dot{\gamma}$；t），由下式可计算出 t_i 时刻的转速：

$$\gamma(t_i)=\gamma(t_{i-1})+\dot{\gamma}(t_i)\Delta t$$

式中，Δt 为三轴地磁传感器的采样周期。

将 t_i 时刻的转速 $\gamma(t_i)$ 和 H_{x_1}、H_{y_1}、H_{z_1} 及 H'_x、H'_y、H'_z 代入式（12.5.10）和式（12.5.8）即可确定俯仰角 $\varphi_a(t_i)$ 和偏航角 $\varphi_2(t_i)$

§12.5.3 陀螺仪/GPS 传感器组合测量简介

陀螺仪/GPS 传感器组合的弹丸姿态测量需要在弹体内安装一个三轴 MEMS 角速率陀螺仪、一个卫星定位接收机（GPS 终端）和弹载计算机（DSP）。陀螺仪/GPS 传感器组合测量需要根据试验现场的火炮射击条件和弹体结构向弹载计算机提供用于弹道模型计算理论初值的起始参数，其姿态测量方法的原理框图如图 12.5.6 所示。

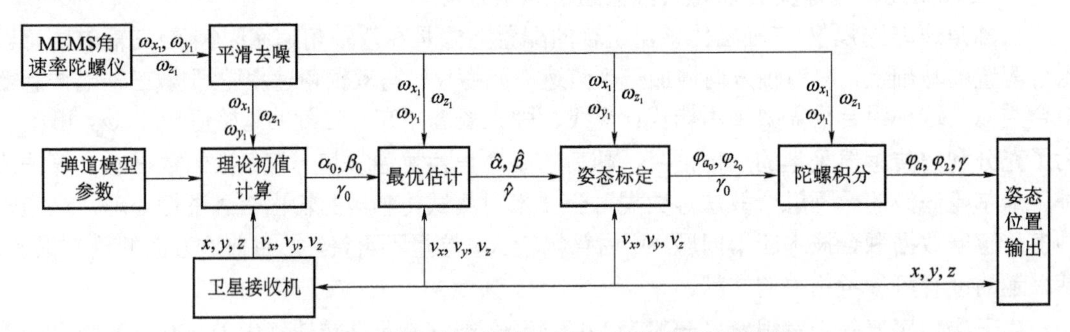

图 12.5.6 弹丸姿态的陀螺仪/GPS 传感器组合测量

图中描述了根据三轴陀螺测试数据 ω_{x_1}、ω_{y_1}、ω_{z_1} 以及卫星接收机输出的位置和速度数据（x, y, z, v_x, v_y, v_z）进行弹丸飞行姿态实时计算的流程。由于这一分析计算过程非常复杂，这里仅介绍计算思路：

首先，MEMS 角速率陀螺仪的数据要经过平滑去噪，卫星接收机输出的位置和速度数据已从空间 84 坐标系转换到炮位地面坐标系，然后理论初始标定假设，利用上述两种观测数据结合弹道模型参数解算得到攻角、侧滑角与滚转角初始值 $\alpha_0, \beta_0, \gamma_0$。

然后，将上述初始值 $\alpha_0, \beta_0, \gamma_0$ 作为姿态角滤波估计模型的起始数据，利用角运动模型作为状态方程，利用陀螺仪和 GPS 传感器的测量数据建立测量模型，通过最优估计算法得到一段时间内的最优估计值 $\hat{\alpha}, \hat{\beta}, \hat{\gamma}$。

最后，利用最优估计参数 $\hat{\alpha}, \hat{\beta}, \hat{\gamma}$ 和姿态角空中标定方法，并结合测量数据进行姿态角 $\varphi_{a_0}, \varphi_{2_0}, \gamma_0$ 初始标定。对标定后的姿态角初始值和平滑去噪后的陀螺仪角速度输出值进行积分求解，得到弹丸姿态角 $\varphi_a, \varphi_2, \gamma$。

第 13 章
外弹道高速摄影技术

光测设备通常用于测量目标弹道与姿态数据，多以光学望远镜为主，辅以摄影、红外、激光、电视等技术的测量设备对目标进行跟踪测量，主要有用于发射实况记录的各种高速摄影（像）机和弹道相机、电影经纬仪、光电经纬仪等弹丸飞行轨迹光学测量仪器。第 8 章介绍了有关弹道相机、电影经纬仪、光电经纬仪等弹丸飞行轨迹的光学测量仪器，本章主要介绍用于发射实况记录的各种高速摄像（影）技术。

§13.1　高速摄影技术及其发展

1. 高速摄影的定义

高速摄影是把物体高速运动或高速瞬变过程的空间信息和时间信息联系在一起，用摄影的方式把它记录下来的一类方法。这类方法主要用来记录人眼无法跟随的高速流逝过程的空间信息和时间信息。一般说来，物理高速运动过程或高速瞬变过程的空间信息以图像来表示，而时间信息则以拍摄频率、扫描速度或拍摄时间来描述。概括地说，凡是高速流逝过程的摄影记录方法均可认为是高速摄影方法。

高速摄影原理上相当于时间放大器，主要作用是将人眼无法跟随的高速流逝过程记录下来，再以时间慢放的方式观测瞬间发生的流逝过程，并以较高的摄影频率或较高的时间分辨本领与普通摄影（像）区别。一般认为，摄影频率高于 100 幅/s，或时间分辨本领小于 1/1 000 s，就属于高速摄影的研究范围。目前，最高时间分辨本领已达 10^{-8} s。分析表明：可见光波段的变像管相机，极限时间分辨本领约为 10^{-9} s，在这一广阔的时间分辨领域内，人们又按摄影频率或时间分辨本领的高低，将高速摄影分为低、中速，甚高速和超高速 3 个范围。表 13.1.1 表示了分类的具体数据。

表 13.1.1　高速摄影按时间分辨本领和摄影频率的划分

类别	低、中速	甚高速	超高速
摄影频率范围/（幅 • s^{-1}）	10^2～10^4	10^4～10^6	10^6～10^8
时间分辨本领/s	10^{-2}～10^{-5}	10^{-4}～10^{-7}	10^{-6}～10^{-9}

高速摄影研究快速过程的运动参数（位移、速度和加速度）或空间（一维、二维或三维）

位置随时间的变化。随着时间分辨本领的提高，光子作为信息载体的重要性，逐渐为人们重视，从而出现了“光子学”这一新的术语。光子学即研究光子的发射及其特性，光子的传输、探测、记录和测量的科学。光子学的研究范围，已深入到物质微观结构、光与物质的相互作用，以及探测结果的实时记录和处理等方面，增加了许多有意义的内容。现代高速摄影技术一般与光子学联系在一起，表明了它们之间相辅相成的关系。

2. 高速摄影技术的发展

高速摄影技术是在普通摄影技术的基础上发展起来的。高速摄影技术起源于19世纪中后期，首次高速摄影是英国人Fox–Tallbet. W. H. 在1851年用一个莱顿瓶的放电火花，拍摄到旋转报纸的清晰照片。到20世纪30年代，各种主要的光机式高速摄影设备的结构原理都已被提出。在第二次世界大战后，随着国防尖端科学技术发展的需要，各种各样的光机式高速摄影机，20世纪在50和60年代获得了高度的发展。同时，克尔盒相机和变像管相机等超高速摄影设备，以其较高的时间分辨本领获得了广泛重视。特别是变像管相机在等离子体物理和激光核聚变研究中的应用，使得高速摄影与光子学相结合，扩展了研究范围。人们在解决了许多高速摄影设备的工作原理问题的基础上成功研制了大量光机式高速摄影设备。

我国从20世纪50年代末开始引进光学测量设备，如Speedex型间歇式高速摄影机，法国的UR–3000型、德国的PENTAZET35型光学补偿式高速摄影机等，我国从苏联引进了KCT–60跟踪望远镜等靶场光学测量设备。在研究引进设备的基础上，我国于1958年开始研制高速摄影机，先后研制出GSJ型转镜式高速相机、GS240/35型高速摄影机等国产光学测量设备。1980年以后，我国高速摄影技术迅速向民用领域扩展，应用技术的研究也十分活跃。各类相机瞄准国际上的先进技术指标。目前在传统光机测量设备领域，我国自行研制的一些靶场光机测量设备的总体技术和主要性能指标已与国外相应的光学测量设备相当，但在高速数字成像技术领域，我国与国外技术先进的国家还存在不小的差距。

3. 高速摄影应用技术

高速摄影是靶场用于试验实况记录及弹道测试的重要手段，它具有非接触、高精度、可复现、全场测量、不受地面杂波的干扰影响等优点，但与无线电测量比较，高速摄影的作用距离较近，并受到气象条件的限制，在阴、雨、雪等能见度低的天气条件下，难以完成测量任务。

高速摄影技术的内涵比较广泛，它包含了具有各种不同工作原理的高速摄影方法，其中常见的高速摄影方法有高速扫描摄影、高速分幅摄影、高速阴影、纹影摄影、高速立体摄影、高速光谱摄影、高速显微摄影、高速全息摄影等。高速摄影技术包括高速摄影设备及应用技术两个方面，高速摄影应用技术包含针对各种不同的科研需求设计专门的测试技术。本书第8章、第11章所述的光测技术都是高速摄影应用技术。为了了解高速摄影应用技术的全貌，这里简单地介绍高速摄影领域中的几种光学应用技术。

1）阴影、纹影照相

阴影和纹影方法均用于检查透明介质中光学折射率的不均匀性。在流场显示和透明材料的质量检查中，这些方法曾普遍得到应用。阴影法用来探测折射率梯度的变化；纹影法用来探测折射率梯度。阴影光路和纹影光路与高速相机结合，即为高速阴影和高速纹影，用于显示流场随时间的变化。一般说来，这两种方法均用于定性研究，即显示不可见流场。前面第11章所介绍的闪光阴影照相技术就是一种阴影高速摄影技术。

2）显微摄影

爆轰学机理研究、医学和工业等许多研究领域都涉及对微小物体的高速运动过程的研究，要求将被摄物体尺寸放大许多倍，同时用连续照明强光源或脉冲强光源照明。因为被摄物体尺寸已被放大，故相应地需要较高的摄影频率，这是高速显微摄影的特点。

当研究爆炸丝或爆炸膜与炸药的相互作用时，如引爆过程、炸药单晶的爆炸、爆炸前沿的微观现象等，必须采用高速显微摄影方法。目前使用的技术，已使物平面的空间分辨率达若干微米，被摄物体的运动速度可在 1 km/s 以上。这时要使用调 Q 激光脉冲作为照明光源，用变像管分幅或扫描相机记录。

3）立体摄影

立体摄影基于人眼的立体视觉，即双眼对不同空间位置的分辨。高速立体摄影给出飞行物的空间位置，一般用两台相机交会摄影或用一台相机和立体成像装置配合，获得立体图像对，然后进行数据处理。这种方法在弹丸飞行姿态测量研究中得到了很好的应用。前面第 11 章所介绍的闪光阴影照相技术就是采用了正交摄影方法获取弹丸的飞行姿态及空间坐标数据，第 8 章也介绍了部分用交会摄影获取弹丸飞行空间坐标的方法。

4）全息干涉度量

用全息方法记录和测量高速运动物体时，为了获得清晰的干涉条纹图形，必须缩短全息图的曝光时间或者限制运动物体的速度。高速相机与全息干涉度量术结合，记录高速过程的瞬态变化。这种变化表现为干涉条纹的不同形状。它在等离子体电子密度和温度的测量、燃烧火焰结构和机理的研究、应力波的传播以及物体的微小变形和振动研究中均有应用。

5）激光技术

激光作为高速摄影光源，是众所周知的。特别是序列脉冲激光器在弹道和高速碰撞研究中有着广泛的应用。目前研制的红宝石序列激光脉冲，脉冲个数从数十个至 100 多个，单个光脉冲半宽度为纳秒量级，能量可达数兆毫焦耳；光脉冲间隔可调，最短已达 1 ns，现已研制出重复频率为 10 MHz 的光调制器。

高速摄影和激光技术的日益紧密结合，为高速摄影技术的发展带来了光明的前景。例如，以超短激光脉冲驱动克尔快门，可以获得皮秒量级打开时间的光快门；基于多普勒效应的激光干涉测速技术，早已成功地用于二维高速运动物体速度的直接测量；超短激光脉冲和变像管相机结合、激光光谱技术等，是研究微观世界光与物质相互作用，以及从原子、分子水准认识微观物质世界的强有力的手段。近年来，激光光谱技术已越来越受到人们的重视。

4. 靶场常用的高速摄影设备及分类

靶场高速摄影设备主要分为胶片式高速摄影设备和数字式高速摄影设备两大类。

第一类以摄影胶片的光化学作用记录图像，是早期发展起来的高速摄影设备，目前在靶场试验中仍有应用，主要有如下几种类型：

1）间歇式高速电影摄影机。

这类相机中，连续运动的胶片经间歇式抓片机构后，作间歇运动，即当胶片静止时，快门打开，被摄物体在胶片上成像、曝光。然后，快门关闭，抓片机构将已曝光胶片移开，并使未曝光胶片移到成像位置。如此周而复始，得到被摄物体的一系列发展图像。胶片在这种“静止”“运动”的反复过程中，加速度很大，承受了很大的冲击载荷。因此，胶片运动速度不能太快，也就是摄影频率不能太高。在国外，人们使用 135 型胶片的间歇式相机，最高摄影频率为 360 幅/s。如果用 16 mm 胶片，则可达 1 000 幅/s。在国内，成都光电技术研究所研制的 135 型胶片相机，摄影频率为 320 幅/s。这种相机，因拍摄图像时胶片是静止的，故成像质量最好。

2）光学补偿式高速电影摄影机。

这种摄影机的胶片连续运动，被摄物体经相机中的光学系统和补偿光学元件后，所成的图像，与胶片运动方向相同，运动速度相等，即图像与胶片之间保持相对静止。通过周而复始的快门作用，获得系列图像。实现光学补偿的方法有多种，最常用的是旋转多面体棱镜法，称为棱镜补偿式相机。

3）鼓轮式高速相机。

鼓轮式高速相机，胶片紧贴在高速旋转的金属鼓轮的内圆柱或外圆柱表面上，随鼓轮一道旋转。用光学补偿方法使被摄物体图像与胶片保持相对静止。也可不用光学补偿，而用序列超短光脉冲照明，使在曝光时间内，胶片上的像移保持在允许范围之内。鼓轮式相机有分幅和扫描两种。分幅相机的摄影频率达数千幅每秒至数万幅每秒；扫描相机的时间分辨本领达 10^{-5} s。

4）脉冲光源多幅高速相机

脉冲光源多幅高速相机采用多个光脉冲作为照明光源依次照明物体，每个光源都对应独立的摄影光学系统，在静止的胶片上成像曝光。光脉冲的宽度就是图像的曝光时间。用多个电火花光源照明时，目前已达到的最高摄影频率为 10^6 幅/s，单幅曝光时间为亚微秒。如用多个激光脉冲作光源，曝光时间还可进一步缩短。

5）转镜式高速相机

这类相机中，胶片静止不动，被摄物体的图像通过相机反射镜的高速旋转，随时间展开。转镜分幅相机的最高摄影频率为 2×10^7 幅/s；扫描相机的时间分辨本领达 10 飞秒。它们的结构原理、技术性能和使用技术，将在后面内容中详细介绍。

6）高速变像管相机

变像管是将不可见光的图像或微弱的可见光图像增强变成可见图像的真空电子器件，一般将微弱的可见光图像增强为可见图像的真空电子器件特别称为像增强管。在变像管中，当外来辐射图像成像于光电阴极时，光电阴极发射电子，电子经加速或经电子透镜聚焦并加速后，轰击荧光屏使之产生较亮的可见图像。以变像管作成像器件的高速相机是目前最有生命力的高速摄影设备。它用于扫描摄影时，已达到的时间分辨本领为 5×10^{-13} s；商业分幅相机的最高摄影频率达 6×10^8 幅/s。扫描相机与实时图像数据处理系统配合，可以实时获得被摄对象的各种参数，极大地提高工作效率。20 个世纪 40 年代，Courtney–Pratt 已将变像管用于高速摄影。经过几十年的发展，特别是弹道学、光化学、天文学、光生物学、高能物理、核工程、激光核聚变等科学领域应用的需要，使高速变象管相机至今已解决纳秒、皮秒时间分辨的各种测试技术问题。这项技术也被应用于超高速数字化摄影。

第二类数字化高速摄影是近 30 多年发展起来的高速摄影技术，数字化高速摄影设备以光电子作用的传感器把光学影像转化成电荷数据，采用数码技术存储和再现图像。近些年数字化高速摄影设备发展很快，目前在很多靶场试验场合已经取代了胶片式的高速摄影设备，主要有：

（1）高速录像（高速摄像机）。

高速录像是一种数字式高速摄影机，它把被摄物体成像在摄像靶面上，靶面各像素的电荷数与图像照度成正比，然后按时序输出这一电荷图像模拟信号，经处理后将之存储在磁盘（早期也用磁带）上。高速录像的成像元件一般采用 CCD 或者 CMOS 摄像管，光线通过镜头进入摄影机，成像元件根据光线的不同将光学信息转化为数字信号。数字式高速摄影机与胶片式高速摄影机相比较，其最大的特点是用电子传感器代替了胶片，可用计算机对图像进行分析处理，使图像数据可以进行实时传输。拍摄完成之后能立即观看相片，不用冲洗胶片。由于这类相机具有实时记录的特点，配有图像数据自动分析系统，故使用方便，工作效率高。其磁盘可以反复利用，免去了事后各种繁琐的处理工作。其缺点是，目前它的图像质量相对较差，最高摄影频率和图像分辨率仍未达到胶片式高速摄影机的水准。

近些年来，高速录像技术发展很快，例如最近推出的高速录像设备的拍摄频率已达到了 12 000 幅/s，每幅图像上的像素有 32×240 个（用 CCD 阵列器件作图像传感器）。由于它具有实时、方便、可靠等特点，目前已基本取代了前面所述的间歇式高速电影摄影机和光学补偿式高速电影摄影机。

（2）超高速数字化弹道相机。

超高速数字化弹道相机是一种数字式高速分幅摄影机，它采用光学分幅技术和像增强管技术将被摄物体图像分为多个通道依次记录。目前超高速数字化弹道相机的主要技术性能指标已达到甚至超过转镜式高速相机，在靶场应用中已大量取代了鼓轮式高速相机和转镜式高速相机。例如，现代超高速数字化弹道相机的拍摄速率已达到每秒亿帧级的水平，图像分辨率达 1 360×1 024，最小曝光时间可短到纳秒级。

（3）高速数字狭缝摄像机。

高速数字狭缝摄像机以线阵 CCD 相机为基础，采用扫描摄影原理记录弹丸图像，目前由于线阵 CCD 相机的扫描频率不够高，其性能指标还远远达不到鼓轮式高速相机的扫描摄影水平，在靶场试验中只能用于低速飞行的长弹丸的图像记录，且时间分辨率较低。

按与被摄对象之间的联系以及工作方式，高速摄影机可分成同步式和等待式两类。所谓同步，是指由高速摄影仪器控制被摄对象的发生，即由高速摄影仪器提供触发信号启动被摄对象的发生，保证仪器的拍摄起点和需要记录在胶片上的现象起点或现象的某一瞬间同时发生。同步式相机要求被摄对象的产生时刻和相机中的反射镜位置严格协调，即当反射镜把光线反射到胶片上时，被摄对象才发生。所以，这类仪器只适用于响应时间足够精确的试验过程。但对某些动作起点很不稳定的高速现象（如弹药爆炸、弹丸的发射和着靶过程等）或者远离仪器的目标（如核爆炸）进行拍摄，就需要用等待型的仪器。等待式相机和被摄对象起始时刻之间无需关联，它的工作特点是，仪器一直处于工作待拍摄状态，由被摄对象发生时相关传感器的触发信号启动相机开始记录。因此，只要相机开始工作（即反射镜在旋转），不管被摄对象何时出现，相机总能把它记录下来。

应该说明，很多高速摄影设备本身具有输出同步触发信号和接收信号触发记录的功能，既可以用作同步式摄影机完成同步式摄影，也可以用作等待式摄影机完成等待式摄影。

在靶场外弹道试验中，采用高速摄影方法可以记录弹丸发射过程的物理现象、弹丸出炮口以及出炮口后的飞行姿态运动规律及其有关的物理现象和着靶前的运动过程。常用的外弹道高速摄影方法有高速电影摄影、等待式高速分幅摄影和高速扫描摄影。这里所述的电影摄影和分幅摄影是指在某一时刻获取所摄对象形态的平面（二维）图像记录方法，扫描摄影则是分时扫描成像的记录方法，后面将分别介绍。

§13.2 高速电影摄影方法

高速电影摄影按所用设备的记录方式可分为使用胶片式的高速电影摄影和使用磁带、磁盘、光盘等介质记录的数字式高速电影摄像。前者对应的设备称为高速电影摄影机，简称高速摄影机；后者对应的设备称为高速电影摄像机，简称高速摄像机。高速电影摄影是高速摄影中发展最早，使用最多，且应用最广的一种方法，使用时多采用同步摄影方式。从航天飞行、导弹发射、常规兵器试验、机械制造，材料实验到生物反应，涉及材料力学、流体力学，冶金学、工程物理、工艺技术、医学和仿生学等各个领域，高速电影摄影是进行科学研究不可缺少的工具。

§13.2.1 高速电影摄影

高速电影摄影分为间歇式高速电影摄影和光学补偿式高速电影摄影两类。

1. 间歇式高速电影摄影机

间歇式高速电影摄影的发展是从电影摄影开始的，采用电影摄影机构的工作原理设计的高速摄影机通常称为间歇式高速电影摄影机。这类高速摄影机的基本结构一般包括物镜、画幅框、叶子板快门、输片机构、抓片机构、停片机构、驱动机构、供片盒和收片盒、取景检焦装置、断片和堆片保险机构、保温装置、时标装置等，如图 13.2.1 所示。第 8 章介绍的电影经纬仪就是一种专门的间歇式高速电影摄影机与经纬仪组合构成的。

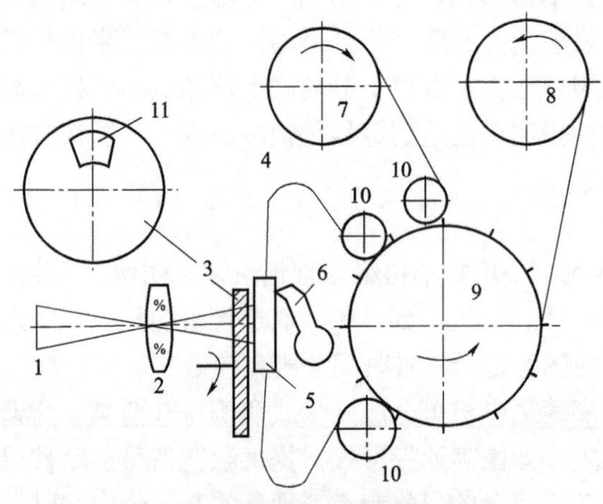

图 13.2.1 间歇式高速电影摄影机的结构示意

1—被摄物体；2—物镜；3—叶子板快门；4—胶片；
5—导片槽；6—抓片机构；7—供片轮；
8—收片轮；9—链轮；10—导轮；11—通光孔

工作时，图中被摄物体 1 经物镜 2 和叶子板快门 3 成像在胶片 4 上。胶片的画幅尺寸由画幅框限制；胶片在供片轮 7 和导轮 10、收片轮 8 之间，链轮 9 由电机驱动，并使得进入导片槽 5 的胶片连续运动。抓片机构 6 使胶片在导片槽中间歇运动（即“停止”和“定向移动”）。胶片静止时，与抓片机构同步的叶子板快门上的通光孔 11 开放，图像曝光。通光孔 11 转过以后，使得胶片停止时曝光，抓片机构立即使胶片移动一个画幅。叶子板快门运动时遮挡光线进入胶片。如此周而复始，实现摄影机拍摄过程中的循环运动而获得一系列分幅图像。

在间歇式高速电影摄影机中，一般采用薄板上开扇形孔的叶子板快门（或称圆盘快门）。在圆盘上开一中心角为α的扇形通光孔，快门以ω角速度旋转时，有如下关系：

（1）胶片上的曝光时间：$t_i=\dfrac{\alpha}{\omega}$；

（2）遮幅时间：$t_z=\dfrac{2\pi-\alpha}{\omega}$。

若相邻两幅图像的时间间隔为T（摄影周期），摄影频率$f_{\omega}=1/T$。一般将$G=t_i/T$称为快门开关系数，简称快门系数，其值一般为 1/2～1/100。每种相机均有多种快门系数的叶子板快门供选用。G值除用于计算像点曝光量外，还可用于估计飞行体在胶片上的像移，以选择合适的摄影频率。快门系数G值越小，对拍摄快速飞行目标越有利；G值越大，对控制系统要求越高。

由于间歇式高速电影摄影机在拍摄过程中，电影胶片在作“停”“动”间歇运动时需要承受很大的动载力，其拍摄频率受抓片机构元件和胶片齿孔的强度所限制。因此，一般用 35 mm 胶片的间歇式高速电影摄影机的全画幅最大拍摄频率仅有 250～300 幅/s；用 16 mm 胶片的间歇式高速电影摄影机的画幅最大拍摄频率可达 600～1 000 幅/s。间歇式高速电影摄影机的优点是成像质量好、结构简单、环幅稳定性高；其缺点是拍摄频率不高。

2. 光学补偿式高速电影摄影机

间歇式高速电影摄影机工作时，由于其胶片间歇运动的动载力较大，其摄影频率难以进一步提高。如果电影胶片连续运动，高速摄影频率将会得到很大的提高。光学补偿式高速电影摄影机就是根据这一思想设计的。

光学补偿式高速电影摄影机的胶片是连续、匀速运动的，由于胶片画幅曝光期间胶片要移动一个量值（即像移量），这样就造成了图像模糊。为了提高成像质量，必须用相应的像的位移来补偿，以减小像移量。光学补偿式高速电影摄影机采用了光学补偿技术使光学系统所形成的图像也作近似匀速运动。

光学补偿式高速电影摄影机的基本组成与间歇式高速电影摄影机相似。为了胶片受到频繁的拉力冲击，提高输片速度，让胶片作连续的匀速运动，人们在光路中增加了一个光学补偿器，使光学系统所成图像也作匀速运动，并与胶片的运动速度相近，使图像相对于胶片接近静止。常用的光学补偿器有旋转透镜、旋转棱镜和旋转反射镜。由于旋转透镜光学补偿器结构复杂，调节困难，现在已被基本淘汰。目前高速电影摄影机常用的光学补偿器是旋转棱镜和反射镜，其所对应的高速电影摄影机称为棱镜补偿式高速电影摄影机和反射镜补偿式高速电影摄影机。

1）棱镜补偿式高速电影摄影机

棱镜补偿式高速电影摄影机是根据光学平板玻璃折射的像移原理，采用旋转的多面体棱镜（相当于多个平板玻璃）设计出来的，其原理结构如图 13.2.2 所示。图中ω为四面柱体棱镜的旋转角速度，v_f为胶片运动速度。

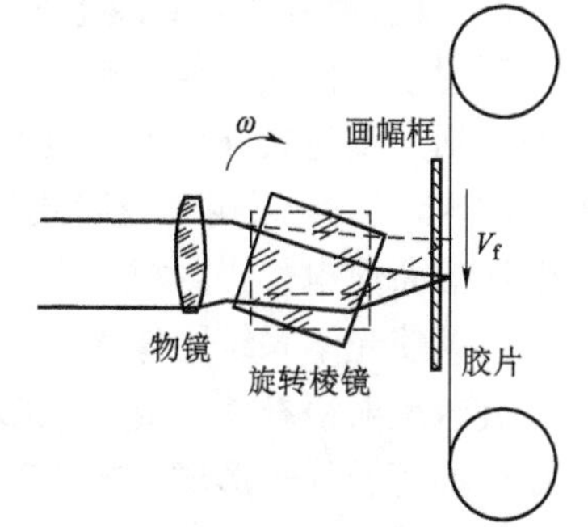

图 13.2.2　棱镜补偿式高速电影摄影机的原理结构

由光的折射原理，当光线以一定的入射角穿过两面平行的平板玻璃时，出射光的出射角与入射角相等，且出射光将会产生平移，其平移量与入射角和平行平板玻璃厚度相关，其关系为

$$y=d\cdot\sin\varphi\left(1-\frac{\cos\varphi}{\sqrt{n^2-\sin^2\varphi}}\right)\tag{13.2.1}$$

上式即为平行平面玻璃棱镜补偿像移补偿量y的计算公式，式中d为玻璃平行平面的厚度，φ为棱镜转角（相当于光线相对于棱镜界面的入射角），n为棱镜玻璃材料的折射率。

棱镜补偿式高速电影摄影机的补偿原理是旋转平行平板玻璃，使得图像产生移动，从而减少像移量，以达到光学补偿的目的。摄影机在棱镜旋转补偿过程中，也采用单开口或多开口叶子板快门遮挡，并转换图像，控制曝光时间。

棱镜补偿式高速电影摄影机一般采用多面柱体棱镜旋转使得光学系统图像跟着胶片运动，从而实现光学补偿。其补偿棱镜可采用 4 面棱镜、6 面棱镜或 8 面棱镜等，即棱镜的面数为偶数，对应平面相互平行。图 13.2.3 所示为棱镜补偿式高速电影摄影机的实体照片，右图为其内部结构。

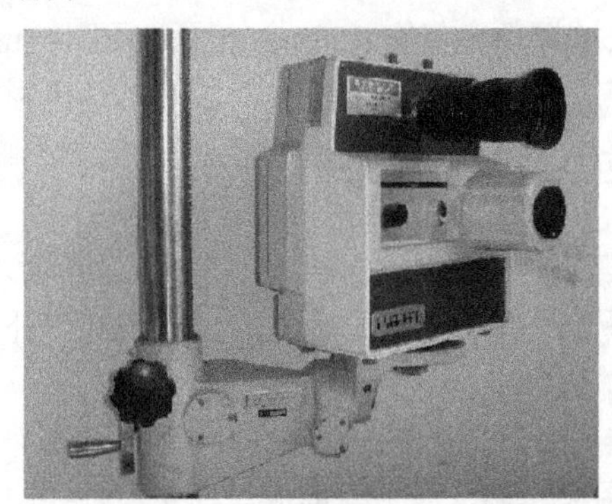

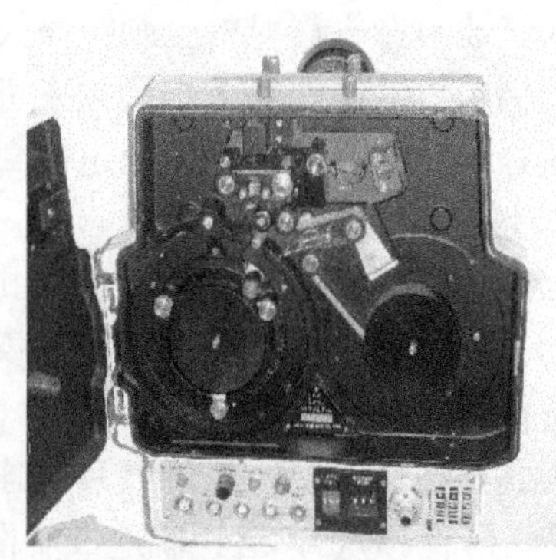

图 13.2.3　棱镜补偿式高速电影摄影机

棱镜补偿式高速电影摄影机的拍摄频率较间歇式高速电影摄影机高得多（高一个数量级），其拍摄频率取决于棱镜的棱面数和棱镜的旋转速率，也取决于胶片的运动速度。一般 16 mm 胶片的棱镜补偿式高速电影摄影机全画幅最高拍摄频率可达 11 000 幅/s，35 mm 胶片的棱镜补偿式高速电影摄影机全画幅最高拍摄频率可达 2 000 幅/s 以上。棱镜补偿式高速电影摄影机典型的特点是像质好（仅次于间歇式高速电影摄影机），胶片容量大（最多可装片 600 m），结构紧凑，体积较小。目前是应用最广泛的高速电影摄影机。

2）反射镜补偿式高速电影摄影机

反射镜补偿式高速电影摄影机的光学补偿器有多种结构，常用的是带有中间像的补偿器，它们包括外反射式补偿器（反射镜在旋转鼓轮的外表面）和内反射式补偿器（反射镜在旋转鼓轮的内表面）。采用外反射式补偿器的高速电影摄影机称为外镜鼓式摄影机，采用内反射式补偿器的高速电影摄影机称为内镜鼓式摄影机。外镜鼓式摄影机的光学补偿采用了旋转多面体反射镜使光学系统图像移动的原理，其原理结构如图 13.2.4 所示。

旋转反射镜补偿式高速电影摄影机中多面柱体反射镜以一定角速度旋转，每一反射面依次在运动的胶片上形成一幅相对静止的图像，成像面为巴斯加蜗线。内镜鼓式摄影机结构较外镜鼓式更紧凑，至今我国仍广泛应用，典型的是东德进口的 Pentaz–35 相机。该机使用 35 mm 胶片，片容量为 50 m。当画幅尺寸为（18 × 22）mm^2 时，最高摄影频率为 2 000 帧/s；更换附件，画幅尺寸可变为 9 × 22 mm^2、6 × 22 mm^2、6 × 7 mm^2、4.5 × 4 mm^2，摄影频率也相应提高到 4 000 帧/s、6 000 帧/s、18 000 帧/s、40 000 帧/s。图 13.2.5 所为反射镜补偿式高速电影摄影机的实体照片。

利用光学补偿的高速电影摄影机，其摄影频率要比间歇式高速电影摄影机的高将近一个数量级，胶片容量大，结构简单，操作方便，造价低，但摄影分辨率比间歇式高速电影摄影机略低，这是由于光学补偿的不完善、机械传动误差、胶片输送速度不均匀及胶片振动而产

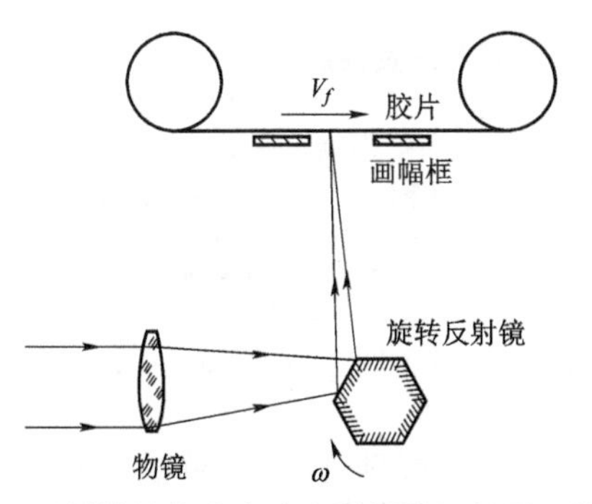

图 13.2.4　反射镜补偿式高速电影摄影机的原理结构

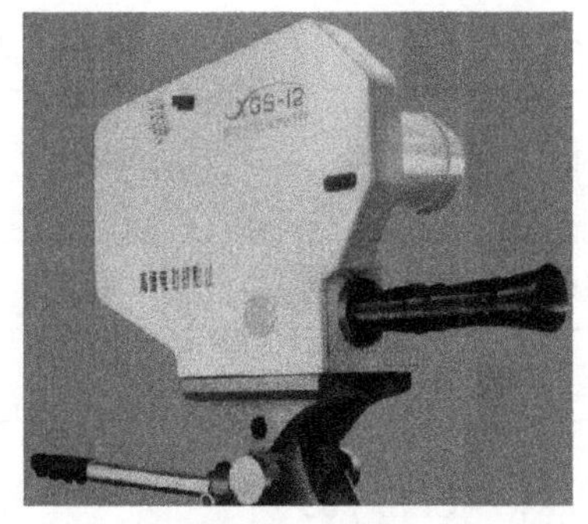

图 13.2.5　反射镜补偿式高速电影摄影机

生的光学残余像移和机械像移等造成的。光学补偿式高速电影摄影机的摄影分辨率一般可达到 30～50 对线/mm（间歇式高速电影摄影机可达到 60 对线/mm 以上），常用来拍摄炮口一段弹道上的弹丸飞行状态及其物理现象和弹道终点的物理现象，也用于拍摄导弹和运载火箭的级间分离、二级点火、弹靶遭遇等实况。

历史上，高速电影摄影机的型号很多，绝大部分是 16 mm 摄影机，35 mm 和 70 mm 摄影机仅有几种。这主要是因为 16 mm 摄影机体积小，质量轻，坚固可靠，携带方便，而且记录的信息量及成像质量都能满足一般工程技术的需要。近年来由于光电子记录技术高速发展，很多高速摄像机的技术指标已达到或接近高速电影摄影机。由于高速摄像可以实时获得图像，并具有使用方便等很多优点，很多兵器试验靶场在试验中，都采用了现代高速摄像方法取代胶片式的高速电影摄影方法。

§13.2.2　高速摄像

高速摄像也称为高速录像。现代高速录像普遍采用数码技术存储和处理图像，因而也称作数字式高速摄像，所用的设备称为数字式高速摄像机或简称高速摄像机。这种设备以高速 CCD 摄像头（high speed CCD camera）或者高速 CMOS 摄像管（high speed CMOS camera）作为探测器件（其感光芯片为一种金属氧化物半导体材料），采用大容量集成电路存储芯片作为记录介质，实现快速运动和变化现象的捕获、记录和即时重放。高速摄像通过电子扫描或者自扫描时钟脉冲作用，把平面图像信号转换为视频信号，存储在磁盘或者光盘上，以便随时调出显示或作进一步的处理。

1. 高速摄像概述

高速摄像研究始于 20 世纪 70 年代，在当时的技术条件下，研究的重点主要是缩短摄像管的曝光时间，要获得较高的拍摄频率非常困难。进入 20 世纪 80 年代后，随着各种高速光电器件的不断出现和多通道视频信号传输、多磁头录像技术的发展，高速摄像技术取得了突破性的进展，当时最有代表性的高速摄像设备是美国柯达公司研制的 SP-2000 高速运动分析系统，该系统采用了固体阵列自扫描器件，阵列器件为 192×240 像素，拍摄频率达到全画幅 2 000 幅/s。

进入 21 世纪后，数字高速摄像机技术发展迅速，目前数字高速摄像机的图像分辨率可以达到 2 048×2 048 像素，摄像频率已达到 2×10^7 幅/s 以上，在一些领域已出现全面取代胶片式的高速摄影的趋势。表 13.2.1 所列为几种典型的高速摄像机。

表 13.2.1　几种典型的高速摄像机及其主要性能

序号	型号	生产商	国别	感应器	最高拍摄频率/（帧·s^{-1}）	最高分辨率 Pixel×Pixel	快门时间
1	VISAR	Weinberger	瑞士	CMOS	10 000	1 536×1 024	15 μs
2	HG−100K	Redlake	美国	CMOS	100 000	1 504×1 128	5 μs
3	Motion Scope PCI 10000S	Redlake	美国	CMOS	10 000	1 280×1 024	2 μs
4	Phantom V5.0	Photosonics	美国	CMOS	60 000	1 024×1 024	5 μs
5	Fastcam SA−1	Photron	日本	CMOS	675 000	1 024×1 024	2 μs
6	Cordin 535	Cordin	美国	CCD	1 000 000	1 000×1 000	800 ns

图 13.2.6　柯达运动录像分析仪

图 13.2.6 所示为柯达运动录像分析仪（The KODAK Motion Corder Analyzer）的照片。它是一个紧凑型的、彩色和单色的、高速运动分析系统。该系统配有多个可选择的具有录像、观看、测量和存储图像信息等功能的附件，系统画幅为 658×496 像素，并具有 256 个图像灰度级。系统的图像拍摄频率可达 10 000 幅/s，电子快门控制的曝光时间可达 50 μs 以内。该系统采用图像菜单操作方式，操作简单方便，具有多种触发模式和 2184 个全画幅的数字信息存储能力和图像回放分析功能，回放速度可在 1～240 幅/s 的范围内选择。所录制的图像可以转录在录像带上，也可以经 SCSI−2 接口以标准的标签图像文件格式直接传送到个人计算机。通过 KODAK EKTAPRO 多通道连接附件还可以记录模拟的和数字的输入信号（例如电压信号、开关信号等），并可随图像一起回放。

数字式高速摄像机使用全固态的记录，图像存储在摄像机内的数字存储器中或其他控制器中，克服了胶片作为记录介质所固有的弊病。由于数字存储是全电子的，所以记录的图像可以直接由计算机处理，图像可以实时观看、处理以及质量无损失地反复拷贝。它具有良好的兼容性、实时性，以及使用方便性。

与胶片式高速电影摄影机比较，虽然数字式高速摄像机的光电成像器件的分辨率目前赶不上摄影胶片，但其灵敏度及动态范围却优于胶片，因此数字式高速摄像机具有胶片式高速电影摄影机无可比拟的优点。表 13.2.2 列出了数字式高速摄像机与胶片式高速电影摄影机的异同比较。

表 13.2.2　数字式高速摄像机与胶片式高速电影摄影机的异同比较

	数字式高速摄像机	胶片式高速电影摄影机
相同点	分幅记录目标高速运动及高速瞬变过程的图像，以此来获得目标的相关运动参数	

续表

	数字式高速摄像机	胶片式高速电影摄影机
不同点	以录像带、硬盘、光磁材料为记录介质； 易与计算机相结合； 是光、机、电、计算机、通信等多学科相结合的产物； 实时性好； 价格较高，使用成本低； 图像易于远距离传输	需大量胶片作为记录介质； 难以与计算机相结合； 是光、机、电相结合的产物； 实时性差； 价格相当，使用成本高； 远距离传输较难

可见，胶片式高速电影摄影方法是以光化学作用的胶片作为记录载体，应用时必须通过胶片冲洗、晾干、判读等一系列繁杂工序才能获得实验结果，可靠性较差，使用很不方便。而高速录像则采用光子作为信息载体，通过光电转换原理将图像的光学信息转换为电信号，并记录存储，可以实时获得图像。

高速摄像系统是改进的弹道高速电影摄影仪器的典型例子，其最突出的优点是免去了高速摄影装取胶片、冲洗、晾干胶片等繁杂工序，可将试验现场记录的图像立即重放，实时性好，易于实现自动化图像判读和处理。本质上，高速摄像系统是一台数字摄影机，可通过计算机直接进行图像分析处理。在弹道试验中，它能即时再现弹丸的运动过程，并提供反映弹丸运动性能的各种信息，提高捕获图像的可靠性，减少图像处理费用。对靶场试验人员来讲最重要的还是由于数字高速摄像机不需要重新装胶片，大大提高了试验效率。鉴于数字式高速摄像机具有上述诸多优点，目前国内靶场绝大部分外弹道试验都采用了高速录像的方法代替高速电影摄影。

2. 高速摄像机的组成

高速摄像机主要由光学成像物镜、光电成像器件、图像存储器件、控制系统和图像处理系统组成。

1）成像物镜

成像物镜的作用是使运动目标的像落在光电成像器件的成像面上。成像物镜要有足够大的口径，以保证在很短的曝光时间内，光电成像器件都有足够的光照度。此外，成像物镜的分辨率、像差、焦距等参数必须与光电成像器件匹配。

2）光电成像器件

光电成像器件的作用是对高速运动目标图像快速采样，并将其转换成电量。光电成像器件主要有 CCD（电荷耦合器件）和 CMOS（互补金属氧化物半导体）成像器件，现多采用高速成像 CMOS 作为高速摄像机的图像传感器。

3）图像存储器件

图像存储系统用来暂时或永久地存储摄像系统所获取的数字图像，完成图像的快速存储，在高速摄像系统中一般采用数字化的存储方式，由计算机直接控制进行记录、存储和重放，存储图像的数量和大小与存储器的容量大小成正比。

4）控制系统

控制系统包括控制镜头光圈、焦距机构和相机内部的时钟控制电路，其任务是负责控制拍摄频率、画幅大小、电子快门频率、图像信息存储、触发方式以及与主控制计算机的数据传输。在实际操作中，这些参数的设置和具体控制都是通过安装在摄像机上的软件来实现的。

5）图像处理系统

高速摄像系统记录的序列图像，需要通过专门的判读和处理软件来进行定性的观测和定量的分析，以求得拍摄对象的一系列运动参数。在一些情况下，定量分析比定性观测更为重要，需要在序列图像中测量出拍摄对象的实际变化量，这就要求通过专门的应用软件来完成对图像质量的改善、判读并提取时间、空间等有效信息，由此计算出拍摄目标的运动参数，达到测量实验的目的。

3. 图像传感器的基本原理

CCD 图像传感器的工作原理与 § 6.4.1 介绍线阵 CCD 的工作原理基本相同，这里不再重复。

CMOS 图像传感器是固态传感器中的一类成像芯片。相对于 CCD 图像传感器，其主要优点是：把光敏元件、放大器、A/D 转换器、存储器、数字信号处理器和计算机接口电路统统集成于同一块芯片上，结构简单，功能多，成品率较高，价格相对低廉。与 CCD 图像传感器比较，CMOS 图像传感器在光敏成像时，其暗电流的电子热噪声随时间的累积效应更大。但是，由于高速摄像曝光的时间很短，其电子噪声累积效应可以忽略，加上它具有体积小、功能多、高速成像性能好、价格低等优势，目前 CMOS 图像传感器在高速摄像机中的应用更加广泛。

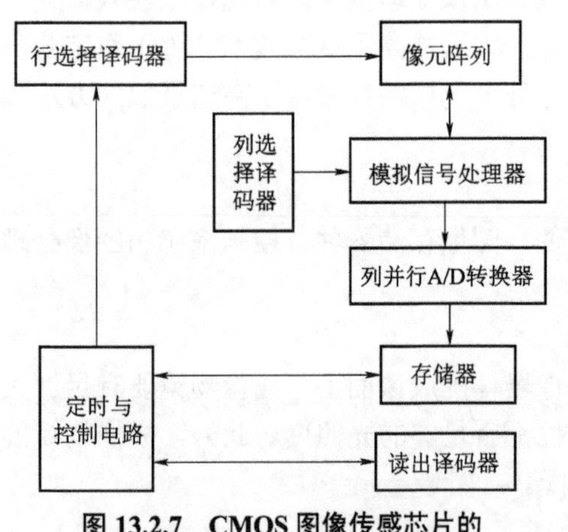

图 13.2.7 CMOS 图像传感芯片的工作原理及主要功能模块

CMOS 图像传感芯片的工作原理及主要功能模块如图 13.2.7 所示。

（1）像元阵列在外界照射下发生光电效应，并在像元内产生相应的电荷。

（2）行选择逻辑单元选通相应的行像元，通过各自所在列的信号总线将图像信号传输到对应的模拟信号处理单元和 A/D 转换器，并且转换成数字图像信号输出给存储器。其中的行选择逻辑单元既可对像元阵列逐行扫描，也可以隔行扫描。虽然隔行扫描可以提高图像的场频，但是它会降低图像的清晰度。

（3）模拟信号处理器的主要功能是对信号进行放大处理，提高信噪比。

（4）定时与控制电路单元的主要功能是控制行选择和列选择逻辑单元，并为像元阵列单元提供位置信号和整个芯片的时钟信号，一般采用数字锁相环进行稳频和实现其他功能。

总而言之，CMOS 图像传感芯片是整个高速摄像机的关键器件，它在很大程度上决定了高速摄像机性能的优劣。它的主要的指标是像元素数和响应时间，因为这决定了图像的分辨率和拍摄频率。

4. 高速摄像机的基本性能参数

高速摄像机是靶场外弹道试验实况记录的关键设备，它的性能好坏直接影响到整个试验过程及现象的观测，在很多情况下关系到研究的成败。所以，掌握它的基本性能参数，对于高速摄像机选型和应用都十分重要。

高速摄像机性能参数直接与其应用方法相关，它们决定了所采集到的图像分辨率、图像质量等，其主要参数及其意义如下。

1）摄像频率

摄像频率是指每秒钟拍摄所获得的图像幅数（帧/s）。摄像频率是运动分析中一个必须考虑的重要参数。

2）分辨率

分辨率（像元总数）是指摄像机一次采集图像（一幅图像）的像素点数（pixels）。它一般是直接与图像传感器的像元总数对应的，用水平和垂直方向的总像素数表示。像素是图像最小可辨认单元，目前高速摄像机分辨率的范围为 64×16～2 048×2 048 pixels。摄像机的分辨率是摄像机最主要的性能指标之一，其大小受图像传感器限制。

3）像元尺寸

像元大小和分辨率共同决定了相机靶面的大小，目前摄像机的像元尺寸一般为 3～10μm。通常，像元尺寸越小，制造难度越大，图像质量也越不容易提高。

4）像素深度

像素深度是指存储每个像素所用的位数，常用的是 8 bit，10 bit，12 bit 等。像素深度决定了彩色图像的每个像素可能有的颜色数，或者决定了灰度图像的每个像素可能有的灰度级数。例如一个像素共用 8 bit 表示，则像素的深度为 8 bit，每个像素可以是 256（2 的 8 次方）种灰度颜色中的一种。在这个意义上，往往把像素深度说成是图像深度。一个像素的位数越多，它能表达的颜色数目就越多，它的深度就越深，但在同样的分辨率情况下，图像文件越大。

5）光谱响应特性

光谱响应特性是指图像传感器对不同光波的敏感特性，一般响应范围是 350～1 000 nm。一些相机为了保证摄取图像的色彩与人眼的感觉一致，在其敏感靶面的前方加了一个红外滤镜，以滤除红外光线。如果系统需要对红外感光，此时可去掉该滤镜。

6）曝光方式和快门速度

线阵相机都采用逐行曝光的方式，可以选择固定行频和外触发同步的采集方式，曝光时间可以与行周期一致，也可以设定一个固定的时间。面阵数字工业相机常常有帧曝光、场曝光和滚动行曝光等几种方式，并且一般都设置有外触发启动功能。快门速度一般可达到 1～10 μs，高速工业相机还可以更快。

高速摄像机中各项参数是互相关联、互相制约的。实际试验中所具备的条件往往很有限，所以只能根据实际情况，寻求一个合理、切实可行的折中方案，以求空间分辨率和时间分辨率达到最佳状态。

§13.3　等待式高速分幅摄影

间歇式和光学补偿式两类电影摄影机的胶片或需在承受冲击载荷的条件下间歇运动，或作高速连续运动，摄影（像）频率的提高受到胶片强度的限制。光学补偿的高速电影摄影方法的拍摄频率最高也只能达到 11 000 帧/s，对应画幅尺寸仅为（7.4×10.4）mm^2，而且每次拍摄弹道过程需要耗费大量胶片，而有效的图像往往只有十几幅到几十幅，效果很不理想。为了克服这个缺陷，改善胶片的受力情况，人们提出了等待式高速分幅摄影方法。弹道试验所用的等待式高速分幅摄影主要包含鼓轮式高速分幅摄影、转镜式高速分幅摄影和超高速数字分幅摄影三种类型。

这里需要指出，尽管高速摄像已大部分取代了高速电影摄影，但在更高拍摄频率和分辨率的要求下，目前还主要依靠等待式高速分幅摄影来完成高速流逝过程的再现，并且主要采用超高速数字分幅摄影方法来实现更高拍摄频率和分辨率的弹丸飞行图像记录。

§13.3.1　鼓轮式高速分幅摄影

由于外弹道高速摄影一般仅记录弹丸在视场内的一瞬间的物理现象，有时采用前面所述的高速摄影仍感到摄影频率不够。要进一步提高摄影频率势必需要提高胶片的运动速度，从而造成胶片加速空跑时间很长，若增加胶片长度，则造成加速时的惯性力加大，其强度不够，并且大量胶片在加速过程中被浪费了。鉴于光学补偿式高速电影摄影机胶片需要高速连续运动，每次拍摄启动时仍需经历强加速过程，其摄影频率的提高也受到了胶片强度的限制。为了改善胶片的受力状况，人们发明了鼓轮式高速摄影机。

鼓轮式高速摄影机将胶片贴于高速旋转的圆筒形鼓轮的表面随鼓轮一起运动，使得胶片的受力情况大大改善。这种相机以圆筒形转动鼓轮周向表面为摄影机光学系统最终像面，摄影胶片紧贴在鼓轮的外表面或内表面上一道旋转，并分别称为外鼓轮式或内鼓轮式高速摄影机。一般情况下，外鼓轮式高速摄影机的胶片紧贴鼓轮的外表面，其胶片的最大线速度可达 100 m/s；内鼓轮式高速摄影机的胶片紧贴鼓轮的内表面，其胶片的最大线速度可达 200 m/s。鼓轮式高速摄影机的胶片线速度取决于鼓轮的转动速度，转速由鼓轮的强度、胶片的变形量以及胶片摩擦生热等因素限制，如果使鼓轮在低真空中旋转，则胶片的最高线速度甚至可达 400 m/s，图像尺寸可达（$70\times1\,000$）mm^2，相应的时间分辨率为 4×10^{-8} s。

按照工作方式，鼓轮式高速摄影机属于等待式，并具有鼓轮分幅摄影机和弹道同步（扫描）摄影机两种类型。前者的摄影频率达数千至数万幅每秒，其拍摄频率介于棱镜补偿式高速摄影机与下一节将介绍的转镜式高速摄影机之间，后者的时间分辨率可以高达 10^{-8} s。

鼓轮分幅摄影机在结构上也有光学补偿鼓轮式高速摄影机、脉冲光源鼓轮式分幅摄影机和鼓轮式高速扫描摄影机三种形式。光学补偿鼓轮式高速摄影机采用类似高速电影摄影机的光学补偿器在胶片上获得相对静止的图像，并以几乎相同的方式使得胶片曝光得出分幅图像。脉冲光源鼓轮式分幅摄影机不需要光学补偿器，其原理是利用脉冲频闪光源将曝光控制在极短的时间（微秒或亚微秒级）以内。为了获得清晰的图像，脉冲光源的脉宽与胶片的线速度匹配，以保证成像的模糊量足够小。鼓轮分幅摄影机备有自动控制系统，它可以以数字形式摄影记录鼓轮的旋转速率，操纵快速动作电动快门系统将拍摄时间限制在鼓轮旋转一周的时间范围内。

光学补偿鼓轮式高速摄影机采用光学补偿器在胶片上获得相对静止的图像，其补偿原理与光学补偿式高速电影摄影机相同。图 13.3.1 给出了棱镜补偿鼓轮式高速摄影机的工作原理。

应该指出，目前国内使用的鼓轮式高速摄影机绝大多数都采用扫描成像方式，即鼓轮式高速扫描摄影机。这种摄影机在外弹道试验中主要用于弹道同步摄影，所以常常称为弹道同步摄影机。§13.4 将对其作专题介绍。

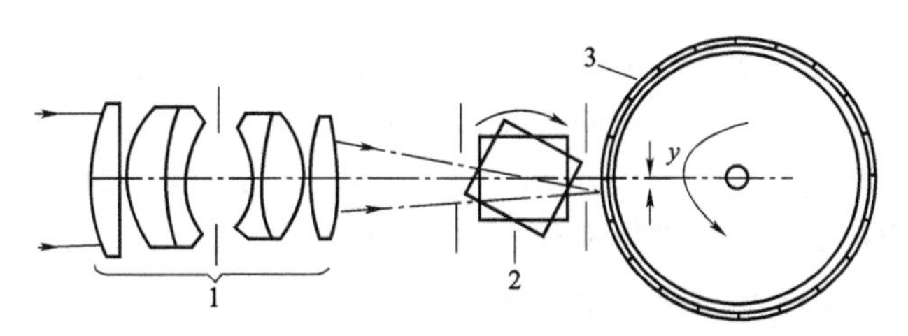

图 13.3.1　棱镜补偿鼓轮式高速摄影机的工作原理

1—摄影镜头；2—棱镜补偿器；3—紧贴在鼓轮外表面的胶片

§13.3.2　转镜式高速分幅摄影

转镜式高速摄影机是集光、机、电、算为一体的复杂测试设备，在高速运动目标、高速流逝场景的研究中占有重要的地位，是科学研究和国防建设中快速现象记录的重要工具。转镜式高速摄影机的出现是光学–机械式摄影机的一个历史性进展，其性能参数指标达到了目前光机式高速摄影机的最高水平。在这种摄影机里，被摄目标的信息是光学系统经高强度、小尺寸的反射镜扫描传递到胶片上的。由于光学的反射特性，它可以加速光线的扫描速度，故用这种方法的时间分辨本领为 $10^{-6}\sim10^{-9}$ s，其拍摄频率能够达到 10^7 幅/秒以上，因此人们往往将它称为超高速摄影设备。转镜式高速摄影机相比于其他种类的高速摄影机具有分辨率更高、使用方便等优点，正因为如此，转镜式高速摄影机广泛地用于武器系统发射、爆炸过程和高压物理的研究，也用于实验室等离子体、火花放电等快速过程的研究。随着相机记录光谱范围的扩大，它也可用于新型激光光源和激光光谱学的研究工作。

本节从使用角度出发，讨论转镜式高速摄影机的光学原理、控制原理、技术性能以及相机–底片系统的光度计算问题，以便获得良好的测试结果。

1. 转镜式高速摄影机及其工作特点

转镜式高速摄影机按照拍摄结果的不同形式，即在胶片上记录的图像形式可分为条纹和分幅两类。条纹摄影机的被摄目标通过物镜成像在狭缝面上，投影镜又将位于狭缝面的像成到胶片面上。当反射镜旋转时，狭缝像就在胶片长度方向上平行移动，这样就把沿狭缝扩展的目标以曲线形式记录下来。如要形象地记录目标的完整发展过程，观测快速变化目标的二维空间图像随时间的变化，就需要采用分幅摄影机。它在胶片上得到的是一幅接一幅相互分离的照片，每一幅照片记录了目标在某一瞬间的实际影像，随后的照片序列则可以反映出目标的变化规律。

在弹道试验中，一般采用转镜式分幅等待高速摄影结构的摄影机拍摄试验现象。这种摄影机可以为试验提供直观、准确的图像资料，其拍摄可以从任意瞬间开始，形象地记录目标的发展过程，得到一幅一幅的照片。

由于拍摄曝光时间极短和被摄对象的多样性，多数转镜式分幅等待高速摄影机在使用时，还需要解决照明和底片重复曝光问题，因此实际情况要复杂得多。如果被摄对象本身自发光，不需外照明，而且发光持续期短于底片上出现重复曝光的时间，拍摄场地周围背景光也很弱，这时摄影机控制台的功能最简单，它的任务只是控制反射镜的转动、稳速并测速。摄影机中只需安置防止背景杂光的电磁快门，就足以得到好的拍摄结果。但是，如果被摄对象自发光持续期很长，足以导致底片重复曝光，则摄影机中就需设置快关快门，且快关快门的关闭时刻与被摄对象的产生时刻应关联。

如果被摄对象本身不发光，需外加照明光源辅助，则此光源的发光时刻应略先于被摄对象的出现时刻，并用快开快门防止照明光源事先使底片感光。快开快门的打开应和被摄对象的产生严格同步。理想的情况是：快开快门完全打开，被摄对象立即出现。但实际上快开快门的打开受被摄对象控制，因此被摄现象的初始阶段往往难以拍到。快关快门则限制照明光源对底片的重复曝光。相机的控制系统，兼有等待（稳速）和同步（光源、快门与被摄对象间的同步）的功能。

2. 转镜式高速摄影机的光路系统结构及工作原理

转镜式分幅摄影机利用旋转反射镜实现分幅摄影的原理是在1939年由C.D.Miller首先提出的，通常称为Miller原理。在这个原理的基础上，Miller先后设计了两种NACA型分幅摄影机。由于他把反射镜的6个反射面做成与旋转轴有不同倾斜角的球面，所以，它既满足了等待型扫描的要求，又使反射镜起到了场镜的作用。但是，这种系统有较大的像散，所以像质较差。

1945年，LS.Bowen提出了Miller型摄影机的改进方案，即利用透镜替代反射镜起场镜的作用，这简化了设计，提高了仪器性能。所以，这种方案在转镜式分幅摄影机的设计中得到了广泛的采用。在这之后出现的各种转镜式分幅摄影装置基本上就是Bowen方案的引申和发展。因此，转镜式分幅摄影机的设计基础就是Miller–Bowen原理，世界上各种各样的转镜式分幅摄影机都是从这个原始的形式演变而成的。图13.3.2所示为一种典型的转镜式分幅摄影机，图13.3.3所示为其电控柜。

图13.3.2 转镜式高速分幅摄影机

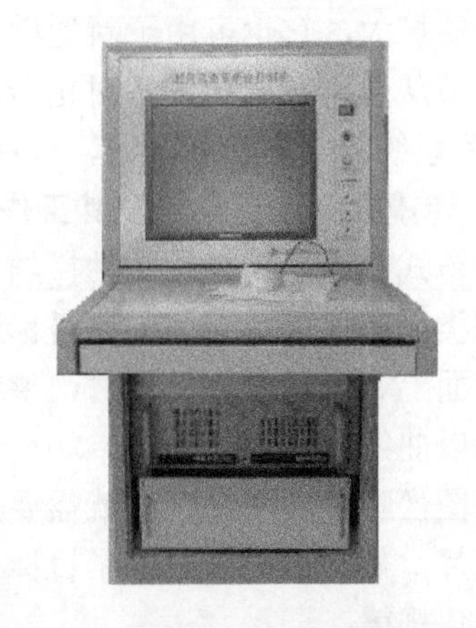

图13.3.3 转镜式高速分幅摄影机的电控柜

如图13.3.4所示，转镜式高速分幅摄影机的光学系统由物镜、视场光阑、第一场镜、目镜、阶梯孔径光阑、分光棱镜、平面反射镜、第二场镜、排透镜等光学元件组成。阶梯孔径光阑位于目镜和分光棱镜之间，实现画幅的双行排列。排透镜位于旋转反射镜之后，系统在旋转反射镜上所成的中间像通过排透镜最终成像在胶片上。光学系统要保证纹影仪光阑与阶梯孔径光阑、阶梯孔径光阑与排透镜光阑之间的共扼，它们之间的共扼通过光学系统中的场镜来实现。

被摄目标的光经过物镜O_1后，在视场光阑P_1'处成一次像；第一场镜O_2位于一次像面处，目镜O_3前焦面与一次像面重合，将一次像成像至无穷远；阶梯光阑P_1控制进入光学系统光束的大小，将从目镜O_3出射的平行光束分割成两部分，第二场镜O_4和O_4'实现了阶梯光阑与排透镜光阑之间的共扼；分光棱镜 M_2 将光束分为两路，使两路光的能量为原来的一半，其中一路经反射镜 M_3、平行平板玻璃 L_2、反射镜 M_4、第二场镜 O_4 及反射镜 M_5 后到达转镜 M_6；另一路经 M_2 的反射面反射后再依次经过平行平板玻璃 L_2'、反射镜 M_2'、第二场镜 O_4' 及反射镜 M_5' 后到达转镜 M_6；两路光均在转镜 M_6 反射面位置成中间像；排透镜 O_6 再将中间像成像在胶片上；当转镜 M_6 旋转时，反射光线相继扫过一系列排透镜，胶片上就得到与排透镜数目相同的照片。这里，每一个排透镜就像一架照相机，相互间以一定的时间间隔依次进行曝光。反射镜的高速旋转，使得来自目标的光线在排透镜上一闪而过，起到了高速光学快门的作用。

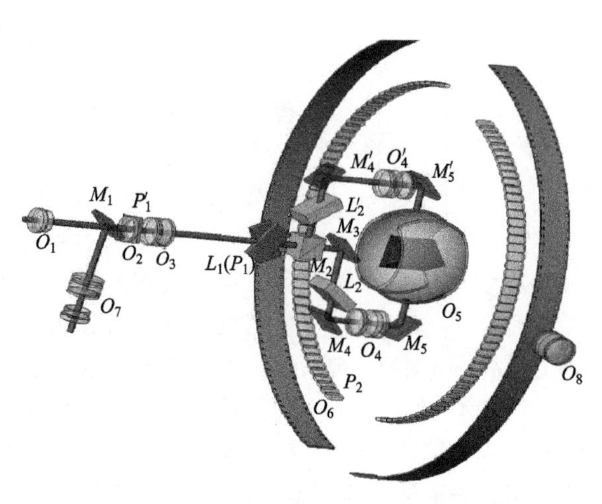

图 13.3.4　转镜式高速分幅摄影机的光学系统

在图 13.3.4 中，分光棱镜 M_2 将光束分为相同的两部分，两路光束分别经过其后的光学系统，平行相向地到达转镜 M_6 处。两路光束不能同时工作，一路光束工作时，另一路等待，即摄影系统的等待功能靠两个共面光学入口和三角形转镜来实现。如图 13.3.5 所示，两个共面光学直入口为入口 I 和入口 II，它们相互平行并且处在同一个平面上，三角形转镜绕其几何中心口旋转。两路光束是从相互平行的两个光学入口相对地引入反射镜的。当反射镜从位置 1（虚线所示）转到位置 2 时，入口 I 的光线工作，入口 II 的光线等待工作。入口 I 的反射光线从 A 扫到 B，反射光线通过其后的一路排透镜成像到一路胶片上，记录 120°；这时，入口 II 开始工作（右图），入口 I 等待工作。当反射镜由 2 转到 3 时，反射镜光束从 C 扫到 D 处，反射光线通过另一路排透镜成像到另一路胶片上，同样记录 120°。然后，入口 I 第二次记录开始，依次循环，保证了成像的光束可在胶片上连续地扫描。

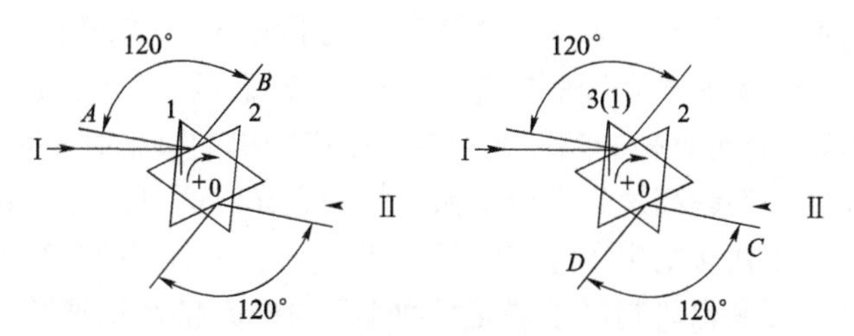

图 13.3.5　分幅摄影机等待功能的实现

为了在保证摄影频率的同时，减小转镜转速和仪器体积，转镜式高速分幅摄影机一般采用阶梯孔径光阑实现画幅的双行排列。在图 13.3.4 中，阶梯孔径光阑 L_1（P_1）采用了两块平行平板玻璃倾斜于光轴放置，并且胶合在一起的光学结构。由目镜出射的圆形平行光束首先照射到两块倾斜平行平板上，一半的光束通过左边的平行平板出射，另一半光束通过右边的平行平板出射，经两个平行平板后圆形成像光束被分为两个半圆。由于左右两边的平行平板倾斜方向相反，所以成像光束一路向上平移，另一路向下平移，然后这两路平行光束照射到

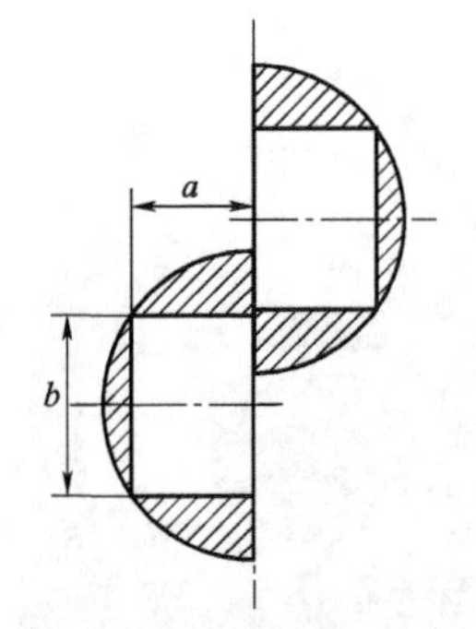

图 13.3.6　阶梯孔径光阑挡光示意

平行平板后的阶梯孔径光阑上，即可实现成像光束对称分割为两部分。在整个光学系统中，阶梯孔径光阑位于目镜和分光棱镜之间。目镜出射的平行光束直接照射在阶梯孔径光阑上，平行光束通过通光矩形方孔被分成两部分，通过其后的光学系统成像在胶片画幅上，实现画幅的双行排列。图 13.3.6 所示为光束通过阶梯孔径光阑后的挡光示意，阴影部分表示光阑的挡光部分。

高速转镜是转镜式高速分幅摄影机中的一个重要核心部件。整个仪器性能的好坏在很大程度上取决于高速转镜性能的高低。在高速转镜部件里有一块快速旋转的反射镜，称为转镜。转镜的作用除了反射前面的光学系统所传递的入射光线外，它还是仪器光学系统的一个组成部分。转镜通常由镜体和转轴两部分组成。镜体的横截面形状除了特殊情况外，一般镜体都采用正方形或三角形截面，这两种截面除了能承受更高的转速（破坏速度高）之外，还因为镜面离中心的距离短，镜面变形小，有利于提高像质，并且转镜面数少，加工更容易。一般，镜体的镜面需要镀一层反射膜和一层保护膜，以达到非常高的反射率。

§13.3.3　超高速数字分幅摄影

根据等待式高速摄影机的工作原理，前述光机式高速摄影设备由于其设计原理的限制，难以很好地解决高速响应和灵敏度两者之间的矛盾。目前，传统的高速分幅摄影机的时间分辨率、动态范围、光谱响应范围等性能指标已逐渐被现代高速数字分幅摄影机所超越，特别是应用像增强器的超高速数字分幅摄影机具有其他高速摄影设备不具备的优势。这种高速数字分幅摄影机具有时间和空间分辨率高、光增益可调、可以由被测事件本身触发启动、光谱范围宽、信息处理功能丰富、结构紧凑、体积小等优点，在靶场试验中的应用越来越广泛。由于超高速数字分幅摄影机自身所具有的巨大优势，以及它在科学研究领域和军事武器研究领域中的重要作用，世界上技术先进的国家纷纷对其开展深入研究，并取得了大量的成果。目前，德、美、英在超高速数字分幅摄影机研究方面处于世界领先地位。例如，德国 PCO 公司研制出了的曝光时间可达 3 ns，空间分辨率可达 60 lp/mm，动态范围可达 12 bit 的 4 通道、8 通道高速摄影机。美国 DRS 公司研制的超高速数字分幅摄影机 8 通道分光曝光时间可以达到 10 ns，普林斯顿仪器公司研制的超高速数字分幅摄影机的曝光时间可以达到 10 ns，斯坦福计算机光学公司研制出的超高速数字分幅摄影机的曝光时间可以达到 0.2 ns，英国 Hadland 光学公司在 20 世纪 90 年代研制出了曝光时间小于 10 ns，8 通道的超高速数字分幅摄影机。此外，日本、以色列等国家也研制出了曝光时间小于 10 ns 的超高速数字分幅摄影机。国内一些单位也已经展开了对超高速数字摄影机的研究工作，由于技术封闭和起步时间较晚，研制水平较国际先进水平还有很大差距，目前国内靶场应用的超高速数字分幅摄影机主要还依赖进口国外的相关产品。

超高速数字分幅摄影机主要由光学系统、快门系统、信号采集系统及其处理系统三部分组成，其系统构成如图 13.3.7 所示。

图中，光学系统采用单通道输入，在中继系统光阑处可应用 4（或 6、8、16）棱锥分光，将光等分为 4（或 6、8、16）份，4（或 6、8、16）通道输出，分别成像在上下左右 4（或 6、8、16）个像增强器（工作原理与变像管相同）的光电阴极上。像增强器的光电阴极将光学图

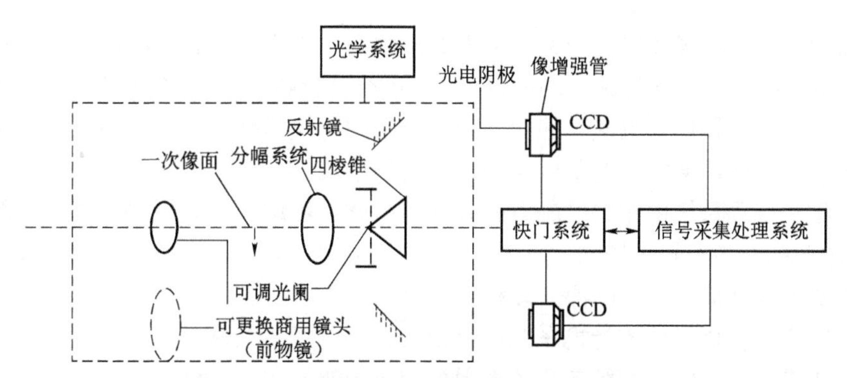

图 13.3.7　超高速数字分幅摄影机的系统构成

像转变为电子图像，然后经过电子加速倍增、电光转换等过程实现信号的放大后，通过光纤束与 CCD 耦合，CCD 获得的图像由信号采集处理系统进行处理。在此过程中，快门系统控制像增强器的曝光时间和曝光间隔。通过调节曝光时间和曝光间隔，可以实现对可见光、近红外、中红外、紫外、X 波段和中子波段物空间内短时间、原子时间尺度现象的观察记录。

光学系统由前物镜、中继分幅系统两部分组成，其光路结构如图 13.3.8 所示。图中物镜对一定范围内的物体成像，其像面为中继分幅系统的物面。中继分幅系统由中继系统、反射棱镜、平面反射镜组成。将前物镜的一次像面作为被摄物，进行二次成像，其像面位于像增强器的光电阴极处。为了保证分幅后像面的亮度均匀，要求反射棱镜锥顶角位于系统光阑的中心处。同时为了保证光路偏折后像面与系统光轴垂直，要求反射镜与棱镜反射面平行。

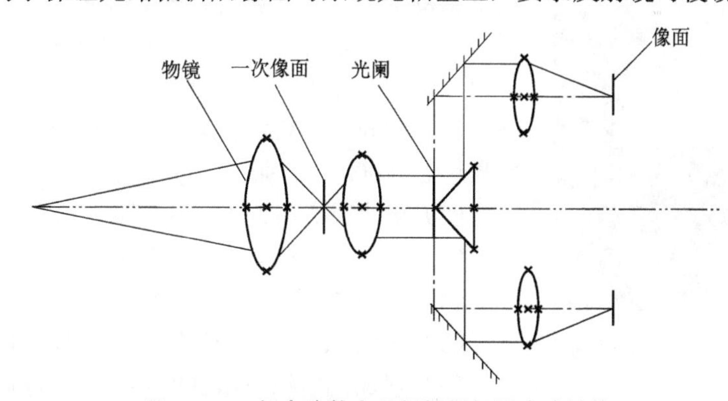

图 13.3.8　超高速数字分幅摄影机的光路结构

快门系统由脉冲电路和增强电荷耦合器件（即 ICCD，是通过光纤与电子管式或微通道板式像增强器相连的 CCD 摄像机）构成，ICCD 由像增强器、CCD 和中继耦合组件组成。像增强器获得光学信号二维分布图像后，输出 550 nm 的绿光，经中继光学元件与可见光 CCD 耦合，CCD 把耦合的光信息转换成与光强成比例的电荷量，驱动器用一定频率的时钟脉冲驱动 CCD，在 CCD 的输出端获得物空间的二次图像的电信号。其中，中继耦合元件通常有透镜耦合和光纤耦合两种方式。透镜耦合能实现较大缩放比的图像的传输与耦合，调焦容易，成像质量高，适用于各种 CCD，且像增强器拆装灵活，但是其尺寸较大、耦合效率低、系统有杂光干扰；光纤耦合方式又分为光纤光锥耦合和光纤面板耦合。光纤光锥耦合方式的优点是荧光屏光能的利用率较高，在理想情况下仅受限于光纤光锥的漫射透射比，其缺点是背照 CCD 的光纤耦合有离焦和图像分辨力下降，图 13.3.7 所示即为光纤光锥耦合方式，光纤面板是由几百万到几千万根彼此平行成束的玻璃纤维组成的光学面板。光纤面板耦合利用光纤面板将像增强器光纤面板荧光屏输出的图像以 1:1 的传输比耦合到 CCD 光敏面，并使图形传输后畸变极小。脉冲电路控制拍摄时间间隔和曝光时间。快门脉冲加在微通道板两端，其脉冲宽度为纳秒级别，微通道板间电压伏值为几百到几千伏。

信号采集及处理系统由相关控制电路和计算机软件组成。控制电路主要完成微通道板和 CCD 快门脉冲的同步和异步控制、CCD 电信号的处理、外部环境数据传输接口等工作，计算机软件主要完成接口驱动、图像处理和用户界面等工作。

超高速数字分幅摄影机的光机系统，可使用普通相机镜头作为物镜，中继系统对物镜的像面进行二次成像，在中继系统的孔径光阑处通过分幅机构进行分光，最终成像在像增强器的光电阴极。分幅后 4（或 6、8）幅像面完全一样，亮度差控制在±10%以内。系统通过高压脉冲控制曝光时间，时间分辨率可以达到纳秒级别。借助光阴极形成被测目标的电子模拟，然后对光阴极释放电子进行控制，使其在强电场的作用下加速后与荧光屏碰撞，激发荧光，形成二次图像，以被 CCD 记录。在此过程中，光电阴极和 CCD 之间取得的光增益可高达几十万倍，并且荧光屏的余辉作用延长了曝光时间，提高了图像的像面亮度和空间分辨率。

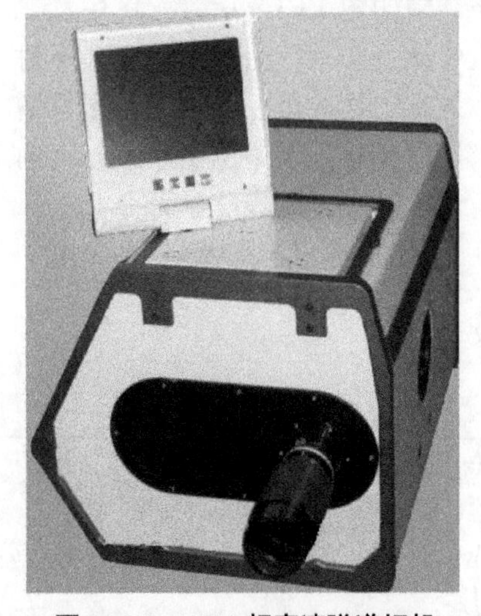

图 13.3.9 SIM 超高速弹道相机

图 13.3.9 所示为英国 Specilised Imaging 公司（SI）的 SIM 超高速弹道相机，该相机具有连续多幅拍摄和超高分辨率的功能。全新的光学设计为系统提供了 4、6、8 甚至 16 个独立的光学通道，而且分辨率、遮影和视差并无损失。由于相机采用了独立超高分辨率像增强型 CCD，可以几乎无限地控制增益和曝光时间，使靶场试验中的一些瞬时现象得以被及时捕捉。其主要性能指标如下：

（1）1 360 × 1 024 分辨率，12 位 CCD 传感器；拍摄速率高达 200 000 000 帧/s（2 亿张/s）；

（2）最小曝光时间 5 ns～1 ms，独立可调；

（3）单幅照片可以多达 8 次曝光；

（4）高速拍摄下图象无滞后和拖影；

（5）多达 16 个独立光学增强通道同时拍摄；

（6）附加光学端口用以连接其他成像设备。

§13.4 高速扫描摄影方法

常规靶场系统的弹道试验中，高速扫描摄影方法是对飞行体的各项技术指标进行记录和测量的重要方式。由于特殊的成像原理，狭缝摄影技术在观测弹体飞行细节和测量弹体的姿态、章动角、飞行速度和自转速度方面具有独特的优势，因此在外弹道试验中被广泛应用。

采用高速扫描摄影方法的摄影机有鼓轮式高速扫描摄影机和转镜式高速扫描摄影机两种。由于鼓轮式高速扫描摄影机常常采用同步摄影方法和狭缝扫描成像原理获取高速飞行弹丸的清晰图像，所以通常将这种摄影设备称为狭缝式弹道同步摄影机，简称弹道同步摄影机或狭缝摄影机。美国 Cordin 公司生产的 Model–70 型相机，是这类相机的典型代表。鼓轮在 133.3 Pa 的真空中旋转，胶片的线速度达 300 m/s，图像尺寸为 70 × 1 000 mm^2，相应的时间

分辨本领达 4×10^{-8} s。国内浙江大学、西安光机所、西安工业大学也相继研制了多种型号的弹道同步摄影机，并得到了普遍应用。目前试验靶场主要采用胶片式狭缝摄影方法，其存在的问题是操作复杂、工序繁多。CCD 技术和 CMOS 技术的发展，特别是高速线阵 CMOS 摄影机的出现，使数字狭缝摄影测量开始逐渐成为可能。虽然目前高速线阵 CMOS 摄影机的时间和空间分辨率还远不及胶片式狭缝摄影方法，但数字狭缝摄影因具有使用简单、方便、快捷等优点将具有强大的生命力。本节主要介绍狭缝式弹道同步摄影和数字狭缝摄像及其工作原理。

§13.4.1 弹道同步摄影的工作原理

弹道同步摄影是指被摄飞行物体的图像运动速度和方向与胶片的运动速度和方向一致，即飞行物体（弹丸）的图像与胶片同步运动的摄影方法。弹道同步摄影一般由弹道同步摄影机来实现，其结构由鼓轮、狭缝光阑、物镜（摄影机镜头）等功能部件组成，如图 13.4.1 所示。

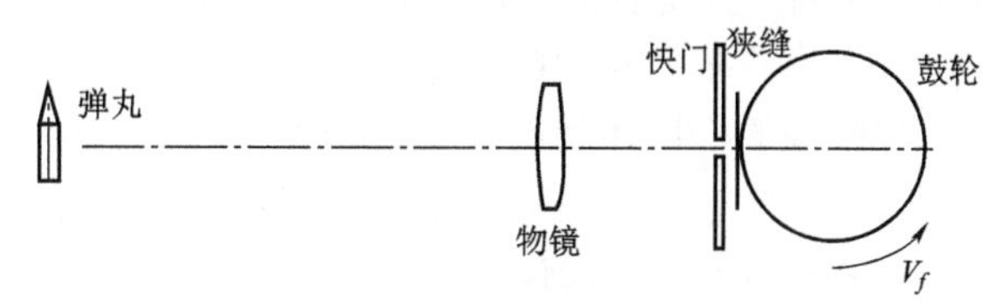

图 13.4.1 弹道同步摄影机的结构

图中，鼓轮外表面紧贴有感光胶片，并以片速 v_f 作圆周运动。若取鼓轮外表面胶片运动的线速度 v_f 与弹丸影像的运动速度 v' 相等（即 $v_f = v'$），则可使得感光胶片的运动速度与飞行物体影像保持相对静止。

根据光学成像原理，由图 13.4.1 可知，高速飞行的弹丸通过摄影物镜在焦平面上形成反向运动的影像，即影像的运动速度 v' 的方向与弹丸的运动方向相反。并且，弹丸影像的运动速度 v' 与弹丸的飞行速度 v、物镜的焦距 f 和弹丸到物镜主焦面的距离（物距）a 的关系可写为

$$v_f = v' = \frac{f}{a-f}v \approx \frac{f}{a} \tag{13.4.1}$$

式中，取胶片线速度 $v_f = v'$，这即代表了弹道同步摄影的条件。

由于运动图像和感光胶片均沿狭缝垂直方向运动，飞行物体的影像将依次通过狭缝曝光而获得弹丸图像的清晰照片。因此，弹道同步摄影机通常称为狭缝式弹道同步摄影机，简称为狭缝机。由于弹道同步摄影过程就是通过狭缝将运动的弹丸影像以线状曝光的方式扫描记录在同步运动的胶片上，因此弹道同步摄影机所拍摄的运动物体图像是分时依次曝光的。由此可见，弹道同步摄影原理包括两个方面：其一是随鼓轮一起转动的胶片与弹丸影像同步运动的弹道同步原理（式 13.4.1），其二是弹丸影像依次通过狭缝曝光的扫描成像原理，其实质是以摄影胶片与影像同步运动通过狭缝曝光的方式来实现扫描摄影。

如果摄影胶片与影像同步运动，即两者的运动速度与方向都相同，底片与影像之间没有相对运动。这样就相当于拍摄静态物体，能够获得十分清晰的照片。但实际上，由于弹丸飞行速度的大小事先无法准确知道，飞行方向也会有所变化，完全同步是困难的，这使底片上的影像产生模糊。模糊量的大小 δ 等于速度的不同步量 Δv 与曝光时间 t_b 的乘积，即

$$\delta = \Delta v \cdot t_b \tag{13.4.2}$$

式中，$\Delta v=|v-v_f|$是底片与影像的相对速度，v_f为底片运动速度。为了减小模糊量，只有缩短曝光时间t_b。因此，在镜头与底片之间紧靠底片处，安装一块宽度为e的狭缝片，狭缝与底片运动方向垂直，这样曝光时间可表示为

$$t_b=e/v_f \tag{13.4.3}$$

由此可见，弹道同步摄影机的狭缝有三个作用：第一个作用是前面所述的扫描成像，同步摄影机安装狭缝后所拍摄的弹丸影像，不再是同一瞬间弹丸在弹道上的影像，而是弹丸飞经狭缝所限定的视场内从头到尾逐段在底片上曝光所成的像，是不同瞬时弹丸各段影像的集合，是一个运动过程。由于这个特点，一台狭缝照相机便可测量出弹丸的转速。由于全弹丸飞经狭缝视场的时间很短，通常仍把底片上的像看作弹丸中点通过狭缝视场时的瞬态像；狭缝的第二个作用是设定曝光时间，通过改变狭缝光阑的宽度e设定不同的曝光时间；一般弹道同步摄影机的狭缝只有0.4～1.2 mm，比照相机光阑小得多，其曝光时间很短。狭缝的第三个作用是限定视场的范围与位置，从而确定所拍摄弹丸在弹道上的位置。狭缝限制曝光时间，减小模糊量，将受到底片曝光量要求的限制；狭缝过窄，曝光不足，同样会使影像模糊。

在实际试验中，底片与影像的不同步速度又难以减小到理想的程度，所以影像与底片间的相对位移量仍可能较大。好在这个相对位移主要发生在弹丸运动方向，造成影像主要在运动方向上失真，其结果是使得弹丸图像被拉长“变瘦”（$v>v_f$时）或缩短“变胖”（$v<v_f$时）。由于弹丸横向上的相对位移很小，其通常使弹体上的细部产生轻微的模糊，而像的边缘仍然是比较清晰的，对外弹道参数测量没有多大影响。实验表明：不同步量在20%以内时，不会对外弹道参数的测量结果造成很大影响。若要观察弹丸的细部变化，最好能将速度不同步量限制在2%以下，此时像移所引起的模糊量只有0.02 mm。

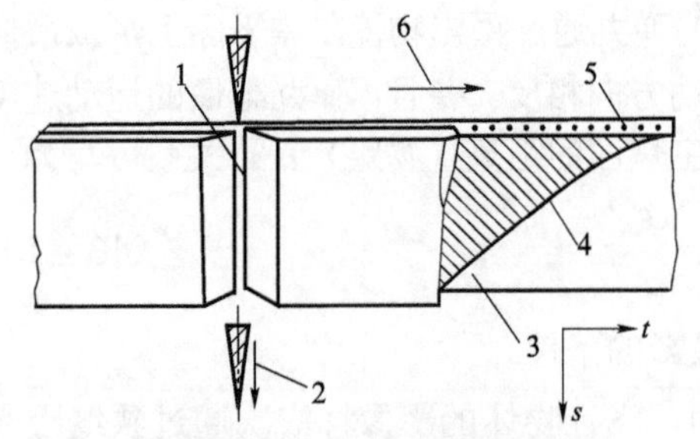

图 13.4.2　扫描摄影原理

1—狭缝；2—影像运动方向；3—底片；4—位移曲线；5—时标；6—底片运动方向

弹道同步摄影机的优点是能够获得大尺寸的清晰照片，摄影机结构简单、经济、可靠，但每次只能获得一幅相片，单台相机无法记录变化的过程。进行弹道同步摄影，要求弹丸的运动方向与狭缝垂直，若采用图 13.4.2 所示的方法，即令弹丸运动方向与狭缝平行一致，这就变成了扫描摄影（或条纹摄影），得到的影像不再是一个完整的弹丸像，而是弹丸随时间移动的位移曲线。采用扫描摄影，可以拍摄火箭在导轨和弹道上的位移，进而求得速度和加速度。

§13.4.2　鼓轮式弹道同步摄影机的基本结构

鼓轮式弹道同步摄影机根据其摄影胶片紧贴于转鼓的外周面还是内周面，分为外鼓轮摄影机和内鼓轮摄影机。外鼓轮摄影机的光学系统比较简单，但转速受到限制，因为在高速转动时，胶片受离心力影响难以保持与鼓轮的紧密贴合，会形成离焦抖动，使成像质量变坏。目前，外鼓轮摄影机的片速小于 70 m/s。内鼓轮摄影机的光学系统稍复杂些，但转速可以提高。因为胶片紧贴鼓轮内表面，转速越高，离心力越大，胶片与鼓轮贴得越紧，不会出现抖动。其最大速度已达 300 m/s 以上。此外，还出现了装有多个镜头或旋转狭缝等特殊结构的

同步摄影机，以满足某些特殊的摄影要求。

鼓轮式弹道同步摄影机有摄影机头和电控仪两大部分，其中摄影机头的功能结构包括光学系统、鼓轮系统、狭缝片、底片传输机构、片速控制与测量装置、保护快门与触发系统、时标装置、取景与调焦装置、底座等装置，其中光学系统包括摄影镜头和摄影瞄准机构。图 13.4.3 所示是 XG–Ⅱ型摄影机头的结构图，图中滤光片 1、保护玻璃 2 和摄影物镜 3 组成了摄影镜头，摄影瞄准机构则由目镜 4、毛玻璃 5 和反光镜 6 组成。图 13.4.4 和图 13.4.5 所示分别是国产外鼓轮式弹道同步摄影机头及摄影机的电控仪的照片。

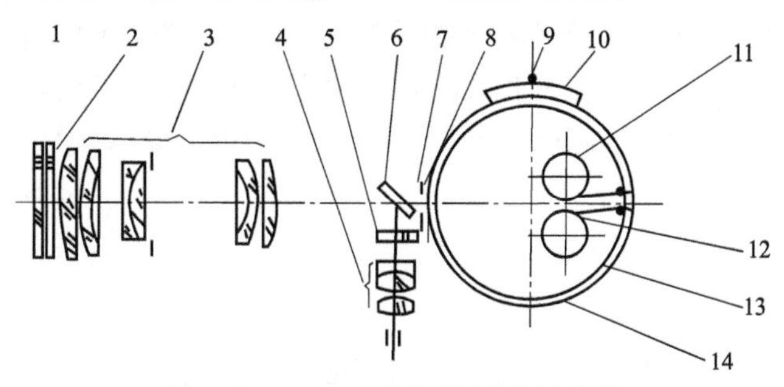

图 13.4.3　XG–Ⅱ型摄影机头的结构

1—滤光片；2—保护玻璃；3—摄影物镜；4—目镜；5—毛玻璃；6—反光镜；7—快门；8—狭缝；9—时标发生器；10—数字打印系统；11—送片盒；12—收片盒；13—鼓轮；14—胶片

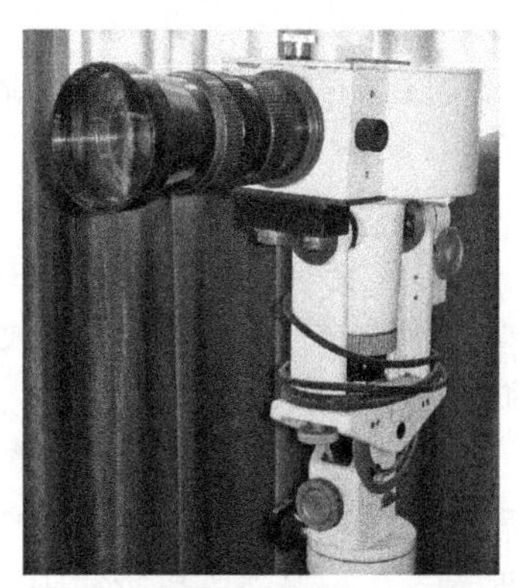

图 13.4.4　外鼓轮式弹道同步摄影机头

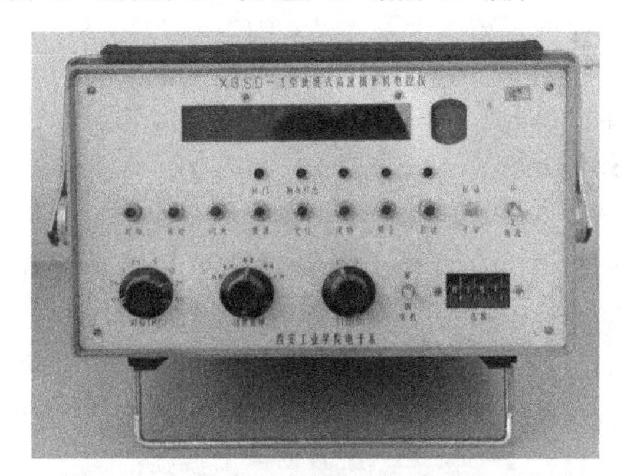

图 13.4.5　鼓轮式弹道同步摄影机的电控仪

图 13.4.6 所示是内鼓轮式弹道同步摄影机的分解爆炸图，国产 GXS–I 型和 XF–70 型摄影机也有类似的结构。

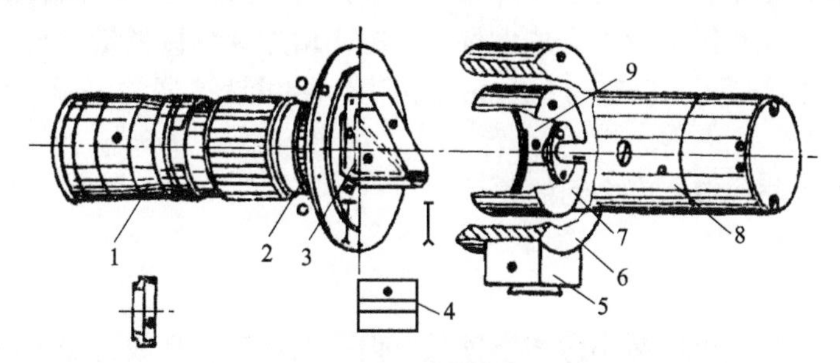

图 13.4.6　内鼓轮式弹道同步摄影机

1—摄影镜头；2—保护快门；3—转向镜头；4—狭缝片；5—相机座；6—鼓轮箱；7—鼓轮；8—马达；9—底片

弹道同步摄影机的摄影图像的质量好坏与下面的功能结构参数密切相关。

1. 摄影镜头

镜头的特性参数关系到影像的大小与质量，镜头的焦距 f 和相对孔径（ D/f ）的大小是首先要考虑的最重要的参数。由于物像比近似等于物距与焦距之比，即

$$d' \approx \frac{f}{a} d \tag{13.4.4}$$

式中，d 为实际弹径，d' 为影像弹径，a 为物距。

影像尺寸 d' 取决于镜头的焦距和拍摄时的物距 a。而物距 a 受试验安全性的限制，不能过小，在拍摄小口径弹丸时，要获得较大的影像尺寸，只有加大镜头的焦距。物距除受安全性限制外，还受鼓轮极限速度的限制。例如，XG–1 型相机的极限片速度 v_f =60 m/s，当焦距 f =150 mm 时，其最小物距为

$$a_{\min} \approx \left(\frac{v}{v_f}\right) f \tag{13.4.5}$$

若弹速 v =1 500 m/s，则 $a_{\min} \approx 3.75\ \text{m}$，即物距不能小于 3.75 m，否则将无法实现同步摄影。

曝光量正比于镜头相对孔径 D/f 的大小，D/f 也直接影响图像质量。由于弹道同步摄影的曝光时间很短，一般为 1×10^{-4}～1×10^{-5} s，所以应尽可能增大镜头的相对孔径，以便在野外利用自然光源进行拍摄。另外，摄影镜头的鉴别率对测量精度也有很大影响，特别是研究弹体上的细部变化时更是如此，通常取其静态鉴别率不低于 40～50 线/mm。

2. 鼓轮系统

鼓轮系统包括鼓轮、鼓轮箱、直流电机及卡片装置等。其中，鼓轮起到固定胶片并使胶片达到预定速度的作用，是摄影胶片的传动装置。鼓轮由电机带动，通过控制仪用改变电源电压的方法调整转速。鼓轮的尺寸受胶片规格、片速要求和电机性能的限制，增大鼓轮直径，即增加了片长，有利于捕捉目标，同时还会导致相机体积、质量、电机功率加大。鼓轮需用高速轴承精密配合，经过严格的动平衡试验，以保证它具有最小的跳动量。鼓轮箱的作用有三个，第一是支撑鼓轮高速平稳地旋转，第二是隔阻光线射入，第三是作为摄影镜头、狭缝光阑、快门机构、时标装置、片速测量装置的安装基座。

3. 狭缝光阑

狭缝光阑安装在鼓轮箱上，位于胶片感光面前，用来限制曝光时间和确定弹丸的拍摄位置。狭缝应尽量靠近胶片，否则将会加大曝光范围，增加像移模糊量。由于结构设计和工艺的原因，狭缝与胶片感光面间仍有约 0.5 mm 的间隙。狭缝宽度通常可调，以便根据实际光照条件和片速进行选择。

由像移模糊量 δ 与狭缝宽度之间的关系

$$\delta = \frac{\Delta v}{v} e \tag{13.4.6}$$

可以看出，缩短狭缝宽度可以减小像移模糊量，但是当片速较高或光照不好时，为了获得足够的曝光量，又必须加宽狭缝，摄影时需要取得平衡。现有摄影机的缝宽都在 0.4～1.2 mm 范围内变化，正常情况下常取为 0.8 mm。

4. 片速测量系统

为保证片速与影像速度同步，必须能实时显示片速。XG–I 型摄影机采用磁敏二极管测速。其结构是：在鼓轮下边缘沿圆周方向等距离装嵌 50 只软磁铁柱（磁芯），磁芯的磁力线方向垂直于鼓轮底部平面，鼓轮底部平面与暗箱基座内的底平面装有磁敏二极管，与磁芯对应。当电机带动鼓轮旋转时，每颗磁芯的磁力线依次扫过磁敏二极管，使得磁敏二极管产生脉冲信号，然后通过计数装置完成速度测量，并在数码显示装置上显示出来。这种测速装置体积小，无光传输，测量精度可达 1%。

5. 时标装置

为了处理数据，必须在拍摄目标的同时在胶片上打上时标标记，时标的频率应能根据片速的快慢进行选择，通常取时标点间隔为 3～5 mm。现有狭缝摄影机采用的时标发生器主要有两种，即用氖灯或固体发光二极管作时标光源。用石英晶体振荡器分频产生脉冲信号作驱动源，氖灯频率低，一般为 1 000 Hz。为了使时标点清晰，时标光源需配有光学聚焦系统，为防止时标点重叠，时标发生器还必须与快门同步动作，即随快门的开启而启动，随快门的关闭而停止。

6. 保护快门

弹道同步摄影机也必须装有快门，但它并不控制曝光时间，只是防止胶片二次曝光。外鼓轮相机多采用帘幕式快门，帘幕上开有远大于摄影狭缝宽度的矩形窗；快门紧靠狭缝前面安装，以减小快门的尺寸和行程，缩短滞后时间，这种快门的机械滞后时间约为 3 ms。帘幕式快门采用机械电磁结构，包括一对（开、关）电磁铁及开关电路，开、关门帘幕片和两个作动弹簧。内鼓轮式摄影机多采用电磁控制的弧片式快门，由两个带有弹簧驱动的弧形叶片、两个触发螺线管和电子控制线路组成，这种快门的机械滞后时间约为 4 ms。它通过控制两个电磁铁的通断来释放作动弹簧，以推动快门转子完成光路的启闭。

快门的工作过程是：复原时，两电磁铁各自吸住对应的帘幕片，开门帘幕窗与狭缝异位，关门帘幕窗与狭缝重合。触发后，触发信号按设定延时释放开门电磁铁，作动弹簧推动开门帘幕窗与狭缝重合。与此同时，光路全通，胶片曝光，片速测量装置开始计磁敏二极管发出的脉冲数；当达到一周的磁芯数量（50 个）时，控制仪释放关门电磁铁，作动弹簧推动关门帘幕窗与狭缝异位，此时光路关闭，胶片停止曝光。

鼓轮式弹道同步摄影机的摄影过程由电控仪控制，图 13.4.7 所示为电控仪的工作原理。图中，电控仪的控制参数为胶片线速度 v_f、快门延时（触发靶信号到快门启动的延迟时间）t_y 和时标频率 f_s，均由仪器面板装定。根据片速测量装置的磁头信号的脉冲间隔换算出转鼓线速度与胶片线速度 v_f 的装定值的差值，由电机驱动电路控制电机转速，使转鼓线速度与 v_f 相等。延时电路根据面板装定 t_y 值和磁头信号的脉冲数，通过控制电路延时控制快门的开启和闭合。时钟分频电路输出时标频率为 f_s 的驱动信号，并由控制电路在快门打开时段驱动时标灯频闪。

整个拍摄过程是：拍摄前，安装摄影胶片，使胶片紧贴在鼓轮一周，并随鼓轮转动；拍摄时，先启动鼓轮旋转，使片速达到预定的影像速度；当弹丸即将进入镜头视场时，弹丸借助各种触发靶产生靶信号，经触发延时 t_y 后开启摄影机快门。此时胶片开始曝光，当弹丸进入狭缝视场时，弹丸的影像以线段扫描方式逐条在胶片上曝光，留下清晰的记录，当鼓轮旋转一周时（磁头信号的脉冲数达到转鼓一周的磁芯数量）快门关闭，胶片曝光终止。这种鼓轮式同步摄影机，每次仅消耗约 0.5 m 胶片，遇到“瞎火”，快门不会打开。

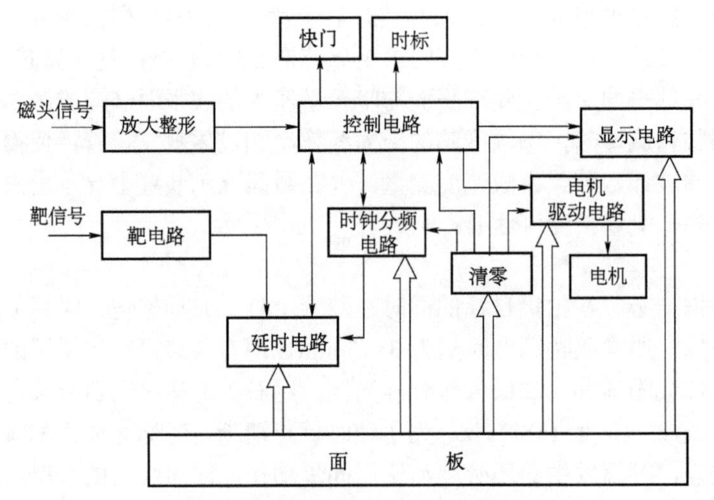

图 13.4.7　电控仪的工作原理

在我国，狭缝式弹道同步摄影机的发展始于 20 世纪 70 年代末，目前国内有好几种型号的狭缝式弹道同步摄影机。表 13.4.1 列出了它们的主要的技术参数。

表 13.4.1　几种国产狭缝式弹道同步摄影机的主要技术参数

项目＼型号	XG-Ⅰ	XG-Ⅱ	GXS-2	XF-70	XF-82
结构特点	外鼓式	外鼓式	内鼓式	内鼓式	外鼓式 双镜头
物镜焦距/mm	150，300	400	206	240，500	200
相对孔径	$\frac{1}{2}$，$\frac{1}{4.5}$	$\frac{1}{4.5}$	$\frac{1}{3.5}$	$\frac{1}{4.5}$	$\frac{1}{2}$
胶片规格/mm	35	70	35	70	70
装片方式	暗袋	暗盒	暗盒	暗盒	暗袋
片速/（$m \cdot s^{-1}$）	10～50	0.1～1.0	2～75	0.6～75	2～40
狭缝宽度/mm	0.5，0.8， 1.0，1.2	—	0.4，0.8，1.6	1.0	0.8
快门滞后量/ms	3.5	3.5	4.0	5.0	—
时标频率/Hz	100～50×10^3	—	100，1 000， 5×10^3，10×10^3， 25×10^3，50×10^3	100，1 000， 10 000	250，500， 1 000，2 000， 4 000
动态鉴别率/ （线$\cdot mm^{-1}$）	>15	—	>25	>25～30	

需要指出，转镜式条纹摄影机也可以实现弹道同步摄影。实际上，同步摄影与条纹摄影

在光学原理上的差别在于其狭缝相对目标运动方向的角度不同，前者垂直于狭缝目标运动方向，后者与该方向平行。因此，当像的扩展方向沿着狭缝长度方向进行时，在胶片上的记录结果是像的空间位置和时间的关系函数;若像的扩展方向与狭缝长度方向垂直，并实现速度同步，便可以进行同步弹道摄影。只要在转镜式条纹摄影机的前方加上转像系统，便可用于弹道同步摄影。由于此类摄影机中胶片是固定不动的，同步靠转镜扫描来完成，速度比鼓轮式同步摄影机可高出两个数量级。例如，转镜速度为 200 c/s，扫描半径为 200 mm，则扫描速度可达 503 m/s。若物像比为 10，则仪器可记录的飞行目标的速度达 5 030 m/s。英国哈德兰（Hadland）光电子公司研制的 Sychrospeed 摄影机，就是这种类型的摄影机。它采用触发式转镜和固定式平面 Polaroid 胶片系统，接收触发信号后 0.45 ms 内反射镜最高转速可达 200 r/s，平面上扫描速度为 40～360 m/s。Polaroid 胶片的采用，大大节省了冲洗与处理时间，能使人在现场立即看到拍摄结果。转镜式狭缝摄影机精度高、效果好，但由于其孔径小，对照明要求高，而且价格昂贵，不适宜在野外频繁使用，所以在常规靶场的外弹道测试中它的使用并不多，这种摄影机主要用于诊断爆炸现象、等离子体及激光核聚变等超高速现象。

§13.4.3　狭缝式弹道同步摄影的参数选择

由前所述，同步摄影前需要事先在电控仪面板上装定胶片线速度、快门延迟时间和时标频率等控制参数。这些参数的确定，包含与摄影目的和场地相关的摄影参数和同步摄影电控仪需要设置的控制参数。摄影参数主要是根据场地条件确定摄影物距 a，根据放大系数 $M=d'/d$ 选择镜头（确定焦距）。

根据同步摄影的过程，摄影过程需要控制的参数有：胶片线速度 v_f（电机转速）、快门打开延时时间 t_y 和时标频率 f_s。而参量 v_f、t_y、f_s 的选择是由被摄弹丸的特性（尺寸大小和飞行速度）、拍摄目的、摄影位置、相机的技术性能和试验的安全性等所决定的。

一般情况下先选择放大系数 M，使影像尺寸 $d'=Md$ 约为画幅高度的 1/4～1/5，然后根据现场条件确定物距，再由 $f=Ma$ 计算结果，选择镜头（确定焦距），进而由式（13.4.1）计算胶片的线速度。要求胶片速度 v_f 应不大于狭缝摄影机所允许的最大线速度，物距 a 应大于安全性所允许的最小距离，否则应重新估算选择。

触发延迟时间的确定与现场布置条件有关，设触发装置距离拍摄位置为 X，快门开启时间 t_y 由下式估算：

$$t_y=\frac{X}{v}-\frac{l_g}{2v_f}-\Delta t_z \tag{13.4.7}$$

式中，l_g 为鼓轮周长，Δt_z 为快门的机械滞后时间，v 为弹丸飞行速度。该式说明，弹丸飞达摄影机视场的时间正好是快门开启时间的中点。这保证了在弹丸速度有较大散布的情况下，也能够有很大的概率捕捉到弹丸。最后选择时标频率 f_s，一般希望胶片上时标点间距 Δl_g=3～5 mm，故有

$$f_s=\frac{l_g/\Delta l_g}{l_g/v_f}=\frac{v_f}{\Delta l_g} \tag{13.4.8}$$

即时标频率在数值上为片速与时标点间距 Δl_g 的比值。在实际计算中，数值上取 f_s（单位为 kHz/s）为片速（以 m/s 为单位）的 1/3～1/5。狭缝宽度可调时还应选择狭缝宽度。在照明条

件允许的条件下，缝宽应尽量取得窄些，以缩短曝光时间，提高照片质量。

§13.4.4 高速数字狭缝摄像机及其发展现状

自从 20 世纪 60 年代末期，美国贝尔实验室提出固态成像器件概念以来，固态图像传感器得到了迅速发展，成为传感技术中的一个重要分支。随着超大规模集成电路和微细加工技术的发展，先后出现了 CCD 图像传感器和 CMOS 图像传感器。过去由于 CCD 图像传感器相对于 CMOS 图像传感器具有光照灵敏度高、噪声低、像素尺寸小等优点而主宰着图像传感器市场。但随着标准 CMOS 大规模集成电路技术的不断发展，过去 CMOS 图像传感器制造工艺中的技术难关都找到了相应的解决途径，这大大促进了 CMOS 图像传感器的发展。目前 CMOS 图像传感器的成像质量已比从前有了很大的提高，在某些应用领域已经可以与 CCD 图像传感器媲美，而且它也具有 CCD 器件无法比拟的优点，因而目前这两类图像传感器在高速数字狭缝摄像机设计中都有较好的应用。

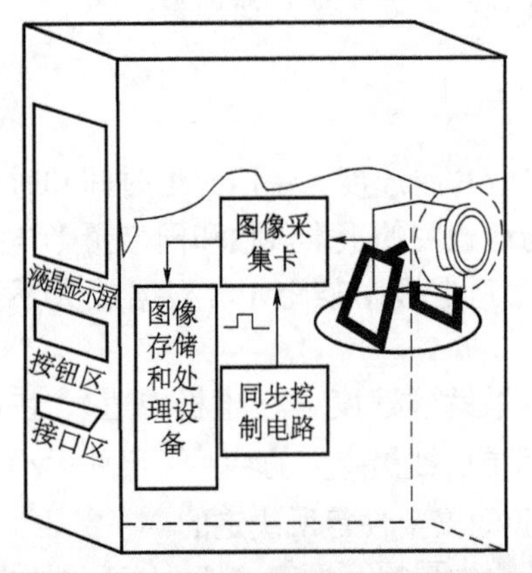

图 13.4.8 高速数字狭缝摄像机的结构示意

高速数字狭缝摄像机本质上就是高速线阵数码相机及图像采集系统，它包括高速线阵数码相机、镜头、图像采集卡、触发卡、显示屏及按钮接口等器件，并集成为一个设备，结构如图 13.4.8 所示。高速数字狭缝摄像机有基于线阵 CCD 图像传感器的线阵 CCD 狭缝摄像机和基于线阵 CMOS 图像传感器的线阵 CMOS 狭缝摄像机两种类型。

线阵 CCD 狭缝摄像机采用行扫描的方式获取图像，一次扫描只获得一行图像数据，要获得整幅图像，需要运动目标相对于线阵 CCD 作一次完整的位移。为获取清晰图像，线阵 CCD 扫描要和运动目标的影像同步。所谓同步是指:单位时间内线阵 CCD 摄像机所采集的图像总和与运动目标影像的实际尺寸相同，获取的图像与目标实际相比没有变形。国内科研机构从 1992 年开始了 CCD 狭缝摄像及并行 CCD 线阵概念研究，由于器件过于复杂，其仅仅停留在设想阶段。2009 年中国科学院西安光学精密研究所初步设计出基于线阵 CCD 的弹道同步式狭缝摄像系统，但由于系统的测量精度受到 CCD 像元尺寸以及扫描速度的限制，它只能测量低速运动的（大口径）长弹体。从现状看，目前线阵 CCD 行扫描频率仍偏低，获取图像变形较大，线阵 CCD 狭缝摄像机还不能达到靶场试验的应用条件。

相比线阵 CCD 狭缝摄像机，由于早期的 CMOS 图像传感器存在着像素尺寸大、信噪比小、分辨率低、灵敏度低等缺点，国内对线阵 CMOS 狭缝摄像机的研究还比较少。但是随着超大规模集成工艺的发展，这些缺点已得到很好的解决，CMOS 图像传感器的成像质量已接近并将超过 CCD 图像传感器。由于 CMOS 传感器相对于 CCD 传感器有集成度高、功耗小、造价低廉、没有光晕等优点，目前国内也开始研究线阵 CMOS 狭缝摄像机，并取得了初步成果。

根据像素的不同结构，CMOS 图像传感器可以分为无源像素被动式传感器（PPS）和有源像素主动式传感器（APS）。根据光生电荷的不同产生方式，APS 又分为光敏二极管型、光栅型和对数响应型。现在人们又提出了 DPS（Digital Pixel Sensor）的概念。相比于 CCD 图像传感器，CMOS 图像传感器有诸多优点：首先，由于 CMOS 图像传感器自身结构具有高度系统整合的条件，因而具有集成度高、体积小、重量轻、功耗低、兼容性好的特点；其次，CCD 图像传感器制造需要特殊工艺，使用专用生产流程，成本高，而 CMOS 图像传感器与制造半导体器件的技术和工艺 90%基本相同，且成品率高，制造成本低；再次，CCD 图像传感器使用电荷移位寄存器，当寄存器溢出时就会向相邻的像素泄漏电荷，导致亮光弥散，在图像上产生不需要的条纹，而在 CMOS 图像传感器中光探测部件和输出放大器都是每个像素的一部分，积分电荷在像素内就被转为电压信号，通过 X.Y 输出线输出，这种行列编址方式使窗口操作成为可能，可以进行在片平移、旋转和缩放，增加了工作的灵活性，没有拖影、光晕等假信号，图像质量高。CMOS 图像传感器最大的特点就是其高速性，光电转换后直接将图像半导体产生的电子转变成电压信号，不需要复杂的处理过程，信号读取十分简单，这个优点使 CMOS 图像传感器对高速摄像机非常有用，在不同的分辨率下帧频可从数百帧至上万帧每秒。

例如，目前德国 Basler 的 Sprint 系列 SPL–2048– 140 km 黑白高速线阵摄像机的技术指标已初步达到长弹的狭缝摄影要求。SPL–2048–140 km 黑白高速线阵摄像机由两列 CMOS 像元组成，如图 13.4.9 所示。

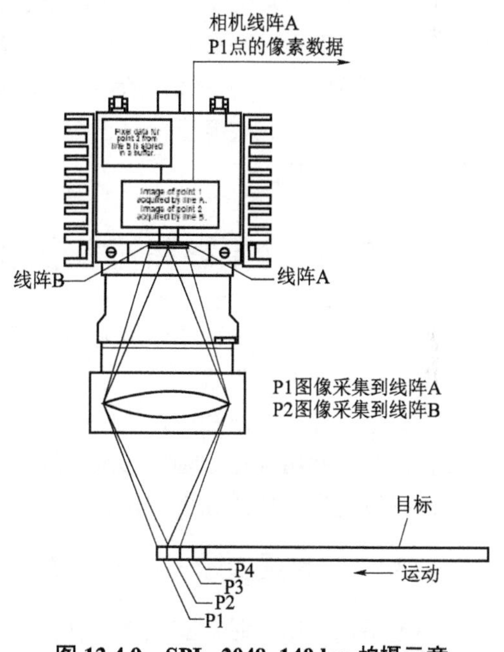

图 13.4.9　SPL–2048–140 km 拍摄示意

图中，SPL–2048–140 km 的两列像元紧密排列，中间没有空隙。SPL–2048–140 km 一次曝光会拍摄两条，读出时则是一条一条读出。在 2048 分辨下，其最高速度可以达到 140 K 线/s。如果降低 AOI，可以提高速度，但由于受曝光时间的影响，不可能提高很大的速度。假设曝光时间设为 4μs，则最高帧速可达 188 K 线/s。表 13.4.2 列出了 SPL 2048–140 km CMOS 摄像机的具体性能参数，该摄像机的主要特点有：

（1）具有 AOI（敏感区域）扫描，能使摄像机集中在一个物体的感兴趣区域。使用 AOI 功能可以使摄像机的输出数据量降低，从而使摄像机的线速度提升；

（2）Line Sum 功能能增加 40%的信噪比，而且不会对线速率有消极的影响；

（3）阴影纠正（平面区域纠正）可以提高图像质量，给出最同步的处理结果;

（4）电子曝光控制，能够接受外触发信号，也可以在内部可控的“自由运行”模式下工作。

表 13.4.2　Basler 的 SPL2048–140 km 性能参数

传感器尺寸（像素/线）	2048	同步方式	外触发或 free–run
传感器类型	双线	曝光控制	Edge，level 或可编程
像素大小	10.0 μm × 10.0 μm	电源要求	12 VDC（±10%），最大 80 W

续表

传感器尺寸（像素/线）	2048	同步方式	外触发或 free-run
时钟频率	80 MHz	外形尺寸（长×宽×高）	53.4 mm × 87.0 mm × 62.0 mm
数据速度	320 MHz	重量	360 g
最大线速率	140 kHz	镜头接口	F Mount
最大像素位数	12 bit	认证	CE、FCC
视频输出格式	4 tap	—	—

近些年来，随着光电子技术和计算机技术的快速发展和图像传感器技术水平的提高，基于线阵的 CCD、CMOS 图像传感器的数字式狭缝摄像机（又称电子式狭缝摄像机）开始成为研究热点。数字式狭缝摄像机能较好地弥补胶片式狭缝摄影机的不足，能够实现多目标试验参数的实时或准实时测量、分析与处理，解决了胶片式狭缝摄影机需要大量重复更换胶片的问题，大大节约了人力资源、缩短了试验周期。随着图像传感器技术的不断发展和测量方法的不断改进，数字式狭缝摄像机正在以自动化和全数字化的突出优势，出现取代传统胶片式狭缝摄影机的趋势。

§13.5　高速摄影在外弹道测试中的应用

高速摄影在外弹道试验中主要用于试验的实况记录，利用高速摄影技术可以在靶场试验中拍摄和记录弹丸飞行状况及异常现象，可供实时监视与事后复现，为弹丸飞行性能评定和异常现象分析提供实况资料，同时也可部分获取弹丸的飞行状态参数。例如，按照特定的场地布置方法，利用高速分幅摄影或狭缝弹道同步摄影可以获取弹丸飞行速度和姿态数据，为试验的决策提供必要的分析依据。

§13.5.1　高速摄像（影）参数的选择方法

高速摄像（影）时，首先要选择摄影焦距、拍摄的频率、快门系数、物距和摄影点等摄影机的参数。这些基本参数选择是否恰当，对摄影结果有很大影响。选择的依据主要是考虑被摄对象的自身特征（尺寸和亮度等）、运动特性（速度、延续时间等）、试验目的和要测的参数。出发点是如何保证所需的测量精度。

在光学原理上，高速摄像参数与高速摄影参数的选择方法是一致的。鉴于靶场试验中高速摄影在大多数情况下都被高速摄像所取代，因此本节以介绍高速摄像参数的选择方法为主，对于高速摄影也适用的地方，添加括号（影）表述。

在外弹道试验中应用高速摄像（影）方法，要想拍到可供运动分析的清晰图像，需要解决许多问题，包括拍摄目标的特性（属性）预估、摄像机的镜头焦距和范围的确定、摄像（影）机的布置、画幅频率的确定方法、高速摄像（影）机与被摄对象同步的方法、摄像（影）时的照明等。

拍摄目标的特性随具体试验的研究对象而变化，内容十分广泛，这里仅介绍高速摄影（像）需要确定的主要参数。

1. 摄像（影）机的镜头焦距和物距的确定

高速摄像（影）机通常配有一系列各种不同焦距的摄影物镜，选择焦距时，首先应考虑使被摄现象充满摄像（影）机画面，这样可以提高图像质量，提高被摄物上的分辨能力。因为摄像（影）系统的分辨率是确定的，胶片上所能分辨的最小距离也是确定的，故物体上所能分辨的最小距离 d 将和像的横向放大率有关，即

$$d=\frac{a}{Nf}=\frac{1}{NM} \tag{13.5.1}$$

式中，N 为摄影系统鉴别率，a 为物距，f 为焦距。

由式（13.5.1）知，要提高物体上的分辨率，只有提高摄像（影）系统的鉴别率和横向放大率。物距一般受安全距离或场地条件的限制，在保证安全的前提下尽可能取得小些。在物距一定的情况下，应该取焦距大的镜头，但是长焦距镜头的像场角较小。因此在外弹道试验中，选择摄像（影）镜头焦距时，首先应根据现场的安全条件确定摄像（影）物距 a，其次再确定拍摄对象的范围，然后确定焦距 f。

对于拍摄飞行弹丸细节来说，一般取拍摄宽度 W 略大于 2 倍弹长，以保证在图像捕获可靠性的前提下，从图像上能够观测弹丸的细节。设研究对象的空间尺寸为 $W\times H$，摄像（影）机所具有的画面尺寸为 $w\times h$。由于横向放大率定义是所摄物体在镜头像空间的横向尺寸与所摄物体的横向尺寸之比，故横向放大率 β 可表示为

$$M=w/W=h/H \tag{13.5.2}$$

由于在一般情况下摄像（影）距离（物距）a 远远大于焦距 f，因此根据成像原理，横向放大率 M 与物镜的焦距 f 和物距 a 的关系为

$$M=\frac{f}{a-f}\approx\frac{f}{a} \tag{13.5.3}$$

由上式可确定镜头的焦距的计算值 f_c 应满足

$$f_c\approx a\bullet M \tag{13.5.4}$$

在实际应用时，应先根据上式计算焦距 f_c，然后使镜头焦距 f 与 f_c 相近，最后再根据镜头焦距 f 适当调整物距 a。可见，确定镜头焦距或物距的关键是确定横向放大率。一般情况下，摄像（影）机所具有的最大画面尺寸 $w\times h$ 是一定的，而所研究对象空间尺寸 $W\times H$ 与试验目的和拍摄对象有关。在确定研究对象空间尺寸时应考虑下述问题：

（1）在研究对象运动的方向上必须有一个清楚的视场，同时有足够的光照度。

（2）在所研究的时间范围内，被摄对象都应被包含在画幅面积以内，以使每一个瞬时的影像都很完整。

（3）在保证捕获到有效图像的条件下，应尽量使需要拍摄的对象充满画幅，使得所摄对象清晰可见，少留无效的空白幅。

2. 摄像（影）频率的确定

摄像（影）物距和焦距确定之后，拍摄范围 $W\times H$ 即为确定值，若要求弹丸移动距离等于最大横向距离的 1/2，则应满足关系式

$$2\tan\omega=\frac{w}{f}\geqslant\frac{2n_h v\cos\beta}{f_n a} \tag{13.5.5}$$

式中，ω为镜头的像场角，n_h为有用画幅数，f_n为拍摄频率，v为弹丸的飞行速度，β为目标运动方向与图像平面间的夹角。将式（13.5.2）代入，其拍摄频率应满足

$$f_n \geqslant \frac{2n_h v\cos\beta}{a} \cdot \frac{f}{w} \tag{13.5.6}$$

式中，w是画幅横向尺寸。由于w和焦距f都是预先确定的，速度v可根据预估值确定。因此，为了获得足够的有效画幅数，在选取适当的物距a以后，拍摄频率必须满足不等式（13.5.6）。

确定摄像（影）频率时必须考虑的主要因素有：拍摄对象的运动速度、研究的范围、获得分析事件信息所需要的画幅数量、所能允许的最大像移量等。画幅数n_h由摄像（影）目的而定。例如，若摄像（影）目的是测试弹丸的速度和加速度曲线，至少应有10幅以上的有效画幅和足够的视场空间。

确定高速摄像（影）的拍摄频率对于观测和研究弹丸的飞行运动非常重要。如果摄像（影）频率设置太低，高速摄像（影）机可能就不能够获得足够数量的图像或不能够获得清晰的图像；若摄像（影）频率设置太高，则图像文件太大（耗费胶片太多），难以进行分析处理，同时摄像（影）频率设置太高，图像序列中的前后两幅图像的差异很小，对运动分析意义不大。此外，摄像（影）机的存储空间是有限的，提高摄像（影）频率，必然要减少拍摄时间，有可能不能采集到足够的图像。

对于绝大部分高速摄像（影）机来说，减小图像的长宽尺寸，可以提高摄像（影）频率，小幅图像的摄像（影）频率可以达到满幅摄像（影）频率的6倍。比如满幅（1 024×1 024）时拍摄频率是7 000幅/s，降低分辨率时可达1.3×10^6幅/s。但降低分辨率，必然要减小视场的尺寸。

高速摄像（影）机的摄像（影）频率也是根据所要求的成像清晰度确定的。为了保证图像清晰，拍摄时的像移δ必须被限制在一个允许的范围内，即

$$\delta = t_b M v\cos\beta \leqslant \delta^* \tag{13.5.7}$$

式中，t_b为每幅画面的曝光时间，δ^*为允许的像移量。

对于无独立快门的高速摄像（影）机来说，每幅画面的曝光时间t_b称为快门速度。由于受图像系统分辨率的影响，要使图像清晰，实际曝光时间应该为目标拍摄周期$T_n = 1/f_n$的0.1倍。例如，对于1 000幅/s的拍摄频率，快门速度应该设置为1/10 000 s。

对于高速摄像（影）机来说，因为快门系数$K = t_b/T_n = t_b f_n$，故式（13.5.7）可写成

$$\delta = \frac{K}{f_n} M v\cos\beta \leqslant \delta^* \tag{13.5.8}$$

即有

$$f_n \geqslant \frac{KMv\cos\beta}{\delta^*} \tag{13.5.9}$$

3. 摄像（影）机曝光时间与快门速度的确定

曝光时间指胶片或图像传感器受光线照射的时间。高速摄像（影）机的电子或机械快门控制着进入胶片或图像传感器的曝光量。曝光时间由快门速度控制，快门速度越快，曝光时

间越短。

实际所需的曝光时间主要取决于下列因素：镜头焦距、快门时间、拍摄频率、光强度、图像传感器的信噪比（SNR）和势阱大小（胶片的感光定数）、物体表面的反光系数，这些因素对成像质量都有很大影响。对于无独立快门的高速摄像（影）机，曝光时间与采样时间同步，曝光时间与拍摄频率成倒数关系。一般说来，高速摄影机采用或叶子板机械快门，曝光时间为快门系数与拍摄频率的乘积；对于使用电子快门或机械快门的高速摄像机，曝光时间就是快门开闭时间。

曝光时间决定了图像的清晰程度。由于目标在不断地运动，摄影时在高速摄像（影）机每拍一幅图像的曝光时间内，也即在拍摄一幅画面的曝光期间，所摄目标运动而产生的像移将使目标成像模糊。一般而论，图像的模糊量 δ 不能超过最大像移量 δ^*。

对于高速电影摄影机，δ^* 在经验上的取值一般为 0.02～0.05 mm，相当于 20～50 对线/mm 的鉴别率。高速（电影）摄影机一般配置有多种标准快门，其快门系数有：1/2、1/2.5、1/5、1/10、1/20 等。快门系数越小，曝光时间越短，在保证同样像移量的情况下，拍摄频率可以降低。需要分辨弹体上的细节时，δ^* 应取小些。例如：取 $\delta^*=0.02$ mm，M=1/400，$v\cos\beta=800$ m/s，K=1/2.5，则由式（13.5.9）计算得 $f_n \geqslant 40\,000$ 幅/s。显然这是高速（电影）摄影机无法实现的，故重新选取快门系数为 1/20，则计算得 $f_n \geqslant 5\,000$ 幅/s。

对于高速摄像系统，最大像移量 δ^* 的典型值约为两个像元尺寸。因此，如果在拍摄一个画幅的时间内影像移动了两个像元或者一对扫描线，则这个目标的成像就可能模糊。拍摄目标的影像的相对运动速度与横向放大比成正比，如果拍摄物体较远，则影像的相对运动速度较小。

由于在一个画幅的曝光时间内，物体影像移动速度产生的像移量小于 2 个像元时才能得到清晰成像。因此要得到清晰成像，其高速摄像的曝光时间应满足 $\delta \leqslant 2l$，将式（13.5.7）代入，整理可得

$$t_b \leqslant \frac{2l}{Mv\cos\beta} \tag{13.5.10}$$

式中，l 为像元尺寸。

由此可见，只要图像传感器的像元尺寸（或图像传感器的光敏面尺寸和像元数）、视场的大小、目标运动速度已知，由式（13.5.10）可计算出获得清晰成像的快门速度 t_b。

4. 分辨率与最小可识别对象问题

高速摄像（影）机的分辨率也可以用理论极限分辨率来表示，其单位是（lp/mm），读作线对数每毫米。理论极限分辨率与最小分辨距离（相当于摄影模糊量）δ 之间的关系为

$$\text{理论极限分辨率} = 1/\delta$$

根据空间采样定律，在图像平面内，最小的目标或其位移量在视场内的影像尺寸应大于 2 个像元才能辨认，如果最小目标或位移量的成像尺寸小于 2 个像元尺寸，则无法辨认。

高速摄像（影）机的分辨率也可以用每毫米线对数（1 p/mm），即理论极限分辨率表示。分辨率与像素的关系为:

$$\text{理论极限分辨率}=\frac{1}{2\times\text{像元尺寸}}\times 1\,000\ \text{（1 p/mm）} \tag{13.5.11}$$

式中，像元尺寸的单位是μm。例如像元尺寸为 16 μm，则其理论极限分辨率为 31.25 lp/mm。

分辨率与最小可识别对象尺寸 $W_{\min}$ 的关系为：

$$W_{\min} = \frac{2l}{M} \tag{13.5.12}$$

如果再考虑物体的运动模糊量，则

$$W_{\min} = \frac{4l}{M} \tag{13.5.13}$$

5. 高速摄像（影）的景深计算

景深（*DOF*）是在给定光圈和模糊量大小的条件下，能获得清晰图像的被摄像对象空间深度范围。景深为沿光轴方向的后景距离 D_2（即清晰范围的终点距离）与前景距离 D_1（即清晰范围的起点距离）的差值，其计算公式为

$$DOF = D_2 - D_1 = \frac{2HD^2}{H^2 - D^2} \tag{13.5.14}$$

式中，D 为调焦距离，H 为超焦点距离（即当镜头调焦在无限远时，景深靠近相机一侧的最近极限），即超焦距，又称无穷远起点。

$$H = \frac{f^2}{k\delta} \tag{13.5.15}$$

式中，f 为摄像（影）机的焦距，k 为光圈数，δ 为模糊量大小。从摄影角度看，超焦距 H 以外的目标，其距离都认为是无穷远，且图像均是清晰的。

由式（13.5.7）可知，当运动物体沿着摄像（影）机主光轴方向往摄像（影）点运动或远离摄像（影）点运动（即 $\beta = 90°$）时，即使曝光时间很长，在靶面上的成像也没有影移量。但随着运动物体逐渐运动出清晰成像的景深深度范围，成像将逐渐变得模糊，直至无法辨认，这在实际拍摄中应注意。

工业测量中，必须使目标物处在景深范围之内，以获得清晰的图像。从以上的分析可以知道，景深与所选择摄像（影）机物镜的焦距和所选择的光圈数 k、模糊量 δ 以及调焦距 D 有关。

6. 高速摄像记录模式选择

数字高速摄像机提供了几种记录模式。其中最有用的记录方式是可连续记录等待触发模式。这种记录模式是传统胶片摄影机无法达到的，是数字式摄像机最明显的特征之一。在连续记录模式下，图像连续拍摄，最新图像不断替换较早拍摄的图像，可保证从触发信号到达直到需要停止为止这段时间内，所有图像被记录和存储。能实现这个功能是因为摄像机存储器是按环形结构设计的，当拍摄时间大于缓冲存储器所能容纳图像信息的时间长度时，最后拍摄的一帧图像就会覆盖最早拍摄的一帧图像。

数字摄像机记录模式的另一个特点是允许通过外同步触发方式来拍摄某一事件出现前后的图像。对于拍摄不可预见或突发的事件，这种特殊触发方式是唯一可行方法。

7. 高速摄像机（等待式高速摄影机）与被拍摄现象同步的方法

高速摄像（影）机的拍摄对象都是快速流逝现象，具有瞬间性、工作持续的短时性、光

源工作时间的短时性等特点。如物体的高速运动、爆炸过程等，现象持续时间短。高速摄像（影）系统每次工作持续时间一般只有 1～6 s，拍摄时必须保证拍摄系统的工作时间与高速现象发生的时间同步。在光照度不够的实验条件下，高速摄像（影）系统还需要使用高强度的闪光光源，同时采用大容量的电容器作为闪光灯的电源配合使用。因此，闪光灯与摄像（影）机之间也有一个同步的问题，所以要及时拍摄足够的画幅就必须采用同步启动装置。

摄像（影）机与被拍摄现象同步触发的方法主要有三种：一是统一给出一个触发信号，同时触发摄像（影）机与拍摄对象；二是摄像（影）机接受拍摄对象的触发信号；三是由摄像（影）机的启动信号触发拍摄对象。

在外弹道试验中，高速摄像（影）观测上述三种同步方法都有应用。在多数情况下，可由系统控制软件将摄像（影）机设置为外部电平触发模式，摄像（影）机通过同步控制器和发射装置连接在一起，以接收发射装置的触发信号。

§13.5.2 高速摄像（影）在外弹道测试中的应用

1. 应用 1：弹丸发射过程和弹道初始段的实况记录

记录弹丸发射过程和弹道初始段的许多瞬态过程，如火箭、导弹脱离定向器时的转动；炮弹在膛内的运动和炮管的振动，尾翼的张开过程，助推火箭的点火时间及位置，脱壳穿甲弹弹托的分离过程及其对弹丸的扰动等，这些记录对分析弹丸密集度的各种影响因素和改进途径是十分必要的。用弹道同步摄影机虽然能拍摄出较大的照片，也能得到这些瞬态现象的记录，但每次只能拍一幅，不能得到瞬态现象的变化过程。用高速摄像机（或棱镜补偿高速摄影机）则能记录瞬态现象的变化过程，并可以用电视（或电影放映机）以慢速进行反复再现，还可以定格观察，供分析研究。图 13.5.1 所示为测量卡瓣分离过程的试验配置方案。在离炮口 10 多米处安放质量优良的平面反射镜，与弹道成 45° 角，高速摄像（影）机置于弹道侧方 5～6 m 处，光轴对准另一块平面反射镜，也成 45° 角。当弹丸出炮口后，弹托开始分离，高速摄像（影）机便能通过平面反射镜连续拍摄迎着飞行方向的多幅弹丸照片，获得弹托的分离过程。

在下面将要介绍的应用 2 的图 13.5.2 所示的方法中也能从侧面观测这一变化过程。

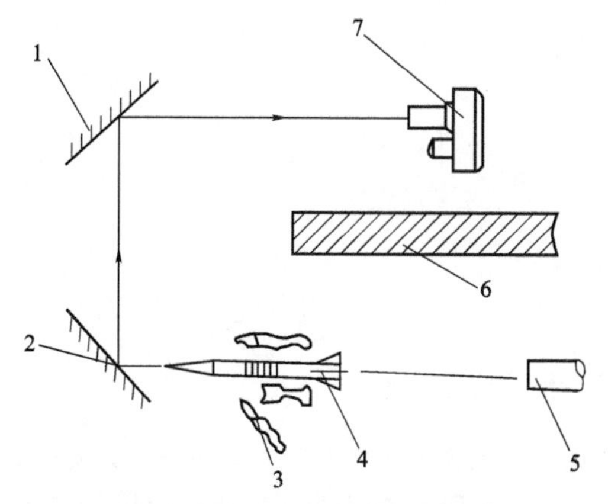

图 13.5.1 拍摄弹托分离的示意

1，2—平面反射镜；3—弹丸卡瓣；4—弹丸；5—火炮；6—防护墙；7—高速摄像（影）机

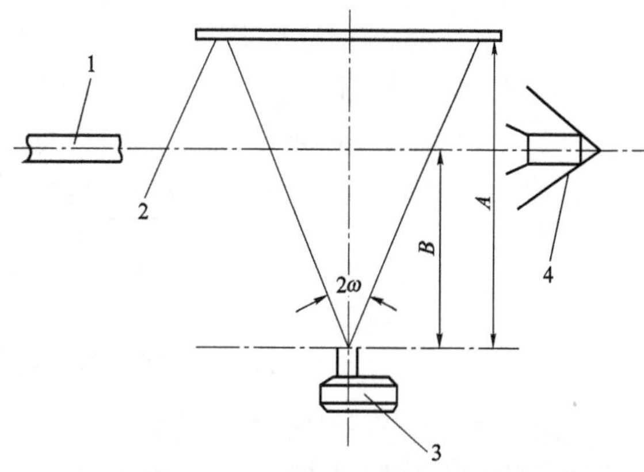

图 13.5.2 高速摄像（影）的现场布置

1—火炮；2—外基准坐标板；3—高速摄像（影）机；4—弹丸

2. 应用 2：弹丸飞行状态参数测试

拍摄火箭或炮弹在弹道初始段的位移，从而处理速度、加速度，同时也能测量出弹丸的俯仰、偏航和转速。现场布置如图 13.5.2 所示，图中 2 为外基准坐标板，这是判读弹丸位移和摆动角的测量基准，通常用颜色反差大的油漆在板上涂成精确的坐标标志（一般为白底黑格），然后牢固地安置在地面上。由于它不随摄影机抖动，测量精度比采用内部基准高。采用适当的拍摄频率．将能获得多幅带有基准、时标和弹丸的照片，借助统一的基准点和弹上的特征点，可以测得两幅照片间弹丸坐标的变化量。因基准坐标板和弹丸的物距不同，需要乘上修正系数 K 才能得到弹丸在弹道上的位移量。例如，摄像（影）机与基准坐标板的距离为 A，与弹道的距离为 B，基准坐标板上的单位长度为 L，照片上单位长度为 l，则标尺放大系数 $M = L / l$，修正系数 $K=B/A$。若从照片上测得位移为 x'，则弹丸在弹道上的实际位移应为 $x = MKx'$。从一系列照片上测出多个 x' 值，就可以根据时标绘制位移与时间曲线，进而得到速度、加速度曲线。根据弹丸照片还可以测量转速，方法与利用弹道同步摄影机相似，也要求弹体上涂有螺旋标志。根据螺旋变化测出的弹丸转角，同时测得弹丸速度或时标，便可求出弹丸的转速。

3. 应用 3：弹丸飞行过程的实况跟踪记录

靶场采用高速摄像（影）机记录弹丸飞行过程的实况，常常按照图 13.5.2 所示的场地布置方式来实施。为了获得更多的弹丸图像记录，需要高速摄像（影）机的拍摄视场很大，这就导致了弹丸影像很小，不能观测飞行弹丸的细节。为了解决拍摄视场大导致弹丸影像小的矛盾，人们发明了转镜跟踪装置。这种装置采用转镜结构形式，使用时摄像（影）机不动，转镜按照一定规律旋转跟踪弹丸运动，将一个时间段的弹丸飞行图像准确反射到高速摄像（影）机像面上，完成高速摄像（影）机的视场跟踪。图 13.5.3 为采用转镜跟踪装置实现高速摄像（影）跟踪拍摄的场地布置。图中高速摄像（影）机采用长焦距镜头，位置 O 与 B 之间的距离一般为 100 m 左右，跟踪拍摄的有效视场为 200 m 左右。

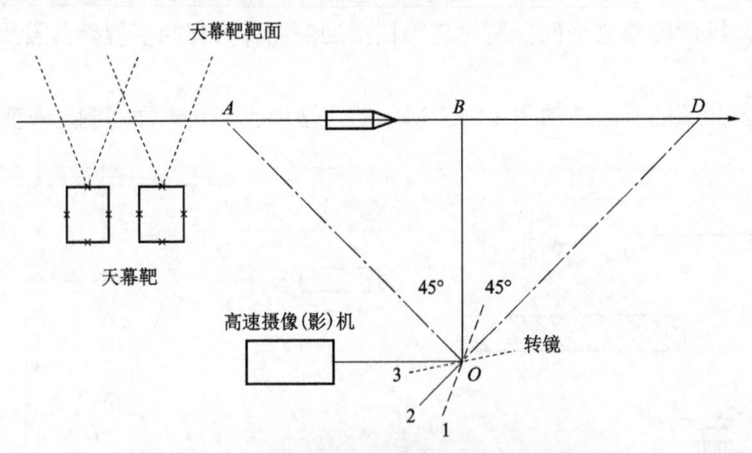

图 13.5.3　同步跟踪高速摄像（影）的场地布置

在图 13.5.3 中，点 O 表示转镜旋转中心，取直线 OA 与 OB、OB 与 OC 之间夹角均为 45°，即摄像（影）机光轴扫过四分之一个圆周的区域；点 A、B 和 C 分别表示同步跟踪区域的起点、中点和终点；1、2、3 分别表示转镜在同步跟踪区的起点、中点和终点的位置；直线 OA、OB 和 OC 分别表示三个位置的摄像（影）机光轴。根据图中场地布置的跟踪摄影条件，转镜

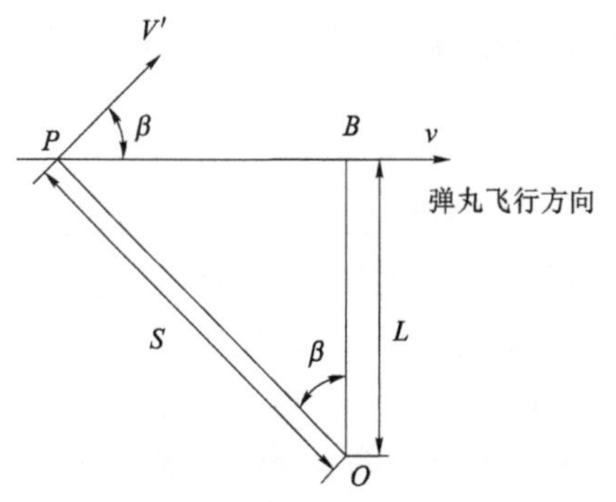

图 13.5.4　摄像（影）机光轴随弹丸运动的几何关系

的旋转控制可采用速度快、控制简单的开环控制的方案。图中高速飞行弹丸在跟踪拍摄时间内可以近似为匀速直线运动，直线 AB 表示跟踪视场的弹道段。按照图 13.5.3 所示的场地布置，设某一时刻高速摄像（影）机光轴和弹道直线相交于 P 点，光轴沿中心 O 转动，P 点的切向速度 v' 与弹丸速度 v 方向的夹角为 β，直线 OB 通过光轴转动中心垂直弹丸运动方向，长度为 L。由图 13.5.4 中的几何关系，光轴的运动公式可写为

$$S=\frac{L}{\cos\beta} \tag{13.5.16}$$

$$v'=v\cos\beta \tag{13.5.17}$$

$$\omega=\frac{v'}{S}=\frac{v\cos^2\beta}{L} \tag{13.5.18}$$

式中，S 为点 O 到点 P 之间的距离，ω 为转镜在 t 时刻的角速度。

参考图 13.5.3，当弹丸运动时，光轴和运动弹丸的交点是在弹道直线 AB 上移动的，使得 β 角发生变化。β 角的变化规律是随着弹丸向 B 点运动而减小，弹丸移动到 B 点时，β 角为零；弹丸移动到 B 点以后，β 角为负值。由此，光轴扫描角可表示为

$$\begin{cases}\beta=\arctan\left(\dfrac{L-vt}{L}\right) & 0\leqslant vt<L\\[2ex] \beta=-\arctan\left(\dfrac{vt-L}{L}\right) & L\leqslant vt\leqslant 2L\end{cases} \tag{13.5.19}$$

式中，t 为弹丸飞过 A 点以后的时间。

在跟踪过程中，由于弹丸的初速度不确定，同时伺服电机的启动存在一定时间的滞后，故在 A 点前面（左方）提前一段距离设置区截装置（例如天幕靶），提供伺服电机的启动信号和弹丸的初速度。当弹丸触发区截装置后，根据区截装置测定的弹丸初速度计算出弹丸到达 A 点的时刻和伺服电机在这一时刻的角速度，经一段时间的延时，伺服电机带动转镜启动，转动加速到 ω 时光轴正好到达 A 点。然后，伺服电机按照式（13.5.18）和式（13.5.19）确定的规律转动，从而保证摄像（影）机光轴与弹丸相对静止，这就实现了同步跟踪摄像（影）。

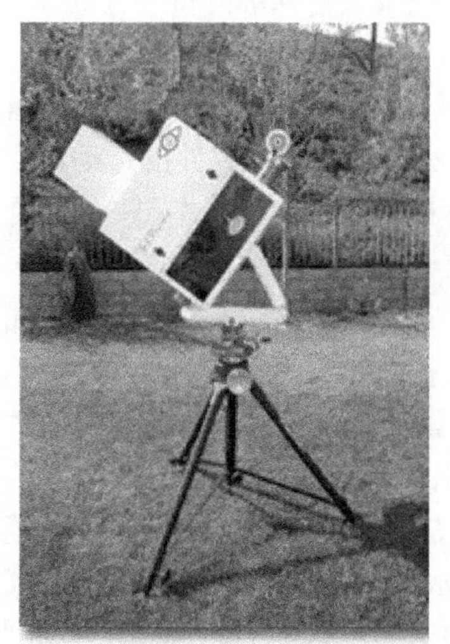

图 13.5.5　SITT 弹道跟踪架

由于转镜的转动惯量很小、启动快、易于控制，不难实现高速摄像（影）的同步跟踪拍摄。这种跟踪拍摄方式不仅弹丸影像大，而且由于摄影镜头光轴与运动弹丸保持相对静止，弹丸成像更清晰，获得的弹丸图像的数量也比图 13.5.2 所示的场地布置的方式要多得多。因此，目前在应用高速摄影跟踪拍摄弹丸图像方面应用较多，图 13.5.5 所示即为弹道高速同步摄像跟踪转镜设备——SITT 弹道跟踪架的实体照片。SITT 系统结合跟踪扫描镜和单台高速摄像机于一体，从而提供高稳定性和

高精确性的弹道轨迹跟踪系统，能够精确地跟踪数百米的弹道距离，其跟踪精度可达0.5°。

§13.5.3 弹道同步摄影技术的应用简介

由弹道同步摄影的工作原理可以知道，凡是快速直线运动的目标，都可以用它进行同步记录或条纹照相记录。历史上，弹道同步摄影由于能够获得大幅清晰的弹丸飞行图像在兵器靶场中应用十分广泛，是常规兵器试验中十分有用的测量仪器。据美国陆军靶场统计，约有70%的靶场试验任务用它参加测量，它曾被称为靶场的“载重马”。如今，随着高速摄像技术的发展，弹道同步摄影的地位已大大下降，目前其主要可取之处在于能够获得大幅清晰的弹丸飞行图像，主要应用在需要观测飞行弹丸细节的试验场合。下面简单介绍在外弹道试验中，用弹道同步摄影技术可以完成的测量任务：

（1）用同步摄影拍摄弹丸在弹道上的大幅照片。

借助照片可以观察弹丸零件是否损坏、折叠尾翼是否同时张开、弹托是否分离，图13.5.6所示为杆式脱壳穿甲弹卡瓣分离的同步摄影照片。利用该照片的底片，可根据实际弹长和照片上弹丸影像长度对应的时标（沿底片横向的时标点，照片上未显示）判读出对应的时间间隔，从而计算弹丸的飞行速度，也可以根据物像比和照片上弹丸影像的倾角求出弹丸的攻角分量，还可以利用弹上的标志和时标求出弹丸的转速等。若在弹道上同时安置多台照相机，则可获得弹丸飞行的序列照片，从而可以得到这些现象的变化过程。

图13.5.6 运动弹丸的同步摄影照片

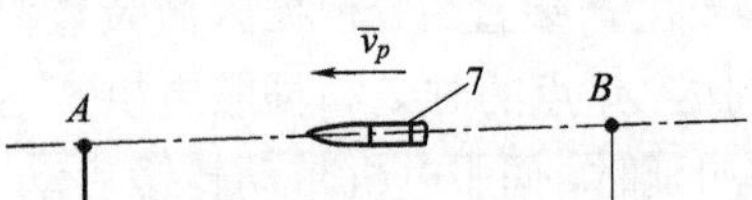

图13.5.7 双影像光路示意

1，6，8—平面反射镜；2—底片；3—狭缝；4—镜头；5—分光镜；7—飞行弹丸

(2)采用条纹摄影可以记录火箭弹等的位移曲线，可处理出速度和加速度

在兵器研制的其他领域，也可应用狭缝摄影机获得有用的测量结果，如测量发射时火炮或枪械零件的运动速度和加速度、测量弹丸碰击目标时的速度和状态等。为了提高单机的功能，还可以采取一些巧妙的方法，从而在同一张底片上记录到两个位置或两个正交平面内的影像。图13.5.7所示的方法是在摄影机前加一个辅助光学装置，拍摄出弹道上 A 与 B 两个位置的弹丸照片，用它可以处理出速度、减速度和攻角变化。

若在弹道下面安置一块倾斜45°的平面反射镜，就能同时记录弹丸在铅直面和水平面上的影像，如图13.5.8所示，从而可以求得弹丸的空间攻角，并能从两个方向观察尾翼的张开和弹托的分离情况。

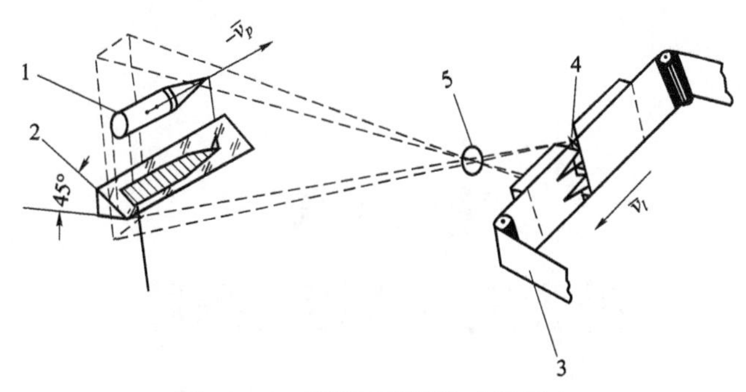

图 13.5.8　记录正交影像方法示意

1—弹丸；2—平面反射镜；3—胶片；4—狭缝；5—物镜

第 14 章
外弹道气象诸元测量

在外弹道试验中，每次地面气象诸元观测由射击零时点前 15 min 开始巡视仪器和准备，前 10 min 开始观测，零时点完毕。高空气象诸元观测，则是从首次射击零时点前 1 h 开始，每隔一定时间释放一次探空气球，测量气象诸元随高度的分布数据。实际应用时，炮兵所需气象诸元，由炮兵气象分队（站）进行综合观测，及时准确地给出。

气象台站观测设有专用的观测场，观测场应设在空旷平坦能较好地反映本地区气象要素特点的地方。观测场大小一般为 25 m×25 m，周围用稀疏的白色栏杆围住，栏内按规定布置各种仪器，一般有测风仪，测温湿的百叶箱，测雨量、蒸发等的仪器，测压一般放在室内进行。

气象观测可分为定时观测和临时观测两种。定时观测按气象站的制度进行，临时观测视需要临时决定。气象诸元的观测项目有气温、气压、湿度、风向风速等，本章主要介绍其测量原理和方法。

§14.1 气温的测量

大气的温度是大气的主要状态参数之一，大气中发生的热力过程和水汽现象都与温度有密切关系，气温的变化会导致空气密度变化。气温是衡量空气冷热程度的物理量，表示空气分子运动的平均动能的大小。定量衡量温度的尺度称为温标。制定温标最常用的方法是以标准大气压（1 013.250 hPa）下，以纯水的冰点和沸点为基准，摄氏温度 t 就是将其分为 100 等分，每一等分称为1度。摄氏温度 t 是将冰点和沸点分别定义为 0 ℃和 100 ℃。热力学温度规定 −273.15 ℃为其零度，其1度的大小与摄氏温度相同。实际测量中，通常用摄氏温标（t）来表示，理论研究中常用热力学温度（T）表示，其换算关系为

$$T=t+273.15\text{（K）}$$

一般说来，气温是随高度变化的，我国炮兵标准气象条件也规定了地面标准气温和随高度变化的标准气温。实际测量中，气温测量包含了地面气温测量和随高度变化的气温数据测量。前者测量很简单，普通测试人员均能完成测量，应用较广；后者测量很复杂，需要专门的测试人员操作相关的测量设备来完成。

地面气温一般指距地面 1.5 m 处的大气温度，要求所测得气温数值应能代表测点周围尽可能大的面积上，距地面 1.25～2 m 高度的自由空气的温度。因此测定地面气温一般以离地

面 1.5 m 高度上的气温为准，测量时应保证通风，防止太阳光直射在温度计上，以避免太阳辐射对观测值的影响。在有条件的地方，测温仪器最好放在百叶箱或防辐射罩内，并且还要满足测量元件有良好的通风条件。

测量气温的仪器常用的有以下几种。

1）玻璃温度计

玻璃温度计的基本结构如图 14.1.1 所示。其感应部分是一个充满水银、酒精或甲苯等液体的玻璃球或柱，与感应部分相连的示度部分是一端封闭、粗细均匀的玻璃毛细管。由于玻璃球内液体的热胀系数远大于玻璃，毛细管中的液柱会随温度的升降而变化，液柱高度与其温度成一一对应的关系，只需按高度表处所对应的温度即可及时测出气温值。

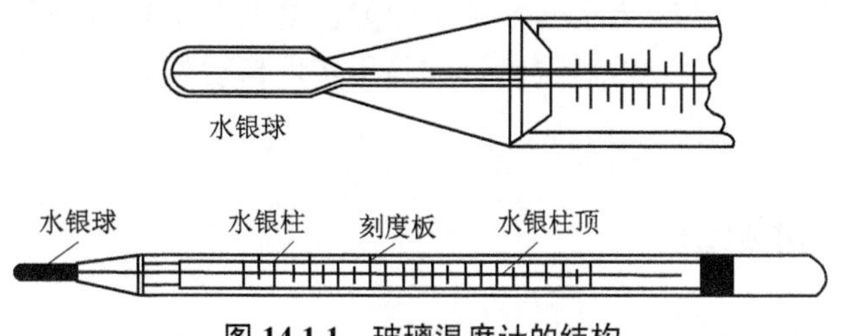

图 14.1.1　玻璃温度计的结构

最常用的玻璃温度计是干湿球温度表，它是一种普通的温度表，可以同时测量空气的湿度，其测温液体为水银，用它可以测定任一时刻的气温变化。野外试验中常用的通风干湿球温度表如图 14.1.2 所示。其结构是将两支棒状玻璃温度计放置在防辐射性能极好的通风管道内，机械或电动通风速度为 2.5 m/s。该仪器测量精度高，使用方便，常用于野外测量气温和湿度。

在实际应用中，玻璃温度计通常用于地面气温的测量。在观测温度时，首先要避免视差，另外，动作要迅速，勿使头手或灯接近球部，人要迎风站立，不要对着温度表呼吸，以免影响读数精度。读数时，先读干球再读湿球，先估读一位小数再读整数，进行器差订正，记录。

对于通风干湿球温度表还要注意场地的选择，要选四周开阔并对弹道影响有代表性的地方，悬挂温度表时，球部与地面距离约 1.5 m，通风 3～4 min 以后才能读数。

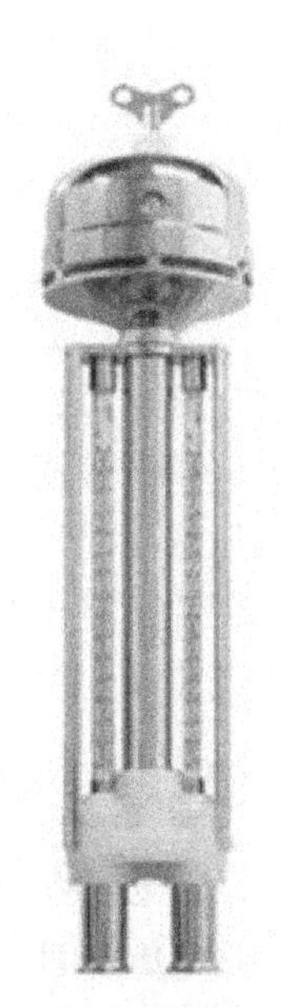

图 14.1.2　干湿球温度表

2）金属温度计

金属温度计的感应元件是双金属片，其由膨胀系数相差较大的两片金属焊接成。结构上将双金属片一端固定，另一端随温度变化产生弯曲变形而形成位移，其位移量与气温变化量接近线性关系。有些金属温度计设置有自记系统，能够连续地自动记录气温的连续变化。它由自记钟、自记笔组成，自记笔与放大杠杆相连并受感应元件操纵，气象站常用这种仪器。

3）金属电阻温度表

金属电阻温度表利用金属丝的电阻正比于温度变化的原理制成，通过将电阻值的变化转换成电信号，即可得出气温值。常用的金属丝有铂丝、铜丝、铁丝等三种，阻值在几十到一百欧姆之间，其中铂丝稳定性最好，可用来作标准温度表。

4）热敏电阻温度表

热敏电阻温度表的感应元件为由几种金属氧化物混合烧结成的导体电阻，其电阻值通常几十千欧，其电阻温度系数大，灵敏度高于金属电阻温度表，但稳定性稍差。

5）温差电偶温度表

温差电偶温度表是利用温差电现象制成的，将A和B两个物理和化学性质不同金属导体，连接成一个闭合回路，称为热电偶。测量时，将热电偶的一个接点置于恒温条件（如冰水溶液中）下，称为参考端，将另一个接点放在欲测物体上，称为工作端，两个接点的温度不同，就会产生温差电动势，电动势正比于两接点的温度差。气象测量中常用的铜－康铜热电偶的温差电动势只有几十微伏，所以，为了提高测温灵敏度，常将几十对热电偶串接起来组成热电堆。

除玻璃温度计外，上述其他几种温度计均易于实现自动测量，可用于探空仪遥测气温随高度的数据关系。

§14.2　气压的测量

气压是大气压强的简称，其数值等于单位面积上从观测点到大气顶的垂直气柱的重量。在国际单位制中，压强的单位是帕斯卡，简称帕，气象部门采用百帕作为气压单位。历史上也曾用毫巴（即千分之一巴）和毫米水银柱作为气压单位，其换算关系如下：

1 百帕＝1 毫巴＝3/4 毫米水银柱

气象站气压表高度处测到的大气压强，称为本站气压。由于各测站海拔高度不同，本站气压不便于比较，为了绘制地面天气图，需要将本站气压换算到相当于海平面高度上的气压值，一般称为海平面气压。由空气状态方程可知，温度一定时，空气密度与气压成正比，弹道计算时所需的空气密度，就是利用气压和气温的观测换算出来的。弹道试验中，常常使用的气压测量仪器有水银气压表、空盒气压表和振筒式气压传感器。

§14.2.1　动槽式水银气压表

动槽式水银气压表是常用的水银气压表，其结构如图 14.2.1 所示。该气压表的工作原理是将一端封闭并抽成真空的玻璃管，倒插在水银槽中，当水银柱压强与大气压强相平衡时，用水银槽平面到水银柱顶的高度来测定大气压强。设图中水银气压表内管中水银柱体积为V_H，水银的密度为ρ_H，重力加速度为g，水银柱截面积为S，水银高度为h，大气压力为p，则

$$p=\frac{W_H}{S}=\frac{\rho_H g V_H}{S}=\rho_H g h \qquad (14.2.1)$$

上式中，水银柱的高度必须以满足标准条件（温度为 0 ℃，重力加速度为 $g_0=9.806\ 65\ \text{m/s}^2$）的情况下所具有的高度为准。

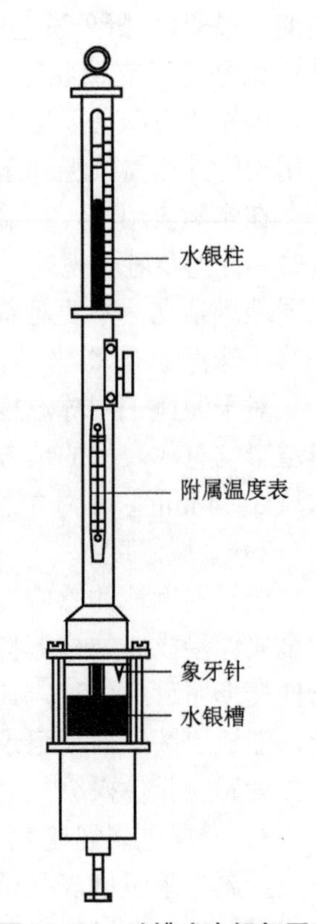

图 14.2.1　动槽式水银气压表

在这种情况下，可根据上式中 p 与 h 的关系，直接以水银柱高度表示大气压。

在实际测量气压时，温度和重力加速度往往不满足上述标准条件，此时必须对由此引起的偏差加以订正。事实上，水银表读数并不能代表实际气压值，只有经过器差订正、温度订正和重力订正后的数据才能称为实测气压值。炮兵气象分队所测得的就是此气压。

器差订正主要针对由于真空管内水银蒸气的影响，标尺刻度不均和零点不准，槽中水银量不准等所引起的仪器误差进行订正。由于仪器误差无法一一加以计算，一般采用标准气压表与其比较，得出仪器差值，编成器差订正数据表对所用仪器加以订正。

由于气压表的水银和刻度标尺的膨胀系数不同，在相同的温度变化条件下两者膨胀量不等，这会使两者的相对位置发生变化，由此引起的误差叫作气压表的温度误差。温度误差的订正方法是，根据测得温度和气压值查水银气压计温度订正表（检定证）获得订正数据。

下面介绍重力订正。前面已提到水银气压表的水银密度和重力加速度都是在 $g_0=9.806\,65\ \mathrm{m/s^2}$ 的零海拔数值。在不同纬度、不同海拔高度的台站上，即使气压相同，也会因重力不同而使气压读数不同。为了便于比较，必须将重力订正到标准情况。气压的重力订正值可由下式计算：

$$C_g = h_0 - h = h \cdot \frac{g - g_0}{g_0} \tag{14.2.2}$$

式中，h 为作过器差订正和温度订正后的气压值，h_0 为订正为标准重力时的气压值。

水银气压表的测量精度较高，性能稳定，但操作较繁，野外试验中较少使用，常作为标准测压仪器用来校准其他气压表。

§14.2.2　空盒气压表

空盒气压表用弹性空盒随外界气压的变形来测量气压，由于携带方便，适用于行军与野外作业，故它是炮兵用来测定地面气压的主要仪器。

空盒气压表的结构如图 14.2.2 所示。图中敏感元件是将金属或非金属材料制成扁圆形的空盒，或串接成空盒组。盒内常留有少量气体。在大气压力的作用下，空盒变形，其中心位移量可表示气压的变化。但因为气压引起的位移非常微小，无法直接用肉眼观察，常规的空盒气压表（计）采用机械杠杆放大数十倍后通过指针（或自记笔尖）在刻度上的位置显示气压值。

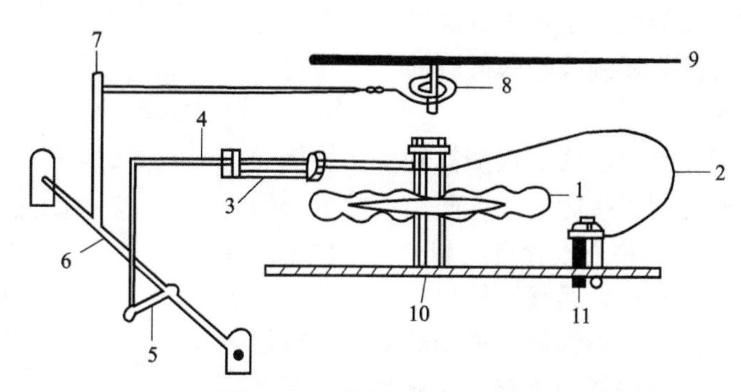

图 14.2.2　空盒气压表的结构

1—空盒；2—弹簧片；3—双金属补偿器；4—传动杆；5—短杠杆；6—水平轴；7—长杠杆；8—游丝；9—指针；10—底座；11—调整螺丝

与金属温度计类似，借助自记钟也可以连续记录气压随时间的变化。此外，也可将空盒的位移输出转换成电参量输出。例如，空盒中心位移带动电容器的一个极片位移或带动电感衔铁位移，或带动电阻器滑动触点位移，就可成为变电容方式、变电感方式或变电阻方式输出，以便实现对气压的遥测。

由于空盒的弹性应力与环境温度有关，当温度升高时，空盒弹力会减小。由此，在大气压力不变时，会由于温度升高而使空盒变形，并造成气压读数的误差。因此，一般空盒气压表还装有温度补偿装置，通常采用空盒内残留少量氮气的方法或用双金属补偿片来补偿。

用空盒制作的测压仪器具有重量轻、便于携带和安装的优点，但由于金属膜片的弹性系数随温度变化，需采取温度补偿措施，空盒形变存在弹性滞后，以上两因素使空盒测压的精度略低于水银气压表。

每个空盒气压表都有检定证，可依此算出订正值。在实际应用时，采用数据订正的方式可以提高其测量精度。操作时，根据空盒气压表的检定证，将空盒气压表的读数经过刻度、温度和补充订正后的数据作为气压正式记录。

（1）刻度订正：它是由于指针轴与刻度盘中心不重合引起的误差订正。在检定证上，每隔 10 mm 有一订正值。

（2）温度订正：空盒气压表与标准气压表校准是在 0 ℃时进行的，温度有了变化，空盒弹性就改变，虽有补偿但不能完全消除，示度误差还需订正。检定证上有温度订正系数，将读得的附温乘上订正系数，即为温度订正值。空盒气压表的示度板上还装有附属温度表，作温度订正时读数用。

（3）补充订正：由于空盒弹性因经常加压而变化，校正时，空盒气压表不一定能使指针示度与标准表完全一致，所以要进行补充订正。补充订正是随时间变化的，但不是十分显著，可在一段时间内用常数订正。

§14.2.3 振动筒式气压传感器

振筒式气压传感器是一种新型的气压感应元件。它由两个同轴的、一端密封的圆筒组成。它们一个是内振筒，一个是外保护筒。

内振筒一般采用镍基恒弹合金，如 3J 53、3J58 等材料制成。内振筒用作振动筒式气压传感器的感应元件，它是用高导磁率、高弹性的金属制成的薄壁圆筒，一端封闭，另一端固定在环形基座上。

外保护筒一般用不锈钢制成，内振筒和外保护筒的一端均与公共环形基座密封焊接固定。这两个筒的另一端为自由端（图 14.2.3）。基座中心设置有线圈架，并位于圆筒的中央。线圈架上设置有激振线圈和拾振线圈，前者用于激励内振筒，后者用于检测内振筒的振动频率。拾振线圈在线圈架中安装成与激振线圈相垂直，这样可避免两个线圈互相耦合。

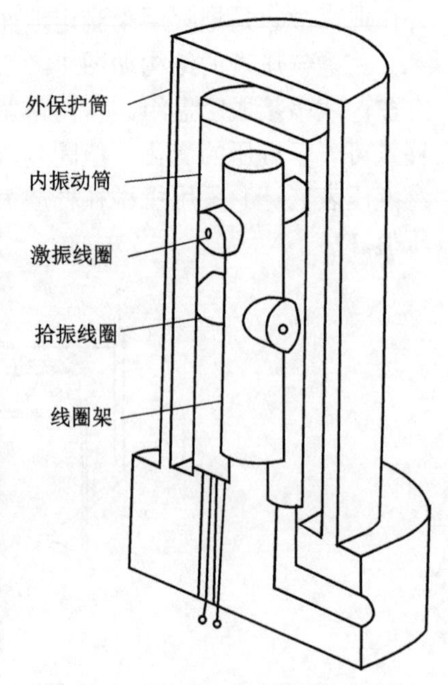

图 14.2.3　振筒式气压传感器的结构

内振动筒和外保护筒之间的空间被抽成标准真空（标

准真空度压强为 10^{-5} mmHg)，构成真空腔。真空腔的（内振动筒）内侧和线圈架之间的空间与被测气体相通。

由于空气引入线圈架和振筒之间的空腔，筒壁由作用在筒内表面的压力所张紧，这个张力使筒的固有频率随压力的增加而增加。当机械频率增加时，拾振线圈直接检测出频率增量，并立即将这个信息转送到放大器和限幅器。该新的频率和新的极限电压又反馈到激振线圈，产生一个增强了的，并以适当频率脉动的力。

对于气压传感器而言，在零压力点存在一个固有频率 f_0。传感器的固有频率 f_0 越高，其线性化程度越好。传感器的固有频率受到振筒的尺寸的影响。理论公式和试验证明，振筒的主要尺寸确定为：半径 $R=9$ mm、长度 $L=53$ mm，$h=0.08$ mm 较为合适。此时，振筒的固有频率 $f_0=4\,500$ Hz，由零压力到“满刻度”，频率的变化为 20 %，即 90 Hz。

观测时，接上电源后，激振线圈和振动筒相互作用产生固有频率振动。此频率随气压的增大而升高，拾振线圈检测振动频率的变化，从而指示气压的变化。这种感应元件测压精度高，其输出是电参量（频率或周期），以便于对气压实行探空仪遥测。

§14.3　湿度的测量

湿度表示空气中水汽的含量或干湿程度。在计量学中，规定湿度为物象状态的量，定义为气体中水汽的含量。炮兵常用的表示湿度的量是水汽压 a 和相对湿度 f。在靶场气象观测中常用相对湿度表示。相对湿度 f 定义为湿空气中实际水汽压 a 与同温度下饱和水汽压 a_0 的百分比，即

$$f=(a/a_0)\times 100\%\text{RH（Relative Humidity）} \tag{14.3.1}$$

相对湿度的大小能直接表示空气距离饱和的相对程度。空气完全干燥时，相对湿度为零。相对湿度越小，表示当时空气越干燥。当相对湿度接近 100%时，表示空气很潮湿，并接近饱和。

从严格意义上说，相对湿度 f 是指温度为 T、压力为 P 的湿空气中，水汽的摩尔分数与同一温度和压力下纯水表面的饱和水汽的摩尔分数之比，用百分数（%）表示，一般计作 f（%RH）。任何相对湿度都是与给定的压力和温度条件相对应的，没有这一前提，给出的相对湿度数值便没有任何意义。在气象参数中，湿度是很难准确测量的一个参数，这是因为测量湿度要比测量温度更加复杂。温度是个独立的被测量，而湿度测量却受其他因素如大气压强、温度以及风速等的影响。

湿度测量从原理上划分有多种，靶场试验中常用的湿度测量方法有：干湿球法、伸缩法和电子式传感器法。对应的常用仪器分别是干湿球温度表，毛发湿度表（计）、电容式湿度片和电阻式湿度片等。

§14.3.1　干湿球温度表

干湿球法是一种间接的测湿方法，使用最普遍。干湿球法利用两只相同的温度计分别测量干球和湿球的温度，用干湿球方程换算出湿度值。干湿球法所用的测量仪器叫作干湿球温度表，其测量准确度在 ±5% RH 左右。在湿球附近的风速必须达到 2.5 m/s 以上，4.5 m/s 以下的严格条件下，一些干湿球法的测量准确度可以达到 ±2%RH。

干湿球温度表是当前地面测湿度的主要仪器，在日常生活中应用较多，不适用于在低温下（–10 ℃以下）使用。干湿球温度表主要用一对并列装置的、形状完全相同的温度表，一支测气温，称为干球温度表，另一支的温泡包有保持浸透蒸馏水的脱脂纱布，称为湿球温度表。

干湿球温度表的湿度测量原理是当空气未饱和时，湿球的表面便不断地蒸发水汽，由于湿球表面蒸发需要消耗热量，这使湿球温度下降，与此同时，湿球又从流经湿球的空气中不断取得热量补给。当湿球因蒸发而消耗的热量和从周围空气中获得的热量相平衡时，湿球温度就不再继续下降，此时湿球所示温度比干球所示温度要低，从而出现一个干湿球温度差。干湿球温度差值的大小，主要与当时的空气湿度有关。空气湿度越小，湿球表面的水分蒸发越快，湿球温度降得越多，干湿球的温差就越大；反之，空气湿度越大，湿球表面的水分蒸发越慢，湿球温度降得越少，干湿球的温差就越小。

一般情况下，湿球所示温度比干球所示要低。空气越干燥，蒸发越快，湿球所示的温度降低，与干球间的温度差越大。相反，当空气中的水蒸气呈饱和状态时，就不再蒸发，湿球和干球所示的温度就会相等。使用时，应将干湿计放置距地面 1.2～1.5 m 的高处，读出干、湿两球所指示的温度差，由该干湿计所附的对照表便可查出当时空气的相对湿度。

由于湿球所包的纱布水分蒸发的快慢不仅和当时空气的相对湿度有关，还和空气的流通速度有关，所以干湿球温度计所附的对照表只适用于指定的风速，不能任意应用。

干湿球湿度表的准确度不仅取决于干球、湿球两支温度表本身的准确度，而且湿度表必须处于通风状态。只有湿球温度表的纱布水套、水质以及风速都满足要求时，才能达到规定的准确度。

干湿球湿度表维护方便，在实际使用中，只需定期给湿球加水及更换湿球纱布即可。干湿球测湿法采用间接测量方法，通过测量干球、湿球的温度经过计算得到湿度值，从而抵消了环境温度对湿度测量的影响，不会产生老化、准确度下降等问题，尤其在高温环境下其优势更加明显，更适合在环境条件苛刻的场合使用。

§14.3.2 毛发湿度表（计）

伸缩法是利用毛发等材料的长度随湿度而变化的特性直接指示相对湿度，如毛发湿度表（计）。

脱脂毛发能随空气湿度的变化而改变其长度。当空气中湿度增加时，毛发会伸长，反之就缩短。实验表明，当空气中相对湿度从 0%变到 100%时，毛发的总伸长量为 25%。根据这一特性，利用脱脂人发（或牛的肠衣）可以制成长度随湿度变化呈线性关系的毛发湿度表（计）或湿度自记仪器。

毛发湿度表（计）的构造如图 14.3.1 所示，其感应部分为毛发，它装在金属框架上，毛发上端固定在架子上部的调整螺钉上，下端固定在架子下部的弧钩上，弧钩与小锤连接，小锤使毛发拉紧，弧钩与指针固定在同一轴上，指针尖端在刻度尺上移动，刻度表示相对湿度的百分数值。

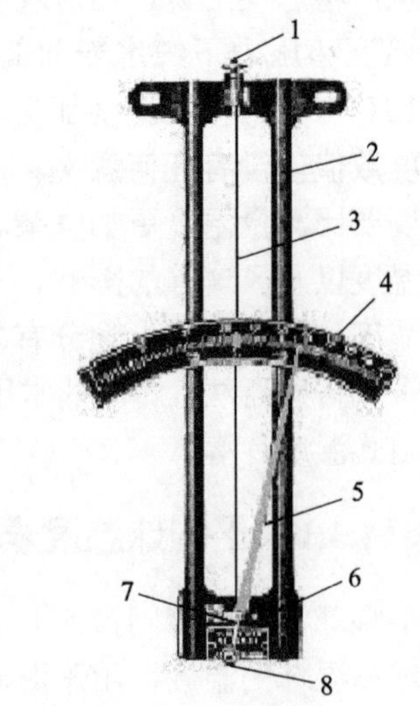

图 14.3.1 毛发湿度表（计）

1—螺钉；2—框架；3—毛发；4—刻度尺；5—指针；6—弧钩；7—轴；8—小锤

实验表明，毛发感湿具有惯性（或称滞后性）。毛发湿度表（计）的示度常落后于湿度的实际变化，这种滞后与温度有关，气温越低滞后系数越大。在 −40 ℃以下，毛发几乎失去感湿能力。滞后系数与相对湿度成反比。滞后与风速也有关，风速大，滞后小。

毛发湿度表（计）的测湿精度较差。目前实验室普遍使用的毛发湿度表（计）计存在天然缺陷，且难以进行环境温度补偿，测量误差在 ±7%RH 左右。由于误差较大，使用时需要采用绘制订正图的办法加以订正，并且毛发湿度表（计）多用在精度要求低的场合。

§14.3.3　电子式湿度传感器

电子式传感器法利用湿敏元件的电阻、电容随环境湿度的变化而按一定规律变化的特性，经湿度标准标定后，获得湿度值。常用的传感器有电容式湿度片和电阻式湿度片，其基本形式都是在基片涂覆感湿材料形成感湿膜。空气中的水蒸气吸附于感湿材料后，元件的阻抗、介质常数随湿度发生变化，从而制成湿敏元件。干湿材料主要为高分子聚合物，如氯化锂和金属氧化物等。

薄膜湿敏电容是一种常用的电容式湿度传感器，它以高分子聚合物为介质，因吸收（或释放）水汽而改变其电容值。这种湿敏电容制作精巧，性能优良，常用在探空仪和遥测中。

电容式湿敏元件的优点在于响应速度快、体积小、线性度好，较稳定，湿敏电容容值变化为 pF 级，1% RH 的变化不足 0.5 pF，国外有些产品还具备高温工作性能。电容式湿敏元件抗腐蚀能力欠佳，对环境的洁净度要求较高。

电阻式湿度片利用某些材料随湿度变化改变其电阻值的原理测量湿度。常用的吸湿膜片有碳膜湿敏电阻和氯化锂湿度片两种。前者用高分子聚合物和导电材料炭黑，加上黏合剂配成一定比例的胶状液体，涂覆到基片上组成电阻片；后者是在基片上涂上一层氯化锂酒精溶液，当空气湿度变化时，氯化锂溶液浓度随之改变从而也改变了测湿膜片的电阻。

试验表明，湿敏元件除对环境湿度敏感外，对温度也十分敏感，并且相对湿度本身也是温度的函数。根据测量结果，其温度系数一般为 0.2%～0.8%RH/℃。对于线性温漂，可在电路上加温度补偿，也可以采用单片机软件补偿。湿度传感器若不进行温度补偿，则无法保证全温度范围的准确度。由于湿度传感器温漂曲线往往是非线性的，采用线性化补偿方法，会直接影响其补偿的效果。对于非线性的温漂，一般只有采用硬件进行温度跟随测量，利用温度补偿曲线编成软件直接进行的数据补偿，才会获得真实的补偿效果。

电子式湿度传感器采用了半导体技术，这使得其对工作的环境温度范围有严格要求，超过其规定的使用温度将对传感器造成损坏。为了考查其温度适应性，可对传感器在高温状态和低温状态进行测试，并恢复到正常状态下检测和实验前的记录作比较。一般说来，多数湿敏元件难以在 40 ℃以上正常工作，因此电子式湿度传感器测湿方法更适合在洁净及常温的场合使用。

在实际应用中，湿度传感器需要采用标准湿度发生器进行标定，其允差可以达到 ±2%～±3%RH。一般电子式湿度传感器的年漂移量一般都在 ±2%左右，故每次标定的有效使用时间为 1 年，到期需重新检定。

电子式湿度传感器的测湿精度较干湿表低，但易于实现自动化测量。目前电子式湿度传感器正从简单的湿敏元件向集成化、智能化、多参数检测的方向发展，主要用在无线电探空仪和遥测设备中。

§14.4　地面风的测量

风是空气流动时产生的一种自然现象。空气流动分为上下流动和左右流动。上下垂直流动，称为对流；左右水平流动称为风。风是一个矢量，一般用风向和风速表示。地面风指离地平面 10～12 m 高的风。风向指风吹来的方向，一般用 16 个方位或 360° 表示。以 360° 表示时，由北起按顺时针方向度量。风速是指单位时间内空气的水平位移量，常以 m/s 表示。测量风速所使用的仪器设备品种繁多，按测试原理主要有机械式、热力式、动压式、超声波式等几种，本节简单介绍常见仪器的结构及工作原理。

§14.4.1　机械式风速计

机械式风速计是目前应用最广泛的风速计，它结构简单，利用转叶探头可同时感知风速和风向。这类风速计的制造、安装要求较高，且在长期使用过程中不可避免地存在磨损和老化问题，影响测量精度，故不适合在恶劣的气候条件下工作。机械式风速计可被设计成风杯风速表和桨叶式风速表等多种形式，下面主要介绍风杯风速表的相关知识。

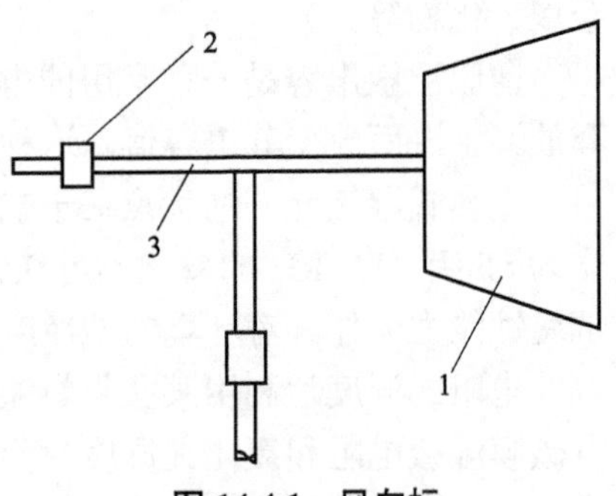

图 14.4.1　风向标

1—尾翼；2—平衡锤；3—指向杆

1）风向测量

机械式风速计测量风向一般采用风向标，它是一种应用最广泛的测量风向仪器的主要部件。风向标由尾翼、平衡锤及指向杆组成，如图 14.4.1 所示。测量时，指向杆水平，整个风向标的重心正好在转轴的轴心上，风向标可绕垂直轴自由转动。在风的作用下，尾翼产生旋转力矩使风向标转动，以平衡锤端的指向杆停留在风的平面内，并指着风的来向（即风向）。

对风向标的要求一是灵敏度要高，即在微小风速下能迅速反应风向变化；二是稳定性要好，即要求风标在风向改变后，因本身的惯性摆动越小越好，能达到受风后随遇而安。基于上述要求，风向标尾翼有各种设计，最常用的是由两块对称的双叶风向标组成楔子状结构，双叶通常成 20° 交角。

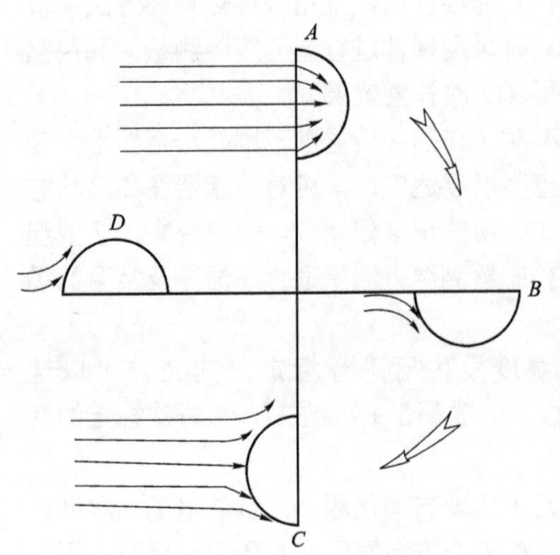

图 14.4.2　风杯作用原理

风向标感应的风向必须传递到地面的指示仪表上，以触点式最为简单，风向标带动触点，接通代表风向的灯泡或记录笔电磁铁，作出风向的指示或记录，但它的分辨只能做到一个方位（22.5°）。采用自整角机或和光电码盘，可以制成能精确测量的风向测量传感器。

2）风速测量

风杯风速计是应用最广泛的一种风速计，其结构形式（俯视）如图 14.4.2 所示。该风速计的感应部分一般由 3 个（或 4 个）半球形或抛物形空杯制成，空杯分别固定在一水平支架对应的横臂上，支架的几个横臂呈放射状排列，并处于同一水平面，支架中心与转轴相连。杯的凸面沿圆周顺同一方向排列，都顺一面均匀分布。

在风力作用下，由于风杯的凹面和凸面迎风时存在较大的风压差（对半球形风杯，其凹面阻力系数 C_A 与凸面阻力系数 C_C 的比值 $C_A/C_C=4$），这使得与风杯固定的水平支架绕转轴旋转，其转速正比于风速。转速可以用电触点、测速发电机、齿轮或光电计数器等装置测量并记录。

风杯上的受力情况如图 14.4.2 所示，A、C 两杯垂直于风向，故受风力作用，两杯的风压差使杯旋转。

设风杯的旋转阻尼力矩可以忽略，风速为 v，风杯旋转的线速度为 v_t，风杯的阻力系数为 C_A、C_C，则两杯的压力分别为

$$p_A = C_A \rho S(v - v_t)^2$$
$$p_C = C_C \rho S(v + v_t)^2$$

当风杯维持等速转动时，$p_A = p_C$，则

$$\sqrt{\frac{C_A}{C_C}}(v - v_t) = v + v_t$$

阻力系数由风杯形状及表面积确定，对半球形风杯 $C_A/C_C=4$，故

$$v = 3v_t$$

设风杯转动半径为 R，转动频率为 n，则有 $v_t = 2\pi Rn$，代入上式得

$$v = 6\pi Rn = k_w n,\ k_w = 6\pi R \tag{14.4.1}$$

式（14.4.1）代表了风速 v 与风杯转动频率 n 的关系，由此说明在理想条件下，风杯风速计的转速正比于风速。

实际上，由于风杯转动时还存在摩擦阻尼等因素的影响，风杯转速与风速的关系常采用如下经验公式来表示：

$$v = a + bn + cn^2 \tag{14.4.2}$$

式中，a，b，c 均为实验得出的拟合常数。

应当指出，上述原理是在风杯转速已稳定的条件下导出的，适用于风速不变的情况。但由于大气中风速不断在变动，而风杯转速稳定要比实际风速变化滞后，尤其是在风速由大变小时更为严重。例如风速很快变为零时，风杯却因惯性仍在旋转，这时记录的风速要比实际风速大；同时这种滞后还消除了许多风速的起伏，风杯转动又破坏了它周围的自然流场等，所以风杯转速只能近似表示风速大小。为了订正这种影响，必须在实验中求出它们在不同情况下与实际风速的关系，制成曲线才能使用。一般风速为 10～20 m/s 时，利用风杯测风速的精度是有保证的，在低风速（小于 10 m/s）时其相对误差较大。机械式风速计也可以设计成传感器形式，图 14.4.3 所示为一种风杯风速、风向传感器。

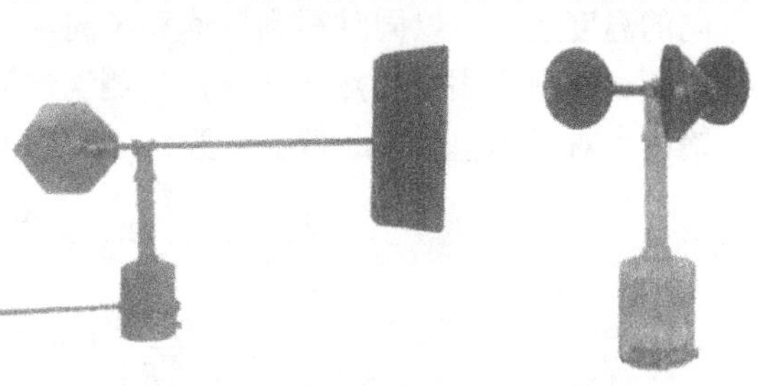

图 14.4.3　风杯风速、风向传感器

另一种类型的机械式风速计是桨叶式风速计，其结构是由若干片桨叶按一定角度等间隔地装置在一铅直面内，能逆风绕水平轴转动，其转速正比于风速。桨叶有平板叶片的风车式和螺旋桨式两种。最常见的是由三叶式四叶螺旋桨，装在形似飞机机身的流线型风向标前部，风向标使叶片旋转平面始络对准风的来向。桨叶式风速计的工作原理与风杯风速计相同，由于这种风速计在外弹道试验中很少使用，这里不再详述。

§14.4.2　热力式风速计

热力式风速计的原理是被电流加热的细金属丝或微型球体电阻，放置在气流中，其散热率与风速的平方根呈线性关系。通常在使加热电流不变时，测出被加热物体的温度，就能推算出风速。热力式风速计感应速度快，时间常数只有百分之几秒，在小风速时灵敏度较高，宜应用于室内和野外的大气湍流实验，也是农业气象测量的重要工具。

目前，热流量传感器的工作原理主要有热损失型和热温差型。当流体流过加热体的时候，上游的温度下降会比下游快，从而导致加热体附近热场发生变化。通过测量这个温度差可以同时反映风速和风向。热差式的风速计利用风速影响加热敏感元件的冷却速度来测量风速，由于易集成，它是目前微电子领域研究较多的一种风速测量方法。

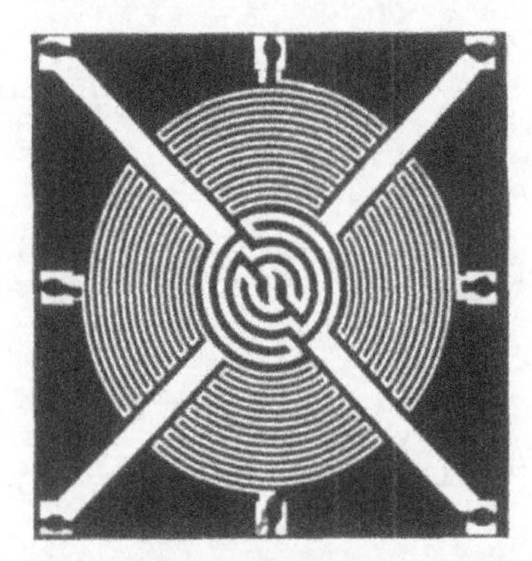

图 14.4.4　一种基于 MEMS 工艺的热流量传感器芯片的显微照片

图 14.4.4 所示为一种基于 MEMS 工艺的热流量传感器芯片的显微照片，该芯片利用两步金属剥离工艺于感风陶瓷基板。图中芯片尺寸为 3 μm，加热电阻线宽 50 μm，测温电阻线宽 25 μm。芯片中央为加热电阻，四周为测温电阻，加热与测温铂电阻均采用圆形对称结构，以提高风向测量的精度。

该传感器利用芯片背面进行感风，采用热温差型工作原理测量风速风向。当流体流过加热体的时候，上游的温度下降会比下游快，从而导致加热体附近热场发生变化而形成温度梯度。

对于二维热温差型风速计芯片，对流体感生的温度梯度进行分解，可以得到

$$\begin{cases}\Delta T_{NS}=\Delta T\cos\theta=C_w W\cos\beta\\ \Delta T_{EW}=\Delta T\sin\theta=C_w W\sin\beta\end{cases}\tag{14.4.3}$$

式中，ΔT 为芯片表面的温度差；$\Delta T_{NS},\Delta T_{EW}$ 分别为温度差 ΔT 的南北和东西方向的分量；W 为风速；β 为风向；C_w 为温差对风速的灵敏度系数。通过测量式（14.4.3）相互垂直的两个方向的温度差，可以同时得到风速和风向。

测试时采用固定加热条电压，将测温电阻接成惠斯通电桥，然后利用仪器放大器进行放大输出。对于阻值为 R，温度系数为 A 的测温电阻，惠斯通电桥的输出电压分量为

$$\begin{cases}V_{NS}=\dfrac{\Delta R_{NS}}{R}V=\dfrac{A\Delta T_{NS}}{R}V=\dfrac{A\Delta T}{R}V\cos\beta\\ V_{EW}=\dfrac{\Delta R_{EW}}{R}V=\dfrac{A\Delta T_{EW}}{R}V=\dfrac{A\Delta T}{R}V\sin\beta\end{cases}\tag{14.4.4}$$

式中，V 为惠斯通电桥的参考电压；V_{NS},V_{EW} 分别为南北和东西方向惠斯通电桥的输出电压。

由此，风速和风向可以表示为

$$\begin{cases} W = \dfrac{R}{AC_w V}\sqrt{V_{NS}^2 + V_{EW}^2} \\ \beta = \arctan\dfrac{V_{NS}}{V_{EW}} \end{cases} \tag{14.4.5}$$

该方法目前存在的问题是量程较小，受湿度影响大，不适合用于风洞测量高速风，实用受到一定限制。

§14.4.3　动压式风速测量仪

皮托管风速仪是典型的动压式风速测量仪，这种设备结构简单，对环境的适应性较好，精确度和分辨率都比较高，但不适合用于低速风测量，多用于风洞试验的风速测量。

由于风作用于特定截面会产生压强（q，N/m^2），称其为风压。风压 q 与风速 W 的关系为

$$q = \frac{1}{2}\rho W^2 \tag{14.4.6}$$

式中，W 为被测风速（m/s），ρ 为空气密度（kg/m^3），空气密度 ρ 是气压 P、绝对湿度 e（mg/L）、温度 t（℃）的函数：

$$\rho = \frac{p}{R_d T}\left(1 - \frac{3e}{8p}\right) \tag{14.4.7}$$

式中，R_d为干空气气体常数，$R_d = R/M_d = 287.05$［J/（kg·K)］。

在标准条件下［国家标准大气规定：气压为 101.325 kPa、常温 15 ℃（T=288.15 K）和绝对干燥（$e=0$）］，$\rho=1.2250\,kg/m^3$，代入式（14.4.6）和式（14.4.7）得

$$q = \frac{p}{2R_d T}\left(1 - \frac{3e}{8p}\right)W^2 \approx 0.6125\,W^2 \tag{14.4.8}$$

由于气压 P、绝对湿度 e 等均与海拔高度有关，在实际的风速测量过程中，可以通过实验将环境参数代入式（14.4.8），对空气密度 ρ 进行修正。

又因为 $F=qS$，S 为截面面积，所以

$$W = \sqrt{\frac{F}{0.6125S}} = \sqrt{1.632F/S} \tag{14.4.9}$$

可见，只要受力截面 S 一定且已知，通过测量力 F，就可以计算风速 W 的大小。

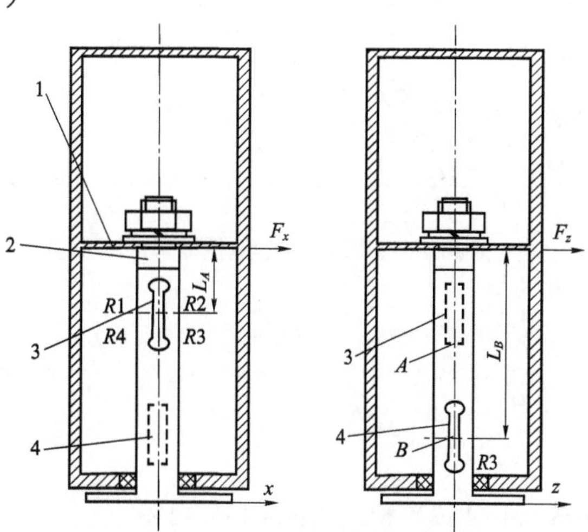

图 14.4.5　二维动压力传感器的结构

1—受风体；2—弹性梁；3，4—应变片

图 14.4.5 所示为一种二维动压力传感器的结构。图中，1 为一个圆筒形的受风体，由它将风压转换成二维力传感器的载

荷。2 为弹性梁，它实质上是两个正交的弹性应变梁的组合，弹性梁分别开上下两个槽 A、B，用以增加传感器的灵敏度。弹性梁的两侧分别贴一组应变片 3、4，构成惠斯通差动全桥测量电路，可以分别测量弹性梁的 x、z 两个方向的应变，从而测量出弹性梁的风载荷 F。其中，上方传感器 A 用于测量 x 方向作用力 F_x，下方传感器 B 用于测量 z 方向的作用力 F_z。由式（14.4.9）可得出

$$\begin{cases} W_x = \sqrt{1.632 F_x / S} \\ W_z = \sqrt{1.632 F_z / S} \end{cases} \tag{14.4.10}$$

由下式即可计算出风速和风向：

$$\begin{cases} W = \sqrt{W_x^2 + W_z^2} \\ \beta = \arctan(W_x / W_z) \end{cases} \quad (x\text{ 代表 NS 方向，}z\text{ 代表 EW 方向}) \tag{14.4.11}$$

由图 14.4.5 还可看到，整个传感器没有运动部件，结构十分简单；受风体 1 不仅起到风速－力转换的功能，还起到保护应变梁、应变片的作用，使传感器可在复杂环境下使用。

§14.4.4 超声波风速测量仪

近些年来，基于风速影响超声波的传播速度的原理，人们提出了超声波风速测量仪。由于声速受环境因素的影响非常明显，大气湿度、温度以及其中所含的杂质浓度等因素都会影响超声波传感器的测量精度。为了减小这种影响，人们作出了不懈的努力，提出了多种测量方法，下面介绍一种与声速无关的测量方法。

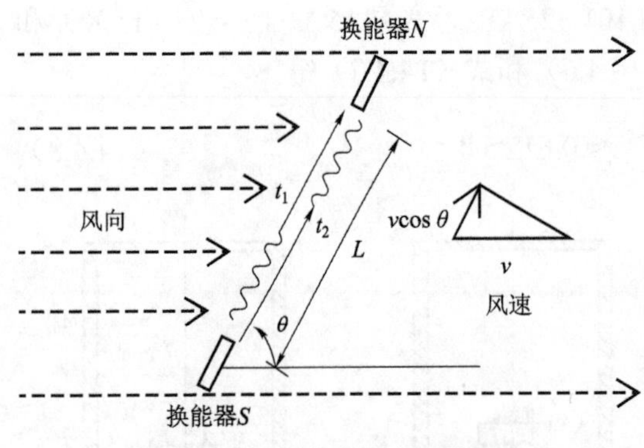

图 14.4.6　超声波风速测量原理

超声波风速测量技术，利用超声波在顺风路径和逆风路径上传播速度的不同，检测出两个路径的传播时间或时间差来获得风速信息。超声波风速测量的方法大致可分为时间差法、频率差法、多普勒法、波束偏移法。目前应用比较广泛的是时间差法，其原理如图 14.4.6 所示。

设空气中声速为 c，风速为 v，一组换能器轴线与风向的夹角为 θ，换能器的距离为 L。超声波在顺风和逆风路径的传播时间（TOF）分别为

$$t_1 = \frac{L}{c + v\cos\theta} \tag{14.4.12}$$

$$t_2 = \frac{L}{c - v\cos\theta} \tag{14.4.13}$$

由式（14.4.12）和式（14.4.13）可得

$$v\cos\theta = \frac{L}{2}\left(\frac{1}{t_1} - \frac{1}{t_2}\right) \tag{14.4.14}$$

由式（14.4.14）可知，风速分量与 t_1 和 t_2 的倒数呈线性关系。只要测量出 t_1 和 t_2，就能够精确测量出风速在传感器轴向方向的速度分量。可见，上式计算与声速无关，极大减小了环境对风速测量精度的影响，并且在系统设计中不需要进行温度补偿，从而简化了系统设计。

为了能够测量平面二维风速，可采用正交方式安装两对换能器，如图 14.4.7 所示。这种方式具有易于安装、便于系统小型化的实现等特点。

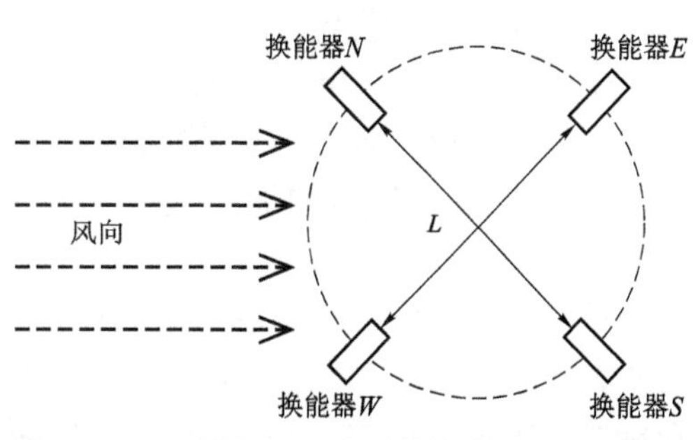

图 14.4.7　二维平面风速测量换能器的安装形式

较之传统的机械式及基于动压式、热力式等的测量方法，这种超声波风速风向测量技术具有反应速度快、量程广、盲区小、线性度好、精度高和易于安装维护、不需校正等优点，是一种很有发展前景的测量技术。

§14.5　随高度分布的气象诸元测量简介

由于弹丸飞行状态参量受到气象条件的影响较大，在外弹道试验中有时还需测定随高度分布的气象条件。更具体地说，如果试验中需要测量仰射弹丸的飞行特性和气动力特性，则必须测定射击时的气温、气压、相对湿度和风速、风向等气象诸元随高度的分布数据值。

§14.5.1　高空温、压、湿探测的方法

高空温、压、湿探测的方法很多，如飞机探测、火箭探测、卫星探测等，但最经济简便、目前最常用的是无线电探空仪探测。这种方法通常采用释放气球探空测量随高度分布的气象诸元。无线电探空仪可以直接测量气温、气压和相对湿度，并以编码的方式将它们的数值信号发送到地面接收站，通过译码而获得数据。施放探空气球时，可用经纬仪或测风雷达跟踪气球，测出其空间位置坐标。风速、风向数据则由测风经纬仪或测风雷达跟踪测定的随风漂移的测风气球（或探空气球）的空间位置坐标随时间的变化关系换算得出。

无线电探空仪简称探空仪，主要由前面所述的适用于遥测的温度、气压、湿度传感器和编码器以及发信装置组成。编码器在结构上是一个可旋转的电码筒。电码筒每旋转一周分别将气温、气压、湿度信号传送给发信装置一次。探空仪通过发信装置将信号向空间发送，地面则采用与发信装置频率范围一致的，且接收灵敏度较高的收信机接收，并通过数据采集、记录、处理等过程后得出所需的气温、气压、湿度随高度分布的数据。

我国主要采用五九型电码式探空仪进行高空气象条件测量，这种探测方法的探测高度一般可达 30 km。五九型探空仪一般由气球携带升空探测，在升高过程中，感应周围空气的气温、气压、湿度，由编码机构编成电码，通过发信装置发向地面，地面用接收机接收这些信号后，再整理成温、压、湿记录。

五九型电码式探空仪主要由感应器、编码机构和发信机三部分组成。该探空仪的感应器主要由温度感应器、气压感应器和湿度感应器组成。

温度感应器采用前述金属温度表原理，在结构上采用卷曲成螺旋形的双金属片作为感应元件，通过感温变形推动指针在电码槽中移动，从而输出温度电码。温度感应器外有防辐射

罩，以免辐射影响温度。

气压感应元件采用空盒气压表工作原理，在结构上采用由磷青铜焊接而成的两个空盒，抽成真空，空盒一端固定在框架上，另一端焊有中心支架，通过指针支架与指针相连接。指针支架上装有温度补偿装置。气压改变时，空盒随之变形，通过中心支架推动指针转动，从而输出气压电码。

湿度感应器采用毛发湿度表工作原理，结构上用鼓膜状肠衣作感应元件，肠衣夹在肠衣夹片架内，中心连杆与传力架相连，传力架以扭力弹簧为轴，用扭力使肠衣常处于绷紧状态。在湿度变化时，通过中心连环推动传力架绕扭力弹簧旋转，使传力架上的湿度指针产生位移，并输出相对湿度的电码。湿度感应器也有防辐射罩，还有防雨罩，雨天施放时要用防雨罩遮住肠衣，以防直接沾水。

电码式探空仪的编码机构主要是一个电码筒，上面印有电码花纹，电码筒上的不同位置用电码值来表示。用一微型电动机经变速齿轮带动电码筒以 5～8 c/min 的速度旋转。电码筒每转动一周，分别与温、压、湿指针接触一次，电码筒上的位置分别代表一定的气象要素值。每个探空仪在使用前用标准仪器对感应器进行检定，求得温、压、湿指针在电码筒上的位置与对应的温、压、湿值，并在坐标纸上绘出检定曲线。这样，在探空仪施放后就可根据温、压、湿信号在检定曲线上查得温、压、湿值。

电码式探空仪的发信装置是电感三点式振荡器。振荡器所产生的高频电能由单端半波天线发射出去。发信装置采用电池供电。

§14.5.2 高空风探测方法

高空风探测方法主要有气球测风法和风廓线雷达测风法。目前国内最常用的高空风探测是气球测风法。气球（一般携带探空仪）施放升空后，由测风经纬仪或测风雷达跟踪测定的随风漂移的测风气球（或探空气球）的空间位置坐标随时间的变化关系，进而算出风速、风向数据。

1）气球测风方法

当具有一定升速的气球被释放后，气球一面等速上升，一面向水平方向飘移，由于气球质量很小，可以认为它随风飘移没有惯性。这种水平飘移是由风的作用引起的，所以通过确定空中气球在某一气层内水平方向上的位置变化，就可以计算出这一气层内的平均风向、风速。

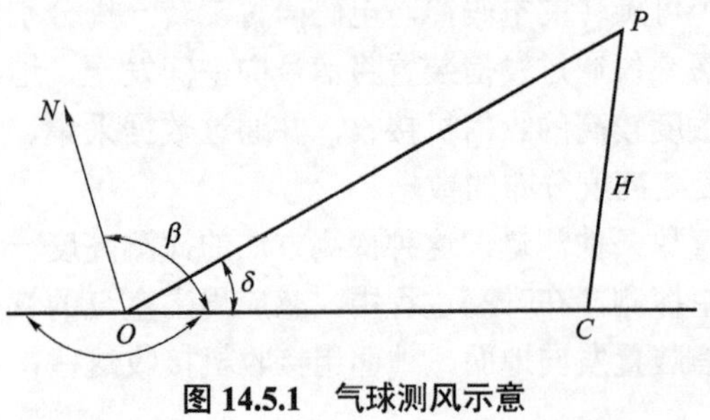

图 14.5.1 气球测风示意

如图 14.5.1 所示，气球自 O 点释放后，经历 t 时间后升到 P 处，OC 即为气球的水平位移，水平位移的反方向即为风向。这样，在规定的时间间隔内，用测风经纬仪或雷达连续测定气球的空间坐标，即可换算出气球在各高度 H 上的风速和风向。

测风经纬仪在结构上与普通经纬仪相似，是一种测定高低角 δ 和方位角 β 的光学仪器。通过经纬仪的光学望远镜，用人眼追踪观测气球的位置，并在刻度盘上随时读出 δ 和 β 的数值。

测风经纬仪测风的方法是利用经纬仪跟踪并测定随风漂移的测风气球（或探空气球）的

角度数据，其测量方法有单点测风法和交会测风法。前者采用一台测风经纬仪测出给定时刻 t_i 的方位角 β_i 和高低角 δ_i，以及对应的高度坐标，通过空中气球位置与测点位置坐标的几何关系换算出气球定位位置坐标。后者采用两台测风经纬仪按空间坐标的交会方法测出气球的空间坐标。单台测风经纬仪当跟踪测风气球时，气球的高度坐标按已知的气球升速（根据高空气象观测手册，选择球皮及气球型号、充氢量，可使气球按所需升速上升）和气球施放出的时间计算得出。当跟踪探空气球时，气球的高度坐标可由探空仪发回的它所在位置的气压和有关气压的平均虚温值用压高公式换算得出。

在靶场试验中，由于测风经纬仪使用时易受到云、雾、降水及能见度的影响，而采用测风雷达可使探测高度及精度都有所提高，因此国内靶场大都采用测风雷达测量高空的风速和风向。

测风雷达（也称作高空气象雷达）需要在探空气球、探空仪或反射靶的配合下完成其探测功能。探空气球是用于携带探空仪升空的气球。探空仪是无线电探空仪的简称，用来探测 30 km 高度以下大气的温度、湿度和气压，同时提供空中风测量的无线电信号。

在工作原理上，测风雷达与弹丸空间坐标测量的脉冲雷达相同，都需要测量雷达到目标（气球）的斜距离和高低角、方位角。测风雷达在测量上除一次测风雷达外还兼有二次测风雷达模式。后者在使用时需要在探空气球上挂探空仪，通过跟踪气球携带的探空仪发出的无线电脉冲激励信号，探空仪受到雷达发出的无线电脉冲信号激励后，产生回答信号；随后雷达再接收探空仪发回的温度、气压、湿度的信号以及回答脉冲信号，从而完成高空气象探测的功能。一次测风雷达在使用时需要在探空气球上挂一个八面体角反射靶，雷达通过测量从发出信号到接收到信号的时间间隔 t，由公式 $R=0.5ct$（c 为光速）即可换算出斜距离 R。

在靶场试验中，一般需要同时测出气象诸元，因而主要采用二次雷达测风模式，即采用无线电探空仪，结合高空温、压、湿探测的方法，同时测出气温、气压、湿度、风速、风向等气象诸元。测量时，通过跟踪自由上升气球携带的探空仪在空间中的移动轨迹，用测风雷达对其进行定位，从而测得每 min 探空仪相对雷达的方位角、仰角和斜距；利用 2 个计算 min 点的测距和测角数据，计算出 2 个计算 min 点中间时刻的水平风向和平均风速。测量中规定高度层矢量风的计算方法为：先从探空温度、气压、湿度记录的时间－高度曲线上查算其所对应的探测时间，将与其相邻的上、下两个量的风层内插。通过计算得到规定高度的水平风向以及平均风速。

2）风廓线雷达测风

风廓线雷达（Wind Profiling Radar，WPR）是一种新型的无球高空气象探测设备，用于探测 30 km 以下大气的风廓线，是当前常规气球探空体制的重要补充。它可以有效解决常规气球探空探测时间长、时空误差大、连续性差、器材消耗多、劳动强度大的缺点。这种测风方法最早开始于 20 世纪 60 年代的美国，经过近 20 年的发展完善，到 20 世纪 80 年代初已逐步趋于成熟。用它可以全天 24 h 不间断提供大气水平风场、垂直气流、大气折射率结构常数等气象要素随高度的分布和随时间的变化，具有很高的时间和空间分辨力，已经广泛应用于航空航天、水文水利、大气监测和天气预报等方面 。风廓线雷达是利用大气湍流对电磁波的散射作用探测大气风场等物理量的遥感设备，是一种脉冲多普勒雷达，其探测对象主要是晴空大气，其回波被叫作晴空回波，所以有时也称为晴空雷达。

风廓线雷达测风原理如图 14.5.2 所示。在不带电的中性大气中，大气折射率不均匀引起

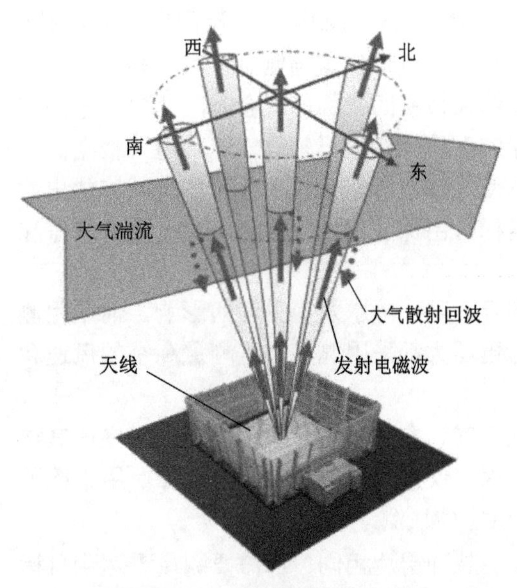

图 14.5.2 风廓线雷达测风原理

的电磁波散射基本可分为两类，一类是折射率的空间分布变化较为有序所引起的散射，如 Bragg 散射和 Fresnal 散射；另一类是大气湍流活动造成的折射率的涨落所引起的散射，即湍流散射。在无外界扰动源的情况下，湍流散射是主要的散射机制。这类散射造成的雷达回波信号是很微弱的。

大气中的层状不均匀体或湍流团的折射率起伏，造成了电磁波的部分反射或散射。对于湍流散射而言，有效的涡旋尺度是雷达波长的二分之一。因此，所选择的雷达波长应当大于被探测的高度区间内的最小湍流尺度。

由于大气中湍流团是随风场一起运动的，风廓线雷达发射的电磁波遇到随风飘移的湍流团时，湍流团中 VHF 频段或 UHF 频段的电磁波会对发射的射频脉冲产生微弱的后向散射，其强度与湍涡的物理性质有关，其中含尺度为风廓线雷达半波长的湍涡成分越多，回波强度也越大，回波中包含的平均多普勒频移与风的平均运动速度成正比，回波功率谱宽度与风的速度谱宽度成正比。

在各方向的观测中，雷达连续发射 N 个重复周期的探测脉冲，接收以空间分辨力刻度显示的各高度层湍流产生的散射波。各高度层湍流产生的散射波，返回到天线的延时为 $t=2R/c$（R 为斜距，c 为光速），而目标的径向速度 V_r 可以从多普勒速度方程 $V_r=f_d\dfrac{\lambda_0}{2}$ 中获得。

通过对回波的多普勒信号的全相关分析（Full Cor-relation Analysis，FCA），在一定的假定条件下可得到大气三维风场矢量。

这里以某国产边界层风廓线雷达为例，简单介绍风廓线雷达的功能、组成。该雷达是一种检测和处理湍流回波强度和运动信息的全相参脉冲多普勒雷达，采用五波束相控阵天线和脉冲相位编码压缩技术，可在无人值守的状态下，连续获取风廓线雷达上空大气边界层内不同高度的实时风速、风向和垂直气流等数据。雷达由发射前级、发射末级、频率综合/接收、信号处理器、相控阵天线、数据处理终端和直流电源等部分组成，其简单组成框图如图 14.5.3 所示。

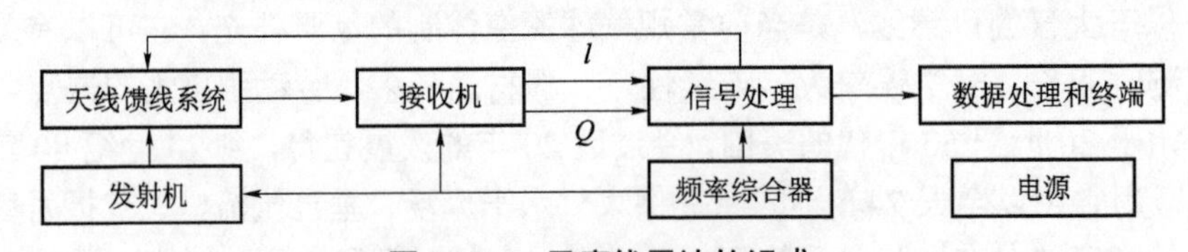

图 14.5.3 风廓线雷达的组成

大气中最小湍流尺度是随着高度的升高而增大的，按照中性成分的热力结构可将大气分为对流层（0～15 km）、平流层（12～50 km）和中间层（50～85 km）。其中对流层包含边界层（0～3 km）。边界层的最小湍流尺度约为 1 cm。在 70～80 km 高度的中间层内，最小湍流尺度可达几米。因此，风廓线雷达需要根据探测范围选择适当的波长。根据探测范围不同，风廓线雷达可分为平流层风廓线雷达、对流层风廓线雷达和边界层风廓线雷达。

§14.5.3　GPS 探空系统简介

GPS 探空系统，主要是运用 GPS 的定位功能，采用多普勒测风算法，得到气球的移动方向和速度，再与传统温、湿、压测量模块相结合，从而得到从地面到 36 km 高空大气层的温度、气压、湿度、风速、风向五个气象要素的综合探测。数据终端自动录取气象数据并实时处理，输出用户所需的多种气象信息。

国产 GPS 探空系统主要由 GRS01 地面接收系统和 XGP－3G 型 GPS 探空仪两部分组成。

1. 地面接收系统

地面接收系统由 GRS01 型天线、GRS01 型地面接收机、XED－2 型基测箱、GRS01 型接收软件和终端计算机组成，如图 14.5.4 和图 14.5.5 所示。

图 14.5.4　GRS01 型天线

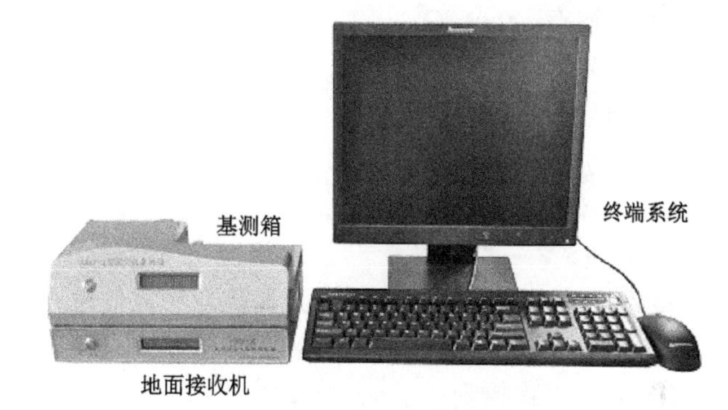

图 14.5.5　地面接收系统

地面接收设备的接收天线将探空仪的发射信号接收进来，送给地面接收机，地面接收机的接收模块将接收到的信号解调出来，分解成温、湿、压数据和经纬度高度等信息，通过串口每秒发送一次给计算机，计算机终端软件将温度、湿度显示在终端界面上，终端软件将根据接收到的数据计算出每秒的风向风速。同时计算机通过经纬度计算出探空仪的位置，然后发送波速控制命令给接收机和波速控制板，波速控制板按照接收指令自动切换工作的单元阵子，使信号接收状态最强。接收机将接收信号的强度、现在工作的波速、工作频率都发送给计算机，同时也在接收机的液晶屏上显示出来。在进行地面探空仪基测时，地面接收机将自动录取基测箱数据。终端软件最终形成用户需要的多种气象诸元数据。

接收天线用来接收 400 MHz 气象频段的探空信号，由 6 组接收水平方向的天线和 1 组接收天顶方向信号的天线组成，通过探空仪上 GPS 的定位信息确定选取对应方向上的天线。

其技术指标如下：

（1）工作频率：400～406 MHz；

（2）天线增益：≥6 dB；

（3）低噪声放大器增益：≥15 dB；

（4）噪声系数：＜1；

地面接收机的工作温度：－40 ℃～＋80 ℃。

接收机将接收到的信号解调出数字信号，并送入计算机终端系统的接收软件进行处理。

其技术指标如下：

（1）接收频率范围：400～406 MHz；

（2）接收灵敏度：＜-115 dBm（S/N=12 dB）。

基测箱用于检测探空仪传感器的准确性，当探空仪传感器的探测值差异超过指标范围时，更换探空仪。

其技术指标如下：

（1）工作条件：

① 湿度：0～95%RH；

② 温度：0 ℃～+50 ℃。

（2）温度传感器：

① 精度：0.2 ℃；

② 分辨率：0.01 ℃。

（3）湿度传感器：

① 精度：2%RH；

② 分辨率：0.1%RH。

（4）电源：

DC，+5 V。

接收软件用于系统控制、数据显示、形成气象产品并输出等。

（1）系统控制、监测、数据采集显示。

① 天线跟踪控制：手动/自动；

② 实时显示接收机工作状态；

③ 实时记录、保存探空和 GPS 原始数据；

④ 实时监测探空仪的电池电压和盒内温度。

（2）数据处理。

① 实时用图形和数据方式显示风速、风向；

② 实时用图形和数据方式显示温度、压力、湿度、高度；

③ 实时显示探空仪的位置信息；

④ 能够浏览任意次所探测的温、压、湿和风数据。

（3）气象产品。

① 产生标准层、特性层数据，保存和产生报表报文，并通过网络传输数据；

② 产生 WMO 标准格式的 BUFR、TEMP、P、LOT 信息。

（4）联网。

具备通过局域网和互联网传输数据的能力。

（5）打印。

打印所有气象产品。

2. 探空仪

探空仪上的导航卫星信号接收和数据处理模块接收和处理 GPS 导航卫星信号，实时确定探空仪飞行轨迹上每秒间隔的三维坐标和三维速度；卫星导航信息与探空仪上的气象传感器测量的温度、气压和湿度信息一起作为探空仪发射机的载波以无线方式传输给地面信号接收处理设备。探空仪的实物照片如图 14.5.6 所示。

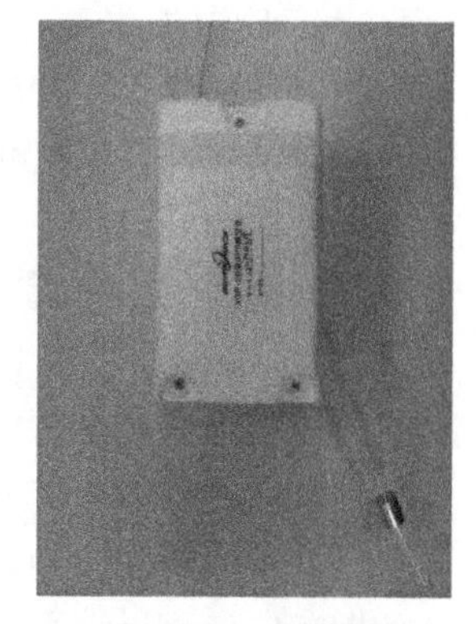

图 14.5.6 探空仪

其技术指标如下：

（1）温度传感器。

① 类型：珠状电阻；

② 测量范围：+50 ℃～-90 ℃；

③ 测量误差：±0.3 ℃（+50 ℃～-80 ℃）；

±0.5 ℃（-80 ℃～-90 ℃）；

④ 分辨率：0.1 ℃；

⑤ 响应时间：1 s。

（2）湿度传感器。

① 类型：薄膜电容；

② 测量范围：0～100%RH；

③ 测量误差：±5%RH；

④ 分辨率：0.1%RH；

⑤ 响应时间：1.5 s。

（3）气压和位势高度。

① 类型：硅压阻或 GPS 高度计算；

② 测量范围：1 060～3 hPa；

③ 测量误差：±1.0 hPa（100～1 060 hPa）；

±0.5 hPa（3～100 hPa）；

④ 分辨率：0.1 hPa。

（4）风（由 GPS 定位信息计算）。

① 定位精度：10 m；

② 风速测量范围：0～150 m/s；

③ 风速精度：0.15 m/s；

④ 风速分辨率：0.1 m/s；

⑤ 风向测量范围：0° ～360° ；

⑥ 风向精度：2° ；

⑦ 风向分辨率：0.1° 。

（5）发射模块。

① 工作频率范围：403 MHz±3 MHz；

② 输出功率：100～200 mW；

③ 调制方式：GFSK；

④ 发射带宽：≤50 kHz（below -50 dBC）；

⑤ 频率稳定度：≤10 kHz；

⑥ 数据传输速率：1 200 b/s；

⑦ 更新速率：1 s。

（6）尺寸和重量。

① 尺寸：160 mm × 90 mm × 65 mm，±5 mm；

② 重量：≤280 g。

（7）干电池。

① 电压：6 V，9 V。

② 工作时间：≥140 min。

§14.6 能见度的观测

靶场试验条件有时对气象能见度有一定要求，例如，带有红外敏感器件的末敏弹、末制导炮弹、炮射导弹和带有电视制导敏感器件的弹种试验就对气象能见度有明确的要求。因此在外弹道试验期间，判定当天能否进行试验的气象诸元数据应包括气象能见度观测。气象能见度指在白昼，以地平线附近的天空为背景，正常视力能看到和辨认出大小适度的，黑色目标物的最大距离。它以公里[①]为单位。它与大气消光系数 σ 构成单因子函数关系，即

$$L = 3.912/\sigma$$

由此可见，能见度是表征大气光学特性的常用物理量，与航空交通、军事行动等都有直接关系。气象上观测有效能见度，指测站四周视野中二分之一以上的范围都能看到的最大水平距离。

对于能见度的观测方法，气象部门以目测为主。在白天，选择离观测点不同距离的目标物作为估计能见度的依据；在夜间则选取测站周围一定亮度的固定灯光作为目标灯，用来估计灯光的能见度，然后把灯光强度换算成白昼条件下的能见度。用仪器测定能见度的原理分透射型和散射型两种，透射型仪器的光发射器和光电接收器安置在同一侧，在已知长度基线的端头设置光反射器，接收器接收经大气衰减后的后向反射光束，根据反射光强度可以算出能见度，这种仪器普遍用在机场测定跑道能见距离。散射型仪器是从发射光束的一个取样空间中，测量其散射光强度，它与能见度有关，适用于雾天或非固定观测平台。

① 1 公里=1 千米。

第15章 弹丸气动力系数辨识方法

自20世纪初Bryan建立线性气动力模型以来，弹道学家们将空气动力学的气动力模型成功地应用于外弹道方程，这标志着弹丸气动参数辨识发展历程的开端。近百年来，飞行器气动参数辨识数学模型从线性系统发展到非线性系统，辨识方法从频域法、回归技术发展到最大似然法、Kalman滤波、分割算法、神经网络等，辨识对象从飞机扩展到炮弹、火箭、战术导弹、再入弹头、飞船返回舱、直升机等。本章主要介绍弹箭气动参数辨识中应用最多的最小二乘准则辨识方法和最大似然法等。

§15.1 概述

对各类弹箭开展外弹道试验研究的重要目的之一是从试验数据中辨识弹箭的各种气动力系数，以用于外弹道计算和飞行稳定性分析，对一些制导控制类弹箭也可用于控制系统参数的确定。弹箭气动力系数是武器系统总体设计、性能指标分解、射表编制等的基础和依据，其精度是影响弹箭武器系统研制水平的重要因素之一。

目前，获取各类弹箭气动力系数的方法主要有理论计算法（又分为工程算法和数值方法）、风洞试验法和飞行试验法。这三种方法往往用于弹箭研制的不同阶段，如在图纸设计阶段通常采用理论计算法，视计算精度的要求和研制周期的不同，可选择工程算法或数值方法；当弹箭的初步方案确定后通常需制作样弹（或对应的缩比模型）进行风洞试验；在弹箭研制的后期，必须对确定的弹箭方案开展一系列飞行试验，可从试验数据中提取出气动力系数。根据三种方法所得数据的相关性分析和修正，可最终获得较为准确的气动力数据，以此作为编制各类定型文件的依据。

理论计算法中的工程算法是将流体力学基本方程进行简化，建立不同情况下的解法，如源汇法、二次激波膨胀法等，再加上一些吹风试验数据、经验公式等，由于工程算法的计算时间很短，故它特别适于方案寻优过程中的气动力反复计算。数值方法则是通过数值求解满足定解条件的流体动力学方程以获得弹箭的气动力系数。该方法的研究范围较大，可计算各种外形复杂的飞行器的气动力特性，能给出各种来流和边界条件下的定量结果（包括定常流动的空间流场和非定常流动的时、空流场的定量结果），可详细描述弹箭外形微小变化（如头部、弹带、翼梢、翼根等）对气动特性的影响，这是工程算法往往难以做到的。

风洞试验法属于空气动力学实验方法的一种。弹箭模型在风洞中进行吹风，空气以一定速度流过模型，只要满足必要的相似条件，就与弹箭实物在静止空气中飞行具有相同的物理特性。吹风中模型不动时，可获得弹箭的静态气动力系数，如阻力、升力及静力矩等；吹风中模型转动时可获得弹箭的动态气动力系数，如赤道阻尼力矩、马格努斯力矩等。这种方法的优点是气流参数（如速度、压力等）易于控制，基本不受气象变化的影响，其缺点在于风洞中的流场一般不能与弹箭实际飞行流场完全相似，特别是洞壁或者模型支架会对模型产生干扰，故一般都要对试验数据进行修正。

飞行试验法是采用一定的射击平台将弹箭发射出去，用前面章节介绍的各种测试仪器和方法测得弹箭的飞行弹道数据（如速度、位置、飞行姿态等），然后采用一定的方法从测试数据中辨识气动力系数。不难发现，无论是理论计算还是风洞试验，其与弹丸的实际飞行状态均存在一定差异，两者所得气动力系数一般都不是弹丸真实的气动力系数，有时甚至误差很大。这两种获取气动力系数的方法除了用于弹箭的初步设计阶段以外，也可作为飞行试验法辨识弹箭气动力系数的补充。当采用参数微分法等类似方法辨识气动力系数时，可将其用作初值，以避免辨识计算的迭代过程发散。此外，利用理论计算或风洞试验数据曲线规律作为参考，可以更加全面地确定气动力系数曲线。

弹箭自由飞行试验的类型主要有纸靶试验、弹道靶道测试试验、弹道跟踪雷达测量的全弹道自由飞行试验（一般在靶场进行）等，不同类型的试验获得的数据种类和数量有所区别，可辨识的气动力系数和精度也不尽相同，如弹道靶道试验和纸靶试验获取的弹丸飞行姿态数据主要用于辨识弹丸的起始扰动、静力矩系数、赤道阻尼力矩系数和马格努斯力矩系数；试验获取的坐标数据主要用于辨识弹箭的阻力系数、升力系数、马格努斯力系数。弹道跟踪雷达测速数据主要用于辨识弹箭的阻力系数；试验获取的转速数据曲线主要用于辨识极阻尼力矩系数等。

§15.2　弹丸气动力系数的最小二乘准则的辨识方法

弹丸气动力系数辨识方法主要包括最小二乘准则的辨识方法、最大似然函数法以及卡尔曼滤波方法，其中最小二乘准则的辨识方法包含线性最小二乘法、显函数的非线性最小二乘法和微分方程数值解的拟合方法（C－K 方法）。本节主要介绍最小二乘准则的辨识方法。

§15.2.1　最小二乘法准则的辨识方法

在弹丸气动力系数辨识中，常常会遇到利用 n 组测量数据估计表征弹丸运动规律的特征参数问题。这 n 组测量数据通常是一种带有规律性的数据关系。例如，弹丸速度与飞行时间的 n 组数据（v_i, t_i）$(i=1,2,\cdots,n)$，即代表了弹丸速度与时间的变化规律。弹丸气动力系数辨识就是从弹丸飞行状态参数数据估计弹丸的气动参量，最小二乘准则是常用的气动辨识准则之一。

设已知 n 组测试数据

$$(y_1,t_1),(y_2,t_2),\cdots,(y_n,t_n) \tag{15.2.1}$$

由于该测试数据中存在随机误差，即

$$y_i=\mu_i+\delta_i$$

若测试参量 y 随参量 t 变化，则可以认为它们是由某一数学模型

$$y(t)=f(c_1,c_2,\cdots,c_J;t)+\delta(t) \qquad t\in[t_1,t_2] \tag{15.2.2}$$

得到的。上式中 $f(c_1,c_2,\cdots,c_J;t)$ 是观测物理量 y 与 t 的函数表达式，该式的函数形式是确定的，但是其中含有 j 个数值未知的特征参数 $c_1,c_2,\cdots,c_j$；$\delta(t)$ 为误差函数，它代表了误差 δ 在对参数 y 的测量中随 t 的数值关系。显然，$f(c_1,c_2,\cdots,c_j;t)$ 是测量数据的平均结果。

为了便于叙述，将未知参数 $c_1,c_2,\cdots,c_j$ 的集合表述为 C，若表示为矩阵形式有 $\boldsymbol{C}=(c_1,c_2,\cdots,c_j)$。设式（15.2.2）中的函数式 $f(\boldsymbol{C};t)$ 为形式已知的理论曲线，若将其作为逼近数据（15.2.1）的拟合函数，记实测数据 y_i 与拟合函数的计算值 $f(\boldsymbol{C};t_i)$ 之差为

$$e_i=y_i-f(\boldsymbol{C};t) \qquad i=1,2,\cdots,n \tag{15.2.3}$$

式中，e_i 称为残差。最小二乘拟合问题就是求使上式表达的残差的平方和最小时的参数 $\hat{\boldsymbol{C}}$，即选择 e 使之满足下式：

$$\begin{aligned}Q&=\sum_{i=1}^{n}e_i^2=\sum_{i=1}^{n}[y_i-f(\hat{\boldsymbol{C}};t_i)]^2\\&=\min_{\{e_1,e_2,\cdots,e_n\}}\left\{\sum_{i=1}^{n}[y_i-f(\hat{\boldsymbol{C}};t_i)]^2\right\}\end{aligned} \tag{15.2.4}$$

上式即为最小二乘准则的数学表达式，一般称 $f(\boldsymbol{C};t_i)$ 为拟合数学模型，其中未知的参数 $C=(c_1,c_2,\cdots,c_j)$ 称为待定参数，残差平方和 Q 称为最小二乘准则的目标函数。可见，Q 值的大小直接反映了拟合数学模型与试验数据的逼近程度。

一般而论，在最小二乘准则的系统辨识中，最重要的也是最困难的是确定拟合函数 $f(\boldsymbol{C};t_i)$ 的类型和具体的表达形式。试验数据拟合通常有如下两种情况：

（1）已知或可定出拟合函数的类型；

（2）不知拟合函数的类型。

前一种是对整个物理过程已有了较深入的了解的情况，并从物理过程中可以导出其规律；后者是对其物理过程不甚了解，理论上无法确定其规律的情况。在弹丸飞行状态参数的气动辨识处理中，主要是前一种情况，这类问题实际上就转化为拟合数学模型的参数估计问题。例如，多普勒雷达测速数据处理中，拟合函数的形式就是可以从理论上导出的。

根据最小二乘原理，一般可以认为拟合数学模型 $f(\boldsymbol{C};t_i)$ 是试验观测值 y_i 的数学期望，即

$$E(y_i)=f(\boldsymbol{C};t_i)$$

这是因为若将 t_i 视为自变量的某一准确值时，由于存在测试误差，对应于某一固定的 t_i，观测值 y_i 是一个随机变量。如果测量中的系统误差和拟合数学模型本身引起的系统误差可以忽略，在随机误差 δ_i 的影响下，试验观测值 y_i 在其理论值的左右摆动，由于 $f(\boldsymbol{C};t_i)$ 是一个具确定值的常量，对于均值为零的随机误差有 $E(\delta_i)=0$，故 $f(\boldsymbol{C};t_i)$ 为观测数据 y_i 的数学期望。

§15.2.2　线性最小二乘法

已知 $j-1$ 次代数多项式是 $1, t, \cdots, t^{j-1}$ 的线性组合

$$y=p(\boldsymbol{C};t)=\sum_{i=1}^{j}c_i t^{j-1}$$

由于 $p(\boldsymbol{C};t)$ 由 j 个系数 $\boldsymbol{C}=(c_1,c_2,\cdots,c_j)^{\mathrm{T}}$ 唯一确定，所以上式通常称为 j 阶多项式。

一般地，设 $u_1(t),u_2(t),\cdots,u_j(t)$ 是自变量 t 的函数，并且它们线性无关，则其线性组合

$$y=p(\boldsymbol{C};t)=\sum_{i=1}^{j}c_j u_j(t) \tag{15.2.5}$$

称为 j 阶广义多项式。取广义多项式为拟合函数的最小二乘法称为线性最小二乘法。显然，$p(\boldsymbol{C};t)$ 为参数 $\boldsymbol{C}=(c_1,c_2,\cdots,c_j)$ 的线性函数。

对于试验测试数据

$$(y_1,t_1),(y_2,t_2),\cdots,(y_n,t_n)$$

计算广义多项式 $p(\boldsymbol{C};t)$ 在 $t=t_i$ 处的计算值与 y_i 的残差平方和

$$Q=\sum_{i=1}^{n}[y_i-\sum_{j=1}^{J}c_j u_j(t_i)]^2 \tag{15.2.6}$$

可见，欲使广义多项式 $p(\boldsymbol{C};t)$ 与试验数据（15.2.1）逼近，应调整待定参数 $\boldsymbol{C}$ 的取值，使目标函数 Q 最小。由此，上述问题成为求多元目标函数 $Q(\boldsymbol{C})=Q(c_1,c_2,\cdots,c_j)$ 的极小值问题。由多元函数极值的必要条件

$$\frac{\partial Q}{\partial c_j}=0 \qquad j=1,2,\cdots,J \tag{15.2.7}$$

可得出 J 元线性代数方程组

$$\begin{cases} A_{11}\hat{c}_1+A_{12}\hat{c}_2+\cdots+A_{1J}\hat{c}_J=B_1 \\ A_{21}\hat{c}_1+A_{22}\hat{c}_2+\cdots+A_{2J}\hat{c}_J=B_2 \\ \cdots\cdots\cdots\cdots \\ A_{J1}\hat{c}_1+A_{J2}\hat{c}_2+\cdots+A_{JJ}\hat{c}_J=B_J \end{cases} \tag{15.2.8}$$

式中 $\hat{c}_j(j=1,2,\cdots,J)$ 为满足式（15.2.7）的 c_j 的估计值，方程组系数

$$\begin{cases} A_{jk}=\sum_{j=1}^{k}u_j(t_i)\times u_k(t_i) \\ B_j=\sum_{i=1}^{k}u_j(t_i)\bullet y_i \end{cases} \quad j,k=1,2,\cdots,J \tag{15.2.9}$$

称为方程组（15.2.8）的线性最小二乘问题的正规方程。

以 A_{jk} ($j,k=1,2,\cdots,J$)为元素的方程组（15.2.8）的系数行列式

$$\det|\boldsymbol{A}|=\begin{vmatrix} A_{11} & A_{12} & \cdots & A_{1J} \\ A_{21} & A_{22} & \cdots & A_{2J} \\ \cdots & \cdots & \cdots & \cdots \\ A_{J1} & A_{J2} & \cdots & A_{JJ} \end{vmatrix} \tag{15.2.10}$$

不为零时，可以唯一地解出参数估计值 $\hat{c}_j\left(j=1,2,\cdots,J\right)$。将这组估计值代入拟合数学模型（15.2.5）可得

$$\hat{y}=\hat{c}_1u_1(t)+\hat{c}_2u_2(t)+\cdots+\hat{c}_ju_j(t) \tag{15.2.11}$$

上式即为与实测数据（15.2.1）最逼近的线性函数，通常称之为以线性拟合模型（15.2.5）为基础的最终方程，也称为经验线性回归方程。

若采用矩阵方法表达上面过程，可设

$$\boldsymbol{y}_{n\times1}=\begin{bmatrix}y_1\\y_2\\\vdots\\y_n\end{bmatrix},\boldsymbol{C}_{J\times1}=\begin{bmatrix}c_1\\c_2\\\vdots\\c_J\end{bmatrix},\boldsymbol{e}_{n\times1}=\begin{bmatrix}e_1\\e_2\\\vdots\\e_n\end{bmatrix}$$

$$\boldsymbol{U}_{n\times J}=\begin{bmatrix}u_{11}&u_{12}&\cdots&u_{1J}\\u_{21}&u_{22}&\cdots&u_{2J}\\\cdots&\cdots&\cdots&\cdots\\u_{n1}&u_{n2}&\cdots&u_{nJ}\end{bmatrix}\quad\delta_{n\times1}=\begin{bmatrix}\delta_1\\\delta_2\\\vdots\\\delta_n\end{bmatrix}$$

式中，$u_{ij}=u_j(t_i)$，$i=1, 2, \cdots, n$；$j=1, 2\cdots, J$。e_i 为残差，若认为拟合模型（15.2.5）为精确的真值，则残差就是观测误差。此时，式（15.2.2）形式的观测方程可表示为

$$\boldsymbol{y}=\boldsymbol{UC}+\delta \tag{15.2.12}$$

实际上，在最小二乘法中，拟合数学模型（15.2.5）构成的最终方程 $\hat{\boldsymbol{y}}=\boldsymbol{U}\hat{\boldsymbol{C}}$ 是由一组观测数据（子样）确定的。可以认为，最小二乘估计值 c 所确定的最终方程代表了该组数据的子样均值，故残差为

$$\boldsymbol{e}=\boldsymbol{y}-\boldsymbol{U}\hat{\boldsymbol{C}} \tag{15.2.13}$$

残差平方和可表示为

$$\sum_{j=1}^{n}e_i^2=\boldsymbol{e}^{\mathrm{T}}\boldsymbol{e}=(\boldsymbol{y}-\boldsymbol{U}\hat{\boldsymbol{C}})^{\mathrm{T}}(\boldsymbol{y}-\boldsymbol{U}\hat{\boldsymbol{C}}) \tag{15.2.14}$$

Q 为 J 个估计值 $\hat{c}_1,\hat{c}_2,\cdots,\hat{c}_J$ 的二次函数。因为 Q 是非负的，所以 Q 的极小值存在，并满足 $\dfrac{\partial \boldsymbol{Q}}{\partial \hat{\boldsymbol{C}}}=0$

将式（15.2.14）代入

$$\begin{aligned}\frac{\partial \boldsymbol{Q}}{\partial \hat{\boldsymbol{C}}}&=2\left(\frac{\partial \boldsymbol{e}^{\mathrm{T}}}{\partial \hat{\boldsymbol{C}}}\right)\boldsymbol{e}=-2\frac{\partial(\hat{\boldsymbol{C}}^{\mathrm{T}}\boldsymbol{U}^{\mathrm{T}})}{\partial \hat{\boldsymbol{C}}}(\boldsymbol{y}-\boldsymbol{U}\hat{\boldsymbol{C}})\\&=2\boldsymbol{U}^{\mathrm{T}}(\boldsymbol{y}-\boldsymbol{U}\hat{\boldsymbol{C}})=0\end{aligned}$$

故有

$$\boldsymbol{U}^{\mathrm{T}}\boldsymbol{U}\hat{\boldsymbol{C}}=\boldsymbol{U}^{\mathrm{T}}\boldsymbol{y} \tag{15.2.15}$$

令

$$\begin{cases}\boldsymbol{A}=\boldsymbol{U}^{\mathrm{T}}\boldsymbol{U}\\\boldsymbol{B}=\boldsymbol{U}^{\mathrm{T}}\boldsymbol{y}\end{cases} \tag{15.2.16}$$

则式（15.2.15）可写为

$$\boldsymbol{A}\hat{\boldsymbol{C}}=\boldsymbol{B} \tag{15.2.17}$$

可见，上式即为正规方程组（15.2.8）的矩阵形式，而式（15.2.16）就是式（15.2.9）的矩阵表达式。由于矩阵元素 $A_{jk}=A_{kj}$，故 $\boldsymbol{A}$ 为 $J\times J$ 的对称矩阵。

一般，只要 $n\geqslant J$，系数矩阵 $\boldsymbol{A}$ 的行列式 $\det|\boldsymbol{A}|\neq0$，即矩阵 $\boldsymbol{A}$ 是满秩的，则 $\boldsymbol{C}$ 的解必然存在，而且是唯一确定的。这时，只要用 $\boldsymbol{A}$ 的逆矩阵左乘式（5.2.17）即得出该正规方程的解为

$$C = A^{-1}B = A^{-1}U^{T}y \qquad (15.2.18)$$

上式即为线性参数最小二乘估计的矩阵表示式，将它代回式（15.2.5），即可得出最终方程（15.2.11）。若将最终方程表示为矩阵形式，有

$$y = \hat{C}^{T}u(t) \qquad (15.2.19)$$

可以证明，最小二乘估计具有唯一性、最佳性和无偏性，且测试数据的标准误差的估计公式为

$$\hat{\sigma}_y = \sqrt{\frac{Q_{\min}}{n-J}} \qquad (15.2.20)$$

待定参数 c_j 的估计值 $\hat{c}_j$ 的标准误差估计公式为

$$\hat{\sigma}_{c_j} = \sqrt{A_{jj}^{*}} \cdot \hat{\sigma}_y \qquad j = 1,2,\cdots,J \qquad (15.2.21)$$

上两式中，$Q_{\min}$ 为最小残差平方和，其值等于以 $\hat{c}_j$ 代替 c_j，由目标函数式（15.2.6）的计算值；A^{*}_{jj} 为式（15.2.18）中逆矩阵 A^{-1} 的 j 行 j 列元素的值。由于上述结果的证明过程较繁，限于篇幅，这里不作证明。

§15.2.3 显函数模型的非线性的最小二乘法

对于测试数据 $(y_1,t_1),(y_2,t_2),\cdots,(y_n,t_n)$，设其拟合模型函数为

$$f(C;t) = f(c_1,c_2,\cdots,c_J;t) \qquad (15.2.22)$$

如果，$f(C;\ t)$关于其中某一参数 c_k 是非线性的，则称为非线性参数，$f(C;\ t)$为非线性拟合函数。根据最小二乘拟合原理，记拟合目标函数为测试值 y_i 与函数计算值 $f(C;\ t_i)$的残差平方和

$$Q = \sum_{i=1}^{N}[y_i - f(C;t_i)]^2 \qquad (15.2.23)$$

则非线性最小二乘拟合问题就是上面目标函数的极小化问题，也是一个优化拟合问题。

通常非线性优化问题的计算方法有两类：一类为一般的优化技术；另一类是高斯－牛顿型方法。第二类方法是把考虑的问题归结为平方和函数的极小化问题。在弹丸飞行状态参数测试数据的非线性最小二乘拟合中，通常可用实用的线性化技术把非线性拟合模型线性化后迭代求解。下面主要介绍上述非线性最小二乘拟合问题。

设已知参数 $C^{(l)}$ 是拟合函数 $f(C,t_i)$中待定参数 C 在目标函数 Q 的极小值点 C 附近的第 l 次近似（若 l 为零，$C^{(0)}$ 表示为 C 的经验估计值）。为求 C 的第 $l+1$ 次近似 $C^{(l+1)}$，将拟合函数 $f(C,t)$在 $C^{(l)}$ 附近作台劳级数展开:

$$f(C;t) = f(C^{(l)};t) + \frac{\partial f(C^{(l)};t)}{\partial C^{T}}[\Delta C^{(l)}] + \frac{1}{2}[\Delta G^{(t)}]^{T}\frac{\partial^2 f(C^{(l)};t)}{\partial C^{T}\partial C}[\Delta C^{(l)}] \qquad (15.2.24)$$

式中

$$\frac{\partial f(C^{(l)};t)}{\partial C^{T}} = \left[\frac{\partial f(C;t)}{\partial c_1},\frac{\partial f(C;t)}{\partial c_2},\cdots,\frac{\partial f(C;t)}{\partial c_j}\right]_{C=C^{(l)}}$$

$$[\Delta C^{(l)}]^{T} = C^{T} - [C^{(l)}]^{T} = [c_1 - c_1^{(l)}, c_2 - c_2^{(l)},\cdots,c_J - c_J^{(l)}]$$

$$\frac{\partial f(\boldsymbol{C}^{(l)};t)}{\partial \boldsymbol{C}^{\mathrm{T}}\partial \boldsymbol{C}}=\begin{bmatrix} \frac{\partial^2 f}{\partial c_1^2} & \frac{\partial^2 f}{\partial c_1 \partial c_2} & \cdots & \frac{\partial^2 f}{\partial c_1 \partial c_J} \\ \cdots\cdots & \cdots\cdots & & \\ \frac{\partial^2 f}{\partial c_J \partial c_1} & \frac{\partial^2 f}{\partial c_J \partial c_2} & \cdots & \frac{\partial^2 f}{\partial c_J^2} \end{bmatrix}_{\boldsymbol{C}=\boldsymbol{C}^{(l)}}$$

显然，在 $\boldsymbol{C}^{(l)}$附近，式（15.2.24）中二阶以上的量较其前两项小得多，粗略考虑可将该式取到线性项代入式（15.2.23），得

$$Q=\sum_{i=1}^{n}\left[y_i-f(\boldsymbol{C}^{(l)};t_i)-\frac{\partial f(\boldsymbol{C}^{(l)};t_i)}{\partial \boldsymbol{C}^{\mathrm{T}}}\Delta \boldsymbol{C}^{(l)}\right]^2$$

上式可作为已线性化的拟合模型构成的目标函数。参照线性最小二乘法的求解过程，由

$$\frac{\partial Q}{\partial \boldsymbol{C}}=\sum_{i=1}^{n}\left[\frac{\partial f(\boldsymbol{C}^{(l)};t_i)}{\partial \boldsymbol{C}^{\mathrm{T}}}\right]\left[y_i-f(\boldsymbol{C}^{(l)};t_i)-\frac{\partial f(\boldsymbol{C}^{(l)};t_i)}{\partial \boldsymbol{C}^{\mathrm{T}}}\Delta \boldsymbol{C}\right]=0$$

可得出矩阵形式的正规方程

$$\boldsymbol{A}\Delta \boldsymbol{C}^{(l)}=\boldsymbol{B} \tag{15.2.25}$$

式中，矩阵

$$\begin{cases} \boldsymbol{A}=\sum\limits_{i=1}^{n}\frac{\partial f(\boldsymbol{C}^{(l)};t_i)}{\partial \boldsymbol{C}}\cdot\frac{\partial f(\boldsymbol{C}^{(l)};t_i)}{\partial \boldsymbol{C}^{\mathrm{T}}} \\ \boldsymbol{B}=\sum\limits_{i=1}^{n}[y_i-f(\boldsymbol{C}^{(l)};t_i)]\frac{\partial f(\boldsymbol{C}^{(l)};t_i)}{\partial \boldsymbol{C}^{\mathrm{T}}} \end{cases} \tag{15.2.26}$$

以矩阵 $\boldsymbol{A}$ 的逆矩阵 $\boldsymbol{A}^{-1}$ 左乘式（15.2.25）两端，得

$$\Delta \boldsymbol{C}^{(l)}=\boldsymbol{A}^{-1}\boldsymbol{B} \tag{15.2.27}$$

由此，待定参数 $\boldsymbol{C}$ 的第 $l+1$ 次近似值计算公式为

$$\boldsymbol{C}^{(l+1)}=\boldsymbol{C}^{(l)}+\Delta \boldsymbol{C}^{(l)}=\boldsymbol{C}^{(l)}+\boldsymbol{A}^{-1}\boldsymbol{B} \tag{15.2.28}$$

利用上式，反复迭代计算，逐次逼近，最后总可以求出足够精确的 $\boldsymbol{C}$ 的估计值 $\hat{\boldsymbol{C}}$ 。

§15.2.4　C-K（Chapman-Kirk）方法

前面介绍的非线性最小二乘法有一个共同的条件，即在前面的方法计算中必须要求拟合函数 $f(\boldsymbol{C};t)$是解析函数。在外弹道试验测试数据处理中，并不是在任何条件下都能将弹丸的运动规律以解析函数的形式表示出来。在一般条件下，上述要求无法满足，只能以力学规律导出的微分方程来描述弹丸的运动规律。此时，若采用近似的解析解作拟合模型将会引入不必要的模型误差。因此，考虑直接采用弹道方程作为拟合数学模型具有重要的意义。1970 年，Chapman 和 Kirk 在他们合作的论文中全面导出了以微分方程的数值解拟合弹丸运动的测试数据的方法，从根本上解决了微分方程数值解的拟合问题。

在显函数形式的非线性最小二乘法的迭代计算中，每次迭代必须先计算迭代修正量 $\Delta \boldsymbol{C}^{(l)}$，而该修正量的计算依赖于正规方程（15.2.25）的系数矩阵 $\boldsymbol{A}$ 和 $\boldsymbol{B}$ 的计算。由式（15.2.25）

知，矩阵 $\boldsymbol{A}$、$\boldsymbol{B}$ 的确定需要计算矢量矩阵 $\dfrac{\partial f}{\partial \boldsymbol{C}}$ 的元素 $\left[\dfrac{\partial f(\boldsymbol{C};t_i)}{\partial c_j}\right]_{\boldsymbol{C}=\boldsymbol{C}^{(l)}}$ $(j=1,2,\cdots,J)$ 和函数值 $f(\boldsymbol{C}^{(l)};t_i)(i=1,2,\cdots,n)$。

通常，在拟合函数 $f(\boldsymbol{C};t)$为显函数的情况下，可直接采用函数值的计算方法计算函数 $f(\boldsymbol{C};t)$及 $\dfrac{\partial f(\boldsymbol{C};t_i)}{\partial c_j}$ 在 $c_j=c_j^{(l)}(j=1,2,\cdots,J)$ 和 $t_i=t_i(i=1,2,\cdots,n)$ 时的值，而当拟合函数无法写成显函数形式时，可以考虑采用微分方程的数值解法来计算它们的值。

设拟合函数满足微分方程

$$\frac{\mathrm{d}y}{\mathrm{d}t}=F(\boldsymbol{C},y,t) \tag{15.2.29}$$

式中 y 为拟合函数，它是待定参数 $\boldsymbol{C}=[c_1,c_2,\cdots,c_J]^{\mathrm{T}}$ 和 t 的连续可微的函数，记为 $\boldsymbol{y}=f(\boldsymbol{C};t)$ 方程求解的初始条件为

$$\boldsymbol{y}_0=f(\boldsymbol{C};t_0) \tag{15.2.30}$$

由于一般的常微分方程均可化为方程（15.2.29）的形式，为了求 $\dfrac{\partial f}{\partial c_j}(j=1,2,\cdots,J)$ 在 $t=t_i(i=1,2,\cdots,n)$ 和 $\boldsymbol{C}=\boldsymbol{C}^{(l)}$ 时的值，这里将方程（15.2.29）的两端同时对待定参数 $\boldsymbol{C}$ 求偏导数。

$$\frac{\partial}{\partial \boldsymbol{C}}\left(\frac{\mathrm{d}y}{\mathrm{d}t}\right)=\frac{\partial}{\partial \boldsymbol{C}}F(\boldsymbol{C};y,t) \tag{15.2.31}$$

因为 $y=f(\boldsymbol{C};t)$ 连续可微，故上式中

$$\frac{\partial}{\partial \boldsymbol{C}}\left(\frac{\mathrm{d}y}{\mathrm{d}t}\right)=\frac{\mathrm{d}}{\mathrm{d}t}\left(\frac{\partial y}{\partial \boldsymbol{C}}\right) \tag{15.2.32}$$

令

$$\begin{cases}\boldsymbol{P}=\dfrac{\partial y}{\partial \boldsymbol{C}}=\dfrac{\partial f}{\partial \boldsymbol{C}}\\ \boldsymbol{G}(\boldsymbol{C},\boldsymbol{P};\boldsymbol{y},t)=\dfrac{\partial}{\partial \boldsymbol{C}}F(\boldsymbol{C};y,t)\end{cases} \tag{15.2.33}$$

其中

$$\boldsymbol{P}=\begin{bmatrix}p_1,\\p_2\\\vdots\\p_J\end{bmatrix},\frac{\partial y}{\partial \boldsymbol{C}}=\begin{bmatrix}\dfrac{\partial y}{\partial c_1}\\\dfrac{\partial y}{\partial c_2}\\\vdots\\\dfrac{\partial y}{\partial c_J}\end{bmatrix},\boldsymbol{G}=\begin{bmatrix}G_1,\\G_2\\\vdots\\G_J\end{bmatrix},\frac{\partial F}{\partial \boldsymbol{C}}=\begin{bmatrix}\dfrac{\partial F}{\partial c_1}\\\dfrac{\partial F}{\partial c_2}\\\vdots\\\dfrac{\partial F}{\partial c_J}\end{bmatrix}$$

将式（15.2.32）和式（15.2.33）代入式（15.2.31）得

$$\frac{\mathrm{d}\boldsymbol{P}}{\mathrm{d}t}=\boldsymbol{G}(\boldsymbol{C},\boldsymbol{P};y,t) \tag{15.2.34}$$

上式即为求解 $\frac{\partial y}{\partial c_j}(j=1,2,\cdots,J)$ 的微分方程组，把它与式（15.2.29）联立，即构成了由 $J+1$ 个微分方程组成的完备体系。方程（15.2.34）的初始条件由式（15.2.30）可以导出

$$\boldsymbol{P}_0=\frac{\partial f(\boldsymbol{C};t_0)}{\partial \boldsymbol{C}}=[p_{01},p_{02},\cdots,p_{0J}]^{\mathrm{T}} \tag{15.2.35}$$

其中

$$p_{01}=\begin{cases}1 & c_j=y_0\\ 0 & c_h\neq y_0\end{cases}$$

由此可以看出，上述完备体系可归结为微分方程组

$$\begin{cases}\dfrac{\mathrm{d}y}{\mathrm{d}t}=F(\boldsymbol{C};y,t)\\ \dfrac{\mathrm{d}\boldsymbol{P}}{\mathrm{d}t}=G(\boldsymbol{C},p,y,t)\end{cases}$$

关于初值问题

$$\begin{cases}y_0=f(\boldsymbol{C};t_0)\\ \boldsymbol{P}_0=\dfrac{\partial f(\boldsymbol{C};t_0)}{\partial \boldsymbol{C}}\end{cases}$$

的解。由常微分方程的数值解法（如龙格－库塔法）即可求出 y 和 $p_j(j=1,2,\cdots,J)$ 在 $t=t_i(i=1,2,\cdots,n)$ 时的数值解。利用这些数值解进行插值计算后代入式（15.2.26）即可确定矩阵 $\boldsymbol{A}$ 和 $\boldsymbol{B}$，再由式（15.2.28）进行迭代计算。

对于微分方程组，也有类似的方法。设有含 N_2 个一阶微分方程的方程组和起始条件组：

$$\frac{\mathrm{d}y_m}{\mathrm{d}x}=F_m(x,y_1,y_2,\cdots,y_{N_2};c_1,c_2,\cdots,c_{N_3})\quad (y_m\big|_{x=x_0}=y_{m_0},m=1,2,\cdots N_2) \tag{15.2.36}$$

式中，x 为自变量，$y_1,y_2,\cdots,y_{N_2}$ 为独立变量；N_2 为该类独立变量以及相应起始条件的个数；$c_1,c_2,\cdots,c_{N_3}$ 为待定参数，共 N_3 个；$y_{10},y_{20},\cdots,y_{N_{20}}$ 为起始条件。

设已测得独立变量中 N_1 个变量（$N_1\leqslant N_2$）在 $i=1,2,\cdots,n$ 个观测点上的数值为 y_{mei}，问题是欲利用方程组（15.2.36）拟合试验结果，以求得包含在该方程中的 N_3 个待定参数 $c_1,c_2,\cdots,c_{N_3}$ 以及 N_2 个起始条件 $y_{10},y_{20},\cdots,y_{N_{20}}$。

将观测点处相应的计算值记为 $y_m(x_i)$，作下列残差平方和作为目标函数：

$$Q=\sum_{i=1}^{n}\sum_{m=1}^{N_1}W_{im}\left[y_{mei}-y_m(c_1,c_2,\cdots,c_{N_3};x_i)\right]^2 \tag{15.2.37}$$

再记

$$c_{N_3+1}=y_{10},\quad c_{N_3+2}=y_{20},\cdots,c_J=y_{N_20} \tag{15.2.38}$$

式中

$$J=N_3+N_2 \tag{15.2.39}$$

由以上可知

$$1 \leqslant N_1 \leqslant N_2 \leqslant J \leqslant n \tag{15.2.40}$$

其中W_{im}是对不同数据在不同测试点上取的加权因子。

最小二乘拟合法的原理，就是要选取一组待定参数$c_1, c_2, \cdots, c_J$，使残差平方和最小，这就需使Q对c_k的J个偏导数等于零，即$\partial Q / \partial c_k = 0$，但这个等式关于待定参数$c_j$一般也不是线性的。为便于使用最小二乘法，可采用将$y_m(c_1, c_2, \cdots, c_J; x_i)$在给定的一组参数$c_j^{\ 0}$附近展成泰勒级数，并只取到一次项的方法，得

$$y_m = y_m^{(0)} + \sum_{j=1}^{J} \frac{\partial y_m}{\partial c_j} \Delta c_j \tag{15.2.41}$$

将式（15.2.41）代入式（15.2.37），Q就变成Δc_j的函数。然后将Q对各Δc_j求偏导数并令导数为零，则得到如下矩阵形式的正规方程：

$$[\boldsymbol{A}]_{J \times J} [\boldsymbol{\Delta c}]_{J \times 1} = [\boldsymbol{B}]_{J \times 1} \tag{15.2.42}$$

其中矩阵$[\boldsymbol{A}]_{J \times J}$的元素

$$A_{jk} = \sum_{i=1}^{N} \sum_{m=1}^{N_1} p_{mj} \cdot p_{mk} \quad (j, k = 1, 2, \cdots, J) \tag{15.2.43}$$

矩阵$[\boldsymbol{B}]_{J \times 1}$、$[\boldsymbol{\Delta c}]_{J \times 1}$的元素

$$\begin{aligned} B_k &= \sum_{i=1}^{N} \sum_{m=1}^{N_1} [y_{mei} - y_m^{\ (0)}(x_i)] p_{mk} \\ [\boldsymbol{\Delta c}]_{N_J \times 1} &= (\Delta c_1, \Delta c_2, \cdots, \Delta c_J)^{\mathrm{T}} \qquad (j, k = 1, 2, \cdots, J) \\ p_{mj} &= \frac{\partial y_m}{\partial c_j} \end{aligned} \tag{15.2.44}$$

如果微分方程组（15.2.36）具有解析解，则可直接求出各偏导数p_{mj}的解析表达式，进而计算出各距离点上的偏导数值$p_{mj}(x_i)$，下面就可解出各Δc_j并加到$c_j^{\ (0)}$上得到$c_j^{\ (1)}$重新计算Q值，并且以下如此继续迭代直至Q很小为止，这就是§15.2.3介绍的内容。但对于一般的非线性微分方程（15.2.36）是求不出解析解的，因而也得不到各p_{mj}的表达式，这就是困难所在。

C－K方法就是利用方程组（15.2.36），将各独立变量y_m对待定参数c_j求导，以形成关于偏导数p_{mj}的方程，这种方程称为方程（15.2.36）的共轭方程。解共扼方程组就能求得所需的p_{mj}的值。

若记

$$\frac{\partial p_{mj}}{\partial x} = \frac{\partial}{\partial x}\left(\frac{\partial y_m}{\partial c_j}\right) = \frac{\partial y'_m}{\partial c_j} = \frac{\partial F_m}{\partial c_j} \tag{15.2.45}$$

式中交换了求导次序，对于一般的连续函数这种运算是成立的。将方程组（15.2.36）对c_j求导可得到如下共轭方程组：

$$p'_{mj} = \frac{\partial F_m}{\partial c_j} = G_{mj}(x; y_1, y_2, \cdots, y_{N_2}, c_1, c_2, \cdots, c_{N_3}, p_{11}, \cdots, p_{N_2 J}) \tag{15.2.46}$$

式中

$$j=1,2,\cdots,N_3,N_3+1,\cdots,J;m=1,2,\cdots N_2\text{。}$$

该方程组的起始条件为

$$\frac{\partial y_m}{\partial c_j}=p_{mj}(x_0)\begin{cases}=1 & (\text{当 } j=N_3+m \text{ 时})\\ =0 & (\text{其他情况})\end{cases} \tag{15.2.47}$$

这是因为当 $j=N_3+m$ 时，第 j 个参量 μ_j 恰为独立变量 y_m 的起始条件 y_{m0}，自然就有 $\left(\dfrac{\partial y_m}{\partial c_j}\right)_{x0}=1$。又因为每一个起始条件 y_{j0} 与待定参数 $c_1,c_2,\cdots,c_{N_3}$ 以及其他的起始条件无关，故当 $j\neq N_3+m$ 时 $p_{mj}=0$。

方程组（15.2.46）的各右端函数还与 $y_1,y_2,\cdots,y_{N_2}$ 有关，故它必须与原方程同时计算。由原方程（15.2.36）算出个测试点距离上的 $y_m(x_i)$ 后，再代入式（15.2.46）中求解 p_{mj}，再将 p_{mj} 代入式（15.2.43）、式（15.2.44）就可求得 A_{lk}、B_k，然后由正规方程组（15.2.42）解出微分修正量 Δc_j。

$$[\boldsymbol{\Delta c}]=[\boldsymbol{A}]^{-1}[\boldsymbol{B}]$$

$$[\boldsymbol{A}]^{-1}=\frac{1}{|\boldsymbol{A}|}\begin{bmatrix} A_{11}^* & A_{12}^* & \dots & A_{1J}^* \\ A_{21}^* & \dots & \dots & \dots \\ \vdots & \vdots & \vdots & \vdots \\ A_{J1}^* & \cdots & \cdots & A_{JJ}^* \end{bmatrix} \tag{15.2.48}$$

式中，$|\boldsymbol{A}|$为矩阵$[\boldsymbol{A}]$的行列式，A_{lk}^* 为矩阵元素 A_{lk} 对应的代数余子式。

迭代时要对参数给定一组第 l 次近似值 $c_j^{(l)}$（其中 $c_j^{(0)}$ 为起始参数）（$j=1,2,\cdots,J$），在求得 $\Delta c_j^{(l)}$ 后即可求得参数 c_j 的 $l+1$ 次近似估值

$$c_j^{(l+1)}=c_j^{(l)}+\Delta c_j^{(l)} \quad (j=1,2,\cdots,J) \tag{15.2.49}$$

然后，再用 $c_j^{(l+1)}$ 计算 $y_m(x_i)$ 和 Q；如果 Q 已满足精度要求，则迭代计算到此为止，最后得到的这一组参数 $c_j^{(l+1)}$ 即为所求。否则，取 l 为 $l+1$，继续上面的迭代过程，直到 Q 满足要求为止。

由上述步骤知，应用 C–K 方法的主要工作是建立共轭方程组和求解共轭方程组。原方程组的变量越多，待定参数越多，则共轭方程组中方程的个数将急剧膨胀，不过有了高速电子计算机后，这也不是什么难以克服的困难。

§15.2.5　非线性最小二乘条件下的误差估计

从前面介绍的非线性最小二乘法的计算过程可知，这些方法均是先将拟合函数作线性化近似处理后再按线性最小二乘法求解，并迭代计算出待定参数值。因此，可以认为在测试数据的覆盖范围内，拟合函数在估计值 $\hat{c}_j$ 附近的线性展开近似式具有足够的精度。由此可知，拟合标准误差计算公式（15.2.20）和参数估计值 $\hat{c}_j$ 的标准差计算公式（15.2.21）同样适用于以非线性最小二乘法为基础的误差计算。

§15.3 卡尔曼滤波方法

关于含有测量噪声情况的参数估计问题，卡尔曼滤波器广泛被使用。卡尔曼滤波器可以实现对含有随机噪声情况下参数的最优估计，其中参数可以是时变的、也可以是常数。传统的卡尔曼滤波器只能处理线性系统，为适应实际情况广泛存在的非线性，Sunahara 和 Bucy 等提出了扩展卡尔曼滤波器（Extended Kalman Filter，EKF）。该算法在模型并不复杂的情况下简单易行，目前在处理非线性随机问题时被广泛使用，但是该方法存在线性截断误差，实际中往往难以获得理想的滤波精度。本节以从速度数据辨识零升阻力系数为例，针对含有模型噪声和测量噪声的情况，介绍一种基于无迹卡尔曼滤波器的零升阻力系数辨识方法，该方法采用无迹变换（Unscented Transformation，UT）来近似估计状态和方差的非线性传递过程，能有效处理含噪声情况的系统状态、参数滤波和平滑问题，在计算过程中不需要推导或求解复杂的雅可比矩阵，使求解更简便。

§15.3.1 系统模型

1）系统状态方程

利用卡尔曼滤波器实现弹道重构时，要选取合适的弹道模型，该模型中的状态变量需直接或间接与测量参数有关联。阻力对质心速度大小和方向的影响是通过阻力加速度来体现的，考虑到通常雷达测量参数有限，以及重构的快速性、实时性等，采用简化的质点弹道模型来描述炮弹的飞行运动，并假设地表面为平面，炮弹只受到空气动力和重力的作用。

$$\dot{\boldsymbol{u}} = -0.5\rho S F_D C_{D0}(Ma)V\boldsymbol{W}/m + \boldsymbol{g} \tag{15.3.1}$$

式中，$\boldsymbol{u}$ 为相对地面坐标系的炮弹飞行速度，$\boldsymbol{V}$ 为相对空气的炮弹飞行速度，$\boldsymbol{W}$ 为风速，$\boldsymbol{V}=\boldsymbol{u}-\boldsymbol{W}$，$\boldsymbol{g}$ 为重力加速度，C_{D0} 为利用弹道测量数据辨识阻力系数时所采用的某一弹形的基准阻力数据，它是马赫数 Ma 的函数，F_D 为无量纲的阻力符合系数。基准阻力系数 $C_{D0}(Ma)$ 乘以符合系数 F_D 就是该弹的符合阻力系数。如果能精确获得炮弹对应于基准阻力系数的符合系数，那么便获得了炮弹的阻力系数随马赫数的函数。根据各质点弹道参数的初始条件，便可计算无控炮弹的质点弹道。

空气动力取决于弹形、相对空气的速度 $\boldsymbol{V}$、空气特性等。忽略通常情况下较小的垂直气流，仅考虑纵风 W_x 与横风 W_z

$$\boldsymbol{V} = [u_x - W_x,\ u_y,\ u_z - W_z]^{\mathrm{T}} \tag{15.3.2}$$

在弹道计算中，纵风 W_x 与横风 W_z，由精密的外弹道气象条件给出。

将上述动力学方程沿弹道坐标系投影并联系运动学方程得到质点弹道方程组

$$\begin{cases} \dot{u}_x = -0.5\rho S F_D C_{D0}(Ma)V(u_x - W_x)/m \\ \dot{u}_y = -0.5\rho S F_D C_{D0}(Ma)Vu_y/m - g \\ \dot{u}_z = -0.5\rho S F_D C_{D0}(Ma)V(u_z - W_z)/m \\ \dot{x} = u_x \\ \dot{y} = u_y \\ \dot{z} = u_z \end{cases} \tag{15.3.3}$$

式中，u_x、u_y、u_z 为炮弹相对地面坐标系的速度分量；x、y、z 为炮弹在地面坐标系中的坐标；相对空气的速度 $V=\sqrt{(u_x-W_x)^2+{u_y}^2+(u_z-W_z)^2}$；马赫数 $Ma=V/c$；虚温 $T_y=288.3-6\times10^{-3}y$；声速 $c=20.046T_y^{0.5}$；空气密度 $\rho=\rho_0\cdot\mathrm{e}^{-1.059\times10^{-4}y}$。

为达到重构弹道和阻力系数的目的，还需要知道关于阻力系数的符合系数模型。假设无任何可用的描述符合系数的先验信息，利用马尔可夫随机模型描述阻力符合系数：

$$\dot{F}_D=v_{F_D} \tag{15.3.4}$$

式中，v_{F_D} 为阻力符合系数模型的随机噪声。

取质点弹道模型式的状态变量 u_x、u_y、u_z、x、y、z 和参数 F_D，作为状态估计变量，即

$$\boldsymbol{x}=[x_1\quad x_2\quad x_3\quad x_4\quad x_5\quad x_6\quad x_7]^{\mathrm{T}}=[u_x\quad u_y\quad u_z\quad x\quad y\quad z\quad F_D]^{\mathrm{T}} \tag{15.3.5}$$

滤波状态方程可写成

$$\dot{\boldsymbol{x}}=\boldsymbol{f}(\boldsymbol{x})+\boldsymbol{v} \tag{15.3.6}$$

式中

$$\boldsymbol{f}(\boldsymbol{x})=\begin{pmatrix}-0.5\rho Sx_7C_{D0}V(x_1-W_x)/m\\-0.5\rho Sx_7C_{D0}Vx_2/m-g\\-0.5\rho Sx_7C_{D0}V(x_3-W_z)/m\\x_1\\x_2\\x_3\\0\end{pmatrix},\quad V=\sqrt{(x_1-W_x)^2+{x_2}^2+(x_3-W_z)^2} \tag{15.3.7}$$

这样建立的三自由度模型与实际系统不可避免地存在误差，$\boldsymbol{v}$ 为补偿建模不准确的系统噪声（包含了阻力符合系数模型的随机噪声项），系统噪声的数学期望 $E(\boldsymbol{v})=\bar{\boldsymbol{v}}$。

2）系统测量方程

测量仪器选取坐标雷达和测速雷达。假定地面雷达测量到目标的距离为 r，方位角为 β，俯仰角为ε，速率为 $\dot{r}$，更新时间为 T，则测量方程为

$$\boldsymbol{z}=\boldsymbol{h}(\boldsymbol{x})+\boldsymbol{w} \tag{15.3.8}$$

式中

$$\boldsymbol{h}(\boldsymbol{x})=\begin{pmatrix}r\\\beta\\\varepsilon\\\dot{r}\end{pmatrix}==\begin{pmatrix}\sqrt{x_4^2+x_5^2+x_6^2}\\\arctan(x_6/x_4)\\\arctan(x_5/\sqrt{x_4^2+x_6^2})\\(x_1x_4+x_2x_5+x_3x_6)/r\end{pmatrix} \tag{15.3.9}$$

$\boldsymbol{w}$ 是测量噪声，测量噪声的数学期望 $E(\boldsymbol{w})=\bar{\boldsymbol{w}}$。

由雷达的测量方程可知，单点的雷达测量数据只能转换得到该时刻的炮弹位置信息（x、y、z），而不易得到三维的飞行速度分量，所以需要利用基于时间序列的数据处理方法提取速度信息。若阻力符合系数能较好地符合实际弹道测量，将不同估计时刻的符合系数和基准阻力系数相乘可获得所辨识的阻力系数，记录相应的马赫数便得到该条弹道上炮弹阻力系数随马赫数变化的函数。

§15.3.2 卡尔曼滤波器

卡尔曼滤波器是一种根据测量信息和系统模型来获取不可直接测量的状态量估计的一种递推算法，它可以作为弹道平滑、重构的有力工具，在气动辨识计算中，卡尔曼滤波方法大多用于全弹道测量数据的平滑预处理。由于描述炮弹外弹道过程的状态方程是连续的，而获得的测量值通常是离散的，因而相比离散卡尔曼滤波器，用数值积分非线性动力学系统模型，代替线性系统滤波器常用的一步预测法来获得状态估计的预测值更符合实际。针对本书的状态方程与测量模型，下面给出适用于在线弹道重构的扩展卡尔曼滤波器（EKF）和无迹卡尔曼滤波器（UKF）算法。

1）扩展卡尔曼滤波器

（1）滤波器的状态和方差初始化。

$$\begin{aligned}\hat{\boldsymbol{x}}_0 &= E(\boldsymbol{x}_0)\\ \hat{\boldsymbol{P}}_0 &= E[(\boldsymbol{x}_0-\hat{\boldsymbol{x}}_0)(\boldsymbol{x}_0-\hat{\boldsymbol{x}}_0)^{\mathrm{T}}]\end{aligned} \tag{15.3.10}$$

（2）时间更新。

t_{k-1} 到 t_k 时刻，状态值与方差的预测：

$$\begin{aligned}\dot{\hat{\boldsymbol{x}}} &= \boldsymbol{f}(\hat{\boldsymbol{x}})+\bar{\boldsymbol{v}}\\ \dot{\boldsymbol{P}} &= \boldsymbol{AP}+\boldsymbol{PA}^{\mathrm{T}}+\boldsymbol{Q}\end{aligned} \tag{15.3.11}$$

式中 $\boldsymbol{A}=\left.\dfrac{\partial \boldsymbol{f}}{\partial \boldsymbol{x}}\right|_{x=\hat{x}_k}$，$\boldsymbol{Q}$ 为系统噪声方程矩阵，在滤波更新时间内，采用数值积分来预测状态变量估计值与方差。数值积分采用四阶龙格库塔方法，积分后的状态值为 $\hat{\boldsymbol{x}}_{k+1/k}$，方差为 $\boldsymbol{P}_{k+1/k}$。

（3）测量更新。

在 t_{k+1} 时刻，由新的测量值 z_k 进行对状态估计与方差估计的修正

$$\begin{aligned}\boldsymbol{K}_{k+1} &= \boldsymbol{P}_{k+1/k}\boldsymbol{H}_k^{\mathrm{T}}(\boldsymbol{H}_k\boldsymbol{P}_{k+1/k}\boldsymbol{H}_k^{\mathrm{T}}+\boldsymbol{R})\\ \hat{\boldsymbol{x}}_{k+1} &= \hat{\boldsymbol{x}}_{k+1/k}+\boldsymbol{K}_{k+1}(\boldsymbol{z}_{k+1}-\boldsymbol{h}_k(\hat{\boldsymbol{x}}_{k+1/k}))\\ \boldsymbol{P}_{k+1} &= (\boldsymbol{I}-\boldsymbol{K}_{k+1}\boldsymbol{H}_k)\boldsymbol{P}_{k+1/k}(\boldsymbol{I}-\boldsymbol{K}_{k+1}\boldsymbol{H}_k)^{\mathrm{T}}+\boldsymbol{K}_{k+1}\boldsymbol{R}\boldsymbol{K}_{k+1}\end{aligned} \tag{15.3.12}$$

式中 $\boldsymbol{H}_k=\left.\dfrac{\partial \boldsymbol{h}}{\partial \boldsymbol{x}}\right|_{\boldsymbol{x}=\hat{\boldsymbol{x}}_k}$，$\boldsymbol{R}$ 为测量噪声方程矩阵，$\boldsymbol{z}_{k+1}$ 为 t_{k+1} 时刻获得的测量信息。

2）无迹卡尔曼滤波器

UKF 算法是基于 UT 变换的卡尔曼滤波算法，通过特别选取一些样点，更好地近似随机变量经过非线性变化后的均值和方差，不但可以使滤波器达到更高的精度，而且对噪声具有非常好的适应性。

（1）状态估计与方差矩阵初始化。

$$\begin{aligned}\hat{\boldsymbol{x}}_0 &= E(\boldsymbol{x}_0)\\ \hat{\boldsymbol{P}}_0 &= E[(\boldsymbol{x}_0-\hat{\boldsymbol{x}}_0)(\boldsymbol{x}_0-\hat{\boldsymbol{x}}_0)^{\mathrm{T}}]\end{aligned} \tag{15.3.13}$$

（2）计算 sigma 点。

$$\begin{aligned}
&\hat{\boldsymbol{x}}_k^{(i)} = \hat{\boldsymbol{x}}_k + \tilde{\boldsymbol{x}}^{(i)} \quad i = 0,1,\cdots,2n;\ \tilde{\boldsymbol{x}}^{(0)} = 0; \\
&\tilde{\boldsymbol{x}}^{(i)} = (\sqrt{(n+\lambda)\boldsymbol{P}_{k-1}})_i^{\mathrm{T}},\ \tilde{\boldsymbol{x}}^{(i+n)} = -\tilde{\boldsymbol{x}}^{(i)} \qquad i = 1,2,\cdots,n; \\
&W^{(0)} = \lambda / n+\lambda, \quad W^{(i)} = 1/2(n+\lambda) \qquad i = 1,2,\cdots,2n
\end{aligned} \tag{15.3.14}$$

式中，n 为状态变量的个数。

（3）时间更新。

$$\dot{\hat{\boldsymbol{x}}}^{(i)} = \boldsymbol{f}(\hat{\boldsymbol{x}}^{(i)}) + \bar{\boldsymbol{v}} \tag{15.3.15}$$

积分后的状态值为 $\hat{\boldsymbol{x}}_{k+1/k}^{(i)}$。

$$\begin{aligned}
\hat{\boldsymbol{x}}_{k+1/k} &= \sum_{i=0}^{2n} W^{(i)} \hat{\boldsymbol{x}}_{k+1/k}^{(i)} \\
\boldsymbol{P}_{k+1/k} &= \sum_{i=0}^{2n} W^{(i)} (\hat{\boldsymbol{x}}_{k+1/k}^{(i)} - \hat{\boldsymbol{x}}_{k+1/k})(\hat{\boldsymbol{x}}_{k+1/k}^{(i)} - \hat{\boldsymbol{x}}_{k+1/k})^{\mathrm{T}} + \boldsymbol{Q}T
\end{aligned} \tag{15.3.16}$$

式中，$\boldsymbol{Q}$ 为系统噪声方程矩阵，T 为滤波更新时间。

（4）测量更新。

$$\begin{aligned}
&\hat{\boldsymbol{z}}_{k+1}^{(i)} = \boldsymbol{h}(\hat{\boldsymbol{x}}_{k+1/k}^{(i)}) + \bar{\boldsymbol{w}},\ \hat{\boldsymbol{z}}_{k+1} = \sum_{i=0}^{2n} W^{(i)} \hat{\boldsymbol{z}}_{k+1}^{(i)} \\
&\boldsymbol{P}_z = \sum_{i=0}^{2n} W^{(i)} (\hat{\boldsymbol{z}}_{k+1}^{(i)} - \hat{\boldsymbol{z}}_{k+1})(\hat{\boldsymbol{z}}_{k+1}^{(i)} - \hat{\boldsymbol{z}}_{k+1})^{\mathrm{T}} + \boldsymbol{R} \\
&\boldsymbol{P}_{xz} = \sum_{i=0}^{2n} W^{(i)} (\hat{\boldsymbol{x}}_{k+1/k}^{(i)} - \hat{\boldsymbol{x}}_{k+1/k})(\hat{\boldsymbol{z}}_{k+1}^{(i)} - \hat{\boldsymbol{z}}_{k+1})^{\mathrm{T}}
\end{aligned} \tag{15.3.17}$$

式中，$\boldsymbol{R}$ 为测量噪声方程矩阵。

t_k 时刻的增益矩阵、状态估计与方差矩阵由下式确定：

$$\begin{aligned}
\boldsymbol{K}_{k+1} &= \boldsymbol{P}_{xz} \boldsymbol{P}_z^{-1} \\
\hat{\boldsymbol{x}}_{k+1} &= \hat{\boldsymbol{x}}_{k+1/k} + \boldsymbol{K}_{k+1}(z_{k+1} - \hat{z}_{k+1}) \\
\boldsymbol{P}_{k+1} &= \boldsymbol{P}_{k+1/k} - \boldsymbol{K}_{k+1} \boldsymbol{P}_z \boldsymbol{K}_{k+1}^{\mathrm{T}}
\end{aligned} \tag{15.3.18}$$

与 EKF 相比，利用 UKF 处理非线性系统时，不需要求解复杂的雅可比矩阵，并克服了 EKF 线性化误差大和协方差容易出现病态等缺点。

§15.4　最大似然函数法

最大似然函数法是由费希尔（R.A.Fisher）发展起来的能给出参数无偏估计的有效方法，它需要构造一个以数据和未知参数为自变量的似然函数，并通过极大化似然函数获得模型的参数估计值。

§15.4.1　最大似然准则

最大似然概念是费希尔引入的，他认为若系统模型是正确的，则有关系统中未知参数的信息全部包含于似然函数之中。对于给定观测量 L，参数估计的最大似然法就是选取参数 $\hat{\theta}$ 使似然函数 L 达到最大值

$$\hat{\boldsymbol{\theta}} = ARG\max_{\theta\in\Theta} L(\boldsymbol{\theta}|\boldsymbol{Y}) \tag{15.4.1}$$

对给定的一组与参数 $\boldsymbol{\theta}$ 有关的观测矢量组 $\boldsymbol{Y}$，可以取给定 $\boldsymbol{\theta}$ 下 $\boldsymbol{Y}$ 的条件概率 $p(\boldsymbol{Y}|\boldsymbol{\theta})$ 为似然函数。因此，最大似然估计也就是选取参数 $\hat{\boldsymbol{\theta}}$ 使 $\boldsymbol{Y}$ 出现的条件概率达到最大值：

$$\hat{\boldsymbol{\theta}} = ARG\max_{\theta\in\Theta} L(\boldsymbol{Y}|\boldsymbol{\theta}) \tag{15.4.2}$$

也可以取似然函数为 $\ln p(\boldsymbol{Y}|\boldsymbol{\theta})$。这一基本概念适用于线性和非线性系统，有过程噪声和观测噪声的情况。对给定的观测数组 $\boldsymbol{Y}_N = (y_1, y_2, \cdots, y_N)$， y_i 是 m 维观测矢量，其条件概率为产 $p(\boldsymbol{Y}_N|\boldsymbol{\theta})$。连续应用贝叶斯公式，可推得 $p(\boldsymbol{Y}_N|\boldsymbol{\theta})$ 的表达式：

$$\begin{aligned} p(\boldsymbol{Y}_N|\boldsymbol{\theta}) &= p(y_N, \boldsymbol{Y}_{N-1}|\boldsymbol{\theta}) = p(y_N|\boldsymbol{Y}_{N-1},\boldsymbol{\theta})p(y_{N-1}|\boldsymbol{\theta}) \\ &= p(y_N|\boldsymbol{Y}_{N-1},\boldsymbol{\theta})p(y_{N-1}|\boldsymbol{Y}_{N-2},\boldsymbol{\theta})p(y_{N-2}|\boldsymbol{\theta})\cdots \\ &= \prod_{i=1}^{N} p(y_i|\boldsymbol{Y}_{i-1},\boldsymbol{\theta}) \end{aligned} \tag{15.4.3}$$

由于对数是单调函数，最大似然估计可写成

$$\hat{\boldsymbol{\theta}} = ARG\max_{\theta\in\Theta}[\ln p(\boldsymbol{Y}_N|\boldsymbol{\theta})] = ARG\max_{\theta\in H}[\sum_{i=1}^{N}\ln p(y_i|\boldsymbol{Y}_{i-1},\boldsymbol{\theta})] \tag{15.4.4}$$

式中 $\ln p(\boldsymbol{Y}_N|\boldsymbol{\theta})$ 是似然函数。

当观测数据足够多时，根据概率论中心极限定理，可以合理地假定 $p(y_i|\boldsymbol{Y}_{i-1},\boldsymbol{\theta})$ 是正态分布，由其均值和方差唯一确定。记其均值（数学期望）为

$$E\{y_i|\boldsymbol{Y}_{i-1},\boldsymbol{\theta}\}\hat{y}(i|i-1) \tag{15.4.5}$$

此均值是在给定前 $(i-1)$ 个观测量的条件下，第 i 个观测量的最优估计。记其协方差为

$$\begin{aligned} &Cov\{y_i|\boldsymbol{Y}_{i-1},\boldsymbol{\theta}\} = \\ &E\{[y_i - \hat{y}(i|i-1)][y_i - \hat{y}(i|i-1)]^{\mathrm{T}}\} \equiv E\{\boldsymbol{v}(i)\boldsymbol{v}^{\mathrm{T}}(i)\} \equiv \boldsymbol{B}(i) \end{aligned} \tag{15.4.6}$$

式中，$\boldsymbol{v}(i)$ 为第 i 点的新息；$\boldsymbol{B}(i)$ 趋向于正态分布。

故 y_i，$\boldsymbol{Y}_{i-1}$ 也趋向正态分布，前面假定概率密度为正态分布是合理的，故有

$$p(y_i|\boldsymbol{Y}_{i-1},\boldsymbol{\theta}) \approx \frac{\exp\left\{-\dfrac{1}{2}\boldsymbol{v}^{\mathrm{T}}(i)\boldsymbol{B}^{-1}(i)\boldsymbol{v}(i)\right\}}{(2\pi)^{m/2}|\boldsymbol{B}(i)|^{1/2}} \tag{15.4.7}$$

由此可得

$$\ln p(y_i|\boldsymbol{Y}_{i-1},\boldsymbol{\theta}) = -\frac{1}{2}\boldsymbol{v}^{\mathrm{T}}(i)\boldsymbol{B}^{-1}(i)\boldsymbol{v}(i) - \frac{1}{2}\ln|\boldsymbol{B}(i)| + \text{const.} \tag{15.4.8}$$

参数 $\boldsymbol{\theta}$ 的最大似然估计成了

$$\begin{aligned} &\hat{\boldsymbol{\theta}} = ARG\max_{\theta\in\Theta}[\ln L(\boldsymbol{\theta}|\boldsymbol{Y})] = \\ &ARG\max_{\theta\in\Theta}\left\{-\frac{1}{2}\sum_{i=1}^{N}[\boldsymbol{v}^{\mathrm{T}}(i)\boldsymbol{B}^{-1}(i)\boldsymbol{v}(i) + \ln|\boldsymbol{B}(i)|]\right\} \end{aligned} \tag{15.4.9}$$

故参数的最大似然估计问题就转化为寻求参数 $\hat{\boldsymbol{\theta}}$，使下面的函数 Q 达到极小值。

$$Q(\boldsymbol{\theta})=\sum_{i=1}^{n}\left\lfloor \boldsymbol{v}^{\mathrm{T}}(\vartheta;i)\boldsymbol{B}^{-1}\boldsymbol{v}(\vartheta;i)+\ln|\boldsymbol{B}|\right\rfloor \tag{15.4.10}$$

式中，Q 可作为参数的最大似然估计的判据（目标函数），通常称为似然准则函数，它依赖新息 $\boldsymbol{v}(i)$ 和新息协方矩阵 $\boldsymbol{B}(i)$，而两者都是广义卡尔曼滤波的输出。

辨识理论业已证明，最大似然估计具有如下性质：

（1）若 $\hat{\boldsymbol{\theta}}$ 是参数 $\boldsymbol{\theta}$ 的最大似然估计，且函数 $h(\boldsymbol{\theta})$ 满足 $\dfrac{\partial h}{\partial \boldsymbol{\theta}}\neq 0$，则 $\hat{h}=h(\hat{\boldsymbol{\theta}})$ 是参数 h 的最大似然估计。

（2）若观测量 $\boldsymbol{Y}_N$ 是分布函数 $p(\boldsymbol{Y}_N;\boldsymbol{\theta})$ 的随机样本，$\hat{\boldsymbol{\theta}}$ 是参数的最大似然估计，则当样本容量 $N\to\infty$ 时，$\hat{\boldsymbol{\theta}}$ 趋向正态分布：

$$p(\hat{\boldsymbol{\theta}};\boldsymbol{\theta})\to N(\boldsymbol{\theta}_{tr};\boldsymbol{P}_{\theta}) \tag{15.4.11}$$

式中，协方差矩阵 $\boldsymbol{P}_{\theta}$：

$$\boldsymbol{P}_{\theta}=(P_{ij})\equiv(W_{ij})^{-1} \tag{15.4.12}$$

$$\boldsymbol{P}_{\theta}=(P_{ij})\equiv(W_{ij})^{-1} \tag{15.4.13}$$

$$W_{ij}=N\left[-\frac{\partial^2 p(\boldsymbol{Y}_N;\boldsymbol{\theta})}{\partial\theta_i\partial\theta_j}\right] \tag{15.4.14}$$

（3）当样本容量 $N\to\infty$ 时，$\hat{\boldsymbol{\theta}}$ 的数学期望是 $\boldsymbol{\theta}_{tr}$，故最大似然估计是渐近无偏估计量。

（4）最大似然估计 $\hat{\boldsymbol{\theta}}$ 是渐近一致的，即当 $N\to\infty$ 时，估计值 $\hat{\boldsymbol{\theta}}$ 无限地靠近真值 $\boldsymbol{\theta}_{tr}$。

（5）最大似然估计 $\hat{\boldsymbol{\theta}}$ 是渐近最有效的，即对于任何一致估计量 $\boldsymbol{\theta}'$，都有

$$\lim_{N\to\infty}\frac{(\hat{\boldsymbol{\theta}}-\boldsymbol{\theta}_{tr})^2}{(\boldsymbol{\theta}_N'-\boldsymbol{\theta}_{tr})^2}\leqslant 1 \tag{15.4.15}$$

可以证明，若存在方差最小的无偏估计（即最有效估计），则它必然是最大似然估计。

以上理论已为实践所证实，最大似然函数法是飞行器动力学系统辨识最有效、最实用的参数估计方法。

应该指出，火炮弹丸测试数据往往分散于多项试验中，由于它们不属于一个试验总体，用最大似然法辨识气动力时，必须注意应用条件。

§15.4.2　输出误差的参数估计方法

由于参数的最大似然估计就是寻求参数 $\hat{\boldsymbol{\theta}}$，使准则函数（15.4.10）的 Q 达到极小值。由于弹丸自由飞行试验要求较为严格，这时系统的过程噪声很小，式（15.4.10）中 $\boldsymbol{B}(i)$近似等于观测噪声的协方差矩阵 $\boldsymbol{R}$（$\boldsymbol{B}\approx\boldsymbol{R}$），故

$$Q(\boldsymbol{\theta})=\sum_{i=1}^{n}\left\lfloor \boldsymbol{V}^{\mathrm{T}}(\boldsymbol{\theta};i)\boldsymbol{R}^{-1}\boldsymbol{V}(\boldsymbol{\theta};i)+\ln|\boldsymbol{R}|\right\rfloor \tag{15.4.16}$$

式中，$\boldsymbol{\theta}$ 为待辨识参数，$\boldsymbol{V}(i)$ 为输出误差矩阵，

$$V(\boldsymbol{\theta};i)=\hat{y}(\boldsymbol{\theta};i)-y_m(i) \tag{15.4.17}$$

矩阵

$$\boldsymbol{y}(i)=(y_1(t_i),y_2(t_i),\cdots,y_K(t_i))^{\mathrm{T}} \tag{15.4.18}$$

其中函数 $y_1(t_i),y_2(t_i),\cdots,y_J(t_i)$ 满足观测方程

$$\begin{cases}y_1=f_{y1}(\boldsymbol{u};t)\\y_2=f_{y2}(\boldsymbol{u};t)\\\cdots\cdots\\y_K=f_{yK}(\boldsymbol{u};t)\end{cases}\tag{15.4.19}$$

式中 $\boldsymbol{u}=(u_1,u_2,\cdots,u_K)^{\mathrm{T}}$ 满足动力学状态方程

$$\begin{cases}\dfrac{\mathrm{d}u_1}{\mathrm{d}t}=f_{u_1}(\boldsymbol{\theta},\boldsymbol{u};t)\\\dfrac{\mathrm{d}u_2}{\mathrm{d}t}=f_{u_2}(\boldsymbol{\theta},\boldsymbol{u};t)\\\cdots\cdots\\\dfrac{\mathrm{d}u_L}{\mathrm{d}t}=f_{u_L}(\boldsymbol{\theta},\boldsymbol{u};t)\end{cases}\tag{15.4.20}$$

式中 $\boldsymbol{\theta}$ 为待辨识参数：

$$\boldsymbol{\theta}=(\theta_1,\theta_2,\cdots,\theta_J)^{\mathrm{T}}\tag{15.4.21}$$

$\hat{y}(\boldsymbol{\theta};i)$ 是由含辨识参数 $\boldsymbol{\theta}$ 的动力学方程组（例如 6D 弹道方程）的计算值，$y_m(i)$ 是观测量的实测值。

当观测噪声的统计特性未知时，取 Q 对 $\boldsymbol{R}$ 的导数为零，可求得 $\boldsymbol{R}$ 的最优估计：

$$\hat{R}(\boldsymbol{\theta})=\frac{1}{N}\sum_{i=1}^{N}\boldsymbol{V}(\boldsymbol{\theta};i)\boldsymbol{V}^{\mathrm{T}}(\boldsymbol{\theta};i)\tag{15.4.22}$$

为求似然准则函数 Q 的极小值，可用优化法寻求待辨识参数 $\boldsymbol{\theta}$ 的估计值 $\hat{\boldsymbol{\theta}}$，使得判据函数（15.4.16）达到极小值，即

$$\hat{\boldsymbol{\theta}}=\min_{\boldsymbol{\theta}\in\Theta}Q(\boldsymbol{\theta})\tag{15.4.23}$$

气动参数辨识实践表明，牛顿–拉夫逊法（又称高斯–牛顿法）是最有效的优化算法，具有较快的收敛速度。其迭代修正计算公式为：

$$\boldsymbol{\theta}^{(l+1)}=\boldsymbol{\theta}^{(l)}+\Delta\boldsymbol{\theta}^{(l)}\tag{15.4.24}$$

式中，上标 l 代表参数 $\boldsymbol{\theta}$ 的第 l 次迭代近似值，修正量 $\Delta\boldsymbol{\theta}^{(l)}$ 由下式计算：

$$\Delta\boldsymbol{\theta}=-\left(\frac{\partial^2 Q}{\partial\theta_k\partial\theta_j}\right)^{-1}_{J\times J}\left(\frac{\partial Q}{\partial\theta_k}\right)_{J\times 1}\tag{15.4.25}$$

式（15.4.24）中，将似然函数 Q 关于辨识参数 θ_k 求偏导，取一阶导数近似，有下面的计算公式成立：

$$\begin{cases}\dfrac{\partial Q}{\partial\theta_k}=2\displaystyle\sum_{i=1}^{n}\boldsymbol{v}^{\mathrm{T}}(i)\boldsymbol{B}^{-1}\frac{\partial\hat{y}(i)}{\partial\theta_k}\\\dfrac{\partial^2 Q}{\partial\theta_j\partial\theta_k}=2\displaystyle\sum_{i=1}^{n}\frac{\partial\hat{\boldsymbol{y}}^{\mathrm{T}}(i)}{\partial\theta_j}\boldsymbol{B}^{-1}\frac{\partial\hat{\boldsymbol{y}}(i)}{\partial\theta_k}\end{cases}\quad j,k=1,2,\cdots,J\tag{15.4.26}$$

$\dfrac{\partial \hat{y}(i)}{\partial \theta_k}$ 为观测量关于待辨识参数的灵敏度。通过将状态方程（15.4.19）和观测方程（15.4.18）对待辨识参数求导，可以推导出灵敏度方程：

$$\frac{\partial y}{\partial \theta_k}=\sum_{j=1}^{J}\frac{\partial f(u;t)}{\partial u_j}\cdot\frac{\partial u_j}{\partial \theta_k}\qquad k=1,2,\cdots,J \tag{15.4.27}$$

式中，$\dfrac{\partial u_j}{\partial \theta_k}$ 是弹丸飞行状态参数 u_j 关于待辨识参数 θ_k 的灵敏度。$\dfrac{\partial u_j}{\partial \theta_k}$ 的求解可由状态方程（15.4.19）关于待辨识参数 θ_k 求导，可得灵敏度方程为：

$$\frac{\partial u_j}{\partial \theta_k}=\frac{\partial f_{uj}(\vartheta,u;t)}{\partial \theta_k}\qquad k=1,2,\cdots,J;\quad j=1,2,\cdots,L \tag{15.4.28}$$

将灵敏度方程与状态方程联立求解，代入式（15.4.27）即可计算观测量关于待辨识参数的灵敏度。

§15.5　弹道跟踪雷达测速数据辨识阻力系数

由第 4 章和第 8 章的内容可知，弹道跟踪雷达由于具有跟踪测速功能，其测试距离达 10 万倍弹径以上。因此，弹丸阻力系数的辨识不能简单地套用初速雷达数据处理的多项式拟合法换算阻力系数。这是因为，在弹道测速雷达测试数据的范围内，弹丸的飞行马赫数变化较大，弹道倾角不能表示为常量，气象诸元的取值不能以地面值代替。因此，从这类雷达测速数据辨识阻力系数一般采用分段拟合的迭代计算方法。对于弹道跟踪雷达的测速数据，下面以用多项式为速度数据拟合模型的处理方法为例，介绍线性最小二乘法辨识弹丸阻力系数的方法。

1）弹道段划分

在弹道测速雷达的数据处理程序中，首先是将雷达测速数据按时间区间划分为若干段，如图 15.5.1 所示。在测试范围上划分时间间隔的段数可根据有效测量时间区间的长短和采样数据的多少来确定。一般说来，划分出的每一弹道段的数据范围的大小，应满足在该段上弹丸的阻力系数可近似为常量的条件。只要各弹道段范围内弹丸的速度变化量不很大（通常），即可满足上述要求。通常在经验上，每个数据段的大小取最大速度降为 15～30 m/s 左右的数据为宜。

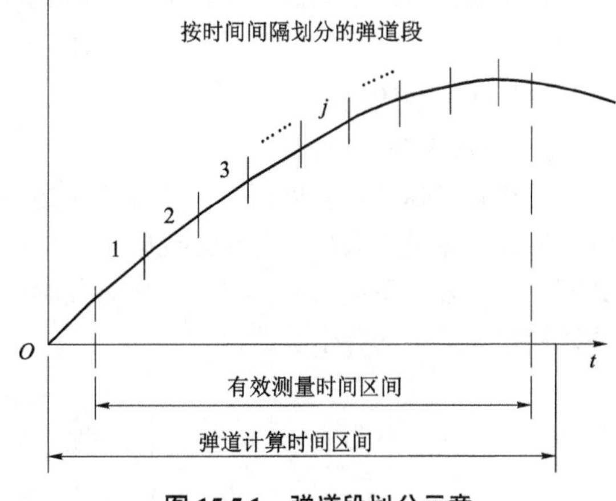

图 15.5.1　弹道段划分示意

2）弹道计算

在弹道测速雷达测速数据的处理过程中，每一次换算阻力系数均是通过弹道计算并采用迭代的方式求出的。每次迭代均需进行一次弹道计算，弹道计算中采用的阻力系数是上一次迭代计算出的阻力系数值，而第一次弹道计算则采用人为指定的阻力系数的经验估计值。

弹道测速雷达的数据处理采用了改进的欧拉方法对弹道方程进行数值积分，积分初值条

件为

$t=0$ 时：

$$\begin{aligned} x = x_0 = 0, \qquad y = y_0 = 0 \\ v_{x0} = v_0\cos\theta_0,\quad v_{y0} = v_0\sin\theta_0 \end{aligned} \tag{15.5.1}$$

式中，v_0 为初速。

弹道计算的时间区间应略大于弹道测速雷达测试数据的有效测量时间区间。根据每步的预估校正方法递推出的结果经辅助关系式

$$\begin{cases} v = \sqrt{v_x^2 + v_y^2} \\ v_w = \sqrt{(v_x - W_x)^2 + v_y^2} \\ M = v_W / C_s \\ C_s = \sqrt{kR\tau} \\ \theta = \mathrm{atan}(v_y / v_x) \\ \alpha = \mathrm{atan}(y / x) \end{cases} \tag{15.5.2}$$

换算，可以得出如下形式的数值关系：

$$\begin{cases} (x_{c1}, t_{c1}), (x_{c2}, t_{c2}), \cdots, (x_{cm}, t_{cm}) \\ (y_{c1}, t_{c1}), (y_{c2}, t_{c2}), \cdots, (y_{cm}, t_{cm}) \\ (\theta_{c1}, t_{c1}), (\theta_{c2}, t_{c2}), \cdots, (\theta_{cm}, t_{cm}) \\ (\alpha_{c1}, t_{c1}), (\alpha_{c2}, t_{c2}), \cdots, (\alpha_{cm}, t_{cm}) \\ (v_{c1}, t_{c1}), (v_{c2}, t_{c2}), \cdots, (v_{cm}, t_{cm}) \end{cases} \tag{15.5.3}$$

式中，下标 c 代表计算值。

在上述弹道方程数值解计算中，虚温 τ 的计算采用气温随高度的标准分布，即

$$\tau(y) = \tau_0 - G_1 y \tag{15.5.4}$$

风速采用弹道平均风速。

3）三次多项式拟合

在进行了弹道计算以后，为了便于将雷达实测的径向速度 v_r 换算为弹丸速度 v，同时也为了方便换算阻力系数，需要将数据（15.5.3）以简单的多项式形式表示出来。由此，在数据处理中可以采用下面的三次多项式作为数学模型，以线性最小二乘法分段拟合数据（15.5.3），并确定出模型中的各个系数：

$$\begin{cases} x = a_0 + a_1 t + a_2 t^2 + a_3 t^3 \\ y = b_0 + b_1 t + b_2 t^2 + b_3 t^3 \\ v = c_0 + c_1 t + c_2 t^2 + c_3 t^3 \\ \theta = d_0 + d_1 t + d_2 t^2 + d_3 t^3 \\ \alpha = e_0 + e_1 t + e_2 t^2 + e_3 t^3 \end{cases} \tag{15.5.5}$$

式中，x、y 为弹丸质心的空间位置坐标，v 和 α 分别为弹丸速度和视角，θ 为弹道倾角。

还需说明，这里的分段拟合与前面介绍的弹道段划分是不同的，分段的大小取决于数学模型与数据（15.5.3）的符合程度。为了不使拟合模型误差增大，不宜将每段的区间取得太长。

4）实测径向速度数据的修正换算

根据多普勒测速原理可知，雷达实测的数据是弹丸相对于雷达天线的径向速度。在数据处理中，一般根据弹丸飞行速度 $\vec{v}$ 与 $\vec{v}_r$ 的矢量关系，将多普勒雷达实测的弹丸径向速度 v_r 换算为弹丸的实际飞行速度 v。

在图 15.5.2 所示的地面坐标系 $O-xyz$ 中，设弹丸的空间位置的坐标为（x，y，z），雷达天线中心 A 点的坐标为（x_a，y_a，z_a）。若记雷达天线中心 A 到弹丸位置 P 的位置矢量为 $\vec{r}$，弹丸速度为 $\vec{v}$，则它们在地面坐标系中可表示为

$$\vec{T}=\begin{vmatrix}x-x_a\\ y-y_a\\ z-z_a\end{vmatrix}\qquad \vec{v}=\begin{vmatrix}v_x\\ v_y\\ v_z\end{vmatrix}\qquad（15.5.6）$$

式中 v_x、v_y、v_z 分别为速度 $\vec{v}$ 在坐标系 $O-xyz$ 中的 3 个分量。

根据图 15.5.2 所示的矢量关系，弹丸速度 $\vec{v}$ 与径向速度 $\vec{v}_r$ 之间的夹角 φ 和 $\vec{v}$ 与位置矢量 $\vec{r}$ 之间的夹角相等，且有下式成立。

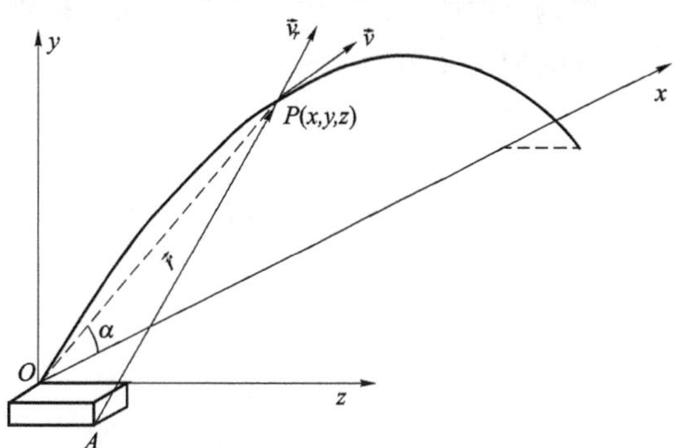

图 15.5.2　天线中心到弹丸质心的位置矢量

$$v_r=v\cos\varphi=\frac{\vec{v}\bullet\vec{r}}{r}$$

因此，有

$$\begin{cases}v=v_r/\cos\varphi\\ \cos\varphi=\dfrac{\vec{v}\bullet\vec{r}}{v\bullet r}=\dfrac{v_x(x-x_a)+v_y(y-y_a)+v_z(z-z_a)}{v\bullet r}\end{cases}\qquad（15.5.7）$$

式中，v_r、r 分别为矢量 $\vec{v}_r$、$\vec{r}$ 的模，即

$$\begin{cases}v=\sqrt{v_x^2+v_y^2+v_z^2}\\ r=\sqrt{(x-x_a)^2+(y-y_a)^2+(z-z_a)^2}\end{cases}\qquad（15.5.8）$$

在多普勒雷达测速数据处理中，通常采用结合弹道方程的数值解计算进行迭代处理的方式，由式（15.5.7）换算弹丸的实际飞行速度。

5）阻力系数的迭代换算

阻力系数的换算过程是先以一次多项式

$$\begin{cases}v_x=a_{x_0}+a_{x_1}t\\ v_y=a_{y_0}+a_{y_1}t\end{cases}\qquad（15.5.9）$$

作为数学模型，在前述数据分段的基础上对其中第 j 段的数据进行拟合，以采用上式为拟合模型用线性最小二乘法拟合下面的数据：

$$\begin{cases}(v_{x_1},t_1'),(v_{x_2},t_2'),\cdots,(v_{x_{nj}},t_{nj}')\\ (v_{y_1},t_1'),(v_{y_2},t_2'),\cdots,(v_{y_{nj}},t_{nj}')\end{cases}\qquad（15.5.10）$$

其中

$$\begin{cases} v_{x_i} = v_i \cos\theta_i \\ v_{y_i} = v_i \sin\theta_i \qquad i = 1, 2, \cdots, n_j \\ t_i' = t_i - t_{j0}' \end{cases} \tag{15.5.11}$$

式中，t_{j_0}' 为第 j 组数据（15.5.10）所对应的弹道段的起始点的时间，$t_i > t_{j_0}'$；v_i 为换算出的弹丸速度的测量值；θ_i 为由最终方程（15.5.5）得出的计算值。

根据上面所述的线性最小二乘法的拟合结果，可以得出第 j 弹道段上在 x 方向和 y 方向上弹丸的加速度为

$$\begin{cases} \dfrac{\mathrm{d}v_{xj}}{\mathrm{d}t} = \hat{a}_{x_1} = \dfrac{n_j \displaystyle\sum_{i=1}^{n_j} v_{xi} t_i' - \sum_{i=1}^{n_j} t_i' \times \sum_{i=1}^{n_j} v_{xi}}{n_j \displaystyle\sum_{i=1}^{n_j} t_i'^2 - (\sum_{i=1}^{n_j} t_i')^2} \\ \dfrac{\mathrm{d}v_{yj}}{\mathrm{d}t} = \hat{a}_{y_1} = \dfrac{n_j \displaystyle\sum_{i=1}^{n_j} v_{yi} t_i' - \sum_{i=1}^{n_j} t_i' \times \sum_{i=1}^{n_j} v_{yi}}{n_j \displaystyle\sum_{i=1}^{n_j} t_i'^2 - (\sum_{i=1}^{n_j} t_i')^2} \end{cases} \tag{15.5.12}$$

在该弹道段上，可以计算出下面的平均值：

$$\begin{cases} \overline{v}_{xj} = \dfrac{1}{n_j} \displaystyle\sum_{i=1}^{n_j} v_{x_i} \\ \overline{v}_{yj} = \dfrac{1}{n_j} \displaystyle\sum_{i=1}^{n_j} v_{y_i} \\ \overline{y}_j = \dfrac{1}{n_j} \displaystyle\sum_{i=1}^{n_j} y_i \\ C_{Sj} = 20.052\sqrt{\tau - 0.006\overline{y}_j} \\ M_j = \sqrt{(\overline{v}_{xj} - W_x)^2 + \overline{v}_{yj}^2} \, / \, C_{Sj} \end{cases} \tag{15.5.13}$$

弹丸在 x 方向上的阻力加速度分量为

$$a_{xj} = \frac{\mathrm{d}v_{xj}}{\mathrm{d}t} = -\frac{\pi \mathrm{d}^2}{8m} k \cdot p(\overline{y}_j) \cdot c_x(M_j) \cdot M_j^2 \cdot \frac{v_{xj} - W_x}{v_{Wj}} \tag{15.5.14}$$

在 y 方向上，弹丸的阻力加速度分量为

$$a_{yj} = \frac{\mathrm{d}v_{yj}}{\mathrm{d}t} + g = -\frac{\pi \mathrm{d}^2}{8m} \cdot k \cdot p(\overline{y}_j) \cdot c_x(M_j) \cdot M_j^2 \cdot v_{yj} / v_{Wj} \tag{15.5.15}$$

所以，总的阻力加速度的量值为

$$\begin{aligned} a_j &= \sqrt{\left(\frac{\mathrm{d}v_{xj}}{\mathrm{d}t}\right)^2 + \left(\frac{\mathrm{d}v_{yj}}{\mathrm{d}t} + g\right)^2} \\ &= \frac{\pi \mathrm{d}^2}{8m} \cdot k \cdot p(\overline{y}_j) \cdot c_x(M_j) \cdot M_j^2 \end{aligned} \tag{15.5.16}$$

由于阻力加速度 $\vec{a}_j$ 的方向与弹丸相对于空气的速度矢量共线反向，因此有

$$
\begin{aligned}
a_j &= -\vec{a}_j \cdot \frac{\vec{v}_{wj}}{v_{wj}} \\
&= -\frac{1}{v_{wj}}[a_{xj}(v_{xj}-W_x)+a_{yj}v_{yj}] \\
&= -\frac{1}{v_{wj}}\left[\frac{\mathrm{d}v_{xj}}{\mathrm{d}t}(v_{xj}-W_x)+\left(\frac{\mathrm{d}v_{yj}}{\mathrm{d}t}+g\right)\cdot v_{yj}\right]
\end{aligned}
\tag{15.5.17}
$$

比较式（15.5.16）和式（15.5.17）可得

$$
c_x(M) = -\frac{8m}{\pi \mathrm{d}^2} \cdot \frac{\dfrac{\mathrm{d}v_{xj}}{\mathrm{d}t}(v_{xj}-W_x)+\left(\dfrac{\mathrm{d}v_{yj}}{\mathrm{d}t}+g\right)v_{yj}}{v_{wj}\cdot k \cdot p(\bar{y}_j)\cdot M_j^2}
\tag{15.5.18}
$$

上式即为弹道测速雷达数据处理程序中采用的弹丸阻力系数的换算公式，式中 $\dfrac{\mathrm{d}v_{xj}}{\mathrm{d}t}$，$\dfrac{\mathrm{d}v_{yj}}{\mathrm{d}t}$，$v_{xj}$，$v_{yj}$，$M_j$ 由式（15.5.12）和式（15.5.13）计算。

由于式（15.5.18）右端的数据是根据人为的经验估计值 $c_x(M)$ 进行弹道计算后再对实测数据修正换算后得出的，因而该式换算出的 $c_x(M)$ 只能作为弹丸新的估计值进行迭代计算，直至求出弹丸阻力系数真值。归纳起来，弹丸阻力系数的迭代计算过程如下：

（1）根据经验假设一个阻力系数 c_x^*；

（2）将 c_x^* 代入质点弹道方程数值积分得出数值关系式（15.5.3）；

（3）根据弹道分段，将式（15.5.5）作为数学模型，拟合第 j 段时间范围的数据（15.5.3），以确定出式（15.5.5）中的各系数值；

（4）根据拟合最终方程（15.5.5）计算 $t=t_i$ 时刻的 x_i，y_i 和 α_i 值；

（5）换算弹丸飞行速度的测量数据；

（6）计算式（15.5.12）和式（15.5.13），将计算结果代入式（15.5.18）求出 c_x 值。

（7）将由式（15.5.18）计算出的 c_x 值与 c_x^* 比较，如果两者之差大于对 c_x 的误差要求，则取 $c_x^*=c_x$，重复步骤（2）～（6）；若两者之差小于误差要求，则认为 c_x 为弹丸的阻力系数值。

通过对每一弹道段数据进行迭代拟合换算后，可以得出各弹道段上弹丸的平均阻力系数和平均马赫数值，其形式为

$$
(c_{xj}, M_j) \qquad j=1,2,\cdots \tag{15.5.19}
$$

根据弹道分段给定的间断点数，以阻力系数模型

$$
c_x(M) = c_0 + c_1 M \tag{15.5.20}
$$

分段拟合数据（15.5.19），并确定其最终方程，然后在各间断点处（弹道段的端点）计算左右两条直线的值。对于起点和阻力系数曲线终点，直接取其最终方程在这两点的计算值作为间断点的阻力系数 c_x 的值。最后将各间断点的阻力系数值依次以直线连接，即构成了所求的 c_x-M 曲线。

§15.6 纸靶试验数据的气动辨识

§15.6.1 数学模型

根据外弹道学理论，纸靶试验中弹丸的飞行姿态运动规律满足攻角方程

$$\varDelta'' + (H - iP)\varDelta' - (M + iPT)\varDelta = 0 \tag{15.6.1}$$

该方程的齐次解为

$$\varDelta = k_1 \exp(i\varphi_1) + k_2 \exp(i\varphi_1) = \beta + i\alpha \tag{15.6.2}$$

式中，$\varDelta$ 为复攻角，它由角频率分别为 φ_1' 和 φ_2' 的两个圆运动合成，它代表了弹丸角运动规律为两圆角运动。将式（15.6.2）在复平面表示为弹丸的俯仰角和偏航角，即得

$$\begin{cases} \beta = k_1 \cos\varphi_1 + k_2 \cos\varphi_2 \\ \alpha = k_1 \sin\varphi_1 + k_2 \sin\varphi_2 \end{cases} \tag{15.6.3}$$

式中

$$k_j = k_{j0} \exp(\lambda_j s)\,,\quad \varphi_j = \varphi_{j0} + \varphi_j' s\,,\ (j = 1,2) \tag{15.6.4}$$

方程（15.6.1）中的弹道参数 P、H、M、T 如下：

$$\begin{cases} P = -(\varphi_1' + \varphi_2') \\ H = -(\lambda_1 + \lambda_2) \\ M = \varphi_1'\varphi_2' - \lambda_1\lambda_2 \\ T = \dfrac{1}{P}(\lambda_1\varphi_2' + \lambda_2\varphi_1') \end{cases} \tag{15.6.5}$$

§15.6.2 纸靶测试姿态数据的气动辨识方法

在纸靶测试姿态数据的气动辨识中，若采用式（15.6.3）为数学模型，以俯仰角 α、偏航角 β 计算值与纸靶测试值的残差平方和为目标函数，则

$$\varepsilon = \sum_{i=1}^{n} [(\beta_e(s_i) - \beta(c_1, c_2, \cdots, c_8; s_i))^2 + (\alpha_e(s_i) - \alpha(c_1, c_2, \cdots, c_8; s_i))^2] \tag{15.6.6}$$

式中，$c_1, c_2, \cdots, c_8$ 为待定参数，其定义为

$$\begin{aligned} &c_1 = k_{10}, \quad c_2 = k_{20}, \quad c_3 = \varphi_{10}, \quad c_4 = \varphi_{20}, \\ &c_5 = \lambda_1, \quad c_6 = \varphi_1', \quad c_7 = \lambda_2, \quad c_8 = \varphi_2' \end{aligned} \tag{15.6.7}$$

采用式§15.2.1 所述的非线性最小二乘法可确定使目标函数（15.6.5）最小的 $c_1, c_2, \cdots, c_8$ 的估计值 $\hat{c}_1, \hat{c}_2, \cdots, \hat{c}_8$。将式（15.6.6）代入式（15.6.5）即可求出攻角方程（15.6.1）中的弹道参数 M、H、T，由下式即可计算出气动力系数：

$$\begin{cases} m_z' = \dfrac{2A}{\rho Sl}k_z = \dfrac{2A}{\rho Sl}M \\ m_{zz}' = \dfrac{2A}{\rho Sl^2}(b_x - b_y - H) \\ m_y'' = \dfrac{2C}{\rho Sld}(b_y - T) \\ b_x = \dfrac{\rho S}{2m}c_x \\ b_y = \dfrac{\rho S}{2m}c_y' \end{cases} \tag{15.6.8}$$

式中，m_z'、m_{zz}'、m_y''、c_x、c_y' 分别为翻转力矩系数导数、赤道阻尼力矩系数导数、马格努斯力矩系数导数、阻力系数、升力系数导数；m、A、C、S、l、ρ 分别为弹丸质量、赤道转动惯量、极转动惯量、参考面积、参考长度、空气密度。

同理，根据两圆角运动公式（15.6.2），注意到式（15.6.3），可得弹丸飞行攻角

$$\delta = \sqrt{\beta^2 + \alpha^2} = \sqrt{k_1^2 + k_2^2 + 2k_1k_2\cos(\varphi_1 - \varphi_2)}$$

即攻角幅值包络线应为

$$\delta_m = \sqrt{k_1^2 + k_2^2 + 2k_1k_2} = k_1 + k_2 = k_{10}\mathrm{e}^{\lambda_1 s} + k_{20}\mathrm{e}^{\lambda_2 s} \tag{15.6.9}$$

由式（15.6.9）即可得出弹丸攻角幅值的包络线。

在不考虑后效期作用的条件下，可定义起始扰动的等效值为攻角幅值包络线式（15.6.9）外推到炮口的值，即起始扰动的等效值由下式计算：

$$\delta_{m0} = k_{10} + k_{20} \tag{15.6.10}$$

§15.7　弹载传感器测弹丸转速数据的气动辨识

由前面第 9 章和第 12 章的内容可知，应用弹载传感器和 GPS 传感器可直接测出弹丸在全弹道的飞行转速－时间、速度－时间、坐标三分量－时间数据，即实测数据形式为

$$(\dot{\gamma},\ v,\ x,\ y,\ z;\ t) \tag{15.7.1}$$

式中，$\dot{\gamma}$、v 和 x、y、z 分别为弹丸转速、速度和弹丸飞行过程中的空间坐标。

根据外弹道学理论，弹丸在自由飞行条件下的滚转运动规律可由下面的滚转方程来描述

$$\frac{\mathrm{d}\dot{\gamma}}{\mathrm{d}t} = -\frac{\rho Sld}{2C}m_{xz}'v\dot{\gamma} \tag{15.7.2}$$

式中，C、S、l、d、ρ 分别为弹丸的极转动惯量、参考面积、参考长度、弹丸直径、空气密度；m_{xz}' 为弹丸的极阻尼力矩系数导数。

根据最小二乘准则，可将弹丸转速测量值与对应模型理论值的残差平方和写为目标函数，即

$$Q = \sum_{i=1}^{n}[\dot{\gamma}_{\exp} - \dot{\gamma}_{cal}(\dot{\gamma}_0, m_{xz}'; t_i)]^2 \tag{15.7.3}$$

式中，弹丸的初始转速 $\dot{\gamma}_0$ 和极阻尼力矩系数导数 m_{xz}' 为待辨识参数。

为便于叙述，令待辨识参数 $C_1=\dot{\gamma}_0$，$C_2=m'_{xz}$ 根据测量值与对应模型理论值的残差平方和最小的微分求极值原理，将弹丸转速函数 $\dot{\gamma}_{cal}(C_1,C_2;t_i)$ 在初值 C_{10},C_{20} 作泰勒级数展开并取其线形项：

$$\dot{\gamma}_{cal}(C_1,C_2;t)=\dot{\gamma}_{cal}(C_{10},C_{20};t)+\frac{\partial\dot{\gamma}}{\partial C_1}\Delta C_1+\frac{\partial\dot{\gamma}}{\partial C_2}\Delta C_2$$

代入式（15.7.3），由 $\dfrac{\partial Q}{\partial C_1}=0$ 和 $\dfrac{\partial Q}{\partial C_2}=0$，可导出矩阵形式的正规方程

$$\begin{bmatrix}\sum\limits_{i=1}^{N}P_1P_1 & \sum\limits_{i=1}^{N}P_1P_2\\ \sum\limits_{i=1}^{N}P_2P_1 & \sum\limits_{i=1}^{N}P_2P_2\end{bmatrix}\begin{bmatrix}\Delta C_1\\ \Delta C_2\end{bmatrix}=\begin{bmatrix}\sum\limits_{i=1}^{n}[\dot{\gamma}_{\exp}(t_i)-\dot{\gamma}_{cal}(t_i)_0]P_1\\ \sum\limits_{i=1}^{n}[\dot{\gamma}_{\exp}(t_i)-\dot{\gamma}_{cal}(t_i)_0]P_2\end{bmatrix} \tag{15.7.4}$$

式中

$$P_j=\frac{\partial\dot{\gamma}}{\partial C_j}\quad (j=1,2) \tag{15.7.5}$$

为弹丸转速关于待辨识参数 C_j（$j=1,2$）的灵敏度系数；$\dot{\gamma}_{\exp}$ 为转速测试值；$\dot{\gamma}_{cal}$ 为转速计算值；$\Delta C_j(j=1,2)$ 为辨识参数修正量；n 为测试点数。

在正规方程（15.7.4）中，参量 $\dot{\gamma}_{cal}(C_1,C_2;t_i)$、$C_1$ 和 C_2 满足下面的微分方程组：

$$\begin{cases}\dfrac{d\dot{\gamma}}{dt}=-\dfrac{\rho Sld}{2C}C_2v\dot{\gamma}\\ \dfrac{dP_1}{dt}=-\dfrac{\rho Sld}{2C}C_2vP_1\\ \dfrac{dP_2}{dt}=-\dfrac{\rho Sld}{2C}v\dot{\gamma}-\dfrac{\rho Sld}{2C}C_2vP_2\end{cases} \tag{15.7.6}$$

式中，S 为弹体参考面积，l 为弹丸特征长度，d 为弹径，C 为弹丸的极转动惯量。上述迭代微分方程组共包含 3 个微分方程，可利用四阶龙格–库塔法进行数值求解。

应该指出，基于数据（15.7.1）的上述方法中，将弹丸速度 v 作为已知量处理，在计算时，可在对应时刻测得弹丸坐标和速度数据，并根据同一时刻测得的高度和转速换算出滚转阻尼力矩系数导数与马赫数的对应关系。

§15.8　太阳方位传感器测弹丸姿态数据的气动辨识

对于体积很小的弹丸，进行飞行试验时，通过弹载太阳方位角传感器获取弹丸飞行姿态信息，通过雷达系统或光学观测系统提供其质心位置的时间历程。本节主要介绍利用雷达测量弹丸质心运动，通过弹载太阳方位角传感器获取弹丸飞行的太阳方位角、转速等实测数据以辨识弹丸气动参数。

§15.8.1　太阳方位传感器的测量参数与观测方程

在利用太阳方位传感器实施的弹丸飞行姿态试验中，一般可采用“太阳方位传感器+GPS”

作为弹载传感器采集弹丸的位置坐标和弹丸姿态数据。通常，弹丸的位置坐标测试数据为(v,x,y,z)，太阳方位角传感器测出的数据为$(\sigma,\dot{\gamma};t)$，弹丸转速数据可由上一节所述方法辨识极阻尼力矩系数导数，弹丸阻力系数可由§15.5 所述方法辨识，故可设置观测矢量矩阵为

$$[\boldsymbol{y}]=[y_1,y_2,y_3,y_4]=[\sigma,x,y,z]$$

式中，太阳方位角 σ 是指弹轴与太阳方位矢量之间的夹角，如图 15.8.1 所示。

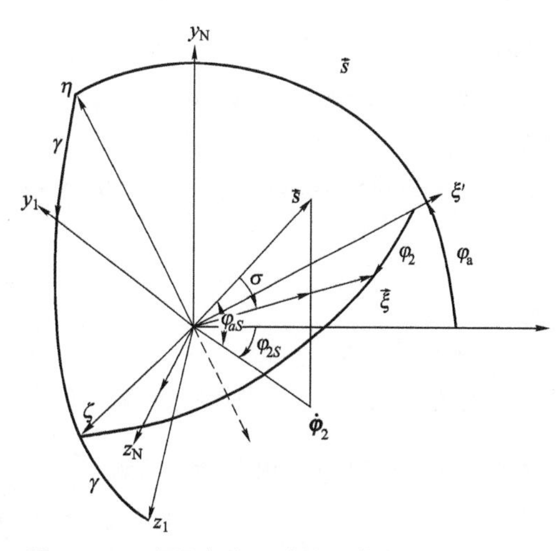

图 15.8.1　太阳方位、弹轴和基准坐标系（N）

按照§15.4.2 所述输出误差的最大似然函数参数估计方法，设太阳方位传感器测弹丸姿态数据的气动辨识的目标函数为

$$Q(\theta)=\sum_{i=1}^{n}\left\lfloor \boldsymbol{V}^{\mathrm{T}}(\theta;i)\boldsymbol{R}^{-1}\boldsymbol{V}(\theta;i)+\ln|\boldsymbol{R}|\right\rfloor \tag{15.8.1}$$

式中，θ 为待辨识参数，$\boldsymbol{V}(i)$ 为输出误差矩阵。

$$\boldsymbol{V}(\theta;i)=\hat{\boldsymbol{y}}(\theta;i)-\boldsymbol{y}_m(i) \tag{15.8.2}$$

矩阵

$$\boldsymbol{y}(i)=[y_1(t_i),y_2(t_i),y_3(t_i),y_4(t_i)]^{\mathrm{T}} \tag{15.8.3}$$

式中，函数 $y_1(t_i),y_2(t_i),y_3(t_i),y_4(t_i)$ 分别代表弹丸姿态的太阳方位角 σ 和弹丸在地面坐标系中的空间坐标(x,y,z)，其中，待辨识参数

$$\boldsymbol{\theta}=(\theta_1,\theta_2,\theta_3,\theta_4)^{\mathrm{T}}=(c_y',m_z',\varphi_{20},\varphi_{a0})^{\mathrm{T}} \tag{15.8.4}$$

按照牛顿－拉夫逊方法的迭代修正计算公式

$$\boldsymbol{\theta}^{(l+1)}=\boldsymbol{\theta}^{(l)}+\Delta\boldsymbol{\theta}^{(l)} \tag{15.8.5}$$

其修正量 $\Delta\boldsymbol{\theta}^{(l)}$ 的计算公式为

$$\Delta\boldsymbol{\theta}=-\left(\frac{\partial^2 Q}{\partial\theta_k\partial\theta_j}\right)_{4\times4}^{-1}\left(\frac{\partial Q}{\partial\theta_k}\right)_{4\times1} \tag{15.8.6}$$

式中

$$\begin{cases}\dfrac{\partial Q}{\partial\theta_k}=2\sum\limits_{i=1}^{n}\boldsymbol{V}^{\mathrm{T}}(i)\boldsymbol{B}^{-1}\dfrac{\partial\hat{\boldsymbol{y}}(i)}{\partial\theta_k}\\ \dfrac{\partial^2 Q}{\partial\theta_j\partial\theta_k}=2\sum\limits_{i=1}^{n}\dfrac{\partial\hat{\boldsymbol{y}}^{\mathrm{T}}(i)}{\partial\theta_j}\boldsymbol{B}^{-1}\dfrac{\partial\hat{\boldsymbol{y}}(i)}{\partial\theta_k}\end{cases}\quad j,k=1,2,3,4 \tag{15.8.7}$$

根据太阳方位传感器的测量原理，由图中的几何关系知，图 15.8.1 中 $\boldsymbol{\xi}$ 为弹轴的单位矢量，$\boldsymbol{S}$ 为太阳与基准坐标系原点连线的单位矢量，它们在基准坐标系中可分别以方向余弦的形式表示为

$$\boldsymbol{\xi}=\begin{bmatrix}\cos\varphi_2\cos\varphi_a\\ \cos\varphi_2\sin\varphi_a\\ \sin\varphi_2\end{bmatrix},\quad \boldsymbol{S}=\begin{bmatrix}\cos\varphi_{as}\cos\varphi_{2s}\\ \sin\varphi_{as}\\ \cos\varphi_{as}\sin\varphi_{2s}\end{bmatrix}$$

故有

$$\cos\sigma = \boldsymbol{\xi}\cdot\boldsymbol{S} = \cos\varphi_2\cos\varphi_a\cos\varphi_{as}\cos\varphi_{2s} + \cos\varphi_2\sin\varphi_a\sin\varphi_{as} + \sin\varphi_2\cos\varphi_{as}\sin\varphi_{2s}$$

即

$$\sigma = \arccos(\cos\varphi_2\cos\varphi_a\cos\varphi_{as}\cos\varphi_{2s} + \cos\varphi_2\sin\varphi_a\sin\varphi_{as} + \sin\varphi_2\cos\varphi_{as}\sin\varphi_{2s}) \tag{15.8.8}$$

$$\varphi_a = \theta_a + \delta_1 \tag{15.8.9}$$

$$\omega_\xi = \dot{\gamma} + \dot{\varphi}_a\sin\varphi_2 \tag{15.8.10}$$

由式（15.8.7），观测量关于待辨识参数的灵敏度为$\dfrac{\partial\hat{\boldsymbol{y}}(i)}{\partial\theta_k}$。通过上面的观测方程对待辨识参数求导，可以推导出灵敏度方程。

$$\frac{\partial\boldsymbol{y}}{\partial\theta_k} = \sum_{j=1}^{J}\frac{\partial\boldsymbol{f}(\boldsymbol{u};t)}{\partial u_j}\cdot\frac{\partial u_j}{\partial\theta_k}\qquad k=1,2,3,4 \tag{15.8.11}$$

式中，$\boldsymbol{u}$为描述弹丸飞行的状态的变量参数

$$\boldsymbol{u} = (u_1,u_2,u_3,u_4,u_5,u_6,u_7,u_8,u_9)^{\mathrm{T}}$$

其中，$u_1=\theta_a$，$u_2=\psi_2$，$u_3=x$，$u_4=y$，

$$u_5=z,\quad u_6=\omega_\eta,\quad u_7=\omega_\varsigma,\quad u_8=\varphi_2,\quad u_9=\varphi_a \tag{15.8.12}$$

$$p_{jk} = \frac{\partial u_j}{\partial\theta_k}\qquad j=1,2,\cdots,9;\ k=1,2,3,4 \tag{15.8.13}$$

式中，$\dfrac{\partial u_j}{\partial\theta_k}$是弹丸飞行状态参数$u_j$关于待辨识参数$\theta_k$的灵敏度。

将方程（15.8.8）两边对参数θ_k求导，整理可得

$$\frac{\partial\sigma}{\partial\theta_k} = \frac{1}{\sin\sigma}\cdot\frac{\partial}{\partial\theta_k}(\cos u_8\cos u_9\cos\varphi_{as}\cos\varphi_{2s} + \cos u_8\sin u_9\sin\varphi_{as} + \sin u_8\cos\varphi_{as}\sin\varphi_{2s})$$

将式（15.8.13）代入上式，得

$$\frac{\partial\sigma}{\partial\theta_k} = \frac{1}{\sin\sigma}\cdot f_\sigma(u_8,u_9,\boldsymbol{p}_8,\boldsymbol{p}_9) \tag{15.8.14}$$

式中

$$\boldsymbol{p}_8 = (p_{81},p_{82},p_{83},p_{84})^{\mathrm{T}},\quad \boldsymbol{p}_9 = (p_{91},p_{92},p_{93},p_{94})^{\mathrm{T}} \tag{15.8.15}$$

由此可得出观测量关于参数θ_k的灵敏度方程：

$$\begin{cases}\dfrac{\partial y_1}{\partial\vartheta_k} = \dfrac{\partial\sigma}{\partial\vartheta_k} = \dfrac{1}{\sin\sigma}\cdot f_\sigma(u_8,u_9,\boldsymbol{p}_8,\boldsymbol{p}_9)\\ \dfrac{\partial y_2}{\partial\vartheta_k} = \dfrac{\partial x}{\partial\vartheta_k} = p_{3k}\\ \dfrac{\partial y_3}{\partial\vartheta_k} = \dfrac{\partial y}{\partial\vartheta_k} = p_{4k}\\ \dfrac{\partial y_4}{\partial\vartheta_k} = \dfrac{\partial z}{\partial\vartheta_k} = p_{5k}\end{cases}\qquad k=1,2,3,4 \tag{15.8.16}$$

式中，$p_{jk}=\dfrac{\partial u_j}{\partial \vartheta_k}$ 的求解可由下节所述的状态方程关于待辨识参数 ϑ_k 求导得出。

§15.8.2　弹丸气动力参数辨识数学模型（状态方程）

弹丸气动力参数辨识的坐标系取为地面坐标系，以发射点为坐标原点，x 轴沿水平线指向射向，y 轴铅垂向上，z 轴与 x 轴、y 轴构成右手坐标系。由于弹丸射程较短，而且参数辨识时可以忽略地球旋转和地球曲率效应，将地面坐标作为惯性坐标系。可用外弹道学理论建立 6 自由度弹道方程，以之作为参数辨识的状态方程组。根据外弹道学理论，弹丸在空气中运动的状态变量，可由下面的 6 自由度弹道方程描述：

$$\begin{cases}\dfrac{\mathrm{d}v}{\mathrm{d}t}=\dfrac{1}{m}F_{x2}\\ \dfrac{\mathrm{d}u_1}{\mathrm{d}t}=\dfrac{\mathrm{d}\theta_a}{\mathrm{d}t}=\dfrac{1}{mv\cos u_2}F_{y2}\\ \dfrac{\mathrm{d}u_2}{\mathrm{d}t}=\dfrac{\mathrm{d}\psi_2}{\mathrm{d}t}=\dfrac{1}{mv}F_{z2}\\ \dfrac{\mathrm{d}u_3}{\mathrm{d}t}=\dfrac{\mathrm{d}x}{\mathrm{d}t}=v\cos u_2\cos\theta_a\\ \dfrac{\mathrm{d}u_4}{\mathrm{d}t}=\dfrac{\mathrm{d}y}{\mathrm{d}t}=v\cos u_2\sin\theta_a\\ \dfrac{\mathrm{d}u_5}{\mathrm{d}t}=\dfrac{\mathrm{d}z}{\mathrm{d}t}=v\sin u_2\\ \dfrac{\mathrm{d}\omega_\xi}{\mathrm{d}t}=\dfrac{1}{C}M_\xi\\ \dfrac{\mathrm{d}u_6}{\mathrm{d}t}=\dfrac{\mathrm{d}\omega_\eta}{\mathrm{d}t}=\dfrac{1}{A}M_\eta-\dfrac{C}{A}\omega_\xi u_7+u_6^{\,2}\tan u_9\\ \dfrac{\mathrm{d}u_7}{\mathrm{d}t}=\dfrac{\mathrm{d}\omega_\zeta}{\mathrm{d}t}=\dfrac{1}{A}M_\zeta+\dfrac{C}{A}\omega_\xi u_6-u_6u_7\tan u_9\\ \dfrac{\mathrm{d}u_8}{\mathrm{d}t}=\dfrac{\mathrm{d}\varphi_2}{\mathrm{d}t}=-u_6\\ \dfrac{\mathrm{d}u_9}{\mathrm{d}t}=\dfrac{\mathrm{d}\varphi_a}{\mathrm{d}t}=\dfrac{u_7}{\cos\varphi_2}\\ \dfrac{\mathrm{d}\gamma}{\mathrm{d}t}=\omega_\xi-u_7\tan u_9\end{cases}\tag{15.8.17}$$

辅助方程及力和力矩的表达式如下：

$$\omega_\xi=\dot{\gamma}+u_7\tan\varphi_2$$

$$\sin\delta_2=\cos u_2\sin u_8-\sin u_2\cos u_8\cos(u_9-u_1)$$

$$\sin\delta_1=\frac{\cos u_8\sin(u_9-u_1)}{\cos\delta_2}$$

$$\sin\beta=\frac{\sin u_2\sin(u_9-u_1)}{\cos\delta_2}$$

$$F_{x2}=-\frac{\rho v_r}{2}Sc_x(v-w_{x_2})+\frac{\rho S}{2}c_y\frac{1}{\sin\delta_r}[v_r^{\ 2}\cos\delta_2\cos\delta_1-v_{r\xi}(v-w_{x_2})]+$$
$$\frac{\rho v_r}{2}Sc_z\frac{1}{\sin\delta_r}(-w_{z_2}\cos\delta_2\sin\delta_1+w_{y_2}\sin\delta_2)-mg\sin u_1\cos u_2+F_p\cos\delta_2\cos\delta_1$$

$$F_{y2}=\frac{\rho v_r}{2}Sc_x w_{y_2}+\frac{\rho S}{2}c_y\frac{1}{\sin\delta_r}[v_r^{\ 2}\cos\delta_2\sin\delta_1+v_{r\xi}w_{y_2}]+$$
$$\frac{\rho v_r}{2}Sc_z\frac{1}{\sin\delta_r}[(v-w_{x_2})\sin\delta_2+w_{z_2}\cos\delta_2\cos\delta_1]-mg\cos u_1$$

$$F_{z2}=\frac{\rho v_r}{2}Sc_x w_{z_2}+\frac{\rho S}{2}c_y\frac{1}{\sin\delta_r}[v_r^{\ 2}\sin\delta_2+v_{r\xi}w_{z_2}]+$$
$$\frac{\rho v_r}{2}Sc_z\frac{1}{\sin\delta_r}[-w_{y_2}\cos\delta_2\cos\delta_1-(v-w_{x_2})\cos\delta_2\sin\delta_1]+mg\sin u_1\sin u_2$$

$$M_\xi=-\frac{\rho Sld}{2}m'_{xz}v_r\omega_\xi$$

$$M_\eta=\frac{\rho Sl}{2}v_r m_z\frac{1}{\sin\delta_r}v_{r\zeta}-\frac{\rho Sld}{2}v_r m'_{zz}u_6-\frac{\rho Sld}{2}m'_y\frac{1}{\sin\delta_r}\omega_\xi v_{r\eta}$$

$$M_\zeta=-\frac{\rho Sl}{2}v_r m_z\frac{1}{\sin\delta_r}v_{r\eta}-\frac{\rho Sld}{2}v_r m'_{zz}u_7-\frac{\rho Sld}{2}m'_y\frac{1}{\sin\delta_r}\omega_\xi v_{r\zeta}$$

$$v_r=\sqrt{(v-w_{x_2})^2+w_{y_2}^{\ 2}+w_{z_2}^{\ 2}}$$

$$v_{rx_2}=v-w_{x_2}\text{，}\quad v_{ry_2}=-w_{y_2}\text{，}\quad v_{rz_2}=-w_{z_2}$$

$$\delta_r=\arccos(v_{r\xi}/v_r)$$

$$v_{r\xi}=(v-w_{x_2})\cos\delta_2\cos\delta_1-w_{y_2}\cos\delta_2\sin\delta_1-w_{z_2}\sin\delta_2$$

$$v_{r\eta}=v_{r\eta_2}\cos\beta+v_{r\zeta_2}\sin\beta$$

$$v_{r\zeta}=-v_{r\eta_2}\sin\beta+v_{r\zeta_2}\cos\beta$$

$$v_{r\eta_2}=-(v-w_{x_2})\sin\delta_1-w_{y_2}\cos\delta_1$$

$$v_{r\zeta_2}=-(v-w_{x_2})\sin\delta_2\cos\delta_1+w_{y_2}\sin\delta_2\sin\delta_1-w_{z_2}\cos\delta_2$$

$$w_{x_2}=w_x\cos u_2\cos u_1+w_z\sin u_2$$

$$w_{y_2}=-w_x\sin u_1$$

$$w_{z_2}=-w_x\sin u_2\cos u_1+w_z\cos u_2$$

$$w_x=-w\cos(\alpha_W-\alpha_N)$$

$$w_z=-w\sin(\alpha_W-\alpha_N)$$

将式（15.8.17）两端对参数θ_k求偏导数，得

$$
\begin{cases}
\dfrac{\mathrm{d}p_{1k}}{\mathrm{d}t}=\dfrac{\partial}{\partial\theta_k}\left(\dfrac{1}{mv\cos u_2}F_{y2}\right)=f_1(v,\boldsymbol{p}_1,\boldsymbol{p}_2,\cdots,\boldsymbol{p}_9)\\
\dfrac{\mathrm{d}p_{2k}}{\mathrm{d}t}=\dfrac{\partial}{\partial\theta_k}\left(\dfrac{1}{mv}F_{z2}\right)=f_2(v,\boldsymbol{p}_1,\boldsymbol{p}_2,\cdots,\boldsymbol{p}_9)\\
\dfrac{\mathrm{d}p_{3k}}{\mathrm{d}t}=\dfrac{\partial}{\partial\theta_k}(v\cos\psi_2\cos\theta_a)=f_3(v,\boldsymbol{p}_1,\boldsymbol{p}_2,\cdots,\boldsymbol{p}_9)\\
\dfrac{\mathrm{d}p_{4k}}{\mathrm{d}t}=\dfrac{\partial}{\partial\theta_k}(v\cos\psi_2\sin\theta_a)=f_4(v,\boldsymbol{p}_1,\boldsymbol{p}_2,\cdots,\boldsymbol{p}_9)\\
\dfrac{\mathrm{d}p_{5k}}{\mathrm{d}t}=\dfrac{\partial}{\partial\theta_k}v\sin\psi_2=f_5(v,\boldsymbol{p}_1,\boldsymbol{p}_2,\cdots,\boldsymbol{p}_9)\\
\dfrac{\mathrm{d}p_{6k}}{\mathrm{d}t}=\dfrac{\partial}{\partial\theta_k}\left(\dfrac{1}{A}M_\eta-\dfrac{C}{A}\omega_\xi u_7+u_6{}^2\tan\varphi_2\right)=f_6(v,\boldsymbol{p}_6,\boldsymbol{p}_7,\cdots,\boldsymbol{p}_9)\\
\dfrac{\mathrm{d}p_{7k}}{\mathrm{d}t}=\dfrac{\partial}{\partial\theta_k}\left(\dfrac{1}{A}M_\zeta+\dfrac{C}{A}\omega_\xi u_6-u_6u_7\tan\varphi_2\right)=f_7(v,\boldsymbol{p}_6,\boldsymbol{p}_7,\cdots,\boldsymbol{p}_9)\\
\dfrac{\mathrm{d}p_{8k}}{\mathrm{d}t}=-p_{6k}\\
\dfrac{\mathrm{d}p_{9k}}{\mathrm{d}t}=\dfrac{\partial}{\partial\theta_k}\left(\dfrac{u_7}{\cos u_8}\right)=f_9(v,\boldsymbol{p}_7,\boldsymbol{p}_8)\\
k=1,2,3,4
\end{cases}
\tag{15.8.18}
$$

将式（15.8.17）和式（15.8.18）连同式（15.8.8）和式（15.8.14）联立，结合所有辅助方程，即可计算式（15.8.16）中的所有观测量关于参数 θ_k 的灵敏度参数，进而由式（15.8.7）、式（15.8.6）计算出 $\Delta\boldsymbol{\theta}$，再迭代计算即可辨识出参数 $(c_y',m_z',\theta_{a0},\psi_{20})$。

第 16 章 弹箭制导与控制半实物仿真技术

§16.1 弹箭制导与控制半实物仿真系统的组成和功能

§16.1.1 制导控制半实物仿真方式及组成

半实物仿真是指在仿真试验系统的仿真回路中接入所研究系统的部分实物的仿真，其准确含义是“Hardware In the Loop Simulation（HILS）”，即回路中含有硬件的仿真。实时性是进行半实物仿真的必然要求。

半实物仿真的方式是利用经过数字仿真考核过的制导控制系统接收来自 SINS/GPS 组合导航系统的导航信息，经过弹载计算机的信息处理，形成控制信号，驱动舵机来进行实际飞行控制的模拟。

半实物仿真系统主要由参试部件、仿真设备、各种接口设备、试验控制台、支持服务系统组成。

（1）参试部件：SINS/GPS 导航系统、弹载计算机、电动舵机、数据记录仪等。

（2）仿真设备：各种目标模拟器、仿真计算机、三轴仿真转台、线加速度模拟器、舵机负载模拟器、电源系统、卫星导航信号模拟器等。

（3）接口设备：模拟量接口、数字量接口、实时数字通信系统等。

（4）试验控制台：监视控制试验状态进程的装置，包括试验设备、试验状态信号监视系统、设备试件状态控制系统、仿真试验进程控制系统等。

（5）支持服务系统：如显示、记录、文档处理等事后处理应用软件系统。

以上各部分的连接关系和结构如图 16.1.1 和图 16.1.2 所示。

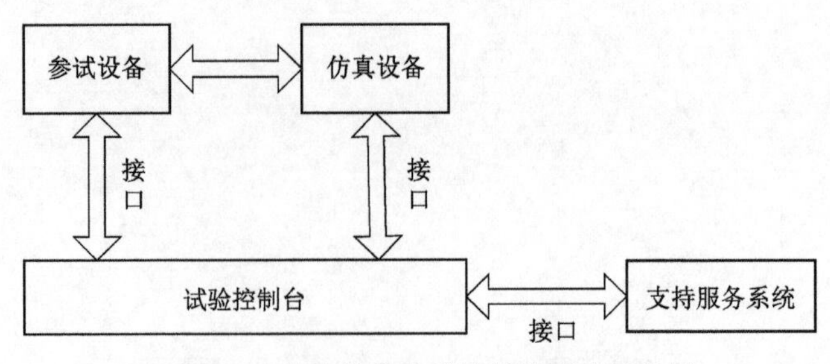

图 16.1.1　半实物仿真系统的组成连接关系

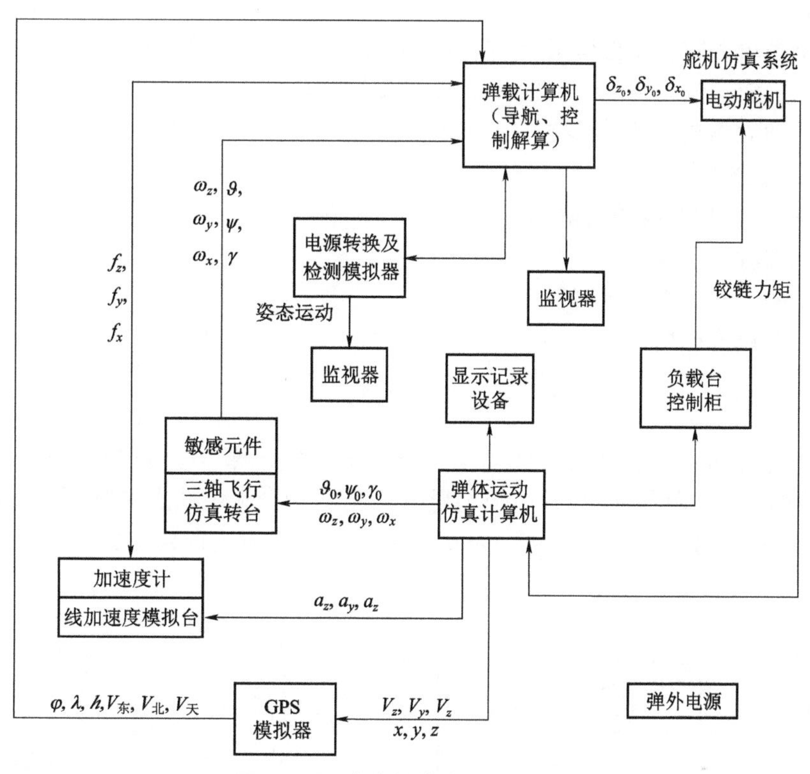

图 16.1.2　半实物仿真系统的结构

§16.1.2　数学模型及器件

§16.1.2.1　数学模型

数学模型包括原始系统数学模型和仿真系统数学模型。原始系统数学模型又包括概念模型和正规模型，概念模型是指用说明文字、框图、流程和资料的等形式对原始系统的描述，正规模型是用符号和数学方程式来表示系统的模型，其中系统的属性用变量表示，系统的活动则用相互有关的变量之间的数学函数关系式来表示。原始系统数学建模过程被称为一次建模。仿真系统数学模型是一种适合在计算机上进行运算和试验的模型，主要根据计算机的运算特点、仿真方式、计算方法、精度要求，将原始系统数学模型转换为计算机的程序。仿真试验是对模型的运转，根据试验结果情况，进一步修正系统模型。仿真系统数学建模过程称为二次建模。

数学模型的类型主要指是随机性还是确定性，是集中参数型还是分布参数型，是线性的还是非线性的，是时变的还是时不变的，是动态的还是静态的，是时域的还是频域的，是连续的还是离散事件等。根据所用仿真方法的不同，通常将模型分为连续系统模型和离散事件系统模型。

数学建模的任务是：确定系统模型的类型，简化模型结构和给定相应参数。建模中所遵循的主要原则是：模型的详细程度和精确程度必须与研究目的匹配，要根据所研究问题的性质和所要解决的问题来确定模型的具体要求。建模一般有三种途径：演绎法或分析方、归纳法和混合法。

制导控制系统的数学模型框架结构如图 16.1.3 所示，各组成部分不是简单相加，而是通过有机结合，形成完整的整体。它主要由以下部分组成：

（1）弹体动力学与运动学模型；

（2）目标运动模型；

（3）导弹–目标相对运动模型；

（4）自动驾驶仪模型；

（5）导引头及制导控制器模型；

（6）噪声及误差模型。

§16.1.2.2 器件

（1）仿真计算机：它主要进行弹体动力学和运动学计算、生成转台指令及进行数据采集处理等，如图 16.1.4 所示。同时由于位置信息无法直接利用动态 GPS 信号，仿真计算机还需要同时兼备 GPS 模拟器的功能，将弹体质心运动数据实时转化为 GPS 数据发给弹载计算机。

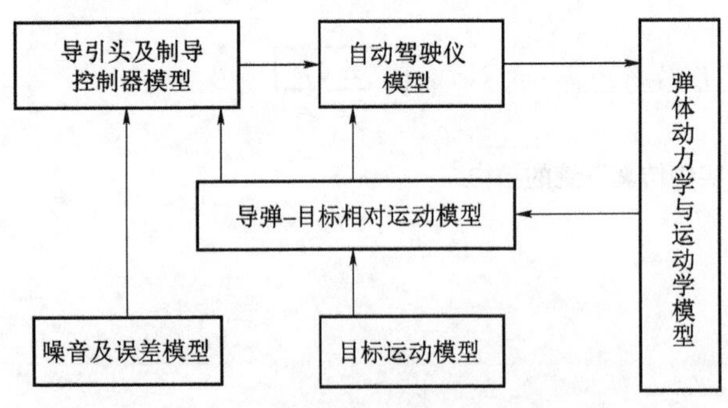

图 16.1.3　制导控制系统的数学模型框架结构

图 16.1.4　半实物仿真中的仿真计算机

（2）三轴仿真转台：它具有内、中、外三个框架和三个自由度，用于模拟飞行器在空间中姿态角和角速度的变化，如图 16.1.5 所示。其主要功能为：模拟飞行器三个自由度的角运动，复现飞行器的姿态角；在仿真回路中接收并跟踪仿真计算机发出的三框位置指令信号，将其转换为可被传感器测试的角运动。

（3）弹载计算机：弹载计算机是整个制导弹的核心部分，实现整个制导控制系统，包括与载机通信、组合导航、坐标转换、制导控制解算等。

（4）SINS/GPS 导航系统：主要包括惯性组件和 GPS 系统。惯性组件为制导弹提供弹体姿态角、姿态角速率及线性加速度信息，位置信息利用 GPS 模拟器实现。

（5）舵机负载模拟器：对于弹体的控制常采用舵机这一执行机构实现，在半实物仿真中可以加入，同时考虑真实飞行中弹体作为负载会产生气动铰链力矩，故加入舵机负载模拟器，如图 16.1.6 所示，同时需要保证负载力矩的大小和方向与实际飞行状态一致。负载力矩频带应大于舵机系统带宽。

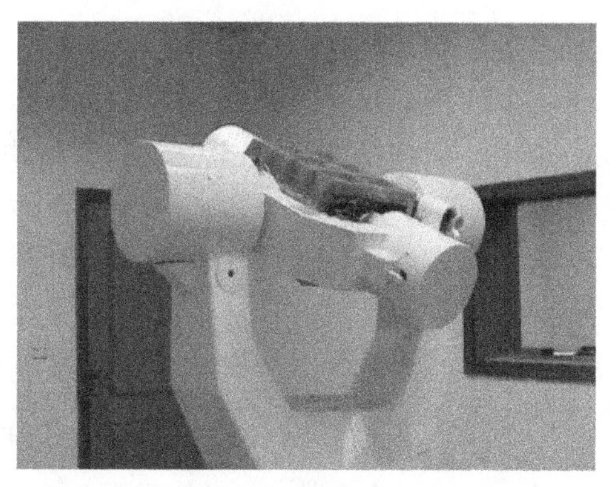

图 16.1.5 半实物仿真中的三轴仿真转台

图 16.1.6 半实物仿真中的舵机负载模拟器

§16.1.3 仿真软件及算法

§16.1.3.1 仿真软件

1. 控制系统仿真软件

由于仿真技术的特殊功效，仿真技术获得了十分广泛的应用，并由此产生了专门的仿真软件。国外现有的控制系统仿真平台中，最具有影响力的是 Integrated Systems 公司的 MATRIX_X 和 Mathworks 公司的 MATLAB。

MATLAB 系统包括 MATLAB 语言、MATLAB 工作环境、MATLAB 图形处理系统、MATLAB 数学函数库、MATLAB 应用程序接口五个部分。

MATLAB 的主要功能如下：

（1）数值运算能力；

（2）符号计算能力；

（3）数据分析和可视化功能；

（4）文字处理能力；

（5）Simulink 动态仿真功能。

2. 液压仿真软件

常用的液压仿真软件是 EASY5，该软件由美国 boeing 公司开发，被广泛应用于航空航天、国防、汽车、工程设备、重型机械等工业领域，是国际主流的液压仿真软件。

3. 流体仿真软件

当前，常用的流体动力学软件有 FLUENT、STAR–CD、CFX 等。其中占有率较高的为 FLUENT。FLUENT 软件采用基于完全非结构化网格的有限体积法，而且具有基于网格节点和网格单元的梯度算法。同传统的 CFD 计算方法相比，其具有以下优点：

（1）稳定性好，FLUENT 经过大量算例考核，同实验符合较好；

（2）适用范围广，FLUENT 含有多种传热燃烧模型及多相流模型，可应用于从可压到不可压、从低速到超高音速、从单相流到多相流，化学反应、燃烧、气固混合等几乎所有与流体相关的领域；

（3）精度提高，可达二阶精度。

4. 机械仿真软件

机械系统仿真软件有 ADAMS 和有限元分析软件 ANSYS 等。

其中 ADAMS 是美国 MDI 公司（Mechanical Dynamics Inc.）开发的虚拟样机分析软件。ADAMS 已经被全世界各行各业的数百家主要制造商采用。

ADAMS 软件使用交互式图形环境和零件库、约束库、力库，创建完全参数化的机械系统几何模型，其求解器采用多刚体系统动力学理论中的拉格朗日方程方法，建立系统动力学方程，对虚拟机械系统进行静力学、运动学和动力学分析，输出位移、速度、加速度和反作用力曲线。ADAMS 软件的仿真可用于预测机械系统的性能、运动范围、峰值载荷以及计算有限元的输入载荷等。

ADAMS 一方面是虚拟样机分析的应用软件，用户可以运用该软件非常方便地对虚拟机械系统进行静力学、运动学和动力学分析；另一方面，又是虚拟样机分析开发工具，其开放性的程序结构和多种接口，使之成为特殊行业用户进行特殊类型虚拟样机分析的二次开发工具平台。

ANSYS 软件是融结构、流体、电场、磁场、声场分析于一体的大型通用有限元分析软件。它由世界上最大的有限元分析软件公司之一的美国 ANSYS 开发，它能与多数 CAD 软件接口实现数据的共享和交换，如 Creo、NASTRAN、Alogor、I–DEAS、AutoCAD 等。它被广泛应用于以下工业领域：航空航天、汽车工业、生物医学、桥梁、建筑、电子产品、重型机械、微机电系统、运动器械等。

ANSYS 软件主要包括三个部分：前处理模块、分析计算模块和后处理模块。

前处理模块提供了一个强大的实体建模及网格划分工具，用户可以方便地构造有限元模型。

分析计算模块包括结构分析（可进行线性分析、非线性分析和高度非线性分析）、流体动力学分析、电磁场分析、声场分析、压电分析以及多物理场的耦合分析，可模拟多种物理介质的相互作用，具有灵敏度分析及优化分析能力。

后处理模块可将计算结果以彩色等值线、梯度、矢量、粒子流迹、立体切片、透明及半透明（可看到结构内部）等方式显示出来，也可将计算结果以图表、曲线的形式显示或输出。

§16.1.3.2　算法

算法是指从一些已知的数据出发，按照某种规定的顺序进行运算的一个有限运算的序列。仿真算法，从广义上是指仿真过程中建立数学仿真模型、进行仿真试验以及试验结果分析所需要的一切算法。仿真算法一般包括以下六个部分：

（1）动力学系统数学模型的系统辨识方法，包括模型的结构辨识和参数辨识；

（2）模型的简化和验证方法；

（3）数学仿真模型的建模方法；

（4）数学仿真模型特性的测试方法；

（5）仿真模型的精度与置信水平的分析和评估方法；

（6）仿真试验的设计和结果分析的方法。

仿真算法在仿真的各个阶段起着核心和支撑作用。

§16.2　弹箭的运动特性及运动控制仿真技术

§16.2.1　弹箭的运动特性

弹箭的运动特性仿真包括运动控制技术和运动仿真技术两个方面。运动控制技术应用于对系统的运动进行控制，控制对象的运动参数包括位移、速度、加速度等；运动仿真是在运动控制技术的基础上对位移、速度、加速度进行仿真，即复现物理的运动。

§16.2.2　角运动转台仿真——转台

§16.2.2.1　转台的组成及工作原理

飞行模拟转台简称转台，是进行弹箭飞行姿态地面半实物仿真试验的重要设备之一，一般具有内、中、外三个框架和三个自由度，用于模拟弹箭在空间中的姿态角和角速度的变化，其主要功能如下：

（1）模拟弹箭三个自由度的角运动，复现弹箭的姿态角；

（2）在仿真回路中，接收并跟踪主仿真机发送的三框位置、速度指令信号，将其转换为可被传感器测试的物理运动，为被试件提供试验条件。

飞行模拟转台主要由动力系统、伺服控制系统和机械台体等几部分构成，包括控制器、驱动元件、执行元件、测试和反馈元件以及被控对象等。动力系统为整个转台系统的运动提供支持，可以是液压能源也可以是电能。伺服控制系统则是转台运动的控制核心，可为模拟式，也可为数字式。控制元件用于执行控制算法，产生控制信号。驱动元件对控制电压信号进行变换，为执行机构提供驱动信号。执行元件则在动力系统的支持下，响应驱动信号，产生机械运动。反馈元件包括测速和测角两种，用来将物理量变成电信号，形成闭合控制回路。转台的运动方式等由伺服控制系统决定；机械系统则产生实际的角度和速度变化，是被试部件姿态变化的物理环境。

转台的伺服控制系统的工作原理如图 16.2.1 所示。

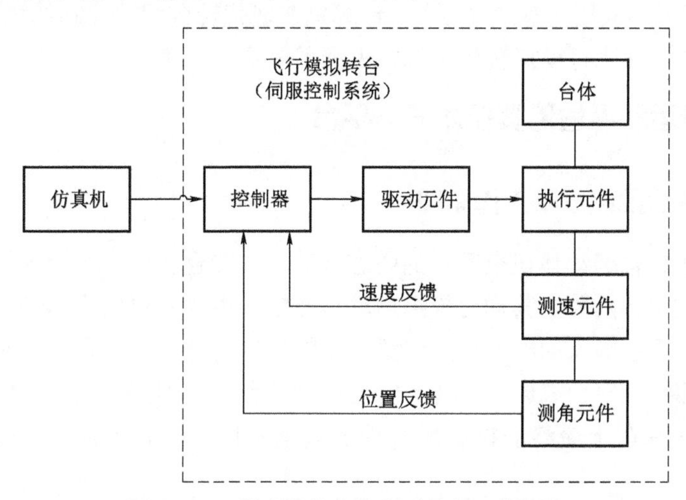

图 16.2.1　转台的伺服控制系统的工作原理

仿真机负责产生输入信号，各种类型的反馈装置反馈转台的实际速度或角速度等信息，由控制器对这些输入信号和反馈信号进行综合，生成控制信号送给驱动元件，产生驱动电压或电流，驱动执行元件带动转台框运动。图中由测速元件构成速度内环，提高系统的抗干扰能力；由测角元件构成位置外环，形成了位置伺服控制。

§16.2.2.2 飞行模拟转台控制技术

转台的伺服控制方式分为数字型和模拟型两大类，早期的控制器采用模拟控制方式，图16.2.2 即为采用模拟控制的位置伺服系统。

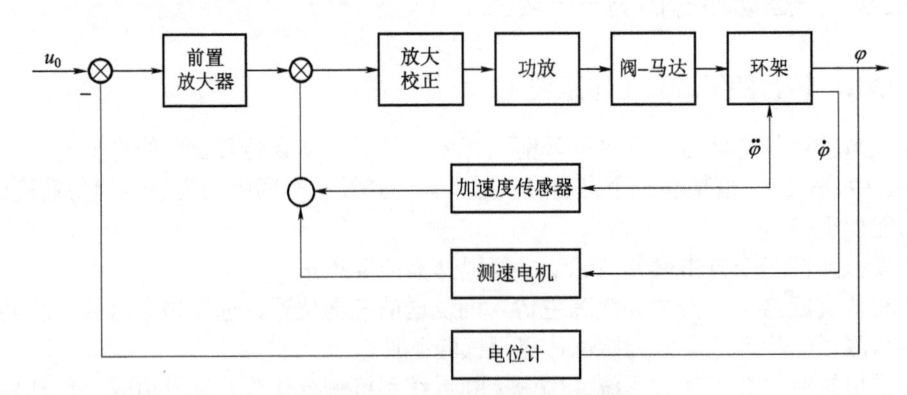

图 16.2.2 位置伺服控制的工作原理

早期模拟控制系统的驱动元件多采用液压阀控马达伺服系统，为了取得较好的低速性能，多采用齿轮减速机构，反馈元件多采用测速计、电位计，因此转台的精度主要取决于电位计的精度，齿轮间隙和空回的精度，故对反馈电位计的精度要求较高。随着现代数字电路的高速发展，反馈元件数字化，控制器数字化，模拟控制逐渐被数字控制取代。

现代飞行模拟转台伺服控制系统一般采用计算机控制系统，从控制系统的结构上来看没有什么变化，但相应的实现方式发生了质的变化：控制器采用计算机，驱动元件多采用直流力矩电动机，反馈元件采用码盘或光栅等。计算机在现代转台伺服控制系统中扮演了控制器、测量、管理的角色，在飞行模拟转台系统中占据了重要的位置。

§16.2.3 线运动平台仿真技术——平台

§16.2.3.1 平台的组成及工作原理

运动转台用于模拟运动体在空间中的姿态运动，与转台相比，平台的类型比较简单，分为三轴平台和六轴平台两种，其均可模拟运动体在空间中的六自由度运动。近年来并联式六自由度运动平台在发达国家的应用日益广泛，在国内也倍受关注并有长足的进步。

从构成上来讲，平台与转台相似，也由动力系统、伺服系统和机械台体等几部分组成，其与转台的区别在于最终的控制所实现的运动不同，某平台的工作原理图如图 16.2.3 所示。

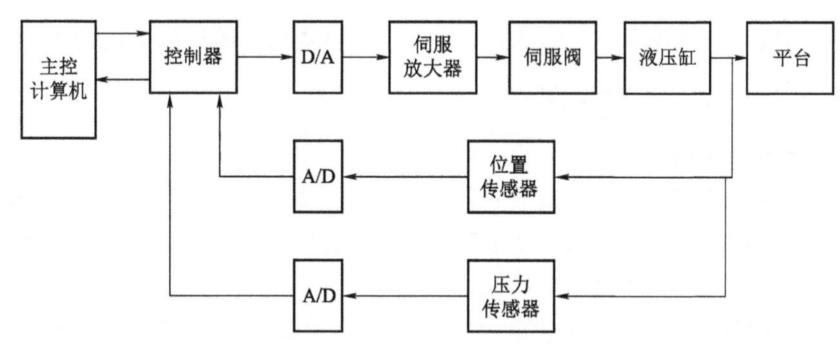

图 16.2.3　某平台的工作原理

§16.2.3.2　平台的结构

现以一个并联型六轴电液伺服平台为例进行说明。它主要由下平台台基，上运动平台，12 个铰及 6 个液压缸组成，其中液压缸通过铰以并联的方式将上运动平台和下平台台基连接成一体。电液阀控制液压油驱动 6 个液压缸沿缸长方向伸缩作直线运动，上运动平台能灵活地作 6 个自由度的运动。平台具有结构刚度大、承载能力强、姿态精度高、响应速度快等优点，但在运动仿真中工作空间有限是它的不足。

§16.2.4　目标与环境特性及仿真

目标与环境特性用于可探测和识别的物理量的科学描述。目标是指受攻击或观察、射击的对象物，环境是指除目标之外的一切空间物质，包括目标依存的背景和目标与武器之间的传输介质。目标按照空间分布分为三类，即控制目标（有导弹、弹丸、飞机、卫星与空间飞行器等）、地面目标（有车辆、机场、桥梁、港口等）和海面目标（有各类舰船，背景也分为天空、陆地与海洋三大类）。

目标和环境是相互依存的。根据目标与环境所在的地理位置高度或者性质的不同，在军事应用时，可把目标与环境分成空中目标与天空背景、海面目标与海洋背景、地面目标与地面背景三类。

目标特性是目标本身的一种属性，称为目标固有特性。它主要是指在相关环境中可探测和识别的军用目标的电、光、声的散射、辐射和传输特性。对于不同的观察系统，目标特性会因为系统的不同而变化。从辐射理论的角度说，任何具有一定温度的物体，都会向周围空间辐射电磁能。虽然辐射的形式各种各样，但它们都是由带电粒子能态变化而产生的，其传播过程都遵守麦克斯韦波动方程，以光速传播，并遵守反射、折射和衍射定律，统称为电磁辐射。也就是说，无论哪种电磁辐射，其本质是一样的，不同之处在于波长不同。电磁辐射可依据波长或者频率的不同划分为很多波段，因此目标特性的研究也可依据波段的不同划分为目标的光学特性研究和雷达目标特性研究。电磁仿真系统用于雷达制导的制导武器，光学（包括红外）仿真系统分别用于电视制导、激光制导和红外弹。

雷达目标特性的研究主要包括紫外线、可见光和红外线三个波段。雷达目标的研究一般是在 3 MHz～300 GHz，绝大多数雷达工作在微波波段，特别是 X（8～12 GHz）波段和 Ku（12～18 GHz）波段。

根据目前国内外寻的制导仿真系统的研制情况，目标、环境和干扰特性的生成技术是这类仿真系统中耗资最大、技术最难的部分，因而也是这类仿真系统的关键技术。

§16.2.4.1 目标与环境光学特性

1. 目标的光辐射特性

目标的光辐射特性可以归纳为目标的空间特性、光谱特性和时间特性。目标的空间特性是指目标光辐射的空间分布，目标的光谱特性是指目标的光谱随波长的分布，目标的时间特性是指目标光辐射随时间变化的规律。

环境光辐射特性主要研究来自地物、海面、大气、气溶胶和星体的自身发射，也研究来自这些环境的反射辐射或者散射辐射。

2. 环境光辐射特性研究

环境光辐射可来自地物、海面、大气和星体的自身辐射，也可来自这些环境的反射辐射或散射辐射，它包括光辐射和红外辐射。

地物光辐射不但与地球表面的物质种类有关，而且还同地理位置、季节、昼夜时间和气象条件等有关。地物可简单地分为植被、土壤与岩石、冰和水等。地物的光辐射特性可分为可见光和近红外波段的光谱反射特性。

海洋的光辐射由海洋本身的热辐射和它对环境辐射的反射所组成。在长波段内，海水是不透明的，海水表面上部的温度决定了海水的热辐射。海面的反射包括对太阳和天空辐射的反射，当波段在 4 μm 以上时，无论在晚上还是在白天，海洋的光辐射主要来自海洋的热辐射。

天空的红外辐射，白天是由散射的太阳光和大气热辐射所组成的。在 3 μm 以下，以反射和散射太阳光为主，其光谱分布近似于 6 000 K 黑体的光谱分布，实际辐射亮度与背景的反射和散射特性有关。在 5 μm 以上，以大气热辐射为主，此时地面和大气可视为近似于 300 K 黑体的热辐射。热辐射特性可由大气参数的垂直分布来确定。在 3 μm 和 5 μm 之间，天空的红外辐射最小。夜间，因不存在散射的太阳光，天空的红外辐射为大气的热辐射。大气的热辐射主要与水蒸气、二氧化碳和臭氧等的温度与含量有关，为计算大气的红外光谱辐射亮度，必须知道大气的压力、温度、湿度和视线的仰角。

§16.2.4.2 雷达目标特性

1. 雷达目标特性信号的含义

雷达是对远距离目标进行“无线电探测、定位、测轨和识别”的一种遥感设备。雷达目标特性信号是雷达发射的电磁波与目标相互作用所产生的各种信息，它隐藏于雷达回波之中，通过对雷达回波幅度和相位的处理、分析和变换，得到雷达散射截面及其统计特征参数、角闪烁及其统计特征参数、极化散射矩阵、散射中心分布以及极点等参量，从而推导出目标的形状、体积和姿态，实现对目标的分类、辨认和识别。这些参量表征了雷达目标的固有特性，统称为雷达目标特性信号。

从雷达的观点看雷达目标，可以把目标分为两大类：合作目标和非合作目标。早期的雷达都将探测对象看作点目标。随着高分辨率宽带雷达的问世，人们已将雷达目标当作体目标来研究。通过雷达探测，不仅可以知道目标在哪里，而且还能知道是什么样的目标。

从测量雷达目标参数的观点可以将雷达分为两大类：第一类为尺度测量雷达，它能获得目标的三维位置坐标、速度、加速度以及运动轨迹等参数。第二类为特征测量雷达，它能获得雷达散射截面及其统计特征参数、角闪烁及其统计特征参数、极化散射矩阵、散射中心分布等参数，从中可以推求出目标的形状、体积、姿态、表面材料的电磁参数与表面粗糙度等物理参数，从而达到对遥远目标进行分类、辨识与识别的目的。因此通常所说的雷达目标特性应该包含雷达目标尺度信息与雷达目标特征信息两部分。

2. 雷达目标的形体特征

通过雷达，不仅可以测量出目标的位置、速度与轨迹等尺度信息，而且还能测量出目标的形体特征信息。

通过对雷达散射场的波矢量分析和电磁逆散射原理分析，可以推导出目标几何形状特征函数归一化公式为

$$\sigma(R,t)=\iiint_{V_{km}} A(K,\omega)\exp[j(\omega t+K \bullet R)]\mathrm{d}\omega d^3 K \tag{16.2.1}$$

式中，$\sigma(R,t)$为目标几何形状特征函数；$A(K,\omega)$为归一化散射场矢量函数，可从测量回波中得到；R为体目标相对雷达的位置矢量；K为与自由空间波数有关的波矢量；ω为雷达的工作角频率。

§16.3　弹载卫星定位装置及定位信息仿真技术

§16.3.1　卫星定位装置的原理及信号模型

§16.3.1.1　卫星定位装置的原理

随着电子技术的飞速发展，卫星导航的精度和性能也在不断提高，已经引起了越来越多的重视，尤其是军方的高度重视。现在越来越多的国家开始研发和应用卫星导航系统，如美国的 GPS 系统、欧洲的 GALILEO 卫星系统、俄罗斯的 GLONASS 系统和中国北斗系统等。美国的 GPS 系统技术已经相对比较成熟，下面重点介绍 GPS 定位系统。

GPS 接收机接收到卫星传输的信号后，根据历书信，可求得每颗卫星发射信号时的在轨位置和速度。GPS 接收机对码的量测就可得到卫星到接收机的距离，由于含有接收机卫星钟的误差及大气传播误差，故称为伪距，对 OA 码测得的伪距称为 OA 码伪距，精度约为 20 m，对 P 码测得的伪距称为 P 码伪距，精度约为 2 m。通过对 4 颗卫星同时进行距离测量，即可解算出接收机的位置。

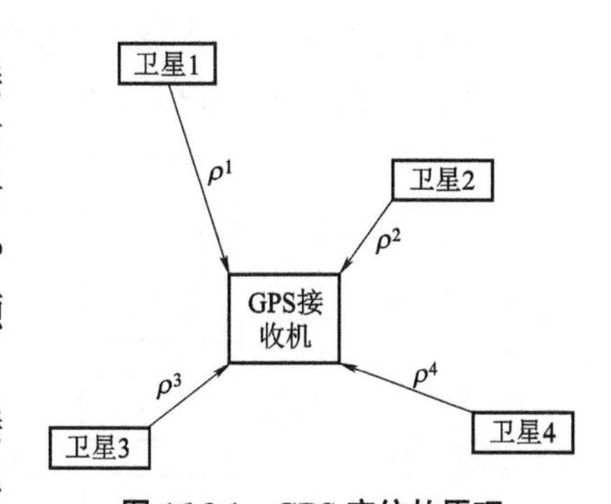

图 16.3.1　GPS 定位的原理

图 16.3.1 所示为 GPS 定位的原理，装在载体上的接收机，同时测定 4 颗卫星的距离，方法是测量卫星发射电波至接收机接收到电波的时间差τ乘以光速 C 求得距离ρ即

$$\rho^i=c\bullet\tau^i=c(t_r^i-t_s^i)+e^i(i=1,2,3,4) \tag{16.3.1}$$

式中，t_r为接收机接收的时刻；t_s为卫星发射电波的时刻；e为伪距误差，包括 GPS 接收机、卫星钟、卫星轨道干扰和大气传播等偏差，偏差主要来自接收机时钟偏差 b。

因为距离观测值ρ^i包含了一些误差，而不是接收机到卫星的真正距离，故称其为伪距观

测值。

令卫星在坐标系中的位置分量为x_{si}、y_{si}、z_{si}，用户的坐标为x、y、z，则

$$\rho^i = \sqrt{(x_{si}-x)^2+(y_{si}-y)^2+(z_{si}-z)^2}+b \tag{16.3.2}$$

其中，卫星位置（x_{si}、y_{si}、z_{si}）由卫星电文计算获得，伪距ρ^i由测量获得。

观测点位置（x，y，z）和用户时钟偏差（b）共 4 个未知数，故要测 4 颗星的伪距，建立 4 个方程，才能解出上述 4 个未知数，实现三维定位。然后，经直角坐标系和大地坐标系的交换，得到用户所需的经纬度和高度。

测速是通过 4 颗星的距离变化率方程式，解出用户三维速度和用户时钟差的变化率，对相关公式求导可得

$$\Delta\rho^i = \dot{\rho}^i = \frac{(\dot{x}_{si}-\dot{x})(x_{si}-x)+(\dot{y}_{si}-\dot{y})(y_{si}-y)+(\dot{z}_{si}-\dot{z})(z_{si}-z)}{\sqrt{(x_{si}-x)^2+(y_{si}-y)^2+(z_{si}-z)^2}}+\dot{b} \tag{16.3.3}$$

式中，卫星位置（x_{si}、y_{si}、z_{si}）已知，卫星速度（$\dot{x}_{si}$、$\dot{y}_{si}$、$\dot{z}_{si}$）已知，用户位置（x，y，z）由式（16.3.2）求得。用户速度（$\dot{x}$，$\dot{y}$，$\dot{z}$）以及用户时钟变化率$\dot{b}$可以通过公式求得，方程中$\Delta\rho^i$为伪距变化率。

通过以上对 GPS 对载体定位的分析可知，GPS 全球定位系统是一种高精度的全球三维实时导航的卫星系统，它具有全球性、全天候、高精度、低成本等优点，但是 GPS 易受干扰，工作性能受环境条件（山区、森林、隧洞、城市建筑及载体自身）、载体机动飞行和无线电干扰的影响，GPS 接收机的数据更新频率低，一般每秒 1 次，因此不能作为飞行器上唯一的导航系统使用。

§16.3.1.2　GPS 卫星信号模型

GPS 信号是包括载波信号（L_1、L_2和 L_5）、导航电文（D 码）和两个测距码（伪随机噪声码 C/A 码和 P 码）的组合码，其中 C/A 码是用于粗测距和捕获 GPS 卫星信号的伪随机码。P 码是精度码，是美国军方严格控制使用的保密军用码。L_5信号为新增加的载波信号，频率为 1 176.45 MHz，是 GPS 卫星增设的第三导航定位信号。本节将把重点放在 L_1、L_2的第一导航定位信号和第二导航定位信号上。

GPS 卫星发送的 GPS 卫星信号的产生原理如图 16.3.2 所示。

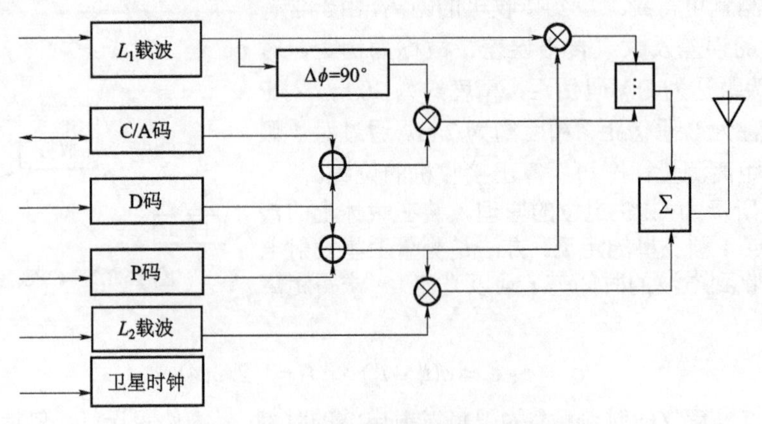

图 16.3.2　GPS 卫星信号的产生框图

GPS 卫星发射的信号是导航电文 $D(t)$ 经过二级调制后的信号。第一级是将 $D(t)$ 码调制成

C / A 码和 P 码，实现对 $D(t)$ 的伪随机码扩频，然后将它们的组合码分别调制在两个载波频率上，这两个载波的频率分别如下：

L_1 载波：频率 f_{L_1} =1 575.42 MHz　波长 λ_1=19.03 cm；

L_2 载波：频率 f_{L_2} =1 227.6 MHz　波长 λ_2=24.42 cm。

在载波 L_2 上只调制了一种伪码（P 码），而在载波 L_1 上调制了两种码（C/A 码和 P 码），并且是采用正交调制方式进行调制的。这种调制成为 BPSK 调制 GPS 信号，可以用下式表示：

$$\begin{aligned} S_{L_1}(t) &= A_i P_i(t) D_i(t)\cos(\omega_1 t + \phi_{1i}) + A_0 G_i(t) D_i(t)\sin(\omega_1 t + \phi_{1i}) \\ S_{L_2}(t) &= B_i P_i(t) D_i(t)\cos(\omega_2 t + \phi_{2i}) \end{aligned} \tag{16.3.4}$$

式中，A_i、A_0、B_i 分别为 L_1 载波（19.05 cm）、C/A 码、L_2 载波（24.45）的振幅；$P_i(t)$、$G_i(t)$、$D_i(t)$ 分别为第 i 颗 GPS 卫星的 P 码、C/A 码、D 码；ω_1、ω_2 分别为 L_1 和 L_2 的载波角速率。

§16.3.2　卫星导航信号模拟器

卫星导航信号模拟器技术就是模拟产生卫星导航信号，为卫星导航接收机的研制开发、测试和导航仿真提供试验环境的技术。一般来说，卫星导航信号模拟器根据其用途应当具有如下功能：

（1）能够模拟运动体上的卫星导航接收机天线接收到的射频信号。

（2）具有外频标输入口和内频标输出口，具有 1 PP 输出。

（3）可接入外部干扰，与射频信号合路输出，支持抗干扰测试。

（4）气候、安装、使用环境等仿真场景可以自定义，如在运动体上的特殊位置、特定的接收天线等。

（5）具有仿真状态、仿真数据的实时可视化功能。

（6）具有实时仿真功能，仿真的射频信号的输出延迟需满足指标要求。

（7）附带高动态接收机，可对接收机的主要性能进行测试、对模拟器进行自检定义。

（8）带光纤卡的等实时仿真接口，支持仿真计算机实时输入飞行器轨迹数据。

§16.3.2.1　系统的组成与工作原理

卫星导航信号模拟器一般由数字仿真子系统、射频信号生成子系统和测试评估子系统组成，如图 16.3.3 所示。

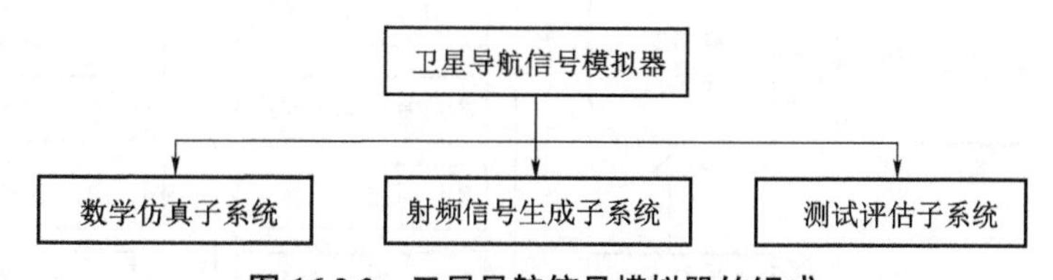

图 16.3.3　卫星导航信号模拟器的组成

数学仿真子系统完成人机交互接口和高精度卫星导航信号数学仿真。具体仿真功能包括导航卫星星座和轨道数学仿真、空间环境数学仿真、用户运动数学仿真、星历参数更新计算、导航电文生成、观测数据生成等。

射频信号生成子系统根据数学仿真子系统提供的导航电文、观测数据，生成与真实环境类似的用户机天线接收到的导航卫星的导航射频信号。

测试评估子系统采集数学仿真子系统输出的理论数据和接收机输出的定位数据，按照检测标准对接收机的性能指标进行评估。

1. 数学仿真子系统

数学仿真子系统的基本功能是实时生成各类仿真数据，主要任务包括仿真任务设计、仿真可视化、星座卫星轨道仿真、卫星时钟仿真、空间环境效益仿真、用户轨迹仿真、导航电文生成和基本观察数据生成等。该子系统由数学仿真软件和实时高速运算平台组成，如图16.3.4所示。

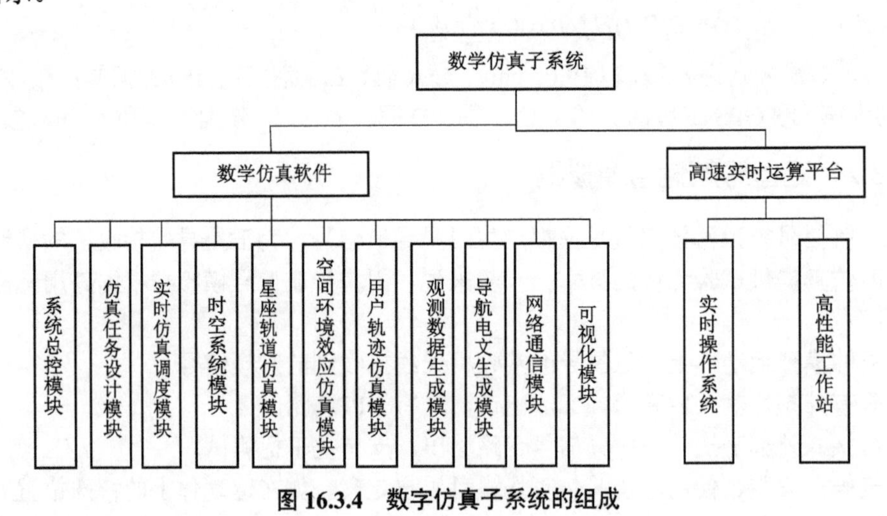

图 16.3.4　数字仿真子系统的组成

2. 射频信号生成子系统

射频信号生成子系统的基本功能，是根据数学仿真子系统仿真的卫星导航信号仿真数据（观测数据和导航电文），实时生成基于接收机天线口面的射频导航信号。主要包括主控模块、数据处理模块、中频信号生成模块、上变频模块、时钟频率模块以及实时接收仿真数据的反射内存网卡，如图16.3.5所示。

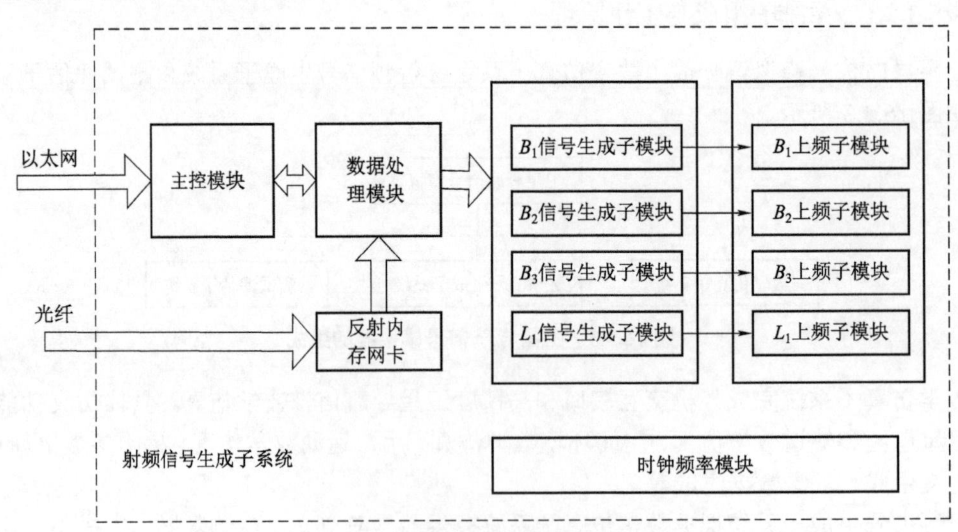

图 16.3.5　射频信号生成子系统的组成

3. 测试评估子系统

测试评估子系统，根据测试方案，建立标准仿真场景，启动数学仿真子系统进行实时数学仿真，完成接收机天线口面的伪距、伪距率、载波相位等观测量和导航电文的数字信号生成，将计算结果实时传送给射频信号生成子系统，同时，也将计算结果传给测试评估子系统，作为评估的理论参考依据。射频信号生成子系统实时接收卫星导航信号的数学仿真结果，进行信号调制和多颗卫星信号的数字合成，然后通过 D/A 转换，生成模拟信号，再进行上变频，模拟生成卫星导航接收机天线口面收到的射频信号。卫星导航接收机接收射频模拟信号，进行实时导航定位，测试子系统采集卫星导航接收机的实时输出定位结果，最后测试评估子系统利用采集到的理论数据和测试数据，对接收机的性能指标进行评估，输出评估报告。

§16.3.2.2　关键技术分析

卫星导航信号模拟器涉及多项高新技术，归纳起来主要有以下几项：高动态信号的产生与精度控制、电离层折射误差模拟、多径信号模拟、差分数据产生等。

§16.4　半实物仿真中力与力矩特性仿真

§16.4.1　舵机负载系统仿真

§16.4.1.1　舵机力矩平衡公式

对于在稠密大气层中飞行的弹箭而言，其作用在舵面上的空气动力会对舵面形成负载，这种负载相对于舵机输出轴是一种反作用力矩，当弹箭机动飞行时，力矩随飞行状态而变化，是一种典型的随动负载。

作用在舵机输出轴上的力矩有舵机输出的主动力矩、各种负载力矩，其平衡关系如下：

$$M_z = J\ddot{\delta} + K_{\dot{\delta}}\dot{\delta} + K_{\delta}\delta + K_{\alpha}\alpha + \cdots \tag{16.4.1}$$

式中，M_z 为主动力矩；J 为折算到舵机输出轴上的转动惯量；$\ddot{\delta}$ 为舵角加速度；$K_{\dot{\delta}}$ 为舵面气动阻尼系数；$\dot{\delta}$ 为舵角速度；K_{δ} 为舵转角铰链力矩系数；K_{α} 为攻角铰链力矩系数；δ 为舵偏角；α 为飞行器的飞行攻角。

负载力矩由惯性力矩、阻尼力矩、铰链力学等项组成。舵面转角铰链力矩是主要的负载力矩，它是弹箭飞行速度和空气密度等项的函数：

$$M_F = m^{\delta} q s_b \delta + m^{\alpha} q s_a \alpha \tag{16.4.2}$$

式中，q 为速度头；m^{δ} 为舵面转铰链力矩系数；m^{α} 为攻角铰链力矩系数。

这些力矩系数随弹箭的飞行状态变化，当弹箭的飞行状态变化较大时，各项力矩系数由于在较大范围内变化，因而引起负载力矩有较大的变化，负载力矩是影响弹箭舵系统稳定性与操作性的主要因素。弹箭在飞行中要求舵机具有比较强的负载能力，对于新设计的弹箭舵机系统，除进行理论分析外，重要的是进行动态仿真实验研究，研究动态载荷情况下的工作性能，因此负载模拟器是弹箭舵机研发过程中必不可缺少的设备。舵面负载模拟器实质上是仿真作用在舵面上的气动力负载的一种施力装置，与舵系统一起工作，与弹箭飞行状态紧密相关。

§16.4.1.2 舵机负载模拟器

舵机负载模拟器主要用于向舵机提供半实物仿真试验所需的外部工作条件，实现仿真中舵机系统的动态加载，仿真制导兵器在飞行过程中作用在舵机上的气动铰链力矩。激光末制导炮弹一般包含 4 个舵片，因此需要对 4 个舵机加载气动铰链力矩。负载模拟器由四通道电液伺服加载系统、加载控制系统、机械台体、气源、液压源和相应的软件等组成。单通道电液伺服加载系统主要包括电液伺服阀、摆动马达、舵转角传感器、扭矩传感器和惯量盘等。

舵机负载模拟器用于仿真制导兵器飞行时的舵面负载力矩，但作用在舵面上的气动力负载与制导兵器的类型和具体参数密切相关，且差别很大，而仿真试验目的和目标也有差异。因此对负载力矩模拟器的要求也各有不同，而从实现方式上，随着技术的发展和进步，驱动方式也发生了很大的变化。

按照驱动方式或执行机构的不同，可以将负载力矩模拟器分为下面三种：

（1）机械式负载模拟器；

（2）电液负载模拟器；

（3）电动负载模拟器。

按照模拟的力矩特性，也可以将负载力矩模拟器分为以下三种：

（1）定点式负载模拟器；

（2）随动式负载模拟器；

（3）弹性随动负载模拟器。

舵机负载力矩模拟器的主要技术指标有以下几点：

（1）结构性能：最大负载力矩、最大角速度、最大角度、负载惯量、连接刚度、负载尺寸等。一般根据舵机的指标给出。

（2）控制系统的性能：

① 精度：指加载精度。分静态和动态两种，一般按照百分比来表示。也有分段按绝对值来表示的。

② 频率特性：分为有扰动和无扰动情况下两种特性。在无扰动情况下，一般按控制系统指标的标准定义给出，也可采用双十频宽来衡量。

③ 多余力：在零加载指令的情况下，舵机作各种运动，力矩传感器的输出就是多余力，一般按百分比来描述。

§16.4.2 压力仿真

§16.4.2.1 气压仿真

气压式高度模拟器及马赫数模拟器称为总压、静压模拟器。气压式高度表、马赫数表的机理是通过气压的变化来测量飞行高度及飞行速度。在实验室内只要能使固定容腔内的压力随高度及飞行速度变化而变化，就可以在实验室内使用气压高度表及马赫数表进行半实物仿真试验。气压式高度模拟器与马赫数模拟器在原理上是相同的，只是压力范围不同。现以气压式高度模拟器为例进行说明

气压式高度模拟器的结构如图 16.4.1 所示。

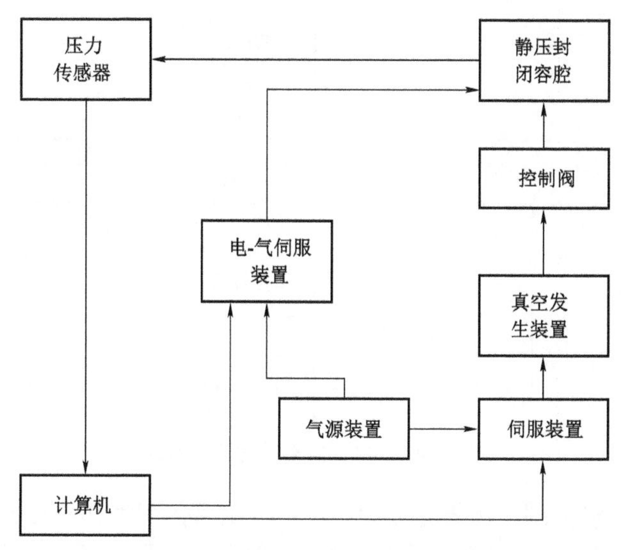

图 16.4.1 气压式高度模拟器的结构

气源装置主要由空气压缩机、气流净化处理装置、干燥机和储气罐等组成，储气罐用于消除压力波动，保证输出气流的连续性。

电–气伺服装置是将计算机通过 D/A 接口送出的电信号转换成一定比例关系的气体流量。真空发生装置用来对封闭容腔进行抽真空操作，以产生负气压信号，计算机输出信号越大时，通过电–气伺服装置的气体流量越大，真空装置的抽真空度越大。压力传感器采用高精度、快响应的压力传感器，以满足系统的要求。

气压式高度模拟器的技术指标如下：

（1）模拟范围：–500～11 km；110～22.6 kPa。

（2）静态精度：0.2%。

（3）动态精度：在 110～22.6 kPa 内任一基础上输出正弦信号：

$$p = A\sin(2\pi f t)$$
$$f = 0\sim1\ \text{Hz}$$
$$A = \pm129\ \text{Pa}$$

（4）允许幅值误差：

$$\Delta A / A \leqslant 5\%$$

（5）允许相位误差：

$$\Delta\phi \leqslant 5^\circ$$

§16.4.2.2 水压仿真

水压仿真器是深度半实物仿真中的关键设备。水压仿真器又称为深度模拟器，是一种电–压力变换装置，它接受来自仿真主机的航行深度的电信号，通过电液变换将其转换成相应的油压动态变化，并经管路施加于深度传感器上，以实现对含深度传感器在内的自动驾驶仪进行半实物仿真的目的。

早期的水压仿真器采用简单的气电转换，目前水压仿真器由控制器、电液伺服阀、压力反馈装置及液压油源等组成。一种深浅水双量程自动切换式的水压仿真器如图 16.4.2 所示。

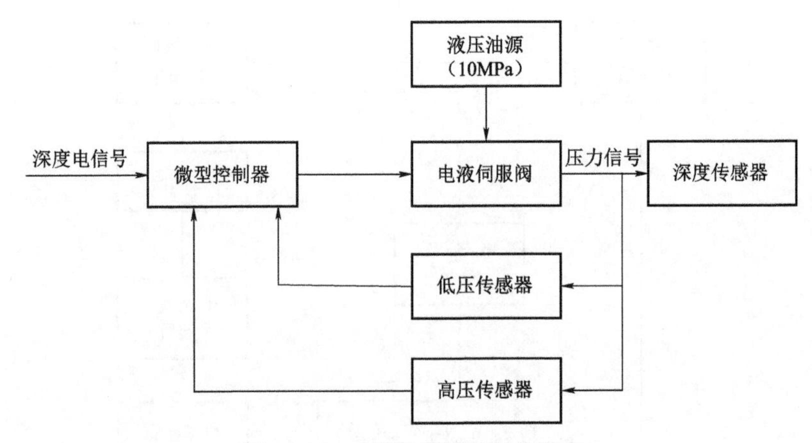

图 16.4.2 水压仿真器的工作原理

仿真器采用数字机控制，用于完成大、小压力信号的平滑切换和控制计算，控制器与仿真主机的深度等信息的传送可以直接通过实时数字接口并行通信，从而减少了因数模转换和模拟量传送所带来的误差。电液伺服阀是系统中的关键设备，它应具有频带宽、线性度好、负开口等特点。反馈通道设置了高、低两种压力传感器，是为了使系统具有深、浅水仿真功能。

水压仿真器的主要技术指标如下：

（1）压力范围：根据深、浅水工作性能的需要，油压输出应能在 0.03～6 MPa 之间变化。

（2）压力反馈传感器：选用高精度的压力传感器，仿真器静态精度应优于 ±0.2%，绝对误差应小于 ±0.000 5 MPa。

（3）频带：水压仿真器的频带宽度应大于 20 Hz。

§16.5 半实物仿真系统集成及实验技术

§16.5.1 弹箭半实物仿真的总体系统方案

仿真系统是一个由计算机模型及其载体计算机系统、物理效应模型及设备和部分实物组成的系统模型综合实验平台，其设计目的是用于对实际系统进行仿真研究。

§16.5.1.1 总体方案设计思想

半实物仿真系统总体方案设计需要考虑以下几个方面：首先，半实物仿真系统必须满足实际目标系统设计提出的仿真需要，这是仿真系统研制的最基本的要求；其次，目标系统本身设计水平的发展、技术性能的提高和工作方式的调整，对仿真系统的扩展性和兼容性提出了要求，半实物仿真系统必须具有一定的技术先进性，以能够在一定时期内满足仿真任务要求。另外，针对同一实际目标系统、相同的仿真任务与目标，其仿真系统的实现方案多种多样，所需的设备及其性能参数也不尽相同，从而导致了半实物仿真系统在建设成本、研制周期等各方面均可能存在巨大的差异。因此一个好的仿真系统，应当是在满足仿真任务需求的前提下，技术性能、成本和研制周期的一个良好的折中。

§16.5.1.2　总体方案设计原则

1. 实用性

以满足仿真任务需求为目标，在满足研制周期和成本要求的条件下，尽可能提高仿真系统的性能，但以实用为原则。

不同性质的用户对仿真需求或者说仿真系统的建设目标是不同的，通过系统仿真，总体论证单位需对武器系统总体方案和主要性能参数进行论证，而研制单位则主要进行系统设计方案论证，设计和主要系统及部件参数的设计验证、考核和验收，武器系统鉴定单位需要考核武器系统在各种条件下性能是否都满足验证要求。仿真系统的建设目标不同，这决定了仿真系统设计方案的侧重点应有所不同。仿真系统方案不应当单纯追求完美、全面和高性能，应当采用比较实用、成熟的方案和技术，以满足仿真需求为准则。

2. 先进性

在考虑实用性的同时，仿真系统方案应具有一定的先进性。

先进性指仿真系统建成后能够在一段时间内满足仿真任务需求的性能，包括技术性能裕量、系统兼容性、可扩展性和可重构性等。仿真系统的建设从需求提出，到论证、设计、建设和验收、使用，需要相对比较长的时间，因此在考虑实用性的同时，需考虑到被试对象技术发展的需求和仿真技术本身的进步，仿真系统方案应具有一定的适应性、兼容性和可扩展性。

3. 可实现性

在追求仿真系统先进性的同时，应当重视其可实现性。

可实现性是指仿真系统建设和使用受到当时技术现状、研制风险、研制周期、成本、使用条件等制约因素的影响程度。可实现性包含两个方面：一是仿真系统相似原理和相似关系的可实现性；二是主要仿真设备性能指标的可实现性。往往前者会影响后者，但在前者可以实现的情况下，指标论证不充分、不合理往往也会导致可实现性问题。根据仿真目的和系统要求，一种仿真需求中的相似关系，可以通过多种方法和设备来实现。因此，需要对相似关系实现方法不同而导致的系统方案复杂程度、技术可实现性和经济成本等方面进行综合比较，选取最优的实现方案。

§16.5.2　总体方案集成和接口技术

§16.5.2.1　总体方案集成

系统集成是在系统工程科学方法的指导下，根据用户的需求，优选各种技术和产品，将各个分离的子系统连接成一个可靠经济和有效的整体，并使之能彼此协调工作，发挥整体效益，达到整体性能最优。半实物仿真系统集成步骤如图 16.5.1 所示。

1. 系统准备阶段

针对弹箭制导控制半实物仿真系统集成，在系统准备阶段，需要通过技术调研和与用户进行反复沟通：

（1）弹箭系统特征；

（2）使用环境；

（3）用户仿真的目的；

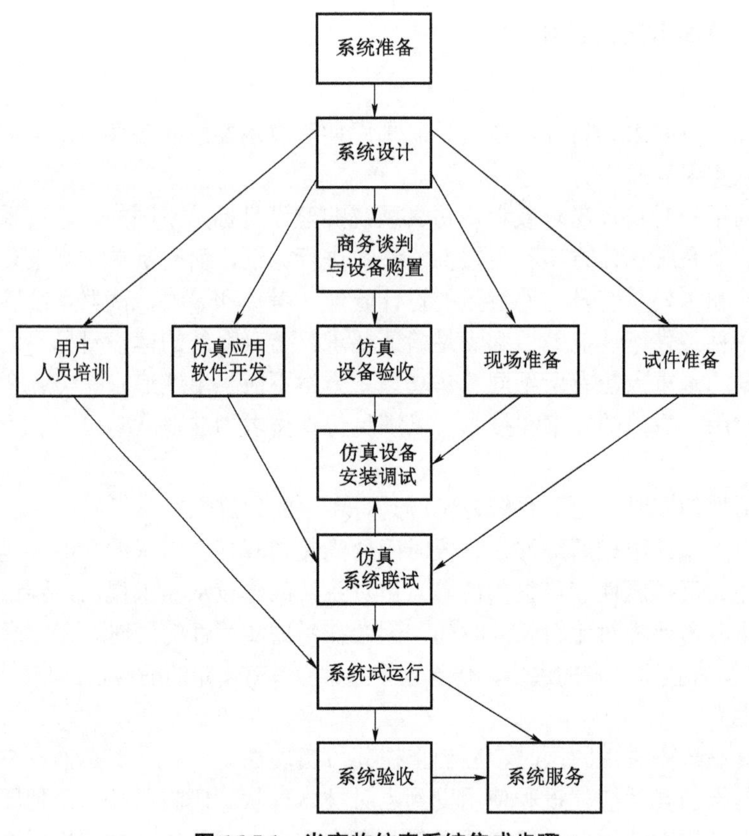

图 16.5.1　半实物仿真系统集成步骤

（4）系统投资规模；

（5）目标系统技术成熟度水平；

（6）用户人员的素质。

2. 系统设计阶段

系统设计是半实物仿真系统集成的最重要的内容，需针对用户的具体仿真需求和投资规模，以实用性为原则来进行系统总体和各仿真设备的方案制定和技术指标的分配，该阶段需完成以下工作内容：

（1）根据用户需求，确定半实物仿真系统的功能及工作模式。

（2）根据实际目标系统的组成及工作原理，建立实际系统数学模型，确定仿真相似关系及其实现方法。

（3）根据系统功能及相似关系，确定半实物仿真系统的组成及工作原理，并确定半实物仿真系统的性能指标，及重要仿真设备技术指标分配。

（4）根据系统组成和项目建设预算，确定系统软硬件设备配置清单及投资方案，进行系统建设投资风险分析，并提出相关分析的应对预案。

（5）根据系统组成及扩展性、可重构性要求，确定半实物仿真系统的网络结构及信号连接关系，并制定仿真系统及设备工作时序及相关设备通信协议。

（6）确定仿真设备实现方案和研制技术要求。

（7）确定仿真系统专用软件设计需求。

（8）确定系统建设任务分工、人员配置，制定项目管理计划、质量保证计划、研制进度和用户培训计划等。

3. 商务谈判与设备购置阶段

在系统设计阶段成果的基础上，与仿真系统用户进行技术及商务谈判，并最终签订项目建设合同。

4. 仿真应用软件开发阶段

仿真系统专用软件是半实物仿真系统中最重要的组成部分，其基本要求是保证各仿真设备及模型直接彼此协调，发挥整体效益。仿真系统的设计，需要从系统工程的角度出发，按照系统使用和工作要求，充分发挥系统组成各部件的优势，扬长避短，在确保系统整体性能的同时，充分发挥系统软件的作用，改善仿真系统允许的安全性、可靠性和使用灵活性、便捷性。

5. 现场准备阶段

半实物仿真系统较为复杂、设备体积庞大，需重点注意如下三点：

（1）设备布局；

（2）供电；

（3）布线。

6. 试件准备阶段

由于参与仿真的试件在弹上所处的空间结构和实验室设备上的空间结构不一定一样，为保证仿真的真实性，除重要的相似关系之外，还需保持试件的原始状态。

7. 仿真设备验收阶段

在仿真设备验证完成后，首先需对各仿真设备进行验收，确保设备的功能、性能各项指标满足研制任务书的要求。

8. 仿真设备安装调试阶段

按照仿真的结构组成和设备安放要求，将经过验收的仿真设备安放在特定的场所，带上模拟负载和备用软件，实现整个仿真系统网络互联，建立半实物仿真系统的硬件和网络环境。

9. 仿真系统联试阶段

将已经通过按照调试的半实物仿真系统或分系统，与相应受试件系统或设备进行连接，按照以下步骤来验证系统的功能和性能：

（1）系统静态调试；

（2）系统动态开环测试；

（3）系统动态闭环仿真。

仿真系统联试的各个步骤可以与仿真设备安装调试工作步骤进行交叉结合，但是必须坚持以下两个原则：“先单独、再局部、后全局”和“先静态、再开环、后闭环”。

10. 系统试运行阶段

在半实物仿真系统全局联试完成后，可以按照实际使用需求和步骤进行半实物仿真的系统试运行，以进一步检测系统的匹配性和稳定性，并对全局系统的仿真精度和仿真结果的可信性进行评估。

11. 系统验收阶段

按照半实物仿真系统验收规范进行验收，对整个半实物仿真系统进行最终验收测试，评定系统建设效果，形成系统验收报告和相关文档。

12. 系统服务阶段

在半实物仿真系统试运行和验收交付后，由于系统设备的可靠性、稳定性和人员的操作等问题，需要半实物仿真系统集成方在此后的一段时间内提供必要的技术、人员支持和售后服务，确保半实物仿真系统稳定、可靠地运行，以发挥半实物仿真系统最大的经济、技术效益。

§16.5.2.2 半实物仿真系统接口技术

飞行控制系统的半实物仿真系统中有仿真计算机、专用的仿真器和各式参试设备，在半实物仿真系统中，对接口的基本要求是信息传输必须满足：传输精度高，抗干扰性能好；传输速度快，满足实时仿真要求；在有些情况下，要求传输距离远。

按照仿真系统中传递信号和接口的特性，将接口分为模拟信号接口和数字信号接口两大类。

实际上，任何接口转换和数据通信均存在时间延迟和损失，要实现无损失、零延迟的信息转换和数据传递是不可能的，一般来讲半实物仿真系统接口转换和信号传递需要考虑以下四个方面：

（1）实时性；

（2）准确性；

（3）抗干扰性；

（4）可靠性。

§16.5.3 半实物仿真试验设计及流程

§16.5.3.1 半实物仿真试验设计

半实物仿真试验设计的问题就是安排哪些试验项目、选取什么试验条件、按照什么试验流程进行、收集哪些数据，其目的在于全面考核仿真对象——实际目标系统，通过半实物仿真试验对实际目标系统的性能给出客观的评价。

如果按照装备型号研制阶段来划分，半实物仿真实验项目包括：原理样机半实物仿真试验、初样机半实物仿真试验、正样机半实物仿真试验和定型样机半实物仿真试验。

如果按照试验对象的系统构成来划分，半实物仿真实验项目包括：

（1）部件和分系统半实物仿真试验：如舵机回路仿真、稳定回路仿真、组合导航系统仿真、导引头仿真。

（2）全系统仿真：全部制导控制部件参与的系统仿真。

如果按照试验特征，半实物仿真试验项目则包括：

（1）开环仿真：采用标准测试信号或仿真结果的动态信号对部件或分系统进行开环跟踪动态测试。

（2）闭环仿真：实时采集实物数据进行闭环仿真。

如果按照试验考核的内容，半实物仿真实验项目则包括：

（1）不同发射条件仿真，包括武器系统的最大、最小有效射程，武器系统的高低、方向射界。初始扰动条件仿真包括投弹篮框，离轴发射角，发射过程造成的初始姿态角、姿态角速度、机载武器的弹分离干扰等。

（2）精度仿真。武器系统的对固定、活动目标的命中概率、制导精度的仿真，对不同距离的固定目标和活动目标进行仿真。

（3）边界条件仿真。按照战技指标的边界值进行仿真。

（4）武器系统机动性考核。通过对不同距离、不同运动速度和不同机动方向的目标进行仿真，或设置极端干扰值，考核弹箭的机动性能。

（5）风的影响和最大抗风能力仿真。

（6）空气动力系数误差仿真。弹体的动力学仿真模型直接依赖空气动力系数，气动力吹风模型的研制过程、气动力吹风试验过程以及试验数据处理过程等不可避免地会给空气动力和空气动力矩数据带来误差。

（7）武器系统的抗环境干扰性能仿真。

§16.5.3.2　半实物仿真的试验过程

半实物仿真的试验过程是试验方法和步骤的具体体现。以弹箭制导控制系统半实物仿真试验为例，其半实物仿真试验的内容包括：

（1）部件性能动态测试：包括弹上计算机（控制电路）、惯性器件或惯性组合或捷联惯导（自由陀螺仪和角加速度传感器、线加速度传感器）、舵机回路和导引头等。

（2）稳定回路的半实物仿真。

（3）导引头的半实物仿真。

（4）制导控制系统全系统回路的半实物仿真。

1. 部件动态测试

1）自动驾驶仪动态测试

自动驾驶仪安装于转台上，通过仿真计算机依次驱动三轴转台内框、中框、外框作正弦运动（某一个框运动时，另外两个框锁定），考核自动驾驶仪中弹上姿态敏感元件。

用频率特性测试仪可以分块测试各运放的传递函数，与由电路图得到的传递函数进行比较，并可以由仿真机输入信号，在三个通道综合输出端测试每个通道的放大系数。

2）舵机系统的动态测试

在舵机安装于负载台后，首先明确力矩负载台转角与力矩的定义，明确舵机驱动电压与舵偏角、负载台转角和负载台力矩加载电压的关系。

3）导引头的动态测试

用三轴转台进行导引头半实物仿真试验，主要试验流程如下：

（1）导引头安装。

将导引头产品安装于三轴转台，安装方式为：根据弹目相对运动原理，将转台中框架下落 90°，使转台的内框轴与外框轴重合，将目标模拟器置于转台内框台面上，将导引头安装在台体之外，固定在地面上，导引头回转中心与转台回转中心重合，目标模拟器的光轴与转台中框重合。

（2）调整导引头光轴与目标模拟器光轴的零位。

在进行动态测试前，需要调整导引头光轴与目标模拟器光轴的零位，具体方法如下：

首先手动将光源调到导引头的非灵敏区，即使导引头的输出为 0，将转台中框、内框的数显清零。然后中框不动，转动内框，找到从左、右出盲区时的数显值，求出中值并记录，并使内框定位在该位，将内框数显表清零。再让内框不动，转动中框，按同样的方法，调整光源的上下位置，找到中位置并记录。重复以上操作，初步确保光斑处于导引头的光学中心。最后具体数据可通过导引头对光源十字线和斜线移动的响应曲线计算得到。

（3）导引头动态测试。

导引头动态测试内容和测试方法如下：

① 输出特性测试：仿真机依次在转台中框、内框产生不同斜率的三角波信号，使光源沿十字线从视场外进入视场内，再从另一端出视场。

② 关键参数测试：让光源在非灵敏区和视场附近画一系列的圆，根据输出结果可判断导引头的非灵敏区和视场。

2. 分系统半实物仿真

进行分系统闭环半实物仿真之前，首先通过开环仿真程序的运行，观察仿真设备运行状态，并记录被试部件的输出，检查系统对接时极性的正确性和参数匹配的准确性，并通过与全数字仿真结果对比，仿真结果完全正确才能进入分系统闭环半实物仿真阶段。

1）自动驾驶仪半实物仿真试验

在对于制导兵器而言，往往不考虑滚转通道的控制，因此现以俯仰、偏航通道的半实物仿真试验为例说明。

（1）试验目的：考核俯仰通道中的角加速度陀螺仪、线加速度传感器及俯仰通道的自动驾驶仪的动态特性对弹体俯仰通道跟踪导引指令的影响。

（2）参试实物：一般有角速度陀螺仪、角加速度陀螺仪、线加速度传感器及俯仰通道的自动驾驶仪电路。

仿真计算机解算弹体六自由度弹体模型、三通道自动驾驶仪模型、三通道执行机构模型、转台中框驱动程序、加速度台驱动程序。

仿真试验分三步进行，第一步只用转台，对除线加速度计外的自动驾驶仪的其他部分进行仿真。第二步只用加速度台，对线加速度传感器进行仿真。最后同时使用转台和线加速度台，对自动驾驶仪整体进行仿真。

2）舵回路半实物仿真试验

（1）试验目的：考核实际舵回路的动态特性对弹体控制性能的影响。

（2）参试实物：舵机回路。

（3）安装方式：舵机系统安装在四通道负载模拟台上。

仿真计算机解算六自由度弹体模型、三通道自动驾驶仪模型、三通道进行机构模型、舵机铰链力矩模型、舵负载台驱动程序。仿真机产生控制指令并通过 D/A 转换器驱动舵机运动，仿真机通过 A/D 转换器采集舵机输出信号。

3）小回路的半实物仿真试验

（1）试验目的：考核小回路（包括驾驶仪实物、舵机）中可能接入的制导部件同时连入仿真系统时的弹体控制系统的性能。

（2）参试实物：由惯性器件实物和电路组成的自动驾驶仪实物、舵机实物。

仿真计算机解算六自由弹体模型、三通道自动驾驶仪模型、三通道执行机构模型、舵机铰链力矩模型、舵负载台驱动程序、转台三个框的驱动程序、导引头模型。

4）组合导航半实物仿真试验

组合导航系统安装在三轴转台上，由仿真机解算弹体姿态的变化信号，通过反射内存光纤通信卡向转台发送弹体姿态变化信号，驱动转台运动，组合导航系统中的陀螺仪敏感转台的姿态变化，进行姿态信息的解算。同时仿真机通过 D/A 传输装置或者数字通信接口向组合导航系统发送过载信号，组合导航系统接收过载信号，进行位置和速度信息的解算。组合导航系统在解算的过程中，定时接收来自卫星导航信号模拟器的修正信号，并对其解算信息进行修正。

5）弹载主控计算机的半实物仿真试验

在进行制导兵器飞行控制系统仿真时，仿真机实时解算弹体姿态和位置信息，再通过光纤通信传输给控制台，控制台将信息转换成捷联惯导输出信息的格式，传输给主控计算机。在进行全系统仿真时，主控计算机接收组合导航系统的数据。

在进行主控计算机系统单独仿真时，主控计算机得到数据后计算出控制律和制导律，通过串行通信口，传输给控制台，仿真机通过光纤卡接受控制台转发的主控制计算机信号。

6）全系统半实物仿真

不同的制导控制系统实现全系统半实物仿真的方式不同。现以自寻的制导系统为例进行说明。

仿真机解算弹体方程、铰链力矩方程、接口驱动程序等，由仿真机向安装自动驾驶仪的转台发送弹体姿态运动信号，向安装目标模拟器的转台发送弹体与目标相对运动信号，向电流注入装置发送过载信号，向负载台发送铰链力矩信号。自动驾驶仪中的姿态敏感元件敏感转台的运动，控制电路根据姿态敏感和线加速度计输出的信号形成控制指令，综合控制器综合控制指令和导引头指令形成舵机驱动信号，驱动舵机运动，仿真计算机采集舵机输出信号，并将舵输出信号引入弹体空气动力解算模块，控制弹体运动，完成全系统闭环仿真试验。

附　录
测试信号采样分析

随着计算技术的发展，特别是1965年快速傅里叶变换（FFT）问世以来，信号的数字化处理得到越来越广泛的应用。现在除了在通用计算机上发展各种数字信号处理软件以外，人们还发展了有专用硬件的数字信号处理机，其处理速度已近乎“实时”。数字信号处理技术已形成了一门新的学科，为配合读者理解书中的相关内容，这里简要介绍用数字方法处理测试信号的一些基本概念和方法。

附1　信号数字化处理的基本步骤

数字信号处理的一般过程如附图1所示。

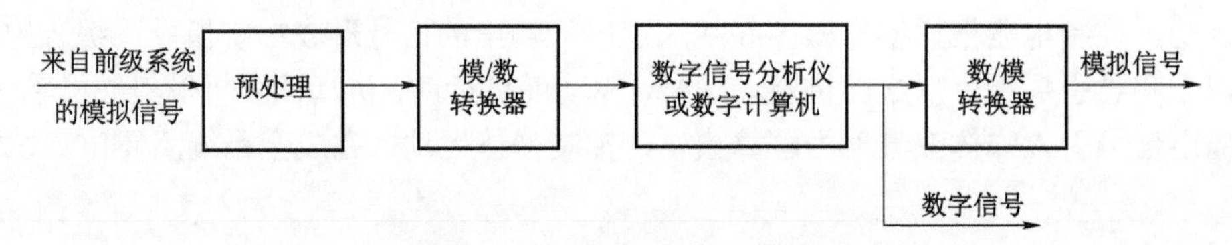

附图1　数字信号处理的一般过程

来自前级系统的模拟信号在进入数字系统之前必须经过预处理，以适合数字处理的形式。预处理主要包括电压幅值处理、过滤信号中的高频噪声处理、隔离信号中的直流分量处理（如果被测信号中不应有直流分量），同时如原信号系经过调制则应解调等。预处理环节应根据测试对象、信号特点和数字处理设备的能力进行安排。

预处理后的信号经模/数（A/D）转换器转换后变成数字信号，再传输给数字信号分析仪或数字计算机完成信号的分析与处理。因为计算机只能处理有限长度的数据，所以首先需要把长时间的序列数据截断，对截取的数字序列有时还要人为地进行加权（乘以窗函数）以成为新的有限长的数序。如有必要，还可以设计专门的程序以进行数字滤波，然后把数据按给定的程度进行运算。例如，作时域中的概率统计、相关分析、频域中的频谱分析、功率谱分析和传递函数分析等。运算结果可直接显示和打印。如果需要可再由数/模（D/A）转换器转换成模拟信号输出，也可将数字信号处理结果送入后接计算机或通过专门程序再作后续处理。

附2　数字信号的采样与量化

在数字信号处理过程中，有一个重要的变换环节，这就是由A/D变换器把被测模拟信号变换成数字信号。在该过程中，A/D 转换器的功能是对模拟信号首先进行采样，然后再对采样值进行量化和编码，从而完成模拟信号转换成数字信号的工作。显然，这种转换应以不丢失模拟信号的信息为原则。

1）采样、混叠和采样定理

采样是把连续时间信号离散化的过程。采样过程可以看作用等间隔的单位脉冲序列去乘模拟信号。这样各采样点上的信号大小就变成脉冲序列的权值（附图 2），这些权值将被量化而成为相应的数值。

采样间隔的选择是一个重要的问题。采样间隔太小（采样频率高），则对定长的时间记录来说其数字序列就很长，计算工作量迅速增大；如果数字序列长度一定，则只能处理很短的时间历程，可能产生较大的误差。若采样间隔太大（采样频率低），则可能丢掉有用的信息。例如，在附图 3 中，如果只有采样点 1，2，3 的采样值就分不清曲线 A、曲线 B 和曲线 C 的差别。

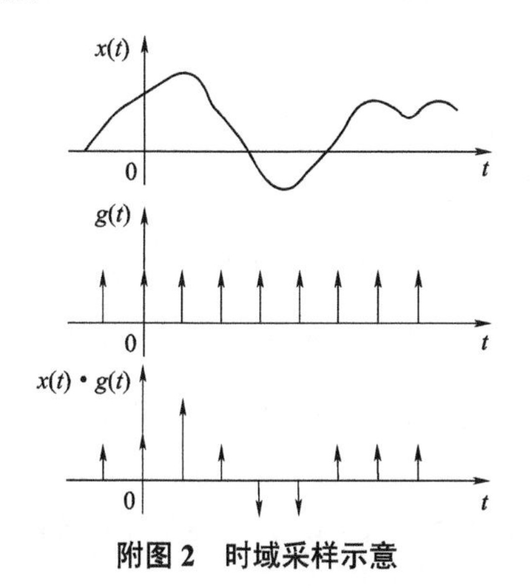

附图 2　时域采样示意

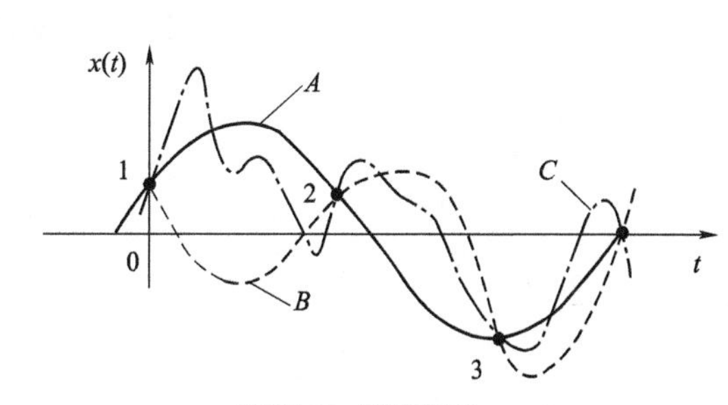

附图 3　混淆现象

间距为 T_0 的采样脉冲序列的傅里叶变换也是脉冲序列，其间距为 $1/T_0$，即

$$g(t)=\sum_{n=-\infty}^{\infty}\delta(t-nT_s)\Leftrightarrow G(f)=\frac{1}{T_s}\sum_{m=-\infty}^{\infty}\delta\left(f-\frac{m}{T_s}\right) \tag{附 1}$$

由频域卷积定理可知：两个时域函数乘积的傅里叶变换等于两者傅里叶变换的卷积，即

$$x(t)g(t)\Leftrightarrow X(f)*G(f) \tag{附 2}$$

由于函数 $x(t)$ 与脉冲函数 $\delta(t)$ 的卷积为

$$x(t)*\delta(t\pm T)=\int_{-\infty}^{\infty}x(\tau)\delta(t\pm T-\tau)\mathrm{d}\tau=x(t\pm T) \tag{附 3}$$

故上式可写为

$$X(f)*G(f)=X(f)*\frac{1}{T_s}\sum_{m=-\infty}^{\infty}\delta\left(f-\frac{m}{T_s}\right)=\frac{1}{T_s}\sum_{m=-\infty}^{\infty}X\left(f-\frac{m}{T_s}\right) \tag{附 4}$$

此式为 $x(t)$ 经过间隔为 T_s 的采样之后所形成的采样信号的频谱。一般来说，此频谱和原连续信号的频谱 $X(f)$ 并不一定相同，但有联系。它是将原频谱 $X(f)$ 依次平移 $1/T_s$ 至各采样脉冲对应的频域序列点上，然后全部叠加而成（附图 4）。由此可见，信号经时域采样之后成为离散信号，新信号的频域函数就相应地变为周期函数，周期为 $1/T_s$。

如果采样的间隔T_s太大，即采样频率f_s太低，平移距离$1/T_s$过小，那么移至各采样脉冲所在处的频谱$X(f)$就会有一部分相互交叠，新合成的$X(f)*G(f)$图形与原$X(f)$不一致，这种现象称为混叠。发生混叠以后，原来频谱的部分幅值（附图 4 中虚线部分）改变了，这样就不可能从离散的采样信号$X(t)\ g(t)$准确地恢复原来的时域信号$x(t)$。

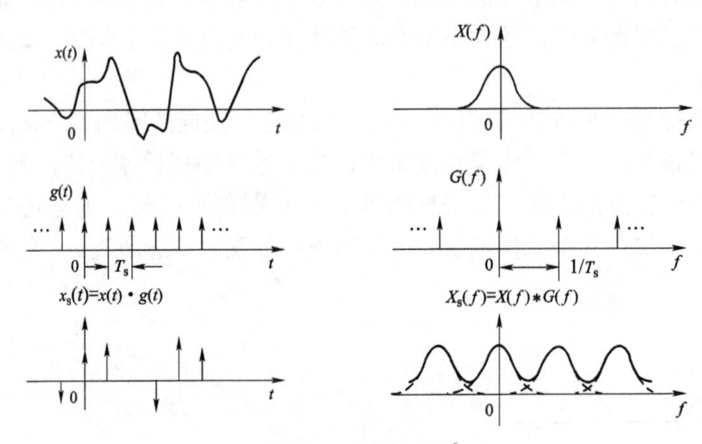

附图 4　采样过程

如果 x（t）是一个限带信号（最高频率工为有限值），采样频率$f_s=\dfrac{1}{T_s}>2f_c$，那么采样后的频谱$X(f)*G(f)$就不会发生混叠（附图 5）。若把该频谱通过一个中心频率为零（$f=0$），带宽为$\pm\dfrac{f_s}{2}$的理想低通滤波器，就可以把完整的原信号频谱取出，也就是可能从离散序列中准确地恢复原模拟信号 x（t）。

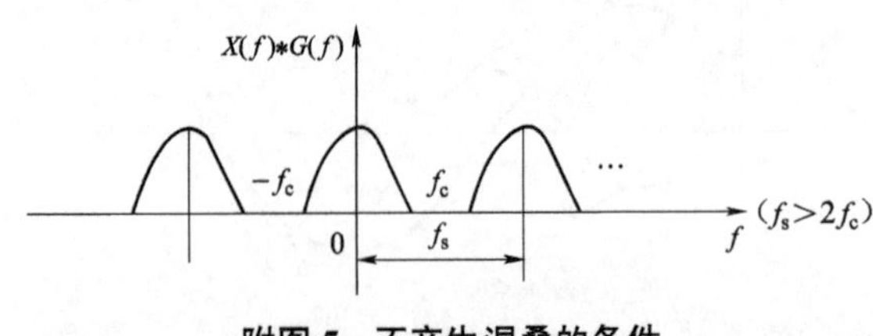

附图 5　不产生混叠的条件

可见，正确的采样应该是，在模拟信号最高频率分量的一周期内，至少应该采样两次。因为不可能制出具有无限陡峭截止特性的低通滤波器，所以采样频率必须选得大于$2f_s$，即$f_s=\dfrac{1}{T_s}>2f_c$，这就是采样定理。但是f_s增大，则传送采样信号所要的频带需增宽；另一方面，通常低通滤波器都有相位滞后，截止特性越陡，相位滞后越大。因此在实际工作中，一般采样频率应选为处理信号中最高频率的 3～4 倍。在多普勒雷达信号处理中，为了提高频域的分辨率，其采样频率一般选为多普勒信号最高频率的 2.5～3 倍。

如果确知测试信号中的高频部分是电噪声干扰所引起的，为满足采样定理而不致使处理数据过长，可以把信号先进行低通滤波处理。

2）量化和量化误差

A/D 转换器的位数是一定的，只能表达相应的量化电平。模拟信号采样点的电平落在两个相邻量化电平之间时，就要舍入到相近的一个量化电平上。设两相邻量化电平之间的增量（级差）为Δx，则量化误差的最大值为$\pm\dfrac{\Delta x}{2}$。可以认为量化误差ε在区间$\left(-\dfrac{\Delta x}{2},+\dfrac{\Delta x}{2}\right)$各点

出现的概率相等，概率分布密度为$\frac{1}{\Delta x}$，均值为零，其方差为

$$\sigma_s^2=\int_{-\frac{\Delta x}{2}}^{\frac{\Delta x}{2}}\varepsilon^2\frac{1}{\Delta x}\mathrm{d}\varepsilon=\frac{\Delta x^2}{12} \tag{附 5}$$

故误差的标准差为$\sigma_s=0.29\Delta x$。

量化误差是叠加在原信号上的随机误差。在数/模转换及低通滤波等信号还原环节不能被消除。

附 3　截断、泄漏和窗函数

信号的历程是无限的，而不可能对无限长的整个信号进行处理，所以要进行截断。截断就是将无限长的信号乘以有限宽的窗函数。“窗”的意思是指透过窗口能“看到”“外景”（信号）的一部分。最简单的窗是矩形窗（附图 6（a）），其函数为

$$w(t)=\begin{cases}1 & |t|<T\\ \frac{1}{2} & |t|=T\\ 0 & |t|>T\end{cases} \tag{附 6}$$

$$w(t)\rightleftharpoons W(f)=2T\frac{\sin(2\pi fT)}{2\pi fT} \tag{附 7}$$

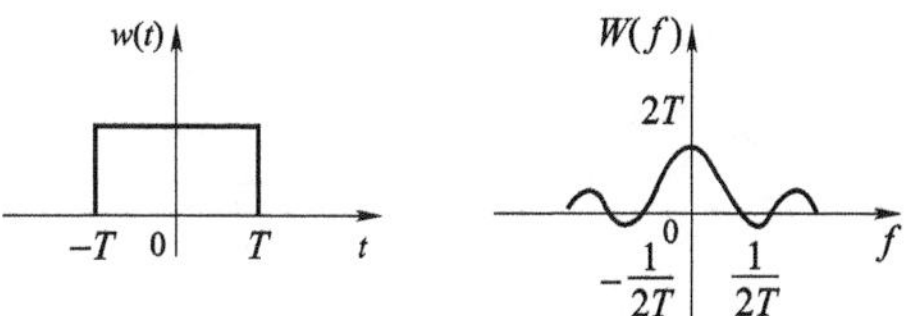

（a）

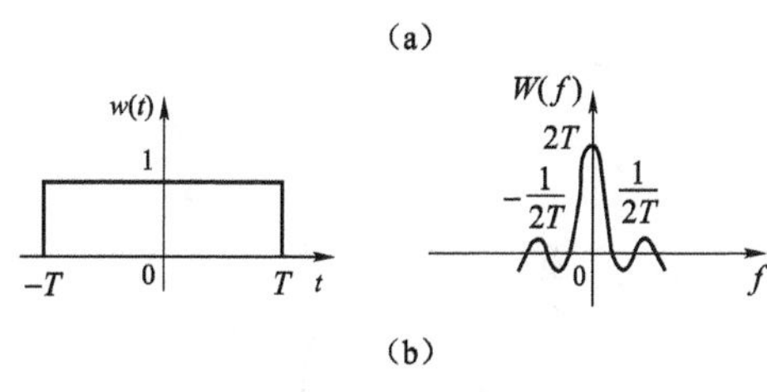

（b）

附图 6　矩形窗

对信号截取一段（$-T$，T），就相当于在时域中对 x（t）乘以矩形窗函数 w（t），于是有

$$x(t)w(t)\rightleftharpoons X(f)*W(f)$$

由于 w（t）是一个频带无限的函数，所以即使 x（t）是限带信号，而在截断以后也必然成为无限带宽的函数，这说明信号的能量分布扩展了。又从上面的讨论可知，无论采样频率多高，只要信号一经截断就不可避免地引起混叠，因此信号截断必然导致一些误差，这一现象称为泄漏。

如果增大截断长度，则$W(f)$图形将压缩变窄（附图 6（b）），虽在理论上其频谱范围仍为无穷宽，但实际上中心频率以外的频率分量衰减较快，因而泄漏误差将减小。当T趋于无限大时，则$W(f)$将变为$\delta(f)$函数，而$\delta(f)$函数与$X(f)$的卷积仍为$X(f)$。这就说明：如果不截断就没有泄漏误差。

泄漏与窗函数频谱的旁瓣有关。如果窗函数的旁瓣较小，相应的泄漏误差也将减小。除矩形窗之外，工程上常用的窗函数还有三角窗和汉宁窗。

三角窗的表达式为

$$w(t)=\begin{cases}1-\frac{1}{T}|t| & |t|<T\\ 0 & |t|\geqslant T\end{cases} \tag{附 8}$$

$$W(f)=T\left(\frac{\sin \pi f T}{\pi f T}\right)^{2} \tag{附 9}$$

汉宁窗的表达式为

$$w(t)=\begin{cases}\dfrac{1}{2}+\dfrac{1}{2}\cos\left(\dfrac{\pi t}{T}\right) & |t|<T \\ 0 & |t|\geqslant T\end{cases} \tag{附 10}$$

$$W(f)=\frac{1}{2}Q(f)+\frac{1}{4}\left[Q\left(f+\frac{1}{2T}\right)+Q\left(f-\frac{1}{2T}\right)\right] \tag{附 11}$$

$$Q(f)=\frac{\sin 2\pi f T}{\pi f}$$

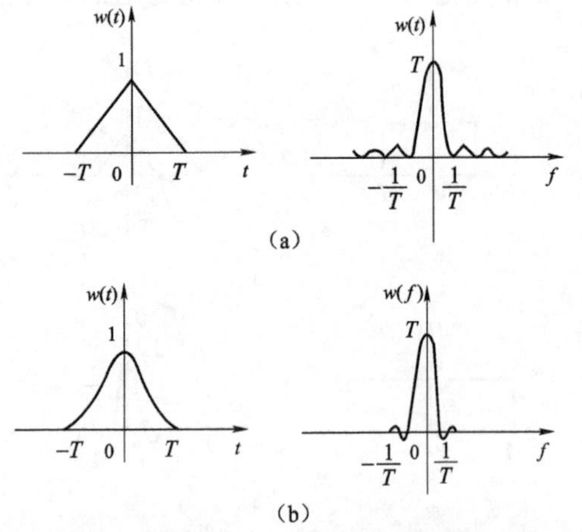

附图 7　三角窗和汉宁窗的时域和频域曲线

附图 7（a）所示为三角窗的时域曲线和频域曲线，附图 7（b）所示为汉宁窗的时域曲线和频域曲线。由图可以看出，两者的频域曲线旁瓣，尤其是汉宁窗的旁瓣比矩形窗的旁瓣小得多，从而对泄漏误差有一定的抑制作用。

在实际的信号处理中，常用“单边窗函数”。若以开始测量的时刻作为 $t=0$，截断长度为 T，$0\leqslant t<T$。这等于把双边窗函数进行了时移。根据傅里叶变换的性质，时域的时移，对应着频域作相移而幅值的绝对值不变。因此以单边窗函数截断所产生的泄漏误差与上面所讨论的泄漏相同。

附 4　离散傅里叶变换

为了便于读者理解，借助附图 8 来阐述离散傅里叶变换的概念。

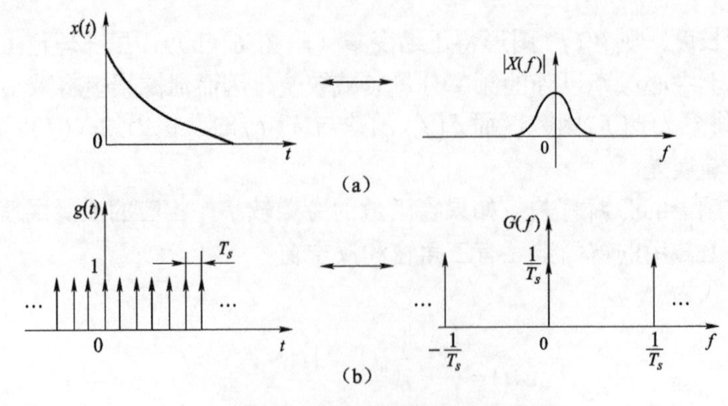

附图 8　信号的离散傅里叶变换

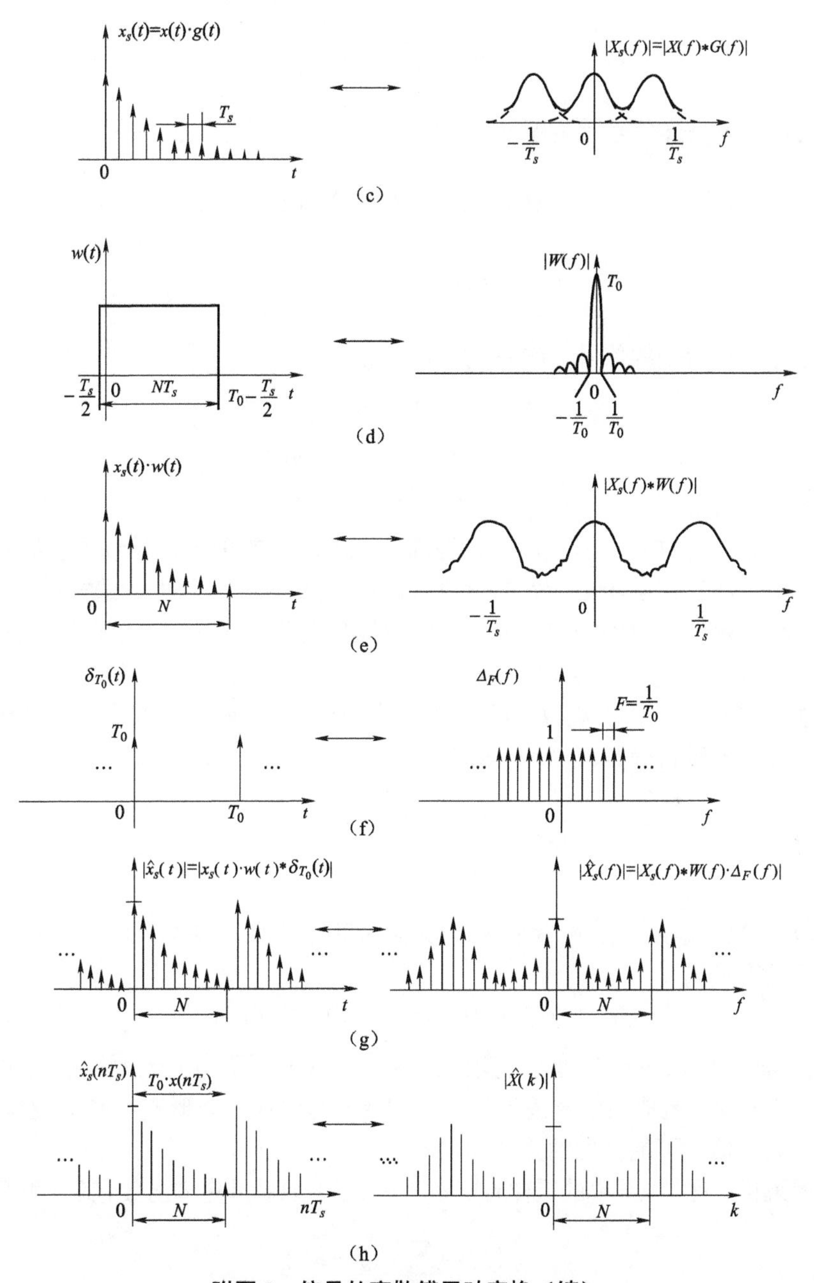

附图 8 信号的离散傅里叶变换（续）

附图 8（a）所示是信号 $x(t)$ 和它的傅里叶变换 $X(f)$，这里信号或序列的傅里叶变换一般以它们的模来表示。

取采样脉冲序列［附图 8（b）］为

$$g(t)=\sum_{n=-\infty}^{\infty}\delta(t-nT_s)$$

它的傅里叶变换为

$$G(f)=\frac{1}{T_s}\sum_{m=-\infty}^{\infty}\delta\left(f-\frac{m}{T_s}\right)$$

对 $x(t)$ 采样，得采样信号［附图 8（c）］为

$$\begin{aligned}x_s(t)&=x(t)\cdot g(t)=x(t)\cdot\sum_{m=-\infty}^{\infty}\delta(t-nT_s)\\&=\sum_{n=-\infty}^{\infty}x(nT_s)\delta(t-nT_s)\end{aligned}\qquad(附 12)$$

由卷积定理，可得采样信号 $x_s(t)$ 的傅里叶变换

$$\begin{aligned}x_s(f)&=x(f)\cdot G(f)\\&=\frac{1}{T_s}\sum_{m=-\infty}^{\infty}X\left(f-\frac{m}{T_s}\right)\end{aligned}\qquad(附 13)$$

如前面讨论过的那样，信号 $x(t)$ 以 T_s 为周期在时域上的采样，导致了它的频谱 $X(f)$ 在频域上沿频率轴依次移到 f 等于 $1/T_s$ 的整数倍位置上再行叠加。若 T_s 的选择不满足采样定理，则时域上的采样不足，反映到频域上将出现频率混叠误差。这是将连续信号转换成离散信号可能产生的第一种误差。

按频域采样定理的要求对 $X_s(f)$ 采样，若采用附图 8（d）所示的方法可将非时限信号 $x(t)$ 截取成时限信号，取时窗函数：

$$w(t)=\begin{cases}1 & -\frac{T_s}{2}<t<T_0-\frac{T_s}{2}\\0 & 其他\end{cases}$$

其中 $T_0=N\cdot T_s$，以保证从 $x_s(t)$ 中截取 N 个完整的采样脉冲。截取出的 $x_s(t)$ 采样脉冲序列与它对应的傅里叶变换为

$$x_s(t)\cdot w(t)\rightleftharpoons X_s(f)*W(f)$$

式中，$W(f)$ 为时窗函数 $w(t)$ 的傅里叶变换。附图 8（e）所示为 $x_s(t)$ 截断后的时域、频域波形。此时，时域上截断造成的信号丢失反映在频域上为出现了波形变“皱”，这就是将连续时间信号转换为离散信号可能产生的第二种误差。

根据频域采样定理，取频率的采样周期为 $F=1/T_0$，以脉冲序列函数［其曲线见附图 8（f）］

$$\Delta_F(f)=\sum_{k=-\infty}^{\infty}\delta(f-kF)$$

对 $X_s(f)*W(f)$ 采样，则得采样的频谱：

$$\hat{X}_s(f)=[X_s(f)*W(f)]\cdot\Delta_F(f)$$

如附图 8（g）右图所示。在对应的时域，则有

$$\hat{x}_s(t)=[x_s(t)\cdot w(t)]*\delta_{T_0}(t)$$

式中

$$\delta_{T_0}(t)=F^{-1}[\Delta_F(f)]=T_0\sum_{r=-\infty}^{\infty}\delta(f-\gamma T_0)$$

$$T_0=\frac{1}{F}$$

经上述频域采样，得到时域的采样信号［附图 8（g）左图］为

$$\begin{aligned}\hat{x}_s(t)&=[x_s(t)\cdot w(t)]*\delta_{T_0}(t)\\&=\left[\sum_{n=-\infty}^{\infty}x(nT_s)\,\delta(t-nT_s)\right]\cdot w(t)*T_0\sum_{\gamma=-\infty}^{\infty}\delta(t-\gamma T_0)\\&=\left[\sum_{n=0}^{N-1}x(nT_s)\,\delta(t-nT_s)\right]*T_0\sum_{\gamma=-\infty}^{\infty}\delta(t-\gamma T_0)\\&=T_0\sum_{\gamma=-\infty}^{\infty}\sum_{n=0}^{N-1}[x(nT_s)\delta(t-nT_s)*\delta(t-\gamma T_0)]\\&=T_0\sum_{\gamma=-\infty}^{\infty}\sum_{n=0}^{N-1}x(nT_s)\delta(t-nT_s-\gamma T_0)\end{aligned}\tag{附 14}$$

它是由截断的 $x_s(t)$ 的 N 个脉冲序列［参见附图 8（c）左图］依次移到 T_0 的整数倍位置上叠加而成的周期脉冲序列。将 $\hat{x}_s(t)$ 同 $x_s(t)$ 比较可以看出，截取出的 N 个序列延拓而成的周期脉冲序列 $x_s(t)$ 的幅值多了一个 T_0 因子。

现在，再考察附图 8（g）左图所示的 $\hat{x}_s(t)$ 信号的傅里叶变换。由于 $\hat{x}_s(t)$ 是周期信号，所以它的傅里叶变换由周期信号的傅里叶变换公式可得

$$\begin{cases}\hat{x}_s(f)=F[\hat{x}_s(T)]=\displaystyle\sum_{k=-\infty}^{\infty}\hat{X}(k)\delta(f-kF),\\F=\dfrac{1}{T_0}\end{cases}\tag{附 15}$$

式中 $\hat{X}(k)$ 是 $\hat{x}_s(t)$ 的傅里叶级数的系数，故

$$\hat{X}(k)=\frac{1}{T_0}\int_{-\frac{T_s}{2}}^{T_0-\frac{T_s}{2}}\hat{x}_s(t)\mathrm{e}^{-\mathrm{j}2\pi(kF)t}\mathrm{d}t$$

注意上述积分仅是在 $\hat{x}_s(t)$ 的一个周期上进行的，由式（附 14），可得

$$\begin{aligned}\hat{X}(k)&=\frac{1}{T_0}\int_{-\frac{T_s}{2}}^{T_0-\frac{T_s}{2}}\left[T_0\sum_{n=0}^{N-1}x(nT_s)\,\delta(t-nT_s)\right]\mathrm{e}^{-\mathrm{j}2\pi(kF)t}\mathrm{d}t\\&=\sum_{n=0}^{N-1}x(nT_s)\int_{-\frac{T_s}{2}}^{T_0-\frac{T_s}{2}}\delta(t-nT_s)\mathrm{e}^{-\mathrm{j}2\pi(kF)t}\mathrm{d}t\\&=\sum_{n=0}^{N-1}x(nT_s)\,\mathrm{e}^{-\mathrm{j}2\pi(kF)(nT_s)}\end{aligned}$$

式中

$$F=\frac{1}{T_0}=\frac{1}{NT_s}$$

所以 $\hat{x}_s(t)$ 的傅里叶级数系数可写为

$$\hat{X}(k)=\sum_{n=0}^{N-1}x(nT_s)\,\mathrm{e}^{-\mathrm{j}2\pi nk/N}\quad(k=0,\pm1,\pm2,\cdots)\tag{附 16}$$

将式（附 16）代入式（附 15），则 $\hat{x}_s(t)$ 的傅里叶变换为

$$\hat{X}_s(f)=\sum_{k=-\infty}^{\infty}\left[\sum_{n=0}^{N-1}x(nT_s)\,\mathrm{e}^{-\mathrm{j}2\pi nk/N}\right]\delta(f-kF) \tag{附 17}$$

如附图 8（g）右图所示。对 k 而言，上式中 $\mathrm{e}^{\mathrm{j}2\pi nk/N}$ 是以 N 为周期的函数，所以 $\hat{X}_s(f)$ 或 $X(k)$ 是以 N 为周期的序列。

如果不考虑时域采样不足和截断在频域上造成的频率混叠和皱波效应，则附图 8（g）右图的 $X_s(f)$ 就是 $X(f)$ 的 N 个采样脉冲以 N 为周期延拓的复制，但在幅值上相差 T_0/T_s 的因子。

由此可知，$x(t)$ 经时域、频域采样之后的时域、频域序列为

$$\begin{cases}\hat{x}_s(t)=T_0\sum\limits_{\gamma=-\infty}^{\infty}\sum\limits_{n=0}^{N-1}x(nT_s)\delta(t-nT_s-\gamma T_0)\\ \hat{X}_s(f)=\sum\limits_{k=-\infty}^{\infty}\left[\sum\limits_{n=0}^{N-1}[x(nT_s)\,\mathrm{e}^{-\mathrm{j}2\pi nk/N}\right]\delta(f-kF)\end{cases} \tag{附 18}$$

它们均是以 N 为周期的脉冲序列。

再来考察式（附 18）中 $x_s(t)$ 和 $X_s(f)$ 脉冲强度序列之间的关系，即研究上述时域、频域采样样本值序列之间的关系：

对于 $X_s(f)$ 的脉冲序列 [附图 8（g）右图]，其脉冲强度序列由式（附 15）可知是 $X(k)$，如附图 8（h）右图所示。$X(k)$ 是 $x_s(t)$ 的傅里叶级数系数，式（附 16）已给出了它的表示式。

对于 $x_s(t)$ 的脉冲序列，如附图 8（g）左图所示，它的脉冲强度序列如附图 8（h）左图所示，是由 $x_s(t)$ 每个脉冲的强度构成的序列。实际上，也就是 $x(t)$ 的 N 个采样样本 $x(nT_s)$ 乘以 T_0 因子延拓而成的序列，以 $x(nT_s)$ 表示。与 $X(k)$ 是 $x_s(t)$ 的傅里叶级数系数相对称，$x(nT_s)$ 是 $X_s(f)$ 周期脉冲序列的傅里叶级数系数。由傅里叶级数系数公式的对称性可得

$$\begin{aligned}\hat{x}(nT_s)&=\frac{1}{N\cdot F}\int_0^{N\cdot F}\hat{x}_s(f)\mathrm{e}^{\mathrm{j}2\pi n(nT_s)f}\mathrm{d}f\\ &=\frac{1}{NF}\int_0^{NF}\left[\sum_{k=-\infty}^{\infty}\hat{x}(k)\,\delta(f-kF)\right]\mathrm{e}^{\mathrm{j}2\pi(nT_s)f}\mathrm{d}f\\ &=\frac{1}{NF}\sum_{k=-\infty}^{N-1}\hat{X}(k)\int_0^{NF}\delta(f-kF)\mathrm{e}^{\mathrm{j}2\pi(nT_s)f}\mathrm{d}f\\ &=T_s\sum_{k=0}^{N-1}\hat{X}(k)\,\mathrm{e}^{\mathrm{j}2\pi(nT_s)(kF)}\quad(n=0,\pm1,\pm2,\cdots)\end{aligned} \tag{附 19}$$

归纳上面的结果，由式（附 16）和式（附 19），可构成信号 $x(t)$ 的时域、频域采样样本序列的变换对：

$$\begin{cases}\hat{x}(k)=\dfrac{1}{T_0}\sum\limits_{n=0}^{N-1}\hat{x}(nT_s)\,\mathrm{e}^{-\mathrm{j}2\pi nk/N}\quad(k=0,\pm1,\pm2,\cdots)\\ \hat{x}(nT_s)=T_s\sum\limits_{n=0}^{N-1}\hat{X}(k)\,\mathrm{e}^{-\mathrm{j}2\pi nk/N}\quad(n=0,\pm1,\pm2,\cdots)\end{cases} \tag{附 20}$$

通常，将上式称作离散傅里叶级数(DFS)变换对，如附图 8 (h)所示。显然，它们也是以 N 为周期的序列。

对于式（附 20），若将 0～N–1 的取值范围定义为序列的“主值区间”，而将主值区间的 N 点序列定义为“主值序列”，令 $x(n)=\dfrac{1}{T_0}\hat{x}(nT_s)$，则以 $x(n)$ 和 $\hat{X}(k)$ 表示式（附 20）中的主值序列，即

$$X(k)=\sum_{n=0}^{N-1}x(n)\,\mathrm{e}^{-\mathrm{j}2\pi nk/N}\quad(k=0,1,2,\cdots,N-1)\tag{附 21}$$

$$x(n)=\frac{1}{N}\sum_{k=0}^{N-1}X(k)\,\mathrm{e}^{\mathrm{j}2\pi nk/N}\quad(n=0,1,2,\cdots,N-1)\tag{附 22}$$

一般，将由式（附 21）和式（附 22）构成的变换对称作离散傅里叶变换（DFT）对。其中，式（附 21）为正变换，记作 DFT；式（附 22）为逆变换，记作 IDFT。式（附 21）和式（附 22）又可以写成

$$\begin{cases}X(k)=\mathrm{DFT}[x(n)]\\x(n)=\mathrm{IDFT}[X(k)]\end{cases}$$

由此，通过连续信号的时域、频域采样和采样序列的时域、频域对应关系，即确定了时域、频域 N 点样本序列的离散傅里叶变换。

附　　表

附表 1　西亚切主要函数（43 年阻力定律）

$D(u)$	$T(u)$	Δ	U	Δ	$D(u)$	$T(u)$	Δ	U	Δ
4 000	2.584 44	819	1 221.8	1.5	4 300	2.834 60	850	1 177.2	1.5
10	2.592 36	820	1 220.3	1.5	10	2.843 10	851	1 175.7	1.5
20	2.600 83	821	1 218.8	1.5	20	2.851 61	852	1 174.2	1.4
30	2.609 04	822	1 217.3	1.6	30	2.860 13	853	1 172.8	1.5
40	2.617 26	823	1 215.8	1.5	40	2.868 66	855	1 171.3	1.4
50	2.635 49	824	1 214.3	1.5	50	2.877 21	856	1 169.9	1.5
60	2.633 73	825	1 212.8	1.5	60	2.885 77	857	1 168.4	1.4
70	2.641 98	826	1 211.3	1.5	70	2.894 34	857	1 167.0	1.5
80	2.650 24	827	1 209.8	1.5	80	2.902 91	858	1 165.5	1.4
90	2.658 51	829	1 208.3	1.5	90	2.911 49	869	1 164.1	1.5
4 100	2.666 80	829	1 206.8	1.5	4 400	2.920 08	860	1 162.6	1.4
10	2.675 09	830	1 205.3	1.5	10	2.928 68	862	1 161.2	1.5
20	2.683 39	831	1 203.8	1.6	20	2.937 30	863	1 159.7	1.4
30	2.691 70	832	1 202.3	1.5	30	2.945 93	864	1 158.3	1.5
40	2.700 02	834	1 200.8	1.5	40	2.954 57	865	1 156.8	1.4
50	2.708 36	834	1 199.3	1.5	50	2.963 22	866	1 155.4	1.4
60	2.716 70	835	1 197.8	1.5	60	2.971 88	867	1 154.0	1.5
70	2.725 05	836	1 196.3	1.5	70	2.980 55	868	1 152.5	1.4
80	2.733 41	838	1 194.8	1.4	80	2.989 23	870	1 151.1	1.5
90	2.741 79	839	1 193.4	1.5	90	2.997 93	871	1 149.6	1.4
4 200	2.750 18	840	1 191.9	1.5	4 500	3.006 64	872	114.82	1.4
10	2.758 58	841	1 190.4	1.5	10	3.015 36	873	1 146.8	1.4
20	2.766 99	842	1 188.9	1.5	20	3.024 09	874	1 145.4	1.5
30	2.775 41	842	1 187.4	1.4	30	3.032 83	875	1 143.9	1.4
40	2.783 83	843	1 186	1.5	40	3.041 58	875	1 142.5	1.4
50	2.792 26	844	1 184.5	1.5	50	3.050 33	877	1 141.1	1.5
60	2.800 70	846	1 183	1.4	60	3.059 10	978	1 139.6	1.4
70	2.809 16	847	1 181.6	1.5	70	3.067 88	879	1 138.2	1.4
80	2.817 63	848	1 180.1	1.5	80	3.076 67	880	1 136.8	1.4
90	2.826 11	849	1 178.6	1.4	90	3.085 47	882	1 135.4	1.4

续表

D（u）	T（u）	Δ	U	Δ	D（u）	T（u）	Δ	U	Δ
4 600	3.094 29	882	1 134.0	1.4	4 900	3.363 88	916	1 092.1	1.4
10	3.103 11	883	1 132.6	1.5	10	3.373 04	917	1 090.7	1.4
20	3.111 94	885	1 131.1	1.4	20	3.382 21	919	1 089.3	1.3
30	3.120 79	886	1 129.7	1.4	30	3.391 40	920	1 088	1.4
40	3.129 65	887	1 128.3	1.4	40	3.400 60	921	1 086.6	1.4
50	3.138 52	888	1 126.9	1.4	50	3.409 81	922	1 085.2	1.3
60	3.147 40	889	1 125.5	1.4	60	3.419 03	923	1 083.9	1.4
70	3.156 29	890	1 124.1	1.4	70	3.428 26	924	1 082.5	1.4
80	3.165 19	891	1 122.7	1.4	80	3.437 56	925	1 081.1	1.3
90	3.174 10	893	1 121.3	1.4	90	3.446 75	927	1 079.8	1.4
4 700	3.183 03	894	1 119.9	1.4	5 000	3.456 02	928	1 078.4	1.4
10	3.191 97	895	1 118.5	1.4	10	3.456 3	929	1 077.0	1.3
20	3.200 92	896	1 117.1	1.4	20	3.474 59	930	1 076.7	1.4
30	3.209 88	897	1 115.7	1.4	30	3.483 89	931	1 074.3	1.3
40	3.218 85	897	1 114.3	1.4	40	3.493 2	932	1 073.0	1.4
50	3.227 82	899	1 112.9	1.4	50	3.502 52	934	1 071.6	1.3
60	3.236 81	900	1 111.5	1.4	60	3.511 86	936	1 070.3	1.4
70	3.245 81	901	1 110.1	1.4	70	3.521 21	936	1 068.9	1.3
80	3.254 82	903	1 108.7	1.4	80	3.530 57	937	1 067.6	1.4
90	3.263 85	904	1 107.3	1.4	90	3.539 97	938	1 066.2	1.3
4 800	3.272 89	905	1 105.9	1.4	5 100	3.549 32	940	1 064.9	1.4
10	3.281 94	906	1 104.5	1.4	10	3.558 72	941	1 063.5	1.3
20	3.291 00	907	1 103.1	1.4	20	3.568 13	942	1 062.2	1.4
30	3.300 07	908	1 101.7	1.3	30	3.577 55	943	1 060.8	1.3
40	3.309 15	909	1 100.4	1.4	40	3.586 98	944	1 059.6	1.4
50	3.318 24	910	1 099.0	1.4	50	3.596 42	946	1 058.1	1.3
60	3.327 34	912	1 097.6	1.4	60	3.605 88	947	1 058.8	1.4
70	3.336 46	913	1 096.2	1.4	70	3.625 35	948	1 055.4	1.3
80	3.345 59	914	1 094.8	1.3	80	3.634 83	949	1 054.1	1.3
90	3.354 73	915	1 093.5	1.4	90	3.634 32	951	1 052.8	1.4

续表

$D(u)$	$T(u)$	Δ	U	Δ	$D(u)$	$T(u)$	Δ	U	Δ
5 200	3.643 83	925	1 051.4	1.3	5 500	3.934 66	989	1 011.9	1.3
10	3.653 35	963	1 050.1	1.3	10	3.944 55	990	1 010.6	1.3
20	3.663 88	954	1 048.8	1.4	20	3.954 45	991	1 009.3	1.3
30	3.672 42	955	1 047.4	1.3	30	3.964 36	993	1 008.0	1.3
40	3.681 97	957	1 046.1	1.3	40	3.974 29	994	1 006.7	1.3
50	3.691 54	958	1 044.8	1.4	50	3.984 23	995	1 005.4	1.3
60	3.701 12	959	1 043.4	1.3	60	3.994 10	997	1 004.2	1.3
70	3.710 71	960	1 042.1	1.3	70	4.004 15	998	1 002.9	1.3
80	3.720 31	961	1 040.8	1.3	80	4.014 13	999	1 001.6	1.3
90	3.729 92	963	1 039.5	1.4	90	4.024 12	1 001	1 000.3	1.3
5 300	3.739 55	964	1 038.1	1.3	5 600	4.034 13	1 002	999.0	1.3
10	3.749 19	965	1 036.8	1.3	10	4.044 15	1 003	997.7	1.3
20	3.758 84	966	1 035.5	1.3	20	4.054 18	1 004	996.4	1.3
30	3.768 50	967	1 034.2	1.3	30	4.064 22	1 006	995.1	1.3
40	3.778 17	969	1 032.9	1.4	40	4.074 28	1 007	993.8	1.2
50	3.787 86	970	1 031.5	1.3	50	4.084 35	1 008	992.6	1.3
60	3.797 56	971	1 030.2	1.3	60	4.094 43	1 010	991.3	1.3
70	3.807 27	972	1 028.9	1.3	70	4.104 53	1 011	990.0	1.8
80	3.816 99	974	1 027.6	1.3	80	4.114 64	1 012	988.7	1.3
90	3.826 73	975	1 026.3	1. 3	90	4.124 76	1 013	987.4	1.2
5 400	3.836 48	976	1 025.0	1.3	5 700	4.134 89	1 015	986.2	1.3
10	3.846 24	977	1 023.7	1.3	10	4.145 04	1 016	984.9	1.3
20	2.856 01	979	1 022.4	1.4	20	4.155 20	1 017	983.6	1.2
30	3.865 80	980	1 021.0	1.3	30	4.165 37	1 018	982.4	1.3
40	3.865 60	981	1 019.7	1.3	40	4.175 55	1 029	981.1	1.3
50	3.885 41	983	1 018.4	1.3	50	4.185 75	1 021	978.8	1.3
60	3.895 24	984	1 017.1	1.3	60	4.195 96	1 022	978.5	1.2
70	3.905 08	985	1 016.8	1.3	70	4.206 18	1 024	977.3	1.3
80	3.914 93	986	1 014.5	1.3	80	4.216 42	1 025	976.0	1.3
90	3.924 79	987	1 013.2	1.3	90	4.226 67	1 027	974.7	1.2

续表

D（u）	T（u）	Δ	U	Δ	D（u）	T（u）	Δ	U	Δ
5 800	4.236 94	1 028	973.5	1.3	6 100	4.551 23	1 069	936.0	1.2
10	4.247 22	1 029	972.2	1.3	10	4.561 92	1 070	934.8	1.2
20	4.257 51	1 031	970.9	1.2	20	4.572 62	1 072	933.6	1.3
30	4.267 82	1 032	969.7	1.3	30	4.583 34	1 073	932.3	1.2
40	4.278 14	1 033	968.4	1.2	40	4.594 07	1 075	931.1	1.2
50	4.288 47	1 035	967.2	1.3	50	4.604 82	1 076	929.9	1.2
60	4.298 82	1 036	965.9	1.3	60	4.615 58	1 077	928.7	1.3
70	4.309 18	1 037	964.6	1.2	70	4.626 35	1 079	927.4	1.2
80	4.319 65	1 039	963.4	1.3	80	4.637 14	1 080	926.2	1.2
90	4.329 94	1 040	962.1	1.2	90	4.647 94	1 082	925.0	1.2
5 900	4.340 34	1 041	960.9	1.3	6 200	4.658 76	1 083	923.8	1.3
10	4.350 75	1 043	959.6	1.2	10	4.669 59	1 085	922.5	1.2
20	4.361 18	1 044	958.4	1.3	20	4.680 44	1 086	921.3	1.2
30	4.371 62	1 045	957.1	1.2	30	4.691 30	1 088	920.1	1.2
40	4.382 07	1 047	955.9	1.3	40	4.702 18	1 089	918.9	1.2
50	4.392 54	1 048	954.6	1.2	50	4.713 07	1 091	917.7	1.3
60	4.403 02	1 050	953.4	1.3	60	4.723 98	1 092	916.4	1.2
70	4.413 52	1 051	953.1	1.2	70	4.734 90	1 093	915.2	1.2
80	4.424 03	1 052	950.9	1.3	80	4.745 83	1 095	914.0	1.2
90	4.434 55	1 054	949.6	1.2	90	4.756 78	1 096	912.8	1.2
6 000	4.445 09	1 055	948.4	1.2	6 300	4.767 74	1 098	911.6	1.2
10	4.456 64	1 067	947.2	1.3	10	4.778 72	1 099	910.4	1.2
20	4.466 21	1 058	945.9	1.2	20	4.789 71	1 101	909.2	1.2
30	4.476 79	1 059	944.7	1.3	30	4.800 72	1 102	908.0	1.2
40	4.487 88	1 061	943.4	1.2	40	4.811 74	1 103	906.8	1.2
50	4.497 99	1 062	942.2	1.2	50	4.822 77	1 105	905.6	1.3
60	4.508 61	1 063	941.0	1.3	60	4.833 82	1 106	904.3	1.2
70	4.519 24	1 065	939.7	1.2	70	4.844 88	1 108	903.1	1.2
80	4.529 89	1 066	938.5	1.3	80	4.855 96	1 110	901.9	1.2
90	4.540 55	1 068	937.2	1.2	90	4.867 06	1 111	900.7	1.2

续表

D（u）	T（u）	Δ	U	Δ	D（u）	T（u）	Δ	U	Δ
6 400	4.878 17	1 113	899.5	1.2	6 700	5.218 48	1 158	864.0	1.2
10	4.889 3	1 114	898.3	1.2	10	5.230 06	1 160	862.8	1.2
20	4.900 44	1 115	897.1	1.2	20	5.241 66	1 181	861.6	1.2
30	4.911 59	1 117	895.9	1.2	30	5.253 27	1 163	860.4	1.1
40	4.922 76	1 118	894.7	1.2	40	5.264 90	1 165	859.3	1.2
50	4.933 94	1 120	893.5	1.2	50	5.276 55	1 166	858.1	1.2
60	4.945 14	1 121	892.3	1.1	60	5.288 21	1 168	856.9	1.2
70	4.966 35	1 123	891.2	1.2	70	5.299 89	1 169	855.8	1.2
80	4.967 58	1 124	890.0	1.2	80	5.311 58	1 171	854.6	1.2
90	4.978 82	1 126	888.8	1.2	90	5.323 29	1 172	853.4	1.1
6 500	4.990 08	1 127	887.6	1.2	6 800	5.335 01	1 174	852.3	1.2
10	5.001 35	1 129	886.4	1.2	10	5.346 75	1 176	861.1	1.1
20	5.012 64	1 130	885.2	1.2	20	6.358 51	1 177	850.0	1.2
30	5.023 94	1 132	884.0	1.2	30	5.370 28	1 179	848.8	1.1
40	5.035 26	1 134	882.8	1.2	40	5.382 07	1 180	847.7	1.2
50	5.046 60	1 135	881.6	1.2	50	5.393 87	1 182	846.5	1.1
60	5.057 95	1 137	880.4	1.1	60	5.405 69	1 184	845.4	1.2
70	5.069 32	1 138	879.3	1.2	70	5.417 53	1 185	844.2	1.2
80	5.080 70	1 140	878.1	1.2	80	5.429 38	1 187	843.0	1.1
90	5.092 10	1 141	876.9	1.2	90	5.441 25	1 189	841.9	1.2
6 600	5.103 51	1 143	875.7	1.2	6 900	5.453 14	1 190	840.7	1.1
10	5.114 94	1 144	874.5	1.1	10	5.465 04	1 192	839.6	1.2
20	5.126 38	1 146	873.4	1.2	20	5.476 96	1 194	838.4	1.1
30	5.137 84	1 147	872.2	1.2	30	5.488 90	1 195	837.3	1.2
40	5.149 31	1 149	871.0	1.2	40	5.500 85	1 197	836.1	1.1
50	5.160 80	1 150	869.8	1.2	50	5.512 82	1 199	835.0	1.2
60	5.172 30	1 152	868.6	1.1	60	5.524 81	1 200	833.8	1.1
70	5.183 82	1 154	876.5	1.2	70	5.536 81	1 202	832.7	1.2
80	5.195 36	1 155	866.3	1.2	80	5.548 83	1 203	831.5	1.1
90	5.206 91	1 157	865.1	1.1	90	5.560 86	1 205	830.4	1.2

续表

D（u）	T（u）	Δ	U	Δ	D（u）	T（u）	Δ	U	Δ
7 000	5.572 91	1 207	829.2	1.1	7 300	5.942 82	1 258	795.4	1.1
10	5.584 98	1 208	828.1	1.1	10	5.954 90	1 260	794.3	1.1
20	5.597 06	1 210	827.0	1.2	20	5.967 60	1 262	793.1	1.1
30	5.609 16	1 212	825.8	1.1	30	5.980 12	1 264	792.1	1.1
40	5.621 28	1 214	824.7	1.1	40	5.992 76	1 265	791.0	1.2
50	5.633 42	1 215	823.6	1.2	50	6.005 41	1 267	789.8	1.1
60	5.645 57	1 217	822.4	1.1	60	6.018 08	1 269	788.7	1.1
70	5.657 74	1 218	821.3	1.1	70	6.030 77	1 271	787.6	1.1
80	5.669 92	1 220	820.2	1.2	80	6.043 48	1 272	786.5	1.1
90	5.682 12	1 222	819.0	1.1	90	6.056 20	1 274	785.4	1.1
7 100	5.694 34	1 223	817.9	1.1	7 400	6.068 94	1 276	784.3	1.1
10	5.706 57	1 225	816.8	1.2	10	6.081 70	1 278	783.2	1.1
20	5.718 82	1 227	815.6	1.1	20	6.094 48	1 280	782.1	1.1
30	5.731 09	1 229	814.5	1.1	30	6.107 28	1 281	781.0	1.1
40	5.743 38	1 230	813.4	1.2	40	6.120 09	1 283	779.9	1.1
50	5.755 68	1 232	812.2	1.1	50	6.132 92	1 285	778.8	1.1
60	5.768 00	1 234	811.1	1.1	60	6.145 77	1 287	777.7	1.1
70	5.780 34	1 236	810.0	1.2	70	6.158 6	1 289	776.6	1.1
80	5.792 7	1 237	808.8	1.1	80	6.171 53	1 290	775.5	1.1
90	5.805 07	1 239	807.7	1.1	90	6.184 43	1 292	774.4	1.1
7 200	5.817 46	1 241	806.6	1.1	7 500	6.197 35	1 294	773.3	1.1
10	5.829 87	1 243	805.5	1.2	10	6.210 29	1 296	772.2	1.1
20	5.842 3	1 244	804.3	1.1	20	6.223 25	1 298	771.1	1.1
30	5.854 74	1 246	803.2	1.1	30	6.236 23	1 299	770	1.1
40	5.867 2	1 247	802.1	1.1	40	6.249 22	1 301	768.9	1.1
50	5.879 67	1 249	801.0	1.1	50	6.262 23	1 303	767.8	1.1
60	5.892 16	1 251	799.9	1.2	60	6.275 26	1 305	766.7	1.1
70	5.904 67	1 253	798.7	1.1	70	6.288 31	1 307	765.6	1
80	5.917 2	1 255	797.6	1.1	80	6.301 38	1 309	764.6	1.1
90	5.929 75	1 257	796.5	1.1	90	6.311 47	1 310	763.5	1.1

续表

D（u）	T（u）	Δ	U	Δ	D（u）	T（u）	Δ	U	Δ
7 600	6.327 57	1 313	762.4	1.1	7 900	6.729 87	1 371	730.2	1.1
10	6.340 7	1 315	761.3	1.1	10	6.743 38	1 372	729.1	1.1
20	6.363 85	1 316	760.2	1.1	20	6.757 10	1 374	728.0	1.0
30	6.367 01	1 318	759.1	1.1	30	6.770 84	1 376	727.0	1.1
40	6.380 19	1 320	758.0	1.0	40	6.784 60	1 379	725.9	1.1
50	6.393 39	1 322	757.0	1.1	50	6.798 39	1 380	724.8	1.0
60	6.408 61	1 324	755.9	1.1	60	6.812 19	1 383	723.8	1.1
70	6.419 85	1 326	754.8	1.1	70	6.826 02	1 384	722.7	1.0
80	6.433 11	1 328	753.7	1.1	80	6.839 86	1 387	721.7	1.1
90	6.446 39	1 329	752.6	1.0	90	6.853 73	1 389	720.6	10
7 700	6.459 68	1 331	751.6	1.1	8 000	6.867 62	1 391	719.6	1.1
10	5.472 99	1 333	750.5	1.1	10	6.881 53	1 392	718.5	1.0
20	5.486 32	1 335	749.4	1.1	20	6.895 45	1 395	717.5	1.1
30	5.499 67	1 338	748.3	1.1	30	6.909 4	1 397	716.4	1.0
40	6.513 05	1 340	747.2	1.0	40	6.923 37	1 399	715.4	1.1
50	6.526 45	1 342	746.2	1.1	50	6.937 36	1 401	714.3	1.0
60	6.539 87	1 343	745.1	1.1	60	6.951 37	1 403	713.3	1.1
70	6.553 30	1 345	744.0	1.0	70	6.965 40	1 405	712.2	1.0
80	6.566 75	1 347	743.0	1.1	80	6.979 46	1 407	711.2	1.1
90	6.580 22	1 349	741.9	1.1	90	6.993 52	1 410	710.1	1.0
7 800	6.593 71	1 351	740.8	1.1	8 100	7.007 62	1 411	709.1	1.1
10	6.607 22	1 352	739.7	1.0	10	7.021 73	1 413	708.0	1.0
20	6.620 74	1 355	738.7	1.1	20	7.035 86	1 416	707.0	1.0
30	6.634 29	1 357	737.6	1.1	30	7.050 02	1 418	706.0	1.1
40	6.647 86	1 359	736.5	1.0	40	7.064 20	1 420	704.9	1.0
50	6.661 45	1 360	735.5	1.1	50	7.078 40	1 422	703.9	1.1
60	6.675 05	1 363	734.4	1.1	60	7.092 62	1 424	702.8	1.0
70	6.688 68	1 364	733.3	1.0	70	7.106 86	1 426	701.8	1.0
80	6.702 32	1 367	732.3	1.1	80	7.121 12	1 428	700.8	1.1
90	6.715 99	1 368	731.2	1.0	90	7.135 4	1 430	699.7	1.0

续表

$D(u)$	$T(u)$	Δ	U	Δ	$D(u)$	$T(u)$	Δ	U	Δ
8 200	7.149 70	1 432	698.7	1.1	8 600	7.739 70	1 521	657.9	1.0
10	7.162 40	1 434	697.6	1.0	10	7.764 91	1 523	656.9	1.0
20	7.178 36	1 437	696.6	1.0	20	7.770 14	1 526	655.9	1.0
30	7.192 73	1 439	695.6	1.0	30	7.785 40	1 528	654.9	1.0
40	7.207 12	1 441	694.6	1.1	40	7.800 68	1 530	653.9	1.0
50	7.221 53	1 443	693.5	1.0	50	7.815 98	1 533	652.9	1.0
60	7.235 96	1 445	692.5	1.0	60	7.831 31	1 535	651.9	1.0
70	7.250 41	1 447	691.5	1.1	70	7.846 66	1 537	650.9	1.0
80	7.264 88	1 450	690.4	1.0	80	7.862 03	1 540	649.9	1.0
90	7.279 38	1 462	689.4	1.0	90	7.877 43	1 542	648.9	1.0
8 300	7.293 90	1 454	688.4	1.1	8 700	7.892 85	1 545	647.9	1.0
10	7.308 44	1 456	687.3	1.0	10	7.908 30	1 547	646.9	1.0
20	7.323 00	1 458	686.3	1.0	20	7.923 77	1 549	645.9	1.0
30	7.337 58	1 460	685.3	1.0	30	7.939 26	1 552	644.9	0.9
40	7.352 18	1 463	684.3	1.1	40	7.954 78	1 554	644.0	1.0
50	7.366 81	1 465	683.2	1.0	50	7.970 32	1 557	643.0	1.0
60	7.381 46	1 467	682.2	1.0	60	7.985 89	1 559	642.0	1.0
70	7.396 13	1 469	681.2	1.0	70	8.001 48	1 561	641.0	1.0
80	7.410 82	1 471	680.2	1.0	80	8.017 09	1 564	640.0	1.0
90	7.425 53	1 474	679.2	1.0	90	8.032 73	1 566	639.0	1.0
8 400	7.440 27	1 476	678.1	1.0	8 800	8.048 39	1 569	638.0	1.0
10	7.455 03	1 478	677.1	1.0	10	8.064 08	1 571	637.0	1.0
20	7.469 81	1 480	676.1	1.0	20	8.079 79	1 574	636.0	0.9
30	7.484 61	1 482	675.1	1.0	30	8.095 53	1 576	636.1	1.0
40	7.499 43	1 485	674.1	1.1	40	8.111 29	1 578	634.1	1.0
50	7.514 28	1 487	673.0	1.0	50	8.127 07	1 581	633.1	1.0
60	7.529 15	1 489	672.0	1.0	60	8.142 88	1 583	632.1	1.0
70	7.544 04	1 491	671.0	1.0	70	8.168 71	1 586	631.1	0.9
80	7.558 95	1 494	670.0	1.0	80	8.174 57	1 588	630.2	1.0
90	7.573 89	1 496	669.0	1.0	90	8.190 45	1 590	629.2	1.0
8 500	7.588 85	1 498	668.0	1.0	8 900	8.206 35	1 593	628.2	1.0
10	7.603 83	1 501	667.0	1.0	10	8.222 28	1 595	627.2	1.0
20	7.618 84	1 503	666.0	1.0	20	8.238 23	1 598	626.2	0.9
30	7.633 87	1 505	665.0	1.0	30	8.254 21	1 601	625.2	1.0
40	7.648 92	1 507	664.0	1.1	40	8.270 22	1 603	624.3	1.0
50	7.663 99	1 510	662.9	1.0	50	8.286 25	1 606	623.3	1.0
60	7.679 03	1 512	661.9	1.0	60	8.302 31	1 608	622.3	0.9
70	7.694 21	1 514	660.9	1.0	70	8.318 39	1 611	621.4	1.0
80	7.709 35	1 516	659.9	1.0	80	8.334 50	1 613	620.4	1.0
90	7.724 51	1 519	658.9	1.0	90	8.350 63	1 615	619.4	1.0

附表 2　δD 函数数值表（43 年阻力定律）

测点速度	δD（v）									
v/（m·s^{-1}）	0	1	2	3	4	5	6	7	8	9
50	2 445	2 407.3	2 369.6	2 331.9	2 294.2	2 256.5	2 218.8	2 181.1	2 143.4	2 106.7
60	2 068	2 040.4	2 012.8	1 985.2	1 957.6	1 930.0	1 902.1	1 874.8	1 874.2	1 819.6
70	1 792	1 770.8	1 749.6	1 728.4	1 707.2	1 686.0	1 664.8	1 643.6	1 622.4	1 601.2
80	1 580	1 563.4	1 546.8	1 530.2	1 513.6	1 497.0	1 480.4	1 463.8	1 447.2	1 430.6
90	1 414	1 400.4	1 386.8	1 373.2	1 359.6	1 346.0	1 332.4	1 318.8	1 305.2	1 291.6
100	1 278	1 266.9	1 255.8	1 244.7	1 233.6	1 222.5	1 211.4	1 200.3	1 189.2	1 178.1
110	1 167	1 157.7	1 148.4	1 139.1	1 129.8	1 120.5	1 111.2	1 101.9	1 092.6	1 083.3
120	1 074	1 066.0	1 058.0	1 050.0	10 412.0	1 034.0	1 026.0	1 018.0	1 010.0	1 002.0
130	994	987.1	980.2	973.3	966.4	959.5	952.6	945.7	938.8	931.9
140	925	919.0	918.0	907.0	901.0	895.0	889.0	883.0	877.0	871.0
150	865	859.7	854.4	849.1	843.8	838.5	833.2	827.9	822.6	817.3
160	812	807.4	802.8	798.2	793.6	789.0	784.4	779.8	775.2	770.6
170	766	762.0	758.0	754.0	750.0	746.0	742.0	738.0	734.0	730.0
180	726	722.4	718.8	715.2	711.6	708	704.4	700.8	697.2	693.6
190	690	686.7	683.4	680.1	676.8	673.5	670.2	666.9	663.6	660.3
200	657	653.9	650.8	647.7	644.6	641.5	638.4	635.3	632.2	629.1
210	626	623.1	620.2	617.3	614.4	611.5	608.6	605.7	602.8	599.9
220	597	594.3	591.6	588.9	586.2	583.5	580.8	578.1	575.4	572.7
230	570	567.6	565.2	562.8	580.4	558.0	555.6	553.2	550.8	548.4
240	546	543.8	541.6	539.4	537.2	535.0	532.8	530.6	528.4	526.2
250	524	522.0	520.0	518.0	516.0	514.0	512.0	610.0	508.0	506.0
260	504	501.7	499.4	497.1	494.8	492.5	490.2	487.9	485.6	483.3
270	481	478.2	475.4	472.6	469.8	467.0	464.2	461.4	458.6	455.8
280	453	449.8	446.6	443.4	440.2	437.0	433.8	430.6	427.4	424.2
290	421	417.2	413.4	409.6	405.8	402.0	398.2	394.4	390.6	386.8
300	383	377.4	371.8	366.2	360.6	355.0	349.4	343.8	338.2	332.6
310	327	319.3	311.6	303.9	296.2	285.5	280.8	273.1	265.4	257.7
320	250	245.6	241.2	236.8	232.4	228.0	223.6	219.2	214.8	210.4
330	206	203.5	201.0	198.5	196.0	193.5	191.0	188.5	186.0	183.5
340	181	179.5	178.0	176.5	175.0	173.5	172.0	170.5	169.0	167.5

续表

测点速度	δD（v）									
v/（m·s^{-1}）	0	1	2	3	4	5	6	7	8	9
350	166	165.1	164.2	163.3	162.4	161.5	160.6	159.7	158.8	157.9
360	157	156.2	155.4	154.6	153.8	153.0	152.2	151.4	150.6	149.8
370	149	148.4	147.8	147.2	146.6	146.0	145.4	144.8	144.2	143.6
380	143	142.6	142.2	141.8	141.1	141.0	140.6	140.2	139.8	139.4
390	139	138.7	138.4	138.1	137.8	137.5	137.2	136.9	136.6	136.3
400	136	135.6	135.2	134.8	134.4	134.0	133.6	133.2	132.8	132.4
410	132	131.8	131.6	131.4	131.2	131.0	130.8	130.6	130.4	130.2
420	130	129.7	129.4	129.1	128.8	128.5	123.2	127.9	127.6	127.3
430	127	126.8	126.6	126.4	128.2	126.0	125.8	125.6	125.4	125.2
440	125	124.8	124.6	124.4	124.2	124.0	123.1	123.6	123.4	123.2
450	123	122.8	122.6	122.4	122.2	122.0	121.8	121.6	121.4	121.2
460	121	120.9	120.8	120.7	120.8	120.5	120.1	120.3	120.2	120.1
470	120	119.8	119.6	119.4	119.2	119.0	118.8	118.6	118.4	118.2
480	118	117.9	117.8	117.7	117.6	117.5	117.4	117.3	117.2	117.1
490	117	116.8	116.6	116.4	116.2	116.0	115.8	115.6	115.4	115.2
500	115	114.9	114.8	114.7	114.6	114.5	114.4	114.3	114.2	114.1
600	115	114	113	111	110	109	108	107	106	105
600	104	103	103	102	101	100	99	98	98	97
700	96	95	95	94	93	92	92	91	90	90
800	89	89	88	87	86	86	85	86	84	84
900	83	82	82	81	81	80	80	79	79	78
1 000	77	77	76	76	75	76	74	74	73	73
1 100	72	72	71	70	70	69	69	68	68	67
1 200	67	67	66	66	68	64	64	63	63	63
1 300	62	62	61	61	60	60	59	59	59	58
1 400	58	57	57	57	56	56	56	55	55	54
1 500	54	54	53	53	53	52	52	52	51	51
1 600	51	50	50	50	49	49	49	48	48	48
1 700	48	47	47	47	47	46	46	46	45	45
1 800	45	45	41	44	44	44	44	43	43	43
1 900	43	42	42	42	42	42	42	41	41	41
2 000	41	41	41	40	40	40	40	40	40	40

附表 3　饱和蒸汽压力 a.表

温度/℃	a./Pa	温度/℃	a./Pa	温度/℃	a./Pa
−20	121.3	0	613.3	20	2 318.5
−19	133.3	1	658.6	21	2 466.5
−18	144.0	2	706.6	22	2 621.1
−17	157.3	3	758.6	23	2 787.8
−16	170.7	4	813.3	24	2 957.1
−15	185.3	5	870.6	26	3 139.7
−14	200.0	6	933.3	26	3 331.7
−13	217.3	7	998.6	27	3 534.4
−12	234.6	8	1 069.2	28	3 746.3
−11	256.0	9	1 142.6	29	3 970.3
−10	277.3	10	1 222.6	30	4 206.3
−9	301.3	11	1 305.2	31	4 454.3
−8	328.0	12	1 394.5	32	4 714.3
−7	356.0	13	1 487.9	33	4 987.6
−6	385.3	14	1 587.9	34	5 275.6
−5	417.3	15	1 693.2	35	5 576.9
−4	452.0	16	1 805.2	36	5 892.8
−3	488.0	17	1 922.5	37	6 224.8
−2	528.0	18	2 047.8	38	6 572.8
−1	569.3	10	2 179.8	39	6 938.1
0	613.3	20	2 318.5	40	7 319.4

附表 4　1943 年阻力定律 C_{xon}（M）

M	0	1	2	3	4	5	6	7	8	9
0.7	0.157	0.157	0.157	0.157	0.157	0.157	0.158	0.158	0.159	0.159
0.8	0.159	0.160	0.161	0.162	0.164	0.166	0.168	0.170	0.174	0.178
0.9	0.184	0.192	0.204	0.219	0.234	0.252	0.270	0.287	0.302	0.314
1.0	0.325	0.334	0.343	0.351	0.357	0.362	0.366	0.370	0.373	0.376
1.1	0.378	0.379	0.381	0.382	0.382	0.383	0.384	0.384	0.385	0.385
1.2	0.384	0.384	0.384	0.383	0.383	0.382	0.382	0.381	0.381	0.380

续表

M	0	1	2	3	4	5	6	7	8	9
1.3	0.379	0.379	0.378	0.377	0.376	0.375	0.374	0.373	0.372	0.371
1.4	0.370	0.370	0.369	0.368	0.367	0.366	0.365	0.365	0.364	0.363
1.5	0.362	0.361	0.359	0.358	0.357	0.356	0.355	0.354	0.353	0.353
1.6	0.352	0.350	0.349	0.348	0.347	0.346	0.345	0.344	0.343	0.343
1.7	0.342	0.341	0.340	0.339	0.338	0.337	0.336	0.335	0.334	0.333
1.8	0.333	0.332	0.331	0.330	0.329	0.328	0.327	0.326	0.325	0.324
1.9	0.323	0.322	0.322	0.321	0.320	0.320	0.319	0.318	0.318	0.317
2.0	0.317	0.316	0.315	0.314	0.314	0.313	0.313	0.312	0.311	0.310
2	0.317	0.308	0.303	0.298	0.293	0.288	0.284	0.280	0.276	0.273
3	0.270	0.269	0.268	0.266	0.264	0.263	0.262	0.261	0.261	0.260
4	0.260	0.260	0.260	0.260	0.260	0.260	0.260	0.260	0.260	0.260

注：当 $M<0.7$ 时，$C_{xon}=0.157$。

附表 5　西亚切阻力定律 C_{xon}（M）

M	0	1	2	3	4	5	6	7	8	9
0.7	0.259	0.261	0.262	0.263	0.265	0.267	0.268	0.271	0.275	0.28
0.8	0.284	0.289	0.294	0.301	0.310	0.320	0.333	0.350	0.362	0.378
0.9	0.393	0.410	0.425	0.441	0.456	0.472	0.488	0.504	0.519	0.534
1.0	0.546	0.557	0.567	0.577	0.587	0.597	0.608	0.616	0.624	0.631
1.1	0.639	0.646	0.653	0.659	0.664	0.668	0.673	0.677	0.682	0.686
1.2	0.690	0.694	0.698	0.701	0.704	0.707	0.709	0.712	0.714	0.717
1.3	0.719	0.720	0.722	0.723	0.7 25	0.726	0.727	0.728	0.729	0.730
1.4	0.731	0.732	0.733	0.733	0.734	0.735	0.736	0.736	0.737	0.737
1.5	0.737	0.737	0.737	0.737	0.736	0.736	0.736	0.736	0.735	0.735
1.6	0.735	0.734	0.733	0.733	0.732	0.732	0.731	0.730	0.729	0.729
1.7	0.728	0.727	0.726	0.725	0.725	0.724	0.723	0.722	0.721	0.720
1.8	0.719	0.718	0.717	0.716	0.715	0.714	0.713	0.712	0.711	0.710
1.9	0.709	0.707	0.706	0.705	0.703	0.702	0.701	0.700	0.699	0.698
2	0.697	0.695	0.694	0.692	0.691	0.689	0.688	0.687	0.685	0.684
2	0.697	0.683	0.668	0.655	0.640	0.627	0.613	0.597	0.588	0.574
3	0.561	0.548	0.538	0.525	0.514	0.503	0.493	0.483	0.474	0.465
4	0.457	0.448	0.440	0.433	0.426	0.420				

注：当 $M<0.7$ 时，$C_{xon}=0.259$。

附表 6　$\eta=\frac{S_{\delta}^{2}}{S^{2}}$ 的临界值 η_{a}

n \ a	1%	5%	n \ a	1%	5%	n \ a	1%	5%
4	0.312 8	0.390 2	21	0.530 0	0.651 4	38	0.638 2	0.739 9
5	0.269 0	0.410 2	22	0.539 2	0.664 5	39	0.642 5	0.743 2
6	0.280 8	0.445 2	23	0.547 9	0.671 2	40	0.646 7	0.746 3
7	0.307 0	0.468 0	24	0.556 1	0.677 6	41	0.650 8	0.749 3
8	0.331 4	0.491 2	25	0.563 9	0.683 6	42	0.654 8	0.752 2
9	0.354 4	0.512 2	26	0.571 3	0.689 3	43	0.658 6	0.755 0
10	0.375 9	0.531 1	27	0.578 4	0.694 7	44	0.662 3	0.757 7
11	0.395 7	0.548 3	28	0.585 1	0.699 7	45	0.665 9	0.760 3
12	0.414 0	0.563 8	29	0.591 5	0.704 5	46	0.669 3	0.762 8
13	0.430 9	0.577 9	30	0.597 6	0.709 1	47	0.672 6	0.765 2
14	0.446 6	0.590 8	31	0.603 4	0.713 5	48	0.675 7	0.767 5
15	0.461 1	0.602 7	32	0.608 9	0.717 7	49	0.678 7	0.769 7
16	0.474 6	0.613 6	33	0.614 2	0.721 7	50	0.681 6	0.771 8
17	0.487 2	0.623 7	34	0.619 3	0.725 6	—	—	—
18	0.498 9	0.633 0	35	0.624 2	0.729 4	—	—	—
19	0.510 0	0.641 7	36	0.629 0	0.733 6	—	—	—
20	0.520 3	0.649 8	37	0.633 7	0.736 5	—	—	—

参 考 文 献

［1］ 韩子鹏，等. 弹箭外弹道学［M］. 北京：北京理工大学出版社，2014.
［2］ 郭锡福. 火炮武器系统外弹道试验数据处理与分析［M］. 北京：国防工业出版社，2013.
［3］ 王世寿，等. 弹箭试验场测试技术实践［M］. 北京：国防工业出版社，1994.
［4］ 刘世平. 弹丸速度测量与数据处理［M］. 北京：兵器工业出版社，1994.
［5］ 金达根，任国民，等. 实验外弹道学［M］. 北京：兵器工业出版社，1991.
［6］ 浦发. 外弹道学［M］. 北京：国防工业出版社，1980.
［7］ 闫章更，祁载康. 射表技术［M］. 北京：国防工业出版社，2000.
［8］ 何熙才，胡保安. 光学测量系统［M］. 北京：国防工业出版社，2002.
［9］ 刘俊，等. 微惯性技术［M］. 北京：电子工业出版社，2005.
［10］ 谭显祥. 高速摄影技术［M］. 北京：原子能出版社，1990.
［11］ 谭显祥. 高速摄影测试技术［M］. 北京：科学出版社，1992.
［12］ 张三喜，等. 高速摄像及其应用技术［M］. 北京：国防工业出版社，2006.
［13］ 汤晓云，韩子鹏，等. 外弹道气象学［M］. 北京：兵器工业出版社，1990.
［14］ 何平. 相控阵风廓线雷达［M］. 北京：气象出版社，2006.
［15］ 中国人民解放军中装备部军事训练教材编辑工作委员会. 飞行器系统辨识学［M］. 北京：国防工业出版社，2003.
［16］ 单家元，孟秀云. 半实物仿真（第二版）［M］. 北京：国防工业出版社，2013.
［17］ 钱杏芳. 导弹飞行力学［M］. 北京：北京理工大学出版社，2011.
［18］ 谢仕宏. MATLABR2008 控制系统动态仿真［M］. 北京：化学工业出版社，2008.
［19］ 徐根兴. 目标与环境的光学特性［M］. 北京：宇航出版社，1995.
［20］ 黄培康，殷红成，许小剑. 雷达目标特性［M］. 北京：电子工业出版社，2005.
［21］ 汤浩，罗凯，李代金. 大型回转体转动惯量测量系统的设计［J］. 传感器技术学报，2010（11）.
［22］ 侯文. 大型弹箭及航天器转动惯量测量方法研究［J］. 中北大学学报，2008（6）.
［23］ 张晓琳，等. 复杂形状物体转动惯量测量技术研究［J］. 航天制造技术，2011（1）.
［24］ 张心明，等. 弹体动不平衡度的静态测试法［J］. 兵工学报，2007（7）.
［25］ 倪晋平，蔡荣立，等. 基于大靶面光幕靶 30 mm 口径弹丸速度测试技术［J］. 测试技术学报，2008（2）.
［26］ 高芬，安莹，等. 红外测速光幕靶改进及测量精度分析［J］. 西安工业大学学报，2010（3）.
［27］ 倪晋平，等. 基于大靶面光幕靶的两类六光幕阵列测量原理［J］. 光电工程，2008（2）.

[28] 邹瑞荣. 线圈，靶测速精度研究［J］. 弹道学报，1999（2）.
[29] 董涛，倪晋平，等. 高射频武器弹丸连发速度测量系统［J］. 弹道学报，2010（1）.
[30] 刘新刚，等. 激光平行光幕光能分布均匀性测量研究［J］. 光电技术应用，2010（5）.
[31] ［作者不详］. MYJ-90 型天幕靶技术说明书［D］. 西安：西安工业大学，［出版时间不详］.
[32] 刘世平. 复合增程弹多普勒雷达测试数据分段及弹道特征参数计算. 弹道学会论文集［C］，2003.
[33] Lyster. D. Computer Programs to Determine Aerodynamic Drag from Hawk Doppler Radar Data［J］. SRC-R-123, 1984.
[34] 蔡征宇，陈文武，谢仁宏. 提高多普勒雷达测速估计精度的方法［J］. 南京理工大学学报，2009（4）.
[35] 王毅，高剑. 频谱估计算法在炮口初速测量雷达工程的实现［J］. 电子科技，2011（11）.
[36] 陈东明，常桂然，朱志良. 基于声学法弹着点精确定位方法研究［J］. 兵工学报，2006，27（3）.
[37] 陈维兴，张传义.基于声学检测技术的弹着点定位系统［J］. 兵工自动化，2009（4）.
[38] 靳田保，郝晓剑，周汉昌. 双 CCD 交会测量高速弹丸落点坐标设计研究［J］. 电子测试，2011（6）.
[39] 王向军，韩双来. 弹落点坐标测量系统的快速校准方法及精度分析［J］. 光学精密工程，2005，13（6）.
[40] 蒋东东，等. 八点线式声学立靶弹着点检测系统研究［J］. 电子测量技术，2010（4）.
[41] 张飞猛，等. 声学立靶弹着点测试数学模型与误差分析［J］. 应用声学，2006（4）.
[42] 冯斌，石秀华，等. 声阵列与光探测组合测试弹着点坐标的研究［J］. 压电与声光，2012，34（2）.
[43] 顾国华，等. 基于声学靶传感器的弹着点测试研究与实现［J］. 电子测量技术，2007（2）.
[44] 邓均，等. 大面积平行光幕弹着点测试系统［J］. 光电工程，2010，37（3）.
[45] 姜三平，郝晓剑，单新云. 基于激光光幕和光电二极管阵列的立靶坐标测量［J］. 弹道学报，2011（03）.
[46] 冯斌，武志超.基于天幕立靶的两种弹着点坐标测量算法［J］. 兵工自动化，2013（11）.
[47] 董涛，王铁岭. 四光幕交会立靶改进系统［J］. 西安工业大学学报，2005（6）.
[48] 倪晋平，田会. 斜入射弹丸着靶位置立靶测试原理［J］. 光学技术，2006，32（4）.
[49] 于纪言，李永新，王晓鸣. 单列光源反射式光幕靶检测弹着点［J］. 光学精密工程，2010，18（6）.
[50] 董涛，倪晋平. 能识别弹丸飞行方向的弹丸空间炸点三维坐标测试方法［J］. 光学技术，2011，37（4）.
[51] 刘文，等. CCD 立靶坐标测量系统捕获率研究［J］. 光子学报，2008，37（2）.
[52] 杨少鹏，等. 一种高速线阵 CCD 采集系统的设计［J］. 电子设计工程，2014（11）.
[53] 谭振江. 多传感器光测系统数据融合技术的应用研究［D］. 中国科学院研究生院（长春光学精密机械与物理研究所），2003.
[54] 董家靖. 一种基于 80C196 单片机的光电经纬仪调光调焦系统的设计［J］. 信息通信，

2014（6）.
[55] 李华. 基于雷达与光电经纬仪协同工作的外弹道测试方法[J]. 弹箭与制导学报，2010，30（4）.
[56] 卢海波. 光电经纬仪与雷达交会测量 [J]. 长春理工大学学报，2003，26（3）.
[57] 周剑. 靶场动平台光学测量问题研究 [D]. 国防科学技术大学研究生院，2012.
[58] 刘世平，黄帆. 弹丸飞行姿态的纸靶测试误差分析 [J].兵工学报弹箭分册，1987（2）.
[59] 杜博军，等. 弹丸章动纸靶数据高精度处理方法 [J]. 弹道学报，2014，26（3）.
[60] 罗红娥，等. 三次序列闪光阴影照相系统研究 [J]. 半导体光电，2011，32（2）.
[61] 顾金良，等. 数字式靶道阴影照相系统 [J]. 弹道学报，2009，21（4）.
[62] 高昕，等. 弹丸章动周期的光学立靶测量法 [J]. 光子学报，2003，32（11）.
[63] 罗红娥，等. 二次序列闪光高速照相系统研究 [J]. 光学技术，2009，35（5）.
[64] 罗红娥，等. 超高速 CCD 正交阴影照相系统的研究与应用 [J].电子测量技术，2008，31（12）.
[65] 刘世平，等. 弹道靶道数据判读与处理方法研究 [J]. 兵工学报，2000（3）.
[66] 任国民. 弹道靶道空间坐标测量误差的初步估计 [J]. 弹道学报，1995（3）.
[67] 周翔，等. MEMS 陀螺/磁传感器复合弹丸姿态测量 [J]. 探测与控制学报，2010（6）.
[68] 黄峥，等. 火炮弹丸捷联式地磁太阳方位姿态测量模型研究 [J]. 兵工学报，2001（1）.
[69] 黄峥，李科杰，等. 火炮弹丸捷联式地磁–太阳方位姿态测量模型研究 [J]. 兵工学报，2002（1）.
[70] 李海涛，等. 旋转弹姿态解算方法研究 [J].兵工学报，2010，31（7）.
[71] 曹红松，等. 地磁陀螺组合弹药姿态探测技术研究 [J]. 弹箭与制导学报，2006（5）.
[72] 张嘉易，等. 基于磁传感器的高速旋转弹姿态算法研究 [J]. 理论与方法，2012（1）.
[73] 周翔，等. MEMS 陀螺/磁传感器复合弹丸姿态测量 [J]. 探测与控制学报，2010，32（6）.
[74] 代刚，等. 自旋导弹捷联式陀螺/地磁姿态测量方法 [J]. 中国惯性技术学报，2010，18（6）.
[75] 黄峥，等. 火炮弹丸捷联式地磁–太阳方位姿态测量模型研究 [J]. 兵工学报，2001（1）.
[76] 王康谊，等. 基于磁通门传感器的弹丸姿态角测量系统设计 [J]. 弹箭与制导学报，2009，29（3）.
[77] 彭小勋. 超高速数字分幅相机中光学分幅系统的设计 [D]. 成都：电子科技大学，2008.
[78] 李景镇. 迈向原子时间分辨率的时间放大技术 [J]. 中国科学 E 集：技术科学，2009，39（12）.
[79] 吕二阳. 一种中继分幅光学系统的设计方法研究 [D]. 天津：天津大学，2012.
[80] 程家增. 爆破工程高速摄像方法研究 [D]. 武汉：武汉理工大学，2010.
[81] 李振杰. 湿度测量方法研究 [J]. 计量与测试技术，2011，38（6）.
[82] 李岩峰. 振筒式气压传感器的数据处理 [J]. 气象水文海洋仪器，1998（3）.
[83] 戴祥军，武洪文，等. 密闭条件下干湿球温度表的测量精度分析 [J]. 军械工程学院学报，2005（4）.
[84] 许茜茜，崔建伟. 基于多维力传感器的风速测量方法研究[J]. 工业仪表与自动化装置，

2011（3）.
［85］ 沈广平，吴剑，等. 二维 MEMS 风速风向传感器的设计与测试［J］. 微纳电子技术，2007（7）.
［86］ 陈安世，祖静，等. 固体风速矢量传感器［J］. 测试技术学报，1995，1（2～3）.
［87］ 丁向辉，李平. 基于 FPGA 和 DSP 的超声波风向风速测量系统［J］. 应用声学，2011（1）.
［88］ 丁向辉，李平，等.高精度超声风速测量系统设计与实现［J］. 仪表技术与传感器，2011（2）.
［89］ 刘政清. 风廓线雷达与无线电探空仪测风对比［J］. 现代农业科技，2012（1）.
［90］ 宋呈文，张晨飞，等. 风廓线雷达探测资料分析［J］. 气象水文海洋仪器，2011（1）.
［91］ 杨荣军. 旋转制导炮弹飞行弹道及控制系统设计方法研究［D］. 南京：南京理工大学，2013.
［92］ 刘延斌，金光. 半实物仿真技术的发展现状［J］. 光机电信息，2003（1）.
［93］ 刘亮亮，胡延霖，易牧，孟祥忠. 无人机半实物仿真系统研究［J］. 兵工自动化，2008，27（3）.
［94］ 梁卓. SINS/GPS 制导炸弹变结构制导控制系统设计与研究［D］. 南京：南京理工大学，2009.
［95］ 刘汉忠. 灵巧弹药半实物仿真转台控制系统的研究［D］. 南京：南京理工大学，2003.
［96］ 郑友胜. 远程制导炮弹弹道优化设计与姿态控制方法研究［D］. 南京：南京理工大学，2008.
［97］ 刘绍娟. 用于飞控系统仿真的 GPS 信号模拟器研究［D］. 南京：南京航空航天大学，2009.
［98］ 苏建刚，付梦印. 激光末制导炮弹半实物仿真系统［J］. 系统仿真学报，2006，18（9）.
［99］ 郝睿君. 精确制导半实物仿真研究［D］. 南京：南京理工大学，2004.